中华民俗

万年历

1930-2120

任宪宝◎编著

线装书局

图书在版编目（CIP）数据

中华民俗万年历：1930-2120 / 任宪宝编著 . -- 北京：线装书局，2024.3
ISBN 978-7-5120-5905-4

Ⅰ．①中… Ⅱ．①任… Ⅲ．①历书－中国 Ⅳ．① P195.2

中国国家版本馆 CIP 数据核字（2024）第 016043 号

中华民俗万年历 ： 1930—2120

编　　著：任宪宝
责任编辑：于　波
出版发行：线装书局
　　　　　地　　址：北京市丰台区方庄日月天地大厦 B 座 17 层（100078）
　　　　　电　　话：010-58077126（发行部）010-58076938（总编室）
　　　　　网　　址：www.zgxzsj.com
经　　销：新华书店
印　　制：三河市刚利印务有限公司
开　　本：710mm×1000mm　1/16
印　　张：21
字　　数：400 千字
版　　次：2024 年 3 月第 1 版第 1 次印刷
印　　数：00001—10000 册

线装书局官方微信

定　　价：68.00 元

前　言

　　中华传统文化博大精深，上至天文下至地理，无不凝聚着中国人的智慧；而民俗民风更是彰显中国人的性格与特点。

　　万年历是我国古代传说中最古老的一部太阳历。它是为了纪念历法编撰者万年的功绩，才将其命名为"万年历"的。而现在所使用的万年历，实际上就是记录一定时间范围内（比如100年或更多）的具体阳历或阴历的日期的年历，方便有需要的人进行查询使用。千百年来，它一直是我国人民群众最喜爱的一部经典历书。本书仿照传统历书进行编排，保留了历书的传统内容，全面系统地介绍了中华传统文化和民俗文化，突显了浓厚的传统文化色彩。

　　本书采用世界通用公历和农历相对照，并用图表形式详细列出每年的年月日和二十四节气，简单明了；时限为1930—2120年，共190年，时间跨度大，查找方便，实用性强。

　　本书在浩如烟海的中华传统民俗文化中进行了重新梳理和精选提炼，让包罗万象的传统文化更鲜活、更实用。并根据今天老百姓的实际生活需要，编写了涵盖面非常广的生活实用百科知识，帮助老百姓解决实际生活中的难题。本书包括天文历法、传统节日、生肖星座、民俗礼俗、民俗禁忌、民间传说、养生保健、吉凶趋势等内容。本书编写体例简洁，语言通俗易懂，以契现代人的阅读口味，是老百姓居家必备的工具书。

目　录

第一章　中华传统历法

　　中华传统历法涵盖了大量的物理天文知识，是古代中国人的智慧结晶。作为世界最早发明使用历法的国家，它的出现对中国古代经济、文化的发展有着一定的影响。中国人通过对日常万物的观察，发现了计时计年的方法，同时还在经年的劳作中发明了星宿文化和节气等。历法文化对中国人从事农业生产以及文化的形成都产生了重要的作用。

一 历法的起源

中国人最早是使用结绳记事的方法来记录时间和事件的。由于生产和生活的需要，古代人就希望知道昼夜、月份和季节的变化规律，以及更长时间的计量方法。在长期的劳动习作中，人们渐渐掌握了更先进的计时方式。

所谓历法，简单说就是根据天象变化的自然规律，推算年、月、日的时间长度和它们之间的关系，制定时间序列的法则，计量较长的时间间隔，判断气候的变化，预示季节来临的法则。

因此历代制定的历法，侧重点各不相同。大体可分为三类：一类叫阳历，其中年的日数平均约等于回归年，月的日数和年的月数则人为规定，如公历、儒略历等；一类叫阴历，其中月的日数平均约等于朔望月，年的月数则人为规定，如伊斯兰教历、希腊历等；另一类叫阴阳历，其中月的日数平均约等于朔望月，而年的日数又约等于回归年。此外，确定年首、月首、节气以及比年更长的时间单位，也是制定历法的内容。

历法的实施，使中国人在农业生产上有了更多的掌握，极大地促进了农业文明的发展。在今天看来，当时历法的产生，是中国古人为了掌握农务的时候（简称农时），长期观察天文运行的结果。中国的农历之所以被称为阴阳合历，是因为它不仅有阳历的成分，又有阴历的成分。它把太阳和月亮的运行规则合为一体，做出了两者对农业影响的终结，所以中国的农历比纯粹的阴历或西方普遍使用的阳历实用方便。农历是中国传统文化的代表之一，它的准确巧妙，常常被中国人视为骄傲。

定出年、月、日的长度，是制定历法的主要环节。日的长度是根据太阳每天的视运动定出的，一年的月数和日数以及月的日数，有的按天象定出，有的是人为定出的。因按天象确定的年和月所包括的日数不是简单的有理数，例如按季节变化确定的年（即回归年）为 365.24220……日，按月相变化确定的月（即朔望月）为 29.53059……日，而制定的历法又必须使年的月数和月的日数为整数。

中国从古到今使用过的历法就有 102 种。不过不管有多少种历法，都可以把它们分别归到以下三大系统中去：阳历、阴历、阴阳合历。这是因为计算时间，要么以地球绕太阳公转的周期为基础，要么以月亮绕地球公转的周期为基础，要么把两种周期加以调和。前者属于阳历系统，后者属于阴历系统，调和者则属于阴阳合历系统。

"我国历法之发生，有谓始于尧"，以《书经·尧典》有"历象日月星辰"之语为据。相传历法发明是在很久以前，有个名字叫万年的青年，在上山砍柴的时候经常在树荫下休息。他偶然发现树荫的变化与日光转移的关系。回家之后，他就用了几天几夜设计出一个测日影计天时的暑仪。可是，当天阴有雨或有雾的时候，就会因为没有太阳，而影响了测量。后来，山崖上的滴泉引起了他的兴趣，他又动手做了一个五层漏壶。天长日久，他发现每隔三百六十多天，天时的长短就会重复一遍。

当时的国君叫祖乙，天气的不测，也使他很苦恼。万年听说后，忍不住就带着日暑和漏壶去见国君，对祖乙讲了日月运行的道理。祖乙听后龙颜大悦，觉得很有道理，于是把万年留下，在天坛前修建日月阁，筑起日暑台和漏壶亭。祖乙对万年说："希望你能测准日月规律，推算出准确的晨夕时间，创建历法，为天下的黎民百姓造福。"

冬去春来，年复一年。后来，万年经过长期观察，精心推算，制定出了准确的太阳历。当他把太阳历呈给继任的国君时，已是满面银须。国君深为感动，为纪念万年的功绩，便将太阳历命名为"万年历"，封万年为日月寿星。

综观中国古代历法，所包含的内容十分丰富，大致说来包括推算朔望、二十四节气、安置闰月以及日月食和行星位置的计算等。当然，这些内容是随着天文学的发展逐步充实到历法中去的，而且经历了一个相当长的历史阶段。

如果再将这个"相当长的历史阶段"细分的话，大致又可以分为四个时期，即古历时期：汉武帝太初元年以前所采用的历法。中法时期：从汉太初元年以后，到清代初期改历为止。这期间制订历法者有七十余家，均有成文载于二十四史的《历志》或《律历志》中。诸家历法虽多有改革，但其原则却没有大的改变。中西合法时期：从清代耶稣会传教士汤若望上呈《新法历书》到辛亥革命为止。公历时期：辛亥革命之后，于 1912 年孙中山先生宣布采用格里历（即公历，又称阳历），即进入了公历时期。中华人民共和国成立后，在采用公历的同时，考虑到人们生产、生活的实际需要，还颁发了中国传统的农历。

就此中国的历法系统完整地成立并流传。历法的推广使人们更精确地掌握四时与昼夜的变化，并在此基础上开始发现更多的自然的秘密，进一步地掌握了自然的规律，为人类更好地生存奠定了坚实的基础。

二　阳历

在天文学上，阳历主要指按太阳的周年运动来安排的历法。它的一年有 365 日左右。阳历是根据太阳直射点的运行周期而制定的，其平均历年为一个回归年，其历年有两种，一种是平年，一种是闰年，闰年和平年仅差一天。

通常所说的阳历，即太阳历，又称格里历，为世界上通用的公历纪元。公历的前身是古罗马凯撒修订的儒略历。根据儒略历的规定，每 4 年有 1 个闰年，闰年为 366 日，其余 3 年（称为平年）各有 365 日。公元年数能被 4 除得尽的是闰年。儒略历 1 年平均长 365.25 日，比实际公转周期的 365.2422 日长 11 分 14 秒，即每 400 年约长 3 日。这样到公元 16 世纪时已经积累了有 10 天误差。可以明显感觉到两至、两分提前了。在此情况下，教皇格列高里十三世于 1582 年宣布改历。先是一步到位把儒略历 1582 年 10 月 4 日的下一天定为格列历 10 月 15 日，中间跳过 10 天。同时修改了儒略历置闰法则。除了保留儒略历年数被 4 除尽的是闰年外，增加了被 100 除得尽而被 400 除不尽的则不是闰年的规定。这样的做法可在 400 年中减少 3 个闰年。

在格列高里历历法里，400 年中有 97 个闰年（每年 366 日）及 303 个平年（每年 365 日），所以每年平均长 365.2425 日，与公转周期的 365.2422 日十分接近。可基本保证到公元 5000 年前误差不超过 1 天。1949 年 9 月 27 日，中国人民政治协商会议第一届全体会议通过使用世界上通用的公历纪元，把公历即阳历的元月一日定为元旦，为新年。因为农历正月初一通常都在立春前后，因而把农历正月初一定为"春节"。

阳历是以地球绕太阳公转的周期为计算的基础的，要求历法年同回归年（地球绕太阳公转一周）基本符合。

它的要点是定一阳历年为 365 日，机械地分为 12 个月，每月 30 日或 31 日（近代的公历还有 29 日或 28 日为一个月者，例如每年二月），这种"月"同月亮运转周期毫不相干。但是回归年的长度并不是 365 整日，而是 365.242199 日，即 365 日 5 时 48 分 46 秒余。阳历年 365 日，比回归年少了 0.242199 日。为了补足这个差数，所以历法规定每 4 年中有一年再另加 1 日，为 366 日，叫闰年，实际是闰 1 日。即使这样，同实际还有差距，因为 0.242199 日不等于 1/4 日，每 4 年闰 1 日又比回归年多出约 0.0078 日。这么小的数字，一年两年看不出什么问题，如果过了 100 年，就会比回归年多出约 19 个小时，400 多年多出近 75 个小时，相当于 3 个整日多一点，所以阳历历法又补充规定每 400 年从 100 个闰日中减去 3 个闰日。这样，400 阳历年闰 97 日，共得 146097 日，只比 400 回归年的总长度 146096.8796 日多 2 小时 53 分 22.5 秒，这就大体上符合了。

这种历法的优点是地球上的季节固定，冬夏分明，便于人们安排生活，进行生产。缺点是历法同月亮的运转规律毫无关系，月中之夜可以是天暗星明，两月之交又往往满月当空，对于沿海人民计算潮汐很不方便。我们今天使用的公历，就是这种阳历。

三 阴历

阴历在天文学中主要指按月亮的月相周期来安排的历法，又称"太阴历"或"纯阴历"。它以月球绕行地球一周（以太阳为参照物，实际月球运行超过一周）为一月，即以朔望月作为确定历月的基础，一年为十二个历月的一种历法。真正意义上的阴历，就是伊斯兰历（回历）。即十二个阴历月为一年，不管季节变化。阴历主要用来指导他们的宗教节日等，因此穆斯林的斋戒节有时在夏天，有时在冬天。但伊斯兰教国家另设一种阳历指导世俗生活。在农业气象学中，阴历俗称农历、殷历、古历、旧历，是指中国传统上使用的夏历。而在天文学中认为夏历实际上是一种阴阳历。

阴历定月的依据是月亮的运动规律：月球运行的轨道，名曰白道，白道与黄道同为天体上之两大圆，以五度九分而斜交，月球绕地球一周，出没于黄道者两次，历二十七日七小时四十三分十一秒半，为月球公转一周所需的时间，谓之"恒星月"。唯当月球绕地球之时，地球因公转而位置亦有变动，计前进二十七度余，而月球每日行十三度十五分，故月球自合朔，全绕地球一周，复至合朔，实需二十九日十二时四十四分二秒八，谓之"朔望月"，习俗所谓一个月，即指朔望月而言。

因朔望月较之回归年易于观测，远古的历法几乎都是阴历。因为地球绕太阳一周为三百六十五天，而十二个阴历月只有约三百五十四天，所以古人以增置闰月来解决这一问题。我国的历法自古就是一种阴阳历。因为每月初一为新月，十五为圆月，易于辨识，使用方便，所以通常称这种历法为阴历。直到今天，由于历法中有节气变化，跟农业种植活动密切相关，所以"阴历"在国人尤其是农民的生活中起着举足轻重的作用。

四　天干地支

天干地支，是古人建历法时，为了方便做 60 进位而设出的符号。对古代的中国人而言，天干地支的存在，就像阿拉伯数字般的单纯，而且后来更开始把这些符号运用在地图、方位及时间（时间轴与空间轴）上，所以这些数字被赋予的意义就越来越多了。

传说黄帝时代的一位大臣"深五行之情，占年纲所建，于是作甲乙以名日，谓之干；作子丑以名月，谓之支，干支相配以成六旬"。这只是一个传说，干支到底是谁最先创立的，现在还没有证实，不过在殷墟出土的甲骨文中，已有表示干支的象形文字，说明早在殷代已经使用干支纪时法了。我国古人用这六十对干支来表示年、月、日、时的序号，周而复始，不断循环，这就是干支纪时法。

天干地支产生于炎黄时期。干支就字面意义来说，就相当于树干和枝叶。我国古代以天为主，以地为从，天和干相连叫天干，地和支相连叫地支，合起来叫天干地支，简称干支。

天干有十个，就是甲、乙、丙、丁、戊、己、庚、辛、壬、癸，地支有十二个，依次是子、丑、寅、卯、辰、巳、午、未、申、酉、戌、亥。古人把它们按照甲子、乙丑、丙寅（也就是天干转六圈而地支转五圈，正好一个循环）的顺序而不重复地搭配起来，从甲子到癸亥共六十对，叫作六十甲子。

甲子　乙丑　丙寅　丁卯　戊辰　己巳　庚午　辛未　壬申　癸酉

甲戌　乙亥　丙子　丁丑　戊寅　己卯　庚辰　辛巳　壬午　癸未

甲申　乙酉　丙戌　丁亥　戊子　己丑　庚寅　辛卯　壬辰　癸巳

甲午　乙未　丙申　丁酉　戊戌　己亥　庚子　辛丑　壬寅　癸卯

甲辰　乙巳　丙午　丁未　戊申　己酉　庚戌　辛亥　壬子　癸丑

甲寅　乙卯　丙辰　丁巳　戊午　己未　庚申　辛酉　壬戌　癸亥

每个单位代表一天，假设某日为甲子日，则甲子以后的日子依次顺推为乙丑、丙寅、丁卯等。甲子以前的日子依次逆推为癸亥、壬戌、辛酉等。六十甲子周而复始。这种纪日法远在甲骨文时代就已经有了。

同一天内，人们也会用天干地支来表示一天的时辰。用十二地支表示十二个时辰，每个时辰恰好等于现代的两小时。和现代的时间对照，夜半十二点（即二十四点）是子时（子夜），上午两点是丑时，四点是寅时，六点是卯时，其余由此顺推。近代又把每个时辰细分为初、正。晚上十一点（即二十三点）为子初，夜半十二点为子正；上午一点为丑初，上午两点为丑正，等等。这就等于把一昼夜分为二十四小时了。

列表对照如下：

	子	丑	寅	卯	辰	巳	午	未	申	酉	戌	亥
初	23	1	3	5	7	9	11	13	15	17	19	21
正	24	2	4	6	8	10	12	14	16	18	20	22

还有一个重要的计时系统，那就是"刻"。自古以来，人们习惯分一昼夜为若干刻，在漏壶的箭上刻成等份，以作为较短的时间单位。

干支纪年始行于王莽，通行于东汉后期。汉章帝元和二年（85年），朝廷下令在全国推行干支纪年。有人认为中国在汉武帝以前已用干支纪年。可是，其实是类似的太岁纪年，用太岁所在位置来纪年，干支只是用以表示十二辰（把黄道附一周天分为十二等分），木星（太岁）11.862年绕天一周，所以太岁约86年会多走过一辰，这叫作"超辰"。在颛顼历上，汉武帝太初元年（公元前104年）是太岁在丙子，太初历用超辰法改变为丁丑。汉成帝末年，由刘歆重新编订的三统历又把太初元年改变为丙子，把太始二年（公元前95年）从乙酉改变为丙戌。而东汉的历学者没用超辰法。所以太岁纪年和干支纪年从太始二年起表面上是一样的了。

干支纪年，一个周期的第一年为"甲子"（如黄巾起义口号为"岁在甲子，天下大吉"），第二年为"乙丑"，依此类推，60年一个周期；一个周期完了重复使用，周而复始，循环下去（60是10、12的最小公倍数，所以每60年为一周期）。

如 1644 年为农历甲申年，60 年后的 1704 年同为农历甲申年，300 年后的 1944 年仍为农历甲申年，一代文豪郭沫若就写有《甲申三百年祭》。1864 年为农历甲子年，60 年后的 1924 年同为农历甲子年；1865 年为农历乙丑年，1925 年、1985 年同为农历乙丑年，依次类推。

必须特别注意的是干支纪年是以立春作为一年（即岁次）的开始，是为岁首，不是以农历正月初一作为一年的开始。例如，1984 年大致是岁次甲子年，但严格来讲，当时的甲子年是自 1984 年立春起，至 1985 年立春止。

五　二十四节气

节气是华夏祖先历经千百年的实践创造出来的宝贵科学遗产，是反映天气气候和物候变化、掌握农事季节的工具。

早在春秋战国时期，我国黄河流域就已经能用土圭（在平面上竖一根杆子）来测量正午太阳影子的长短，以确定冬至、夏至、春分、秋分四个节气。一年中，土圭在正午时分影子最短的一天为夏至，最长的一天为冬至，影子长度适中的为春分或秋分。春秋时期的著作《尚书》中就对节气有所记述。到秦汉年间，二十四节气已完全确立。我国古代用农历（月亮历）纪时，用阳历（太阳历）划分春夏秋冬二十四节气。我们祖先把 5 天叫一候，3 候为一气，称节气，全年分为 72 候 24 节气。二十四节气是我国劳动人民独创的文化遗产，它能反映季节的变化，指导农事活动，影响着千家万户的衣食住行。

随着不断地观察、分析和总结，节气的划分逐渐丰富和科学，到了距今 2000多年的秦汉时期，已经形成了完整的二十四节气的概念。

立春、雨水、惊蛰、春分、清明、谷雨、立夏、小满、芒种、夏至、小暑、大暑、立秋、处暑、白露、秋分、寒露、霜降、立冬、小雪、大雪、冬至、小寒、大寒。每个节气约间隔半个月的时间，分列在十二个月里面。在月首的叫作节气，在月中的叫作"中气"。所谓"气"就是气象、气候的意思。

立春：立是开始的意思，立春就是春季的开始。

雨水：降雨开始，雨量渐增。

惊蛰：蛰是藏的意思。惊蛰是指春雷乍动，惊醒了蛰伏在土中冬眠的动物。

春分：分是平分的意思。春分表示昼夜平分。

清明：天气晴朗，草木繁茂。

谷雨：雨生百谷。雨量充足而及时，谷类作物能茁壮成长。

立夏：夏季的开始。

小满：麦类等夏熟作物籽粒开始饱满。

芒种：麦类等有芒作物成熟。

夏至：炎热的夏天来临。

小暑：暑是炎热的意思。小暑就是气候开始炎热。

大暑：一年中最热的时候。

立秋：秋季的开始。

处暑：处是终止、躲藏的意思。处暑是表示炎热的暑天结束。

白露：天气转凉，露凝而白。

秋分：昼夜平分。

寒露：露水已寒，将要结冰。

霜降：天气渐冷，开始有霜。

立冬：冬季的开始。

小雪：开始下雪。

大雪：降雪量增多，地面可能积雪。

冬至：寒冷的冬天来临。

小寒：气候开始寒冷。

大寒：一年中最冷的时候。

二十四节气中有立春、立夏、立秋、立冬、春分、夏至、秋分、冬至八个节气反映四个季节及其变化。立春表示春季开始，万物从此开始有生机，春分表示它平分了昼夜，又表示它平分了春季；立夏表示夏季开始，植物将随着温暖湿润的气候而生长；夏至表示炎热的夏季就要来临；立秋表示秋季的开始，植物将随着秋天的来到而成熟；秋分与春分的意义相同，表示既平分了昼夜又平分了秋季；立冬表示冬季开始，冬至表示寒冷的冬季正式来临。

小暑、大暑、处暑、小寒、大寒五个节气表示天气的气温冷暖变化。小暑表示炎热已经到来，大暑表示最炎热的时候到来，处暑表示炎热的暑天已经过去，小寒表示天气寒冷，大寒表示天气已经寒冷到了极点。

雨水、谷雨、小雪、大雪、白露、寒露、霜降，表示自然界的降水。雨水表示少雨的冬季过去；谷雨表示雨水增加，谷物生长；小雪表示下雪天到来；大雪表示雪天更多，地面有积雪出现；白露表示气温降低，近地面的水汽在草木上凝结成露；寒露表示气温进一步降低，露水快凝结成霜；霜降表示露水已经凝结成霜。

　　惊蛰、清明、小满、芒种反映农事变化。惊蛰表示春天的雷声惊醒了冬眠的动物；清明表示大自然明净清洁，万物复苏；小满表示作物开始结实；芒种则表示麦芒成熟。

　　二十四节气的意义明白之后，就知道历法以二十四节气为准绳是多么重要。但是二十四节气是按太阳在天空走过的大圆的 24 个等分角度来定义的，不是按一年 24 个等分时间来定义的，所以时间间隔并不相等，按近似的天数说，有的近似 15 天，有的近似 16 天。所以一年的月怎样分才能既简明又足够准确地表现二十四节气，使它们排列得有最简单的规律，让人容易记忆掌握，这是设计历法的重要任务。

二十四节气歌

　　春雨惊春清谷天，夏满芒夏暑相连。秋处露秋寒霜降，冬雪雪冬小大寒。
　　每月两节不变更，最多相差一两天。上半年来六廿一，下半年是八廿三。
　　立春梅花分外艳，雨水红杏花开鲜。惊蛰芦林闻雷报，春分蝴蝶舞花间。
　　清明风筝放断线，谷雨嫩茶翡翠连。立夏桑果像樱桃，小满养蚕又种田。
　　芒种玉秧放庭前，夏至稻花如白练。小暑风催早豆熟，大暑池畔赏红莲。
　　立秋知了催人眠，处暑葵花笑开颜。白露燕归又来雁，秋分丹桂香满园。
　　寒露菜苗田间绿，霜降芦花飘满天。立冬报喜献三瑞，小雪鹅毛片片飞。
　　大雪寒梅迎风狂，冬至瑞雪兆丰年。小寒游子思乡归，大寒岁底庆团圆。

第二章　中华传统节日溯源

　　中国传统文化在流传中形成了众多的传统节日，有些节日一直流传至今，并被广大中国人接受，如端午节、中秋节、春节。这都是每一个中国人不会忽视的重要节日。也有一些节日渐渐地被忽略，或者说不被大众认可或接受的节日。但不管什么样的节日，都是中华传统文化中留下的瑰宝。在节日的欢庆中，让历史悠久的中华民族凝聚在一起。

一　正月初一贺新春

"过年"即我们所说的春节，是我国民间最盛大、最热闹的传统节日。"年"本是谷物成熟的意思，过年则是预祝丰收喜庆的日子。为庆祝丰收和迎接新的一年，人们就在农历正月初一欢聚在一起"过年"。

有句俗话说：小孩盼过年。其实不光是小孩盼过年，大人也盼望过年。因为一年的辛勤劳作后，人们终于可以好好休息，同时期盼来年更大的收获。

春节一般从祭灶揭开序幕。从前，几乎家家灶间都设有"灶王爷"的神位。人们称这尊神为"司命菩萨"或"灶君司命"。灶王爷自上一年的除夕便留在家中，以保护和监察家人。腊月二十三是灶王爷上天向玉皇大帝汇报这家的善行或恶行的日子。这时就要举行"送灶"的祭灶仪式。在大年三十晚上，又会举行"接灶"的仪式，来迎接灶王爷回到人间。

举行祭灶后，人们便正式开始做迎接过年的准备。每年从农历腊月二十三起到除夕止，我国民间把这段时间叫作"迎春日"，也叫"扫尘日"。扫尘就是年终大扫除。每逢春节来临，家家户户都要打扫环境，清洗各种器具，拆洗被褥窗帘。大江南北，到处洋溢着欢欢喜喜、干干净净迎新春的气氛。

大年三十家家张罗贴春联。春节贴对联是我国流传至今的一个传统习惯。春节来临，在家门口贴上一副对联表示喜庆，祈祷来年平安幸福。最初，人们在桃符上题词，称为题桃符。如"姜太公在此，百无忌禁"或"有令在此，诸恶远避"等一类压邪话和符咒。接着又有人在题桃符基础上题联语。联语从内容和形式来看，都是吉语佳话，文字工整，长短对等，又讲求对仗。这种做法到五代又有了新发展。在后蜀亡的前一年（964 年），后蜀皇帝孟昶在除夕之日令学士辛寅逊在桃板上题词，以贴寝门，因嫌题词对仗不工，就亲笔写成一联："新年纳余庆，嘉节号长春。"这两句桃符诗就是后来大家公认的我国最早的一副对联。自此以后，到宋代，对联开始兴起。苏东坡访王文甫，就曾赠王一副"门大要容千骑入，堂深不觉百男欢"的对联。但当时的对联还称桃符。王安石有《元日》诗：
"爆竹声中一岁除，春风送暖入屠苏。千门万户曈曈日，总把新桃换旧符。"桃符
改成春联已是明代的事情。1368 年，明太祖居金陵时，除夕之夜，令公卿士庶之
家都贴春联，过年时还曾亲自微服出行，逐门观看，以为乐趣。并趁兴亲笔题联，
一赐大官陶安："国朝谋略无双士，翰苑文章第一家。"一赐某平民屠户："双手
劈开生死路，一刀割断是非根。"从此春联才在广大的农村和城镇普遍盛行起来。

春联是我国对联文化中应用最广的一种。写春联也是一门大学问。春联的内
容一般都是表现人们辞旧迎新的喜悦心情和继往开来的奋发精神。不同时代的春
联有着不同的风格。中华人民共和国成立初期，很多人家都贴上"翻身莫忘本，
饮水当思源"来表达对共产党的感激之心。改革开放时期则贴上"改革开放同添
异彩，经济建设共展宏图"来鼓舞人心。不仅写春联的学问博大精深，贴对联也
有讲究，但较为简单：凡上联贴在门的右边，下联贴在门的左边。而区分上下联
的办法是：末字是仄声的是上联，是平声的则是下联。

除了贴春联，人们还常贴门神和"福"字。这主要是为了驱灾压邪，祈求平安。
贴福字的时候，人们还特意将这个"福"字倒着贴，小孩子就会很惊讶地呼喊"福
倒（到）了，福倒（到）了……"，刚好取了其中的谐音。"福到了"这句吉祥话
也使春节的气氛更加喜庆热闹。

大年初一，人们开始走街串巷拜年。拜年是我国民间流行很广很久的春节习
俗。它不仅使人们更好地联络感情、增强团结，也是我国尊老敬老传统美德的体
现。大家走街串户，"恭喜发财""拜年"之声不绝于耳，一派喜庆祥和的景象，
更加增添了节日的喜庆气氛。拜年时，长辈通常会拿红包给晚辈。红包里是压岁钱，
表示好运和祝愿。

虽然人们常常说年味越来越淡了，但春节总给了人们一份浓得难以化开的情
结，这是生养我们的"文化之根"。传统的春节，融入一种文化的意境，文化的
象征，并担负起一种文化的功能：一是辞旧迎新，盼望来年万事顺意；二是祭祀，
缅怀祖宗之德，承继先人之志，融通天地之物，祈盼人生幸福；三是宗亲礼仪往来，
家人团聚，联络世代亲情；四是民间娱乐，扩大社会交往，播撒传统文化，体味
生活之乐。

二 正月十五元宵节

过十五，挑花灯，小朋友们喜盈盈。

跑旱船，放花炮，欢欢喜喜真热闹。

晚上还要吃元宵，全家围坐乐陶陶。

知道这首童谣是庆祝哪个节日的吗？这就是与春节、端午节和中秋节并称为中国四大传统节日的元宵节。春节刚过，人们玩兴仍然很高，所以在新一年的第一个月圆之夜举行庆祝活动，尽情欢乐。

这一天家家户户都会吃元宵。元宵由糯米制成，或实心、或带馅。馅有豆沙、白糖、山楂和各类果料等，食用时煮、煎、蒸、炸皆可。起初，人们把这种食物叫"浮圆子"，后来又叫"汤团"或"汤圆"，这些名称与"团圆"字音相近，取团圆之意，象征全家人团团圆圆、和睦幸福，人们也以此怀念离别的亲人，寄托对未来生活的美好愿望。

元宵节家家户户在门前挂红灯，孩子们提着花灯戏耍，街头、公园、广场搭起灯棚，人们扶老携幼去赏灯。因此，人们又把元宵节叫作"灯节"，也因此元宵节成为一个浪漫的节日。因为传统社会时期女子不允许外出，只有过节时可结伴出游，于是元宵节为青年男女的相识提供了机会，也是情人们相会的好时机。

元宵节为什么要挂花灯呢？传说很久很久以前，一只神鹅飞到人间，却被猎人不小心射伤，玉皇大帝大怒，下令天兵在正月十五那天火烧人间。这个消息，被一位善良的仙女知道了，她立即把灾讯透露给人间。人们凑在一块儿商量，终于想出了一个办法对付玉皇大帝。人们在正月十五前后三天，在门前挂上红灯，燃放烟花、火炮。正准备下凡放火的天兵发现人间处处都是火花，便以为火已经烧起来，于是径直向玉帝交了差。因为元宵节挂彩灯、放火炮避免了天灾，于是人们年年元宵节都挂花灯，放烟火、鞭炮，庆祝斗争的胜利，也感谢那位善良的仙女。

正月十五闹花灯始于我国汉代，当时叫"上元燃灯"。正月十五这天晚上的灯火，一直要点到第二天天明，为的是祭祀一个名叫"泰一"的神。"泰一"是传说中最尊贵的天神，是最大的主宰一切的天神。人们燃放灯火祭祀"泰一"，是为了求天神保佑一年里平安吉祥。

在中国历史上，正月十五闹花灯最盛大的场面起始于隋炀帝时代。唐玄宗时，皇城内开灯节，设灯楼，"百里皆见"。到了北宋，灯会从三夜延至五夜；南宋又增为六夜，万盏彩灯垒成灯山，"乐声嘈杂十余里"。灯节最长的是明朝，朱元璋规定正月初八上灯，十七落灯，连张十夜。灯会伴着烟火，还有鼓吹杂耍弦乐，光影五色，通宵达旦。观灯，也就成了中国特有的一种风俗。

过灯节是中国各地人民的共同风俗，但各地的灯节因灯的制作、用料和式样的不同，而各有特色。在陕北农村，老乡劈开高粱秆扎灯架，糊上红纸，做出南瓜灯、棉花灯和羊灯。北京则到处都大张宫灯，华贵高雅。而在冰城哈尔滨，人们用冰雕成一座座冰灯，晶莹剔透、蔚为壮观。现在科技发达，让灯不仅有灯光、人物、声音，还能演孙悟空和唐僧西天取经的戏呢！灯节还要举行猜灯谜的活动。谜语有写在灯面上的，也有写成纸条挂在灯上的，吸引着众多的猜灯谜爱好者。

三 二月二龙抬头

农历二月初二传说是龙抬头的日子，俗称青龙节。俗话说"龙不抬头天不下雨"，龙是祥瑞之物，和风化雨的主宰。"春雨贵如油"，人们祈望龙抬头兴云作雨，滋润万物。同时，二月二正是惊蛰前后，百虫蠢动，疫病易生，人们祈望龙抬头出来镇住毒虫。

农历二月初二，是我国农村的一个传统节日，名曰"龙头节"。俗话说："二月二，龙抬头，大家小户使耕牛。"此时，阳气回升，大地解冻，春耕将始，正是运粪备耕之际。传说此节起源于三皇之首伏羲氏时期。伏羲氏"重农桑，务耕田"，每年二月二这天，"皇娘送饭，御驾亲耕"，自理一亩三分地。后来黄帝、唐尧、虞舜、夏禹纷纷效法先王。到周武王，不仅沿袭了这一传统做法，而且还当作一项重要的国策来施行。于二月初二，举行重大仪式，让文武百官都亲耕一亩三分地，这便是龙头节的历史传说。又一说为武则天废唐立周称帝，惹得玉帝大怒，命令龙王三年不下雨。龙王不忍生灵涂炭，偷偷降了一场大雨。玉帝得知便将龙王打出天宫，压于大山之下，黎民百姓感龙王降雨深恩，天天向天祈祷，最后感动了玉皇大帝，于二月初二将龙王释放，于是便有了"二月二，龙抬头"之说。实际上是过去农村水利条件差，农民非常重视春雨，庆祝"龙头节"，以示敬龙祈雨，让老天保佑丰收，从其愿望来说是好的，故"龙头节"流传至今。

农历二月初二，之所以被称为龙抬头节，其实与古代天象有关。旧时人们将黄道附近的星象划分为二十八组，表示日月星辰在天空中的位置，俗称"二十八宿"，以此作为天象观测的参照。"二十八宿"按照东西南北四个方向划分为四大组，产生"四象"：东方苍龙，西方白虎，南方朱雀，北方玄武。"二十八宿"中的角、亢、氐、房、心、尾、箕七宿组成一个龙形星象，人们称它为东方苍龙，其中角宿代表龙角，亢宿代表龙的咽喉，氐宿代表龙爪，心宿代表龙的心脏，尾宿和箕宿代表龙尾。《说文》中有龙"能幽能明，能细能巨，能短能长，春分而登天，秋分而潜渊"的记载，实际上说的是东方苍龙星象的变化。

古时，人们观察到苍龙星宿春天自东方夜空升起，秋天自西方落下，其出没周期和方位正与一年之中的农时周期相一致。春天农耕开始，苍龙星宿在东方夜空开始上升，露出明亮的龙首；夏天作物生长，苍龙星宿悬挂于南方夜空；秋天庄稼丰收，苍龙星宿也开始在西方坠落；冬天万物伏藏，苍龙星宿也隐藏于北方地平线以下。而每年的农历二月初二晚上，苍龙星宿开始从东方露头，角宿，代表龙角，开始从东方地平线上显现；大约一个钟头后，亢宿，即龙的咽喉，升至地平线以上；接近子夜时分，氐宿，即龙爪也出现了。这就是"龙抬头"的过程。之后，每天的"龙抬头"日期，均约提前一点，经过一个多月时间，整个"龙头"就"抬"起来了。后来，这天也被赋予多重含义和寄托，衍化成"龙抬头节""春龙节"了。

二月初二龙抬头的形成，也与自然地理环境有关。二月初二龙抬头节，主要流行于北方地区，而南方水多，土地少，这天多流行祭祀土地社神。由于北方地区常年干旱少雨，地表水资源短缺，而赖以生存的农业生产又离不开水，病虫害的侵袭也是庄稼的大患，因此，人们求雨和消灭虫患的心理便折射到日常信仰当中，二月初二的龙抬头节对人们而言也就显得格外重要：依靠对龙的崇拜驱凶纳吉，寄托人们对美好生活的向往——龙神赐福人间，人畜平安，五谷丰登！

每当青龙节到来，我国北方大部分地区在这天早晨家家户户打着灯笼到井边或河边挑水，回到家里便点灯、烧香、上供。旧时，人们把这种仪式叫作"引田龙"。这一天，家家户户还要吃面条、炸油糕、爆玉米花，比作为"挑龙头""吃龙胆""金豆开花，龙王升天，兴云布雨，五谷丰登"，以示吉庆。

四 禁烟扫墓寒食节

寒食节也称为"禁烟节""冷节""百五节"，在夏历冬至后一百零五日，清明节前一二日。是日初为节时，禁烟火，只吃冷食。并在后世的发展中逐渐增加了祭扫、踏青、秋千、蹴鞠、牵勾、斗草等风俗，寒食节前后绵延两千余年，曾被称为民间第一大祭日。寒食节是汉族传统节日中唯一以饮食习俗来命名的节日。

寒食节的源头为远古时期人类的火崇拜。古人的生活离不开火，但是，火又往往给人类造成极大的灾害，于是古人便认为火有神灵，要祀火。各家所祀之火，每年又要止熄一次。然后再重新燃起新火，称为改火。改火时，要举行隆重的祭祖活动，将谷神稷的象征物焚烧，称为人牺。相沿成俗，便形成了后来的禁火节。

禁火节，后来又转化为寒食节，用以纪念春秋时期晋国的名臣义士介子推。寒食节原发地是山西介休绵山，距今已有2600多年的历史。据《辞源》《辞海》中"寒食节"释义：春秋时，介之推历经磨难辅佐晋公子重耳复国后，隐居介休绵山。重耳烧山逼他出来，介之推母子隐迹焚身。晋文公为悼念他，下令在介之推忌日禁火寒食，形成寒食节。关于寒食节起源于介子推在介休绵山被焚的记载，最早见于西汉桓谭《新论》卷十一《离事》。历史上，寒食、清明两节相近，久而久之，便合为一个节日。

传说晋文公流亡期间，介子推曾经割股为他充饥。晋文公归国为君后，分封群臣时却忘记了介子推。介子推不愿夸功争宠，携老母隐居于绵山。后来晋文公亲自到绵山恭请介子推，介子推不愿为官，躲藏到山里。文公手下放火焚山，原意是想逼介子推露面，结果介子推抱着母亲被烧死在一棵大树下。为了纪念这位忠臣义士，于是在介子推死难之日不生火做饭，要吃冷食，称为寒食节。

汉时，山西民间要禁火一个月表示纪念。三国时期，魏武帝曹操曾下令取消这个习俗。《阴罚令》中有这样的话，"闻太原、上党、雁门冬至后百五日皆绝火寒食，云为子推"，"令到人不得寒食。犯者，家长半岁刑，主吏百日刑，令长夺一月俸"。三国归晋以后，由于与春秋时晋国的"晋"同音同字，因而对晋地掌故特别垂青，纪念介子推的禁火寒食习俗又恢复起来，不过时间缩短为三天。同时，把寒食节纪念介子推的说法推而广之，扩展到了全国各地。寒食节成了全国性的节日，寒食节禁火寒食成了汉民族的共同风俗习惯。

寒食节习俗，有上坟、郊游、斗鸡子、荡秋千、打毯、拔河等。其中上坟之俗，是很古老的中国过往的春祭都在寒食节，直到后来改为清明节。但韩国方面，仍然保留在寒食节进行春祭的传统。寒食节是山西民间春季一个重要节日，山西介休绵山被誉为"中国寒食清明文化之乡"，每年举行隆重的寒食清明祭祀仪式活动。

山西民间禁火寒食的习俗多为一天，只有少数地方仍然习惯禁火三天。晋南地区民间习惯吃凉粉、凉面、凉糕，等等。晋北地区习惯以炒祺作为寒食日的食品。一些山区这一天全家吃炒面，即将五谷杂粮炒熟，拌以各类干果脯，磨成面。

寒食节，民俗要蒸寒燕庆祝，用面粉捏成大拇指一般大的飞燕、鸣禽及走兽、瓜果、花卉等，蒸熟后着色，插在酸枣树的针刺上面，装点室内，也作为礼品送人。

主要习俗可分为以下几个方面。

禁烟寒食：寒食节古代也叫"禁烟节"，家家禁止生火，都吃寒食。寒食食品包括寒食粥、寒食面、寒食浆、青精饭及饧等；寒食供品有面燕、蛇盘兔、枣饼、细稞、神馓等；饮料有春酒、新茶、清泉甘水等数十种之多。其中多数寓意深刻，如祭食蛇盘兔，俗有"蛇盘兔，必定富"之说，意为企盼民富国强；子推燕，取介休方言"念念"不忘介之推高风亮节……

拜扫祭祖：寒食节扫墓祭祖在南北朝到唐前被视为"野祭"。唐代编入《开元礼》卷第八十七"王公以下拜扫"中，成为官方认同并倡导的吉礼之一。后演变为皇家祭陵，官府祭孔庙、祭先贤，百姓上坟等。时一家或一族人同到先祖坟地，致祭、添土、挂纸钱，然后将子推燕、蛇盘兔撒于坟顶滚下，用柳枝或疙针穿起，置于房中高处，意沾先祖德泽。

寒食插柳：柳为寒食节象征之物，原为怀念介之推追求政治清明之意。早在南北朝《荆楚岁时记》就有"江淮间寒食日家家折柳插门"的记载，安徽、苏州等地还盛行戴芥花，佩麦叶来代替柳枝。据各地史籍记载，"插柳于坟""折柳枝标于户""插于檐插柳寝灶间""亦戴之头或系衣带""瓶贮献于佛神""门皆插柳"，故民间有"清明（寒食）不戴柳，红颜成白首"之说。

寒食踏青：也叫踏春，盛兴于唐宋。宋李之彦《东谷所见》载："拜扫了事，而后与兄弟、妻子、亲戚、契交放情地游览，尽欢而归。"明代《帝王景物略》记京效踏青场景为："岁（寒食）清明日，都人踏青，舆者，骑者，步者，游人以万计。"可谓盛极。

寒食秋千：秋千原为古代寒食节宫廷女子游乐项目。五代王仁裕《开元天宝遗事》载"天宝宫中至寒食节竟竖秋千，令宫嫔辈戏笑以为宴乐。帝呼为半仙之戏，都中士民因而呼之"。宋代宰相文彦博诗《寒食日过龙门》，诗中描写为"桥边杨柳垂青线，林立秋千挂彩绳"。

寒食咏诗：寒食节时，文人们或思乡念亲，或借景生情，感慨尤多，灵感顿生，诗兴大发，咏者甚多。据查，仅《全唐诗》就有唐玄宗、张说、杜甫、韩愈、柳宗元等名人名家诗词三百余首，宋金元词曲也有一百余首，成为中国诗歌艺术中一枝奇葩。此外，寒食节期间还有赐宴、赏花、斗鸡、镂鸡子、拔河、钻木取火、放风筝、斗百草等许多活动，极大地丰富了中国古代的社会生活。

寒食节是春秋时晋文公为纪念介之推而设的节日，历经各朝代延续至今，从未间断。虽经东汉周举、三国曹操、后赵石勒、北魏孝文帝等多次禁断，却屡禁屡兴，寒食习俗蔓延全国，深入民心。唐玄宗顺应民意，颁诏将寒食节拜扫展墓编入《开元礼》中，并定为全国法定长假，丰富多样的寒食活动，充实了社会生活，增进了社会人际和谐关系，对缓解社会矛盾，推动社会不断前进起了重要作用。特别是北魏、辽、金、元和清代兄弟民族统治者对寒食节俗的认同和参与，通过寒食文化的交流、融合，对促进民族团结和政权巩固具有潜移默化的巨大作用。寒食节蕴含的介之推忧国忧民、忠君爱国、清明廉洁的政治抱负和功不言禄、功成身退的奉献精神，是古代社会伦理准则，是社会安定、民族团结的纽带，至今仍有重要的现实意义。

寒食文化以忠孝为核心的内涵以及由忠孝延伸而来的诚信，是介之推精神的精髓，是中华民族传统道德的核心，民族根祖文化的基础，也是维系民族、家庭团结的道德力量。当今，更是聚民心，凝国魂，实现祖国和平统一，构建和谐社会的重要活动方式和精神理念。

历史上，寒食节活动由纪念介之推禁烟寒食为主，逐步演变为以拜扫祭祖为主，其中蕴含的忠孝廉洁的理念，完全符合中国古代国家需要忠诚、家庭需要孝道的传统道德核心，成为家庭和谐、社会稳定的重要载体。发展到现代，寒食节已成为缅怀革命先烈、教育青少年的重要形式。同时，每逢寒食节，港澳台同胞和海外华人回乡扫墓祭祖，成为传承中华民族根祖文化，体现民族认同感和凝聚力的重要节日。

五　扫墓祭祖清明节

清明节是农历二十四节气之一，那天万物清明洁净、气清天爽，所以叫"清明"。清明节时，我国南北地区气温都普遍回升，平均温度一般在10℃以上。人们历来有在清明节扫墓、踏青、植树、换装的风俗。现在广大农村仍有祭祀祖坟的风俗习惯，而在城市，多改为青少年祭扫革命先烈之墓的新风俗了。按照旧的习俗，扫墓时，人们要携带酒食果品、纸钱等物品到墓地，将食物供祭在亲人墓前，再将纸钱焚化，为坟墓培上新土，折几枝嫩绿的新枝插在坟上，然后叩头行礼祭拜。

清明节，又叫踏青节，在阳历每年的4月4日至6日之间，这正是春光明媚、草木吐绿的时节，是人们开展各项活动的好时候。

荡秋千，这是我国古代清明节的习俗。秋千，意即揪着皮绳而迁移。它的历史很古老，最早叫千秋，后为了避忌讳，改为秋千。古时的秋千多用树枝为架，再拴上彩带做成，后来逐步发展为用两根绳索加上踏板的秋千。荡秋千不仅可以增进健康，还可以培养勇敢精神，至今还为人们特别是儿童所喜爱。

踏青又叫春游，古时又叫探春、寻春等。三月清明，春回大地，自然界到处呈现一派生机勃勃的景象，正是郊游的大好时光。我国民间长期保持着清明踏青的习惯。

植树，清明前后，春阳照临、春雨飞洒，树苗种植成活率高。因此，我国自古就有清明植树的习惯，有人还把清明节叫作"植树节"。植树风俗一直流传至今。1979年，全国人大常委会规定，每年3月12日为我国植树节。这对动员全国各族人民积极绿化祖国，有着十分重要的意义。

放风筝，是清明时节人们所喜爱的活动。人们不仅白天放，夜间也放。夜里在风筝下或风筝稳拉线上挂着的一串串彩色的小灯笼，像闪烁的明星，被称为"神灯"。过去，有的人把风筝放上蓝天后，便剪断牵线，任凭清风把它们送往天涯海角，同时也送走自己的坏运气。

六 五月初五端午节

农历五月初五，是中国民间的传统节日——端午节。端午也称端五、端阳。此外，端午节还有许多别称，如午日节、重五节、五月节、龙日等。虽然名称不同，但各地人民过节的习俗还是大同小异。

端午节始于战国时代。关于它的起源，民间流传最广、最具影响的说法是为了纪念战国时期楚国的伟大爱国诗人屈原，他于公元前 278 年五月初五自沉于汨罗江。据说屈原投江后，当地百姓为了避免屈原的尸体被江里的鱼龙所伤，便把粽子、鸡蛋投入江里喂鱼龙。一个老医生拿来一坛雄黄酒倒进江里，说要药晕蛟龙。不一会儿，水面上果真浮起一条昏厥的蛟龙，龙须上还沾着一片衣襟。人们就把这条恶龙拉上岸，剥皮抽筋，然后将龙筋缠在孩子们的手腕和脖子上；又用雄黄酒抹七窍，以防毒蛇、害虫伤害。从此，民间在端午节便形成了赛龙舟、吃粽子、戴艾蒿、挂菖蒲、带香包、驱五毒、饮雄黄酒、缠五色丝等习俗。

赛龙船是端午节最重要的活动。参加"龙船赛"的人由鼓头、锣手和水手三部分组成。鼓头是位长辈，他坐在龙颈处，面向水手，比赛时击鼓指挥。锣手则由一名男扮女装的少年担任，他坐在鼓头前面的龙头和母船的接合处，应声击鼓，协助指挥。水手们全由身强力壮的青壮年担任，其中 1 人手拿着三响火铳，站立在母船前面，负责放炮和篙水；预备划手 2 人，坐在母船上打杂应急；母船后面是 4 个中年划手，各持一柄短桨；再后面是 1 名舵手；主划手共有 32 人，每人手里握 6 尺长的划撑两用的桨棒，分别站在两侧的子船上。比赛时，鼓锣一声紧似一声，只见船头的鼓头、锣手、篙手随着船势，前俯后仰，船尾的舵手趁势猛蹬，众人齐力挥桨，一时浪花伴随着疾驶如飞的船体，犹如腾云驾雾，十分壮观。赛完龙船，在密布白色帐篷的河坝上，人们又展开了彩鼓舞、踩笙芦舞、赛马、斗牛以及球类等比赛活动，一直玩到深夜。

端午节在门口挂艾草、菖蒲或石榴、胡蒜，都有其原因。通常将艾草、菖蒲用红纸绑成一束，然后插或悬在门上。因为菖蒲是天中五瑞之首，象征驱除不祥的宝剑，因为生长的季节和外形被视为感"百阴之气"，叶片呈剑形，插在门口可以避邪，所以方士们称它为"水剑"，后来的风俗则引申为"蒲剑"，可以斩千邪。清代顾铁卿在《清嘉录》中有一段记载"截蒲为剑，割蓬作鞭，副以桃梗蒜头，悬于床户，皆以却鬼"。而晋代《风土志》中则有"以艾为虎形，或剪彩为小虎，贴以艾叶，内人争相裁之。以后更加菖蒲，或作人形，或肖剑状，名为蒲剑，以驱邪却鬼"。

艾草代表招百福，是一种可以治病的药草，插在门口，可使身体健康。在我国古代就一直是药用植物，针灸里面的灸法，就是用艾草作为主要成分，放在穴道上进行灼烧来治病。有关艾草可以驱邪的传说已经流传很久，主要是它具备医药的功能而来，像宗懔的《荆楚岁时记》中记载曰"鸡未鸣时，采艾似人形者，揽而取之，收以灸病，甚验。是日采艾为人形，悬于户上，可禳毒气"。

躲端午，端午节习俗，指接新嫁或已嫁之女回家度节。简称"躲午"，亦称"躲端五"。俗以五月、五月五日为恶月、恶日，诸事多需避忌，因有接女归家躲端午之俗。此俗宋代似已形成，陆游《丰岁》诗有"羊腔酒担争迎妇，遣鼓龙船共赛神"之句。《嘉靖隆庆志》亦记云"已嫁之女召还过节"。又，《滦州志》："女之新嫁者，于是月俱迎以归，谓之'躲端午'。"

端午饮雄黄酒的习俗，从前在长江流域地区极为盛行。古语曾说"饮了雄黄酒，病魔都远走"。雄黄是一种矿物质，俗称"鸡冠石"，其主要成分是硫化砷，并含有汞，有毒。一般饮用的雄黄酒，只是在白酒或自酿的黄酒里加入微量雄黄而成，无纯饮的。雄黄酒有杀菌驱虫解五毒的功效，中医还用来治皮肤病。在没有碘酒之类消毒剂的古代，用雄黄泡酒，可以祛毒解痒。未到喝酒年龄的小孩子，大人则给他们的额头、耳鼻、手足心等处涂抹上雄黄酒，意在消毒防病，虫豸不叮。江浙一带有端午节吃"五黄"的习俗。五黄指黄瓜、黄鳝、黄鱼、咸鸭蛋黄、雄黄酒。此外，浙北端午节还吃豆腐。

端午节吃粽子是中国人民的又一传统习俗。粽子，又叫"角黍""筒粽"，其由来已久，花样繁多。晋代，粽子被正式定为端午节食品。这时，包粽子的原料除糯米外，还添加中药益智仁，煮熟的粽子称"益智粽"。到了唐代，粽子的用米已"白莹如玉"，其形状出现锥形、菱形。元、明时期，粽子的包裹料已从菰叶变为箬叶，后来又出现用芦苇叶包的粽子，附加料又出现豆沙、猪肉、松子仁、枣子、胡桃等，品种更加丰富多彩。一直到今天，每年五月初，中国百姓家家都要浸糯米、洗粽叶、包粽子，其花色品种更为繁多。从馅料看，北方多包小枣的北京枣粽；南方则有豆沙、鲜肉、火腿、蛋黄等多种馅料，曾经以浙江嘉兴粽子为代表。吃粽子的风俗，千百年来，在中国盛行不衰，而且流传到朝鲜、日本及东南亚诸国。

七 七月七牛郎会织女

农历七月初七的夜晚，天气晴暖，草木飘香，这就是人们俗称的七夕节，也称之为"乞巧节"或"女儿节"，这是中国传统节日中最具浪漫色彩的一个节日，也是过去姑娘们最为重视的日子。

七夕节始终和牛郎织女的传说相连，这是一个千古流传的美丽爱情故事，是我国四大民间爱情传说之一。

传说牛郎是一个聪明忠厚的小伙子，但父母早逝，只能跟哥嫂生活在一起。但嫂嫂为人狠毒，多次设计陷害牛郎，牛郎被逼离家，陪伴他的只有一头老牛。一天，织女和诸仙女一起下凡游戏，在河里洗澡。牛郎在老牛的帮助下认识了织女，二人互生情意。后来织女偷偷下凡，来到人间，做了牛郎的妻子。织女还把从天上带来的天蚕分给大家，并教大家养蚕、抽丝，织出又光又亮的绸缎。二人生活得十分幸福，并有了一双儿女。后来王母知道了他们的事情，便强行把织女带回天庭，谁知牛郎竟带上儿女追赶织女到了天庭，狠心的王母娘娘便拔下玉簪子划银河为界，使牛郎织女隔河相望，而不能相见。天上人间同情二人对爱情的忠贞，于是每年的七月初七，所有喜鹊便衔柴搭桥，人称鹊桥，让牛郎织女在桥上相会。在晴朗的夏秋之夜，天上繁星闪耀，一道白茫茫的银河横贯南北，银河的东西两岸，各有一颗闪亮的星星，隔河相望，遥遥相对，那就是牵牛星和织女星。相传这天晚上要降小雨，那是二人的眼泪。在寂静的瓜架下面，若仔细倾听，你还能听见二人的窃窃私语呢。如能听到牛郎织女相会时的悄悄话，那么待嫁的少女日后便能得到千年不渝的爱情。

七夕坐看牵牛织女星，是民间的习俗。织女是一个美丽聪明、心灵手巧的仙女，凡间的妇女便在这一天晚上向她乞求智慧和巧艺，也向她求赐美满姻缘，所以七夕也被称为乞巧节。

女孩儿们在这个充满浪漫气息的晚上，对着天空的朗朗明月，摆上时令瓜果，朝天祭拜，乞求天上的女神赋予她们聪慧的心灵和灵巧的双手，让自己的针织女红技法娴熟，更乞求爱情婚姻的姻缘巧配。过去婚姻是决定女性一生幸福的大事，所以，世间无数的有情男女都会在这个晚上夜深人静时刻，对着星空祈祷自己的姻缘美满。

　　各个地区的乞巧方式不尽相同，各有趣味。山东济南、惠民、高青等地的乞巧活动很简单，只是陈列瓜果，如有喜蛛结网于瓜果之上，就意味着乞得巧了。而鄄城、曹县、平原等地吃巧巧饭的风俗十分有趣：七个要好的姑娘集粮集菜包饺子，把一枚铜钱、一根针和一个红枣分别包到三个水饺里，乞巧活动以后，她们聚在一起吃水饺，传说吃到钱的有福，吃到针的手巧，吃到枣的早婚。

　　直到今日，七夕仍是一个富有浪漫色彩的传统节日，被誉为中国的情人节。虽然不少习俗活动已弱化或消失，但象征忠贞爱情的牛郎织女的传说，一直流传民间，经久不衰。许多文人有感于牛郎织女凄美的爱情倾力创作出不少传世佳作。

八　七月十五鬼节

　　鬼节，俗称"七月半"。俗传去世的祖先七月初被阎王释放半月，故有七月初接祖，七月半送祖习俗。送祖时，纸钱冥财烧得很多，以便"祖先享用"。同时，在写有享用人姓名的纸封中装入钱纸，祭祀时焚烧，称"烧包"。年内过世者烧新包，多大操大办，过世一年以上者烧老包。

　　无论贫富都要备下酒菜、纸钱祭奠亡人，以示对死去的先人的怀念。中元节一般是七天，又有新亡人和老亡人之分。三年内死的称新亡人，三年前死的称老亡人。迷信说新老亡人这段时间要回家看看，还说新老亡人回来的时间并不相同，新亡人先回，老亡人后回。因此要分别祭奠。烧纸钱的时间选晚上夜深人静时，先用石灰在院子里撒几个圈儿，说是把纸钱烧在圈儿里孤魂野鬼不敢来抢，然后一堆一堆地烧，烧时嘴里还要不住地念叨："某某来领钱。"最后还要在圈外烧一堆，说是烧给孤魂野鬼的。亡人们回去的这一天，无论贫富都要做一餐好饭菜敬亡人，又叫"送亡人"。

　　仪式中佛教徒为了追悼祖先举行"盂兰盆会"，佛经中《盂兰盆经》以修孝顺励佛弟子的旨意，合乎中国追先悼远的俗信，于是益加普及。民间普遍流传目连解救母厄的故事："有目连僧者，法力宏大。其母堕落饿鬼道中，食物入口，即化为烈焰，饥苦太甚。目连无法解救母厄，于是求教于佛，为说盂兰盆经，教于七月十五日作盂兰盆以救其母。"

中国从梁代开始照此仿行，相沿成中元节。不过后来除设斋供僧外，还增加了拜忏、放焰口等活动。这一天，事先在街口村前搭起法师座和施孤台。法师座跟前供着超度地狱鬼魂的地藏王菩萨，下面供着一盘盘面制桃子、大米。施孤台上立着三块灵牌和招魂幡。过了中午，各家各户纷纷把全猪、全羊、鸡、鸭、鹅及各式发糕、果品等摆到施孤台上。主事者分别在每件祭品上插上一把蓝、红、绿等颜色的三角纸旗，上书"盂兰盛会""甘露门开"等字样。仪式是在一阵庄严肃穆的庙堂音乐中开始的。紧接着，法师敲响引钟，带领座下众僧诵念各种咒语和真言。然后施食，将一盘盘面桃子和大米撒向四方，反复三次。这种仪式叫"放焰口"。

到了晚上，家家户户还要在自己家门口焚香，把香插在地上，越多越好，象征着五谷丰登，这叫作"布田"。有些地方有放水灯的活动。所谓水灯，就是一块小木板上扎一盏灯，大多数都用彩纸做成荷花状，叫作"水旱灯"。按传统的说法，水灯是为了给那些冤死鬼引路的。灯灭了，水灯也就完成了把冤魂引过奈何桥的任务。那天店铺也都关门，把街道让给鬼。街道的正中，每过百步就摆一张香案，香案上供着新鲜瓜果和一种"鬼包子"，桌后有道士唱人们都听不懂的祭鬼歌，这种仪式叫"施歌儿"。

上元节是人间的元宵节，人们张灯结彩庆元宵。中元由上元而来。人们认为，中元节是鬼节，也应该张灯，为鬼庆祝节日。不过，人鬼有别，所以，中元张灯和上元张灯不一样。人为阳，鬼为阴；陆为阳，水为阴。水下神秘昏黑，使人想到传说中的幽冥地狱，鬼魂就在那里沉沦。所以，上元张灯是在陆地，中元张灯是在水里。

有关中元节的传说很多，最主要的传说是，阎罗王于每年农历七月初一，打开鬼门关，放出一批无人奉祀的孤魂野鬼到阳间来享受人们的供祭。七月半时，重关鬼门之前，这批孤魂野鬼又得返回阴间。所以七月又称鬼月。还有一个重要的传说是目连救母的故事，源自佛教传说：目连的母亲坠入饿鬼道中，过着吃不饱的生活。目连于是用他的神力化成食物，送给他的母亲，但其母不改贪念，见到食物到来，深怕其他恶鬼抢食，贪念一起食物到她口中立即化成火炭，无法下咽。目连虽有神通，身为人子，却救不了其母，十分痛苦，请教佛陀如何是好。佛为他念《盂兰盆经》，嘱咐他七月十五作盂兰盆以祭其母。近代献瓜果、陈禾麻以祭先祖，固然有尝新的含义，也是盆祭的遗风。

从有关中元节的传说中，可深切体认到中元节的祭祀具有双重的意义，一是阐扬怀念祖先的孝道，一是发扬推己及人，乐善好施的义举。这全是从慈悲的角度出发，是很有人情味的，所以"中元节"在当前崇尚"和谐社会"的今天，越来越得到人们的重视。

各地曾有的鬼节风俗

河北省南皮县七月十五携带水果、肉脯、酒、楮钱等前往祖先墓地祭扫。并持麻谷至田梗，称为"荐新"。广平县中元节以时鲜食物祭拜祖先，并准备果蔬、蒸羊送给外孙，称为"送羊"。清河县七月十五上坟祭扫，以蒸面羊赠送女儿。

山西省永和县读书人于此日祭魁星。长子县的牧羊人家于中元节屠羊赛神，俗传如此可使羊只增加生产。又赠肉给诸亲戚，家贫无羊者则蒸面作羊形来代替。阳城县农家以麦屑做成猫、虎及五谷之形，于田间祭祀，称为"行田"。马邑县农民中元节以麦面作儿童的形状，名为"面人"，互赠亲戚家的小孩。忻州市忻府区农民于中元节在田梗上挂五色纸。

河南省商丘市睢阳区中元祀地官时，悬挂纸旗于门口，传说可以防虫。洛阳市孟津区中元节放风筝，荥阳一带七月十五日在门前画一灰圈，在圈内焚烧纸公以祭拜祖先。

山东省长岛渔民以木板秫秸制成小船，上贴一纸条"供××使用"，或供溺海者的牌位，再装上食物、衣帽、鞋袜等用具，然后点燃蜡烛，由已婚的男子将小船放入海中。沾化县各家采麻柯及新鲜草叶搭棚子，称为"麻屋"，请祖先牌位于其中祭祀。

陕西省西安市临潼区七月十五日烧纸祭麻姑。城固县中元节农家会饮，称为"挂锄"。延缓农家，中元节早晨至田间，择取最高、最茂密的稻穗，挂上五色纸旗，名为"田旛"。

四川省俗以中元祭祖烧袱纸。即将纸钱一叠封成小封，上面写着收受人的称呼和姓名，收受的封数，化帛者的姓名及时间。俗传七月十五鬼门关闭，各家都要施孤送孩。成都一带人们用纸扎花盘，上放纸钱及供果，端在手上，在屋内边走边念："至亲好友，左邻右舍，原先住户，还舍不得回去的亡魂，一切孤魂野鬼，都请上花盘，送你们回去啰！"说完后端到屋外焚化。

福建省永福县中元节，已嫁之女子须回家祭祖。福州方言称中元为"烧纸衣节"。已嫁之女准备父母之衣冠袍笏置于箱中，以纱笼之，名为纱箱，送父母家。闽中中元有普度之俗，无论城乡必定举行，其经费则由人沿门募集。即使极贫穷之家，也会想尽办法筹款来应付。有谚语道："普度不出钱，瘟病在眼前。普度不出力，矮爷要来接。"举行普度时，也有子弟乐团之演出。

湖南省邵阳人于农历七月十二前后"接老客",于农历七月十五晚焚化纸包、烧香拜祖,曰"送老客"。纸包内包有寸厚纸钱,纸包正面书祖上名讳,包好后须在背面书"封"字。十五当晚,焚烧封包越多,火势越大,表示家族越发兴旺。

湖北省麻城人每逢农历七月十五前后,必宰牲畜,接本姓之姑姑团聚过节,焚烧纸钱祭拜逝去先人。祭祀当天,先献上荤食与白酒,并"馒头"饭,竹筷平摊于饭菜之间,灯火齐明,还要诉接祭之言。各家男丁亲自在纸钱上打印制作纸钱,烧纸毕,跪拜先人。之后合家聚宴。节日可以选择七月十三到十六日间的任一天进行。

九 八月十五中秋节

中秋节,为每年农历的八月十五。按照中国的农历,八月为秋季的第二个月,古时称为仲秋,因此民间称为中秋。又称秋夕、八月节、八月半、月夕、月节,又因为这一天月亮满圆,象征团圆,又称为团圆节。

中秋节与春节、端午节等同是属于中国全民性的节日,被列入中国第一批国家级非物质文化遗产名录。中秋节有悠久的历史,和其他传统节日一样,也是在历史文化的发展中慢慢形成的。中秋节原本是一个祭祀节日。古代帝王有春天祭日、秋天祭月的礼制,民家也有中秋祭月之风,据《周礼·春官》记载,周代已有"秋分夕月(拜月)"活动。在中秋时节,对着天上又亮又圆一轮皓月,观赏祭拜,祈福缅怀,这种习俗传到民间后,形成一个传统的大规模的民众活动。

后来严肃的祭祀变成了轻松的欢娱,中秋节的祭祀用途已渐渐淡化,而祈福赏月成了中秋节更重要的作用。《唐书·太宗记》记载有"八月十五中秋节",到了宋朝,农历八月十五被定为中秋节,并出现"小饼如嚼月,中有酥和饴"的节令食品。至明清时,已与元旦齐名,成为我国的主要节日之一。中国各地至今遗存着许多"拜月坛""拜月亭""望月楼"的古迹。现在,祭月拜月活动已被规模盛大、多彩多姿的群众赏月游乐活动所替代。

这个美好的节日,千百年来众多的文人骚客留下了千古名句。众多以中秋节为题材的文学作品亘古流传,借中秋明月抒发思乡之情或寄托对幸福的向往。关于中秋节更有许多美好的传说,而最出名的,莫过于关于月亮神嫦娥的故事。

相传，远古时候有一对令人羡慕的神仙情侣——后羿与嫦娥。后羿力大无比又英勇无畏，嫦娥美丽善良，两人因嫉恶如仇、打抱不平而受到百姓的尊敬和爱戴。有一天，天上突然出现了十个太阳，而他们都是天帝的儿子。由于他们的出现，大地的温度骤然升高，森林、庄稼着火了，河流干涸了，被烤死的人民横尸遍野。后羿听闻此事，与嫦娥来到人间，拉开神弓，一口气射下九个太阳，并严令最后一个太阳按时起落，为民造福。

　　后羿为人间除了大害，却得罪了天帝，天帝因为他射杀自己九个儿子而大发雷霆，不许他们夫妇再回到天上。既然无法回天，后羿便决定留在人间，为人民做更多的好事。可是他的妻子嫦娥却日渐对充满苦难的人间生活感到不满。

　　一天，后羿到昆仑山访友求道，巧遇由此经过的王母娘娘，便向王母求得一包不死药。据说，服下此药，能即刻升天成仙。遗憾的是，西王母的神药只够一个人使用。后羿既舍不得抛下心爱的妻子自己一个人上天，也不愿妻子一个人上天而把自己留在人间。所以他把神药带回家后就悄悄藏了起来。

　　后羿讨得神药的秘密被嫦娥发现了，嫦娥禁不住天上极乐世界的诱惑。在八月十五中秋节月亮最明的时候，趁后羿不在家，嫦娥偷偷吃下神药，身子立时飘离地面、冲出窗口，向天上飞去。由于嫦娥牵挂着丈夫，便飞落到离人间最近的月亮上成了仙。

　　后羿回到家悲痛欲绝，仰望着夜空呼唤爱妻的名字，他派人到嫦娥喜爱的后花园里，摆上香案，放上她平时最爱吃的蜜食鲜果，遥祭在月宫里眷恋着自己的嫦娥。百姓们闻知嫦娥奔月成仙的消息后，纷纷在月下摆设香案，向善良的嫦娥祈求吉祥平安。从此，中秋节拜月的风俗在民间传开了。

　　中秋节是我国极富传统色彩的节日。中秋节凭借着独特的文化内涵，给人们带来了甜美至纯的心灵感受，象征着团圆、和谐、吉祥和平安。中秋节是每家每户团圆的节日，它的文化内涵就集中在"团圆"二字上。中秋节在中国各地的过节方式都不一样，但有着共同的内涵和永恒不变的祈福团圆的祝福之意。

　　民间中秋节有吃月饼、赏月、赏桂花、猜灯谜等多种习俗。中国地缘广大，人口众多，也形成了各异的节日风俗，中秋节也不例外，除了赏月祭月、吃月饼外，许多地方的风俗带有浓厚的地方特色。

　　中秋夜烧塔是很多地方一直盛行的中秋活动。用碎瓦片砌成的塔高1—3公尺不等，顶端留一个塔口，供投放燃料用。中秋晚上便点火燃烧，火旺时泼松香粉，引焰助威，极为壮观。据传烧塔也是元朝末年，汉族人民反抗残暴统治者，于中秋起义时举火为号的由来。

江苏无锡中秋夜要烧斗香。香斗四周糊有纱绢，绘有月宫中的景色。也有香斗以线香编成，上面插有纸扎的魁星及彩色旌旗。上海人中秋宴以桂花蜜酒佐食。

江西吉安在中秋节的傍晚，每个村都用稻草烧瓦罐。待瓦罐烧红后，再放醋进去，这时就会有香味飘满全村。江西新城（今黎川）过中秋时，自八月十一夜起就悬挂通草灯，直至八月十七日止。

四川人过中秋除了吃月饼外，还要打糍粑、杀鸭子、吃麻饼、吃蜜饼等。有的地方也点橘灯，悬于门口，以示庆祝。也有儿童在柚子上插满香，沿街舞动，叫作"舞流星香球"。乐山地区中秋节祭土地神、扮演杂剧、声乐、文物，称为"看会"。

苗家山寨每到中秋之夜举行"跳月"活动，苗族男男女女都会走出家门，到空地上载歌载舞。苗族的古老传说，有个年轻美丽的水清姑娘，她拒绝了来自九十九州九十九个向她求婚的小伙子，深深爱上了忠诚憨厚、勤劳勇敢的青年月亮。最后，她勇敢地承受了众多的磨难，与月亮幸福地结合在一起。苗族父老为纪念他们幸福的爱情，世世代代在中秋之夜，沐浴着月亮的光辉，跳起苗家歌舞，并把这一风俗称为"跳月"。

中秋之夜，侗家姑娘打着花伞，选取自己心爱后生的园圃，去采摘瓜菜，而不会被人看成是"偷盗"。她们还要有意地高声叫喊："喂！你的瓜菜被我摘走了，你到我家去吃油茶吧！"原来，她们这是借助月宫仙女传递红线呢。如果能摘到一个并蒂的瓜果，这表示她们能有幸福的爱情。因此，成双生长的豆角便成了她们采摘的对象。嫂子们这夜也同样到别家园圃里去"偷月亮菜"，不过，她们希望能采到一个最肥的瓜或一把活鲜青翠的毛豆，因为，这象征着小孩的肥壮，毛头的健康（毛豆的谐音，指小孩）。小伙子们也有"偷月亮菜"的习俗，因为他们也希望月宫仙女赐给他们幸福。不过，他们只能在野地里煮了吃，不能带回家去。"偷月亮菜"，使侗寨的中秋之夜，增添了无限欢乐和神奇异彩。

台湾地区的少数民族同胞，每到中秋之夜，玩起"托球舞"的游戏。相传古代，大清溪边有对青年夫妇，男的叫大尖哥，女的叫水花姐，靠捕鱼度日。一天，太阳和月亮突然都不见了，天昏地暗，禾苗枯萎，花果不长，虫鸟哭泣。大尖和水花决定要把太阳和月亮找回来。他俩在白发老婆婆的指点下，用金斧砍死了深潭中吞食太阳的公龙，又用金剪刀杀死了吞食月亮的母龙。他们还拿了大棕榈树枝，把太阳和月亮托上天空。为了征服恶龙，他们永远守在潭边，变成了大尖和水花两座大山。这个大潭，人们就称它为"日月潭"。

所以，每逢中秋，高山族同胞感念大尖和水花夫妇的献身精神，都要到日月潭边来模仿他们夫妇托太阳、月亮的彩球，不让彩球落地，以求一年的日月昌明，风调雨顺，五谷丰登。

"中秋"这个传统的节日，源远流长，博大精深，包含着广阔深厚的生活经验、文化内容，人们之间的社会关系，人际之间的各种情感，得到充分的展现，构成一幅浓缩的社会生活场景。这个节日继承着优秀的中华传统文化，承载了太多中华儿女期盼团圆的情感，期盼平安和谐的民族精神，是中华文化的重要组成部分，也是维系国家统一、民族团结的基础和联系世界的桥梁。

十　九月初九重阳节

农历九月初九是中国传统的重阳节。重阳节，正值金秋，古人赏菊花、佩茱萸，所以亦叫茱萸节、菊花节。我国古代以九为阳数，九月初九，月日并阳，故名"重阳"，又称重九。重阳节，早在战国时代就已形成，到了汉代，渐渐盛行起来，至唐代正式定为节日。

重阳节，实际上是我国农民喜庆丰收的一个节日。因"九"与"久"谐音，"久久"又有"宜于长久""年年丰收"之意。

重阳节有出游登高、赏菊、插茱萸、放风筝、饮菊花酒、吃重阳糕等习俗。据清代潘荣陛《帝京岁时纪胜》载："是日京师花糕极胜，市人争买，供家堂，馈亲友，有女儿之家，送以酒礼，归宁父母。"历代文人多有咏重阳诗。唐朝王维《九月九日忆山东兄弟》诗："独在异乡为异客，每逢佳节倍思亲。遥知兄弟登高处，遍插茱萸少一人。"为诗家佳作，万家传诵。

重阳节赏菊习俗，始于东晋著名文学家、田园诗人陶渊明，他一生酷爱菊花，以菊为伴，号称"菊友"，被人们奉为"九月花神"。陶渊明种菊，既食用又观赏。每逢秋日，当菊花盛开的时候，附近的乡亲、远处的朋友，常到他家做客赏菊。他就摊煎饼、烧菊花茶款待亲朋，大家走时采菊相送，"今日送走西方客，明日又迎东方朋"。来赏菊的人们川流不息，常使他不能按时去田园耕作。他常想，要是能让菊花一日开，客人一天来，那该多好啊！后来，他灌园浇菊时，自语祝愿道："菊花如我心，九月九日开；客人知我意，重阳一日来。"说来奇怪，到九

月九日那天，含苞欲放的菊花真的争奇斗艳地一齐盛开了，客人们也都在那天来了。亲朋诗友笑逐颜开，望着五彩缤纷、芳香四溢的满园菊花，吟诗作词，令人心醉，都夸菊有情，不负陶公心。亲朋好友相约，年年重阳日来赏菊，重阳赏菊的习俗便由此形成，流传至今。

我国许多地方都有吃糕的风俗。传说，在很早以前，在一座高山下住着一个庄户人家。户主人是个为人忠厚的庄稼汉。一天傍晚，他从地里回家，路遇一老先生。老先生对庄稼汉说："九月初九，你家里要遭灾。"他一听，吓了一跳，说："我没做坏事，怎么还有大难呢？"老先生说："天有不测风云，好人难免受灾，在九月初九前，你要拣草木少的高地方搬家，越高越好。只要照我的话做，就可以避灾。"老先生说完就走了。九月初九清晨，庄稼汉依老者的话领着家人刚爬到一座山顶上，就见家里房子着起火来，越烧越大，山脚下和山脚中一片火海，幸亏山顶周围全是光秃秃的石头，才没烧上来。

庄稼汉全家九月初九爬山登高避灾一事，一传十、十传百地传开了。到了第二年九月初九，一些人唯恐灾难落到自己家里，就往高处搬家，登高避灾。可是，住在平原的人家怎么办呢？另外，九月初九年年有，一年搬一次家，也折腾不起呀，后来，有人想出一个办法。九月初九做糕吃，"糕""高"同音，以吃糕来表示登高消灾。从此，重阳节吃糕的风俗流传至今。

重阳节正是秋高气爽，菊花飘香的季节。这一天人们成群结队走向野外，到山里去采茱萸。采茱萸的习俗可能源于汉代。据说，采茱萸能够消灾避邪，保佑平安。据南朝吴均在《续齐谐记》中记载：东汉年间，汝南汝河一带流行瘟疫，威胁着人们的生命。有个叫桓景的人历尽艰险入山，拜道士费长房为师，学习消灾救人的法术。有一天，费长房告诉桓景说："九月九日瘟魔又要害人，你赶快回去搭救父老亲人。九月九日这天要人们登高，把茱萸装在红布袋里扎在胳膊上，再喝菊花酒就能挫败瘟魔，消除灾祸。"桓景回到家乡遍告乡亲。到了九月九日那天，汝河汹涌澎湃，云雾弥漫。瘟魔来到山前，顿觉菊花气味刺鼻，茱萸异香刺心而不能靠近。这时，桓景挥剑激战，把瘟魔斩死在山下，为百姓消除了祸害。傍晚，人们返回家里，发现家里的鸡、狗、羊、牛等家禽、家畜都死掉了，而人免除了灾祸。从此，每年的九月九日，大家都登高采茱萸避祸，这个习俗一直延续至今。事实上，这个习俗还有些科学根据呢！因为茱萸是一种散发着浓重香气的药用植物，能驱蚊杀虫，而菊花酒有清热解毒明目的作用，因此，这一习俗有防止秋季疫病的作用。

我国政府于1988年定重阳节为敬老节，也称"中国老年节"。每年九月初九，全国开展敬老活动，关心老人生活，请老人参加庆祝会，观看文艺演出等。

十一　冬至莫忘吃饺子

冬至，是中国农历中一个非常重要的节气，也是中华民族的一个传统节日，冬至俗称"冬节""亚岁"等。早在两千五百多年前的春秋时代，中国就已经用土圭观测太阳，测定出了冬至，它是二十四节气中最早确定出的一个，时间在每年的阳历12月21日或23日，这一天是北半球全年中白天最短、夜晚最长的一天。

从周代起就有祭祀活动。《周礼·春官神仕》："以冬日至，致天神人鬼。"目的在于祈求与消除国中的疫疾，减少荒年与人民的饥饿与死亡。《后汉书·礼仪》："冬至前后，君子安身静体，百官绝事。"还要挑选"能之士"，鼓瑟吹笙，奏"黄钟之律"，以示庆贺。唐宋时，以冬至和岁首并重。南宋孟元老《东京梦华录》："十一月冬至。京师最重此节，虽至贫者，一年之间，积累假借，至此日更易新衣，备办饮食，享祀先祖。官放关扑，庆祝往来，一如年节。"

冬至是北半球全年中白天最短、黑夜最长的一天，过了冬至，白天就会一天天变长，黑夜会慢慢变短。古人对冬至的说法是：阴极之至，阳气始生，日南至，日短之至，日影长之至，故曰"冬至"。冬至过后，各地气候都进入一个最寒冷的阶段，也就是人们常说的"进九"，中国民间有"冷在三九，热在三伏"的说法。冬至前是大雪，冬至后是小寒，冬至是12月21日至12月23日交节。

现代天文科学测定，冬至日太阳直射南回归线，阳光对北半球最倾斜，北半球白天最短，黑夜最长。冬至过后，太阳又慢慢地向北回归线转移，北半球的白昼又慢慢加长，而夜晚渐渐缩短，所以古时有"冬至一阳生"的说法，意思是说从冬至开始，阳气又慢慢地回升。

我国古代对冬至很重视，冬至被当作一个较大节日，曾有"冬至大如年"的说法，而且有庆贺冬至的习俗。《汉书》中说："冬至阳气起，君道长，故贺。"人们认为：过了冬至，白昼一天比一天长，阳气回升，是一个节气循环的开始，也是一个吉日，应该庆贺。《晋书》上记载有"魏晋冬至日受万国及百僚称贺……其仪亚于正旦。"说明古代对冬至日的重视。在中国传统的阴阳五行理论中，冬至是阴阳转化的关键节气。在十二辟卦为地雷复卦，称为冬至一阳生。易曰：先王以至日闭关，商旅不行。

另外，民间还有以冬至日的天气好坏与来到的先后，来预测往后的天气。俗语说："冬至在月头，要冷在年底；冬至在月尾，要冷在正月；冬至在月中，无雪也没霜。"这是依据冬至日到来的早晚，推测寒流到来的早晚。俗语也说："冬至黑，过年疏；冬至疏，过年黑。"意思是：冬至这天如果没有太阳，那么过年一定晴天；反之，如果冬至放晴，过年就会下雨。

各地在冬至时有不同的风俗，北方地区有冬至宰羊、吃饺子、吃馄饨的习俗，南方地区在这一天则有吃冬至米团、冬至长线面的习惯，而苏南人在冬至时吃大葱炒豆腐。各个地区在冬至这一天还有祭天祭祖的习俗。

每年农历冬至这天，不论贫富，饺子是必不可少的节日饭。谚云："十月一，冬至到，家家户户吃水饺。"这种习俗，是因纪念"医圣"张仲景冬至舍药留下的。

张仲景是东汉南阳西鄂人，他著《伤寒杂病论》，集医家之大成，祛寒娇耳汤被历代医者奉为经典。张仲景有名言："进则救世，退则救民；不能为良相，亦当为良医。"东汉时他曾任长沙太守，访病施药，大堂行医。后毅然辞官回乡，为乡邻治病。其返乡之时，正是冬季。他看到白河两岸乡亲面黄肌瘦，饥寒交迫，不少人的耳朵都冻烂了。便让其弟子在南阳东关搭起医棚，支起大锅，在冬至那天舍"娇耳"医治冻疮。他把羊肉和一些驱寒药材放在锅里熬煮，然后将羊肉、药物捞出来切碎，用面包成耳朵样的"娇耳"，煮熟后，分给来求药的人每人两只"娇耳"，一大碗肉汤。人们吃了"娇耳"，喝了"祛寒汤"，浑身暖和，两耳发热，冻伤的耳朵都治好了。后人学着"娇耳"的样子，包成食物，也叫"饺子"或"扁食"。

冬至吃饺子，是不忘"医圣"张仲景"祛寒娇耳汤"之恩。至今仍有"冬至不端饺子碗，冻掉耳朵没人管"的民谣。

此外，过去老北京有"冬至馄饨夏至面"的说法。相传汉朝时，北方匈奴经常骚扰边疆，百姓不得安宁。当时匈奴部落中有浑氏和屯氏两个首领，十分凶残。百姓对其恨之入骨，于是用肉馅包成角儿，取"浑"与"屯"之音，呼作"馄饨"。恨以食之，并求平息战乱，能过上太平日子。因最初制成馄饨是在冬至这一天，在冬至这天家家户户都吃馄饨。

冬至吃狗肉的习俗据说是从汉代开始的。相传，汉高祖刘邦在冬至这一天吃了樊哙煮的狗肉，觉得味道特别鲜美，赞不绝口。从此在民间形成了冬至吃狗肉的习俗。现在的人们纷纷在冬至这一天，吃狗肉、羊肉以及各种滋补食品，以求来年有一个好兆头。

在江南水乡，有冬至之夜全家欢聚一堂共吃赤豆糯米饭的习俗。相传，共工氏有不才子，作恶多端，死于冬至这一天，死后变成疫鬼，继续残害百姓。但是，这个疫鬼最怕赤豆，于是，人们就在冬至这一天煮吃赤豆饭，用以驱避疫鬼，防灾祛病。

十二　腊月初八喝腊八粥

腊八是指每年农历的十二月（俗称腊月）的第八天，十二月初八（腊月初八）即是腊八节；腊八节在中国有着很悠久的传统和历史，在这一天喝腊八粥、做腊八粥是全国各地老百姓最传统也是最讲究的习俗。

腊八节又称腊日祭或佛成道日，原来古代欢庆丰收、感谢祖先和神灵的祭祀仪式，除祭祖敬神的活动外，人们还要逐疫。这项活动来源于古代的傩（古代驱鬼避疫的仪式）。史前时代的医疗方法之一即驱鬼治疾。作为巫术活动的腊月击鼓驱疫之俗，今在湖南新化等地区仍有留存。后演化成纪念佛祖释迦牟尼成道的宗教节日。夏代称腊日为"嘉平"，商代为"清祀"，周代为"大蜡"；因在十二月举行，故称该月为腊月，称腊祭这一天为腊日。先秦的腊日在冬至后的第三个戌日，南北朝开始才固定在腊月初八。

《说文》载："冬至后三戌日腊祭百神。"可见，冬至后第三个戌日曾是腊日。后由于佛教介入，腊日改在十二月初八，自此相沿成俗。

古代十二月祭祀"众神"叫腊，因此农历十二月叫腊月。腊月初八这一天，旧俗要喝腊八粥。传说释迦牟尼在这一天得道成佛，因此寺院每逢这一天煮粥供佛，以后民间相沿成俗，直至今日。

腊八节，民间大都流行喝腊八粥。关于喝腊八粥的由来，民间还流传着许多故事。

一说，腊八粥传自印度。佛教的创始者释迦牟尼本是古印度北部迦毗罗卫国（今尼泊尔境内）净饭王的儿子，他见众生受生老病死等痛苦折磨，又不满当时婆罗门的神权统治，于是舍弃王位，出家修道。初无收获，后经六年苦行，于腊月八日，在菩提树下悟道成佛。在这六年苦行中，每日仅食一麻一米。后人不忘他所受的苦难，于每年腊月初八吃粥以作纪念。"腊八"就成了"佛祖成道纪念日"。"腊八"是佛教的盛大节日。中华人民共和国成立以前各地佛寺作浴佛会，举行诵经，并效仿释迦牟尼成道前，牧女献乳糜的传说故事，用香谷、果实等煮粥供佛，称"腊八粥"。并将腊八粥赠送给门徒及善男信女们，以后便在民间相沿成俗。据说有的寺院于腊月初八以前由僧人手持钵盂，沿街化缘，将收集来的米、栗、枣、果仁等材料煮成腊八粥散发给穷人。传说吃了以后可以得到佛祖的保佑，所以穷人把它叫作"佛粥"。南宋陆游诗云："今朝佛粥更相馈，反觉江村节物新。"据说杭州名刹天宁寺内有储藏剩饭的"栈饭楼"，平时寺僧每日把剩饭晒干，积一年的余粮，到腊月初八煮成腊八粥分赠信徒，称为"福寿粥""福德粥"，意思是说吃了以后可以增福增寿。可见当时各寺僧爱惜粮食之美德。

一说，腊八节来自"赤豆打鬼"的风俗。传说上古五帝之一的颛顼氏，三个儿子死后变成恶鬼，专门出来惊吓孩子。古代人们普遍迷信，害怕鬼神，认为大人小孩中风得病、身体不好都是由于疫鬼作祟。这些恶鬼天不怕地不怕，单怕赤（红）豆，故有"赤豆打鬼"的说法。所以，在腊月初八这一天以红小豆、赤小豆熬粥，以祛疫迎祥。

一说，秦始皇修建长城，天下民工奉命而来，长年不能回家，吃粮靠家里人送。有些民工，家隔千山万水，粮食送不到，致使不少民工饿死于长城工地。有一年腊月初八，无粮吃的民工们合伙积了几把五谷杂粮，放在锅里熬成稀粥，每人喝了一碗，最后还是饿死在长城下。为了悼念饿死在长城工地的民工，人们每年腊月初八吃"腊八粥"，以资纪念。

腊八节，中国老百姓有喝腊八粥的传统习俗。"腊八粥"又叫佛粥、福寿粥、五味粥和七宝粥。我国喝腊八粥的历史已有一千多年，最早开始于宋代。每逢腊八这一天，不论是朝廷、官府、寺院还是黎民百姓家都要做腊八粥。到了清朝，喝腊八粥的风俗更是盛行。在宫廷，皇帝、皇后、皇子等都要向文武大臣、侍从宫女赐腊八粥，并向各个寺院发放米、果等供僧侣食用。在民间，家家户户也要做腊八粥，祭祀祖先；同时，合家团聚在一起食用，馈赠亲朋好友。中国各地腊八粥的花样，争奇竞巧，品种繁多。其中以北平的最为讲究，掺在白米中的物品较多，如红枣、莲子、核桃、栗子、杏仁、松仁、桂圆、榛子、葡萄、白果、菱角、青丝、玫瑰、红豆、花生……总计不下二十种。人们在腊月初七的晚上，就开始忙碌起来，洗米、泡果、剥皮、去核、精拣，然后在半夜时分开始煮，再用微火炖，一直炖到第二天的清晨，腊八粥才算熬好了。

更为讲究的人家，还要先将果子雕刻成人形、动物、花样，再放在锅中煮。

比较有特色的就是在腊八粥中放上"果狮"。果狮是用几种果子做成的狮形物，用剔去枣核烤干的脆枣作为狮身，半个核桃仁作为狮头，桃仁作为狮脚，甜杏仁用来作狮子尾巴。然后用糖粘在一起，放在粥碗里，活像一头小狮子。如果碗较大，可以摆上双狮或是四头小狮子。更讲究的，用枣泥、豆沙、山药、山楂糕等具备各种颜色的食物，捏成八仙人物、老寿星、罗汉像，这种装饰的腊八粥，只有在以前的大寺庙的供桌上才可以见到。

腊八节是我国民间重要的传统节日，至今，中国东北、西北、江南等地区，人们仍保持着腊八节喝腊八粥的习俗。

十三　腊月二十三祭灶神

腊月二十三祭灶神，是汉族的节日。民间传说灶神原是一个很善良的人，因贫困而死，玉皇大帝哀怜他，派他到人间做督善之神。每年十二月二十三日晚，上天汇报，除夕日返回人间。

民间于二十三日晚祭灶为灶神夫妇送行，旧时，祭灶一俗在我国十分普遍。北京俗曲《门神灶》云："年年有个家家忙，二十三日祭灶王。当中摆上二桌供，两边配上两碟糖，黑豆干草一碗水，炉内焚上一股香。当家的过来忙祝贺，祝赞那灶王老爷降吉祥。"这首俗曲已将民间祭灶的情况作了简要的概述。腊月二十三，这一天最主要的风俗就是祭灶。而我国春节，一般是从祭灶揭开序幕的。民谣中"二十三，糖瓜粘"指的即是每年腊月二十三或二十四日的祭灶，有所谓"官三民四船家五"的说法，即官府在腊月二十三日、一般民家在二十四日、水上人家则为二十五日举行祭灶。

据说，古代有一户姓张的人家，兄弟俩，哥哥是泥水匠，弟弟是画师。哥哥拿手的活是垒锅台，东街请，西坊邀，都夸奖他垒灶手艺高。年长月久出了名，方圆千里都尊称他为"张灶王"。说来张灶王也怪，不管到谁家垒灶，如遇别人家有纠纷，他爱管闲事。遇上吵闹的媳妇他要劝，遇上凶婆婆他也说，好像是个老长辈。以后，左邻右舍有了事都要找他，大家都很尊敬他。张灶王整整活了七十岁，寿终正寝时正好是腊月二十三日深夜。张灶王一去世，张家可乱了套，原来张灶王是一家之主，家里事都听他吩咐，现在大哥离开人间，弟弟只会诗书绘画，虽已花甲，但从未管过家务。几房儿媳妇都吵着要分家，画师被搅得无可奈何，整日愁眉苦脸。有天，他终于想出个好点子。

在腊月二十三日张灶王亡故一周年的祭日，深夜，画师忽然呼叫着把全家人喊醒，说是大哥显灵了。他将儿子媳妇全家老小引到厨房，只见黑漆漆的灶壁上，飘动着的烛光若隐若现显出张灶王和他已故的妻子的容貌，家人都惊呆了。画师说："我寝时梦见大哥和大嫂已成了仙，玉帝封他为'九天东厨司命灶王府君'。你们平素好吃懒做，妯娌不和，不敬不孝，闹得家神不安。大哥知道你们在闹分家，很气恼，准备上天禀告玉帝，年三十晚下界来惩罚你们。"儿女侄媳们听了这番话，惊恐不已，立即跪地连连磕头，忙取来张灶王平日爱吃的甜食供在灶上，恳求灶王爷饶恕。

从此后，经常吵闹的叔伯兄弟和媳妇们再也不敢撒泼，全家平安相处，老少安宁度日。这事给街坊邻友知道后，一传十、十传百，都赶来张家打探虚实。其实，腊月二十三日夜灶壁上的灶王，是画师预先绘制的。他是假借大哥显灵来镇吓儿女侄媳，不料此法果真灵验。所以当乡邻来找画师探听情况时，他只得假戏真做，把画好的灶王像分送给邻舍。如此一来，沿乡流传，家家户户的灶房都贴上了灶王像。

岁月流逝就形成了腊月二十三给灶王爷上供、祈求合家平安的习俗。祭灶风俗流传后，自周朝开始，皇宫也将它列入祭典，在全国立下祭灶的规矩，成为固定的仪式了。

祭灶，是一项在我国民间影响很大、流传极广的习俗。旧时，差不多家家灶间都设有"灶王爷"神位。人们称这尊神为"司命菩萨"或"灶君司命"，传说他是玉皇大帝封的"九天东厨司命灶王府君"，负责管理各家的灶火，被作为一家的保护神而受到崇拜。灶神，俗称"灶王爷"，灶王龛大都设在灶房的北面或东面，中间供上灶王爷的神像。没有灶王龛的人家，也有将神像直接贴在墙上的。有的神像只画灶王爷一人，有的则有男女两人，女神被称为"灶王奶奶"。这大概是模仿人间夫妇的形象。灶王爷像上大都还印有这一年的日历，上书"东厨司命主""人间监察神""一家之主"等文字，以表明灶神的地位。两旁贴上"上天言好事，下界保平安"的对联，以保佑全家老小的平安。

灶王爷自上一年的除夕以来就一直留在家中，以保护和监察一家；所以民间最为重视灶王爷，认定他是玉帝派往人间监督善恶之神，每年腊月二十四日都要去朝奏玉帝，报告所住之户的善恶言行，玉皇大帝根据灶王爷的汇报，再将这一家在新的一年中应该得到的吉凶祸福的命运交于灶王爷之手。民间传说，灶君爷上天专门告人间罪恶，一旦被告，大罪要减寿三百天，小罪要减寿一百天。在《太上感应篇》里，又有"司命随其轻重，夺其纪算"的记述。司命即指灶君，算为一百天，纪指十二年。在这里，重罪判罚又增加到减寿十二年了。所以在祭灶时，要打点一下灶君，求其高抬贵手。

祭灶神又称为"送灶"或"辞灶"。时间多选在黄昏入夜之时举行。一家人先到灶房，摆上桌子，向设在灶壁神龛中的灶王爷敬香，并供上用饴糖和面做成的糖瓜等，然后焚烧用竹篾扎成的纸马和喂牲口的草料。用饴糖供奉灶王爷，是让他老人家甜甜嘴。有的地方，还将糖涂在灶王爷嘴的四周，边涂边说："好话多说，不好话别说。"这是用糖塞住灶王爷的嘴，让他别说坏话。在唐代著作《辇下岁时记》中，间有"以酒糟涂于灶上使司命（灶王爷）醉酒"的记载。人们用糖涂完灶王爷的嘴后，便将神像揭下，和纸与烟一起升天了。有的地方则是晚上在院子里堆上芝麻秸和松树枝，再将供了一年的灶君像请出神龛，连同纸马和草料，点火焚烧。院子被火照得通明，此时一家人围着火叩头，边烧边祷告：今年又到二十三，敬送灶君上西天。有壮马，有草料，一路顺风平安到。供的糖瓜甜又甜，请对玉皇进好言。

有些地区供品中还要摆上几颗鸡蛋，是给狐狸、黄鼠狼之类的零食。据说它们都是灶君的部下，不能不打点一下。祭灶时除上香、送酒以外，特别要为灶君坐骑撒草料，要从灶台前一直撒到厨房门外。

送灶君时，有的地方尚有乞丐数名，乔装打扮，挨家唱送灶君歌，跳送灶君舞，名为"送灶神"，以此换取食物。送灶要摆供品，燃香烛，放鞭炮，焚"送灶书"，恭送灶神上天，求他上天多言好事，带回吉祥。有的仪式较为简单，只用小碟盛些糖果和年糕，给灶神"饯行"。据说，年糕性黏，可封住灶神嘴巴，上天不乱禀报；糖是甜的，能让他说尽好话。

腊月二十三日的祭灶与过年有着密切的关系。因为，在一周后的大年三十晚上，灶王爷便带着一家人应该得到的吉凶祸福，与其他诸神一同来到人间。灶王爷被认为是为天上诸神引路的。其他诸神在过完年后再度升天，只有灶王爷会长久地留在人家的厨房内。迎接诸神的仪式称为"接神"，对灶王爷来说叫作"接灶"。接灶一般在除夕，仪式要简单得多，到时只要换上新灶灯，在灶龛前燃上香就算完事了。

在晋北地区流传着"腊月二十三，灶君爷爷您上天，嘴里吃了糖饧板，玉皇面前免开言，回到咱家过大年，有米有面有衣穿"的民歌，表现了对美好生活的追求与向往。

祭灶节，民间讲究吃饺子，取意"送行饺子接风面"。山区多吃糕和荞面。晋东南地区，流行吃炒玉米的习俗，民谚有"二十三，不吃炒，大年初一一锅倒"的说法。人们喜欢将炒玉米用麦芽糖黏结起来，冰冻成大块，吃起来酥脆香甜。

十四 除夕守岁到天明

吃年夜饭是春节时家里最热闹的时候。年夜饭代表着家人的团聚，出门在外工作的人不管离家多远都要赶回家来吃上这顿饭。因为团团圆圆、热热闹闹是所有中国人的心愿。年夜饭上有很多美味佳肴，但有一样东西却是必不可少的，那就是鱼。"鱼"是"余"的谐音，"年年有鱼"喻示着"年年有余"。

吃完年夜饭就是除夕之夜了。这晚人们要到午夜后才上床休息，谓之守岁。即除夕之夜人们通宵不寐，要聊天、放鞭炮、打牌、包饺子……守岁习俗最早始于南北朝，梁朝的庾肩吾、徐君倩，都有守岁的诗文。"一夜连双岁，五更分二年。"古时，守岁也叫"照虚耗"，人们点起蜡烛或油灯，通宵守夜，象征着把一切邪瘟病疫照跑驱走，期待着新的一年吉祥如意。这种风俗被人们流传至今。以前守岁时人们一般会话家常、品点心。有了春节联欢晚会后，人们就开始一家人围坐一起欣赏晚会，共同分享这份团圆快乐。这种习俗反映了人们对即将逝去的时光的留恋以及对来年生活的憧憬。

每到除夕之夜，小孩子将会得到长辈给的压岁钱。有一个流传很广的故事。传说，古时候有一种身黑手白的小妖，名字叫"祟"，每年的年三十夜里出来害小孩子，它用手在熟睡的孩子头上摸三下，孩子吓得哭起来，然后就发烧，讲呓语而从此得病，几天后热退病去，但聪明机灵的孩子却变成了痴呆疯癫的傻子了。人们怕祟来害孩子，就点亮灯火团坐不睡，称为"守祟"。

在嘉兴府有一户姓管的人家，夫妻俩老年得子，视为掌上明珠。到了年三十夜晚，他们怕祟来害孩子，就逼着孩子玩。孩子用红纸包了八枚铜钱，拆开包上，包上又拆开，一直玩到睡下，包着的八枚铜钱就放到枕头边。夫妻俩不敢合眼，挨着孩子长夜守祟。半夜里，一阵飓风吹开了房门，吹灭了灯火，黑矮的小人用它的白手摸孩子的头时，孩子的枕边迸裂出一道亮光，祟急忙缩回手尖叫着逃跑了。管氏夫妇把用红纸包八枚铜钱吓退祟的事告诉了大家。大家也都学着在年夜饭后用红纸包上八枚铜钱交给孩子放在枕边，果然以后祟就再也不敢来害小孩子了。原来，这八枚铜钱是由八仙变的，在暗中帮助孩子把祟吓退，因而，人们把这钱叫"压祟钱"，又因"祟"与"岁"谐音，就随着岁月的流逝而被称为"压岁钱"了。

在我国历史上，很早就有压岁钱。最早的压岁钱也叫厌胜钱，或叫大压胜钱，这种钱不是市面上流通的货币，是为了佩带玩赏而专铸成钱币形状的避邪品。这种钱币形式的佩带物品最早是在汉代出现的，有的正面铸有钱币上的文字和各种吉祥语，如"千秋万岁""天下太平""去殃除凶"等；背面铸有各种图案，如龙凤、龟蛇、双鱼、斗剑、星斗等。

唐代，宫廷里春日散钱之风盛行。当时春节是"立春日"，是宫内相互朝拜的日子，民间并没有这一习俗。《资治通鉴》第二十六卷记载了杨贵妃生子，"玄宗亲往视之，喜赐贵妃洗儿金银钱"之事。这里说的洗儿钱除了贺喜外，更重要的意义是长辈给新生儿的避邪去魔的护身符。

宋元以后，正月初一取代立春日，称为春节。不少原来属于立春日的风俗也移到了春节。春日散钱的风俗就演变成给小孩压岁钱的习俗。清富察敦崇《燕京岁时记》是这样记载压岁钱的："以彩绳穿钱，编作龙形，置于床脚，谓之压岁钱。尊长之赐小儿者。亦谓压岁钱。"

到了明清时，压岁钱大多数是用红绳串着赐给孩子。民国以后，则演变为用红纸包一百文铜元，其寓意为"长命百岁"，给已经成年的晚辈压岁钱，红纸里包的是一枚大洋，象征着"财源茂盛""一本万利"。货币改为钞票后，家长们喜欢选用号码相联的新钞票赐给孩子们，因为"联"与"连"谐音，预示着后代"连连发财""连连高升"。

压岁钱的风俗源远流长，它代表着一种长辈对晚辈的美好祝福，它是长辈送给孩子的护身符，保佑孩子在新的一年里健康吉利。

第三章　十二生肖与星座

　　在几千年的中国传统文化中，生肖不仅是一种形象生动的纪年、纪月的方法，更已与每个人结合起来，赋予了一种神奇的性格。我们祖先利用十二生肖两两相对，六道轮回，体现了我们祖先对后人全部的期望及要求。

　　星座在中国很早就把天空分为三垣二十八宿。这也是中国古代天文学说之一，又称二十八舍或二十八星，是古代中国将黄道和天赤道附近的天区划分为二十八个区域，即古人为观测日、月、五星运行而划分的二十八个星区，用来说明日、月、五星运行所到的位置。每宿包含若干颗恒星。这一发明被广泛应用于中国古代天文、宗教、文学及星占、星命、风水、择吉等术数中。不同的领域赋予了它不同的内涵，相关内容非常庞杂。

一　十二生肖的产生

十二生肖是中国传统文化的重要部分，它由十二种源于自然界的动物，即鼠、牛、虎、兔、龙、蛇、马、羊、猴、鸡、狗、猪组成，用于记年；顺序排列为子鼠、丑牛、寅虎、卯兔、辰龙、巳蛇、午马、未羊、申猴、酉鸡、戌狗、亥猪。十二生肖在中华文化圈内被广泛使用。有诸多描写十二生肖的文学作品。同时，十二生肖还被用于中药药材和动画片名称。

十二生肖源于何时，今已难于细考。长期以来，不少人将《论衡》视为最早记载十二生肖的文献。《论衡》是东汉唯物主义思想家王充的名著。《论衡·物势》载："寅，木也，其禽，虎也。戌，土也，其禽，犬也。……午，马也。子，鼠刀。酉，鸡也。卯，兔也。……亥，豕也。未，羊也。丑，牛也。……巳，蛇也。申，猴也。"以上引文，只有十一种生肖，所缺者为龙。该书《言毒篇》又说："辰为龙，巳为蛇，辰、巳之位在东南。"这样，十二生肖便齐全了，十二地支与十二生肖的配属如此完整，且与现今相同。

另外，关于十二生肖来历的说法还有：洪巽的《阳谷漫录》中说，十二地支中位居奇数者，以动物的指或蹄也为奇数相配，如子位居首位，与它相配的鼠为五指，地支中居偶数位的，则取相属之偶数以为名，如牛与丑相配，《十二生肖歌》中动物排序图像为四爪。叶世杰在《草木子》中，把十二生肖的来历解释为："术家以十二肖配十二辰，每肖各有不足之形焉，如鼠无齿、牛无牙、虎无脾、兔无唇、龙无耳、蛇无足、马无胆、羊无瞳、猴无臀、鸡无肾、犬无胃、猪无筋、人则无不足。"

其他的说法还有种种。诸如：黄帝要选拔十二种动物在天上按时值班，通过竞赛而选中了鼠、牛、虎等十二种动物；十二生肖来源于原始社会一些氏族的图腾崇拜，按某次集会时各部落的强弱划分；十二生肖可能是从天竺引进的；或二十八个星宿分布周天，以值十二个时辰，每个星宿都以一种动物命名，从每个时辰值班的动物中挑选某种常见的作某一年的代称；等等，不一而足。

尽管人们不能确定十二生肖的确切来历，但因为它的通俗、方便又具有趣味性，所以一直沿用至今，成为古人留给我们的一种仍有实用价值的宝贵遗产。

汉族生肖中的十二种动物的选择并不复杂，它与汉族人的日常生活和社会生活相接近，是可以猜测的。十二种生肖动物，大致可将其分为三类：一类是已被驯化的"六畜"，即牛、羊、马、猪、狗、鸡，它们是人类为了经济或其他目的而驯养的，占十二种动物的一半。"六畜"在中国的农业文化中是一个重要的概念，有着悠久的历史，在中国人的传统观念中"六畜兴旺"代表着家族人丁兴旺、吉祥美好。春节时人们一般都会提"六畜兴旺"，因此这六畜成为生肖是有其必然性的。第二类是野生动物中为人们所熟知的，与人的日常、社会生活有着密切关系的动物，它们是虎、兔、猴、鼠、蛇，其中有为人们所敬畏的介入人类生活的，如虎、蛇；也有为人们所厌恶、忌讳，却依赖人类生存的鼠类；更有人们所喜爱的，如兔、猴。第三类是中国人传统的象征性的吉祥物——龙，龙是中华民族的象征，是集许多动物的特性于一体的"人造物"，是人们想象中的"灵物"。龙代表富贵吉祥，是最具象征色彩的吉祥动物，因此生肖中更少不了龙的位置。

我们国家的十二生肖两两相对，六道轮回，体现了我们祖先对后人全部的期望及要求。

第一组：鼠和牛。鼠代表智慧，牛代表勤劳。两者一定要紧密地结合在一起，如果只有智慧不勤劳，就变成了小聪明；光是勤劳，不动脑筋，就变成了愚蠢。所以两者一定要结合，这是我们祖先对后人的第一组期望和要求，也是最重要的一组。

第二组：老虎和兔子。老虎代表勇猛，兔子代表谨慎。两者一定要紧密地结合在一起，才能做到所谓的胆大心细。如果勇猛离开了谨慎，就变成了鲁莽；而一味地谨慎，就变成了胆怯。这一组也很重要，所以放在第二位。

第三组：龙和蛇。龙代表刚猛，蛇代表柔韧。所谓刚者易折，太刚了容易折断；过柔易弱，太柔了就容易失去主见。所以刚柔并济是我们历代的祖训。

第四组：马和羊。马代表一往无前，向目标奋进，羊代表团结和睦。中华民族是一个大家庭，我们更需要团结和睦的内部环境，只有集体的和谐，我们才能腾出手追求各自的理想。如果一个人只顾自己的利益，不注意团结和睦，必然会落单。所以个人的奋进与集体的和睦必须紧紧结合在一起。

第五组：猴子和鸡。猴子代表灵活，鸡定时打鸣，代表恒定。灵活和恒定一定要紧紧结合起来。如果你光灵活，没有恒定，再好的政策最后也得不到收获。但如果说你光是恒定，一潭死水、一块铁板，那就不会有我们今天的改革开放了。

只有它们之间非常圆融地结合，才能一方面具有稳定性，保持整体的和谐和秩序，另一方面又能不断变通地前进。

第六组：狗和猪。狗是代表忠诚，猪是代表随和。一个人如果太忠诚，不懂得随和，就会排斥他人；而反过来，一个人太随和，没有忠诚，这个人就失去原则。所以无论是对一个民族国家的忠诚、对团队的忠诚，还是对自己理想的忠诚，一定要与随和紧紧结合在一起，这样才容易真正保持内心深处的忠诚。这就是我们中国人一直坚持的外圆内方，君子和而不同。

中国人每个人都有属于自己的生肖，有的人属猪，有的人属狗，这意义何在？实际上，我们的祖先期望我们要圆融，不能偏颇，要求我们懂得到对应面切入。比如属猪的人能够在他的随和本性中，也去追求忠诚；而属狗的人则在忠诚的本性中，去做到随和。

各族的十二生肖

桂西彝族

十二兽：龙、凤、马、蚁、人、鸡、狗、猪、雀、牛、虎、蛇。

哀牢山彝族

十二兽：虎、兔、穿山甲、蛇、马、羊、猴、鸡、狗、猪、鼠、牛。

川滇黔彝族

十二兽：鼠、牛、虎、兔、龙、蛇、马、羊、猴、鸡、狗、猪。

海南黎族

十二兽：鸡、狗、猪、鼠、牛、虫、兔、龙、蛇、马、羊、猴。

云南傣族

十二兽：鼠、黄牛、虎、兔、大蛇、蛇、马、山羊、猴、鸡、狗、象。

广西壮族

十二兽：鼠、牛、虎、兔、龙、蛇、马、羊、猴、鸡、狗、猪。

蒙古族

十二兽：虎、兔、龙、蛇、马、羊、猴、鸡、狗、猪、鼠、牛。

新疆维吾尔族

十二兽：鼠、牛、虎、兔、鱼、蛇、马、羊、猴、鸡、狗、猪。

柯尔克孜族

十二兽：鼠、牛、虎、兔、鱼、蛇、马、羊、狐狸、鸡、狗、猪。

二 十二生肖年份对照表

子	丑	寅	卯	辰	巳	午	未	申	酉	戌	亥
鼠	牛	虎	兔	龙	蛇	马	羊	猴	鸡	狗	猪
1900	1901	1902	1903	1904	1905	1906	1907	1908	1909	1910	1911
1912	1913	1914	1915	1916	1917	1918	1919	1920	1921	1922	1923
1924	1925	1926	1927	1928	1929	1930	1931	1932	1933	1934	1935
1936	1937	1938	1939	1940	1941	1942	1943	1944	1945	1946	1947
1948	1949	1950	1951	1952	1953	1954	1955	1956	1957	1958	1959
1960	1961	1962	1963	1964	1965	1966	1967	1968	1969	1970	1971
1972	1973	1974	1975	1976	1977	1978	1979	1980	1981	1982	1983
1984	1985	1986	1987	1988	1989	1990	1991	1992	1993	1994	1995
1996	1997	1998	1999	2000	2001	2002	2003	2004	2005	2006	2007
2008	2009	2010	2011	2012	2013	2014	2015	2016	2017	2018	2019
2020	2021	2022	2023	2024	2025	2026	2027	2028	2029	2030	2031
2032	2033	2034	2035	2036	2037	2038	2039	2040	2041	2042	2043
2044	2045	2046	2047	2048	2049	2050	2051	2052	2053	2054	2055
2056	2057	2058	2059	2060	2061	2062	2063	2064	2065	2066	2067
2068	2069	2070	2071	2072	2073	2074	2075	2076	2077	2078	2079
2080	2081	2082	2083	2084	2085	2086	2087	2088	2089	2090	2091
2092	2093	2094	2095	2096	2097	2098	2099	2100	2101	2102	2103
子	丑	寅	卯	辰	巳	午	未	申	酉	戌	亥
鼠	牛	虎	兔	龙	蛇	马	羊	猴	鸡	狗	猪

三 十二生肖与人生

　　人的性格，虽然随着后天的家庭伦理、社会环境、受教育程度、民族信仰等潜移默化的影响而有所变化，但利用八字中包涵的五行旺衰等逻辑思维关系，也能看出一个人的大体心理活动、思维方式和言行倾向。即使不大绝对，也可提供一定的参考信息。

属鼠人的外表平庸，性格保守，但擅长社交，观察力强，具备直觉。灵敏的鼠一贯说："我发现……"是一个有些胆小的人。在感情上喜欢速战速决，害怕孤独，追求真正的知心朋友，做事细心。生性八卦，凡事喜欢寻根问底，而且口才了得，缺乏恒心。他是个乐观的人，富有幽默感和观察力，环境适应力很强，多才多艺。属鼠的人既有魅力又有侵略性，是行动者与策划者。属鼠的人是食物的贮藏者，有颇佳的经济头脑。

属牛人的性格最大的缺点是严肃、执着，欠缺通融性，而且沉默寡言，欠缺幽默感，不达目的决不罢休，易怒。使人不敢接近。属牛的人有很强的信心，具有坚强的毅力，不过处事踏实、勤力和对朋友忠诚。属牛的人是工作的奴隶。属牛的人不善于明显地表达感情，保守、被动，重承诺，喜欢以安静间接的方式来表达。

属虎人的乐观、积极，较能高瞻远瞩，有统治欲，目标明确，具有王者风度的虎一贯说："我为了……"生性同情弱者，在感情上喜欢帮助异性。缺点，自我主张很强烈，喜欢单独行动，爱做大哥，较为自负，容易心烦气躁和欠缺耐性，做事急进、鲁莽。男性性格比较顽固好胜，容易受人欺骗；女性性格较细心，做每件事情之前都会考虑清楚。属虎的人对钱并不特别感兴趣。

属兔人的胆小、懦弱、温纯、有爱心，温雅有礼，其动力决定于受他人的欢迎程度。兔一贯说："我们一起……"他生性不易发怒，在感情上喜欢三思而后行。弱点是临事不够果断，对身边人相当细心，懂得照顾别人。属兔的人具有艺术天分，很有情趣，这种气质令他们平静。属兔者会赚钱，也善于储存。追求浪漫、对生活讲究，故喜欢有修养、有礼貌及沉默寡言的异性。但容易变心，经常移情别恋。

属龙的人性格天生自信，爱冒险，性格爽朗、率直，喜欢挑刺，处世精明，在感情上通常属于被动的一方。缺点是脾气比较急躁。属龙的人天生具有权威感，有观察力、专注力、行动力，天生爱自由，不喜欢被人束缚。属龙的人对于自己前途的事懂得最多，他们通常有着令人惊异的目标。属龙的女士有着极强的吸引力。属龙的人具有吸引异性的魅力与神秘色彩。

属蛇的人性格蛊惑、聪明、口甜舌滑和深谋远虑。他具有强烈的好奇心，为人记仇多疑，报复是其特质。同时又是一个理想主义者，害怕生活缺乏情趣，具强烈的嫉妒心。属蛇者，做事有计划、有目标，善于利用空隙，捷足先登。生性颇为吝啬、疑心较大，好奇心强，到处向别人打听，会引人厌恶。懒是属蛇之人最明显的特性，适合从事思考性的工作。属蛇者相当奢侈，但不愿将钱花在每日的必需品上。

属马的人性格敏捷、独立、仪表出众、多才多艺，喜欢表现自己，自尊心强。生性不服输，在感情上喜欢独享秘密。害怕受人管教，自负。属马的人具有不肯服输的性格，凡事能激励自己积极奋斗。但不能持久，对恋爱的对象，热情但欠缺持久力，故常被爱人怀疑变心。

属羊的人性格温顺、友善和蔼、重感情，性格敏感、有毅力、动力源自于感情的需要。为人较踏实、内敛、举止大方，不爱哗众取宠，重心灵的追求。在感情上喜欢有归属感，害怕失去朋友，缺点是太富幻想。属羊的人彬彬有礼、温顺和善不会与人争吵，是喜欢和平而且有依赖性的人。在领导者之下时，最能发挥自己的才能和天赋，可以日夜不停地工作，直到累倒。

属猴的人天生聪敏精灵，懂得看别人眉头眼额，甚讨人欢心。性格活泼、幽默，是一个无法无天、受不得拘束的人。他生性爱说爱动，害怕无人问津，但喜欢捉弄人。属猴的人有着强烈的自我优越感，竞争意识很强，不甘过平淡生活，热爱多姿多彩的世界，亦很怕受束缚。属猴的女人穿着整齐入时，发式特别讲究，会尽可能将自己打扮得潇洒、漂亮。属猴的人讲策略，总使自己处在有利地位。当处在不利地位时，就会采取逆来顺受的态度。

属鸡的人性格开朗、幽默，追求时髦。一方面自尊心强，追求完美；另一方面追求浪漫、多姿多彩的生活。生性讨厌有人责备自己，在感情上保守而坚定。有点虚荣心。属鸡的人反应敏锐，头脑灵巧，能得到上司的信任。在单位一切都是有条不紊，而自己的房间像垃圾堆一样。乐于帮助他人，有时甚至会过头。属鸡的男人平日活动多喜欢出外旅游。无论工作、爱情，还是人际关系均表现积极。

属狗的人性格率直、纯真，忠实、具正义感，动力来自道德的维护。是一个愿意为他人服务的人，在感情上容易受伤，害怕他人讽刺。属狗的人是非常保守的人，喜怒形于色，但不善辞令，生性小心谨慎，一旦认识某人后，便会真心诚意地与其保持一定的关系。属狗的人是正义感很强的人。头脑虽然不笨，但是他欠缺表达能力，不会留意自己，往往被狡诈的人出卖。

属猪的人强壮而温馨，性格刚强，开朗乐观，喜欢完成美好的使命，是一个需要舒适生活的人，追求物质享受，害怕没有安全感。属猪的人头脑通常比别人冷静，能恰当地处理事情，比较会保护自己。属猪的人待人接物都比较热情，对人友善，为人稳重又深思熟虑，热爱文化与知识。

四　生辰八字

生辰八字是中国命理学中最重大的发明。经历了中国几千年的验证，可说是经历了大风大浪、无数先贤的智慧洗礼，在不断地反复实践考证之后，才得到的重要宝贵资料，也可说是中国几千年来极重要的文明缩影。生辰八字或者说八字，其实是《周易》术语四柱的另一种说法。

四柱是指人出生的时间，即年、月、日、时。在人用天干和地支各出一字相配合分别来表示年、月、日、时，如甲子年、丙申月、辛丑日、壬寅时等，包含了一个人出生时的天体运行的基本状态。每柱两字，四柱共八字，所以所谓算命又称"测八字"。依照天干、地支亦含阴阳五行属性之相生、相克的关系，能推测人的休咎祸福。

"生辰八字"一说，是从唐朝开始的，当时在朝廷里有个叫李虚中的官员，他提出人的"命运"好坏，是由其出生时的年、月、日三个因素决定的。到了宋朝，一个叫徐子平的人又对此进行了发展，在算命术创始人李虚中的"年、月、日"三个因素中又加入了"时"，并且每个因素用两个字做代表，比如"乙丑"代表年，"甲寅"代表月，"辛丑"代表日，"丁酉"代表时，这就成了"生辰八字"，即所谓"生辰八字"最初的由来。

人的八字也就是四柱是怎么推算出来的呢？四柱排立是指找出一个人的生辰八字，主要分四步进行。

排年柱

年柱，即人出生的年份用干支来表示。注意上一年和下一年的分界线是以立春这一天的交节时刻划分的，而不是以正月初一划分。如某人阳历 2000 年 2 月 4 日 22 点 17 分生，由于阴历 2000 年交立春是阳历 2000 年 2 月 4 日 20 点 32 分，因此此人的年柱为 2000 年之庚辰，而非 1999 年之己卯。

排月柱

月柱，即用干支表示人出生之月所处的节令。注意月干支不是以农历每月初一为分界线，而是以节令为准，交节前为上个月的节令，交节后为下个月的节令。

一月 寅月 从立春到惊蛰	二月 卯月 从惊蛰到清明	三月 辰月 从清明到立夏	四月 巳月 从立夏到芒种
五月 午月 从芒种到小暑	六月 未月 从小暑到立秋	七月 申月 从立秋到白露	八月 酉月 从白露到寒露
九月 戌月 从寒露到立冬	十月 亥月 从立冬到大雪	十一月 子月 从大雪到小寒	十二月 丑月 从小寒到立春

以下是年上起月表：

月/年	甲己	乙庚	丙辛	丁壬	戊癸
正月	丙寅	戊寅	庚寅	壬寅	甲寅
二月	丁卯	己卯	辛卯	癸卯	乙卯
三月	戊辰	庚辰	壬辰	甲辰	丙辰
四月	己巳	辛巳	癸巳	乙巳	丁巳
五月	庚午	壬午	甲午	丙午	戊午
六月	辛未	癸未	乙未	丁未	己未
七月	壬申	甲申	丙申	戊申	庚申
八月	癸酉	乙酉	丁酉	己酉	辛酉
九月	甲戌	丙戌	戊戌	庚戌	壬戌
十月	乙亥	丁亥	己亥	辛亥	癸亥
冬月	丙子	戊子	庚子	壬子	甲子
腊月	丁丑	己丑	辛丑	癸丑	乙丑

排日柱

从鲁隐公一年（公元前722年）二月己巳日至今，我国干支记日从未间断。这是人类社会迄今所知的唯一最长的记日法。

日柱，即用农历的干支代表人出生的那一天。干支记日每六十天一循环，由于大小月及平闰年不同的缘故，日干支需查找万年历。

另外，日与日的分界线是以子时来划分的，即十一点前是上一日的亥时，过了十一点就是次日的子时。而不要认为午夜十二点是一天的分界点。

排时柱

时柱，用干支表示人出生的时辰。一个时辰在农历记时中跨两个小时，故一天共十二个时辰。

子时：23点——凌晨1点

丑时：1点——凌晨3点

寅时：3点——凌晨5点

卯时：5点——凌晨7点

辰时：7点——上午9点

巳时：9点——上午11点

午时：11点——下午13点

未时：13点——下午15点

申时：15点——下午17点

酉时：17点——晚上19点

戌时：19点——晚上21点

亥时：21点——晚上23点

日上起时表：

时／日	甲己	乙庚	丙辛	丁壬	戊癸
子	甲子	丙子	戊子	庚子	壬子
丑	乙丑	丁丑	己丑	辛丑	癸丑
寅	丙寅	戊寅	庚寅	壬寅	甲寅
卯	丁卯	己卯	辛卯	癸卯	乙卯
辰	戊辰	庚辰	壬辰	甲辰	丙辰
巳	己巳	辛巳	癸巳	乙巳	丁巳
午	庚午	壬午	甲午	丙午	戊午
未	辛未	癸未	乙未	丁未	己未
申	壬申	甲申	丙申	戊申	庚申
酉	癸酉	乙酉	丁酉	己酉	辛酉
戌	甲戌	丙戌	戊戌	庚戌	壬戌
亥	乙亥	丁亥	己亥	辛亥	癸亥

如：阳历 1978 年 12 月 22 日 11:40 时出生的人的八字是：

年	月	日	时
戊	甲	戊	戊
午	子	午	午

如：一个人出生于中国青岛公历 2006 年 4 月 21 日 16 时 33 分，那么他的八字就是：

年	月	日	时
丙	壬	庚	甲
戌	辰	辰	申

五 我国古代的二十八星宿

二十八星宿，中国古代天文学说之一，又称二十八舍或二十八星，是古代中国将黄道和天赤道附近的天区划分为二十八个区域，即古人为观测日、月、五星运行而划分的二十八个星区，用来说明日、月、五星运行所到的位置。每宿包含若干颗恒星。这一发明被广泛应用于中国古代天文、宗教、文学及星占、星命、风水、择吉等术数中。不同的领域赋予了它不同的内涵，相关内容非常庞杂。

它的最初起源，目前尚无定论，以文物考查的话，湖北省随县出土的战国时期曾侯乙墓漆箱，上面首次记录了完整的二十八宿的名称。史学界公认二十八宿最早用于天文，所以它在天文学史上的地位相当重要，一直以来也是中外学者感兴趣的话题。

公元四五千年前，中国就开始天文观测，以后积累了大量文献资料。古人总把世界的一切看作是一个整体，认为星空的变化，关系着地上人们的吉凶祸福，认为人事变迁、灾害和天气，都可从天象得到预兆。所以，不管研究历史、灾害、气候变化等，一涉及古代文献，都会碰到天象记录。

现在的科学，不仅掌握了古时观察得到的五大行星的运动规律，还掌握了全部九大行星、成千小行星以及许多彗星的运动轨道，可以推算出任何时刻的星空图像。甚至不懂天文的人，也能很快地求得公元前后 4000 年之内任一时刻的天象，以验证历史记录。行星的位置总离不开黄道附近，外国用黄道十二宫记录，我国则用二十八宿。

根据二十八星宿出现的方位，分为青龙、朱雀、白虎、玄武四象。

东方青龙七宿：角木蛟，亢金龙，氐土貉，房日兔，心月狐，尾火虎，箕水豹。

北方朱雀七宿：斗木獬，牛金牛，女土蝠，虚日鼠，危月燕，室火猪，壁水貐。

西方白虎七宿：奎木狼，娄金狗，胃土雉，昴日鸡，毕月乌，觜火猴，参水猿。

南方玄武七宿：井木犴，鬼金羊，柳土獐，星日马，张月鹿，翼火蛇，轸水蚓。

如果您知道自己的阴历生日，可以从下表直接查得您的星宿。

	正月	二月	三月	四月	五月	六月	七月	八月	九月	十月	十一月	十二月
初一	室宿	奎宿	胃宿	毕宿	参宿	鬼宿	张宿	角宿	氐宿	心宿	斗宿	虚宿
初二	壁宿	娄宿	昴宿	觜宿	井宿	柳宿	翼宿	亢宿	房宿	尾宿	女宿	危宿
初三	奎宿	胃宿	毕宿	参宿	鬼宿	星宿	轸宿	氐宿	心宿	箕宿	虚宿	室宿
初四	娄宿	昴宿	觜宿	井宿	柳宿	张宿	角宿	房宿	尾宿	斗宿	危宿	壁宿
初五	胃宿	毕宿	参宿	鬼宿	星宿	翼宿	亢宿	心宿	箕宿	女宿	室宿	奎宿
初六	昴宿	觜宿	井宿	柳宿	张宿	轸宿	氐宿	尾宿	斗宿	虚宿	壁宿	娄宿
初七	毕宿	参宿	鬼宿	星宿	翼宿	角宿	房宿	箕宿	女宿	危宿	奎宿	胃宿
初八	觜宿	井宿	柳宿	张宿	轸宿	亢宿	心宿	斗宿	虚宿	室宿	娄宿	昴宿
初九	参宿	鬼宿	星宿	翼宿	角宿	氐宿	尾宿	女宿	危宿	壁宿	胃宿	毕宿
初十	井宿	柳宿	张宿	轸宿	亢宿	房宿	箕宿	虚宿	室宿	奎宿	昴宿	觜宿
十一	鬼宿	星宿	翼宿	角宿	氐宿	心宿	斗宿	危宿	壁宿	娄宿	毕宿	参宿
十二	柳宿	张宿	轸宿	亢宿	房宿	尾宿	女宿	室宿	奎宿	胃宿	觜宿	井宿
十三	星宿	翼宿	角宿	氐宿	心宿	箕宿	虚宿	壁宿	娄宿	昴宿	参宿	鬼宿
十四	张宿	轸宿	亢宿	房宿	尾宿	斗宿	危宿	奎宿	胃宿	毕宿	井宿	柳宿
十五	翼宿	角宿	氐宿	心宿	箕宿	女宿	室宿	娄宿	昴宿	觜宿	鬼宿	星宿
十六	轸宿	亢宿	房宿	尾宿	斗宿	虚宿	壁宿	胃宿	毕宿	参宿	柳宿	张宿
十七	角宿	氐宿	心宿	箕宿	女宿	危宿	奎宿	昴宿	觜宿	井宿	星宿	翼宿
十八	亢宿	房宿	尾宿	斗宿	虚宿	室宿	娄宿	毕宿	参宿	鬼宿	张宿	轸宿
十九	氐宿	心宿	箕宿	女宿	危宿	壁宿	胃宿	觜宿	井宿	柳宿	翼宿	角宿
二十	房宿	尾宿	斗宿	虚宿	室宿	奎宿	昴宿	参宿	鬼宿	星宿	轸宿	亢宿
廿一	心宿	箕宿	女宿	危宿	壁宿	娄宿	毕宿	井宿	柳宿	张宿	角宿	氐宿
廿二	尾宿	斗宿	虚宿	室宿	奎宿	胃宿	觜宿	鬼宿	星宿	翼宿	亢宿	房宿
廿三	箕宿	女宿	危宿	壁宿	娄宿	昴宿	参宿	柳宿	张宿	轸宿	氐宿	心宿
廿四	斗宿	虚宿	室宿	奎宿	胃宿	毕宿	井宿	星宿	翼宿	角宿	房宿	尾宿

廿五	女宿	危宿	壁宿	娄宿	昴宿	觜宿	鬼宿	张宿	轸宿	亢宿	心宿	箕宿
廿六	虚宿	室宿	奎宿	胃宿	毕宿	参宿	柳宿	翼宿	角宿	氐宿	尾宿	斗宿
廿七	危宿	壁宿	娄宿	昴宿	觜宿	井宿	星宿	轸宿	亢宿	房宿	箕宿	女宿
廿八	室宿	奎宿	胃宿	毕宿	参宿	柳宿	翼宿	角宿	氐宿	尾宿	斗宿	虚宿
廿九	壁宿	娄宿	昴宿	觜宿	井宿	星宿	轸宿	亢宿	房宿	箕宿	女宿	危宿
三十	奎宿	胃宿	毕宿	参宿	鬼宿	星宿	轸宿	氐宿	心宿	箕宿	虚宿	室宿

六 二十八星宿与择吉避凶

二十八宿轮流值日以断吉凶的渊源，现已难详考，南宋的历书就已采用这种值日法。后来，民间术士又配以二十八种禽兽，进一步发展了二十八星宿的吉凶内涵。对二十八宿分别与二十八种禽兽相配附会事物之吉凶，民间流行的择吉通书有很详细的记载，现将以通俗歌谣形式表述的有关内容附录于后，以备参考。

吉——角、房、尾、箕、斗、室、壁、娄、胃、毕、参、井、张、轸。

凶——亢、氐、心、牛、女、虚、危、奎、昴、觜、鬼、柳、星、翼。

东方苍龙七宿

（一）角宿：属木，为蛟。为东方七宿之首，有两颗星如苍龙的两角。龙角，乃斗杀之首冲，故多凶。角宿值日不非轻，祭祀婚姻事不成，埋葬若还逢此日，三年之内有灾惊。

（二）亢宿：属金，为龙。为东方第二宿，为苍龙的颈。龙颈，有龙角之护卫，变者带动全身故多吉。亢宿之星事可求，婚姻祭祀有来头，葬埋必出有官贵，开门放水出公侯。

（三）氐宿：属土，为貉。为东方第三宿。氐宿之星吉庆多，招得横财贺有功，葬埋若还逢此日，一年之内进钱财。

（四）房宿：为日，为兔。为东方第四宿，为苍龙腹房，古人也称之为"天驷"，取龙为天马和房宿有四颗星之意。龙腹，五脏之所在，万物在这里被消化，故多凶。房宿值日事难成，办事多半不吉庆，葬埋多有不吉利，起造三年有灾殃。

（五）心宿：为月，为狐。为东方第五宿，为苍龙腰部。心为火，是夏季第一个月应候的星宿，常和房宿连用，用来论述"中央支配四方"。龙腰，肾脏之所在，新陈代谢的源泉，不可等闲视之，故多凶。心宿恶星元非横，起造男女事有伤，坟葬不可用此日，三年之内见瘟亡。

（六）尾宿：属火，为虎。为东方第六宿，尾宿九颗星形成苍龙之尾。龙尾，是斗杀中最易受到攻击部位，故多凶。尾宿之日不可求，一切兴工有犯仇，若是婚姻用此日，三年之内有悲哀。

（七）箕宿：属水，为豹。为东方最后一宿，为龙尾摆动所引发之旋风。故箕宿好风，一旦特别明亮就是起风的预兆，因此又代表好挑弄是非的人物、主口舌之象，故多凶。箕宿值日害男女，官非口舌入门来，一切修造不用利，婚姻孤独守空房。

北方玄武七宿

（八）斗宿：属水，为獬。为北方之首宿，因其星群组合状如斗而得名，古人又称"天庙"，是属于天子的星。天子之星常人是不可轻易冒犯的，故多凶。斗宿值日不吉良，婚姻祭祀不吉昌，葬埋不可用此日，百般万事有灾殃。

（九）牛宿：属金，为牛。为北方第二宿，因其星群组合如牛角而得名，其中最著名的是织女与牵牛星，虽然牛郎与织女的忠贞爱情能让数代人倾心感动，然最终还是无法逃脱悲剧性的结局，故牛宿多凶。牛宿值日利不多，一切修造事灾多，葬埋修造用此日，卖尽田庄不记丘。

（十）女宿：属土，为幅（蝠）。为北方第三宿，其星群组合状如箕，亦似"女"字，古时妇女常用簸箕簸五谷，去弃糟粕留取精华，故女宿多吉。女宿值日吉庆多，起造兴工事事昌，葬埋婚姻用此日，三年之内进田庄。

（十一）虚宿：为日，为鼠。为北方第四宿，古人称为"天节"。当半夜时虚宿居于南中正是冬至的节令。冬至一阳初生，为新的一年即将开始，如同子时一阳初生意味着新的一天开始一样，给人以美好的期待和希望，故虚宿多吉。虚宿值日吉庆多，祭祀婚姻大吉昌，埋葬若还逢此日，一年之内进钱财。

（十二）危宿：为月，为燕。为北方第五宿，居龟蛇尾部之处，故此而得名"危"（战斗中，断后者常常有危险）。危者，高也，高而有险，故危宿多凶。危宿值日不多吉，灾祸必定注瘟亡，一切修营尽不利，灾多吉少事成灾。

（十三）室宿：属火，为猪。为北方第六宿，因其星群组合像房屋状而得名"室"（像一所覆盖龟蛇之上的房子），房屋乃居住之所，人之所需，故室宿多吉。室宿值日大吉利，婚姻祭祀主恩荣，葬埋苦还逢此日，三年必定进田庄。

（十四）壁宿：属水，为㺄。为北方第七宿，居室宿之外，形如室宿的围墙，故此而得名"壁"。墙壁，乃家园之屏障，故壁宿多吉。壁宿之星好利宜，祭祀兴工吉庆多，修造安门逢此日，三朝七日进钱财。

西方白虎七宿

（十五）奎宿：属木，为狼。为西方第一宿，有天之府库的意思，故奎宿多吉。奎宿值日好安营，一切修造大吉昌，葬埋婚姻用此日，朝朝日日进田庄。

（十六）娄宿：属金，为狗。为西方第二宿，娄，同"屡"，有聚众的含义，也有牧养众畜以供祭祀的意思，故娄宿多吉。娄宿之星吉庆多，婚姻祭祀主荣华，开门放水用此日，三年之内主官班。

（十七）胃宿：属土，为雉。为西方第三宿，如同人体胃之作用一样，胃宿就像天的仓库屯积粮食，故胃宿多吉。胃宿修造事亨通，祭祀婚姻贺有功，葬埋若还逢此日，田园五谷大登丰。

（十八）昴宿：为日，为鸡。为西方第四宿，居白虎七宿的中央，在古文中西从卯，西为秋门，一切已收获入内，该是关门闭户的时候了，故昴宿多凶。昴宿值日有灾殃，凶多吉少不寻常，一切兴工多不利，朝朝日日有瘟伤。

（十九）毕宿：为月，为乌。为西方第五宿，又名"罕车"，相当于边境的军队，又"毕"有"完全"之意，故毕宿多吉。毕宿造作主兴隆，祭祀开门吉庆多，一切修造主大旺，钱财牛马满山川。

（二十）觜宿：属火，为猴。为西方第六宿，居白虎之口，口福之象征，故觜宿多吉。觜宿值日主吉良，埋葬修造主荣昌，若是婚姻用此日，三年之内降麒麟。

（二十一）参宿：属水，为猿。为西方第七宿，居白虎之前胸，虽居七宿之末但为最要害部位，故参宿多吉。参宿造作事兴隆，富贵荣华胜石崇，葬埋婚姻多吉庆，衣粮牛马满家中。

南方朱雀七宿

（二十二）井宿：属水，为犴（即驼鹿）。为南方第一宿，其组合星群状如网，由此而得名"井"（井字如网状）。井宿就像一张迎头之网，又如一片无底汪洋（请参阅神话传说中的"精卫填海"故事），故井宿多凶。井宿值日事无通，凶多吉少有瘟灾，一切所求皆不利，钱财耗散百灾非。

（二十三）鬼宿：属金，为羊。为南方第二宿，犹如一顶戴在朱雀头上的帽子，鸟类在受到惊吓时头顶羽毛呈冠状，人们把最害怕而又并不存在的东西称作

"鬼"，鬼宿因此而得名，主惊吓，故多凶。鬼宿值日不非轻，一切所求事有惊，买卖求财都不利，家门灾祸散零丁。

（二十四）柳宿：属土，为獐。为南方第三宿，居朱雀之嘴，其状如柳叶（鸟类嘴之形状大多如此），嘴为进食之用，故柳宿多吉。柳宿修造主钱财，富贵双全入家来，葬埋婚姻用此日，多招福禄主荣昌。

（二十五）星宿：为日，为马。为南方第四宿，居朱雀之目，鸟类的眼睛多如星星般明亮，故由此而得名"星"。俗话说"眼里不揉沙子"，故星宿多凶。星宿值日有悲哀，凶多吉少有横灾，一切兴工都不利，家门灾祸起重重。

（二十六）张宿：为月，为鹿。为南方第五宿，居朱雀身体与翅膀连接处，翅膀张开才意味着飞翔，民间常有"开张大吉"等说法，故张宿多吉。张宿之星大吉昌，祭祀婚姻日久长，葬埋兴工用此日，三年官禄进朝堂。

（二十七）翼宿：属火，为蛇。为南方第六宿，居朱雀之翅膀之位，故而得名"翼"，鸟有了翅膀才能腾飞，故翼宿多吉。翼宿值日主吉祥，年年进禄入门堂，一切兴工有利益，子孙富贵置田庄。

（二十八）轸宿：属水，为蚓。为南方第七宿，居朱雀之尾，鸟儿的尾巴是用来掌握方向的。古代称车箱底部后面的横木为"轸"，其部位与轸宿居朱雀之位相当，故此而得名。轸宿古称"天车"，"轸"有悲痛之意，故轸宿多凶。轸宿凶星不敢当，人离财散有消亡，葬埋婚姻皆不利，朝朝日日有惊慌。

二十八宿所属吉凶各派说法不一，且世上没有绝对的吉与凶，故以上所编创内容仅作择吉时参考之用。

第四章　中华传统民俗

　　中国的传统文化涉及生活中的各个方面，每个人从出生到成长、死亡的过程都在民俗的包围之中。我们习惯接受的各种人称称谓，我们喜欢的数字图案，我们的姓氏，以及我们从小就熟记的各种神话传说，无一没有传统文化的烙印。在这样的传统民俗中，我们获得了民族的认同感，产生了民族的依赖感，从而被浓浓的民族自豪感所包围。

一 民间吉祥象征

古老的中国是世界文明的发源地之一，中国传统吉祥图案具有历史渊源，富于民间特色，又蕴含吉祥企盼，通过在历史积淀中不断得以完善。在漫长的岁月里，这些图案运用各种手法，结合完美的美术形式，先人们通过这些直观可感的完美形式，表达对幸福美满生活及财富的热切和渴望。

传统图案巧妙地运用人物、走兽、花鸟、日月星辰、风雨雷电、文字等，以神话传说、民间谚语为题材，通过借喻、比拟、双关、谐音、象征等手法，创造出完美结合的美术形式，成为中华民族传统文化的重要组成部分。

中国传统吉祥图案始于商周，高速发展于宋元，到明清时期达到高峰。在各个时期吉祥图案都有其相对的局限性，但其发展的脚步始终未曾停歇。直至今日，传统吉祥图案仍具有极强的生命力。随着社会的进步，人类文明的发展，人们的观念意识和审美情趣也在不断地发展变化，与之相生相伴的各种艺术形式也都打上了鲜明的时代烙印。

中国的吉祥图案类别多样，载体丰富，形成的原因和标准也多种多样。图案被广泛地应用在建筑装饰图案（如石刻、砖印及木结构上的彩画等）、家具装饰、印染织绣、瓷器、漆器、彩陶的制作等，依据吉祥图案的题材可分为人物类、祥禽瑞兽类、植物类、文字类、几何纹、器物组合类等。

汉字中存在很多同音字，而聪明的中国人就借这些同音字表达了自己美好的愿望，尤其是节日之日，人人都希望喜庆吉祥，偏好讨个"口彩"。所以利用汉语言的谐音作为某种吉祥寓意的表达，这在吉祥图案中的运用十分普遍。

例如，"蝠"与"福"同音，而蝙蝠在中国也就成为了一种瑞兽，代表一种福气。大家常常在各种图画上看到画有五只蝙蝠的画面，这便是"五福临门"之意，民间认为五福是指"福、禄、寿、喜、财"，因此喜欢带有五只蝙蝠的装饰品，以示吉利。

喜鹊更是因为与"喜"同音，在传统吉祥图案中得到了广泛的利用。两只喜鹊寓意双喜，和獾子一起寓意欢喜，和豹子一起寓意报喜，喜鹊和莲在一起寓意喜得连科。

除了用同音字来表达吉祥之外，民间还习惯用代表性事物来寓意吉祥喜庆，以给人最为直观的祈福印象。如灯彩是传统的喜庆之物，将灯笼绘上五谷，寓意五谷丰登，丰衣足食。"瓶"与"平"二者同音，用花瓶则直接表示"平安"之意。

除了直接运用字义和和形象之外，还有很多吉祥图案综合运用了象征手法的艺术成果，从而赋予图案更丰富的含义。例如"三多图"由石榴、桃、佛手组成，寓意多福（佛）多寿（桃）多男子（石榴子多），三多组合在一起，便成了人生幸福美好的象征。

人们发现鸳鸯本性喜欢成对生活、形影不离，就会拿鸳鸯比作忠贞的爱情、夫妻的象征。狮子在民间被公认为百兽之王，勇不可挡，威震四方，自古人们一贯在大门的两旁摆放石狮，用来镇宅治邪，使门外的邪魔妖怪不敢入屋肆虐，起到镇宅守门驱邪、消灾解祸、祈求阖家平安的效用。

除了形象之外，吉祥图案在色彩的选择上也符合大众化的心理。红、黄等色彩一向在民间被当作吉祥的颜色，人们喜爱用这些色彩来表达自己的美好愿望。如"红靠黄，亮晃晃""红搭绿，一块玉""粉笼黄，胜增光""红红绿绿，图个吉利"，等等。通过这些色相所产生的联想和大众化心理情感的需要。红、黄等色彩自然成为喜庆和吉祥等美好意义的代名词。这种审美心理经过历史的演变成为一种无意识的精神现象被人们自发地应用。这类色彩迎合了民众的审美趣味，成为寓意吉祥和喜庆的符号。

二 传统称谓

中国传统文化中极重视宗法人伦关系和道德伦理规范，而这一原则极大地反映在中国人的称谓之中。中国人的称谓可谓是体系庞大、类别众多，可能没有哪个民族像我们这样把亲戚关系规定得如此条理分明、尊卑有序。尤其是在封建社会，人与人之间的称谓是极其重要的规矩，不可随意。随着社会的发展，中国人之间的称谓简化了许多。

简化的原因有很多，一方面是社会进步的影响，由于辛亥革命之后，人们革除了旧的思想观念和封建社会的守旧习惯，使得人际关系与家族关系都得以简化；另一方面是主观需要，由于称谓的等级复杂、名称繁多，不利于人们的沟通和交流。所以随着社会的发展，中国人之间的称谓也有了诸多变化。现在就让我们细数中国人之间的称谓及关系。

（一）对亲属

称呼对象	称呼	自称	向第三者介绍该对象时称谓	对朋友、同事、同学的相应对象的称谓
父亲的祖父	曾祖父（老爷）	曾孙	家曾祖父	令曾祖父
父亲的祖母	曾祖母（老奶）	曾孙女	家曾祖母	令曾祖母
祖父	祖父（爷爷）	孙孙女	家祖父	令祖父
祖母	祖母（奶奶）		家祖母	令祖母
父亲	父亲（爸爸、爹）	儿女儿	家父	令　尊
母亲	母亲（妈妈、娘）		家母	令　堂
母亲的祖父	外曾祖父（姥爷）	外曾孙	外曾祖父	令外曾祖父
母亲的祖母	外曾祖母（老姥姥）	外曾孙女	外曾祖母	令外曾祖母
母亲的父亲	外祖父（姥爷）	外孙	外祖父	令外祖父
母亲的母亲	外祖母（姥姥）	外孙女	外祖母	令外祖母
母亲的兄弟	舅父（舅舅）	外甥	舅父	令舅父
母亲兄弟的妻子	舅母（妗妗）	外甥女	舅母	令舅母
母亲的姐夫、妹夫，母亲的姐妹	姨父（姨夫）	姨甥	姨　夫	令姨夫
	姨母（姨）	姨甥女	姨	令姨母
丈夫的祖父	祖父（爷爷）	孙媳	家祖父	令祖父
丈夫的祖母	祖母（奶奶）		家祖母	令祖母
丈夫的父亲	父亲（公公、爹）	媳	家　父	令　尊
丈夫的母亲	母亲（婆母、娘）		家　母	令　堂
丈夫的伯父	伯父（大爷）	侄媳	家伯父	令伯父
丈夫的伯母	伯母（大娘）		家伯母	令伯母
祖父的哥哥	伯祖父（大爷爷）	侄孙	家伯祖父	令伯祖父
祖父的嫂嫂	伯祖母（大奶奶）	侄孙女	家伯祖母	令伯祖母
祖父的弟弟	叔祖父（爷）	侄　孙	家叔祖父	令叔祖父
祖父弟弟的妻子	叔祖母（奶奶）	侄孙女	家叔祖母	令叔祖母

祖父的姐夫、妹夫，祖父的姐妹	祖姑夫（姑爷） 祖姑母（姑奶）	内侄孙 内侄孙女	祖姑父 祖姑母	令祖姑父 令祖姑母
祖母的兄弟 祖母兄弟的妻子	舅爷 舅奶	外甥孙 外甥孙女	舅爷 舅奶	令舅爷 令舅奶
父亲的哥哥 父亲哥哥的妻子	伯父（大爷） 伯母（大娘）	侄 侄女	家伯父 家伯母	令伯父 令伯母
父亲的弟弟 父亲弟弟的妻子	叔父（叔叔） 叔母（婶婶）	侄 侄女	家叔父 家叔母	令叔父 令叔母
父亲的姐夫、妹夫，父亲的姐妹	姑父（姑夫） 姑母（姑姑）	内侄 内侄女	姑 父 姑 母	令姑父 令姑母
丈夫的叔父 丈夫的叔母	叔父（叔叔） 叔母（婶）	侄 媳	家叔父 家叔母	令叔父 令叔母
妻子的祖父 妻子的祖母	岳祖父（爷爷） 岳祖母（奶奶）	孙婿	岳祖父 岳祖母	令岳祖父 令岳祖母
妻子的父亲 妻子的母亲	岳父（老丈人、爹） 岳母（丈母娘、娘）	婿	岳 父 岳 母	令岳父 令岳母
妻子的伯父 妻子的伯母	伯父（大爷） 伯母（大娘）	侄婿	伯 父 伯 母	令伯父 令伯母
妻子的叔父 妻子的叔母	波父（叔叔） 叔母（婶）	侄婿	叔 父 叔 母	令叔父 令叔母

老师

称呼对象	称 呼	自 称	向第三者介绍该对象时称谓	对朋友、同事、同学的相应对象的称谓
老 师 老师的妻子	老 师 师 母	学生	敝师 敝师母	令 师 令师母
老师的父亲 老师的母亲	师祖父（爷爷） 师祖母（奶奶）	孙辈学生	敝师祖父 敝师祖母	令师祖父 令师祖母
师 傅 师傅的妻子	师 傅 师母（师娘）	学徒（徒弟）	敝师傅 敝师母	令师傅 令师母

其他长辈

称呼对象	称呼	自称	向第三者介绍该对象时称谓
祖父母辈常来往的同学同事朋友	爷爷 奶奶	晚辈 ×××	祖父（母）的同学（同事、朋友） ×（姓）老

称呼对象	称呼	自称	向第三者介绍该对象时称谓	对同学、朋友相应对象的称谓
父母常来往的同学、同事、朋友	大爷、叔 大娘、婶（姨）	晚辈 ×××	父（母）新的同学（同事、朋友） 老×（姓）
同学、同事、朋友的祖父、祖母	爷爷 奶奶	晚辈 ×××	同学（同事、朋友）的祖父（母） ×（姓）老
同学、同事、朋友的父母	伯父（大爷） 伯母（大娘）	晚　辈 ×××	同学（同事、朋友）的父（母） ×（姓）
同事中同祖父母年龄相当者	爷爷 奶奶	晚辈 ×××	同事中的长辈 ×（姓）老
同事中与父、母年龄相当者	×伯、×叔×姨 （大爷、叔叔、婶婶）	晚　辈 ×××	同事中的长辈 老×（姓）

（二）对平辈

称呼对象	称呼	自称	向第三者介绍该对象时称谓	对同学、朋友相应对象的称谓
丈夫 妻子	名字（汉子、男人） 名字（媳阿、娘们）	名字	丈夫 妻子　爱人	某兄、某嫂 某同志
哥哥 嫂嫂	哥哥 嫂嫂	弟弟、妹妹 弟妹	家兄 家嫂	令兄 令嫂
弟弟 弟弟的妻子	弟弟（兄弟） 弟妹（小叔妻子）	兄 姐	家弟 家弟妹	令弟 令弟妹
姐姐 姐夫	姐姐 姐夫	弟、妹 内弟、妹	家姐 家姐夫	令姐 令姐夫
妹妹 妹夫	妹名字 妹夫名字	兄、姐 内兄、内姐	家妹 家妹夫	令妹 令妹夫
伯叔父的儿子 伯叔父的儿媳	堂兄、堂弟名字 嫂嫂（名字）	堂兄、堂弟 堂姐、堂妹	家堂兄、家堂弟 家堂嫂、家堂妹	令堂兄、令堂弟、令堂嫂、令堂妹
伯叔父的女儿 伯叔父的女婿	堂姐、堂妹 堂姐夫、堂妹夫	堂兄、堂弟 堂姐、堂妹	家堂垦、家堂妹 家堂姐夫堂妹夫	令堂姐、令堂妹 令堂姐夫、令堂妹夫
姑舅姨的儿子 姑舅姨的儿媳	表兄、表弟 表嫂、表弟妹	表弟、表妹 表兄、表姐、表嫂	表兄、表弟 表嫂、表弟妹	令表兄、令表弟、令表嫂 令表嫂
姑舅姨的女儿 姑舅姨的女婿	表姐、表妹 表姐夫、表妹夫	表弟、表妹 表兄、表嫂、表姐	表姐、表妹 表姐夫、表妹夫	令表姐、妹 令表姐夫、妹夫

妻子的哥哥 妻子的嫂嫂	内兄（哥哥） 嫂 嫂	妹夫（弟）	内兄（哥哥） 嫂 嫂	令内兄 令 嫂
妻子的姐姐 妻子的姐夫	姐 姐 襟兄（姐夫、一条缠）	妹夫（弟） 襟弟（弟）	姐 姐 襟 兄	令 姐 令襟兄
妻子的弟弟 妻子的弟媳	内弟名字（小舅子）	姐 夫 （名字）	内弟（名字） 弟妹（名字）	令内弟 令弟妹
妻子的妹妹 妻子的妹夫	妹妹名字（小姨子）	姐 夫 （名字）	妹 妹 襟 弟	令 妹 令襟弟
丈夫的哥哥 丈夫的嫂嫂	哥 哥 嫂 嫂	弟 弟 妹 妹	哥 哥 嫂 嫂	令 兄 令 嫂
丈夫的姐姐 丈夫的姐夫	姐 姐 姐 夫	弟 妹 （名字）	姐 姐 姐 夫	令 姐 令姐夫
丈夫的弟弟 丈夫的弟妇	弟弟（兄弟、名字） 弟妹（老×媳妇名字）	嫂（名字）	弟 弟 弟 妹	令 弟 令弟妹
丈夫的妹妹 丈夫的妹夫	妹妹（小姑子，名字） 妹夫（名字）	嫂（名字）	妹 妹 丈妹 夫	令 妹 令妹夫

同学

称呼对象	称 呼	自 称	向第三者介绍 该对象时称谓	对同学、朋友相 应对象的称谓
男、女 同学	学姐、学兄 或统称同学	学弟、学妹 或统称同学	敝同学	令同学
男、女 学徒	师兄（哥） 师姐（姐）	师 弟 师 妹	敝师兄 敝师姐	令师兄 令师姐
同学的丈夫 同学的妻子	某兄（哥哥） 嫂 嫂	弟、妹 （名字）	敝同学	令同学
同学的兄弟姐妹	某兄（哥）姐	弟妹（名字）	敝同学的兄弟姐 妹	令同学的兄弟姐妹

同事、朋友

称呼对象	称 呼	自 称	向第三者介绍 该对象时称谓	同学朋友相应 对象的称谓
男、女 同事	某同志、某兄（名字） 某同志、某妹（名字）	弟、妹 （名字）	敝同事	令同事
男、女 朋友	某兄（名字） 某姐（名字）	弟、妹 （名字）	敝友	令 友

（三）对生人

对　象		称呼（口头）
老年人	男	老大爷、老汉
	女	老大娘
比自己父亲大者	男	大爷
	女	大娘
比自己父亲小者	男	叔、老叔
	女	婶、阿婶
与自己年龄相同者	男	老哥、老弟
	女	老姐、老嫂
儿　童	男	小孩
	女	小女

三　悠远的民间传说

中国有着非常悠久的历史。按照古代的传统说法，从传说中的黄帝到现在，有四千多年的历史，通常叫作"上下五千年"。在上下五千年的历史里，有许多动人的有意义的故事，其中有许多是有文字记载的，也有许多没有文字记载，但却流传下来了一些神话和传说。中国上古神话按内容分为七类：创世神话、洪水神话（鲧禹治水）、民族起源神话、文化起源神话、英雄神话（夸父追日、精卫填海、后羿射日）、部族战争神话和自然神话等。

盘古开天

我们人类的祖先，究竟是从哪里来的？古时候流传着一个盘古开天辟地的神话，说的是在天地开辟之前，宇宙不过是混混沌沌的一团气，里面没有光，没有声音。这时候，出了一个盘古氏，用大斧把这一团混沌劈了开来。轻的气往上升，就成了天；重的气往下沉，就成了地。

以后，天每天高出一丈，地每天加厚一丈，盘古氏本人也每天长高了一丈。这样过了一万八千年，天就很高很高，地就很厚很厚，盘古氏当然也成了顶天立地的巨人。后来，盘古氏死了，他的身体的各个部分就变成了太阳、月亮、星星、高山、河流、草木等。

这就是开天辟地的神话。

女娲补天

在盘古开天辟地之后才有了万物生灵。不知哪一年，西天突然塌了一块，天河中的水哗哗地从缺口流下人间，淹死了无数生命。

当时，有个姑娘名叫女娲，她目睹百姓颠沛流离，动了恻隐之心，立誓要把天上缺口补起来。有一天她做了一个很奇怪的梦，梦中有一位神仙告诉她，昆仑山顶堆满许多五色宝石，用大火将宝石炼过，就可以拿来补天。

女娲醒来后，就直奔昆仑山。昆仑山高耸陡峭，更有狮虎等恶兽无数，等闲人上不了山。但她一心一意想早日找到补天的宝石替天下百姓消灾，道路崎岖险恶，全不加理会，日夜兼程。

女娲在山顶上终于找到五色宝石。她捡了许多，堆在山顶上，烧起一把大火，炼了九九八十一天，把宝石炼成熔浆。女娲一次又一次用双手捧起熔浆拿去补天，直至天上缺口滴水不漏，她才舒了口气。这时，地上的百姓见天河水不再漏下来，纷纷重整家园，再过快活的日子。

百草神农架

上古时候，五谷和杂草长在一起，药物和百花开在一起，哪些粮食可以吃，哪些草药可以治病，谁也分不清。没有药医治自己的人类饱受病痛的折磨。老百姓的疾苦，神农氏瞧在眼里，为了解决这个问题，他想出了一个办法。

他带着一批臣民砍木杆，割藤条，靠着山崖搭成架子，一天搭上一层，从春天搭到夏天，从秋天搭到冬天，不管刮风下雨，还是飞雪结冰，从来不停工。整整搭了一年，搭了三百六十层，才搭到山顶。

神农氏不怕危险，自己尝百草，记录哪些草是苦的，哪些热，哪些凉，哪些能充饥，哪些能医病，都写得清清楚楚。他尝完一山花草，又到另一山去尝，他尝出了三百六十五种草药，写成《神农本草》，叫臣民带回去，为天下百姓治病。

为了纪念神农尝百草、造福人间的功绩，老百姓就把这一片茫茫林海，取名为"神农架"。

大禹治水

远古时期，天地茫茫，宇宙洪荒，人民饱受海浸水淹之苦。舜即帝位后，命禹治理洪水。禹欣然领命，跋山涉水、顶风冒雨到洪灾严重地区进行勘察，了解各地山川地貌，摸清洪水流向和走势，制定统一的治水规划，在此基础上才展开大规模的治水工作。采用"堕高堰库"（《国语·周语下》）筑堤截堵的办法，吸取一旦洪水冲垮堤坝便前功尽弃的教训，大胆改用疏导和堰塞相结合的新办法。

按《国语·周语》所说，就是顺天地自然，高的培土，低的疏浚，成沟河，除壅塞，开山凿渠，疏通水道。历时十三年之久，终于把洪渊填平，河道疏通，使水由地中行，经湖泊河流汇入海洋，有效驯伏了洪水。

精卫填海

传说炎帝有一个女儿，叫女娃。女娃十分乖巧，黄帝见了她，也都忍不住夸奖她，炎帝视女娃为掌上明珠。

有一天，她独自去东海看日出，不幸落入海中。女娃死了，她的精魂化作了一只小鸟，名叫"精卫"，为使后人不受东海之害，她一刻不停地从她住的发鸠山上衔了一粒粒小石子，展翅高飞，一直飞到东海。她在波涛汹涌的海面上来回飞翔，悲鸣着，把石子投下去，想把大海填平。

她衔呀，扔呀，成年累月，往复飞翔，从不停息。人们同情精卫，钦佩精卫，把它叫作"冤禽""誓鸟""志鸟""帝女雀"，并在东海边上立了个古迹，叫作"精卫誓水处"。

夸父追日

据说"夸父"本是一个巨人族的名称，他们个个都是身材高大、力大无比的巨人，耳朵上挂着两条黄蛇，手中握着两条黄蛇，性情温顺善良，都为创造美好的生活而勤奋努力。

当时夸父族人生活的地方北方天气寒冷漫长，夏季虽暖但却很短，每天太阳从东方升起，山头的积雪还没有融化，又匆匆从西边落下去了。夸父族的人想，要是能把太阳追回来，让它永久高悬在上空，不断地给大地光和热，那该多好啊！于是他们从本族中推选出一名英雄，去追赶太阳，他的名字就叫"夸父"。

夸父被推选出来，心中十分高兴，他决心不辜负全族父老的希望，跟太阳赛跑，把它追回来，让寒冷的北方和南方一样温暖。于是他跨出大步，风驰电掣般朝西方追去，转眼就是几千、几万里。他一直追到禺谷，也就是太阳落山的地方，那一轮又红又大的火球就展现在夸父的眼前，他是多么的激动、多么的兴奋，他想立刻伸出自己的一双巨臂，把太阳捉住带回去。可是他已经奔跑了一天了，火辣辣的太阳晒得他口渴难忍，他便俯下身去喝那黄河、渭河里的水。两条河的水顷刻间就喝干了，还是没有解渴，他就又向北方跑去，去喝北方大泽里的水，但他还没到达目的地，就在中途渴死了。

虽然夸父失败了，但他的这种毅力一直被人们传为佳话，并且激励着许多有志之士不断进取。

神话是民族性的反映，中国的神话自然也反映出了中华民族的特性：博大坚忍、自强不息、富于希望。中国神话里祖先们伟大的利人利己的精神，值得后代子孙很好地去学习发扬。

四 姓氏家谱渊源

姓氏最重要的作用是延续血脉。在封建社会，姓氏还用来代表贵贱，使中华文化的统一性和连续性在姓氏的传承之中得以体现。姓氏制度同样最早出现在中国，并随着社会的发展变迁，绵延不绝。从公元前3000年中国第一个姓——风姓开始，中国人使用过的姓氏高达22000个，而其中不少姓氏有上千年的历史。

《百家姓》是960年北宋的时候写的，里面一共收集了单姓408个，复姓30个，一共438个。发展到后来，总数据说已达5000个，但是实际应用的，只有1000个左右。

据学者考证，华人最大的十个姓是：张、王、李、赵、陈、杨、吴、刘、黄、周。这十个姓占华人人口40%，约四亿人。第二大的十个姓是：徐、朱、林、孙、马、高、胡、郑、郭、萧。占华人人口10%以上。第三大的十个姓是：谢、何、许、宋、沈、罗、韩、邓、梁、叶。占华人人口10%。接下来的15个大姓是：方、崔、程、潘、曹、冯、汪、蔡、袁、卢、唐、钱、杜、彭、陆。加起来也占总人口的10%。

据最新资料统计，中国的姓共有11969个（其中有些姓氏随着时代的发展也有不少消亡的）。其中单字姓是5233个，双字姓为4329个，三字姓为1615个，四字姓为569个，五字姓为96个，六字姓为22个，七字姓为7个，八字姓为3个，九字姓为 1 个。

众多姓氏都有历史可考，现将部分姓氏渊源列举如下。

黄

相传黄姓是伯益之后。伯益为禹所重用，他助禹治水有功，名重一时。周代有黄国（今河南潢川县西），是伯益后裔的封国。

公元前 648 年，黄国被楚国灭掉，其子孙以国为姓，称黄氏。据考证，黄姓有声望的世家大族居住在江夏郡（今湖北省云梦县东南）。黄姓最早南迁到宁都黄石田坑。黄姓也是唐朝至五代迁入石城的 15 个开基大姓之一。

周

周姓是我国最古老的姓氏之一。相传周人的祖先本来居住在邰（今陕西省武功县西南），到商朝后期，游牧民族不断侵袭周人，使得从事农业为生的周人无法安居，于是古公亶父率领族人迁往周原（今陕西省渭河平原一带），开荒耕种，兴建宗庙和宫殿，还修了坚固的城墙，从此称周族。

公元前 256 年，秦国灭掉东周，将周赧王废为庶人。当地百姓认为赧王是周家后代，因此称为周氏。另外，还有一些改姓周的，如北魏时鲜卑皇族普乃氏、代北地区贺鲁氏、北周普屯氏等。据赣南历代府县志记载，周姓从唐朝起历次大南迁都有移居赣南的。

赵

相传造夫从华山一带得到 8 匹千里马，周穆王坐 8 匹马拉的车子来到昆仑山上，西王母在瑶池设宴招待他。这时东南方的徐偃王造反，造父驾车日行千里，及时赶回镐京，发兵打败了徐偃王。

由于造父在这次平叛中立了头功，周穆王就赐给他赵城（在今山西省洪洞县北）。从此，造父及其子孙便以封地命氏，称为赵氏。造父就是普天下赵姓的始祖。

徐

相传徐国是夏、商、周三代的诸侯。周穆王时的徐君偃聪明仁爱，很得百姓拥护，国力日强。后来他在挖河时挖出一副红色的弓箭，以为这是天赐祥瑞，顿时产生代周为天子的野心。于是，他自称徐偃王，率领 36 国联军向周都进攻。

周穆王此时正在西王母那里做客，得到消息后连夜动身，由造父驾车，日行千里回到周都，点起大军前去镇压。徐偃王没想到周穆王回来得这么快，眼见一场血战就要发生，他审时度势，不忍心让生灵涂炭，立即收兵，躲进彭城（今江苏省徐州市）一带的深山中。周穆王见徐偃王在当地很得人心，便封他的子孙为徐子，继续管理徐国。徐子孙的后代称徐氏，这就是徐姓的由来。

高

相传齐太公的六世孙齐文公有儿子受封于高，人称公子高。公子高的孙子溪同齐襄公的弟弟公子小白是好友。后来齐襄公被公孙无知所杀，溪联同其他大臣一起平定内乱，诛杀公孙无知迎立公子小白为君，史称齐桓公。

齐桓公为了表彰溪的功劳，便赐他以祖父之名"高"为姓。高氏后来世袭齐国上卿之职，成为春秋时齐国名重一时的权贵之族。

何

何姓是以讹传讹产生的姓字。秦灭六国后，韩姓子孙散居各地，其中一支流落在江淮一带。按当地人的口音，"韩"字被读成"何"音，后来以读者误写成"何"，沿袭下来便成了何氏。此外，汉代何苗，本姓朱，冒姓何，子孙沿袭形成何氏的另一支。

何姓始祖何太郎生于唐昭宗景富元年，后南下福建宁化做官。三世何十郎任江西赣州节推。到明代还有从广东迁入赣南的。

马

马姓源出于赵姓。相传战国时赵国有个官员叫赵奢，有一次，秦国派兵攻打韩国，赵奢指挥军队救援。为了奖励他的功劳，赵王封他为马服君。而赵奢的子孙则以封地"马服"的第一字"马"为姓，称马氏。

罗

相传古代有一个部族首领受封罗国，国人以国为姓，称罗氏。后另有唐代西突厥可汗和清代爱新觉罗氏的后代改姓罗。可见，罗氏是一个汉族与少数民族共用的"大家庭"姓。

朱

朱姓本姓邾，后来演变成朱还有一段历史。相传周武王封曹挟于邾国，建都于邾。他的遗族以国为姓，称邾氏。战国时，楚国灭了邾国，邾国的贵族四处逃散，但他们念念不忘自己的祖国，因而去掉耳旁，改姓朱。这便是朱姓的由来。朱氏先祖中原南迁，移居吉安，再移居赣南。而朱姓也成为唐至五代南迁石城的 15个开基大姓之一。朱姓由于朱元璋领导起义军推翻元朝、建立明朝而成为了明代国姓。

李

我国人口统计资料表明，李姓为当今中国第一大姓，也是客家第一大姓。相传李姓的始祖为皋陶，他在尧手下做官，主管司法，官名为"大理"。他的子孙世袭大理职务，历经虞、夏、商三代，以官职为姓，被人称为"理氏"。

商朝末年，皋陶的子孙理征因刚正不阿、执法如山得罪了暴君商纣王，被处死。理征的妻儿开始逃亡。因为沿途的李子树上挂满了又大又红的李子，母子俩摘取李子充饥才得以活命。为了纪念这段蒙难的历史，感谢李子的活命之恩，母子俩改姓"理"为"李"，这就是李姓的由来。

很长一个时期，李姓还是个小姓。但到了唐代，一部分其他姓氏的臣民因助李渊、李世民建国有功而被李氏皇族赐姓李。这样，李氏宗族便庞大起来，一跃成为中国的大姓。古代李姓中最早建立起名望的家族多住在西陇（今甘肃兰州、巩昌、秦川一带），因此西陇便成为李姓家族的郡望源地。

董

相传帝舜收到诸侯进贡的几条龙，便任命董父去饲养。在董父的精心驯养下，这几条龙学会了表演各种舞蹈。帝舜非常高兴，就封董父为侯。董父就成为了董氏之祖（另一说法是春秋时，"董"是管理的意思）。他们的子孙也是以董为姓。

张

为何将张姓称为"军武之姓"？一是因为据统计，张姓的历代名人中有近三分之一是军事名人；二是因为我们接下来要介绍的张姓的由来，也与军事和战争有关。

相传，古时有个叫挥的人，从小就爱挥刀舞枪，既勇猛，又聪明过人，是弓的发明者。弓箭在古代是战争中最重要的武器。挥因此而被封官，负责监造弓箭，官名为"弓正"，并被赐姓"张"。在古文中，"张"字就像一个人持弓欲射。

王

王姓是一个大家族，在这一家族中出现了许多文学名人、艺术名人和科技名人。翻开历史一看，谁都知道王姓历来就是中国赫赫有名的姓氏之一。

特别是东晋南北朝时期，王姓以高高在上的一流士族自居。许多其他姓氏与之通婚都认为是一件很荣耀的事情。但在现代社会，王姓也只不过是百家姓中的普通一姓，正如唐朝大诗人刘禹锡感慨的那样："旧时王谢堂前燕，飞入寻常百姓家。"

刘

刘姓的由来，还有一个有趣的故事。相传晋襄公死后，其儿子夷皋还小，大臣们都主张立晋襄公的弟弟公子雍为晋君。于是执政大臣赵盾派人去秦国接公子雍回国即位。

晋襄公的夫人穆嬴知道此事后，天天抱着太子夷皋去宗庙里哭闹。赵盾等人被她闹得没办法，只好立夷皋为晋君。这时公子雍已经由秦军护送来到边境，赵盾就亲率晋军去阻挡。秦人见赵盾出尔反尔，非常恼火，双方在令弧一带交战起来。秦军准备不足，打了败仗。而由赵盾派去接公子雍的士会也只好留在秦国。其后裔也就成为了刘氏——意思是有"留"成刘姓。

陈

陈姓按人口统计是中国的第五大姓，陈姓的由来有一段故事。相传舜当天子之前，帝尧把两个女儿嫁给他，让他们在妫汭河边居住，他们的子孙在妫汭一带，就是妫姓。后周武王找到舜帝的后裔妫满，并把大女儿元姬嫁给他，封他为陈侯。妫满死后，谥号陈胡公，陈氏就是他的后代。这就是陈姓的由来。

孙

孙姓的发源大致有三支，一支出于姬姓，另一支出于芈姓，还有一支出于田氏。古时常把孙姓称为兵家大族。

春秋时有著名的兵法家孙武，军事家孙膑，三国时有孙坚、孙策、孙权父子三人领兵用兵，在江东建立吴国。唐末时期，河南籍大将孙俐追剿叛军南进，有功被封东平侯，后定居赣南虔化（今宁都），其后裔分居于都、兴国、赣县和浙江、湖南等地。1986年11月，江西省人民政府曾拨款将孙俐墓修建在宁都县梅江镇南郊马家坑。

胡

　　胡姓发源有两支，一支是周武王封帝舜的后裔为陈侯，谥号陈胡公。他的后代子孙以其名字中的"胡"为姓，称胡氏。另一支是周时有两个胡国，两个国君的子孙都是以国为姓，亦称胡氏。胡姓是多出文化名人的世家大族。

　　根据《辞海》等大辞书的统计，胡姓在古代所出的 22 位名人中，文化名人多达 12 位。据记载，胡姓是唐朝至五代定居石城的。

林

　　相传比干是纣王的叔父，他见纣王行事无道，不听臣谏，就叹道："主过不谏非忠也，畏死不言非勇也，即谏不从，且死忠之至也。"于是进宫进谏。可纣王不但不听，还杀了比干。当时比干的正妃陈氏已有身孕。听到消息后，她立即与婢女逃到牧野（今河南省涉县境内）避难。在树林石室产下了一个男孩，名坚，字长思。

　　直到周武王伐纣后，陈夫人才把坚送回国。周武王认为坚是在长林中所生，所以赐他以林姓。这便是林姓的由来。林坚便是林姓的始祖。据考证，林姓有声望的世家大族居住在南安郡（今甘肃省陇西县）。

傅

　　傅姓的起源有两种说法：一种是黄帝裔孙大由封于傅邑，后代子孙便以傅为姓，称为傅氏；另一种说法是传说商高宗武丁四处寻找梦中神人所指点的良臣。结果在一个傅岩的地方找到傅说。在傅说在帮助下天下大治。傅说的后代以傅为姓。

邓

　　邓姓来源有三个传说：第一个是夏朝时帝仲康的子孙封在邓国（今河南省邓州市），其后世子孙以国名为姓，称邓氏；第二是商代高宗封其叔父于邓国，其后代以邓为姓，称邓氏；第三个是五代时南唐后主李煜第八子被封为邓王，其后世子孙也称为邓氏。邓氏望族居住在南阳郡（今河南省南阳市）。

许

许姓是以国为名命名的姓氏。周武王封伯夷的后人文叔于许国（今河南省许昌市东），称许文叔。战国初期，许国被楚国灭掉，许君的后代称为许氏。另外，传说帝尧时许由的后代也称许氏。许氏望族居住在高阳郡（今山东省淄博市）。

五 气象民谚

民谚是中国人民在生产劳作中不断总结归纳出来的智慧结晶。通过这些民谚，让人们更好地了解农作物的生产，天气的变化，更好地从事农业生产活动。这些看似简单的道理，却是在长期的观察和思考中产生的。民谚得以传承千年必有其经久不衰的原因，也是因为这些只言片语，浓缩着历代人无穷智慧。

人民通过劳动习作，总结出了天气阴晴冷暖与万物的细微关联，并依照这些关联，有效地指导日常生活。

"春天猴儿面，阴晴随时变"。意指春天的天气变化无常，或风和日丽、春光明媚，或阴雨连绵、冷风阵阵。

"日出热辣辣，中午雨淋头"。意指早上太阳过热，中午就会有雨下来了。（广西白州）

"雷公先唱歌，有雨也不多"。下雨地方打雷，传到无雨的地方，人们虽然先听到雷声，但也多半是无雨或少雨天气。

"打早打辣雾，尽管洗衫裤"。秋冬季节有晨雾，则该日天晴。（广西白州）

"三日风，三日霜，三日日头公"。这句话反映了厦门冬季天气特点。三天刮风，三天降温，再三天就出太阳（太阳在厦门话中叫"日头"）。这则民谚说明天气变化的周期有规律可循。（福建厦门）

"冬至无雨一冬晴"。意指冬至这一天的天气与整个隆冬天气及农事活动有着极其密切的关系。如果冬至这一天无雨，则整个隆冬多为晴天。（广东汕头）

"吃过端午肉，坝上紧紧筑"。意指过了端午以后，降雨天气将会增多，要提前做好预防洪涝的准备工作。（浙江杭州）

"乌鸦沙沙叫，阴雨就会到"。乌鸦对天气变化很敏感。一般在大雨来临前一两天就会一反常态，不时发出高亢的鸣啼。一旦叫声沙哑，便是大雨即将来临的信号。

"雀噪天晴，洗澡有雨"。麻雀堪称"晴雨鸟"。若在连日阴雨的早晨，群雀叫声清脆，则预示天气很快转晴。夏秋季节，天气闷热，空气潮湿，麻雀便飞到浅水处洗澡散热，这预示未来一两天内有雨。

"久晴大雾雨，久雨大雾晴"。这是因为天气久晴，空气中所含水分较少，尽管夜间降温，一般仍不会产生大雾。如果突然出现了大雾，很可能是因为暖湿空气侵入，形成了平流雾，预示天气将转阴雨。相反，雨后空气中水分很充沛，但由于云层覆盖地热不易散发，晚上地面降温不显著，也不易形成雾。

"大雁南飞寒流急"。大雁是预报寒潮的专家。当北方有冷空气南下时，大雁往往结队南飞，以躲过寒潮带来的风雨低温天气。

"一日南风三日暴"。意思是说，冬天刮南风气温回暖后，很快就会有冷空气南下影响。（江苏南京）

"布谷催春种"。意指布谷鸟叫以后一般不会有强冷空气影响了，农家可以播种了。

"夏有奇热，冬有奇寒"。夏秋时，当太平洋台风来袭之前多酷热，令田间鱼儿被晒死，民间视当年气温变幅增大，冬天有严寒之兆。

"奇热必有奇寒"。指入冬以后如果持续温暖，则一旦冷空气袭来，降温可能剧烈、持久。放眼于更长的时间范畴，如果连续数年暖冬，就得留心终归会来一个寒冬。

"冷得早，回暖早"。如果最冷时段明显提前，则同一冬季中往往不容易再次出现同样量级的严寒，也表明季节会相应提前，春天可能早来。

"早穿皮袄午穿纱，抱着火炉吃西瓜"。形容宁夏秋季昼夜温差大的气候特征。（宁夏）

"冬寒冷皮，春寒冻骨"。说的是冬天气温虽低，但是寒而不冻；春天气温回升，但是春寒料峭，如果再遇"倒春寒"，更是寒风凛冽彻骨。（福建厦门）

"今朝日头乌云托，明朝晒坏乌龟壳"，"东闪西闪（闪电），晒煞泥鳅黄鳝"。意指炎热的天气连乌龟的背壳都能晒裂，水中的黄鳝泥鳅也会晒死。（上海崇明）

"二八月乱穿衣"。意指冬末春初的这一季，正是气温变化幅度大、冷暖交替多的时期。

这些民谚大多与当地的气候条件和动植物有关，不具备普遍性，即使如此，当地的人们也在这些民谚中受益匪浅。

风是自然界中最常见的一种形态，由于各方面的地理属性不一致，所以不同来历的风有它多样的特性。有冷风，也有热风；有干风，也有湿风。沙漠吹来的风，挟带着沙尘；海面来的风，就含有更多的水汽。因此，我们在不同的风里面，就有不同的感觉，可以看到不同的天空景象。更进一步地，如果两种不同的风碰头，就极易发生冲突，这时就可以看到天气突变的现象。风是最容易觉察的现象，所以关于风的谚语很多。

四季东风是雨娘。（湖南）

东风是个精，不下也要阴。（湖北枣阳）

温带区域和它的北面，就是约在北纬 30° 的地方的雨水，主要是由于气旋带来的。气旋的行动，总是自西向东的，在它的前部，盛行着东北风、东风或东南风。故气旋将到的时候，风向必定偏东的。所以东风可以看作气旋将来的预兆。因为气旋是一种风暴，是温带区域下雨的主要因子，所以我们看到吹东风，便知是雨天的先兆。

东风四季晴，只怕东风起响声。（江苏南京）

偏东风吹得紧要落雨。（上海）

东风急，备斗笠。（湖北）

风急云起，愈急必雨。（《田家五行》论风）

这几句话的意思是说：东风是不一定下雨的，东风大了，倒是可怕的。东风既然很小，那么这般气流必定从很近的地方来的，也许就是本地的气流。它的一切性质，必定和本地环境是一致的，所以天气是难得变坏的。但是，如果东风很有劲，这表示气旋前部的东风是远方来的气流，将有气流的不连续来本地活动，所以天气要变了。

东南风，燥松松。（江苏江阴）

五月南风遭大水，六月南风海也枯。（浙江、广东）

五月南风赶水龙，六月南风星夜干。（广东）

春南风，雨咚咚；夏南风，一场空。（江苏无锡、湖北钟祥）

六月西南天皓洁。（江苏无锡）

六月起南风，十冲干九冲。（湖北）

"天皓洁"指天气晴好；"冲"指山间洼地，"十冲干九冲"意思是十个山冲就干掉九个，旱情十分严重。

这是流行在东南沿海各省的夏季天气谚语。东南风是从海洋来的，为什么又会干燥起来呢？我们知道，雨水的下降，一方面固然要有凝雨的水蒸气；同时，还要有使这些水蒸气变成云雨的条件。这个条件，在东南平原地区的夏季，就要靠热力的对流作用或两支不同方向来的气流之间的锋面活动。

热力对流的发生是由于地面特别热，地面层空气因热胀冷缩而向上升腾，这样把地面的水汽带到高空变冷而行云致雨的。但是如果风力太大，地面空气流动得太快，就不可能集中在地面受到强热的作用，也就不可能使地面水蒸气上升。还有在单纯的东南风中，由于它发源地的高空下沉作用，往往有高空反比低空暖的现象；地面的空气就难于上升了。所以东南风里虽然有很多水蒸气，但还是不可能行云致雨的。夏天没有云雨，自然天气很热了。

其次，讲到锋面活动。锋面是两支不同气流的冲突地带。一支气流比较冷重，另一支气流比较轻暖，这两支气流相遇，轻暖的只有上升。于是，就把地面水蒸汽带到高空去而行云致雨了。现在地面，只有一支东南风，表明并无其他偏北气流来与它发生冲突而形成锋面，所以水汽便不能上升而发生云雨了。

东北风，雨太公。（《田家五行》论风）

东北风是发源于北方洋面的，或发源于北方洋面而掠过长程洋面而来的气流，所含水蒸气自然没有东南风多。但是，因为它是冷气流，下面接触了南方的、比较热的洋面或陆面，使它里面发生上冷下暖的现象，造成对流作用。于是，地面的水蒸气，就被它带到高空而发生云雨了。再加上，气旋前方必然是东北风活动的场所，因此，又出现了锋面降水。据统计的结果来看，在单纯的东北风里，降雨机会，冬天最多也不过26%，夏天只有11%，也就是说冬天和夏天不下雨的机会分别有74%和89%。如果在气旋前部的东北风里，也就是有锋面活动着的东北风地带，下雨的机会就超过晴天。所以"东北风，雨太公"这个谚语，还不一定完全可靠。

春东风，雨祖宗。（江苏常州）

春东风，雨潺潺。（广东）

这两句谚语的意思是：春天吹东风，是坏天气的前兆。这是因为，一方面春天地面强有力地增暖。另一方面暖空气逐渐活跃，大陆上气压逐渐降低，反气旋东移入海。在反气旋的尾部就会出现东风。这些东风流到比较暖的陆地上，就造成了下暖上冷的现象。这时空气层是不稳定的，易发生上升对流运动，所以极有可能产生降水。

一日东风三日雨，三日东风一场空。（广西贵港）

一日东风三日雨，三日东风九日晴。（湖北武昌）

一日东风三日雨，三日东风无米煮。（广西）

"无米煮"是因天旱无雨的结果。气旋是自西向东移动的，它的前部是东风，但吹了不久，因为气旋前进的关系，就转成别的风向了。所以东风只吹一日，或者不到一日，就转了风向，表示是气旋要逼近的现象，所以可能下三天雨。如果东风连吹三日而不歇，表示西方没有气旋逼近，所以本地方没有雨。

夜晚东风掀，明日好晴天。（河北沧县）

晚间起东风，明朝太阳红彤彤。（江苏无锡）

反气旋中心在本地以北而向东移动的时候，本地区就吹东风。一般反气旋里天气是晴明的，所以，这种东风又是晴天之兆。这两句话在内陆的冬季是比较有效的。如果在夏天吹东风，表示在东南季风的前锋，那么下雨的机会就多了。但是东风掀了，是否好晴天，不一定以夜晚为条件。

五月东风暴雨繁，大水浸菜园。（广东）

沿海地区夏季吹南风是正常的天气，如果夏季吹起东风来，就说明南海里有热带低气压或者台风。这时，由于沿海地区距离低气压和台风较近，受它们边缘的影响，将要下雨。

夏至东南风，必定收洼坑。（安徽）

夏至东南第一风，不种潮田命里穷。（上海）

夏至风刮佛爷面，有粮不贱。（湖北武昌）

"收洼坑"，就是低地丰收之意。"潮田"就是低洼的田。佛爷是面南而坐的，那么"风刮佛爷面"指的是南风。

长江下游，夏至正是梅雨季节，这时的天气，要风向变化多端，才是多雨的锋面天气。反之，如果东南风稳定地吹着，就会干燥。这样，只有低田才能丰收，高田恐怕有旱灾之虞。

夏至东风摇，麦子坐水牢。（山东烟台）

在黄河流域，夏至东南风盛行，天气就会变得干燥。但是，如果在华北的夏至时节，有东南风吹到，表示东南海洋来的季风已到了华北。同时，在初夏时期，北方来的冷空气，到达这个纬度上的机会还是不少的，所以极易发展成不连续的锋面而下雨，以致麦子就要坐在"水牢"里了。

雨后生东风，未来雨更凶。（湖北武昌）

雨后东南风，三天不落空。（湖北阳新）

气旋前部是东风活动的场所，雨后再刮东风表示有第二、第三个气旋到来，所以还要继续下雨。

发东风，淹水起；发西风，淹水止。（广西贵港）

东风下雨，西风晴。（广西玉林）

不刮东风天不下，不刮西风天不晴。（湖北）

西风吹得稳，天气晴得准。（湖北黄梅县）

东风来自海洋，或为气旋前部之风，故多雨。西风来自内陆，或为气旋后部之风，故雨止。西风是晴天的先兆，西方国家里也有这样的说法："风从西方来，大家都快活。"

旱刮东风不雨，涝刮西风不晴。（山西临汾、江苏江阴、河南嵩县）

旱了东风不下雨，涝了西风刮不晴。（江苏无锡）

久晴成旱表明气层极其稳定而干燥，在东风初到之时，尚不可能打破这种稳定局面而有雨降。相反，久雨成涝表明气层极其不稳定而潮湿，西风初到之时，还不可能使大气层稳定使降水终止。

东括西扯，有雨不过夜。（广西玉林）

东拉西扯，下雨要半月。（湖北武昌）

"东括西扯""东拉西扯"，都是风向变化不定的一种现象，风力非常微弱，这是高气压中心的天气。在高气压区域，尤其在高气压的中心，风一般是下沉的。下沉风是比较干热的风，所以天气晴好，即使因其他局地原因而下雨，雨也是下不多的。

早西晚东风，晒煞老长工。（浙江萧山）

早西晚东风，晒死老虾公。（浙江义乌、江苏常熟、上海）

朝西晓东风，土干田难种。（江苏无锡）

早西南，夜东南，好天。（上海）

这几句谚语流行于东南沿海，是海陆风相互交替的现象。早晨，陆上温度低于海洋，陆上气压高于海洋，使陆上空气流向海洋，呈现西风。但是，白天因为太阳照射得厉害，陆上气温升高很快，特别是到了午后、傍晚，气温比海上高，海洋上的气压也高于大陆，使空气从海洋吹向大陆，呈现东风。"早西"指早晨从陆上吹来的陆风（西风）；"晚东"指傍晚从海上吹来的海风（东风）。这种现象完全是沿海地区每天正常的风向变化，它只有在晴天才明显出现。

西风夜静。（江苏南京、山东临淄、河北）

恶风尽日没。（《田家五行》论风）

强风怕日落。（江苏无锡）

除赤道以外，高空基本上都是西风。而且越是晴天，高空西风越盛行。在高气压之下，地面很热，白昼对流盛行，地面气流上升，同时高空气流下沉。由于高空气流是自西向东流动的，它下了地面，由于它的惯性作用，仍旧维持它的原来的西风方向，这样在地面上白昼就盛行着西风。可是到了夜间，因为天空无云，地面冷却的缘故，地面气层凝着不动，所以风力极小，成了白昼西风夜间静的现象。

恶风指大风，后两句话的意思是大风在落日时就静止。这种风的来历，和"西风夜静"相同。

昼息不如夜静。（江苏苏州）

在晴好天气下，白天阳光强烈，对流盛行，风力经常很大；到了夜间，因为天空无云，地面冷却很快，地面空气变冷，凝着少动，使风力很小。所以白天风大，未必是天气变化之兆，只要夜间无风，天气就不会起变化。就怕白天没有风而夜间风大，那就表示有外来的风暴来临，天气要起变化了。

夏至西南，十八天水来冲。（安徽怀远）

夏至打西南，高山变龙潭。（湖北黄岩）

夏至西南没小桥。（江苏苏州）

梅里西南，时里潭潭。（《农政全书》）

夏至起西南，时里雨潭潭。（江苏无锡、湖北黄石）

夏至在阳历六月二十二日左右，长江流域正是梅雨季节。梅雨是怎样形成的呢？据研究的结果：因为春末夏初，北冰洋解冻，寒流挟冰南下，于是日本海和它北面的鄂霍次克海特别寒冷，鄂霍次克海上的冷空气就堆积成一个高气压，我国东部位于高气压的西南，因此盛行着东北风。到达时候，如果有热带洋面来的西南风吹到，那就极易在长江流域形成锋面，发展出气旋而致下雨。加上西太平洋副热带高压非常稳定，所以这个锋面上的气旋源源产生，发生绵绵不断的降水。按此，夏至时期的西南风，是组成梅雨锋上气旋的一个条件。西南风来了，大雨就到。但是要注意，仅有西南风而没有东北风，就没有锋面出现，所以未必会下大雨。

六月西，水凄凄。（山东栖霞）

阳历七月吹西风，表示东南季风的势力不能独霸长江。西风或西北风或西南风，和东南风或东北风之间的锋面处在华东地区，故华东地区多雨。

七月西风祸。（广东）

七月西风吹过午，大水浸灶肚。（广东）

七月西风入夜雨，八月西风不过三。（广东）

农历七八月即盛夏季节，西太平洋副热带高压的位置已经移到北纬30°以北，南海经常有赤道辐合带活动，这时广东一般是吹东南风，如果吹西风或西南风，就很可能是台风槽的影响，将会带来一场较大的台风雨。

六月里北风当时雨。（山东）

六月北风当时雨，好似亲娘见闺女。（江苏常熟）

阳历七月的时候，华东地区吹有北风，表示锋面可能在这里，所以下雨。即使没有锋面，北来的冷风和七月的热地面接触，气层极不稳定，极易发生对流作用。即使没有气旋降水，也至少要有对流性阵雨。

紧南不过三。（广西贵港）

南风不过三，过三必连阴。（江苏太仓）

南风若过三，不是下雨就朗天。（河北威县）

南风持久是天气变化的前兆，如果南风连吹三日而仍强盛，气压必定降低很快，于是南北间气压就有很大差异，好像江河的水位，上下流水压差大了，北方气流自然要奔腾南下，遂使天气发生重大变化。

南风不受北风欺。（河北沧县）

南风一冲北风一送。（湖北阳新）

南风吹到底，北风来还礼。（湖北）

南风吹吹，北风追追。（湖北）

南风尾，北风头。（《田家五行》论风）

意思是说：吹了南风，又来北风，天气必定发生突变。这是标准的冷锋上的现象。

南风不过午，过午连夜吼。（内蒙古呼和浩特）

南风不过晌，过晌听风响。（河北井隆）

这两句谚语的流行地区的纬度已在北纬38度以上，南风出现的频率比较小，所以很难连续吹半天的南风。但如果有气旋到来，受其中心的吸引，在它的南半部，南风很可能持久，连吹半天以至一两天都有可能。所以说："南风不过午，过午连夜吼。"

十二月南风，现报。（福建福清、平潭《农家渔户丛谚》）

冬南风迎（雨），北风送。（广东）

腊月南风半夜雪。（广东）

冬天南风三日雪。（江苏无锡、常熟）

一日南风，三日关门（冬天）。（福建福清、平潭《农家渔户丛谚》）

这几句谚语流行在我国南方，冬天此地盛行北风，有时北风相对减弱，南风向北伸张，于是，在大陆上出现锋面活动，因此产生阴雨天气。

西风不过酉，过酉连夜吼。（江苏常州）

酉时就是下午5时至7时的时间，在晴朗天气，西风到夜就静止。假使日间的西风到夜还不息，足见这西风不是在晴天因空气对流而产生的高空下沉的西风，而是西方高压中心来的西北风。这是由于平面上气压有高低不同而起的风，所以不可能马上静止下来。

恶风必有恶雨。（江苏常熟）

风是雨头。（江苏无锡）

所谓"恶风"和"恶雨"就是大风、大雨的意思。风大，表示空气有移动，空气有大速度的移动，天气就易发生变化而下雨。为什么空气移动就下雨呢？这是因为空气移动了，生成锋面和气旋的机会就多的缘故。另外，在春夏季节，大风很可能是气旋、锋面及台风过境的前兆，因而有"恶风必有恶雨"及"风是雨头"的说法。

秋雨连绵西北风。（安徽）

这话的意思是：秋季吹西北风，就连天下雨。秋季，在热天之后，华东、华南的地面还是很热的，西北风吹来，因为受地面的加热，极易发生对流，而造成阵雨。

拍北风，下午日。（广西贵县）

"拍北风"指来势猛烈的北风，因为它来势急促，当地原有的不同性质的气团被它一扫而空，只剩下干燥的北方气团。由于气团很干燥，少有云层出现，即使有云，也是分散的小块的云，所以半天后，太阳光是很好的。

立夏斩风头。（河北威县）

到了夏天，风力就没有春天那样大。这是就平均状态而言的。因为夏天南北之间气压差特别小，所以风力也小。但是在特殊情况下，像雷雨天气、台风天气的风力也可非常大，不过这种大风，一下子就过去的。

关门风，开门住；开门不住，过晌午。

在正常的天气情况下，夜间不常有大风。如果有大风，必定是由于风暴的到来。风吹到何时为止，要看风暴的强弱而定，所以在使用这句谚语时要具体分析。

开门风，闭门雨。（山东临淄）

早上刚开门，就有大风吹来，表示天气不正常，很可能是有风暴来了，所以大约到闭门时就下雨。

清明刮了坟头土，哩哩啦啦四十五。（河北威县）

清明在阳历四月五日，这个时节，北方还冷，南方已热，南北温差大，气压梯度也大，所以风经常是很大的。南北气流的冲突就多发生，因此气旋频繁，雨天较多。

春风踏脚报。（《田家五行》论风）

"踏脚报"就是多变的意思。春季是一年之内气旋最多的时季，故风来雨就下。

风急雨落，人急客作。（《田家五行》论风）

风大，表示气流的移动急促。吹到本地的空气可能是自很远的地方而来的，它的性质，如温度湿度等，必定和本地原来的空气不同，所以极易发生锋面和气旋。即使不发生锋面，因为气流的性质和本地的空气不和谐，加以风速很大，所以很容易发生对流或涡动而把水蒸气带上去，凝成云雨。

春南夏北，有风必雨。（《田家五行》论风）

春东（南）夏西（北），骑马送蓑衣。（江苏无锡）

春南夏北，等不到天黑。（湖北）

北方的春季，冷气团还没退完，如果南风吹来，南风湿重温高，重量比冷气团轻，所以爬上冷气团。把它的丰富的水蒸气带上去，行云致雨。

北方夏天的地面也是很热的，这时如果有北面的冷空气团到来，就发生上冷下热不稳定的情况，下面湿热空气上升而凝成云雨。这样造成的雨是一阵一阵的，或许还有雷电交加的现象。这种北来的风，如果和本地原有的热湿空气造成了锋面，雨就更大更久了。

上风皇，下风隘；无蓑衣，莫外出。（《田家五行》论风）

风来的方向，天空清朗；但是风去的方向，浓云密蔽。这是天要下雨的情况。在低气压里，风从四方向低压中心汇合，空气上升，把水蒸气带了上去，故有浓云密雨要到。

西南转西北，搓绳来绊屋。（《田家五行》论风）

南风吹得大，转了北风就要下。（湖北）

西南转西北，风暴等不得。（湖北）

南转北落得哭。（浙江义乌）

南洋转北洋，大雨淹屋梁。（湖北孝感）

所谓"南洋转北洋"就是指南风转为北风。

这是气旋里冷锋上的现象。冷锋前面盛行温高湿重的热带气团，自西南方向吹来。锋前的气压梯度小，风力和缓。冷锋后面来的是干冷的极地气团，自西北方向吹来。气压梯度大，风力非常强。同时大雨如注，雷电交加。

春南过三，转北即暴。（浙江义乌）

春季，由于大陆受太阳照射，增暖很快。此时，若是南风已经历三日，南方的气压降低很多，因此使南北间气压梯度增大，北方的冷空气自然要南下。当冷空气经过南方温暖陆面或洋面时，空气层就出现上冷下暖的不稳定层结，易发生上升运动，将下层的水汽带入高空凝结致雨，有时可达暴雨的强度。

冷锋过境时所表现的天气现象。

半夜五更西，明天拔树枝。（《田家五行》论风）

大风见星光，来朝风更狂。（湖北黄冈）

晚间起风，天有变。（广东）

晚间风大，白天风小，天将雨。（广东）

如果天气晴朗，半夜不应该有风。现在半夜起风，表示将有很强的天气系统到来，例如，寒潮南下、有气旋或台风过境。

飘风不终朝。（老子《道德经》）

飘风是小风的意思，这种风力的气压梯度极小，类似于高气压中心的情况。气压梯度既然不大，风也吹不久。

无事七八九，莫向江中走。（福建福清、平潭《农家渔户丛谚》）

因为阴历七八九月，正是台风盛行之期，江里风浪很大，所以没有要事，不去江中为是。

风台毛东南，仍旧作未晴；风台毛西北，作了毛得落。（福建福清、平潭《农家渔户丛谚》）

"风台"就指台风，"毛"是不的意思。台风尾部的风是东南风，如果台风已到，还没吹东南风，表示尾部未到，雨天不止。"毛得落"是不得落雨的意思。台风前哨的风从西北来，如果西北风还没吹到，表示台风的本部未到，不会落大雨。

春东夏西秋北雨。（湖北武昌、孝感）

这句话的意思是，春天刮东风，夏天刮西（南）风，秋天刮（西北风，就要下雨。

有日无光南风起，三日南风必有雨。（湖北孝感）

"有日无光南风起"是气旋中暖区里层云密蔽时天空所出现的现象。南风吹久了，甚至长达三日，使本地气压下降了很多，就促使了北方冷空气南下，出现冷锋降水。

晴干无大风，雨落无小风。（江苏无锡）

晴干一般是出现在反气旋内的天气现象。在反气旋内部盛行下沉干热风，天气晴好，风力较小，尤其在反气旋中心部位，风力微弱，甚至无风，只有在外围才有显著的风。所以说"晴干无大风"。另一方面，雨天主要出现于气旋区域。在气旋内部，盛行上升气流，四周空气向中心聚合，常常风雨连天。气旋本身也是一种"风暴"。所以，"雨落无小风"。

夜里起风夜里住，五更起风刮倒树。（江苏无锡）

更里起风更里住，更里不住刮倒树。（江苏无锡）

在正常的天气条件下，夜里是不会刮大风的，即使有风也是局部的，很快就会停止。若是夜里起风且不见停止，尤其在空气最为稳定的清晨（五更）起风的话，说明有气旋或台风等低气压系统过境，因此发生狂风暴雨。

第五章　中华传统礼俗

　　中国具有五千年文明史，素有"礼仪之邦"之称，中国人也以其彬彬有礼的风貌而著称于世。礼仪文明作为中国传统文化的一个重要组成部分，对中国社会历史发展起了广泛深远的影响，其内容十分丰富。礼仪所涉及的范围非常广泛，几乎渗透于古代社会的各个方面。

一　结婚礼俗

中国传统婚礼习俗源于中国几千年的文化积累。中国人喜爱红色，认为红色是吉祥的象征。所以，传统婚礼习俗总以大红色烘托着喜庆、热烈的气氛。吉祥、祝福、孝敬成为婚礼上的主旨，几乎婚礼中的每一项礼仪都渗透着中国人的哲学思想。

中国传统婚礼习俗：1. 三书：按照中国传统的礼法，指的是聘礼过程中来往的文书，分别是"聘书"——订亲之书，在订婚时交换；"礼书"——礼物清单，当中详列礼物种类及数量，过大礼时交换；"迎书"——迎娶新娘之书，结婚当日接新娘过门时用。2. 六礼：是指由求亲、说媒到迎娶、完婚的手续。分别为"纳采"——俗称说媒，即男方家请媒人去女方家提亲，女方家答应议婚后，男方家备礼前去求婚；"问名"——俗称合八字，托媒人请问女方出生年月日和姓名，准备合婚的仪式；"纳吉"——即男方家卜得吉兆后，备礼通知女方家，婚事初步议定；"纳征"——又称过大礼，男方选定吉日到女方家举行订婚大礼；"请期"——择吉日完婚，旧时选择吉日一般多为双月双日，不喜选三、六、十一月，三有散音，不选六是因为不想新人只有半世姻缘，十一月则隐含不尽之意；"亲迎"——婚礼当天，男方带迎书亲自到女方家迎娶新娘。3. 安床：在婚礼前数天，选一良辰吉日，在新床上将被褥、床单铺好，再铺上龙凤被，被上撒各式喜果，如花生、红枣、桂圆、莲子等，意寓新人早生贵子。抬床的人、铺床的人以及撒喜果的人都是精挑细选出来的"好命人"——父母健在、兄弟姐妹齐全、婚姻和睦、儿女成双，自然是希望这样的人能给新人带来好运。4. 闹洞房：旧时规定，新郎的同辈兄弟可以闹新房，老人们认为"新人不闹不发，越闹越发"，并能为新人驱邪避凶，婚后如意吉祥。5. 嫁妆：女方家里的陪送，是女方家庭地位和财富的象征。嫁妆最迟在婚礼前一天送至夫家。嫁妆除了衣服饰品之外，主要是一些象征好兆头的东西。如：剪刀，寓意蝴蝶双飞；痰盂，又称子孙桶；花瓶，寓意花开富贵；鞋，寓意白头偕老；尺，寓意良田万顷等。当然，各地的风俗和讲究不完全一样。6.上头：男女双方都要进行的婚前仪式。也是择定良辰吉日，男女在各自的家中由梳头婆梳头，一面梳，一面要大声说：一梳梳到尾，二梳梳到白发齐眉，三梳梳到儿孙满地，四梳梳到四条银笋尽标齐。7.撑红伞：迎亲的当天，由新娘的姊妹或伴娘搀扶至娘家门，站在露天的地方，姊妹或伴娘在新娘头顶撑开一把红伞，意为"开枝散叶"，并向天空及伞顶撒米。

在中国流传了几千年的婚嫁习俗，如今已有些被人淡忘或忽略；在今天无论举办何种形式的婚礼，但主题依然没变——幸福美满的吉祥祝福。

在结婚礼俗中常见的具体事项与寓意：

食汤圆：新娘在结婚出发前，要与父母兄弟及闺中女友一起吃汤圆，表示离别，母亲喂女儿汤圆，新娘哭。

讨喜：新郎与女方家人见面后，应持捧花给房中待嫁的新娘，此时，新娘之女友要故意拦住新郎，提出条件要新郎答应，通常都以红包礼成交。

拜别：新娘应叩别父母道别，而新郎仅鞠躬行礼即可。

出门：新娘应由一位福分高的女性长辈持竹匾或黑伞护其走至礼车，因为新娘头顶不能见阳光，另外希望像这位女性长辈一样，过着幸福美满的生活（注：准备竹匾，并在上面贴上喜字）。

礼车：竹匾可置于礼车后盖。

敬扇：新娘上礼车前，由一名吉祥之小男孩持扇给新娘（置于茶盘上），新娘则回赠红包答谢（注：准备一把扎有两个小红包的扇子）。

不说再见：当所有人离开女方家门时，绝不可向女方家人说再见。

掷扇：礼车启动后，新娘应将扇子掷到车外，意谓不将坏性子带到婆家，小男孩将扇子捡起后交给女方家人，女方家人回赠红包答谢。

燃炮：礼车离开女方家燃放鞭炮。

摸橘子：礼车至男方家，由一位拿着两个橘子的小孩来迎接新人，新娘要轻摸一下橘子，然后赠红包答谢。

牵新娘：新娘下车时，应由男方一位有福气之长辈持竹匾顶在新娘头上，并扶持新娘进入大厅。

忌踩门槛：要跨过门槛。

过火盆，踩瓦片：新娘进入大厅后，要跨过火盆，并踩碎瓦片。

进洞房：新人一起坐在预先垫有新郎长裤的长椅上，谓两人从此一心并求日后生男。不准有任何男人进入洞房（进洞房要选定时辰）。

忌坐新床：婚礼当天，任何人皆不可坐新床，新娘更不能躺下以免一年到头病倒在床上。另外，安床后到新婚前夜，要找个未成年的男童，和新郎一起睡在床上。

我国的少数民族更有许多不为人知的婚礼习俗——

结婚风俗习惯之新人同喝同心酒

中国独龙族青年男女相爱之后，便赠物订婚。在喝过同心酒后，才算正式结婚。在结婚仪式上，双方父母都要介绍自己孩子的情况，并勉励新郎新娘婚后要互相关心，勤俭持家，和睦相处，白头到老，永不分离。然后递给新郎新娘一碗米酒。新郎新娘接过酒后，当着来宾面向父母表示：一定遵从父母教诲，互相尊重，互相爱护。而后两人箍紧肩膀，脸腮相贴，捧起酒碗，同饮而干。喝过这同心酒，就表明两人今后将同心协力，相亲相爱了。

结婚风俗习惯之新娘子绝食

中国彝族姑娘有在结婚前绝食习俗。据说，这种绝食之风来源于一个故事。在遥远古代，有个姑娘出嫁到远方。行至半路，她要解大小便，不幸被藏在林中的一只老虎吃掉了。老虎吃了新娘之后，变成新娘的样子。后来，新郎妹妹在无意中发现了这个秘密，告诉了哥哥。哥哥从山上砍了许多竹子，编成了篱笆，把屋子围住，就借口出去请人修盖屋顶，把虎妻关在里面。但等新郎回来后，篱笆被拆除了，妹妹也被虎妻吃掉了。后来，新郎用计把虎妻用酒灌醉，绑在木桩上放火烧死了。这个故事显然是用来告诫新娘，婚前要杂空，不然，就会有灾祸临头。在结婚前十天，新娘就开始绝食。如果口干，就含一口水嗽口，再吐出来。这种绝食，彝人称为杂空。哪位姑娘杂空时间越长、越彻底，就显得新娘越坚强、越有毅力、越懂礼节，就会受到社会舆论赞颂。其实，新娘绝食目的主要是避免结婚去新郎家路上和到新郎家三天中解大小便。因为这被认为是伤风败俗、很不光彩的事，会受到众人取笑。

结婚风俗习惯之婚前实习

中国台湾阿美人把婚姻看得特别重，他们在女子出嫁之前必须先到男方家实习，男方家认为满意后，女子方能与男子成亲。阿美人认为，妇女在家庭中地位和作用是非常重要的，女子持家能力强弱直接关系到家庭兴败。因此，阿美人家庭事务多由女方负责。女子在婚前到男方家实习，是为了锻炼和检验女子持家能力。阿美人把这段时间称为米达别，意思是婚前难关。男女青年恋爱后，女方要主动去男方家实习，接受男方家考验。在实习期间，女子除住宿在自己家外，吃饭、干活都在男方家。男方家在对女方考验过程中，不歧视、不虐待，而把她当成一家人来看待。男方家对女子感到满意后，就通知女方实习结束，这时男女双方就可喜结良缘了。

结婚风俗习惯之汤圆作答

中国广东省饶平县一带，男女双方议婚时，为避免直截了当带来尴尬局面，往往用汤圆来作答复。如果碗中五个汤圆全是豆沙和麻糖做馅，那么就说明女方同意了这门婚事；如果五个汤圆只有三个有糖馅，就表示女方犹豫不决；如果五个汤圆全都没馅，是实心丸子，那么说明婚事告吹了。所以，求婚男子吃汤圆时，心中总是忐忑不安，不管多烫，也要一口气吃完，急于看自己运气如何。

结婚风俗习惯之已婚女子剃光头

已婚女子剃光头是居住于中国云南省双江县拉祜族妇女一种独特风俗习惯。她们认为光头更好看。这一习惯源于生活实际之中。据传说，在很早以前，拉祜族人善于打猎，每次男人出去打猎，妻子也要跟着去帮忙。为了防备在打猎中被猴、熊、虎、豹这类动物抓住头发，就把头剃得光光的。现在，拉祜族妇女已不再和男人一起进山打猎，但她们仍觉得剃光头舒适、卫生、不妨碍劳动；同时又认为这是民族妇女美的标志。因此，姑娘们从结婚之日起就把头剃得光光的，中、老年妇女更是如此。每逢各种盛会，她们就大大方方地跟着自己的丈夫前往参加。

结婚风俗习惯之出嫁忌回头

在中国云南省普米族婚俗中，有许多禁忌，一旦违背了，就会被认为不吉利。在迎娶新娘时，忌当天进男家，只能在村边一个僻静地方留宿一夜（如新娘、新郎是同村人，或者相隔很近，能在早晨太阳刚升起时候把新娘子接到男家，可以不留宿野外），男方要先搭好木棚，准备好留宿时要吃住的全部食品及用具。留宿之夜男方家和村子里人都可以前去游玩做伴。入睡前由主人烧香，念上几句祝词，一般不举行什么仪式。另外，新娘在出嫁途中忌回头张望，忌新娘子骑骡子和穿白衣服。不许回头张望是夫家开始要求妻子一心向着夫家，新娘子忌骑骡子是出于对生育的考虑，忌穿白衣也是善事忌白的表现。

结婚风俗习惯之结婚抢吃饺子

中国满族婚礼很有特色，流传过结婚吃饺子习俗。姑娘出嫁那天，要吃完娘家包的饺子，然后才由新娘兄弟、叔婶护送上车，这叫押车。到了婆家，便在新房举行结婚仪式。新房外屋开始煮上了大、中、小个头不等的子孙饺子。不等饺子煮熟，前来参加婚礼的男女老少便一齐去抢饺子，气氛十分热烈融洽。但是不论怎样抢，都会给新娘、新郎留下一碗。

二　祭祀礼俗

中国的祭祀是最发达的。重丧，所以尽哀；重祭，所以致敬。从商周开始，已成系统。古代《礼记》《周礼》等将祭祀活动概括成古代祭祀活动礼仪规范。祭祀活动，儒教归之为人伦正礼，教治化民。祭祀活动不管有何愚昧，不同程度有原始形态，但根深蒂固成为传统。

祭祀是人们对祖先、神明等崇拜对象所行的礼仪。这种礼仪千百年来在民间相沿成俗，谓之祭祀习俗。民间普遍祭祀的对象有：本族本家的祖先、天地父母、佛祖（玄天上帝）、三山国王（地头老爷）、伯爷公（福德老爷、地主老爷）、顺民公（灶君）、招财爷（财神爷）等。

民间旧俗分散群祭的对象，一般是设于户外庙宇中的神明，如三山国王（揭西的明山、独山、中山山神的总称）、木坑圣王、福德老爷（伯爷）、孤圣老爷、天后圣母、珍珠娘娘、玄天上帝等。

祭祀时间多在岁时节日。民间平时不定时奉拜的，多是许愿的、还愿的、有求的等。尤以平时祭拜福德老爷及境民自树的神明的位数、人数为甚。

民间旧俗乡祭，一般指乡里合境集中举行的祭祀礼俗，主要有一年一度的游神和赛会。

游神

俗称营老爷（多为地头老爷），多在春季正、二月举行（也有在秋季举行的）。游神纯属民间的自发行为，由乡里老大和理事会操办主持。各地游神的时间不一，方式不一。

比较简单常见的是以高脚灯笼、路引牌、马头锣、执事队伍、香炉架等为前导，中间扛老爷轿子，最后是穿古色长衫的老大队伍。大型的还有大锣鼓、标旗队、笛套音乐等。其间，所过之处，张灯结彩，鞭炮齐鸣，乡里空巷。最后供于宽敞地方事先搭好的神厂供乡人祭祀，神厂对面有搭棚演戏（潮剧）或演皮猴戏、木偶戏的，甚是热闹。

赛会

俗称谢众神、拜众神，旧俗多在每年冬季"冬节"前后举行，谓之年尾谢神（也有在秋季举行的）。其间，老人们把乡里庙宇诸神的香炉集中到一宽敞地方棚内（俗称神厂）供乡人祭祀，并供奉以糯米粉精工制作的飞禽走兽、奇花异卉、各色水果等，并配以民间剪纸。

这些手工制作的供品，小巧玲珑，惟妙惟肖，俗称"碟仔料"，人们多欲欣赏。各家各户则备办"五牲""发"等祭品，到神厂祭拜众神答谢神恩，并再祈福。神厂对面一般还搭戏棚演戏或演皮猴戏、木偶戏。它与年头游神（营老爷）同为旧时农村最为热闹的民俗活动。

三 贺寿礼俗

祝寿风俗是人生礼仪中的重要组成部分。据《尚书》记载："五福，一曰寿，二曰福，三曰康宁，四曰攸好德，五曰考终命。"寿居五福之首，可见古人对寿是非常重视的。祈福求祥，盼望寿运长久，祖祖辈辈已约定俗成，由此也带来了隆重的祝寿风尚。

祝寿作为中华民族的一种优良传统，受历朝历代的推崇。上至帝王将相下至平民百姓，爱戴（孝敬）老人，追求长寿之事不泛其例。早在春秋战国时期，我国上层统治集团已经出现了原始形态的祝寿活动。《诗经》中所用"万寿无疆""南山之寿"这样的颂句，在今天的祝寿活动中仍十分常见。应该说，春秋战国以后的献酒上寿活动虽然并不一定与特定的生日联系在一起，但由于活动本身具有"为人上寿"的特点，因此仍然可以说是今日祝寿礼仪的雏形。秦王嬴政为自己长寿不老，曾派方士徐福率童男童女各 3000 人，东渡入海寻求仙药。汉高祖刘邦，捧酒为寿，唐宋以来，皇帝寿诞日为自己制定了专门的节日进行祝贺。从古至今，这种习俗一直源远流长，相沿不断。

民间自古就有尊老敬老的美德，给老人祝寿是其主要的表现形式。年高龄长者为寿，庄子说："人，上寿百岁，中寿八十，下寿六十。"古人有"六十为寿，七十为耆，八十为耄，九十为耋，百岁为星"之称。祝寿多从 60 岁开始，习惯以虚岁计算，且老人的父母均已过世。开始做寿后，不能间断，以示长寿；祝寿重视整数，如 60、70、80 等，逢十则要大庆。尤为重视 80 大寿，隆重庆祝老人高龄；祝寿还有"庆九不庆十"之说。如老人过 60 岁寿辰，并不是整 60 岁才做寿，而是 59 岁，"九"取长久之意，认为九是最尊、最大的数字，希望老人从做寿开始越活越长久。祝寿时，一般定于生日之日，要设寿堂，向被庆贺的长辈老人送"寿礼"，还要举行一定的拜寿仪式，参加寿宴，等等。由于家庭经济状况存在差异，祝寿的规模也不尽相同。但不论繁简厚薄，皆表达了儿女的一片孝心和祝福老人健康长寿的美好愿望。

寿堂，设在家庭的正厅，是行拜寿礼的地方。堂上挂横联，主题为寿星的姓名和寿龄，中间高悬一个斗大"寿"字或"一笔寿"图，左右两边及下方为一百个形体各异的福字，表示百福奉寿、福寿双全，希望老人"寿比南山高、福如东海大"。两旁供福、禄、寿三星。有的奉南极仙翁、麻姑、王母、八仙等神仙寿星画像。有的还挂"千寿图""百寿图""祝寿图"等寿画，寿画中多以梅、桃、菊、松、柏、竹、鹤、锦鸡、绶带鸟为内容，以柏谐百，以竹谐祝，以鹤谐贺，象征长寿。

堂下铺红地毯，两旁寿屏、寿联，四周锦帐或寿彩作衬托。寿屏上面叙述寿星的生平、功德，显示老人德高望重，地位显贵。寿联题词内容多为四言吉语。

堂屋正当中摆设有长条几、八仙桌、太师椅，两旁排列大座椅，披红色椅披，置红色椅垫，桌上摆放银器、瓷器，上面供奉寿酒、寿鱼、寿面、寿糕、寿果、寿桃等。"酒"取久为谐音，有长久之意；"鱼"象征富裕，年年有余；"面"寓意长，所以吃寿面有延年益寿之意；"果"表示功德圆满、硕果累累；"糕"含义高，为谐音，有高山之意，希望老人高福高寿，延年益寿，糕要尽量叠高，正好应了那句寿比南山高的祝词。说到寿桃，在神话传说中，当年西王母祝寿时，曾经在瑶池设蟠桃会招待群仙，因而后世民间祝寿要用寿桃，均为讨个吉利、吉祥。供照明的有寿烛、寿灯（长寿灯）等。祝寿的文章称寿序、寿文、寿诗等，都是一些赞颂溢美之词。

寿礼，祝寿礼品多由家里子女后辈等准备，外甥、女婿要送厚礼，也有亲戚、朋友、邻里馈赠。寿礼品种丰富多样，因人而异。既有寿金，也有食品、衣物，食品要以老人平时喜欢吃的为主，但不能缺少寿桃、寿糕和面条。寿桃一般用面自己蒸制，也有用鲜桃的。寿糕指寿礼糕点，多以面粉、糖及食用色素混合蒸制，饰以各种图案。现在贺寿，有的改送生日蛋糕，亲戚邻里大多上寿礼。

叩拜仪式，为老人祝寿注重隆重、喜庆、团圆，常言道："家有一老，实为一宝。"寿庆当日，鸡鸣即起，家中举行拜寿仪式，亲朋好友携礼前来祝贺。被祝寿的老人为"寿星"，胸前戴红花，肩上披"花红"，也就是红色缎被面，仪式中总管、司仪、礼笔披红戴彩，寿星老人身穿新衣，朝南坐于寿堂之上，接受亲友、晚辈的祝贺和叩拜，六亲长辈分尊卑男左女右坐旁席。仪式全程由司仪主持，一切就位后，寿星命令"穿堂"，儿孙们按照顺序依次走过寿堂，司仪逐一报咏。拜寿开始，鸣炮奏乐，长子点寿灯，寿灯用红色蜡烛，按寿龄满十上□株。接着邀请长辈即寿星的姑舅或叔父讲一点概括性的贺寿话语，长子致祝寿辞，千恩万谢老人养育之恩，深情赞颂老人一生功德，寿辞语言恳切，饱含热情。叩拜分团拜、家庭拜和夫妻两口拜等形式，不出"五服"的须磕头，其余行礼。

叩拜时，先由长子长媳端酒上寿，寿星执酒离座，到堂前向外敬天，向内敬地，然后回座。两口拜也叫对对拜，顺序是儿子与儿媳上前先叩拜，再由女儿与女婿叩拜，接着侄儿媳、侄女婿、孙子媳、孙女婿、外孙子媳、外孙女婿等依次拜寿，没有结婚的孙子、孙女以及重孙们举行集体团拜。拜寿中，寿星给每位参拜者发一个小礼品，这叫"回礼"，礼品有银戒指等，孙子辈的发小红包。

叩拜结束时，事先指定一孙男或孙女向寿星唱祝寿歌，寿星和颜悦色补赠礼品。叩拜仪式后，寿星以及姑亲还要讲些答谢或感受的话语，接着寿星给子孙们分发蛋糕，拍照合影，直到长子熄灭寿灯时祝寿才宣告结束。众贺客来拜，寿星一般回避直接受拜。客到时，招待宾客向上堂空位拜揖，由子孙答拜。有的殷富人家祝寿时雇戏班演寿戏，戏班到家中庆贺，一般至深夜始散。

合龙口，合龙口与拜寿是相辅相成的一项活动，一些祝寿人家将老人的寿材（即棺材）早早做好，待祝寿这天抬出，寿材上铺"花红"，放红线，线的一头栓银元或现金，寿星坐于棺材前，八仙桌上摆放水果，儿孙对面跪拜，三叩首后，木匠开始说喜或称道喜，"柏木长在深山崖，凿子把它砍下来，木匠将它做成材"，"制成香木房，阴司做厅堂"，"谁用这副材，子孙后代出高才"等，木匠拿起事先做好的擀杖，边卷"花红"边念叨，待十卷结束后，抽出擀杖赠送给寿星的长女。这时，木匠握住笤帚，将棺材比作"龙体"，先扫龙头，再扫龙腰，后扫龙梢，口中念念有词"扫龙头，做王侯；扫龙腰，穿蟒袍；扫龙梢，财神到"等许多吉祥如意的话言。然后，木匠把由核桃、花生、红枣、水果糖组成的"寿花"，分别向东西南北方向抛撒，寓意金银满堂、糜谷满仓、儿孙健康、牛羊肥壮。一切程序后，"龙口"也就是棺材口马上盖好，往后不得随意搬开，如果棺材盖打开了，老人寿终正寝的时间也就到了。

寿宴，拜寿礼毕，寿星要先吃寿面（也有寿面放到宴席后的），寿星全家人都要吃一点，称为"暖寿"。寿面讲究又细又长，表示寿禄长久，盼望老人"富贵不回头"。然后举行寿宴，寿星老人坐上席，与亲友后辈共饮寿酒。开头三碗上菜，都是长子跪下举过头送上餐桌，以示对客人的谢意。三碗后客人高呼换人，才由帮忙人上菜。宴席中，众儿孙举杯祝寿，寿星笑容满面，端杯示意。宴席桌上，美酒佳肴，觥筹交错，整个宴席场面，儿孙满堂，亲朋云集，天伦之乐，其乐融融。

古人云："六十花甲子，七十古来稀。"按中国古代的生活条件和医疗条件而言，老人能活到这么大的年龄，已属不易，子女们庆幸自己的双亲长寿，必然要有一番很热闹的祝贺活动，盼望生命之树常青，寿禄之神常临，老人健康长寿，颐享天年。然而，"花开花落终有时"，人生之旅，来去匆忙，转眼瞬间。正是由于生命的循环、轮回，才开启了绵延不息、生机盎然的人类社会和自然家园。

四　丧葬礼俗

死亡对于人们来说是没有办法避免的。茫茫宇宙，大千世界，人们在这里诞生、成长，直到最后的死亡。几千年来人们形成的丧葬礼仪，是既要让死去的人满意，也要让活着的人安宁。在整个丧葬的过程中，是生者与死者的对话，两者之间存在着一个坚韧的结——念祖怀亲。这个结，表现在生者和死者之间的实体联系中，也表现在两者之间的精神联系之中。而这就揭示了中国人生死观的深层内涵。

中国的传统丧葬文化是非常讲究寿终正寝的。在病人生命垂危时，亲属要给他沐浴更衣，守护他度过生命的最后时刻，这叫作"挺丧"。

在对死者进行沐浴更衣之后，亲属要马上把尸体移到灵床上。同时还要采取一些仪式，把死者的灵魂也引到灵床上去。山东临沂一带的习俗，是用一块白布从梁上搭过来，再用一只白公鸡在病床上拖几下，顺着白布从梁上递到外间屋，在死者身边走上一圈，然后把公鸡杀死，这叫作"引魂"。

在江南的一些地方，如果死者生前做过屠夫，那么他临死之前，家里人要用一块大红布，把他的手包起来，伪装成被斩断的样子，据说这样做就可以避免在阴间被他宰杀的牲畜咬他的手。同时，家里人还要在死者的嘴里放上一枚铜钱，这叫作"含口钱"。在江浙一带的农村，还流行给死人烧纸锭、锡箔之类的信物，就是"烧落地纸"。

按照旧时的规矩，在沐浴更衣的仪式结束之后，还要举行饭含仪式。饭含是指在死者的口中放入米贝、玉贝和米饭之类的东西。这是为了不让死者张着空嘴、饿着肚子到阴间去受罪，而成为饿死鬼。

停枢一段时间之后，诸事准备就绪，就要选日子报丧。在汉族的观念里，报丧不仅是一种形式上的礼仪，更是一种和亲属家人一起分担悲痛的做法。

死者的尸体安排就绪之后，就要举行招魂仪式。丧家就在门前竖起招魂幡，或者挂上魂吊。有的地方亲属还要登上屋顶呼喊招魂，让死者的灵魂回家来。据说，这是满族等游牧民族的遗风，在草原上，如果看到哪座帐篷前立起了大幡，就知道哪家死了人，大家就都来吊唁，帮助料理丧事。后来这成了满族人普遍的丧俗。

近代以后，灵枢一般都在"终七"以后入葬。人们认为，人死后七天才知道自己已经死了，所以要举行"做七"，每逢七天一祭，"七七"四十九天才结束。这主要是受佛教和道教的影响。

"做七"期间的具体礼仪繁多，各地有各地的做法。在"做七"的同时要进行吊唁仪式。唁是指亲友接到讣告后来吊丧，并慰问死者家属，死者家属要哭尸于室，对前来吊唁的人跪拜答谢并迎送如礼。一般吊唁者都携带赠送死者的衣被，并在上面用别针挂上用毛笔书写的"某某致"字样的纸条。

吊唁举行完毕之后，就要对死者进行入殓仪式。

在所有的这些丧葬习俗中，丧家必须穿戴丧服。

在丧礼中，晚辈给长辈穿孝主要是为了表示孝意和哀悼。这本来是出自《周礼》，是儒家的礼制，后来，又被人们引申为亡人"免罪"。每个家族成员根据自己与死者的血缘关系，和当时社会所公认的形式来穿孝、戴孝，称为"遵礼成服"。

尸体收敛之后就要把灵枢送到埋葬的地方下葬，叫作"出丧"，又叫"出殡"，俗称为"送葬"。停尸祭祀活动后就可以出丧安葬。在许多民族中对出丧日期都要慎重选择。

择日仪式之后便要哭丧。哭丧是中国丧葬礼俗的一大特色。哭丧仪式贯穿在丧仪的始终，大的场面多达数次。而出殡时的哭丧仪式是最受重视的。

经过了初丧、哭丧、做七、送葬等仪式之后，最后的环节就是下葬了。这是死者停留在世间的最后时刻了，一般都非常郑重其事。由于各个民族所处的生存环境不同等原因，形成了很多不同的下葬风俗仪式。这种下葬的仪式反映了人们对灵魂的崇拜。

民间的习俗认为，人死后的灵魂随时可能从坟墓里跑出来，跟着活人回家。所以下葬的人必须绕墓转三圈，在回家的路上也严禁回头探视。否则看见死者的灵魂在阴间的踪迹，对双方都是不利的。实际上这也是一种节哀的措施。不然的话，死者的亲人不停地回头观望，总也不舍得离开，是很难劝说的。

这些民间传统的风俗习惯都反映了生者对于死者的寄意和对生命兴旺的美好愿望。

五　生育礼俗

妇女一旦怀孕，其地位、身价也会随之而提高，全家人会随着做出各种符合民间传统习惯的反应。自怀孕开始，家中人会对孕妇采取保护措施，孕妇们的行为和饮食便受到一些限制，形成不同的民间风俗和"禁忌"。多数的风俗和"禁忌"是对孕妇进行限制，例如，中国汉族民间传统要求孕妇用布围住额头，忌孕妇参加红白喜事、入生子人的家、伸腰、打哈欠、钉钉子、抬重物等。另外，孕妇们还禁食"寒性"的食物。这些民间"禁忌"虽然有些带有迷信色彩，但是，它对于孕妇保持稳定的情绪和健康，保证胎儿的正常发育，还是有一定的积极意义的。

民俗新妇怀孕，俗称"病子"或"有身"，其间凡事需小心在意。孕妇要注意营养，多食鸡鸭鱼肉、猪肝猪肾等补养身体，促使胎儿健壮。对于孕妇，古人是食养与胎教并重，还有"催生"之俗。在食养方面，强调"酸儿辣女"，"一人吃两人饭"，重视荤汤、油饭、青菜与水果。民俗孕妇忌吃兔肉，认为若吃了，产下的孩子会长个三瓣嘴，即兔唇。这一说法流传范围极广，流传年代也颇为久远。西晋人张华的《博物志》中就有记载："妊娠者不可啖兔肉，又不可见兔，令儿缺唇。"

妇女妊娠期除有种种的忌嘴禁食之外，还有各类禁视的规矩，即规定不少物品和事物不能看，否则要生怪胎或难产。如：孕妇不能看产妇分娩，不然自己将来要难产。这条禁忌颇有点科学根据，因孕妇看到正在分娩的产妇的痛苦表情，听到产妇的叫喊声，容易造成一种精神压力，到自己分娩时可能会精神紧张，以致引起难产。

我国台湾民间孕妇忌见月蚀，认为见了月蚀所生子女身体不全，也是出于同类心理。安徽徽州民俗规定，妊娠期间孕妇不能将裤子"张口"朝天晾晒，更不能晾在屋外过夜；不能看丧葬、尸体，不能看砌墙时开窗户、门户；不能看砌锅灶时开灶门、炉孔等。

由于旧时民间对孕妇流产、难产及生残缺儿和怪胎难以作出完全科学的解释，于是便附会出种种迷信说法以警示一般村妇，这样，除禁食、禁视之外，在行动举止方面也出现极多的清规戒律。

民间习俗还很重视妇女孕期的保健，《胎产护生篇》"产前十忌"记载：孕后"第一最忌共夫寝……善坠胎者更慎之……"《达生篇》云："得孕后即宜绝欲，若再扰子宫，其胎或一月、三、五月必堕。"张曜孙提出："怀孕之后首忌交合。……动而漏下，半产、难产，生子多疾而夭。"可见民间生育习俗中已经很注意这点，如上海郊区旧时就流行有女儿孕后，娘家送分床铺的习俗。妇女婚后第一次怀孕，孕妇的娘家闻讯后，一般在孕妇怀孕三个月左右，送一张单人床到女婿家，称为"送分床铺"。暗指夫妇从此以后该分铺而居，以利孕妇的健康和胎儿的发育。"送分床铺"之俗限于女儿第一次怀孕，以后就不再也不必重复了。

在催生方面，民间习俗也是有很多规定。所谓"催生"，多是指孕妇的娘家借此将婴儿出世后需用的东西送过来，或送他物寄托，希望女儿快生、顺产之意。《梦粱录》云："杭城人家育子，如孕妇入月，期将届，外舅姑家以银盆或彩盆，盛粟杆一束、上以锦或纸盖之、上簇花朵、通草、贴套、五男二女意思，及眠羊卧鹿，并以彩画鸭蛋一百二十枚、膳食、羊、生枣、粟果及孩儿绣绷彩衣，送至婿家，名'催生礼'。"

孕妇临产的那个月叫达月，到了达月，娘家必送礼物以示催生。催生礼，一般有衣、食两项。衣有凡婴儿出生后所需用的衣服、鞋帽、包被、涎兜及至尿布都送上；食有鸡蛋、红糖、长面、桂圆、核桃等。因催生礼品丰盛，往往须用担挑上，有的地方干脆就叫"催生担"。催生礼随民风乡情不同，各地自有特色。

福建泉州有娘家于孕妇临产前，通常要送鸡蛋、线面、鸡等物品到男家，俗称"催生"，祈望外孙降生顺遂的习俗。

广东饶平生育习俗规定临产前一日，娘家要备新生儿的衣服、鞋、帽等数套及各种点心食品（如麦包、粽子、红鸡蛋等）送至婆家，叫"催生"。婆家收下服装和大部分点心食品，退回小部分，并将收下的点心食品，分赠给亲友、邻居。

广东东莞一带，旧俗若产妇遇到难产，婆婆请男巫到家来为媳妇解六甲。届时用鸭蛋12枚，向天焚化元宝、冥镪，以求神明庇佑其孕妇及胎儿快生快出，也叫"催生"。

江苏高邮多送鸭，催生礼送上膘肥不生蛋的鸭子，表示女儿生养顺利。

浙江温州在女儿临产时，母亲要送肉给女儿。肉约一寸见方，切得端正，不偏不倚，烧熟送去，当地叫"快便肉"，认为产妇吃了，临产快捷。

杭州在清末民初时，孕妇产期将届，娘家要送催生礼。送的有喜蛋、桂圆及褓褓。预产期将到的那个月的初一，派人将上面各种物品送往男家时，要携带一笙吹着进门，以"笙"谐"生"，以"吹笙"表示催生之意。也有同时用红漆筷子十双，或将竹筷用洋红染之，一并送往，取快生快养之意。

安徽徽州民俗是产妇临盆前，娘家要备好新生婴儿软帽（俗称"被窝帽"），和尚衣（无领，无纽扣，以绳带连系的小人衣），包裙、口涎围、小鞋袜、尿布、红枣、红糖、鸡蛋等物，于月初一或十五送至婿家，俗称"催生"。按照习俗，送"催生"时，在路上还需打伞遮天，不能说一句话。据说"催生"衣物，有神灵护送，保日后平安，故不让天色人语惊扰神灵，以图安康、吉利。

山西民间规定出嫁的女儿，绝对不允许在娘家生孩子。生产之前，乡间往往是娘家人带上礼物、食品之类探望临产的孕妇，称之为"催生"，山西乡间的"催生"，不光限于娘家人，也有娘家的其他亲戚。所带礼物，一般是鸡蛋、红枣、红糖之类。

"十月怀胎，一朝分娩"。婴儿降生，民间俗称为"添喜"，还有称为"临盆""落地"。古代民间生育，大多在家临盆，由"接生婆"到家中接生。接生时，需叱退杂人，同时要打开所有房门、橱门的锁，此寓"松关"，祈愿降生顺利。由于没有助产技术及设备，所以遇上难产，唯有烧香磕头，别无他法。

古代中国进入宗法社会后，人们就特别重视传宗接代。新生婴儿由于性别的不同，当他们一来到世间，欢迎他们的却是两种并不相同的眼光。先秦时期有习俗：新生儿出生，如果是男孩，应在门左挂一张木弓，象征男子的阳刚之气；如果是女孩，则在门右挂一块手帕，象征女子的阴柔之德。福建泉州旧时生男要马上到祖祠去燃放鞭炮，有的甚至鸣火铳，以示向祖先报喜。在家门口或庭院则摔"土结"（一种建筑用的泥土坯块），意在祈求日后幼儿好养育，长大有胆略。生女则缺乏如此热烈气氛，而且所送礼品也有别，亲友一般仅送鸡蛋，不送线面，以免有连续不断生女之嫌。有的地方在清代甚至还有溺女婴之陋习。

山西民间将生男称为"大喜"，也称"弄璋之喜"；生女称为"小喜"，也称"弄瓦之喜"，有些人家生男后，往往要在大门口用大幅红布上书"弄璋之喜"挂于门楣上，以向外传递信息，光耀门庭。山东青岛地区在孕妇平安分娩后，家里要办的第一件事是"挑红"，就是在大门上挂一块红布，告示乡邻孩子已经平安降生了。山东莱西等地还要在屋门上挂一桃枝，桃枝上用红线系着葱、枣和栗子，寓意孩子将来聪（葱）明，早（枣）日成家立（栗）业。"挑红"实际起着报喜的作用，乡邻们见到"挑红"后，即主动到产妇家贺喜，俗称"看欢喜""送汤米"，礼品多为鸡蛋和红糖。

第六章　中华民间诸神

　　随着西方文化的流入，中国人现在知道神的称谓远远多于古代的中国人。我国宗教政策的实施，也使得各国的宗教文化在中国的大地上孕育发展。但中国传统神灵依旧对中国人的行为处世产生极大的影响。古代的人们通过这样的方式，实现对社会的道德控制和维护社会稳定。在现代社会，人们更多的是寄托祈福的心愿，通过一种方式表达自己美好的心愿。

一 玉皇大帝

玉皇大帝，全称"昊天金阙无上至尊自然妙有弥罗至真玉皇上帝"，又称"昊天通明宫玉皇大帝""玄穹高上玉皇大帝"，居住在玉清宫。道教认为玉皇为众神之王，在道教神阶中修为境界不是最高，但是神权最大。玉皇上帝除统领天、地、人三界神灵之外，还管理宇宙万物的兴隆衰败、吉凶祸福。玉皇大帝是中国最大的神祇，是众神之皇。

远古之时，有个光严妙乐国，国王为净德王，王后称宝月光，老而无嗣。一夜梦见太上老君抱一婴儿入王后怀中，王后恭敬礼接，醒后就觉得有孕。怀孕足足十二个月，乃于丙午年正月初九诞下太子。太子自幼聪慧，长大则辅助国王，勤政爱民，行善救贫。国王驾崩，太子却禅位大臣，遁入深山修道。功成经历八百劫，牺牲己身以超度众生，终于修成真道，飞升九天之上，得万方诸神拥戴。于是统御三界，是为玉皇大帝。

农历正月初九为玉帝诞辰（天公生）。正月为一年之初，四季之首，木气之始，一切生命因而萌发；九为数字之极尊，代表"极大、极多、极高"的意义，所以一年中第一个初九（上九）为玉帝圣诞，正与他至高无上的地位相呼应。明代王逵《蠡海集》中说："神明降诞，以义起者也。玉帝生于正月初九日者，阳数始于一，而极于九，原始要终也。"意思是说，神明降诞的日子都有一定的特殊含义。

玉皇大帝的祭祀起源于上古的天地崇祀，和古人敬天重地的思想有密切的关系。古人认为天是宇宙万物的主宰，也是万物生长化育的本源，所以不可不敬天畏命，顺天行道。因此联想自然界中有一位最高的神明在支配万物。于是天命令君王来人间执政治民，君王必须顺应天意，这样才能风调雨顺，国泰民安，否则君王违反了天道，天就会降下各种不祥之兆与灾害惩罚。君王敬畏天，庶民百官自然而然的也敬畏天，君王既然是奉天之命治理人世，所以君王不得不崇拜天，定期祭天，不但是君王必行的职责，也是国家的大典。早自商周时代，历朝君王每年例必举行盛大的郊祀，是敬天思想的最高表征。

据史籍所载，唐、隋、晋、魏、汉，以至秦，诸代皆有帝王祀天之大典，但当时所祀的天，乃纯粹是指大自然的天，即"苍天""昊天"。可是宇宙是无形无相的，又怎么去祭祀呢？如此渐渐地就把宇宙苍穹具体化，称之玉皇大帝。由于玉皇大帝代表了至高无上的宇宙苍穹，人们殚精竭虑，都无法将其形象化，直到宋真宗时，皇帝为他造像，尊为自家祖先祭祀，圣号为"太上开天执符御历含真体道玉皇大天帝"。

及至道教兴起以后，当时的人类把宇宙穹苍当成有思想有感情的人形神来拜，使得"天公""老天爷"借由玉帝这个神的形象延续了下去。日积月累，两者合而为一。宇宙苍穹，天的形象就这样定型在普通老百姓的心中。于是乎，民间所崇拜已久的"天公"与古代帝王所祀自然的天，就逐渐分离开了。

玉皇大帝的诞生祭祀，远较一般诸神更为隆重及庄严，因为百姓都深信天公是至高无上，最具权威的神，无相足以显示，因此不敢随意雕塑他的神像，而以"天公炉"及"天公座"来象征。一般庙宇都有一座天公炉安置于庙前，祭拜时要先向外朝天膜拜，这是烧香的起码礼仪。

由于玉皇大帝在普通信众和民间信仰心目中，是众神之最，所以拜天公的仪式也比一般神明来得隆重。前一天晚上，全家都必须斋戒沐浴、设立祭坛，供奉丰盛祭品，然后依序上香，行三拜九叩礼。在团体祭典的场合一定要盛大庄严，并且是倾尽全力，是诸多祭典中最华丽的一笔。

而玉皇大帝的身份极尊贵，凡间小事，根本无暇理会。所以求财求嗣求名求利者，玉帝未必有暇去赐予。

供奉玉帝，应要一班文武百官、天神天将拱护，不可单独以玉帝像供奉，否则成为孤君，不能显出玉帝的威严及尊崇。

农历正月初九是玉皇大帝的诞辰玉皇诞，台湾地区、闽南俗称"天公生"。是日道观要举行盛大的祝寿仪式，诵经礼拜。家家户户于此日都要望空叩拜，举行最隆重的祭仪。

在封建社会时代，祭祀是有等级限制的，唯独天子才有资格祭拜玉帝，一般民众不能随便祭拜。一直到封建时代结束，这种禁忌才得以破除。

除了祭祀仪式之外，民间在这一天当中也有一些禁忌要遵守，例如，不得曝晒女人的衣裤、不得倾倒便桶等，以免玉皇大帝看到而触犯了大不敬之罪。而祭品中五牲之一的鸡，不能用母鸡，最好是用阉鸡或公鸡，猪羊也亦然。（梁武帝崇信佛教，道教受佛教影响巨大，所以此后祭天素食逐渐代替荤腥。）

二 王母娘娘

王母娘娘原是掌管灾疫和刑罚的大神，后于流传过程中逐渐女性化与温和化，而成为慈祥的女神。相传王母住在昆仑仙岛，王母的瑶池蟠桃园，园里种有蟠桃，食之可长生不老。亦称为金母、瑶池金母、瑶池圣母、西王母。

她在瑶池中开蟠桃盛会，宴请各路神仙。她种的蟠桃最为神奇，小桃树三千年一熟，人吃了体健身轻，成仙得道；一般的桃树六千年一熟，人吃了白日飞升，长生不老；最好的九千年一熟，人吃了与天地同庚，与日月同寿。她是天宫最受尊奉的女神仙，在天上掌管宴请各路神仙之职，在人间管婚姻和生儿育女之事。

有关王母娘娘的记录，最早出现在《山海经》中。《山海经》是一部年代久远的百科全书，它以传奇般的笔法，记录了远古时代的山川、民族、物产、祭祀、神话等诸多内容。《山海经》曾对西王母做出过这样的描述："豹尾，虎齿，善啸，蓬发戴胜。"有学者称："当代人考察古籍时，往往忽略了语境转移和丧失的因素，这就很容易引发不必要的困惑。"学者们为我们还原了心目中西王母的形象。西王母是一位长发披肩、面戴虎饰、头戴玉器、身披豹皮、善于唱歌的部落女酋长。

明降清后，王母娘娘在民间善男信女中的地位非常之高，影响遍及整个中国。清朝北京竹枝词《都门杂咏》中有一首《蟠桃宫》曰："三月初三春正长，蟠桃宫里看烧香；沿河一带风微起，十丈红尘匝地飏。"北京的蟠桃宫本叫太平宫，在东便门内，宫内主祀王母娘娘，每年农历三月初三有著名的蟠桃会，届时百戏竞演，热闹非凡。泰山王母池道观也是如此，清道光二十四年（1844）由240多名香客签名刻的《合山会碑》（现存王母池院内）载："泰邑城东石碑庄有祭泰山之会，由来已久，饮和食德，咸获神庥，靡有缺遗矣。……会中人恐世远年湮之后，善事或有不继者，故于道光十五年挂匾王母之上……今又立石以志，以永建此会云。"

近年港台同胞也不断向泰山王母池捐款维修、粉饰金身或刻碑送匾。王母娘娘之所以如此受到民间的信仰崇拜，是因为她操有不死之药，能使人长生不老。近20年来，每届西王母庙会都有美国、英国、日本等国家的民俗研究者考察、采风，海内外华人，尤其是台湾同胞组成的声势浩大的西王母朝圣团前来朝圣。庙会庆典活动主要有取水、法会、放河灯、演秦腔、唱小曲、舞神鞭，以及剪纸、刺绣、小吃等展销。2009年，历经千年而不衰的西王母庙会信俗被列入国家级非物质文化遗产名录。

三 观音菩萨

观音菩萨，梵文 Avalokiteśvara，又作观世音菩萨、观自在菩萨、光世音菩萨等，从字面解释就是"观察世间（民众的）声音"的菩萨，是四大菩萨之一。他相貌端庄慈祥，经常手持净瓶杨柳，具有无量的智慧和神通，大慈大悲，普救人间疾苦。当人们遇到灾难时，只要念其名号，便前往救度，所以称观世音。在佛教中，他是西方极乐世界教主阿弥陀佛座下的上首菩萨，同大势至菩萨一起，是阿弥陀佛身边的胁侍菩萨，并称"西方三圣"。

菩萨，意译觉有情、道众生、道心众生、开士。有时，菩萨亦被尊称为大士。观世音是继承阿弥陀佛位的菩萨。观音菩萨功行几乎圆满，具足十方诸佛的所有功德。据数种本迹经典记载，观世音在久远世以前就已成佛，名正法明如来。因大悲愿力，要安乐成熟众生，所以"慈航倒驾"现菩萨相，来此娑婆世界弘扬佛教。

观世音菩萨是慈悲的代表。大慈与人乐，大悲拔众苦，观音菩萨在现实娑婆世界救苦救难的品格，使其成为慈悲的化身。在自然界的灾变与人间社会祸难不可能消除的情况下，观世音菩萨则成为人们永远的信仰希冀。

据《悲华经》的记载，观世音无量劫前是转轮圣王无净念的太子，名不拘。他立下宏愿，生大悲心，断绝众生诸苦及烦恼，使众生常住安乐，为此，宝藏如来给他起名叫观世音。《华严经》中说："勇猛丈夫观自在。"

观世音大约是在三国时期传入中国的，现在我们看到供奉的观世音菩萨，多是女相。不过在当时，观世音还是个威武的男子。甘肃敦煌莫高窟的壁画和南北朝时的雕像，观音皆作男身，嘴唇上还长着两撇漂亮的小胡子。在我国唐朝以前观世音的像都属于男相，印度的观世音菩萨也属男像。

佛教经典记载，观音大士周游法界，常以种种善巧和方便度化众生，众生应以何身得度，即化现之而为说法，即是三十二应，其女性形象可能由此而来。后世的女性形象也可能与观音菩萨能够"送子"有关，并且是大慈大悲的化身。

现在在佛教各种菩萨像中，观音菩萨像的各种形象众多，大概与观音有各种化身的说法有关。一般来说，当他作为"西方三尊"之一，与大势至菩萨一起随侍于阿弥陀佛像身边时，这时的观音菩萨头戴宝冠，冠上有化阿弥陀佛像，其他形象及衣物装饰则与别的菩萨像没有显著差别。

大家都承认，观音是中国化程度最深的一位菩萨，但是，观音信仰的中国化到底表现在哪些方面，学术界尚无人作过全面系统的研究。而观音信仰的中国化是佛教中国化的典型，尤其是观音菩萨身世的中国化更能使得一般信众接受。

观音菩萨的身世是佛教观音信仰的重要内容之一，它是指观音成道前的各种履历，包括家庭、诞生、修习、身相、成长以至最终成道。印度佛教经典中对观音身世的说明主要有7种，其最显著的特点是均为男身。佛教传入中国后，观音菩萨很快又成为中国人心目中有求必应的慈悲善神。只是随着佛教中国化的发展，观音形象逐渐发生了重大变化。大约在南北朝以前，中国佛教基本恪守着印度佛教关于观音菩萨的一切说教，观音继续保持"伟丈夫"的潇洒形象。

宋代以后，中国人大胆地将其从男人变成了女人，适应观音形象的这种重大变革，中国民俗佛教史上出现了观音菩萨新的身世说，即妙善公主的传说。印度佛教的观音身世男性说，是在印度传统佛教轻视女性、认为女性得道只有在转为男身之后才能实现的观念背景下产生的，而中国佛教的女身说则明显地与中国传统认为女性慈悲善良、和蔼可亲、更易接近的观念分不开。

另外，印度关于观音身世说具有极强的宗教性，通篇所言不离随佛习法、修持成道以及得到授记的内容，显得单调。而中国的传说中，故事情节曲折动人，具有浓厚的世俗生活气息。与此相联系，在印度佛教的传说中，观音得道的情节较少，而得道之后的法力却讲得十分透彻。

中国的传说着力说明观音得道的艰难曲折，这与中国儒家所说的天将降大任于斯人则必先使其历尽磨难的看法完全一致。根据中国人的这种传统心理而产生的这种观音得道传说更能服人，从而易于被广大佛教信徒接受。至于中国的观音身世传说中所夹杂的中国式的家庭伦理道德观念，那就更具有中国化的特征，也更能为一般信众所接受。

四 福星

福星，民间传说之神。象征能给大家带来幸福、希望的人或事物。福星起源甚早，据说唐代道州出侏儒，历年选送朝廷为玩物。唐德宗时道州刺史阳城上任后，即废此例，并拒绝皇帝征选侏儒的要求，州人感其恩德，遂祀为福神。宋代民间普遍奉祀。到元、明时，阳城又被传说为汉武帝时人杨成。以后更多异说，或尊天官为福神，或尊怀抱婴儿之"送子张仙"为福神。

福有很多的含义，人们创造的福神也就有了多种多样的神职。福神由此而获得了兼容众多吉祥神神职的功能，同时也就失去了鲜明的特征，其形象与功能变得模糊不清，以至于人们在祈求某一具体的好运时，往往要供祀专司某职的吉祥神，福神只是在人们祈求的目标比较空泛的时候，才成为人们供祀的对象。

每逢新年伊始，正是祈求来年万事如意的时候，人人要在门上贴福字，福虽是文字符号，却是人们心目中福神的象征，包含人们对福神赐福、降临福运的祈求。福字往往要倒着贴，取其谐音"福到了"，潜含福神临门的意思。

福神与许多神灵一样，也经历了由自然神灵到人物神灵的演化历程。最初的福神为星辰，称"福星"。福星即木星，也叫岁星，可以说人们是把木星当作了赐福的福神。福神被人格化后，又附会上了多种说法。

五 禄星

禄星，顾名思义，是主管功名利禄的星官。和天官福星一样，他也是由一颗星辰演化而来。但他的形象变化却远比福星要复杂许多：有人认为他就是著名的文昌星，也称文曲星，保佑考生金榜题名。也有人认为他原本是一位身怀绝技的道士，擅长弹弓射击，百发百中。还有人认为他就是那位著名的美男子兼亡国之君——五代十国时期后蜀皇帝孟昶。因为他英俊潇洒的形象，博得众多女性的好感，最终又附会他为最出名的送子神仙——张仙。

高官厚禄是士人一心向往的，于是便产生了禄神崇拜。由于古代的科举考试主要是作文章，禄神崇拜便也包含对文运的祈求，所以禄神又不仅仅是士人的主宰神，也是一般崇拜文化、崇拜文才的百姓所喜爱的吉祥神，或可称文神。

虽然远自西汉时期，禄星——这个遥远的天体就被赋予主管功名利禄的职责，但那时他的地位并不高。司马迁把他排在文昌宫六颗星里的最末一位。但是进入隋唐时期以后，科举制度兴起，禄星开始走红。科举考试使平民百姓有机会靠读书做官改变自己的命运。虽然幸运者只是一小部分人，但毕竟给了人们一线希望。然而这是一条太过狭窄的羊肠小路，求之不得，自然会寻求神灵的帮助。于是文昌宫里的那颗禄星就显得特别明亮。既然他负责天上宫廷里的人事选拔工作，也一定能保佑读书人金榜题名。

到了北宋，文昌宫所具有的职能更为单一。曾经最受重视的主管人间寿命的功能已被其他神取代。而这"文昌"二字又实在太符合儒生们以文章求取功名、做官发达的迫切愿望，于是文昌星渐渐成为禄星的代名词。禄星的演化进入第二个阶段——文昌星官。

后来，张仙成为人们爱戴的送子神仙，随后加入三星阵容，以其独一无二的送子职能，取代原来的员外郎，担当起新一任禄星神职。

禄星，从一颗普通星辰，下凡人间，演化为读书人顶礼膜拜的科举考试神，又融合了张道士和后蜀皇帝孟昶的神话故事，摇身一变成为送子的张仙。禄星的传奇演变经历，独具迷人魅力，最终使他成为福禄寿三星中，不可或缺的一颗灿烂明星。

六 寿星

寿星，星名，中国神话中的长寿之神。本为恒星名，为福、禄、寿三星之一，又称南极老人星。秦始皇统一天下后，在长安附近杜县建寿星祠。后寿星演变成仙人名称。明朝小说《西游记》写寿星"手捧灵芝"，长头大耳短身躯。《警世通言》有"福、禄、寿三星度世"的神话故事。画像中寿星为白须老翁，持杖，额部隆起。古人作长寿老人的象征。常衬托以鹿、鹤、仙桃等，象征长寿。

中国古代的太平盛世的确短暂而稀少。几十年一乱一治。分久必合，合久必分。而这颗时隐时现的老人星恰是这种动荡局面的绝好象征。但仅仅是象征还远远不够，古人观天象，占星气，都是有很强的实用功利目的，那么南极老人星的实用价值在哪里呢？或许就在于他的老年人身份，和他能够承载一种重要的伦理价值观念——那就是尊老、孝道。

在唐朝，寿星还是一颗星，挂在南方的夜空。著名的李白在诗中就提过南极老人星——"衡山苍苍入紫冥，下看南极老人星"。

彼时，寿星的形象想必都在各自的心里幻化成千百的模样。在宋朝的文学作品里，"寿星"一词已经具备了星、神仙、高寿者代称三种语义。

名列"苏门四学士"的晁无咎在他的《寿星明》一词中有句曰"玉宇风来，银河云敛，天外老人星现"，寿星已隐隐有仙风道骨；在另一阕《醉蓬莱》词中，"紫府真仙，暂滴居尘世。慕道高情，照人清骨，是寿星标致"，已经开始让寿星具备了神仙的品格。

随着历史向丰富迸发，寿星开始有了自己的固定形象。他的行头随着人们的意愿增删，而且无论怎样改变，那华丽的色彩和造型，围绕在周身的道具都衬托着这位神仙的慈爱本色。

他曾经脚踩过五色祥云——和众多的神仙一样，人们认为，驾上这样的云朵，神仙们可以自由飞翔到任意角落；他曾经戴过如意莲花冠——这看起来更像是天竺传来的流行风潮，神仙的打扮有时候也与时俱进；他曾经有过一个绣着白鹤的大氅——这样华贵富丽的装扮明显抬升了寿星的神仙地位；他还执起过圭——这种只有诸侯王公才配享有的贵族玉器符合寿星的身份。

寿星的道具还有灵芝、仙桃，前者被认为是有延年益寿效果的灵药，后者因为"王母娘娘蟠桃会"的传说而使人们把桃子视为长寿水果。

这是因为年过七十古来稀，百岁以后，合家团圆庆祝的寿宴更是年年都要办。这样做是为了让儿女表达孝心，希望借此带给老人更多幸福感。重视家庭、亲情，敬老爱老是中国传统道德的重要组成部分，祝寿典礼则是这种美德的外化形式。

虽然寿星不再具有威严的神性，却因为民间伦理生活的需求而代代相传。

七　财神

财神是掌管天下财富的神祇。倘若得到他的保佑眷顾，便肯定可以财源广进，家肥屋阔。做生意供奉财神是一种传统习俗，在中国是历代相传。因此很多人会摆放财神的像在家里或单位里，希望求取好兆头，有些人更是朝夕上香供奉。

追求财富是人类共同的愿望，尤其在贫穷的民间社会，财神原为物神，但是由于其赐人财帛，给人美好的生活，所以成了愿望之神，与喜、贵、寿、子等神一样，成为福神。崇拜财神，希望能通过拜神而得到神保佑而发大财，因而财神多多益善，在俗信者心中，认为所拜的财神越多，财源就越广。财神的种类很多，主要是物神人格化之后，有名的理财专家和富有的名人，都成了人们崇拜的财神，并且，特别地敬奉虔诚，常见的财神有文武之分。

财神在民间是一个晚出的神。中国人长期处于农耕社会，对于财富的追求比较淡薄，所以长期以来财神的观念不明确，财富的职司被赋予许多神灵，甚至于可以说是一切神灵。到了唐代末叶，过年习俗中才出现了禄马和财马。古代重禄，因为得功名获官职，便有固定的俸禄，所以财富也包括在禄中，现在财与禄同出现在民俗中，说明中国人对财的重视开始上升。财马，也就是财神的象征。到了明代，财神的职司才明确定在几个神祇的身上。

自古以来，民间的观念，多半是所谓"君子爱财，取之有道"，或是所谓的"重义轻利"等士大夫观念。这种想法，是在古代的封建农业社会里衍生的，或许行得通。但随着社会的变迁，逐渐由农业社会，转变成为工商业的社会，不同的生活方式，改变人们不同的世界观，进一步也和宗教信仰产生了关联性，并从农神信仰，演变成财神信仰，这无疑是与整个社会下层的经济生产方式有关系。

除了经济的变迁之外，财神信仰也和市民阶级的兴起有关，当新生活方式来临的时候，自然有新兴的信仰产生。所以，财神信仰也就应运而生，并逐渐和宗教信仰脱离，在民间自成一格。

财神像大致上可分为"正财神"及"邪财神"两类。正财神可分为两种：文财神、武财神；邪财神如四面佛、车公元帅等之类。

文财神

文财神有四，分为财帛星君、福禄寿三星、公正无私的比干以及生财有道的智慧财神范蠡。大多数人都喜欢供奉此类财神，因若能放置在财位上，财源立刻滚滚而来。

（一）财帛星君。也称"增福财神"，他经常与"福""禄""寿"三星及喜神列在一起，合起来为"福、禄、寿、财、喜"。他的外形很富态，是一个面白长髭的长者，身穿锦衣系玉带，左手捧着一只金元宝，右手拿着写上"招财进宝"的卷轴，相貌厚重，让人一看就知是富贵之相。相传他是天上的太白金星，属于金神，他在天上的职衔是"都天致富财帛星君"，专管天下的金银财帛，有求必应，最乐于助人；所以，很多求财的人，对他都非常尊敬，有些甚至日夜上香供奉。

有正常生意的人士，可以供奉这一位财神。

（二）福禄寿三星。"福星"手抱婴儿，象征子女昌盛一团和气、福泽绵绵；"禄星"身穿华贵朝服、腰围玉带，手抱玉如意，一脸富贵容相。为人间信男信女加官进爵，添财进禄有求皆遂意。"寿星"手捧寿桃，面露幸福祥和的笑容，面上皱纹可以看出他寿与天齐，象征长寿无病无灾；象征安康长寿。

福禄寿三星中，本来只有"禄星"才是财神；但因为三星通常是三位一体，故此福、寿二星也因而被人一起视为财神供奉了。倘若把福、禄、寿三星摆放在财位内，有这三星拱照，满堂吉庆，撇开风水不谈，单是视觉上及心理上也会觉得十分舒服的。

（三）文财神比干。传说比干为商朝忠臣，天帝怜其忠贞，因无心而不偏私，故封为"财神"。又因为比干是一位文臣，所以也被称为文财神。

（四）生财有道的智慧财神范蠡。范蠡一生艰苦创业，积金数万；善于经营，善于理财，又能广散钱财，所以称其为文财神就理所应当了。

武财神

武财神在民间常供奉的有两位：一是黑口黑面的赵公明，二是红面长髯的关帝圣君。

（一）赵公明：这位财神黑口黑面，又被人称为赵玄。这位财神法力很大，可以降龙伏虎、驱邪斩妖。赵公明这位武财神，民间相传他能够伏妖降魔，而且又可招财利市，即招财化煞而保屋宅平安，所以北方很多商户均喜欢把他供奉在商铺中，而在南方的商户则大多供奉关公。

（二）关公：红面长髯的关公原名关羽，字云长，是三国时代的名将，与刘备及张飞是结义兄弟，形象威武，正忠义胆。他不但忠勇感人，而且能招财进宝，护财避邪。传说关云长管过兵马站，长于算数，发明日清薄，而且形象威武，讲信用、重义气，能招财进宝、护财避邪，小人、横事不敢来犯，生意便可以兴隆、财源广进，故为商家所崇祀，是人们经常供奉的武财神。

关公像可分为两种：红衣关公像——可安放在家中，保屋宅平安；彩衣关公像——可安放在商铺之内以招财。

南方人特别喜欢供奉关帝圣君在屋宅或商铺内。

121

邪财神

邪财神主要指四面佛。四面佛是婆罗门教的一位神，又称为四面神。四面佛掌管人间的一切事务，其四面所求各不相同。一说是：四面分别代表事业、爱情、健康与财运。正面求生意兴隆，左面求姻缘美满，右面求平安健康，后面求招财进宝。另一说是：代表慈、悲、喜、舍。凡是祈求升天者必须勤修这四种功德。他不宜置放在神龛内，因为四面佛应该环视四方才能产生效应。倘若供奉在神龛上便变成了三面壁，效力便大打折扣，极不应该。

通常四面佛是置放在花园内，用玻璃架盖上而供奉，或者露天供奉也无问题，这样他便能四面兼顾，以收制煞招财之效。

八 门神

旧时农历新年贴于门上的一种画类。门神是道教和民间共同信仰的守卫门户的神灵，旧时人们都将其神像贴于门上，用以驱邪辟鬼，卫家宅，保平安，助功利，降吉祥等，是民间最受人们欢迎的保护神之一。道教因袭这种信仰，将门神纳入神系，加以祀奉。新春伊始，第一件事便是贴门神、对联。每当大年三十（或二十九），家家户户都纷纷上街购买春联，有雅兴者自己也铺纸泼墨挥毫，将宅子里里外外的门户装点一新。

门神是道教因袭民俗所奉的司门之神。民间信奉门神，由来已久。《礼记·祭法》云：王为群姓立七祀，诸侯为国立五祀，大夫立三祀，适士立二祀，皆有"门"，"庶士、庶人立一祀，或立户，或立灶"。可见自先秦以来，上自天子，下至庶人，皆崇拜门神。

明清至民国期间的武将门神在全国各地各有不同，和北京民居中的门神在人物上是有区别的。如河南人所供奉的门神为三国时期蜀国的赵云和马超。河北人多数供奉的门神是马超、马岱哥俩，但冀西北则供奉唐朝时期的薛仁贵和盖苏。

陕西人供奉孙膑和庞涓、黄三太和杨香武。重庆人供奉明朝末期"白杆军"著名女帅秦良玉。而陕西汉中一带张贴的多是孟良、焦赞这两条莽汉子。

中华人民共和国成立后，人们科学意识增强，迷信意识淡薄，有些地方，便把刘胡兰与赵一曼、董存瑞与黄继光等抗日战争、解放战争、抗美援朝战争时期的战斗英雄、民族英雄的画像，逢年过节，贴在大门上。这样一来，门神便不为门神，而演变为门画儿了。

现在过春节，在民户大门，还有不少张贴神荼与郁垒、秦琼与尉迟恭门神像和历代武将画像的，但与古时相比，其意义截然不同了，古贴门像，为敬神、拜佛、求福祈祷平安；今贴门像，表达的是对平安、幸福的向往与追求。

九　灶神

灶神，也称灶王、灶君、灶王爷、灶公灶母、东厨司命、灶司爷爷（浙江衢州称），中国古代神话传说中的司饮食之神。晋以后则列为督察人间善恶的司命之神。自人类脱离茹毛饮血，发明火食以后，随着社会生产的发展，灶就逐渐与人类生活密切相关。崇拜灶神也就成为诸多拜神活动的一项重要内容。中国是信奉多神的国家，在我国古代人们信奉的众多神灵中，灶神在民间的地位是最高的。

灶神全名是"东厨司命九灵元王定福神君"，北方称他为灶王爷，鸾门尊奉为三恩主之一，也就是厨房之神。

灶神之起源甚早，商朝已开始在民间供奉，及《周礼》以吁琐之子黎为灶神等。秦汉以前更被列为主要的五祀之一，和门神、井神、厕神和中溜神五位神灵共同负责一家人的平安。灶神之所以受人敬重，除了因掌管人们饮食，赐予生活上的便利外，灶神的职责，是玉皇大帝派遣到人间考察一家善恶之职的官。灶神左右随侍两神，一捧善罐、一捧恶罐，随时将一家人的行为记录保存于罐中，年终时总计之后再向玉皇大帝报告。

阴历十二月二十四日就是灶神离开人间，上天向玉皇大帝禀报一家人这一年来所作所为的日子，又称"辞灶"，所以家家户户都要送灶神。民间百姓大部分会选择年二十三谢灶，希望有贵气，取其意头。送灶神的供品一般都用一些又甜又黏的东西如糖瓜、汤圆、麦芽糖、猪血糕等，总之，用这些又黏又甜的东西，目的是要塞灶神的嘴巴，让他回上天时多说些好话。所谓"吃甜甜，说好话，好话传上天，坏话丢一边"。一般家家户户都贴年画灶君，两边贴有对联"上天言好事，下界降吉祥"，"上天去多言好事，下界回宫降吉祥"。

另外，黏住灶神的嘴巴，让他难开口说坏话。也有人用酒糟去涂灶君，称之为醉司命，意思是要把灶神弄醉，让他醉眼昏花，头脑不清，以使少打几个小报告。因此，祭灶神象征着祈求降福免灾的意思。

十　土地公

在民间，土地公也被视为财神与福神，因为民间相信"有土斯有财"，因此土地公就被商家奉为守护神。据说他还能使五谷丰收，因此，很多人就把土地公迎进家里祭拜。一般家庭的厅堂五神中必有供奉土地公，家中没有供奉土地公的，也在每月的初二、十六，在家门前设香案、烛台、供品祭拜。不过一般农家则是以每月的朔、望两天，也就是初一和十五祭拜土地公。

土地公——福德正神，本名张福德，自小聪颖至孝；三十六岁时，任朝廷总税官，为官清廉正直，体恤百姓之疾苦，做了许许多多善事。一百零二岁辞世。死后三天其容貌仍不变，有一贫户以四大石围成石屋奉祀，过了不久，即由贫转富，百姓都相信是神恩保佑，于是合资建庙并塑金身膜拜，因此生意人常祭祀之。亦有说在他死后，接任的税官上下交征，无所不欲，民不堪命。这时，人民想到张福德为政的好处，念念不忘，于是建庙祭祀，取其名而尊为福德正神。

土地神属于基层的神明，专家学者有认为土地公为地方行政神，保护乡里安宁平静。也有专家学者认为其属于城隍之下，掌管乡里死者的户籍，是地府的行政神，生养万物：土地载万物，又生养万物，长五谷以养育百姓，此乃中国人所以亲土地而奉祀土地的原因。《太平御览》引《礼记外传》称土地神"国以民为本，民以食为天，故建国君民，先命立社，地广谷多，不可遍祭，故於国城之内，立坛祀之"。管理本乡：自东晋以后，随着封建国家从中央到基层的官僚制度的逐渐完善，土地神也演变为在道教神阶中只能管理本乡本土的最低级的小神。东晋的《搜神记》卷五称广陵人蒋子文因追贼而死。东吴孙权掌权后，蒋子文显灵于道说："我当为此土地神，以福尔下民。"这里所指的福尔下民，就是指的保佑本乡本土家宅平安，添丁进口，六畜兴旺，并且为人公道。中国南方土地庙常有对联称"公公做事公平，婆婆苦口婆心"。地府行政：汉族许多地区的习俗，每个人出生都有"庙王土地"——即所属的土地庙，类似于每个人的籍贯；人去世之后，道士做超度仪式（即做道场）时，都会去其所属土地庙做祭祀活动。或者是新死之人的家属，到土地神庙，禀告死者姓名生辰等资料，以求土地神为死者引路。

闽南、台湾人则认为，土地神可以保佑农业收成，也可以保佑生意人经商顺利，旅客旅途平安，甚至还保护坟墓不受邪魔的侵扰。土地神是功能性极强的神明。一般说法，土地神为地方之守护神祇，为一乡一里之神。

十一　药王

古代民间供奉的医药之神。不同时代、不同地区的药王，其原型亦有所不同。"药王"一名，最早见于东晋时佛经译本中的药王菩萨。药王菩萨慈悲为怀，救人危难，故民间常把同样能救人危难的医生比喻成药王。

药王被民间奉作医神，最迟出现在宋代。南宋时药王的原型有韦善俊（唐代卖药神仙）和韦慈藏（唐代御医），元代则将韦古（唐代疏勒国人）作为药王原型。此时药王的形象均为有黑犬随行之仙医。明清各地的药王庙众多，庙中的药王也非指同一神。

其中主要的药王有：河北任丘（古鄚州）药王庙祭祀的战国时名医扁鹊，河北安国等地的药王庙祭祀的皮场王。北京等地的药王庙是由元代三皇庙演变而来的，除祭祀三皇之外，还配祀历代名医。其中药王韦慈藏、孙思邈列于诸名医之首。孙思邈家乡陕西耀县小五台山（清以后称药王山）的药王庙祭祀的是孙思邈。

清代以后民间所称的药王大多为唐代名医孙思邈。根据民间有关孙思邈的传说，药王的塑像大多为孙思邈坐虎针龙之雄姿。古代药王原型虽各有不同，但在民间，药王成为人们祈求安康、祛病消灾的精神寄托，同时也反映了民间对历代名医的纪念和尊崇。

扁鹊

扁鹊是我国古代的名医，《史记》称其姓秦，名越人，春秋渤海郡鄚（今河北任丘）人。他精通医道，曾遇异人长桑君授以秘方奇术，能用肉眼视人五脏症结，遂以医名。他到处行医，在齐国号卢生，在赵国名扁鹊。

他行医的特点是能随俗应变。据《新搜神记·神考》曰："过邯郸，闻贵妇人，即为带下医；过洛阳，闻周人爱老人，即为耳目痹医；来入咸阳，闻秦人爱小儿，即为小儿医，随俗为变。"《史记·扁鹊传》中记载了扁鹊神诊妙医的故事，如治愈了昏迷七天的晋国大夫赵简子，救活了被人当死的虢国太子，指出将置蔡桓公于死地的不治之症。扁鹊遂闻名于天下，被誉为神医。传说黄帝的大医名扁鹊，故以其名称之，秦太医嫉妒其医术高明，暗中派人将其刺杀了。因扁鹊医术神奇，医德高尚，遂被人们封为药王，立庙祀之。

相传药王扁鹊的生日为每年的四月二十八日，据清初高士奇《扈从西巡回录》云：每年四月郑州民间有药王会。时黄淮以北，秦晋以东，商旅云集，来此贸易，江湖艺人，集此献艺。但见幕帐遍野，声乐震天，如此者二十来日方止，可见规模之盛。其俗一直沿至今日。

孙思邈

药王中最有名的是唐代神医孙思邈。《旧唐书》说其为京兆（今陕西耀县）人，七岁就学，日诵千余言，弱冠，善谈老庄及百家之说，性好道家之学。北周宣帝时，以王室多故，隐居太白山，后长期隐居终南山，行医修道，隋唐统治者屡次派人到山中请他至京城为官，均辞谢不前，志在山林，一心向道，终其一生。北宋崇宁二年（1103），赠封为"妙应真人"。

孙思邈自注《老》《庄》，撰《千金方》三十卷行于世，主张治病时必须天人合一，认为"天有四时五行，寒暑迭代"，人亦有"四肢五脏，一觉一寝"为之应；天转运，"和而为雨，怒而为风，凝为霜雪，张而为虹霓"，谓此为"天地之常数也"，人"呼吸吐纳，精气往来，流而为荣（营）卫，彰而为气色，发而为声音"，称此为"人之常数也"。二者相结合，"阳用其神，阴用其精，天人之所用也"。指出"蒸则生热，否则生寒，结而为瘤赘，隔而为痈疽，弃而为喘，乏竭而为樵枯"，必须"诊发乎面，变动乎形"，以此论天地，亦如此。

所以，提出"五纬盈缩，星辰错行。日月薄蚀，车管飞流"为天地之危诊；"山崩上陷"为天地之痈疽；"奔风暴雨"为天地之喘；"川滇竭涸"为天地之焦枯。提倡"良医导之以药石，救之以针剂，圣人和之以圣德，辅之以人事"，最终使"形体有可愈之疾，天地有可消之灾"。后人以此理论治病，救活了许多人，因此后人尊称他为药王，又称之为真人。

孙思邈一生隐修的地方甚多。据说曾在五台山隐居过，为了纪念他，后人遂将五台山称为药王山。

十二　八仙

八仙，是指民间广为流传的道教八位神仙。八仙之名，明代以前众说不一，有汉代八仙、唐代八仙、宋元八仙，所列神仙各不相同。至明吴元泰《八仙出处东游记》（即《东游记》）始定为：铁拐李（李玄／李洪水）、汉钟离（钟离权）、张果老、蓝采和、何仙姑（何晓云）、吕洞宾（吕岩）、韩湘子、曹国舅（曹景休）。

八仙的传说起源很早，但人物有多种说法。

如淮南八仙，所指即助成西汉淮南王刘安著成《淮南子》的八公，淮南王好神仙丹药，后世传其为仙，淮南八仙之说可能附会此事而起。五代时道士作画幅为蜀中八仙，所画人物有容成公、李耳、董仲舒、张道陵、严君平、李八百、范长生、尔朱先生。

唐朝杜甫写的《饮中八仙歌》，指的是李白、贺知章等八位能诗善饮的文人学士。今之所谓八仙，大约形成于元代，但人物不尽相同。

至明代吴元泰作《八仙出处东游记》，铁拐李等八仙过海的故事日渐流传，八仙人物也在流传中稳定下来。正式定型为汉钟离（或钟离权）、张果老、韩湘子、铁拐李、吕洞宾、何仙姑、蓝采和及曹国舅。

五代宋初，关于吕洞宾的仙话传说，流传甚盛，与道教内丹修炼法的传播相煽助，两宋之际即盛传"钟吕金丹道"。金元时全真道教兴起，为回应民间信仰及传说以宣扬其教法，将钟离权、吕洞宾等推为北五祖，民间传说、杂剧戏谈等便与道教神仙相互演衍，八仙故事流传益广，内容日益丰富。吕洞宾是八仙形成的核心人物，道教称之为吕祖，各地道观，尤其是全真道观祭祀不辍。

道教的八仙缘起于唐宋时期，当时民间已有"八仙图"，在元朝马致远的《岳阳楼》、范子安的《竹叶船》和谷子敬的《城南柳》等杂剧中，都有八仙的踪迹，但成员经常变动。马致远的《吕洞宾三醉岳阳楼》中，并没有何仙姑，取而代之的是徐神翁。在岳伯川《吕洞宾度铁拐李岳》中，有张四郎却没有何仙姑。明《三宝太监西洋记演义》中的八仙，则以风僧寿、玄虚子取代张果老、何仙姑。

八仙的传说流传甚久，并已深入人心。

铁拐李，相传姓李，名玄，又叫李凝阳、李洪水、李孔目。据说他本来长的十分魁梧，相貌堂堂。在砀山洞中修行。因为约定要参加老君的华山仙会，临走时对弟子说，倘若元神七日不回返，则将尸壳焚化。于是留下尸壳，元神外游。不料到了第六天，弟子家中来人报信母亲病危，弟子们无奈就烧了尸壳。当弟子回家后，不久李铁拐的元神回归，无处可托。忽见林中有一饿死的人尸，则从他的前额脑门进入，站起来之后，才觉不行，赶忙从葫芦里倒出老君所赠的仙丹，葫芦忽然闪出金光，映出一个丑陋的形象，黑脸蓬头，卷须巨眼，右脚还是瘸的，正在惊讶，身后忽然有人鼓掌，回头一看，正是老君，情急之下，心想把元神跳出。

就在这时，老君制止说："道行不在于外表，你这副模样，只须功夫充满，便是异象真仙。"于是授他金箍一道收束乱发，授予铁拐一根助拄跛足。李铁拐还常背一葫芦，据说里面装有仙药，降到人间时，专门用来治病救人。

汉钟离姓钟离，名权，字云房，号正阳子。京兆咸阳（今陕西）人，据说是东汉时期人。有关他的出生非常生动，说有一天，一个巨人大踏步地走进他母亲的内室，大声说道："我是上古黄神氏，当托儿于此。"顿时，只见异光数丈如烈火，随之汉钟离降生。他一出生就像三岁的小孩一样大，天生一副福相，顶圆额宽，耳厚眉长，口方颊大，唇练如丹，乳圆臂长，更为奇怪的是他昼夜不声不响，不哭不吃。一直到了第七天，他突然说了一句话："身游紫府，名书玉京。"这一句惊动了他的父母。因为紫府、玉京是天上玉帝的宫城，所以，以为他是神仙转世，父母希望他长大成人多掌大权，因此起名"权"。据说钟离长大以后，任朝廷的谏议大夫，后来奉召出征吐蕃，战败，隐居终南山。遇到东华帝君王玄甫，得到长生真诀、金丹火候及青龙剑法。后来又遇到华阳真人，教他太乙九圭、火符金丹，洞晓玄玄之道。最终在崆峒山紫禁四皓峰得到玉匣秘诀，成了一位仙人。传说他在唐朝的时候度化了吕洞宾，是道教北五祖之一。他的形象常常是袒胸露乳，手摇棕扇，大眼睛，红脸膛，头上扎了两个丫髻，神态自若，是个闲散的汉子。

张果老，据史书上记载确有其人，原来是唐朝的道士，他擅长法术，经常隐居在恒州中条山，往来于汾晋之间，民间传说他活了数百岁，所以人们尊称他为张果老。据说唐太宗、唐高宗知道以后，就派使者召他入宫，他都不愿意去。到了武则天时期，不得已奉召出山，走到半路假装死去又未去成。到了唐玄宗时期，玄宗派遣使者终于将他请到了宫内，封他为"银青光禄大夫"，赐号"通玄先生"。后来，玄宗准备将他女儿许配给他，他唱道："媳妇得公平，平地生公府，人以可喜，我以可畏。"最终也没同意这门亲事，恳辞还山，走到半路，死于衡山蒲武县。弟子说他羽化成仙，唐玄宗下令在当地建栖霞观以奉祀。民间传说他常背负一个道情筒，倒骑白驴，云游四方，宣唱道情，劝化度人。后来民间的名言"骑驴看唱本"就源于此。他所乘的白驴，日行万里，夜间折叠如纸，放在箱子里。白天骑的时候，将水含在嘴里喷洒一下，就又还原成一天驴。后人题诗："举世多少人，无如这老汉。不是倒骑驴，万事回头看。"张果老这故事启示我们做任何事情，尽量要考虑全面，思前想后，不能只是一味的任性而为。

吕洞宾，道教八仙之一，名岩，字洞宾，自号"纯阳子"。唐京兆府（今陕西省长安县）人。曾以进士授县令。他的母亲要生他的时候，屋里异香扑鼻，空中仙乐阵阵，一只白鹤自天而下，飞入他母亲的帐中就消失。生下吕洞宾果然气度不凡，自小聪明过人，日记万言，过目成诵，出口成章。后来吕洞宾游庐山，遇火龙真人，得授天遁剑法。六十四岁时，游长安，下决心和钟离权学道，并经"十试"的考验，钟离权授他道法。吕洞宾有了道术和天遁剑法，斩妖除害为民造福。

何仙姑，八仙中唯一的女仙，据说原名何秀姑，生于唐武则天时期，出生时紫云绕室，头顶上有六道毫光。从小智慧敏捷，聪敏过人。十五岁时，梦见神人教她食云母粉，于是轻身如飞，往来于山顶之间，每天早上外出，晚上归来以山果孝敬母亲。后来辟谷，言语异常，武则天听说后，派使者召请，中途不知去向，有人说在唐中宗时八月初八飞天。还有一种说法是，何仙姑十三岁时入山，遇仙人吕洞宾，吕赐其一桃，吃了以后不饥不饿，并能预知祸福之事，颇为灵验。村里的人奉为神明，专门建楼供其居住，后来吕洞宾度其成仙。

蓝采和本为男子，常常女装打扮，手提花篮，据说他本是赤脚大仙降生，原来是一名游方的道士，常穿破烂的蓝衣裳，系着一条三寸多宽的木腰带，一脚穿靴子，一脚赤行。夏天穿的是棉衣服，冬天卧于雪地中，气出如蒸。经常手持三尺多长的大拍唱板，在城市里边走边唱，带醉踏歌，似狂非狂，男女老少都跟随看他，人家把铜钱给他，他却用长绳穿起来，拖地而行，散失了也不回头看一看。有时见到穷人，就把铜钱送给他们。

韩湘子，八仙中的斯文公子，形象是一位手持长笛的英俊少年。韩湘子，本名韩湘，是唐代大文学家刑部侍郎韩愈的侄子。传说，汉丞相安抚有一女儿，名叫灵灵，才貌双全，已许配韩湘。但是汉帝想把她婚配与皇侄，安抚坚决不同意。汉帝大怒，将韩湘罢官发配。灵灵悲郁而死，韩湘投生为白鹤，白鹤受钟离权和吕洞宾的点化，又投生为昌黎县韩会之子，乳名湘子，幼年丧父，由叔父韩愈抚养。长大后又得钟、吕二仙传授修行之术。韩愈极力反对，训斥他。韩湘子因此而出家，隐居于终南山修道，得成正果，列为八仙之一。

曹国舅这位神仙的形象是头戴纱帽，身穿红袍官服，手持阴阳板（玉板），与其他仙人的打扮迥然不同。传说他是宋朝的皇帝宋仁宗曹皇后的长弟，名景休。

他天资淳善，志在清虚，不慕虚荣，不喜富贵。后来因为他的弟弟骄纵不守法，残害人命，曹国舅深以为耻，于是隐迹山岩，穿戴平民的衣帽，但精心思考的是玄妙深奥的道理，过了十多天也不吃，有一天，他遇到了钟离权和吕洞宾两位仙人，他们问："听说你在休养，所养的是什么呢？"答道："养道。"仙人又问："道在哪里？"曹国舅举手指天。二仙又问："天在哪里？"曹国舅用手指心胸。二位仙人笑着说："心即是天，天即是道，你已经顿悟道之真义了。"于是传授他还真秘术，点化指引他入了仙人的团队。

还有一种说法，说他出家时皇帝赐他一块金牌，后来过黄河时没有船费，就以此抵押，恰好遇到了吕洞宾，与他一起同游，因此悟道而名列"八仙"。

十三 钟馗

钟馗，是中国传统文化中的"赐福镇宅圣君"。古书记载他是唐初长安终南山人（据古籍记载及考证，钟馗故里为陕西秦岭中段终南山下西安市鄠邑区石井镇钟馗故里欢乐谷），生得豹头环眼，铁面虬髯，相貌奇异；然而却是个才华横溢、满腹经纶的人物，平素正气浩然，刚直不阿，待人正直，肝胆相照。

钟馗是中国民间俗神信仰中最为人们熟悉的角色，贴于门户是镇鬼尅邪的门神，悬在中堂是禳灾祛魅的灵符，出现于傩仪中是统鬼斩妖的猛将，由此派生出形形色色的钟馗戏、钟馗图。连《本草纲目》里，也收录用钟馗像烧灰以水冲服，或配以其他药面成丸以治疗难产、疟疾等症的"秘方"。据中国《民俗》杂志报道，时至二十世纪九十年代，甚至还有人为治病延请巫师举行所谓"镇钟馗"捉鬼驱妖、安宅保太平的仪式（施汉如、杨问春《"镇钟馗"傩仪记》）。

对普通百姓来说，"钟馗打鬼"之类的故事几乎人人熟知。钟馗信仰在民间的影响既深且广。但这只是问题的一个方面。另一方面，钟馗这位神通广大的神祇身份来历，恐怕就不是一般人能够说得清了。事实上，这个问题自唐代以来就令许多学者争论不休。近年来，随着民俗文化热的兴起，钟馗信仰的起源与流变

等问题又被提出，众多学人各抒己见，歧说纷见，迄今尚无定论。

古代民间造神的实用功利性，还体现在一种重要的民间风俗，那就是张贴门神钟馗画。古代民居张挂钟馗像，大门首当其冲，成对的张贴在两扇门板，单幅的贴在门的正上方，防止恶鬼上门骚扰。有的民居院落，进门之后还见不到主人的房间，用一座墙来隔开，钟馗经常出现的另一个位置就在这里。因为人们对鬼有这样一种认识：认为鬼只能走直线，所以即便是不小心让鬼溜进门来，也会被影壁前的钟馗老爷抓个正着。钟馗像贴在这里还带来另一个便利：因为在这里方便安置香炉红烛。人们指望钟馗尽心尽力地看家户院，所以像对待其他神一样，每逢初一、十五都要奉上丰富的供品，焚香礼拜。

虽说是神仙身份，但因为时时见面，司空见惯，日久年深也就把钟馗当作家庭的一员来看待。敬畏之余，也有亲切的一面。但如果作为门神的钟馗有失职情况，一家之主也会拿出家长的威严，甚至于破口大骂。

明清以来钟馗画祈求赐福成分增加。杨柳青钟馗门神画，是典型的"武判"样式。钟馗挥舞宝剑做出种种威武姿态，四周衬满流云、八宝、双喜等图案，活泼中带有吉祥寓意。苏州桃花坞门神中有风度潇洒的骑驴钟馗，侍从小鬼撑破伞相随，他手执牙笏目视前方空中飞舞的蝙蝠或吊系的蜘蛛，象征"福自天来""喜从天降"，洋溢着喜庆色彩。北京更有画店别出心裁，去除钟馗手中的武器，增添了一枚超大铜钱，谓之"托钱判"。

就这样，驱邪魔，斩鬼怪，祈福得福，盼子得子，求财得财，人们生活所需一应俱全，钟馗最终成为古代民间诸神中的最受欢迎的神仙之一。

十四　东岳大帝

东岳大帝又称泰山神，其身世众说纷纭，有金虹氏说、太昊说、盘古说、天孙说、黄飞虎说等。泰山神作为泰山的化身，是上天与人间沟通的神圣使者，是历代帝王受命于天、治理天下的保护神。

根据中国古老的阴阳五行学说，泰山位居东方，是太阳升起的地方，也是万物发祥之地，因此泰山神具有主生、主死的重要职能，并由此引申出几项具体职能：新旧相代，固国安民；延年益寿，长命成仙；福禄官职，贵贱高下；生死之期，鬼魂之统。

秦汉以后，泰山神的影响逐渐渗透社会各阶层，进入人们的日常生活中，于是泰山神作为阴阳交泰、万物之始的神灵，在保国安民、太平长寿的基础上引申为可以召人魂魄、统摄鬼魂的冥间之主。随着泰山神影响的扩大，其信仰向四周扩散开来，在全国各地几乎都建有规模不等的东岳庙，反映了泰山神——东岳大帝在中国传统宗教中的地位以及对社会的影响。

历代帝王对泰山神尊崇有加，唐代封为"天齐王"，宋代晋为"仁圣天齐王""天齐仁圣帝"，元代加封为"天齐大生仁圣帝"，明代又恢复为东岳泰山神。每年的农历三月二十八日是东岳泰山神的生日，全国各地的善男信女来此焚香祭拜，以示庆贺。

岱庙，是泰山神的庙，是全国各地东岳庙的祖庙。它是封建社会中供奉泰山神、举行祭祀大典的地方。现岱庙殿内供奉东岳泰山之神。

东岳大帝是我国民众普遍信奉的神通广大的一位尊神，在我们中国人的思想意识中，一直都认为泰山是管辖鬼魂的地方。泰山治鬼魂之说，汉魏间已经盛行。

我国历史上的历代帝王，从秦始皇到清乾隆帝，都曾到泰山进行过封禅祭扫活动。东岳大帝本来只是在泰山受祭扫，由于历帝王推崇封禅，全国各地礼敬东岳大帝亦蔚然成风。农历三月二十八日是东岳大帝的神诞，庙观中祭祀祝祷的活动十分隆重，其香火之旺盛，几遍于全国各地。

农历三月二十八日，是纪念东岳大帝的诞辰。自宋朝始，每年此时立泰山庙会，以祭东岳大帝。地点在东岳庙即岱庙。除祭祈活动外，增加了经济活动，服务于八方朝拜者。东岳大帝是传说中主管世间一切生物（植物、动物和人）出生大权的。纪念他的目的是祈求他在人死后早放灵魂，投生转世。游行时除抬东岳大帝塑像外，还用人装扮成各种传说中的鬼神形象，组成宗教游行队伍，到大街小巷游行。善男信女向游行队伍烧纸钱、点香烛、叩头，以祈求大帝保佑冥间亲属免受折磨。泰山以外，以北京东岳庙最为著名，是元、明、清朝廷举行祭岱仪式的场所。

十五　碧霞元君

碧霞元君即天仙玉女泰山碧霞元君，俗称泰山娘娘、泰山老奶奶、泰山老母等。道教认为，碧霞元君"庇佑众生，灵应九州"，"统摄岳府神兵，照察人间善恶"。是道教中的重要女神，中国历史上影响最大的女神之一。

据可考史料记载，宋真宗封泰山时，于岱顶玉女池旁得玉女石像，即造神龛供奉其中，封为"天仙玉女碧霞元君"，并创建昭真祠。祠于金代改为昭真观，明代称"灵佑宫"，近代称"碧霞祠"。元君庙在泰山上下有很多座，山顶的碧霞祠为主庙，山下的遥参亭、红门宫和灵应宫都是元君行宫。此外，泰山周围遍布很多小的元君庙。

明清时，由于碧霞元君影响日益扩大，祀元君的庙宇也从泰山扩展到全国各地，每日里香火旺盛，对其的信仰遍及大半个中国。

人们对碧霞元君尊崇备至的原因有两个：首先，与元君的职司分不开。明万历二十一年（1593年）王锡爵《东岳碧霞宫碑》记载："元君能为众生造福如其愿，贫者愿富，疾者愿安，耕者愿岁，贾者愿息，祈生者愿年，未子者愿嗣，子为亲愿，弟为兄愿，亲戚交厚，靡不相交愿，而神亦靡诚弗应。"由此可知，碧霞元君在民众的心理层面上简直是有求必应、无所不能。其次，碧霞元君作为平易近人、和蔼可亲、乐善好施的女神，更是让劳苦大众倍觉亲切，从而愈加信赖她，一跃成为民众心目中的慈母、圣母。每年的农历三月十五日是碧霞元君的生日，香客多来此祭拜以示庆贺。

岱庙遥参亭内自明以来一直供奉碧霞元君，民间把遥参亭称为泰山第一行宫。现遥参亭正殿内仍奉祀碧霞元君，东西配殿分祀眼光娘娘及送子娘娘。

在我国的北方地区，民众对碧霞元君的信仰极盛，信徒以之为奉神，祷之即应。在民间广为流行宣扬叙述泰山娘娘灵迹的《泰山娘娘宝卷》，道教也奉为教门经籍，纳入道书之列。碧霞元君的称号，也并非泰山娘娘的独有，南方的天妃顺懿夫人也有此号。直到近代，碧霞元君之名才为泰山娘娘所专有。

另外，民间传说的碧霞元君更神通广大，能保佑农耕、经商、旅行、婚姻，能疗病救人，尤其能使妇女生子、儿童无恙。故旧时妇女信仰碧霞元君特别虔诚，不仅在泰山有庙，在各地也建有许多"娘娘庙"，并常在左右配祀送子娘娘、催生娘娘、眼光娘娘、天花娘娘四位娘娘。这种信仰至今仍很兴旺，人们仍不辞劳苦登上泰山绝顶，许愿还愿，向其祈祷，香火不断。

十六　龙王

龙王，是神话传说中在水里统领水族的王，掌管兴云降雨。龙是中国古代神话的四灵之一。《太上洞渊神咒经》中有"龙王品"，列有以方位为区分的"五帝龙王"，以海洋为区分的"四海龙王"，以天地万物为区分的 54 名龙王名字和 62 名神龙王名字。

龙王信仰在古代颇为普遍，龙王是非常受古代百姓欢迎的神之一。在中国古代传说中，龙往往具有降雨的神性。后来佛教传入中国，佛经中称诸位大龙王"动力与云布雨"。而且唐宋以来，帝王封龙神为王。从此，龙王成为兴云布雨，为人消灭炎热和烦恼的神龙王治水则成为民间普遍的信仰。

龙王神诞之日，各种文献记载和各地民间传说均有差异。旧时专门供奉龙王之庙宇几乎与城隍、土地之庙宇同样普遍。每逢风雨失调，久旱不雨，或久雨不止时，民众都要到龙王庙烧香祈愿，以求龙王治水，风调雨顺。

古人认为，凡是有水的地方，无论江河湖海，都有龙王驻守。龙王能生风雨，兴雷电，职司一方水旱丰歉。因此，大江南北，龙王庙林立，与土地庙一样，随处可见。如遇久旱不雨，一方乡民必先到龙王庙祭祀求雨，如龙王还没有显灵，则把它的神像抬出来，在烈日下暴晒，直到天降大雨为止。

农历庚午年　属马

旬	正月小戊寅·公历	星期	干支	二月大己卯·公历	星期	干支	三月大庚辰·公历	星期	干支	四月小辛巳·公历	星期	干支	五月小壬午·公历	星期	干支	六月大癸未·公历	星期	干支	闰六月小·公历	星期	干支	七月小甲申·公历	星期	干支	八月大乙酉·公历	星期	干支	九月小丙戌·公历	星期	干支	十月大丁亥·公历	星期	干支	十一月大戊子·公历	星期	干支	十二月小己丑·公历	星期	干支
初一	30	四	庚辰	28	五	己酉	30	日	己卯	29	二	己酉	28	三	戊寅	26	四	丁未	26	六	丁丑	24	日	丙午	22	一	乙亥	22	三	乙巳	20	四	甲戌	20	六	甲辰	19	一	甲戌
初二	31	五	辛巳	**1**	六	庚戌	31	一	庚辰	30	三	庚戌	29	四	己卯	27	五	戊申	27	日	戊寅	25	一	丁未	23	二	丙子	23	四	丙午	21	五	乙亥	21	日	乙巳	20	二	乙亥
初三	**1**	六	壬午	2	日	辛亥	**1**	二	辛巳	**1**	四	辛亥	30	五	庚辰	28	六	己酉	28	一	己卯	26	二	戊申	24	三	丁丑	24	五	丁未	22	六	丙子	22	一	丙午	21	三	丙子
初四	2	日	癸未	3	一	壬子	2	三	壬午	2	五	壬子	31	六	辛巳	29	日	庚戌	29	二	庚辰	27	三	己酉	25	四	戊寅	25	六	戊申	23	日	丁丑	23	二	丁未	22	四	丁丑
初五	3	一	甲申	4	二	癸丑	3	四	癸未	3	六	癸丑	**1**	日	壬午	30	一	辛亥	30	三	辛巳	28	四	庚戌	26	五	己卯	26	日	己酉	24	一	戊寅	24	三	戊申	23	五	戊寅
初六	4	二	乙酉	5	三	甲寅	4	五	甲申	4	日	甲寅	2	一	癸未	**1**	二	壬子	31	四	壬午	29	五	辛亥	27	六	庚辰	27	一	庚戌	25	二	己卯	25	四	己酉	24	六	己卯
初七	5	三	丙戌	6	四	乙卯	5	六	乙酉	5	一	乙卯	3	二	甲申	2	三	癸丑	**1**	五	癸未	30	六	壬子	28	日	辛巳	28	二	辛亥	26	三	庚辰	26	五	庚戌	25	日	庚辰
初八	6	四	丁亥	7	五	丙辰	6	日	丙戌	6	二	丙辰	4	三	乙酉	3	四	甲寅	2	六	甲申	31	日	癸丑	29	一	壬午	29	三	壬子	27	四	辛巳	27	六	辛亥	26	一	辛巳
初九	7	五	戊子	8	六	丁巳	7	一	丁亥	7	三	丁巳	5	四	丙戌	4	五	乙卯	3	日	乙酉	**1**	一	甲寅	30	二	癸未	30	四	癸丑	28	五	壬午	28	日	壬子	27	二	壬午
初十	8	六	己丑	9	日	戊午	8	二	戊子	8	四	戊午	6	五	丁亥	5	六	丙辰	4	一	丙戌	2	二	乙卯	**1**	三	甲申	31	五	甲寅	29	六	癸未	29	一	癸丑	28	三	癸未
十一	9	日	庚寅	10	一	己未	9	三	己丑	9	五	己未	7	六	戊子	6	日	丁巳	5	二	丁亥	3	三	丙辰	2	四	乙酉	**1**	六	乙卯	30	日	甲申	30	二	甲寅	29	四	甲申
十二	10	一	辛卯	11	二	庚申	10	四	庚寅	10	六	庚申	8	日	己丑	7	一	戊午	6	三	戊子	4	四	丁巳	3	五	丙戌	2	日	丙辰	**1**	一	乙酉	31	三	乙卯	30	五	乙酉
十三	11	二	壬辰	12	三	辛酉	11	五	辛卯	11	日	辛酉	9	一	庚寅	8	二	己未	7	四	己丑	5	五	戊午	4	六	丁亥	3	一	丁巳	2	二	丙戌	**1**	四	丙辰	31	六	丙戌
十四	12	三	癸巳	13	四	壬戌	12	六	壬辰	12	一	壬戌	10	二	辛卯	9	三	庚申	8	五	庚寅	6	六	己未	5	日	戊子	4	二	戊午	3	三	丁亥	2	五	丁巳	**1**	日	丁亥
十五	13	四	甲午	14	五	癸亥	13	日	癸巳	13	二	癸亥	11	三	壬辰	10	四	辛酉	9	六	辛卯	7	日	庚申	6	一	己丑	5	三	己未	4	四	戊子	3	六	戊午	2	一	戊子
十六	14	五	乙未	15	六	甲子	14	一	甲午	14	三	甲子	12	四	癸巳	11	五	壬戌	10	日	壬辰	8	一	辛酉	7	二	庚寅	6	四	庚申	5	五	己丑	4	日	己未	3	二	己丑
十七	15	六	丙申	16	日	乙丑	15	二	乙未	15	四	乙丑	13	五	甲午	12	六	癸亥	11	一	癸巳	9	二	壬戌	8	三	辛卯	7	五	辛酉	6	六	庚寅	5	一	庚申	4	三	庚寅
十八	16	日	丁酉	17	一	丙寅	16	三	丙申	16	五	丙寅	14	六	乙未	13	日	甲子	12	二	甲午	10	三	癸亥	9	四	壬辰	8	六	壬戌	7	日	辛卯	6	二	辛酉	5	四	辛卯
十九	17	一	戊戌	18	二	丁卯	17	四	丁酉	17	六	丁卯	15	日	丙申	14	一	乙丑	13	三	乙未	11	四	甲子	10	五	癸巳	9	日	癸亥	8	一	壬辰	7	三	壬戌	6	五	壬辰
二十	18	二	己亥	19	三	戊辰	18	五	戊戌	18	日	戊辰	16	一	丁酉	15	二	丙寅	14	四	丙申	12	五	乙丑	11	六	甲午	10	一	甲子	9	二	癸巳	8	四	癸亥	7	六	癸巳
廿一	19	三	庚子	20	四	己巳	19	六	己亥	19	一	己巳	17	二	戊戌	16	三	丁卯	15	五	丁酉	13	六	丙寅	12	日	乙未	11	二	乙丑	10	三	甲午	9	五	甲子	8	日	甲午
廿二	20	四	辛丑	21	五	庚午	20	日	庚子	20	二	庚午	18	三	己亥	17	四	戊辰	16	六	戊戌	14	日	丁卯	13	一	丙申	12	三	丙寅	11	四	乙未	10	六	乙丑	9	一	乙未
廿三	21	五	壬寅	22	六	辛未	21	一	辛丑	21	三	辛未	19	四	庚子	18	五	己巳	17	日	己亥	15	一	戊辰	14	二	丁酉	13	四	丁卯	12	五	丙申	11	日	丙寅	10	二	丙申
廿四	22	六	癸卯	23	日	壬申	22	二	壬寅	22	四	壬申	20	五	辛丑	19	六	庚午	18	一	庚子	16	二	己巳	15	三	戊戌	14	五	戊辰	13	六	丁酉	12	一	丁卯	11	三	丁酉
廿五	23	日	甲辰	24	一	癸酉	23	三	癸卯	23	五	癸酉	21	六	壬寅	20	日	辛未	19	二	辛丑	17	三	庚午	16	四	己亥	15	六	己巳	14	日	戊戌	13	二	戊辰	12	四	戊戌
廿六	24	一	乙巳	25	二	甲戌	24	四	甲辰	24	六	甲戌	22	日	癸卯	21	一	壬申	20	三	壬寅	18	四	辛未	17	五	庚子	16	日	庚午	15	一	己亥	14	三	己巳	13	五	己亥
廿七	25	二	丙午	26	三	乙亥	25	五	乙巳	25	日	乙亥	23	一	甲辰	22	二	癸酉	21	四	癸卯	19	五	壬申	18	六	辛丑	17	一	辛未	16	二	庚子	15	四	庚午	14	六	庚子
廿八	26	三	丁未	27	四	丙子	26	六	丙午	26	一	丙子	24	二	乙巳	23	三	甲戌	22	五	甲辰	20	六	癸酉	19	日	壬寅	18	二	壬申	17	三	辛丑	16	五	辛未	15	日	辛丑
廿九	27	四	戊申	28	五	丁丑	27	日	丁未	27	二	丁丑	25	三	丙午	24	四	乙亥	23	六	乙巳	21	日	甲戌	20	一	癸卯	19	三	癸酉	18	四	壬寅	17	六	壬申	16	一	壬寅
三十				29	六	戊寅	28	一	戊申							25	五	丙子							21	二	甲辰				19	五	癸卯	18	日	癸酉			

节气

月	节气	旬	时	节气	旬	时
正月	立春	初六	戌时	雨水	廿一	酉时
二月	惊蛰	初七	申时	春分	廿二	申时
三月	清明	初七	戌时	谷雨	廿三	寅时
四月	立夏	初八	未时	小满	廿四	寅时
五月	芒种	初十	酉时	夏至	廿六	午时
六月	小暑	十三	卯时	大暑	廿八	亥时
闰六月	立秋	十四	未时			
七月	处暑	初一	卯时	白露	十六	酉时
八月	秋分	初三	丑时	寒露	十八	辰时
九月	霜降	初三	午时	立冬	十八	午时
十月	小雪	初四	辰时	大雪	十九	亥时
十一月	冬至	初三	亥时	小寒	十八	未时
十二月	大寒	初三	辰时	立春	十八	丑时

农历辛未年　属羊

正月小庚寅 — 六月大乙未

旬	正月小庚寅 公历	星期	干支	二月大辛卯 公历	星期	干支	三月小壬辰 公历	星期	干支	四月大癸巳 公历	星期	干支	五月小甲午 公历	星期	干支	六月大乙未 公历	星期	干支
初一	17	二	癸卯	18	三	壬申	17	五	壬寅	16	六	辛未	15	一	辛丑	14	二	庚午
初二	18	三	甲辰	19	四	癸酉	18	六	癸卯	17	日	壬申	16	二	壬寅	15	三	辛未
初三	19	四	乙巳	20	五	甲戌	19	日	甲辰	18	一	癸酉	17	三	癸卯	16	四	壬申
初四	20	五	丙午	21	六	乙亥	20	一	乙巳	19	二	甲戌	18	四	甲辰	17	五	癸酉
初五	21	六	丁未	22	日	丙子	21	二	丙午	20	三	乙亥	19	五	乙巳	18	六	甲戌
初六	22	日	戊申	23	一	丁丑	22	三	丁未	21	四	丙子	20	六	丙午	19	日	乙亥
初七	23	一	己酉	24	二	戊寅	23	四	戊申	22	五	丁丑	21	日	丁未	20	一	丙子
初八	24	二	庚戌	25	三	己卯	24	五	己酉	23	六	戊寅	22	一	戊申	21	二	丁丑
初九	25	三	辛亥	26	四	庚辰	25	六	庚戌	24	日	己卯	23	二	己酉	22	三	戊寅
初十	26	四	壬子	27	五	辛巳	26	日	辛亥	25	一	庚辰	24	三	庚戌	23	四	己卯
十一	27	五	癸丑	28	六	壬午	27	一	壬子	26	二	辛巳	25	四	辛亥	24	五	庚辰
十二	28	六	甲寅	29	日	癸未	28	二	癸丑	27	三	壬午	26	五	壬子	25	六	辛巳
十三	1	日	乙卯	30	一	甲申	29	三	甲寅	28	四	癸未	27	六	癸丑	26	日	壬午
十四	2	一	丙辰	31	二	乙酉	30	四	乙卯	29	五	甲申	28	日	甲寅	27	一	癸未
十五	3	二	丁巳	1	三	丙戌	1	五	丙辰	30	六	乙酉	29	一	乙卯	28	二	甲申
十六	4	三	戊午	2	四	丁亥	2	六	丁巳	31	日	丙戌	30	二	丙辰	29	三	乙酉
十七	5	四	己未	3	五	戊子	3	日	戊午	1	一	丁亥	1	三	丁巳	30	四	丙戌
十八	6	五	庚申	4	六	己丑	4	一	己未	2	二	戊子	2	四	戊午	31	五	丁亥
十九	7	六	辛酉	5	日	庚寅	5	二	庚申	3	三	己丑	3	五	己未	1	六	戊子
二十	8	日	壬戌	6	一	辛卯	6	三	辛酉	4	四	庚寅	4	六	庚申	2	日	己丑
廿一	9	一	癸亥	7	二	壬辰	7	四	壬戌	5	五	辛卯	5	日	辛酉	3	一	庚寅
廿二	10	二	甲子	8	三	癸巳	8	五	癸亥	6	六	壬辰	6	一	壬戌	4	二	辛卯
廿三	11	三	乙丑	9	四	甲午	9	六	甲子	7	日	癸巳	7	二	癸亥	5	三	壬辰
廿四	12	四	丙寅	10	五	乙未	10	日	乙丑	8	一	甲午	8	三	甲子	6	四	癸巳
廿五	13	五	丁卯	11	六	丙申	11	一	丙寅	9	二	乙未	9	四	乙丑	7	五	甲午
廿六	14	六	戊辰	12	日	丁酉	12	二	丁卯	10	三	丙申	10	五	丙寅	8	六	乙未
廿七	15	日	己巳	13	一	戊戌	13	三	戊辰	11	四	丁酉	11	六	丁卯	9	日	丙申
廿八	16	一	庚午	14	二	己亥	14	四	己巳	12	五	戊戌	12	日	戊辰	10	一	丁酉
廿九	17	二	辛未	15	三	庚子	15	五	庚午	13	六	己亥	13	一	己巳	11	二	戊戌
三十				16	四	辛丑				14	日	庚子				12	三	己亥
节气	雨水 初三 亥时		惊蛰 十八 亥时	春分 初三 亥时		清明 十九 丑时	谷雨 初四 巳时		立夏 十九 戌时	小满 初六 巳时		芒种 廿一 午时	夏至 初七 酉时		小暑 廿三 午时	大暑 初十 寅时		立秋 廿五 戌时

七月小丙申 — 十二月小辛丑

旬	七月小丙申 公历	星期	干支	八月小丁酉 公历	星期	干支	九月大戊戌 公历	星期	干支	十月小己亥 公历	星期	干支	十一月大庚子 公历	星期	干支	十二月小辛丑 公历	星期	干支
初一	13	四	庚子	11	五	己巳	10	六	戊戌	9	一	戊辰	8	二	丁酉	7	四	丁卯
初二	14	五	辛丑	12	六	庚午	11	日	己亥	10	二	己巳	9	三	戊戌	8	五	戊辰
初三	15	六	壬寅	13	日	辛未	12	一	庚子	11	三	庚午	10	四	己亥	9	六	己巳
初四	16	日	癸卯	14	一	壬申	13	二	辛丑	12	四	辛未	11	五	庚子	10	日	庚午
初五	17	一	甲辰	15	二	癸酉	14	三	壬寅	13	五	壬申	12	六	辛丑	11	一	辛未
初六	18	二	乙巳	16	三	甲戌	15	四	癸卯	14	六	癸酉	13	日	壬寅	12	二	壬申
初七	19	三	丙午	17	四	乙亥	16	五	甲辰	15	日	甲戌	14	一	癸卯	13	三	癸酉
初八	20	四	丁未	18	五	丙子	17	六	乙巳	16	一	乙亥	15	二	甲辰	14	四	甲戌
初九	21	五	戊申	19	六	丁丑	18	日	丙午	17	二	丙子	16	三	乙巳	15	五	乙亥
初十	22	六	己酉	20	日	戊寅	19	一	丁未	18	三	丁丑	17	四	丙午	16	六	丙子
十一	23	日	庚戌	21	一	己卯	20	二	戊申	19	四	戊寅	18	五	丁未	17	日	丁丑
十二	24	一	辛亥	22	二	庚辰	21	三	己酉	20	五	己卯	19	六	戊申	18	一	戊寅
十三	25	二	壬子	23	三	辛巳	22	四	庚戌	21	六	庚辰	20	日	己酉	19	二	己卯
十四	26	三	癸丑	24	四	壬午	23	五	辛亥	22	日	辛巳	21	一	庚戌	20	三	庚辰
十五	27	四	甲寅	25	五	癸未	24	六	壬子	23	一	壬午	22	二	辛亥	21	四	辛巳
十六	28	五	乙卯	26	六	甲申	25	日	癸丑	24	二	癸未	23	三	壬子	22	五	壬午
十七	29	六	丙辰	27	日	乙酉	26	一	甲寅	25	三	甲申	24	四	癸丑	23	六	癸未
十八	30	日	丁巳	28	一	丙戌	27	二	乙卯	26	四	乙酉	25	五	甲寅	24	日	甲申
十九	31	一	戊午	29	二	丁亥	28	三	丙辰	27	五	丙戌	26	六	乙卯	25	一	乙酉
二十	1	二	己未	30	三	戊子	29	四	丁巳	28	六	丁亥	27	日	丙辰	26	二	丙戌
廿一	2	三	庚申	1	四	己丑	30	五	戊午	29	日	戊子	28	一	丁巳	27	三	丁亥
廿二	3	四	辛酉	2	五	庚寅	31	六	己未	30	一	己丑	29	二	戊午	28	四	戊子
廿三	4	五	壬戌	3	六	辛卯	1	日	庚申	1	二	庚寅	30	三	己未	29	五	己丑
廿四	5	六	癸亥	4	日	壬辰	2	一	辛酉	2	三	辛卯	31	四	庚申	30	六	庚寅
廿五	6	日	甲子	5	一	癸巳	3	二	壬戌	3	四	壬辰	1	五	辛酉	31	日	辛卯
廿六	7	一	乙丑	6	二	甲午	4	三	癸亥	4	五	癸巳	2	六	壬戌	1	一	壬辰
廿七	8	二	丙寅	7	三	乙未	5	四	甲子	5	六	甲午	3	日	癸亥	2	二	癸巳
廿八	9	三	丁卯	8	四	丙申	6	五	乙丑	6	日	乙未	4	一	甲子	3	三	甲午
廿九	10	四	戊辰	9	五	丁酉	7	六	丙寅	7	一	丙申	5	二	乙丑	4	四	乙未
三十							8	日	丁卯				6	三	丙寅			
节气	处暑 十一 午时		白露 廿六 子时	秋分 廿六 辰时		寒露 子时	霜降 十四 酉时		立冬 酉时	小雪 十四 未时		大雪 廿四 巳时	冬至 十五 寅时		小寒 戌时	大寒 十四 寅时		立春 辰时

正月大壬寅

旬	公历	星期	干支
初一	6	六	丁酉
初二	7	日	戊戌
初三	8	一	己亥
初四	9	二	庚子
初五	10	三	辛丑
初六	11	四	壬寅
初七	12	五	癸卯
初八	13	六	甲辰
初九	14	日	乙巳
初十	15	一	丙午
十一	16	二	丁未
十二	17	三	戊申
十三	18	四	己酉
十四	19	五	庚戌
十五	20	六	辛亥
十六	21	日	壬子
十七	22	一	癸丑
十八	23	二	甲寅
十九	24	三	乙卯
二十	25	四	丙辰
廿一	26	五	丁巳
廿二	27	六	戊午
廿三	28	日	己未
廿四	29	一	庚申
廿五	1	二	辛酉
廿六	2	三	壬戌
廿七	3	四	癸亥
廿八	4	五	甲子
廿九	5	六	乙丑
三十	6	日	丙寅

节气：雨水 十五 寅时；惊蛰 三十 丑时

二月大癸卯

旬	公历	星期	干支
初一	7	一	丁卯
初二	8	二	戊辰
初三	9	三	己巳
初四	10	四	庚午
初五	11	五	辛未
初六	12	六	壬申
初七	13	日	癸酉
初八	14	一	甲戌
初九	15	二	乙亥
初十	16	三	丙子
十一	17	四	丁丑
十二	18	五	戊寅
十三	19	六	己卯
十四	20	日	庚辰
十五	21	一	辛巳
十六	22	二	壬午
十七	23	三	癸未
十八	24	四	甲申
十九	25	五	乙酉
二十	26	六	丙戌
廿一	27	日	丁亥
廿二	28	一	戊子
廿三	29	二	己丑
廿四	30	三	庚寅
廿五	31	四	辛卯
廿六	1	五	壬辰
廿七	2	六	癸巳
廿八	3	日	甲午
廿九	4	一	乙未
三十	5	二	丙申

节气：春分 十五 寅时；清明 三十 辰时

三月大甲辰

旬	公历	星期	干支
初一	6	三	丁酉
初二	7	四	戊戌
初三	8	五	己亥
初四	9	六	庚子
初五	10	日	辛丑
初六	11	一	壬寅
初七	12	二	癸卯
初八	13	三	甲辰
初九	14	四	乙巳
初十	15	五	丙午
十一	16	六	丁未
十二	17	日	戊申
十三	18	一	己酉
十四	19	二	庚戌
十五	20	三	辛亥
十六	21	四	壬子
十七	22	五	癸丑
十八	23	六	甲寅
十九	24	日	乙卯
二十	25	一	丙辰
廿一	26	二	丁巳
廿二	27	三	戊午
廿三	28	四	己未
廿四	29	五	庚申
廿五	30	六	辛酉
廿六	1	日	壬戌
廿七	2	一	癸亥
廿八	3	二	甲子
廿九	4	三	乙丑
三十	5	四	丙寅

节气：谷雨 十五 申时

四月小乙巳

旬	公历	星期	干支
初一	6	五	丁卯
初二	7	六	戊辰
初三	8	日	己巳
初四	9	一	庚午
初五	10	二	辛未
初六	11	三	壬申
初七	12	四	癸酉
初八	13	五	甲戌
初九	14	六	乙亥
初十	15	日	丙子
十一	16	一	丁丑
十二	17	二	戊寅
十三	18	三	己卯
十四	19	四	庚辰
十五	20	五	辛巳
十六	21	六	壬午
十七	22	日	癸未
十八	23	一	甲申
十九	24	二	乙酉
二十	25	三	丙戌
廿一	26	四	丁亥
廿二	27	五	戊子
廿三	28	六	己丑
廿四	29	日	庚寅
廿五	30	一	辛卯
廿六	31	二	壬辰
廿七	1	三	癸巳
廿八	2	四	甲午
廿九	3	五	乙未

节气：立夏 初一 丑时；小满 十六 申时

五月大丙午

旬	公历	星期	干支
初一	4	六	丙申
初二	5	日	丁酉
初三	6	一	戊戌
初四	7	二	己亥
初五	8	三	庚子
初六	9	四	辛丑
初七	10	五	壬寅
初八	11	六	癸卯
初九	12	日	甲辰
初十	13	一	乙巳
十一	14	二	丙午
十二	15	三	丁未
十三	16	四	戊申
十四	17	五	己酉
十五	18	六	庚戌
十六	19	日	辛亥
十七	20	一	壬子
十八	21	二	癸丑
十九	22	三	甲寅
二十	23	四	乙卯
廿一	24	五	丙辰
廿二	25	六	丁巳
廿三	26	日	戊午
廿四	27	一	己未
廿五	28	二	庚申
廿六	29	三	辛酉
廿七	30	四	壬戌
廿八	1	五	癸亥
廿九	2	六	甲子
三十	3	日	乙丑

节气：芒种 初三 卯时；夏至 十八 子时

六月小丁未

旬	公历	星期	干支
初一	4	一	丙寅
初二	5	二	丁卯
初三	6	三	戊辰
初四	7	四	己巳
初五	8	五	庚午
初六	9	六	辛未
初七	10	日	壬申
初八	11	一	癸酉
初九	12	二	甲戌
初十	13	三	乙亥
十一	14	四	丙子
十二	15	五	丁丑
十三	16	六	戊寅
十四	17	日	己卯
十五	18	一	庚辰
十六	19	二	辛巳
十七	20	三	壬午
十八	21	四	癸未
十九	22	五	甲申
二十	23	六	乙酉
廿一	24	日	丙戌
廿二	25	一	丁亥
廿三	26	二	戊子
廿四	27	三	己丑
廿五	28	四	庚寅
廿六	29	五	辛卯
廿七	30	六	壬辰
廿八	31	日	癸巳
廿九	1	一	甲午

节气：小暑 初四 申时；大暑 二十 巳时

七月大戊申

旬	公历	星期	干支
初一	2	二	乙未
初二	3	三	丙申
初三	4	四	丁酉
初四	5	五	戊戌
初五	6	六	己亥
初六	7	日	庚子
初七	8	一	辛丑
初八	9	二	壬寅
初九	10	三	癸卯
初十	11	四	甲辰
十一	12	五	乙巳
十二	13	六	丙午
十三	14	日	丁未
十四	15	一	戊申
十五	16	二	己酉
十六	17	三	庚戌
十七	18	四	辛亥
十八	19	五	壬子
十九	20	六	癸丑
二十	21	日	甲寅
廿一	22	一	乙卯
廿二	23	二	丙辰
廿三	24	三	丁巳
廿四	25	四	戊午
廿五	26	五	己未
廿六	27	六	庚申
廿七	28	日	辛酉
廿八	29	一	壬戌
廿九	30	二	癸亥
三十	31	三	甲子

节气：立秋 初七 丑时；处暑 廿二 酉时

八月小己酉

旬	公历	星期	干支
初一	1	四	乙丑
初二	2	五	丙寅
初三	3	六	丁卯
初四	4	日	戊辰
初五	5	一	己巳
初六	6	二	庚午
初七	7	三	辛未
初八	8	四	壬申
初九	9	五	癸酉
初十	10	六	甲戌
十一	11	日	乙亥
十二	12	一	丙子
十三	13	二	丁丑
十四	14	三	戊寅
十五	15	四	己卯
十六	16	五	庚辰
十七	17	六	辛巳
十八	18	日	壬午
十九	19	一	癸未
二十	20	二	甲申
廿一	21	三	乙酉
廿二	22	四	丙戌
廿三	23	五	丁亥
廿四	24	六	戊子
廿五	25	日	己丑
廿六	26	一	庚寅
廿七	27	二	辛卯
廿八	28	三	壬辰
廿九	29	四	癸巳

节气：白露 初八 卯时；秋分 廿三 未时

九月小庚戌

旬	公历	星期	干支
初一	30	五	甲午
初二	1	六	乙未
初三	2	日	丙申
初四	3	一	丁酉
初五	4	二	戊戌
初六	5	三	己亥
初七	6	四	庚子
初八	7	五	辛丑
初九	8	六	壬寅
初十	9	日	癸卯
十一	10	一	甲辰
十二	11	二	乙巳
十三	12	三	丙午
十四	13	四	丁未
十五	14	五	戊申
十六	15	六	己酉
十七	16	日	庚戌
十八	17	一	辛亥
十九	18	二	壬子
二十	19	三	癸丑
廿一	20	四	甲寅
廿二	21	五	乙卯
廿三	22	六	丙辰
廿四	23	日	丁巳
廿五	24	一	戊午
廿六	25	二	己未
廿七	26	三	庚申
廿八	27	四	辛酉
廿九	28	五	壬戌

节气：寒露 初九 戌时；霜降 廿四 子时

十月大辛亥

旬	公历	星期	干支
初一	29	六	癸亥
初二	30	日	甲子
初三	31	一	乙丑
初四	1	二	丙寅
初五	2	三	丁卯
初六	3	四	戊辰
初七	4	五	己巳
初八	5	六	庚午
初九	6	日	辛未
初十	7	一	壬申
十一	8	二	癸酉
十二	9	三	甲戌
十三	10	四	乙亥
十四	11	五	丙子
十五	12	六	丁丑
十六	13	日	戊寅
十七	14	一	己卯
十八	15	二	庚辰
十九	16	三	辛巳
二十	17	四	壬午
廿一	18	五	癸未
廿二	19	六	甲申
廿三	20	日	乙酉
廿四	21	一	丙戌
廿五	22	二	丁亥
廿六	23	三	戊子
廿七	24	四	己丑
廿八	25	五	庚寅
廿九	26	六	辛卯
三十	27	日	壬辰

节气：立冬 初十 亥时；小雪 廿五 子时

十一月小壬子

旬	公历	星期	干支
初一	28	一	癸巳
初二	29	二	甲午
初三	30	三	乙未
初四	1	四	丙申
初五	2	五	丁酉
初六	3	六	戊戌
初七	4	日	己亥
初八	5	一	庚子
初九	6	二	辛丑
初十	7	三	壬寅
十一	8	四	癸卯
十二	9	五	甲辰
十三	10	六	乙巳
十四	11	日	丙午
十五	12	一	丁未
十六	13	二	戊申
十七	14	三	己酉
十八	15	四	庚戌
十九	16	五	辛亥
二十	17	六	壬子
廿一	18	日	癸丑
廿二	19	一	甲寅
廿三	20	二	乙卯
廿四	21	三	丙辰
廿五	22	四	丁巳
廿六	23	五	戊午
廿七	24	六	己未
廿八	25	日	庚申
廿九	26	一	辛酉

节气：大雪 初十 申时；冬至 廿五 巳时

十二月大癸丑

旬	公历	星期	干支
初一	27	二	壬戌
初二	28	三	癸亥
初三	29	四	甲子
初四	30	五	乙丑
初五	31	六	丙寅
初六	1	日	丁卯
初七	2	一	戊辰
初八	3	二	己巳
初九	4	三	庚午
初十	5	四	辛未
十一	6	五	壬申
十二	7	六	癸酉
十三	8	日	甲戌
十四	9	一	乙亥
十五	10	二	丙子
十六	11	三	丁丑
十七	12	四	戊寅
十八	13	五	己卯
十九	14	六	庚辰
二十	15	日	辛巳
廿一	16	一	壬午
廿二	17	二	癸未
廿三	18	三	甲申
廿四	19	四	乙酉
廿五	20	五	丙戌
廿六	21	六	丁亥
廿七	22	日	戊子
廿八	23	一	己丑
廿九	24	二	庚寅
三十	25	三	辛卯

节气：小寒 十一 丑时；大寒 廿五 戌时

农历癸酉年 属鸡

旬	正月小甲寅 公历	星期	干支	二月大乙卯 公历	星期	干支	三月大丙辰 公历	星期	干支	四月小丁巳 公历	星期	干支	五月大戊午 公历	星期	干支	闰五月大 公历	星期	干支	六月小乙未 公历	星期	干支	七月大庚申 公历	星期	干支	八月小辛酉 公历	星期	干支	九月大壬戌 公历	星期	干支	十月小癸亥 公历	星期	干支	十一月小甲子 公历	星期	干支	十二月大乙丑 公历	星期	干支
初一	26	四	壬辰	24	五	辛酉	26	日	辛卯	25	二	辛酉	24	三	庚寅	23	五	庚申	23	日	庚寅	21	一	己未	20	三	己丑	19	四	戊午	18	六	戊子	17	日	丁巳	15	一	丙戌
初二	27	五	癸巳	25	六	壬戌	27	一	壬辰	26	三	壬戌	25	四	辛卯	24	六	辛酉	24	一	辛卯	22	二	庚申	21	四	庚寅	20	五	己未	19	日	己丑	18	一	戊午	16	二	丁亥
初三	28	六	甲午	26	日	癸亥	28	二	癸巳	27	四	癸亥	26	五	壬辰	25	日	壬戌	25	二	壬辰	23	三	辛酉	22	五	辛卯	21	六	庚申	20	一	庚寅	19	二	己未	17	三	戊子
初四	29	日	乙未	27	一	甲子	29	三	甲午	28	五	甲子	27	六	癸巳	26	一	癸亥	26	三	癸巳	24	四	壬戌	23	六	壬辰	22	日	辛酉	21	二	辛卯	20	三	庚申	18	四	己丑
初五	30	一	丙申	28	二	乙丑	30	四	乙未	29	六	乙丑	28	日	甲午	27	二	甲子	27	四	甲午	25	五	癸亥	24	日	癸巳	23	一	壬戌	22	三	壬辰	21	四	辛酉	19	五	庚寅
初六	31	二	丁酉	3	三	丙寅	31	五	丙申	30	日	丙寅	29	一	乙未	28	三	乙丑	28	五	乙未	26	六	甲子	25	一	甲午	24	二	癸亥	23	四	癸巳	22	五	壬戌	20	六	辛卯
初七	2	三	戊戌	2	四	丁卯	4	六	丁酉	5	一	丁卯	30	二	丙申	29	四	丙寅	29	六	丙申	27	日	乙丑	26	二	乙未	25	三	甲子	24	五	甲午	23	六	癸亥	21	日	壬辰
初八	2	四	己亥	3	五	戊辰	2	日	戊戌	2	二	戊辰	31	三	丁酉	30	五	丁卯	30	日	丁酉	28	一	丙寅	27	三	丙申	26	四	乙丑	25	六	乙未	24	日	甲子	22	一	癸巳
初九	3	五	庚子	4	六	己巳	3	一	己亥	3	三	己巳	6	四	戊戌	7	六	戊辰	31	一	戊戌	29	二	丁卯	28	四	丁酉	27	五	丙寅	26	日	丙申	25	一	乙丑	23	二	甲午
初十	4	六	辛丑	5	日	庚午	4	二	庚子	4	四	庚午	7	五	己亥	8	日	己巳	8	二	己亥	30	三	戊辰	29	五	戊戌	28	六	丁卯	27	一	丁酉	26	二	丙寅	24	三	乙未
十一	5	日	壬寅	6	一	辛未	5	三	辛丑	5	五	辛未	8	六	庚子	9	一	庚午	9	三	庚子	31	四	己巳	30	六	己亥	29	日	戊辰	28	二	戊戌	27	三	丁卯	25	四	丙申
十二	6	一	癸卯	7	二	壬申	6	四	壬寅	6	六	壬申	9	日	辛丑	10	二	辛未	10	四	辛丑	9	五	庚午	10	日	庚子	30	一	己巳	29	三	己亥	28	四	戊辰	26	五	丁酉
十三	7	二	甲辰	8	三	癸酉	7	五	癸卯	7	日	癸酉	10	一	壬寅	11	三	壬申	11	五	壬寅	2	六	辛未	2	一	辛丑	31	二	庚午	30	四	庚子	29	五	己巳	27	六	戊戌
十四	8	三	乙巳	9	四	甲戌	8	六	甲辰	8	一	甲戌	11	二	癸卯	12	四	癸酉	12	六	癸卯	3	日	壬申	3	二	壬寅	11	三	辛未	12	五	辛丑	30	六	庚午	28	日	己亥
十五	9	四	丙午	10	五	乙亥	9	日	乙巳	9	二	乙亥	12	三	甲辰	13	五	甲戌	13	日	甲辰	4	一	癸酉	4	三	癸卯	2	四	壬申	2	六	壬寅	31	日	辛未	29	一	庚子
十六	10	五	丁未	11	六	丙子	10	一	丙午	10	三	丙子	13	四	乙巳	14	六	乙亥	14	一	乙巳	5	二	甲戌	5	四	甲辰	3	五	癸酉	3	日	癸卯	1	一	壬申	30	二	辛丑
十七	11	六	戊申	12	日	丁丑	11	二	丁未	11	四	丁丑	14	五	丙午	15	日	丙子	15	二	丙午	6	三	乙亥	6	五	乙巳	4	六	甲戌	4	一	甲辰	2	二	癸酉	31	三	壬寅
十八	12	日	己酉	13	一	戊寅	12	三	戊申	12	五	戊寅	15	六	丁未	16	一	丁丑	16	三	丁未	7	四	丙子	7	六	丙午	5	日	乙亥	5	二	乙巳	3	三	甲戌	2	四	癸卯
十九	13	一	庚戌	14	二	己卯	13	四	己酉	13	六	己卯	16	日	戊申	17	二	戊寅	17	四	戊申	8	五	丁丑	8	日	丁未	6	一	丙子	6	三	丙午	4	四	乙亥	2	五	甲辰
二十	14	二	辛亥	15	三	庚辰	14	五	庚戌	14	日	庚辰	17	一	己酉	18	三	己卯	18	五	己酉	9	六	戊寅	9	一	戊申	7	二	丁丑	7	四	丁未	5	五	丙子	3	六	乙巳
廿一	15	三	壬子	16	四	辛巳	15	六	辛亥	15	一	辛巳	18	二	庚戌	19	四	庚辰	19	六	庚戌	10	日	己卯	10	二	己酉	8	三	戊寅	8	五	戊申	6	六	丁丑	4	日	丙午
廿二	16	四	癸丑	17	五	壬午	16	日	壬子	16	二	壬午	19	三	辛亥	20	五	辛巳	20	日	辛亥	11	一	庚辰	11	三	庚戌	9	四	己卯	9	六	己酉	7	日	戊寅	5	一	丁未
廿三	17	五	甲寅	18	六	癸未	17	一	癸丑	17	三	癸未	20	四	壬子	21	六	壬午	21	一	壬子	12	二	辛巳	12	四	辛亥	10	五	庚辰	10	日	庚戌	8	一	己卯	6	二	戊申
廿四	18	六	乙卯	19	日	甲申	18	二	甲寅	18	四	甲申	21	五	癸丑	22	日	癸未	22	二	癸丑	13	三	壬午	13	五	壬子	11	六	辛巳	11	一	辛亥	9	二	庚辰	7	三	己酉
廿五	19	日	丙辰	20	一	乙酉	19	三	乙卯	19	五	乙酉	22	六	甲寅	23	一	甲申	23	三	甲寅	14	四	癸未	14	六	癸丑	12	日	壬午	12	二	壬子	10	三	辛巳	8	四	庚戌
廿六	20	一	丁巳	21	二	丙戌	20	四	丙辰	20	六	丙戌	23	日	乙卯	24	二	乙酉	24	四	乙卯	15	五	甲申	15	日	甲寅	13	一	癸未	13	三	癸丑	11	四	壬午	9	五	辛亥
廿七	21	二	戊午	22	三	丁亥	21	五	丁巳	21	日	丁亥	24	一	丙辰	25	三	丙戌	25	五	丙辰	16	六	乙酉	16	一	乙卯	14	二	甲申	14	四	甲寅	12	五	癸未	10	六	壬子
廿八	22	三	己未	23	四	戊子	22	六	戊午	22	一	戊子	25	二	丁巳	26	四	丁亥	26	六	丁巳	17	日	丙戌	17	二	丙辰	15	三	乙酉	15	五	乙卯	13	六	甲申	11	日	癸丑
廿九	23	四	庚申	24	五	己丑	23	日	己未	23	二	己丑	26	三	戊午	27	五	戊子	27	日	戊午	18	一	丁亥	18	三	丁巳	16	四	丙戌	16	六	丙辰	14	日	乙酉	12	一	甲寅
三十				25	六	庚寅	24	一	庚申				27	四	己未	28	六	己丑				19	二	戊子				17	五	丁亥							13	二	乙卯
节	立春 初十 未时			惊蛰 十一 辰时			清明 十一 未时			立夏 十二 辰时			芒种 十四 午时			小暑 十六 亥时			立秋 十七 辰时			白露 十九 巳时			寒露 十九 丑时			立冬 廿一 寅时			大雪 二十 亥时			小寒 廿一 辰时			立春 廿一 戌时		
气	雨水 廿五 巳时			春分 廿六 巳时			谷雨 廿六 亥时			小满 廿七 戌时			夏至 三十 卯时						大暑 初二 申时			处暑 初三 亥时			秋分 初四 戌时			霜降 初六 寅时			小雪 初六 辰时			冬至 初六 未时			大寒 初六 丑时		

139

农历甲戌年　属狗

正月小丙寅

旬	公历	星期	干支
初一	14	三	丙辰
初二	15	四	丁巳
初三	16	五	戊午
初四	17	六	己未
初五	18	日	庚申
初六	19	一	辛酉
初七	20	二	壬戌
初八	21	三	癸亥
初九	22	四	甲子
初十	23	五	乙丑
十一	24	六	丙寅
十二	25	日	丁卯
十三	26	一	戊辰
十四	27	二	己巳
十五	28	三	庚午
十六	3月1	四	辛未
十七	2	五	壬申
十八	3	六	癸酉
十九	4	日	甲戌
二十	5	一	乙亥
廿一	6	二	丙子
廿二	7	三	丁丑
廿三	8	四	戊寅
廿四	9	五	己卯
廿五	10	六	庚辰
廿六	11	日	辛巳
廿七	12	一	壬午
廿八	13	二	癸未
廿九	14	三	甲申

二月大丁卯

旬	公历	星期	干支
初一	15	四	乙酉
初二	16	五	丙戌
初三	17	六	丁亥
初四	18	日	戊子
初五	19	一	己丑
初六	20	二	庚寅
初七	21	三	辛卯
初八	22	四	壬辰
初九	23	五	癸巳
初十	24	六	甲午
十一	25	日	乙未
十二	26	一	丙申
十三	27	二	丁酉
十四	28	三	戊戌
十五	29	四	己亥
十六	30	五	庚子
十七	31	六	辛丑
十八	4月1	日	壬寅
十九	2	一	癸卯
二十	3	二	甲辰
廿一	4	三	乙巳
廿二	5	四	丙午
廿三	6	五	丁未
廿四	7	六	戊申
廿五	8	日	己酉
廿六	9	一	庚戌
廿七	10	二	辛亥
廿八	11	三	壬子
廿九	12	四	癸丑
三十	13	五	甲寅

三月小戊辰

旬	公历	星期	干支
初一	14	六	乙卯
初二	15	日	丙辰
初三	16	一	丁巳
初四	17	二	戊午
初五	18	三	己未
初六	19	四	庚申
初七	20	五	辛酉
初八	21	六	壬戌
初九	22	日	癸亥
初十	23	一	甲子
十一	24	二	乙丑
十二	25	三	丙寅
十三	26	四	丁卯
十四	27	五	戊辰
十五	28	六	己巳
十六	29	日	庚午
十七	30	一	辛未
十八	5月1	二	壬申
十九	2	三	癸酉
二十	3	四	甲戌
廿一	4	五	乙亥
廿二	5	六	丙子
廿三	6	日	丁丑
廿四	7	一	戊寅
廿五	8	二	己卯
廿六	9	三	庚辰
廿七	10	四	辛巳
廿八	11	五	壬午
廿九	12	六	癸未

四月大己巳

旬	公历	星期	干支
初一	13	日	甲申
初二	14	一	乙酉
初三	15	二	丙戌
初四	16	三	丁亥
初五	17	四	戊子
初六	18	五	己丑
初七	19	六	庚寅
初八	20	日	辛卯
初九	21	一	壬辰
初十	22	二	癸巳
十一	23	三	甲午
十二	24	四	乙未
十三	25	五	丙申
十四	26	六	丁酉
十五	27	日	戊戌
十六	28	一	己亥
十七	29	二	庚子
十八	30	三	辛丑
十九	31	四	壬寅
二十	6月1	五	癸卯
廿一	2	六	甲辰
廿二	3	日	乙巳
廿三	4	一	丙午
廿四	5	二	丁未
廿五	6	三	戊申
廿六	7	四	己酉
廿七	8	五	庚戌
廿八	9	六	辛亥
廿九	10	日	壬子
三十	11	一	癸丑

五月大庚午

旬	公历	星期	干支
初一	12	二	甲寅
初二	13	三	乙卯
初三	14	四	丙辰
初四	15	五	丁巳
初五	16	六	戊午
初六	17	日	己未
初七	18	一	庚申
初八	19	二	辛酉
初九	20	三	壬戌
初十	21	四	癸亥
十一	22	五	甲子
十二	23	六	乙丑
十三	24	日	丙寅
十四	25	一	丁卯
十五	26	二	戊辰
十六	27	三	己巳
十七	28	四	庚午
十八	29	五	辛未
十九	30	六	壬申
二十	7月1	日	癸酉
廿一	2	一	甲戌
廿二	3	二	乙亥
廿三	4	三	丙子
廿四	5	四	丁丑
廿五	6	五	戊寅
廿六	7	六	己卯
廿七	8	日	庚辰
廿八	9	一	辛巳
廿九	10	二	壬午
三十	11	三	癸未

六月小辛未

旬	公历	星期	干支
初一	12	四	甲申
初二	13	五	乙酉
初三	14	六	丙戌
初四	15	日	丁亥
初五	16	一	戊子
初六	17	二	己丑
初七	18	三	庚寅
初八	19	四	辛卯
初九	20	五	壬辰
初十	21	六	癸巳
十一	22	日	甲午
十二	23	一	乙未
十三	24	二	丙申
十四	25	三	丁酉
十五	26	四	戊戌
十六	27	五	己亥
十七	28	六	庚子
十八	29	日	辛丑
十九	30	一	壬寅
二十	31	二	癸卯
廿一	8月1	三	甲辰
廿二	2	四	乙巳
廿三	3	五	丙午
廿四	4	六	丁未
廿五	5	日	戊申
廿六	6	一	己酉
廿七	7	二	庚戌
廿八	8	三	辛亥
廿九	9	四	壬子

七月大壬申

旬	公历	星期	干支
初一	10	五	癸丑
初二	11	六	甲寅
初三	12	日	乙卯
初四	13	一	丙辰
初五	14	二	丁巳
初六	15	三	戊午
初七	16	四	己未
初八	17	五	庚申
初九	18	六	辛酉
初十	19	日	壬戌
十一	20	一	癸亥
十二	21	二	甲子
十三	22	三	乙丑
十四	23	四	丙寅
十五	24	五	丁卯
十六	25	六	戊辰
十七	26	日	己巳
十八	27	一	庚午
十九	28	二	辛未
二十	29	三	壬申
廿一	30	四	癸酉
廿二	31	五	甲戌
廿三	9月1	六	乙亥
廿四	2	日	丙子
廿五	3	一	丁丑
廿六	4	二	戊寅
廿七	5	三	己卯
廿八	6	四	庚辰
廿九	7	五	辛巳
三十	8	六	壬午

八月小癸酉

旬	公历	星期	干支
初一	9	日	癸未
初二	10	一	甲申
初三	11	二	乙酉
初四	12	三	丙戌
初五	13	四	丁亥
初六	14	五	戊子
初七	15	六	己丑
初八	16	日	庚寅
初九	17	一	辛卯
初十	18	二	壬辰
十一	19	三	癸巳
十二	20	四	甲午
十三	21	五	乙未
十四	22	六	丙申
十五	23	日	丁酉
十六	24	一	戊戌
十七	25	二	己亥
十八	26	三	庚子
十九	27	四	辛丑
二十	28	五	壬寅
廿一	29	六	癸卯
廿二	30	日	甲辰
廿三	10月1	一	乙巳
廿四	2	二	丙午
廿五	3	三	丁未
廿六	4	四	戊申
廿七	5	五	己酉
廿八	6	六	庚戌
廿九	7	日	辛亥

九月大甲戌

旬	公历	星期	干支
初一	8	一	壬子
初二	9	二	癸丑
初三	10	三	甲寅
初四	11	四	乙卯
初五	12	五	丙辰
初六	13	六	丁巳
初七	14	日	戊午
初八	15	一	己未
初九	16	二	庚申
初十	17	三	辛酉
十一	18	四	壬戌
十二	19	五	癸亥
十三	20	六	甲子
十四	21	日	乙丑
十五	22	一	丙寅
十六	23	二	丁卯
十七	24	三	戊辰
十八	25	四	己巳
十九	26	五	庚午
二十	27	六	辛未
廿一	28	日	壬申
廿二	29	一	癸酉
廿三	30	二	甲戌
廿四	31	三	乙亥
廿五	11月1	四	丙子
廿六	2	五	丁丑
廿七	3	六	戊寅
廿八	4	日	己卯
廿九	5	一	庚辰
三十	6	二	辛巳

十月大乙亥

旬	公历	星期	干支
初一	7	三	壬午
初二	8	四	癸未
初三	9	五	甲申
初四	10	六	乙酉
初五	11	日	丙戌
初六	12	一	丁亥
初七	13	二	戊子
初八	14	三	己丑
初九	15	四	庚寅
初十	16	五	辛卯
十一	17	六	壬辰
十二	18	日	癸巳
十三	19	一	甲午
十四	20	二	乙未
十五	21	三	丙申
十六	22	四	丁酉
十七	23	五	戊戌
十八	24	六	己亥
十九	25	日	庚子
二十	26	一	辛丑
廿一	27	二	壬寅
廿二	28	三	癸卯
廿三	29	四	甲辰
廿四	30	五	乙巳
廿五	12月1	六	丙午
廿六	2	日	丁未
廿七	3	一	戊申
廿八	4	二	己酉
廿九	5	三	庚戌
三十	6	四	辛亥

十一月小丙子

旬	公历	星期	干支
初一	7	五	壬子
初二	8	六	癸丑
初三	9	日	甲寅
初四	10	一	乙卯
初五	11	二	丙辰
初六	12	三	丁巳
初七	13	四	戊午
初八	14	五	己未
初九	15	六	庚申
初十	16	日	辛酉
十一	17	一	壬戌
十二	18	二	癸亥
十三	19	三	甲子
十四	20	四	乙丑
十五	21	五	丙寅
十六	22	六	丁卯
十七	23	日	戊辰
十八	24	一	己巳
十九	25	二	庚午
二十	26	三	辛未
廿一	27	四	壬申
廿二	28	五	癸酉
廿三	29	六	甲戌
廿四	30	日	乙亥
廿五	31	一	丙子
廿六	1月1	二	丁丑
廿七	2	三	戊寅
廿八	3	四	己卯
廿九	4	五	庚辰

十二月大丁丑

旬	公历	星期	干支
初一	5	六	辛巳
初二	6	日	壬午
初三	7	一	癸未
初四	8	二	甲申
初五	9	三	乙酉
初六	10	四	丙戌
初七	11	五	丁亥
初八	12	六	戊子
初九	13	日	己丑
初十	14	一	庚寅
十一	15	二	辛卯
十二	16	三	壬辰
十三	17	四	癸巳
十四	18	五	甲午
十五	19	六	乙未
十六	20	日	丙申
十七	21	一	丁酉
十八	22	二	戊戌
十九	23	三	己亥
二十	24	四	庚子
廿一	25	五	辛丑
廿二	26	六	壬寅
廿三	27	日	癸卯
廿四	28	一	甲辰
廿五	29	二	乙巳
廿六	30	三	丙午
廿七	31	四	丁未
廿八	2月1	五	戊申
廿九	2	六	己酉
三十	3	日	庚戌

节气

月	节气	日	时	节气	日	时
正月	雨水	初六	申时	惊蛰	廿一	未时
二月	春分	初七	申时	清明	廿二	戌时
三月	谷雨	初八	寅时	立夏	廿三	未时
四月	小满	初十	丑时	芒种	廿五	酉时
五月	夏至	十一	巳时	小暑	廿七	寅时
六月	大暑	十二	亥时	立秋	廿八	未时
七月	处暑	十五	寅时	白露	三十	寅时
八月	秋分	十六	巳时			
九月	寒露	初二	辰时	霜降	十七	巳时
十月	立冬	初一	巳时	小雪	十七	辰时
十一月	大雪	初一	丑时	冬至	十六	戌时
十二月	小寒	初二	未时	大寒	十七	辰时

农历乙亥年 属猪

旬	正月小戊寅 公历	星期	干支	二月小己卯 公历	星期	干支	三月大庚辰 公历	星期	干支	四月小辛巳 公历	星期	干支	五月大壬午 公历	星期	干支	六月小癸未 公历	星期	干支	旬
初一	4	一	辛亥	5	二	庚辰	3	三	己酉	3	五	己卯	6	六	戊申	7	一	戊寅	初一
初二	5	二	壬子	6	三	辛巳	4	四	庚戌	4	六	庚辰	2	日	己酉	2	二	己卯	初二
初三	6	三	癸丑	7	四	壬午	5	五	辛亥	5	日	辛巳	3	一	庚戌	3	三	庚辰	初三
初四	7	四	甲寅	8	五	癸未	6	六	壬子	6	一	壬午	4	二	辛亥	4	四	辛巳	初四
初五	8	五	乙卯	9	六	甲申	7	日	癸丑	7	二	癸未	5	三	壬子	5	五	壬午	初五
初六	9	六	丙辰	10	日	乙酉	8	一	甲寅	8	三	甲申	6	四	癸丑	6	六	癸未	初六
初七	10	日	丁巳	11	一	丙戌	9	二	乙卯	9	四	乙酉	7	五	甲寅	7	日	甲申	初七
初八	11	一	戊午	12	二	丁亥	10	三	丙辰	10	五	丙戌	8	六	乙卯	8	一	乙酉	初八
初九	12	二	己未	13	三	戊子	11	四	丁巳	11	六	丁亥	9	日	丙辰	9	二	丙戌	初九
初十	13	三	庚申	14	四	己丑	12	五	戊午	12	日	戊子	10	一	丁巳	10	三	丁亥	初十
十一	14	四	辛酉	15	五	庚寅	13	六	己未	13	一	己丑	11	二	戊午	11	四	戊子	十一
十二	15	五	壬戌	16	六	辛卯	14	日	庚申	14	二	庚寅	12	三	己未	12	五	己丑	十二
十三	16	六	癸亥	17	日	壬辰	15	一	辛酉	15	三	辛卯	13	四	庚申	13	六	庚寅	十三
十四	17	日	甲子	18	一	癸巳	16	二	壬戌	16	四	壬辰	14	五	辛酉	14	日	辛卯	十四
十五	18	一	乙丑	19	二	甲午	17	三	癸亥	17	五	癸巳	15	六	壬戌	15	一	壬辰	十五
十六	19	二	丙寅	20	三	乙未	18	四	甲子	18	六	甲午	16	日	癸亥	16	二	癸巳	十六
十七	20	三	丁卯	21	四	丙申	19	五	乙丑	19	日	乙未	17	一	甲子	17	三	甲午	十七
十八	21	四	戊辰	22	五	丁酉	20	六	丙寅	20	一	丙申	18	二	乙丑	18	四	乙未	十八
十九	22	五	己巳	23	六	戊戌	21	日	丁卯	21	二	丁酉	19	三	丙寅	19	五	丙申	十九
二十	23	六	庚午	24	日	己亥	22	一	戊辰	22	三	戊戌	20	四	丁卯	20	六	丁酉	二十
廿一	24	日	辛未	25	一	庚子	23	二	己巳	23	四	己亥	21	五	戊辰	21	日	戊戌	廿一
廿二	25	一	壬申	26	二	辛丑	24	三	庚午	24	五	庚子	22	六	己巳	22	一	己亥	廿二
廿三	26	二	癸酉	27	三	壬寅	25	四	辛未	25	六	辛丑	23	日	庚午	23	二	庚子	廿三
廿四	27	三	甲戌	28	四	癸卯	26	五	壬申	26	日	壬寅	24	一	辛未	24	三	辛丑	廿四
廿五	28	四	乙亥	29	五	甲辰	27	六	癸酉	27	一	癸卯	25	二	壬申	25	四	壬寅	廿五
廿六	3	五	丙子	30	六	乙巳	28	日	甲戌	28	二	甲辰	26	三	癸酉	26	五	癸卯	廿六
廿七	3	六	丁丑	31	日	丙午	29	一	乙亥	29	三	乙巳	27	四	甲戌	27	六	甲辰	廿七
廿八	1	日	戊寅	4	一	丁未	30	二	丙子	30	四	丙午	28	五	乙亥	28	日	乙巳	廿八
廿九	2	一	己卯	2	二	戊申	5	三	丁丑	31	五	丁未	29	六	丙子	29	一	丙午	廿九
三十							2	四	戊寅				30	日	丁丑				三十

节气（正月—六月）

节气	立春	雨水	惊蛰	春分	清明	谷雨	立夏	小满	芒种	夏至	小暑	大暑
	初二	十六	初一	十七	初四	十九	初四	二十	初六	廿一	初八	廿四
	丑时	亥时	戌时	亥时	丑时	辰时	戌时	辰时	子时	申时	巳时	寅时

旬	七月大甲申 公历	星期	干支	八月大乙酉 公历	星期	干支	九月小丙戌 公历	星期	干支	十月大丁亥 公历	星期	干支	十一月大戊子 公历	星期	干支	十二月小己丑 公历	星期	干支
初一	30	二	丁未	29	四	丁丑	28	六	丁未	27	日	丙午	26	二	丙子	26	四	丙午
初二	31	三	戊申	30	五	戊寅	29	日	戊申	28	一	丁未	27	三	丁丑	27	五	丁未
初三	8	四	己酉	31	六	己卯	30	一	己酉	29	二	戊申	28	四	戊寅	28	六	戊申
初四	2	五	庚戌	9	日	庚辰	10	二	庚戌	30	三	己酉	29	五	己卯	29	日	己酉
初五	3	六	辛亥	2	一	辛巳	2	三	辛亥	31	四	庚戌	30	六	庚辰	30	一	庚戌
初六	4	日	壬子	3	二	壬午	3	四	壬子	11	五	辛亥	12	日	辛巳	31	二	辛亥
初七	5	一	癸丑	4	三	癸未	4	五	癸丑	2	六	壬子	2	一	壬午	1	三	壬子
初八	6	二	甲寅	5	四	甲申	5	六	甲寅	3	日	癸丑	3	二	癸未	2	四	癸丑
初九	7	三	乙卯	6	五	乙酉	6	日	乙卯	4	一	甲寅	4	三	甲申	3	五	甲寅
初十	8	四	丙辰	7	六	丙戌	7	一	丙辰	5	二	乙卯	5	四	乙酉	4	六	乙卯
十一	9	五	丁巳	9	日	丁亥	2	二	丁巳	6	三	丙辰	6	五	丙戌	5	日	丙辰
十二	10	六	戊午	10	一	戊子	9	三	戊午	7	四	丁巳	7	六	丁亥	6	一	丁巳
十三	11	日	己未	11	二	己丑	10	四	己未	8	五	戊午	8	日	戊子	7	二	戊午
十四	12	一	庚申	12	三	庚寅	11	五	庚申	9	六	己未	9	一	己丑	8	三	己未
十五	13	二	辛酉	13	四	辛卯	12	六	辛酉	10	日	庚申	10	二	庚寅	9	四	庚申
十六	14	三	壬戌	14	五	壬辰	13	日	壬戌	11	一	辛酉	11	三	辛卯	10	五	辛酉
十七	15	四	癸亥	15	六	癸巳	14	一	癸亥	12	二	壬戌	12	四	壬辰	11	六	壬戌
十八	16	五	甲子	16	日	甲午	15	二	甲子	13	三	癸亥	13	五	癸巳	12	日	癸亥
十九	17	六	乙丑	17	一	乙未	16	三	乙丑	14	四	甲子	14	六	甲午	13	一	甲子
二十	18	日	丙寅	18	二	丙申	17	四	丙寅	15	五	乙丑	15	日	乙未	14	二	乙丑
廿一	19	一	丁卯	18	三	丁酉	18	五	丁卯	16	六	丙寅	16	一	丙申	15	三	丙寅
廿二	20	二	戊辰	19	四	戊戌	19	六	戊辰	17	日	丁卯	17	二	丁酉	16	四	丁卯
廿三	21	三	己巳	20	五	己亥	20	日	己巳	18	一	戊辰	18	三	戊戌	17	五	戊辰
廿四	22	四	庚午	21	六	庚子	21	一	庚午	19	二	己巳	19	四	己亥	18	六	己巳
廿五	23	五	辛未	22	日	辛丑	22	二	辛未	20	三	庚午	20	五	庚子	19	日	庚午
廿六	24	六	壬申	23	一	壬寅	23	三	壬申	21	四	辛未	21	六	辛丑	20	一	辛未
廿七	25	日	癸酉	24	二	癸卯	24	四	癸酉	22	五	壬申	22	日	壬寅	21	二	壬申
廿八	26	一	甲戌	25	三	甲辰	25	五	甲戌	23	六	癸酉	23	一	癸卯	22	三	癸酉
廿九	27	二	乙亥	26	四	乙巳	26	六	乙亥	24	日	甲戌	24	二	甲辰	23	四	甲戌
三十	28	三	丙子	27	五	丙午				25	一	乙亥	25	三	乙巳			

节气（七月—十二月）

节气	立秋	处暑	白露	秋分	寒露	霜降	立冬	小雪	大雪	冬至	小寒	大寒
	初十	廿五	十一	廿六	十二	廿七	十二	廿七	十三	廿八	十二	廿七
	戌时	巳时	亥时	辰时	申时	申时	申时	丑时	辰时	午时	戌时	未时

141

下表各月列「公历（日）／星期／干支」三栏，星期以一～六及日表示。

旬	正月大庚寅 历	期	支	二月小辛卯 历	期	支	三月小壬辰 历	期	支	闰三月大 历	期	支	四月小癸巳 历	期	支	五月小甲午 历	期	支	六月大乙未 历	期	支	七月大丙申 历	期	支	八月小丁酉 历	期	支	九月大戊戌 历	期	支	十月大己亥 历	期	支	十一月大庚子 历	期	支	十二月小辛丑 历	期	支
初一	24	五	乙巳	23	日	乙亥	23	一	甲辰	21	二	癸酉	21	四	癸卯	19	五	壬申	18	六	辛丑	17	一	辛未	16	三	辛丑	15	四	庚午	14	六	庚子	14	一	庚午	13	三	庚子
初二	25	六	丙午	24	一	丙子	24	二	乙巳	22	三	甲戌	22	五	甲辰	20	六	癸酉	19	日	壬寅	18	二	壬申	17	四	壬寅	16	五	辛未	15	日	辛丑	15	二	辛未	14	四	辛丑
初三	26	日	丁未	25	二	丁丑	25	三	丙午	23	四	乙亥	23	六	乙巳	21	日	甲戌	20	一	癸卯	19	三	癸酉	18	五	癸卯	17	六	壬申	16	一	壬寅	16	三	壬申	15	五	壬寅
初四	27	一	戊申	26	三	戊寅	26	四	丁未	24	五	丙子	24	日	丙午	22	一	乙亥	21	二	甲辰	20	四	甲戌	19	六	甲辰	18	日	癸酉	17	二	癸卯	17	四	癸酉	16	六	癸卯
初五	28	二	己酉	27	四	己卯	27	五	戊申	25	六	丁丑	25	一	丁未	23	二	丙子	22	三	乙巳	21	五	乙亥	20	日	乙巳	19	一	甲戌	18	三	甲辰	18	五	甲戌	17	日	甲辰
初六	29	三	庚戌	28	五	庚辰	28	六	己酉	26	日	戊寅	26	二	戊申	24	三	丁丑	23	四	丙午	22	六	丙子	21	一	丙午	20	二	乙亥	19	四	乙巳	19	六	乙亥	18	一	乙巳
初七	30	四	辛亥	29	六	辛巳	29	日	庚戌	27	一	己卯	27	三	己酉	25	四	戊寅	24	五	丁未	23	日	丁丑	22	二	丁未	21	三	丙子	20	五	丙午	20	日	丙子	19	二	丙午
初八	31	五	壬子	**1**	日	壬午	30	一	辛亥	28	二	庚辰	28	四	庚戌	26	五	己卯	25	六	戊申	24	一	戊寅	23	三	戊申	22	四	丁丑	21	六	丁未	21	一	丁丑	20	三	丁未
初九	**1**	六	癸丑	2	一	癸未	31	二	壬子	29	三	辛巳	29	五	辛亥	27	六	庚辰	26	日	己酉	25	二	己卯	24	四	己酉	23	五	戊寅	22	日	戊申	22	二	戊寅	21	四	戊申
初十	2	日	甲寅	3	二	甲申	**1**	三	癸丑	30	四	壬午	30	六	壬子	28	日	辛巳	27	一	庚戌	26	三	庚辰	25	五	庚戌	24	六	己卯	23	一	己酉	23	三	己卯	22	五	己酉
十一	3	一	乙卯	4	三	乙酉	2	四	甲寅	**1**	五	癸未	31	日	癸丑	29	一	壬午	28	二	辛亥	27	四	辛巳	26	六	辛亥	25	日	庚辰	24	二	庚戌	24	四	庚辰	23	六	庚戌
十二	4	二	丙辰	5	四	丙戌	3	五	乙卯	2	六	甲申	**1**	一	甲寅	30	二	癸未	29	三	壬子	28	五	壬午	27	日	壬子	26	一	辛巳	25	三	辛亥	25	五	辛巳	24	日	辛亥
十三	5	三	丁巳	6	五	丁亥	4	六	丙辰	3	日	乙酉	2	二	乙卯	**1**	三	甲申	30	四	癸丑	29	六	癸未	28	一	癸丑	27	二	壬午	26	四	壬子	26	六	壬午	25	一	壬子
十四	6	四	戊午	7	六	戊子	5	日	丁巳	4	一	丙戌	3	三	丙辰	2	四	乙酉	31	五	甲寅	30	日	甲申	29	二	甲寅	28	三	癸未	27	五	癸丑	27	日	癸未	26	二	癸丑
十五	7	五	己未	8	日	己丑	6	一	戊午	5	二	丁亥	4	四	丁巳	3	五	丙戌	**1**	六	乙卯	31	一	乙酉	30	三	乙卯	29	四	甲申	28	六	甲寅	28	一	甲申	27	三	甲寅
十六	8	六	庚申	9	一	庚寅	7	二	己未	6	三	戊子	5	五	戊午	4	六	丁亥	2	日	丙辰	**1**	二	丙戌	**1**	四	丙辰	30	五	乙酉	29	日	乙卯	29	二	乙酉	28	四	乙卯
十七	9	日	辛酉	10	二	辛卯	8	三	庚申	7	四	己丑	6	六	己未	5	日	戊子	3	一	丁巳	2	三	丁亥	2	五	丁巳	31	六	丙戌	30	一	丙辰	30	三	丙戌	29	五	丙辰
十八	10	一	壬戌	11	三	壬辰	9	四	辛酉	8	五	庚寅	7	日	庚申	6	一	己丑	4	二	戊午	3	四	戊子	3	六	戊午	**1**	日	丁亥	**1**	二	丁巳	31	四	丁亥	30	六	丁巳
十九	11	二	癸亥	12	四	癸巳	10	五	壬戌	9	六	辛卯	8	一	辛酉	7	二	庚寅	5	三	己未	4	五	己丑	4	日	己未	2	一	戊子	2	三	戊午	**1**	五	戊子	31	日	戊午
二十	12	三	甲子	13	五	甲午	11	六	癸亥	10	日	壬辰	9	二	壬戌	8	三	辛卯	6	四	庚申	5	六	庚寅	5	一	庚申	3	二	己丑	3	四	己未	2	六	己丑	**1**	一	己未
廿一	13	四	乙丑	14	六	乙未	12	日	甲子	11	一	癸巳	10	三	癸亥	9	四	壬辰	7	五	辛酉	6	日	辛卯	6	二	辛酉	4	三	庚寅	4	五	庚申	3	日	庚寅	2	二	庚申
廿二	14	五	丙寅	15	日	丙申	13	一	乙丑	12	二	甲午	11	四	甲子	10	五	癸巳	8	六	壬戌	7	一	壬辰	7	三	壬戌	5	四	辛卯	5	六	辛酉	4	一	辛卯	3	三	辛酉
廿三	15	六	丁卯	16	一	丁酉	14	二	丙寅	13	三	乙未	12	五	乙丑	11	六	甲午	9	日	癸亥	8	二	癸巳	8	四	癸亥	6	五	壬辰	6	日	壬戌	5	二	壬辰	4	四	壬戌
廿四	16	日	戊辰	17	二	戊戌	15	三	丁卯	14	四	丙申	13	六	丙寅	12	日	乙未	10	一	甲子	9	三	甲午	9	五	甲子	7	六	癸巳	7	一	癸亥	6	三	癸巳	5	五	癸亥
廿五	17	一	己巳	18	三	己亥	16	四	戊辰	15	五	丁酉	14	日	丁卯	13	一	丙申	11	二	乙丑	10	四	乙未	10	六	乙丑	8	日	甲午	8	二	甲子	7	四	甲午	6	六	甲子
廿六	18	二	庚午	19	四	庚子	17	五	己巳	16	六	戊戌	15	一	戊辰	14	二	丁酉	12	三	丙寅	11	五	丙申	11	日	丙寅	9	一	乙未	9	三	乙丑	8	五	乙未	7	日	乙丑
廿七	19	三	辛未	20	五	辛丑	18	六	庚午	17	日	己亥	16	二	己巳	15	三	戊戌	13	四	丁卯	12	六	丁酉	12	一	丁卯	10	二	丙申	10	四	丙寅	9	六	丙申	8	一	丙寅
廿八	20	四	壬申	21	六	壬寅	19	日	辛未	18	一	庚子	17	三	庚午	16	四	己亥	14	五	戊辰	13	日	戊戌	13	二	戊辰	11	三	丁酉	11	五	丁卯	10	日	丁酉	9	二	丁卯
廿九	21	五	癸酉	22	日	癸卯	20	一	壬申	19	二	辛丑	18	四	辛未	17	五	庚子	15	六	己巳	14	一	己亥	14	三	己巳	12	四	戊戌	12	六	戊辰	11	一	戊戌	10	三	戊辰
三十	22	六	甲戌	—	—	—	—	—	—	20	三	壬寅	—	—	—	—	—	—	16	日	庚午	15	二	庚子	—	—	—	13	五	己亥	13	日	己巳	12	二	己亥	—	—	—
节	立春 十三 辰时			惊蛰 十三 丑时			清明 十四 辰时			立夏 十六 子时			芒种 十七 卯时			小暑 十九 申时			立秋 廿一 丑时			白露 廿三 寅时			寒露 廿三 戌时			立冬 廿四 亥时			大雪 廿四 辰时			小寒 廿四 亥时			立春 廿三 未时		
气	雨水 廿八 寅时			春分 廿八 丑时			谷雨 廿九 未时						小满 初一 未时			夏至 初三 亥时			大暑 初六 巳时			处暑 初七 申时			秋分 初八 未时			霜降 初九 亥时			小雪 初九 戌时			冬至 初九 申时			大寒 初八 戌时		

农历丁丑年　属牛　公元 1937—1938 年

说明：各月表头格式为【公历｜星期｜干支】。星期用 日一二三四五六 表示（日＝星期日）。

正月大壬寅

旬	公历	星期	干支
初一	11	四	己巳
初二	12	五	庚午
初三	13	六	辛未
初四	14	日	壬申
初五	15	一	癸酉
初六	16	二	甲戌
初七	17	三	乙亥
初八	18	四	丙子
初九	19	五	丁丑
初十	20	六	戊寅
十一	21	日	己卯
十二	22	一	庚辰
十三	23	二	辛巳
十四	24	三	壬午
十五	25	四	癸未
十六	26	五	甲申
十七	27	六	乙酉
十八	28	日	丙戌
十九	3月1	一	丁亥
二十	2	二	戊子
廿一	3	三	己丑
廿二	4	四	庚寅
廿三	5	五	辛卯
廿四	6	六	壬辰
廿五	7	日	癸巳
廿六	8	一	甲午
廿七	9	二	乙未
廿八	10	三	丙申
廿九	11	四	丁酉
三十	12	五	戊戌

节气：雨水 初九 巳时；惊蛰 廿四 辰时

二月小癸卯

旬	公历	星期	干支
初一	13	六	己亥
初二	14	日	庚子
初三	15	一	辛丑
初四	16	二	壬寅
初五	17	三	癸卯
初六	18	四	甲辰
初七	19	五	乙巳
初八	20	六	丙午
初九	21	日	丁未
初十	22	一	戊申
十一	23	二	己酉
十二	24	三	庚戌
十三	25	四	辛亥
十四	26	五	壬子
十五	27	六	癸丑
十六	28	日	甲寅
十七	29	一	乙卯
十八	30	二	丙辰
十九	31	三	丁巳
二十	4月1	四	戊午
廿一	2	五	己未
廿二	3	六	庚申
廿三	4	日	辛酉
廿四	5	一	壬戌
廿五	6	二	癸亥
廿六	7	三	甲子
廿七	8	四	乙丑
廿八	9	五	丙寅
廿九	10	六	丁卯

节气：春分 初九 辰时；清明 廿四 未时

三月小甲辰

旬	公历	星期	干支
初一	11	日	戊辰
初二	12	一	己巳
初三	13	二	庚午
初四	14	三	辛未
初五	15	四	壬申
初六	16	五	癸酉
初七	17	六	甲戌
初八	18	日	乙亥
初九	19	一	丙子
初十	20	二	丁丑
十一	21	三	戊寅
十二	22	四	己卯
十三	23	五	庚辰
十四	24	六	辛巳
十五	25	日	壬午
十六	26	一	癸未
十七	27	二	甲申
十八	28	三	乙酉
十九	29	四	丙戌
二十	30	五	丁亥
廿一	5月1	六	戊子
廿二	2	日	己丑
廿三	3	一	庚寅
廿四	4	二	辛卯
廿五	5	三	壬辰
廿六	6	四	癸巳
廿七	7	五	甲午
廿八	8	六	乙未
廿九	9	日	丙申

节气：谷雨 初十 戌时；立夏 廿六 卯时

四月大乙巳

旬	公历	星期	干支
初一	10	一	丁酉
初二	11	二	戊戌
初三	12	三	己亥
初四	13	四	庚子
初五	14	五	辛丑
初六	15	六	壬寅
初七	16	日	癸卯
初八	17	一	甲辰
初九	18	二	乙巳
初十	19	三	丙午
十一	20	四	丁未
十二	21	五	戊申
十三	22	六	己酉
十四	23	日	庚戌
十五	24	一	辛亥
十六	25	二	壬子
十七	26	三	癸丑
十八	27	四	甲寅
十九	28	五	乙卯
二十	29	六	丙辰
廿一	30	日	丁巳
廿二	31	一	戊午
廿三	6月1	二	己未
廿四	2	三	庚申
廿五	3	四	辛酉
廿六	4	五	壬戌
廿七	5	六	癸亥
廿八	6	日	甲子
廿九	7	一	乙丑
三十	8	二	丙寅

节气：小满 十二 戌时；芒种 廿八 午时

五月小丙午

旬	公历	星期	干支
初一	9	三	丁卯
初二	10	四	戊辰
初三	11	五	己巳
初四	12	六	庚午
初五	13	日	辛未
初六	14	一	壬申
初七	15	二	癸酉
初八	16	三	甲戌
初九	17	四	乙亥
初十	18	五	丙子
十一	19	六	丁丑
十二	20	日	戊寅
十三	21	一	己卯
十四	22	二	庚辰
十五	23	三	辛巳
十六	24	四	壬午
十七	25	五	癸未
十八	26	六	甲申
十九	27	日	乙酉
二十	28	一	丙戌
廿一	29	二	丁亥
廿二	30	三	戊子
廿三	7月1	四	己丑
廿四	2	五	庚寅
廿五	3	六	辛卯
廿六	4	日	壬辰
廿七	5	一	癸巳
廿八	6	二	甲午
廿九	7	三	乙未

节气：夏至 十四 寅时；小暑 廿九 亥时

六月小丁未

旬	公历	星期	干支
初一	8	四	丙申
初二	9	五	丁酉
初三	10	六	戊戌
初四	11	日	己亥
初五	12	一	庚子
初六	13	二	辛丑
初七	14	三	壬寅
初八	15	四	癸卯
初九	16	五	甲辰
初十	17	六	乙巳
十一	18	日	丙午
十二	19	一	丁未
十三	20	二	戊申
十四	21	三	己酉
十五	22	四	庚戌
十六	23	五	辛亥
十七	24	六	壬子
十八	25	日	癸丑
十九	26	一	甲寅
二十	27	二	乙卯
廿一	28	三	丙辰
廿二	29	四	丁巳
廿三	30	五	戊午
廿四	31	六	己未
廿五	8月1	日	庚申
廿六	2	一	辛酉
廿七	3	二	壬戌
廿八	4	三	癸亥
廿九	5	四	甲子

节气：大暑 十六 申时

七月大戊申

旬	公历	星期	干支
初一	6	五	乙丑
初二	7	六	丙寅
初三	8	日	丁卯
初四	9	一	戊辰
初五	10	二	己巳
初六	11	三	庚午
初七	12	四	辛未
初八	13	五	壬申
初九	14	六	癸酉
初十	15	日	甲戌
十一	16	一	乙亥
十二	17	二	丙子
十三	18	三	丁丑
十四	19	四	戊寅
十五	20	五	己卯
十六	21	六	庚辰
十七	22	日	辛巳
十八	23	一	壬午
十九	24	二	癸未
二十	25	三	甲申
廿一	26	四	乙酉
廿二	27	五	丙戌
廿三	28	六	丁亥
廿四	29	日	戊子
廿五	30	一	己丑
廿六	31	二	庚寅
廿七	9月1	三	辛卯
廿八	2	四	壬辰
廿九	3	五	癸巳
三十	4	六	甲午

节气：立秋 初三 辰时；处暑 十八 亥时

八月小己酉

旬	公历	星期	干支
初一	5	日	乙未
初二	6	一	丙申
初三	7	二	丁酉
初四	8	三	戊戌
初五	9	四	己亥
初六	10	五	庚子
初七	11	六	辛丑
初八	12	日	壬寅
初九	13	一	癸卯
初十	14	二	甲辰
十一	15	三	乙巳
十二	16	四	丙午
十三	17	五	丁未
十四	18	六	戊申
十五	19	日	己酉
十六	20	一	庚戌
十七	21	二	辛亥
十八	22	三	壬子
十九	23	四	癸丑
二十	24	五	甲寅
廿一	25	六	乙卯
廿二	26	日	丙辰
廿三	27	一	丁巳
廿四	28	二	戊午
廿五	29	三	己未
廿六	30	四	庚申
廿七	10月1	五	辛酉
廿八	2	六	壬戌
廿九	3	日	癸亥

节气：白露 初四 巳时；秋分 十九 戌时

九月大庚戌

旬	公历	星期	干支
初一	4	一	甲子
初二	5	二	乙丑
初三	6	三	丙寅
初四	7	四	丁卯
初五	8	五	戊辰
初六	9	六	己巳
初七	10	日	庚午
初八	11	一	辛未
初九	12	二	壬申
初十	13	三	癸酉
十一	14	四	甲戌
十二	15	五	乙亥
十三	16	六	丙子
十四	17	日	丁丑
十五	18	一	戊寅
十六	19	二	己卯
十七	20	三	庚辰
十八	21	四	辛巳
十九	22	五	壬午
二十	23	六	癸未
廿一	24	日	甲申
廿二	25	一	乙酉
廿三	26	二	丙戌
廿四	27	三	丁亥
廿五	28	四	戊子
廿六	29	五	己丑
廿七	30	六	庚寅
廿八	31	日	辛卯
廿九	11月1	一	壬辰
三十	2	二	癸巳

节气：寒露 初六 丑时；霜降 廿一 寅时

十月大辛亥

旬	公历	星期	干支
初一	3	三	甲午
初二	4	四	乙未
初三	5	五	丙申
初四	6	六	丁酉
初五	7	日	戊戌
初六	8	一	己亥
初七	9	二	庚子
初八	10	三	辛丑
初九	11	四	壬寅
初十	12	五	癸卯
十一	13	六	甲辰
十二	14	日	乙巳
十三	15	一	丙午
十四	16	二	丁未
十五	17	三	戊申
十六	18	四	己酉
十七	19	五	庚戌
十八	20	六	辛亥
十九	21	日	壬子
二十	22	一	癸丑
廿一	23	二	甲寅
廿二	24	三	乙卯
廿三	25	四	丙辰
廿四	26	五	丁巳
廿五	27	六	戊午
廿六	28	日	己未
廿七	29	一	庚申
廿八	30	二	辛酉
廿九	12月1	三	壬戌
三十	2	四	癸亥

节气：立冬 初七 寅时；小雪 廿二 丑时

十一月大壬子

旬	公历	星期	干支
初一	3	五	甲子
初二	4	六	乙丑
初三	5	日	丙寅
初四	6	一	丁卯
初五	7	二	戊辰
初六	8	三	己巳
初七	9	四	庚午
初八	10	五	辛未
初九	11	六	壬申
初十	12	日	癸酉
十一	13	一	甲戌
十二	14	二	乙亥
十三	15	三	丙子
十四	16	四	丁丑
十五	17	五	戊寅
十六	18	六	己卯
十七	19	日	庚辰
十八	20	一	辛巳
十九	21	二	壬午
二十	22	三	癸未
廿一	23	四	甲申
廿二	24	五	乙酉
廿三	25	六	丙戌
廿四	26	日	丁亥
廿五	27	一	戊子
廿六	28	二	己丑
廿七	29	三	庚寅
廿八	30	四	辛卯
廿九	31	五	壬辰
三十	1938年1月1	六	癸巳

节气：大雪 初六 戌时；冬至 二十

十二月小癸丑

旬	公历	星期	干支
初一	2	日	甲午
初二	3	一	乙未
初三	4	二	丙申
初四	5	三	丁酉
初五	6	四	戊戌
初六	7	五	己亥
初七	8	六	庚子
初八	9	日	辛丑
初九	10	一	壬寅
初十	11	二	癸卯
十一	12	三	甲辰
十二	13	四	乙巳
十三	14	五	丙午
十四	15	六	丁未
十五	16	日	戊申
十六	17	一	己酉
十七	18	二	庚戌
十八	19	三	辛亥
十九	20	四	壬子
二十	21	五	癸丑
廿一	22	六	甲寅
廿二	23	日	乙卯
廿三	24	一	丙辰
廿四	25	二	丁巳
廿五	26	三	戊午
廿六	27	四	己未
廿七	28	五	庚申
廿八	29	六	辛酉
廿九	30	日	壬戌

节气：小寒 初五 辰时；大寒 二十 子时

农历戊寅年　属虎

旬	正月大甲寅	二月大乙卯	三月小丙辰	四月小丁巳	五月大戊午	六月小己未	七月小庚申	闰七月大	八月小辛酉	九月大壬戌	十月大癸亥	十一月小甲子	十二月大乙丑
初一	31 一 癸亥	2 三 癸巳	1 五 癸亥	30 六 壬辰	29 日 辛酉	28 二 辛卯	27 三 庚申	25 四 己丑	24 六 己未	23 日 戊子	22 二 戊午	22 四 戊子	20 五 丁巳
初二	1 二 甲子	3 四 甲午	2 六 甲子	1 日 癸巳	30 一 壬戌	29 三 壬辰	28 四 辛酉	26 五 庚寅	25 日 庚申	24 一 己丑	23 三 己未	23 五 己丑	21 六 戊午
初三	2 三 乙丑	4 五 乙未	3 日 乙丑	2 一 甲午	31 二 癸亥	30 四 癸巳	29 五 壬戌	27 六 辛卯	26 一 辛酉	25 二 庚寅	24 四 庚申	24 六 庚寅	22 日 己未
初四	3 四 丙寅	5 六 丙申	4 一 丙寅	3 二 乙未	1 三 甲子	1 五 甲午	30 六 癸亥	28 日 壬辰	27 二 壬戌	26 三 辛卯	25 五 辛酉	25 日 辛卯	23 一 庚申
初五	4 五 丁卯	6 日 丁酉	5 二 丁卯	4 三 丙申	2 四 乙丑	2 六 乙未	31 日 甲子	29 一 癸巳	28 三 癸亥	27 四 壬辰	26 六 壬戌	26 一 壬辰	24 二 辛酉
初六	5 六 戊辰	7 一 戊戌	6 三 戊辰	5 四 丁酉	3 五 丙寅	3 日 丙申	1 一 乙丑	30 二 甲午	29 四 甲子	28 五 癸巳	27 日 癸亥	27 二 癸巳	25 三 壬戌
初七	6 日 己巳	8 二 己亥	7 四 己巳	6 五 戊戌	4 六 丁卯	4 一 丁酉	2 二 丙寅	31 三 乙未	30 五 乙丑	29 六 甲午	28 一 甲子	28 三 甲午	26 四 癸亥
初八	7 一 庚午	9 三 庚子	8 五 庚午	7 六 己亥	5 日 戊辰	5 二 戊戌	3 三 丁卯	1 四 丙申	1 六 丙寅	30 日 乙未	29 二 乙丑	29 四 乙未	27 五 甲子
初九	8 二 辛未	10 四 辛丑	9 六 辛未	8 日 庚子	6 一 己巳	6 三 己亥	4 四 戊辰	2 五 丁酉	2 日 丁卯	31 一 丙申	30 三 丙寅	30 五 丙申	28 六 乙丑
初十	9 三 壬申	11 五 壬寅	10 日 壬申	9 一 辛丑	7 二 庚午	7 四 庚子	5 五 己巳	3 六 戊戌	3 一 戊辰	1 二 丁酉	1 四 丁卯	31 六 丁酉	29 日 丙寅
十一	10 四 癸酉	12 六 癸卯	11 一 癸酉	10 二 壬寅	8 三 辛未	8 五 辛丑	6 六 庚午	4 日 己亥	4 二 己巳	2 三 戊戌	2 五 戊辰	1 日 戊戌	30 一 丁卯
十二	11 五 甲戌	13 日 甲辰	12 二 甲戌	11 三 癸卯	9 四 壬申	9 六 壬寅	7 日 辛未	5 一 庚子	5 三 庚午	3 四 己亥	3 六 己巳	2 一 己亥	31 二 戊辰
十三	12 六 乙亥	14 一 乙巳	13 三 乙亥	12 四 甲辰	10 五 癸酉	10 日 癸卯	8 一 壬申	6 二 辛丑	6 四 辛未	4 五 庚子	4 日 庚午	3 二 庚子	1 三 己巳
十四	13 日 丙子	15 二 丙午	14 四 丙子	13 五 乙巳	11 六 甲戌	11 一 甲辰	9 二 癸酉	7 三 壬寅	7 五 壬申	5 六 辛丑	5 一 辛未	4 三 辛丑	2 四 庚午
十五	14 一 丁丑	16 三 丁未	15 五 丁丑	14 六 丙午	12 日 乙亥	12 二 乙巳	10 三 甲戌	8 四 癸卯	8 六 癸酉	6 日 壬寅	6 二 壬申	5 四 壬寅	3 五 辛未
十六	15 二 戊寅	17 四 戊申	16 六 戊寅	15 日 丁未	13 一 丙子	13 三 丙午	11 四 乙亥	9 五 甲辰	9 日 甲戌	7 一 癸卯	7 三 癸酉	6 五 癸卯	4 六 壬申
十七	16 三 己卯	18 五 己酉	17 日 己卯	16 一 戊申	14 二 丁丑	14 四 丁未	12 五 丙子	10 六 乙巳	10 一 乙亥	8 二 甲辰	8 四 甲戌	7 六 甲辰	5 日 癸酉
十八	17 四 庚辰	19 六 庚戌	18 一 庚辰	17 二 己酉	15 三 戊寅	15 五 戊申	13 六 丁丑	11 日 丙午	11 二 丙子	9 三 乙巳	9 五 乙亥	8 日 乙巳	6 一 甲戌
十九	18 五 辛巳	20 日 辛亥	19 二 辛巳	18 三 庚戌	16 四 己卯	16 六 己酉	14 日 戊寅	12 一 丁未	12 三 丁丑	10 四 丙午	10 六 丙子	9 一 丙午	7 二 乙亥
二十	19 六 壬午	21 一 壬子	20 三 壬午	19 四 辛亥	17 五 庚辰	17 日 庚戌	15 一 己卯	13 二 戊申	13 四 戊寅	11 五 丁未	11 日 丁丑	10 二 丁未	8 三 丙子
廿一	20 日 癸未	22 二 癸丑	21 四 癸未	20 五 壬子	18 六 辛巳	18 一 辛亥	16 二 庚辰	14 三 己酉	14 五 己卯	12 六 戊申	12 一 戊寅	11 三 戊申	9 四 丁丑
廿二	21 一 甲申	23 三 甲寅	22 五 甲申	21 六 癸丑	19 日 壬午	19 二 壬子	17 三 辛巳	15 四 庚戌	15 六 庚辰	13 日 己酉	13 二 己卯	12 四 己酉	10 五 戊寅
廿三	22 二 乙酉	24 四 乙卯	23 六 乙酉	22 日 甲寅	20 一 癸未	20 三 癸丑	18 四 壬午	16 五 辛亥	16 日 辛巳	14 一 庚戌	14 三 庚辰	13 五 庚戌	11 六 己卯
廿四	23 三 丙戌	25 五 丙辰	24 日 丙戌	23 一 乙卯	21 二 甲申	21 四 甲寅	19 五 癸未	17 六 壬子	17 一 壬午	15 二 辛亥	15 四 辛巳	14 六 辛亥	12 日 庚辰
廿五	24 四 丁亥	26 六 丁巳	25 一 丁亥	24 二 丙辰	22 三 乙酉	22 五 乙卯	20 六 甲申	18 日 癸丑	18 二 癸未	16 三 壬子	16 五 壬午	15 日 壬子	13 一 辛巳
廿六	25 五 戊子	27 日 戊午	26 二 戊子	25 三 丁巳	23 四 丙戌	23 六 丙辰	21 日 乙酉	19 一 甲寅	19 三 甲申	17 四 癸丑	17 六 癸未	16 一 癸丑	14 二 壬午
廿七	26 六 己丑	28 一 己未	27 三 己丑	26 四 戊午	24 五 丁亥	24 日 丁巳	22 一 丙戌	20 二 乙卯	20 四 乙酉	18 五 甲寅	18 日 甲申	17 二 甲寅	15 三 癸未
廿八	27 日 庚寅	29 二 庚申	28 四 庚寅	27 五 己未	25 六 戊子	25 一 戊午	23 二 丁亥	21 三 丙辰	21 五 丙戌	19 六 乙卯	19 一 乙酉	18 三 乙卯	16 四 甲申
廿九	28 一 辛卯	30 三 辛酉	29 五 辛卯	28 六 庚申	26 日 己丑	26 二 己未	24 三 戊子	22 四 丁巳	22 六 丁亥	20 日 丙辰	20 二 丙戌	19 四 丙辰	17 五 乙酉
三十	1 二 壬辰	31 四 壬戌			27 一 庚寅			23 五 戊午		21 一 丁巳	21 三 丁亥		18 六 丙戌
节气	立春 初五 戌时／雨水 二十 申时	惊蛰 初五 未时／春分 二十 未时	清明 初五 酉时／谷雨 廿一 丑时	立夏 初七 午时／小满 廿三 丑时	芒种 初九 酉时／夏至 廿五 巳时	小暑 十一 寅时／大暑 廿六 戌时	立秋 十三 未时／处暑 廿九 寅时	白露 十五 申时	秋分 初一 子时／寒露 十六 辰时	霜降 初二 巳时／立冬 十七 巳时	小雪 初二 丑时／大雪 十六 丑时	冬至 初一 戌时／小寒 十六 辰时	大寒 初二 卯时／立春 十六 丑时

农历己卯年　属兔

左半（正月—六月）

旬	正月大丙寅 公历	星期	干支	二月大丁卯 公历	星期	干支	三月小戊辰 公历	星期	干支	四月小己巳 公历	星期	干支	五月大庚午 公历	星期	干支	六月小辛未 公历	星期	干支
初一	19	日	丁亥	21	二	丁巳	20	四	丁亥	19	五	丙辰	17	六	乙酉	17	一	乙卯
初二	20	一	戊子	22	三	戊午	21	五	戊子	20	六	丁巳	18	日	丙戌	18	二	丙辰
初三	21	二	己丑	23	四	己未	22	六	己丑	21	日	戊午	19	一	丁亥	19	三	丁巳
初四	22	三	庚寅	24	五	庚申	23	日	庚寅	22	一	己未	20	二	戊子	20	四	戊午
初五	23	四	辛卯	25	六	辛酉	24	一	辛卯	23	二	庚申	21	三	己丑	21	五	己未
初六	24	五	壬辰	26	日	壬戌	25	二	壬辰	24	三	辛酉	22	四	庚寅	22	六	庚申
初七	25	六	癸巳	27	一	癸亥	26	三	癸巳	25	四	壬戌	23	五	辛卯	23	日	辛酉
初八	26	日	甲午	28	二	甲子	27	四	甲午	26	五	癸亥	24	六	壬辰	24	一	壬戌
初九	27	一	乙未	29	三	乙丑	28	五	乙未	27	六	甲子	25	日	癸巳	25	二	癸亥
初十	28	二	丙申	30	四	丙寅	29	六	丙申	28	日	乙丑	26	一	甲午	26	三	甲子
十一	1	三	丁酉	31	五	丁卯	30	日	丁酉	29	一	丙寅	27	二	乙未	27	四	乙丑
十二	2	四	戊戌	1	六	戊辰	1	一	戊戌	30	二	丁卯	28	三	丙申	28	五	丙寅
十三	3	五	己亥	2	日	己巳	2	二	己亥	31	三	戊辰	29	四	丁酉	29	六	丁卯
十四	4	六	庚子	3	一	庚午	3	三	庚子	1	四	己巳	30	五	戊戌	30	日	戊辰
十五	5	日	辛丑	4	二	辛未	4	四	辛丑	2	五	庚午	1	六	己亥	31	一	己巳
十六	6	一	壬寅	5	三	壬申	5	五	壬寅	3	六	辛未	2	日	庚子	1	二	庚午
十七	7	二	癸卯	6	四	癸酉	6	六	癸卯	4	日	壬申	3	一	辛丑	2	三	辛未
十八	8	三	甲辰	7	五	甲戌	7	日	甲辰	5	一	癸酉	4	二	壬寅	3	四	壬申
十九	9	四	乙巳	8	六	乙亥	8	一	乙巳	6	二	甲戌	5	三	癸卯	4	五	癸酉
二十	10	五	丙午	9	日	丙子	9	二	丙午	7	三	乙亥	6	四	甲辰	5	六	甲戌
廿一	11	六	丁未	10	一	丁丑	10	三	丁未	8	四	丙子	7	五	乙巳	6	日	乙亥
廿二	12	日	戊申	11	二	戊寅	11	四	戊申	9	五	丁丑	8	六	丙午	7	一	丙子
廿三	13	一	己酉	12	三	己卯	12	五	己酉	10	六	戊寅	9	日	丁未	8	二	丁丑
廿四	14	二	庚戌	13	四	庚辰	13	六	庚戌	11	日	己卯	10	一	戊申	9	三	戊寅
廿五	15	三	辛亥	14	五	辛巳	14	日	辛亥	12	一	庚辰	11	二	己酉	10	四	己卯
廿六	16	四	壬子	15	六	壬午	15	一	壬子	13	二	辛巳	12	三	庚戌	11	五	庚辰
廿七	17	五	癸丑	16	日	癸未	16	二	癸丑	14	三	壬午	13	四	辛亥	12	六	辛巳
廿八	18	六	甲寅	17	一	甲申	17	三	甲寅	15	四	癸未	14	五	壬子	13	日	壬午
廿九	19	日	乙卯	18	二	乙酉	18	四	乙卯	16	五	甲申	15	六	癸丑	14	一	癸未
三十	20	一	丙辰	19	三	丙戌							16	日	甲寅			
节	惊蛰 十六 戌时			清明 十七 子时			立夏 十七 酉时			芒种 十九 亥时			小暑 廿二 巳时			立秋 廿三 戌时		
气	雨水 初一 亥时			春分 初一 戌时			谷雨 初二 辰时			小满 初四 辰时			夏至 初六 申时			大暑 初八 丑时		

右半（七月—十二月）

旬	七月小壬申 公历	星期	干支	八月大癸酉 公历	星期	干支	九月小甲戌 公历	星期	干支	十月大乙亥 公历	星期	干支	十一月小丙子 公历	星期	干支	十二月大丁丑 公历	星期	干支
初一	15	二	甲申	13	三	癸丑	13	五	癸未	11	六	壬子	11	一	壬午	9	二	辛亥
初二	16	三	乙酉	14	四	甲寅	14	六	甲申	12	日	癸丑	12	二	癸未	10	三	壬子
初三	17	四	丙戌	15	五	乙卯	15	日	乙酉	13	一	甲寅	13	三	甲申	11	四	癸丑
初四	18	五	丁亥	16	六	丙辰	16	一	丙戌	14	二	乙卯	14	四	乙酉	12	五	甲寅
初五	19	六	戊子	17	日	丁巳	17	二	丁亥	15	三	丙辰	15	五	丙戌	13	六	乙卯
初六	20	日	己丑	18	一	戊午	18	三	戊子	16	四	丁巳	16	六	丁亥	14	日	丙辰
初七	21	一	庚寅	19	二	己未	19	四	己丑	17	五	戊午	17	日	戊子	15	一	丁巳
初八	22	二	辛卯	20	三	庚申	20	五	庚寅	18	六	己未	18	一	己丑	16	二	戊午
初九	23	三	壬辰	21	四	辛酉	21	六	辛卯	19	日	庚申	19	二	庚寅	17	三	己未
初十	24	四	癸巳	22	五	壬戌	22	日	壬辰	20	一	辛酉	20	三	辛卯	18	四	庚申
十一	25	五	甲午	23	六	癸亥	23	一	癸巳	21	二	壬戌	21	四	壬辰	19	五	辛酉
十二	26	六	乙未	24	日	甲子	24	二	甲午	22	三	癸亥	22	五	癸巳	20	六	壬戌
十三	27	日	丙申	25	一	乙丑	25	三	乙未	23	四	甲子	23	六	甲午	21	日	癸亥
十四	28	一	丁酉	26	二	丙寅	26	四	丙申	24	五	乙丑	24	日	乙未	22	一	甲子
十五	29	二	戊戌	27	三	丁卯	27	五	丁酉	25	六	丙寅	25	一	丙申	23	二	乙丑
十六	30	三	己亥	28	四	戊辰	28	六	戊戌	26	日	丁卯	26	二	丁酉	24	三	丙寅
十七	31	四	庚子	29	五	己巳	29	日	己亥	27	一	戊辰	27	三	戊戌	25	四	丁卯
十八	1	五	辛丑	30	六	庚午	30	一	庚子	28	二	己巳	28	四	己亥	26	五	戊辰
十九	2	六	壬寅	1	日	辛未	31	二	辛丑	29	三	庚午	29	五	庚子	27	六	己巳
二十	3	日	癸卯	2	一	壬申	1	三	壬寅	30	四	辛未	30	六	辛丑	28	日	庚午
廿一	4	一	甲辰	3	二	癸酉	2	四	癸卯	1	五	壬申	31	日	壬寅	29	一	辛未
廿二	5	二	乙巳	4	三	甲戌	3	五	甲辰	2	六	癸酉	1	一	癸卯	30	二	壬申
廿三	6	三	丙午	5	四	乙亥	4	六	乙巳	3	日	甲戌	2	二	甲辰	31	三	癸酉
廿四	7	四	丁未	6	五	丙子	5	日	丙午	4	一	乙亥	3	三	乙巳	1	四	甲戌
廿五	8	五	戊申	7	六	丁丑	6	一	丁未	5	二	丙子	4	四	丙午	2	五	乙亥
廿六	9	六	己酉	8	日	戊寅	7	二	戊申	6	三	丁丑	5	五	丁未	3	六	丙子
廿七	10	日	庚戌	9	一	己卯	8	三	己酉	7	四	戊寅	6	六	戊申	4	日	丁丑
廿八	11	一	辛亥	10	二	庚辰	9	四	庚戌	8	五	己卯	7	日	己酉	5	一	戊寅
廿九	12	二	壬子	11	三	辛巳	10	五	辛亥	9	六	庚辰	8	一	庚戌	6	二	己卯
三十				12	四	壬午				10	日	辛巳				7	三	庚辰
节	白露 廿五 亥时			寒露 廿六 午时			立冬 廿七 申时			大雪 廿八 辰时			小寒 廿八 午时			立春 廿八 辰时		
气	处暑 初十 巳时			秋分 十一 卯时			霜降 十二 申时			小雪 十三 午时			冬至 十三 丑时			大寒 十四 午时		

农历庚辰年　属龙

正月–六月

旬	正月大戊寅			二月大己卯			三月小庚辰			四月大辛巳			五月小壬午			六月大癸未		
	公历	星期	干支	公历	星期	干支	公历	星期	干支	公历	星期	干支	公历	星期	干支	公历	星期	干支
初一	8	四	辛巳	9	六	辛亥	8	一	辛巳	7	二	庚戌	6	四	庚辰	5	五	己酉
初二	9	五	壬午	10	日	壬子	9	二	壬午	8	三	辛亥	7	五	辛巳	6	六	庚戌
初三	10	六	癸未	11	一	癸丑	10	三	癸未	9	四	壬子	8	六	壬午	7	日	辛亥
初四	11	日	甲申	12	二	甲寅	11	四	甲申	10	五	癸丑	9	日	癸未	8	一	壬子
初五	12	一	乙酉	13	三	乙卯	12	五	乙酉	11	六	甲寅	10	一	甲申	9	二	癸丑
初六	13	二	丙戌	14	四	丙辰	13	六	丙戌	12	日	乙卯	11	二	乙酉	10	三	甲寅
初七	14	三	丁亥	15	五	丁巳	14	日	丁亥	13	一	丙辰	12	三	丙戌	11	四	乙卯
初八	15	四	戊子	16	六	戊午	15	一	戊子	14	二	丁巳	13	四	丁亥	12	五	丙辰
初九	16	五	己丑	17	日	己未	16	二	己丑	15	三	戊午	14	五	戊子	13	六	丁巳
初十	17	六	庚寅	18	一	庚申	17	三	庚寅	16	四	己未	15	六	己丑	14	日	戊午
十一	18	日	辛卯	19	二	辛酉	18	四	辛卯	17	五	庚申	16	日	庚寅	15	一	己未
十二	19	一	壬辰	20	三	壬戌	19	五	壬辰	18	六	辛酉	17	一	辛卯	16	二	庚申
十三	20	二	癸巳	21	四	癸亥	20	六	癸巳	19	日	壬戌	18	二	壬辰	17	三	辛酉
十四	21	三	甲午	22	五	甲子	21	日	甲午	20	一	癸亥	19	三	癸巳	18	四	壬戌
十五	22	四	乙未	23	六	乙丑	22	一	乙未	21	二	甲子	20	四	甲午	19	五	癸亥
十六	23	五	丙申	24	日	丙寅	23	二	丙申	22	三	乙丑	21	五	乙未	20	六	甲子
十七	24	六	丁酉	25	一	丁卯	24	三	丁酉	23	四	丙寅	22	六	丙申	21	日	乙丑
十八	25	日	戊戌	26	二	戊辰	25	四	戊戌	24	五	丁卯	23	日	丁酉	22	一	丙寅
十九	26	一	己亥	27	三	己巳	26	五	己亥	25	六	戊辰	24	一	戊戌	23	二	丁卯
二十	27	二	庚子	28	四	庚午	27	六	庚子	26	日	己巳	25	二	己亥	24	三	戊辰
廿一	28	三	辛丑	29	五	辛未	28	日	辛丑	27	一	庚午	26	三	庚子	25	四	己巳
廿二	29	四	壬寅	30	六	壬申	29	一	壬寅	28	二	辛未	27	四	辛丑	26	五	庚午
廿三	**3**	五	癸卯	31	日	癸酉	30	二	癸卯	29	三	壬申	28	五	壬寅	27	六	辛未
廿四	2	六	甲辰	**4**	一	甲戌	**5**	三	甲辰	30	四	癸酉	29	六	癸卯	28	日	壬申
廿五	3	日	乙巳	2	二	乙亥	2	四	乙巳	31	五	甲戌	30	日	甲辰	29	一	癸酉
廿六	4	一	丙午	3	三	丙子	3	五	丙午	**6**	六	乙亥	**7**	一	乙巳	30	二	甲戌
廿七	5	二	丁未	4	四	丁丑	4	六	丁未	2	日	丙子	2	二	丙午	31	三	乙亥
廿八	6	三	戊申	5	五	戊寅	5	日	戊申	3	一	丁丑	3	三	丁未	**8**	四	丙子
廿九	7	四	己酉	6	六	己卯	6	一	己酉	4	二	戊寅	4	四	戊申	2	五	丁丑
三十	8	五	庚戌	7	日	庚辰				5	三	己卯				3	六	戊寅

七月–十二月

旬	七月小甲申			八月小乙酉			九月大丙戌			十月小丁亥			十一月大戊子			十二月小己丑		
	公历	星期	干支	公历	星期	干支	公历	星期	干支	公历	星期	干支	公历	星期	干支	公历	星期	干支
初一	4	日	己卯	2	一	戊申	**10**	二	丁丑	31	四	丁未	29	五	丙子	29	日	丙午
初二	5	一	庚辰	3	二	己酉	2	三	戊寅	**11**	五	戊申	30	六	丁丑	30	一	丁未
初三	6	二	辛巳	4	三	庚戌	3	四	己卯	2	六	己酉	**12**	日	戊寅	31	二	戊申
初四	7	三	壬午	5	四	辛亥	4	五	庚辰	3	日	庚戌	2	一	己卯	**1**	三	己酉
初五	8	四	癸未	6	五	壬子	5	六	辛巳	4	一	辛亥	3	二	庚辰	2	四	庚戌
初六	9	五	甲申	7	六	癸丑	6	日	壬午	5	二	壬子	4	三	辛巳	3	五	辛亥
初七	10	六	乙酉	8	日	甲寅	7	一	癸未	6	三	癸丑	5	四	壬午	4	六	壬子
初八	11	日	丙戌	9	一	乙卯	8	二	甲申	7	四	甲寅	6	五	癸未	5	日	癸丑
初九	12	一	丁亥	10	二	丙辰	9	三	乙酉	8	五	乙卯	7	六	甲申	6	一	甲寅
初十	13	二	戊子	11	三	丁巳	10	四	丙戌	9	六	丙辰	8	日	乙酉	7	二	乙卯
十一	14	三	己丑	12	四	戊午	11	五	丁亥	10	日	丁巳	9	一	丙戌	8	三	丙辰
十二	15	四	庚寅	13	五	己未	12	六	戊子	11	一	戊午	10	二	丁亥	9	四	丁巳
十三	16	五	辛卯	14	六	庚申	13	日	己丑	12	二	己未	11	三	戊子	10	五	戊午
十四	17	六	壬辰	15	日	辛酉	14	一	庚寅	13	三	庚申	12	四	己丑	11	六	己未
十五	18	日	癸巳	16	一	壬戌	15	二	辛卯	14	四	辛酉	13	五	庚寅	12	日	庚申
十六	19	一	甲午	17	二	癸亥	16	三	壬辰	15	五	壬戌	14	六	辛卯	13	一	辛酉
十七	20	二	乙未	18	三	甲子	17	四	癸巳	16	六	癸亥	15	日	壬辰	14	二	壬戌
十八	21	三	丙申	19	四	乙丑	18	五	甲午	17	日	甲子	16	一	癸巳	15	三	癸亥
十九	22	四	丁酉	20	五	丙寅	19	六	乙未	18	一	乙丑	17	二	甲午	16	四	甲子
二十	23	五	戊戌	21	六	丁卯	20	日	丙申	19	二	丙寅	18	三	乙未	17	五	乙丑
廿一	24	六	己亥	22	日	戊辰	21	一	丁酉	20	三	丁卯	19	四	丙申	18	六	丙寅
廿二	25	日	庚子	23	一	己巳	22	二	戊戌	21	四	戊辰	20	五	丁酉	19	日	丁卯
廿三	26	一	辛丑	24	二	庚午	23	三	己亥	22	五	己巳	21	六	戊戌	20	一	戊辰
廿四	27	二	壬寅	25	三	辛未	24	四	庚子	23	六	庚午	22	日	己亥	21	二	己巳
廿五	28	三	癸卯	26	四	壬申	25	五	辛丑	24	日	辛未	23	一	庚子	22	三	庚午
廿六	29	四	甲辰	27	五	癸酉	26	六	壬寅	25	一	壬申	24	二	辛丑	23	四	辛未
廿七	30	五	乙巳	28	六	甲戌	27	日	癸卯	26	二	癸酉	25	三	壬寅	24	五	壬申
廿八	31	六	丙午	29	日	乙亥	28	一	甲辰	27	三	甲戌	26	四	癸卯	25	六	癸酉
廿九	**9**	日	丁未	30	一	丙子	29	二	乙巳	28	四	乙亥	27	五	甲辰	26	日	甲戌
三十							30	三	丙午				28	六	乙巳			

节气

月	节 / 气	节 / 气
正月大戊寅	雨水 十三 寅时	惊蛰 廿八 丑时
二月大己卯	春分 十三 丑时	清明 廿八 卯时
三月小庚辰	谷雨 十三 未时	立夏 廿九 子时
四月大辛巳	小满 十五 未时	芒种 初一 寅时
五月小壬午	夏至 十六 亥时	小暑 初三 申时
六月大癸未	大暑 十九 辰时	立秋 初五 子时
七月小甲申	处暑 二十 申时	白露 初七 亥时
八月小乙酉	秋分 廿二 午时	寒露 初八 酉时
九月大丙戌	霜降 廿三 亥时	立冬 初八 亥时
十月小丁亥	小雪 廿三 酉时	大雪 初九 未时
十一月大戊子	冬至 廿四 辰时	小寒 初九 丑时
十二月小己丑	大寒 廿一 酉时	

正月大庚寅

旬	公历	星期	干支
初一	27	一	乙亥
初二	28	二	丙子
初三	29	三	丁丑
初四	30	四	戊寅
初五	31	五	己卯
初六	**2**	六	庚辰
初七	2	日	辛巳
初八	3	一	壬午
初九	4	二	癸未
初十	5	三	甲申
十一	6	四	乙酉
十二	7	五	丙戌
十三	8	六	丁亥
十四	9	日	戊子
十五	10	一	己丑
十六	11	二	庚寅
十七	12	三	辛卯
十八	13	四	壬辰
十九	14	五	癸巳
二十	15	六	甲午
廿一	16	日	乙未
廿二	17	一	丙申
廿三	18	二	丁酉
廿四	19	三	戊戌
廿五	20	四	己亥
廿六	21	五	庚子
廿七	22	六	辛丑
廿八	23	日	壬寅
廿九	24	一	癸卯
三十	25	二	甲辰

节气：立春 初九 午时；雨水 廿四 辰时

二月大辛卯

旬	公历	星期	干支
初一	26	三	乙巳
初二	27	四	丙午
初三	28	五	丁未
初四	**3**	六	戊申
初五	2	日	己酉
初六	3	一	庚戌
初七	4	二	辛亥
初八	5	三	壬子
初九	6	四	癸丑
初十	7	五	甲寅
十一	8	六	乙卯
十二	9	日	丙辰
十三	10	一	丁巳
十四	11	二	戊午
十五	12	三	己未
十六	13	四	庚申
十七	14	五	辛酉
十八	15	六	壬戌
十九	16	日	癸亥
二十	17	一	甲子
廿一	18	二	乙丑
廿二	19	三	丙寅
廿三	20	四	丁卯
廿四	21	五	戊辰
廿五	22	六	己巳
廿六	23	日	庚午
廿七	24	一	辛未
廿八	25	二	壬申
廿九	26	三	癸酉
三十	27	四	甲戌

节气：惊蛰 初九 辰时；春分 廿四 辰时

三月小壬辰

旬	公历	星期	干支
初一	28	五	乙亥
初二	29	六	丙子
初三	30	日	丁丑
初四	31	一	戊寅
初五	**4**	二	己卯
初六	2	三	庚辰
初七	3	四	辛巳
初八	4	五	壬午
初九	5	六	癸未
初十	6	日	甲申
十一	7	一	乙酉
十二	8	二	丙戌
十三	9	三	丁亥
十四	10	四	戊子
十五	11	五	己丑
十六	12	六	庚寅
十七	13	日	辛卯
十八	14	一	壬辰
十九	15	二	癸巳
二十	16	三	甲午
廿一	17	四	乙未
廿二	18	五	丙申
廿三	19	六	丁酉
廿四	20	日	戊戌
廿五	21	一	己亥
廿六	22	二	庚子
廿七	23	三	辛丑
廿八	24	四	壬寅
廿九	25	五	癸卯

节气：清明 初九 午时；谷雨 廿四 戌时

四月大癸巳

旬	公历	星期	干支
初一	26	六	甲辰
初二	27	日	乙巳
初三	28	一	丙午
初四	29	二	丁未
初五	30	三	戊申
初六	**5**	四	己酉
初七	2	五	庚戌
初八	3	六	辛亥
初九	4	日	壬子
初十	5	一	癸丑
十一	6	二	甲寅
十二	7	三	乙卯
十三	8	四	丙辰
十四	9	五	丁巳
十五	10	六	戊午
十六	11	日	己未
十七	12	一	庚申
十八	13	二	辛酉
十九	14	三	壬戌
二十	15	四	癸亥
廿一	16	五	甲子
廿二	17	六	乙丑
廿三	18	日	丙寅
廿四	19	一	丁卯
廿五	20	二	戊辰
廿六	21	三	己巳
廿七	22	四	庚午
廿八	23	五	辛未
廿九	24	六	壬申
三十	25	日	癸酉

节气：立夏 十一 卯时；小满 廿六 戌时

五月大甲午

旬	公历	星期	干支
初一	26	一	甲戌
初二	27	二	乙亥
初三	28	三	丙子
初四	29	四	丁丑
初五	30	五	戊寅
初六	31	六	己卯
初七	**6**	日	庚辰
初八	2	一	辛巳
初九	3	二	壬午
初十	4	三	癸未
十一	5	四	甲申
十二	6	五	乙酉
十三	7	六	丙戌
十四	8	日	丁亥
十五	9	一	戊子
十六	10	二	己丑
十七	11	三	庚寅
十八	12	四	辛卯
十九	13	五	壬辰
二十	14	六	癸巳
廿一	15	日	甲午
廿二	16	一	乙未
廿三	17	二	丙申
廿四	18	三	丁酉
廿五	19	四	戊戌
廿六	20	五	己亥
廿七	21	六	庚子
廿八	22	日	辛丑
廿九	23	一	壬寅
三十	24	二	癸卯

节气：芒种 十二 巳时；夏至 廿八 寅时

六月小乙未

旬	公历	星期	干支
初一	25	三	甲辰
初二	26	四	乙巳
初三	27	五	丙午
初四	28	六	丁未
初五	29	日	戊申
初六	30	一	己酉
初七	**7**	二	庚戌
初八	2	三	辛亥
初九	3	四	壬子
初十	4	五	癸丑
十一	5	六	甲寅
十二	6	日	乙卯
十三	7	一	丙辰
十四	8	二	丁巳
十五	9	三	戊午
十六	10	四	己未
十七	11	五	庚申
十八	12	六	辛酉
十九	13	日	壬戌
二十	14	一	癸亥
廿一	15	二	甲子
廿二	16	三	乙丑
廿三	17	四	丙寅
廿四	18	五	丁卯
廿五	19	六	戊辰
廿六	20	日	己巳
廿七	21	一	庚午
廿八	22	二	辛未
廿九	23	三	壬申

节气：小暑 十三 寅时；大暑 廿九 未时

闰六月大

旬	公历	星期	干支
初一	24	四	癸酉
初二	25	五	甲戌
初三	26	六	乙亥
初四	27	日	丙子
初五	28	一	丁丑
初六	29	二	戊寅
初七	30	三	己卯
初八	31	四	庚辰
初九	**8**	五	辛巳
初十	2	六	壬午
十一	3	日	癸未
十二	4	一	甲申
十三	5	二	乙酉
十四	6	三	丙戌
十五	7	四	丁亥
十六	8	五	戊子
十七	9	六	己丑
十八	10	日	庚寅
十九	11	一	辛卯
二十	12	二	壬辰
廿一	13	三	癸巳
廿二	14	四	甲午
廿三	15	五	乙未
廿四	16	六	丙申
廿五	17	日	丁酉
廿六	18	一	戊戌
廿七	19	二	己亥
廿八	20	三	庚子
廿九	21	四	辛丑
三十	22	五	壬寅

节气：立秋 十六 卯时；处暑 初一 亥时

七月小丙申

旬	公历	星期	干支
初一	23	六	癸卯
初二	24	日	甲辰
初三	25	一	乙巳
初四	26	二	丙午
初五	27	三	丁未
初六	28	四	戊申
初七	29	五	己酉
初八	30	六	庚戌
初九	31	日	辛亥
初十	**9**	一	壬子
十一	2	二	癸丑
十二	3	三	甲寅
十三	4	四	乙卯
十四	5	五	丙辰
十五	6	六	丁巳
十六	7	日	戊午
十七	8	一	己未
十八	9	二	庚申
十九	10	三	辛酉
二十	11	四	壬戌
廿一	12	五	癸亥
廿二	13	六	甲子
廿三	14	日	乙丑
廿四	15	一	丙寅
廿五	16	二	丁卯
廿六	17	三	戊辰
廿七	18	四	己巳
廿八	19	五	庚午
廿九	20	六	辛未

节气：白露 十七 巳时；秋分 初三 酉时

八月小丁酉

旬	公历	星期	干支
初一	21	日	壬申
初二	22	一	癸酉
初三	23	二	甲戌
初四	24	三	乙亥
初五	25	四	丙子
初六	26	五	丁丑
初七	27	六	戊寅
初八	28	日	己卯
初九	29	一	庚辰
初十	30	二	辛巳
十一	**10**	三	壬午
十二	2	四	癸未
十三	3	五	甲申
十四	4	六	乙酉
十五	5	日	丙戌
十六	6	一	丁亥
十七	7	二	戊子
十八	8	三	己丑
十九	9	四	庚寅
二十	10	五	辛卯
廿一	11	六	壬辰
廿二	12	日	癸巳
廿三	13	一	甲午
廿四	14	二	乙未
廿五	15	三	丙申
廿六	16	四	丁酉
廿七	17	五	戊戌
廿八	18	六	己亥
廿九	19	日	庚子

节气：寒露 十九 子时；霜降 初五 寅时

九月大戊戌

旬	公历	星期	干支
初一	20	一	辛丑
初二	21	二	壬寅
初三	22	三	癸卯
初四	23	四	甲辰
初五	24	五	乙巳
初六	25	六	丙午
初七	26	日	丁未
初八	27	一	戊申
初九	28	二	己酉
初十	29	三	庚戌
十一	30	四	辛亥
十二	31	五	壬子
十三	**11**	六	癸丑
十四	2	日	甲寅
十五	3	一	乙卯
十六	4	二	丙辰
十七	5	三	丁巳
十八	6	四	戊午
十九	7	五	己未
二十	8	六	庚申
廿一	9	日	辛酉
廿二	10	一	壬戌
廿三	11	二	癸亥
廿四	12	三	甲子
廿五	13	四	乙丑
廿六	14	五	丙寅
廿七	15	六	丁卯
廿八	16	日	戊辰
廿九	17	一	己巳
三十	18	二	庚午

节气：立冬 二十 寅时；小雪 初五 子时

十月小己亥

旬	公历	星期	干支
初一	19	三	辛未
初二	20	四	壬申
初三	21	五	癸酉
初四	22	六	甲戌
初五	23	日	乙亥
初六	24	一	丙子
初七	25	二	丁丑
初八	26	三	戊寅
初九	27	四	己卯
初十	28	五	庚辰
十一	29	六	辛巳
十二	30	日	壬午
十三	**12**	一	癸未
十四	2	二	甲申
十五	3	三	乙酉
十六	4	四	丙戌
十七	5	五	丁亥
十八	6	六	戊子
十九	7	日	己丑
二十	8	一	庚寅
廿一	9	二	辛卯
廿二	10	三	壬辰
廿三	11	四	癸巳
廿四	12	五	甲午
廿五	13	六	乙未
廿六	14	日	丙申
廿七	15	一	丁酉
廿八	16	二	戊戌
廿九	17	三	己亥

节气：大雪 二十 戌时；冬至 初五 未时

十一月大庚子

旬	公历	星期	干支
初一	18	四	庚子
初二	19	五	辛丑
初三	20	六	壬寅
初四	21	日	癸卯
初五	22	一	甲辰
初六	23	二	乙巳
初七	24	三	丙午
初八	25	四	丁未
初九	26	五	戊申
初十	27	六	己酉
十一	28	日	庚戌
十二	29	一	辛亥
十三	30	二	壬子
十四	31	三	癸丑
十五	**1**	四	甲寅
十六	2	五	乙卯
十七	3	六	丙辰
十八	4	日	丁巳
十九	5	一	戊午
二十	6	二	己未
廿一	7	三	庚申
廿二	8	四	辛酉
廿三	9	五	壬戌
廿四	10	六	癸亥
廿五	11	日	甲子
廿六	12	一	乙丑
廿七	13	二	丙寅
廿八	14	三	丁卯
廿九	15	四	戊辰
三十	16	五	己巳

节气：小寒 二十 辰时；大寒 初五 子时

十二月小辛丑

旬	公历	星期	干支
初一	17	六	庚午
初二	18	日	辛未
初三	19	一	壬申
初四	20	二	癸酉
初五	21	三	甲戌
初六	22	四	乙亥
初七	23	五	丙子
初八	24	六	丁丑
初九	25	日	戊寅
初十	26	一	己卯
十一	27	二	庚辰
十二	28	三	辛巳
十三	29	四	壬午
十四	30	五	癸未
十五	31	六	甲申
十六	**2**	日	乙酉
十七	2	一	丙戌
十八	3	二	丁亥
十九	4	三	戊子
二十	5	四	己丑
廿一	6	五	庚寅
廿二	7	六	辛卯
廿三	8	日	壬辰
廿四	9	一	癸巳
廿五	10	二	甲午
廿六	11	三	乙未
廿七	12	四	丙申
廿八	13	五	丁酉
廿九	14	六	戊戌

节气：立春 十九 酉时

农历壬午年　属马

正月大壬寅 ～ 六月大丁未

旬	正月大壬寅 公历	星期	干支	二月小癸卯 公历	星期	干支	三月大甲辰 公历	星期	干支	四月大乙巳 公历	星期	干支	五月小丙午 公历	星期	干支	六月大丁未 公历	星期	干支
初一	15	日	己亥	17	二	己巳	15	三	戊戌	15	五	戊辰	14	日	戊戌	13	一	丁卯
初二	16	一	庚子	18	三	庚午	16	四	己亥	16	六	己巳	15	一	己亥	14	二	戊辰
初三	17	二	辛丑	19	四	辛未	17	五	庚子	17	日	庚午	16	二	庚子	15	三	己巳
初四	18	三	壬寅	20	五	壬申	18	六	辛丑	18	一	辛未	17	三	辛丑	16	四	庚午
初五	19	四	癸卯	21	六	癸酉	19	日	壬寅	19	二	壬申	18	四	壬寅	17	五	辛未
初六	20	五	甲辰	22	日	甲戌	20	一	癸卯	20	三	癸酉	19	五	癸卯	18	六	壬申
初七	21	六	乙巳	23	一	乙亥	21	二	甲辰	21	四	甲戌	20	六	甲辰	19	日	癸酉
初八	22	日	丙午	24	二	丙子	22	三	乙巳	22	五	乙亥	21	日	乙巳	20	一	甲戌
初九	23	一	丁未	25	三	丁丑	23	四	丙午	23	六	丙子	22	一	丙午	21	二	乙亥
初十	24	二	戊申	26	四	戊寅	24	五	丁未	24	日	丁丑	23	二	丁未	22	三	丙子
十一	25	三	己酉	27	五	己卯	25	六	戊申	25	一	戊寅	24	三	戊申	23	四	丁丑
十二	26	四	庚戌	28	六	庚辰	26	日	己酉	26	二	己卯	25	四	己酉	24	五	戊寅
十三	27	五	辛亥	29	日	辛巳	27	一	庚戌	27	三	庚辰	26	五	庚戌	25	六	己卯
十四	28	六	壬子	30	一	壬午	28	二	辛亥	28	四	辛巳	27	六	辛亥	26	日	庚辰
十五	**3**	日	癸丑	31	二	癸未	29	三	壬子	29	五	壬午	28	日	壬子	27	一	辛巳
十六	2	一	甲寅	**4**	三	甲申	30	四	癸丑	30	六	癸未	29	一	癸丑	28	二	壬午
十七	3	二	乙卯	2	四	乙酉	**5**	五	甲寅	31	日	甲申	30	二	甲寅	29	三	癸未
十八	4	三	丙辰	3	五	丙戌	2	六	乙卯	**6**	一	乙酉	**7**	三	乙卯	30	四	甲申
十九	5	四	丁巳	4	六	丁亥	3	日	丙辰	2	二	丙戌	2	四	丙辰	31	五	乙酉
二十	6	五	戊午	5	日	戊子	4	一	丁巳	3	三	丁亥	3	五	丁巳	**8**	六	丙戌
廿一	7	六	己未	6	一	己丑	5	二	戊午	4	四	戊子	4	六	戊午	2	日	丁亥
廿二	8	日	庚申	7	二	庚寅	6	三	己未	5	五	己丑	5	日	己未	3	一	戊子
廿三	9	一	辛酉	8	三	辛卯	7	四	庚申	6	六	庚寅	6	一	庚申	4	二	己丑
廿四	10	二	壬戌	9	四	壬辰	8	五	辛酉	7	日	辛卯	7	二	辛酉	5	三	庚寅
廿五	11	三	癸亥	10	五	癸巳	9	六	壬戌	8	一	壬辰	8	三	壬戌	6	四	辛卯
廿六	12	四	甲子	11	六	甲午	10	日	癸亥	9	二	癸巳	9	四	癸亥	7	五	壬辰
廿七	13	五	乙丑	12	日	乙未	11	一	甲子	10	三	甲午	10	五	甲子	8	六	癸巳
廿八	14	六	丙寅	13	一	丙申	12	二	乙丑	11	四	乙未	11	六	乙丑	9	日	甲午
廿九	15	日	丁卯	14	二	丁酉	13	三	丙寅	12	五	丙申	12	日	丙寅	10	一	乙未
三十	16	一	戊辰				14	四	丁卯	13	六	丁酉				11	二	丙申
节	惊蛰 二十			清明 二十			立夏 廿二			芒种 廿三			小暑 廿四			立秋 廿七		
气	雨水 初五			春分 初五			谷雨 初六			小满 初七			夏至 初九			大暑 十一		

七月小戊申 ～ 十二月大癸丑

旬	七月小戊申 公历	星期	干支	八月大己酉 公历	星期	干支	九月小庚戌 公历	星期	干支	十月大辛亥 公历	星期	干支	十一月小壬子 公历	星期	干支	十二月大癸丑 公历	星期	干支
初一	12	三	丁酉	10	四	丙寅	10	六	丙申	8	日	乙丑	8	二	乙未	6	三	甲子
初二	13	四	戊戌	11	五	丁卯	11	日	丁酉	9	一	丙寅	9	三	丙申	7	四	乙丑
初三	14	五	己亥	12	六	戊辰	12	一	戊戌	10	二	丁卯	10	四	丁酉	8	五	丙寅
初四	15	六	庚子	13	日	己巳	13	二	己亥	11	三	戊辰	11	五	戊戌	9	六	丁卯
初五	16	日	辛丑	14	一	庚午	14	三	庚子	12	四	己巳	12	六	己亥	10	日	戊辰
初六	17	一	壬寅	15	二	辛未	15	四	辛丑	13	五	庚午	13	日	庚子	11	一	己巳
初七	18	二	癸卯	16	三	壬申	16	五	壬寅	14	六	辛未	14	一	辛丑	12	二	庚午
初八	19	三	甲辰	17	四	癸酉	17	六	癸卯	15	日	壬申	15	二	壬寅	13	三	辛未
初九	20	四	乙巳	18	五	甲戌	18	日	甲辰	16	一	癸酉	16	三	癸卯	14	四	壬申
初十	21	五	丙午	19	六	乙亥	19	一	乙巳	17	二	甲戌	17	四	甲辰	15	五	癸酉
十一	22	六	丁未	20	日	丙子	20	二	丙午	18	三	乙亥	18	五	乙巳	16	六	甲戌
十二	23	日	戊申	21	一	丁丑	21	三	丁未	19	四	丙子	19	六	丙午	17	日	乙亥
十三	24	一	己酉	22	二	戊寅	22	四	戊申	20	五	丁丑	20	日	丁未	18	一	丙子
十四	25	二	庚戌	23	三	己卯	23	五	己酉	21	六	戊寅	21	一	戊申	19	二	丁丑
十五	26	三	辛亥	24	四	庚辰	24	六	庚戌	22	日	己卯	22	二	己酉	20	三	戊寅
十六	27	四	壬子	25	五	辛巳	25	日	辛亥	23	一	庚辰	23	三	庚戌	21	四	己卯
十七	28	五	癸丑	26	六	壬午	26	一	壬子	24	二	辛巳	24	四	辛亥	22	五	庚辰
十八	29	六	甲寅	27	日	癸未	27	二	癸丑	25	三	壬午	25	五	壬子	23	六	辛巳
十九	30	日	乙卯	28	一	甲申	28	三	甲寅	26	四	癸未	26	六	癸丑	24	日	壬午
二十	31	一	丙辰	29	二	乙酉	29	四	乙卯	27	五	甲申	27	日	甲寅	25	一	癸未
廿一	**9**	二	丁巳	30	三	丙戌	30	五	丙辰	28	六	乙酉	28	一	乙卯	26	二	甲申
廿二	2	三	戊午	**10**	四	丁亥	31	六	丁巳	29	日	丙戌	29	二	丙辰	27	三	乙酉
廿三	3	四	己未	2	五	戊子	**11**	日	戊午	30	一	丁亥	30	三	丁巳	28	四	丙戌
廿四	4	五	庚申	3	六	己丑	2	一	己未	**12**	二	戊子	31	四	戊午	29	五	丁亥
廿五	5	六	辛酉	4	日	庚寅	3	二	庚申	2	三	己丑	**1**	五	己未	30	六	戊子
廿六	6	日	壬戌	5	一	辛卯	4	三	辛酉	3	四	庚寅	2	六	庚申	31	日	己丑
廿七	7	一	癸亥	6	二	壬辰	5	四	壬戌	4	五	辛卯	3	日	辛酉	**2**	一	庚寅
廿八	8	二	甲子	7	三	癸巳	6	五	癸亥	5	六	壬辰	4	一	壬戌	2	二	辛卯
廿九	9	三	乙丑	8	四	甲午	7	六	甲子	6	日	癸巳	5	二	癸亥	3	三	壬辰
三十				9	五	乙未				7	一	甲午				4	四	癸巳
节	白露 廿八			寒露 廿九			立冬 初一			大雪 初一			小寒 初一			大寒 十六		
气	处暑 十二			秋分 十四			霜降 十五			小雪 十六			冬至 十五			—		

农历癸未年 属羊

旬	正月小甲寅			二月大乙卯			三月小丙辰			四月大丁巳			五月小戊午			六月大己未			七月大庚申			八月小辛酉			九月大壬戌			十月小癸亥			十一月大甲子			十二月小乙丑		
	公历	星期	干支	公历	星期	干支	公历	星期	干支	公历	星期	干支	公历	星期	干支	公历	星期	干支	公历	星期	干支	公历	星期	干支	公历	星期	干支	公历	星期	干支	公历	星期	干支	公历	星期	干支
初一	5	五	甲午	6	六	癸亥	5	一	癸巳	4	二	壬戌	3	四	壬辰	2	五	辛酉	1	日	辛卯	31	二	辛酉	29	三	庚寅	29	五	庚申	27	六	己丑	27	一	己未
初二	6	六	乙未	7	日	甲子	6	二	甲午	5	三	癸亥	4	五	癸巳	3	六	壬戌	2	一	壬辰	1	三	壬戌	30	四	辛卯	30	六	辛酉	28	日	庚寅	28	二	庚申
初三	7	日	丙申	8	一	乙丑	7	三	乙未	6	四	甲子	5	六	甲午	4	日	癸亥	3	二	癸巳	2	四	癸亥	1	五	壬辰	31	日	壬戌	29	一	辛卯	29	三	辛酉
初四	8	一	丁酉	9	二	丙寅	8	四	丙申	7	五	乙丑	6	日	乙未	5	一	甲子	4	三	甲午	3	五	甲子	2	六	癸巳	1	一	癸亥	30	二	壬辰	30	四	壬戌
初五	9	二	戊戌	10	三	丁卯	9	五	丁酉	8	六	丙寅	7	一	丙申	6	二	乙丑	5	四	乙未	4	六	乙丑	3	日	甲午	2	二	甲子	1	三	癸巳	31	五	癸亥
初六	10	三	己亥	11	四	戊辰	10	六	戊戌	9	日	丁卯	8	二	丁酉	7	三	丙寅	6	五	丙申	5	日	丙寅	4	一	乙未	3	三	乙丑	2	四	甲午	1	六	甲子
初七	11	四	庚子	12	五	己巳	11	日	己亥	10	一	戊辰	9	三	戊戌	8	四	丁卯	7	六	丁酉	6	一	丁卯	5	二	丙申	4	四	丙寅	3	五	乙未	2	日	乙丑
初八	12	五	辛丑	13	六	庚午	12	一	庚子	11	二	己巳	10	四	己亥	9	五	戊辰	8	日	戊戌	7	二	戊辰	6	三	丁酉	5	五	丁卯	4	六	丙申	3	一	丙寅
初九	13	六	壬寅	14	日	辛未	13	二	辛丑	12	三	庚午	11	五	庚子	10	六	己巳	9	一	己亥	8	三	己巳	7	四	戊戌	6	六	戊辰	5	日	丁酉	4	二	丁卯
初十	14	日	癸卯	15	一	壬申	14	三	壬寅	13	四	辛未	12	六	辛丑	11	日	庚午	10	二	庚子	9	四	庚午	8	五	己亥	7	日	己巳	6	一	戊戌	5	三	戊辰
十一	15	一	甲辰	16	二	癸酉	15	四	癸卯	14	五	壬申	13	日	壬寅	12	一	辛未	11	三	辛丑	10	五	辛未	9	六	庚子	8	一	庚午	7	二	己亥	6	四	己巳
十二	16	二	乙巳	17	三	甲戌	16	五	甲辰	15	六	癸酉	14	一	癸卯	13	二	壬申	12	四	壬寅	11	六	壬申	10	日	辛丑	9	二	辛未	8	三	庚子	7	五	庚午
十三	17	三	丙午	18	四	乙亥	17	六	乙巳	16	日	甲戌	15	二	甲辰	14	三	癸酉	13	五	癸卯	12	日	癸酉	11	一	壬寅	10	三	壬申	9	四	辛丑	8	六	辛未
十四	18	四	丁未	19	五	丙子	18	日	丙午	17	一	乙亥	16	三	乙巳	15	四	甲戌	14	六	甲辰	13	一	甲戌	12	二	癸卯	11	四	癸酉	10	五	壬寅	9	日	壬申
十五	19	五	戊申	20	六	丁丑	19	一	丁未	18	二	丙子	17	四	丙午	16	五	乙亥	15	日	乙巳	14	二	乙亥	13	三	甲辰	12	五	甲戌	11	六	癸卯	10	一	癸酉
十六	20	六	己酉	21	日	戊寅	20	二	戊申	19	三	丁丑	18	五	丁未	17	六	丙子	16	一	丙午	15	三	丙子	14	四	乙巳	13	六	乙亥	12	日	甲辰	11	二	甲戌
十七	21	日	庚戌	22	一	己卯	21	三	己酉	20	四	戊寅	19	六	戊申	18	日	丁丑	17	二	丁未	16	四	丁丑	15	五	丙午	14	日	丙子	13	一	乙巳	12	三	乙亥
十八	22	一	辛亥	23	二	庚辰	22	四	庚戌	21	五	己卯	20	日	己酉	19	一	戊寅	18	三	戊申	17	五	戊寅	16	六	丁未	15	一	丁丑	14	二	丙午	13	四	丙子
十九	23	二	壬子	24	三	辛巳	23	五	辛亥	22	六	庚辰	21	一	庚戌	20	二	己卯	19	四	己酉	18	六	己卯	17	日	戊申	16	二	戊寅	15	三	丁未	14	五	丁丑
二十	24	三	癸丑	25	四	壬午	24	六	壬子	23	日	辛巳	22	二	辛亥	21	三	庚辰	20	五	庚戌	19	日	庚辰	18	一	己酉	17	三	己卯	16	四	戊申	15	六	戊寅
廿一	25	四	甲寅	26	五	癸未	25	日	癸丑	24	一	壬午	23	三	壬子	22	四	辛巳	21	六	辛亥	20	一	辛巳	19	二	庚戌	18	四	庚辰	17	五	己酉	16	日	己卯
廿二	26	五	乙卯	27	六	甲申	26	一	甲寅	25	二	癸未	24	四	癸丑	23	五	壬午	22	日	壬子	21	二	壬午	20	三	辛亥	19	五	辛巳	18	六	庚戌	17	一	庚辰
廿三	27	六	丙辰	28	日	乙酉	27	二	乙卯	26	三	甲申	25	五	甲寅	24	六	癸未	23	一	癸丑	22	三	癸未	21	四	壬子	20	六	壬午	19	日	辛亥	18	二	辛巳
廿四	28	日	丁巳	29	一	丙戌	28	三	丙辰	27	四	乙酉	26	六	乙卯	25	日	甲申	24	二	甲寅	23	四	甲申	22	五	癸丑	21	日	癸未	20	一	壬子	19	三	壬午
廿五	1	一	戊午	30	二	丁亥	29	四	丁巳	28	五	丙戌	27	日	丙辰	26	一	乙酉	25	三	乙卯	24	五	乙酉	23	六	甲寅	22	一	甲申	21	二	癸丑	20	四	癸未
廿六	2	二	己未	31	三	戊子	30	五	戊午	29	六	丁亥	28	一	丁巳	27	二	丙戌	26	四	丙辰	25	六	丙戌	24	日	乙卯	23	二	乙酉	22	三	甲寅	21	五	甲申
廿七	3	三	庚申	1	四	己丑	1	六	己未	30	日	戊子	29	二	戊午	28	三	丁亥	27	五	丁巳	26	日	丁亥	25	一	丙辰	24	三	丙戌	23	四	乙卯	22	六	乙酉
廿八	4	四	辛酉	2	五	庚寅	2	日	庚申	31	一	己丑	30	三	己未	29	四	戊子	28	六	戊午	27	一	戊子	26	二	丁巳	25	四	丁亥	24	五	丙辰	23	日	丙戌
廿九	5	五	壬戌	3	六	辛卯	3	一	辛酉	1	二	庚寅	1	四	庚申	30	五	己丑	29	日	己未	28	二	己丑	27	三	戊午	26	五	戊子	25	六	丁巳	24	一	丁亥
三十				4	日	壬辰				2	三	辛卯				31	六	庚寅	30	一	庚申				28	四	己未				26	日	戊午			

节气

月	节	气
正月小甲寅	立春 初一 子时	雨水 十五 戌时
二月大乙卯	惊蛰 初一 酉时	春分 十六 戌时
三月小丙辰	清明 初二 子时	谷雨 十七 辰时
四月大丁巳	立夏 初一 酉时	小满 十九 辰时
五月小戊午	芒种 初四 亥时	夏至 二十 申时
六月大己未	小暑 初一 辰时	大暑 廿一 丑时
七月大庚申	立秋 初八 酉时	处暑 廿四 辰时
八月小辛酉	白露 初九 戌时	秋分 廿五 卯时
九月大壬戌	寒露 十一 午时	霜降 廿六 申时
十月小癸亥	立冬 十二 未时	小雪 廿六 午时
十一月大甲子	大雪 十二 辰时	冬至 廿七 丑时
十二月小乙丑	小寒 十二 酉时	大寒 廿六 午时

农历甲申年　属猴　　公元 1944—1945 年

正月大丙寅

旬	公历	星期	干支
初一	25	二	戊寅
初二	26	三	己卯
初三	27	四	庚辰
初四	28	五	辛巳
初五	29	六	壬午
初六	30	日	癸未
初七	31	一	甲申
初八	**2**	二	乙酉
初九	2	三	丙戌
初十	3	四	丁亥
十一	4	五	戊子
十二	5	六	己丑
十三	6	日	庚寅
十四	7	一	辛卯
十五	8	二	壬辰
十六	9	三	癸巳
十七	10	四	甲午
十八	11	五	乙未
十九	12	六	丙申
二十	13	日	丁酉
廿一	14	一	戊戌
廿二	15	二	己亥
廿三	16	三	庚子
廿四	17	四	辛丑
廿五	18	五	壬寅
廿六	19	六	癸卯
廿七	20	日	甲辰
廿八	21	一	乙巳
廿九	22	二	丙午
三十	23	三	丁未

节气：立春 十二 卯时　雨水 廿七 丑时

二月小丁卯

旬	公历	星期	干支
初一	24	四	戊申
初二	25	五	己酉
初三	26	六	庚戌
初四	27	日	辛亥
初五	28	一	壬子
初六	29	二	癸丑
初七	**3**	三	甲寅
初八	2	四	乙卯
初九	3	五	丙辰
初十	4	六	丁巳
十一	5	日	戊午
十二	6	一	己未
十三	7	二	庚申
十四	8	三	辛酉
十五	9	四	壬戌
十六	10	五	癸亥
十七	11	六	甲子
十八	12	日	乙丑
十九	13	一	丙寅
二十	14	二	丁卯
廿一	15	三	戊辰
廿二	16	四	己巳
廿三	17	五	庚午
廿四	18	六	辛未
廿五	19	日	壬申
廿六	20	一	癸酉
廿七	21	二	甲戌
廿八	22	三	乙亥
廿九	23	四	丙子

节气：惊蛰 十二 子时　春分 廿七 丑时

三月大戊辰

旬	公历	星期	干支
初一	24	五	丁丑
初二	25	六	戊寅
初三	26	日	己卯
初四	27	一	庚辰
初五	28	二	辛巳
初六	29	三	壬午
初七	30	四	癸未
初八	31	五	甲申
初九	**4**	六	乙酉
初十	2	日	丙戌
十一	3	一	丁亥
十二	4	二	戊子
十三	5	三	己丑
十四	6	四	庚寅
十五	7	五	辛卯
十六	8	六	壬辰
十七	9	日	癸巳
十八	10	一	甲午
十九	11	二	乙未
二十	12	三	丙申
廿一	13	四	丁酉
廿二	14	五	戊戌
廿三	15	六	己亥
廿四	16	日	庚子
廿五	17	一	辛丑
廿六	18	二	壬寅
廿七	19	三	癸卯
廿八	20	四	甲辰
廿九	21	五	乙巳
三十	22	六	丙午

节气：清明 十三 子时　谷雨 廿八 未时

四月小己巳

旬	公历	星期	干支
初一	23	日	丁未
初二	24	一	戊申
初三	25	二	己酉
初四	26	三	庚戌
初五	27	四	辛亥
初六	28	五	壬子
初七	29	六	癸丑
初八	30	日	甲寅
初九	**5**	一	乙卯
初十	2	二	丙辰
十一	3	三	丁巳
十二	4	四	戊午
十三	5	五	己未
十四	6	六	庚申
十五	7	日	辛酉
十六	8	一	壬戌
十七	9	二	癸亥
十八	10	三	甲子
十九	11	四	乙丑
二十	12	五	丙寅
廿一	13	六	丁卯
廿二	14	日	戊辰
廿三	15	一	己巳
廿四	16	二	庚午
廿五	17	三	辛未
廿六	18	四	壬申
廿七	19	五	癸酉
廿八	20	六	甲戌
廿九	21	日	乙亥

节气：立夏 十三 子时　小满 廿九 午时

闰四月大

旬	公历	星期	干支
初一	22	一	丙子
初二	23	二	丁丑
初三	24	三	戊寅
初四	25	四	己卯
初五	26	五	庚辰
初六	27	六	辛巳
初七	28	日	壬午
初八	29	一	癸未
初九	30	二	甲申
初十	31	三	乙酉
十一	**6**	四	丙戌
十二	2	五	丁亥
十三	3	六	戊子
十四	4	日	己丑
十五	5	一	庚寅
十六	6	二	辛卯
十七	7	三	壬辰
十八	8	四	癸巳
十九	9	五	甲午
二十	10	六	乙未
廿一	11	日	丙申
廿二	12	一	丁酉
廿三	13	二	戊戌
廿四	14	三	己亥
廿五	15	四	庚子
廿六	16	五	辛丑
廿七	17	六	壬寅
廿八	18	日	癸卯
廿九	19	一	甲辰
三十	20	二	乙巳

节气：芒种 十六 辰时

五月小庚午

旬	公历	星期	干支
初一	21	三	丙午
初二	22	四	丁未
初三	23	五	戊申
初四	24	六	己酉
初五	25	日	庚戌
初六	26	一	辛亥
初七	27	二	壬子
初八	28	三	癸丑
初九	29	四	甲寅
初十	30	五	乙卯
十一	**7**	六	丙辰
十二	2	日	丁巳
十三	3	一	戊午
十四	4	二	己未
十五	5	三	庚申
十六	6	四	辛酉
十七	7	五	壬戌
十八	8	六	癸亥
十九	9	日	甲子
二十	10	一	乙丑
廿一	11	二	丙寅
廿二	12	三	丁卯
廿三	13	四	戊辰
廿四	14	五	己巳
廿五	15	六	庚午
廿六	16	日	辛未
廿七	17	一	壬申
廿八	18	二	癸酉
廿九	19	三	甲戌

节气：夏至 初一 亥时　小暑 十七 未时

六月大辛未

旬	公历	星期	干支
初一	20	四	乙亥
初二	21	五	丙子
初三	22	六	丁丑
初四	23	日	戊寅
初五	24	一	己卯
初六	25	二	庚辰
初七	26	三	辛巳
初八	27	四	壬午
初九	28	五	癸未
初十	29	六	甲申
十一	30	日	乙酉
十二	31	一	丙戌
十三	**8**	二	丁亥
十四	2	三	戊子
十五	3	四	己丑
十六	4	五	庚寅
十七	5	六	辛卯
十八	6	日	壬辰
十九	7	一	癸巳
二十	8	二	甲午
廿一	9	三	乙未
廿二	10	四	丙申
廿三	11	五	丁酉
廿四	12	六	戊戌
廿五	13	日	己亥
廿六	14	一	庚子
廿七	15	二	辛丑
廿八	16	三	壬寅
廿九	17	四	癸卯
三十	18	五	甲辰

节气：大暑 初四 辰时　立秋 二十 子时

七月小壬申

旬	公历	星期	干支
初一	19	六	乙巳
初二	20	日	丙午
初三	21	一	丁未
初四	22	二	戊申
初五	23	三	己酉
初六	24	四	庚戌
初七	25	五	辛亥
初八	26	六	壬子
初九	27	日	癸丑
初十	28	一	甲寅
十一	29	二	乙卯
十二	30	三	丙辰
十三	31	四	丁巳
十四	**9**	五	戊午
十五	2	六	己未
十六	3	日	庚申
十七	4	一	辛酉
十八	5	二	壬戌
十九	6	三	癸亥
二十	7	四	甲子
廿一	8	五	乙丑
廿二	9	六	丙寅
廿三	10	日	丁卯
廿四	11	一	戊辰
廿五	12	二	己巳
廿六	13	三	庚午
廿七	14	四	辛未
廿八	15	五	壬申
廿九	16	六	癸酉

节气：处暑 初五 未时　白露 廿一 酉时

八月大癸酉

旬	公历	星期	干支
初一	17	日	甲戌
初二	18	一	乙亥
初三	19	二	丙子
初四	20	三	丁丑
初五	21	四	戊寅
初六	22	五	己卯
初七	23	六	庚辰
初八	24	日	辛巳
初九	25	一	壬午
初十	26	二	癸未
十一	27	三	甲申
十二	28	四	乙酉
十三	29	五	丙戌
十四	30	六	丁亥
十五	**10**	日	戊子
十六	2	一	己丑
十七	3	二	庚寅
十八	4	三	辛卯
十九	5	四	壬辰
二十	6	五	癸巳
廿一	7	六	甲午
廿二	8	日	乙未
廿三	9	一	丙申
廿四	10	二	丁酉
廿五	11	三	戊戌
廿六	12	四	己亥
廿七	13	五	庚子
廿八	14	六	辛丑
廿九	15	日	壬寅
三十	16	一	癸卯

节气：秋分 初七 酉时　寒露 廿二 丑时

九月大甲戌

旬	公历	星期	干支
初一	17	二	甲辰
初二	18	三	乙巳
初三	19	四	丙午
初四	20	五	丁未
初五	21	六	戊申
初六	22	日	己酉
初七	23	一	庚戌
初八	24	二	辛亥
初九	25	三	壬子
初十	26	四	癸丑
十一	27	五	甲寅
十二	28	六	乙卯
十三	29	日	丙辰
十四	30	一	丁巳
十五	31	二	戊午
十六	**11**	三	己未
十七	2	四	庚申
十八	3	五	辛酉
十九	4	六	壬戌
二十	5	日	癸亥
廿一	6	一	甲子
廿二	7	二	乙丑
廿三	8	三	丙寅
廿四	9	四	丁卯
廿五	10	五	戊辰
廿六	11	六	己巳
廿七	12	日	庚午
廿八	13	一	辛未
廿九	14	二	壬申
三十	15	三	癸酉

节气：霜降 初七 戌时　立冬 廿二 戌时

十月小乙亥

旬	公历	星期	干支
初一	16	四	甲戌
初二	17	五	乙亥
初三	18	六	丙子
初四	19	日	丁丑
初五	20	一	戊寅
初六	21	二	己卯
初七	22	三	庚辰
初八	23	四	辛巳
初九	24	五	壬午
初十	25	六	癸未
十一	26	日	甲申
十二	27	一	乙酉
十三	28	二	丙戌
十四	29	三	丁亥
十五	30	四	戊子
十六	**12**	五	己丑
十七	2	六	庚寅
十八	3	日	辛卯
十九	4	一	壬辰
二十	5	二	癸巳
廿一	6	三	甲午
廿二	7	四	乙未
廿三	8	五	丙申
廿四	9	六	丁酉
廿五	10	日	戊戌
廿六	11	一	己亥
廿七	12	二	庚子
廿八	13	三	辛丑
廿九	14	四	壬寅

节气：小雪 初七 戌时　大雪 廿二 巳时

十一月大丙子

旬	公历	星期	干支
初一	15	五	癸卯
初二	16	六	甲辰
初三	17	日	乙巳
初四	18	一	丙午
初五	19	二	丁未
初六	20	三	戊申
初七	21	四	己酉
初八	22	五	庚戌
初九	23	六	辛亥
初十	24	日	壬子
十一	25	一	癸丑
十二	26	二	甲寅
十三	27	三	乙卯
十四	28	四	丙辰
十五	29	五	丁巳
十六	30	六	戊午
十七	31	日	己未
十八	**1**	一	庚申
十九	2	二	辛酉
二十	3	三	壬戌
廿一	4	四	癸亥
廿二	5	五	甲子
廿三	6	六	乙丑
廿四	7	日	丙寅
廿五	8	一	丁卯
廿六	9	二	戊辰
廿七	10	三	己巳
廿八	11	四	庚午
廿九	12	五	辛未
三十	13	六	壬申

节气：冬至 初八 巳时　小寒 廿三 子时

十二月大丁丑

旬	公历	星期	干支
初一	14	日	癸酉
初二	15	一	甲戌
初三	16	二	乙亥
初四	17	三	丙子
初五	18	四	丁丑
初六	19	五	戊寅
初七	20	六	己卯
初八	21	日	庚辰
初九	22	一	辛巳
初十	23	二	壬午
十一	24	三	癸未
十二	25	四	甲申
十三	26	五	乙酉
十四	27	六	丙戌
十五	28	日	丁亥
十六	29	一	戊子
十七	30	二	己丑
十八	31	三	庚寅
十九	**2**	四	辛卯
二十	2	五	壬辰
廿一	3	六	癸巳
廿二	4	日	甲午
廿三	5	一	乙未
廿四	6	二	丙申
廿五	7	三	丁酉
廿六	8	四	戊戌
廿七	9	五	己亥
廿八	10	六	庚子
廿九	11	日	辛丑
三十	12	一	壬寅

节气：大寒 廿四 酉时　立春 廿一 戌时

农历乙酉年　属鸡　　　　　　　　　　　　　　　　　　　　　公元 1945—1946 年

旬	正月小戊寅 公历	星期	干支	二月小己卯 公历	星期	干支	三月大庚辰 公历	星期	干支	四月小辛巳 公历	星期	干支	五月小壬午 公历	星期	干支	六月大癸未 公历	星期	干支	七月小甲申 公历	星期	干支	八月大乙酉 公历	星期	干支	九月大丙戌 公历	星期	干支	十月大丁亥 公历	星期	干支	十一月大戊子 公历	星期	干支	十二月大己丑 公历	星期	干支
初一	13	二	癸丑	14	三	壬午	12	四	辛亥	12	六	辛巳	10	日	庚戌	9	一	己卯	8	三	己酉	6	四	戊寅	6	六	戊申	5	一	戊寅	5	三	戊申	3	四	丁丑
初二	14	三	甲寅	15	四	癸未	13	五	壬子	13	日	壬午	11	一	辛亥	10	二	庚辰	9	四	庚戌	7	五	己卯	7	日	己酉	6	二	己卯	6	四	己酉	4	五	戊寅
初三	15	四	乙卯	16	五	甲申	14	六	癸丑	14	一	癸未	12	二	壬子	11	三	辛巳	10	五	辛亥	8	六	庚辰	8	一	庚戌	7	三	庚辰	7	五	庚戌	5	六	己卯
初四	16	五	丙辰	17	六	乙酉	15	日	甲寅	15	二	甲申	13	三	癸丑	12	四	壬午	11	六	壬子	9	日	辛巳	9	二	辛亥	8	四	辛巳	8	六	辛亥	6	日	庚辰
初五	17	六	丁巳	18	日	丙戌	16	一	乙卯	16	三	乙酉	14	四	甲寅	13	五	癸未	12	日	癸丑	10	一	壬午	10	三	壬子	9	五	壬午	9	日	壬子	7	一	辛巳
初六	18	日	戊午	19	一	丁亥	17	二	丙辰	17	四	丙戌	15	五	乙卯	14	六	甲申	13	一	甲寅	11	二	癸未	11	四	癸丑	10	六	癸未	10	一	癸丑	8	二	壬午
初七	19	一	己未	20	二	戊子	18	三	丁巳	18	五	丁亥	16	六	丙辰	15	日	乙酉	14	二	乙卯	12	三	甲申	12	五	甲寅	11	日	甲申	11	二	甲寅	9	三	癸未
初八	20	二	庚申	21	三	己丑	19	四	戊午	19	六	戊子	17	日	丁巳	16	一	丙戌	15	三	丙辰	13	四	乙酉	13	六	乙卯	12	一	乙酉	12	三	乙卯	10	四	甲申
初九	21	三	辛酉	22	四	庚寅	20	五	己未	20	日	己丑	18	一	戊午	17	二	丁亥	16	四	丁巳	14	五	丙戌	14	日	丙辰	13	二	丙戌	13	四	丙辰	11	五	乙酉
初十	22	四	壬戌	23	五	辛卯	21	六	庚申	21	一	庚寅	19	二	己未	18	三	戊子	17	五	戊午	15	六	丁亥	15	一	丁巳	14	三	丁亥	14	五	丁巳	12	六	丙戌
十一	23	五	癸亥	24	六	壬辰	22	日	辛酉	22	二	辛卯	20	三	庚申	19	四	己丑	18	六	己未	16	日	戊子	16	二	戊午	15	四	戊子	15	六	戊午	13	日	丁亥
十二	24	六	甲子	25	日	癸巳	23	一	壬戌	23	三	壬辰	21	四	辛酉	20	五	庚寅	19	日	庚申	17	一	己丑	17	三	己未	16	五	己丑	16	日	己未	14	一	戊子
十三	25	日	乙丑	26	一	甲午	24	二	癸亥	24	四	癸巳	22	五	壬戌	21	六	辛卯	20	一	辛酉	18	二	庚寅	18	四	庚申	17	六	庚寅	17	一	庚申	15	二	己丑
十四	26	一	丙寅	27	二	乙未	25	三	甲子	25	五	甲午	23	六	癸亥	22	日	壬辰	21	二	壬戌	19	三	辛卯	19	五	辛酉	18	日	辛卯	18	二	辛酉	16	三	庚寅
十五	27	二	丁卯	28	三	丙申	26	四	乙丑	26	六	乙未	24	日	甲子	23	一	癸巳	22	三	癸亥	20	四	壬辰	20	六	壬戌	19	一	壬辰	19	三	壬戌	17	四	辛卯
十六	28	三	戊辰	29	四	丁酉	27	五	丙寅	27	日	丙申	25	一	乙丑	24	二	甲午	23	四	甲子	21	五	癸巳	21	日	癸亥	20	二	癸巳	20	四	癸亥	18	五	壬辰
十七	1	四	己巳	30	五	戊戌	28	六	丁卯	28	一	丁酉	26	二	丙寅	25	三	乙未	24	五	乙丑	22	六	甲午	22	一	甲子	21	三	甲午	21	五	甲子	19	六	癸巳
十八	2	五	庚午	31	六	己亥	29	日	戊辰	29	二	戊戌	27	三	丁卯	26	四	丙申	25	六	丙寅	23	日	乙未	23	二	乙丑	22	四	乙未	22	六	乙丑	20	日	甲午
十九	3	六	辛未	1	日	庚子	30	一	己巳	30	三	己亥	28	四	戊辰	27	五	丁酉	26	日	丁卯	24	一	丙申	24	三	丙寅	23	五	丙申	23	日	丙寅	21	一	乙未
二十	4	日	壬申	2	一	辛丑	1	二	庚午	31	四	庚子	29	五	己巳	28	六	戊戌	27	一	戊辰	25	二	丁酉	25	四	丁卯	24	六	丁酉	24	一	丁卯	22	二	丙申
廿一	5	一	癸酉	3	二	壬寅	2	三	辛未	1	五	辛丑	30	六	庚午	29	日	己亥	28	二	己巳	26	三	戊戌	26	五	戊辰	25	日	戊戌	25	二	戊辰	23	三	丁酉
廿二	6	二	甲戌	4	三	癸卯	3	四	壬申	2	六	壬寅	1	日	辛未	30	一	庚子	29	三	庚午	27	四	己亥	27	六	己巳	26	一	己亥	26	三	己巳	24	四	戊戌
廿三	7	三	乙亥	5	四	甲辰	4	五	癸酉	3	日	癸卯	2	一	壬申	31	二	辛丑	30	四	辛未	28	五	庚子	28	日	庚午	27	二	庚子	27	四	庚午	25	五	己亥
廿四	8	四	丙子	6	五	乙巳	5	六	甲戌	4	一	甲辰	3	二	癸酉	1	三	壬寅	31	五	壬申	29	六	辛丑	29	一	辛未	28	三	辛丑	28	五	辛未	26	六	庚子
廿五	9	五	丁丑	7	六	丙午	6	日	乙亥	5	二	乙巳	4	三	甲戌	2	四	癸卯	1	六	癸酉	30	日	壬寅	30	二	壬申	29	四	壬寅	29	六	壬申	27	日	辛丑
廿六	10	六	戊寅	8	日	丁未	7	一	丙子	6	三	丙午	5	四	乙亥	3	五	甲辰	2	日	甲戌	1	一	癸卯	31	三	癸酉	30	五	癸卯	30	日	癸酉	28	一	壬寅
廿七	11	日	己卯	9	一	戊申	8	二	丁丑	7	四	丁未	6	五	丙子	4	六	乙巳	3	一	乙亥	2	二	甲辰	1	四	甲戌	1	六	甲辰	31	一	甲戌	29	二	癸卯
廿八	12	一	庚辰	10	二	己酉	9	三	戊寅	8	五	戊申	7	六	丁丑	5	日	丙午	4	二	丙子	3	三	乙巳	2	五	乙亥	2	日	乙巳	1	二	乙亥	30	三	甲辰
廿九	13	二	辛巳	11	三	庚戌	10	四	己卯	9	六	己酉	8	日	戊寅	6	一	丁未	5	三	丁丑	4	四	丙午	3	六	丙子	3	一	丙午	2	三	丙子	31	四	乙巳
三十							11	五	庚辰							7	二	戊申				5	五	丁未	4	日	丁丑	4	二	丁未				1	五	丙午

节气：

月	节			气		
正月	雨水	初七	辰时	惊蛰	廿一	卯时
二月	春分	初八	辰时	清明	廿三	午时
三月	谷雨	初九	卯时	立夏	廿五	卯时
四月	小满	初十	酉时	芒种	廿六	巳时
五月	夏至	十三	丑时	小暑	廿八	戌时
六月	大暑	十五	未时	立秋	初一	卯时
七月	处暑	十六	戌时	白露	初三	酉时
八月	秋分	十八	酉时	寒露	初三	丑时
九月	霜降	十九	丑时	立冬	初四	寅时
十月	小雪	十九	子时	大雪	初三	戌时
十一月	冬至	十八	辰时	小寒	初三	卯时
十二月	大寒	十八	子时			

农历丙戌年　属狗

旬	正月大庚寅 公历	星期	干支	二月小辛卯 公历	星期	干支	三月小壬辰 公历	星期	干支	四月大癸巳 公历	星期	干支	五月小甲午 公历	星期	干支	六月小乙未 公历	星期	干支	七月大丙申 公历	星期	干支	八月小丁酉 公历	星期	干支	九月大戊戌 公历	星期	干支	十月大己亥 公历	星期	干支	十一月小庚子 公历	星期	干支	十二月大辛丑 公历	星期	干支
初一	2	六	丁未	4	一	丁丑	2	二	丙午	1	三	乙亥	31	五	乙巳	29	六	甲戌	28	日	癸卯	27	二	癸酉	25	三	壬寅	25	五	壬申	24	日	壬寅	23	一	辛未
初二	3	日	戊申	5	二	戊寅	3	三	丁未	2	四	丙子	1	六	丙午	30	日	乙亥	29	一	甲辰	28	三	甲戌	26	四	癸卯	26	六	癸酉	25	一	癸卯	24	二	壬申
初三	4	一	己酉	6	三	己卯	4	四	戊申	3	五	丁丑	2	日	丁未	1	一	丙子	30	二	乙巳	29	四	乙亥	27	五	甲辰	27	日	甲戌	26	二	甲辰	25	三	癸酉
初四	5	二	庚戌	7	四	庚辰	5	五	己酉	4	六	戊寅	3	一	戊申	2	二	丁丑	31	三	丙午	30	五	丙子	28	六	乙巳	28	一	乙亥	27	三	乙巳	26	四	甲戌
初五	6	三	辛亥	8	五	辛巳	6	六	庚戌	5	日	己卯	4	二	己酉	3	三	戊寅	1	四	丁未	31	六	丁丑	29	日	丙午	29	二	丙子	28	四	丙午	27	五	乙亥
初六	7	四	壬子	9	六	壬午	7	日	辛亥	6	一	庚辰	5	三	庚戌	4	四	己卯	2	五	戊申	1	日	戊寅	30	一	丁未	30	三	丁丑	29	五	丁未	28	六	丙子
初七	8	五	癸丑	10	日	癸未	8	一	壬子	7	二	辛巳	6	四	辛亥	5	五	庚辰	3	六	己酉	2	一	己卯	1	二	戊申	31	四	戊寅	30	六	戊申	29	日	丁丑
初八	9	六	甲寅	11	一	甲申	9	二	癸丑	8	三	壬午	7	五	壬子	6	六	辛巳	4	日	庚戌	3	二	庚辰	2	三	己酉	1	五	己卯	1	日	己酉	30	一	戊寅
初九	10	日	乙卯	12	二	乙酉	10	三	甲寅	9	四	癸未	8	六	癸丑	7	日	壬午	5	一	辛亥	4	三	辛巳	3	四	庚戌	2	六	庚辰	2	一	庚戌	31	二	己卯
初十	11	一	丙辰	13	三	丙戌	11	四	乙卯	10	五	甲申	9	日	甲寅	8	一	癸未	6	二	壬子	5	四	壬午	4	五	辛亥	3	日	辛巳	3	二	辛亥	1	三	庚辰
十一	12	二	丁巳	14	四	丁亥	12	五	丙辰	11	六	乙酉	10	一	乙卯	9	二	甲申	7	三	癸丑	6	五	癸未	5	六	壬子	4	一	壬午	4	三	壬子	2	四	辛巳
十二	13	三	戊午	15	五	戊子	13	六	丁巳	12	日	丙戌	11	二	丙辰	10	三	乙酉	8	四	甲寅	7	六	甲申	6	日	癸丑	5	二	癸未	5	四	癸丑	3	五	壬午
十三	14	四	己未	16	六	己丑	14	日	戊午	13	一	丁亥	12	三	丁巳	11	四	丙戌	9	五	乙卯	8	日	乙酉	7	一	甲寅	6	三	甲申	6	五	甲寅	4	六	癸未
十四	15	五	庚申	17	日	庚寅	15	一	己未	14	二	戊子	13	四	戊午	12	五	丁亥	10	六	丙辰	9	一	丙戌	8	二	乙卯	7	四	乙酉	7	六	乙卯	5	日	甲申
十五	16	六	辛酉	18	一	辛卯	16	二	庚申	15	三	己丑	14	五	己未	13	六	戊子	11	日	丁巳	10	二	丁亥	9	三	丙辰	8	五	丙戌	8	日	丙辰	6	一	乙酉
十六	17	日	壬戌	19	二	壬辰	17	三	辛酉	16	四	庚寅	15	六	庚申	14	日	己丑	12	一	戊午	11	三	戊子	10	四	丁巳	9	六	丁亥	9	一	丁巳	7	二	丙戌
十七	18	一	癸亥	20	三	癸巳	18	四	壬戌	17	五	辛卯	16	日	辛酉	15	一	庚寅	13	二	己未	12	四	己丑	11	五	戊午	10	日	戊子	10	二	戊午	8	三	丁亥
十八	19	二	甲子	21	四	甲午	19	五	癸亥	18	六	壬辰	17	一	壬戌	16	二	辛卯	14	三	庚申	13	五	庚寅	12	六	己未	11	一	己丑	11	三	己未	9	四	戊子
十九	20	三	乙丑	22	五	乙未	20	六	甲子	19	日	癸巳	18	二	癸亥	17	三	壬辰	15	四	辛酉	14	六	辛卯	13	日	庚申	12	二	庚寅	12	四	庚申	10	五	己丑
二十	21	四	丙寅	23	六	丙申	21	日	乙丑	20	一	甲午	19	三	甲子	18	四	癸巳	16	五	壬戌	15	日	壬辰	14	一	辛酉	13	三	辛卯	13	五	辛酉	11	六	庚寅
廿一	22	五	丁卯	24	日	丁酉	22	一	丙寅	21	二	乙未	20	四	乙丑	19	五	甲午	17	六	癸亥	16	一	癸巳	15	二	壬戌	14	四	壬辰	14	六	壬戌	12	日	辛卯
廿二	23	六	戊辰	25	一	戊戌	23	二	丁卯	22	三	丙申	21	五	丙寅	20	六	乙未	18	日	甲子	17	二	甲午	16	三	癸亥	15	五	癸巳	15	日	癸亥	13	一	壬辰
廿三	24	日	己巳	26	二	己亥	24	三	戊辰	23	四	丁酉	22	六	丁卯	21	日	丙申	19	一	乙丑	18	三	乙未	17	四	甲子	16	六	甲午	16	一	甲子	14	二	癸巳
廿四	25	一	庚午	27	三	庚子	25	四	己巳	24	五	戊戌	23	日	戊辰	22	一	丁酉	20	二	丙寅	19	四	丙申	18	五	乙丑	17	日	乙未	17	二	乙丑	15	三	甲午
廿五	26	二	辛未	28	四	辛丑	26	五	庚午	25	六	己亥	24	一	己巳	23	二	戊戌	21	三	丁卯	20	五	丁酉	19	六	丙寅	18	一	丙申	18	三	丙寅	16	四	乙未
廿六	27	三	壬申	29	五	壬寅	27	六	辛未	26	日	庚子	25	二	庚午	24	三	己亥	22	四	戊辰	21	六	戊戌	20	日	丁卯	19	二	丁酉	19	四	丁卯	17	五	丙申
廿七	28	四	癸酉	30	六	癸卯	28	日	壬申	27	一	辛丑	26	三	辛未	25	四	庚子	23	五	己巳	22	日	己亥	21	一	戊辰	20	三	戊戌	20	五	戊辰	18	六	丁酉
廿八	3	五	甲戌	31	日	甲辰	29	一	癸酉	28	二	壬寅	27	四	壬申	26	五	辛丑	24	六	庚午	23	一	庚子	22	二	己巳	21	四	己亥	21	六	己巳	19	日	戊戌
廿九	2	六	乙亥	4	一	乙巳	30	二	甲戌	29	三	癸卯	28	五	癸酉	27	六	壬寅	25	日	辛未	24	二	辛丑	23	三	庚午	22	五	庚子	22	日	庚午	20	一	己亥
三十	3	日	丙子							30	四	甲辰							26	一	壬申				24	四	辛未	23	六	辛丑				21	二	庚子
节气	立春 初二 酉时		雨水 十八 未时	惊蛰 初三 午时		春分 十八 未时	清明 初四 酉时		谷雨 二十 丑时	立夏 初六 午时		小满 廿二 子时	芒种 初七 申时		夏至 廿三 辰时	小暑 初十 丑时		大暑 廿五 戌时	立秋 十二 午时		处暑 廿七 丑时	白露 十三 未时		秋分 廿八 辰时	寒露 十五 卯时		霜降 三十 辰时	立冬 十五 辰时		小雪 三十 卯时	大雪 十五 丑时		冬至 廿九 酉时	小寒 十五 午时		大寒 三十 卯时

农历丁亥年　属猪　　　　　　　　　　　　　　公元1947—1948年

旬	正月大壬寅 公历	星期	干支	二月大癸卯 公历	星期	干支	闰二月小 公历	星期	干支	三月小甲辰 公历	星期	干支	四月大乙巳 公历	星期	干支	五月小丙午 公历	星期	干支	六月小丁未 公历	星期	干支	七月大戊申 公历	星期	干支	八月小己酉 公历	星期	干支	九月大庚戌 公历	星期	干支	十月小辛亥 公历	星期	干支	十一月大壬子 公历	星期	干支	十二月大癸丑 公历	星期	干支
初一	22	三	辛丑	21	五	辛未	23	日	辛丑	21	一	庚午	20	二	己亥	19	四	己巳	18	五	戊戌	16	六	丁卯	15	一	丁酉	14	二	丙寅	13	四	丙申	12	五	乙丑	11	日	乙未
初二	23	四	壬寅	22	六	壬申	24	一	壬寅	22	二	辛未	21	三	庚子	20	五	庚午	19	六	己亥	17	日	戊辰	16	二	戊戌	15	三	丁卯	14	五	丁酉	13	六	丙寅	12	一	丙申
初三	24	五	癸卯	23	日	癸酉	25	二	癸卯	23	三	壬申	22	四	辛丑	21	六	辛未	20	日	庚子	18	一	己巳	17	三	己亥	16	四	戊辰	15	六	戊戌	14	日	丁卯	13	二	丁酉
初四	25	六	甲辰	24	一	甲戌	26	三	甲辰	24	四	癸酉	23	五	壬寅	22	日	壬申	21	一	辛丑	19	二	庚午	18	四	庚子	17	五	己巳	16	日	己亥	15	一	戊辰	14	三	戊戌
初五	26	日	乙巳	25	二	乙亥	27	四	乙巳	25	五	甲戌	24	六	癸卯	23	一	癸酉	22	二	壬寅	20	三	辛未	19	五	辛丑	18	六	庚午	17	一	庚子	16	二	己巳	15	四	己亥
初六	27	一	丙午	26	三	丙子	28	五	丙午	26	六	乙亥	25	日	甲辰	24	二	甲戌	23	三	癸卯	21	四	壬申	20	六	壬寅	19	日	辛未	18	二	辛丑	17	三	庚午	16	五	庚子
初七	28	二	丁未	27	四	丁丑	29	六	丁未	27	日	丙子	26	一	乙巳	25	三	乙亥	24	四	甲辰	22	五	癸酉	21	日	癸卯	20	一	壬申	19	三	壬寅	18	四	辛未	17	六	辛丑
初八	29	三	戊申	28	五	戊寅	30	日	戊申	28	一	丁丑	27	二	丙午	26	四	丙子	25	五	乙巳	23	六	甲戌	22	一	甲辰	21	二	癸酉	20	四	癸卯	19	五	壬申	18	日	壬寅
初九	30	四	己酉	1	六	己卯	31	一	己酉	29	二	戊寅	28	三	丁未	27	五	丁丑	26	六	丙午	24	日	乙亥	23	二	乙巳	22	三	甲戌	21	五	甲辰	20	六	癸酉	19	一	癸卯
初十	31	五	庚戌	2	日	庚辰	1	二	庚戌	30	三	己卯	29	四	戊申	28	六	戊寅	27	日	丁未	25	一	丙子	24	三	丙午	23	四	乙亥	22	六	乙巳	21	日	甲戌	20	二	甲辰
十一	1	六	辛亥	3	一	辛巳	2	三	辛亥	1	四	庚辰	30	五	己酉	29	日	己卯	28	一	戊申	26	二	丁丑	25	四	丁未	24	五	丙子	23	日	丙午	22	一	乙亥	21	三	乙巳
十二	2	日	壬子	4	二	壬午	3	四	壬子	2	五	辛巳	31	六	庚戌	30	一	庚辰	29	二	己酉	27	三	戊寅	26	五	戊申	25	六	丁丑	24	一	丁未	23	二	丙子	22	四	丙午
十三	3	一	癸丑	5	三	癸未	4	五	癸丑	3	六	壬午	1	日	辛亥	1	二	辛巳	30	三	庚戌	28	四	己卯	27	六	己酉	26	日	戊寅	25	二	戊申	24	三	丁丑	23	五	丁未
十四	4	二	甲寅	6	四	甲申	5	六	甲寅	4	日	癸未	2	一	壬子	2	三	壬午	31	四	辛亥	29	五	庚辰	28	日	庚戌	27	一	己卯	26	三	己酉	25	四	戊寅	24	六	戊申
十五	5	三	乙卯	7	五	乙酉	6	日	乙卯	5	一	甲申	3	二	癸丑	3	四	癸未	1	五	壬子	30	六	辛巳	29	一	辛亥	28	二	庚辰	27	四	庚戌	26	五	己卯	25	日	己酉
十六	6	四	丙辰	8	六	丙戌	7	一	丙辰	6	二	乙酉	4	三	甲寅	4	五	甲申	2	六	癸丑	31	日	壬午	30	二	壬子	29	三	辛巳	28	五	辛亥	27	六	庚辰	26	一	庚戌
十七	7	五	丁巳	9	日	丁亥	8	二	丁巳	7	三	丙戌	5	四	乙卯	5	六	乙酉	3	日	甲寅	1	一	癸未	1	三	癸丑	30	四	壬午	29	六	壬子	28	日	辛巳	27	二	辛亥
十八	8	六	戊午	10	一	戊子	9	三	戊午	8	四	丁亥	6	五	丙辰	6	日	丙戌	4	一	乙卯	2	二	甲申	2	四	甲寅	31	五	癸未	30	日	癸丑	29	一	壬午	28	三	壬子
十九	9	日	己未	11	二	己丑	10	四	己未	9	五	戊子	7	六	丁巳	7	一	丁亥	5	二	丙辰	3	三	乙酉	3	五	乙卯	1	六	甲申	1	一	甲寅	30	二	癸未	29	四	癸丑
二十	10	一	庚申	12	三	庚寅	11	五	庚申	10	六	己丑	8	日	戊午	8	二	戊子	6	三	丁巳	4	四	丙戌	4	六	丙辰	2	日	乙酉	2	二	乙卯	31	三	甲申	30	五	甲寅
廿一	11	二	辛酉	13	四	辛卯	12	六	辛酉	11	日	庚寅	9	一	己未	9	三	己丑	7	四	戊午	5	五	丁亥	5	日	丁巳	3	一	丙戌	3	三	丙辰	1	四	乙酉	31	六	乙卯
廿二	12	三	壬戌	14	五	壬辰	13	日	壬戌	12	一	辛卯	10	二	庚申	10	四	庚寅	8	五	己未	6	六	戊子	6	一	戊午	4	二	丁亥	4	四	丁巳	2	五	丙戌	1	日	丙辰
廿三	13	四	癸亥	15	六	癸巳	14	一	癸亥	13	二	壬辰	11	三	辛酉	11	五	辛卯	9	六	庚申	7	日	己丑	7	二	己未	5	三	戊子	5	五	戊午	3	六	丁亥	2	一	丁巳
廿四	14	五	甲子	16	日	甲午	15	二	甲子	14	三	癸巳	12	四	壬戌	12	六	壬辰	10	日	辛酉	8	一	庚寅	8	三	庚申	6	四	己丑	6	六	己未	4	日	戊子	3	二	戊午
廿五	15	六	乙丑	17	一	乙未	16	三	乙丑	15	四	甲午	13	五	癸亥	13	日	癸巳	11	一	壬戌	9	二	辛卯	9	四	辛酉	7	五	庚寅	7	日	庚申	5	一	己丑	4	三	己未
廿六	16	日	丙寅	18	二	丙申	17	四	丙寅	16	五	乙未	14	六	甲子	14	一	甲午	12	二	癸亥	10	三	壬辰	10	五	壬戌	8	六	辛卯	8	一	辛酉	6	二	庚寅	5	四	庚申
廿七	17	一	丁卯	19	三	丁酉	18	五	丁卯	17	六	丙申	15	日	乙丑	15	二	乙未	13	三	甲子	11	四	癸巳	11	六	癸亥	9	日	壬辰	9	二	壬戌	7	三	辛卯	6	五	辛酉
廿八	18	二	戊辰	20	四	戊戌	19	六	戊辰	18	日	丁酉	16	一	丙寅	16	三	丙申	14	四	乙丑	12	五	甲午	12	日	甲子	10	一	癸巳	10	三	癸亥	8	四	壬辰	7	六	壬戌
廿九	19	三	己巳	21	五	己亥	20	日	己巳	19	一	戊戌	17	二	丁卯	17	四	丁酉	15	五	丙寅	13	六	乙未	13	一	乙丑	11	二	甲午	11	四	甲子	9	五	癸巳	8	日	癸亥
三十	20	四	庚午	22	六	庚子							18	三	戊辰							14	日	丙申				12	三	乙未				10	六	甲午	9	一	甲子
节	立春 十四 子时			惊蛰 十四 酉时			清明 十四 午时			立夏 十六 酉时			芒种 十八 酉时			小暑 二十 辰时			立秋 廿二 酉时			白露 廿四 丑时			寒露 廿五			立冬 廿六			大雪 廿六 卯时			小寒 廿七 酉时			立春 廿六 卯时		
气	雨水 廿九 戌时			春分 廿九 戌时						谷雨 初一 卯时			小满 初三 卯时			夏至 初四			大暑 初七 丑时			处暑 初九 辰时			秋分 初十			霜降 十一			小雪 十一			冬至 十二 午时			大寒 十一 午时		

153

农历戊子年　属鼠

旬	正月大甲寅 公历	星期	干支	二月小乙卯 公历	星期	干支	三月大丙辰 公历	星期	干支	四月小丁巳 公历	星期	干支	五月大戊午 公历	星期	干支	六月小己未 公历	星期	干支	旬	七月小庚申 公历	星期	干支	八月大辛酉 公历	星期	干支	九月小壬戌 公历	星期	干支	十月大癸亥 公历	星期	干支	十一月小甲子 公历	星期	干支	十二月大乙丑 公历	星期	干支
初一	10	二	乙丑	11	四	乙未	9	五	甲子	9	日	甲午	7	一	癸亥	7	三	癸巳	初一	5	四	壬戌	3	五	辛卯	3	日	辛酉	11	一	庚寅	12	三	庚申	30	四	己丑
初二	11	三	丙寅	12	五	丙申	10	六	乙丑	10	一	乙未	8	二	甲子	8	四	甲午	初二	6	五	癸亥	4	六	壬辰	4	一	壬戌	2	二	辛卯	2	四	辛酉	31	五	庚寅
初三	12	四	丁卯	13	六	丁酉	11	日	丙寅	11	二	丙申	9	三	乙丑	9	五	乙未	初三	7	六	甲子	5	日	癸巳	5	二	癸亥	3	三	壬辰	3	五	壬戌	1	六	辛卯
初四	13	五	戊辰	14	日	戊戌	12	一	丁卯	12	三	丁酉	10	四	丙寅	10	六	丙申	初四	8	日	乙丑	6	一	甲午	6	三	甲子	4	四	癸巳	4	六	癸亥	2	日	壬辰
初五	14	六	己巳	15	一	己亥	13	二	戊辰	13	四	戊戌	11	五	丁卯	11	日	丁酉	初五	9	一	丙寅	7	二	乙未	7	四	乙丑	5	五	甲午	5	日	甲子	3	一	癸巳
初六	15	日	庚午	16	二	庚子	14	三	己巳	14	五	己亥	12	六	戊辰	12	一	戊戌	初六	10	二	丁卯	8	三	丙申	8	五	丙寅	6	六	乙未	6	一	乙丑	4	二	甲午
初七	16	一	辛未	17	三	辛丑	15	四	庚午	15	六	庚子	13	日	己巳	13	二	己亥	初七	11	三	戊辰	9	四	丁酉	9	六	丁卯	7	日	丙申	7	二	丙寅	5	三	乙未
初八	17	二	壬申	18	四	壬寅	16	五	辛未	16	日	辛丑	14	一	庚午	14	三	庚子	初八	12	四	己巳	10	五	戊戌	10	日	戊辰	8	一	丁酉	8	三	丁卯	6	四	丙申
初九	18	三	癸酉	19	五	癸卯	17	六	壬申	17	一	壬寅	15	二	辛未	15	四	辛丑	初九	13	五	庚午	11	六	己亥	11	一	己巳	9	二	戊戌	9	四	戊辰	7	五	丁酉
初十	19	四	甲戌	20	六	甲辰	18	日	癸酉	18	二	癸卯	16	三	壬申	16	五	壬寅	初十	14	六	辛未	12	日	庚子	12	二	庚午	10	三	己亥	10	五	己巳	8	六	戊戌
十一	20	五	乙亥	21	日	乙巳	19	一	甲戌	19	三	甲辰	17	四	癸酉	17	六	癸卯	十一	15	日	壬申	13	一	辛丑	13	三	辛未	11	四	庚子	11	六	庚午	9	日	己亥
十二	21	六	丙子	22	一	丙午	20	二	乙亥	20	四	乙巳	18	五	甲戌	18	日	甲辰	十二	16	一	癸酉	14	二	壬寅	14	四	壬申	12	五	辛丑	12	日	辛未	10	一	庚子
十三	22	日	丁丑	23	二	丁未	21	三	丙子	21	五	丙午	19	六	乙亥	19	一	乙巳	十三	17	二	甲戌	15	三	癸卯	15	五	癸酉	13	六	壬寅	13	一	壬申	11	二	辛丑
十四	23	一	戊寅	24	三	戊申	22	四	丁丑	22	六	丁未	20	日	丙子	20	二	丙午	十四	18	三	乙亥	16	四	甲辰	16	六	甲戌	14	日	癸卯	14	二	癸酉	12	三	壬寅
十五	24	二	己卯	25	四	己酉	23	五	戊寅	23	日	戊申	21	一	丁丑	21	三	丁未	十五	19	四	丙子	17	五	乙巳	17	日	乙亥	15	一	甲辰	15	三	甲戌	13	四	癸卯
十六	25	三	庚辰	26	五	庚戌	24	六	己卯	24	一	己酉	22	二	戊寅	22	四	戊申	十六	20	五	丁丑	18	六	丙午	18	一	丙子	16	二	乙巳	16	四	乙亥	14	五	甲辰
十七	26	四	辛巳	27	六	辛亥	25	日	庚辰	25	二	庚戌	23	三	己卯	23	五	己酉	十七	21	六	戊寅	19	日	丁未	19	二	丁丑	17	三	丙午	17	五	丙子	15	六	乙巳
十八	27	五	壬午	28	日	壬子	26	一	辛巳	26	三	辛亥	24	四	庚辰	24	六	庚戌	十八	22	日	己卯	20	一	戊申	20	三	戊寅	18	四	丁未	18	六	丁丑	16	日	丙午
十九	28	六	癸未	29	一	癸丑	27	二	壬午	27	四	壬子	25	五	辛巳	25	日	辛亥	十九	23	一	庚辰	21	二	己酉	21	四	己卯	19	五	戊申	19	日	戊寅	17	一	丁未
二十	29	日	甲申	30	二	甲寅	28	三	癸未	28	五	癸丑	26	六	壬午	26	一	壬子	二十	24	二	辛巳	22	三	庚戌	22	五	庚辰	20	六	己酉	20	一	己卯	18	二	戊申
廿一	3	一	乙酉	31	三	乙卯	29	四	甲申	29	六	甲寅	27	日	癸未	27	二	癸丑	廿一	25	三	壬午	23	四	辛亥	23	六	辛巳	21	日	庚戌	21	二	庚辰	19	三	己酉
廿二	1	二	丙戌	4	四	丙辰	30	五	乙酉	30	日	乙卯	28	一	甲申	28	三	甲寅	廿二	26	四	癸未	24	五	壬子	24	日	壬午	22	一	辛亥	22	三	辛巳	20	四	庚戌
廿三	3	三	丁亥	2	五	丁巳	5	六	丙戌	31	一	丙辰	29	二	乙酉	29	四	乙卯	廿三	27	五	甲申	25	六	癸丑	25	一	癸未	23	二	壬子	23	四	壬午	21	五	辛亥
廿四	4	四	戊子	3	六	戊午	3	日	丁亥	6	二	丁巳	30	三	丙戌	30	五	丙辰	廿四	28	六	乙酉	26	日	甲寅	26	二	甲申	24	三	癸丑	24	五	癸未	22	六	壬子
廿五	5	五	己丑	4	日	己未	4	一	戊子	2	三	戊午	7	四	丁亥	31	六	丁巳	廿五	29	日	丙戌	27	一	乙卯	27	三	乙酉	25	四	甲寅	25	六	甲申	23	日	癸丑
廿六	6	六	庚寅	5	一	庚申	5	二	己丑	3	四	己未	2	五	戊子	1	日	戊午	廿六	30	一	丁亥	28	二	丙辰	28	四	丙戌	26	五	乙卯	26	日	乙酉	24	一	甲寅
廿七	7	日	辛卯	6	二	辛酉	6	三	庚寅	4	五	庚申	3	六	己丑	2	一	己未	廿七	31	二	戊子	29	三	丁巳	29	五	丁亥	27	六	丙辰	27	一	丙戌	25	二	乙卯
廿八	8	一	壬辰	7	三	壬戌	7	四	辛卯	5	六	辛酉	4	日	庚寅	3	二	庚申	廿八	9	三	己丑	30	四	戊午	30	六	戊子	28	日	丁巳	28	二	丁亥	26	三	丙辰
廿九	9	二	癸巳	8	四	癸亥	8	五	壬辰	6	日	壬戌	5	一	辛卯	4	三	辛酉	廿九	2	四	庚寅	31	五	己未	9	日	己丑	29	一	戊午	29	三	戊子	27	四	丁巳
三十	10	三	甲午				9	六	癸巳				6	二	壬辰				三十				9	六	庚申				30	二	己未				28	五	戊午

| 节 气 | 雨水 十一 丑时 | 惊蛰 廿五 子时 | 春分 十一 子时 | 清明 廿六 卯时 | 谷雨 十二 午时 | 立夏 廿七 亥时 | 小满 十三 午时 | 芒种 廿九 寅时 | 夏至 十五 戌时 | 小暑 初一 未时 | 大暑 十七 辰时 | 立秋 初三 子时 | 处暑 十九 午时 | 白露 初六 午时 | 秋分 廿一 午时 | 寒露 初七 酉时 | 霜降 廿二 酉时 | 立冬 初六 酉时 | 小雪 廿一 酉时 | 大雪 初七 午时 | 冬至 廿二 卯时 | 小寒 初七 子时 | 大寒 廿一 酉时 |

农历己丑年·属牛

旬/日	正月大丙寅 公历	星期	干支	二月小丁卯 公历	星期	干支	三月大戊辰 公历	星期	干支	四月大己巳 公历	星期	干支	五月小庚午 公历	星期	干支	六月小辛未 公历	星期	干支	七月小壬申 公历	星期	干支	闰七月小 公历	星期	干支	八月大癸酉 公历	星期	干支	九月小甲戌 公历	星期	干支	十月大乙亥 公历	星期	干支	十一月小丙子 公历	星期	干支	十二月大丁丑 公历	星期	干支
初一	29	六	己未	28	一	己丑	29	二	戊午	28	四	戊子	28	六	戊午	26	日	丁亥	25	一	丙辰	23	二	乙酉	21	三	甲寅	21	五	甲申	19	六	癸丑	19	一	癸未	17	二	壬子
初二	30	日	庚申	1	二	庚寅	30	三	己未	29	五	己丑	29	日	己未	27	一	戊子	26	二	丁巳	24	三	丙戌	22	四	乙卯	22	六	乙酉	20	日	甲寅	20	二	甲申	18	三	癸丑
初三	31	一	辛酉	2	三	辛卯	31	四	庚申	30	六	庚寅	30	一	庚申	28	二	己丑	27	三	戊午	25	四	丁亥	23	五	丙辰	23	日	丙戌	21	一	乙卯	21	三	乙酉	19	四	甲寅
初四	1	二	壬戌	3	四	壬辰	1	五	辛酉	1	日	辛卯	31	二	辛酉	29	三	庚寅	28	四	己未	26	五	戊子	24	六	丁巳	24	一	丁亥	22	二	丙辰	22	四	丙戌	20	五	乙卯
初五	2	三	癸亥	4	五	癸巳	2	六	壬戌	2	一	壬辰	1	三	壬戌	30	四	辛卯	29	五	庚申	27	六	己丑	25	日	戊午	25	二	戊子	23	三	丁巳	23	五	丁亥	21	六	丙辰
初六	3	四	甲子	5	六	甲午	3	日	癸亥	3	二	癸巳	2	四	癸亥	1	五	壬辰	30	六	辛酉	28	日	庚寅	26	一	己未	26	三	己丑	24	四	戊午	24	六	戊子	22	日	丁巳
初七	4	五	乙丑	6	日	乙未	4	一	甲子	4	三	甲午	3	五	甲子	2	六	癸巳	31	日	壬戌	29	一	辛卯	27	二	庚申	27	四	庚寅	25	五	己未	25	日	己丑	23	一	戊午
初八	5	六	丙寅	7	一	丙申	5	二	乙丑	5	四	乙未	4	六	乙丑	3	日	甲午	1	一	癸亥	30	二	壬辰	28	三	辛酉	28	五	辛卯	26	六	庚申	26	一	庚寅	24	二	己未
初九	6	日	丁卯	8	二	丁酉	6	三	丙寅	6	五	丙申	5	日	丙寅	4	一	乙未	2	二	甲子	31	三	癸巳	29	四	壬戌	29	六	壬辰	27	日	辛酉	27	二	辛卯	25	三	庚申
初十	7	一	戊辰	9	三	戊戌	7	四	丁卯	7	六	丁酉	6	一	丁卯	5	二	丙申	3	三	乙丑	1	四	甲午	30	五	癸亥	30	日	癸巳	28	一	壬戌	28	三	壬辰	26	四	辛酉
十一	8	二	己巳	10	四	己亥	8	五	戊辰	8	日	戊戌	7	二	戊辰	6	三	丁酉	4	四	丙寅	2	五	乙未	1	六	甲子	31	一	甲午	29	二	癸亥	29	四	癸巳	27	五	壬戌
十二	9	三	庚午	11	五	庚子	9	六	己巳	9	一	己亥	8	三	己巳	7	四	戊戌	5	五	丁卯	3	六	丙申	2	日	乙丑	1	二	乙未	30	三	甲子	30	五	甲午	28	六	癸亥
十三	10	四	辛未	12	六	辛丑	10	日	庚午	10	二	庚子	9	四	庚午	8	五	己亥	6	六	戊辰	4	日	丁酉	3	一	丙寅	2	三	丙申	1	四	乙丑	31	六	乙未	29	日	甲子
十四	11	五	壬申	13	日	壬寅	11	一	辛未	11	三	辛丑	10	五	辛未	9	六	庚子	7	日	己巳	5	一	戊戌	4	二	丁卯	3	四	丁酉	2	五	丙寅	1	日	丙申	30	一	乙丑
十五	12	六	癸酉	14	一	癸卯	12	二	壬申	12	四	壬寅	11	六	壬申	10	日	辛丑	8	一	庚午	6	二	己亥	5	三	戊辰	4	五	戊戌	3	六	丁卯	2	一	丁酉	31	二	丙寅
十六	13	日	甲戌	15	二	甲辰	13	三	癸酉	13	五	癸卯	12	日	癸酉	11	一	壬寅	9	二	辛未	7	三	庚子	6	四	己巳	5	六	己亥	4	日	戊辰	3	二	戊戌	1	三	丁卯
十七	14	一	乙亥	16	三	乙巳	14	四	甲戌	14	六	甲辰	13	一	甲戌	12	二	癸卯	10	三	壬申	8	四	辛丑	7	五	庚午	6	日	庚子	5	一	己巳	4	三	己亥	2	四	戊辰
十八	15	二	丙子	17	四	丙午	15	五	乙亥	15	日	乙巳	14	二	乙亥	13	三	甲辰	11	四	癸酉	9	五	壬寅	8	六	辛未	7	一	辛丑	6	二	庚午	5	四	庚子	3	五	己巳
十九	16	三	丁丑	18	五	丁未	16	六	丙子	16	一	丙午	15	三	丙子	14	四	乙巳	12	五	甲戌	10	六	癸卯	9	日	壬申	8	二	壬寅	7	三	辛未	6	五	辛丑	4	六	庚午
二十	17	四	戊寅	19	六	戊申	17	日	丁丑	17	二	丁未	16	四	丁丑	15	五	丙午	13	六	乙亥	11	日	甲辰	10	一	癸酉	9	三	癸卯	8	四	壬申	7	六	壬寅	5	日	辛未
廿一	18	五	己卯	20	日	己酉	18	一	戊寅	18	三	戊申	17	五	戊寅	16	六	丁未	14	日	丙子	12	一	乙巳	11	二	甲戌	10	四	甲辰	9	五	癸酉	8	日	癸卯	6	一	壬申
廿二	19	六	庚辰	21	一	庚戌	19	二	己卯	19	四	己酉	18	六	己卯	17	日	戊申	15	一	丁丑	13	二	丙午	12	三	乙亥	11	五	乙巳	10	六	甲戌	9	一	甲辰	7	二	癸酉
廿三	20	日	辛巳	22	二	辛亥	20	三	庚辰	20	五	庚戌	19	日	庚辰	18	一	己酉	16	二	戊寅	14	三	丁未	13	四	丙子	12	六	丙午	11	日	乙亥	10	二	乙巳	8	三	甲戌
廿四	21	一	壬午	23	三	壬子	21	四	辛巳	21	六	辛亥	20	一	辛巳	19	二	庚戌	17	三	己卯	15	四	戊申	14	五	丁丑	13	日	丁未	12	一	丙子	11	三	丙午	9	四	乙亥
廿五	22	二	癸未	24	四	癸丑	22	五	壬午	22	日	壬子	21	二	壬午	20	三	辛亥	18	四	庚辰	16	五	己酉	15	六	戊寅	14	一	戊申	13	二	丁丑	12	四	丁未	10	五	丙子
廿六	23	三	甲申	25	五	甲寅	23	六	癸未	23	一	癸丑	22	三	癸未	21	四	壬子	19	五	辛巳	17	六	庚戌	16	日	己卯	15	二	己酉	14	三	戊寅	13	五	戊申	11	六	丁丑
廿七	24	四	乙酉	26	六	乙卯	24	日	甲申	24	二	甲寅	23	四	甲申	22	五	癸丑	20	六	壬午	18	日	辛亥	17	一	庚辰	16	三	庚戌	15	四	己卯	14	六	己酉	12	日	戊寅
廿八	25	五	丙戌	27	日	丙辰	25	一	乙酉	25	三	乙卯	24	五	乙酉	23	六	甲寅	21	日	癸未	19	一	壬子	18	二	辛巳	17	四	辛亥	16	五	庚辰	15	日	庚戌	13	一	己卯
廿九	26	六	丁亥	28	一	丁巳	26	二	丙戌	26	四	丙辰	25	六	丙戌	24	日	乙卯	22	一	甲申	20	二	癸丑	19	三	壬午	18	五	壬子	17	六	辛巳	16	一	辛亥	14	二	庚辰
三十	27	日	戊子				27	三	丁亥	27	五	丁巳													20	四	癸未				18	日	壬午				15	三	辛巳

节气

正月	二月	三月	四月	五月	六月	七月	闰七月	八月	九月	十月	十一月	十二月
立春 初七 午时	惊蛰 初七 卯时	清明 初八 巳时	立夏 初九 寅时	芒种 初十 巳时	小暑 十二 戌时	立秋 十四 卯时	白露 十六 辰时	秋分 廿一 酉时	霜降 初三 卯时	小雪 初三 子时	冬至 初三 子时	大寒 初三 子时
雨水 廿二 辰时	春分 廿二 卯时	谷雨 廿三 酉时	小满 廿四 酉时	夏至 廿五 丑时	大暑 廿八 午时	处暑 廿九 戌时	寒露 十六 巳时	寒露 十六 巳时	立冬 十八 丑时	大雪 十八 酉时	小寒 十八 卯时	立春 十八 酉时

农历庚寅年　属虎

公元1950－1951年

旬	正月小戊寅 公历	星期	干支	二月大己卯 公历	星期	干支	三月大庚辰 公历	星期	干支	四月小辛巳 公历	星期	干支	五月大壬午 公历	星期	干支	六月大癸未 公历	星期	干支
初一	17	五	癸未	18	六	壬子	17	一	壬午	17	三	壬子	15	四	辛巳	15	六	辛亥
初二	18	六	甲申	19	日	癸丑	18	二	癸未	18	四	癸丑	16	五	壬午	16	日	壬子
初三	19	日	乙酉	20	一	甲寅	19	三	甲申	19	五	甲寅	17	六	癸未	17	一	癸丑
初四	20	一	丙戌	21	二	乙卯	20	四	乙酉	20	六	乙卯	18	日	甲申	18	二	甲寅
初五	21	二	丁亥	22	三	丙辰	21	五	丙戌	21	日	丙辰	19	一	乙酉	19	三	乙卯
初六	22	三	戊子	23	四	丁巳	22	六	丁亥	22	一	丁巳	20	二	丙戌	20	四	丙辰
初七	23	四	己丑	24	五	戊午	23	日	戊子	23	二	戊午	21	三	丁亥	21	五	丁巳
初八	24	五	庚寅	25	六	己未	24	一	己丑	24	三	己未	22	四	戊子	22	六	戊午
初九	25	六	辛卯	26	日	庚申	25	二	庚寅	25	四	庚申	23	五	己丑	23	日	己未
初十	26	日	壬辰	27	一	辛酉	26	三	辛卯	26	五	辛酉	24	六	庚寅	24	一	庚申
十一	27	一	癸巳	28	二	壬戌	27	四	壬辰	27	六	壬戌	25	日	辛卯	25	二	辛酉
十二	28	二	甲午	29	三	癸亥	28	五	癸巳	28	日	癸亥	26	一	壬辰	26	三	壬戌
十三	**3**	三	乙未	30	四	甲子	29	六	甲午	29	一	甲子	27	二	癸巳	27	四	癸亥
十四	2	四	丙申	31	五	乙丑	30	日	乙未	30	二	乙丑	28	三	甲午	28	五	甲子
十五	3	五	丁酉	**4**	六	丙寅	**5**	一	丙申	31	三	丙寅	29	四	乙未	29	六	乙丑
十六	4	六	戊戌	2	日	丁卯	2	二	丁酉	**6**	四	丁卯	30	五	丙申	30	日	丙寅
十七	5	日	己亥	3	一	戊辰	3	三	戊戌	2	五	戊辰	**7**	六	丁酉	31	一	丁卯
十八	6	一	庚子	4	二	己巳	4	四	己亥	3	六	己巳	2	日	戊戌	**8**	二	戊辰
十九	7	二	辛丑	5	三	庚午	5	五	庚子	4	日	庚午	3	一	己亥	2	三	己巳
二十	8	三	壬寅	6	四	辛未	6	六	辛丑	5	一	辛未	4	二	庚子	3	四	庚午
廿一	9	四	癸卯	7	五	壬申	7	日	壬寅	6	二	壬申	5	三	辛丑	4	五	辛未
廿二	10	五	甲辰	8	六	癸酉	8	一	癸卯	7	三	癸酉	6	四	壬寅	5	六	壬申
廿三	11	六	乙巳	9	日	甲戌	9	二	甲辰	8	四	甲戌	7	五	癸卯	6	日	癸酉
廿四	12	日	丙午	10	一	乙亥	10	三	乙巳	9	五	乙亥	8	六	甲辰	7	一	甲戌
廿五	13	一	丁未	11	二	丙子	11	四	丙午	10	六	丙子	9	日	乙巳	8	二	乙亥
廿六	14	二	戊申	12	三	丁丑	12	五	丁未	11	日	丁丑	10	一	丙午	9	三	丙子
廿七	15	三	己酉	13	四	戊寅	13	六	戊申	12	一	戊寅	11	二	丁未	10	四	丁丑
廿八	16	四	庚戌	14	五	己卯	14	日	己酉	13	二	己卯	12	三	戊申	11	五	戊寅
廿九	17	五	辛亥	15	六	庚辰	15	一	庚戌	14	三	庚辰	13	四	己酉	12	六	己卯
三十				16	日	辛巳	16	二	辛亥				14	五	庚戌	13	日	庚辰
节气	雨水 初三 未时		惊蛰 十八 午时	春分 初四 午时		清明 十九 申时	谷雨 初四 子时		立夏 二十 巳时	小满 初五 子时		芒种 廿一 未时	夏至 初八 辰时		小暑 廿四 丑时	大暑 初九 酉时		立秋 廿五 巳时

旬	七月小甲申 公历	星期	干支	八月小乙酉 公历	星期	干支	九月大丙戌 公历	星期	干支	十月小丁亥 公历	星期	干支	十一月大戊子 公历	星期	干支	十二月小己丑 公历	星期	干支
初一	14	一	辛巳	12	二	庚戌	11	三	己卯	10	五	己酉	9	六	戊寅	8	一	戊申
初二	15	二	壬午	13	三	辛亥	12	四	庚辰	11	六	庚戌	10	日	己卯	9	二	己酉
初三	16	三	癸未	14	四	壬子	13	五	辛巳	12	日	辛亥	11	一	庚辰	10	三	庚戌
初四	17	四	甲申	15	五	癸丑	14	六	壬午	13	一	壬子	12	二	辛巳	11	四	辛亥
初五	18	五	乙酉	16	六	甲寅	15	日	癸未	14	二	癸丑	13	三	壬午	12	五	壬子
初六	19	六	丙戌	17	日	乙卯	16	一	甲申	15	三	甲寅	14	四	癸未	13	六	癸丑
初七	20	日	丁亥	18	一	丙辰	17	二	乙酉	16	四	乙卯	15	五	甲申	14	日	甲寅
初八	21	一	戊子	19	二	丁巳	18	三	丙戌	17	五	丙辰	16	六	乙酉	15	一	乙卯
初九	22	二	己丑	20	三	戊午	19	四	丁亥	18	六	丁巳	17	日	丙戌	16	二	丙辰
初十	23	三	庚寅	21	四	己未	20	五	戊子	19	日	戊午	18	一	丁亥	17	三	丁巳
十一	24	四	辛卯	22	五	庚申	21	六	己丑	20	一	己未	19	二	戊子	18	四	戊午
十二	25	五	壬辰	23	六	辛酉	22	日	庚寅	21	二	庚申	20	三	己丑	19	五	己未
十三	26	六	癸巳	24	日	壬戌	23	一	辛卯	22	三	辛酉	21	四	庚寅	20	六	庚申
十四	27	日	甲午	25	一	癸亥	24	二	壬辰	23	四	壬戌	22	五	辛卯	21	日	辛酉
十五	28	一	乙未	26	二	甲子	25	三	癸巳	24	五	癸亥	23	六	壬辰	22	一	壬戌
十六	29	二	丙申	27	三	乙丑	26	四	甲午	25	六	甲子	24	日	癸巳	23	二	癸亥
十七	30	三	丁酉	28	四	丙寅	27	五	乙未	26	日	乙丑	25	一	甲午	24	三	甲子
十八	31	四	戊戌	29	五	丁卯	28	六	丙申	27	一	丙寅	26	二	乙未	25	四	乙丑
十九	**9**	五	己亥	30	六	戊辰	29	日	丁酉	28	二	丁卯	27	三	丙申	26	五	丙寅
二十	2	六	庚子	**10**	日	己巳	30	一	戊戌	29	三	戊辰	28	四	丁酉	27	六	丁卯
廿一	3	日	辛丑	2	一	庚午	31	二	己亥	30	四	己巳	29	五	戊戌	28	日	戊辰
廿二	4	一	壬寅	3	二	辛未	**11**	三	庚子	**12**	五	庚午	30	六	己亥	29	一	己巳
廿三	5	二	癸卯	4	三	壬申	2	四	辛丑	2	六	辛未	31	日	庚子	30	二	庚午
廿四	6	三	甲辰	5	四	癸酉	3	五	壬寅	3	日	壬申	**1**	一	辛丑	31	三	辛未
廿五	7	四	乙巳	6	五	甲戌	4	六	癸卯	4	一	癸酉	2	二	壬寅	**2**	四	壬申
廿六	8	五	丙午	7	六	乙亥	5	日	甲辰	5	二	甲戌	3	三	癸卯	2	五	癸酉
廿七	9	六	丁未	8	日	丙子	6	一	乙巳	6	三	乙亥	4	四	甲辰	3	六	甲戌
廿八	10	日	戊申	9	一	丁丑	7	二	丙午	7	四	丙子	5	五	乙巳	4	日	乙亥
廿九	11	一	己酉	10	二	戊寅	8	三	丁未	8	五	丁丑	6	六	丙午	5	一	丙子
三十							9	四	戊申				7	日	丁未			
节气	处暑 十一 丑时		白露 廿六 未时	秋分 十二 亥时		寒露 廿八 寅时	霜降 十四 辰时		立冬 廿九 辰时	小雪 十四 卯时		大雪 廿九 子时	冬至 十四 酉时		小寒 廿九 午时	大寒 十四 寅时		立春 廿八 子时

| 月份 | 正月大庚寅 | 二月小辛卯 | 三月大壬辰 | 四月大癸巳 | 五月小甲午 | 六月大乙未 | 七月小丙申 | 八月大丁酉 | 九月小戊戌 | 十月大己亥 | 十一月小庚子 | 十二月大辛丑 |

节气：
- 正月大庚寅：雨水 十四 戌时；惊蛰 廿九 酉时
- 二月小辛卯：春分 十四 酉时；清明 廿九 亥时
- 三月大壬辰：谷雨 十六 卯时
- 四月大癸巳：立夏 初一 申时；小满 十七 卯时
- 五月小甲午：芒种 初二 戌时；夏至 十八 未时
- 六月大乙未：小暑 初五 卯时；大暑 廿一 子时
- 七月小丙申：立秋 初六 申时；处暑 廿二 辰时
- 八月大丁酉：白露 初八 寅时；秋分 廿四 寅时
- 九月小戊戌：寒露 初九 巳时；霜降 廿四 未时
- 十月大己亥：立冬 初十 未时；小雪 廿五 巳时
- 十一月小庚子：大雪 初十 卯时；冬至 廿五 子时
- 十二月大辛丑：小寒 初十 酉时；大寒 廿五 巳时

旬：初一—初十、十一—二十、廿一—三十

农历壬辰年　属龙

旬	正月小壬寅 公历	星期	干支	二月大癸卯 公历	星期	干支	三月小甲辰 公历	星期	干支	四月大乙巳 公历	星期	干支	五月小丙午 公历	星期	干支	闰五月大 公历	星期	干支	六月小丁未 公历	星期	干支	七月大戊申 公历	星期	干支	八月大己酉 公历	星期	干支	九月小庚戌 公历	星期	干支	十月大辛亥 公历	星期	干支	十一月小壬子 公历	星期	干支	十二月大癸丑 公历	星期	干支
初一	27	日	壬申	25	一	辛丑	26	三	辛未	24	四	庚子	24	六	庚午	22	日	己亥	22	二	己巳	20	三	戊戌	19	五	戊辰	19	日	戊戌	17	一	丁卯	17	三	丁酉	15	四	丙寅
初二	28	一	癸酉	26	二	壬寅	27	四	壬申	25	五	辛丑	25	日	辛未	23	一	庚子	23	三	庚午	21	四	己亥	20	六	己巳	20	一	己亥	18	二	戊辰	18	四	戊戌	16	五	丁卯
初三	29	二	甲戌	27	三	癸卯	28	五	癸酉	26	六	壬寅	26	一	壬申	24	二	辛丑	24	四	辛未	22	五	庚子	21	日	庚午	21	二	庚子	19	三	己巳	19	五	己亥	17	六	戊辰
初四	30	三	乙亥	28	四	甲辰	29	六	甲戌	27	日	癸卯	27	二	癸酉	25	三	壬寅	25	五	壬申	23	六	辛丑	22	一	辛未	22	三	辛丑	20	四	庚午	20	六	庚子	18	日	己巳
初五	31	四	丙子	29	五	乙巳	30	日	乙亥	28	一	甲辰	28	三	甲戌	26	四	癸卯	26	六	癸酉	24	日	壬寅	23	二	壬申	23	四	壬寅	21	五	辛未	21	日	辛丑	19	一	庚午
初六	2.1	五	丁丑	3.1	六	丙午	31	一	丙子	29	二	乙巳	29	四	乙亥	27	五	甲辰	27	日	甲戌	25	一	癸卯	24	三	癸酉	24	五	癸卯	22	六	壬申	22	一	壬寅	20	二	辛未
初七	2	六	戊寅	2	日	丁未	4.1	二	丁丑	30	三	丙午	30	五	丙子	28	六	乙巳	28	一	乙亥	26	二	甲辰	25	四	甲戌	25	六	甲辰	23	日	癸酉	23	二	癸卯	21	三	壬申
初八	3	日	己卯	3	一	戊申	2	三	戊寅	5.1	四	丁未	31	六	丁丑	29	日	丙午	29	二	丙子	27	三	乙巳	26	五	乙亥	26	日	乙巳	24	一	甲戌	24	三	甲辰	22	四	癸酉
初九	4	一	庚辰	4	二	己酉	3	四	己卯	2	五	戊申	6.1	日	戊寅	30	一	丁未	30	三	丁丑	28	四	丙午	27	六	丙子	27	一	丙午	25	二	乙亥	25	四	乙巳	23	五	甲戌
初十	5	二	辛巳	5	三	庚戌	4	五	庚辰	3	六	己酉	2	一	己卯	7.1	二	戊申	31	四	戊寅	29	五	丁未	28	日	丁丑	28	二	丁未	26	三	丙子	26	五	丙午	24	六	乙亥
十一	6	三	壬午	6	四	辛亥	5	六	辛巳	4	日	庚戌	3	二	庚辰	2	三	己酉	8.1	五	己卯	30	六	戊申	29	一	戊寅	29	三	戊申	27	四	丁丑	27	六	丁未	25	日	丙子
十二	7	四	癸未	7	五	壬子	6	日	壬午	5	一	辛亥	4	三	辛巳	3	四	庚戌	2	六	庚辰	31	日	己酉	30	二	己卯	30	四	己酉	28	五	戊寅	28	日	戊申	26	一	丁丑
十三	8	五	甲申	8	六	癸丑	7	一	癸未	6	二	壬子	5	四	壬午	4	五	辛亥	3	日	辛巳	9.1	一	庚戌	10.1	三	庚辰	31	五	庚戌	29	六	己卯	29	一	己酉	27	二	戊寅
十四	9	六	乙酉	9	日	甲寅	8	二	甲申	7	三	癸丑	6	五	癸未	5	六	壬子	4	一	壬午	2	二	辛亥	2	四	辛巳	11.1	六	辛亥	30	日	庚辰	30	二	庚戌	28	三	己卯
十五	10	日	丙戌	10	一	乙卯	9	三	乙酉	8	四	甲寅	7	六	甲申	6	日	癸丑	5	二	癸未	3	三	壬子	3	五	壬午	2	日	壬子	12.1	一	辛巳	31	三	辛亥	29	四	庚辰
十六	11	一	丁亥	11	二	丙辰	10	四	丙戌	9	五	乙卯	8	日	乙酉	7	一	甲寅	6	三	甲申	4	四	癸丑	4	六	癸未	3	一	癸丑	2	二	壬午	1.1	四	壬子	30	五	辛巳
十七	12	二	戊子	12	三	丁巳	11	五	丁亥	10	六	丙辰	9	一	丙戌	8	二	乙卯	7	四	乙酉	5	五	甲寅	5	日	甲申	4	二	甲寅	3	三	癸未	2	五	癸丑	31	六	壬午
十八	13	三	己丑	13	四	戊午	12	六	戊子	11	日	丁巳	10	二	丁亥	9	三	丙辰	8	五	丙戌	6	六	乙卯	6	一	乙酉	5	三	乙卯	4	四	甲申	3	六	甲寅	2.1	日	癸未
十九	14	四	庚寅	14	五	己未	13	日	己丑	12	一	戊午	11	三	戊子	10	四	丁巳	9	六	丁亥	7	日	丙辰	7	二	丙戌	6	四	丙辰	5	五	乙酉	4	日	乙卯	2	一	甲申
二十	15	五	辛卯	15	六	庚申	14	一	庚寅	13	二	己未	12	四	己丑	11	五	戊午	10	日	戊子	8	一	丁巳	8	三	丁亥	7	五	丁巳	6	六	丙戌	5	一	丙辰	3	二	乙酉
廿一	16	六	壬辰	16	日	辛酉	15	二	辛卯	14	三	庚申	13	五	庚寅	12	六	己未	11	一	己丑	9	二	戊午	9	四	戊子	8	六	戊午	7	日	丁亥	6	二	丁巳	4	三	丙戌
廿二	17	日	癸巳	17	一	壬戌	16	三	壬辰	15	四	辛酉	14	六	辛卯	13	日	庚申	12	二	庚寅	10	三	己未	10	五	己丑	9	日	己未	8	一	戊子	7	三	戊午	5	四	丁亥
廿三	18	一	甲午	18	二	癸亥	17	四	癸巳	16	五	壬戌	15	日	壬辰	14	一	辛酉	13	三	辛卯	11	四	庚申	11	六	庚寅	10	一	庚申	9	二	己丑	8	四	己未	6	五	戊子
廿四	19	二	乙未	19	三	甲子	18	五	甲午	17	六	癸亥	16	一	癸巳	15	二	壬戌	14	四	壬辰	12	五	辛酉	12	日	辛卯	11	二	辛酉	10	三	庚寅	9	五	庚申	7	六	己丑
廿五	20	三	丙申	20	四	乙丑	19	六	乙未	18	日	甲子	17	二	甲午	16	三	癸亥	15	五	癸巳	13	六	壬戌	13	一	壬辰	12	三	壬戌	11	四	辛卯	10	六	辛酉	8	日	庚寅
廿六	21	四	丁酉	21	五	丙寅	20	日	丙申	19	一	乙丑	18	三	乙未	17	四	甲子	16	六	甲午	14	日	癸亥	14	二	癸巳	13	四	癸亥	12	五	壬辰	11	日	壬戌	9	一	辛卯
廿七	22	五	戊戌	22	六	丁卯	21	一	丁酉	20	二	丙寅	19	四	丙申	18	五	乙丑	17	日	乙未	15	一	甲子	15	三	甲午	14	五	甲子	13	六	癸巳	12	一	癸亥	10	二	壬辰
廿八	23	六	己亥	23	日	戊辰	22	二	戊戌	21	三	丁卯	20	五	丁酉	19	六	丙寅	18	一	丙申	16	二	乙丑	16	四	乙未	15	六	乙丑	14	日	甲午	13	二	甲子	11	三	癸巳
廿九	24	日	庚子	24	一	己巳	23	三	己亥	22	四	戊辰	21	六	戊戌	20	日	丁卯	19	二	丁酉	17	三	丙寅	17	五	丙申	16	日	丙寅	15	一	乙未	14	三	乙丑	12	四	甲午
三十				25	二	庚午				23	五	己巳				21	一	戊辰				18	四	丁卯	18	六	丁酉				16	二	丙申				13	五	乙未

节　气

- 正月：立春 初十 寅时　雨水 廿四 子时
- 二月：惊蛰 初十 子时　春分 廿五 子时
- 三月：清明 十一 午时　谷雨 廿六 午时
- 四月：立夏 十二 亥时　小满 廿八 午时
- 五月：芒种 十四 午时　夏至 廿九 戌时
- 闰五月：小暑 十六 午时
- 六月：大暑 初一 卯时　立秋 十七 亥时
- 七月：处暑 初四 未时　白露 十九 未时
- 八月：秋分 初五 巳时　寒露 二十 申时
- 九月：霜降 初五 申时　立冬 二十 戌时
- 十月：小雪 初六 申时　大雪 廿一 申时
- 十一月：冬至 初六 戌时　小寒 二十 申时
- 十二月：大寒 初六 申时　立春 廿一 巳时

农历癸巳年 属蛇　公元1953-1954年

正月小甲寅

农历	公历	星期	干支
初一	14	六	丙申
初二	15	日	丁酉
初三	16	一	戊戌
初四	17	二	己亥
初五	18	三	庚子
初六	19	四	辛丑
初七	20	五	壬寅
初八	21	六	癸卯
初九	22	日	甲辰
初十	23	一	乙巳
十一	24	二	丙午
十二	25	三	丁未
十三	26	四	戊申
十四	27	五	己酉
十五	28	六	庚戌
十六	1	日	辛亥
十七	2	一	壬子
十八	3	二	癸丑
十九	4	三	甲寅
二十	5	四	乙卯
廿一	6	五	丙辰
廿二	7	六	丁巳
廿三	8	日	戊午
廿四	9	一	己未
廿五	10	二	庚申
廿六	11	三	辛酉
廿七	12	四	壬戌
廿八	13	五	癸亥
廿九	14	六	甲子

二月大乙卯

农历	公历	星期	干支
初一	15	日	乙丑
初二	16	一	丙寅
初三	17	二	丁卯
初四	18	三	戊辰
初五	19	四	己巳
初六	20	五	庚午
初七	21	六	辛未
初八	22	日	壬申
初九	23	一	癸酉
初十	24	二	甲戌
十一	25	三	乙亥
十二	26	四	丙子
十三	27	五	丁丑
十四	28	六	戊寅
十五	29	日	己卯
十六	30	一	庚辰
十七	31	二	辛巳
十八	1	三	壬午
十九	2	四	癸未
二十	3	五	甲申
廿一	4	六	乙酉
廿二	5	日	丙戌
廿三	6	一	丁亥
廿四	7	二	戊子
廿五	8	三	己丑
廿六	9	四	庚寅
廿七	10	五	辛卯
廿八	11	六	壬辰
廿九	12	日	癸巳
三十	13	一	甲午

三月小丙辰

农历	公历	星期	干支
初一	14	二	乙未
初二	15	三	丙申
初三	16	四	丁酉
初四	17	五	戊戌
初五	18	六	己亥
初六	19	日	庚子
初七	20	一	辛丑
初八	21	二	壬寅
初九	22	三	癸卯
初十	23	四	甲辰
十一	24	五	乙巳
十二	25	六	丙午
十三	26	日	丁未
十四	27	一	戊申
十五	28	二	己酉
十六	29	三	庚戌
十七	30	四	辛亥
十八	1	五	壬子
十九	2	六	癸丑
二十	3	日	甲寅
廿一	4	一	乙卯
廿二	5	二	丙辰
廿三	6	三	丁巳
廿四	7	四	戊午
廿五	8	五	己未
廿六	9	六	庚申
廿七	10	日	辛酉
廿八	11	一	壬戌
廿九	12	二	癸亥

四月小丁巳

农历	公历	星期	干支
初一	13	三	甲子
初二	14	四	乙丑
初三	15	五	丙寅
初四	16	六	丁卯
初五	17	日	戊辰
初六	18	一	己巳
初七	19	二	庚午
初八	20	三	辛未
初九	21	四	壬申
初十	22	五	癸酉
十一	23	六	甲戌
十二	24	日	乙亥
十三	25	一	丙子
十四	26	二	丁丑
十五	27	三	戊寅
十六	28	四	己卯
十七	29	五	庚辰
十八	30	六	辛巳
十九	31	日	壬午
二十	1	一	癸未
廿一	2	二	甲申
廿二	3	三	乙酉
廿三	4	四	丙戌
廿四	5	五	丁亥
廿五	6	六	戊子
廿六	7	日	己丑
廿七	8	一	庚寅
廿八	9	二	辛卯
廿九	10	三	壬辰

五月大戊午

农历	公历	星期	干支
初一	11	四	癸巳
初二	12	五	甲午
初三	13	六	乙未
初四	14	日	丙申
初五	15	一	丁酉
初六	16	二	戊戌
初七	17	三	己亥
初八	18	四	庚子
初九	19	五	辛丑
初十	20	六	壬寅
十一	21	日	癸卯
十二	22	一	甲辰
十三	23	二	乙巳
十四	24	三	丙午
十五	25	四	丁未
十六	26	五	戊申
十七	27	六	己酉
十八	28	日	庚戌
十九	29	一	辛亥
二十	30	二	壬子
廿一	1	三	癸丑
廿二	2	四	甲寅
廿三	3	五	乙卯
廿四	4	六	丙辰
廿五	5	日	丁巳
廿六	6	一	戊午
廿七	7	二	己未
廿八	8	三	庚申
廿九	9	四	辛酉
三十	10	五	壬戌

六月大己未

农历	公历	星期	干支
初一	11	六	癸亥
初二	12	日	甲子
初三	13	一	乙丑
初四	14	二	丙寅
初五	15	三	丁卯
初六	16	四	戊辰
初七	17	五	己巳
初八	18	六	庚午
初九	19	日	辛未
初十	20	一	壬申
十一	21	二	癸酉
十二	22	三	甲戌
十三	23	四	乙亥
十四	24	五	丙子
十五	25	六	丁丑
十六	26	日	戊寅
十七	27	一	己卯
十八	28	二	庚辰
十九	29	三	辛巳
二十	30	四	壬午
廿一	31	五	癸未
廿二	1	六	甲申
廿三	2	日	乙酉
廿四	3	一	丙戌
廿五	4	二	丁亥
廿六	5	三	戊子
廿七	6	四	己丑
廿八	7	五	庚寅
廿九	8	六	辛卯
三十	9	日	壬辰

七月小庚申

农历	公历	星期	干支
初一	10	一	癸巳
初二	11	二	甲午
初三	12	三	乙未
初四	13	四	丙申
初五	14	五	丁酉
初六	15	六	戊戌
初七	16	日	己亥
初八	17	一	庚子
初九	18	二	辛丑
初十	19	三	壬寅
十一	20	四	癸卯
十二	21	五	甲辰
十三	22	六	乙巳
十四	23	日	丙午
十五	24	一	丁未
十六	25	二	戊申
十七	26	三	己酉
十八	27	四	庚戌
十九	28	五	辛亥
二十	29	六	壬子
廿一	30	日	癸丑
廿二	31	一	甲寅
廿三	1	二	乙卯
廿四	2	三	丙辰
廿五	3	四	丁巳
廿六	4	五	戊午
廿七	5	六	己未
廿八	6	日	庚申
廿九	7	一	辛酉

八月大辛酉

农历	公历	星期	干支
初一	8	二	壬戌
初二	9	三	癸亥
初三	10	四	甲子
初四	11	五	乙丑
初五	12	六	丙寅
初六	13	日	丁卯
初七	14	一	戊辰
初八	15	二	己巳
初九	16	三	庚午
初十	17	四	辛未
十一	18	五	壬申
十二	19	六	癸酉
十三	20	日	甲戌
十四	21	一	乙亥
十五	22	二	丙子
十六	23	三	丁丑
十七	24	四	戊寅
十八	25	五	己卯
十九	26	六	庚辰
二十	27	日	辛巳
廿一	28	一	壬午
廿二	29	二	癸未
廿三	30	三	甲申
廿四	1	四	乙酉
廿五	2	五	丙戌
廿六	3	六	丁亥
廿七	4	日	戊子
廿八	5	一	己丑
廿九	6	二	庚寅
三十	7	三	辛卯

九月大壬戌

农历	公历	星期	干支
初一	8	四	壬辰
初二	9	五	癸巳
初三	10	六	甲午
初四	11	日	乙未
初五	12	一	丙申
初六	13	二	丁酉
初七	14	三	戊戌
初八	15	四	己亥
初九	16	五	庚子
初十	17	六	辛丑
十一	18	日	壬寅
十二	19	一	癸卯
十三	20	二	甲辰
十四	21	三	乙巳
十五	22	四	丙午
十六	23	五	丁未
十七	24	六	戊申
十八	25	日	己酉
十九	26	一	庚戌
二十	27	二	辛亥
廿一	28	三	壬子
廿二	29	四	癸丑
廿三	30	五	甲寅
廿四	31	六	乙卯
廿五	1	日	丙辰
廿六	2	一	丁巳
廿七	3	二	戊午
廿八	4	三	己未
廿九	5	四	庚申
三十	6	五	辛酉

十月小癸亥

农历	公历	星期	干支
初一	7	六	壬戌
初二	8	日	癸亥
初三	9	一	甲子
初四	10	二	乙丑
初五	11	三	丙寅
初六	12	四	丁卯
初七	13	五	戊辰
初八	14	六	己巳
初九	15	日	庚午
初十	16	一	辛未
十一	17	二	壬申
十二	18	三	癸酉
十三	19	四	甲戌
十四	20	五	乙亥
十五	21	六	丙子
十六	22	日	丁丑
十七	23	一	戊寅
十八	24	二	己卯
十九	25	三	庚辰
二十	26	四	辛巳
廿一	27	五	壬午
廿二	28	六	癸未
廿三	29	日	甲申
廿四	30	一	乙酉
廿五	1	二	丙戌
廿六	2	三	丁亥
廿七	3	四	戊子
廿八	4	五	己丑
廿九	5	六	庚寅

十一月大甲子

农历	公历	星期	干支
初一	6	日	辛卯
初二	7	一	壬辰
初三	8	二	癸巳
初四	9	三	甲午
初五	10	四	乙未
初六	11	五	丙申
初七	12	六	丁酉
初八	13	日	戊戌
初九	14	一	己亥
初十	15	二	庚子
十一	16	三	辛丑
十二	17	四	壬寅
十三	18	五	癸卯
十四	19	六	甲辰
十五	20	日	乙巳
十六	21	一	丙午
十七	22	二	丁未
十八	23	三	戊申
十九	24	四	己酉
二十	25	五	庚戌
廿一	26	六	辛亥
廿二	27	日	壬子
廿三	28	一	癸丑
廿四	29	二	甲寅
廿五	30	三	乙卯
廿六	31	四	丙辰
廿七	1	五	丁巳
廿八	2	六	戊午
廿九	3	日	己未
三十	4	一	庚申

十二月小乙丑

农历	公历	星期	干支
初一	5	二	辛酉
初二	6	三	壬戌
初三	7	四	癸亥
初四	8	五	甲子
初五	9	六	乙丑
初六	10	日	丙寅
初七	11	一	丁卯
初八	12	二	戊辰
初九	13	三	己巳
初十	14	四	庚午
十一	15	五	辛未
十二	16	六	壬申
十三	17	日	癸酉
十四	18	一	甲戌
十五	19	二	乙亥
十六	20	三	丙子
十七	21	四	丁丑
十八	22	五	戊寅
十九	23	六	己卯
二十	24	日	庚辰
廿一	25	一	辛巳
廿二	26	二	壬午
廿三	27	三	癸未
廿四	28	四	甲申
廿五	29	五	乙酉
廿六	30	六	丙戌
廿七	31	日	丁亥
廿八	1	一	戊子
廿九	2	二	己丑

节气

月份	气	节
正月	雨水 初六 卯时	惊蛰 廿一 卯时
二月	春分 初七 卯时	清明 廿二 巳时
三月	谷雨 初七 酉时	立夏 廿三 寅时
四月	小满 初九 申时	芒种 廿五 辰时
五月	夏至 十二 丑时	小暑 廿七 酉时
六月	大暑 十三 午时	立秋 廿九 寅时
七月	处暑 十四 酉时	
八月	秋分 十六 申时	白露 初一 卯时
九月	霜降 十七 丑时	寒露 初一 亥时
十月	小雪 十六 丑时	立冬 初二 酉时
十一月	冬至 十七 午时	大雪 初二 酉时
十二月	大寒 十六 亥时	小寒 初二 亥时

农历甲午年　属马

旬	正月大丙寅			二月小丁卯			三月大戊辰			四月小己巳			五月小庚午			六月大辛未			七月小壬申			八月大癸酉			九月大甲戌			十月小乙亥			十一月大丙子			十二月大丁丑		
	公历	星期	干支	公历	星期	干支	公历	星期	干支	公历	星期	干支	公历	星期	干支	公历	星期	干支	公历	星期	干支	公历	星期	干支	公历	星期	干支	公历	星期	干支	公历	星期	干支	公历	星期	干支
初一	3	三	庚寅	5	五	庚申	3	六	己丑	3	一	己未	1	二	戊子	30	三	丁巳	30	五	丁亥	28	六	丙辰	27	一	丙戌	27	三	丙辰	25	四	乙酉	25	六	乙卯
初二	4	四	辛卯	6	六	辛酉	4	日	庚寅	4	二	庚申	2	三	己丑	1	四	戊午	31	六	戊子	29	日	丁巳	28	二	丁亥	28	四	丁巳	26	五	丙戌	26	日	丙辰
初三	5	五	壬辰	7	日	壬戌	5	一	辛卯	5	三	辛酉	3	四	庚寅	2	五	己未	1	日	己丑	30	一	戊午	29	三	戊子	29	五	戊午	27	六	丁亥	27	一	丁巳
初四	6	六	癸巳	8	一	癸亥	6	二	壬辰	6	四	壬戌	4	五	辛卯	3	六	庚申	2	一	庚寅	31	二	己未	30	四	己丑	30	六	己未	28	日	戊子	28	二	戊午
初五	7	日	甲午	9	二	甲子	7	三	癸巳	7	五	癸亥	5	六	壬辰	4	日	辛酉	3	二	辛卯	1	三	庚申	1	五	庚寅	31	日	庚申	29	一	己丑	29	三	己未
初六	8	一	乙未	10	三	乙丑	8	四	甲午	8	六	甲子	6	日	癸巳	5	一	壬戌	4	三	壬辰	2	四	辛酉	2	六	辛卯	1	一	辛酉	30	二	庚寅	30	四	庚申
初七	9	二	丙申	11	四	丙寅	9	五	乙未	9	日	乙丑	7	一	甲午	6	二	癸亥	5	四	癸巳	3	五	壬戌	3	日	壬辰	2	二	壬戌	1	三	辛卯	31	五	辛酉
初八	10	三	丁酉	12	五	丁卯	10	六	丙申	10	一	丙寅	8	二	乙未	7	三	甲子	6	五	甲午	4	六	癸亥	4	一	癸巳	3	三	癸亥	2	四	壬辰	1	六	壬戌
初九	11	四	戊戌	13	六	戊辰	11	日	丁酉	11	二	丁卯	9	三	丙申	8	四	乙丑	7	六	乙未	5	日	甲子	5	二	甲午	4	四	甲子	3	五	癸巳	2	日	癸亥
初十	12	五	己亥	14	日	己巳	12	一	戊戌	12	三	戊辰	10	四	丁酉	9	五	丙寅	8	日	丙申	6	一	乙丑	6	三	乙未	5	五	乙丑	4	六	甲午	3	一	甲子
十一	13	六	庚子	15	一	庚午	13	二	己亥	13	四	己巳	11	五	戊戌	10	六	丁卯	9	一	丁酉	7	二	丙寅	7	四	丙申	6	六	丙寅	5	日	乙未	4	二	乙丑
十二	14	日	辛丑	16	二	辛未	14	三	庚子	14	五	庚午	12	六	己亥	11	日	戊辰	10	二	戊戌	8	三	丁卯	8	五	丁酉	7	日	丁卯	6	一	丙申	5	三	丙寅
十三	15	一	壬寅	17	三	壬申	15	四	辛丑	15	六	辛未	13	日	庚子	12	一	己巳	11	三	己亥	9	四	戊辰	9	六	戊戌	8	一	戊辰	7	二	丁酉	6	四	丁卯
十四	16	二	癸卯	18	四	癸酉	16	五	壬寅	16	日	壬申	14	一	辛丑	13	二	庚午	12	四	庚子	10	五	己巳	10	日	己亥	9	二	己巳	8	三	戊戌	7	五	戊辰
十五	17	三	甲辰	19	五	甲戌	17	六	癸卯	17	一	癸酉	15	二	壬寅	14	三	辛未	13	五	辛丑	11	六	庚午	11	一	庚子	10	三	庚午	9	四	己亥	8	六	己巳
十六	18	四	乙巳	20	六	乙亥	18	日	甲辰	18	二	甲戌	16	三	癸卯	15	四	壬申	14	六	壬寅	12	日	辛未	12	二	辛丑	11	四	辛未	10	五	庚子	9	日	庚午
十七	19	五	丙午	21	日	丙子	19	一	乙巳	19	三	乙亥	17	四	甲辰	16	五	癸酉	15	日	癸卯	13	一	壬申	13	三	壬寅	12	五	壬申	11	六	辛丑	10	一	辛未
十八	20	六	丁未	22	一	丁丑	20	二	丙午	20	四	丙子	18	五	乙巳	17	六	甲戌	16	一	甲辰	14	二	癸酉	14	四	癸卯	13	六	癸酉	12	日	壬寅	11	二	壬申
十九	21	日	戊申	23	二	戊寅	21	三	丁未	21	五	丁丑	19	六	丙午	18	日	乙亥	17	二	乙巳	15	三	甲戌	15	五	甲辰	14	日	甲戌	13	一	癸卯	12	三	癸酉
二十	22	一	己酉	24	三	己卯	22	四	戊申	22	六	戊寅	20	日	丁未	19	一	丙子	18	三	丙午	16	四	乙亥	16	六	乙巳	15	一	乙亥	14	二	甲辰	13	四	甲戌
廿一	23	二	庚戌	25	四	庚辰	23	五	己酉	23	日	己卯	21	一	戊申	20	二	丁丑	19	四	丁未	17	五	丙子	17	日	丙午	16	二	丙子	15	三	乙巳	14	五	乙亥
廿二	24	三	辛亥	26	五	辛巳	24	六	庚戌	24	一	庚辰	22	二	己酉	21	三	戊寅	20	五	戊申	18	六	丁丑	18	一	丁未	17	三	丁丑	16	四	丙午	15	六	丙子
廿三	25	四	壬子	27	六	壬午	25	日	辛亥	25	二	辛巳	23	三	庚戌	22	四	己卯	21	六	己酉	19	日	戊寅	19	二	戊申	18	四	戊寅	17	五	丁未	16	日	丁丑
廿四	26	五	癸丑	28	日	癸未	26	一	壬子	26	三	壬午	24	四	辛亥	23	五	庚辰	22	日	庚戌	20	一	己卯	20	三	己酉	19	五	己卯	18	六	戊申	17	一	戊寅
廿五	27	六	甲寅	29	一	甲申	27	二	癸丑	27	四	癸未	25	五	壬子	24	六	辛巳	23	一	辛亥	21	二	庚辰	21	四	庚戌	20	六	庚辰	19	日	己酉	18	二	己卯
廿六	28	日	乙卯	30	二	乙酉	28	三	甲寅	28	五	甲申	26	六	癸丑	25	日	壬午	24	二	壬子	22	三	辛巳	22	五	辛亥	21	日	辛巳	20	一	庚戌	19	三	庚辰
廿七	1	一	丙辰	31	三	丙戌	29	四	乙卯	29	六	乙酉	27	日	甲寅	26	一	癸未	25	三	癸丑	23	四	壬午	23	六	壬子	22	一	壬午	21	二	辛亥	20	四	辛巳
廿八	2	二	丁巳	1	四	丁亥	30	五	丙辰	30	日	丙戌	28	一	乙卯	27	二	甲申	26	四	甲寅	24	五	癸未	24	日	癸丑	23	二	癸未	22	三	壬子	21	五	壬午
廿九	3	三	戊午	2	五	戊子	1	六	丁巳	31	一	丁亥	29	二	丙辰	28	三	乙酉	27	五	乙卯	25	六	甲申	25	一	甲寅	24	三	甲申	23	四	癸丑	22	六	癸未
三十	4	四	己未				2	日	戊午							29	四	丙戌				26	日	乙酉	26	二	乙卯				24	五	甲寅	23	日	甲申

节气

农历月	节气	农历日	时	节气	农历日	时
正月	立春	初二	申时	雨水	十七	午时
二月	惊蛰	初二	巳时	春分	十七	午时
三月	清明	初三	申时	谷雨	十八	子时
四月	立夏	初四	巳时	小满	十九	亥时
五月	芒种	初六	未时	夏至	廿二	卯时
六月	小暑	初九	子时	大暑	廿四	酉时
七月	立秋	初十	巳时	处暑	廿五	子时
八月	白露	十二	亥时	秋分	廿七	亥时
九月	寒露	十三	寅时	霜降	廿八	卯时
十月	立冬	十三	卯时	小雪	廿八	寅时
十一月	大雪	十三	子时	冬至	廿九	酉时
十二月	小寒	十三	巳时	大寒	廿八	寅时

农历乙未年 属羊

旬	正月小戊寅 公历	干支	二月大己卯 公历	星期	干支	三月小庚辰 公历	星期	干支	闰三月大 公历	星期	干支	四月小辛巳 公历	星期	干支	五月小壬午 公历	星期	干支	六月大癸未 公历	星期	干支	七月小甲申 公历	星期	干支	八月大乙酉 公历	星期	干支	九月小丙戌 公历	星期	干支	十月大丁亥 公历	星期	干支	十一月大戊子 公历	星期	干支	十二月大己丑 公历	星期	干支
初一	24	乙酉	22	二	甲寅	24	四	甲申	22	五	癸丑	22	日	癸未	20	一	壬戌	19	二	壬戌	18	四	辛亥	16	五	庚辰	16	日	庚戌	14	一	己卯	14	三	己酉	13	五	己卯
初二	25	丙戌	23	三	乙卯	25	五	乙酉	23	六	甲寅	23	一	甲申	21	二	癸酉	20	三	癸亥	19	五	壬子	17	六	辛巳	17	一	辛亥	15	二	庚辰	15	四	庚戌	14	六	庚辰
初三	26	丁亥	24	四	丙辰	26	六	丙戌	24	日	乙卯	24	二	乙酉	22	三	甲戌	21	四	甲子	20	六	癸丑	18	日	壬午	18	二	壬子	16	三	辛巳	16	五	辛亥	15	日	辛巳
初四	27	戊子	25	五	丁巳	27	日	丁亥	25	一	丙辰	25	三	丙戌	23	四	乙亥	22	五	乙丑	21	日	甲寅	19	一	癸未	19	三	癸丑	17	四	壬午	17	六	壬子	16	一	壬午
初五	28	己丑	26	六	戊午	28	一	戊子	26	二	丁巳	26	四	丁亥	24	五	丙子	23	六	丙寅	22	一	乙卯	20	二	甲申	20	四	甲寅	18	五	癸未	18	日	癸丑	17	二	癸未
初六	29	庚寅	27	日	己未	29	二	己丑	27	三	戊午	27	五	戊子	25	六	丁丑	24	日	丁卯	23	二	丙辰	21	三	乙酉	21	五	乙卯	19	六	甲申	19	一	甲寅	18	三	甲申
初七	30	辛卯	28	一	庚申	30	三	庚寅	28	四	己未	28	六	己丑	26	日	戊寅	25	一	戊辰	24	三	丁巳	22	四	丙戌	22	六	丙辰	20	日	乙酉	20	二	乙卯	19	四	乙酉
初八	31	壬辰	**3**	二	辛酉	31	四	辛卯	29	五	庚申	29	日	庚寅	27	一	己卯	26	二	己巳	25	四	戊午	23	五	丁亥	23	日	丁巳	21	一	丙戌	21	三	丙辰	20	五	丙戌
初九	**2**	癸巳	**3**	三	壬戌	**2**	五	壬辰	30	六	辛酉	30	一	辛卯	28	二	庚辰	27	三	庚午	26	五	己未	24	六	戊子	24	一	戊午	22	二	丁亥	22	四	丁巳	21	六	丁亥
初十	**2**	甲午	**3**	四	癸亥	**3**	六	癸巳	**5**	日	壬戌	31	二	壬辰	29	三	辛巳	28	四	辛未	27	六	庚申	25	日	己丑	25	二	己未	23	三	戊子	23	五	戊午	22	日	戊子
十一	**3**	乙未	4	五	甲子	**3**	日	甲午	2	一	癸亥	**6**	三	癸巳	30	四	壬午	29	五	壬申	28	日	辛酉	26	一	庚寅	26	三	庚申	24	四	己丑	24	六	己未	23	一	己丑
十二	4	丙申	5	六	乙丑	4	一	乙未	3	二	甲子	2	四	甲午	**7**	五	癸未	30	六	癸酉	29	一	壬戌	27	二	辛卯	27	四	辛酉	25	五	庚寅	25	日	庚申	24	二	庚寅
十三	5	丁酉	6	日	丙寅	5	二	丙申	4	三	乙丑	3	五	乙未	2	六	甲申	31	日	甲戌	30	二	癸亥	28	三	壬辰	28	五	壬戌	26	六	辛卯	26	一	辛酉	25	三	辛卯
十四	6	戊戌	7	一	丁卯	6	三	丁酉	5	四	丙寅	4	六	丙申	3	日	乙酉	**8**	一	乙亥	31	三	甲子	29	四	癸巳	29	六	癸亥	27	日	壬辰	27	二	壬戌	26	四	壬辰
十五	7	己亥	8	二	戊辰	7	四	戊戌	6	五	丁卯	5	日	丁酉	4	一	丙戌	2	二	丙子	**9**	四	乙丑	30	五	甲午	30	日	甲子	28	一	癸巳	28	三	癸亥	27	五	癸巳
十六	8	庚子	9	三	己巳	8	五	己亥	7	六	戊辰	6	一	戊戌	5	二	丁亥	3	三	丁丑	2	五	丙寅	**10**	六	乙未	31	一	乙丑	29	二	甲午	29	四	甲子	28	六	甲午
十七	9	辛丑	10	四	庚午	9	六	庚子	8	日	己巳	7	二	己亥	6	三	戊子	4	四	戊寅	3	六	丁卯	2	日	丙申	**11**	二	丙寅	30	三	乙未	30	五	乙丑	29	日	乙未
十八	10	壬寅	11	五	辛未	10	日	辛丑	9	一	庚午	8	三	庚子	7	四	己丑	5	五	己卯	4	日	戊辰	3	一	丁酉	2	三	丁卯	31	四	丙申	31	六	丙寅	30	一	丙申
十九	11	癸卯	12	六	壬申	11	一	壬寅	10	二	辛未	9	四	辛丑	8	五	庚寅	6	六	庚辰	5	一	己巳	4	二	戊戌	3	四	戊辰	**1**	五	丁酉	**1**	日	丁卯	31	二	丁酉
二十	12	甲辰	**3**	日	癸酉	12	二	癸卯	11	三	壬申	10	五	壬寅	9	六	辛卯	7	日	辛巳	6	二	庚午	5	三	己亥	4	五	己巳	2	六	戊戌	**2**	一	戊辰	**2**	三	戊戌
廿一	13	乙巳	14	一	甲戌	13	三	甲辰	12	四	癸酉	11	六	癸卯	10	日	壬辰	8	一	壬午	7	三	辛未	6	四	庚子	5	六	庚午	3	日	己亥	3	二	己巳	3	四	己亥
廿二	14	丙午	15	二	乙亥	14	四	乙巳	13	五	甲戌	12	日	甲辰	11	一	癸巳	9	二	癸未	8	四	壬申	7	五	辛丑	6	日	辛未	4	一	庚子	4	三	庚午	4	五	庚子
廿三	15	丁未	16	三	丙子	15	五	丙午	14	六	乙亥	13	一	乙巳	12	二	甲午	10	三	甲申	9	五	癸酉	8	六	壬寅	7	一	壬申	5	二	辛丑	5	四	辛未	5	六	辛丑
廿四	16	戊申	17	四	丁丑	16	六	丁未	15	日	丙子	14	二	丙午	13	三	乙未	11	四	乙酉	10	六	甲戌	9	日	癸卯	8	二	癸酉	6	三	壬寅	6	五	壬申	6	日	壬寅
廿五	17	己酉	18	五	戊寅	17	日	戊申	16	一	丁丑	15	三	丁未	14	四	丙申	12	五	丙戌	11	日	乙亥	10	一	甲辰	9	三	甲戌	7	四	癸卯	7	六	癸酉	7	一	癸卯
廿六	18	庚戌	19	六	己卯	18	一	己酉	17	二	戊寅	16	四	戊申	15	五	丁酉	13	六	丁亥	12	一	丙子	11	二	乙巳	10	四	乙亥	8	五	甲辰	8	日	甲戌	8	二	甲辰
廿七	19	辛亥	20	日	庚辰	19	二	庚戌	18	三	己卯	17	五	己酉	16	六	戊戌	14	日	戊子	13	二	丁丑	12	三	丙午	11	五	丙子	9	六	乙巳	9	一	乙亥	9	三	乙巳
廿八	20	壬子	21	一	辛巳	20	三	辛亥	19	四	庚辰	18	六	庚戌	17	日	己亥	15	一	己丑	14	三	戊寅	13	四	丁未	12	六	丁丑	10	日	丙午	10	二	丙子	10	四	丙午
廿九	21	癸丑	22	二	壬午	21	四	壬子	20	五	辛巳	19	日	辛亥	18	一	庚子	16	二	庚寅	15	四	己卯	14	五	戊申	13	日	戊寅	11	一	丁未	11	三	丁丑	11	五	丁未
三十			23	三	癸未			21	六	壬午									17	三	辛卯						12	二	戊申	12	四	戊寅			

| 节气 | 立春 十二 亥时 | 雨水 廿七 酉时 | 惊蛰 十三 申时 | 春分 廿八 酉时 | 清明 十三 午时 | 谷雨 廿九 寅时 | 立夏 十五 申时 | 小满 初一 午时 | 芒种 十六 戌时 | 夏至 初二 午时 | 小暑 十九 卯时 | 大暑 初五 子时 | 立秋 廿一 申时 | 处暑 初七 卯时 | 白露 廿二 子时 | 秋分 初九 寅时 | 寒露 廿二 巳时 | 霜降 初九 卯时 | 立冬 廿四 午时 | 小雪 初十 巳时 | 大雪 廿五 卯时 | 冬至 初九 申时 | 小寒 廿四 申时 | 大寒 初九 巳时 | 立春 廿四 寅时 |

公元 1956－1957 年　农历丙申年（属猴）　上半年

旬	正月小庚寅 公历	星期	干支	二月大辛卯 公历	星期	干支	三月小壬辰 公历	星期	干支	四月大癸巳 公历	星期	干支	五月小甲午 公历	星期	干支	六月小乙未 公历	星期	干支
初一	12	日	己酉	12	一	戊寅	11	三	戊申	10	四	丁丑	9	六	丁未	8	日	丙子
初二	13	一	庚戌	13	二	己卯	12	四	己酉	11	五	戊寅	10	日	戊申	9	一	丁丑
初三	14	二	辛亥	14	三	庚辰	13	五	庚戌	12	六	己卯	11	一	己酉	10	二	戊寅
初四	15	三	壬子	15	四	辛巳	14	六	辛亥	13	日	庚辰	12	二	庚戌	11	三	己卯
初五	16	四	癸丑	16	五	壬午	15	日	壬子	14	一	辛巳	13	三	辛亥	12	四	庚辰
初六	17	五	甲寅	17	六	癸未	16	一	癸丑	15	二	壬午	14	四	壬子	13	五	辛巳
初七	18	六	乙卯	18	日	甲申	17	二	甲寅	16	三	癸未	15	五	癸丑	14	六	壬午
初八	19	日	丙辰	19	一	乙酉	18	三	乙卯	17	四	甲申	16	六	甲寅	15	日	癸未
初九	20	一	丁巳	20	二	丙戌	19	四	丙辰	18	五	乙酉	17	日	乙卯	16	一	甲申
初十	21	二	戊午	21	三	丁亥	20	五	丁巳	19	六	丙戌	18	一	丙辰	17	二	乙酉
十一	22	三	己未	22	四	戊子	21	六	戊午	20	日	丁亥	19	二	丁巳	18	三	丙戌
十二	23	四	庚申	23	五	己丑	22	日	己未	21	一	戊子	20	三	戊午	19	四	丁亥
十三	24	五	辛酉	24	六	庚寅	23	一	庚申	22	二	己丑	21	四	己未	20	五	戊子
十四	25	六	壬戌	25	日	辛卯	24	二	辛酉	23	三	庚寅	22	五	庚申	21	六	己丑
十五	26	日	癸亥	26	一	壬辰	25	三	壬戌	24	四	辛卯	23	六	辛酉	22	日	庚寅
十六	27	一	甲子	27	二	癸巳	26	四	癸亥	25	五	壬辰	24	日	壬戌	23	一	辛卯
十七	28	二	乙丑	28	三	甲午	27	五	甲子	26	六	癸巳	25	一	癸亥	24	二	壬辰
十八	29	三	丙寅	29	四	乙未	28	六	乙丑	27	日	甲午	26	二	甲子	25	三	癸巳
十九	1	四	丁卯	30	五	丙申	29	日	丙寅	28	一	乙未	27	三	乙丑	26	四	甲午
二十	2	五	戊辰	31	六	丁酉	30	一	丁卯	29	二	丙申	28	四	丙寅	27	五	乙未
廿一	3	六	己巳	1	日	戊戌	1	二	戊辰	30	三	丁酉	29	五	丁卯	28	六	丙申
廿二	4	日	庚午	2	一	己亥	2	三	己巳	31	四	戊戌	30	六	戊辰	29	日	丁酉
廿三	5	一	辛未	3	二	庚子	3	四	庚午	1	五	己亥	1	日	己巳	30	一	戊戌
廿四	6	二	壬申	4	三	辛丑	4	五	辛未	2	六	庚子	2	一	庚午	31	二	己亥
廿五	7	三	癸酉	5	四	壬寅	5	六	壬申	3	日	辛丑	3	二	辛未	1	三	庚子
廿六	8	四	甲戌	6	五	癸卯	6	日	癸酉	4	一	壬寅	4	三	壬申	2	四	辛丑
廿七	9	五	乙亥	7	六	甲辰	7	一	甲戌	5	二	癸卯	5	四	癸酉	3	五	壬寅
廿八	10	六	丙子	8	日	乙巳	8	二	乙亥	6	三	甲辰	6	五	甲戌	4	六	癸卯
廿九	11	日	丁丑	9	一	丙午	9	三	丙子	7	四	乙巳	7	六	乙亥	5	日	甲辰
三十				10	二	丁未				8	五	丙午						

节气：
- 正月：雨水 初九 子时 ／ 惊蛰 廿三 亥时
- 二月：春分 初九 子时 ／ 清明 廿五 寅时
- 三月：谷雨 初十 巳时 ／ 立夏 廿五 巳时
- 四月：小满 十二 巳时 ／ 芒种 廿八 丑时
- 五月：夏至 十三 酉时 ／ 小暑 廿九 午时
- 六月：大暑 十六 卯时

公元 1956－1957 年　下半年

旬	七月大丙申 公历	星期	干支	八月小丁酉 公历	星期	干支	九月大戊戌 公历	星期	干支	十月小己亥 公历	星期	干支	十一月大庚子 公历	星期	干支	十二月大辛丑 公历	星期	干支
初一	6	一	乙巳	5	三	乙亥	4	四	甲辰	3	六	甲戌	2	日	癸卯	1	二	癸酉
初二	7	二	丙午	6	四	丙子	5	五	乙巳	4	日	乙亥	3	一	甲辰	2	三	甲戌
初三	8	三	丁未	7	五	丁丑	6	六	丙午	5	一	丙子	4	二	乙巳	3	四	乙亥
初四	9	四	戊申	8	六	戊寅	7	日	丁未	6	二	丁丑	5	三	丙午	4	五	丙子
初五	10	五	己酉	9	日	己卯	8	一	戊申	7	三	戊寅	6	四	丁未	5	六	丁丑
初六	11	六	庚戌	10	一	庚辰	9	二	己酉	8	四	己卯	7	五	戊申	6	日	戊寅
初七	12	日	辛亥	11	二	辛巳	10	三	庚戌	9	五	庚辰	8	六	己酉	7	一	己卯
初八	13	一	壬子	12	三	壬午	11	四	辛亥	10	六	辛巳	9	日	庚戌	8	二	庚辰
初九	14	二	癸丑	13	四	癸未	12	五	壬子	11	日	壬午	10	一	辛亥	9	三	辛巳
初十	15	三	甲寅	14	五	甲申	13	六	癸丑	12	一	癸未	11	二	壬子	10	四	壬午
十一	16	四	乙卯	15	六	乙酉	14	日	甲寅	13	二	甲申	12	三	癸丑	11	五	癸未
十二	17	五	丙辰	16	日	丙戌	15	一	乙卯	14	三	乙酉	13	四	甲寅	12	六	甲申
十三	18	六	丁巳	17	一	丁亥	16	二	丙辰	15	四	丙戌	14	五	乙卯	13	日	乙酉
十四	19	日	戊午	18	二	戊子	17	三	丁巳	16	五	丁亥	15	六	丙辰	14	一	丙戌
十五	20	一	己未	19	三	己丑	18	四	戊午	17	六	戊子	16	日	丁巳	15	二	丁亥
十六	21	二	庚申	20	四	庚寅	19	五	己未	18	日	己丑	17	一	戊午	16	三	戊子
十七	22	三	辛酉	21	五	辛卯	20	六	庚申	19	一	庚寅	18	二	己未	17	四	己丑
十八	23	四	壬戌	22	六	壬辰	21	日	辛酉	20	二	辛卯	19	三	庚申	18	五	庚寅
十九	24	五	癸亥	23	日	癸巳	22	一	壬戌	21	三	壬辰	20	四	辛酉	19	六	辛卯
二十	25	六	甲子	24	一	甲午	23	二	癸亥	22	四	癸巳	21	五	壬戌	20	日	壬辰
廿一	26	日	乙丑	25	二	乙未	24	三	甲子	23	五	甲午	22	六	癸亥	21	一	癸巳
廿二	27	一	丙寅	26	三	丙申	25	四	乙丑	24	六	乙未	23	日	甲子	22	二	甲午
廿三	28	二	丁卯	27	四	丁酉	26	五	丙寅	25	日	丙申	24	一	乙丑	23	三	乙未
廿四	29	三	戊辰	28	五	戊戌	27	六	丁卯	26	一	丁酉	25	二	丙寅	24	四	丙申
廿五	30	四	己巳	29	六	己亥	28	日	戊辰	27	二	戊戌	26	三	丁卯	25	五	丁酉
廿六	31	五	庚午	30	日	庚子	29	一	己巳	28	三	己亥	27	四	戊辰	26	六	戊戌
廿七	1	六	辛未	1	一	辛丑	30	二	庚午	29	四	庚子	28	五	己巳	27	日	己亥
廿八	2	日	壬申	2	二	壬寅	31	三	辛未	30	五	辛丑	29	六	庚午	28	一	庚子
廿九	3	一	癸酉	3	三	癸卯	1	四	壬申	1	六	壬寅	30	日	辛未	29	二	辛丑
三十	4	二	甲戌				2	五	癸酉				31	一	壬申	30	三	壬寅

节气：
- 七月：立秋 初三 亥时 ／ 处暑 十八 午时
- 八月：白露 初四 酉时 ／ 秋分 十九 午时
- 九月：寒露 初五 午时 ／ 霜降 二十 戌时
- 十月：立冬 初五 酉时 ／ 小雪 二十 申时
- 十一月：大雪 初六 午时 ／ 冬至 廿一 午时
- 十二月：小寒 初五 亥时 ／ 大寒 二十 申时

农历丁酉年　属鸡

旬	正月大壬寅 公历/星期/干支	二月小癸卯	三月大甲辰	四月小乙巳	五月大丙午	六月小丁未	七月小戊申	八月大己酉	闰八月小	九月大庚戌	十月小辛亥	十一月大壬子	十二月小癸丑
初一	31 四 癸卯	2 六 癸酉	31 日 壬寅	30 一 壬申	29 三 辛丑	28 五 辛未	27 六 庚子	25 日 己巳	24 二 己亥	23 三 戊辰	22 五 戊戌	21 六 丁卯	20 一 丁酉
初二	2 五 甲辰	3 日 甲戌	4 一 癸卯	5 二 癸酉	30 四 壬寅	29 六 壬申	28 日 辛丑	26 一 庚午	25 三 庚子	24 四 己巳	23 六 己亥	22 日 戊辰	21 二 戊戌
初三	2 六 乙巳	4 一 乙亥	2 二 甲辰	2 三 甲戌	31 五 癸卯	30 日 癸酉	29 一 壬寅	27 二 辛未	26 四 辛丑	25 五 庚午	24 日 庚子	23 一 己巳	22 三 己亥
初四	3 日 丙午	5 二 丙子	3 三 乙巳	3 四 乙亥	6 六 甲辰	7 一 甲戌	30 二 癸卯	28 三 壬申	27 五 壬寅	26 六 辛未	25 一 辛丑	24 二 庚午	23 四 庚子
初五	4 一 丁未	6 三 丁丑	4 四 丙午	4 五 丙子	2 日 乙巳	2 二 乙亥	31 三 甲辰	29 四 癸酉	28 六 癸卯	27 日 壬申	26 二 壬寅	25 三 辛未	24 五 辛丑
初六	5 二 戊申	7 四 戊寅	5 五 丁未	5 六 丁丑	3 一 丙午	3 三 丙子	8 四 乙巳	30 五 甲戌	29 日 甲辰	28 一 癸酉	27 三 癸卯	26 四 壬申	25 六 壬寅
初七	6 三 己酉	8 五 己卯	6 六 戊申	6 日 戊寅	4 二 丁未	4 四 丁丑	3 五 丙午	31 六 乙亥	30 一 乙巳	29 二 甲戌	28 四 甲辰	27 五 癸酉	26 日 癸卯
初八	7 四 庚戌	9 六 庚辰	7 日 己酉	7 一 己卯	5 三 戊申	5 五 戊寅	4 六 丁未	9 日 丙子	2 二 丙午	30 三 乙亥	29 五 乙巳	28 六 甲戌	27 一 甲辰
初九	8 五 辛亥	10 日 辛巳	8 一 庚戌	8 二 庚辰	6 四 己酉	6 六 己卯	5 日 戊申	2 一 丁丑	2 三 丁未	31 四 丙子	30 六 丙午	29 日 乙亥	28 二 乙巳
初十	9 六 壬子	11 一 壬午	9 二 辛亥	9 三 辛巳	7 五 庚戌	7 日 庚辰	6 一 己酉	3 二 戊寅	2 四 戊申	11 五 丁丑	12 日 丁未	30 一 丙子	29 三 丙午
十一	10 日 癸丑	12 二 癸未	10 三 壬子	10 四 壬午	8 六 辛亥	8 一 辛巳	6 二 庚戌	4 三 己卯	4 五 己酉	2 六 戊寅	2 一 戊申	31 二 丁丑	30 四 丁未
十二	11 一 甲寅	13 三 甲申	11 四 癸丑	11 五 癸未	9 日 壬子	10 二 壬午	10 三 辛亥	5 四 庚辰	5 六 庚戌	3 日 己卯	3 二 己酉	1 三 戊寅	2 五 戊申
十三	12 二 乙卯	14 四 乙酉	12 五 甲寅	12 六 甲申	10 一 癸丑	9 三 癸未	10 四 壬子	6 五 辛巳	6 日 辛亥	4 一 庚辰	4 三 庚戌	2 四 己卯	2 六 己酉
十四	13 三 丙辰	15 五 丙戌	13 六 乙卯	13 日 乙酉	11 二 甲寅	11 四 甲申	11 五 癸丑	7 六 壬午	7 一 壬子	5 二 辛巳	5 四 辛亥	3 五 庚辰	3 日 庚戌
十五	14 四 丁巳	16 六 丁亥	14 日 丙辰	14 一 丙戌	12 三 乙卯	12 五 乙酉	12 六 甲寅	8 日 癸未	8 二 癸丑	6 三 壬午	6 五 壬子	4 六 辛巳	4 一 辛亥
十六	15 五 戊午	17 日 戊子	15 一 丁巳	15 二 丁亥	13 四 丙辰	13 六 丙戌	13 日 乙卯	9 一 甲申	9 三 甲寅	7 四 癸未	7 六 癸丑	5 日 壬午	5 二 壬子
十七	16 六 己未	18 一 己丑	16 二 戊午	16 三 戊子	14 五 丁巳	14 日 丁亥	14 一 丙辰	10 二 乙酉	10 四 乙卯	8 五 甲申	8 日 甲寅	6 一 癸未	6 三 癸丑
十八	17 日 庚申	19 二 庚寅	17 三 己未	17 四 己丑	15 六 戊午	15 一 戊子	15 二 丁巳	11 三 丙戌	11 五 丙辰	9 六 乙酉	9 一 乙卯	7 二 甲申	7 四 甲寅
十九	18 一 辛酉	20 三 辛卯	18 四 庚申	18 五 庚寅	16 日 己未	16 二 己丑	16 三 戊午	12 四 丁亥	12 六 丁巳	10 日 丙戌	10 二 丙辰	8 三 乙酉	8 五 乙卯
二十	19 二 壬戌	21 四 壬辰	19 五 辛酉	19 六 辛卯	17 一 庚申	17 三 庚寅	17 四 己未	13 五 戊子	13 日 戊午	11 一 丁亥	11 三 丁巳	9 四 丙戌	9 六 丙辰
廿一	20 三 癸亥	22 五 癸巳	20 六 壬戌	20 日 壬辰	18 二 辛酉	18 四 辛卯	18 五 庚申	14 六 己丑	14 一 己未	12 二 戊子	12 四 戊午	10 五 丁亥	10 日 丁巳
廿二	21 四 甲子	23 六 甲午	21 日 癸亥	21 一 癸巳	19 三 壬戌	19 五 壬辰	19 六 辛酉	15 日 庚寅	15 二 庚申	13 三 己丑	13 五 己未	11 六 戊子	11 一 戊午
廿三	22 五 乙丑	24 日 乙未	22 一 甲子	22 二 甲午	20 四 癸亥	20 六 癸巳	20 日 壬戌	16 一 辛卯	16 三 辛酉	14 四 庚寅	14 六 庚申	12 日 己丑	12 二 己未
廿四	23 六 丙寅	25 一 丙申	23 二 乙丑	23 三 乙未	21 五 甲子	21 日 甲午	21 一 癸亥	17 二 壬辰	17 四 壬戌	15 五 辛卯	15 日 辛酉	13 一 庚寅	13 三 庚申
廿五	24 日 丁卯	26 二 丁酉	24 三 丙寅	24 四 丙申	22 六 乙丑	22 一 乙未	22 二 甲子	18 三 癸巳	18 五 癸亥	16 六 壬辰	16 一 壬戌	14 二 辛卯	14 四 辛酉
廿六	25 一 戊辰	27 三 戊戌	25 四 丁卯	25 五 丁酉	23 日 丙寅	23 二 丙申	23 三 乙丑	19 四 甲午	19 六 甲子	17 日 癸巳	17 二 癸亥	15 三 壬辰	15 五 壬戌
廿七	26 二 己巳	28 四 己亥	26 五 戊辰	26 六 戊戌	24 一 丁卯	24 三 丁酉	24 四 丙寅	20 五 乙未	20 日 乙丑	18 一 甲午	18 三 甲子	16 四 癸巳	16 六 癸亥
廿八	27 三 庚午	29 五 庚子	27 六 己巳	27 日 己亥	25 二 戊辰	25 四 戊戌	25 五 丁卯	21 六 丙申	21 一 丙寅	19 二 乙未	19 四 乙丑	17 五 甲午	17 日 甲子
廿九	28 四 辛未	30 六 辛丑	28 日 庚午	28 一 庚子	26 三 己巳	26 五 己亥	26 六 戊辰	22 日 丁酉	22 二 丁卯	20 三 丙申	20 五 丙寅	18 六 乙未	
三十	3 五 壬申		29 一 辛未		27 四 庚午			23 一 戊戌		21 四 丁酉		19 日 丙申	

| 节气 | 立春 初一 巳时 / 雨水 初五 卯时 | 惊蛰 初五 寅时 / 春分 二十 卯时 | 清明 初六 巳时 / 谷雨 廿一 申时 | 立夏 初七 丑时 / 小满 廿二 | 芒种 初九 辰时 / 夏至 廿五 子时 | 小暑 初十 酉时 / 大暑 廿六 午时 | 立秋 寅时 / 处暑 廿三 黄时 | 白露 十五 卯时 / 秋分 三十 | 寒露 十五 亥时 / 霜降 子时 | 立冬 十七 子时 / 小雪 初一 亥时 | 大雪 十六 申时 / 冬至 初二 巳时 | 小寒 十七 卯时 / 大寒 初一 亥时 | 立春 十六 申时 |

163

旬	正月大甲寅 公历	星期	干支	二月大乙卯 公历	星期	干支	三月大丙辰 公历	星期	干支	四月小丁巳 公历	星期	干支	五月大戊午 公历	星期	干支	六月小己未 公历	星期	干支	七月小庚申 公历	星期	干支	八月大辛酉 公历	星期	干支	九月小壬戌 公历	星期	干支	十月大癸亥 公历	星期	干支	十一小甲子 公历	星期	干支	十二月大乙丑 公历	星期	干支
初一	18	二	丙寅	20	四	丙申	19	六	丙寅	19	一	丙申	17	二	乙丑	17	四	乙未	15	五	甲子	13	六	癸巳	13	一	癸亥	11	二	壬辰	11	四	壬戌	9	五	辛卯
初二	19	三	丁卯	21	五	丁酉	20	日	丁卯	20	二	丁酉	18	三	丙寅	18	五	丙申	16	六	乙丑	14	日	甲午	14	二	甲子	12	三	癸巳	12	五	癸亥	10	六	壬辰
初三	20	四	戊辰	22	六	戊戌	21	一	戊辰	21	三	戊戌	19	四	丁卯	19	六	丁酉	17	日	丙寅	15	一	乙未	15	三	乙丑	13	四	甲午	13	六	甲子	11	日	癸巳
初四	21	五	己巳	23	日	己亥	22	二	己巳	22	四	己亥	20	五	戊辰	20	日	戊戌	18	一	丁卯	16	二	丙申	16	四	丙寅	14	五	乙未	14	日	乙丑	12	一	甲午
初五	22	六	庚午	24	一	庚子	23	三	庚午	23	五	庚子	21	六	己巳	21	一	己亥	19	二	戊辰	17	三	丁酉	17	五	丁卯	15	六	丙申	15	一	丙寅	13	二	乙未
初六	23	日	辛未	25	二	辛丑	24	四	辛未	24	六	辛丑	22	日	庚午	22	二	庚子	20	三	己巳	18	四	戊戌	18	六	戊辰	16	日	丁酉	16	二	丁卯	14	三	丙申
初七	24	一	壬申	26	三	壬寅	25	五	壬申	25	日	壬寅	23	一	辛未	23	三	辛丑	21	四	庚午	19	五	己亥	19	日	己巳	17	一	戊戌	17	三	戊辰	15	四	丁酉
初八	25	二	癸酉	27	四	癸卯	26	六	癸酉	26	一	癸卯	24	二	壬申	24	四	壬寅	22	五	辛未	20	六	庚子	20	一	庚午	18	二	己亥	18	四	己巳	16	五	戊戌
初九	26	三	甲戌	28	五	甲辰	27	日	甲戌	27	二	甲辰	25	三	癸酉	25	五	癸卯	23	六	壬申	21	日	辛丑	21	二	辛未	19	三	庚子	19	五	庚午	17	六	己亥
初十	27	四	乙亥	29	六	乙巳	28	一	乙亥	28	三	乙巳	26	四	甲戌	26	六	甲辰	24	日	癸酉	22	一	壬寅	22	三	壬申	20	四	辛丑	20	六	辛未	18	日	庚子
十一	28	五	丙子	30	日	丙午	29	二	丙子	29	四	丙午	27	五	乙亥	27	日	乙巳	25	一	甲戌	23	二	癸卯	23	四	癸酉	21	五	壬寅	21	日	壬申	19	一	辛丑
十二	3	六	丁丑	31	一	丁未	30	三	丁丑	30	五	丁未	28	六	丙子	28	一	丙午	26	二	乙亥	24	三	甲辰	24	五	甲戌	22	六	癸卯	22	一	癸酉	20	二	壬寅
十三	2	日	戊寅	4	二	戊申	5	四	戊寅	31	六	戊申	29	日	丁丑	29	二	丁未	27	三	丙子	25	四	乙巳	25	六	乙亥	23	日	甲辰	23	二	甲戌	21	三	癸卯
十四	3	一	己卯	2	三	己酉	2	五	己卯	6	日	己酉	30	一	戊寅	30	三	戊申	28	四	丁丑	26	五	丙午	26	日	丙子	24	一	乙巳	24	三	乙亥	22	四	甲辰
十五	4	二	庚辰	3	四	庚戌	3	六	庚辰	2	一	庚戌	7	二	己卯	31	四	己酉	29	五	戊寅	27	六	丁未	27	一	丁丑	25	二	丙午	25	四	丙子	23	五	乙巳
十六	5	三	辛巳	4	五	辛亥	4	日	辛巳	3	二	辛亥	2	三	庚辰	6	五	庚戌	30	六	己卯	28	日	戊申	28	二	戊寅	26	三	丁未	26	五	丁丑	24	六	丙午
十七	6	四	壬午	5	六	壬子	5	一	壬午	4	三	壬子	3	四	辛巳	2	六	辛亥	31	日	庚辰	29	一	己酉	29	三	己卯	27	四	戊申	27	六	戊寅	25	日	丁未
十八	7	五	癸未	6	日	癸丑	6	二	癸未	5	四	癸丑	4	五	壬午	3	日	壬子	9	一	辛巳	30	二	庚戌	30	四	庚辰	28	五	己酉	28	日	己卯	26	一	戊申
十九	8	六	甲申	7	一	甲寅	7	三	甲申	6	五	甲寅	5	六	癸未	4	一	癸丑	2	二	壬午	31	三	辛亥	31	五	辛巳	29	六	庚戌	29	一	庚辰	27	二	己酉
二十	9	日	乙酉	8	二	乙卯	8	四	乙酉	7	六	乙卯	6	日	甲申	5	二	甲寅	3	三	癸未	10	四	壬子	11	六	壬午	30	日	辛亥	30	二	辛巳	28	三	庚戌
廿一	10	一	丙戌	9	三	丙辰	9	五	丙戌	8	日	丙辰	7	一	乙酉	6	三	乙卯	4	四	甲申	3	五	癸丑	2	日	癸未	1	一	壬子	31	三	壬午	29	四	辛亥
廿二	11	二	丁亥	10	四	丁巳	10	六	丁亥	9	一	丁巳	8	二	丙戌	7	四	丙辰	5	五	乙酉	4	六	甲寅	3	一	甲申	2	二	癸丑	1	四	癸未	30	五	壬子
廿三	12	三	戊子	11	五	戊午	11	日	戊子	10	二	戊午	9	三	丁亥	8	五	丁巳	6	六	丙戌	5	日	乙卯	4	二	乙酉	3	三	甲寅	2	五	甲申	31	六	癸丑
廿四	13	四	己丑	12	六	己未	12	一	己丑	11	三	己未	10	四	戊子	9	六	戊午	7	日	丁亥	6	一	丙辰	5	三	丙戌	4	四	乙卯	3	六	乙酉	2	日	甲寅
廿五	14	五	庚寅	13	日	庚申	13	二	庚寅	12	四	庚申	11	五	己丑	10	日	己未	8	一	戊子	7	二	丁巳	6	四	丁亥	5	五	丙辰	4	日	丙戌	3	一	乙卯
廿六	15	六	辛卯	14	一	辛酉	14	三	辛卯	13	五	辛酉	12	六	庚寅	11	一	庚申	9	二	己丑	8	三	戊午	7	五	戊子	6	六	丁巳	5	一	丁亥	4	二	丙辰
廿七	16	日	壬辰	15	二	壬戌	15	四	壬辰	14	六	壬戌	13	日	辛卯	12	二	辛酉	10	三	庚寅	9	四	己未	8	六	己丑	7	日	戊午	6	二	戊子	5	三	丁巳
廿八	17	一	癸巳	16	三	癸亥	16	五	癸巳	15	日	癸亥	14	一	壬辰	13	三	壬戌	11	四	辛卯	10	五	庚申	9	日	庚寅	8	一	己未	7	三	己丑	6	四	戊午
廿九	18	二	甲午	17	四	甲子	17	六	甲午	16	一	甲子	15	二	癸巳	14	四	癸亥	12	五	壬辰	11	六	辛酉	10	一	辛卯	9	二	庚申	8	四	庚寅	7	五	己未
三十	19	三	乙未	18	五	乙丑	18	日	乙未				16	三	甲午							12	日	壬戌				10	三	辛酉				7	六	庚申
节	惊蛰 十七 巳时			清明 十七 午时			立夏 十八 辰时			芒种 十九 未时			小暑 廿一 子时			立秋 廿三 巳时			白露 廿五 午时			寒露 廿六 寅时			立冬 廿七 卯时			大雪 廿七 亥时			小寒 廿七 巳时			立春 廿七 亥时		
气	雨水 初二 午时			春分 初二 午时			谷雨 初二			小满 初三 亥时			夏至 初六			大暑 初七			处暑 初九 子时			秋分 十一 亥时			霜降 十一			小雪 十二 寅时			冬至 十二 申时			大寒 十三		

164

农历己亥年　属猪

旬	正月小丙寅		二月大丁卯		三月大戊辰		四月小己巳		五月大庚午		六月小辛未		旬	七月大壬申		八月小癸酉		九月大甲戌		十月小乙亥		十一月大丙子		十二月小丁丑	
---	公历	干支	公历	干支	公历	干支	公历	干支	公历	干支	公历	干支	---	公历	干支	公历	干支	公历	干支	公历	干支	公历	干支	公历	干支
初一	8	辛酉	9	庚寅	8	庚申	8	庚寅	6	己未	6	己丑	初一	4	戊午	3	戊子	2	丁巳	1	丁亥	30	丙辰	30	丙戌
初二	9	壬戌	10	辛卯	9	辛酉	9	辛卯	7	庚申	7	庚寅	初二	5	己未	4	己丑	3	戊午	2	戊子	31	丁巳	31	丁亥
初三	10	癸亥	11	壬辰	10	壬戌	10	壬辰	8	辛酉	8	辛卯	初三	6	庚申	5	庚寅	4	己未	3	己丑	1	戊午	1	戊子
初四	11	甲子	12	癸巳	11	癸亥	11	癸巳	9	壬戌	9	壬辰	初四	7	辛酉	6	辛卯	5	庚申	4	庚寅	2	己未	2	己丑
初五	12	乙丑	13	甲午	12	甲子	12	甲午	10	癸亥	10	癸巳	初五	8	壬戌	7	壬辰	6	辛酉	5	辛卯	3	庚申	3	庚寅
初六	13	丙寅	14	乙未	13	乙丑	13	乙未	11	甲子	11	甲午	初六	9	癸亥	8	癸巳	7	壬戌	6	壬辰	4	辛酉	4	辛卯
初七	14	丁卯	15	丙申	14	丙寅	14	丙申	12	乙丑	12	乙未	初七	10	甲子	9	甲午	8	癸亥	7	癸巳	5	壬戌	5	壬辰
初八	15	戊辰	16	丁酉	15	丁卯	15	丁酉	13	丙寅	13	丙申	初八	11	乙丑	10	乙未	9	甲子	8	甲午	6	癸亥	6	癸巳
初九	16	己巳	17	戊戌	16	戊辰	16	戊戌	14	丁卯	14	丁酉	初九	12	丙寅	11	丙申	10	乙丑	9	乙未	7	甲子	7	甲午
初十	17	庚午	18	己亥	17	己巳	17	己亥	15	戊辰	15	戊戌	初十	13	丁卯	12	丁酉	11	丙寅	10	丙申	8	乙丑	8	乙未
十一	18	辛未	19	庚子	18	庚午	18	庚子	16	己巳	16	己亥	十一	14	戊辰	13	戊戌	12	丁卯	11	丁酉	9	丙寅	9	丙申
十二	19	壬申	20	辛丑	19	辛未	19	辛丑	17	庚午	17	庚子	十二	15	己巳	14	己亥	13	戊辰	12	戊戌	10	丁卯	10	丁酉
十三	20	癸酉	21	壬寅	20	壬申	20	壬寅	18	辛未	18	辛丑	十三	16	庚午	15	庚子	14	己巳	13	己亥	11	戊辰	11	戊戌
十四	21	甲戌	22	癸卯	21	癸酉	21	癸卯	19	壬申	19	壬寅	十四	17	辛未	16	辛丑	15	庚午	14	庚子	12	己巳	12	己亥
十五	22	乙亥	23	甲辰	22	甲戌	22	甲辰	20	癸酉	20	癸卯	十五	18	壬申	17	壬寅	16	辛未	15	辛丑	13	庚午	13	庚子
十六	23	丙子	24	乙巳	23	乙亥	23	乙巳	21	甲戌	21	甲辰	十六	19	癸酉	18	癸卯	17	壬申	16	壬寅	14	辛未	14	辛丑
十七	24	丁丑	25	丙午	24	丙子	24	丙午	22	乙亥	22	乙巳	十七	20	甲戌	19	甲辰	18	癸酉	17	癸卯	15	壬申	15	壬寅
十八	25	戊寅	26	丁未	25	丁丑	25	丁未	23	丙子	23	丙午	十八	21	乙亥	20	乙巳	19	甲戌	18	甲辰	16	癸酉	16	癸卯
十九	26	己卯	27	戊申	26	戊寅	26	戊申	24	丁丑	24	丁未	十九	22	丙子	21	丙午	20	乙亥	19	乙巳	17	甲戌	17	甲辰
二十	27	庚辰	28	己酉	27	己卯	27	己酉	25	戊寅	25	戊申	二十	23	丁丑	22	丁未	21	丙子	20	丙午	18	乙亥	18	乙巳
廿一	28	辛巳	29	庚戌	28	庚辰	28	庚戌	26	己卯	26	己酉	廿一	24	戊寅	23	戊申	22	丁丑	21	丁未	19	丙子	19	丙午
廿二	3	壬午	30	辛亥	29	辛巳	29	辛亥	27	庚辰	27	庚戌	廿二	25	己卯	24	己酉	23	戊寅	22	戊申	20	丁丑	20	丁未
廿三	2	癸未	31	壬子	30	壬午	30	壬子	28	辛巳	28	辛亥	廿三	26	庚辰	25	庚戌	24	己卯	23	己酉	21	戊寅	21	戊申
廿四	3	甲申	4	癸丑	5	癸未	31	癸丑	29	壬午	29	壬子	廿四	27	辛巳	26	辛亥	25	庚辰	24	庚戌	22	己卯	22	己酉
廿五	4	乙酉	2	甲寅	2	甲申	6	甲寅	30	癸未	30	癸丑	廿五	28	壬午	27	壬子	26	辛巳	25	辛亥	23	庚辰	23	庚戌
廿六	5	丙戌	3	乙卯	3	乙酉	2	乙卯	7	甲申	31	甲寅	廿六	29	癸未	28	癸丑	27	壬午	26	壬子	24	辛巳	24	辛亥
廿七	6	丁亥	4	丙辰	4	丙戌	3	丙辰	2	乙酉	8	乙卯	廿七	30	甲申	29	甲寅	28	癸未	27	癸丑	25	壬午	25	壬子
廿八	7	戊子	5	丁巳	5	丁亥	4	丁巳	3	丙戌	2	丙辰	廿八	31	乙酉	30	乙卯	29	甲申	28	甲寅	26	癸未	26	癸丑
廿九	8	己丑	6	戊午	6	戊子	5	戊午	4	丁亥	3	丁巳	廿九	9	丙戌	10	丙辰	30	乙酉	29	乙卯	27	甲申	27	甲寅
三十			7	己未	7	己丑			5	戊子			三十	2	丁亥			31	丙戌			29	乙酉		

| 节气 | 雨水 十二 酉时 | 惊蛰 廿七 申时 | 春分 十三 申时 | 清明 廿八 亥时 | 谷雨 十四 黄时 | 立夏 十九 黄时 | 小满 十五 黄时 | 芒种 初一 戌时 | 夏至 十七 午时 | 小暑 初三 卯时 | 大暑 十八 亥时 | 节气 | 立秋 初五 申时 | 处暑 廿一 卯时 | 白露 初六 酉时 | 秋分 廿一 黄时 | 寒露 初八 黄时 | 霜降 廿三 午时 | 立冬 初八 午时 | 小雪 廿三 巳时 | 大雪 初九 黄时 | 冬至 廿四 巳时 | 小寒 初八 申时 | 大寒 廿三 巳时 |

165

農曆庚子年　屬鼠　　　　　　　　　　　　　　　　　　　　　　　　　　　　　公元 1960—1961 年

旬	正月大戊寅 公历	星期	干支	二月小己卯 公历	星期	干支	三月大庚辰 公历	星期	干支	四月小辛巳 公历	星期	干支	五月大壬午 公历	星期	干支	六月大癸未 公历	星期	干支	闰六月小 公历	星期	干支	七月大甲申 公历	星期	干支	八月小乙酉 公历	星期	干支	九月大丙戌 公历	星期	干支	十月小丁亥 公历	星期	干支	十一月大戊子 公历	星期	干支	十二月小己丑 公历	星期	干支
初一	28	四	乙卯	27	六	乙酉	27	日	甲寅	26	二	甲申	25	三	癸丑	24	五	癸未	24	日	癸丑	22	一	壬午	21	三	壬子	20	四	辛巳	19	六	辛亥	18	日	庚辰	17	二	庚戌
初二	29	五	丙辰	28	日	丙戌	28	一	乙卯	27	三	乙酉	26	四	甲寅	25	六	甲申	25	一	甲寅	23	二	癸未	22	四	癸丑	21	五	壬午	20	日	壬子	19	一	辛巳	18	三	辛亥
初三	30	六	丁巳	29	一	丁亥	29	二	丙辰	28	四	丙戌	27	五	乙卯	26	日	乙酉	26	二	乙卯	24	三	甲申	23	五	甲寅	22	六	癸未	21	一	癸丑	20	二	壬午	19	四	壬子
初四	31	日	戊午	**1**	二	戊子	30	三	丁巳	29	五	丁亥	28	六	丙辰	27	一	丙戌	27	三	丙辰	25	四	乙酉	24	六	乙卯	23	日	甲申	22	二	甲寅	21	三	癸未	20	五	癸丑
初五	**1**	一	己未	2	三	己丑	31	四	戊午	30	六	戊子	29	日	丁巳	28	二	丁亥	28	四	丁巳	26	五	丙戌	25	日	丙辰	24	一	乙酉	23	三	乙卯	22	四	甲申	21	六	甲寅
初六	2	二	庚申	3	四	庚寅	**1**	五	己未	**1**	日	己丑	30	一	戊午	29	三	戊子	29	五	戊午	27	六	丁亥	26	一	丁巳	25	二	丙戌	24	四	丙辰	23	五	乙酉	22	日	乙卯
初七	3	三	辛酉	4	五	辛卯	2	六	庚申	2	一	庚寅	31	二	己未	30	四	己丑	30	六	己未	28	日	戊子	27	二	戊午	26	三	丁亥	25	五	丁巳	24	六	丙戌	23	一	丙辰
初八	4	四	壬戌	5	六	壬辰	3	日	辛酉	3	二	辛卯	**1**	三	庚申	**1**	五	庚寅	31	日	庚申	29	一	己丑	28	三	己未	27	四	戊子	26	六	戊午	25	日	丁亥	24	二	丁巳
初九	5	五	癸亥	6	日	癸巳	4	一	壬戌	4	三	壬辰	2	四	辛酉	2	六	辛卯	**1**	一	辛酉	30	二	庚寅	29	四	庚申	28	五	己丑	27	日	己未	26	一	戊子	25	三	戊午
初十	6	六	甲子	7	一	甲午	5	二	癸亥	5	四	癸巳	3	五	壬戌	3	日	壬辰	2	二	壬戌	31	三	辛卯	30	五	辛酉	29	六	庚寅	28	一	庚申	27	二	己丑	26	四	己未
十一	7	日	乙丑	8	二	乙未	6	三	甲子	6	五	甲午	4	六	癸亥	4	一	癸巳	3	三	癸亥	**1**	四	壬辰	**1**	六	壬戌	30	日	辛卯	29	二	辛酉	28	三	庚寅	27	五	庚申
十二	8	一	丙寅	9	三	丙申	7	四	乙丑	7	六	乙未	5	日	甲子	5	二	甲午	4	四	甲子	2	五	癸巳	2	日	癸亥	31	一	壬辰	30	三	壬戌	29	四	辛卯	28	六	辛酉
十三	9	二	丁卯	10	四	丁酉	8	五	丙寅	8	日	丙申	6	一	乙丑	6	三	乙未	5	五	乙丑	3	六	甲午	3	一	甲子	**1**	二	癸巳	**1**	四	癸亥	30	五	壬辰	29	日	壬戌
十四	10	三	戊辰	11	五	戊戌	9	六	丁卯	9	一	丁酉	7	二	丙寅	7	四	丙申	6	六	丙寅	4	日	乙未	4	二	乙丑	2	三	甲午	2	五	甲子	31	六	癸巳	30	一	癸亥
十五	11	四	己巳	12	六	己亥	10	日	戊辰	10	二	戊戌	8	三	丁卯	8	五	丁酉	7	日	丁卯	5	一	丙申	5	三	丙寅	3	四	乙未	3	六	乙丑	**1**	日	甲午	31	二	甲子
十六	12	五	庚午	13	日	庚子	11	一	己巳	11	三	己亥	9	四	戊辰	9	六	戊戌	8	一	戊辰	6	二	丁酉	6	四	丁卯	4	五	丙申	4	日	丙寅	2	一	乙未	**1**	三	乙丑
十七	13	六	辛未	14	一	辛丑	12	二	庚午	12	四	庚子	10	五	己巳	10	日	己亥	9	二	己巳	7	三	戊戌	7	五	戊辰	5	六	丁酉	5	一	丁卯	3	二	丙申	2	四	丙寅
十八	14	日	壬申	15	二	壬寅	13	三	辛未	13	五	辛丑	11	六	庚午	11	一	庚子	10	三	庚午	8	四	己亥	8	六	己巳	6	日	戊戌	6	二	戊辰	4	三	丁酉	3	五	丁卯
十九	15	一	癸酉	16	三	癸卯	14	四	壬申	14	六	壬寅	12	日	辛未	12	二	辛丑	11	四	辛未	9	五	庚子	9	日	庚午	7	一	己亥	7	三	己巳	5	四	戊戌	4	六	戊辰
二十	16	二	甲戌	17	四	甲辰	15	五	癸酉	15	日	癸卯	13	一	壬申	13	三	壬寅	12	五	壬申	10	六	辛丑	10	一	辛未	8	二	庚子	8	四	庚午	6	五	己亥	5	日	己巳
廿一	17	三	乙亥	18	五	乙巳	16	六	甲戌	16	一	甲辰	14	二	癸酉	14	四	癸卯	13	六	癸酉	11	日	壬寅	11	二	壬申	9	三	辛丑	9	五	辛未	7	六	庚子	6	一	庚午
廿二	18	四	丙子	19	六	丙午	17	日	乙亥	17	二	乙巳	15	三	甲戌	15	五	甲辰	14	日	甲戌	12	一	癸卯	12	三	癸酉	10	四	壬寅	10	六	壬申	8	日	辛丑	7	二	辛未
廿三	19	五	丁丑	20	日	丁未	18	一	丙子	18	三	丙午	16	四	乙亥	16	六	乙巳	15	一	乙亥	13	二	甲辰	13	四	甲戌	11	五	癸卯	11	日	癸酉	9	一	壬寅	8	三	壬申
廿四	20	六	戊寅	21	一	戊申	19	二	丁丑	19	四	丁未	17	五	丙子	17	日	丙午	16	二	丙子	14	三	乙巳	14	五	乙亥	12	六	甲辰	12	一	甲戌	10	二	癸卯	9	四	癸酉
廿五	21	日	己卯	22	二	己酉	20	三	戊寅	20	五	戊申	18	六	丁丑	18	一	丁未	17	三	丁丑	15	四	丙午	15	六	丙子	13	日	乙巳	13	二	乙亥	11	三	甲辰	10	五	甲戌
廿六	22	一	庚辰	23	三	庚戌	21	四	己卯	21	六	己酉	19	日	戊寅	19	二	戊申	18	四	戊寅	16	五	丁未	16	日	丁丑	14	一	丙午	14	三	丙子	12	四	乙巳	11	六	乙亥
廿七	23	二	辛巳	24	四	辛亥	22	五	庚辰	22	日	庚戌	20	一	己卯	20	三	己酉	19	五	己卯	17	六	戊申	17	一	戊寅	15	二	丁未	15	四	丁丑	13	五	丙午	12	日	丙子
廿八	24	三	壬午	25	五	壬子	23	六	辛巳	23	一	辛亥	21	二	庚辰	21	四	庚戌	20	六	庚辰	18	日	己酉	18	二	己卯	16	三	戊申	16	五	戊寅	14	六	丁未	13	一	丁丑
廿九	25	四	癸未	26	六	癸丑	24	日	壬午	24	二	壬子	22	三	辛巳	22	五	辛亥	21	日	辛巳	19	一	庚戌	19	三	庚辰	17	四	己酉	17	六	己卯	15	日	戊申	14	二	戊寅
三十	26	五	甲申				25	一	癸未				23	四	壬午	23	六	壬子				20	二	辛亥				18	五	庚戌				16	一	己酉			

节气

月	节	气
正月	立春 初九 寅时	雨水 廿三 卯时
二月	惊蛰 初八 亥时	春分 廿三 亥时
三月	清明 初十 卯时	谷雨 廿五 巳时
四月	立夏 初十 戌时	小满 廿六 巳时
五月	芒种 十三 午时	夏至 廿八 酉时
六月	小暑 十四 午时	大暑 三十 寅时
闰六月	立秋 十五 酉时	
七月	处暑 初二 午时	白露 十七 申时
八月	秋分 初三 辰时	寒露 十八 申时
九月	霜降 初四 寅时	立冬 十九 酉时
十月	小雪 初四	大雪 十九 酉时
十一月	冬至 初五	小寒 十九
十二月	大寒 初四	立春 十九 巳时

正月大庚寅

旬	公历	星期	干支
初一	15	三	己卯
初二	16	四	庚辰
初三	17	五	辛巳
初四	18	六	壬午
初五	19	日	癸未
初六	20	一	甲申
初七	21	二	乙酉
初八	22	三	丙戌
初九	23	四	丁亥
初十	24	五	戊子
十一	25	六	己丑
十二	26	日	庚寅
十三	27	一	辛卯
十四	28	二	壬辰
十五	3/1	三	癸巳
十六	2	四	甲午
十七	3	五	乙未
十八	4	六	丙申
十九	5	日	丁酉
二十	6	一	戊戌
廿一	7	二	己亥
廿二	8	三	庚子
廿三	9	四	辛丑
廿四	10	五	壬寅
廿五	11	六	癸卯
廿六	12	日	甲辰
廿七	13	一	乙巳
廿八	14	二	丙午
廿九	15	三	丁未
三十	16	四	戊申

二月小辛卯

旬	公历	星期	干支
初一	17	五	己酉
初二	18	六	庚戌
初三	19	日	辛亥
初四	20	一	壬子
初五	21	二	癸丑
初六	22	三	甲寅
初七	23	四	乙卯
初八	24	五	丙辰
初九	25	六	丁巳
初十	26	日	戊午
十一	27	一	己未
十二	28	二	庚申
十三	29	三	辛酉
十四	30	四	壬戌
十五	31	五	癸亥
十六	4/1	六	甲子
十七	2	日	乙丑
十八	3	一	丙寅
十九	4	二	丁卯
二十	5	三	戊辰
廿一	6	四	己巳
廿二	7	五	庚午
廿三	8	六	辛未
廿四	9	日	壬申
廿五	10	一	癸酉
廿六	11	二	甲戌
廿七	12	三	乙亥
廿八	13	四	丙子
廿九	14	五	丁丑

三月大壬辰

旬	公历	星期	干支
初一	15	六	戊寅
初二	16	日	己卯
初三	17	一	庚辰
初四	18	二	辛巳
初五	19	三	壬午
初六	20	四	癸未
初七	21	五	甲申
初八	22	六	乙酉
初九	23	日	丙戌
初十	24	一	丁亥
十一	25	二	戊子
十二	26	三	己丑
十三	27	四	庚寅
十四	28	五	辛卯
十五	29	六	壬辰
十六	30	日	癸巳
十七	5/1	一	甲午
十八	2	二	乙未
十九	3	三	丙申
二十	4	四	丁酉
廿一	5	五	戊戌
廿二	6	六	己亥
廿三	7	日	庚子
廿四	8	一	辛丑
廿五	9	二	壬寅
廿六	10	三	癸卯
廿七	11	四	甲辰
廿八	12	五	乙巳
廿九	13	六	丙午
三十	14	日	丁未

四月小癸巳

旬	公历	星期	干支
初一	15	一	戊申
初二	16	二	己酉
初三	17	三	庚戌
初四	18	四	辛亥
初五	19	五	壬子
初六	20	六	癸丑
初七	21	日	甲寅
初八	22	一	乙卯
初九	23	二	丙辰
初十	24	三	丁巳
十一	25	四	戊午
十二	26	五	己未
十三	27	六	庚申
十四	28	日	辛酉
十五	29	一	壬戌
十六	30	二	癸亥
十七	31	三	甲子
十八	6/1	四	乙丑
十九	2	五	丙寅
二十	3	六	丁卯
廿一	4	日	戊辰
廿二	5	一	己巳
廿三	6	二	庚午
廿四	7	三	辛未
廿五	8	四	壬申
廿六	9	五	癸酉
廿七	10	六	甲戌
廿八	11	日	乙亥
廿九	12	一	丙子

五月大甲午

旬	公历	星期	干支
初一	13	二	丁丑
初二	14	三	戊寅
初三	15	四	己卯
初四	16	五	庚辰
初五	17	六	辛巳
初六	18	日	壬午
初七	19	一	癸未
初八	20	二	甲申
初九	21	三	乙酉
初十	22	四	丙戌
十一	23	五	丁亥
十二	24	六	戊子
十三	25	日	己丑
十四	26	一	庚寅
十五	27	二	辛卯
十六	28	三	壬辰
十七	29	四	癸巳
十八	30	五	甲午
十九	7/1	六	乙未
二十	2	日	丙申
廿一	3	一	丁酉
廿二	4	二	戊戌
廿三	5	三	己亥
廿四	6	四	庚子
廿五	7	五	辛丑
廿六	8	六	壬寅
廿七	9	日	癸卯
廿八	10	一	甲辰
廿九	11	二	乙巳
三十	12	三	丙午

六月小乙未

旬	公历	星期	干支
初一	13	四	丁未
初二	14	五	戊申
初三	15	六	己酉
初四	16	日	庚戌
初五	17	一	辛亥
初六	18	二	壬子
初七	19	三	癸丑
初八	20	四	甲寅
初九	21	五	乙卯
初十	22	六	丙辰
十一	23	日	丁巳
十二	24	一	戊午
十三	25	二	己未
十四	26	三	庚申
十五	27	四	辛酉
十六	28	五	壬戌
十七	29	六	癸亥
十八	30	日	甲子
十九	31	一	乙丑
二十	8/1	二	丙寅
廿一	2	三	丁卯
廿二	3	四	戊辰
廿三	4	五	己巳
廿四	5	六	庚午
廿五	6	日	辛未
廿六	7	一	壬申
廿七	8	二	癸酉
廿八	9	三	甲戌
廿九	10	四	乙亥

七月大丙申

旬	公历	星期	干支
初一	11	五	丙子
初二	12	六	丁丑
初三	13	日	戊寅
初四	14	一	己卯
初五	15	二	庚辰
初六	16	三	辛巳
初七	17	四	壬午
初八	18	五	癸未
初九	19	六	甲申
初十	20	日	乙酉
十一	21	一	丙戌
十二	22	二	丁亥
十三	23	三	戊子
十四	24	四	己丑
十五	25	五	庚寅
十六	26	六	辛卯
十七	27	日	壬辰
十八	28	一	癸巳
十九	29	二	甲午
二十	30	三	乙未
廿一	31	四	丙申
廿二	9/1	五	丁酉
廿三	2	六	戊戌
廿四	3	日	己亥
廿五	4	一	庚子
廿六	5	二	辛丑
廿七	6	三	壬寅
廿八	7	四	癸卯
廿九	8	五	甲辰
三十	9	六	乙巳

八月大丁酉

旬	公历	星期	干支
初一	10	日	丙午
初二	11	一	丁未
初三	12	二	戊申
初四	13	三	己酉
初五	14	四	庚戌
初六	15	五	辛亥
初七	16	六	壬子
初八	17	日	癸丑
初九	18	一	甲寅
初十	19	二	乙卯
十一	20	三	丙辰
十二	21	四	丁巳
十三	22	五	戊午
十四	23	六	己未
十五	24	日	庚申
十六	25	一	辛酉
十七	26	二	壬戌
十八	27	三	癸亥
十九	28	四	甲子
二十	29	五	乙丑
廿一	30	六	丙寅
廿二	10/1	日	丁卯
廿三	2	一	戊辰
廿四	3	二	己巳
廿五	4	三	庚午
廿六	5	四	辛未
廿七	6	五	壬申
廿八	7	六	癸酉
廿九	8	日	甲戌
三十	9	一	乙亥

九月小戊戌

旬	公历	星期	干支
初一	10	二	丙子
初二	11	三	丁丑
初三	12	四	戊寅
初四	13	五	己卯
初五	14	六	庚辰
初六	15	日	辛巳
初七	16	一	壬午
初八	17	二	癸未
初九	18	三	甲申
初十	19	四	乙酉
十一	20	五	丙戌
十二	21	六	丁亥
十三	22	日	戊子
十四	23	一	己丑
十五	24	二	庚寅
十六	25	三	辛卯
十七	26	四	壬辰
十八	27	五	癸巳
十九	28	六	甲午
二十	29	日	乙未
廿一	30	一	丙申
廿二	31	二	丁酉
廿三	11/1	三	戊戌
廿四	2	四	己亥
廿五	3	五	庚子
廿六	4	六	辛丑
廿七	5	日	壬寅
廿八	6	一	癸卯
廿九	7	二	甲辰

十月大己亥

旬	公历	星期	干支
初一	8	三	乙巳
初二	9	四	丙午
初三	10	五	丁未
初四	11	六	戊申
初五	12	日	己酉
初六	13	一	庚戌
初七	14	二	辛亥
初八	15	三	壬子
初九	16	四	癸丑
初十	17	五	甲寅
十一	18	六	乙卯
十二	19	日	丙辰
十三	20	一	丁巳
十四	21	二	戊午
十五	22	三	己未
十六	23	四	庚申
十七	24	五	辛酉
十八	25	六	壬戌
十九	26	日	癸亥
二十	27	一	甲子
廿一	28	二	乙丑
廿二	29	三	丙寅
廿三	30	四	丁卯
廿四	12/1	五	戊辰
廿五	2	六	己巳
廿六	3	日	庚午
廿七	4	一	辛未
廿八	5	二	壬申
廿九	6	三	癸酉
三十	7	四	甲戌

十一月小庚子

旬	公历	星期	干支
初一	8	五	乙亥
初二	9	六	丙子
初三	10	日	丁丑
初四	11	一	戊寅
初五	12	二	己卯
初六	13	三	庚辰
初七	14	四	辛巳
初八	15	五	壬午
初九	16	六	癸未
初十	17	日	甲申
十一	18	一	乙酉
十二	19	二	丙戌
十三	20	三	丁亥
十四	21	四	戊子
十五	22	五	己丑
十六	23	六	庚寅
十七	24	日	辛卯
十八	25	一	壬辰
十九	26	二	癸巳
二十	27	三	甲午
廿一	28	四	乙未
廿二	29	五	丙申
廿三	30	六	丁酉
廿四	31	日	戊戌
廿五	1/1	一	己亥
廿六	2	二	庚子
廿七	3	三	辛丑
廿八	4	四	壬寅
廿九	5	五	癸卯

十二月大辛丑

旬	公历	星期	干支
初一	6	六	甲辰
初二	7	日	乙巳
初三	8	一	丙午
初四	9	二	丁未
初五	10	三	戊申
初六	11	四	己酉
初七	12	五	庚戌
初八	13	六	辛亥
初九	14	日	壬子
初十	15	一	癸丑
十一	16	二	甲寅
十二	17	三	乙卯
十三	18	四	丙辰
十四	19	五	丁巳
十五	20	六	戊午
十六	21	日	己未
十七	22	一	庚申
十八	23	二	辛酉
十九	24	三	壬戌
二十	25	四	癸亥
廿一	26	五	甲子
廿二	27	六	乙丑
廿三	28	日	丙寅
廿四	29	一	丁卯
廿五	30	二	戊辰
廿六	31	三	己巳
廿七	2/1	四	庚午
廿八	2	五	辛未
廿九	3	六	壬申
三十	4	日	癸酉

节气

正月	雨水 初五 卯时	惊蛰 二十 寅时
二月	春分 初五 寅时	清明 二十 辰时
三月	谷雨 初六 申时	立夏 廿一 丑时
四月	小满 初七 申时	芒种 廿三 卯时
五月	夏至 初九 子时	小暑 廿五 酉时
六月	大暑 十一 巳时	立秋 廿七 丑时
七月	处暑 十三 酉时	白露 廿五 卯时
八月	秋分 十四 未时	寒露 廿六 戊时
九月	霜降 十四 子时	立冬 廿九 子时
十月	小雪 十五 亥时	大雪 三十 申时
十一月	冬至 十五 巳时	小寒 初一 寅时
十二月	大寒 十五 戌时	立春 三十 申时

正月小壬寅

旬	公历	星期	干支
初一	5	一	甲戌
初二	6	二	乙亥
初三	7	三	丙子
初四	8	四	丁丑
初五	9	五	戊寅
初六	10	六	己卯
初七	11	日	庚辰
初八	12	一	辛巳
初九	13	二	壬午
初十	14	三	癸未
十一	15	四	甲申
十二	16	五	乙酉
十三	17	六	丙戌
十四	18	日	丁亥
十五	19	一	戊子
十六	20	二	己丑
十七	21	三	庚寅
十八	22	四	辛卯
十九	23	五	壬辰
二十	24	六	癸巳
廿一	25	日	甲午
廿二	26	一	乙未
廿三	27	二	丙申
廿四	28	三	丁酉
廿五	3/1	四	戊戌
廿六	2	五	己亥
廿七	3	六	庚子
廿八	4	日	辛丑
廿九	5	一	壬寅

节气：雨水 十五 午时

二月大癸卯

旬	公历	星期	干支
初一	6	二	癸卯
初二	7	三	甲辰
初三	8	四	乙巳
初四	9	五	丙午
初五	10	六	丁未
初六	11	日	戊申
初七	12	一	己酉
初八	13	二	庚戌
初九	14	三	辛亥
初十	15	四	壬子
十一	16	五	癸丑
十二	17	六	甲寅
十三	18	日	乙卯
十四	19	一	丙辰
十五	20	二	丁巳
十六	21	三	戊午
十七	22	四	己未
十八	23	五	庚申
十九	24	六	辛酉
二十	25	日	壬戌
廿一	26	一	癸亥
廿二	27	二	甲子
廿三	28	三	乙丑
廿四	29	四	丙寅
廿五	30	五	丁卯
廿六	31	六	戊辰
廿七	4/1	日	己巳
廿八	2	一	庚午
廿九	3	二	辛未
三十	4	三	壬申

节气：惊蛰 初一 巳时　春分 十六 巳时

三月小甲辰

旬	公历	星期	干支
初一	5	四	癸酉
初二	6	五	甲戌
初三	7	六	乙亥
初四	8	日	丙子
初五	9	一	丁丑
初六	10	二	戊寅
初七	11	三	己卯
初八	12	四	庚辰
初九	13	五	辛巳
初十	14	六	壬午
十一	15	日	癸未
十二	16	一	甲申
十三	17	二	乙酉
十四	18	三	丙戌
十五	19	四	丁亥
十六	20	五	戊子
十七	21	六	己丑
十八	22	日	庚寅
十九	23	一	辛卯
二十	24	二	壬辰
廿一	25	三	癸巳
廿二	26	四	甲午
廿三	27	五	乙未
廿四	28	六	丙申
廿五	29	日	丁酉
廿六	30	一	戊戌
廿七	5/1	二	己亥
廿八	2	三	庚子
廿九	3	四	辛丑

节气：清明 初一 申时　谷雨 十六 亥时

四月小乙巳

旬	公历	星期	干支
初一	4	五	壬寅
初二	5	六	癸卯
初三	6	日	甲辰
初四	7	一	乙巳
初五	8	二	丙午
初六	9	三	丁未
初七	10	四	戊申
初八	11	五	己酉
初九	12	六	庚戌
初十	13	日	辛亥
十一	14	一	壬子
十二	15	二	癸丑
十三	16	三	甲寅
十四	17	四	乙卯
十五	18	五	丙辰
十六	19	六	丁巳
十七	20	日	戊午
十八	21	一	己未
十九	22	二	庚申
二十	23	三	辛酉
廿一	24	四	壬戌
廿二	25	五	癸亥
廿三	26	六	甲子
廿四	27	日	乙丑
廿五	28	一	丙寅
廿六	29	二	丁卯
廿七	30	三	戊辰
廿八	31	四	己巳
廿九	6/1	五	庚午

节气：立夏 初三 辰时　小满 十八 亥时

五月大丙午

旬	公历	星期	干支
初一	2	六	辛未
初二	3	日	壬申
初三	4	一	癸酉
初四	5	二	甲戌
初五	6	三	乙亥
初六	7	四	丙子
初七	8	五	丁丑
初八	9	六	戊寅
初九	10	日	己卯
初十	11	一	庚辰
十一	12	二	辛巳
十二	13	三	壬午
十三	14	四	癸未
十四	15	五	甲申
十五	16	六	乙酉
十六	17	日	丙戌
十七	18	一	丁亥
十八	19	二	戊子
十九	20	三	己丑
二十	21	四	庚寅
廿一	22	五	辛卯
廿二	23	六	壬辰
廿三	24	日	癸巳
廿四	25	一	甲午
廿五	26	二	乙未
廿六	27	三	丙申
廿七	28	四	丁酉
廿八	29	五	戊戌
廿九	30	六	己亥
三十	7/1	日	庚子

节气：芒种 初五 巳时　夏至 廿一 卯时

六月小丁未

旬	公历	星期	干支
初一	2	一	辛丑
初二	3	二	壬寅
初三	4	三	癸卯
初四	5	四	甲辰
初五	6	五	乙巳
初六	7	六	丙午
初七	8	日	丁未
初八	9	一	戊申
初九	10	二	己酉
初十	11	三	庚戌
十一	12	四	辛亥
十二	13	五	壬子
十三	14	六	癸丑
十四	15	日	甲寅
十五	16	一	乙卯
十六	17	二	丙辰
十七	18	三	丁巳
十八	19	四	戊午
十九	20	五	己未
二十	21	六	庚申
廿一	22	日	辛酉
廿二	23	一	壬戌
廿三	24	二	癸亥
廿四	25	三	甲子
廿五	26	四	乙丑
廿六	27	五	丙寅
廿七	28	六	丁卯
廿八	29	日	戊辰
廿九	30	一	己巳

节气：小暑 初六 亥时　大暑 廿二 申时

七月大戊申

旬	公历	星期	干支
初一	31	二	庚午
初二	8/1	三	辛未
初三	2	四	壬申
初四	3	五	癸酉
初五	4	六	甲戌
初六	5	日	乙亥
初七	6	一	丙子
初八	7	二	丁丑
初九	8	三	戊寅
初十	9	四	己卯
十一	10	五	庚辰
十二	11	六	辛巳
十三	12	日	壬午
十四	13	一	癸未
十五	14	二	甲申
十六	15	三	乙酉
十七	16	四	丙戌
十八	17	五	丁亥
十九	18	六	戊子
二十	19	日	己丑
廿一	20	一	庚寅
廿二	21	二	辛卯
廿三	22	三	壬辰
廿四	23	四	癸巳
廿五	24	五	甲午
廿六	25	六	乙未
廿七	26	日	丙申
廿八	27	一	丁酉
廿九	28	二	戊戌
三十	29	三	己亥

节气：立秋 初九 辰时　处暑 廿四 子时

八月大己酉

旬	公历	星期	干支
初一	30	四	庚子
初二	31	五	辛丑
初三	9/1	六	壬寅
初四	2	日	癸卯
初五	3	一	甲辰
初六	4	二	乙巳
初七	5	三	丙午
初八	6	四	丁未
初九	7	五	戊申
初十	8	六	己酉
十一	9	日	庚戌
十二	10	一	辛亥
十三	11	二	壬子
十四	12	三	癸丑
十五	13	四	甲寅
十六	14	五	乙卯
十七	15	六	丙辰
十八	16	日	丁巳
十九	17	一	戊午
二十	18	二	己未
廿一	19	三	庚申
廿二	20	四	辛酉
廿三	21	五	壬戌
廿四	22	六	癸亥
廿五	23	日	甲子
廿六	24	一	乙丑
廿七	25	二	丙寅
廿八	26	三	丁卯
廿九	27	四	戊辰
三十	28	五	己巳

节气：白露 初十 午时　秋分 廿五 戌时

九月小庚戌

旬	公历	星期	干支
初一	29	六	庚午
初二	30	日	辛未
初三	10/1	一	壬申
初四	2	二	癸酉
初五	3	三	甲戌
初六	4	四	乙亥
初七	5	五	丙子
初八	6	六	丁丑
初九	7	日	戊寅
初十	8	一	己卯
十一	9	二	庚辰
十二	10	三	辛巳
十三	11	四	壬午
十四	12	五	癸未
十五	13	六	甲申
十六	14	日	乙酉
十七	15	一	丙戌
十八	16	二	丁亥
十九	17	三	戊子
二十	18	四	己丑
廿一	19	五	庚寅
廿二	20	六	辛卯
廿三	21	日	壬辰
廿四	22	一	癸巳
廿五	23	二	甲午
廿六	24	三	乙未
廿七	25	四	丙申
廿八	26	五	丁酉
廿九	27	六	戊戌

节气：寒露 十一 丑时　霜降 廿六 卯时

十月大辛亥

旬	公历	星期	干支
初一	28	日	己亥
初二	29	一	庚子
初三	30	二	辛丑
初四	31	三	壬寅
初五	11/1	四	癸卯
初六	2	五	甲辰
初七	3	六	乙巳
初八	4	日	丙午
初九	5	一	丁未
初十	6	二	戊申
十一	7	三	己酉
十二	8	四	庚戌
十三	9	五	辛亥
十四	10	六	壬子
十五	11	日	癸丑
十六	12	一	甲寅
十七	13	二	乙卯
十八	14	三	丙辰
十九	15	四	丁巳
二十	16	五	戊午
廿一	17	六	己未
廿二	18	日	庚申
廿三	19	一	辛酉
廿四	20	二	壬戌
廿五	21	三	癸亥
廿六	22	四	甲子
廿七	23	五	乙丑
廿八	24	六	丙寅
廿九	25	日	丁卯
三十	26	一	戊辰

节气：立冬 十二 卯时　小雪 廿七 寅时

十一月大壬子

旬	公历	星期	干支
初一	27	二	己巳
初二	28	三	庚午
初三	29	四	辛未
初四	30	五	壬申
初五	12/1	六	癸酉
初六	2	日	甲戌
初七	3	一	乙亥
初八	4	二	丙子
初九	5	三	丁丑
初十	6	四	戊寅
十一	7	五	己卯
十二	8	六	庚辰
十三	9	日	辛巳
十四	10	一	壬午
十五	11	二	癸未
十六	12	三	甲申
十七	13	四	乙酉
十八	14	五	丙戌
十九	15	六	丁亥
二十	16	日	戊子
廿一	17	一	己丑
廿二	18	二	庚寅
廿三	19	三	辛卯
廿四	20	四	壬辰
廿五	21	五	癸巳
廿六	22	六	甲午
廿七	23	日	乙未
廿八	24	一	丙申
廿九	25	二	丁酉
三十	26	三	戊戌

节气：大雪 十一 亥时　冬至 廿六 申时

十二月小癸丑

旬	公历	星期	干支
初一	27	四	己亥
初二	28	五	庚子
初三	29	六	辛丑
初四	30	日	壬寅
初五	31	一	癸卯
初六	1/1	二	甲辰
初七	2	三	乙巳
初八	3	四	丙午
初九	4	五	丁未
初十	5	六	戊申
十一	6	日	己酉
十二	7	一	庚戌
十三	8	二	辛亥
十四	9	三	壬子
十五	10	四	癸丑
十六	11	五	甲寅
十七	12	六	乙卯
十八	13	日	丙辰
十九	14	一	丁巳
二十	15	二	戊午
廿一	16	三	己未
廿二	17	四	庚申
廿三	18	五	辛酉
廿四	19	六	壬戌
廿五	20	日	癸亥
廿六	21	一	甲子
廿七	22	二	乙丑
廿八	23	三	丙寅
廿九	24	四	丁卯

节气：小寒 十一 巳时　大寒 廿六 丑时

旬	正月大甲寅 公历	星期	干支	二月小乙卯 公历	星期	干支	三月大丙辰 公历	星期	干支	四月小丁巳 公历	星期	干支	闰四月小 公历	星期	干支	五月大戊午 公历	星期	干支	六月小己未 公历	星期	干支	七月大庚申 公历	星期	干支	八月小辛酉 公历	星期	干支	九月大壬戌 公历	星期	干支	十月大癸亥 公历	星期	干支	十一月大甲子 公历	星期	干支	十二月小乙丑 公历	星期	干支
初一	25	五	戊辰	24	日	戊戌	25	一	丁卯	24	三	丁酉	23	四	丙寅	21	五	乙未	21	日	乙丑	19	一	甲午	18	三	甲子	17	四	癸巳	16	六	癸亥	16	一	癸巳	15	三	癸亥
初二	26	六	己巳	25	一	己亥	26	二	戊辰	25	四	戊戌	24	五	丁卯	22	六	丙申	22	一	丙寅	20	二	乙未	19	四	乙丑	18	五	甲午	17	日	甲子	17	二	甲午	16	四	甲子
初三	27	日	庚午	26	二	庚子	27	三	己巳	26	五	己亥	25	六	戊辰	23	日	丁酉	23	二	丁卯	21	三	丙申	20	五	丙寅	19	六	乙未	18	一	乙丑	18	三	乙未	17	五	乙丑
初四	28	一	辛未	27	三	辛丑	28	四	庚午	27	六	庚子	26	日	己巳	24	一	戊戌	24	三	戊辰	22	四	丁酉	21	六	丁卯	20	日	丙申	19	二	丙寅	19	四	丙申	18	六	丙寅
初五	29	二	壬申	28	四	壬寅	29	五	辛未	28	日	辛丑	27	一	庚午	25	二	己亥	25	四	己巳	23	五	戊戌	22	日	戊辰	21	一	丁酉	20	三	丁卯	20	五	丁酉	19	日	丁卯
初六	30	三	癸酉	1	五	癸卯	30	六	壬申	29	一	壬寅	28	二	辛未	26	三	庚子	26	五	庚午	24	六	己亥	23	一	己巳	22	二	戊戌	21	四	戊辰	21	六	戊戌	20	一	戊辰
初七	31	四	甲戌	2	六	甲辰	31	日	癸酉	30	二	癸卯	29	三	壬申	27	四	辛丑	27	六	辛未	25	日	庚子	24	二	庚午	23	三	己亥	22	五	己巳	22	日	己亥	21	二	己巳
初八	1	五	乙亥	3	日	乙巳	1	一	甲戌	1	三	甲辰	30	四	癸酉	28	五	壬寅	28	日	壬申	26	一	辛丑	25	三	辛未	24	四	庚子	23	六	庚午	23	一	庚子	22	三	庚午
初九	2	六	丙子	4	一	丙午	2	二	乙亥	2	四	乙巳	31	五	甲戌	29	六	癸卯	29	一	癸酉	27	二	壬寅	26	四	壬申	25	五	辛丑	24	日	辛未	24	二	辛丑	23	四	辛未
初十	3	日	丁丑	5	二	丁未	3	三	丙子	3	五	丙午	1	六	乙亥	30	日	甲辰	30	二	甲戌	28	三	癸卯	27	五	癸酉	26	六	壬寅	25	一	壬申	25	三	壬寅	24	五	壬申
十一	4	一	戊寅	6	三	戊申	4	四	丁丑	4	六	丁未	2	日	丙子	1	一	乙巳	31	三	乙亥	29	四	甲辰	28	六	甲戌	27	日	癸卯	26	二	癸酉	26	四	癸卯	25	六	癸酉
十二	5	二	己卯	7	四	己酉	5	五	戊寅	5	日	戊申	3	一	丁丑	2	二	丙午	1	四	丙子	30	五	乙巳	29	日	乙亥	28	一	甲辰	27	三	甲戌	27	五	甲辰	26	日	甲戌
十三	6	三	庚辰	8	五	庚戌	6	六	己卯	6	一	己酉	4	二	戊寅	3	三	丁未	2	五	丁丑	31	六	丙午	30	一	丙子	29	二	乙巳	28	四	乙亥	28	六	乙巳	27	一	乙亥
十四	7	四	辛巳	9	六	辛亥	7	日	庚辰	7	二	庚戌	5	三	己卯	4	四	戊申	3	六	戊寅	1	日	丁未	1	二	丁丑	30	三	丙午	29	五	丙子	29	日	丙午	28	二	丙子
十五	8	五	壬午	10	日	壬子	8	一	辛巳	8	三	辛亥	6	四	庚辰	5	五	己酉	4	日	己卯	2	一	戊申	2	三	戊寅	31	四	丁未	30	六	丁丑	30	一	丁未	29	三	丁丑
十六	9	六	癸未	11	一	癸丑	9	二	壬午	9	四	壬子	7	五	辛巳	6	六	庚戌	5	一	庚辰	3	二	己酉	3	四	己卯	1	五	戊申	1	日	戊寅	31	二	戊申	30	四	戊寅
十七	10	日	甲申	12	二	甲寅	10	三	癸未	10	五	癸丑	8	六	壬午	7	日	辛亥	6	二	辛巳	4	三	庚戌	4	五	庚辰	2	六	己酉	2	一	己卯	1	三	己酉	31	五	己卯
十八	11	一	乙酉	13	三	乙卯	11	四	甲申	11	六	甲寅	9	日	癸未	8	一	壬子	7	三	壬午	5	四	辛亥	5	六	辛巳	3	日	庚戌	3	二	庚辰	2	四	庚戌	1	六	庚辰
十九	12	二	丙戌	14	四	丙辰	12	五	乙酉	12	日	乙卯	10	一	甲申	9	二	癸丑	8	四	癸未	6	五	壬子	6	日	壬午	4	一	辛亥	4	三	辛巳	3	五	辛亥	2	日	辛巳
二十	13	三	丁亥	15	五	丁巳	13	六	丙戌	13	一	丙辰	11	二	乙酉	10	三	甲寅	9	五	甲申	7	六	癸丑	7	一	癸未	5	二	壬子	5	四	壬午	4	六	壬子	3	一	壬午
廿一	14	四	戊子	16	六	戊午	14	日	丁亥	14	二	丁巳	12	三	丙戌	11	四	乙卯	10	六	乙酉	8	日	甲寅	8	二	甲申	6	三	癸丑	6	五	癸未	5	日	癸丑	4	二	癸未
廿二	15	五	己丑	17	日	己未	15	一	戊子	15	三	戊午	13	四	丁亥	12	五	丙辰	11	日	丙戌	9	一	乙卯	9	三	乙酉	7	四	甲寅	7	六	甲申	6	一	甲寅	5	三	甲申
廿三	16	六	庚寅	18	一	庚申	16	二	己丑	16	四	己未	14	五	戊子	13	六	丁巳	12	一	丁亥	10	二	丙辰	10	四	丙戌	8	五	乙卯	8	日	乙酉	7	二	乙卯	6	四	乙酉
廿四	17	日	辛卯	19	二	辛酉	17	三	庚寅	17	五	庚申	15	六	己丑	14	日	戊午	13	二	戊子	11	三	丁巳	11	五	丁亥	9	六	丙辰	9	一	丙戌	8	三	丙辰	7	五	丙戌
廿五	18	一	壬辰	20	三	壬戌	18	四	辛卯	18	六	辛酉	16	日	庚寅	15	一	己未	14	三	己丑	12	四	戊午	12	六	戊子	10	日	丁巳	10	二	丁亥	9	四	丁巳	8	六	丁亥
廿六	19	二	癸巳	21	四	癸亥	19	五	壬辰	19	日	壬戌	17	一	辛卯	16	二	庚申	15	四	庚寅	13	五	己未	13	日	己丑	11	一	戊午	11	三	戊子	10	五	戊午	9	日	戊子
廿七	20	三	甲午	22	五	甲子	20	六	癸巳	20	一	癸亥	18	二	壬辰	17	三	辛酉	16	五	辛卯	14	六	庚申	14	一	庚寅	12	二	己未	12	四	己丑	11	六	己未	10	一	己丑
廿八	21	四	乙未	23	六	乙丑	21	日	甲午	21	二	甲子	19	三	癸巳	18	四	壬戌	17	六	壬辰	15	日	辛酉	15	二	辛卯	13	三	庚申	13	五	庚寅	12	日	庚申	11	二	庚寅
廿九	22	五	丙申	24	日	丙寅	22	一	乙未	22	三	乙丑	20	四	甲午	19	五	癸亥	18	日	癸巳	16	一	壬戌	16	三	壬辰	14	四	辛酉	14	六	辛卯	13	一	辛酉	12	三	辛卯
三十	23	六	丁酉				23	二	丙申							20	六	甲子				17	二	癸亥				15	五	壬戌	15	日	壬辰	14	二	壬戌			

节气：

- 正月：立春 十一 亥时；雨水 廿六 酉时
- 二月：惊蛰 十一 申时；春分 廿六 申时
- 三月：清明 十二 戌时；谷雨 廿七 寅时
- 四月：立夏 十三 未时；小满 廿九 丑时
- 闰四月：芒种 十五 酉时
- 五月：夏至 初二 午时；小暑 十八 酉时
- 六月：大暑 初三 亥时；立秋 十九 未时
- 七月：处暑 初六 寅时；白露 廿一 酉时
- 八月：秋分 初六 丑时；寒露 廿二 辰时
- 九月：霜降 初八 午时；立冬 廿三 午时
- 十月：小雪 初八 辰时；大雪 廿三 寅时
- 十一月：冬至 初七 亥时；小寒 廿二 申时
- 十二月：大寒 初七 辰时；立春 廿二 寅时

旬	正月小庚寅			二月大辛卯			三月小壬辰			四月小己巳			五月大甲午			六月小辛未		
	公历	星期	干支	公历	星期	干支	公历	星期	干支	公历	星期	干支	公历	星期	干支	公历	星期	干支
初一	13	四	壬辰	14	六	壬戌	12	日	辛卯	12	二	辛酉	10	三	庚寅	9	四	己未
初二	14	五	癸巳	15	日	癸亥	13	一	壬辰	13	三	壬戌	11	四	辛卯	10	五	庚申
初三	15	六	甲午	16	一	甲子	14	二	癸巳	14	四	癸亥	12	五	壬辰	11	六	辛酉
初四	16	日	乙未	17	二	乙丑	15	三	甲午	15	五	甲子	13	六	癸巳	12	日	壬戌
初五	17	一	丙申	18	三	丙寅	16	四	乙未	16	六	乙丑	14	日	甲午	13	一	癸亥
初六	18	二	丁酉	19	四	丁卯	17	五	丙申	17	日	丙寅	15	一	乙未	14	二	甲子
初七	19	三	戊戌	20	五	戊辰	18	六	丁酉	18	一	丁卯	16	二	丙申	15	三	乙丑
初八	20	四	己亥	21	六	己巳	19	日	戊戌	19	二	戊辰	17	三	丁酉	16	四	丙寅
初九	21	五	庚子	22	日	庚午	20	一	己亥	20	三	己巳	18	四	戊戌	17	五	丁卯
初十	22	六	辛丑	23	一	辛未	21	二	庚子	21	四	庚午	19	五	己亥	18	六	戊辰
十一	23	日	壬寅	24	二	壬申	22	三	辛丑	22	五	辛未	20	六	庚子	19	日	己巳
十二	24	一	癸卯	25	三	癸酉	23	四	壬寅	23	六	壬申	21	日	辛丑	20	一	庚午
十三	25	二	甲辰	26	四	甲戌	24	五	癸卯	24	日	癸酉	22	一	壬寅	21	二	辛未
十四	26	三	乙巳	27	五	乙亥	25	六	甲辰	25	一	甲戌	23	二	癸卯	22	三	壬申
十五	27	四	丙午	28	六	丙子	26	日	乙巳	26	二	乙亥	24	三	甲辰	23	四	癸酉
十六	28	五	丁未	29	日	丁丑	27	一	丙午	27	三	丙子	25	四	乙巳	24	五	甲戌
十七	29	六	戊申	30	一	戊寅	28	二	丁未	28	四	丁丑	26	五	丙午	25	六	乙亥
十八	**3**	日	己酉	31	二	己卯	29	三	戊申	29	五	戊寅	27	六	丁未	26	日	丙子
十九	2	一	庚戌	**4**	三	庚辰	30	四	己酉	30	六	己卯	28	日	戊申	27	一	丁丑
二十	3	二	辛亥	2	四	辛巳	**5**	五	庚戌	31	日	庚辰	29	一	己酉	28	二	戊寅
廿一	4	三	壬子	3	五	壬午	2	六	辛亥	**6**	一	辛巳	30	二	庚戌	29	三	己卯
廿二	5	四	癸丑	4	六	癸未	3	日	壬子	2	二	壬午	**7**	三	辛亥	30	四	庚辰
廿三	6	五	甲寅	5	日	甲申	4	一	癸丑	3	三	癸未	2	四	壬子	31	五	辛巳
廿四	7	六	乙卯	6	一	乙酉	5	二	甲寅	4	四	甲申	3	五	癸丑	**8**	六	壬午
廿五	8	日	丙辰	7	二	丙戌	6	三	乙卯	5	五	乙酉	4	六	甲寅	2	日	癸未
廿六	9	一	丁巳	8	三	丁亥	7	四	丙辰	6	六	丙戌	5	日	乙卯	3	一	甲申
廿七	10	二	戊午	9	四	戊子	8	五	丁巳	7	日	丁亥	6	一	丙辰	4	二	乙酉
廿八	11	三	己未	10	五	己丑	9	六	戊午	8	一	戊子	7	二	丁巳	5	三	丙戌
廿九	12	四	庚申	11	六	庚寅	10	日	己未	9	二	己丑	8	三	戊午	6	四	丁亥
三十	13	五	辛酉				11	一	庚申							7	五	戊子
节气	雨水 初七 亥时		惊蛰 廿二 亥时	春分 初七 亥时		清明 廿三 丑时	谷雨 初九 巳时		立夏 廿四 戌时	小满 初十 辰时		芒种 廿六 子时	夏至 十二 申时		小暑 廿八 巳时	大暑 十五 寅时		立秋 三十 戌时

旬	七月大丙申			八月小丁酉			九月大戊戌			十月大己亥			十一月大庚子			十二月小辛丑		
	公历	星期	干支	公历	星期	干支	公历	星期	干支	公历	星期	干支	公历	星期	干支	公历	星期	干支
初一	8	六	己丑	6	日	戊午	6	二	戊子	4	三	丁巳	4	五	丁亥	3	日	丁巳
初二	9	日	庚寅	7	一	己未	7	三	己丑	5	四	戊午	5	六	戊子	4	一	戊午
初三	10	一	辛卯	8	二	庚申	8	四	庚寅	6	五	己未	6	日	己丑	5	二	己未
初四	11	二	壬辰	9	三	辛酉	9	五	辛卯	7	六	庚申	7	一	庚寅	6	三	庚申
初五	12	三	癸巳	10	四	壬戌	10	六	壬辰	8	日	辛酉	8	二	辛卯	7	四	辛酉
初六	13	四	甲午	11	五	癸亥	11	日	癸巳	9	一	壬戌	9	三	壬辰	8	五	壬戌
初七	14	五	乙未	12	六	甲子	12	一	甲午	10	二	癸亥	10	四	癸巳	9	六	癸亥
初八	15	六	丙申	13	日	乙丑	13	二	乙未	11	三	甲子	11	五	甲午	10	日	甲子
初九	16	日	丁酉	14	一	丙寅	14	三	丙申	12	四	乙丑	12	六	乙未	11	一	乙丑
初十	17	一	戊戌	15	二	丁卯	15	四	丁酉	13	五	丙寅	13	日	丙申	12	二	丙寅
十一	18	二	己亥	16	三	戊辰	16	五	戊戌	14	六	丁卯	14	一	丁酉	13	三	丁卯
十二	19	三	庚子	17	四	己巳	17	六	己亥	15	日	戊辰	15	二	戊戌	14	四	戊辰
十三	20	四	辛丑	18	五	庚午	18	日	庚子	16	一	己巳	16	三	己亥	15	五	己巳
十四	21	五	壬寅	19	六	辛未	19	一	辛丑	17	二	庚午	17	四	庚子	16	六	庚午
十五	22	六	癸卯	20	日	壬申	20	二	壬寅	18	三	辛未	18	五	辛丑	17	日	辛未
十六	23	日	甲辰	21	一	癸酉	21	三	癸卯	19	四	壬申	19	六	壬寅	18	一	壬申
十七	24	一	乙巳	22	二	甲戌	22	四	甲辰	20	五	癸酉	20	日	癸卯	19	二	癸酉
十八	25	二	丙午	23	三	乙亥	23	五	乙巳	21	六	甲戌	21	一	甲辰	20	三	甲戌
十九	26	三	丁未	24	四	丙子	24	六	丙午	22	日	乙亥	22	二	乙巳	21	四	乙亥
二十	27	四	戊申	25	五	丁丑	25	日	丁未	23	一	丙子	23	三	丙午	22	五	丙子
廿一	28	五	己酉	26	六	戊寅	26	一	戊申	24	二	丁丑	24	四	丁未	23	六	丁丑
廿二	29	六	庚戌	27	日	己卯	27	二	己酉	25	三	戊寅	25	五	戊申	24	日	戊寅
廿三	30	日	辛亥	28	一	庚辰	28	三	庚戌	26	四	己卯	26	六	己酉	25	一	己卯
廿四	31	一	壬子	29	二	辛巳	29	四	辛亥	27	五	庚辰	27	日	庚戌	26	二	庚辰
廿五	**9**	二	癸丑	30	三	壬午	30	五	壬子	28	六	辛巳	28	一	辛亥	27	三	辛巳
廿六	2	三	甲寅	**10**	四	癸未	31	六	癸丑	29	日	壬午	29	二	壬子	28	四	壬午
廿七	3	四	乙卯	2	五	甲申	**11**	日	甲寅	30	一	癸未	30	三	癸丑	29	五	癸未
廿八	4	五	丙辰	3	六	乙酉	2	一	乙卯	**12**	二	甲申	31	四	甲寅	30	六	甲申
廿九	5	六	丁巳	4	日	丙戌	3	二	丙辰	2	三	乙酉	**1**	五	乙卯	31	日	乙酉
三十				5	一	丁亥				3	四	丙戌	2	六	丙辰	**2**	一	丙戌
节气	处暑 十六 巳时			白露 初二 子时		秋分 十八 辰时	寒露 初三 未时		霜降 十八 酉时	立冬 初四 酉时		小雪 十九 未时	大雪 初四 巳时		冬至 十九 寅时	小寒 初三 亥时		大寒 十八 未时

旬	正月小戊寅	二月大己卯	三月小庚辰	四月大辛巳	五月小壬午	六月小癸未	七月大甲申	八月小乙酉	九月小丙戌	十月大丁亥	十一月大戊子	十二月小己丑
	公历 星期 干支	公历 星期 干支	公历 星期 干支	公历 星期 干支	公历 星期 干支	公历 星期 干支	公历 星期 干支	公历 星期 干支	公历 星期 干支	公历 星期 干支	公历 星期 干支	公历 星期 干支
初一	2 二 丁亥	3 三 丙辰	2 五 丙戌	1 六 乙卯	31 一 乙酉	29 二 甲寅	28 三 癸未	27 五 癸丑	25 六 壬午	24 日 辛亥	23 二 辛巳	23 四 辛亥
初二	3 三 戊子	4 四 丁巳	3 六 丁亥	2 日 丙辰	1 二 丙戌	30 三 乙卯	29 四 甲申	28 六 甲寅	26 日 癸未	25 一 壬子	24 三 壬午	24 五 壬子
初三	4 四 己丑	5 五 戊午	4 日 戊子	3 一 丁巳	2 三 丁亥	1 四 丙辰	30 五 乙酉	29 日 乙卯	27 一 甲申	26 二 癸丑	25 四 癸未	25 六 癸丑
初四	5 五 庚寅	6 六 己未	5 一 己丑	4 二 戊午	3 四 戊子	2 五 丁巳	31 六 丙戌	30 一 丙辰	28 二 乙酉	27 三 甲寅	26 五 甲申	26 日 甲寅
初五	6 六 辛卯	7 日 庚申	6 二 庚寅	5 三 己未	4 五 己丑	3 六 戊午	1 日 丁亥	31 二 丁巳	29 三 丙戌	28 四 乙卯	27 六 乙酉	27 一 乙卯
初六	7 日 壬辰	8 一 辛酉	7 三 辛卯	6 四 庚申	5 六 庚寅	4 日 己未	2 一 戊子	1 三 戊午	30 四 丁亥	29 五 丙辰	28 日 丙戌	28 二 丙辰
初七	8 一 癸巳	9 二 壬戌	8 四 壬辰	7 五 辛酉	6 日 辛卯	5 一 庚申	3 二 己丑	2 四 己未	1 五 戊子	30 六 丁巳	29 一 丁亥	29 三 丁巳
初八	9 二 甲午	10 三 癸亥	9 五 癸巳	8 六 壬戌	7 一 壬辰	6 二 辛酉	4 三 庚寅	3 五 庚申	2 六 己丑	31 日 戊午	30 二 戊子	30 四 戊午
初九	10 三 乙未	11 四 甲子	10 六 甲午	9 日 癸亥	8 二 癸巳	7 三 壬戌	5 四 辛卯	4 六 辛酉	3 日 庚寅	1 一 己未	1 三 己丑	31 五 己未
初十	11 四 丙申	12 五 乙丑	11 日 乙未	10 一 甲子	9 三 甲午	8 四 癸亥	6 五 壬辰	5 日 壬戌	4 一 辛卯	2 二 庚申	2 四 庚寅	1 六 庚申
十一	12 五 丁酉	13 六 丙寅	12 一 丙申	11 二 乙丑	10 四 乙未	9 五 甲子	7 六 癸巳	6 一 癸亥	5 二 壬辰	3 三 辛酉	3 五 辛卯	2 日 辛酉
十二	13 六 戊戌	14 日 丁卯	13 二 丁酉	12 三 丙寅	11 五 丙申	10 六 乙丑	8 日 甲午	7 二 甲子	6 三 癸巳	4 四 壬戌	4 六 壬辰	3 一 壬戌
十三	14 日 己亥	15 一 戊辰	14 三 戊戌	13 四 丁卯	12 六 丁酉	11 日 丙寅	9 一 乙未	8 三 乙丑	7 四 甲午	5 五 癸亥	5 日 癸巳	4 二 癸亥
十四	15 一 庚子	16 二 己巳	15 四 己亥	14 五 戊辰	13 日 戊戌	12 一 丁卯	10 二 丙申	9 四 丙寅	8 五 乙未	6 六 甲子	6 一 甲午	5 三 甲子
十五	16 二 辛丑	17 三 庚午	16 五 庚子	15 六 己巳	14 一 己亥	13 二 戊辰	11 三 丁酉	10 五 丁卯	9 六 丙申	7 日 乙丑	7 二 乙未	6 四 乙丑
十六	17 三 壬寅	18 四 辛未	17 六 辛丑	16 日 庚午	15 二 庚子	14 三 己巳	12 四 戊戌	11 六 戊辰	10 日 丁酉	8 一 丙寅	8 三 丙申	7 五 丙寅
十七	18 四 癸卯	19 五 壬申	18 日 壬寅	17 一 辛未	16 三 辛丑	15 四 庚午	13 五 己亥	12 日 己巳	11 一 戊戌	9 二 丁卯	9 四 丁酉	8 六 丁卯
十八	19 五 甲辰	20 六 癸酉	19 一 癸卯	18 二 壬申	17 四 壬寅	16 五 辛未	14 六 庚子	13 一 庚午	12 二 己亥	10 三 戊辰	10 五 戊戌	9 日 戊辰
十九	20 六 乙巳	21 日 甲戌	20 二 甲辰	19 三 癸酉	18 五 癸卯	17 六 壬申	15 日 辛丑	14 二 辛未	13 三 庚子	11 四 己巳	11 六 己亥	10 一 己巳
二十	21 日 丙午	22 一 乙亥	21 三 乙巳	20 四 甲戌	19 六 甲辰	18 日 癸酉	16 一 壬寅	15 三 壬申	14 四 辛丑	12 五 庚午	12 日 庚子	11 二 庚午
廿一	22 一 丁未	23 二 丙子	22 四 丙午	21 五 乙亥	20 日 乙巳	19 一 甲戌	17 二 癸卯	16 四 癸酉	15 五 壬寅	13 六 辛未	13 一 辛丑	12 三 辛未
廿二	23 二 戊申	24 三 丁丑	23 五 丁未	22 六 丙子	21 一 丙午	20 二 乙亥	18 三 甲辰	17 五 甲戌	16 六 癸卯	14 日 壬申	14 二 壬寅	13 四 壬申
廿三	24 三 己酉	25 四 戊寅	24 六 戊申	23 日 丁丑	22 二 丁未	21 三 丙子	19 四 乙巳	18 六 乙亥	17 日 甲辰	15 一 癸酉	15 三 癸卯	14 五 癸酉
廿四	25 四 庚戌	26 五 己卯	25 日 己酉	24 一 戊寅	23 三 戊申	22 四 丁丑	20 五 丙午	19 日 丙子	18 一 乙巳	16 二 甲戌	16 四 甲辰	15 六 甲戌
廿五	26 五 辛亥	27 六 庚辰	26 一 庚戌	25 二 己卯	24 四 己酉	23 五 戊寅	21 六 丁未	20 一 丁丑	19 二 丙午	17 三 乙亥	17 五 乙巳	16 日 乙亥
廿六	27 六 壬子	28 日 辛巳	27 二 辛亥	26 三 庚辰	25 五 庚戌	24 六 己卯	22 日 戊申	21 二 戊寅	20 三 丁未	18 四 丙子	18 六 丙午	17 一 丙子
廿七	28 日 癸丑	29 一 壬午	28 三 壬子	27 四 辛巳	26 六 辛亥	25 日 庚辰	23 一 己酉	22 三 己卯	21 四 戊申	19 五 丁丑	19 日 丁未	18 二 丁丑
廿八	1 一 甲寅	30 二 癸未	29 四 癸丑	28 五 壬午	27 日 壬子	26 一 辛巳	24 二 庚戌	23 四 庚辰	22 五 己酉	20 六 戊寅	20 一 戊申	19 三 戊寅
廿九	2 二 乙卯	31 三 甲申	30 五 甲寅	29 六 癸未	28 一 癸丑	27 二 壬午	25 三 辛亥	24 五 辛巳	23 六 庚戌	21 日 己卯	21 二 己酉	20 四 己卯
三十		1 四 乙酉		30 日 甲申			26 四 壬子			22 一 庚辰	22 三 庚戌	

节气：

月	节	气
正月	立春 初三 辰时	雨水 十八 午时
二月	惊蛰 初四 寅时	春分 十九 寅时
三月	清明 初四 辰时	谷雨 十九 申时
四月	立夏 初六 丑时	小满 廿一 未时
五月	芒种 初七 卯时	夏至 廿一 亥时
六月	小暑 初九 申时	大暑 廿五 巳时
七月	立秋 十一 丑时	处暑 廿七 申时
八月	白露 十三 寅时	秋分 廿八 未时
九月	寒露 十四 戌时	霜降 廿九 子时
十月	立冬 十五 申时	小雪 三十 戌时
十一月	大雪 十五 申时	冬至 三十 巳时
十二月	小寒 十五 丑时	大寒 廿九 戌时

171

农历丙午年　属马

旬	正月大庚寅 历	期	支	二月大辛卯 历	期	支	三月大壬辰 历	期	支	闰三月小 历	期	支	四月大癸巳 历	期	支	五月小甲午 历	期	支	六月小乙未 历	期	支	七月大丙申 历	期	支	八月小丁酉 历	期	支	九月小戊戌 历	期	支	十月大己亥 历	期	支	十一月大庚子 历	期	支	十二月小辛丑 历	期	支
初一	21	五	庚寅	20	日	庚申	22	二	庚寅	21	四	庚申	20	五	己丑	19	日	己未	18	一	戊子	16	二	丁巳	15	四	丁亥	14	五	丙辰	12	六	乙酉	12	一	乙卯	11	三	乙酉
初二	22	六	辛卯	21	一	辛酉	23	三	辛卯	22	五	辛酉	21	六	庚寅	20	一	庚申	19	二	己丑	17	三	戊午	16	五	戊子	15	六	丁巳	13	日	丙戌	13	二	丙辰	12	四	丙戌
初三	23	日	壬辰	22	二	壬戌	24	四	壬辰	23	六	壬戌	22	日	辛卯	21	二	辛酉	20	三	庚寅	18	四	己未	17	六	己丑	16	日	戊午	14	一	丁亥	14	三	丁巳	13	五	丁亥
初四	24	一	癸巳	23	三	癸亥	25	五	癸巳	24	日	癸亥	23	一	壬辰	22	三	壬戌	21	四	辛卯	19	五	庚申	18	日	庚寅	17	一	己未	15	二	戊子	15	四	戊午	14	六	戊子
初五	25	二	甲午	24	四	甲子	26	六	甲午	25	一	甲子	24	二	癸巳	23	四	癸亥	22	五	壬辰	20	六	辛酉	19	一	辛卯	18	二	庚申	16	三	己丑	16	五	己未	15	日	己丑
初六	26	三	乙未	25	五	乙丑	27	日	乙未	26	二	乙丑	25	三	甲午	24	五	甲子	23	六	癸巳	21	日	壬戌	20	二	壬辰	19	三	辛酉	17	四	庚寅	17	六	庚申	16	一	庚寅
初七	27	四	丙申	26	六	丙寅	28	一	丙申	27	三	丙寅	26	四	乙未	25	六	乙丑	24	日	甲午	22	一	癸亥	21	三	癸巳	20	四	壬戌	18	五	辛卯	18	日	辛酉	17	二	辛卯
初八	28	五	丁酉	27	日	丁卯	29	二	丁酉	28	四	丁卯	27	五	丙申	26	日	丙寅	25	一	乙未	23	二	甲子	22	四	甲午	21	五	癸亥	19	六	壬辰	19	一	壬戌	18	三	壬辰
初九	29	六	戊戌	28	一	戊辰	30	三	戊戌	29	五	戊辰	28	六	丁酉	27	一	丁卯	26	二	丙申	24	三	乙丑	23	五	乙未	22	六	甲子	20	日	癸巳	20	二	癸亥	19	四	癸巳
初十	30	日	己亥	**3**	二	己巳	31	四	己亥	30	六	己巳	29	日	戊戌	28	二	戊辰	27	三	丁酉	25	四	丙寅	24	六	丙申	23	日	乙丑	21	一	甲午	21	三	甲子	20	五	甲午
十一	31	一	庚子	2	三	庚午	**4**	五	庚子	**5**	日	庚午	30	一	己亥	29	三	己巳	28	四	戊戌	26	五	丁卯	25	日	丁酉	24	一	丙寅	22	二	乙未	22	四	乙丑	21	六	乙未
十二	**2**	二	辛丑	3	四	辛未	2	六	辛丑	2	一	辛未	31	二	庚子	30	四	庚午	29	五	己亥	27	六	戊辰	26	一	戊戌	25	二	丁卯	23	三	丙申	23	五	丙寅	22	日	丙申
十三	2	三	壬寅	4	五	壬申	3	日	壬寅	3	二	壬申	**6**	三	辛丑	**7**	五	辛未	30	六	庚子	28	日	己巳	27	二	己亥	26	三	戊辰	24	四	丁酉	24	六	丁卯	23	一	丁酉
十四	3	四	癸卯	5	六	癸酉	4	一	癸卯	4	三	癸酉	2	四	壬寅	2	六	壬申	31	日	辛丑	29	一	庚午	28	三	庚子	27	四	己巳	25	五	戊戌	25	日	戊辰	24	二	戊戌
十五	4	五	甲辰	6	日	甲戌	5	二	甲辰	5	四	甲戌	3	五	癸卯	3	日	癸酉	**8**	一	壬寅	30	二	辛未	29	四	辛丑	28	五	庚午	26	六	己亥	26	一	己巳	25	三	己亥
十六	5	六	乙巳	7	一	乙亥	6	三	乙巳	6	五	乙亥	4	六	甲辰	4	一	甲戌	2	二	癸卯	31	三	壬申	30	五	壬寅	29	六	辛未	27	日	庚子	27	二	庚午	26	四	庚子
十七	6	日	丙午	8	二	丙子	7	四	丙午	7	六	丙子	5	日	乙巳	5	二	乙亥	3	三	甲辰	**9**	四	癸酉	**10**	六	癸卯	30	日	壬申	28	一	辛丑	28	三	辛未	27	五	辛丑
十八	7	一	丁未	9	三	丁丑	8	五	丁未	8	日	丁丑	6	一	丙午	6	三	丙子	4	四	乙巳	2	五	甲戌	2	日	甲辰	31	一	癸酉	29	二	壬寅	29	四	壬申	28	六	壬寅
十九	8	二	戊申	10	四	戊寅	9	六	戊申	9	一	戊寅	7	二	丁未	7	四	丁丑	5	五	丙午	3	六	乙亥	3	一	乙巳	**11**	二	甲戌	30	三	癸卯	30	五	癸酉	29	日	癸卯
二十	9	三	己酉	11	五	己卯	10	日	己酉	10	二	己卯	8	三	戊申	8	五	戊寅	6	六	丁未	4	日	丙子	4	二	丙午	2	三	乙亥	**12**	四	甲辰	31	六	甲戌	30	一	甲辰
廿一	10	四	庚戌	12	六	庚辰	11	一	庚戌	11	三	庚辰	9	四	己酉	9	六	己卯	7	日	戊申	5	一	丁丑	5	三	丁未	3	四	丙子	2	五	乙巳	**1**	日	乙亥	31	二	乙巳
廿二	11	五	辛亥	13	日	辛巳	12	二	辛亥	12	四	辛巳	10	五	庚戌	10	日	庚辰	8	一	己酉	6	二	戊寅	6	四	戊申	4	五	丁丑	3	六	丙午	2	一	丙子	**2**	三	丙午
廿三	12	六	壬子	14	一	壬午	13	三	壬子	13	五	壬午	11	六	辛亥	11	一	辛巳	9	二	庚戌	7	三	己卯	7	五	己酉	5	六	戊寅	4	日	丁未	3	二	丁丑	2	四	丁未
廿四	13	日	癸丑	15	二	癸未	14	四	癸丑	14	六	癸未	12	日	壬子	12	二	壬午	10	三	辛亥	8	四	庚辰	8	六	庚戌	6	日	己卯	5	一	戊申	4	三	戊寅	3	五	戊申
廿五	14	一	甲寅	16	三	甲申	15	五	甲寅	15	日	甲申	13	一	癸丑	13	三	癸未	11	四	壬子	9	五	辛巳	9	日	辛亥	7	一	庚辰	6	二	己酉	5	四	己卯	4	六	己酉
廿六	15	二	乙卯	17	四	乙酉	16	六	乙卯	16	一	乙酉	14	二	甲寅	14	四	甲申	12	五	癸丑	10	六	壬午	10	一	壬子	8	二	辛巳	7	三	庚戌	6	五	庚辰	5	日	庚戌
廿七	16	三	丙辰	18	五	丙戌	17	日	丙辰	17	二	丙戌	15	三	乙卯	15	五	乙酉	13	六	甲寅	11	日	癸未	11	二	癸丑	9	三	壬午	8	四	辛亥	7	六	辛巳	6	一	辛亥
廿八	17	四	丁巳	19	六	丁亥	18	一	丁巳	18	三	丁亥	16	四	丙辰	16	六	丙戌	14	日	乙卯	12	一	甲申	12	三	甲寅	10	四	癸未	9	五	壬子	8	日	壬午	7	二	壬子
廿九	18	五	戊午	20	日	戊子	19	二	戊午	19	四	戊子	17	五	丁巳	17	日	丁亥	15	一	丙辰	13	二	乙酉	13	四	乙卯	11	五	甲申	10	六	癸丑	9	一	癸未	8	三	癸丑
三十	19	六	己未	21	一	己丑	20	三	己未				18	六	戊午							14	三	丙戌							11	日	甲寅	10	二	甲申			
节	立春	十五	未时	惊蛰	十五	辰时	清明	十五	未时	立夏	十六	辰时	芒种	十八	午时	小暑	十九	亥时	立秋	廿二	辰时	白露	廿四	丑时	寒露	廿五	丑时	立冬	廿六	寅时	大雪	廿六	丑时	小寒	廿六	辰时	立春	廿五	戌时
气	雨水	三十	巳时	春分	三十	巳时	谷雨	三十	亥时				小满	初二	戌时	夏至	初四	寅时	大暑	初六	申时	处暑	初八	亥时	秋分	初九	戌时	霜降	十一	寅时	小雪	十二	亥时	冬至	十一	卯时	大寒	十一	丑时

172

农历丁未年　属羊

旬	正月大壬寅 公历	星期	干支	二月大癸卯 公历	星期	干支	三月小甲辰 公历	星期	干支	四月大乙巳 公历	星期	干支	五月大丙午 公历	星期	干支	六月小丁未 公历	星期	干支	旬	七月小戊申 公历	星期	干支	八月大己酉 公历	星期	干支	九月小庚戌 公历	星期	干支	十月大辛亥 公历	星期	干支	十一月小壬子 公历	星期	干支	十二月大癸丑 公历	星期	干支
初一	9	四	甲辰	11	六	甲戌	10	一	甲戌	9	二	癸酉	8	四	癸卯	8	六	癸酉	初一	6	日	壬寅	4	一	辛未	4	三	辛丑	2	四	庚午	2	六	庚子	31	日	己巳
初二	10	五	乙巳	12	日	乙亥	11	二	乙亥	10	三	甲戌	9	五	甲辰	9	日	甲戌	初二	7	一	癸卯	5	二	壬申	5	四	壬寅	3	五	辛未	3	日	辛丑	1	一	庚午
初三	11	六	丙午	13	一	丙子	12	三	丙子	11	四	乙亥	10	六	乙巳	10	一	乙亥	初三	8	二	甲辰	6	三	癸酉	6	五	癸卯	4	六	壬申	4	一	壬寅	2	二	辛未
初四	12	日	丁未	14	二	丁丑	13	四	丁丑	12	五	丙子	11	日	丙午	11	二	丙子	初四	9	三	乙巳	7	四	甲戌	7	六	甲辰	5	日	癸酉	5	二	癸卯	3	三	壬申
初五	13	一	戊申	15	三	戊寅	14	五	戊寅	13	六	丁丑	12	一	丁未	12	三	丁丑	初五	10	四	丙午	8	五	乙亥	8	日	乙巳	6	一	甲戌	6	三	甲辰	4	四	癸酉
初六	14	二	己酉	16	四	己卯	15	六	己卯	14	日	戊寅	13	二	戊申	13	四	戊寅	初六	11	五	丁未	9	六	丙子	9	一	丙午	7	二	乙亥	7	四	乙巳	5	五	甲戌
初七	15	三	庚戌	17	五	庚辰	16	日	庚辰	15	一	己卯	14	三	己酉	14	五	己卯	初七	12	六	戊申	10	日	丁丑	10	二	丁未	8	三	丙子	8	五	丙午	6	六	乙亥
初八	16	四	辛亥	18	六	辛巳	17	一	辛巳	16	二	庚辰	15	四	庚戌	15	六	庚辰	初八	13	日	己酉	11	一	戊寅	11	三	戊申	9	四	丁丑	9	六	丁未	7	日	丙子
初九	17	五	壬子	19	日	壬午	18	二	壬午	17	三	辛巳	16	五	辛亥	16	日	辛巳	初九	14	一	庚戌	12	二	己卯	12	四	己酉	10	五	戊寅	10	日	戊申	8	一	丁丑
初十	18	六	癸丑	20	一	癸未	19	三	癸未	18	四	壬午	17	六	壬子	17	一	壬午	初十	15	二	辛亥	13	三	庚辰	13	五	庚戌	11	六	己卯	11	一	己酉	9	二	戊寅
十一	19	日	甲寅	21	二	甲申	20	四	甲申	19	五	癸未	18	日	癸丑	18	二	癸未	十一	16	三	壬子	14	四	辛巳	14	六	辛亥	12	日	庚辰	12	二	庚戌	10	三	己卯
十二	20	一	乙卯	22	三	乙酉	21	五	乙酉	20	六	甲申	19	一	甲寅	19	三	甲申	十二	17	四	癸丑	15	五	壬午	15	日	壬子	13	一	辛巳	13	三	辛亥	11	四	庚辰
十三	21	二	丙辰	23	四	丙戌	22	六	丙戌	21	日	乙酉	20	二	乙卯	20	四	乙酉	十三	18	五	甲寅	16	六	癸未	16	一	癸丑	14	二	壬午	14	四	壬子	12	五	辛巳
十四	22	三	丁巳	24	五	丁亥	23	日	丁亥	22	一	丙戌	21	三	丙辰	21	五	丙戌	十四	19	六	乙卯	17	日	甲申	17	二	甲寅	15	三	癸未	15	五	癸丑	13	六	壬午
十五	23	四	戊午	25	六	戊子	24	一	戊子	23	二	丁亥	22	四	丁巳	22	六	丁亥	十五	20	日	丙辰	18	一	乙酉	18	三	乙卯	16	四	甲申	16	六	甲寅	14	日	癸未
十六	24	五	己未	26	日	己丑	25	二	己丑	24	三	戊子	23	五	戊午	23	日	戊子	十六	21	一	丁巳	19	二	丙戌	19	四	丙辰	17	五	乙酉	17	日	乙卯	15	一	甲申
十七	25	六	庚申	27	一	庚寅	26	三	庚寅	25	四	己丑	24	六	己未	24	一	己丑	十七	22	二	戊午	20	三	丁亥	20	五	丁巳	18	六	丙戌	18	一	丙辰	16	二	乙酉
十八	26	日	辛酉	28	二	辛卯	27	四	辛卯	26	五	庚寅	25	日	庚申	25	二	庚寅	十八	23	三	己未	21	四	戊子	21	六	戊午	19	日	丁亥	19	二	丁巳	17	三	丙戌
十九	27	一	壬戌	29	三	壬辰	28	五	壬辰	27	六	辛卯	26	一	辛酉	26	三	辛卯	十九	24	四	庚申	22	五	己丑	22	日	己未	20	一	戊子	20	三	戊午	18	四	丁亥
二十	28	二	癸亥	30	四	癸巳	29	六	癸巳	28	日	壬辰	27	二	壬戌	27	四	壬辰	二十	25	五	辛酉	23	六	庚寅	23	一	庚申	21	二	己丑	21	四	己未	19	五	戊子
廿一	**3**	三	甲子	31	五	甲午	30	日	甲午	29	一	癸巳	28	三	癸亥	28	五	癸巳	廿一	26	六	壬戌	24	日	辛卯	24	二	辛酉	22	三	庚寅	22	五	庚申	20	六	己丑
廿二	2	四	乙丑	**4**	六	乙未	31	一	乙未	30	二	甲午	29	四	甲子	29	六	甲午	廿二	27	日	癸亥	25	一	壬辰	25	三	壬戌	23	四	辛卯	23	六	辛酉	21	日	庚寅
廿三	3	五	丙寅	2	日	丙申	**5**	二	丙申	31	三	乙未	30	五	乙丑	30	日	乙未	廿三	28	一	甲子	26	二	癸巳	26	四	癸亥	24	五	壬辰	24	日	壬戌	22	一	辛卯
廿四	4	六	丁卯	3	一	丁酉	2	三	丁酉	**6**	四	丙申	31	六	丙寅	**8**	一	丙申	廿四	29	二	乙丑	27	三	甲午	27	五	甲子	25	六	癸巳	25	一	癸亥	23	二	壬辰
廿五	5	日	戊辰	4	二	戊戌	3	四	戊戌	2	五	丁酉	**7**	日	丁卯	2	二	丁酉	廿五	30	三	丙寅	28	四	乙未	28	六	乙丑	26	日	甲午	26	二	甲子	24	三	癸巳
廿六	6	一	己巳	5	三	己亥	4	五	己亥	3	六	戊戌	2	一	戊辰	3	三	戊戌	廿六	31	四	丁卯	29	五	丙申	29	日	丙寅	27	一	乙未	27	三	乙丑	25	四	甲午
廿七	7	二	庚午	6	四	庚子	5	六	庚子	4	日	己亥	3	二	己巳	4	四	己亥	廿七	**9**	五	戊辰	30	六	丁酉	30	一	丁卯	28	二	丙申	28	四	丙寅	26	五	乙未
廿八	8	三	辛未	7	五	辛丑	6	日	辛丑	5	一	庚子	4	三	庚午	5	五	庚子	廿八	2	六	己巳	**10**	日	戊戌	**11**	二	戊辰	29	三	丁酉	29	五	丁卯	27	六	丙申
廿九	9	四	壬申	8	六	壬寅	7	一	壬寅	6	二	辛丑	5	四	辛未	6	六	辛丑	廿九	3	日	庚午	2	一	己亥	2	三	己巳	30	四	戊戌	30	六	戊辰	28	日	丁酉
三十	10	五	癸酉	9	日	癸卯				7	三	壬寅	6	五	壬申				三十	4	一	辛未	3	二	庚子				31	五	己亥	**12**	日	己巳	29	一	戊戌
节气	雨水 十一 申时	惊蛰 廿六 未时		春分 十一 申时	清明 廿六 戌时		谷雨 十二 丑时	立夏 廿七 未时		小满 十四 丑时	芒种 廿九 酉时		夏至 十五 巳时	小暑 初一 寅时		大暑 十六 亥时			节气	立秋 初三 未时	处暑 十九 寅时		白露 初五 申时	秋分 廿一 丑时		寒露 初六 辰时	霜降 廿一 巳时		立冬 初七 辰时	小雪 廿二 辰时		大雪 初七 寅时	冬至 廿二 亥时		小寒 初七 巳时	大寒 廿二 辰时	

农历戊申年　属猴

旬	正月小甲寅	二月大乙卯	三月小丙辰	四月大丁巳	五月大戊午	六月小己未	七月大庚申	闰七月小	八月大辛酉	九月小壬戌	十月大癸亥	十一月小甲子	十二月大乙丑
初一	30 二 己亥	28 三 戊辰	29 五 戊戌	27 六 丁卯	27 一 丁酉	26 三 丁卯	25 四 丙申	24 六 丙寅	22 日 乙未	22 二 乙丑	20 三 甲午	20 五 甲子	18 六 癸巳
初二	31 三 庚子	29 四 己巳	30 六 己亥	28 日 戊辰	28 二 戊戌	27 四 戊辰	26 五 丁酉	25 日 丁卯	23 一 丙申	23 三 丙寅	21 四 乙未	21 六 乙丑	19 日 甲午
初三	1 四 辛丑	1 五 庚午	31 日 庚子	29 一 己巳	29 三 己亥	28 五 己巳	27 六 戊戌	26 一 戊辰	24 二 丁酉	24 四 丁卯	22 五 丙申	22 日 丙寅	20 一 乙未
初四	2 五 壬寅	2 六 辛未	1 一 辛丑	30 二 庚午	30 四 庚子	29 六 庚午	28 日 己亥	27 二 己巳	25 三 戊戌	25 五 戊辰	23 六 丁酉	23 一 丁卯	21 二 丙申
初五	3 六 癸卯	3 日 壬申	2 二 壬寅	1 三 辛未	31 五 辛丑	30 日 辛未	29 一 庚子	28 三 庚午	26 四 己亥	26 六 己巳	24 日 戊戌	24 二 戊辰	22 三 丁酉
初六	4 日 甲辰	4 一 癸酉	3 三 癸卯	2 四 壬申	1 六 壬寅	1 一 壬申	30 二 辛丑	29 四 辛未	27 五 庚子	27 日 庚午	25 一 己亥	25 三 己巳	23 四 戊戌
初七	5 一 乙巳	5 二 甲戌	4 四 甲辰	3 五 癸酉	2 日 癸卯	2 二 癸酉	31 三 壬寅	30 五 壬申	28 六 辛丑	28 一 辛未	26 二 庚子	26 四 庚午	24 五 己亥
初八	6 二 丙午	6 三 乙亥	5 五 乙巳	4 六 甲戌	3 一 甲辰	3 三 甲戌	1 四 癸卯	31 六 癸酉	29 日 壬寅	29 二 壬申	27 三 辛丑	27 五 辛未	25 六 庚子
初九	7 三 丁未	7 四 丙子	6 六 丙午	5 日 乙亥	4 二 乙巳	4 四 乙亥	2 五 甲辰	1 日 甲戌	30 一 癸卯	30 三 癸酉	28 四 壬寅	28 六 壬申	26 日 辛丑
初十	8 四 戊申	8 五 丁丑	7 日 丁未	6 一 丙子	5 三 丙午	5 五 丙子	3 六 乙巳	2 一 乙亥	1 二 甲辰	31 四 甲戌	29 五 癸卯	29 日 癸酉	27 一 壬寅
十一	9 五 己酉	9 六 戊寅	8 一 戊申	7 二 丁丑	6 四 丁未	6 六 丁丑	4 日 丙午	3 二 丙子	2 三 乙巳	1 五 乙亥	30 六 甲辰	30 一 甲戌	28 二 癸卯
十二	10 六 庚戌	10 日 己卯	9 二 己酉	8 三 戊寅	7 五 戊申	7 日 戊寅	5 一 丁未	4 三 丁丑	3 四 丙午	2 六 丙子	1 日 乙巳	31 二 乙亥	29 三 甲辰
十三	11 日 辛亥	11 一 庚辰	10 三 庚戌	9 四 己卯	8 六 己酉	8 一 己卯	6 二 戊申	5 四 戊寅	4 五 丁未	3 日 丁丑	2 一 丙午	1 三 丙子	30 四 乙巳
十四	12 一 壬子	12 二 辛巳	11 四 辛亥	10 五 庚辰	9 日 庚戌	9 二 庚辰	7 三 己酉	6 五 己卯	5 六 戊申	4 一 戊寅	3 二 丁未	2 四 丁丑	31 五 丙午
十五	13 二 癸丑	13 三 壬午	12 五 壬子	11 六 辛巳	10 一 辛亥	10 三 辛巳	8 四 庚戌	7 六 庚辰	6 日 己酉	5 二 己卯	4 三 戊申	3 五 戊寅	1 六 丁未
十六	14 三 甲寅	14 四 癸未	13 六 癸丑	12 日 壬午	11 二 壬子	11 四 壬午	9 五 辛亥	8 日 辛巳	7 一 庚戌	6 三 庚辰	5 四 己酉	4 六 己卯	2 日 戊申
十七	15 四 乙卯	15 五 甲申	14 日 甲寅	13 一 癸未	12 三 癸丑	12 五 癸未	10 六 壬子	9 一 壬午	8 二 辛亥	7 四 辛巳	6 五 庚戌	5 日 庚辰	3 一 己酉
十八	16 五 丙辰	16 六 乙酉	15 一 乙卯	14 二 甲申	13 四 甲寅	13 六 甲申	11 日 癸丑	10 二 癸未	9 三 壬子	8 五 壬午	7 六 辛亥	6 一 辛巳	4 二 庚戌
十九	17 六 丁巳	17 日 丙戌	16 二 丙辰	15 三 乙酉	14 五 乙卯	14 日 乙酉	12 一 甲寅	11 三 甲申	10 四 癸丑	9 六 癸未	8 日 壬子	7 二 壬午	5 三 辛亥
二十	18 日 戊午	18 一 丁亥	17 三 丁巳	16 四 丙戌	15 六 丙辰	15 一 丙戌	13 二 乙卯	12 四 乙酉	11 五 甲寅	10 日 甲申	9 一 癸丑	8 三 癸未	6 四 壬子
廿一	19 一 己未	19 二 戊子	18 四 戊午	17 五 丁亥	16 日 丁巳	16 二 丁亥	14 三 丙辰	13 五 丙戌	12 六 乙卯	11 一 乙酉	10 二 甲寅	9 四 甲申	7 五 癸丑
廿二	20 二 庚申	20 三 己丑	19 五 己未	18 六 戊子	17 一 戊午	17 三 戊子	15 四 丁巳	14 六 丁亥	13 日 丙辰	12 二 丙戌	11 三 乙卯	10 五 乙酉	8 六 甲寅
廿三	21 三 辛酉	21 四 庚寅	20 六 庚申	19 日 己丑	18 二 己未	18 四 己丑	16 五 戊午	15 日 戊子	14 一 丁巳	13 三 丁亥	12 四 丙辰	11 六 丙戌	9 日 乙卯
廿四	22 四 壬戌	22 五 辛卯	21 日 辛酉	20 一 庚寅	19 三 庚申	19 五 庚寅	17 六 己未	16 一 己丑	15 二 戊午	14 四 戊子	13 五 丁巳	12 日 丁亥	10 一 丙辰
廿五	23 五 癸亥	23 六 壬辰	22 一 壬戌	21 二 辛卯	20 四 辛酉	20 六 辛卯	18 日 庚申	17 二 庚寅	16 三 己未	15 五 己丑	14 六 戊午	13 一 戊子	11 二 丁巳
廿六	24 六 甲子	24 日 癸巳	23 二 癸亥	22 三 壬辰	21 五 壬戌	21 日 壬辰	19 一 辛酉	18 三 辛卯	17 四 庚申	16 六 庚寅	15 日 己未	14 二 己丑	12 三 戊午
廿七	25 日 乙丑	25 一 甲午	24 三 甲子	23 四 癸巳	22 六 癸亥	22 一 癸巳	20 二 壬戌	19 四 壬辰	18 五 辛酉	17 日 辛卯	16 一 庚申	15 三 庚寅	13 四 己未
廿八	26 一 丙寅	26 二 乙未	25 四 乙丑	24 五 甲午	23 日 甲子	23 二 甲午	21 三 癸亥	20 五 癸巳	19 六 壬戌	18 一 壬辰	17 二 辛酉	16 四 辛卯	14 五 庚申
廿九	27 二 丁卯	27 三 丙申	26 五 丙寅	25 六 乙未	24 一 乙丑	24 三 乙未	22 四 甲子	21 六 甲午	20 日 癸亥	19 二 癸巳	18 三 壬戌	17 五 壬辰	15 六 辛酉
三十		28 四 丁酉		26 日 丙申	25 二 丙寅		23 五 乙丑		21 一 甲子		19 四 癸亥		16 日 壬戌
节气	立春 初七 丑时 / 雨水 廿一 亥时	惊蛰 初七 戌时 / 春分 廿二 亥时	清明 初八 丑时 / 谷雨 廿三 辰时	立夏 初九 酉时 / 小满 廿五 辰时	芒种 初十 子时 / 夏至 廿六 申时	小暑 十二 巳时 / 大暑 廿八 寅时	立秋 十四 戌时 / 处暑 三十 巳时	白露 十五 亥时	秋分 初二 辰时 / 寒露 十七 未时	霜降 初三 申时 / 立冬 十七 申时	小雪 初三 未时 / 大雪 十八 申时	冬至 初三 寅时 / 小寒 十七 戌时	大寒 初三 未时 / 立春 十八 辰时

农历己酉年　属鸡

公元 1969—1970 年

旬	正月小丙寅		二月大丁卯		三月小戊辰		四月大己巳		五月小庚午		六月大辛未		旬	七月大壬申		八月小癸酉		九月大甲戌		十月小乙亥		十一月大丙子		十二月小丁丑		
	公历	星期	干支	公历	星期	干支	公历	星期	干支	公历	星期	干支	公历	星期	干支	公历	星期	干支	公历	星期	干支	公历	星期	干支	干支

节气：雨水、惊蛰、春分、清明、谷雨、立夏、小满、芒种、夏至、小暑、大暑、立秋、处暑、白露、秋分、寒露、霜降、立冬、小雪、大雪、冬至、小寒、大寒、立春

175

正月大戊寅 — 六月大癸未

日	正月大戊寅公历	星期	干支	二月小己卯公历	星期	干支	三月小庚辰公历	星期	干支	四月大辛巳公历	星期	干支	五月小壬午公历	星期	干支	六月大癸未公历	星期	干支
初一	6	五	丁巳	8	日	丁亥	6	一	丙辰	5	二	乙酉	4	四	乙卯	3	五	甲申
初二	7	六	戊午	9	一	戊子	7	二	丁巳	6	三	丙戌	5	五	丙辰	4	六	乙酉
初三	8	日	己未	10	二	己丑	8	三	戊午	7	四	丁亥	6	六	丁巳	5	日	丙戌
初四	9	一	庚申	11	三	庚寅	9	四	己未	8	五	戊子	7	日	戊午	6	一	丁亥
初五	10	二	辛酉	12	四	辛卯	10	五	庚申	9	六	己丑	8	一	己未	7	二	戊子
初六	11	三	壬戌	13	五	壬辰	11	六	辛酉	10	日	庚寅	9	二	庚申	8	三	己丑
初七	12	四	癸亥	14	六	癸巳	12	日	壬戌	11	一	辛卯	10	三	辛酉	9	四	庚寅
初八	13	五	甲子	15	日	甲午	13	一	癸亥	12	二	壬辰	11	四	壬戌	10	五	辛卯
初九	14	六	乙丑	16	一	乙未	14	二	甲子	13	三	癸巳	12	五	癸亥	11	六	壬辰
初十	15	日	丙寅	17	二	丙申	15	三	乙丑	14	四	甲午	13	六	甲子	12	日	癸巳
十一	16	一	丁卯	18	三	丁酉	16	四	丙寅	15	五	乙未	14	日	乙丑	13	一	甲午
十二	17	二	戊辰	19	四	戊戌	17	五	丁卯	16	六	丙申	15	一	丙寅	14	二	乙未
十三	18	三	己巳	20	五	己亥	18	六	戊辰	17	日	丁酉	16	二	丁卯	15	三	丙申
十四	19	四	庚午	21	六	庚子	19	日	己巳	18	一	戊戌	17	三	戊辰	16	四	丁酉
十五	20	五	辛未	22	日	辛丑	20	一	庚午	19	二	己亥	18	四	己巳	17	五	戊戌
十六	21	六	壬申	23	一	壬寅	21	二	辛未	20	三	庚子	19	五	庚午	18	六	己亥
十七	22	日	癸酉	24	二	癸卯	22	三	壬申	21	四	辛丑	20	六	辛未	19	日	庚子
十八	23	一	甲戌	25	三	甲辰	23	四	癸酉	22	五	壬寅	21	日	壬申	20	一	辛丑
十九	24	二	乙亥	26	四	乙巳	24	五	甲戌	23	六	癸卯	22	一	癸酉	21	二	壬寅
二十	25	三	丙子	27	五	丙午	25	六	乙亥	24	日	甲辰	23	二	甲戌	22	三	癸卯
廿一	26	四	丁丑	28	六	丁未	26	日	丙子	25	一	乙巳	24	三	乙亥	23	四	甲辰
廿二	27	五	戊寅	29	日	戊申	27	一	丁丑	26	二	丙午	25	四	丙子	24	五	乙巳
廿三	28	六	己卯	30	一	己酉	28	二	戊寅	27	三	丁未	26	五	丁丑	25	六	丙午
廿四	**1**	日	庚辰	31	二	庚戌	29	三	己卯	28	四	戊申	27	六	戊寅	26	日	丁未
廿五	2	一	辛巳	**1**	三	辛亥	30	四	庚辰	29	五	己酉	28	日	己卯	27	一	戊申
廿六	3	二	壬午	2	四	壬子	**1**	五	辛巳	30	六	庚戌	29	一	庚辰	28	二	己酉
廿七	4	三	癸未	3	五	癸丑	2	六	壬午	31	日	辛亥	30	二	辛巳	29	三	庚戌
廿八	5	四	甲申	4	六	甲寅	3	日	癸未	**1**	一	壬子	**1**	三	壬午	30	四	辛亥
廿九	6	五	乙酉	5	日	乙卯	4	一	甲申	2	二	癸丑	2	四	癸未	31	五	壬子
三十	7	六	丙戌	—	—	—	—	—	—	3	三	甲寅	—	—	—	**1**	六	癸丑
气	雨水 十四 巳时			春分 十四 辰时			谷雨 十五 戌时			小满 十七 戌时			夏至 十九 寅时			大暑 廿一 未时		
节	惊蛰 廿九 辰时			清明 廿九 未时			—			立夏 初二 卯时			芒种 初三 巳时			小暑 初五 亥时		

七月大甲申 — 十二月大己丑

日	七月大甲申公历	星期	干支	八月小乙酉公历	星期	干支	九月大丙戌公历	星期	干支	十月大丁亥公历	星期	干支	十一月小戊子公历	星期	干支	十二月大己丑公历	星期	干支
初一	2	日	甲寅	1	二	甲申	30	三	癸丑	30	五	癸未	29	日	癸丑	28	一	壬午
初二	3	一	乙卯	2	三	乙酉	**1**	四	甲寅	31	六	甲申	30	一	甲寅	29	二	癸未
初三	4	二	丙辰	3	四	丙戌	2	五	乙卯	**1**	日	乙酉	**1**	二	乙卯	30	三	甲申
初四	5	三	丁巳	4	五	丁亥	3	六	丙辰	2	一	丙戌	2	三	丙辰	31	四	乙酉
初五	6	四	戊午	5	六	戊子	4	日	丁巳	3	二	丁亥	3	四	丁巳	**1**	五	丙戌
初六	7	五	己未	6	日	己丑	5	一	戊午	4	三	戊子	4	五	戊午	2	六	丁亥
初七	8	六	庚申	7	一	庚寅	6	二	己未	5	四	己丑	5	六	己未	3	日	戊子
初八	9	日	辛酉	8	二	辛卯	7	三	庚申	6	五	庚寅	6	日	庚申	4	一	己丑
初九	10	一	壬戌	9	三	壬辰	8	四	辛酉	7	六	辛卯	7	一	辛酉	5	二	庚寅
初十	11	二	癸亥	10	四	癸巳	9	五	壬戌	8	日	壬辰	8	二	壬戌	6	三	辛卯
十一	12	三	甲子	11	五	甲午	10	六	癸亥	9	一	癸巳	9	三	癸亥	7	四	壬辰
十二	13	四	乙丑	12	六	乙未	11	日	甲子	10	二	甲午	10	四	甲子	8	五	癸巳
十三	14	五	丙寅	13	日	丙申	12	一	乙丑	11	三	乙未	11	五	乙丑	9	六	甲午
十四	15	六	丁卯	14	一	丁酉	13	二	丙寅	12	四	丙申	12	六	丙寅	10	日	乙未
十五	16	日	戊辰	15	二	戊戌	14	三	丁卯	13	五	丁酉	13	日	丁卯	11	一	丙申
十六	17	一	己巳	16	三	己亥	15	四	戊辰	14	六	戊戌	14	一	戊辰	12	二	丁酉
十七	18	二	庚午	17	四	庚子	16	五	己巳	15	日	己亥	15	二	己巳	13	三	戊戌
十八	19	三	辛未	18	五	辛丑	17	六	庚午	16	一	庚子	16	三	庚午	14	四	己亥
十九	20	四	壬申	19	六	壬寅	18	日	辛未	17	二	辛丑	17	四	辛未	15	五	庚子
二十	21	五	癸酉	20	日	癸卯	19	一	壬申	18	三	壬寅	18	五	壬申	16	六	辛丑
廿一	22	六	甲戌	21	一	甲辰	20	二	癸酉	19	四	癸卯	19	六	癸酉	17	日	壬寅
廿二	23	日	乙亥	22	二	乙巳	21	三	甲戌	20	五	甲辰	20	日	甲戌	18	一	癸卯
廿三	24	一	丙子	23	三	丙午	22	四	乙亥	21	六	乙巳	21	一	乙亥	19	二	甲辰
廿四	25	二	丁丑	24	四	丁未	23	五	丙子	22	日	丙午	22	二	丙子	20	三	乙巳
廿五	26	三	戊寅	25	五	戊申	24	六	丁丑	23	一	丁未	23	三	丁丑	21	四	丙午
廿六	27	四	己卯	26	六	己酉	25	日	戊寅	24	二	戊申	24	四	戊寅	22	五	丁未
廿七	28	五	庚辰	27	日	庚戌	26	一	己卯	25	三	己酉	25	五	己卯	23	六	戊申
廿八	29	六	辛巳	28	一	辛亥	27	二	庚辰	26	四	庚戌	26	六	庚辰	24	日	己酉
廿九	30	日	壬午	29	二	壬子	28	三	辛巳	27	五	辛亥	27	日	辛巳	25	一	庚戌
三十	31	一	癸未	—	—	—	29	四	壬午	28	六	壬子	—	—	—	26	二	辛亥
气	处暑 廿三 酉时			秋分 廿三 酉时			霜降 廿五 寅时			小雪 廿五 寅时			冬至 廿四 午时			大寒 廿四 丑时		
节	立秋 初七 卯时			白露 初八 酉时			寒露 初十 丑时			立冬 初十 亥时			大雪 初九 戌时			小寒 初十 辰时		

农历辛亥年　属猪

旬	正月小庚寅 公历	星期	干支	二月大辛卯 公历	星期	干支	三月小壬辰 公历	星期	干支	四月小癸巳 公历	星期	干支	五月大甲午 公历	星期	干支	闰五月小 公历	星期	干支	六月大乙未 公历	星期	干支	七月小丙申 公历	星期	干支	八月大丁酉 公历	星期	干支	九月大戊戌 公历	星期	干支	十月大己亥 公历	星期	干支	十一月小庚子 公历	星期	干支	十二月大辛丑 公历	星期	干支
初一	27	三	壬子	25	四	辛巳	27	六	辛亥	25	日	庚辰	24	一	己酉	23	三	己卯	22	四	戊申	21	六	戊寅	19	日	丁未	19	二	丁丑	18	四	丁未	18	六	丁丑	16	日	丙午
初二	28	四	癸丑	26	五	壬午	28	日	壬子	26	一	辛巳	25	二	庚戌	24	四	庚辰	23	五	己酉	22	日	己卯	20	一	戊申	20	三	戊寅	19	五	戊申	19	日	戊寅	17	一	丁未
初三	29	五	甲寅	27	六	癸未	29	一	癸丑	27	二	壬午	26	三	辛亥	25	五	辛巳	24	六	庚戌	23	一	庚辰	21	二	己酉	21	四	己卯	20	六	己酉	20	一	己卯	18	二	戊申
初四	30	六	乙卯	28	日	甲申	30	二	甲寅	28	三	癸未	27	四	壬子	26	六	壬午	25	日	辛亥	24	二	辛巳	22	三	庚戌	22	五	庚辰	21	日	庚戌	21	二	庚辰	19	三	己酉
初五	31	日	丙辰	**3**	一	乙酉	31	三	乙卯	29	四	甲申	28	五	癸丑	27	日	癸未	26	一	壬子	25	三	壬午	23	四	辛亥	23	六	辛巳	22	一	辛亥	22	三	辛巳	20	四	庚戌
初六	**2**	一	丁巳	2	二	丙戌	**4**	四	丙辰	30	五	乙酉	29	六	甲寅	28	一	甲申	27	二	癸丑	26	四	癸未	24	五	壬子	24	日	壬午	23	二	壬子	23	四	壬午	21	五	辛亥
初七	2	二	戊午	3	三	丁亥	2	五	丁巳	**5**	六	丙戌	30	日	乙卯	29	二	乙酉	28	三	甲寅	27	五	甲申	25	六	癸丑	25	一	癸未	24	三	癸丑	24	五	癸未	22	六	壬子
初八	3	三	己未	4	四	戊子	3	六	戊午	2	日	丁亥	31	一	丙辰	30	三	丙戌	29	四	乙卯	28	六	乙酉	26	日	甲寅	26	二	甲申	25	四	甲寅	25	六	甲申	23	日	癸丑
初九	4	四	庚申	5	五	己丑	4	日	己未	3	一	戊子	**6**	二	丁巳	**7**	四	丁亥	30	五	丙辰	29	日	丙戌	27	一	乙卯	27	三	乙酉	26	五	乙卯	26	日	乙酉	24	一	甲寅
初十	5	五	辛酉	6	六	庚寅	5	一	庚申	4	二	己丑	2	三	戊午	2	五	戊子	31	六	丁巳	30	一	丁亥	28	二	丙辰	28	四	丙戌	27	六	丙辰	27	一	丙戌	25	二	乙卯
十一	6	六	壬戌	7	日	辛卯	6	二	辛酉	5	三	庚寅	3	四	己未	3	六	己丑	**8**	日	戊午	31	二	戊子	29	三	丁巳	29	五	丁亥	28	日	丁巳	28	二	丁亥	26	三	丙辰
十二	7	日	癸亥	8	一	壬辰	7	三	壬戌	6	四	辛卯	4	五	庚申	4	日	庚寅	2	一	己未	**9**	三	己丑	30	四	戊午	30	六	戊子	29	一	戊午	29	三	戊子	27	四	丁巳
十三	8	一	甲子	9	二	癸巳	8	四	癸亥	7	五	壬辰	5	六	辛酉	5	一	辛卯	3	二	庚申	2	四	庚寅	**10**	五	己未	31	日	己丑	30	二	己未	30	四	己丑	28	五	戊午
十四	9	二	乙丑	10	三	甲午	9	五	甲子	8	六	癸巳	6	日	壬戌	6	二	壬辰	4	三	辛酉	3	五	辛卯	2	六	庚申	**11**	一	庚寅	**12**	三	庚申	31	五	庚寅	29	六	己未
十五	10	三	丙寅	11	四	乙未	10	六	乙丑	9	日	甲午	7	一	癸亥	7	三	癸巳	5	四	壬戌	4	六	壬辰	3	日	辛酉	2	二	辛卯	2	四	辛酉	**1**	六	辛卯	30	日	庚申
十六	11	四	丁卯	12	五	丙申	11	日	丙寅	10	一	乙未	8	二	甲子	8	四	甲午	6	五	癸亥	5	日	癸巳	4	一	壬戌	3	三	壬辰	3	五	壬戌	2	日	壬辰	31	一	辛酉
十七	12	五	戊辰	13	六	丁酉	12	一	丁卯	11	二	丙申	9	三	乙丑	9	五	乙未	7	六	甲子	6	一	甲午	5	二	癸亥	4	四	癸巳	4	六	癸亥	3	一	癸巳	**2**	二	壬戌
十八	13	六	己巳	14	日	戊戌	13	二	戊辰	12	三	丁酉	10	四	丙寅	10	六	丙申	8	日	乙丑	7	二	乙未	6	三	甲子	5	五	甲午	5	日	甲子	4	二	甲午	2	三	癸亥
十九	14	日	庚午	15	一	己亥	14	三	己巳	13	四	戊戌	11	五	丁卯	11	日	丁酉	9	一	丙寅	8	三	丙申	7	四	乙丑	6	六	乙未	6	一	乙丑	5	三	乙未	3	四	甲子
二十	15	一	辛未	16	二	庚子	15	四	庚午	14	五	己亥	12	六	戊辰	12	一	戊戌	10	二	丁卯	9	四	丁酉	8	五	丙寅	7	日	丙申	7	二	丙寅	6	四	丙申	4	五	乙丑
廿一	16	二	壬申	17	三	辛丑	16	五	辛未	15	六	庚子	13	日	己巳	13	二	己亥	11	三	戊辰	10	五	戊戌	9	六	丁卯	8	一	丁酉	8	三	丁卯	7	五	丁酉	5	六	丙寅
廿二	17	三	癸酉	18	四	壬寅	17	六	壬申	16	日	辛丑	14	一	庚午	14	三	庚子	12	四	己巳	11	六	己亥	10	日	戊辰	9	二	戊戌	9	四	戊辰	8	六	戊戌	6	日	丁卯
廿三	18	四	甲戌	19	五	癸卯	18	日	癸酉	17	一	壬寅	15	二	辛未	15	四	辛丑	13	五	庚午	12	日	庚子	11	一	己巳	10	三	己亥	10	五	己巳	9	日	己亥	7	一	戊辰
廿四	19	五	乙亥	20	六	甲辰	19	一	甲戌	18	二	癸卯	16	三	壬申	16	五	壬寅	14	六	辛未	13	一	辛丑	12	二	庚午	11	四	庚子	11	六	庚午	10	一	庚子	8	二	己巳
廿五	20	六	丙子	21	日	乙巳	20	二	乙亥	19	三	甲辰	17	四	癸酉	17	六	癸卯	15	日	壬申	14	二	壬寅	13	三	辛未	12	五	辛丑	12	日	辛未	11	二	辛丑	9	三	庚午
廿六	21	日	丁丑	22	一	丙午	21	三	丙子	20	四	乙巳	18	五	甲戌	18	日	甲辰	16	一	癸酉	15	三	癸卯	14	四	壬申	13	六	壬寅	13	一	壬申	12	三	壬寅	10	四	辛未
廿七	22	一	戊寅	23	二	丁未	22	四	丁丑	21	五	丙午	19	六	乙亥	19	一	乙巳	17	二	甲戌	16	四	甲辰	15	五	癸酉	14	日	癸卯	14	二	癸酉	13	四	癸卯	11	五	壬申
廿八	23	二	己卯	24	三	戊申	23	五	戊寅	22	六	丁未	20	日	丙子	20	二	丙午	18	三	乙亥	17	五	乙巳	16	六	甲戌	15	一	甲辰	15	三	甲戌	14	五	甲辰	12	六	癸酉
廿九	24	三	庚辰	25	四	己酉	24	六	己卯	23	日	戊申	21	一	丁丑	21	三	丁未	19	四	丙子	18	六	丙午	17	日	乙亥	16	二	乙巳	16	四	乙亥	15	六	乙巳	13	日	甲戌
三十				26	五	庚戌							22	二	戊寅				20	五	丁丑				18	一	丙子	17	三	丙午	17	五	丙子				14	一	乙亥
节	立春 初九 戌时			惊蛰 初十 未时			清明 初十 酉时			立夏 十二 午时			芒种 十四 申时			小暑 十六 丑时			立秋 十八 午时			白露 十九 申时			寒露 廿一 卯时			立冬 廿一 巳时			大雪 廿一 丑时			小寒 二十 亥时			立春 廿一 卯时		
气	雨水 廿四 申时			春分 廿五 未时			谷雨 廿五 丑时			小满 廿八 丑时			夏至 三十 巳时						大暑 初二 戌时			处暑 初四 寅时			秋分 初五 子时			霜降 初六 卯时			小雪 初六 辰时			冬至 初五 戌时			大寒 初六 卯时		

177

旬	正月小壬寅 公历	星期	干支	二月大癸卯 公历	星期	干支	三月小甲辰 公历	星期	干支	四月小乙巳 公历	星期	干支	五月大丙午 公历	星期	干支	六月小丁未 公历	星期	干支	七月大戊申 公历	星期	干支	八月小己酉 公历	星期	干支	九月大庚戌 公历	星期	干支	十月大辛亥 公历	星期	干支	十一月小壬子 公历	星期	干支	十二月大癸丑 公历	星期	干支
初一	15	二	丙子	15	三	乙巳	14	五	乙亥	13	六	甲辰	11	日	癸酉	11	二	癸卯	9	三	壬申	8	五	壬寅	7	六	辛未	6	一	辛丑	6	三	辛未	4	四	庚子
初二	16	三	丁丑	16	四	丙午	15	六	丙子	14	日	乙巳	12	一	甲戌	12	三	甲辰	10	四	癸酉	9	六	癸卯	8	日	壬申	7	二	壬寅	7	四	壬申	5	五	辛丑
初三	17	四	戊寅	17	五	丁未	16	日	丁丑	15	一	丙午	13	二	乙亥	13	四	乙巳	11	五	甲戌	10	日	甲辰	9	一	癸酉	8	三	癸卯	8	五	癸酉	6	六	壬寅
初四	18	五	己卯	18	六	戊申	17	一	戊寅	16	二	丁未	14	三	丙子	14	五	丙午	12	六	乙亥	11	一	乙巳	10	二	甲戌	9	四	甲辰	9	六	甲戌	7	日	癸卯
初五	19	六	庚辰	19	日	己酉	18	二	己卯	17	三	戊申	15	四	丁丑	15	六	丁未	13	日	丙子	12	二	丙午	11	三	乙亥	10	五	乙巳	10	日	乙亥	8	一	甲辰
初六	20	日	辛巳	20	一	庚戌	19	三	庚辰	18	四	己酉	16	五	戊寅	16	日	戊申	14	一	丁丑	13	三	丁未	12	四	丙子	11	六	丙午	11	一	丙子	9	二	乙巳
初七	21	一	壬午	21	二	辛亥	20	四	辛巳	19	五	庚戌	17	六	己卯	17	一	己酉	15	二	戊寅	14	四	戊申	13	五	丁丑	12	日	丁未	12	二	丁丑	10	三	丙午
初八	22	二	癸未	22	三	壬子	21	五	壬午	20	六	辛亥	18	日	庚辰	18	二	庚戌	16	三	己卯	15	五	己酉	14	六	戊寅	13	一	戊申	13	三	戊寅	11	四	丁未
初九	23	三	甲申	23	四	癸丑	22	六	癸未	21	日	壬子	19	一	辛巳	19	三	辛亥	17	四	庚辰	16	六	庚戌	15	日	己卯	14	二	己酉	14	四	己卯	12	五	戊申
初十	24	四	乙酉	24	五	甲寅	23	日	甲申	22	一	癸丑	20	二	壬午	20	四	壬子	18	五	辛巳	17	日	辛亥	16	一	庚辰	15	三	庚戌	15	五	庚辰	13	六	己酉
十一	25	五	丙戌	25	六	乙卯	24	一	乙酉	23	二	甲寅	21	三	癸未	21	五	癸丑	19	六	壬午	18	一	壬子	17	二	辛巳	16	四	辛亥	16	六	辛巳	14	日	庚戌
十二	26	六	丁亥	26	日	丙辰	25	二	丙戌	24	三	乙卯	22	四	甲申	22	六	甲寅	20	日	癸未	19	二	癸丑	18	三	壬午	17	五	壬子	17	日	壬午	15	一	辛亥
十三	27	日	戊子	27	一	丁巳	26	三	丁亥	25	四	丙辰	23	五	乙酉	23	日	乙卯	21	一	甲申	20	三	甲寅	19	四	癸未	18	六	癸丑	18	一	癸未	16	二	壬子
十四	28	一	己丑	28	二	戊午	27	四	戊子	26	五	丁巳	24	六	丙戌	24	一	丙辰	22	二	乙酉	21	四	乙卯	20	五	甲申	19	日	甲寅	19	二	甲申	17	三	癸丑
十五	29	二	庚寅	29	三	己未	28	五	己丑	27	六	戊午	25	日	丁亥	25	二	丁巳	23	三	丙戌	22	五	丙辰	21	六	乙酉	20	一	乙卯	20	三	乙酉	18	四	甲寅
十六	1	三	辛卯	30	四	庚申	29	六	庚寅	28	日	己未	26	一	戊子	26	三	戊午	24	四	丁亥	23	六	丁巳	22	日	丙戌	21	二	丙辰	21	四	丙戌	19	五	乙卯
十七	2	四	壬辰	31	五	辛酉	30	日	辛卯	29	一	庚申	27	二	己丑	27	四	己未	25	五	戊子	24	日	戊午	23	一	丁亥	22	三	丁巳	22	五	丁亥	20	六	丙辰
十八	3	五	癸巳	1	六	壬戌	1	一	壬辰	30	二	辛酉	28	三	庚寅	28	五	庚申	26	六	己丑	25	一	己未	24	二	戊子	23	四	戊午	23	六	戊子	21	日	丁巳
十九	4	六	甲午	2	日	癸亥	2	二	癸巳	31	三	壬戌	29	四	辛卯	29	六	辛酉	27	日	庚寅	26	二	庚申	25	三	己丑	24	五	己未	24	日	己丑	22	一	戊午
二十	5	日	乙未	3	一	甲子	3	三	甲午	1	四	癸亥	30	五	壬辰	30	日	壬戌	28	一	辛卯	27	三	辛酉	26	四	庚寅	25	六	庚申	25	一	庚寅	23	二	己未
廿一	6	一	丙申	4	二	乙丑	4	四	乙未	2	五	甲子	1	六	癸巳	31	一	癸亥	29	二	壬辰	28	四	壬戌	27	五	辛卯	26	日	辛酉	26	二	辛卯	24	三	庚申
廿二	7	二	丁酉	5	三	丙寅	5	五	丙申	3	六	乙丑	2	日	甲午	1	二	甲子	30	三	癸巳	29	五	癸亥	28	六	壬辰	27	一	壬戌	27	三	壬辰	25	四	辛酉
廿三	8	三	戊戌	6	四	丁卯	6	六	丁酉	4	日	丙寅	3	一	乙未	2	三	乙丑	31	四	甲午	30	六	甲子	29	日	癸巳	28	二	癸亥	28	四	癸巳	26	五	壬戌
廿四	9	四	己亥	7	五	戊辰	7	日	戊戌	5	一	丁卯	4	二	丙申	3	四	丙寅	1	五	乙未	1	日	乙丑	30	一	甲午	29	三	甲子	29	五	甲午	27	六	癸亥
廿五	10	五	庚子	8	六	己巳	8	一	己亥	6	二	戊辰	5	三	丁酉	4	五	丁卯	2	六	丙申	2	一	丙寅	31	二	乙未	30	四	乙丑	30	六	乙未	28	日	甲子
廿六	11	六	辛丑	9	日	庚午	9	二	庚子	7	三	己巳	6	四	戊戌	5	六	戊辰	3	日	丁酉	3	二	丁卯	1	三	丙申	31	五	丙寅	31	日	丙申	29	一	乙丑
廿七	12	日	壬寅	10	一	辛未	10	三	辛丑	8	四	庚午	7	五	己亥	6	日	己巳	4	一	戊戌	4	三	戊辰	2	四	丁酉	1	六	丁卯	1	一	丁酉	30	二	丙寅
廿八	13	一	癸卯	11	二	壬申	11	四	壬寅	9	五	辛未	8	六	庚子	7	一	庚午	5	二	己亥	5	四	己巳	3	五	戊戌	2	日	戊辰	2	二	戊戌	31	三	丁卯
廿九	14	二	甲辰	12	三	癸酉	12	五	癸卯	10	六	壬申	9	日	辛丑	8	二	辛未	6	三	庚子	6	五	庚午	4	六	己亥	3	一	己巳	3	三	己亥	1	四	戊辰
三十				13	四	甲戌							10	一	壬寅				7	四	辛丑				5	日	庚子	4	二	庚午				2	五	己巳

节气

月	节气（一）	节气（二）
正月	雨水 初五 亥时	惊蛰 二十 戌时
二月	春分 初六 戌时	清明 廿二 子时
三月	谷雨 初七 辰时	立夏 廿二 酉时
四月	小满 初九 辰时	芒种 廿四 亥时
五月	夏至 十一 申时	小暑 廿七 辰时
六月	大暑 十三 丑时	立秋 廿八 酉时
七月	处暑 十五 巳时	白露 三十 卯时
八月	秋分 十六 卯时	寒露 初二 午时
九月	霜降 十七 申时	立冬 初二 午时
十月	小雪 十七 申时	大雪 初二 辰时
十一月	冬至 十七 辰时	小寒 初二 戌时
十二月	大寒 十七 午时	

农历癸丑年　属牛　　　　　　　　公元1973—1974年

旬	正月大甲寅 公历	星期	干支	二月小乙卯 公历	星期	干支	三月大丙辰 公历	星期	干支	四月小丁巳 公历	星期	干支	五月大戊午 公历	星期	干支	六月小己未 公历	星期	干支	七月小庚申 公历	星期	干支	八月小辛酉 公历	星期	干支	九月大壬戌 公历	星期	干支	十月大癸亥 公历	星期	干支	十一月小甲子 公历	星期	干支	十二月大乙丑 公历	星期	干支
初一	3	六	庚寅	5	一	庚申	3	二	己丑	3	四	己未	**6**	五	戊子	**7**	日	戊午	30	一	丁亥	28	二	丙辰	26	三	乙酉	26	五	乙卯	25	日	乙酉	24	一	甲寅
初二	4	日	辛卯	6	二	辛酉	4	三	庚寅	4	五	庚申	7	六	己丑	2	一	己未	31	二	戊子	29	三	丁巳	27	四	丙戌	27	六	丙辰	26	一	丙戌	25	二	乙卯
初三	5	一	壬辰	7	三	壬戌	5	四	辛卯	5	六	辛酉	8	日	庚寅	3	二	庚申	**8**	三	己丑	30	四	戊午	28	五	丁亥	28	日	丁巳	27	二	丁亥	26	三	丙辰
初四	6	二	癸巳	8	四	癸亥	6	五	壬辰	6	日	壬戌	9	一	辛卯	4	三	辛酉	2	四	庚寅	31	五	己未	29	六	戊子	29	一	戊午	28	三	戊子	27	四	丁巳
初五	7	三	甲午	9	五	甲子	7	六	癸巳	7	一	癸亥	10	二	壬辰	5	四	壬戌	3	五	辛卯	**9**	六	庚申	30	日	己丑	30	二	己未	29	四	己丑	28	五	戊午
初六	8	四	乙未	10	六	乙丑	8	日	甲午	8	二	甲子	11	三	癸巳	6	五	癸亥	4	六	壬辰	2	日	辛酉	**10**	一	庚寅	31	三	庚申	30	五	庚寅	29	六	己未
初七	9	五	丙申	11	日	丙寅	9	一	乙未	9	三	乙丑	12	四	甲午	7	六	甲子	5	日	癸巳	3	一	壬戌	2	二	辛卯	**11**	四	辛酉	**12**	六	辛卯	30	日	庚申
初八	10	六	丁酉	12	一	丁卯	10	二	丙申	10	四	丙寅	13	五	乙未	8	日	乙丑	6	一	甲午	4	二	癸亥	3	三	壬辰	2	五	壬戌	2	日	壬辰	31	一	辛酉
初九	11	日	戊戌	13	二	戊辰	11	三	丁酉	11	五	丁卯	14	六	丙申	9	一	丙寅	7	二	乙未	5	三	甲子	4	四	癸巳	3	六	癸亥	3	一	癸巳	**1**	二	壬戌
初十	12	一	己亥	14	三	己巳	12	四	戊戌	12	六	戊辰	15	日	丁酉	10	二	丁卯	8	三	丙申	6	四	乙丑	5	五	甲午	4	日	甲子	4	二	甲午	2	三	癸亥
十一	13	二	庚子	15	四	庚午	13	五	己亥	13	日	己巳	16	一	戊戌	11	三	戊辰	9	四	丁酉	7	五	丙寅	6	六	乙未	5	一	乙丑	5	三	乙未	3	四	甲子
十二	14	三	辛丑	16	五	辛未	14	六	庚子	14	一	庚午	17	二	己亥	12	四	己巳	10	五	戊戌	8	六	丁卯	7	日	丙申	6	二	丙寅	6	四	丙申	4	五	乙丑
十三	15	四	壬寅	17	六	壬申	15	日	辛丑	15	二	辛未	18	三	庚子	13	五	庚午	11	六	己亥	9	日	戊辰	8	一	丁酉	7	三	丁卯	7	五	丁酉	5	六	丙寅
十四	16	五	癸卯	18	日	癸酉	16	一	壬寅	16	三	壬申	19	四	辛丑	14	六	辛未	12	日	庚子	10	一	己巳	9	二	戊戌	8	四	戊辰	8	六	戊戌	6	日	丁卯
十五	17	六	甲辰	19	一	甲戌	17	二	癸卯	17	四	癸酉	20	五	壬寅	15	日	壬申	13	一	辛丑	11	二	庚午	10	三	己亥	9	五	己巳	9	日	己亥	7	一	戊辰
十六	18	日	乙巳	20	二	乙亥	18	三	甲辰	18	五	甲戌	21	六	癸卯	16	一	癸酉	14	二	壬寅	12	三	辛未	11	四	庚子	10	六	庚午	10	一	庚子	8	二	己巳
十七	19	一	丙午	21	三	丙子	19	四	乙巳	19	六	乙亥	22	日	甲辰	17	二	甲戌	15	三	癸卯	13	四	壬申	12	五	辛丑	11	日	辛未	11	二	辛丑	9	三	庚午
十八	20	二	丁未	22	四	丁丑	20	五	丙午	20	日	丙子	23	一	乙巳	18	三	乙亥	16	四	甲辰	14	五	癸酉	13	六	壬寅	12	一	壬申	12	三	壬寅	10	四	辛未
十九	21	三	戊申	23	五	戊寅	21	六	丁未	21	一	丁丑	24	二	丙午	19	四	丙子	17	五	乙巳	15	六	甲戌	14	日	癸卯	13	二	癸酉	13	四	癸卯	11	五	壬申
二十	22	四	己酉	24	六	己卯	22	日	戊申	22	二	戊寅	25	三	丁未	20	五	丁丑	18	六	丙午	16	日	乙亥	15	一	甲辰	14	三	甲戌	14	五	甲辰	12	六	癸酉
廿一	23	五	庚戌	25	日	庚辰	23	一	己酉	23	三	己卯	26	四	戊申	21	六	戊寅	19	日	丁未	17	一	丙子	16	二	乙巳	15	四	乙亥	15	六	乙巳	13	日	甲戌
廿二	24	六	辛亥	26	一	辛巳	24	二	庚戌	24	四	庚辰	27	五	己酉	22	日	己卯	20	一	戊申	18	二	丁丑	17	三	丙午	16	五	丙子	16	日	丙午	14	一	乙亥
廿三	25	日	壬子	27	二	壬午	25	三	辛亥	25	五	辛巳	28	六	庚戌	23	一	庚辰	21	二	己酉	19	三	戊寅	18	四	丁未	17	六	丁丑	17	一	丁未	15	二	丙子
廿四	26	一	癸丑	28	三	癸未	26	四	壬子	26	六	壬午	29	日	辛亥	24	二	辛巳	22	三	庚戌	20	四	己卯	19	五	戊申	18	日	戊寅	18	二	戊申	16	三	丁丑
廿五	27	二	甲寅	29	四	甲申	27	五	癸丑	27	日	癸未	30	一	壬子	25	三	壬午	23	四	辛亥	21	五	庚辰	20	六	己酉	19	一	己卯	19	三	己酉	17	四	戊寅
廿六	28	三	乙卯	30	五	乙酉	28	六	甲寅	28	一	甲申	26	二	癸丑	26	四	癸未	24	五	壬子	22	六	辛巳	21	日	庚戌	20	二	庚辰	20	四	庚戌	18	五	己卯
廿七	**3**	四	丙辰	31	六	丙戌	29	日	乙卯	29	二	乙酉	27	三	甲寅	27	五	甲申	25	六	癸丑	23	日	壬午	22	一	辛亥	21	三	辛巳	21	五	辛亥	19	六	庚辰
廿八	2	五	丁巳	**4**	日	丁亥	30	一	丙辰	30	三	丙戌	28	四	乙卯	28	六	乙酉	26	日	甲寅	24	一	癸未	23	二	壬子	22	四	壬午	22	六	壬子	20	日	辛巳
廿九	3	六	戊午	2	一	戊子	**5**	二	丁巳	31	四	丁亥	29	五	丙辰	29	日	丙戌	27	一	乙卯	25	二	甲申	24	三	癸丑	23	五	癸未	23	日	癸丑	21	一	壬午
三十	4	日	己未				2	三	戊午				30	六	丁巳										25	四	甲寅	24	六	甲申				22	二	癸未

节气

月	节	气
正月	立春 初二 辰时	雨水 十七 寅时
二月	惊蛰 初二 丑时	春分 十七 丑时
三月	清明 初三 卯时	谷雨 十八 未时
四月	立夏 初三 卯时	小满 十九 午时
五月	芒种 初六 寅时	夏至 廿一 亥时
六月	小暑 初八 未时	大暑 廿四 辰时
七月	立秋 初九 子时	处暑 廿五 未时
八月	白露 十二 寅时	秋分 廿七 午时
九月	寒露 十三 酉时	霜降 廿八 亥时
十月	立冬 十四 亥时	小雪 廿九 酉时
十一月	大雪 十三 未时	冬至 廿八 辰时
十二月	小寒 十四 丑时	大寒 廿八 酉时

农历甲寅年　属虎

下表中每月单元格格式为：公历日　星期　干支

旬	正月大丙寅	二月大丁卯	三月小戊辰	四月大己巳	闰四月小	五月小庚午	六月大辛未	七月小壬申	八月大癸酉	九月小甲戌	十月大乙亥	十一月小丙子	十二月大丁丑
初一	23 三 甲子	22 五 甲午	24 日 甲子	22 一 癸巳	22 三 癸亥	20 四 壬辰	19 五 辛酉	18 日 辛卯	16 一 庚申	16 三 庚寅	14 四 己未	14 六 己丑	12 日 戊午
初二	24 四 乙丑	23 六 乙未	25 一 乙丑	23 二 甲午	23 四 甲子	21 五 癸巳	20 六 壬戌	19 一 壬辰	17 二 辛酉	17 四 辛卯	15 五 庚申	15 日 庚寅	13 一 己未
初三	25 五 丙寅	24 日 丙申	26 二 丙寅	24 三 乙未	24 五 乙丑	22 六 甲午	21 日 癸亥	20 二 癸巳	18 三 壬戌	18 五 壬辰	16 六 辛酉	16 一 辛卯	14 二 庚申
初四	26 六 丁卯	25 一 丁酉	27 三 丁卯	25 四 丙申	25 六 丙寅	23 日 乙未	22 一 甲子	21 三 甲午	19 四 癸亥	19 六 癸巳	17 日 壬戌	17 二 壬辰	15 三 辛酉
初五	27 日 戊辰	26 二 戊戌	28 四 戊辰	26 五 丁酉	26 日 丁卯	24 一 丙申	23 二 乙丑	22 四 乙未	20 五 甲子	20 日 甲午	18 一 癸亥	18 三 癸巳	16 四 壬戌
初六	28 一 己巳	27 三 己亥	29 五 己巳	27 六 戊戌	27 一 戊辰	25 二 丁酉	24 三 丙寅	23 五 丙申	21 六 乙丑	21 一 乙未	19 二 甲子	19 四 甲午	17 五 癸亥
初七	29 二 庚午	28 四 庚子	30 六 庚午	28 日 己亥	28 二 己巳	26 三 戊戌	25 四 丁卯	24 六 丁酉	22 日 丙寅	22 二 丙申	20 三 乙丑	20 五 乙未	18 六 甲子
初八	30 三 辛未	1 五 辛丑	31 日 辛未	29 一 庚子	29 三 庚午	27 四 己亥	26 五 戊辰	25 日 戊戌	23 一 丁卯	23 三 丁酉	21 四 丙寅	21 六 丙申	19 日 乙丑
初九	31 四 壬申	2 六 壬寅	1 一 壬申	30 二 辛丑	30 四 辛未	28 五 庚子	27 六 己巳	26 一 己亥	24 二 戊辰	24 四 戊戌	22 五 丁卯	22 日 丁酉	20 一 丙寅
初十	1 五 癸酉	3 日 癸卯	2 二 癸酉	1 三 壬寅	31 五 壬申	29 六 辛丑	28 日 庚午	27 二 庚子	25 三 己巳	25 五 己亥	23 六 戊辰	23 一 戊戌	21 二 丁卯
十一	2 六 甲戌	4 一 甲辰	3 三 甲戌	2 四 癸卯	1 六 癸酉	30 日 壬寅	29 一 辛未	28 三 辛丑	26 四 庚午	26 六 庚子	24 日 己巳	24 二 己亥	22 三 戊辰
十二	3 日 乙亥	5 二 乙巳	4 四 乙亥	3 五 甲辰	2 日 甲戌	1 一 癸卯	30 二 壬申	29 四 壬寅	27 五 辛未	27 日 辛丑	25 一 庚午	25 三 庚子	23 四 己巳
十三	4 一 丙子	6 三 丙午	5 五 丙子	4 六 乙巳	3 一 乙亥	2 二 甲辰	1 三 癸酉	30 五 癸卯	28 六 壬申	28 一 壬寅	26 二 辛未	26 四 辛丑	24 五 庚午
十四	5 二 丁丑	7 四 丁未	6 六 丁丑	5 日 丙午	4 二 丙子	3 三 乙巳	2 四 甲戌	31 六 甲辰	29 日 癸酉	29 二 癸卯	27 三 壬申	27 五 壬寅	25 六 辛未
十五	6 三 戊寅	8 五 戊申	7 日 戊寅	6 一 丁未	5 三 丁丑	4 四 丙午	3 五 乙亥	1 日 乙巳	30 一 甲戌	30 三 甲辰	28 四 癸酉	28 六 癸卯	26 日 壬申
十六	7 四 己卯	9 六 己酉	8 一 己卯	7 二 戊申	6 四 戊寅	5 五 丁未	4 六 丙子	2 一 丙午	1 二 乙亥	31 四 乙巳	29 五 甲戌	29 日 甲辰	27 一 癸酉
十七	8 五 庚辰	10 日 庚戌	9 二 庚辰	8 三 己酉	7 五 己卯	6 六 戊申	5 日 丁丑	3 二 丁未	2 三 丙子	1 五 丙午	30 六 乙亥	30 一 乙巳	28 二 甲戌
十八	9 六 辛巳	11 一 辛亥	10 三 辛巳	9 四 庚戌	8 六 庚辰	7 日 己酉	6 一 戊寅	4 三 戊申	3 四 丁丑	2 六 丁未	1 日 丙子	31 二 丙午	29 三 乙亥
十九	10 日 壬午	12 二 壬子	11 四 壬午	10 五 辛亥	9 日 辛巳	8 一 庚戌	7 二 己卯	5 四 己酉	4 五 戊寅	3 日 戊申	2 一 丁丑	1 三 丁未	30 四 丙子
二十	11 一 癸未	13 三 癸丑	12 五 癸未	11 六 壬子	10 一 壬午	9 二 辛亥	8 三 庚辰	6 五 庚戌	5 六 己卯	4 一 己酉	3 二 戊寅	2 四 戊申	31 五 丁丑
廿一	12 二 甲申	14 四 甲寅	13 六 甲申	12 日 癸丑	11 二 癸未	10 三 壬子	9 四 辛巳	7 六 辛亥	6 日 庚辰	5 二 庚戌	4 三 己卯	3 五 己酉	1 六 戊寅
廿二	13 三 乙酉	15 五 乙卯	14 日 乙酉	13 一 甲寅	12 三 甲申	11 四 癸丑	10 五 壬午	8 日 壬子	7 一 辛巳	6 三 辛亥	5 四 庚辰	4 六 庚戌	2 日 己卯
廿三	14 四 丙戌	16 六 丙辰	15 一 丙戌	14 二 乙卯	13 四 乙酉	12 五 甲寅	11 六 癸未	9 一 癸丑	8 二 壬午	7 四 壬子	6 五 辛巳	5 日 辛亥	3 一 庚辰
廿四	15 五 丁亥	17 日 丁巳	16 二 丁亥	15 三 丙辰	14 五 丙戌	13 六 乙卯	12 日 甲申	10 二 甲寅	9 三 癸未	8 五 癸丑	7 六 壬午	6 一 壬子	4 二 辛巳
廿五	16 六 戊子	18 一 戊午	17 三 戊子	16 四 丁巳	15 六 丁亥	14 日 丙辰	13 一 乙酉	11 三 乙卯	10 四 甲申	9 六 甲寅	8 日 癸未	7 二 癸丑	5 三 壬午
廿六	17 日 己丑	19 二 己未	18 四 己丑	17 五 戊午	16 日 戊子	15 一 丁巳	14 二 丙戌	12 四 丙辰	11 五 乙酉	10 日 乙卯	9 一 甲申	8 三 甲寅	6 四 癸未
廿七	18 一 庚寅	20 三 庚申	19 五 庚寅	18 六 己未	17 一 己丑	16 二 戊午	15 三 丁亥	13 五 丁巳	12 六 丙戌	11 一 丙辰	10 二 乙酉	9 四 乙卯	7 五 甲申
廿八	19 二 辛卯	21 四 辛酉	20 六 辛卯	19 日 庚申	18 二 庚寅	17 三 己未	16 四 戊子	14 六 戊午	13 日 丁亥	12 二 丁巳	11 三 丙戌	10 五 丙辰	8 六 乙酉
廿九	20 三 壬辰	22 五 壬戌	21 日 壬辰	20 一 辛酉	19 三 辛卯	18 四 庚申	17 五 己丑	15 日 己未	14 一 戊子	13 三 戊午	12 四 丁亥	11 六 丁巳	9 日 丙戌
三十	21 四 癸巳	23 六 癸亥		21 二 壬戌			17 六 庚寅		15 二 己丑		13 五 戊子		10 一 丁亥
节气	立春 十三 未时；雨水 廿八 未时	惊蛰 十三 辰时；春分 廿八 辰时	清明 十三 午时；谷雨 廿八 戌时	立夏 十五 卯时；小满 三十 酉时	芒种 十六 巳时	夏至 初三 丑时；小暑 十八 午时	大暑 初五 卯时；立秋 廿一 卯时	处暑 初六 戌时；白露 廿二 辰时	秋分 初八 酉时；寒露 廿四 辰时	霜降 初九 寅时；立冬 廿四 亥时	小雪 初九 戌时；大雪 廿四 辰时	冬至 初九 巳时；小寒 廿四 寅时	大寒 初九 戌时；立春 廿四 酉时

农历乙卯年　属兔

旬	正月大戊寅			二月大己卯			三月小庚辰			四月大辛巳			五月小壬午			六月小癸未			七月大甲申			八月小乙酉			九月小丙戌			十月大丁亥			十一月小戊子			十二月大己丑		
	公历	星期	干支	公历	星期	干支	公历	星期	干支	公历	星期	干支	公历	星期	干支	公历	星期	干支	公历	星期	干支	公历	星期	干支	公历	星期	干支	公历	星期	干支	公历	星期	干支	公历	星期	干支
初一	11	二	戊子	13	四	戊午	12	六	戊子	11	日	丁巳	10	二	丁亥	9	三	丙辰	7	四	乙酉	6	六	乙卯	5	日	甲申	3	一	癸丑	3	三	癸未	1	四	壬子
初二	12	三	己丑	14	五	己未	13	日	己丑	12	一	戊午	11	三	戊子	10	四	丁巳	8	五	丙戌	7	日	丙辰	6	一	乙酉	4	二	甲寅	4	四	甲申	2	五	癸丑
初三	13	四	庚寅	15	六	庚申	14	一	庚寅	13	二	己未	12	四	己丑	11	五	戊午	9	六	丁亥	8	一	丁巳	7	二	丙戌	5	三	乙卯	5	五	乙酉	3	六	甲寅
初四	14	五	辛卯	16	日	辛酉	15	二	辛卯	14	三	庚申	13	五	庚寅	12	六	己未	10	日	戊子	9	二	戊午	8	三	丁亥	6	四	丙辰	6	六	丙戌	4	日	乙卯
初五	15	六	壬辰	17	一	壬戌	16	三	壬辰	15	四	辛酉	14	六	辛卯	13	日	庚申	11	一	己丑	10	三	己未	9	四	戊子	7	五	丁巳	7	日	丁亥	5	一	丙辰
初六	16	日	癸巳	18	二	癸亥	17	四	癸巳	16	五	壬戌	15	日	壬辰	14	一	辛酉	12	二	庚寅	11	四	庚申	10	五	己丑	8	六	戊午	8	一	戊子	6	二	丁巳
初七	17	一	甲午	19	三	甲子	18	五	甲午	17	六	癸亥	16	一	癸巳	15	二	壬戌	13	三	辛卯	12	五	辛酉	11	六	庚寅	9	日	己未	9	二	己丑	7	三	戊午
初八	18	二	乙未	20	四	乙丑	19	六	乙未	18	日	甲子	17	二	甲午	16	三	癸亥	14	四	壬辰	13	六	壬戌	12	日	辛卯	10	一	庚申	10	三	庚寅	8	四	己未
初九	19	三	丙申	21	五	丙寅	20	日	丙申	19	一	乙丑	18	三	乙未	17	四	甲子	15	五	癸巳	14	日	癸亥	13	一	壬辰	11	二	辛酉	11	四	辛卯	9	五	庚申
初十	20	四	丁酉	22	六	丁卯	21	一	丁酉	20	二	丙寅	19	四	丙申	18	五	乙丑	16	六	甲午	15	一	甲子	14	二	癸巳	12	三	壬戌	12	五	壬辰	10	六	辛酉
十一	21	五	戊戌	23	日	戊辰	22	二	戊戌	21	三	丁卯	20	五	丁酉	19	六	丙寅	17	日	乙未	16	二	乙丑	15	三	甲午	13	四	癸亥	13	六	癸巳	11	日	壬戌
十二	22	六	己亥	24	一	己巳	23	三	己亥	22	四	戊辰	21	六	戊戌	20	日	丁卯	18	一	丙申	17	三	丙寅	16	四	乙未	14	五	甲子	14	日	甲午	12	一	癸亥
十三	23	日	庚子	25	二	庚午	24	四	庚子	23	五	己巳	22	日	己亥	21	一	戊辰	19	二	丁酉	18	四	丁卯	17	五	丙申	15	六	乙丑	15	一	乙未	13	二	甲子
十四	24	一	辛丑	26	三	辛未	25	五	辛丑	24	六	庚午	23	一	庚子	22	二	己巳	20	三	戊戌	19	五	戊辰	18	六	丁酉	16	日	丙寅	16	二	丙申	14	三	乙丑
十五	25	二	壬寅	27	四	壬申	26	六	壬寅	25	日	辛未	24	二	辛丑	23	三	庚午	21	四	己亥	20	六	己巳	19	日	戊戌	17	一	丁卯	17	三	丁酉	15	四	丙寅
十六	26	三	癸卯	28	五	癸酉	27	日	癸卯	26	一	壬申	25	三	壬寅	24	四	辛未	22	五	庚子	21	日	庚午	20	一	己亥	18	二	戊辰	18	四	戊戌	16	五	丁卯
十七	27	四	甲辰	29	六	甲戌	28	一	甲辰	27	二	癸酉	26	四	癸卯	25	五	壬申	23	六	辛丑	22	一	辛未	21	二	庚子	19	三	己巳	19	五	己亥	17	六	戊辰
十八	28	五	乙巳	30	日	乙亥	29	二	乙巳	28	三	甲戌	27	五	甲辰	26	六	癸酉	24	日	壬寅	23	二	壬申	22	三	辛丑	20	四	庚午	20	六	庚子	18	日	己巳
十九	1	六	丙午	31	一	丙子	30	三	丙午	29	四	乙亥	28	六	乙巳	27	日	甲戌	25	一	癸卯	24	三	癸酉	23	四	壬寅	21	五	辛未	21	日	辛丑	19	一	庚午
二十	2	日	丁未	1	二	丁丑	1	四	丁未	30	五	丙子	29	日	丙午	28	一	乙亥	26	二	甲辰	25	四	甲戌	24	五	癸卯	22	六	壬申	22	一	壬寅	20	二	辛未
廿一	3	一	戊申	2	三	戊寅	2	五	戊申	31	六	丁丑	30	一	丁未	29	二	丙子	27	三	乙巳	26	五	乙亥	25	六	甲辰	23	日	癸酉	23	二	癸卯	21	三	壬申
廿二	4	二	己酉	3	四	己卯	3	六	己酉	1	日	戊寅	1	二	戊申	30	三	丁丑	28	四	丙午	27	六	丙子	26	日	乙巳	24	一	甲戌	24	三	甲辰	22	四	癸酉
廿三	5	三	庚戌	4	五	庚辰	4	日	庚戌	2	一	己卯	2	三	己酉	31	四	戊寅	29	五	丁未	28	日	丁丑	27	一	丙午	25	二	乙亥	25	四	乙巳	23	五	甲戌
廿四	6	四	辛亥	5	六	辛巳	5	一	辛亥	3	二	庚辰	3	四	庚戌	1	五	己卯	30	六	戊申	29	一	戊寅	28	二	丁未	26	三	丙子	26	五	丙午	24	六	乙亥
廿五	7	五	壬子	6	日	壬午	6	二	壬子	4	三	辛巳	4	五	辛亥	2	六	庚辰	31	日	己酉	30	二	己卯	29	三	戊申	27	四	丁丑	27	六	丁未	25	日	丙子
廿六	8	六	癸丑	7	一	癸未	7	三	癸丑	5	四	壬午	5	六	壬子	3	日	辛巳	1	一	庚戌	1	三	庚辰	30	四	己酉	28	五	戊寅	28	日	戊申	26	一	丁丑
廿七	9	日	甲寅	8	二	甲申	8	四	甲寅	6	五	癸未	6	日	癸丑	4	一	壬午	2	二	辛亥	2	四	辛巳	31	五	庚戌	29	六	己卯	29	一	己酉	27	二	戊寅
廿八	10	一	乙卯	9	三	乙酉	9	五	乙卯	7	六	甲申	7	一	甲寅	5	二	癸未	3	三	壬子	3	五	壬午	1	六	辛亥	30	日	庚辰	30	二	庚戌	28	三	己卯
廿九	11	二	丙辰	10	四	丙戌	10	六	丙辰	8	日	乙酉	8	二	乙卯	6	三	甲申	4	四	癸丑	4	六	癸未	2	日	壬子	1	一	辛巳	31	三	辛亥	29	四	庚辰
三十	12	三	丁巳	11	五	丁亥				9	一	丙戌							5	五	甲寅							2	二	壬午				30	五	辛巳
节气	雨水 初九 未时 · 惊蛰 廿四 未时			春分 初九 酉时 · 清明 廿四 酉时			谷雨 初十 丑时 · 立夏 廿五 午时			小满 十二 子时 · 芒种 廿七 申时			夏至 十三 辰时 · 小暑 廿九 丑时			大暑 十五 戌时			立秋 初二 午时 · 处暑 十八 丑时			白露 初二 未时 · 秋分 十八 子时			寒露 初五 卯时 · 霜降 二十 巳时			立冬 初六 巳时 · 小雪 廿一 卯时			大雪 初六 丑时 · 冬至 二十 亥时			小寒 初六 午时 · 大寒 廿一 卯时		

旬	正月大庚寅 公历	星期	干支	二月小辛卯 公历	星期	干支	三月小壬辰 公历	星期	干支	四月大癸巳 公历	星期	干支	五月小甲午 公历	星期	干支	六月大乙未 公历	星期	干支	七月大丙申 公历	星期	干支	八月小丁酉 公历	星期	干支	闰八月小 公历	星期	干支	九月大戊戌 公历	星期	干支	十月大己亥 公历	星期	干支	十一月小庚子 公历	星期	干支	十二月大辛丑 公历	星期	干支
初一	31	六	壬午	3	一	壬子	31	三	壬午	29	四	辛亥	29	六	辛巳	27	日	庚戌	27	二	庚辰	25	三	己酉	24	五	己卯	23	六	戊申	21	日	丁丑	21	二	丁未	19	三	丙子
初二	2	日	癸未	2	二	癸丑	1	四	癸未	30	五	壬子	30	日	壬午	28	一	辛亥	28	三	辛巳	26	四	庚戌	25	六	庚辰	24	日	己酉	22	一	戊寅	22	三	戊申	20	四	丁丑
初三	2	一	甲申	3	三	甲寅	2	五	甲申	5	六	癸丑	31	一	癸未	29	二	壬子	29	四	壬午	27	五	辛亥	26	日	辛巳	25	一	庚戌	23	二	己卯	23	四	己酉	21	五	戊寅
初四	2	二	乙酉	4	四	乙卯	3	六	乙酉	2	日	甲寅	1	二	甲申	6	三	癸丑	30	五	癸未	31	日	壬子	27	一	壬午	26	二	辛亥	24	三	庚辰	24	五	庚戌	22	六	己卯
初五	4	三	丙戌	5	五	丙辰	4	日	丙戌	3	一	乙卯	2	三	乙酉	7	四	甲寅	8	六	甲申	1	一	癸丑	28	二	癸未	27	三	壬子	25	四	辛巳	25	六	辛亥	23	日	庚辰
初六	5	四	丁亥	6	六	丁巳	5	一	丁亥	4	二	丙辰	3	四	丙戌	2	五	乙卯	9	日	乙酉	30	二	甲寅	29	三	甲申	28	四	癸丑	26	五	壬午	26	日	壬子	24	一	辛巳
初七	6	五	戊子	7	日	戊午	6	二	戊子	5	三	丁巳	4	五	丁亥	3	六	丙辰	31	一	丙戌	2	三	乙卯	30	四	乙酉	29	五	甲寅	27	六	癸未	1	二	癸丑	25	二	壬午
初八	7	六	己丑	8	一	己未	7	三	己丑	6	四	戊午	5	六	戊子	4	日	丁巳	1	二	丁亥	9	四	丙辰	10	五	丙戌	30	六	乙卯	28	日	甲申	1	三	甲寅	26	三	癸未
初九	8	日	庚寅	9	二	庚申	8	四	庚寅	7	五	己未	6	日	己丑	5	一	戊午	2	三	戊子	3	五	丁巳	31	六	丁亥	1	日	丙辰	29	一	乙酉	2	四	乙卯	27	四	甲申
初十	9	一	辛卯	10	三	辛酉	9	五	辛卯	8	六	庚申	7	一	庚寅	6	二	己未	3	五	戊午	4	五	戊子	11	日	丁巳	30	二	丙戌	2	二	丙戌						
十一	10	二	壬辰	11	四	壬戌	10	六	壬辰	9	日	辛酉	8	二	辛卯		三	庚申	6	五	庚寅	4	六	己未	4	一	己丑	2	二	戊午	12	二	丁亥	31	五	丁巳	29	六	丙戌
十二		三	癸巳	12	五	癸亥	11	日	癸巳	10	一	壬戌	9	三	壬辰		四	辛酉	7	六	辛卯	5	日	庚申		二	庚寅	3	三	己未	2	三	戊子	1	六	戊午	30	日	丁亥
十三		四	甲午	13	六	甲子		一	甲午	11	二	癸亥		四	癸巳		五	壬戌	8	日	壬辰		一	辛酉	6	三	辛卯	4	四	庚申	3	四	己丑		日	己未		一	戊子
十四	13	五	乙未	14	一	乙丑	12	二	乙未	12	三	甲子	11	五	甲午		六	癸亥	9	一	癸巳	6	二	壬戌		四	壬辰	5	五	辛酉	4	五	庚寅	2	一	庚申	1	二	己丑
十五	14	六	丙申		二	丙寅		三	丙申		四	乙丑		六	乙未		日	甲子	10	二	甲午		三	癸亥	7	五	癸巳	5	六	壬戌		日	辛酉		二	辛卯	2	三	庚寅
十六	15	日	丁酉		三	丁卯	14	四	丁酉		五	丙寅	12	日	丙申	11	一	乙丑		三	乙未	7	四	甲子		六	甲午		日	壬戌	5	一	壬辰	3	三	壬戌		四	辛卯
十七	16	一	戊戌	17	四	戊辰	15	五	戊戌	15	六	丁卯	13	一	丁酉	12	二	丙寅	12	四	丙申	10	五	乙丑		日	乙未		一	癸亥		二	癸巳		四	癸亥		五	壬辰
十八	17	二	己亥		五	己巳	16	六	己亥		日	戊辰	14	二	戊戌		三	丁卯		五	丁酉		六	丙寅		一	丙申		二	甲子	6	三	甲午	4	五	甲子		六	癸巳
十九	18	三	庚子		六	庚午	17	日	庚子	16	一	己巳	15	三	己亥		四	戊辰		六	戊戌		日	丁卯	10	二	丁酉		三	乙丑		四	乙未	5	六	乙丑		日	甲午
二十	19	四	辛丑	20	六	辛未	18	一	辛丑		二	庚午	17	四	庚子	16	五	己巳	15	日	己亥	13	一	戊辰		三	戊戌		四	丙寅		五	丙申		日	丙寅	7	一	乙未
廿一	20	五	壬寅	21	日	壬申	20	二	壬寅	19	三	辛未	18	五	辛丑	17	六	庚午	16	一	庚子	14	二	己巳	14	四	己亥	12	五	丁卯	11	六	丁酉	10	一	丁卯	8	二	丙申
廿二	21	六	癸卯	22	一	癸酉		三	癸卯	20	四	壬申		六	壬寅		日	辛未	17	二	辛丑	15	三	庚午	15	五	庚子	13	六	戊辰		日	戊戌	11	二	戊辰		三	丁酉
廿三		日	甲辰	23	二	甲戌	22	四	甲辰	21	五	癸酉		日	癸卯		一	壬申	18	三	壬寅	16	四	辛未		六	辛丑		日	己巳	13	一	己亥	12	三	己巳	10	四	戊戌
廿四	23	一	乙巳	24	三	乙亥	23	五	乙巳	22	六	甲戌		一	甲辰		二	癸酉	19	四	癸卯		五	壬申		日	壬寅		一	庚午	14	二	庚子		四	庚午	11	五	己亥
廿五	24	二	丙午	25	四	丙子	24	六	丙午	23	日	乙亥		二	乙巳		三	甲戌	20	五	甲辰	17	六	癸酉		一	癸卯	15	二	辛未	15	三	辛丑		五	辛未	12	六	庚子
廿六	25	三	丁未		五	丁丑	25	日	丁未		一	丙子	23	三	丙午	21	四	乙亥		六	乙巳	18	日	甲戌		二	甲辰	16	三	壬申	16	四	壬寅	14	六	壬申	13	日	辛丑
廿七	26	四	戊申	27	六	戊寅	26	一	戊申	25	二	丁丑	24	四	丁未		五	丙子	22	日	丙午		一	乙亥		三	乙巳	17	四	癸酉		五	癸卯	15	日	癸酉		一	壬寅
廿八	27	五	己酉	28	日	己卯	27	二	己酉		三	戊寅		五	戊申	23	六	丁丑	24	一	丁未	21	二	丙子	21	四	丙午		五	甲戌		六	甲辰		一	甲戌	15	二	癸卯
廿九	28	六	庚戌	29	一	庚辰	28	三	庚戌	27	四	己卯	26	六	己酉		日	戊寅		二	戊申	22	三	丁丑	22	五	丁未		六	乙亥		日	乙巳		二	乙亥	16	三	甲辰
三十	29	日	辛亥	30	二	辛巳		四	辛亥		五	庚辰		日	庚戌		一	己卯	26	三	己酉		四	戊寅	23	六	戊申	20	日	丙午							17	四	乙巳

| 节气 | 立春 初六 子时 | 雨水 二十 戌时 | 惊蛰 初五 酉时 | 春分 二十 戌时 | 清明 初五 子时 | 谷雨 廿一 辰时 | 立夏 初七 酉时 | 小满 廿三 未时 | 芒种 初八 亥时 | 夏至 廿四 未时 | 小暑 十一 辰时 | 大暑 廿七 丑时 | 立秋 十二 酉时 | 处暑 廿八 辰时 | 白露 十四 戌时 | 秋分 三十 卯时 | 寒露 十五 午时 | 霜降 初一 未时 | 立冬 十六 午时 | 小雪 初二 未时 | 大雪 十七 辰时 | 冬至 初二 丑时 | 小寒 十六 酉时 | 大寒 初二 午时 | 立春 十七 卯时 |

正月大壬寅

旬	农历	公历	星期	干支
初	初一	18	五	丙戌
	初二	19	六	丁亥
	初三	20	日	戊子
	初四	21	一	己丑
	初五	22	二	庚寅
	初六	23	三	辛卯
	初七	24	四	壬辰
	初八	25	五	癸巳
	初九	26	六	甲午
	初十	27	日	乙未
	十一	28	一	丙申
	十二	1	二	丁酉
	十三	2	三	戊戌
	十四	3	四	己亥
	十五	4	五	庚子
	十六	5	六	辛丑
	十七	6	日	壬寅
	十八	7	一	癸卯
	十九	8	二	甲辰
	二十	9	三	乙巳
	廿一	10	四	丙午
	廿二	11	五	丁未
	廿三	12	六	戊申
	廿四	13	日	己酉
	廿五	14	一	庚戌
	廿六	15	二	辛亥
	廿七	16	三	壬子
	廿八	17	四	癸丑
	廿九	18	五	甲寅
	三十	19	六	乙卯

二月小癸卯

农历	公历	星期	干支
初一	20	日	丙辰
初二	21	一	丁巳
初三	22	二	戊午
初四	23	三	己未
初五	24	四	庚申
初六	25	五	辛酉
初七	26	六	壬戌
初八	27	日	癸亥
初九	28	一	甲子
初十	29	二	乙丑
十一	30	三	丙寅
十二	31	四	丁卯
十三	1	五	戊辰
十四	2	六	己巳
十五	3	日	庚午
十六	4	一	辛未
十七	5	二	壬申
十八	6	三	癸酉
十九	7	四	甲戌
二十	8	五	乙亥
廿一	9	六	丙子
廿二	10	日	丁丑
廿三	11	一	戊寅
廿四	12	二	己卯
廿五	13	三	庚辰
廿六	14	四	辛巳
廿七	15	五	壬午
廿八	16	六	癸未
廿九	17	日	甲申

三月大甲辰

农历	公历	星期	干支
初一	18	一	乙酉
初二	19	二	丙戌
初三	20	三	丁亥
初四	21	四	戊子
初五	22	五	己丑
初六	23	六	庚寅
初七	24	日	辛卯
初八	25	一	壬辰
初九	26	二	癸巳
初十	27	三	甲午
十一	28	四	乙未
十二	29	五	丙申
十三	30	六	丁酉
十四	1	日	戊戌
十五	2	一	己亥
十六	3	二	庚子
十七	4	三	辛丑
十八	5	四	壬寅
十九	6	五	癸卯
二十	7	六	甲辰
廿一	8	日	乙巳
廿二	9	一	丙午
廿三	10	二	丁未
廿四	11	三	戊申
廿五	12	四	己酉
廿六	13	五	庚戌
廿七	14	六	辛亥
廿八	15	日	壬子
廿九	16	一	癸丑
三十	17	二	甲寅

四月大乙巳

农历	公历	星期	干支
初一	18	三	乙卯
初二	19	四	丙辰
初三	20	五	丁巳
初四	21	六	戊午
初五	22	日	己未
初六	23	一	庚申
初七	24	二	辛酉
初八	25	三	壬戌
初九	26	四	癸亥
初十	27	五	甲子
十一	28	六	乙丑
十二	29	日	丙寅
十三	30	一	丁卯
十四	31	二	戊辰
十五	1	三	己巳
十六	2	四	庚午
十七	3	五	辛未
十八	4	六	壬申
十九	5	日	癸酉
二十	6	一	甲戌
廿一	7	二	乙亥
廿二	8	三	丙子
廿三	9	四	丁丑
廿四	10	五	戊寅
廿五	11	六	己卯
廿六	12	日	庚辰
廿七	13	一	辛巳
廿八	14	二	壬午
廿九	15	三	癸未
三十	16	四	甲申

五月小丙午

农历	公历	星期	干支
初一	17	五	乙酉
初二	18	六	丙戌
初三	19	日	丁亥
初四	20	一	戊子
初五	21	二	己丑
初六	22	三	庚寅
初七	23	四	辛卯
初八	24	五	壬辰
初九	25	六	癸巳
初十	26	日	甲午
十一	27	一	乙未
十二	28	二	丙申
十三	29	三	丁酉
十四	30	四	戊戌
十五	1	五	己亥
十六	2	六	庚子
十七	3	日	辛丑
十八	4	一	壬寅
十九	5	二	癸卯
二十	6	三	甲辰
廿一	7	四	乙巳
廿二	8	五	丙午
廿三	9	六	丁未
廿四	10	日	戊申
廿五	11	一	己酉
廿六	12	二	庚戌
廿七	13	三	辛亥
廿八	14	四	壬子
廿九	15	五	癸丑

六月大丁未

农历	公历	星期	干支
初一	16	六	甲寅
初二	17	日	乙卯
初三	18	一	丙辰
初四	19	二	丁巳
初五	20	三	戊午
初六	21	四	己未
初七	22	五	庚申
初八	23	六	辛酉
初九	24	日	壬戌
初十	25	一	癸亥
十一	26	二	甲子
十二	27	三	乙丑
十三	28	四	丙寅
十四	29	五	丁卯
十五	30	六	戊辰
十六	31	日	己巳
十七	1	一	庚午
十八	2	二	辛未
十九	3	三	壬申
二十	4	四	癸酉
廿一	5	五	甲戌
廿二	6	六	乙亥
廿三	7	日	丙子
廿四	8	一	丁丑
廿五	9	二	戊寅
廿六	10	三	己卯
廿七	11	四	庚辰
廿八	12	五	辛巳
廿九	13	六	壬午
三十	14	日	癸未

七月小戊申

农历	公历	星期	干支
初一	15	一	甲申
初二	16	二	乙酉
初三	17	三	丙戌
初四	18	四	丁亥
初五	19	五	戊子
初六	20	六	己丑
初七	21	日	庚寅
初八	22	一	辛卯
初九	23	二	壬辰
初十	24	三	癸巳
十一	25	四	甲午
十二	26	五	乙未
十三	27	六	丙申
十四	28	日	丁酉
十五	29	一	戊戌
十六	30	二	己亥
十七	31	三	庚子
十八	1	四	辛丑
十九	2	五	壬寅
二十	3	六	癸卯
廿一	4	日	甲辰
廿二	5	一	乙巳
廿三	6	二	丙午
廿四	7	三	丁未
廿五	8	四	戊申
廿六	9	五	己酉
廿七	10	六	庚戌
廿八	11	日	辛亥
廿九	12	一	壬子

八月大己酉

农历	公历	星期	干支
初一	13	二	癸丑
初二	14	三	甲寅
初三	15	四	乙卯
初四	16	五	丙辰
初五	17	六	丁巳
初六	18	日	戊午
初七	19	一	己未
初八	20	二	庚申
初九	21	三	辛酉
初十	22	四	壬戌
十一	23	五	癸亥
十二	24	六	甲子
十三	25	日	乙丑
十四	26	一	丙寅
十五	27	二	丁卯
十六	28	三	戊辰
十七	29	四	己巳
十八	30	五	庚午
十九	1	六	辛未
二十	2	日	壬申
廿一	3	一	癸酉
廿二	4	二	甲戌
廿三	5	三	乙亥
廿四	6	四	丙子
廿五	7	五	丁丑
廿六	8	六	戊寅
廿七	9	日	己卯
廿八	10	一	庚辰
廿九	11	二	辛巳
三十	12	三	壬午

九月小庚戌

农历	公历	星期	干支
初一	13	四	癸未
初二	14	五	甲申
初三	15	六	乙酉
初四	16	日	丙戌
初五	17	一	丁亥
初六	18	二	戊子
初七	19	三	己丑
初八	20	四	庚寅
初九	21	五	辛卯
初十	22	六	壬辰
十一	23	日	癸巳
十二	24	一	甲午
十三	25	二	乙未
十四	26	三	丙申
十五	27	四	丁酉
十六	28	五	戊戌
十七	29	六	己亥
十八	30	日	庚子
十九	31	一	辛丑
二十	1	二	壬寅
廿一	2	三	癸卯
廿二	3	四	甲辰
廿三	4	五	乙巳
廿四	5	六	丙午
廿五	6	日	丁未
廿六	7	一	戊申
廿七	8	二	己酉
廿八	9	三	庚戌
廿九	10	四	辛亥

十月大辛亥

农历	公历	星期	干支
初一	11	五	壬子
初二	12	六	癸丑
初三	13	日	甲寅
初四	14	一	乙卯
初五	15	二	丙辰
初六	16	三	丁巳
初七	17	四	戊午
初八	18	五	己未
初九	19	六	庚申
初十	20	日	辛酉
十一	21	一	壬戌
十二	22	二	癸亥
十三	23	三	甲子
十四	24	四	乙丑
十五	25	五	丙寅
十六	26	六	丁卯
十七	27	日	戊辰
十八	28	一	己巳
十九	29	二	庚午
二十	30	三	辛未
廿一	1	四	壬申
廿二	2	五	癸酉
廿三	3	六	甲戌
廿四	4	日	乙亥
廿五	5	一	丙子
廿六	6	二	丁丑
廿七	7	三	戊寅
廿八	8	四	己卯
廿九	9	五	庚辰
三十	10	六	辛巳

十一月小壬子

农历	公历	星期	干支
初一	11	日	壬午
初二	12	一	癸未
初三	13	二	甲申
初四	14	三	乙酉
初五	15	四	丙戌
初六	16	五	丁亥
初七	17	六	戊子
初八	18	日	己丑
初九	19	一	庚寅
初十	20	二	辛卯
十一	21	三	壬辰
十二	22	四	癸巳
十三	23	五	甲午
十四	24	六	乙未
十五	25	日	丙申
十六	26	一	丁酉
十七	27	二	戊戌
十八	28	三	己亥
十九	29	四	庚子
二十	30	五	辛丑
廿一	31	六	壬寅
廿二	1	日	癸卯
廿三	2	一	甲辰
廿四	3	二	乙巳
廿五	4	三	丙午
廿六	5	四	丁未
廿七	6	五	戊申
廿八	7	六	己酉
廿九	8	日	庚戌

十二月小癸丑

农历	公历	星期	干支
初一	9	一	辛亥
初二	10	二	壬子
初三	11	三	癸丑
初四	12	四	甲寅
初五	13	五	乙卯
初六	14	六	丙辰
初七	15	日	丁巳
初八	16	一	戊午
初九	17	二	己未
初十	18	三	庚申
十一	19	四	辛酉
十二	20	五	壬戌
十三	21	六	癸亥
十四	22	日	甲子
十五	23	一	乙丑
十六	24	二	丙寅
十七	25	三	丁卯
十八	26	四	戊辰
十九	27	五	己巳
二十	28	六	庚午
廿一	29	日	辛未
廿二	30	一	壬申
廿三	31	二	癸酉
廿四	1	三	甲戌
廿五	2	四	乙亥
廿六	3	五	丙子
廿七	4	六	丁丑
廿八	5	日	戊寅
廿九	6	一	己卯

节气

月	节气	农历	时辰	节气	农历	时辰
正月	雨水	初二	丑时	惊蛰	十七	子时
二月	春分	初二	丑时	清明	十七	卯时
三月	谷雨	初三	午时	立夏	十八	子时
四月	小满	初四	午时	芒种	二十	寅时
五月	夏至	初五	戌时	小暑	廿一	未时
六月	大暑	初七	辰时	立秋	廿三	子时
七月	处暑	初九	未时	白露	廿五	丑时
八月	秋分	十一	午时	寒露	廿六	酉时
九月	霜降	十二	戌时	立冬	廿六	戌时
十月	小雪	十六	戌时	大雪	十二	酉时
十一月	冬至	十一	辰时	小寒	廿七	子时
十二月	大寒	十一	酉时	立春	廿七	午时

農曆戊午年 屬馬　公元 1978－1979 年

旬	正月大甲寅 公历 星期 干支	二月小乙卯 公历 星期 干支	三月大丙辰 公历 星期 干支	四月大丁巳 公历 星期 干支	五月小戊午 公历 星期 干支	六月大己未 公历 星期 干支	旬	七月大庚申 公历 星期 干支	八月小辛酉 公历 星期 干支	九月大壬戌 公历 星期 干支	十月小癸亥 公历 星期 干支	十一月大甲子 公历 星期 干支	十二月小乙丑 公历 星期 干支
初一	7 二 庚申	9 四 庚午	7 五 己亥	7 日 己巳	6 一 己亥	5 三 戊辰	初一	4 五 戊戌	3 日 戊辰	2 一 丁酉	11 三 丁卯	30 五 丙申	30 六 丙寅
初二	8 三 辛酉	10 五 辛未	8 六 庚子	8 一 庚午	7 二 庚子	6 四 己巳	初二	5 六 己亥	4 一 己巳	3 二 戊戌	2 四 戊辰	12 六 丁酉	31 日 丁卯
初三	9 四 壬戌	11 六 壬申	9 日 辛丑	9 二 辛未	8 三 辛丑	7 五 庚午	初三	6 日 庚子	5 二 庚午	4 三 己亥	3 五 己巳	2 日 戊戌	1 一 戊辰
初四	10 五 癸亥	12 日 癸酉	10 一 壬寅	10 三 壬申	9 四 壬寅	8 六 辛未	初四	7 一 辛丑	6 三 辛未	5 四 庚子	4 六 庚午	3 一 己亥	2 二 己巳
初五	11 六 甲子	13 一 甲戌	11 二 癸卯	11 四 癸酉	10 五 癸卯	9 日 壬申	初五	8 二 壬寅	7 四 壬申	6 五 辛丑	5 日 辛未	4 二 庚子	3 三 庚午
初六	12 日 乙丑	14 二 乙亥	12 三 甲辰	12 五 甲戌	11 六 甲辰	10 一 癸酉	初六	9 三 癸卯	8 五 癸酉	7 六 壬寅	6 一 壬申	5 三 辛丑	4 四 辛未
初七	13 一 丙寅	15 三 丙子	13 四 乙巳	13 六 乙亥	12 日 乙巳	11 二 甲戌	初七	10 四 甲辰	9 六 甲戌	8 日 癸卯	7 二 癸酉	6 四 壬寅	5 五 壬申
初八	14 二 丁卯	16 四 丁丑	14 五 丙午	14 日 丙子	13 一 丙午	12 三 乙亥	初八	11 五 乙巳	10 日 乙亥	9 一 甲辰	8 三 甲戌	7 五 癸卯	6 六 癸酉
初九	15 三 戊辰	17 五 戊寅	15 六 丁未	15 一 丁丑	14 二 丁未	13 四 丙子	初九	12 六 丙午	11 一 丙子	10 二 乙巳	9 四 乙亥	8 六 甲辰	7 日 甲戌
初十	16 四 己巳	18 六 己卯	16 日 戊申	16 二 戊寅	15 三 戊申	14 五 丁丑	初十	13 日 丁未	12 二 丁丑	11 三 丙午	10 五 丙子	9 日 乙巳	8 一 乙亥
十一	17 五 庚午	19 日 庚辰	17 一 己酉	17 三 己卯	16 四 己酉	15 六 戊寅	十一	14 一 戊申	13 三 戊寅	12 四 丁未	11 六 丁丑	10 一 丙午	9 二 丙子
十二	18 六 辛未	20 一 辛巳	18 二 庚戌	18 四 庚辰	17 五 庚戌	16 日 己卯	十二	15 二 己酉	14 四 己卯	13 五 戊申	12 日 戊寅	11 二 丁未	10 三 丁丑
十三	19 日 壬申	21 二 壬午	19 三 辛亥	19 五 辛巳	18 六 辛亥	17 一 庚辰	十三	16 三 庚戌	15 五 庚辰	14 六 己酉	13 一 己卯	12 三 戊申	11 四 戊寅
十四	20 一 癸酉	22 三 癸未	20 四 壬子	20 六 壬午	19 日 壬子	18 二 辛巳	十四	17 四 辛亥	16 六 辛巳	15 日 庚戌	14 二 庚辰	13 四 己酉	12 五 己卯
十五	21 二 甲戌	23 四 甲申	21 五 癸丑	21 日 癸未	20 一 癸丑	19 三 壬午	十五	18 五 壬子	17 日 壬午	16 一 辛亥	15 三 辛巳	14 五 庚戌	13 六 庚辰
十六	22 三 乙亥	24 五 乙酉	22 六 甲寅	22 一 甲申	21 二 甲寅	20 四 癸未	十六	19 六 癸丑	18 一 癸未	17 二 壬子	16 四 壬午	15 六 辛亥	14 日 辛巳
十七	23 四 丙子	25 六 丙戌	23 日 乙卯	23 二 乙酉	22 三 乙卯	21 五 甲申	十七	20 日 甲寅	19 二 甲申	18 三 癸丑	17 五 癸未	16 日 壬子	15 一 壬午
十八	24 五 丁丑	26 日 丁亥	24 一 丙辰	24 三 丙戌	23 四 丙辰	22 六 乙酉	十八	21 一 乙卯	20 三 乙酉	19 四 甲寅	18 六 甲申	17 一 癸丑	16 二 癸未
十九	25 六 戊寅	27 一 戊子	25 二 丁巳	25 四 丁亥	24 五 丁巳	23 日 丙戌	十九	22 二 丙辰	21 四 丙戌	20 五 乙卯	19 日 乙酉	18 二 甲寅	17 三 甲申
二十	26 日 己卯	28 二 己丑	26 三 戊午	26 五 戊子	25 六 戊午	24 一 丁亥	二十	23 三 丁巳	22 五 丁亥	21 六 丙辰	20 一 丙戌	19 三 乙卯	18 四 乙酉
廿一	27 一 庚辰	29 三 庚寅	27 四 己未	27 六 己丑	26 日 己未	25 二 戊子	廿一	24 四 戊午	23 六 戊子	22 日 丁巳	21 二 丁亥	20 四 丙辰	19 五 丙戌
廿二	28 二 辛巳	30 四 辛卯	28 五 庚申	28 日 庚寅	27 一 庚申	26 三 己丑	廿二	25 五 己未	24 日 己丑	23 一 戊午	22 三 戊子	21 五 丁巳	20 六 丁亥
廿三	3 三 壬午	31 五 壬辰	29 六 辛酉	29 一 辛卯	28 二 辛酉	27 四 庚寅	廿三	26 六 庚申	25 一 庚寅	24 二 己未	23 四 己丑	22 六 戊午	21 日 戊子
廿四	2 四 癸未	4 六 壬辰	30 日 壬戌	30 二 壬辰	29 三 壬戌	28 五 辛卯	廿四	27 日 辛酉	26 二 辛卯	25 三 庚申	24 五 庚寅	23 日 己未	22 一 己丑
廿五	3 五 甲申	2 日 癸巳	31 一 癸亥	5 三 癸巳	30 四 癸亥	29 六 壬辰	廿五	28 一 壬戌	27 三 壬辰	26 四 辛酉	25 六 辛卯	24 一 庚申	23 二 庚寅
廿六	4 六 乙酉	3 一 甲午	5 二 甲子	2 四 甲午	31 五 甲子	30 日 癸巳	廿六	29 二 癸亥	28 四 癸巳	27 五 壬戌	26 日 壬辰	25 二 辛酉	24 三 辛卯
廿七	5 日 丙戌	4 二 乙未	2 三 乙丑	3 五 乙未	6 六 乙丑	31 一 甲午	廿七	30 三 甲子	29 五 甲午	28 六 癸亥	27 一 癸巳	26 三 壬戌	25 四 壬辰
廿八	6 一 丁亥	5 三 丙申	3 四 丙寅	4 六 丙申	2 日 丙寅	8 二 乙未	廿八	31 四 乙丑	30 六 乙未	29 日 甲子	28 二 甲午	27 四 癸亥	26 五 癸巳
廿九	7 二 戊子	6 四 丁酉	4 五 丁卯	5 日 丁酉	3 一 丁卯	2 三 丙申	廿九	9 五 丙寅	10 日 丙申	30 一 乙丑	29 三 乙未	28 五 甲子	27 六 甲午
三十	8 三 己丑		6 六 戊辰	6 一 戊戌		3 四 丁酉	三十	2 六 丁卯		31 二 丙寅		29 六 乙丑	

节气：

| 节气 | 雨水 十三 辰时 | 惊蛰 廿八 卯时 | 春分 十三 辰时 | 清明 廿八 午时 | 谷雨 十四 酉时 | 立夏 三十 卯时 | 小满 十五 酉时 | 芒种 初一 巳时 | 夏至 十七 丑时 | 小暑 初三 戌时 | 大暑 十九 未时 | 节气 | 立秋 初五 卯时 | 处暑 二十 戌时 | 白露 初六 辰时 | 秋分 廿一 酉时 | 寒露 初七 子时 | 霜降 廿二 丑时 | 立冬 初八 子时 | 小雪 廿三 子时 | 大雪 初八 戌时 | 冬至 廿三 未时 | 小寒 初八 卯时 | 大寒 廿三 子时 |

公元 1979—1980 年　农历己未年　属羊

旬	正月大丙寅			二月小丁卯			三月小戊辰			四月大己巳			五月小庚午			六月大辛未			闰六月大			七月小壬申			八月大癸酉			九月大甲戌			十月小乙亥			十一月大丙子			十二月小丁丑		
	公历	星期	干支	公历	星期	干支	公历	星期	干支	公历	星期	干支	公历	星期	干支	公历	星期	干支	公历	星期	干支	公历	星期	干支	公历	星期	干支	公历	星期	干支	公历	星期	干支	公历	星期	干支	公历	星期	干支
初一	28	日	乙丑	27	二	乙未	28	三	甲子	26	四	癸巳	26	六	癸亥	24	日	壬辰	24	二	壬戌	23	四	壬辰	21	五	辛酉	21	日	辛卯	20	二	辛酉	19	三	庚寅	18	五	庚申
初二	29	一	丙寅	28	三	丙申	29	四	乙丑	27	五	甲午	27	日	甲子	25	一	癸巳	25	三	癸亥	24	五	癸巳	22	六	壬戌	22	一	壬辰	21	三	壬戌	20	四	辛卯	19	六	辛酉
初三	30	二	丁卯	1	四	丁酉	30	五	丙寅	28	六	乙未	28	一	乙丑	26	二	甲午	26	四	甲子	25	六	甲午	23	日	癸亥	23	二	癸巳	22	四	癸亥	21	五	壬辰	20	日	壬戌
初四	31	三	戊辰	2	五	戊戌	31	六	丁卯	29	日	丙申	29	二	丙寅	27	三	乙未	27	五	乙丑	26	日	乙未	24	一	甲子	24	三	甲午	23	五	甲子	22	六	癸巳	21	一	癸亥
初五	1	四	己巳	3	六	己亥	1	日	戊辰	30	一	丁酉	30	三	丁卯	28	四	丙申	28	六	丙寅	27	一	丙申	25	二	乙丑	25	四	乙未	24	六	乙丑	23	日	甲午	22	二	甲子
初六	2	五	庚午	4	日	庚子	2	一	己巳	1	二	戊戌	31	四	戊辰	29	五	丁酉	29	日	丁卯	28	二	丁酉	26	三	丙寅	26	五	丙申	25	日	丙寅	24	一	乙未	23	三	乙丑
初七	3	六	辛未	5	一	辛丑	3	二	庚午	2	三	己亥	1	五	己巳	30	六	戊戌	30	一	戊辰	29	三	戊戌	27	四	丁卯	27	六	丁酉	26	一	丁卯	25	二	丙申	24	四	丙寅
初八	4	日	壬申	6	二	壬寅	4	三	辛未	3	四	庚子	2	六	庚午	1	日	己亥	31	二	己巳	30	四	己亥	28	五	戊辰	28	日	戊戌	27	二	戊辰	26	三	丁酉	25	五	丁卯
初九	5	一	癸酉	7	三	癸卯	5	四	壬申	4	五	辛丑	3	日	辛未	2	一	庚子	1	三	庚午	31	五	庚子	29	六	己巳	29	一	己亥	28	三	己巳	27	四	戊戌	26	六	戊辰
初十	6	二	甲戌	8	四	甲辰	6	五	癸酉	5	六	壬寅	4	一	壬申	3	二	辛丑	2	四	辛未	1	六	辛丑	30	日	庚午	30	二	庚子	29	四	庚午	28	五	己亥	27	日	己巳
十一	7	三	乙亥	9	五	乙巳	7	六	甲戌	6	日	癸卯	5	二	癸酉	4	三	壬寅	3	五	壬申	2	日	壬寅	1	一	辛未	31	三	辛丑	30	五	辛未	29	六	庚子	28	一	庚午
十二	8	四	丙子	10	六	丙午	8	日	乙亥	7	一	甲辰	6	三	甲戌	5	四	癸卯	4	六	癸酉	3	一	癸卯	2	二	壬申	1	四	壬寅	1	六	壬申	30	日	辛丑	29	二	辛未
十三	9	五	丁丑	11	日	丁未	9	一	丙子	8	二	乙巳	7	四	乙亥	6	五	甲辰	5	日	甲戌	4	二	甲辰	3	三	癸酉	2	五	癸卯	2	日	癸酉	31	一	壬寅	30	三	壬申
十四	10	六	戊寅	12	一	戊申	10	二	丁丑	9	三	丙午	8	五	丙子	7	六	乙巳	6	一	乙亥	5	三	乙巳	4	四	甲戌	3	六	甲辰	3	一	甲戌	1	二	癸卯	31	四	癸酉
十五	11	日	己卯	13	二	己酉	11	三	戊寅	10	四	丁未	9	六	丁丑	8	日	丙午	7	二	丙子	6	四	丙午	5	五	乙亥	4	日	乙巳	4	二	乙亥	2	三	甲辰	1	五	甲戌
十六	12	一	庚辰	14	三	庚戌	12	四	己卯	11	五	戊申	10	日	戊寅	9	一	丁未	8	三	丁丑	7	五	丁未	6	六	丙子	5	一	丙午	5	三	丙子	3	四	乙巳	2	六	乙亥
十七	13	二	辛巳	15	四	辛亥	13	五	庚辰	12	六	己酉	11	一	己卯	10	二	戊申	9	四	戊寅	8	六	戊申	7	日	丁丑	6	二	丁未	6	四	丁丑	4	五	丙午	3	日	丙子
十八	14	三	壬午	16	五	壬子	14	六	辛巳	13	日	庚戌	12	二	庚辰	11	三	己酉	10	五	己卯	9	日	己酉	8	一	戊寅	7	三	戊申	7	五	戊寅	5	六	丁未	4	一	丁丑
十九	15	四	癸未	17	六	癸丑	15	日	壬午	14	一	辛亥	13	三	辛巳	12	四	庚戌	11	六	庚辰	10	一	庚戌	9	二	己卯	8	四	己酉	8	六	己卯	6	日	戊申	5	二	戊寅
二十	16	五	甲申	18	日	甲寅	16	一	癸未	15	二	壬子	14	四	壬午	13	五	辛亥	12	日	辛巳	11	二	辛亥	10	三	庚辰	9	五	庚戌	9	日	庚辰	7	一	己酉	6	三	己卯
廿一	17	六	乙酉	19	一	乙卯	17	二	甲申	16	三	癸丑	15	五	癸未	14	六	壬子	13	一	壬午	12	三	壬子	11	四	辛巳	10	六	辛亥	10	一	辛巳	8	二	庚戌	7	四	庚辰
廿二	18	日	丙戌	20	二	丙辰	18	三	乙酉	17	四	甲寅	16	六	甲申	15	日	癸丑	14	二	癸未	13	四	癸丑	12	五	壬午	11	日	壬子	11	二	壬午	9	三	辛亥	8	五	辛巳
廿三	19	一	丁亥	21	三	丁巳	19	四	丙戌	18	五	乙卯	17	日	乙酉	16	一	甲寅	15	三	甲申	14	五	甲寅	13	六	癸未	12	一	癸丑	12	三	癸未	10	四	壬子	9	六	壬午
廿四	20	二	戊子	22	四	戊午	20	五	丁亥	19	六	丙辰	18	一	丙戌	17	二	乙卯	16	四	乙酉	15	六	乙卯	14	日	甲申	13	二	甲寅	13	四	甲申	11	五	癸丑	10	日	癸未
廿五	21	三	己丑	23	五	己未	21	六	戊子	20	日	丁巳	19	二	丁亥	18	三	丙辰	17	五	丙戌	16	日	丙辰	15	一	乙酉	14	三	乙卯	14	五	乙酉	12	六	甲寅	11	一	甲申
廿六	22	四	庚寅	24	六	庚申	22	日	己丑	21	一	戊午	20	三	戊子	19	四	丁巳	18	六	丁亥	17	一	丁巳	16	二	丙戌	15	四	丙辰	15	六	丙戌	13	日	乙卯	12	二	乙酉
廿七	23	五	辛卯	25	日	辛酉	23	一	庚寅	22	二	己未	21	四	己丑	20	五	戊午	19	日	戊子	18	二	戊午	17	三	丁亥	16	五	丁巳	16	日	丁亥	14	一	丙辰	13	三	丙戌
廿八	24	六	壬辰	26	一	壬戌	24	二	辛卯	23	三	庚申	22	五	庚寅	21	六	己未	20	一	己丑	19	三	己未	18	四	戊子	17	六	戊午	17	一	戊子	15	二	丁巳	14	四	丁亥
廿九	25	日	癸巳	27	二	癸亥	25	三	壬辰	24	四	辛酉	23	六	辛卯	22	日	庚申	21	二	庚寅	20	四	庚申	19	五	己丑	18	日	己未	18	二	己丑	16	三	戊午	15	五	戊子
三十	26	一	甲午							25	五	壬戌				23	一	辛酉	22	三	辛卯				20	六	庚寅	19	一	庚申				17	四	己未			

节气

月	节	气
正月	立春 初八 酉时	雨水 廿三 未时
二月	惊蛰 初八 午时	春分 廿三 未时
三月	清明 初九 酉时	谷雨 廿四 子时
四月	立夏 十一 巳时	小满 廿六 子时
五月	芒种 十二 申时	夏至 廿八 辰时
六月	小暑 十五 丑时	大暑 三十 酉时
闰六月	立秋 十六 午时	—
七月	白露 十七 丑时	处暑 初一 丑时
八月	寒露 十九 卯时	秋分 初三 卯时
九月	立冬 十九 卯时	霜降 初四 辰时
十月	大雪 十九 丑时	小雪 初四 卯时
十一月	小寒 十九 戌时	冬至 初四 亥时
十二月	立春 十九 子时	大寒 初四 卯时

农历庚申年　属猴

旬	正月大戊寅 干支	公历	星期	二月小己卯 干支	公历	星期	三月小庚辰 干支	公历	星期	四月大辛巳 干支	公历	星期	五月小壬午 干支	公历	星期	六月大癸未 干支	公历	星期	旬	七月小甲申 干支	公历	星期	八月大乙酉 干支	公历	星期	九月大丙戌 干支	公历	星期	十月小丁亥 干支	公历	星期	十一月大戊子 干支	公历	星期	十二月大己丑 干支	公历	星期
初一	己丑	16	六	己未	17	一	戊子	15	二	戊午	14	三	丁亥	13	五	丙辰	12	六	初一	丙戌	11	一	乙卯	9	二	乙酉	9	四	乙卯	8	六	甲申	7	日	甲寅	6	二
初二	庚寅	17	日	庚申	18	二	己丑	16	三	己未	15	四	戊子	14	六	丁巳	13	日	初二	丁亥	12	二	丙辰	10	三	丙戌	10	五	丙辰	9	日	乙酉	8	一	乙卯	7	三
初三	辛卯	18	一	辛酉	19	三	庚寅	17	四	庚申	16	五	己丑	15	日	戊午	14	一	初三	戊子	13	三	丁巳	11	四	丁亥	11	六	丁巳	10	一	丙戌	9	二	丙辰	8	四
初四	壬辰	19	二	壬戌	20	四	辛卯	18	五	辛酉	17	六	庚寅	16	一	己未	15	二	初四	己丑	14	四	戊午	12	五	戊子	12	日	戊午	11	二	丁亥	10	三	丁巳	9	五
初五	癸巳	20	三	癸亥	21	五	壬辰	19	六	壬戌	18	日	辛卯	17	二	庚申	16	三	初五	庚寅	15	五	己未	13	六	己丑	13	一	己未	12	三	戊子	11	四	戊午	10	六
初六	甲午	21	四	甲子	22	六	癸巳	20	日	癸亥	19	一	壬辰	18	三	辛酉	17	四	初六	辛卯	16	六	庚申	14	日	庚寅	14	二	庚申	13	四	己丑	12	五	己未	11	日
初七	乙未	22	五	乙丑	23	日	甲午	21	一	甲子	20	二	癸巳	19	四	壬戌	18	五	初七	壬辰	17	日	辛酉	15	一	辛卯	15	三	辛酉	14	五	庚寅	13	六	庚申	12	一
初八	丙申	23	六	丙寅	24	一	乙未	22	二	乙丑	21	三	甲午	20	五	癸亥	19	六	初八	癸巳	18	一	壬戌	16	二	壬辰	16	四	壬戌	15	六	辛卯	14	日	辛酉	13	二
初九	丁酉	24	日	丁卯	25	二	丙申	23	三	丙寅	22	四	乙未	21	六	甲子	20	日	初九	甲午	19	二	癸亥	17	三	癸巳	17	五	癸亥	16	日	壬辰	15	一	壬戌	14	三
初十	戊戌	25	一	戊辰	26	三	丁酉	24	四	丁卯	23	五	丙申	22	日	乙丑	21	一	初十	乙未	20	三	甲子	18	四	甲午	18	六	甲子	17	一	癸巳	16	二	癸亥	15	四
十一	己亥	26	二	己巳	27	四	戊戌	25	五	戊辰	24	六	丁酉	23	一	丙寅	22	二	十一	丙申	21	四	乙丑	19	五	乙未	19	日	乙丑	18	二	甲午	17	三	甲子	16	五
十二	庚子	27	三	庚午	28	五	己亥	26	六	己巳	25	日	戊戌	24	二	丁卯	23	三	十二	丁酉	22	五	丙寅	20	六	丙申	20	一	丙寅	19	三	乙未	18	四	乙丑	17	六
十三	辛丑	28	四	辛未	29	六	庚子	27	日	庚午	26	一	己亥	25	三	戊辰	24	四	十三	戊戌	23	六	丁卯	21	日	丁酉	21	二	丁卯	20	四	丙申	19	五	丙寅	18	日
十四	壬寅	29	五	壬申	30	日	辛丑	28	一	辛未	27	二	庚子	26	四	己巳	25	五	十四	己亥	24	日	戊辰	22	一	戊戌	22	三	戊辰	21	五	丁酉	20	六	丁卯	19	一
十五	癸卯	3	六	癸酉	31	一	壬寅	29	二	壬申	28	三	辛丑	27	五	庚午	26	六	十五	庚子	25	一	己巳	23	二	己亥	23	四	己巳	22	六	戊戌	21	日	戊辰	20	二
十六	甲辰	2	日	甲戌	4	二	癸卯	30	三	癸酉	29	四	壬寅	28	六	辛未	27	日	十六	辛丑	26	二	庚午	24	三	庚子	24	五	庚午	23	日	己亥	22	一	己巳	21	三
十七	乙巳	3	一	乙亥	5	三	甲辰	5	四	甲戌	30	五	癸卯	29	日	壬申	28	一	十七	壬寅	27	三	辛未	25	四	辛丑	25	六	辛未	24	一	庚子	23	二	庚午	22	四
十八	丙午	4	二	丙子	6	四	乙巳	2	五	乙亥	7	六	甲辰	30	一	癸酉	29	二	十八	癸卯	28	四	壬申	26	五	壬寅	26	日	壬申	25	二	辛丑	24	三	辛未	23	五
十九	丁未	5	三	丁丑	7	五	丙午	3	六	丙子	2	日	乙巳	7	二	甲戌	30	三	十九	甲辰	29	五	癸酉	27	六	癸卯	27	一	癸酉	26	三	壬寅	25	四	壬申	24	六
二十	戊申	6	四	戊寅	8	六	丁未	4	日	丁丑	3	一	丙午	3	三	乙亥	31	四	二十	乙巳	30	六	甲戌	28	日	甲辰	28	二	甲戌	27	四	癸卯	26	五	癸酉	25	日
廿一	己酉	7	五	己卯	9	日	戊申	5	一	戊寅	4	二	丁未	4	四	丙子	8	五	廿一	丙午	31	日	乙亥	29	一	乙巳	29	三	乙亥	28	五	甲辰	27	六	甲戌	26	一
廿二	庚戌	8	六	庚辰	10	一	己酉	6	二	己卯	5	三	戊申	5	五	丁丑	2	六	廿二	丁未	9	一	丙子	30	二	丙午	30	四	丙子	29	六	乙巳	28	日	乙亥	27	二
廿三	辛亥	9	日	辛巳	11	二	庚戌	7	三	庚辰	6	四	己酉	6	六	戊寅	3	日	廿三	戊申	2	二	丁丑	31	三	丁未	31	五	丁丑	30	日	丙午	29	一	丙子	28	三
廿四	壬子	10	一	壬午	12	三	辛亥	8	四	辛巳	7	五	庚戌	7	日	己卯	4	一	廿四	己酉	3	三	戊寅	10	四	戊申	11	六	戊寅	12	一	丁未	30	二	丁丑	29	四
廿五	癸丑	11	二	癸未	13	四	壬子	9	五	壬午	8	六	辛亥	8	一	庚辰	5	二	廿五	庚戌	4	四	己卯	2	五	己酉	2	日	己卯	2	二	戊申	1	三	戊寅	30	五
廿六	甲寅	12	三	甲申	14	五	癸丑	10	六	癸未	9	日	壬子	9	二	辛巳	6	三	廿六	辛亥	5	五	庚辰	3	六	庚戌	3	一	庚辰	3	三	己酉	2	四	己卯	31	六
廿七	乙卯	13	四	乙酉	15	六	甲寅	11	日	甲申	10	一	癸丑	10	三	壬午	7	四	廿七	壬子	6	六	辛巳	4	日	辛亥	4	二	辛巳	4	四	庚戌	3	五	庚辰	2	日
廿八	丙辰	14	五	丙戌	16	日	乙卯	12	一	乙酉	11	二	甲寅	11	四	癸未	8	五	廿八	癸丑	7	日	壬午	5	一	壬子	5	三	壬午	5	五	辛亥	4	六	辛巳	3	一
廿九	丁巳	15	六	丁亥	17	一	丙辰	13	二	丙戌	12	三	乙卯	12	五	甲申	9	六	廿九	甲寅	8	一	癸未	6	二	癸丑	6	四	癸未	6	六	壬子	5	日	壬午	4	二
三十	戊午	16	日							丁亥	13	四				乙酉	10	日	三十	乙卯	9	二	甲申	7	三	甲寅	7	五				癸丑	6	一	癸未	5	三

| 节气 | 雨水 初一 戌时 惊蛰 十九 酉时 | 春分 初四 戌时 清明 十九 子时 | 谷雨 初六 初时 立夏 廿一 卯时 | 小满 初八 卯时 芒种 廿三 亥时 | 夏至 初九 初时 小暑 十五 辰时 | 大暑 十一 子时 立秋 十七 酉时 | 节气 | 处暑 十三 辰时 白露 十八 戊时 | 秋分 十五 卯时 寒露 三十 未时 | 霜降 十五 未时 立冬 三十 未时 | 小雪 十五 午时 大雪 初一 辰时 | 冬至 三十 酉时 小寒 十六 酉时 | 大寒 十五 卯时 立春 三十 卯时 |

农历辛酉年　属鸡

正月—六月

旬	正月小庚寅·公历	星期	干支	二月大辛卯·公历	星期	干支	三月小壬辰·公历	星期	干支	四月小癸巳·公历	星期	干支	五月大甲午·公历	星期	干支	六月小乙未·公历	星期	干支
初一	5	四	甲寅	6	五	癸未	5	日	癸丑	4	一	壬午	2	二	辛亥	2	四	辛巳
初二	6	五	乙卯	7	六	甲申	6	一	甲寅	5	二	癸未	3	三	壬子	3	五	壬午
初三	7	六	丙辰	8	日	乙酉	7	二	乙卯	6	三	甲申	4	四	癸丑	4	六	癸未
初四	8	日	丁巳	9	一	丙戌	8	三	丙辰	7	四	乙酉	5	五	甲寅	5	日	甲申
初五	9	一	戊午	10	二	丁亥	9	四	丁巳	8	五	丙戌	6	六	乙卯	6	一	乙酉
初六	10	二	己未	11	三	戊子	10	五	戊午	9	六	丁亥	7	日	丙辰	7	二	丙戌
初七	11	三	庚申	12	四	己丑	11	六	己未	10	日	戊子	8	一	丁巳	8	三	丁亥
初八	12	四	辛酉	13	五	庚寅	12	日	庚申	11	一	己丑	9	二	戊午	9	四	戊子
初九	13	五	壬戌	14	六	辛卯	13	一	辛酉	12	二	庚寅	10	三	己未	10	五	己丑
初十	14	六	癸亥	15	日	壬辰	14	二	壬戌	13	三	辛卯	11	四	庚申	11	六	庚寅
十一	15	日	甲子	16	一	癸巳	15	三	癸亥	14	四	壬辰	12	五	辛酉	12	日	辛卯
十二	16	一	乙丑	17	二	甲午	16	四	甲子	15	五	癸巳	13	六	壬戌	13	一	壬辰
十三	17	二	丙寅	18	三	乙未	17	五	乙丑	16	六	甲午	14	日	癸亥	14	二	癸巳
十四	18	三	丁卯	19	四	丙申	18	六	丙寅	17	日	乙未	15	一	甲子	15	三	甲午
十五	19	四	戊辰	20	五	丁酉	19	日	丁卯	18	一	丙申	16	二	乙丑	16	四	乙未
十六	20	五	己巳	21	六	戊戌	20	一	戊辰	19	二	丁酉	17	三	丙寅	17	五	丙申
十七	21	六	庚午	22	日	己亥	21	二	己巳	20	三	戊戌	18	四	丁卯	18	六	丁酉
十八	22	日	辛未	23	一	庚子	22	三	庚午	21	四	己亥	19	五	戊辰	19	日	戊戌
十九	23	一	壬申	24	二	辛丑	23	四	辛未	22	五	庚子	20	六	己巳	20	一	己亥
二十	24	二	癸酉	25	三	壬寅	24	五	壬申	23	六	辛丑	21	日	庚午	21	二	庚子
廿一	25	三	甲戌	26	四	癸卯	25	六	癸酉	24	日	壬寅	22	一	辛未	22	三	辛丑
廿二	26	四	乙亥	27	五	甲辰	26	日	甲戌	25	一	癸卯	23	二	壬申	23	四	壬寅
廿三	27	五	丙子	28	六	乙巳	27	一	乙亥	26	二	甲辰	24	三	癸酉	24	五	癸卯
廿四	28	六	丁丑	29	日	丙午	28	二	丙子	27	三	乙巳	25	四	甲戌	25	六	甲辰
廿五	1	日	戊寅	30	一	丁未	29	三	丁丑	28	四	丙午	26	五	乙亥	26	日	乙巳
廿六	2	一	己卯	31	二	戊申	30	四	戊寅	29	五	丁未	27	六	丙子	27	一	丙午
廿七	3	二	庚辰	1	三	己酉	1	五	己卯	30	六	戊申	28	日	丁丑	28	二	丁未
廿八	4	三	辛巳	2	四	庚戌	2	六	庚辰	31	日	己酉	29	一	戊寅	29	三	戊申
廿九	5	四	壬午	3	五	辛亥	3	日	辛巳	1	一	庚戌	30	二	己卯	30	四	己酉
三十				4	六	壬子							1	三	庚辰			
节气	雨水 十五 丑时			惊蛰 初一 子时 春分 十六 丑时			清明 初一 卯时 谷雨 十六 午时			立夏 初二 丑时 小满 十八 亥时			芒种 初五 戌时 夏至 二十 戌时			小暑 初六 未时 大暑 廿一 卯时		

七月—十二月

旬	七月小丙申·公历	星期	干支	八月大丁酉·公历	星期	干支	九月大戊戌·公历	星期	干支	十月小己亥·公历	星期	干支	十一月大庚子·公历	星期	干支	十二月大辛丑·公历	星期	干支
初一	31	五	庚戌	29	六	己卯	28	一	己酉	28	三	己卯	26	四	戊申	26	六	戊寅
初二	1	六	辛亥	30	日	庚辰	29	二	庚戌	29	四	庚辰	27	五	己酉	27	日	己卯
初三	2	日	壬子	31	一	辛巳	30	三	辛亥	30	五	辛巳	28	六	庚戌	28	一	庚辰
初四	3	一	癸丑	1	二	壬午	1	四	壬子	31	六	壬午	29	日	辛亥	29	二	辛巳
初五	4	二	甲寅	2	三	癸未	2	五	癸丑	1	日	癸未	30	一	壬子	30	三	壬午
初六	5	三	乙卯	3	四	甲申	3	六	甲寅	2	一	甲申	1	二	癸丑	31	四	癸未
初七	6	四	丙辰	4	五	乙酉	4	日	乙卯	3	二	乙酉	2	三	甲寅	1	五	甲申
初八	7	五	丁巳	5	六	丙戌	5	一	丙辰	4	三	丙戌	3	四	乙卯	2	六	乙酉
初九	8	六	戊午	6	日	丁亥	6	二	丁巳	5	四	丁亥	4	五	丙辰	3	日	丙戌
初十	9	日	己未	7	一	戊子	7	三	戊午	6	五	戊子	5	六	丁巳	4	一	丁亥
十一	10	一	庚申	8	二	己丑	8	四	己未	7	六	己丑	6	日	戊午	5	二	戊子
十二	11	二	辛酉	9	三	庚寅	9	五	庚申	8	日	庚寅	7	一	己未	6	三	己丑
十三	12	三	壬戌	10	四	辛卯	10	六	辛酉	9	一	辛卯	8	二	庚申	7	四	庚寅
十四	13	四	癸亥	11	五	壬辰	11	日	壬戌	10	二	壬辰	9	三	辛酉	8	五	辛卯
十五	14	五	甲子	12	六	癸巳	12	一	癸亥	11	三	癸巳	10	四	壬戌	9	六	壬辰
十六	15	六	乙丑	13	日	甲午	13	二	甲子	12	四	甲午	11	五	癸亥	10	日	癸巳
十七	16	日	丙寅	14	一	乙未	14	三	乙丑	13	五	乙未	12	六	甲子	11	一	甲午
十八	17	一	丁卯	15	二	丙申	15	四	丙寅	14	六	丙申	13	日	乙丑	12	二	乙未
十九	18	二	戊辰	16	三	丁酉	16	五	丁卯	15	日	丁酉	14	一	丙寅	13	三	丙申
二十	19	三	己巳	17	四	戊戌	17	六	戊辰	16	一	戊戌	15	二	丁卯	14	四	丁酉
廿一	20	四	庚午	18	五	己亥	18	日	己巳	17	二	己亥	16	三	戊辰	15	五	戊戌
廿二	21	五	辛未	19	六	庚子	19	一	庚午	18	三	庚子	17	四	己巳	16	六	己亥
廿三	22	六	壬申	20	日	辛丑	20	二	辛未	19	四	辛丑	18	五	庚午	17	日	庚子
廿四	23	日	癸酉	21	一	壬寅	21	三	壬申	20	五	壬寅	19	六	辛未	18	一	辛丑
廿五	24	一	甲戌	22	二	癸卯	22	四	癸酉	21	六	癸卯	20	日	壬申	19	二	壬寅
廿六	25	二	乙亥	23	三	甲辰	23	五	甲戌	22	日	甲辰	21	一	癸酉	20	三	癸卯
廿七	26	三	丙子	24	四	乙巳	24	六	乙亥	23	一	乙巳	22	二	甲戌	21	四	甲辰
廿八	27	四	丁丑	25	五	丙午	25	日	丙子	24	二	丙午	23	三	乙亥	22	五	乙巳
廿九	28	五	戊寅	26	六	丁未	26	一	丁丑	25	三	丁未	24	四	丙子	23	六	丙午
三十				27	日	戊申	27	二	戊寅				25	五	丁丑	24	日	丁未
节气	立秋 初八 亥时 处暑 廿四 未时			白露 初九 丑时 秋分 廿四 辰时			寒露 十一 酉时 霜降 廿六 戌时			立冬 十一 戌时 小雪 廿六 酉时			大雪 十二 午时 冬至 廿七 卯时			小寒 十二 酉时 大寒 廿七 酉时		

农历壬戌年 属狗

旬	正月大壬寅 公历	星期	干支	二月小癸卯 公历	星期	干支	三月大甲辰 公历	星期	干支	四月小乙巳 公历	星期	干支	闰四月小 公历	星期	干支	五月大丙午 公历	星期	干支	六月小丁未 公历	星期	干支	七月小戊申 公历	星期	干支	八月大己酉 公历	星期	干支	九月小庚戌 公历	星期	干支	十月大辛亥 公历	星期	干支	十一月大壬子 公历	星期	干支	十二月大癸丑 公历	星期	干支
初一	25	一	戊申	24	三	戊寅	25	四	丁未	24	六	丁丑	23	日	丙午	21	一	乙亥	21	三	乙巳	19	四	甲戌	17	五	癸卯	17	日	癸酉	15	一	壬寅	15	三	壬申	14	五	壬寅
初二	26	二	己酉	25	四	己卯	26	五	戊申	25	日	戊寅	24	一	丁未	22	二	丙子	22	四	丙午	20	五	乙亥	18	六	甲辰	18	一	甲戌	16	二	癸卯	16	四	癸酉	15	六	癸卯
初三	27	三	庚戌	26	五	庚辰	27	六	己酉	26	一	己卯	25	二	戊申	23	三	丁丑	23	五	丁未	21	六	丙子	19	日	乙巳	19	二	乙亥	17	三	甲辰	17	五	甲戌	16	日	甲辰
初四	28	四	辛亥	27	六	辛巳	28	日	庚戌	27	二	庚辰	26	三	己酉	24	四	戊寅	24	六	戊申	22	日	丁丑	20	一	丙午	20	三	丙子	18	四	乙巳	18	六	乙亥	17	一	乙巳
初五	29	五	壬子	28	日	壬午	29	一	辛亥	28	三	辛巳	27	四	庚戌	25	五	己卯	25	日	己酉	23	一	戊寅	21	二	丁未	21	四	丁丑	19	五	丙午	19	日	丙子	18	二	丙午
初六	30	六	癸丑	1	一	癸未	30	二	壬子	29	四	壬午	28	五	辛亥	26	六	庚辰	26	一	庚戌	24	二	己卯	22	三	戊申	22	五	戊寅	20	六	丁未	20	一	丁丑	19	三	丁未
初七	31	日	甲寅	2	二	甲申	31	三	癸丑	30	五	癸未	29	六	壬子	27	日	辛巳	27	二	辛亥	25	三	庚辰	23	四	己酉	23	六	己卯	21	日	戊申	21	二	戊寅	20	四	戊申
初八	1	一	乙卯	3	三	乙酉	1	四	甲寅	1	六	甲申	30	日	癸丑	28	一	壬午	28	三	壬子	26	四	辛巳	24	五	庚戌	24	日	庚辰	22	一	己酉	22	三	己卯	21	五	己酉
初九	2	二	丙辰	4	四	丙戌	2	五	乙卯	2	日	乙酉	31	一	甲寅	29	二	癸未	29	四	癸丑	27	五	壬午	25	六	辛亥	25	一	辛巳	23	二	庚戌	23	四	庚辰	22	六	庚戌
初十	3	三	丁巳	5	五	丁亥	3	六	丙辰	3	一	丙戌	1	二	乙卯	30	三	甲申	30	五	甲寅	28	六	癸未	26	日	壬子	26	二	壬午	24	三	辛亥	24	五	辛巳	23	日	辛亥
十一	4	四	戊午	6	六	戊子	4	日	丁巳	4	二	丁亥	2	三	丙辰	1	四	乙酉	31	六	乙卯	29	日	甲申	27	一	癸丑	27	三	癸未	25	四	壬子	25	六	壬午	24	一	壬子
十二	5	五	己未	7	日	己丑	5	一	戊午	5	三	戊子	3	四	丁巳	2	五	丙戌	1	日	丙辰	30	一	乙酉	28	二	甲寅	28	四	甲申	26	五	癸丑	26	日	癸未	25	二	癸丑
十三	6	六	庚申	8	一	庚寅	6	二	己未	6	四	己丑	4	五	戊午	3	六	丁亥	2	一	丁巳	31	二	丙戌	29	三	乙卯	29	五	乙酉	27	六	甲寅	27	一	甲申	26	三	甲寅
十四	7	日	辛酉	9	二	辛卯	7	三	庚申	7	五	庚寅	5	六	己未	4	日	戊子	3	二	戊午	1	三	丁亥	30	四	丙辰	30	六	丙戌	28	日	乙卯	28	二	乙酉	27	四	乙卯
十五	8	一	壬戌	10	三	壬辰	8	四	辛酉	8	六	辛卯	6	日	庚申	5	一	己丑	4	三	己未	2	四	戊子	1	五	丁巳	31	日	丁亥	29	一	丙辰	29	三	丙戌	28	五	丙辰
十六	9	二	癸亥	11	四	癸巳	9	五	壬戌	9	日	壬辰	7	一	辛酉	6	二	庚寅	5	四	庚申	3	五	己丑	2	六	戊午	1	一	戊子	30	二	丁巳	30	四	丁亥	29	六	丁巳
十七	10	三	甲子	12	五	甲午	10	六	癸亥	10	一	癸巳	8	二	壬戌	7	三	辛卯	6	五	辛酉	4	六	庚寅	3	日	己未	2	二	己丑	1	三	戊午	31	五	戊子	30	日	戊午
十八	11	四	乙丑	13	六	乙未	11	日	甲子	11	二	甲午	9	三	癸亥	8	四	壬辰	7	六	壬戌	5	日	辛卯	4	一	庚申	3	三	庚寅	2	四	己未	1	六	己丑	31	一	己未
十九	12	五	丙寅	14	日	丙申	12	一	乙丑	12	三	乙未	10	四	甲子	9	五	癸巳	8	日	癸亥	6	一	壬辰	5	二	辛酉	4	四	辛卯	3	五	庚申	2	日	庚寅	1	二	庚申
二十	13	六	丁卯	15	一	丁酉	13	二	丙寅	13	四	丙申	11	五	乙丑	10	六	甲午	9	一	甲子	7	二	癸巳	6	三	壬戌	5	五	壬辰	4	六	辛酉	3	一	辛卯	2	三	辛酉
廿一	14	日	戊辰	16	二	戊戌	14	三	丁卯	14	五	丁酉	12	六	丙寅	11	日	乙未	10	二	乙丑	8	三	甲午	7	四	癸亥	6	六	癸巳	5	日	壬戌	4	二	壬辰	3	四	壬戌
廿二	15	一	己巳	17	三	己亥	15	四	戊辰	15	六	戊戌	13	日	丁卯	12	一	丙申	11	三	丙寅	9	四	乙未	8	五	甲子	7	日	甲午	6	一	癸亥	5	三	癸巳	4	五	癸亥
廿三	16	二	庚午	18	四	庚子	16	五	己巳	16	日	己亥	14	一	戊辰	13	二	丁酉	12	四	丁卯	10	五	丙申	9	六	乙丑	8	一	乙未	7	二	甲子	6	四	甲午	5	六	甲子
廿四	17	三	辛未	19	五	辛丑	17	六	庚午	17	一	庚子	15	二	己巳	14	三	戊戌	13	五	戊辰	11	六	丁酉	10	日	丙寅	9	二	丙申	8	三	乙丑	7	五	乙未	6	日	乙丑
廿五	18	四	壬申	20	六	壬寅	18	日	辛未	18	二	辛丑	16	三	庚午	15	四	己亥	14	六	己巳	12	日	戊戌	11	一	丁卯	10	三	丁酉	9	四	丙寅	8	六	丙申	7	一	丙寅
廿六	19	五	癸酉	21	日	癸卯	19	一	壬申	19	三	壬寅	17	四	辛未	16	五	庚子	15	日	庚午	13	一	己亥	12	二	戊辰	11	四	戊戌	10	五	丁卯	9	日	丁酉	8	二	丁卯
廿七	20	六	甲戌	22	一	甲辰	20	二	癸酉	20	四	癸卯	18	五	壬申	17	六	辛丑	16	一	辛未	14	二	庚子	13	三	己巳	12	五	己亥	11	六	戊辰	10	一	戊戌	9	三	戊辰
廿八	21	日	乙亥	23	二	乙巳	21	三	甲戌	21	五	甲辰	19	六	癸酉	18	日	壬寅	17	二	壬申	15	三	辛丑	14	四	庚午	13	六	庚子	12	日	己巳	11	二	己亥	10	四	己巳
廿九	22	一	丙子	24	三	丙午	22	四	乙亥	22	六	乙巳	20	日	甲戌	19	一	癸卯	18	三	癸酉	16	四	壬寅	15	五	辛未	14	日	辛丑	13	一	庚午	12	三	庚子	11	五	庚午
三十	23	二	丁丑				23	五	丙子							20	二	甲辰							16	六	壬申				14	二	辛未	13	四	辛丑	12	六	辛未

节气

月	节	日	时	气	日	时
正月	立春	十一	午时	雨水	廿六	辰时
二月	惊蛰	十一	卯时	春分	廿六	卯时
三月	清明	十二	巳时	谷雨	廿七	酉时
四月	立夏	十三	寅时	小满	廿八	酉时
闰四月	芒种	十五	辰时			
五月	夏至	初一	丑时	小暑	十七	酉时
六月	大暑	初三	寅时	立秋	十九	寅时
七月	处暑	初五	戌时	白露	廿一	子时
八月	秋分	初七	子时	寒露	廿二	子时
九月	霜降	初八	巳时	立冬	廿三	丑时
十月	小雪	初八	丑时	大雪	廿三	酉时
十一月	冬至	初八	午时	小寒	廿三	卯时
十二月	大寒	初七	子时	立春	廿二	酉时

农历癸亥年　属猪

旬	正月大甲寅 公历	星期	干支	二月小乙卯 公历	星期	干支	三月大丙辰 公历	星期	干支	四月小丁巳 公历	星期	干支	五月小戊午 公历	星期	干支	六月大己未 公历	星期	干支	旬	七月小庚申 公历	星期	干支	八月小辛酉 公历	星期	干支	九月大壬戌 公历	星期	干支	十月小癸亥 公历	星期	干支	十一月大甲子 公历	星期	干支	十二月大乙丑 公历	星期	干支
初一	13	日	壬申	15	二	壬寅	13	三	辛丑	13	五	辛丑	11	六	庚午	10	日	己亥	初一	9	二	己巳	7	三	戊戌	6	四	丁卯	5	六	丁酉	4	日	丙寅	3	二	丙申
初二	14	一	癸酉	16	三	癸卯	14	四	壬寅	14	六	壬寅	12	日	辛未	11	一	庚子	初二	10	三	庚午	8	四	己亥	7	五	戊辰	6	日	戊戌	5	一	丁卯	4	三	丁酉
初三	15	二	甲戌	17	四	甲辰	15	五	癸卯	15	日	癸卯	13	一	壬申	12	二	辛丑	初三	11	四	辛未	9	五	庚子	8	六	己巳	7	一	己亥	6	二	戊辰	5	四	戊戌
初四	16	三	乙亥	18	五	乙巳	16	六	甲辰	16	一	甲辰	14	二	癸酉	13	三	壬寅	初四	12	五	壬申	10	六	辛丑	9	日	庚午	8	二	庚子	7	三	己巳	6	五	己亥
初五	17	四	丙子	19	六	丙午	17	日	乙巳	17	二	乙巳	15	三	甲戌	14	四	癸卯	初五	13	六	癸酉	11	日	壬寅	10	一	辛未	9	三	辛丑	8	四	庚午	7	六	庚子
初六	18	五	丁丑	20	日	丁未	18	一	丙午	18	三	丙午	16	四	乙亥	15	五	甲辰	初六	14	日	甲戌	12	一	癸卯	11	二	壬申	10	四	壬寅	9	五	辛未	8	日	辛丑
初七	19	六	戊寅	21	一	戊申	19	二	丁未	19	四	丁未	17	五	丙子	16	六	乙巳	初七	15	一	乙亥	13	二	甲辰	12	三	癸酉	11	五	癸卯	10	六	壬申	9	一	壬寅
初八	20	日	己卯	22	二	己酉	20	三	戊申	20	五	戊申	18	六	丁丑	17	日	丙午	初八	16	二	丙子	14	三	乙巳	13	四	甲戌	12	六	甲辰	11	日	癸酉	10	二	癸卯
初九	21	一	庚辰	23	三	庚戌	21	四	己酉	21	六	己酉	19	日	戊寅	18	一	丁未	初九	17	三	丁丑	15	四	丙午	14	五	乙亥	13	日	乙巳	12	一	甲戌	11	三	甲辰
初十	22	二	辛巳	24	四	辛亥	22	五	庚戌	6	日	庚戌	20	一	己卯	19	二	戊申	初十	18	四	戊寅	16	五	丁未	15	六	丙子	14	一	丙午	13	二	乙亥	12	四	乙巳
十一	23	三	壬午	25	五	壬子	23	六	辛亥	23	一	辛亥	21	二	庚辰	20	三	己酉	十一	19	五	己卯	17	六	戊申	16	日	丁丑	15	二	丁未	14	三	丙子	13	五	丙午
十二	24	四	癸未	26	六	癸丑	24	日	壬子	24	二	壬子	22	三	辛巳	21	四	庚戌	十二	20	六	庚辰	18	日	己酉	17	一	戊寅	16	三	戊申	15	四	丁丑	14	六	丁未
十三	25	五	甲申	27	日	甲寅	25	一	癸丑	25	三	癸丑	23	四	壬午	22	五	辛亥	十三	21	日	辛巳	19	一	庚戌	18	二	己卯	17	四	己酉	16	五	戊寅	15	日	戊申
十四	26	六	乙酉	28	一	乙卯	26	二	甲寅	26	四	甲寅	24	五	癸未	23	六	壬子	十四	22	一	壬午	20	二	辛亥	19	三	庚辰	18	五	庚戌	17	六	己卯	16	一	己酉
十五	27	日	丙戌	29	二	丙辰	27	三	乙卯	27	五	乙卯	25	六	甲申	24	日	癸丑	十五	23	二	癸未	21	三	壬子	20	四	辛巳	19	六	辛亥	18	日	庚辰	17	二	庚戌
十六	28	一	丁亥	30	三	丁巳	28	四	丙辰	28	六	丙辰	26	日	乙酉	25	一	甲寅	十六	24	三	甲申	22	四	癸丑	21	五	壬午	20	日	壬子	19	一	辛巳	18	三	辛亥
十七	3	二	戊子	31	四	戊午	29	五	丁巳	29	日	丁巳	27	一	丙戌	26	二	乙卯	十七	25	四	乙酉	23	五	甲寅	22	六	癸未	21	一	癸丑	20	二	壬午	19	四	壬子
十八	2	三	己丑	4	五	己未	30	六	戊午	30	一	戊午	28	二	丁亥	27	三	丙辰	十八	26	五	丙戌	24	六	乙卯	23	日	甲申	22	二	甲寅	21	三	癸未	20	五	癸丑
十九	3	四	庚寅	2	六	庚申	5	日	己未	31	二	己未	29	三	戊子	28	四	丁巳	十九	27	六	丁亥	25	日	丙辰	24	一	乙酉	23	三	乙卯	22	四	甲申	21	六	甲寅
二十	4	五	辛卯	3	日	辛酉	2	一	庚申	6	三	庚申	30	四	己丑	29	五	戊午	二十	28	日	戊子	26	一	丁巳	25	二	丙戌	24	四	丙辰	23	五	乙酉	22	日	乙卯
廿一	5	六	壬辰	4	一	壬戌	3	二	辛酉	2	四	辛酉	7	五	庚寅	30	六	己未	廿一	29	一	己丑	27	二	戊午	26	三	丁亥	25	五	丁巳	24	六	丙戌	23	一	丙辰
廿二	6	日	癸巳	5	二	癸亥	4	三	壬戌	3	五	壬戌	2	六	辛卯	31	日	庚申	廿二	30	二	庚寅	28	三	己未	27	四	戊子	26	六	戊午	25	日	丁亥	24	二	丁巳
廿三	7	一	甲午	6	三	甲子	5	四	癸亥	4	六	癸亥	3	日	壬辰	8	一	辛酉	廿三	31	三	辛卯	29	四	庚申	28	五	己丑	27	日	己未	26	一	戊子	25	三	戊午
廿四	8	二	乙未	7	四	乙丑	6	五	甲子	5	日	甲子	4	一	癸巳	2	二	壬戌	廿四	9	四	壬辰	30	五	辛酉	29	六	庚寅	28	一	庚申	27	二	己丑	26	四	己未
廿五	9	三	丙申	8	五	丙寅	7	六	乙丑	6	一	乙丑	5	二	甲午	3	三	癸亥	廿五	2	五	癸巳	31	六	壬戌	30	日	辛卯	29	二	辛酉	28	三	庚寅	27	五	庚申
廿六	10	四	丁酉	9	六	丁卯	8	日	丙寅	7	二	丙寅	6	三	乙未	4	四	甲子	廿六	3	六	甲午	2	日	癸亥	31	一	壬辰	30	三	壬戌	29	四	辛卯	28	六	辛酉
廿七	11	五	戊戌	10	日	戊辰	9	一	丁卯	8	三	丁卯	7	四	丙申	5	五	乙丑	廿七	4	日	乙未	3	一	甲子	11	二	癸巳	31	四	癸亥	30	五	壬辰	29	日	壬戌
廿八	12	六	己亥	11	一	己巳	10	二	戊辰	9	四	戊辰	8	五	丁酉	6	六	丙寅	廿八	5	一	丙申	4	二	乙丑	2	三	甲午	2	五	甲子	31	六	癸巳	30	一	癸亥
廿九	13	日	庚子	12	二	庚午	11	三	己巳	10	五	己巳	9	六	戊戌	7	日	丁卯	廿九	6	二	丁酉	5	三	丙寅	3	四	乙未	3	六	乙丑	1	日	甲午	31	二	甲子
三十	14	一	辛丑				12	四	庚午							8	一	戊辰	三十				6	四	丁卯	4	五	丙申				2	一	乙未	2	三	乙丑

节气	正月	二月	三月	四月	五月	六月		七月	八月	九月	十月	十一月	十二月
节	惊蛰 廿二 午时	清明 廿二 申时	立夏 廿四 巳时	芒种 廿五 未时	小暑 廿八 子时	大暑 十四 酉时	节	处暑 十六 丑时	白露 初二 未时	寒露 初四 寅时	立冬 初四 辰时	大雪 初一 子时	小寒 十一 卯时
气	雨水 初七 未时	春分 初七 午时	谷雨 初八 子时	小满 初九 子时	夏至 十二 辰时	立秋 三十 巳时	气	秋分 十七 亥时	霜降 十九 辰时	霜降 十九 辰时	小雪 十九 卯时	大雪 初一 子时	大寒 十 卯时

189

农历甲子年　属鼠

正月大甲子（节气：立春　初三　子时／雨水　十八　戌时）

农历	公历	星期	干支
初一	2	四	丙寅
初二	3	五	丁卯
初三	4	六	戊辰
初四	5	日	己巳
初五	6	一	庚午
初六	7	二	辛未
初七	8	三	壬申
初八	9	四	癸酉
初九	10	五	甲戌
初十	11	六	乙亥
十一	12	日	丙子
十二	13	一	丁丑
十三	14	二	戊寅
十四	15	三	己卯
十五	16	四	庚辰
十六	17	五	辛巳
十七	18	六	壬午
十八	19	日	癸未
十九	20	一	甲申
二十	21	二	乙酉
廿一	22	三	丙戌
廿二	23	四	丁亥
廿三	24	五	戊子
廿四	25	六	己丑
廿五	26	日	庚寅
廿六	27	一	辛卯
廿七	28	二	壬辰
廿八	29	三	癸巳
廿九	3	四	甲午
三十	2	五	乙未

二月小丁卯（节气：惊蛰　初三　酉时／春分　十八　酉时）

农历	公历	星期	干支
初一	3	六	丙申
初二	4	日	丁酉
初三	5	一	戊戌
初四	6	二	己亥
初五	7	三	庚子
初六	8	四	辛丑
初七	9	五	壬寅
初八	10	六	癸卯
初九	11	日	甲辰
初十	12	一	乙巳
十一	13	二	丙午
十二	14	三	丁未
十三	15	四	戊申
十四	16	五	己酉
十五	17	六	庚戌
十六	18	日	辛亥
十七	19	一	壬子
十八	20	二	癸丑
十九	21	三	甲寅
二十	22	四	乙卯
廿一	23	五	丙辰
廿二	24	六	丁巳
廿三	25	日	戊午
廿四	26	一	己未
廿五	27	二	庚申
廿六	28	三	辛酉
廿七	29	四	壬戌
廿八	30	五	癸亥
廿九	31	六	甲子

三月大戊辰（节气：清明　初四　亥时／谷雨　二十　卯时）

农历	公历	星期	干支
初一	4	日	乙丑
初二	2	一	丙寅
初三	3	二	丁卯
初四	4	三	戊辰
初五	5	四	己巳
初六	6	五	庚午
初七	7	六	辛未
初八	8	日	壬申
初九	9	一	癸酉
初十	10	二	甲戌
十一	11	三	乙亥
十二	12	四	丙子
十三	13	五	丁丑
十四	14	六	戊寅
十五	15	日	己卯
十六	16	一	庚辰
十七	17	二	辛巳
十八	18	三	壬午
十九	19	四	癸未
二十	20	五	甲申
廿一	21	六	乙酉
廿二	22	日	丙戌
廿三	23	一	丁亥
廿四	24	二	戊子
廿五	25	三	己丑
廿六	26	四	庚寅
廿七	27	五	辛卯
廿八	28	六	壬辰
廿九	29	日	癸巳
三十	30	一	甲午

四月大己巳（节气：立夏　初五　申时／小满　廿一　寅时）

农历	公历	星期	干支
初一	5	二	乙未
初二	2	三	丙申
初三	3	四	丁酉
初四	4	五	戊戌
初五	5	六	己亥
初六	6	日	庚子
初七	7	一	辛丑
初八	8	二	壬寅
初九	9	三	癸卯
初十	10	四	甲辰
十一	11	五	乙巳
十二	12	六	丙午
十三	13	日	丁未
十四	14	一	戊申
十五	15	二	己酉
十六	16	三	庚戌
十七	17	四	辛亥
十八	18	五	壬子
十九	19	六	癸丑
二十	20	日	甲寅
廿一	21	一	乙卯
廿二	22	二	丙辰
廿三	23	三	丁巳
廿四	24	四	戊午
廿五	25	五	己未
廿六	26	六	庚申
廿七	27	日	辛酉
廿八	28	一	壬戌
廿九	29	二	癸亥
三十	30	三	甲子

五月小庚午（节气：芒种　初六　未时／夏至　廿一　未时）

农历	公历	星期	干支
初一	31	四	乙丑
初二	6	五	丙寅
初三	2	六	丁卯
初四	3	日	戊辰
初五	4	一	己巳
初六	5	二	庚午
初七	6	三	辛未
初八	7	四	壬申
初九	8	五	癸酉
初十	9	六	甲戌
十一	10	日	乙亥
十二	11	一	丙子
十三	12	二	丁丑
十四	13	三	戊寅
十五	14	四	己卯
十六	15	五	庚辰
十七	16	六	辛巳
十八	17	日	壬午
十九	18	一	癸未
二十	19	二	甲申
廿一	20	三	乙酉
廿二	21	四	丙戌
廿三	22	五	丁亥
廿四	23	六	戊子
廿五	24	日	己丑
廿六	25	一	庚寅
廿七	26	二	辛卯
廿八	27	三	壬辰
廿九	28	四	癸巳

六月小辛未（节气：小暑　初九　卯时／大暑　廿四　子时）

农历	公历	星期	干支
初一	29	五	甲午
初二	30	六	乙未
初三	7	日	丙申
初四	2	一	丁酉
初五	3	二	戊戌
初六	4	三	己亥
初七	5	四	庚子
初八	6	五	辛丑
初九	7	六	壬寅
初十	8	日	癸卯
十一	9	一	甲辰
十二	10	二	乙巳
十三	11	三	丙午
十四	12	四	丁未
十五	13	五	戊申
十六	14	六	己酉
十七	15	日	庚戌
十八	16	一	辛亥
十九	17	二	壬子
二十	18	三	癸丑
廿一	19	四	甲寅
廿二	20	五	乙卯
廿三	21	六	丙辰
廿四	22	日	丁巳
廿五	23	一	戊午
廿六	24	二	己未
廿七	25	三	庚申
廿八	26	四	辛酉
廿九	27	五	壬戌

七月大壬申（节气：立秋　十一　申时／处暑　廿七　辰时）

农历	公历	星期	干支
初一	28	六	癸亥
初二	29	日	甲子
初三	30	一	乙丑
初四	31	二	丙寅
初五	8	三	丁卯
初六	2	四	戊辰
初七	3	五	己巳
初八	4	六	庚午
初九	5	日	辛未
初十	6	一	壬申
十一	7	二	癸酉
十二	8	三	甲戌
十三	9	四	乙亥
十四	10	五	丙子
十五	11	六	丁丑
十六	12	日	戊寅
十七	13	一	己卯
十八	14	二	庚辰
十九	15	三	辛巳
二十	16	四	壬午
廿一	17	五	癸未
廿二	18	六	甲申
廿三	19	日	乙酉
廿四	20	一	丙戌
廿五	21	二	丁亥
廿六	22	三	戊子
廿七	23	四	己丑
廿八	24	五	庚寅
廿九	25	六	辛卯
三十	26	日	壬辰

八月小癸酉（节气：白露　十二　戌时／秋分　廿八）

农历	公历	星期	干支
初一	27	一	癸巳
初二	28	二	甲午
初三	29	三	乙未
初四	30	四	丙申
初五	31	五	丁酉
初六	9	六	戊戌
初七	2	日	己亥
初八	3	一	庚子
初九	4	二	辛丑
初十	5	三	壬寅
十一	6	四	癸卯
十二	7	五	甲辰
十三	8	六	乙巳
十四	9	日	丙午
十五	10	一	丁未
十六	11	二	戊申
十七	12	三	己酉
十八	13	四	庚戌
十九	14	五	辛亥
二十	15	六	壬子
廿一	16	日	癸丑
廿二	17	一	甲寅
廿三	18	二	乙卯
廿四	19	三	丙辰
廿五	20	四	丁巳
廿六	21	五	戊午
廿七	22	六	己未
廿八	23	日	庚申
廿九	24	一	辛酉

九月小甲戌（节气：寒露　十四　寅时／霜降　廿九）

农历	公历	星期	干支
初一	25	二	壬戌
初二	26	三	癸亥
初三	27	四	甲子
初四	28	五	乙丑
初五	29	六	丙寅
初六	30	日	丁卯
初七	10	一	戊辰
初八	2	二	己巳
初九	3	三	庚午
初十	4	四	辛未
十一	5	五	壬申
十二	6	六	癸酉
十三	7	日	甲戌
十四	8	一	乙亥
十五	9	二	丙子
十六	10	三	丁丑
十七	11	四	戊寅
十八	12	五	己卯
十九	13	六	庚辰
二十	14	日	辛巳
廿一	15	一	壬午
廿二	16	二	癸未
廿三	17	三	甲申
廿四	18	四	乙酉
廿五	19	五	丙戌
廿六	20	六	丁亥
廿七	21	日	戊子
廿八	22	一	己丑
廿九	23	二	庚寅

十月大乙亥（节气：立冬　十五／小雪　三十　午时）

农历	公历	星期	干支
初一	24	三	辛卯
初二	25	四	壬辰
初三	26	五	癸巳
初四	27	六	甲午
初五	28	日	乙未
初六	29	一	丙申
初七	30	二	丁酉
初八	31	三	戊戌
初九	11	四	己亥
初十	2	五	庚子
十一	3	六	辛丑
十二	4	日	壬寅
十三	5	一	癸卯
十四	6	二	甲辰
十五	7	三	乙巳
十六	8	四	丙午
十七	9	五	丁未
十八	10	六	戊申
十九	11	日	己酉
二十	12	一	庚戌
廿一	13	二	辛亥
廿二	14	三	壬子
廿三	15	四	癸丑
廿四	16	五	甲寅
廿五	17	六	乙卯
廿六	18	日	丙辰
廿七	19	一	丁巳
廿八	20	二	戊午
廿九	21	三	己未
三十	22	四	庚申

闰十月小（节气：大雪　十五）

农历	公历	星期	干支
初一	23	五	辛酉
初二	24	六	壬戌
初三	25	日	癸亥
初四	26	一	甲子
初五	27	二	乙丑
初六	28	三	丙寅
初七	29	四	丁卯
初八	30	五	戊辰
初九	12	六	己巳
初十	2	日	庚午
十一	3	一	辛未
十二	4	二	壬申
十三	5	三	癸酉
十四	6	四	甲戌
十五	7	五	乙亥
十六	8	六	丙子
十七	9	日	丁丑
十八	10	一	戊寅
十九	11	二	己卯
二十	12	三	庚辰
廿一	13	四	辛巳
廿二	14	五	壬午
廿三	15	六	癸未
廿四	16	日	甲申
廿五	17	一	乙酉
廿六	18	二	丙戌
廿七	19	三	丁亥
廿八	20	四	戊子
廿九	21	五	己丑

十一月大丙子（节气：冬至　十五／大寒　三十　巳时）

农历	公历	星期	干支
初一	22	六	庚寅
初二	23	日	辛卯
初三	24	一	壬辰
初四	25	二	癸巳
初五	26	三	甲午
初六	27	四	乙未
初七	28	五	丙申
初八	29	六	丁酉
初九	30	日	戊戌
初十	31	一	己亥
十一	1	二	庚子
十二	2	三	辛丑
十三	3	四	壬寅
十四	4	五	癸卯
十五	5	六	甲辰
十六	6	日	乙巳
十七	7	一	丙午
十八	8	二	丁未
十九	9	三	戊申
二十	10	四	己酉
廿一	11	五	庚戌
廿二	12	六	辛亥
廿三	13	日	壬子
廿四	14	一	癸丑
廿五	15	二	甲寅
廿六	16	三	乙卯
廿七	17	四	丙辰
廿八	18	五	丁巳
廿九	19	六	戊午
三十	20	日	己未

十二月大丁丑（节气：立春　十五　卯时／雨水　三十　丑时）

农历	公历	星期	干支
初一	21	一	庚申
初二	22	二	辛酉
初三	23	三	壬戌
初四	24	四	癸亥
初五	25	五	甲子
初六	26	六	乙丑
初七	27	日	丙寅
初八	28	一	丁卯
初九	29	二	戊辰
初十	30	三	己巳
十一	31	四	庚午
十二	2	五	辛未
十三	2	六	壬申
十四	3	日	癸酉
十五	4	一	甲戌
十六	5	二	乙亥
十七	6	三	丙子
十八	7	四	丁丑
十九	8	五	戊寅
二十	9	六	己卯
廿一	10	日	庚辰
廿二	11	一	辛巳
廿三	12	二	壬午
廿四	13	三	癸未
廿五	14	四	甲申
廿六	15	五	乙酉
廿七	16	六	丙戌
廿八	17	日	丁亥
廿九	18	一	戊子
三十	19	二	己丑

正月小戊寅

旬	公历	星期	干支
初一	20	三	庚寅
初二	21	四	辛卯
初三	22	五	壬辰
初四	23	六	癸巳
初五	24	日	甲午
初六	25	一	乙未
初七	26	二	丙申
初八	27	三	丁酉
初九	28	四	戊戌
初十	3/1	五	己亥
十一	2	六	庚子
十二	3	日	辛丑
十三	4	一	壬寅
十四	5	二	癸卯
十五	6	三	甲辰
十六	7	四	乙巳
十七	8	五	丙午
十八	9	六	丁未
十九	10	日	戊申
二十	11	一	己酉
廿一	12	二	庚戌
廿二	13	三	辛亥
廿三	14	四	壬子
廿四	15	五	癸丑
廿五	16	六	甲寅
廿六	17	日	乙卯
廿七	18	一	丙辰
廿八	19	二	丁巳
廿九	20	三	戊午

节气：惊蛰 十四日 子时

二月大己卯

旬	公历	星期	干支
初一	21	四	己未
初二	22	五	庚申
初三	23	六	辛酉
初四	24	日	壬戌
初五	25	一	癸亥
初六	26	二	甲子
初七	27	三	乙丑
初八	28	四	丙寅
初九	29	五	丁卯
初十	30	六	戊辰
十一	31	日	己巳
十二	4/1	一	庚午
十三	2	二	辛未
十四	3	三	壬申
十五	4	四	癸酉
十六	5	五	甲戌
十七	6	六	乙亥
十八	7	日	丙子
十九	8	一	丁丑
二十	9	二	戊寅
廿一	10	三	己卯
廿二	11	四	庚辰
廿三	12	五	辛巳
廿四	13	六	壬午
廿五	14	日	癸未
廿六	15	一	甲申
廿七	16	二	乙酉
廿八	17	三	丙戌
廿九	18	四	丁亥
三十	19	五	戊子

节气：清明 十五日 子时 ／ 春分 初一日 子时

三月大庚辰

旬	公历	星期	干支
初一	20	六	己丑
初二	21	日	庚寅
初三	22	一	辛卯
初四	23	二	壬辰
初五	24	三	癸巳
初六	25	四	甲午
初七	26	五	乙未
初八	27	六	丙申
初九	28	日	丁酉
初十	29	一	戊戌
十一	30	二	己亥
十二	5/1	三	庚子
十三	2	四	辛丑
十四	3	五	壬寅
十五	4	六	癸卯
十六	5	日	甲辰
十七	6	一	乙巳
十八	7	二	丙午
十九	8	三	丁未
二十	9	四	戊申
廿一	10	五	己酉
廿二	11	六	庚戌
廿三	12	日	辛亥
廿四	13	一	壬子
廿五	14	二	癸丑
廿六	15	三	甲寅
廿七	16	四	乙卯
廿八	17	五	丙辰
廿九	18	六	丁巳
三十	19	日	戊午

节气：立夏 十五日 亥时 ／ 谷雨 初一日 午时

四月小辛巳

旬	公历	星期	干支
初一	20	一	己未
初二	21	二	庚申
初三	22	三	辛酉
初四	23	四	壬戌
初五	24	五	癸亥
初六	25	六	甲子
初七	26	日	乙丑
初八	27	一	丙寅
初九	28	二	丁卯
初十	29	三	戊辰
十一	30	四	己巳
十二	31	五	庚午
十三	6/1	六	辛未
十四	2	日	壬申
十五	3	一	癸酉
十六	4	二	甲戌
十七	5	三	乙亥
十八	6	四	丙子
十九	7	五	丁丑
二十	8	六	戊寅
廿一	9	日	己卯
廿二	10	一	庚辰
廿三	11	二	辛巳
廿四	12	三	壬午
廿五	13	四	癸未
廿六	14	五	甲申
廿七	15	六	乙酉
廿八	16	日	丙戌
廿九	17	一	丁亥

节气：芒种 十八日 丑时 ／ 小满 初二日 巳时

五月大壬午

旬	公历	星期	干支
初一	18	二	戊子
初二	19	三	己丑
初三	20	四	庚寅
初四	21	五	辛卯
初五	22	六	壬辰
初六	23	日	癸巳
初七	24	一	甲午
初八	25	二	乙未
初九	26	三	丙申
初十	27	四	丁酉
十一	28	五	戊戌
十二	29	六	己亥
十三	30	日	庚子
十四	7/1	一	辛丑
十五	2	二	壬寅
十六	3	三	癸卯
十七	4	四	甲辰
十八	5	五	乙巳
十九	6	六	丙午
二十	7	日	丁未
廿一	8	一	戊申
廿二	9	二	己酉
廿三	10	三	庚戌
廿四	11	四	辛亥
廿五	12	五	壬子
廿六	13	六	癸丑
廿七	14	日	甲寅
廿八	15	一	乙卯
廿九	16	二	丙辰
三十	17	三	丁巳

节气：小暑 二十日 午时 ／ 夏至 初四日 酉时

六月小癸未

旬	公历	星期	干支
初一	18	四	戊午
初二	19	五	己未
初三	20	六	庚申
初四	21	日	辛酉
初五	22	一	壬戌
初六	23	二	癸亥
初七	24	三	甲子
初八	25	四	乙丑
初九	26	五	丙寅
初十	27	六	丁卯
十一	28	日	戊辰
十二	29	一	己巳
十三	30	二	庚午
十四	31	三	辛未
十五	8/1	四	壬申
十六	2	五	癸酉
十七	3	六	甲戌
十八	4	日	乙亥
十九	5	一	丙子
二十	6	二	丁丑
廿一	7	三	戊寅
廿二	8	四	己卯
廿三	9	五	庚辰
廿四	10	六	辛巳
廿五	11	日	壬午
廿六	12	一	癸未
廿七	13	二	甲申
廿八	14	三	乙酉
廿九	15	四	丙戌

节气：立秋 廿一日 亥时 ／ 大暑 初六日 卯时

七月大甲申

旬	公历	星期	干支
初一	16	五	丁亥
初二	17	六	戊子
初三	18	日	己丑
初四	19	一	庚寅
初五	20	二	辛卯
初六	21	三	壬辰
初七	22	四	癸巳
初八	23	五	甲午
初九	24	六	乙未
初十	25	日	丙申
十一	26	一	丁酉
十二	27	二	戊戌
十三	28	三	己亥
十四	29	四	庚子
十五	30	五	辛丑
十六	31	六	壬寅
十七	9/1	日	癸卯
十八	2	一	甲辰
十九	3	二	乙巳
二十	4	三	丙午
廿一	5	四	丁未
廿二	6	五	戊申
廿三	7	六	己酉
廿四	8	日	庚戌
廿五	9	一	辛亥
廿六	10	二	壬子
廿七	11	三	癸丑
廿八	12	四	甲寅
廿九	13	五	乙卯
三十	14	六	丙辰

节气：白露 廿四日 子时 ／ 处暑 初八日 午时

八月小乙酉

旬	公历	星期	干支
初一	15	日	丁巳
初二	16	一	戊午
初三	17	二	己未
初四	18	三	庚申
初五	19	四	辛酉
初六	20	五	壬戌
初七	21	六	癸亥
初八	22	日	甲子
初九	23	一	乙丑
初十	24	二	丙寅
十一	25	三	丁卯
十二	26	四	戊辰
十三	27	五	己巳
十四	28	六	庚午
十五	29	日	辛未
十六	30	一	壬申
十七	10/1	二	癸酉
十八	2	三	甲戌
十九	3	四	乙亥
二十	4	五	丙子
廿一	5	六	丁丑
廿二	6	日	戊寅
廿三	7	一	己卯
廿四	8	二	庚辰
廿五	9	三	辛巳
廿六	10	四	壬午
廿七	11	五	癸未
廿八	12	六	甲申
廿九	13	日	乙酉

节气：寒露 廿五日 申时 ／ 秋分 初九日 巳时

九月小丙戌

旬	公历	星期	干支
初一	14	一	丙戌
初二	15	二	丁亥
初三	16	三	戊子
初四	17	四	己丑
初五	18	五	庚寅
初六	19	六	辛卯
初七	20	日	壬辰
初八	21	一	癸巳
初九	22	二	甲午
初十	23	三	乙未
十一	24	四	丙申
十二	25	五	丁酉
十三	26	六	戊戌
十四	27	日	己亥
十五	28	一	庚子
十六	29	二	辛丑
十七	30	三	壬寅
十八	31	四	癸卯
十九	11/1	五	甲辰
二十	2	六	乙巳
廿一	3	日	丙午
廿二	4	一	丁未
廿三	5	二	戊申
廿四	6	三	己酉
廿五	7	四	庚戌
廿六	8	五	辛亥
廿七	9	六	壬子
廿八	10	日	癸丑
廿九	11	一	甲寅

节气：立冬 廿六日 戌时 ／ 霜降 初十日 戌时

十月大丁亥

旬	公历	星期	干支
初一	12	二	乙卯
初二	13	三	丙辰
初三	14	四	丁巳
初四	15	五	戊午
初五	16	六	己未
初六	17	日	庚申
初七	18	一	辛酉
初八	19	二	壬戌
初九	20	三	癸亥
初十	21	四	甲子
十一	22	五	乙丑
十二	23	六	丙寅
十三	24	日	丁卯
十四	25	一	戊辰
十五	26	二	己巳
十六	27	三	庚午
十七	28	四	辛未
十八	29	五	壬申
十九	30	六	癸酉
二十	12/1	日	甲戌
廿一	2	一	乙亥
廿二	3	二	丙子
廿三	4	三	丁丑
廿四	5	四	戊寅
廿五	6	五	己卯
廿六	7	六	庚辰
廿七	8	日	辛巳
廿八	9	一	壬午
廿九	10	二	癸未
三十	11	三	甲申

节气：大雪 廿六日 午时 ／ 小雪 十一日 申时

十一月小戊子

旬	公历	星期	干支
初一	12	四	乙酉
初二	13	五	丙戌
初三	14	六	丁亥
初四	15	日	戊子
初五	16	一	己丑
初六	17	二	庚寅
初七	18	三	辛卯
初八	19	四	壬辰
初九	20	五	癸巳
初十	21	六	甲午
十一	22	日	乙未
十二	23	一	丙申
十三	24	二	丁酉
十四	25	三	戊戌
十五	26	四	己亥
十六	27	五	庚子
十七	28	六	辛丑
十八	29	日	壬寅
十九	30	一	癸卯
二十	31	二	甲辰
廿一	1/1	三	乙巳
廿二	2	四	丙午
廿三	3	五	丁未
廿四	4	六	戊申
廿五	5	日	己酉
廿六	6	一	庚戌
廿七	7	二	辛亥
廿八	8	三	壬子
廿九	9	四	癸丑

节气：小寒 廿六日 卯时 ／ 冬至 十一日 卯时

十二月大己丑

旬	公历	星期	干支
初一	10	五	甲寅
初二	11	六	乙卯
初三	12	日	丙辰
初四	13	一	丁巳
初五	14	二	戊午
初六	15	三	己未
初七	16	四	庚申
初八	17	五	辛酉
初九	18	六	壬戌
初十	19	日	癸亥
十一	20	一	甲子
十二	21	二	乙丑
十三	22	三	丙寅
十四	23	四	丁卯
十五	24	五	戊辰
十六	25	六	己巳
十七	26	日	庚午
十八	27	一	辛未
十九	28	二	壬申
二十	29	三	癸酉
廿一	30	四	甲戌
廿二	31	五	乙亥
廿三	2/1	六	丙子
廿四	2	日	丁丑
廿五	3	一	戊寅
廿六	4	二	己卯
廿七	5	三	庚辰
廿八	6	四	辛巳
廿九	7	五	壬午
三十	8	六	癸未

节气：立春 廿六日 午时 ／ 大寒 十一日 申时

农历丙寅年 属虎

节气	旬	正月小庚寅 公历	正月小庚寅 干支	二月大辛卯 公历	二月大辛卯 星期	二月大辛卯 干支	三月大壬辰 公历	三月大壬辰 星期	三月大壬辰 干支	四月小癸巳 公历	四月小癸巳 干支	五月大甲午 公历	五月大甲午 星期	五月大甲午 干支	六月大乙未 公历	六月大乙未 星期	六月大乙未 干支	旬	七月小丙申 干支	七月小丙申 星期	七月小丙申 公历	八月大丁酉 公历	八月大丁酉 星期	八月大丁酉 干支	九月小戊戌 公历	九月小戊戌 星期	九月小戊戌 干支	十月大己亥 公历	十月大己亥 星期	十月大己亥 干支	十一月小庚子 公历	十一月小庚子 星期	十一月小庚子 干支	十二月小辛丑 公历	十二月小辛丑 星期	十二月小辛丑 干支
	初一	9	甲申	10	三	癸丑	9	三	癸未	9	甲寅	7	六	壬午	7	一	壬子	初一	壬午	三	6	4	四	辛亥	4	六	辛巳	2	日	庚戌	2	二	庚辰	31	三	己酉
	初二	10	乙酉	11	四	甲寅	10	四	甲申	10	乙卯	8	日	癸未	8	二	癸丑	初二	癸未	四	7	5	五	壬子	5	日	壬午	3	一	辛亥	3	三	辛巳	1	四	庚戌
	初三	11	丙戌	12	五	乙卯	11	五	乙酉	11	丙辰	9	一	甲申	9	三	甲寅	初三	甲申	五	8	6	六	癸丑	6	一	癸未	4	二	壬子	4	四	壬午	2	五	辛亥
	初四	12	丁亥	13	六	丙辰	12	六	丙戌	12	丁巳	10	二	乙酉	10	四	乙卯	初四	乙酉	六	9	7	日	甲寅	7	二	甲申	5	三	癸丑	5	五	癸未	3	六	壬子
	初五	13	戊子	14	日	丁巳	13	日	丁亥	13	戊午	11	三	丙戌	11	五	丙辰	初五	丙戌	日	10	8	一	乙卯	8	三	乙酉	6	四	甲寅	6	六	甲申	4	日	癸丑
	初六	14	己丑	15	一	戊午	14	一	戊子	14	己未	12	四	丁亥	12	六	丁巳	初六	丁亥	一	11	9	二	丙辰	9	四	丙戌	7	五	乙卯	7	日	乙酉	5	一	甲寅
	初七	15	庚寅	16	二	己未	15	二	己丑	15	庚申	13	五	戊子	13	日	戊午	初七	戊子	二	12	10	三	丁巳	10	五	丁亥	8	六	丙辰	8	一	丙戌	6	二	乙卯
	初八	16	辛卯	17	三	庚申	16	三	庚寅	16	辛酉	14	六	己丑	14	一	己未	初八	己丑	三	13	11	四	戊午	11	六	戊子	9	日	丁巳	9	二	丁亥	7	三	丙辰
	初九	17	壬辰	18	四	辛酉	17	四	辛卯	17	壬戌	15	日	庚寅	15	二	庚申	初九	庚寅	四	14	12	五	己未	12	日	己丑	10	一	戊午	10	三	戊子	8	四	丁巳
	初十	18	癸巳	19	五	壬戌	18	五	壬辰	18	癸亥	16	一	辛卯	16	三	辛酉	初十	辛卯	五	15	13	六	庚申	13	一	庚寅	11	二	己未	11	四	己丑	9	五	戊午
	十一	19	甲午	20	六	癸亥	19	六	癸巳	19	甲子	17	二	壬辰	17	四	壬戌	十一	壬辰	六	16	14	日	辛酉	14	二	辛卯	12	三	庚申	12	五	庚寅	10	六	己未
	十二	20	乙未	21	日	甲子	20	日	甲午	20	乙丑	18	三	癸巳	18	五	癸亥	十二	癸巳	日	17	15	一	壬戌	15	三	壬辰	13	四	辛酉	13	六	辛卯	11	日	庚申
	十三	21	丙申	22	一	乙丑	21	一	乙未	21	丙寅	19	四	甲午	19	六	甲子	十三	甲午	一	18	16	二	癸亥	16	四	癸巳	14	五	壬戌	14	日	壬辰	12	一	辛酉
	十四	22	丁酉	23	二	丙寅	22	二	丙申	22	丁卯	20	五	乙未	20	日	乙丑	十四	乙未	二	19	17	三	甲子	17	五	甲午	15	六	癸亥	15	一	癸巳	13	二	壬戌
	十五	23	戊戌	24	三	丁卯	23	三	丁酉	23	戊辰	21	六	丙申	21	一	丙寅	十五	丙申	三	20	18	六	乙丑	18	六	乙未	16	日	甲子	16	二	甲午	14	三	癸亥
	十六	24	己亥	25	四	戊辰	24	四	戊戌	24	己巳	22	日	丁酉	22	二	丁卯	十六	丁酉	四	21	19	日	丙寅	19	日	丙申	17	一	乙丑	17	三	乙未	15	四	甲子
	十七	25	庚子	26	五	己巳	25	五	己亥	25	庚午	23	一	戊戌	23	三	戊辰	十七	戊戌	五	22	20	一	丁卯	20	一	丁酉	18	二	丙寅	18	四	丙申	16	五	乙丑
	十八	26	辛丑	27	六	庚午	26	六	庚子	26	辛未	24	二	己亥	24	四	己巳	十八	己亥	六	23	21	二	戊辰	21	二	戊戌	19	三	丁卯	19	五	丁酉	17	六	丙寅
	十九	27	壬寅	28	日	辛未	27	日	辛丑	27	壬申	25	三	庚子	25	五	庚午	十九	庚子	日	24	22	三	己巳	22	三	己亥	20	四	戊辰	20	六	戊戌	18	日	丁卯
	二十	28	癸卯	29	一	壬申	28	一	壬寅	28	癸酉	26	四	辛丑	26	六	辛未	二十	辛丑	一	25	23	四	庚午	23	四	庚子	21	五	己巳	21	日	己亥	19	一	戊辰
	廿一	3	甲辰	30	二	癸酉	29	二	癸卯	29	甲戌	27	五	壬寅	27	日	壬申	廿一	壬寅	二	26	24	五	辛未	24	五	辛丑	22	六	庚午	22	一	庚子	20	二	己巳
	廿二	2	乙巳	31	三	甲戌	30	三	甲辰	30	乙亥	28	六	癸卯	28	一	癸酉	廿二	癸卯	三	27	25	六	壬申	25	六	壬寅	23	日	辛未	23	二	辛丑	21	三	庚午
	廿三	3	丙午	4	四	乙亥	5	四	乙巳	31	丙子	29	日	甲辰	29	二	甲戌	廿三	甲辰	四	28	26	日	癸酉	26	日	癸卯	24	一	壬申	24	三	壬寅	22	四	辛未
	廿四	4	丁未	2	五	丙子	2	五	丙午	6	丁丑	30	一	乙巳	30	三	乙亥	廿四	乙巳	五	29	27	一	甲戌	27	一	甲辰	25	二	癸酉	25	四	癸卯	23	五	壬申
	廿五	5	戊申	3	六	丁丑	3	六	丁未	2	戊寅	7	二	丙午	31	四	丙子	廿五	丙午	六	30	28	二	乙亥	28	二	乙巳	26	三	甲戌	26	五	甲辰	24	六	癸酉
	廿六	6	己酉	4	日	戊寅	4	日	戊申	3	己卯	2	三	丁未	8	五	丁丑	廿六	丁未	日	31	29	三	丙子	29	三	丙午	27	四	乙亥	27	六	乙巳	25	日	甲戌
	廿七	7	庚戌	5	一	己卯	5	一	己酉	4	庚辰	3	四	戊申	2	六	戊寅	廿七	戊申	一	9	30	四	丁丑	30	四	丁未	28	五	丙子	28	日	丙午	26	一	乙亥
	廿八	8	辛亥	6	二	庚辰	6	二	庚戌	5	辛巳	4	五	己酉	3	日	己卯	廿八	己酉	二	2	9	五	戊寅	31	五	戊申	29	六	丁丑	29	一	丁未	27	二	丙子
	廿九			7	三	辛巳	7	三	辛亥	6	壬午	5	六	庚戌	4	一	庚辰	廿九	庚戌	三	3	2	六	己卯	1	六	己酉	30	日	戊寅	30	二	戊申	28	三	丁丑
	三十			8	四	壬午	8	四	壬子			6	日	辛亥	5	二	辛巳	三十				3	日	庚辰												

| 节气 | 雨水 十一 卯时 | 惊蛰 廿六 卯时 | 春分 十二 卯时 | 清明 廿七 卯时 | 谷雨 十二 酉时 | 立夏 廿八 寅时 | 小满 十三 申时 | 芒种 廿九 辰时 | 夏至 十六 子时 | 小暑 初一 酉时 | 大暑 十七 午时 | 立秋 初三 寅时 | 处暑 十八 | 白露 初五 卯时 | 秋分 二十 申时 | 寒露 初五 亥时 | 霜降 廿一 丑时 | 立冬 初七 亥时 | 小雪 廿一 酉时 | 大雪 初七 酉时 | 冬至 廿二 午时 | 小寒 初七 卯时 | 大寒 廿二 亥时 |

农历 丁卯年 属兔

正月大戊寅

农历	公历	星期	干支
初一	29	四	戊寅
初二	30	五	己卯
初三	31	六	庚辰
初四	2/1	日	辛巳
初五	2	一	壬午
初六	3	二	癸未
初七	4	三	甲申
初八	5	四	乙酉
初九	6	五	丙戌
初十	7	六	丁亥
十一	8	日	戊子
十二	9	一	己丑
十三	10	二	庚寅
十四	11	三	辛卯
十五	12	四	壬辰
十六	13	五	癸巳
十七	14	六	甲午
十八	15	日	乙未
十九	16	一	丙申
二十	17	二	丁酉
廿一	18	三	戊戌
廿二	19	四	己亥
廿三	20	五	庚子
廿四	21	六	辛丑
廿五	22	日	壬寅
廿六	23	一	癸卯
廿七	24	二	甲辰
廿八	25	三	乙巳
廿九	26	四	丙午
三十	27	五	丁未

节气：立春 初七 申时　雨水 廿二 午时

二月小癸卯

农历	公历	星期	干支
初一	28	六	戊申
初二	3/1	日	己酉
初三	2	一	庚戌
初四	3	二	辛亥
初五	4	三	壬子
初六	5	四	癸丑
初七	6	五	甲寅
初八	7	六	乙卯
初九	8	日	丙辰
初十	9	一	丁巳
十一	10	二	戊午
十二	11	三	己未
十三	12	四	庚申
十四	13	五	辛酉
十五	14	六	壬戌
十六	15	日	癸亥
十七	16	一	甲子
十八	17	二	乙丑
十九	18	三	丙寅
二十	19	四	丁卯
廿一	20	五	戊辰
廿二	21	六	己巳
廿三	22	日	庚午
廿四	23	一	辛未
廿五	24	二	壬申
廿六	25	三	癸酉
廿七	26	四	甲戌
廿八	27	五	乙亥
廿九	28	六	丙子

节气：惊蛰 初七 巳时　春分 廿二 午时

三月大甲辰

农历	公历	星期	干支
初一	29	日	丁丑
初二	30	一	戊寅
初三	31	二	己卯
初四	4/1	三	庚辰
初五	2	四	辛巳
初六	3	五	壬午
初七	4	六	癸未
初八	5	日	甲申
初九	6	一	乙酉
初十	7	二	丙戌
十一	8	三	丁亥
十二	9	四	戊子
十三	10	五	己丑
十四	11	六	庚寅
十五	12	日	辛卯
十六	13	一	壬辰
十七	14	二	癸巳
十八	15	三	甲午
十九	16	四	乙未
二十	17	五	丙申
廿一	18	六	丁酉
廿二	19	日	戊戌
廿三	20	一	己亥
廿四	21	二	庚子
廿五	22	三	辛丑
廿六	23	四	壬寅
廿七	24	五	癸卯
廿八	25	六	甲辰
廿九	26	日	乙巳
三十	27	一	丙午

节气：清明 初八 申时　谷雨 廿三 亥时

四月小乙巳

农历	公历	星期	干支
初一	28	二	丁未
初二	29	三	戊申
初三	30	四	己酉
初四	5/1	五	庚戌
初五	2	六	辛亥
初六	3	日	壬子
初七	4	一	癸丑
初八	5	二	甲寅
初九	6	三	乙卯
初十	7	四	丙辰
十一	8	五	丁巳
十二	9	六	戊午
十三	10	日	己未
十四	11	一	庚申
十五	12	二	辛酉
十六	13	三	壬戌
十七	14	四	癸亥
十八	15	五	甲子
十九	16	六	乙丑
二十	17	日	丙寅
廿一	18	一	丁卯
廿二	19	二	戊辰
廿三	20	三	己巳
廿四	21	四	庚午
廿五	22	五	辛未
廿六	23	六	壬申
廿七	24	日	癸酉
廿八	25	一	甲戌
廿九	26	二	乙亥

节气：立夏 初九 巳时　小满 廿四 亥时

五月大丙午

农历	公历	星期	干支
初一	27	三	丙子
初二	28	四	丁丑
初三	29	五	戊寅
初四	30	六	己卯
初五	31	日	庚辰
初六	6/1	一	辛巳
初七	2	二	壬午
初八	3	三	癸未
初九	4	四	甲申
初十	5	五	乙酉
十一	6	六	丙戌
十二	7	日	丁亥
十三	8	一	戊子
十四	9	二	己丑
十五	10	三	庚寅
十六	11	四	辛卯
十七	12	五	壬辰
十八	13	六	癸巳
十九	14	日	甲午
二十	15	一	乙未
廿一	16	二	丙申
廿二	17	三	丁酉
廿三	18	四	戊戌
廿四	19	五	己亥
廿五	20	六	庚子
廿六	21	日	辛丑
廿七	22	一	壬寅
廿八	23	二	癸卯
廿九	24	三	甲辰
三十	25	四	乙巳

节气：芒种 十一 未时　夏至 廿七 卯时

六月大丁未

农历	公历	星期	干支
初一	26	五	丙午
初二	27	六	丁未
初三	28	日	戊申
初四	29	一	己酉
初五	30	二	庚戌
初六	7/1	三	辛亥
初七	2	四	壬子
初八	3	五	癸丑
初九	4	六	甲寅
初十	5	日	乙卯
十一	6	一	丙辰
十二	7	二	丁巳
十三	8	三	戊午
十四	9	四	己未
十五	10	五	庚申
十六	11	六	辛酉
十七	12	日	壬戌
十八	13	一	癸亥
十九	14	二	甲子
二十	15	三	乙丑
廿一	16	四	丙寅
廿二	17	五	丁卯
廿三	18	六	戊辰
廿四	19	日	己巳
廿五	20	一	庚午
廿六	21	二	辛未
廿七	22	三	壬申
廿八	23	四	癸酉
廿九	24	五	甲戌
三十	25	六	乙亥

节气：小暑 十二 子时　大暑 廿八 酉时

闰六月小

农历	公历	星期	干支
初一	26	日	丙子
初二	27	一	丁丑
初三	28	二	戊寅
初四	29	三	己卯
初五	30	四	庚辰
初六	31	五	辛巳
初七	8/1	六	壬午
初八	2	日	癸未
初九	3	一	甲申
初十	4	二	乙酉
十一	5	三	丙戌
十二	6	四	丁亥
十三	7	五	戊子
十四	8	六	己丑
十五	9	日	庚寅
十六	10	一	辛卯
十七	11	二	壬辰
十八	12	三	癸巳
十九	13	四	甲午
二十	14	五	乙未
廿一	15	六	丙申
廿二	16	日	丁酉
廿三	17	一	戊戌
廿四	18	二	己亥
廿五	19	三	庚子
廿六	20	四	辛丑
廿七	21	五	壬寅
廿八	22	六	癸卯
廿九	23	日	甲辰

节气：立秋 十四 巳时

七月大戊申

农历	公历	星期	干支
初一	24	一	乙巳
初二	25	二	丙午
初三	26	三	丁未
初四	27	四	戊申
初五	28	五	己酉
初六	29	六	庚戌
初七	30	日	辛亥
初八	31	一	壬子
初九	9/1	二	癸丑
初十	2	三	甲寅
十一	3	四	乙卯
十二	4	五	丙辰
十三	5	六	丁巳
十四	6	日	戊午
十五	7	一	己未
十六	8	二	庚申
十七	9	三	辛酉
十八	10	四	壬戌
十九	11	五	癸亥
二十	12	六	甲子
廿一	13	日	乙丑
廿二	14	一	丙寅
廿三	15	二	丁卯
廿四	16	三	戊辰
廿五	17	四	己巳
廿六	18	五	庚午
廿七	19	六	辛未
廿八	20	日	壬申
廿九	21	一	癸酉
三十	22	二	甲戌

节气：处暑 初一 亥时　白露 十六 午时

八月大己酉

农历	公历	星期	干支
初一	23	三	乙亥
初二	24	四	丙子
初三	25	五	丁丑
初四	26	六	戊寅
初五	27	日	己卯
初六	28	一	庚辰
初七	29	二	辛巳
初八	30	三	壬午
初九	10/1	四	癸未
初十	2	五	甲申
十一	3	六	乙酉
十二	4	日	丙戌
十三	5	一	丁亥
十四	6	二	戊子
十五	7	三	己丑
十六	8	四	庚寅
十七	9	五	辛卯
十八	10	六	壬辰
十九	11	日	癸巳
二十	12	一	甲午
廿一	13	二	乙未
廿二	14	三	丙申
廿三	15	四	丁酉
廿四	16	五	戊戌
廿五	17	六	己亥
廿六	18	日	庚子
廿七	19	一	辛丑
廿八	20	二	壬寅
廿九	21	三	癸卯
三十	22	四	甲辰

节气：秋分 初一 亥时　寒露 十六 寅时

九月小庚戌

农历	公历	星期	干支
初一	23	五	乙巳
初二	24	六	丙午
初三	25	日	丁未
初四	26	一	戊申
初五	27	二	己酉
初六	28	三	庚戌
初七	29	四	辛亥
初八	30	五	壬子
初九	31	六	癸丑
初十	11/1	日	甲寅
十一	2	一	乙卯
十二	3	二	丙辰
十三	4	三	丁巳
十四	5	四	戊午
十五	6	五	己未
十六	7	六	庚申
十七	8	日	辛酉
十八	9	一	壬戌
十九	10	二	癸亥
二十	11	三	甲子
廿一	12	四	乙丑
廿二	13	五	丙寅
廿三	14	六	丁卯
廿四	15	日	戊辰
廿五	16	一	己巳
廿六	17	二	庚午
廿七	18	三	辛未
廿八	19	四	壬申
廿九	20	五	癸酉

节气：霜降 初一 辰时　立冬 十六 辰时

十月大辛亥

农历	公历	星期	干支
初一	21	六	甲戌
初二	22	日	乙亥
初三	23	一	丙子
初四	24	二	丁丑
初五	25	三	戊寅
初六	26	四	己卯
初七	27	五	庚辰
初八	28	六	辛巳
初九	29	日	壬午
初十	30	一	癸未
十一	12/1	二	甲申
十二	2	三	乙酉
十三	3	四	丙戌
十四	4	五	丁亥
十五	5	六	戊子
十六	6	日	己丑
十七	7	一	庚寅
十八	8	二	辛卯
十九	9	三	壬辰
二十	10	四	癸巳
廿一	11	五	甲午
廿二	12	六	乙未
廿三	13	日	丙申
廿四	14	一	丁酉
廿五	15	二	戊戌
廿六	16	三	己亥
廿七	17	四	庚子
廿八	18	五	辛丑
廿九	19	六	壬寅
三十	20	日	癸卯

节气：小雪 初一 寅时　大雪 十七 子时

十一月小壬子

农历	公历	星期	干支
初一	21	一	甲辰
初二	22	二	乙巳
初三	23	三	丙午
初四	24	四	丁未
初五	25	五	戊申
初六	26	六	己酉
初七	27	日	庚戌
初八	28	一	辛亥
初九	29	二	壬子
初十	30	三	癸丑
十一	31	四	甲寅
十二	1/1	五	乙卯
十三	2	六	丙辰
十四	3	日	丁巳
十五	4	一	戊午
十六	5	二	己未
十七	6	三	庚申
十八	7	四	辛酉
十九	8	五	壬戌
二十	9	六	癸亥
廿一	10	日	甲子
廿二	11	一	乙丑
廿三	12	二	丙寅
廿四	13	三	丁卯
廿五	14	四	戊辰
廿六	15	五	己巳
廿七	16	六	庚午
廿八	17	日	辛未
廿九	18	一	壬申

节气：冬至 初二 酉时　小寒 十七 午时

十二月小癸丑

农历	公历	星期	干支
初一	19	二	癸酉
初二	20	三	甲戌
初三	21	四	乙亥
初四	22	五	丙子
初五	23	六	丁丑
初六	24	日	戊寅
初七	25	一	己卯
初八	26	二	庚辰
初九	27	三	辛巳
初十	28	四	壬午
十一	2/...	五	癸未
十二	2	六	甲申
十三	3	日	乙酉
十四	4	一	丙戌
十五	5	二	丁亥
十六	6	三	戊子
十七	7	四	己丑
十八	8	五	庚寅
十九	9	六	辛卯
二十	10	日	壬辰
廿一	11	一	癸巳
廿二	12	二	甲午
廿三	13	三	乙未
廿四	14	四	丙申
廿五	15	五	丁酉
廿六	16	六	戊戌
廿七	17	日	己亥
廿八	18	一	庚子

节气：大寒 初二 卯时　立春 十七 亥时

农历戊辰年 属龙 公元 1988—1989 年

正月大甲寅 · 二月小乙卯 · 三月大丙辰 · 四月小丁巳 · 五月大戊午 · 六月小己未

旬	正月大甲寅 公历	星期	干支	二月小乙卯 公历	星期	干支	三月大丙辰 公历	星期	干支	四月小丁巳 公历	星期	干支	五月大戊午 公历	星期	干支	六月小己未 公历	星期	干支
初一	17	三	壬寅	18	五	壬申	16	六	辛丑	16	一	辛未	14	二	庚子	14	四	庚午
初二	18	四	癸卯	19	六	癸酉	17	日	壬寅	17	二	壬申	15	三	辛丑	15	五	辛未
初三	19	五	甲辰	20	日	甲戌	18	一	癸卯	18	三	癸酉	16	四	壬寅	16	六	壬申
初四	20	六	乙巳	21	一	乙亥	19	二	甲辰	19	四	甲戌	17	五	癸卯	17	日	癸酉
初五	21	日	丙午	22	二	丙子	20	三	乙巳	20	五	乙亥	18	六	甲辰	18	一	甲戌
初六	22	一	丁未	23	三	丁丑	21	四	丙午	21	六	丙子	19	日	乙巳	19	二	乙亥
初七	23	二	戊申	24	四	戊寅	22	五	丁未	22	日	丁丑	20	一	丙午	20	三	丙子
初八	24	三	己酉	25	五	己卯	23	六	戊申	23	一	戊寅	21	二	丁未	21	四	丁丑
初九	25	四	庚戌	26	六	庚辰	24	日	己酉	24	二	己卯	22	三	戊申	22	五	戊寅
初十	26	五	辛亥	27	日	辛巳	25	一	庚戌	25	三	庚辰	23	四	己酉	23	六	己卯
十一	27	六	壬子	28	一	壬午	26	二	辛亥	26	四	辛巳	24	五	庚戌	24	日	庚辰
十二	28	日	癸丑	29	二	癸未	27	三	壬子	27	五	壬午	25	六	辛亥	25	一	辛巳
十三	29	一	甲寅	30	三	甲申	28	四	癸丑	28	六	癸未	26	日	壬子	26	二	壬午
十四	1	二	乙卯	31	四	乙酉	29	五	甲寅	29	日	甲申	27	一	癸丑	27	三	癸未
十五	2	三	丙辰	1	五	丙戌	30	六	乙卯	30	一	乙酉	28	二	甲寅	28	四	甲申
十六	3	四	丁巳	2	六	丁亥	1	日	丙辰	31	二	丙戌	29	三	乙卯	29	五	乙酉
十七	4	五	戊午	3	日	戊子	2	一	丁巳	1	三	丁亥	30	四	丙辰	30	六	丙戌
十八	5	六	己未	4	一	己丑	3	二	戊午	2	四	戊子	1	五	丁巳	31	日	丁亥
十九	6	日	庚申	5	二	庚寅	4	三	己未	3	五	己丑	2	六	戊午	1	一	戊子
二十	7	一	辛酉	6	三	辛卯	5	四	庚申	4	六	庚寅	3	日	己未	2	二	己丑
廿一	8	二	壬戌	7	四	壬辰	6	五	辛酉	5	日	辛卯	4	一	庚申	3	三	庚寅
廿二	9	三	癸亥	8	五	癸巳	7	六	壬戌	6	一	壬辰	5	二	辛酉	4	四	辛卯
廿三	10	四	甲子	9	六	甲午	8	日	癸亥	7	二	癸巳	6	三	壬戌	5	五	壬辰
廿四	11	五	乙丑	10	日	乙未	9	一	甲子	8	三	甲午	7	四	癸亥	6	六	癸巳
廿五	12	六	丙寅	11	一	丙申	10	二	乙丑	9	四	乙未	8	五	甲子	7	日	甲午
廿六	13	日	丁卯	12	二	丁酉	11	三	丙寅	10	五	丙申	9	六	乙丑	8	一	乙未
廿七	14	一	戊辰	13	三	戊戌	12	四	丁卯	11	六	丁酉	10	日	丙寅	9	二	丙申
廿八	15	二	己巳	14	四	己亥	13	五	戊辰	12	日	戊戌	11	一	丁卯	10	三	丁酉
廿九	16	三	庚午	15	五	庚子	14	六	己巳	13	一	己亥	12	二	戊辰	11	四	戊戌
三十	17	四	辛未				15	日	庚午				13	三	己巳			

节气：
- 正月：雨水 初三 酉时 / 惊蛰 十八 申时
- 二月：春分 初三 酉时 / 清明 十八 亥时
- 三月：谷雨 初五 / 立夏 二十
- 四月：小满 初六 寅时 / 芒种 廿一 戌时
- 五月：夏至 初八 / 小暑 廿四 卯时
- 六月：大暑 初九 亥时 / 立秋 廿五 申时

七月大庚申 · 八月大辛酉 · 九月小壬戌 · 十月大癸亥 · 十一月大甲子 · 十二月小乙丑

旬	七月大庚申 公历	星期	干支	八月大辛酉 公历	星期	干支	九月小壬戌 公历	星期	干支	十月大癸亥 公历	星期	干支	十一月大甲子 公历	星期	干支	十二月小乙丑 公历	星期	干支
初一	12	五	己亥	11	日	己巳	11	二	己亥	9	三	戊辰	9	五	戊戌	8	日	戊辰
初二	13	六	庚子	12	一	庚午	12	三	庚子	10	四	己巳	10	六	己亥	9	一	己巳
初三	14	日	辛丑	13	二	辛未	13	四	辛丑	11	五	庚午	11	日	庚子	10	二	庚午
初四	15	一	壬寅	14	三	壬申	14	五	壬寅	12	六	辛未	12	一	辛丑	11	三	辛未
初五	16	二	癸卯	15	四	癸酉	15	六	癸卯	13	日	壬申	13	二	壬寅	12	四	壬申
初六	17	三	甲辰	16	五	甲戌	16	日	甲辰	14	一	癸酉	14	三	癸卯	13	五	癸酉
初七	18	四	乙巳	17	六	乙亥	17	一	乙巳	15	二	甲戌	15	四	甲辰	14	六	甲戌
初八	19	五	丙午	18	日	丙子	18	二	丙午	16	三	乙亥	16	五	乙巳	15	日	乙亥
初九	20	六	丁未	19	一	丁丑	19	三	丁未	17	四	丙子	17	六	丙午	16	一	丙子
初十	21	日	戊申	20	二	戊寅	20	四	戊申	18	五	丁丑	18	日	丁未	17	二	丁丑
十一	22	一	己酉	21	三	己卯	21	五	己酉	19	六	戊寅	19	一	戊申	18	三	戊寅
十二	23	二	庚戌	22	四	庚辰	22	六	庚戌	20	日	己卯	20	二	己酉	19	四	己卯
十三	24	三	辛亥	23	五	辛巳	23	日	辛亥	21	一	庚辰	21	三	庚戌	20	五	庚辰
十四	25	四	壬子	24	六	壬午	24	一	壬子	22	二	辛巳	22	四	辛亥	21	六	辛巳
十五	26	五	癸丑	25	日	癸未	25	二	癸丑	23	三	壬午	23	五	壬子	22	日	壬午
十六	27	六	甲寅	26	一	甲申	26	三	甲寅	24	四	癸未	24	六	癸丑	23	一	癸未
十七	28	日	乙卯	27	二	乙酉	27	四	乙卯	25	五	甲申	25	日	甲寅	24	二	甲申
十八	29	一	丙辰	28	三	丙戌	28	五	丙辰	26	六	乙酉	26	一	乙卯	25	三	乙酉
十九	30	二	丁巳	29	四	丁亥	29	六	丁巳	27	日	丙戌	27	二	丙辰	26	四	丙戌
二十	31	三	戊午	30	五	戊子	30	日	戊午	28	一	丁亥	28	三	丁巳	27	五	丁亥
廿一	9	四	己未	10	六	己丑	31	一	己未	29	二	戊子	29	四	戊午	28	六	戊子
廿二	2	五	庚申	2	日	庚寅	1	二	庚申	30	三	己丑	30	五	己未	29	日	己丑
廿三	3	六	辛酉	3	一	辛卯	2	三	辛酉	1	四	庚寅	31	六	庚申	30	一	庚寅
廿四	4	日	壬戌	4	二	壬辰	3	四	壬戌	2	五	辛卯	1	日	辛酉	31	二	辛卯
廿五	5	一	癸亥	5	三	癸巳	4	五	癸亥	3	六	壬辰	2	一	壬戌	1	三	壬辰
廿六	6	二	甲子	6	四	甲午	5	六	甲子	4	日	癸巳	3	二	癸亥	2	四	癸巳
廿七	7	三	乙丑	7	五	乙未	6	日	乙丑	5	一	甲午	4	三	甲子	3	五	甲午
廿八	8	四	丙寅	8	六	丙申	7	一	丙寅	6	二	乙未	5	四	乙丑	4	六	乙未
廿九	9	五	丁卯	9	日	丁酉	8	二	丁卯	7	三	丙申	6	五	丙寅	5	日	丙申
三十	10	六	戊辰	10	一	戊戌				8	四	丁酉	7	六	丁卯			

节气：
- 七月：处暑 十二 卯时 / 白露 廿七 酉时
- 八月：秋分 十三 寅时 / 寒露 廿七 巳时
- 九月：霜降 十三 午时 / 立冬 廿八 午时
- 十月：小雪 十四 午时 / 大雪 廿九 卯时
- 十一月：冬至 十一 午时 / 小寒 廿八 申时
- 十二月：大寒 十三 巳时 / 立春 廿八 寅时

左半（正月—六月）

旬	正月大丙寅 公历	星期	干支	二月小丁卯 公历	星期	干支	三月小戊辰 公历	星期	干支	四月大己巳 公历	星期	干支	五月小庚午 公历	星期	干支	六月大辛未 公历	星期	干支
初一	6	一	丁酉	8	三	丁卯	6	四	丙申	5	五	乙丑	4	日	乙未	3	一	甲子
初二	7	二	戊戌	9	四	戊辰	7	五	丁酉	6	六	丙寅	5	一	丙申	4	二	乙丑
初三	8	三	己亥	10	五	己巳	8	六	戊戌	7	日	丁卯	6	二	丁酉	5	三	丙寅
初四	9	四	庚子	11	六	庚午	9	日	己亥	8	一	戊辰	7	三	戊戌	6	四	丁卯
初五	10	五	辛丑	12	日	辛未	10	一	庚子	9	二	己巳	8	四	己亥	7	五	戊辰
初六	11	六	壬寅	13	一	壬申	11	二	辛丑	10	三	庚午	9	五	庚子	8	六	己巳
初七	12	日	癸卯	14	二	癸酉	12	三	壬寅	11	四	辛未	10	六	辛丑	9	日	庚午
初八	13	一	甲辰	15	三	甲戌	13	四	癸卯	12	五	壬申	11	日	壬寅	10	一	辛未
初九	14	二	乙巳	16	四	乙亥	14	五	甲辰	13	六	癸酉	12	一	癸卯	11	二	壬申
初十	15	三	丙午	17	五	丙子	15	六	乙巳	14	日	甲戌	13	二	甲辰	12	三	癸酉
十一	16	四	丁未	18	六	丁丑	16	日	丙午	15	一	乙亥	14	三	乙巳	13	四	甲戌
十二	17	五	戊申	19	日	戊寅	17	一	丁未	16	二	丙子	15	四	丙午	14	五	乙亥
十三	18	六	己酉	20	一	己卯	18	二	戊申	17	三	丁丑	16	五	丁未	15	六	丙子
十四	19	日	庚戌	21	二	庚辰	19	三	己酉	18	四	戊寅	17	六	戊申	16	日	丁丑
十五	20	一	辛亥	22	三	辛巳	20	四	庚戌	19	五	己卯	18	日	己酉	17	一	戊寅
十六	21	二	壬子	23	四	壬午	21	五	辛亥	20	六	庚辰	19	一	庚戌	18	二	己卯
十七	22	三	癸丑	24	五	癸未	22	六	壬子	21	日	辛巳	20	二	辛亥	19	三	庚辰
十八	23	四	甲寅	25	六	甲申	23	日	癸丑	22	一	壬午	21	三	壬子	20	四	辛巳
十九	24	五	乙卯	26	日	乙酉	24	一	甲寅	23	二	癸未	22	四	癸丑	21	五	壬午
二十	25	六	丙辰	27	一	丙戌	25	二	乙卯	24	三	甲申	23	五	甲寅	22	六	癸未
廿一	26	日	丁巳	28	二	丁亥	26	三	丙辰	25	四	乙酉	24	六	乙卯	23	日	甲申
廿二	27	一	戊午	29	三	戊子	27	四	丁巳	26	五	丙戌	25	日	丙辰	24	一	乙酉
廿三	28	二	己未	30	四	己丑	28	五	戊午	27	六	丁亥	26	一	丁巳	25	二	丙戌
廿四	**3**	三	庚申	31	五	庚寅	29	六	己未	28	日	戊子	27	二	戊午	26	三	丁亥
廿五	2	四	辛酉	**4**	六	辛卯	30	日	庚申	29	一	己丑	28	三	己未	27	四	戊子
廿六	3	五	壬戌	2	日	壬辰	**5**	一	辛酉	30	二	庚寅	29	四	庚申	28	五	己丑
廿七	4	六	癸亥	3	一	癸巳	2	二	壬戌	31	三	辛卯	30	五	辛酉	29	六	庚寅
廿八	5	日	甲子	4	二	甲午	3	三	癸亥	**6**	四	壬辰	**7**	六	壬戌	30	日	辛卯
廿九	6	一	乙丑	5	三	乙未	4	四	甲子	2	五	癸巳	2	日	癸亥	31	一	壬辰
三十	7	二	丙寅	—			—			3	六	甲午	—			**8**	二	癸巳
节气	雨水 十四 子时		惊蛰 廿九 亥时	春分 十三 子时		清明 廿九 寅时	谷雨 十五 巳时		立夏 初一 戌时	小满 十七 巳时		芒种 初三 丑时	夏至 十八 酉时		小暑 初八 午时	大暑 廿一 寅时		立秋 初六 亥时

右半（七月—十二月）

旬	七月小壬申 公历	星期	干支	八月大癸酉 公历	星期	干支	九月小甲戌 公历	星期	干支	十月大乙亥 公历	星期	干支	十一月大丙子 公历	星期	干支	十二月大丁丑 公历	星期	干支
初一	2	三	甲午	31	四	癸亥	30	六	癸巳	29	日	壬戌	28	二	壬辰	28	四	壬戌
初二	3	四	乙未	**9**	五	甲子	**10**	日	甲午	30	一	癸亥	29	三	癸巳	29	五	癸亥
初三	4	五	丙申	2	六	乙丑	2	一	乙未	31	二	甲子	30	四	甲午	30	六	甲子
初四	5	六	丁酉	3	日	丙寅	3	二	丙申	**11**	三	乙丑	**12**	五	乙未	31	日	乙丑
初五	6	日	戊戌	4	一	丁卯	4	三	丁酉	2	四	丙寅	2	六	丙申	**1**	一	丙寅
初六	7	一	己亥	5	二	戊辰	5	四	戊戌	3	五	丁卯	3	日	丁酉	2	二	丁卯
初七	8	二	庚子	6	三	己巳	6	五	己亥	4	六	戊辰	4	一	戊戌	3	三	戊辰
初八	9	三	辛丑	7	四	庚午	7	六	庚子	5	日	己巳	5	二	己亥	4	四	己巳
初九	10	四	壬寅	8	五	辛未	8	日	辛丑	6	一	庚午	6	三	庚子	5	五	庚午
初十	11	五	癸卯	9	六	壬申	9	一	壬寅	7	二	辛未	7	四	辛丑	6	六	辛未
十一	12	六	甲辰	10	日	癸酉	10	二	癸卯	8	三	壬申	8	五	壬寅	7	日	壬申
十二	13	日	乙巳	11	一	甲戌	11	三	甲辰	9	四	癸酉	9	六	癸卯	8	一	癸酉
十三	14	一	丙午	12	二	乙亥	12	四	乙巳	10	五	甲戌	10	日	甲辰	9	二	甲戌
十四	15	二	丁未	13	三	丙子	13	五	丙午	11	六	乙亥	11	一	乙巳	10	三	乙亥
十五	16	三	戊申	14	四	丁丑	14	六	丁未	12	日	丙子	12	二	丙午	11	四	丙子
十六	17	四	己酉	15	五	戊寅	15	日	戊申	13	一	丁丑	13	三	丁未	12	五	丁丑
十七	18	五	庚戌	16	六	己卯	16	一	己酉	14	二	戊寅	14	四	戊申	13	六	戊寅
十八	19	六	辛亥	17	日	庚辰	17	二	庚戌	15	三	己卯	15	五	己酉	14	日	己卯
十九	20	日	壬子	18	一	辛巳	18	三	辛亥	16	四	庚辰	16	六	庚戌	15	一	庚辰
二十	21	一	癸丑	19	二	壬午	19	四	壬子	17	五	辛巳	17	日	辛亥	16	二	辛巳
廿一	22	二	甲寅	20	三	癸未	20	五	癸丑	18	六	壬午	18	一	壬子	17	三	壬午
廿二	23	三	乙卯	21	四	甲申	21	六	甲寅	19	日	癸未	19	二	癸丑	18	四	癸未
廿三	24	四	丙辰	22	五	乙酉	22	日	乙卯	20	一	甲申	20	三	甲寅	19	五	甲申
廿四	25	五	丁巳	23	六	丙戌	23	一	丙辰	21	二	乙酉	21	四	乙卯	20	六	乙酉
廿五	26	六	戊午	24	日	丁亥	24	二	丁巳	22	三	丙戌	22	五	丙辰	21	日	丙戌
廿六	27	日	己未	25	一	戊子	25	三	戊午	23	四	丁亥	23	六	丁巳	22	一	丁亥
廿七	28	一	庚申	26	二	己丑	26	四	己未	24	五	戊子	24	日	戊午	23	二	戊子
廿八	29	二	辛酉	27	三	庚寅	27	五	庚申	25	六	己丑	25	一	己未	24	三	己丑
廿九	30	三	壬戌	28	四	辛卯	28	六	辛酉	26	日	庚寅	26	二	庚申	25	四	庚寅
三十	—			29	五	壬辰	—			27	一	辛卯	27	三	辛酉	26	五	辛卯
节气	处暑 廿二 午时		白露 初八 子时	秋分 廿四 巳时		寒露 初九 卯时	霜降 廿四 酉时		立冬 初十 酉时	小雪 廿五 午时		大雪 初十 申时	冬至 廿五 卯时		小寒 初九 亥时	大寒 廿四 申时		

195

农历庚午年 属马

旬	正月小戊寅			二月大己卯			三月小庚辰			四月小辛巳			五月大壬午			闰五月小			六月小癸未			七月大甲申			八月小乙酉			九月大丙戌			十月大丁亥			十一月大戊子			十二月大己丑		
	公历	星期	干支	公历	星期	干支	公历	星期	干支	公历	星期	干支	公历	星期	干支	公历	星期	干支	公历	星期	干支	公历	星期	干支	公历	星期	干支	公历	星期	干支	公历	星期	干支	公历	星期	干支	公历	星期	干支
初一	27	六	壬辰	25	日	辛酉	27	二	辛卯	25	三	庚申	24	四	己丑	23	六	己未	22	日	己未	20	一	丁巳	19	三	丁亥	18	四	丙辰	17	六	丙戌	17	一	丙辰	16	三	丙戌
初二	28	日	癸巳	26	一	壬戌	28	三	壬辰	26	四	辛酉	25	五	庚寅	24	日	庚申	23	一	庚申	21	二	戊午	20	四	戊子	19	五	丁巳	18	日	丁亥	18	二	丁巳	17	四	丁亥
初三	29	一	甲午	27	二	癸亥	29	四	癸巳	27	五	壬戌	26	六	辛卯	25	一	辛酉	24	二	辛酉	22	三	己未	21	五	己丑	20	六	戊午	19	一	戊子	19	三	戊午	18	五	戊子
初四	30	二	乙未	28	三	甲子	30	五	甲午	28	六	癸亥	27	日	壬辰	26	二	壬戌	25	三	壬戌	23	四	庚申	22	六	庚寅	21	日	己未	20	二	己丑	20	四	己未	19	六	己丑
初五	31	三	丙申	**3**	四	乙丑	31	六	乙未	29	日	甲子	28	一	癸巳	27	三	癸亥	26	四	癸亥	24	五	辛酉	23	日	辛卯	22	一	庚申	21	三	庚寅	21	五	庚申	20	日	庚寅
初六	**2**	四	丁酉	2	五	丙寅	**4**	日	丙申	30	一	乙丑	29	二	甲午	28	四	甲子	27	五	甲子	25	六	壬戌	24	一	壬辰	23	二	辛酉	22	四	辛卯	22	六	辛酉	21	一	辛卯
初七	3	五	戊戌	3	六	丁卯	2	一	丁酉	**5**	二	丙寅	30	三	乙未	29	五	乙丑	28	六	乙丑	26	日	癸亥	25	二	癸巳	24	三	壬戌	23	五	壬辰	23	日	壬戌	22	二	壬辰
初八	4	六	己亥	4	日	戊辰	3	二	戊戌	2	三	丁卯	**6**	四	丙申	**7**	六	丙寅	29	日	丙寅	27	一	甲子	26	三	甲午	25	四	癸亥	24	六	癸巳	24	一	癸亥	23	三	癸巳
初九	5	日	庚子	5	一	己巳	4	三	己亥	3	四	戊辰	2	五	丁酉	2	日	丁卯	30	一	丁卯	28	二	乙丑	27	四	乙未	26	五	甲子	25	日	甲午	25	二	甲子	24	四	甲午
初十	6	一	辛丑	6	二	庚午	5	四	庚子	4	五	己巳	3	六	戊戌	3	一	戊辰	31	二	戊辰	29	三	丙寅	28	五	丙申	27	六	乙丑	26	一	乙未	26	三	乙丑	25	五	乙未
十一	6	二	壬寅	7	三	辛未	6	五	辛丑	5	六	庚午	4	日	己亥	4	二	己巳	**8**	三	己巳	30	四	丁卯	29	六	丁酉	28	日	丙寅	27	二	丙申	27	四	丙寅	26	六	丙申
十二	7	三	癸卯	8	四	壬申	7	六	壬寅	6	日	辛未	5	一	庚子	5	三	庚午	2	四	庚午	31	五	戊辰	30	日	戊戌	29	一	丁卯	28	三	丁酉	28	五	丁卯	27	日	丁酉
十三	8	四	甲辰	9	五	癸酉	8	日	癸卯	7	一	壬申	6	二	辛丑	6	四	辛未	3	五	辛未	**9**	六	己巳	31	一	己亥	30	二	戊辰	29	四	戊戌	29	六	戊辰	28	一	戊戌
十四	9	五	乙巳	10	六	甲戌	9	一	甲辰	8	二	癸酉	7	三	壬寅	7	五	壬申	4	六	壬申	2	日	庚午	**10**	二	庚子	31	三	己巳	30	五	己亥	30	日	己巳	29	二	己亥
十五	10	六	丙午	11	日	乙亥	10	二	乙巳	9	三	甲戌	8	四	癸卯	8	六	癸酉	5	日	癸酉	3	一	辛未	2	三	辛丑	**11**	四	庚午	31	六	庚子	31	一	庚午	30	三	庚子
十六	11	日	丁未	12	一	丙子	11	三	丙午	10	四	乙亥	9	五	甲辰	9	日	甲戌	6	一	甲戌	4	二	壬申	3	四	壬寅	2	五	辛未	**11**	日	辛丑	**2**	二	辛未	31	四	辛丑
十七	12	一	戊申	13	二	丁丑	12	四	丁未	11	五	丙子	10	六	乙巳	10	一	乙亥	7	二	乙亥	5	三	癸酉	4	五	癸卯	3	六	壬申	2	一	壬寅	2	三	壬申	**2**	五	壬寅
十八	13	二	己酉	14	三	戊寅	13	五	戊申	12	六	丁丑	11	日	丙午	11	二	丙子	8	三	丙子	6	四	甲戌	5	六	甲辰	4	日	癸酉	3	二	癸卯	3	四	癸酉	2	六	癸卯
十九	14	三	庚戌	15	四	己卯	14	六	己酉	13	日	戊寅	12	一	丁未	12	三	丁丑	9	四	丁丑	7	五	乙亥	6	日	乙巳	5	一	甲戌	4	三	甲辰	4	五	甲戌	3	日	甲辰
二十	15	四	辛亥	16	五	庚辰	15	日	庚戌	14	一	己卯	13	二	戊申	13	四	戊寅	10	五	戊寅	8	六	丙子	7	一	丙午	6	二	乙亥	5	四	乙巳	5	六	乙亥	4	一	乙巳
廿一	16	五	壬子	17	六	辛巳	16	一	辛亥	15	二	庚辰	14	三	己酉	14	五	己卯	11	六	己卯	9	日	丁丑	8	二	丁未	7	三	丙子	6	五	丙午	6	日	丙子	5	二	丙午
廿二	17	六	癸丑	18	日	壬午	17	二	壬子	16	三	辛巳	15	四	庚戌	15	六	庚辰	12	日	庚辰	10	一	戊寅	9	三	戊申	8	四	丁丑	7	六	丁未	7	一	丁丑	6	三	丁未
廿三	18	日	甲寅	19	一	癸未	18	三	癸丑	17	四	壬午	16	五	辛亥	16	日	辛巳	13	一	辛巳	11	二	己卯	10	四	己酉	9	五	戊寅	8	日	戊申	8	二	戊寅	7	四	戊申
廿四	19	一	乙卯	20	二	甲申	19	四	甲寅	18	五	癸未	17	六	壬子	17	一	壬午	14	二	壬午	12	三	庚辰	11	五	庚戌	10	六	己卯	9	一	己酉	9	三	己卯	8	五	己酉
廿五	20	二	丙辰	21	三	乙酉	20	五	乙卯	19	六	甲申	18	日	癸丑	18	二	癸未	15	三	癸未	13	四	辛巳	12	六	辛亥	11	日	庚辰	10	二	庚戌	10	四	庚辰	9	六	庚戌
廿六	21	三	丁巳	22	四	丙戌	21	六	丙辰	20	日	乙酉	19	一	甲寅	19	三	甲申	16	四	甲申	14	五	壬午	13	日	壬子	12	一	辛巳	11	三	辛亥	11	五	辛巳	10	日	辛亥
廿七	22	四	戊午	23	五	丁亥	22	日	丁巳	21	一	丙戌	20	二	乙卯	20	四	乙酉	17	五	乙酉	15	六	癸未	14	一	癸丑	13	二	壬午	12	四	壬子	12	六	壬午	11	一	壬子
廿八	23	五	己未	24	六	戊子	23	一	戊午	22	二	丁亥	21	三	丙辰	21	五	丙戌	18	六	丙戌	16	日	甲申	15	二	甲寅	14	三	癸未	13	五	癸丑	13	日	癸未	12	二	癸丑
廿九	24	六	庚申	25	日	己丑	24	二	己未				22	四	丁巳				19	日	丁亥	17	一	乙酉	16	三	乙卯	15	四	甲申	14	六	甲寅	14	一	甲申	13	三	甲寅
三十				26	一	庚寅							23	五	戊午							18	二	丙戌				16	五	乙酉	15	日	乙卯	15	二	乙酉	14	四	乙卯
节气	立春 初九 巳时	雨水 廿四 卯时		惊蛰 初十 寅时	春分 廿五 卯时		清明 初十 未时	谷雨 廿五 申时		立夏 十二 丑时	小满 廿七 申时		芒种 十四 卯时	夏至 廿九 丑时		小暑 十五 酉时			大暑 初二 巳时	立秋 十八 丑时		处暑 初四 酉时	白露 二十 午时		秋分 初五 未时	寒露 二十 亥时		霜降 初七 时	立冬 廿二 申时		小雪 初六 时	大雪 廿一 酉时		冬至 初六 午时	小寒 廿一 酉时		大寒 初五 亥时	立春 二十 申时	

农历辛未年　属羊　　　　　　　　　　　　　　　　　　　　　　　　　　　　　　　　　　　公元 1991—1992 年

旬	正月小庚寅 公历	星期	干支	二月大辛卯 公历	星期	干支	三月小壬辰 公历	星期	干支	四月小癸巳 公历	星期	干支	五月大甲午 公历	星期	干支	六月小乙未 公历	星期	干支	七月小丙申 公历	星期	干支	八月大丁酉 公历	星期	干支	九月小戊戌 公历	星期	干支	十月大己亥 公历	星期	干支	十一月大庚子 公历	星期	干支	十二月大辛丑 公历	星期	干支
初一	15	五	丙辰	16	六	乙酉	15	一	乙卯	14	二	甲申	12	三	癸丑	12	五	癸未	10	六	壬子	8	日	辛巳	8	二	辛亥	6	三	庚辰	6	五	庚戌	5	日	庚辰
初二	16	六	丁巳	17	日	丙戌	16	二	丙辰	15	三	乙酉	13	四	甲寅	13	六	甲申	11	日	癸丑	9	一	壬午	9	三	壬子	7	四	辛巳	7	六	辛亥	6	一	辛巳
初三	17	日	戊午	18	一	丁亥	17	三	丁巳	16	四	丙戌	14	五	乙卯	14	日	乙酉	12	一	甲寅	10	二	癸未	10	四	癸丑	8	五	壬午	8	日	壬子	7	二	壬午
初四	18	一	己未	19	二	戊子	18	四	戊午	17	五	丁亥	15	六	丙辰	15	一	丙戌	13	二	乙卯	11	三	甲申	11	五	甲寅	9	六	癸未	9	一	癸丑	8	三	癸未
初五	19	二	庚申	20	三	己丑	19	五	己未	18	六	戊子	16	日	丁巳	16	二	丁亥	14	三	丙辰	12	四	乙酉	12	六	乙卯	10	日	甲申	10	二	甲寅	9	四	甲申
初六	20	三	辛酉	21	四	庚寅	20	六	庚申	19	日	己丑	17	一	戊午	17	三	戊子	15	四	丁巳	13	五	丙戌	13	日	丙辰	11	一	乙酉	11	三	乙卯	10	五	乙酉
初七	21	四	壬戌	22	五	辛卯	21	日	辛酉	20	一	庚寅	18	二	己未	18	四	己丑	16	五	戊午	14	六	丁亥	14	一	丁巳	12	二	丙戌	12	四	丙辰	11	六	丙戌
初八	22	五	癸亥	23	六	壬辰	22	一	壬戌	21	二	辛卯	19	三	庚申	19	五	庚寅	17	六	己未	15	日	戊子	15	二	戊午	13	三	丁亥	13	五	丁巳	12	日	丁亥
初九	23	六	甲子	24	日	癸巳	23	二	癸亥	22	三	壬辰	20	四	辛酉	20	六	辛卯	18	日	庚申	16	一	己丑	16	三	己未	14	四	戊子	14	六	戊午	13	一	戊子
初十	24	日	乙丑	25	一	甲午	24	三	甲子	23	四	癸巳	21	五	壬戌	21	日	壬辰	19	一	辛酉	17	二	庚寅	17	四	庚申	15	五	己丑	15	日	己未	14	二	己丑
十一	25	一	丙寅	26	二	乙未	25	四	乙丑	24	五	甲午	22	六	癸亥	22	一	癸巳	20	二	壬戌	18	三	辛卯	18	五	辛酉	16	六	庚寅	16	一	庚申	15	三	庚寅
十二	26	二	丁卯	27	三	丙申	26	五	丙寅	25	六	乙未	23	日	甲子	23	二	甲午	21	三	癸亥	19	四	壬辰	19	六	壬戌	17	日	辛卯	17	二	辛酉	16	四	辛卯
十三	27	三	戊辰	28	四	丁酉	27	六	丁卯	26	日	丙申	24	一	乙丑	24	三	乙未	22	四	甲子	20	五	癸巳	20	日	癸亥	18	一	壬辰	18	三	壬戌	17	五	壬辰
十四	28	四	己巳	29	五	戊戌	28	日	戊辰	27	一	丁酉	25	二	丙寅	25	四	丙申	23	五	乙丑	21	六	甲午	21	一	甲子	19	二	癸巳	19	四	癸亥	18	六	癸巳
十五	1	五	庚午	30	六	己亥	29	一	己巳	28	二	戊戌	26	三	丁卯	26	五	丁酉	24	六	丙寅	22	日	乙未	22	二	乙丑	20	三	甲午	20	五	甲子	19	日	甲午
十六	2	六	辛未	31	日	庚子	30	二	庚午	29	三	己亥	27	四	戊辰	27	六	戊戌	25	日	丁卯	23	一	丙申	23	三	丙寅	21	四	乙未	21	六	乙丑	20	一	乙未
十七	3	日	壬申	1	一	辛丑	1	三	辛未	30	四	庚子	28	五	己巳	28	日	己亥	26	一	戊辰	24	二	丁酉	24	四	丁卯	22	五	丙申	22	日	丙寅	21	二	丙申
十八	4	一	癸酉	2	二	壬寅	2	四	壬申	31	五	辛丑	29	六	庚午	29	一	庚子	27	二	己巳	25	三	戊戌	25	五	戊辰	23	六	丁酉	23	一	丁卯	22	三	丁酉
十九	5	二	甲戌	3	三	癸卯	3	五	癸酉	1	六	壬寅	30	日	辛未	30	二	辛丑	28	三	庚午	26	四	己亥	26	六	己巳	24	日	戊戌	24	二	戊辰	23	四	戊戌
二十	6	三	乙亥	4	四	甲辰	4	六	甲戌	2	日	癸卯	1	一	壬申	31	三	壬寅	29	四	辛未	27	五	庚子	27	日	庚午	25	一	己亥	25	三	己巳	24	五	己亥
廿一	7	四	丙子	5	五	乙巳	5	日	乙亥	3	一	甲辰	2	二	癸酉	1	四	癸卯	30	五	壬申	28	六	辛丑	28	一	辛未	26	二	庚子	26	四	庚午	25	六	庚子
廿二	8	五	丁丑	6	六	丙午	6	一	丙子	4	二	乙巳	3	三	甲戌	2	五	甲辰	31	六	癸酉	29	日	壬寅	29	二	壬申	27	三	辛丑	27	五	辛未	26	日	辛丑
廿三	9	六	戊寅	7	日	丁未	7	二	丁丑	5	三	丙午	4	四	乙亥	3	六	乙巳	1	日	甲戌	30	一	癸卯	30	三	癸酉	28	四	壬寅	28	六	壬申	27	一	壬寅
廿四	10	日	己卯	8	一	戊申	8	三	戊寅	6	四	丁未	5	五	丙子	4	日	丙午	2	一	乙亥	1	二	甲辰	31	四	甲戌	29	五	癸卯	29	日	癸酉	28	二	癸卯
廿五	11	一	庚辰	9	二	己酉	9	四	己卯	7	五	戊申	6	六	丁丑	5	一	丁未	3	二	丙子	2	三	乙巳	1	五	乙亥	30	六	甲辰	30	一	甲戌	29	三	甲辰
廿六	12	二	辛巳	10	三	庚戌	10	五	庚辰	8	六	己酉	7	日	戊寅	6	二	戊申	4	三	丁丑	3	四	丙午	2	六	丙子	1	日	乙巳	31	二	乙亥	30	四	乙巳
廿七	13	三	壬午	11	四	辛亥	11	六	辛巳	9	日	庚戌	8	一	己卯	7	三	己酉	5	四	戊寅	4	五	丁未	3	日	丁丑	2	一	丙午	1	三	丙子	31	五	丙午
廿八	14	四	癸未	12	五	壬子	12	日	壬午	10	一	辛亥	9	二	庚辰	8	四	庚戌	6	五	己卯	5	六	戊申	4	一	戊寅	3	二	丁未	2	四	丁丑	1	六	丁未
廿九	15	五	甲申	13	六	癸丑	13	一	癸未	11	二	壬子	10	三	辛巳	9	五	辛亥	7	六	庚辰	6	日	己酉	5	二	己卯	4	三	戊申	3	五	戊寅	2	日	戊申
三十				14	日	甲寅							11	四	壬午							7	一	庚戌				5	四	己酉	4	六	己卯	3	一	己酉

节气

月	节	气
正月小庚寅	惊蛰 二十 巳时	雨水 初五 午时
二月大辛卯	清明 廿一 申时	春分 初六 午时
三月小壬辰	立夏 廿二 辰时	谷雨 初六 亥时
四月小癸巳	芒种 廿四 午时	小满 初八 亥时
五月大甲午	小暑 廿六 亥时	夏至 十一 卯时
六月小乙未	立秋 廿八 辰时	大暑 十二 申时
七月小丙申		处暑 十四 子时
八月大丁酉	白露 初一 午时	秋分 十六 戌时
九月小戊戌	寒露 初二 寅时	霜降 十七 卯时
十月大己亥	立冬 初二 卯时	小雪 十八 寅时
十一月大庚子	大雪 初二 亥时	冬至 十七 申时
十二月大辛丑	小寒 初二 巳时	大寒 二十 寅时

正月小壬寅

旬	公历	星期	干支
初一	4	二	庚戌
初二	5	三	辛亥
初三	6	四	壬子
初四	7	五	癸丑
初五	8	六	甲寅
初六	9	日	乙卯
初七	10	一	丙辰
初八	11	二	丁巳
初九	12	三	戊午
初十	13	四	己未
十一	14	五	庚申
十二	15	六	辛酉
十三	16	日	壬戌
十四	17	一	癸亥
十五	18	二	甲子
十六	19	三	乙丑
十七	20	四	丙寅
十八	21	五	丁卯
十九	22	六	戊辰
二十	23	日	己巳
廿一	24	一	庚午
廿二	25	二	辛未
廿三	26	三	壬申
廿四	27	四	癸酉
廿五	28	五	甲戌
廿六	29	六	乙亥
廿七	**3/1**	日	丙子
廿八	2	一	丁丑
廿九	**3**	二	戊寅

节气：立春 初一 亥时　雨水 十六 申时

二月大癸卯

旬	公历	星期	干支
初一	4	三	己卯
初二	5	四	庚辰
初三	6	五	辛巳
初四	7	六	壬午
初五	8	日	癸未
初六	9	一	甲申
初七	10	二	乙酉
初八	11	三	丙戌
初九	12	四	丁亥
初十	13	五	戊子
十一	14	六	己丑
十二	15	日	庚寅
十三	16	一	辛卯
十四	17	二	壬辰
十五	18	三	癸巳
十六	19	四	甲午
十七	20	五	乙未
十八	21	六	丙申
十九	22	日	丁酉
二十	23	一	戊戌
廿一	24	二	己亥
廿二	25	三	庚子
廿三	26	四	辛丑
廿四	27	五	壬寅
廿五	28	六	癸卯
廿六	29	日	甲辰
廿七	30	一	乙巳
廿八	31	二	丙午
廿九	**4/1**	三	丁未
三十	2	四	戊申

节气：惊蛰 初二 辰时　春分 十七 巳时

三月大甲辰

旬	公历	星期	干支
初一	3	五	己酉
初二	4	六	庚戌
初三	5	日	辛亥
初四	6	一	壬子
初五	7	二	癸丑
初六	8	三	甲寅
初七	9	四	乙卯
初八	10	五	丙辰
初九	11	六	丁巳
初十	12	日	戊午
十一	13	一	己未
十二	14	二	庚申
十三	15	三	辛酉
十四	16	四	壬戌
十五	17	五	癸亥
十六	18	六	甲子
十七	19	日	乙丑
十八	20	一	丙寅
十九	21	二	丁卯
二十	22	三	戊辰
廿一	23	四	己巳
廿二	24	五	庚午
廿三	25	六	辛未
廿四	26	日	壬申
廿五	27	一	癸酉
廿六	28	二	甲戌
廿七	29	三	乙亥
廿八	30	四	丙子
廿九	**5/1**	五	丁丑
三十	2	六	戊寅

节气：清明 初二 申时　谷雨 十八 寅时

四月小乙巳

旬	公历	星期	干支
初一	3	日	己卯
初二	4	一	庚辰
初三	5	二	辛巳
初四	6	三	壬午
初五	7	四	癸未
初六	8	五	甲申
初七	9	六	乙酉
初八	10	日	丙戌
初九	11	一	丁亥
初十	12	二	戊子
十一	13	三	己丑
十二	14	四	庚寅
十三	15	五	辛卯
十四	16	六	壬辰
十五	17	日	癸巳
十六	18	一	甲午
十七	19	二	乙未
十八	20	三	丙申
十九	21	四	丁酉
二十	22	五	戊戌
廿一	23	六	己亥
廿二	24	日	庚子
廿三	25	一	辛丑
廿四	26	二	壬寅
廿五	27	三	癸卯
廿六	28	四	甲辰
廿七	29	五	乙巳
廿八	30	六	丙午
廿九	31	日	丁未

节气：立夏 初三 未时　小满 十九 寅时

五月小丙午

旬	公历	星期	干支
初一	**6/1**	一	戊申
初二	2	二	己酉
初三	3	三	庚戌
初四	4	四	辛亥
初五	5	五	壬子
初六	6	六	癸丑
初七	7	日	甲寅
初八	8	一	乙卯
初九	9	二	丙辰
初十	10	三	丁巳
十一	11	四	戊午
十二	12	五	己未
十三	13	六	庚申
十四	14	日	辛酉
十五	15	一	壬戌
十六	16	二	癸亥
十七	17	三	甲子
十八	18	四	乙丑
十九	19	五	丙寅
二十	20	六	丁卯
廿一	21	日	戊辰
廿二	22	一	己巳
廿三	23	二	庚午
廿四	24	三	辛未
廿五	25	四	壬申
廿六	26	五	癸酉
廿七	27	六	甲戌
廿八	28	日	乙亥
廿九	29	一	丙子

节气：芒种 初五 午时　夏至 廿一 卯时

六月大丁未

旬	公历	星期	干支
初一	30	二	丁丑
初二	**7/1**	三	戊寅
初三	2	四	己卯
初四	3	五	庚辰
初五	4	六	辛巳
初六	5	日	壬午
初七	6	一	癸未
初八	7	二	甲申
初九	8	三	乙酉
初十	9	四	丙戌
十一	10	五	丁亥
十二	11	六	戊子
十三	12	日	己丑
十四	13	一	庚寅
十五	14	二	辛卯
十六	15	三	壬辰
十七	16	四	癸巳
十八	17	五	甲午
十九	18	六	乙未
二十	19	日	丙申
廿一	20	一	丁酉
廿二	21	二	戊戌
廿三	22	三	己亥
廿四	23	四	庚子
廿五	24	五	辛丑
廿六	25	六	壬寅
廿七	26	日	癸卯
廿八	27	一	甲辰
廿九	28	二	乙巳
三十	29	三	丙午

节气：小暑 初六 亥时　大暑 廿三 亥时

七月小戊申

旬	公历	星期	干支
初一	30	四	丁未
初二	31	五	戊申
初三	**8/1**	六	己酉
初四	2	日	庚戌
初五	3	一	辛亥
初六	4	二	壬子
初七	5	三	癸丑
初八	6	四	甲寅
初九	7	五	乙卯
初十	8	六	丙辰
十一	9	日	丁巳
十二	10	一	戊午
十三	11	二	己未
十四	12	三	庚申
十五	13	四	辛酉
十六	14	五	壬戌
十七	15	六	癸亥
十八	16	日	甲子
十九	17	一	乙丑
二十	18	二	丙寅
廿一	19	三	丁卯
廿二	20	四	戊辰
廿三	21	五	己巳
廿四	22	六	庚午
廿五	23	日	辛未
廿六	24	一	壬申
廿七	25	二	癸酉
廿八	26	三	甲戌
廿九	27	四	乙亥

节气：立秋 初九 未时　处暑 廿五 卯时

八月小己酉

旬	公历	星期	干支
初一	28	五	丙子
初二	29	六	丁丑
初三	30	日	戊寅
初四	31	一	己卯
初五	**9/1**	二	庚辰
初六	2	三	辛巳
初七	3	四	壬午
初八	4	五	癸未
初九	5	六	甲申
初十	6	日	乙酉
十一	7	一	丙戌
十二	8	二	丁亥
十三	9	三	戊子
十四	10	四	己丑
十五	11	五	庚寅
十六	12	六	辛卯
十七	13	日	壬辰
十八	14	一	癸巳
十九	15	二	甲午
二十	16	三	乙未
廿一	17	四	丙申
廿二	18	五	丁酉
廿三	19	六	戊戌
廿四	20	日	己亥
廿五	21	一	庚子
廿六	22	二	辛丑
廿七	23	三	壬寅
廿八	24	四	癸卯
廿九	25	五	甲辰

节气：白露 十一 酉时　秋分 廿七 丑时

九月大庚戌

旬	公历	星期	干支
初一	26	六	乙巳
初二	27	日	丙午
初三	28	一	丁未
初四	29	二	戊申
初五	30	三	己酉
初六	**10/1**	四	庚戌
初七	2	五	辛亥
初八	3	六	壬子
初九	4	日	癸丑
初十	5	一	甲寅
十一	6	二	乙卯
十二	7	三	丙辰
十三	8	四	丁巳
十四	9	五	戊午
十五	10	六	己未
十六	11	日	庚申
十七	12	一	辛酉
十八	13	二	壬戌
十九	14	三	癸亥
二十	15	四	甲子
廿一	16	五	乙丑
廿二	17	六	丙寅
廿三	18	日	丁卯
廿四	19	一	戊辰
廿五	20	二	己巳
廿六	21	三	庚午
廿七	22	四	辛未
廿八	23	五	壬申
廿九	24	六	癸酉
三十	25	日	甲戌

节气：寒露 十三 辰时　霜降 廿八 申时

十月小辛亥

旬	公历	星期	干支
初一	26	一	乙亥
初二	27	二	丙子
初三	28	三	丁丑
初四	29	四	戊寅
初五	30	五	己卯
初六	31	六	庚辰
初七	**11/1**	日	辛巳
初八	2	一	壬午
初九	3	二	癸未
初十	4	三	甲申
十一	5	四	乙酉
十二	6	五	丙戌
十三	7	六	丁亥
十四	8	日	戊子
十五	9	一	己丑
十六	10	二	庚寅
十七	11	三	辛卯
十八	12	四	壬辰
十九	13	五	癸巳
二十	14	六	甲午
廿一	15	日	乙未
廿二	16	一	丙申
廿三	17	二	丁酉
廿四	18	三	戊戌
廿五	19	四	己亥
廿六	20	五	庚子
廿七	21	六	辛丑
廿八	22	日	壬寅
廿九	23	一	癸卯

节气：立冬 十三 巳时　小雪 廿八 申时

十一月大壬子

旬	公历	星期	干支
初一	24	二	甲辰
初二	25	三	乙巳
初三	26	四	丙午
初四	27	五	丁未
初五	28	六	戊申
初六	29	日	己酉
初七	30	一	庚戌
初八	**12/1**	二	辛亥
初九	2	三	壬子
初十	3	四	癸丑
十一	4	五	甲寅
十二	5	六	乙卯
十三	6	日	丙辰
十四	7	一	丁巳
十五	8	二	戊午
十六	9	三	己未
十七	10	四	庚申
十八	11	五	辛酉
十九	12	六	壬戌
二十	13	日	癸亥
廿一	14	一	甲子
廿二	15	二	乙丑
廿三	16	三	丙寅
廿四	17	四	丁卯
廿五	18	五	戊辰
廿六	19	六	己巳
廿七	20	日	庚午
廿八	21	一	辛未
廿九	22	二	壬申
三十	23	三	癸酉

节气：大雪 十四 寅时　冬至 廿八 寅时

十二月大癸丑

旬	公历	星期	干支
初一	24	四	甲戌
初二	25	五	乙亥
初三	26	六	丙子
初四	27	日	丁丑
初五	28	一	戊寅
初六	29	二	己卯
初七	30	三	庚辰
初八	31	四	辛巳
初九	**1/1**	五	壬午
初十	2	六	癸未
十一	3	日	甲申
十二	4	一	乙酉
十三	5	二	丙戌
十四	6	三	丁亥
十五	7	四	戊子
十六	8	五	己丑
十七	9	六	庚寅
十八	10	日	辛卯
十九	11	一	壬辰
二十	12	二	癸巳
廿一	13	三	甲午
廿二	14	四	乙未
廿三	15	五	丙申
廿四	16	六	丁酉
廿五	17	日	戊戌
廿六	18	一	己亥
廿七	19	二	庚子
廿八	20	三	辛丑
廿九	21	四	壬寅
三十	22	五	癸卯

节气：小寒 十三 申时　大寒 廿八 巳时

农历癸酉年　属鸡

旬	正月小甲寅			二月大乙卯			三月大丙辰			闰三月小			四月大丁巳			五月小戊午			六月大己未			七月小庚申			八月小辛酉			九月大壬戌			十月小癸亥			十一月大甲子			十二月小乙丑		
	公历	星期	干支	公历	星期	干支	公历	星期	干支	公历	星期	干支	公历	星期	干支	公历	星期	干支	公历	星期	干支	公历	星期	干支	公历	星期	干支	公历	星期	干支	公历	星期	干支	公历	星期	干支	公历	星期	干支

节气（由左向右）： 立春、雨水、惊蛰、春分、清明、谷雨、立夏、小满、芒种、夏至、小暑、大暑、立秋、处暑、白露、秋分、寒露、霜降、立冬、小雪、大雪、冬至、小寒、大寒

（旬）： 初一、初二、初三、初四、初五、初六、初七、初八、初九、初十、十一、十二、十三、十四、十五、十六、十七、十八、十九、二十、廿一、廿二、廿三、廿四、廿五、廿六、廿七、廿八、廿九、三十

农历甲戌年 属狗　　　　　　　　　　　　　　　　　　　　　　　　　　公元 1994—1995 年

旬	正月大丙寅 公历/星期/干支	二月大丁卯 公历/星期/干支	三月大戊辰 公历/星期/干支	四月小己巳 公历/星期/干支	五月大庚午 公历/星期/干支	六月小辛未 公历/星期/干支	旬	七月大壬申 公历/星期/干支	八月小癸酉 公历/星期/干支	九月小甲戌 公历/星期/干支	十月大乙亥 公历/星期/干支	十一月小丙子 公历/星期/干支	十二月大丁丑 公历/星期/干支
初一	10 四 丁卯	12 六 丁酉	11 一 丁卯	11 三 丁酉	9 四 丙寅	9 六 丙申	初一	7 日 乙丑	6 二 乙未	5 一 乙丑	3 四 癸巳	3 六 癸亥	1 日 壬辰
初二	11 五 戊辰	13 日 戊戌	12 二 戊辰	12 四 戊戌	10 五 丁卯	10 日 丁酉	初二	8 一 丙寅	7 三 丙申	6 二 丙寅	4 五 甲午	4 日 甲子	2 一 癸巳
初三	12 六 己巳	14 一 己亥	13 三 己巳	13 五 己亥	11 六 戊辰	11 一 戊戌	初三	9 二 丁卯	8 四 丁酉	7 三 丁卯	5 六 乙未	5 一 乙丑	3 二 甲午
初四	13 日 庚午	15 二 庚子	14 四 庚午	14 六 庚子	12 日 己巳	12 二 己亥	初四	10 三 戊辰	9 五 戊戌	8 四 戊辰	6 日 丙申	6 二 丙寅	4 三 乙未
初五	14 日 辛未	16 三 辛丑	15 五 辛未	15 日 辛丑	13 一 庚午	13 三 庚子	初五	11 四 己巳	10 六 己亥	9 五 己巳	7 一 丁酉	7 三 丁卯	5 四 丙申
初六	15 一 壬申	17 四 壬寅	16 六 壬申	16 一 壬寅	14 二 辛未	14 四 辛丑	初六	12 五 庚午	11 日 庚子	10 六 庚午	8 二 戊戌	8 四 戊辰	6 五 丁酉
初七	16 二 癸酉	18 五 癸卯	17 日 癸酉	17 二 癸卯	15 三 壬申	15 五 壬寅	初七	13 六 辛未	12 一 辛丑	11 日 辛未	9 三 己亥	9 五 己巳	7 六 戊戌
初八	17 三 甲戌	19 六 甲辰	18 一 甲戌	18 三 甲辰	16 四 癸酉	16 六 癸卯	初八	14 日 壬申	13 二 壬寅	12 一 壬申	10 四 庚子	10 六 庚午	8 日 己亥
初九	18 四 乙亥	20 日 乙巳	19 二 乙亥	19 四 乙巳	17 五 甲戌	17 日 甲辰	初九	15 一 癸酉	14 三 癸卯	13 二 癸酉	11 五 辛丑	11 日 辛未	9 一 庚子
初十	19 五 丙子	21 一 丙午	20 三 丙子	20 五 丙午	18 六 乙亥	18 一 乙巳	初十	16 二 甲戌	15 四 甲辰	14 三 甲戌	12 六 壬寅	12 一 壬申	10 二 辛丑
十一	20 六 丁丑	22 二 丁未	21 四 丁丑	21 六 丁未	19 日 丙子	19 二 丙午	十一	17 三 乙亥	16 五 乙巳	15 四 乙亥	13 日 癸卯	13 二 癸酉	11 三 壬寅
十二	21 日 戊寅	23 三 戊申	22 五 戊寅	22 日 戊申	20 一 丁丑	20 三 丁未	十二	18 四 丙子	17 六 丙午	16 五 丙子	14 一 甲辰	14 三 甲戌	12 四 癸卯
十三	22 一 己卯	24 四 己酉	23 六 己卯	23 一 己酉	21 二 戊寅	21 四 戊申	十三	19 五 丁丑	18 日 丁未	17 六 丁丑	15 二 乙巳	15 四 乙亥	13 五 甲辰
十四	23 二 庚辰	25 五 庚戌	24 日 庚辰	24 二 庚戌	22 三 己卯	22 五 己酉	十四	20 六 戊寅	19 一 戊申	18 日 戊寅	16 三 丙午	16 五 丙子	14 六 乙巳
十五	24 三 辛巳	26 六 辛亥	25 一 辛巳	25 三 辛亥	23 四 庚辰	23 六 庚戌	十五	21 日 己卯	20 二 己酉	19 一 己卯	17 四 丁未	17 六 丁丑	15 日 丙午
十六	25 四 壬午	27 日 壬子	26 二 壬午	26 四 壬子	24 五 辛巳	24 日 辛亥	十六	22 一 庚辰	21 三 庚戌	20 二 庚辰	18 五 戊申	18 日 戊寅	16 一 丁未
十七	26 五 癸未	28 一 癸丑	27 三 癸未	27 五 癸丑	25 六 壬午	25 一 壬子	十七	23 二 辛巳	22 四 辛亥	21 三 辛巳	19 六 己酉	19 一 己卯	17 二 戊申
十八	27 六 甲申	29 二 甲寅	28 四 甲申	28 六 甲寅	26 日 癸未	26 二 癸丑	十八	24 三 壬午	23 五 壬子	22 四 壬午	20 日 庚戌	20 二 庚辰	18 三 己酉
十九	28 日 乙酉	30 三 乙卯	29 五 乙酉	29 日 乙卯	27 一 甲申	27 三 甲寅	十九	25 四 癸未	24 六 癸丑	23 五 癸未	21 一 辛亥	21 三 辛巳	19 四 庚戌
二十	29 一 丙戌	31 四 丙辰	30 六 丙戌	30 一 丙辰	28 二 乙酉	28 四 乙卯	二十	26 五 甲申	25 日 甲寅	24 六 甲申	22 二 壬子	22 四 壬午	20 五 辛亥
廿一	2 二 丁亥	1 五 丁巳	31 日 丁亥	31 二 丁巳	29 三 丙戌	29 五 丙辰	廿一	27 六 乙酉	27 二 乙卯	25 日 乙酉	23 三 癸丑	23 五 癸未	21 六 壬子
廿二	3 三 戊子	2 六 戊午	1 一 戊子	6 三 戊午	30 四 丁亥	30 六 丁巳	廿二	28 日 丙戌	27 三 丙辰	26 一 丙戌	24 四 甲寅	24 六 甲申	22 日 癸丑
廿三	4 四 己丑	3 日 己未	2 二 己丑	7 四 己未	7 五 戊子	31 日 戊午	廿三	29 一 丁亥	28 四 丁巳	27 二 丁亥	25 五 乙卯	25 日 乙酉	23 一 甲寅
廿四	5 五 庚寅	4 一 庚申	3 三 庚寅	2 五 庚申	2 六 己丑	8 一 己未	廿四	30 二 戊子	29 五 戊午	28 三 戊子	26 六 丙辰	26 一 丙戌	24 二 乙卯
廿五	6 六 辛卯	5 二 辛酉	4 四 辛卯	3 六 辛酉	3 日 庚寅	2 二 庚申	廿五	31 三 己丑	30 六 己未	29 四 己丑	27 日 丁巳	27 二 丁亥	25 三 丙辰
廿六	7 日 壬辰	6 三 壬戌	5 五 壬辰	4 日 壬戌	4 一 辛卯	3 三 辛酉	廿六	9 四 庚寅	1 日 庚申	30 五 庚寅	28 一 戊午	28 三 戊子	26 四 丁巳
廿七	8 一 癸巳	7 四 癸亥	6 六 癸巳	5 一 癸亥	5 二 壬辰	4 四 壬戌	廿七	2 五 辛卯	2 一 辛酉	31 六 辛卯	29 二 己未	29 四 己丑	27 五 戊午
廿八	9 二 甲午	8 五 甲子	7 日 甲午	6 二 甲子	6 三 癸巳	5 五 癸亥	廿八	3 六 壬辰	3 二 壬戌	11 日 壬辰	30 三 庚申	30 五 庚寅	28 六 己未
廿九	10 三 乙未	9 六 乙丑	8 一 乙未	7 三 乙丑	7 四 甲午	6 六 甲子	廿九	4 日 癸巳	4 三 癸亥	1 一 癸巳	1 四 辛酉	31 六 辛卯	29 日 庚申
三十	3 四 丙申	10 日 丙寅	9 二 丙申		8 五 乙未		三十	5 一 甲午			2 五 壬戌		30 一 辛酉

| 节气 | 雨水 初十 卯时／惊蛰 廿五 申时 | 春分 初十 寅时／清明 廿五 辰时 | 谷雨 初十／立夏 廿六 申时 | 小满 十一 未时／芒种 廿七 卯时 | 夏至 十三 亥时／小暑 廿九 申时 | 大暑 十五 巳时 | 节气 | 立秋 初二 丑时／处暑 十七 申时 | 白露 初三 未时／秋分 十八 未时 | 寒露 初四 戌时／霜降 十九 子时 | 立冬 初五 子时／小雪 二十 未时 | 大雪 初五 申时／冬至 二十 巳时 | 小寒 初六 寅时／大寒 二十 亥时 |

农历乙亥年·属猪　　　　　　　　　　　　　　　　　　　　　　　　　　　　　　公元 1995—1996 年

旬	正月小戊寅 公历	星期	干支	二月大己卯 公历	星期	干支	三月大庚辰 公历	星期	干支	四月小辛巳 公历	星期	干支	五月大壬午 公历	星期	干支	六月小癸未 公历	星期	干支	七月大甲申 公历	星期	干支	八月大乙酉 公历	星期	干支	闰八月小 公历	星期	干支	九月小丙戌 公历	星期	干支	十月大丁亥 公历	星期	干支	十一月小戊子 公历	星期	干支	十二月大己丑 公历	星期	干支
初一	31	二	壬戌	**3**	三	辛卯	31	五	辛酉	30	日	辛卯	29	一	庚申	28	三	庚寅	27	四	己未	26	六	己丑	25	一	己未	24	二	戊子	22	三	丁巳	22	五	丁亥	20	六	丙辰
初二	**2**	三	癸亥	2	四	壬辰	**4**	六	壬戌	**5**	一	壬辰	30	二	辛酉	29	四	辛卯	28	五	庚申	27	日	庚寅	26	二	庚申	25	三	己丑	23	四	戊午	23	六	戊子	21	日	丁巳
初三	2	四	甲子	3	五	癸巳	2	日	癸亥	2	二	癸巳	31	三	壬戌	30	五	壬辰	29	六	辛酉	28	一	辛卯	27	三	辛酉	26	四	庚寅	24	五	己未	24	日	己丑	22	一	戊午
初四	3	五	乙丑	4	六	甲午	3	一	甲子	3	三	甲午	**6**	四	癸亥	**7**	六	癸巳	30	日	壬戌	29	二	壬辰	28	四	壬戌	27	五	辛卯	25	六	庚申	25	一	庚寅	23	二	己未
初五	4	六	丙寅	5	日	乙未	4	二	乙丑	4	四	乙未	2	五	甲子	2	日	甲午	31	一	癸亥	30	三	癸巳	29	五	癸亥	28	六	壬辰	26	日	辛酉	26	二	辛卯	24	三	庚申
初六	5	日	丁卯	6	一	丙申	5	三	丙寅	5	五	丙申	3	六	乙丑	3	一	乙未	**8**	二	甲子	31	四	甲午	30	六	甲子	29	日	癸巳	27	一	壬戌	27	三	壬辰	25	四	辛酉
初七	6	一	戊辰	7	二	丁酉	6	四	丁卯	6	六	丁酉	4	日	丙寅	4	二	丙申	2	三	乙丑	**9**	五	乙未	**10**	日	乙丑	30	一	甲午	28	二	癸亥	28	四	癸巳	26	五	壬戌
初八	7	二	己巳	8	三	戊戌	7	五	戊辰	7	日	戊戌	5	一	丁卯	5	三	丁酉	3	四	丙寅	2	六	丙申	2	一	丙寅	31	二	乙未	29	三	甲子	29	五	甲午	27	六	癸亥
初九	8	三	庚午	9	四	己亥	8	六	己巳	8	一	己亥	6	二	戊辰	6	四	戊戌	4	五	丁卯	3	日	丁酉	3	二	丁卯	**11**	三	丙申	30	四	乙丑	30	六	乙未	28	日	甲子
初十	9	四	辛未	10	五	庚子	9	日	庚午	9	二	庚子	7	三	己巳	7	五	己亥	5	六	戊辰	4	一	戊戌	4	三	戊辰	2	四	丁酉	**12**	五	丙寅	31	日	丙申	29	一	乙丑
十一	10	五	壬申	11	六	辛丑	10	一	辛未	10	三	辛丑	8	四	庚午	8	六	庚子	6	日	己巳	5	二	己亥	5	四	己巳	3	五	戊戌	2	六	丁卯	**1**	一	丁酉	30	二	丙寅
十二	11	六	癸酉	12	日	壬寅	11	二	壬申	11	四	壬寅	9	五	辛未	9	日	辛丑	7	一	庚午	6	三	庚子	6	五	庚午	4	六	己亥	3	日	戊辰	2	二	戊戌	31	三	丁卯
十三	12	日	甲戌	13	一	癸卯	12	三	癸酉	12	五	癸卯	10	六	壬申	10	一	壬寅	8	二	辛未	7	四	辛丑	7	六	辛未	5	日	庚子	4	一	己巳	3	三	己亥	**2**	四	戊辰
十四	13	一	乙亥	14	二	甲辰	13	四	甲戌	13	六	甲辰	11	日	癸酉	11	二	癸卯	9	三	壬申	8	五	壬寅	8	日	壬申	6	一	辛丑	5	二	庚午	4	四	庚子	2	五	己巳
十五	14	二	丙子	15	三	乙巳	14	五	乙亥	14	日	乙巳	12	一	甲戌	12	三	甲辰	10	四	癸酉	9	六	癸卯	9	一	癸酉	7	二	壬寅	6	三	辛未	5	五	辛丑	3	六	庚午
十六	15	三	丁丑	16	四	丙午	15	六	丙子	15	一	丙午	13	二	乙亥	13	四	乙巳	11	五	甲戌	10	日	甲辰	10	二	甲戌	8	三	癸卯	7	四	壬申	6	六	壬寅	4	日	辛未
十七	16	四	戊寅	17	五	丁未	16	日	丁丑	16	二	丁未	14	三	丙子	14	五	丙午	12	六	乙亥	11	一	乙巳	11	三	乙亥	9	四	甲辰	8	五	癸酉	7	日	癸卯	5	一	壬申
十八	17	五	己卯	18	六	戊申	17	一	戊寅	17	三	戊申	15	四	丁丑	15	六	丁未	13	日	丙子	12	二	丙午	12	四	丙子	10	五	乙巳	9	六	甲戌	8	一	甲辰	6	二	癸酉
十九	18	六	庚辰	19	日	己酉	18	二	己卯	18	四	己酉	16	五	戊寅	16	日	戊申	14	一	丁丑	13	三	丁未	13	五	丁丑	11	六	丙午	10	日	乙亥	9	二	乙巳	7	三	甲戌
二十	19	日	辛巳	20	一	庚戌	19	三	庚辰	19	五	庚戌	17	六	己卯	17	一	己酉	15	二	戊寅	14	四	戊申	14	六	戊寅	12	日	丁未	11	一	丙子	10	三	丙午	8	四	乙亥
廿一	20	一	壬午	21	二	辛亥	20	四	辛巳	20	六	辛亥	18	日	庚辰	18	二	庚戌	16	三	己卯	15	五	己酉	15	日	己卯	13	一	戊申	12	二	丁丑	11	四	丁未	9	五	丙子
廿二	21	二	癸未	22	三	壬子	21	五	壬午	21	日	壬子	19	一	辛巳	19	三	辛亥	17	四	庚辰	16	六	庚戌	16	一	庚辰	14	二	己酉	13	三	戊寅	12	五	戊申	10	六	丁丑
廿三	22	三	甲申	23	四	癸丑	22	六	癸未	22	一	癸丑	20	二	壬午	20	四	壬子	18	五	辛巳	17	日	辛亥	17	二	辛巳	15	三	庚戌	14	四	己卯	13	六	己酉	11	日	戊寅
廿四	23	四	乙酉	24	五	甲寅	23	日	甲申	23	二	甲寅	21	三	癸未	21	五	癸丑	19	六	壬午	18	一	壬子	18	三	壬午	16	四	辛亥	15	五	庚辰	14	日	庚戌	12	一	己卯
廿五	24	五	丙戌	25	六	乙卯	24	一	乙酉	24	三	乙卯	22	四	甲申	22	六	甲寅	20	日	癸未	19	二	癸丑	19	四	癸未	17	五	壬子	16	六	辛巳	15	一	辛亥	13	二	庚辰
廿六	25	六	丁亥	26	日	丙辰	25	二	丙戌	25	四	丙辰	23	五	乙酉	23	日	乙卯	21	一	甲申	20	三	甲寅	20	五	甲申	18	六	癸丑	17	日	壬午	16	二	壬子	14	三	辛巳
廿七	26	日	戊子	27	一	丁巳	26	三	丁亥	26	五	丁巳	24	六	丙戌	24	一	丙辰	22	二	乙酉	21	四	乙卯	21	六	乙酉	19	日	甲寅	18	一	癸未	17	三	癸丑	15	四	壬午
廿八	27	一	己丑	28	二	戊午	27	四	戊子	27	六	戊午	25	日	丁亥	25	二	丁巳	23	三	丙戌	22	五	丙辰	22	日	丙戌	20	一	乙卯	19	二	甲申	18	四	甲寅	16	五	癸未
廿九	28	二	庚寅	29	三	己未	28	五	己丑	28	日	己未	26	一	戊子	26	三	戊午	24	四	丁亥	23	六	丁巳	23	一	丁亥	21	二	丙辰	20	三	乙酉	19	五	乙卯	17	六	甲申
三十				30	四	庚申	29	六	庚寅				27	二	己丑				25	五	戊子	24	日	戊午							21	四	丙戌				18	日	乙酉

节气：

月	节	气
正月	立春 初五 申时	雨水 二十 午时
二月	惊蛰 初六 巳时	春分 廿一 巳时
三月	清明 初六 未时	谷雨 廿一 亥时
四月	立夏 初七 辰时	小满 廿二 戌时
五月	芒种 初九 午时	夏至 廿五 寅时
六月	小暑 初十 亥时	大暑 廿六 申时
七月	立秋 十二 辰时	处暑 廿八 亥时
八月	白露 十四 巳时	秋分 廿九 戌时
闰八月	寒露 十五 丑时	
九月	霜降 初一 卯时	立冬 十六 卯时
十月	小雪 初一 寅时	大雪 十六 亥时
十一月	冬至 初一 申时	小寒 十六 巳时
十二月	大寒 初一 丑时	立春 十六 丑时

左半（正月—六月）

旬	正月小庚寅 公历	星期	干支	二月大辛卯 公历	星期	干支	三月小壬辰 公历	星期	干支	四月大癸巳 公历	星期	干支	五月大甲午 公历	星期	干支	六月小乙未 公历	星期	干支
初一	19	一	丙戌	19	二	乙卯	18	四	乙酉	17	五	甲寅	16	日	甲申	16	二	甲寅
初二	20	二	丁亥	20	三	丙辰	19	五	丙戌	18	六	乙卯	17	一	乙酉	17	三	乙卯
初三	21	三	戊子	21	四	丁巳	20	六	丁亥	19	日	丙辰	18	二	丙戌	18	四	丙辰
初四	22	四	己丑	22	五	戊午	21	日	戊子	20	一	丁巳	19	三	丁亥	19	五	丁巳
初五	23	五	庚寅	23	六	己未	22	一	己丑	21	二	戊午	20	四	戊子	20	六	戊午
初六	24	六	辛卯	24	日	庚申	23	二	庚寅	22	三	己未	21	五	己丑	21	日	己未
初七	25	日	壬辰	25	一	辛酉	24	三	辛卯	23	四	庚申	22	六	庚寅	22	一	庚申
初八	26	一	癸巳	26	二	壬戌	25	四	壬辰	24	五	辛酉	23	日	辛卯	23	二	辛酉
初九	27	二	甲午	27	三	癸亥	26	五	癸巳	25	六	壬戌	24	一	壬辰	24	三	壬戌
初十	28	三	乙未	28	四	甲子	27	六	甲午	26	日	癸亥	25	二	癸巳	25	四	癸亥
十一	29	四	丙申	29	五	乙丑	28	日	乙未	27	一	甲子	26	三	甲午	26	五	甲子
十二	3	五	丁酉	30	六	丙寅	29	一	丙申	28	二	乙丑	27	四	乙未	27	六	乙丑
十三	2	六	戊戌	31	日	丁卯	30	二	丁酉	29	三	丙寅	28	五	丙申	28	日	丙寅
十四	3	日	己亥	4	一	戊辰	5	三	戊戌	30	四	丁卯	29	六	丁酉	29	一	丁卯
十五	4	一	庚子	2	二	己巳	2	四	己亥	31	五	戊辰	30	日	戊戌	30	二	戊辰
十六	5	二	辛丑	3	三	庚午	3	五	庚子	1	六	己巳	1	一	己亥	31	三	己巳
十七	6	三	壬寅	4	四	辛未	4	六	辛丑	2	日	庚午	2	二	庚子	1	四	庚午
十八	7	四	癸卯	5	五	壬申	5	日	壬寅	3	一	辛未	3	三	辛丑	2	五	辛未
十九	8	五	甲辰	6	六	癸酉	6	一	癸卯	4	二	壬申	4	四	壬寅	3	六	壬申
二十	9	六	乙巳	7	日	甲戌	7	二	甲辰	5	三	癸酉	5	五	癸卯	4	日	癸酉
廿一	10	日	丙午	8	一	乙亥	8	三	乙巳	6	四	甲戌	6	六	甲辰	5	一	甲戌
廿二	11	一	丁未	9	二	丙子	9	四	丙午	7	五	乙亥	7	日	乙巳	6	二	乙亥
廿三	12	二	戊申	10	三	丁丑	10	五	丁未	8	六	丙子	8	一	丙午	7	三	丙子
廿四	13	三	己酉	11	四	戊寅	11	六	戊申	9	日	丁丑	9	二	丁未	8	四	丁丑
廿五	14	四	庚戌	12	五	己卯	12	日	己酉	10	一	戊寅	10	三	戊申	9	五	戊寅
廿六	15	五	辛亥	13	六	庚辰	13	一	庚戌	11	二	己卯	11	四	己酉	10	六	己卯
廿七	16	六	壬子	14	日	辛巳	14	二	辛亥	12	三	庚辰	12	五	庚戌	11	日	庚辰
廿八	17	日	癸丑	15	一	壬午	15	三	壬子	13	四	辛巳	13	六	辛亥	12	一	辛巳
廿九	18	一	甲寅	16	二	癸未	16	四	癸丑	14	五	壬午	14	日	壬子	13	二	壬午
三十				17	三	甲申				15	六	癸未	15	一	癸丑			

节气（左半）：
- 正月：气 雨水 初一 酉时；节 惊蛰 十六 申时
- 二月：气 春分 初二 申时；节 清明 十七 申时
- 三月：气 谷雨 初二 巳时；节 立夏 十八 未时
- 四月：气 小满 初四 丑时；节 芒种 二十 酉时
- 五月：气 夏至 初六 丑时；节 小暑 廿二 寅时
- 六月：气 大暑 初七 未时；节 立秋 廿三 未时

右半（七月—十二月）

旬	七月大丙申 公历	星期	干支	八月小丁酉 公历	星期	干支	九月大戊戌 公历	星期	干支	十月大己亥 公历	星期	干支	十一月小庚子 公历	星期	干支	十二月小辛丑 公历	星期	干支
初一	14	三	癸未	13	五	癸丑	12	六	壬午	11	一	壬子	11	三	壬午	9	四	辛亥
初二	15	四	甲申	14	六	甲寅	13	日	癸未	12	二	癸丑	12	四	癸未	10	五	壬子
初三	16	五	乙酉	15	日	乙卯	14	一	甲申	13	三	甲寅	13	五	甲申	11	六	癸丑
初四	17	六	丙戌	16	一	丙辰	15	二	乙酉	14	四	乙卯	14	六	乙酉	12	日	甲寅
初五	18	日	丁亥	17	二	丁巳	16	三	丙戌	15	五	丙辰	15	日	丙戌	13	一	乙卯
初六	19	一	戊子	18	三	戊午	17	四	丁亥	16	六	丁巳	16	一	丁亥	14	二	丙辰
初七	20	二	己丑	19	四	己未	18	五	戊子	17	日	戊午	17	二	戊子	15	三	丁巳
初八	21	三	庚寅	20	五	庚申	19	六	己丑	18	一	己未	18	三	己丑	16	四	戊午
初九	22	四	辛卯	21	六	辛酉	20	日	庚寅	19	二	庚申	19	四	庚寅	17	五	己未
初十	23	五	壬辰	22	日	壬戌	21	一	辛卯	20	三	辛酉	20	五	辛卯	18	六	庚申
十一	24	六	癸巳	23	一	癸亥	22	二	壬辰	21	四	壬戌	21	六	壬辰	19	日	辛酉
十二	25	日	甲午	24	二	甲子	23	三	癸巳	22	五	癸亥	22	日	癸巳	20	一	壬戌
十三	26	一	乙未	25	三	乙丑	24	四	甲午	23	六	甲子	23	一	甲午	21	二	癸亥
十四	27	二	丙申	26	四	丙寅	25	五	乙未	24	日	乙丑	24	二	乙未	22	三	甲子
十五	28	三	丁酉	27	五	丁卯	26	六	丙申	25	一	丙寅	25	三	丙申	23	四	乙丑
十六	29	四	戊戌	28	六	戊辰	27	日	丁酉	26	二	丁卯	26	四	丁酉	24	五	丙寅
十七	30	五	己亥	29	日	己巳	28	一	戊戌	27	三	戊辰	27	五	戊戌	25	六	丁卯
十八	31	六	庚子	30	一	庚午	29	二	己亥	28	四	己巳	28	六	己亥	26	日	戊辰
十九	3	日	辛丑	10	二	辛未	30	三	庚子	29	五	庚午	29	日	庚子	27	一	己巳
二十	2	一	壬寅	2	三	壬申	31	四	辛丑	30	六	辛未	30	一	辛丑	28	二	庚午
廿一	3	二	癸卯	3	四	癸酉	11	五	壬寅	1	日	壬申	31	二	壬寅	29	三	辛未
廿二	4	三	甲辰	4	五	甲戌	2	六	癸卯	2	一	癸酉	1	三	癸卯	30	四	壬申
廿三	5	四	乙巳	5	六	乙亥	3	日	甲辰	3	二	甲戌	2	四	甲辰	31	五	癸酉
廿四	6	五	丙午	6	日	丙子	4	一	乙巳	4	三	乙亥	3	五	乙巳	1	六	甲戌
廿五	7	六	丁未	7	一	丁丑	5	二	丙午	5	四	丙子	4	六	丙午	2	日	乙亥
廿六	8	日	戊申	8	二	戊寅	6	三	丁未	6	五	丁丑	5	日	丁未	3	一	丙子
廿七	9	一	己酉	9	三	己卯	7	四	戊申	7	六	戊寅	6	一	戊申	4	二	丁丑
廿八	10	二	庚戌	10	四	庚辰	8	五	己酉	8	日	己卯	7	二	己酉	5	三	戊寅
廿九	11	三	辛亥	11	五	辛巳	9	六	庚戌	9	一	庚辰	8	三	庚戌	6	四	己卯
三十	12	四	壬子				10	日	辛亥	10	二	辛巳						

节气（右半）：
- 七月：气 处暑 初十 寅时；节 白露 廿五 寅时
- 八月：气 秋分 初十；节 寒露 廿六 辰时
- 九月：气 霜降 十二；节 立冬 廿七 未时
- 十月：气 小雪 十二；节 大雪 廿七 辰时
- 十一月：气 冬至 十一；节 小寒 廿六 卯时
- 十二月：气 大寒 十二 辰时；节 立春 廿七 寅时

农历丁丑年　属牛

正月大壬寅 — 六月小丁未

旬	正月大壬寅 公历	星期	干支	二月小癸卯 公历	星期	干支	三月大甲辰 公历	星期	干支	四月小乙巳 公历	星期	干支	五月大丙午 公历	星期	干支	六月小丁未 公历	星期	干支
初一	7	五	庚辰	9	日	庚戌	7	一	己卯	7	三	己酉	5	四	戊寅	5	六	戊申
初二	8	六	辛巳	10	一	辛亥	8	二	庚辰	8	四	庚戌	6	五	己卯	6	日	己酉
初三	9	日	壬午	11	二	壬子	9	三	辛巳	9	五	辛亥	7	六	庚辰	7	一	庚戌
初四	10	一	癸未	12	三	癸丑	10	四	壬午	10	六	壬子	8	日	辛巳	8	二	辛亥
初五	11	二	甲申	13	四	甲寅	11	五	癸未	11	日	癸丑	9	一	壬午	9	三	壬子
初六	12	三	乙酉	14	五	乙卯	12	六	甲申	12	一	甲寅	10	二	癸未	10	四	癸丑
初七	13	四	丙戌	15	六	丙辰	13	日	乙酉	13	二	乙卯	11	三	甲申	11	五	甲寅
初八	14	五	丁亥	16	日	丁巳	14	一	丙戌	14	三	丙辰	12	四	乙酉	12	六	乙卯
初九	15	六	戊子	17	一	戊午	15	二	丁亥	15	四	丁巳	13	五	丙戌	13	日	丙辰
初十	16	日	己丑	18	二	己未	16	三	戊子	16	五	戊午	14	六	丁亥	14	一	丁巳
十一	17	一	庚寅	19	三	庚申	17	四	己丑	17	六	己未	15	日	戊子	15	二	戊午
十二	18	二	辛卯	20	四	辛酉	18	五	庚寅	18	日	庚申	16	一	己丑	16	三	己未
十三	19	三	壬辰	21	五	壬戌	19	六	辛卯	19	一	辛酉	17	二	庚寅	17	四	庚申
十四	20	四	癸巳	22	六	癸亥	20	日	壬辰	20	二	壬戌	18	三	辛卯	18	五	辛酉
十五	21	五	甲午	23	日	甲子	21	一	癸巳	21	三	癸亥	19	四	壬辰	19	六	壬戌
十六	22	六	乙未	24	一	乙丑	22	二	甲午	22	四	甲子	20	五	癸巳	20	日	癸亥
十七	23	日	丙申	25	二	丙寅	23	三	乙未	23	五	乙丑	21	六	甲午	21	一	甲子
十八	24	一	丁酉	26	三	丁卯	24	四	丙申	24	六	丙寅	22	日	乙未	22	二	乙丑
十九	25	二	戊戌	27	四	戊辰	25	五	丁酉	25	日	丁卯	23	一	丙申	23	三	丙寅
二十	26	三	己亥	28	五	己巳	26	六	戊戌	26	一	戊辰	24	二	丁酉	24	四	丁卯
廿一	27	四	庚子	29	六	庚午	27	日	己亥	27	二	己巳	25	三	戊戌	25	五	戊辰
廿二	28	五	辛丑	30	日	辛未	28	一	庚子	28	三	庚午	26	四	己亥	26	六	己巳
廿三	1	六	壬寅	31	一	壬申	29	二	辛丑	29	四	辛未	27	五	庚子	27	日	庚午
廿四	2	日	癸卯	1	二	癸酉	30	三	壬寅	30	五	壬申	28	六	辛丑	28	一	辛未
廿五	3	一	甲辰	2	三	甲戌	1	四	癸卯	31	六	癸酉	29	日	壬寅	29	二	壬申
廿六	4	二	乙巳	3	四	乙亥	2	五	甲辰	1	日	甲戌	30	一	癸卯	30	三	癸酉
廿七	5	三	丙午	4	五	丙子	3	六	乙巳	2	一	乙亥	1	二	甲辰	31	四	甲戌
廿八	6	四	丁未	5	六	丁丑	4	日	丙午	3	二	丙子	2	三	乙巳	1	五	乙亥
廿九	7	五	戊申	6	日	戊寅	5	一	丁未	4	三	丁丑	3	四	丙午	2	六	丙子
三十	8	六	己酉				6	二	戊申				4	五	丁未			

节气（正月—六月）

节气	农历	时辰
雨水	十二	亥时
惊蛰	廿七	亥时
春分	十二	亥时
清明	廿八	丑时
谷雨	十四	巳时
立夏	廿九	戌时
小满	十五	辰时
芒种	初一	子时
夏至	十七	申时
小暑	初三	巳时
大暑	十九	寅时

七月大戊申 — 十二月小癸丑

旬	七月大戊申 公历	星期	干支	八月大己酉 公历	星期	干支	九月小庚戌 公历	星期	干支	十月大辛亥 公历	星期	干支	十一月大壬子 公历	星期	干支	十二月小癸丑 公历	星期	干支
初一	3	日	丁丑	2	二	丁未	2	四	丁丑	31	五	丙午	30	日	丙子	30	二	丙午
初二	4	一	戊寅	3	三	戊申	3	五	戊寅	1	六	丁未	1	一	丁丑	31	三	丁未
初三	5	二	己卯	4	四	己酉	4	六	己卯	2	日	戊申	2	二	戊寅	1	四	戊申
初四	6	三	庚辰	5	五	庚戌	5	日	庚辰	3	一	己酉	3	三	己卯	2	五	己酉
初五	7	四	辛巳	6	六	辛亥	6	一	辛巳	4	二	庚戌	4	四	庚辰	3	六	庚戌
初六	8	五	壬午	7	日	壬子	7	二	壬午	5	三	辛亥	5	五	辛巳	4	日	辛亥
初七	9	六	癸未	8	一	癸丑	8	三	癸未	6	四	壬子	6	六	壬午	5	一	壬子
初八	10	日	甲申	9	二	甲寅	9	四	甲申	7	五	癸丑	7	日	癸未	6	二	癸丑
初九	11	一	乙酉	10	三	乙卯	10	五	乙酉	8	六	甲寅	8	一	甲申	7	三	甲寅
初十	12	二	丙戌	11	四	丙辰	11	六	丙戌	9	日	乙卯	9	二	乙酉	8	四	乙卯
十一	13	三	丁亥	12	五	丁巳	12	日	丁亥	10	一	丙辰	10	三	丙戌	9	五	丙辰
十二	14	四	戊子	13	六	戊午	13	一	戊子	11	二	丁巳	11	四	丁亥	10	六	丁巳
十三	15	五	己丑	14	日	己未	14	二	己丑	12	三	戊午	12	五	戊子	11	日	戊午
十四	16	六	庚寅	15	一	庚申	15	三	庚寅	13	四	己未	13	六	己丑	12	一	己未
十五	17	日	辛卯	16	二	辛酉	16	四	辛卯	14	五	庚申	14	日	庚寅	13	二	庚申
十六	18	一	壬辰	17	三	壬戌	17	五	壬辰	15	六	辛酉	15	一	辛卯	14	三	辛酉
十七	19	二	癸巳	18	四	癸亥	18	六	癸巳	16	日	壬戌	16	二	壬辰	15	四	壬戌
十八	20	三	甲午	19	五	甲子	19	日	甲午	17	一	癸亥	17	三	癸巳	16	五	癸亥
十九	21	四	乙未	20	六	乙丑	20	一	乙未	18	二	甲子	18	四	甲午	17	六	甲子
二十	22	五	丙申	21	日	丙寅	21	二	丙申	19	三	乙丑	19	五	乙未	18	日	乙丑
廿一	23	六	丁酉	22	一	丁卯	22	三	丁酉	20	四	丙寅	20	六	丙申	19	一	丙寅
廿二	24	日	戊戌	23	二	戊辰	23	四	戊戌	21	五	丁卯	21	日	丁酉	20	二	丁卯
廿三	25	一	己亥	24	三	己巳	24	五	己亥	22	六	戊辰	22	一	戊戌	21	三	戊辰
廿四	26	二	庚子	25	四	庚午	25	六	庚子	23	日	己巳	23	二	己亥	22	四	己巳
廿五	27	三	辛丑	26	五	辛未	26	日	辛丑	24	一	庚午	24	三	庚子	23	五	庚午
廿六	28	四	壬寅	27	六	壬申	27	一	壬寅	25	二	辛未	25	四	辛丑	24	六	辛未
廿七	29	五	癸卯	28	日	癸酉	28	二	癸卯	26	三	壬申	26	五	壬寅	25	日	壬申
廿八	30	六	甲辰	29	一	甲戌	29	三	甲辰	27	四	癸酉	27	六	癸卯	26	一	癸酉
廿九	31	日	乙巳	30	二	乙亥	30	四	乙巳	28	五	甲戌	28	日	甲辰	27	二	甲戌
三十	1	一	丙午	1	三	丙子				29	六	乙亥	29	一	乙巳			

节气（七月—十二月）

节气	农历	时辰
立秋	初五	戌时
处暑	廿一	巳时
白露	初六	亥时
秋分	廿二	辰时
寒露	初七	未时
霜降	廿二	酉时
立冬	初八	酉时
小雪	廿三	未时
大雪	初八	巳时
冬至	廿三	寅时
小寒	初七	亥时
大寒	廿二	未时

农历戊寅年·属虎

正月大甲寅

旬	公历	星期	干支
初一	28	三	乙亥
初二	29	四	丙子
初三	30	五	丁丑
初四	31	六	戊寅
初五	**2**	日	己卯
初六	2	一	庚辰
初七	3	二	辛巳
初八	4	三	壬午
初九	5	四	癸未
初十	6	五	甲申
十一	7	六	乙酉
十二	8	日	丙戌
十三	9	一	丁亥
十四	10	二	戊子
十五	11	三	己丑
十六	12	四	庚寅
十七	13	五	辛卯
十八	14	六	壬辰
十九	15	日	癸巳
二十	16	一	甲午
廿一	17	二	乙未
廿二	18	三	丙申
廿三	19	四	丁酉
廿四	20	五	戊戌
廿五	21	六	己亥
廿六	22	日	庚子
廿七	23	一	辛丑
廿八	24	二	壬寅
廿九	25	三	癸卯
三十	26	四	甲辰

节气：立春 初八 辰时 ｜ 雨水 廿三 寅时

二月小乙卯

旬	公历	星期	干支
初一	27	五	乙巳
初二	28	六	丙午
初三	**3**	日	丁未
初四	2	一	戊申
初五	3	二	己酉
初六	4	三	庚戌
初七	5	四	辛亥
初八	6	五	壬子
初九	7	六	癸丑
初十	8	日	甲寅
十一	9	一	乙卯
十二	10	二	丙辰
十三	11	三	丁巳
十四	12	四	戊午
十五	13	五	己未
十六	14	六	庚申
十七	15	日	辛酉
十八	16	一	壬戌
十九	17	二	癸亥
二十	18	三	甲子
廿一	19	四	乙丑
廿二	20	五	丙寅
廿三	21	六	丁卯
廿四	22	日	戊辰
廿五	23	一	己巳
廿六	24	二	庚午
廿七	25	三	辛未
廿八	26	四	壬申
廿九	27	五	癸酉

节气：惊蛰 初八 丑时 ｜ 春分 廿三 寅时

三月小丙辰

旬	公历	星期	干支
初一	28	六	甲戌
初二	29	日	乙亥
初三	30	一	丙子
初四	31	二	丁丑
初五	**4**	三	戊寅
初六	2	四	己卯
初七	3	五	庚辰
初八	4	六	辛巳
初九	5	日	壬午
初十	6	一	癸未
十一	7	二	甲申
十二	8	三	乙酉
十三	9	四	丙戌
十四	10	五	丁亥
十五	11	六	戊子
十六	12	日	己丑
十七	13	一	庚寅
十八	14	二	辛卯
十九	15	三	壬辰
二十	16	四	癸巳
廿一	17	五	甲午
廿二	18	六	乙未
廿三	19	日	丙申
廿四	20	一	丁酉
廿五	21	二	戊戌
廿六	22	三	己亥
廿七	23	四	庚子
廿八	24	五	辛丑
廿九	25	六	壬寅

节气：清明 初九 辰时 ｜ 谷雨 廿四 未时

四月大丁巳

旬	公历	星期	干支
初一	26	日	癸卯
初二	27	一	甲辰
初三	28	二	乙巳
初四	29	三	丙午
初五	30	四	丁未
初六	**5**	五	戊申
初七	2	六	己酉
初八	3	日	庚戌
初九	4	一	辛亥
初十	5	二	壬子
十一	6	三	癸丑
十二	7	四	甲寅
十三	8	五	乙卯
十四	9	六	丙辰
十五	10	日	丁巳
十六	11	一	戊午
十七	12	二	己未
十八	13	三	庚申
十九	14	四	辛酉
二十	15	五	壬戌
廿一	16	六	癸亥
廿二	17	日	甲子
廿三	18	一	乙丑
廿四	19	二	丙寅
廿五	20	三	丁卯
廿六	21	四	戊辰
廿七	22	五	己巳
廿八	23	六	庚午
廿九	24	日	辛未
三十	25	一	壬申

节气：立夏 十一 丑时 ｜ 小满 廿六 未时

五月小戊午

旬	公历	星期	干支
初一	26	二	癸酉
初二	27	三	甲戌
初三	28	四	乙亥
初四	29	五	丙子
初五	30	六	丁丑
初六	31	日	戊寅
初七	**6**	一	己卯
初八	2	二	庚辰
初九	3	三	辛巳
初十	4	四	壬午
十一	5	五	癸未
十二	6	六	甲申
十三	7	日	乙酉
十四	8	一	丙戌
十五	9	二	丁亥
十六	10	三	戊子
十七	11	四	己丑
十八	12	五	庚寅
十九	13	六	辛卯
二十	14	日	壬辰
廿一	15	一	癸巳
廿二	16	二	甲午
廿三	17	三	乙未
廿四	18	四	丙申
廿五	19	五	丁酉
廿六	20	六	戊戌
廿七	21	日	己亥
廿八	22	一	庚子
廿九	23	二	辛丑

节气：芒种 十一 卯时 ｜ 夏至 廿七 亥时

闰五月小

旬	公历	星期	干支
初一	24	三	壬寅
初二	25	四	癸卯
初三	26	五	甲辰
初四	27	六	乙巳
初五	28	日	丙午
初六	29	一	丁未
初七	30	二	戊申
初八	**7**	三	己酉
初九	2	四	庚戌
初十	3	五	辛亥
十一	4	六	壬子
十二	5	日	癸丑
十三	6	一	甲寅
十四	7	二	乙卯
十五	8	三	丙辰
十六	9	四	丁巳
十七	10	五	戊午
十八	11	六	己未
十九	12	日	庚申
二十	13	一	辛酉
廿一	14	二	壬戌
廿二	15	三	癸亥
廿三	16	四	甲子
廿四	17	五	乙丑
廿五	18	六	丙寅
廿六	19	日	丁卯
廿七	20	一	戊辰
廿八	21	二	己巳
廿九	22	三	庚午

节气：小暑 十四 申时

六月大己未

旬	公历	星期	干支
初一	23	四	辛未
初二	24	五	壬申
初三	25	六	癸酉
初四	26	日	甲戌
初五	27	一	乙亥
初六	28	二	丙子
初七	29	三	丁丑
初八	30	四	戊寅
初九	31	五	己卯
初十	**8**	六	庚辰
十一	2	日	辛巳
十二	3	一	壬午
十三	4	二	癸未
十四	5	三	甲申
十五	6	四	乙酉
十六	7	五	丙戌
十七	8	六	丁亥
十八	9	日	戊子
十九	10	一	己丑
二十	11	二	庚寅
廿一	12	三	辛卯
廿二	13	四	壬辰
廿三	14	五	癸巳
廿四	15	六	甲午
廿五	16	日	乙未
廿六	17	一	丙申
廿七	18	二	丁酉
廿八	19	三	戊戌
廿九	20	四	己亥
三十	21	五	庚子

节气：大暑 初一 辰时 ｜ 立秋 十七 丑时

七月大庚申

旬	公历	星期	干支
初一	22	六	辛丑
初二	23	日	壬寅
初三	24	一	癸卯
初四	25	二	甲辰
初五	26	三	乙巳
初六	27	四	丙午
初七	28	五	丁未
初八	29	六	戊申
初九	30	日	己酉
初十	31	一	庚戌
十一	**9**	二	辛亥
十二	2	三	壬子
十三	3	四	癸丑
十四	4	五	甲寅
十五	5	六	乙卯
十六	6	日	丙辰
十七	7	一	丁巳
十八	8	二	戊午
十九	9	三	己未
二十	10	四	庚申
廿一	11	五	辛酉
廿二	12	六	壬戌
廿三	13	日	癸亥
廿四	14	一	甲子
廿五	15	二	乙丑
廿六	16	三	丙寅
廿七	17	四	丁卯
廿八	18	五	戊辰
廿九	19	六	己巳
三十	20	日	庚午

节气：处暑 初二 申时 ｜ 白露 十八 时

八月小辛酉

旬	公历	星期	干支
初一	21	一	辛未
初二	22	二	壬申
初三	23	三	癸酉
初四	24	四	甲戌
初五	25	五	乙亥
初六	26	六	丙子
初七	27	日	丁丑
初八	28	一	戊寅
初九	29	二	己卯
初十	30	三	庚辰
十一	**10**	四	辛巳
十二	2	五	壬午
十三	3	六	癸未
十四	4	日	甲申
十五	5	一	乙酉
十六	6	二	丙戌
十七	7	三	丁亥
十八	8	四	戊子
十九	9	五	己丑
二十	10	六	庚寅
廿一	11	日	辛卯
廿二	12	一	壬辰
廿三	13	二	癸巳
廿四	14	三	甲午
廿五	15	四	乙未
廿六	16	五	丙申
廿七	17	六	丁酉
廿八	18	日	戊戌
廿九	19	一	己亥

节气：秋分 初三 未时 ｜ 寒露 十八 戌时

九月大壬戌

旬	公历	星期	干支
初一	20	二	庚午
初二	21	三	辛未
初三	22	四	壬申
初四	23	五	癸酉
初五	24	六	甲戌
初六	25	日	乙亥
初七	26	一	丙子
初八	27	二	丁丑
初九	28	三	戊寅
初十	29	四	己卯
十一	30	五	庚辰
十二	31	六	辛巳
十三	**11**	日	壬午
十四	2	一	癸未
十五	3	二	甲申
十六	4	三	乙酉
十七	5	四	丙戌
十八	6	五	丁亥
十九	7	六	戊子
二十	8	日	己丑
廿一	9	一	庚寅
廿二	10	二	辛卯
廿三	11	三	壬辰
廿四	12	四	癸巳
廿五	13	五	甲午
廿六	14	六	乙未
廿七	15	日	丙申
廿八	16	一	丁酉
廿九	17	二	戊戌
三十	18	三	己亥

节气：霜降 初四 亥时 ｜ 立冬 十九 子时

十月大癸亥

旬	公历	星期	干支
初一	19	四	庚子
初二	20	五	辛丑
初三	21	六	壬寅
初四	22	日	癸卯
初五	23	一	甲辰
初六	24	二	乙巳
初七	25	三	丙午
初八	26	四	丁未
初九	27	五	戊申
初十	28	六	己酉
十一	29	日	庚戌
十二	30	一	辛亥
十三	**12**	二	壬子
十四	2	三	癸丑
十五	3	四	甲寅
十六	4	五	乙卯
十七	5	六	丙辰
十八	6	日	丁巳
十九	7	一	戊午
二十	8	二	己未
廿一	9	三	庚申
廿二	10	四	辛酉
廿三	11	五	壬戌
廿四	12	六	癸亥
廿五	13	日	甲子
廿六	14	一	乙丑
廿七	15	二	丙寅
廿八	16	三	丁卯
廿九	17	四	戊辰
三十	18	五	己巳

节气：小雪 初四 戌时 ｜ 大雪 十九 戌时

十一月小甲子

旬	公历	星期	干支
初一	19	六	庚午
初二	20	日	辛未
初三	21	一	壬申
初四	22	二	癸酉
初五	23	三	甲戌
初六	24	四	乙亥
初七	25	五	丙子
初八	26	六	丁丑
初九	27	日	戊寅
初十	28	一	己卯
十一	29	二	庚辰
十二	30	三	辛巳
十三	31	四	壬午
十四	**1**	五	癸未
十五	2	六	甲申
十六	3	日	乙酉
十七	4	一	丙戌
十八	5	二	丁亥
十九	6	三	戊子
二十	7	四	己丑
廿一	8	五	庚寅
廿二	9	六	辛卯
廿三	10	日	壬辰
廿四	11	一	癸巳
廿五	12	二	甲午
廿六	13	三	乙未
廿七	14	四	丙申
廿八	15	五	丁酉
廿九	16	六	戊戌

节气：冬至 初四 巳时 ｜ 小寒 十九 寅时

十二月大乙丑

旬	公历	星期	干支
初一	17	日	己巳
初二	18	一	庚午
初三	19	二	辛未
初四	20	三	壬申
初五	21	四	癸酉
初六	22	五	甲戌
初七	23	六	乙亥
初八	24	日	丙子
初九	25	一	丁丑
初十	26	二	戊寅
十一	27	三	己卯
十二	28	四	庚辰
十三	29	五	辛巳
十四	30	六	壬午
十五	31	日	癸未
十六	**2**	一	甲申
十七	2	二	乙酉
十八	3	三	丙戌
十九	4	四	丁亥
二十	5	五	戊子
廿一	6	六	己丑
廿二	7	日	庚寅
廿三	8	一	辛卯
廿四	9	二	壬辰
廿五	10	三	癸巳
廿六	11	四	甲午
廿七	12	五	乙未
廿八	13	六	丙申
廿九	14	日	丁酉
三十	15	一	戊戌

节气：大寒 初四 戌时 ｜ 立春 十九 未时

正月—六月

旬	日	正月大丙寅 公历	星期	干支	二月小丁卯 公历	星期	干支	三月小戊辰 公历	星期	干支	四月大己巳 公历	星期	干支	五月小庚午 公历	星期	干支	六月小辛未 公历	星期	干支
初	初一	16	二	己巳	18	四	己亥	16	五	戊辰	15	六	丁酉	14	一	丁卯	13	二	丙申
	初二	17	三	庚午	19	五	庚子	17	六	己巳	16	日	戊戌	15	二	戊辰	14	三	丁酉
	初三	18	四	辛未	20	六	辛丑	18	日	庚午	17	一	己亥	16	三	己巳	15	四	戊戌
	初四	19	五	壬申	21	日	壬寅	19	一	辛未	18	二	庚子	17	四	庚午	16	五	己亥
	初五	20	六	癸酉	22	一	癸卯	20	二	壬申	19	三	辛丑	18	五	辛未	17	六	庚子
	初六	21	日	甲戌	23	二	甲辰	21	三	癸酉	20	四	壬寅	19	六	壬申	18	日	辛丑
	初七	22	一	乙亥	24	三	乙巳	22	四	甲戌	21	五	癸卯	20	日	癸酉	19	一	壬寅
	初八	23	二	丙子	25	四	丙午	23	五	乙亥	22	六	甲辰	21	一	甲戌	20	二	癸卯
	初九	24	三	丁丑	26	五	丁未	24	六	丙子	23	日	乙巳	22	二	乙亥	21	三	甲辰
	初十	25	四	戊寅	27	六	戊申	25	日	丁丑	24	一	丙午	23	三	丙子	22	四	乙巳
十	十一	26	五	己卯	28	日	己酉	26	一	戊寅	25	二	丁未	24	四	丁丑	23	五	丙午
	十二	27	六	庚辰	29	一	庚戌	27	二	己卯	26	三	戊申	25	五	戊寅	24	六	丁未
	十三	28	日	辛巳	30	二	辛亥	28	三	庚辰	27	四	己酉	26	六	己卯	25	日	戊申
	十四	**3**	一	壬午	31	三	壬子	29	四	辛巳	28	五	庚戌	27	日	庚辰	26	一	己酉
	十五	2	二	癸未	**4**	四	癸丑	30	五	壬午	29	六	辛亥	28	一	辛巳	27	二	庚戌
	十六	3	三	甲申	2	五	甲寅	**5**	六	癸未	30	日	壬子	29	二	壬午	28	三	辛亥
	十七	4	四	乙酉	3	六	乙卯	2	日	甲申	31	一	癸丑	30	三	癸未	29	四	壬子
	十八	5	五	丙戌	4	日	丙辰	3	一	乙酉	**6**	二	甲寅	**7**	四	甲申	30	五	癸丑
	十九	6	六	丁亥	5	一	丁巳	4	二	丙戌	2	三	乙卯	2	五	乙酉	31	六	甲寅
	二十	7	日	戊子	6	二	戊午	5	三	丁亥	3	四	丙辰	3	六	丙戌	**8**	日	乙卯
廿	廿一	8	一	己丑	7	三	己未	6	四	戊子	4	五	丁巳	4	日	丁亥	2	一	丙辰
	廿二	9	二	庚寅	8	四	庚申	7	五	己丑	5	六	戊午	5	一	戊子	3	二	丁巳
	廿三	10	三	辛卯	9	五	辛酉	8	六	庚寅	6	日	己未	6	二	己丑	4	三	戊午
	廿四	11	四	壬辰	10	六	壬戌	9	日	辛卯	7	一	庚申	7	三	庚寅	5	四	己未
	廿五	12	五	癸巳	11	日	癸亥	10	一	壬辰	8	二	辛酉	8	四	辛卯	6	五	庚申
	廿六	13	六	甲午	12	一	甲子	11	二	癸巳	9	三	壬戌	9	五	壬辰	7	六	辛酉
	廿七	14	日	乙未	13	二	乙丑	12	三	甲午	10	四	癸亥	10	六	癸巳	8	日	壬戌
	廿八	15	一	丙申	14	三	丙寅	13	四	乙未	11	五	甲子	11	日	甲午	9	一	癸亥
	廿九	16	二	丁酉	15	四	丁卯	14	五	丙申	12	六	乙丑	12	一	乙未	10	二	甲子
	三十	17	三	戊戌							13	日	丙寅						
节气		雨水 初四 巳时		惊蛰 十九 辰时	春分 初四 巳时		清明 十九 未时	谷雨 初五 戌时		立夏 廿一 辰时	小满 初七 戌时		芒种 廿三 午时	夏至 初九 寅时		小暑 廿五 亥时	大暑 十一 未时		立秋 廿七 辰时

七月—十二月

旬	日	七月大壬申 公历	星期	干支	八月小癸酉 公历	星期	干支	九月大甲戌 公历	星期	干支	十月大乙亥 公历	星期	干支	十一月大丙子 公历	星期	干支	十二月小丁丑 公历	星期	干支
初	初一	11	三	乙丑	10	五	乙未	9	六	甲子	8	一	甲午	8	三	甲子	7	五	甲午
	初二	12	四	丙寅	11	六	丙申	10	日	乙丑	9	二	乙未	9	四	乙丑	8	六	乙未
	初三	13	五	丁卯	12	日	丁酉	11	一	丙寅	10	三	丙申	10	五	丙寅	9	日	丙申
	初四	14	六	戊辰	13	一	戊戌	12	二	丁卯	11	四	丁酉	11	六	丁卯	10	一	丁酉
	初五	15	日	己巳	14	二	己亥	13	三	戊辰	12	五	戊戌	12	日	戊辰	11	二	戊戌
	初六	16	一	庚午	15	三	庚子	14	四	己巳	13	六	己亥	13	一	己巳	12	三	己亥
	初七	17	二	辛未	16	四	辛丑	15	五	庚午	14	日	庚子	14	二	庚午	13	四	庚子
	初八	18	三	壬申	17	五	壬寅	16	六	辛未	15	一	辛丑	15	三	辛未	14	五	辛丑
	初九	19	四	癸酉	18	六	癸卯	17	日	壬申	16	二	壬寅	16	四	壬申	15	六	壬寅
	初十	20	五	甲戌	19	日	甲辰	18	一	癸酉	17	三	癸卯	17	五	癸酉	16	日	癸卯
十	十一	21	六	乙亥	20	一	乙巳	19	二	甲戌	18	四	甲辰	18	六	甲戌	17	一	甲辰
	十二	22	日	丙子	21	二	丙午	20	三	乙亥	19	五	乙巳	19	日	乙亥	18	二	乙巳
	十三	23	一	丁丑	22	三	丁未	21	四	丙子	20	六	丙午	20	一	丙子	19	三	丙午
	十四	24	二	戊寅	23	四	戊申	22	五	丁丑	21	日	丁未	21	二	丁丑	20	四	丁未
	十五	25	三	己卯	24	五	己酉	23	六	戊寅	22	一	戊申	22	三	戊寅	21	五	戊申
	十六	26	四	庚辰	25	六	庚戌	24	日	己卯	23	二	己酉	23	四	己卯	22	六	己酉
	十七	27	五	辛巳	26	日	辛亥	25	一	庚辰	24	三	庚戌	24	五	庚辰	23	日	庚戌
	十八	28	六	壬午	27	一	壬子	26	二	辛巳	25	四	辛亥	25	六	辛巳	24	一	辛亥
	十九	29	日	癸未	28	二	癸丑	27	三	壬午	26	五	壬子	26	日	壬午	25	二	壬子
	二十	30	一	甲申	29	三	甲寅	28	四	癸未	27	六	癸丑	27	一	癸未	26	三	癸丑
廿	廿一	31	二	乙酉	30	四	乙卯	29	五	甲申	28	日	甲寅	28	二	甲申	27	四	甲寅
	廿二	**9**	三	丙戌	**10**	五	丙辰	30	六	乙酉	29	一	乙卯	29	三	乙酉	28	五	乙卯
	廿三	2	四	丁亥	2	六	丁巳	31	日	丙戌	30	二	丙辰	30	四	丙戌	29	六	丙辰
	廿四	3	五	戊子	3	日	戊午	**11**	一	丁亥	**12**	三	丁巳	31	五	丁亥	30	日	丁巳
	廿五	4	六	己丑	4	一	己未	2	二	戊子	2	四	戊午	**1**	六	戊子	31	一	戊午
	廿六	5	日	庚寅	5	二	庚申	3	三	己丑	3	五	己未	2	日	己丑	**2**	二	己未
	廿七	6	一	辛卯	6	三	辛酉	4	四	庚寅	4	六	庚申	3	一	庚寅	2	三	庚申
	廿八	7	二	壬辰	7	四	壬戌	5	五	辛卯	5	日	辛酉	4	二	辛卯	3	四	辛酉
	廿九	8	三	癸巳	8	五	癸亥	6	六	壬辰	6	一	壬戌	5	三	壬辰	4	五	壬戌
	三十	9	四	甲午				7	日	癸巳	7	二	癸亥	6	四	癸巳			
节气		处暑 十三 亥时		白露 廿九 巳时	秋分 十四 戌时		寒露 初一 丑时	霜降 十六 寅时		立冬 初一 卯时	小雪 十六 丑时		大雪 初一 亥时	冬至 十五 申时		小寒 三十 巳时	大寒 十五 巳时		立春 初九 戊时

农历庚辰年 属龙

正月大戊寅

旬	公历	星期	干支
初一	5	六	癸巳
初二	6	日	甲午
初三	7	一	乙未
初四	8	二	丙申
初五	9	三	丁酉
初六	10	四	戊戌
初七	11	五	己亥
初八	12	六	庚子
初九	13	日	辛丑
初十	14	一	壬寅
十一	15	二	癸卯
十二	16	三	甲辰
十三	17	四	乙巳
十四	18	五	丙午
十五	19	六	丁未
十六	20	日	戊申
十七	21	一	己酉
十八	22	二	庚戌
十九	23	三	辛亥
二十	24	四	壬子
廿一	25	五	癸丑
廿二	26	六	甲寅
廿三	27	日	乙卯
廿四	28	一	丙辰
廿五	29	二	丁巳
廿六	**3**	三	戊午
廿七	2	四	己未
廿八	3	五	庚申
廿九	4	六	辛酉
三十	5	日	壬戌

节气：雨水 十五 申时 ／ 惊蛰 三十 未时

二月大己卯

旬	公历	星期	干支
初一	6	一	癸亥
初二	7	二	甲子
初三	8	三	乙丑
初四	9	四	丙寅
初五	10	五	丁卯
初六	11	六	戊辰
初七	12	日	己巳
初八	13	一	庚午
初九	14	二	辛未
初十	15	三	壬申
十一	16	四	癸酉
十二	17	五	甲戌
十三	18	六	乙亥
十四	19	日	丙子
十五	20	一	丁丑
十六	21	二	戊寅
十七	22	三	己卯
十八	23	四	庚辰
十九	24	五	辛巳
二十	25	六	壬午
廿一	26	日	癸未
廿二	27	一	甲申
廿三	28	二	乙酉
廿四	29	三	丙戌
廿五	30	四	丁亥
廿六	31	五	戊子
廿七	**4**	六	己丑
廿八	2	日	庚寅
廿九	3	一	辛卯
三十	4	二	壬辰

节气：春分 十五 申时 ／ 清明 三十 戌时

三月小庚辰

旬	公历	星期	干支
初一	5	三	癸巳
初二	6	四	甲午
初三	7	五	乙未
初四	8	六	丙申
初五	9	日	丁酉
初六	10	一	戊戌
初七	11	二	己亥
初八	12	三	庚子
初九	13	四	辛丑
初十	14	五	壬寅
十一	15	六	癸卯
十二	16	日	甲辰
十三	17	一	乙巳
十四	18	二	丙午
十五	19	三	丁未
十六	20	四	戊申
十七	21	五	己酉
十八	22	六	庚戌
十九	23	日	辛亥
二十	24	一	壬子
廿一	25	二	癸丑
廿二	26	三	甲寅
廿三	27	四	乙卯
廿四	28	五	丙辰
廿五	29	六	丁巳
廿六	30	日	戊午
廿七	**5**	一	己未
廿八	2	二	庚申
廿九	3	三	辛酉

节气：谷雨 十六 丑时

四月小辛巳

旬	公历	星期	干支
初一	4	四	壬戌
初二	5	五	癸亥
初三	6	六	甲子
初四	7	日	乙丑
初五	8	一	丙寅
初六	9	二	丁卯
初七	10	三	戊辰
初八	11	四	己巳
初九	12	五	庚午
初十	13	六	辛未
十一	14	日	壬申
十二	15	一	癸酉
十三	16	二	甲戌
十四	17	三	乙亥
十五	18	四	丙子
十六	19	五	丁丑
十七	20	六	戊寅
十八	21	日	己卯
十九	22	一	庚辰
二十	23	二	辛巳
廿一	24	三	壬午
廿二	25	四	癸未
廿三	26	五	甲申
廿四	27	六	乙酉
廿五	28	日	丙戌
廿六	29	一	丁亥
廿七	30	二	戊子
廿八	31	三	己丑
廿九	**6**	四	庚寅

节气：立夏 初二 午时 ／ 小满 十八 丑时

五月大壬午

旬	公历	星期	干支
初一	2	五	辛卯
初二	3	六	壬辰
初三	4	日	癸巳
初四	5	一	甲午
初五	6	二	乙未
初六	7	三	丙申
初七	8	四	丁酉
初八	9	五	戊戌
初九	10	六	己亥
初十	11	日	庚子
十一	12	一	辛丑
十二	13	二	壬寅
十三	14	三	癸卯
十四	15	四	甲辰
十五	16	五	乙巳
十六	17	六	丙午
十七	18	日	丁未
十八	19	一	戊申
十九	20	二	己酉
二十	21	三	庚戌
廿一	22	四	辛亥
廿二	23	五	壬子
廿三	24	六	癸丑
廿四	25	日	甲寅
廿五	26	一	乙卯
廿六	27	二	丙辰
廿七	28	三	丁巳
廿八	29	四	戊午
廿九	30	五	己未
三十	**7**	六	庚申

节气：芒种 初四 申时 ／ 夏至 二十 巳时

六月小癸未

旬	公历	星期	干支
初一	2	日	辛酉
初二	3	一	壬戌
初三	4	二	癸亥
初四	5	三	甲子
初五	6	四	乙丑
初六	7	五	丙寅
初七	8	六	丁卯
初八	9	日	戊辰
初九	10	一	己巳
初十	11	二	庚午
十一	12	三	辛未
十二	13	四	壬申
十三	14	五	癸酉
十四	15	六	甲戌
十五	16	日	乙亥
十六	17	一	丙子
十七	18	二	丁丑
十八	19	三	戊寅
十九	20	四	己卯
二十	21	五	庚辰
廿一	22	六	辛巳
廿二	23	日	壬午
廿三	24	一	癸未
廿四	25	二	甲申
廿五	26	三	乙酉
廿六	27	四	丙戌
廿七	28	五	丁亥
廿八	29	六	戊子
廿九	30	日	己丑

节气：小暑 初六 酉时 ／ 大暑 廿一 酉时

七月小甲申

旬	公历	星期	干支
初一	31	一	庚寅
初二	**8**	二	辛卯
初三	2	三	壬辰
初四	3	四	癸巳
初五	4	五	甲午
初六	5	六	乙未
初七	6	日	丙申
初八	7	一	丁酉
初九	8	二	戊戌
初十	9	三	己亥
十一	10	四	庚子
十二	11	五	辛丑
十三	12	六	壬寅
十四	13	日	癸卯
十五	14	一	甲辰
十六	15	二	乙巳
十七	16	三	丙午
十八	17	四	丁未
十九	18	五	戊申
二十	19	六	己酉
廿一	20	日	庚戌
廿二	21	一	辛亥
廿三	22	二	壬子
廿四	23	三	癸丑
廿五	24	四	甲寅
廿六	25	五	乙卯
廿七	26	六	丙辰
廿八	27	日	丁巳
廿九	28	一	戊午

节气：立秋 初八 未时 ／ 处暑 廿四 酉时

八月大乙酉

旬	公历	星期	干支
初一	29	二	己未
初二	30	三	庚申
初三	31	四	辛酉
初四	**9**	五	壬戌
初五	2	六	癸亥
初六	3	日	甲子
初七	4	一	乙丑
初八	5	二	丙寅
初九	6	三	丁卯
初十	7	四	戊辰
十一	8	五	己巳
十二	9	六	庚午
十三	10	日	辛未
十四	11	一	壬申
十五	12	二	癸酉
十六	13	三	甲戌
十七	14	四	乙亥
十八	15	五	丙子
十九	16	六	丁丑
二十	17	日	戊寅
廿一	18	一	己卯
廿二	19	二	庚辰
廿三	20	三	辛巳
廿四	21	四	壬午
廿五	22	五	癸未
廿六	23	六	甲申
廿七	24	日	乙酉
廿八	25	一	丙戌
廿九	26	二	丁亥
三十	27	三	戊子

节气：白露 初十 巳时 ／ 秋分 廿五 戌时

九月小丙戌

旬	公历	星期	干支
初一	28	四	己丑
初二	29	五	庚寅
初三	30	六	辛卯
初四	**10**	日	壬辰
初五	2	一	癸巳
初六	3	二	甲午
初七	4	三	乙未
初八	5	四	丙申
初九	6	五	丁酉
初十	7	六	戊戌
十一	8	日	己亥
十二	9	一	庚子
十三	10	二	辛丑
十四	11	三	壬寅
十五	12	四	癸卯
十六	13	五	甲辰
十七	14	六	乙巳
十八	15	日	丙午
十九	16	一	丁未
二十	17	二	戊申
廿一	18	三	己酉
廿二	19	四	庚戌
廿三	20	五	辛亥
廿四	21	六	壬子
廿五	22	日	癸丑
廿六	23	一	甲寅
廿七	24	二	乙卯
廿八	25	三	丙辰
廿九	26	四	丁巳

节气：寒露 十一 辰时 ／ 霜降 廿六 巳时

十月大丁亥

旬	公历	星期	干支
初一	27	五	戊午
初二	28	六	己未
初三	29	日	庚申
初四	30	一	辛酉
初五	31	二	壬戌
初六	**11**	三	癸亥
初七	2	四	甲子
初八	3	五	乙丑
初九	4	六	丙寅
初十	5	日	丁卯
十一	6	一	戊辰
十二	7	二	己巳
十三	8	三	庚午
十四	9	四	辛未
十五	10	五	壬申
十六	11	六	癸酉
十七	12	日	甲戌
十八	13	一	乙亥
十九	14	二	丙子
二十	15	三	丁丑
廿一	16	四	戊寅
廿二	17	五	己卯
廿三	18	六	庚辰
廿四	19	日	辛巳
廿五	20	一	壬午
廿六	21	二	癸未
廿七	22	三	甲申
廿八	23	四	乙酉
廿九	24	五	丙戌
三十	25	六	丁亥

节气：立冬 十一 巳时 ／ 小雪 廿七 辰时

十一月大戊子

旬	公历	星期	干支
初一	26	日	戊子
初二	27	一	己丑
初三	28	二	庚寅
初四	29	三	辛卯
初五	30	四	壬辰
初六	**12**	五	癸巳
初七	2	六	甲午
初八	3	日	乙未
初九	4	一	丙申
初十	5	二	丁酉
十一	6	三	戊戌
十二	7	四	己亥
十三	8	五	庚子
十四	9	六	辛丑
十五	10	日	壬寅
十六	11	一	癸卯
十七	12	二	甲辰
十八	13	三	乙巳
十九	14	四	丙午
二十	15	五	丁未
廿一	16	六	戊申
廿二	17	日	己酉
廿三	18	一	庚戌
廿四	19	二	辛亥
廿五	20	三	壬子
廿六	21	四	癸丑
廿七	22	五	甲寅
廿八	23	六	乙卯
廿九	24	日	丙辰
三十	25	一	丁巳

节气：大雪 十二 亥时 ／ 冬至 廿六 亥时

十二月小己丑

旬	公历	星期	干支
初一	26	二	戊午
初二	27	三	己未
初三	28	四	庚申
初四	29	五	辛酉
初五	30	六	壬戌
初六	31	日	癸亥
初七	**1**	一	甲子
初八	2	二	乙丑
初九	3	三	丙寅
初十	4	四	丁卯
十一	5	五	戊辰
十二	6	六	己巳
十三	7	日	庚午
十四	8	一	辛未
十五	9	二	壬申
十六	10	三	癸酉
十七	11	四	甲戌
十八	12	五	乙亥
十九	13	六	丙子
二十	14	日	丁丑
廿一	15	一	戊寅
廿二	16	二	己卯
廿三	17	三	庚辰
廿四	18	四	辛巳
廿五	19	五	壬午
廿六	20	六	癸未
廿七	21	日	甲申
廿八	22	一	乙酉
廿九	23	二	丙戌

节气：小寒 十一 未时 ／ 大寒 廿六 辰时

旬	正月大庚寅			二月大辛卯			三月小壬辰			四月大癸巳			闰四月小			五月大甲午			六月小乙未			七月小丙申			八月大丁酉			九月小戊戌			十月大己亥			十一月小庚子			十二月大辛丑		
	公历	星期	干支	公历	星期	干支	公历	星期	干支	公历	星期	干支	公历	星期	干支	公历	星期	干支	公历	星期	干支	公历	星期	干支	公历	星期	干支	公历	星期	干支	公历	星期	干支	公历	星期	干支	公历	星期	干支
初一	24	三	丁亥	23	五	丁巳	25	日	丁亥	23	一	丙辰	23	三	丙戌	21	四	乙卯	21	六	乙酉	19	日	甲寅	17	一	癸未	17	三	癸丑	15	四	壬午	15	六	壬子	13	日	辛巳
初二	25	四	戊子	24	六	戊午	26	一	戊子	24	二	丁巳	24	四	丁亥	22	五	丙辰	22	日	丙戌	20	一	乙卯	18	二	甲申	18	四	甲寅	16	五	癸未	16	日	癸丑	14	一	壬午
初三	26	五	己丑	25	日	己未	27	二	己丑	25	三	戊午	25	五	戊子	23	六	丁巳	23	一	丁亥	21	二	丙辰	19	三	乙酉	19	五	乙卯	17	六	甲申	17	一	甲寅	15	二	癸未
初四	27	六	庚寅	26	一	庚申	28	三	庚寅	26	四	己未	26	六	己丑	24	日	戊午	24	二	戊子	22	三	丁巳	20	四	丙戌	20	六	丙辰	18	日	乙酉	18	二	乙卯	16	三	甲申
初五	28	日	辛卯	27	二	辛酉	29	四	辛卯	27	五	庚申	27	日	庚寅	25	一	己未	25	三	己丑	23	四	戊午	21	五	丁亥	21	日	丁巳	19	一	丙戌	19	三	丙辰	17	四	乙酉
初六	29	一	壬辰	28	三	壬戌	30	五	壬辰	28	六	辛酉	28	一	辛卯	26	二	庚申	26	四	庚寅	24	五	己未	22	六	戊子	22	一	戊午	20	二	丁亥	20	四	丁巳	18	五	丙戌
初七	30	二	癸巳	**3**	四	癸亥	31	六	癸巳	29	日	壬戌	29	二	壬辰	27	三	辛酉	27	五	辛卯	25	六	庚申	23	日	己丑	23	二	己未	21	三	戊子	21	五	戊午	19	六	丁亥
初八	31	三	甲午	2	五	甲子	**4**	日	甲午	30	一	癸亥	30	三	癸巳	28	四	壬戌	28	六	壬辰	26	日	辛酉	24	一	庚寅	24	三	庚申	22	四	己丑	22	六	己未	20	日	戊子
初九	**2**	四	乙未	3	六	乙丑	2	一	乙未	**5**	二	甲子	31	四	甲午	29	五	癸亥	29	日	癸巳	27	一	壬戌	25	二	辛卯	25	四	辛酉	23	五	庚寅	23	日	庚申	21	一	己丑
初十	2	五	丙申	4	日	丙寅	3	二	丙申	2	三	乙丑	**6**	五	乙未	30	六	甲子	30	一	甲午	28	二	癸亥	26	三	壬辰	26	五	壬戌	24	六	辛卯	24	一	辛酉	22	二	庚寅
十一	3	六	丁酉	5	一	丁卯	4	三	丁酉	3	四	丙寅	2	六	丙申	**7**	日	乙丑	31	二	乙未	29	三	甲子	27	四	癸巳	27	六	癸亥	25	日	壬辰	25	二	壬戌	23	三	辛卯
十二	4	日	戊戌	6	二	戊辰	5	四	戊戌	4	五	丁卯	3	日	丁酉	2	一	丙寅	**8**	三	丙申	30	四	乙丑	28	五	甲午	28	日	甲子	26	一	癸巳	26	三	癸亥	24	四	壬辰
十三	5	一	己亥	7	三	己巳	6	五	己亥	5	六	戊辰	4	一	戊戌	3	二	丁卯	2	四	丁酉	31	五	丙寅	29	六	乙未	29	一	乙丑	27	二	甲午	27	四	甲子	25	五	癸巳
十四	6	二	庚子	8	四	庚午	7	六	庚子	6	日	己巳	5	二	己亥	4	三	戊辰	3	五	戊戌	**9**	六	丁卯	30	日	丙申	30	二	丙寅	28	三	乙未	28	五	乙丑	26	六	甲午
十五	7	三	辛丑	9	五	辛未	8	日	辛丑	7	一	庚午	6	三	庚子	5	四	己巳	4	六	己亥	2	日	戊辰	**10**	一	丁酉	31	三	丁卯	29	四	丙申	29	六	丙寅	27	日	乙未
十六	8	四	壬寅	10	六	壬申	9	一	壬寅	8	二	辛未	7	四	辛丑	6	五	庚午	5	日	庚子	3	一	己巳	2	二	戊戌	**11**	四	戊辰	30	五	丁酉	30	日	丁卯	28	一	丙申
十七	9	五	癸卯	11	日	癸酉	10	二	癸卯	9	三	壬申	8	五	壬寅	7	六	辛未	6	一	辛丑	4	二	庚午	3	三	己亥	2	五	己巳	**12**	六	戊戌	31	一	戊辰	29	二	丁酉
十八	10	六	甲辰	12	一	甲戌	11	三	甲辰	10	四	癸酉	9	六	癸卯	8	日	壬申	7	二	壬寅	5	三	辛未	4	四	庚子	3	六	庚午	2	日	己亥	**1**	二	己巳	30	三	戊戌
十九	11	日	乙巳	13	二	乙亥	12	四	乙巳	11	五	甲戌	10	日	甲辰	9	一	癸酉	8	三	癸卯	6	四	壬申	5	五	辛丑	4	日	辛未	3	一	庚子	2	三	庚午	31	四	己亥
二十	12	一	丙午	14	三	丙子	13	五	丙午	12	六	乙亥	11	一	乙巳	10	二	甲戌	9	四	甲辰	7	五	癸酉	6	六	壬寅	5	一	壬申	4	二	辛丑	3	四	辛未	**2**	五	庚子
廿一	13	二	丁未	15	四	丁丑	14	六	丁未	13	日	丙子	12	二	丙午	11	三	乙亥	10	五	乙巳	8	六	甲戌	7	日	癸卯	6	二	癸酉	5	三	壬寅	4	五	壬申	2	六	辛丑
廿二	14	三	戊申	16	五	戊寅	15	日	戊申	14	一	丁丑	13	三	丁未	12	四	丙子	11	六	丙午	9	日	乙亥	8	一	甲辰	7	三	甲戌	6	四	癸卯	5	六	癸酉	3	日	壬寅
廿三	15	四	己酉	17	六	己卯	16	一	己酉	15	二	戊寅	14	四	戊申	13	五	丁丑	12	日	丁未	10	一	丙子	9	二	乙巳	8	四	乙亥	7	五	甲辰	6	日	甲戌	4	一	癸卯
廿四	16	五	庚戌	18	日	庚辰	17	二	庚戌	16	三	己卯	15	五	己酉	14	六	戊寅	13	一	戊申	11	二	丁丑	10	三	丙午	9	五	丙子	8	六	乙巳	7	一	乙亥	5	二	甲辰
廿五	17	六	辛亥	19	一	辛巳	18	三	辛亥	17	四	庚辰	16	六	庚戌	15	日	己卯	14	二	己酉	12	三	戊寅	11	四	丁未	10	六	丁丑	9	日	丙午	8	二	丙子	6	三	乙巳
廿六	18	日	壬子	20	二	壬午	19	四	壬子	18	五	辛巳	17	日	辛亥	16	一	庚辰	15	三	庚戌	13	四	己卯	12	五	戊申	11	日	戊寅	10	一	丁未	9	三	丁丑	7	四	丙午
廿七	19	一	癸丑	21	三	癸未	20	五	癸丑	19	六	壬午	18	一	壬子	17	二	辛巳	16	四	辛亥	14	五	庚辰	13	六	己酉	12	一	己卯	11	二	戊申	10	四	戊寅	8	五	丁未
廿八	20	二	甲寅	22	四	甲申	21	六	甲寅	20	日	癸未	19	二	癸丑	18	三	壬午	17	五	壬子	15	六	辛巳	14	日	庚戌	13	二	庚辰	12	三	己酉	11	五	己卯	9	六	戊申
廿九	21	三	乙卯	23	五	乙酉	22	日	乙卯	21	一	甲申	20	三	甲寅	19	四	癸未	18	六	癸丑	16	日	壬午	15	一	辛亥	14	三	辛巳	13	四	庚戌	12	六	庚辰	10	日	己酉
三十	22	四	丙辰	24	六	丙戌				22	二	乙酉				20	五	甲申							16	二	壬子				14	五	辛亥				11	一	庚戌
节	立春 十二 丑时			惊蛰 十一 戌时			清明 十二 丑时			立夏 十三 酉时			芒种 十四 亥时			小暑 十七 巳时			立秋 十八 酉时			白露 二十 亥时			寒露 廿二 未时			立冬 廿二 申时			大雪 廿三 巳时			小寒 廿二 未时			立春 廿三 辰时		
气	雨水 廿六 亥时			春分 廿六 亥时			谷雨 廿七 辰时			小满 廿九 辰时						夏至 初一 申时			大暑 初三 丑时			处暑 初五 巳时			秋分 初七 辰时			霜降 初七 申时			小雪 初八 申时			冬至 初八 寅时			大寒 初八 未时		

正月大壬寅 ～ 六月大丁未

旬	正月大壬寅 公历	星期	干支	二月大癸卯 公历	星期	干支	三月小甲辰 公历	星期	干支	四月大乙巳 公历	星期	干支	五月小丙午 公历	星期	干支	六月大丁未 公历	星期	干支
初一	12	二	辛亥	14	四	辛巳	13	六	辛亥	12	日	庚辰	11	二	庚戌	10	三	己卯
初二	13	三	壬子	15	五	壬午	14	日	壬子	13	一	辛巳	12	三	辛亥	11	四	庚辰
初三	14	四	癸丑	16	六	癸未	15	一	癸丑	14	二	壬午	13	四	壬子	12	五	辛巳
初四	15	五	甲寅	17	日	甲申	16	二	甲寅	15	三	癸未	14	五	癸丑	13	六	壬午
初五	16	六	乙卯	18	一	乙酉	17	三	乙卯	16	四	甲申	15	六	甲寅	14	日	癸未
初六	17	日	丙辰	19	二	丙戌	18	四	丙辰	17	五	乙酉	16	日	乙卯	15	一	甲申
初七	18	一	丁巳	20	三	丁亥	19	五	丁巳	18	六	丙戌	17	一	丙辰	16	二	乙酉
初八	19	二	戊午	21	四	戊子	20	六	戊午	19	日	丁亥	18	二	丁巳	17	三	丙戌
初九	20	三	己未	22	五	己丑	21	日	己未	20	一	戊子	19	三	戊午	18	四	丁亥
初十	21	四	庚申	23	六	庚寅	22	一	庚申	21	二	己丑	20	四	己未	19	五	戊子
十一	22	五	辛酉	24	日	辛卯	23	二	辛酉	22	三	庚寅	21	五	庚申	20	六	己丑
十二	23	六	壬戌	25	一	壬辰	24	三	壬戌	23	四	辛卯	22	六	辛酉	21	日	庚寅
十三	24	日	癸亥	26	二	癸巳	25	四	癸亥	24	五	壬辰	23	日	壬戌	22	一	辛卯
十四	25	一	甲子	27	三	甲午	26	五	甲子	25	六	癸巳	24	一	癸亥	23	二	壬辰
十五	26	二	乙丑	28	四	乙未	27	六	乙丑	26	日	甲午	25	二	甲子	24	三	癸巳
十六	27	三	丙寅	29	五	丙申	28	日	丙寅	27	一	乙未	26	三	乙丑	25	四	甲午
十七	28	四	丁卯	30	六	丁酉	29	一	丁卯	28	二	丙申	27	四	丙寅	26	五	乙未
十八	1	五	戊辰	31	日	戊戌	30	二	戊辰	29	三	丁酉	28	五	丁卯	27	六	丙申
十九	2	六	己巳	1	一	己亥	1	三	己巳	30	四	戊戌	29	六	戊辰	28	日	丁酉
二十	3	日	庚午	2	二	庚子	2	四	庚午	31	五	己亥	30	日	己巳	29	一	戊戌
廿一	4	一	辛未	3	三	辛丑	3	五	辛未	1	六	庚子	1	一	庚午	30	二	己亥
廿二	5	二	壬申	4	四	壬寅	4	六	壬申	2	日	辛丑	2	二	辛未	31	三	庚子
廿三	6	三	癸酉	5	五	癸卯	5	日	癸酉	3	一	壬寅	3	三	壬申	1	四	辛丑
廿四	7	四	甲戌	6	六	甲辰	6	一	甲戌	4	二	癸卯	4	四	癸酉	2	五	壬寅
廿五	8	五	乙亥	7	日	乙巳	7	二	乙亥	5	三	甲辰	5	五	甲戌	3	六	癸卯
廿六	9	六	丙子	8	一	丙午	8	三	丙子	6	四	乙巳	6	六	乙亥	4	日	甲辰
廿七	10	日	丁丑	9	二	丁未	9	四	丁丑	7	五	丙午	7	日	丙子	5	一	乙巳
廿八	11	一	戊寅	10	三	戊申	10	五	戊寅	8	六	丁未	8	一	丁丑	6	二	丙午
廿九	12	二	己卯	11	四	己酉	11	六	己卯	9	日	戊申	9	二	戊寅	7	三	丁未
三十	13	三	庚辰	12	五	庚戌				10	一	己酉				8	四	戊申
节	惊蛰 廿三 丑时			清明 廿三 辰时			立夏 廿四 子时			芒种 廿六 寅时			小暑 廿七 未时			立秋 三十 子时		
气	雨水 初八 寅时			春分 初八 寅时			谷雨 初八 未时			小满 初十 未时			夏至 十一 亥时			大暑 十四 辰时		

七月小戊申 ～ 十二月小癸丑

旬	七月小戊申 公历	星期	干支	八月小己酉 公历	星期	干支	九月大庚戌 公历	星期	干支	十月小辛亥 公历	星期	干支	十一月大壬子 公历	星期	干支	十二月小癸丑 公历	星期	干支
初一	9	五	己酉	7	六	戊寅	6	日	丁未	5	二	丁丑	4	三	丙午	3	五	丙子
初二	10	六	庚戌	8	日	己卯	7	一	戊申	6	三	戊寅	5	四	丁未	4	六	丁丑
初三	11	日	辛亥	9	一	庚辰	8	二	己酉	7	四	己卯	6	五	戊申	5	日	戊寅
初四	12	一	壬子	10	二	辛巳	9	三	庚戌	8	五	庚辰	7	六	己酉	6	一	己卯
初五	13	二	癸丑	11	三	壬午	10	四	辛亥	9	六	辛巳	8	日	庚戌	7	二	庚辰
初六	14	三	甲寅	12	四	癸未	11	五	壬子	10	日	壬午	9	一	辛亥	8	三	辛巳
初七	15	四	乙卯	13	五	甲申	12	六	癸丑	11	一	癸未	10	二	壬子	9	四	壬午
初八	16	五	丙辰	14	六	乙酉	13	日	甲寅	12	二	甲申	11	三	癸丑	10	五	癸未
初九	17	六	丁巳	15	日	丙戌	14	一	乙卯	13	三	乙酉	12	四	甲寅	11	六	甲申
初十	18	日	戊午	16	一	丁亥	15	二	丙辰	14	四	丙戌	13	五	乙卯	12	日	乙酉
十一	19	一	己未	17	二	戊子	16	三	丁巳	15	五	丁亥	14	六	丙辰	13	一	丙戌
十二	20	二	庚申	18	三	己丑	17	四	戊午	16	六	戊子	15	日	丁巳	14	二	丁亥
十三	21	三	辛酉	19	四	庚寅	18	五	己未	17	日	己丑	16	一	戊午	15	三	戊子
十四	22	四	壬戌	20	五	辛卯	19	六	庚申	18	一	庚寅	17	二	己未	16	四	己丑
十五	23	五	癸亥	21	六	壬辰	20	日	辛酉	19	二	辛卯	18	三	庚申	17	五	庚寅
十六	24	六	甲子	22	日	癸巳	21	一	壬戌	20	三	壬辰	19	四	辛酉	18	六	辛卯
十七	25	日	乙丑	23	一	甲午	22	二	癸亥	21	四	癸巳	20	五	壬戌	19	日	壬辰
十八	26	一	丙寅	24	二	乙未	23	三	甲子	22	五	甲午	21	六	癸亥	20	一	癸巳
十九	27	二	丁卯	25	三	丙申	24	四	乙丑	23	六	乙未	22	日	甲子	21	二	甲午
二十	28	三	戊辰	26	四	丁酉	25	五	丙寅	24	日	丙申	23	一	乙丑	22	三	乙未
廿一	29	四	己巳	27	五	戊戌	26	六	丁卯	25	一	丁酉	24	二	丙寅	23	四	丙申
廿二	30	五	庚午	28	六	己亥	27	日	戊辰	26	二	戊戌	25	三	丁卯	24	五	丁酉
廿三	31	六	辛未	29	日	庚子	28	一	己巳	27	三	己亥	26	四	戊辰	25	六	戊戌
廿四	1	日	壬申	30	一	辛丑	29	二	庚午	28	四	庚子	27	五	己巳	26	日	己亥
廿五	2	一	癸酉	1	二	壬寅	30	三	辛未	29	五	辛丑	28	六	庚午	27	一	庚子
廿六	3	二	甲戌	2	三	癸卯	31	四	壬申	30	六	壬寅	29	日	辛未	28	二	辛丑
廿七	4	三	乙亥	3	四	甲辰	1	五	癸酉	1	日	癸卯	30	一	壬申	29	三	壬寅
廿八	5	四	丙子	4	五	乙巳	2	六	甲戌	2	一	甲辰	31	二	癸酉	30	四	癸卯
廿九	6	五	丁丑	5	六	丙午	3	日	乙亥	3	二	乙巳	1	三	甲戌	31	五	甲辰
三十							4	一	丙子				2	四	乙亥			
节	白露 初二 寅时			寒露 初三 戌时			立冬 初三 亥时			大雪 初四 申时			小寒 初四 丑时					
气	处暑 十五 申时			秋分 十七 寅时			霜降 十八 亥时			小雪 十八 亥时			冬至 十九 巳时			大寒 十八 戌时		

农历癸未年　属羊

正月大甲寅 — 六月小己未

旬	正月大甲寅 公历	星期	干支	二月大乙卯 公历	星期	干支	三月小丙辰 公历	星期	干支	四月大丁巳 公历	星期	干支	五月大戊午 公历	星期	干支	六月小己未 公历	星期	干支
初一	**2**	六	乙巳	3	一	乙亥	2	三	乙巳	**5**	四	甲戌	31	六	甲辰	30	一	甲戌
初二	2	日	丙午	4	二	丙子	3	四	丙午	2	五	乙亥	**6**	日	乙巳	**7**	二	乙亥
初三	3	一	丁未	5	三	丁丑	4	五	丁未	3	六	丙子	2	一	丙午	2	三	丙子
初四	4	二	戊申	6	四	戊寅	5	六	戊申	4	日	丁丑	3	二	丁未	3	四	丁丑
初五	5	三	己酉	7	五	己卯	6	日	己酉	5	一	戊寅	4	三	戊申	4	五	戊寅
初六	6	四	庚戌	8	六	庚辰	7	一	庚戌	6	二	己卯	5	四	己酉	5	六	己卯
初七	7	五	辛亥	9	日	辛巳	8	二	辛亥	7	三	庚辰	6	五	庚戌	6	日	庚辰
初八	8	六	壬子	10	一	壬午	9	三	壬子	8	四	辛巳	7	六	辛亥	7	一	辛巳
初九	9	日	癸丑	11	二	癸未	10	四	癸丑	9	五	壬午	8	日	壬子	8	二	壬午
初十	10	一	甲寅	12	三	甲申	11	五	甲寅	10	六	癸未	9	一	癸丑	9	三	癸未
十一	11	二	乙卯	13	四	乙酉	12	六	乙卯	11	日	甲申	10	二	甲寅	10	四	甲申
十二	12	三	丙辰	14	五	丙戌	13	日	丙辰	12	一	乙酉	11	三	乙卯	11	五	乙酉
十三	13	四	丁巳	15	六	丁亥	14	一	丁巳	13	二	丙戌	12	四	丙辰	12	六	丙戌
十四	14	五	戊午	16	日	戊子	15	二	戊午	14	三	丁亥	13	五	丁巳	13	日	丁亥
十五	15	六	己未	17	一	己丑	16	三	己未	15	四	戊子	14	六	戊午	14	一	戊子
十六	16	日	庚申	18	二	庚寅	17	四	庚申	16	五	己丑	15	日	己未	15	二	己丑
十七	17	一	辛酉	19	三	辛卯	18	五	辛酉	17	六	庚寅	16	一	庚申	16	三	庚寅
十八	18	二	壬戌	20	四	壬辰	19	六	壬戌	18	日	辛卯	17	二	辛酉	17	四	辛卯
十九	19	三	癸亥	21	五	癸巳	20	日	癸亥	19	一	壬辰	18	三	壬戌	18	五	壬辰
二十	20	四	甲子	22	六	甲午	21	一	甲子	20	二	癸巳	19	四	癸亥	19	六	癸巳
廿一	21	五	乙丑	23	日	乙未	22	二	乙丑	21	三	甲午	20	五	甲子	20	日	甲午
廿二	22	六	丙寅	24	一	丙申	23	三	丙寅	22	四	乙未	21	六	乙丑	21	一	乙未
廿三	23	日	丁卯	25	二	丁酉	24	四	丁卯	23	五	丙申	22	日	丙寅	22	二	丙申
廿四	24	一	戊辰	26	三	戊戌	25	五	戊辰	24	六	丁酉	23	一	丁卯	23	三	丁酉
廿五	25	二	己巳	27	四	己亥	26	六	己巳	25	日	戊戌	24	二	戊辰	24	四	戊戌
廿六	26	三	庚午	28	五	庚子	27	日	庚午	26	一	己亥	25	三	己巳	25	五	己亥
廿七	27	四	辛未	29	六	辛丑	28	一	辛未	27	二	庚子	26	四	庚午	26	六	庚子
廿八	28	五	壬申	30	日	壬寅	29	二	壬申	28	三	辛丑	27	五	辛未	27	日	辛丑
廿九	1	六	癸酉	31	一	癸卯	30	三	癸酉	29	四	壬寅	28	六	壬申	28	一	壬寅
三十	2	日	甲戌	**4**	二	甲辰	—	—	—	30	五	癸卯	29	日	癸酉	—	—	—
节气	立春 初四 未时		雨水 十九 巳时	惊蛰 初四 辰时		春分 十九 巳时	清明 初四 午时		谷雨 十九 戌时	立夏 初六 卯时		小满 廿一 戌时	芒种 初七 巳时		夏至 廿三 寅时	小暑 初八		大暑 廿四

七月大庚申 — 十二月大乙丑

旬	七月大庚申 公历	星期	干支	八月小辛酉 公历	星期	干支	九月小壬戌 公历	星期	干支	十月大癸亥 公历	星期	干支	十一月小甲子 公历	星期	干支	十二月大乙丑 公历	星期	干支
初一	29	二	癸卯	28	四	癸酉	26	五	壬寅	25	六	辛未	24	一	辛丑	23	二	庚午
初二	30	三	甲辰	29	五	甲戌	27	六	癸卯	26	日	壬申	25	二	壬寅	24	三	辛未
初三	31	四	乙巳	30	六	乙亥	28	日	甲辰	27	一	癸酉	26	三	癸卯	25	四	壬申
初四	**8**	五	丙午	31	日	丙子	29	一	乙巳	28	二	甲戌	27	四	甲辰	26	五	癸酉
初五	2	六	丁未	**9**	一	丁丑	30	二	丙午	29	三	乙亥	28	五	乙巳	27	六	甲戌
初六	3	日	戊申	2	二	戊寅	**10**	三	丁未	30	四	丙子	29	六	丙午	28	日	乙亥
初七	4	一	己酉	3	三	己卯	2	四	戊申	31	五	丁丑	30	日	丁未	29	一	丙子
初八	5	二	庚戌	4	四	庚辰	3	五	己酉	**11**	六	戊寅	**12**	一	戊申	30	二	丁丑
初九	6	三	辛亥	5	五	辛巳	4	六	庚戌	2	日	己卯	2	二	己酉	31	三	戊寅
初十	7	四	壬子	6	六	壬午	5	日	辛亥	3	一	庚辰	3	三	庚戌	**1**	四	己卯
十一	8	五	癸丑	7	日	癸未	6	一	壬子	4	二	辛巳	4	四	辛亥	2	五	庚辰
十二	9	六	甲寅	8	一	甲申	7	二	癸丑	5	三	壬午	5	五	壬子	3	六	辛巳
十三	10	日	乙卯	9	二	乙酉	8	三	甲寅	6	四	癸未	6	六	癸丑	4	日	壬午
十四	11	一	丙辰	10	三	丙戌	9	四	乙卯	7	五	甲申	7	日	甲寅	5	一	癸未
十五	12	二	丁巳	11	四	丁亥	10	五	丙辰	8	六	乙酉	8	一	乙卯	6	二	甲申
十六	13	三	戊午	12	五	戊子	11	六	丁巳	9	日	丙戌	9	二	丙辰	7	三	乙酉
十七	14	四	己未	13	六	己丑	12	日	戊午	10	一	丁亥	10	三	丁巳	8	四	丙戌
十八	15	五	庚申	14	日	庚寅	13	一	己未	11	二	戊子	11	四	戊午	9	五	丁亥
十九	16	六	辛酉	15	一	辛卯	14	二	庚申	12	三	己丑	12	五	己未	10	六	戊子
二十	17	日	壬戌	16	二	壬辰	15	三	辛酉	13	四	庚寅	13	六	庚申	11	日	己丑
廿一	18	一	癸亥	17	三	癸巳	16	四	壬戌	14	五	辛卯	14	日	辛酉	12	一	庚寅
廿二	19	二	甲子	18	四	甲午	17	五	癸亥	15	六	壬辰	15	一	壬戌	13	二	辛卯
廿三	20	三	乙丑	19	五	乙未	18	六	甲子	16	日	癸巳	16	二	癸亥	14	三	壬辰
廿四	21	四	丙寅	20	六	丙申	19	日	乙丑	17	一	甲午	17	三	甲子	15	四	癸巳
廿五	22	五	丁卯	21	日	丁酉	20	一	丙寅	18	二	乙未	18	四	乙丑	16	五	甲午
廿六	23	六	戊辰	22	一	戊戌	21	二	丁卯	19	三	丙申	19	五	丙寅	17	六	乙未
廿七	24	日	己巳	23	二	己亥	22	三	戊辰	20	四	丁酉	20	六	丁卯	18	日	丙申
廿八	25	一	庚午	24	三	庚子	23	四	己巳	21	五	戊戌	21	日	戊辰	19	一	丁酉
廿九	26	二	辛未	25	四	辛丑	24	五	庚午	22	六	己亥	22	一	己巳	20	二	戊戌
三十	27	三	壬申	—	—	—	—	—	—	23	日	庚子	—	—	—	21	三	己亥
节气	立秋 十一 卯时		处暑 廿六 亥时	白露 十二 巳时		秋分 廿七 酉时	寒露 十四 丑时		霜降 廿九 寅时	立冬 十五		小雪 三十 丑时	大雪 十四		冬至 廿九 申时	小寒 十五 辰时		大寒 三十 丑时

209

农历甲申年 属猴

旬	正月小丙寅 公历	星期	干支	二月大丁卯 公历	星期	干支	闰二月小 公历	星期	干支	三月大戊辰 公历	星期	干支	四月大己巳 公历	星期	干支	五月小庚午 公历	星期	干支	六月大辛未 公历	星期	干支	七月小壬申 公历	星期	干支	八月大癸酉 公历	星期	干支	九月小甲戌 公历	星期	干支	十月大乙亥 公历	星期	干支	十一月小丙子 公历	星期	干支	十二月大丁丑 公历	星期	干支
初一	22	四	庚子	20	五	己巳	21	日	己亥	19	一	戊辰	19	三	戊戌	18	五	戊辰	17	六	丁酉	16	一	丁卯	14	二	丙申	14	四	丙寅	12	五	乙未	12	日	乙丑	10	一	甲午
初二	23	五	辛丑	21	六	庚午	22	一	庚子	20	二	己巳	20	四	己亥	19	六	己巳	18	日	戊戌	17	二	戊辰	15	三	丁酉	15	五	丁卯	13	六	丙申	13	一	丙寅	11	二	乙未
初三	24	六	壬寅	22	日	辛未	23	二	辛丑	21	三	庚午	21	五	庚子	20	日	庚午	19	一	己亥	18	三	己巳	16	四	戊戌	16	六	戊辰	14	日	丁酉	14	二	丁卯	12	三	丙申
初四	25	日	癸卯	23	一	壬申	24	三	壬寅	22	四	辛未	22	六	辛丑	21	一	辛未	20	二	庚子	19	四	庚午	17	五	己亥	17	日	己巳	15	一	戊戌	15	三	戊辰	13	四	丁酉
初五	26	一	甲辰	24	二	癸酉	25	四	癸卯	23	五	壬申	23	日	壬寅	22	二	壬申	21	三	辛丑	20	五	辛未	18	六	庚子	18	一	庚午	16	二	己亥	16	四	己巳	14	五	戊戌
初六	27	二	乙巳	25	三	甲戌	26	五	甲辰	24	六	癸酉	24	一	癸卯	23	三	癸酉	22	四	壬寅	21	六	壬申	19	日	辛丑	19	二	辛未	17	三	庚子	17	五	庚午	15	六	己亥
初七	28	三	丙午	26	四	乙亥	27	六	乙巳	25	日	甲戌	25	二	甲辰	24	四	甲戌	23	五	癸卯	22	日	癸酉	20	一	壬寅	20	三	壬申	18	四	辛丑	18	六	辛未	16	日	庚子
初八	29	四	丁未	27	五	丙子	28	日	丙午	26	一	乙亥	26	三	乙巳	25	五	乙亥	24	六	甲辰	23	一	甲戌	21	二	癸卯	21	四	癸酉	19	五	壬寅	19	日	壬申	17	一	辛丑
初九	30	五	戊申	28	六	丁丑	29	一	丁未	27	二	丙子	27	四	丙午	26	六	丙子	25	日	乙巳	24	二	乙亥	22	三	甲辰	22	五	甲戌	20	六	癸卯	20	一	癸酉	18	二	壬寅
初十	31	六	己酉	29	日	戊寅	30	二	戊申	28	三	丁丑	28	五	丁未	27	日	丁丑	26	一	丙午	25	三	丙子	23	四	乙巳	23	六	乙亥	21	日	甲辰	21	二	甲戌	19	三	癸卯
十一	2	日	庚戌	1	一	己卯	31	三	己酉	29	四	戊寅	29	六	戊申	28	一	戊寅	27	二	丁未	26	四	丁丑	24	五	丙午	24	日	丙子	22	一	乙巳	22	三	乙亥	20	四	甲辰
十二	3	一	辛亥	2	二	庚辰	1	四	庚戌	30	五	己卯	30	日	己酉	29	二	己卯	28	三	戊申	27	五	戊寅	25	六	丁未	25	一	丁丑	23	二	丙午	23	四	丙子	21	五	乙巳
十三	4	二	壬子	3	三	辛巳	2	五	辛亥	1	六	庚辰	31	一	庚戌	30	三	庚辰	29	四	己酉	28	六	己卯	26	日	戊申	26	二	戊寅	24	三	丁未	24	五	丁丑	22	六	丙午
十四	5	三	癸丑	4	四	壬午	3	六	壬子	2	日	辛巳	1	二	辛亥	1	四	辛巳	30	五	庚戌	29	日	庚辰	27	一	己酉	27	三	己卯	25	四	戊申	25	六	戊寅	23	日	丁未
十五	6	四	甲寅	5	五	癸未	4	日	癸丑	3	一	壬午	2	三	壬子	2	五	壬午	31	六	辛亥	30	一	辛巳	28	二	庚戌	28	四	庚辰	26	五	己酉	26	日	己卯	24	一	戊申
十六	7	五	乙卯	6	六	甲申	5	一	甲寅	4	二	癸未	3	四	癸丑	3	六	癸未	1	日	壬子	31	二	壬午	29	三	辛亥	29	五	辛巳	27	六	庚戌	27	一	庚辰	25	二	己酉
十七	8	六	丙辰	7	日	乙酉	6	二	乙卯	5	三	甲申	4	五	甲寅	4	日	甲申	2	一	癸丑	1	三	癸未	30	四	壬子	30	六	壬午	28	日	辛亥	28	二	辛巳	26	三	庚戌
十八	9	日	丁巳	8	一	丙戌	7	三	丙辰	6	四	乙酉	5	六	乙卯	5	一	乙酉	3	二	甲寅	2	四	甲申	1	五	癸丑	31	日	癸未	29	一	壬子	29	三	壬午	27	四	辛亥
十九	10	一	戊午	9	二	丁亥	8	四	丁巳	7	五	丙戌	6	日	丙辰	6	二	丙戌	4	三	乙卯	3	五	乙酉	2	六	甲寅	1	一	甲申	30	二	癸丑	30	四	癸未	28	五	壬子
二十	11	二	己未	10	三	戊子	9	五	戊午	8	六	丁亥	7	一	丁巳	7	三	丁亥	5	四	丙辰	4	六	丙戌	3	日	乙卯	2	二	乙酉	1	三	甲寅	31	五	甲申	29	六	癸丑
廿一	12	三	庚申	11	四	己丑	10	六	己未	9	日	戊子	8	二	戊午	8	四	戊子	6	五	丁巳	5	日	丁亥	4	一	丙辰	3	三	丙戌	2	四	乙卯	1	六	乙酉	30	日	甲寅
廿二	13	四	辛酉	12	五	庚寅	11	日	庚申	10	一	己丑	9	三	己未	9	五	己丑	7	六	戊午	6	一	戊子	5	二	丁巳	4	四	丁亥	3	五	丙辰	2	日	丙戌	31	一	乙卯
廿三	14	五	壬戌	13	六	辛卯	12	一	辛酉	11	二	庚寅	10	四	庚申	10	六	庚寅	8	日	己未	7	二	己丑	6	三	戊午	5	五	戊子	4	六	丁巳	3	一	丁亥	1	二	丙辰
廿四	15	六	癸亥	14	日	壬辰	13	二	壬戌	12	三	辛卯	11	五	辛酉	11	日	辛卯	9	一	庚申	8	三	庚寅	7	四	己未	6	六	己丑	5	日	戊午	4	二	戊子	2	三	丁巳
廿五	16	日	甲子	15	一	癸巳	14	三	癸亥	13	四	壬辰	12	六	壬戌	12	一	壬辰	10	二	辛酉	9	四	辛卯	8	五	庚申	7	日	庚寅	6	一	己未	5	三	己丑	3	四	戊午
廿六	17	一	乙丑	16	二	甲午	15	四	甲子	14	五	癸巳	13	日	癸亥	13	二	癸巳	11	三	壬戌	10	五	壬辰	9	六	辛酉	8	一	辛卯	7	二	庚申	6	四	庚寅	4	五	己未
廿七	18	二	丙寅	17	三	乙未	16	五	乙丑	15	六	甲午	14	一	甲子	14	三	甲午	12	四	癸亥	11	六	癸巳	10	日	壬戌	9	二	壬辰	8	三	辛酉	7	五	辛卯	5	六	庚申
廿八	19	三	丁卯	18	四	丙申	17	六	丙寅	16	日	乙未	15	二	乙丑	15	四	乙未	13	五	甲子	12	日	甲午	11	一	癸亥	10	三	癸巳	9	四	壬戌	8	六	壬辰	6	日	辛酉
廿九	20	四	戊辰	19	五	丁酉	18	日	丁卯	17	一	丙申	16	三	丙寅	16	五	丙申	14	六	乙丑	13	一	乙未	12	二	甲子	11	四	甲午	10	五	癸亥	9	日	癸巳	7	一	壬戌
三十				20	六	戊戌				18	二	丁酉	17	四	丁卯				15	日	丙寅				13	三	乙丑				11	六	甲子				8	二	癸亥

节气：

月	节	气
正月	立春 十四 戌时	雨水 廿九 午时
二月	惊蛰 十五 未时	春分 三十 酉时
闰二月	清明 十五 酉时	—
三月	立夏 十七 午时	谷雨 初二 丑时
四月	芒种 十八 午时	小满 初三 卯时
五月	小暑 二十 丑时	夏至 初四 辰时
六月	立秋 廿二 戌时	大暑 初六 戌时
七月	白露 廿三 丑时	处暑 初八 丑时
八月	寒露 廿五 卯时	秋分 初十 丑时
九月	立冬 廿五 巳时	霜降 初十 卯时
十月	大雪 廿六 巳时	小雪 十一 辰时
十一月	小寒 廿五 未时	冬至 初十 巳时
十二月	立春 初六 丑时	大寒 十一 酉时

农历乙酉年 属鸡　　　　公元2005－2006年

正月小戊寅 — 六月大癸未

旬	正月小戊寅 公历	星期	干支	二月大己卯 公历	星期	干支	三月小庚辰 公历	星期	干支	四月大辛巳 公历	星期	干支	五月小壬午 公历	星期	干支	六月大癸未 公历	星期	干支
初一	9	三	甲戌	10	四	癸卯	9	六	癸酉	8	日	壬寅	7	二	壬申	6	三	辛丑
初二	10	四	乙亥	11	五	甲辰	10	日	甲戌	9	一	癸卯	8	三	癸酉	7	四	壬寅
初三	11	五	丙子	12	六	乙巳	11	一	乙亥	10	二	甲辰	9	四	甲戌	8	五	癸卯
初四	12	六	丁丑	13	日	丙午	12	二	丙子	11	三	乙巳	10	五	乙亥	9	六	甲辰
初五	13	日	戊寅	14	一	丁未	13	三	丁丑	12	四	丙午	11	六	丙子	10	日	乙巳
初六	14	一	己卯	15	二	戊申	14	四	戊寅	13	五	丁未	12	日	丁丑	11	一	丙午
初七	15	二	庚辰	16	三	己酉	15	五	己卯	14	六	戊申	13	一	戊寅	12	二	丁未
初八	16	三	辛巳	17	四	庚戌	16	六	庚辰	15	日	己酉	14	二	己卯	13	三	戊申
初九	17	四	壬午	18	五	辛亥	17	日	辛巳	16	一	庚戌	15	三	庚辰	14	四	己酉
初十	18	五	癸未	19	六	壬子	18	一	壬午	17	二	辛亥	16	四	辛巳	15	五	庚戌
十一	19	六	甲申	20	日	癸丑	19	二	癸未	18	三	壬子	17	五	壬午	16	六	辛亥
十二	20	日	乙酉	21	一	甲寅	20	三	甲申	19	四	癸丑	18	六	癸未	17	日	壬子
十三	21	一	丙戌	22	二	乙卯	21	四	乙酉	20	五	甲寅	19	日	甲申	18	一	癸丑
十四	22	二	丁亥	23	三	丙辰	22	五	丙戌	21	六	乙卯	20	一	乙酉	19	二	甲寅
十五	23	三	戊子	24	四	丁巳	23	六	丁亥	22	日	丙辰	21	二	丙戌	20	三	乙卯
十六	24	四	己丑	25	五	戊午	24	日	戊子	23	一	丁巳	22	三	丁亥	21	四	丙辰
十七	25	五	庚寅	26	六	己未	25	一	己丑	24	二	戊午	23	四	戊子	22	五	丁巳
十八	26	六	辛卯	27	日	庚申	26	二	庚寅	25	三	己未	24	五	己丑	23	六	戊午
十九	27	日	壬辰	28	一	辛酉	27	三	辛卯	26	四	庚申	25	六	庚寅	24	日	己未
二十	28	一	癸巳	29	二	壬戌	28	四	壬辰	27	五	辛酉	26	日	辛卯	25	一	庚申
廿一	1	二	甲午	30	三	癸亥	29	五	癸巳	28	六	壬戌	27	一	壬辰	26	二	辛酉
廿二	2	三	乙未	31	四	甲子	30	六	甲午	29	日	癸亥	28	二	癸巳	27	三	壬戌
廿三	3	四	丙申	1	五	乙丑	1	日	乙未	30	一	甲子	29	三	甲午	28	四	癸亥
廿四	4	五	丁酉	2	六	丙寅	2	一	丙申	31	二	乙丑	30	四	乙未	29	五	甲子
廿五	5	六	戊戌	3	日	丁卯	3	二	丁酉	1	三	丙寅	1	五	丙申	30	六	乙丑
廿六	6	日	己亥	4	一	戊辰	4	三	戊戌	2	四	丁卯	2	六	丁酉	31	日	丙寅
廿七	7	一	庚子	5	二	己巳	5	四	己亥	3	五	戊辰	3	日	戊戌	1	一	丁卯
廿八	8	二	辛丑	6	三	庚午	6	五	庚子	4	六	己巳	4	一	己亥	2	二	戊辰
廿九	9	三	壬寅	7	四	辛未	7	六	辛丑	5	日	庚午	5	二	庚子	3	三	己巳
三十				8	五	壬申				6	一	辛未				4	四	庚午

节气：
- 正月小戊寅：雨水 初十 亥时／惊蛰 廿五 戌时
- 二月大己卯：春分 十一 戌时／清明 廿七 子时
- 三月小庚辰：谷雨 十二 辰时／立夏 廿七 酉时
- 四月大辛巳：小满 十四 卯时／芒种 廿九 丑时
- 五月小壬午：夏至 十五 未时
- 六月大癸未：小暑 初一 辰时／大暑 十八 丑时

七月大甲申 — 十二月小己丑

旬	七月大甲申 公历	星期	干支	八月小乙酉 公历	星期	干支	九月大丙戌 公历	星期	干支	十月小丁亥 公历	星期	干支	十一月大戊子 公历	星期	干支	十二月小己丑 公历	星期	干支
初一	5	五	辛未	4	日	辛丑	3	一	庚午	2	三	庚子	1	四	己巳	31	六	己亥
初二	6	六	壬申	5	一	壬寅	4	二	辛未	3	四	辛丑	2	五	庚午	1	日	庚子
初三	7	日	癸酉	6	二	癸卯	5	三	壬申	4	五	壬寅	3	六	辛未	2	一	辛丑
初四	8	一	甲戌	7	三	甲辰	6	四	癸酉	5	六	癸卯	4	日	壬申	3	二	壬寅
初五	9	二	乙亥	8	四	乙巳	7	五	甲戌	6	日	甲辰	5	一	癸酉	4	三	癸卯
初六	10	三	丙子	9	五	丙午	8	六	乙亥	7	一	乙巳	6	二	甲戌	5	四	甲辰
初七	11	四	丁丑	10	六	丁未	9	日	丙子	8	二	丙午	7	三	乙亥	6	五	乙巳
初八	12	五	戊寅	11	日	戊申	10	一	丁丑	9	三	丁未	8	四	丙子	7	六	丙午
初九	13	六	己卯	12	一	己酉	11	二	戊寅	10	四	戊申	9	五	丁丑	8	日	丁未
初十	14	日	庚辰	13	二	庚戌	12	三	己卯	11	五	己酉	10	六	戊寅	9	一	戊申
十一	15	一	辛巳	14	三	辛亥	13	四	庚辰	12	六	庚戌	11	日	己卯	10	二	己酉
十二	16	二	壬午	15	四	壬子	14	五	辛巳	13	日	辛亥	12	一	庚辰	11	三	庚戌
十三	17	三	癸未	16	五	癸丑	15	六	壬午	14	一	壬子	13	二	辛巳	12	四	辛亥
十四	18	四	甲申	17	六	甲寅	16	日	癸未	15	二	癸丑	14	三	壬午	13	五	壬子
十五	19	五	乙酉	18	日	乙卯	17	一	甲申	16	三	甲寅	15	四	癸未	14	六	癸丑
十六	20	六	丙戌	19	一	丙辰	18	二	乙酉	17	四	乙卯	16	五	甲申	15	日	甲寅
十七	21	日	丁亥	20	二	丁巳	19	三	丙戌	18	五	丙辰	17	六	乙酉	16	一	乙卯
十八	22	一	戊子	21	三	戊午	20	四	丁亥	19	六	丁巳	18	日	丙戌	17	二	丙辰
十九	23	二	己丑	22	四	己未	21	五	戊子	20	日	戊午	19	一	丁亥	18	三	丁巳
二十	24	三	庚寅	23	五	庚申	22	六	己丑	21	一	己未	20	二	戊子	19	四	戊午
廿一	25	四	辛卯	24	六	辛酉	23	日	庚寅	22	二	庚申	21	三	己丑	20	五	己未
廿二	26	五	壬辰	25	日	壬戌	24	一	辛卯	23	三	辛酉	22	四	庚寅	21	六	庚申
廿三	27	六	癸巳	26	一	癸亥	25	二	壬辰	24	四	壬戌	23	五	辛卯	22	日	辛酉
廿四	28	日	甲午	27	二	甲子	26	三	癸巳	25	五	癸亥	24	六	壬辰	23	一	壬戌
廿五	29	一	乙未	28	三	乙丑	27	四	甲午	26	六	甲子	25	日	癸巳	24	二	癸亥
廿六	30	二	丙申	29	四	丙寅	28	五	乙未	27	日	乙丑	26	一	甲午	25	三	甲子
廿七	31	三	丁酉	30	五	丁卯	29	六	丙申	28	一	丙寅	27	二	乙未	26	四	乙丑
廿八	1	四	戊戌	1	六	戊辰	30	日	丁酉	29	二	丁卯	28	三	丙申	27	五	丙寅
廿九	2	五	己亥	2	日	己巳	31	一	戊戌	30	三	戊辰	29	四	丁酉	28	六	丁卯
三十	3	六	庚子				1	二	己亥				30	五	戊戌			

节气：
- 七月大甲申：立秋 初三 酉时／处暑 十九 辰时
- 八月小乙酉：白露 初四 戌时／秋分 二十 卯时
- 九月大丙戌：寒露 初六 午时／霜降 廿一 申时
- 十月小丁亥：立冬 初六 申时／小雪 廿一 未时
- 十一月大戊子：大雪 初七 辰时／冬至 廿二 丑时
- 十二月小己丑：小寒 初八 戌时／大寒 廿一 未时

农历丙戌年　属狗　　　　　　　　　　　　　　　　　　　　　公元 2006—2007 年

旬	正月大庚寅			二月小辛卯			三月大壬辰			四月小癸巳			五月大甲午			六月小乙未			七月大丙申			闰七月小			八月大丁酉			九月大戊戌			十月小己亥			十一月大庚子			十二月大辛丑		
	公历	星期	干支	公历	星期	干支	公历	星期	干支	公历	星期	干支	公历	星期	干支	公历	星期	干支	公历	星期	干支	公历	星期	干支	公历	星期	干支	公历	星期	干支	公历	星期	干支	公历	星期	干支	公历	星期	干支
初一	29	日	戊午	28	二	戊子	29	三	丁巳	28	五	丁亥	27	六	丙辰	26	一	丙戌	25	二	乙卯	24	四	乙酉	22	五	甲寅	22	日	甲申	21	二	甲寅	20	三	癸未	19	五	癸丑
初二	30	一	己未	1	三	己丑	30	四	戊午	29	六	戊子	28	日	丁巳	27	二	丁亥	26	三	丙辰	25	五	丙戌	23	六	乙卯	23	一	乙酉	22	三	乙卯	21	四	甲申	20	六	甲寅
初三	31	二	庚申	2	四	庚寅	31	五	己未	30	日	己丑	29	一	戊午	28	三	戊子	27	四	丁巳	26	六	丁亥	24	日	丙辰	24	二	丙戌	23	四	丙辰	22	五	乙酉	21	日	乙卯
初四	**2**	三	辛酉	3	五	辛卯	**4**	六	庚申	**5**	一	庚寅	30	二	己未	29	四	己丑	28	五	戊午	27	日	戊子	25	一	丁巳	25	三	丁亥	24	五	丁巳	23	六	丙戌	22	一	丙辰
初五	2	四	壬戌	4	六	壬辰	2	日	辛酉	2	二	辛卯	31	三	庚申	30	五	庚寅	29	六	己未	28	一	己丑	26	二	戊午	26	四	戊子	25	六	戊午	24	日	丁亥	23	二	丁巳
初六	3	五	癸亥	5	日	癸巳	3	一	壬戌	3	三	壬辰	**6**	四	辛酉	**7**	六	辛卯	30	日	庚申	29	二	庚寅	27	三	己未	27	五	己丑	26	日	己未	25	一	戊子	24	三	戊午
初七	4	六	甲子	6	一	甲午	4	二	癸亥	4	四	癸巳	2	五	壬戌	2	日	壬辰	31	一	辛酉	30	三	辛卯	28	四	庚申	28	六	庚寅	27	一	庚申	26	二	己丑	25	四	己未
初八	5	日	乙丑	7	二	乙未	5	三	甲子	5	五	甲午	3	六	癸亥	3	一	癸巳	**8**	二	壬戌	31	四	壬辰	29	五	辛酉	29	日	辛卯	28	二	辛酉	27	三	庚寅	26	五	庚申
初九	6	一	丙寅	8	三	丙申	6	四	乙丑	6	六	乙未	4	日	甲子	4	二	甲午	2	三	癸亥	**9**	五	癸巳	30	六	壬戌	30	一	壬辰	29	三	壬戌	28	四	辛卯	27	六	辛酉
初十	7	二	丁卯	9	四	丁酉	7	五	丙寅	7	日	丙申	5	一	乙丑	5	三	乙未	3	四	甲子	2	六	甲午	**10**	日	癸亥	31	二	癸巳	30	四	癸亥	29	五	壬辰	28	日	壬戌
十一	8	三	戊辰	10	五	戊戌	8	六	丁卯	8	一	丁酉	6	二	丙寅	6	四	丙申	4	五	乙丑	3	日	乙未	2	一	甲子	**11**	三	甲午	**12**	五	甲子	30	六	癸巳	29	一	癸亥
十二	9	四	己巳	11	六	己亥	9	日	戊辰	9	二	戊戌	7	三	丁卯	7	五	丁酉	5	六	丙寅	4	一	丙申	3	二	乙丑	2	四	乙未	2	六	乙丑	31	日	甲午	30	二	甲子
十三	10	五	庚午	12	日	庚子	10	一	己巳	10	三	己亥	8	四	戊辰	8	六	戊戌	6	日	丁卯	5	二	丁酉	4	三	丙寅	3	五	丙申	3	日	丙寅	**1**	一	乙未	31	三	乙丑
十四	11	六	辛未	13	一	辛丑	11	二	庚午	11	四	庚子	9	五	己巳	9	日	己亥	7	一	戊辰	6	三	戊戌	5	四	丁卯	4	六	丁酉	4	一	丁卯	2	二	丙申	**2**	四	丙寅
十五	12	日	壬申	14	二	壬寅	12	三	辛未	12	五	辛丑	10	六	庚午	10	一	庚子	8	二	己巳	7	四	己亥	6	五	戊辰	5	日	戊戌	5	二	戊辰	3	三	丁酉	2	五	丁卯
十六	13	一	癸酉	15	三	癸卯	13	四	壬申	13	六	壬寅	11	日	辛未	11	二	辛丑	9	三	庚午	8	五	庚子	7	六	己巳	6	一	己亥	6	三	己巳	4	四	戊戌	3	六	戊辰
十七	14	二	甲戌	16	四	甲辰	14	五	癸酉	14	日	癸卯	12	一	壬申	12	三	壬寅	10	四	辛未	9	六	辛丑	8	日	庚午	7	二	庚子	7	四	庚午	5	五	己亥	4	日	己巳
十八	15	三	乙亥	17	五	乙巳	15	六	甲戌	15	一	甲辰	13	二	癸酉	13	四	癸卯	11	五	壬申	10	日	壬寅	9	一	辛未	8	三	辛丑	8	五	辛未	6	六	庚子	5	一	庚午
十九	16	四	丙子	18	六	丙午	16	日	乙亥	16	二	乙巳	14	三	甲戌	14	五	甲辰	12	六	癸酉	11	一	癸卯	10	二	壬申	9	四	壬寅	9	六	壬申	7	日	辛丑	6	二	辛未
二十	17	五	丁丑	19	日	丁未	17	一	丙子	17	三	丙午	15	四	乙亥	15	六	乙巳	13	日	甲戌	12	二	甲辰	11	三	癸酉	10	五	癸卯	10	日	癸酉	8	一	壬寅	7	三	壬申
廿一	18	六	戊寅	20	一	戊申	18	二	丁丑	18	四	丁未	16	五	丙子	16	日	丙午	14	一	乙亥	13	三	乙巳	12	四	甲戌	11	六	甲辰	11	一	甲戌	9	二	癸卯	8	四	癸酉
廿二	19	日	己卯	21	二	己酉	19	三	戊寅	19	五	戊申	17	六	丁丑	17	一	丁未	15	二	丙子	14	四	丙午	13	五	乙亥	12	日	乙巳	12	二	乙亥	10	三	甲辰	9	五	甲戌
廿三	20	一	庚辰	22	三	庚戌	20	四	己卯	20	六	己酉	18	日	戊寅	18	二	戊申	16	三	丁丑	15	五	丁未	14	六	丙子	13	一	丙午	13	三	丙子	11	四	乙巳	10	六	乙亥
廿四	21	二	辛巳	23	四	辛亥	21	五	庚辰	21	日	庚戌	19	一	己卯	19	三	己酉	17	四	戊寅	16	六	戊申	15	日	丁丑	14	二	丁未	14	四	丁丑	12	五	丙午	11	日	丙子
廿五	22	三	壬午	24	五	壬子	22	六	辛巳	22	一	辛亥	20	二	庚辰	20	四	庚戌	18	五	己卯	17	日	己酉	16	一	戊寅	15	三	戊申	15	五	戊寅	13	六	丁未	12	一	丁丑
廿六	23	四	癸未	25	六	癸丑	23	日	壬午	23	二	壬子	21	三	辛巳	21	五	辛亥	19	六	庚辰	18	一	庚戌	17	二	己卯	16	四	己酉	16	六	己卯	14	日	戊申	13	二	戊寅
廿七	24	五	甲申	26	日	甲寅	24	一	癸未	24	三	癸丑	22	四	壬午	22	六	壬子	20	日	辛巳	19	二	辛亥	18	三	庚辰	17	五	庚戌	17	日	庚辰	15	一	己酉	14	三	己卯
廿八	25	六	乙酉	27	一	乙卯	25	二	甲申	25	四	甲寅	23	五	癸未	23	日	癸丑	21	一	壬午	20	三	壬子	19	四	辛巳	18	六	辛亥	18	一	辛巳	16	二	庚戌	15	四	庚辰
廿九	26	日	丙戌	28	二	丙辰	26	三	乙酉	26	五	乙卯	24	六	甲申	24	一	甲寅	22	二	癸未	21	四	癸丑	20	五	壬午	19	日	壬子	19	二	壬午	17	三	辛亥	16	五	辛巳
三十	27	一	丁亥				27	四	丙戌				25	日	乙酉				23	三	甲申				21	六	癸未	20	一	癸丑				18	四	壬子	17	六	壬午
节	立春 初七 辰时			惊蛰 初七 丑时			清明 初八 卯时			立夏 初八 子时			芒种 十一 寅时			小暑 十二 未时			立秋 十四 子时			白露 十六 丑时			秋分 初二 午时			霜降 初二 亥时			小雪 初二 未时			冬至 初三 辰时			大寒 初二 戌时		
气	雨水 廿二 寅时			春分 廿二 丑时			谷雨 廿三 未时			小满 廿四 午时			夏至 廿六 戌时			大暑 廿八 辰时			处暑 三十 未时						寒露 十七 酉时			立冬 十七 亥时			大雪 十七 亥时			小寒 十八 丑时			立春 十七 未时		

农历丁亥年　属猪　　　　公元 2007－2008 年

旬	正月小壬寅			二月小癸卯			三月大甲辰			四月小乙巳			五月小丙午			六月大丁未		
	公历	星期	干支	公历	星期	干支	公历	星期	干支	公历	星期	干支	公历	星期	干支	公历	星期	干支
初一	18	日	癸未	19	一	壬子	17	二	辛巳	17	四	辛亥	15	五	庚辰	14	六	己酉
初二	19	一	甲申	20	二	癸丑	18	三	壬午	18	五	壬子	16	六	辛巳	15	日	庚戌
初三	20	二	乙酉	21	三	甲寅	19	四	癸未	19	六	癸丑	17	日	壬午	16	一	辛亥
初四	21	三	丙戌	22	四	乙卯	20	五	甲申	20	日	甲寅	18	一	癸未	17	二	壬子
初五	22	四	丁亥	23	五	丙辰	21	六	乙酉	21	一	乙卯	19	二	甲申	18	三	癸丑
初六	23	五	戊子	24	六	丁巳	22	日	丙戌	22	二	丙辰	20	三	乙酉	19	四	甲寅
初七	24	六	己丑	25	日	戊午	23	一	丁亥	23	三	丁巳	21	四	丙戌	20	五	乙卯
初八	25	日	庚寅	26	一	己未	24	二	戊子	24	四	戊午	22	五	丁亥	21	六	丙辰
初九	26	一	辛卯	27	二	庚申	25	三	己丑	25	五	己未	23	六	戊子	22	日	丁巳
初十	27	二	壬辰	28	三	辛酉	26	四	庚寅	26	六	庚申	24	日	己丑	23	一	戊午
十一	28	三	癸巳	29	四	壬戌	27	五	辛卯	27	日	辛酉	25	一	庚寅	24	二	己未
十二	**3**	四	甲午	30	五	癸亥	28	六	壬辰	28	一	壬戌	26	二	辛卯	25	三	庚申
十三	2	五	乙未	31	六	甲子	29	日	癸巳	29	二	癸亥	27	三	壬辰	26	四	辛酉
十四	3	六	丙申	**4**	日	乙丑	30	一	甲午	30	三	甲子	28	四	癸巳	27	五	壬戌
十五	4	日	丁酉	2	一	丙寅	**5**	二	乙未	31	四	乙丑	29	五	甲午	28	六	癸亥
十六	5	一	戊戌	3	二	丁卯	2	三	丙申	**6**	五	丙寅	30	六	乙未	29	日	甲子
十七	6	二	己亥	4	三	戊辰	3	四	丁酉	2	六	丁卯	**7**	日	丙申	30	一	乙丑
十八	7	三	庚子	5	四	己巳	4	五	戊戌	3	日	戊辰	2	一	丁酉	31	二	丙寅
十九	8	四	辛丑	6	五	庚午	5	六	己亥	4	一	己巳	3	二	戊戌	**8**	三	丁卯
二十	9	五	壬寅	7	六	辛未	6	日	庚子	5	二	庚午	4	三	己亥	2	四	戊辰
廿一	10	六	癸卯	8	日	壬申	7	一	辛丑	6	三	辛未	5	四	庚子	3	五	己巳
廿二	11	日	甲辰	9	一	癸酉	8	二	壬寅	7	四	壬申	6	五	辛丑	4	六	庚午
廿三	12	一	乙巳	10	二	甲戌	9	三	癸卯	8	五	癸酉	7	六	壬寅	5	日	辛未
廿四	13	二	丙午	11	三	乙亥	10	四	甲辰	9	六	甲戌	8	日	癸卯	6	一	壬申
廿五	14	三	丁未	12	四	丙子	11	五	乙巳	10	日	乙亥	9	一	甲辰	7	二	癸酉
廿六	15	四	戊申	13	五	丁丑	12	六	丙午	11	一	丙子	10	二	乙巳	8	三	甲戌
廿七	16	五	己酉	14	六	戊寅	13	日	丁未	12	二	丁丑	11	三	丙午	9	四	乙亥
廿八	17	六	庚戌	15	日	己卯	14	一	戊申	13	三	戊寅	12	四	丁未	10	五	丙子
廿九	18	日	辛亥	16	一	庚辰	15	二	己酉	14	四	己卯	13	五	戊申	11	六	丁丑
三十							16	三	庚戌							12	日	戊寅
节气	雨水 初二 巳时		惊蛰 十七 辰时	春分 初三 辰时		清明 十八 午时	谷雨 初四 戌时		立夏 二十 卯时	小满 初五 酉时		芒种 廿一 巳时	夏至 初八 丑时		小暑 廿三 戌时	大暑 初十 未时		立秋 廿六 卯时

旬	七月小戊申			八月大己酉			九月大庚戌			十月大辛亥			十一月小壬子			十二月大癸丑		
	公历	星期	干支	公历	星期	干支	公历	星期	干支	公历	星期	干支	公历	星期	干支	公历	星期	干支
初一	13	一	己卯	11	二	戊申	11	四	戊寅	10	六	戊申	10	一	戊寅	8	二	丁未
初二	14	二	庚辰	12	三	己酉	12	五	己卯	11	日	己酉	11	二	己卯	9	三	戊申
初三	15	三	辛巳	13	四	庚戌	13	六	庚辰	12	一	庚戌	12	三	庚辰	10	四	己酉
初四	16	四	壬午	14	五	辛亥	14	日	辛巳	13	二	辛亥	13	四	辛巳	11	五	庚戌
初五	17	五	癸未	15	六	壬子	15	一	壬午	14	三	壬子	14	五	壬午	12	六	辛亥
初六	18	六	甲申	16	日	癸丑	16	二	癸未	15	四	癸丑	15	六	癸未	13	日	壬子
初七	19	日	乙酉	17	一	甲寅	17	三	甲申	16	五	甲寅	16	日	甲申	14	一	癸丑
初八	20	一	丙戌	18	二	乙卯	18	四	乙酉	17	六	乙卯	17	一	乙酉	15	二	甲寅
初九	21	二	丁亥	19	三	丙辰	19	五	丙戌	18	日	丙辰	18	二	丙戌	16	三	乙卯
初十	22	三	戊子	20	四	丁巳	20	六	丁亥	19	一	丁巳	19	三	丁亥	17	四	丙辰
十一	23	四	己丑	21	五	戊午	21	日	戊子	20	二	戊午	20	四	戊子	18	五	丁巳
十二	24	五	庚寅	22	六	己未	22	一	己丑	21	三	己未	21	五	己丑	19	六	戊午
十三	25	六	辛卯	23	日	庚申	23	二	庚寅	22	四	庚申	22	六	庚寅	20	日	己未
十四	26	日	壬辰	24	一	辛酉	24	三	辛卯	23	五	辛酉	23	日	辛卯	21	一	庚申
十五	27	一	癸巳	25	二	壬戌	25	四	壬辰	24	六	壬戌	24	一	壬辰	22	二	辛酉
十六	28	二	甲午	26	三	癸亥	26	五	癸巳	25	日	癸亥	25	二	癸巳	23	三	壬戌
十七	29	三	乙未	27	四	甲子	27	六	甲午	26	一	甲子	26	三	甲午	24	四	癸亥
十八	30	四	丙申	28	五	乙丑	28	日	乙未	27	二	乙丑	27	四	乙未	25	五	甲子
十九	31	五	丁酉	29	六	丙寅	29	一	丙申	28	三	丙寅	28	五	丙申	26	六	乙丑
二十	**9**	六	戊戌	30	日	丁卯	30	二	丁酉	29	四	丁卯	29	六	丁酉	27	日	丙寅
廿一	2	日	己亥	**10**	一	戊辰	31	三	戊戌	30	五	戊辰	30	日	戊戌	28	一	丁卯
廿二	3	一	庚子	2	二	己巳	**11**	四	己亥	**12**	六	己巳	31	一	己亥	29	二	戊辰
廿三	4	二	辛丑	3	三	庚午	2	五	庚子	2	日	庚午	**1**	二	庚子	30	三	己巳
廿四	5	三	壬寅	4	四	辛未	3	六	辛丑	3	一	辛未	2	三	辛丑	31	四	庚午
廿五	6	四	癸卯	5	五	壬申	4	日	壬寅	4	二	壬申	3	四	壬寅	**2**	五	辛未
廿六	7	五	甲辰	6	六	癸酉	5	一	癸卯	5	三	癸酉	4	五	癸卯	2	六	壬申
廿七	8	六	乙巳	7	日	甲戌	6	二	甲辰	6	四	甲戌	5	六	甲辰	3	日	癸酉
廿八	9	日	丙午	8	一	乙亥	7	三	乙巳	7	五	乙亥	6	日	乙巳	4	一	甲戌
廿九	10	一	丁未	9	二	丙子	8	四	丙午	8	六	丙子	7	一	丙午	5	二	乙亥
三十				10	三	丁丑	9	五	丁未	9	日	丁丑				6	三	丙子
节气	处暑 十一 戌时		白露 廿七 辰时	秋分 十三 酉时		寒露 廿九 子时	霜降 十四 寅时		立冬 廿九 寅时	小雪 十四 子时		大雪 廿八 戌时	冬至 十三 未时		小寒 廿八 辰时	大寒 十四 子时		立春 廿八 戌时

农历戊子年 属鼠　　　　　　　　　　　　　　　　　　　　　　　　　　　公元 2008－2009 年

正月大甲寅 — 六月小己未

旬	正月大甲寅			二月小乙卯			三月小丙辰			四月大丁巳			五月小戊午			六月小己未		
	公历	星期	干支	公历	星期	干支	公历	星期	干支	公历	星期	干支	公历	星期	干支	公历	星期	干支
初一	7	四	丁丑	8	六	丁未	6	日	丙子	5	一	乙巳	4	三	乙亥	3	四	甲辰
初二	8	五	戊寅	9	日	戊申	7	一	丁丑	6	二	丙午	5	四	丙子	4	五	乙巳
初三	9	六	己卯	10	一	己酉	8	二	戊寅	7	三	丁未	6	五	丁丑	5	六	丙午
初四	10	日	庚辰	11	二	庚戌	9	三	己卯	8	四	戊申	7	六	戊寅	6	日	丁未
初五	11	一	辛巳	12	三	辛亥	10	四	庚辰	9	五	己酉	8	日	己卯	7	一	戊申
初六	12	二	壬午	13	四	壬子	11	五	辛巳	10	六	庚戌	9	一	庚辰	8	二	己酉
初七	13	三	癸未	14	五	癸丑	12	六	壬午	11	日	辛亥	10	二	辛巳	9	三	庚戌
初八	14	四	甲申	15	六	甲寅	13	日	癸未	12	一	壬子	11	三	壬午	10	四	辛亥
初九	15	五	乙酉	16	日	乙卯	14	一	甲申	13	二	癸丑	12	四	癸未	11	五	壬子
初十	16	六	丙戌	17	一	丙辰	15	二	乙酉	14	三	甲寅	13	五	甲申	12	六	癸丑
十一	17	日	丁亥	18	二	丁巳	16	三	丙戌	15	四	乙卯	14	六	乙酉	13	日	甲寅
十二	18	一	戊子	19	三	戊午	17	四	丁亥	16	五	丙辰	15	日	丙戌	14	一	乙卯
十三	19	二	己丑	20	四	己未	18	五	戊子	17	六	丁巳	16	一	丁亥	15	二	丙辰
十四	20	三	庚寅	21	五	庚申	19	六	己丑	18	日	戊午	17	二	戊子	16	三	丁巳
十五	21	四	辛卯	22	六	辛酉	20	日	庚寅	19	一	己未	18	三	己丑	17	四	戊午
十六	22	五	壬辰	23	日	壬戌	21	一	辛卯	20	二	庚申	19	四	庚寅	18	五	己未
十七	23	六	癸巳	24	一	癸亥	22	二	壬辰	21	三	辛酉	20	五	辛卯	19	六	庚申
十八	24	日	甲午	25	二	甲子	23	三	癸巳	22	四	壬戌	21	六	壬辰	20	日	辛酉
十九	25	一	乙未	26	三	乙丑	24	四	甲午	23	五	癸亥	22	日	癸巳	21	一	壬戌
二十	26	二	丙申	27	四	丙寅	25	五	乙未	24	六	甲子	23	一	甲午	22	二	癸亥
廿一	27	三	丁酉	28	五	丁卯	26	六	丙申	25	日	乙丑	24	二	乙未	23	三	甲子
廿二	28	四	戊戌	29	六	戊辰	27	日	丁酉	26	一	丙寅	25	三	丙申	24	四	乙丑
廿三	29	五	己亥	30	日	己巳	28	一	戊戌	27	二	丁卯	26	四	丁酉	25	五	丙寅
廿四	3	六	庚子	31	一	庚午	29	二	己亥	28	三	戊辰	27	五	戊戌	26	六	丁卯
廿五	2	日	辛丑	4	二	辛未	30	三	庚子	29	四	己巳	28	六	己亥	27	日	戊辰
廿六	3	一	壬寅	2	三	壬申	5	四	辛丑	30	五	庚午	29	日	庚子	28	一	己巳
廿七	4	二	癸卯	3	四	癸酉	2	五	壬寅	31	六	辛未	30	一	辛丑	29	二	庚午
廿八	5	三	甲辰	4	五	甲戌	3	六	癸卯	6	日	壬申	7	二	壬寅	30	三	辛未
廿九	6	四	乙巳	5	六	乙亥	4	日	甲辰	2	一	癸酉	2	三	癸卯	31	四	壬申
三十	7	五	丙午				3	二	甲戌									
节	惊蛰	廿八	午时	清明	廿八	酉时				立夏	初一	午时	芒种	初二	未时	小暑	初五	丑时
气	雨水	十三	未时	春分	十三	未时	谷雨	十五		小满	十七	子时	夏至	十八	辰时	大暑	二十	酉时

七月大庚申 — 十二月大乙丑

旬	七月大庚申			八月小辛酉			九月大壬戌			十月大癸亥			十一月小甲子			十二月大乙丑		
	公历	星期	干支	公历	星期	干支	公历	星期	干支	公历	星期	干支	公历	星期	干支	公历	星期	干支
初一	8	五	癸酉	31	日	癸卯	29	一	壬申	29	三	壬寅	28	五	壬申	27	六	辛丑
初二	2	六	甲戌	9	一	甲辰	30	二	癸酉	30	四	癸卯	29	六	癸酉	28	日	壬寅
初三	3	日	乙亥	2	二	乙巳	10	三	甲戌	31	五	甲辰	30	日	甲戌	29	一	癸卯
初四	4	一	丙子	3	三	丙午	2	四	乙亥	11	六	乙巳	12	一	乙亥	30	二	甲辰
初五	5	二	丁丑	4	四	丁未	3	五	丙子	2	日	丙午	2	二	丙子	31	三	乙巳
初六	6	三	戊寅	5	五	戊申	4	六	丁丑	3	一	丁未	3	三	丁丑	1	四	丙午
初七	7	四	己卯	6	六	己酉	5	日	戊寅	4	二	戊申	4	四	戊寅	2	五	丁未
初八	8	五	庚辰	7	日	庚戌	6	一	己卯	5	三	己酉	5	五	己卯	3	六	戊申
初九	9	六	辛巳	8	一	辛亥	7	二	庚辰	6	四	庚戌	6	六	庚辰	4	日	己酉
初十	10	日	壬午	9	二	壬子	8	三	辛巳	7	五	辛亥	7	日	辛巳	5	一	庚戌
十一	11	一	癸未	10	三	癸丑	9	四	壬午	8	六	壬子	8	一	壬午	6	二	辛亥
十二	12	二	甲申	11	四	甲寅	10	五	癸未	9	日	癸丑	9	二	癸未	7	三	壬子
十三	13	三	乙酉	12	五	乙卯	11	六	甲申	10	一	甲寅	10	三	甲申	8	四	癸丑
十四	14	四	丙戌	13	六	丙辰	12	日	乙酉	11	二	乙卯	11	四	乙酉	9	五	甲寅
十五	15	五	丁亥	14	日	丁巳	13	一	丙戌	12	三	丙辰	12	五	丙戌	10	六	乙卯
十六	16	六	戊子	15	一	戊午	14	二	丁亥	13	四	丁巳	13	六	丁亥	11	日	丙辰
十七	17	日	己丑	16	二	己未	15	三	戊子	14	五	戊午	14	日	戊子	12	一	丁巳
十八	18	一	庚寅	17	三	庚申	16	四	己丑	15	六	己未	15	一	己丑	13	二	戊午
十九	19	二	辛卯	18	四	辛酉	17	五	庚寅	16	日	庚申	16	二	庚寅	14	三	己未
二十	20	三	壬辰	19	五	壬戌	18	六	辛卯	17	一	辛酉	17	三	辛卯	15	四	庚申
廿一	21	四	癸巳	20	六	癸亥	19	日	壬辰	18	二	壬戌	18	四	壬辰	16	五	辛酉
廿二	22	五	甲午	21	日	甲子	20	一	癸巳	19	三	癸亥	19	五	癸巳	17	六	壬戌
廿三	23	六	乙未	22	一	乙丑	21	二	甲午	20	四	甲子	20	六	甲午	18	日	癸亥
廿四	24	日	丙申	23	二	丙寅	22	三	乙未	21	五	乙丑	21	日	乙未	19	一	甲子
廿五	25	一	丁酉	24	三	丁卯	23	四	丙申	22	六	丙寅	22	一	丙申	20	二	乙丑
廿六	26	二	戊戌	25	四	戊辰	24	五	丁酉	23	日	丁卯	23	二	丁酉	21	三	丙寅
廿七	27	三	己亥	26	五	己巳	25	六	戊戌	24	一	戊辰	24	三	戊戌	22	四	丁卯
廿八	28	四	庚子	27	六	庚午	26	日	己亥	25	二	己巳	25	四	己亥	23	五	戊辰
廿九	29	五	辛丑	28	日	辛未	27	一	庚子	26	三	庚午	26	五	庚子	24	六	己巳
三十	30	六	壬寅				28	二	辛丑	27	四	辛未				25	日	庚午
节	立秋	初七	午时	白露	初八	子时	寒露	初十	卯时	立冬	初十	酉时	大雪	初十	丑时	小寒	初十	未时
气	处暑	廿三	酉时	秋分	廿三	子时	霜降	廿五	巳时	小雪	廿五	子时	冬至	廿四	戌时	大寒	廿五	卯时

农历己丑年　属牛

正月大丙寅

农历	公历	星期	干支
初一	1/26	一	辛未
初二	1/27	二	壬申
初三	1/28	三	癸酉
初四	1/29	四	甲戌
初五	1/30	五	乙亥
初六	1/31	六	丙子
初七	2/1	日	丁丑
初八	2/2	一	戊寅
初九	2/3	二	己卯
初十	2/4	三	庚辰
十一	2/5	四	辛巳
十二	2/6	五	壬午
十三	2/7	六	癸未
十四	2/8	日	甲申
十五	2/9	一	乙酉
十六	2/10	二	丙戌
十七	2/11	三	丁亥
十八	2/12	四	戊子
十九	2/13	五	己丑
二十	2/14	六	庚寅
廿一	2/15	日	辛卯
廿二	2/16	一	壬辰
廿三	2/17	二	癸巳
廿四	2/18	三	甲午
廿五	2/19	四	乙未
廿六	2/20	五	丙申
廿七	2/21	六	丁酉
廿八	2/22	日	戊戌
廿九	2/23	一	己亥
三十	2/24	二	庚子

二月大丁卯

农历	公历	星期	干支
初一	2/25	三	辛丑
初二	2/26	四	壬寅
初三	2/27	五	癸卯
初四	2/28	六	甲辰
初五	3/1	日	乙巳
初六	3/2	一	丙午
初七	3/3	二	丁未
初八	3/4	三	戊申
初九	3/5	四	己酉
初十	3/6	五	庚戌
十一	3/7	六	辛亥
十二	3/8	日	壬子
十三	3/9	一	癸丑
十四	3/10	二	甲寅
十五	3/11	三	乙卯
十六	3/12	四	丙辰
十七	3/13	五	丁巳
十八	3/14	六	戊午
十九	3/15	日	己未
二十	3/16	一	庚申
廿一	3/17	二	辛酉
廿二	3/18	三	壬戌
廿三	3/19	四	癸亥
廿四	3/20	五	甲子
廿五	3/21	六	乙丑
廿六	3/22	日	丙寅
廿七	3/23	一	丁卯
廿八	3/24	二	戊辰
廿九	3/25	三	己巳
三十	3/26	四	庚午

三月小戊辰

农历	公历	星期	干支
初一	3/27	五	辛未
初二	3/28	六	壬申
初三	3/29	日	癸酉
初四	3/30	一	甲戌
初五	3/31	二	乙亥
初六	4/1	三	丙子
初七	4/2	四	丁丑
初八	4/3	五	戊寅
初九	4/4	六	己卯
初十	4/5	日	庚辰
十一	4/6	一	辛巳
十二	4/7	二	壬午
十三	4/8	三	癸未
十四	4/9	四	甲申
十五	4/10	五	乙酉
十六	4/11	六	丙戌
十七	4/12	日	丁亥
十八	4/13	一	戊子
十九	4/14	二	己丑
二十	4/15	三	庚寅
廿一	4/16	四	辛卯
廿二	4/17	五	壬辰
廿三	4/18	六	癸巳
廿四	4/19	日	甲午
廿五	4/20	一	乙未
廿六	4/21	二	丙申
廿七	4/22	三	丁酉
廿八	4/23	四	戊戌
廿九	4/24	五	己亥

四月小己巳

农历	公历	星期	干支
初一	4/25	六	庚子
初二	4/26	日	辛丑
初三	4/27	一	壬寅
初四	4/28	二	癸卯
初五	4/29	三	甲辰
初六	4/30	四	乙巳
初七	5/1	五	丙午
初八	5/2	六	丁未
初九	5/3	日	戊申
初十	5/4	一	己酉
十一	5/5	二	庚戌
十二	5/6	三	辛亥
十三	5/7	四	壬子
十四	5/8	五	癸丑
十五	5/9	六	甲寅
十六	5/10	日	乙卯
十七	5/11	一	丙辰
十八	5/12	二	丁巳
十九	5/13	三	戊午
二十	5/14	四	己未
廿一	5/15	五	庚申
廿二	5/16	六	辛酉
廿三	5/17	日	壬戌
廿四	5/18	一	癸亥
廿五	5/19	二	甲子
廿六	5/20	三	乙丑
廿七	5/21	四	丙寅
廿八	5/22	五	丁卯
廿九	5/23	六	戊辰

五月大庚午

农历	公历	星期	干支
初一	5/24	日	己巳
初二	5/25	一	庚午
初三	5/26	二	辛未
初四	5/27	三	壬申
初五	5/28	四	癸酉
初六	5/29	五	甲戌
初七	5/30	六	乙亥
初八	5/31	日	丙子
初九	6/1	一	丁丑
初十	6/2	二	戊寅
十一	6/3	三	己卯
十二	6/4	四	庚辰
十三	6/5	五	辛巳
十四	6/6	六	壬午
十五	6/7	日	癸未
十六	6/8	一	甲申
十七	6/9	二	乙酉
十八	6/10	三	丙戌
十九	6/11	四	丁亥
二十	6/12	五	戊子
廿一	6/13	六	己丑
廿二	6/14	日	庚寅
廿三	6/15	一	辛卯
廿四	6/16	二	壬辰
廿五	6/17	三	癸巳
廿六	6/18	四	甲午
廿七	6/19	五	乙未
廿八	6/20	六	丙申
廿九	6/21	日	丁酉
三十	6/22	一	戊戌

闰五月小

农历	公历	星期	干支
初一	6/23	二	己亥
初二	6/24	三	庚子
初三	6/25	四	辛丑
初四	6/26	五	壬寅
初五	6/27	六	癸卯
初六	6/28	日	甲辰
初七	6/29	一	乙巳
初八	6/30	二	丙午
初九	7/1	三	丁未
初十	7/2	四	戊申
十一	7/3	五	己酉
十二	7/4	六	庚戌
十三	7/5	日	辛亥
十四	7/6	一	壬子
十五	7/7	二	癸丑
十六	7/8	三	甲寅
十七	7/9	四	乙卯
十八	7/10	五	丙辰
十九	7/11	六	丁巳
二十	7/12	日	戊午
廿一	7/13	一	己未
廿二	7/14	二	庚申
廿三	7/15	三	辛酉
廿四	7/16	四	壬戌
廿五	7/17	五	癸亥
廿六	7/18	六	甲子
廿七	7/19	日	乙丑
廿八	7/20	一	丙寅
廿九	7/21	二	丁卯

六月小辛未

农历	公历	星期	干支
初一	7/22	三	戊辰
初二	7/23	四	己巳
初三	7/24	五	庚午
初四	7/25	六	辛未
初五	7/26	日	壬申
初六	7/27	一	癸酉
初七	7/28	二	甲戌
初八	7/29	三	乙亥
初九	7/30	四	丙子
初十	7/31	五	丁丑
十一	8/1	六	戊寅
十二	8/2	日	己卯
十三	8/3	一	庚辰
十四	8/4	二	辛巳
十五	8/5	三	壬午
十六	8/6	四	癸未
十七	8/7	五	甲申
十八	8/8	六	乙酉
十九	8/9	日	丙戌
二十	8/10	一	丁亥
廿一	8/11	二	戊子
廿二	8/12	三	己丑
廿三	8/13	四	庚寅
廿四	8/14	五	辛卯
廿五	8/15	六	壬辰
廿六	8/16	日	癸巳
廿七	8/17	一	甲午
廿八	8/18	二	乙未
廿九	8/19	三	丙申

七月大壬申

农历	公历	星期	干支
初一	8/20	四	丁酉
初二	8/21	五	戊戌
初三	8/22	六	己亥
初四	8/23	日	庚子
初五	8/24	一	辛丑
初六	8/25	二	壬寅
初七	8/26	三	癸卯
初八	8/27	四	甲辰
初九	8/28	五	乙巳
初十	8/29	六	丙午
十一	8/30	日	丁未
十二	8/31	一	戊申
十三	9/1	二	己酉
十四	9/2	三	庚戌
十五	9/3	四	辛亥
十六	9/4	五	壬子
十七	9/5	六	癸丑
十八	9/6	日	甲寅
十九	9/7	一	乙卯
二十	9/8	二	丙辰
廿一	9/9	三	丁巳
廿二	9/10	四	戊午
廿三	9/11	五	己未
廿四	9/12	六	庚申
廿五	9/13	日	辛酉
廿六	9/14	一	壬戌
廿七	9/15	二	癸亥
廿八	9/16	三	甲子
廿九	9/17	四	乙丑
三十	9/18	五	丙寅

八月小癸酉

农历	公历	星期	干支
初一	9/19	六	丁卯
初二	9/20	日	戊辰
初三	9/21	一	己巳
初四	9/22	二	庚午
初五	9/23	三	辛未
初六	9/24	四	壬申
初七	9/25	五	癸酉
初八	9/26	六	甲戌
初九	9/27	日	乙亥
初十	9/28	一	丙子
十一	9/29	二	丁丑
十二	9/30	三	戊寅
十三	10/1	四	己卯
十四	10/2	五	庚辰
十五	10/3	六	辛巳
十六	10/4	日	壬午
十七	10/5	一	癸未
十八	10/6	二	甲申
十九	10/7	三	乙酉
二十	10/8	四	丙戌
廿一	10/9	五	丁亥
廿二	10/10	六	戊子
廿三	10/11	日	己丑
廿四	10/12	一	庚寅
廿五	10/13	二	辛卯
廿六	10/14	三	壬辰
廿七	10/15	四	癸巳
廿八	10/16	五	甲午
廿九	10/17	六	乙未

九月大甲戌

农历	公历	星期	干支
初一	10/18	日	丙申
初二	10/19	一	丁酉
初三	10/20	二	戊戌
初四	10/21	三	己亥
初五	10/22	四	庚子
初六	10/23	五	辛丑
初七	10/24	六	壬寅
初八	10/25	日	癸卯
初九	10/26	一	甲辰
初十	10/27	二	乙巳
十一	10/28	三	丙午
十二	10/29	四	丁未
十三	10/30	五	戊申
十四	10/31	六	己酉
十五	11/1	日	庚戌
十六	11/2	一	辛亥
十七	11/3	二	壬子
十八	11/4	三	癸丑
十九	11/5	四	甲寅
二十	11/6	五	乙卯
廿一	11/7	六	丙辰
廿二	11/8	日	丁巳
廿三	11/9	一	戊午
廿四	11/10	二	己未
廿五	11/11	三	庚申
廿六	11/12	四	辛酉
廿七	11/13	五	壬戌
廿八	11/14	六	癸亥
廿九	11/15	日	甲子
三十	11/16	一	乙丑

十月小乙亥

农历	公历	星期	干支
初一	11/17	二	丙寅
初二	11/18	三	丁卯
初三	11/19	四	戊辰
初四	11/20	五	己巳
初五	11/21	六	庚午
初六	11/22	日	辛未
初七	11/23	一	壬申
初八	11/24	二	癸酉
初九	11/25	三	甲戌
初十	11/26	四	乙亥
十一	11/27	五	丙子
十二	11/28	六	丁丑
十三	11/29	日	戊寅
十四	11/30	一	己卯
十五	12/1	二	庚辰
十六	12/2	三	辛巳
十七	12/3	四	壬午
十八	12/4	五	癸未
十九	12/5	六	甲申
二十	12/6	日	乙酉
廿一	12/7	一	丙戌
廿二	12/8	二	丁亥
廿三	12/9	三	戊子
廿四	12/10	四	己丑
廿五	12/11	五	庚寅
廿六	12/12	六	辛卯
廿七	12/13	日	壬辰
廿八	12/14	一	癸巳
廿九	12/15	二	甲午

十一月大丙子

农历	公历	星期	干支
初一	12/16	三	乙未
初二	12/17	四	丙申
初三	12/18	五	丁酉
初四	12/19	六	戊戌
初五	12/20	日	己亥
初六	12/21	一	庚子
初七	12/22	二	辛丑
初八	12/23	三	壬寅
初九	12/24	四	癸卯
初十	12/25	五	甲辰
十一	12/26	六	乙巳
十二	12/27	日	丙午
十三	12/28	一	丁未
十四	12/29	二	戊申
十五	12/30	三	己酉
十六	12/31	四	庚戌
十七	1/1	五	辛亥
十八	1/2	六	壬子
十九	1/3	日	癸丑
二十	1/4	一	甲寅
廿一	1/5	二	乙卯
廿二	1/6	三	丙辰
廿三	1/7	四	丁巳
廿四	1/8	五	戊午
廿五	1/9	六	己未
廿六	1/10	日	庚申
廿七	1/11	一	辛酉
廿八	1/12	二	壬戌
廿九	1/13	三	癸亥
三十	1/14	四	甲子

十二月大丁丑

农历	公历	星期	干支
初一	1/15	五	乙丑
初二	1/16	六	丙寅
初三	1/17	日	丁卯
初四	1/18	一	戊辰
初五	1/19	二	己巳
初六	1/20	三	庚午
初七	1/21	四	辛未
初八	1/22	五	壬申
初九	1/23	六	癸酉
初十	1/24	日	甲戌
十一	1/25	一	乙亥
十二	1/26	二	丙子
十三	1/27	三	丁丑
十四	1/28	四	戊寅
十五	1/29	五	己卯
十六	1/30	六	庚辰
十七	1/31	日	辛巳
十八	2/1	一	壬午
十九	2/2	二	癸未
二十	2/3	三	甲申
廿一	2/4	四	乙酉
廿二	2/5	五	丙戌
廿三	2/6	六	丁亥
廿四	2/7	日	戊子
廿五	2/8	一	己丑
廿六	2/9	二	庚寅
廿七	2/10	三	辛卯
廿八	2/11	四	壬辰
廿九	2/12	五	癸巳
三十	2/13	六	甲午

节气

月	节	气
正月	立春　初十　子时	雨水　廿四　戌时
二月	惊蛰　初九　酉时	春分　廿四　戌时
三月	清明　初九　子时	谷雨　廿五　卯时
四月	立夏　十一　申时	小满　廿七　卯时
五月	芒种　十三　亥时	夏至　廿九　未时
闰五月	小暑　十五　辰时	
六月	大暑　初二　子时	立秋　十七　酉时
七月	处暑　初四　辰时	白露　十九　戌时
八月	秋分　初五　卯时	寒露　二十　午时
九月	霜降　初六　未时	立冬　廿一　未时
十月	小雪　初六　午时	大雪　廿一　辰时
十一月	冬至　初七　丑时	小寒　廿一　戌时
十二月	大寒　初六　辰时	立春　廿一　卯时

旬	正月大戊寅			二月小己卯			三月大庚辰			四月小辛巳			五月大壬午			六月小癸未		
	公历	星期	干支	公历	星期	干支	公历	星期	干支	公历	星期	干支	公历	星期	干支	公历	星期	干支
初一	14	日	乙未	16	二	乙丑	14	三	甲午	14	五	甲子	12	六	癸巳	12	一	癸亥
初二	15	一	丙申	17	三	丙寅	15	四	乙未	15	六	乙丑	13	日	甲午	13	二	甲子
初三	16	二	丁酉	18	四	丁卯	16	五	丙申	16	日	丙寅	14	一	乙未	14	三	乙丑
初四	17	三	戊戌	19	五	戊辰	17	六	丁酉	17	一	丁卯	15	二	丙申	15	四	丙寅
初五	18	四	己亥	20	六	己巳	18	日	戊戌	18	二	戊辰	16	三	丁酉	16	五	丁卯
初六	19	五	庚子	21	日	庚午	19	一	己亥	19	三	己巳	17	四	戊戌	17	六	戊辰
初七	20	六	辛丑	22	一	辛未	20	二	庚子	20	四	庚午	18	五	己亥	18	日	己巳
初八	21	日	壬寅	23	二	壬申	21	三	辛丑	21	五	辛未	19	六	庚子	19	一	庚午
初九	22	一	癸卯	24	三	癸酉	22	四	壬寅	22	六	壬申	20	日	辛丑	20	二	辛未
初十	23	二	甲辰	25	四	甲戌	23	五	癸卯	23	日	癸酉	21	一	壬寅	21	三	壬申
十一	24	三	乙巳	26	五	乙亥	24	六	甲辰	24	一	甲戌	22	二	癸卯	22	四	癸酉
十二	25	四	丙午	27	六	丙子	25	日	乙巳	25	二	乙亥	23	三	甲辰	23	五	甲戌
十三	26	五	丁未	28	日	丁丑	26	一	丙午	26	三	丙子	24	四	乙巳	24	六	乙亥
十四	27	六	戊申	29	一	戊寅	27	二	丁未	27	四	丁丑	25	五	丙午	25	日	丙子
十五	28	日	己酉	30	二	己卯	28	三	戊申	28	五	戊寅	26	六	丁未	26	一	丁丑
十六	**3**	一	庚戌	31	三	庚辰	29	四	己酉	29	六	己卯	27	日	戊申	27	二	戊寅
十七	2	二	辛亥	**4**	四	辛巳	30	五	庚戌	30	日	庚辰	28	一	己酉	28	三	己卯
十八	3	三	壬子	2	五	壬午	**5**	六	辛亥	31	一	辛巳	29	二	庚戌	29	四	庚辰
十九	4	四	癸丑	3	六	癸未	2	日	壬子	**6**	二	壬午	30	三	辛亥	30	五	辛巳
二十	5	五	甲寅	4	日	甲申	3	一	癸丑	2	三	癸未	**7**	四	壬子	31	六	壬午
廿一	6	六	乙卯	5	一	乙酉	4	二	甲寅	3	四	甲申	2	五	癸丑	**8**	日	癸未
廿二	7	日	丙辰	6	二	丙戌	5	三	乙卯	4	五	乙酉	3	六	甲寅	2	一	甲申
廿三	8	一	丁巳	7	三	丁亥	6	四	丙辰	5	六	丙戌	4	日	乙卯	3	二	乙酉
廿四	9	二	戊午	8	四	戊子	7	五	丁巳	6	日	丁亥	5	一	丙辰	4	三	丙戌
廿五	10	三	己未	9	五	己丑	8	六	戊午	7	一	戊子	6	二	丁巳	5	四	丁亥
廿六	11	四	庚申	10	六	庚寅	9	日	己未	8	二	己丑	7	三	戊午	6	五	戊子
廿七	12	五	辛酉	11	日	辛卯	10	一	庚申	9	三	庚寅	8	四	己未	7	六	己丑
廿八	13	六	壬戌	12	一	壬辰	11	二	辛酉	10	四	辛卯	9	五	庚申	8	日	庚寅
廿九	14	日	癸亥	13	二	癸巳	12	三	壬戌	11	五	壬辰	10	六	辛酉	9	一	辛卯
三十	15	一	甲子				13	四	癸亥				11	日	壬戌			
节气	雨水		惊蛰	春分		清明	谷雨		立夏	小满		芒种	夏至		小暑	大暑		立秋
	初六		廿一	初六		廿一	初七		廿二	初八		廿四	初十		廿六	十二		廿七
	丑时		子时	丑时		子时	午时		亥时	午时		丑时	戌时		未时	卯时		亥时

旬	七月小甲申			八月大乙酉			九月小丙戌			十月大丁亥			十一月小戊子			十二月大己丑		
	公历	星期	干支	公历	星期	干支	公历	星期	干支	公历	星期	干支	公历	星期	干支	公历	星期	干支
初一	10	二	壬辰	8	三	辛酉	8	五	辛卯	6	六	庚申	6	一	庚寅	4	二	己未
初二	11	三	癸巳	9	四	壬戌	9	六	壬辰	7	日	辛酉	7	二	辛卯	5	三	庚申
初三	12	四	甲午	10	五	癸亥	10	日	癸巳	8	一	壬戌	8	三	壬辰	6	四	辛酉
初四	13	五	乙未	11	六	甲子	11	一	甲午	9	二	癸亥	9	四	癸巳	7	五	壬戌
初五	14	六	丙申	12	日	乙丑	12	二	乙未	10	三	甲子	10	五	甲午	8	六	癸亥
初六	15	日	丁酉	13	一	丙寅	13	三	丙申	11	四	乙丑	11	六	乙未	9	日	甲子
初七	16	一	戊戌	14	二	丁卯	14	四	丁酉	12	五	丙寅	12	日	丙申	10	一	乙丑
初八	17	二	己亥	15	三	戊辰	15	五	戊戌	13	六	丁卯	13	一	丁酉	11	二	丙寅
初九	18	三	庚子	16	四	己巳	16	六	己亥	14	日	戊辰	14	二	戊戌	12	三	丁卯
初十	19	四	辛丑	17	五	庚午	17	日	庚子	15	一	己巳	15	三	己亥	13	四	戊辰
十一	20	五	壬寅	18	六	辛未	18	一	辛丑	16	二	庚午	16	四	庚子	14	五	己巳
十二	21	六	癸卯	19	日	壬申	19	二	壬寅	17	三	辛未	17	五	辛丑	15	六	庚午
十三	22	日	甲辰	20	一	癸酉	20	三	癸卯	18	四	壬申	18	六	壬寅	16	日	辛未
十四	23	一	乙巳	21	二	甲戌	21	四	甲辰	19	五	癸酉	19	日	癸卯	17	一	壬申
十五	24	二	丙午	22	三	乙亥	22	五	乙巳	20	六	甲戌	20	一	甲辰	18	二	癸酉
十六	25	三	丁未	23	四	丙子	23	六	丙午	21	日	乙亥	21	二	乙巳	19	三	甲戌
十七	26	四	戊申	24	五	丁丑	24	日	丁未	22	一	丙子	22	三	丙午	20	四	乙亥
十八	27	五	己酉	25	六	戊寅	25	一	戊申	23	二	丁丑	23	四	丁未	21	五	丙子
十九	28	六	庚戌	26	日	己卯	26	二	己酉	24	三	戊寅	24	五	戊申	22	六	丁丑
二十	29	日	辛亥	27	一	庚辰	27	三	庚戌	25	四	己卯	25	六	己酉	23	日	戊寅
廿一	30	一	壬子	28	二	辛巳	28	四	辛亥	26	五	庚辰	26	日	庚戌	24	一	己卯
廿二	31	二	癸丑	29	三	壬午	29	五	壬子	27	六	辛巳	27	一	辛亥	25	二	庚辰
廿三	**9**	三	甲寅	30	四	癸未	30	六	癸丑	28	日	壬午	28	二	壬子	26	三	辛巳
廿四	2	四	乙卯	**10**	五	甲申	31	日	甲寅	29	一	癸未	29	三	癸丑	27	四	壬午
廿五	3	五	丙辰	2	六	乙酉	**11**	一	乙卯	30	二	甲申	30	四	甲寅	28	五	癸未
廿六	4	六	丁巳	3	日	丙戌	2	二	丙辰	**12**	三	乙酉	31	五	乙卯	29	六	甲申
廿七	5	日	戊午	4	一	丁亥	3	三	丁巳	2	四	丙戌	**1**	六	丙辰	30	日	乙酉
廿八	6	一	己未	5	二	戊子	4	四	戊午	3	五	丁亥	2	日	丁巳	31	一	丙戌
廿九	7	二	庚申	6	三	己丑	5	五	己未	4	六	戊子	3	一	戊午	**2**	二	丁亥
三十				7	四	庚寅				5	日	己丑				2	三	戊子
节气		处暑		白露		秋分	寒露		霜降	立冬		小雪	大雪		冬至	小寒		大寒
		十四		初一		十六	初一		十六	初二		十七	初二		十七	初三		十七
		未时		丑时		午时	酉时		戌时	戌时		酉时	未时		辰时	子时		酉时

农历辛卯年　属兔　　　　公元 2011—2012 年

旬	正月大庚寅			二月小辛卯			三月大壬辰			四月大癸巳			五月小甲午			六月大乙未			七月小丙申			八月小丁酉			九月大戊戌			十月小己亥			十一月大庚子			十二月小辛丑		
	公历	星期	干支	公历	星期	干支	公历	星期	干支	公历	星期	干支	公历	星期	干支	公历	星期	干支	公历	星期	干支	公历	星期	干支	公历	星期	干支	公历	星期	干支	公历	星期	干支	公历	星期	干支
初一	3	四	己丑	5	六	己未	3	日	戊子	3	二	戊午	2	四	戊子	**7**	五	丁巳	31	日	丁亥	29	一	丙辰	27	二	乙酉	27	四	乙卯	25	五	甲申	25	日	甲寅
初二	4	五	庚寅	6	日	庚申	4	一	己丑	4	三	己未	3	五	己丑	2	六	戊午	**8**	一	戊子	30	二	丁巳	28	三	丙戌	28	五	丙辰	26	六	乙酉	26	一	乙卯
初三	5	六	辛卯	7	一	辛酉	5	二	庚寅	5	四	庚申	4	六	庚寅	3	日	己未	2	二	己丑	31	三	戊午	29	四	丁亥	29	六	丁巳	27	日	丙戌	27	二	丙辰
初四	6	日	壬辰	8	二	壬戌	6	三	辛卯	6	五	辛酉	5	日	辛卯	4	一	庚申	3	三	庚寅	**9**	四	己未	30	五	戊子	30	日	戊午	28	一	丁亥	28	三	丁巳
初五	7	一	癸巳	9	三	癸亥	7	四	壬辰	7	六	壬戌	6	一	壬辰	5	二	辛酉	4	四	辛卯	2	五	庚申	**10**	六	己丑	31	一	己未	29	二	戊子	29	四	戊午
初六	8	二	甲午	10	四	甲子	8	五	癸巳	8	日	癸亥	7	二	癸巳	6	三	壬戌	5	五	壬辰	3	六	辛酉	2	日	庚寅	**11**	二	庚申	30	三	己丑	30	五	己未
初七	9	三	乙未	11	五	乙丑	9	六	甲午	9	一	甲子	8	三	甲午	7	四	癸亥	6	六	癸巳	4	日	壬戌	3	一	辛卯	2	三	辛酉	**12**	四	庚寅	31	六	庚申
初八	10	四	丙申	12	六	丙寅	10	日	乙未	10	二	乙丑	9	四	乙未	8	五	甲子	7	日	甲午	5	一	癸亥	4	二	壬辰	3	四	壬戌	2	五	辛卯	**1**	日	辛酉
初九	11	五	丁酉	13	日	丁卯	11	一	丙申	11	三	丙寅	10	五	丙申	9	六	乙丑	8	一	乙未	6	二	甲子	5	三	癸巳	4	五	癸亥	3	六	壬辰	2	一	壬戌
初十	12	六	戊戌	14	一	戊辰	12	二	丁酉	12	四	丁卯	11	六	丁酉	10	日	丙寅	9	二	丙申	7	三	乙丑	6	四	甲午	5	六	甲子	4	日	癸巳	3	二	癸亥
十一	13	日	己亥	15	二	己巳	13	三	戊戌	13	五	戊辰	12	日	戊戌	11	一	丁卯	10	三	丁酉	8	四	丙寅	7	五	乙未	6	日	乙丑	5	一	甲午	4	三	甲子
十二	14	一	庚子	16	三	庚午	14	四	己亥	14	六	己巳	13	一	己亥	12	二	戊辰	11	四	戊戌	9	五	丁卯	8	六	丙申	7	一	丙寅	6	二	乙未	5	四	乙丑
十三	15	二	辛丑	17	四	辛未	15	五	庚子	15	日	庚午	14	二	庚子	13	三	己巳	12	五	己亥	10	六	戊辰	9	日	丁酉	8	二	丁卯	7	三	丙申	6	五	丙寅
十四	16	三	壬寅	18	五	壬申	16	六	辛丑	16	一	辛未	15	三	辛丑	14	四	庚午	13	六	庚子	11	日	己巳	10	一	戊戌	9	三	戊辰	8	四	丁酉	7	六	丁卯
十五	17	四	癸卯	19	六	癸酉	17	日	壬寅	17	二	壬申	16	四	壬寅	15	五	辛未	14	日	辛丑	12	一	庚午	11	二	己亥	10	四	己巳	9	五	戊戌	8	日	戊辰
十六	18	五	甲辰	20	日	甲戌	18	一	癸卯	18	三	癸酉	17	五	癸卯	16	六	壬申	15	一	壬寅	13	二	辛未	12	三	庚子	11	五	庚午	10	六	己亥	9	一	己巳
十七	19	六	乙巳	21	一	乙亥	19	二	甲辰	19	四	甲戌	18	六	甲辰	17	日	癸酉	16	二	癸卯	14	三	壬申	13	四	辛丑	12	六	辛未	11	日	庚子	10	二	庚午
十八	20	日	丙午	22	二	丙子	20	三	乙巳	20	五	乙亥	19	日	乙巳	18	一	甲戌	17	三	甲辰	15	四	癸酉	14	五	壬寅	13	日	壬申	12	一	辛丑	11	三	辛未
十九	21	一	丁未	23	三	丁丑	21	四	丙午	21	六	丙子	20	一	丙午	19	二	乙亥	18	四	乙巳	16	五	甲戌	15	六	癸卯	14	一	癸酉	13	二	壬寅	12	四	壬申
二十	22	二	戊申	24	四	戊寅	22	五	丁未	22	日	丁丑	21	二	丁未	20	三	丙子	19	五	丙午	17	六	乙亥	16	日	甲辰	15	二	甲戌	14	三	癸卯	13	五	癸酉
廿一	23	三	己酉	25	五	己卯	23	六	戊申	23	一	戊寅	22	三	戊申	21	四	丁丑	20	六	丁未	18	日	丙子	17	一	乙巳	16	三	乙亥	15	四	甲辰	14	六	甲戌
廿二	24	四	庚戌	26	六	庚辰	24	日	己酉	24	二	己卯	23	四	己酉	22	五	戊寅	21	日	戊申	19	一	丁丑	18	二	丙午	17	四	丙子	16	五	乙巳	15	日	乙亥
廿三	25	五	辛亥	27	日	辛巳	25	一	庚戌	25	三	庚辰	24	五	庚戌	23	六	己卯	22	一	己酉	20	二	戊寅	19	三	丁未	18	五	丁丑	17	六	丙午	16	一	丙子
廿四	26	六	壬子	28	一	壬午	26	二	辛亥	26	四	辛巳	25	六	辛亥	24	日	庚辰	23	二	庚戌	21	三	己卯	20	四	戊申	19	六	戊寅	18	日	丁未	17	二	丁丑
廿五	27	日	癸丑	29	二	癸未	27	三	壬子	27	五	壬午	26	日	壬子	25	一	辛巳	24	三	辛亥	22	四	庚辰	21	五	己酉	20	日	己卯	19	一	戊申	18	三	戊寅
廿六	28	一	甲寅	30	三	甲申	28	四	癸丑	28	六	癸未	27	一	癸丑	26	二	壬午	25	四	壬子	23	五	辛巳	22	六	庚戌	21	一	庚辰	20	二	己酉	19	四	己卯
廿七	**3**	二	乙卯	31	四	乙酉	29	五	甲寅	29	日	甲申	28	二	甲寅	27	三	癸未	26	五	癸丑	24	六	壬午	23	日	辛亥	22	二	辛巳	21	三	庚戌	20	五	庚辰
廿八	2	三	丙辰	**4**	五	丙戌	30	六	乙卯	30	一	乙酉	29	三	乙卯	28	四	甲申	27	六	甲寅	25	日	癸未	24	一	壬子	23	三	壬午	22	四	辛亥	21	六	辛巳
廿九	3	四	丁巳	2	六	丁亥	**5**	日	丙辰	31	二	丙戌	30	四	丙辰	29	五	乙酉	28	日	乙卯	26	一	甲申	25	二	癸丑	24	四	癸未	23	五	壬子	22	日	壬午
三十	4	五	戊午				2	一	丁巳	**6**	三	丁亥				30	六	丙戌							26	三	甲寅				24	六	癸丑			
节	立春 初二 午时			惊蛰 初二 卯时			清明 初三 子时			立夏 初四 寅时			芒种 初五 辰时			小暑 初七 酉时			立秋 初九 巳时			白露 十一 卯时			寒露 十二 亥时			立冬 十三 丑时			大雪 十三 酉时			小寒 十三 卯时		
气	雨水 十七 辰时			春分 十七 辰时			谷雨 十八 辰时			小满 十九 申时			夏至 廿一 丑时			大暑 廿三 午时			处暑 廿四 子时			秋分 廿六 酉时			霜降 廿八 丑时			小雪 廿八 子时			冬至 廿八 未时			大寒 廿八 子时		

农历壬辰年　属龙

> 说明：公历栏中加粗的数字为该公历月的 1 日（以月份数表示）。

旬	正月大壬寅 公历	星期	干支	二月小癸卯 公历	星期	干支	三月大甲辰 公历	星期	干支	四月大乙巳 公历	星期	干支	闰四月小 公历	星期	干支	五月大丙午 公历	星期	干支	六月小丁未 公历	星期	干支	七月大戊申 公历	星期	干支	八月小己酉 公历	星期	干支	九月大庚戌 公历	星期	干支	十月小辛亥 公历	星期	干支	十一月大壬子 公历	星期	干支	十二月小癸丑 公历	星期	干支
初一	23	一	癸未	22	三	癸丑	22	四	壬午	21	六	壬子	21	一	壬午	19	二	辛亥	19	四	辛巳	17	五	庚戌	16	日	庚辰	15	一	己酉	14	三	己卯	13	四	戊申	12	六	戊寅
初二	24	二	甲申	23	四	甲寅	23	五	癸未	22	日	癸丑	22	二	癸未	20	三	壬子	20	五	壬午	18	六	辛亥	17	一	辛巳	16	二	庚戌	15	四	庚辰	14	五	己酉	13	日	己卯
初三	25	三	乙酉	24	五	乙卯	24	六	甲申	23	一	甲寅	23	三	甲申	21	四	癸丑	21	六	癸未	19	日	壬子	18	二	壬午	17	三	辛亥	16	五	辛巳	15	六	庚戌	14	一	庚辰
初四	26	四	丙戌	25	六	丙辰	25	日	乙酉	24	二	乙卯	24	四	乙酉	22	五	甲寅	22	日	甲申	20	一	癸丑	19	三	癸未	18	四	壬子	17	六	壬午	16	日	辛亥	15	二	辛巳
初五	27	五	丁亥	26	日	丁巳	26	一	丙戌	25	三	丙辰	25	五	丙戌	23	六	乙卯	23	一	乙酉	21	二	甲寅	20	四	甲申	19	五	癸丑	18	日	癸未	17	一	壬子	16	三	壬午
初六	28	六	戊子	27	一	戊午	27	二	丁亥	26	四	丁巳	26	六	丁亥	24	日	丙辰	24	二	丙戌	22	三	乙卯	21	五	乙酉	20	六	甲寅	19	一	甲申	18	二	癸丑	17	四	癸未
初七	29	日	己丑	28	二	己未	28	三	戊子	27	五	戊午	27	日	戊子	25	一	丁巳	25	三	丁亥	23	四	丙辰	22	六	丙戌	21	日	乙卯	20	二	乙酉	19	三	甲寅	18	五	甲申
初八	30	一	庚寅	29	三	庚申	29	四	己丑	28	六	己未	28	一	己丑	26	二	戊午	26	四	戊子	24	五	丁巳	23	日	丁亥	22	一	丙辰	21	三	丙戌	20	四	乙卯	19	六	乙酉
初九	31	二	辛卯	**3**	四	辛酉	30	五	庚寅	29	日	庚申	29	二	庚寅	27	三	己未	27	五	己丑	25	六	戊午	24	一	戊子	23	二	丁巳	22	四	丁亥	21	五	丙辰	20	日	丙戌
初十	**2**	三	壬辰	2	五	壬戌	31	六	辛卯	30	一	辛酉	30	三	辛卯	28	四	庚申	28	六	庚寅	26	日	己未	25	二	己丑	24	三	戊午	23	五	戊子	22	六	丁巳	21	一	丁亥
十一	3	四	癸巳	3	六	癸亥	**4**	日	壬辰	**5**	二	壬戌	31	四	壬辰	29	五	辛酉	29	日	辛卯	27	一	庚申	26	三	庚寅	25	四	己未	24	六	己丑	23	日	戊午	22	二	戊子
十二	4	五	甲午	4	日	甲子	2	一	癸巳	2	三	癸亥	**6**	五	癸巳	30	六	壬戌	30	一	壬辰	28	二	辛酉	27	四	辛卯	26	五	庚申	25	日	庚寅	24	一	己未	23	三	己丑
十三	5	六	乙未	5	一	乙丑	3	二	甲午	3	四	甲子	2	六	甲午	**7**	日	癸亥	31	二	癸巳	29	三	壬戌	28	五	壬辰	27	六	辛酉	26	一	辛卯	25	二	庚申	24	四	庚寅
十四	6	日	丙申	6	二	丙寅	4	三	乙未	4	五	乙丑	3	日	乙未	2	一	甲子	**8**	三	甲午	30	四	癸亥	29	六	癸巳	28	日	壬戌	27	二	壬辰	26	三	辛酉	25	五	辛卯
十五	7	一	丁酉	7	三	丁卯	5	四	丙申	5	六	丙寅	4	一	丙申	3	二	乙丑	2	四	乙未	31	五	甲子	30	日	甲午	29	一	癸亥	28	三	癸巳	27	四	壬戌	26	六	壬辰
十六	8	二	戊戌	8	四	戊辰	6	五	丁酉	6	日	丁卯	5	二	丁酉	4	三	丙寅	3	五	丙申	**9**	六	乙丑	**10**	一	乙未	30	二	甲子	29	四	甲午	28	五	癸亥	27	日	癸巳
十七	9	三	己亥	9	五	己巳	7	六	戊戌	7	一	戊辰	6	三	戊戌	5	四	丁卯	4	六	丁酉	2	日	丙寅	2	二	丙申	31	三	乙丑	30	五	乙未	29	六	甲子	28	一	甲午
十八	10	四	庚子	10	六	庚午	8	日	己亥	8	二	己巳	7	四	己亥	6	五	戊辰	5	日	戊戌	3	一	丁卯	3	三	丁酉	**11**	四	丙寅	**12**	六	丙申	30	日	乙丑	29	二	乙未
十九	11	五	辛丑	11	日	辛未	9	一	庚子	9	三	庚午	8	五	庚子	7	六	己巳	6	一	己亥	4	二	戊辰	4	四	戊戌	2	五	丁卯	2	日	丁酉	31	一	丙寅	30	三	丙申
二十	12	六	壬寅	12	一	壬申	10	二	辛丑	10	四	辛未	9	六	辛丑	8	日	庚午	7	二	庚子	5	三	己巳	5	五	己亥	3	六	戊辰	3	一	戊戌	**1**	二	丁卯	31	四	丁酉
廿一	13	一	癸卯	13	二	癸酉	11	三	壬寅	11	五	壬申	10	日	壬寅	9	一	辛未	8	三	辛丑	6	四	庚午	6	六	庚子	4	日	己巳	4	二	己亥	2	三	戊辰	**2**	五	戊戌
廿二	14	二	甲辰	14	三	甲戌	12	四	癸卯	12	六	癸酉	11	一	癸卯	10	二	壬申	9	四	壬寅	7	五	辛未	7	日	辛丑	5	一	庚午	5	三	庚子	3	四	己巳	2	六	己亥
廿三	15	三	乙巳	15	四	乙亥	13	五	甲辰	13	日	甲戌	12	二	甲辰	11	三	癸酉	10	五	癸卯	8	六	壬申	8	一	壬寅	6	二	辛未	6	四	辛丑	4	五	庚午	3	日	庚子
廿四	16	四	丙午	16	五	丙子	14	六	乙巳	14	一	乙亥	13	三	乙巳	12	四	甲戌	11	六	甲辰	9	日	癸酉	9	二	癸卯	7	三	壬申	7	五	壬寅	5	六	辛未	4	一	辛丑
廿五	17	五	丁未	17	六	丁丑	15	日	丙午	15	二	丙子	14	四	丙午	13	五	乙亥	12	日	乙巳	10	一	甲戌	10	三	甲辰	8	四	癸酉	8	六	癸卯	6	日	壬申	5	二	壬寅
廿六	18	六	戊申	18	日	戊寅	16	一	丁未	16	三	丁丑	15	五	丁未	14	六	丙子	13	一	丙午	11	二	乙亥	11	四	乙巳	9	五	甲戌	9	日	甲辰	7	一	癸酉	6	三	癸卯
廿七	19	日	己酉	19	一	己卯	17	二	戊申	17	四	戊寅	16	六	戊申	15	日	丁丑	14	二	丁未	12	三	丙子	12	五	丙午	10	六	乙亥	10	一	乙巳	8	二	甲戌	7	四	甲辰
廿八	20	一	庚戌	20	二	庚辰	18	三	己酉	18	五	己卯	17	日	己酉	16	一	戊寅	15	三	戊申	13	四	丁丑	13	六	丁未	11	日	丙子	11	二	丙午	9	三	乙亥	8	五	乙巳
廿九	21	二	辛亥	21	三	辛巳	19	四	庚戌	19	六	庚辰	18	一	庚戌	17	二	己卯	16	四	己酉	14	五	戊寅	14	日	戊申	12	一	丁丑	12	三	丁未	10	四	丙子	9	六	丙午
三十	21	二	壬子				20	五	辛亥	20	日	辛巳				18	三	庚辰				15	六	己卯				13	二	戊寅				11	五	丁丑			

节气

节气	正月	二月	三月	四月	闰四月	五月	六月	七月	八月	九月	十月	十一月	十二月
节	立春 十三 酉时	惊蛰 十三 午时	清明 十四 酉时	立夏 十五 巳时	芒种 十六 未时	小暑 十九 午时	立秋 二十 巳时	白露 廿二 卯时	寒露 廿三 卯时	立冬 廿四 辰时	大雪 廿四 丑时	小寒 廿四 午时	立春 廿四 子时
气	雨水 廿八 酉时	春分 廿八 未时	谷雨 三十 午时	小满 三十 子时		夏至 初三 辰时	大暑 初四 酉时	处暑 初七 丑时	秋分 初七 亥时	霜降 初九 卯时	小雪 初九 卯时	冬至 初九 午时	大寒 初九 卯时

农历癸巳年　属蛇

上半年（正月～六月）

旬	正月大甲寅 公历	星期	干支	二月小乙卯 公历	星期	干支	三月大丙辰 公历	星期	干支	四月小丁巳 公历	星期	干支	五月大戊午 公历	星期	干支	六月大己未 公历	星期	干支
初一	10	日	丁未	12	二	丁丑	10	三	丙午	10	五	丙子	8	六	乙巳	8	一	乙亥
初二	11	一	戊申	13	三	戊寅	11	四	丁未	11	六	丁丑	9	日	丙午	9	二	丙子
初三	12	二	己酉	14	四	己卯	12	五	戊申	12	日	戊寅	10	一	丁未	10	三	丁丑
初四	13	三	庚戌	15	五	庚辰	13	六	己酉	13	一	己卯	11	二	戊申	11	四	戊寅
初五	14	四	辛亥	16	六	辛巳	14	日	庚戌	14	二	庚辰	12	三	己酉	12	五	己卯
初六	15	五	壬子	17	日	壬午	15	一	辛亥	15	三	辛巳	13	四	庚戌	13	六	庚辰
初七	16	六	癸丑	18	一	癸未	16	二	壬子	16	四	壬午	14	五	辛亥	14	日	辛巳
初八	17	日	甲寅	19	二	甲申	17	三	癸丑	17	五	癸未	15	六	壬子	15	一	壬午
初九	18	一	乙卯	20	三	乙酉	18	四	甲寅	18	六	甲申	16	日	癸丑	16	二	癸未
初十	19	二	丙辰	21	四	丙戌	19	五	乙卯	19	日	乙酉	17	一	甲寅	17	三	甲申
十一	20	三	丁巳	22	五	丁亥	20	六	丙辰	20	一	丙戌	18	二	乙卯	18	四	乙酉
十二	21	四	戊午	23	六	戊子	21	日	丁巳	21	二	丁亥	19	三	丙辰	19	五	丙戌
十三	22	五	己未	24	日	己丑	22	一	戊午	22	三	戊子	20	四	丁巳	20	六	丁亥
十四	23	六	庚申	25	一	庚寅	23	二	己未	23	四	己丑	21	五	戊午	21	日	戊子
十五	24	日	辛酉	26	二	辛卯	24	三	庚申	24	五	庚寅	22	六	己未	22	一	己丑
十六	25	一	壬戌	27	三	壬辰	25	四	辛酉	25	六	辛卯	23	日	庚申	23	二	庚寅
十七	26	二	癸亥	28	四	癸巳	26	五	壬戌	26	日	壬辰	24	一	辛酉	24	三	辛卯
十八	27	三	甲子	29	五	甲午	27	六	癸亥	27	一	癸巳	25	二	壬戌	25	四	壬辰
十九	28	四	乙丑	30	六	乙未	28	日	甲子	28	二	甲午	26	三	癸亥	26	五	癸巳
二十	**3**	五	丙寅	31	日	丙申	29	一	乙丑	29	三	乙未	27	四	甲子	27	六	甲午
廿一	2	六	丁卯	**4**	一	丁酉	30	二	丙寅	30	四	丙申	28	五	乙丑	28	日	乙未
廿二	3	日	戊辰	2	二	戊戌	**5**	三	丁卯	31	五	丁酉	29	六	丙寅	29	一	丙申
廿三	4	一	己巳	3	三	己亥	2	四	戊辰	**6**	六	戊戌	30	日	丁卯	30	二	丁酉
廿四	5	二	庚午	4	四	庚子	3	五	己巳	2	日	己亥	**7**	一	戊辰	31	三	戊戌
廿五	6	三	辛未	5	五	辛丑	4	六	庚午	3	一	庚子	2	二	己巳	**8**	四	己亥
廿六	7	四	壬申	6	六	壬寅	5	日	辛未	4	二	辛丑	3	三	庚午	2	五	庚子
廿七	8	五	癸酉	7	日	癸卯	6	一	壬申	5	三	壬寅	4	四	辛未	3	六	辛丑
廿八	9	六	甲戌	8	一	甲辰	7	二	癸酉	6	四	癸卯	5	五	壬申	4	日	壬寅
廿九	10	日	乙亥	9	二	乙巳	8	三	甲戌	7	五	甲辰	6	六	癸酉	5	一	癸卯
三十	11	一	丙子				9	四	乙亥				7	日	甲戌	6	二	甲辰
节	雨水 初九 未时			春分 初九 戌时			谷雨 十一 卯时			小满 十二 卯时			夏至 十四 未时			大暑 十五 子时		
气	惊蛰 廿四 酉时			清明 廿四 子时			立夏 廿六 申时			芒种 廿七 戌时			小暑 三十 卯时					

下半年（七月～十二月）

旬	七月小庚申 公历	星期	干支	八月大辛酉 公历	星期	干支	九月小壬戌 公历	星期	干支	十月大癸亥 公历	星期	干支	十一月小甲子 公历	星期	干支	十二月大乙丑 公历	星期	干支
初一	7	三	乙巳	5	四	甲戌	5	六	甲辰	3	日	癸酉	3	二	癸卯	**1**	三	壬申
初二	8	四	丙午	6	五	乙亥	6	日	乙巳	4	一	甲戌	4	三	甲辰	2	四	癸酉
初三	9	五	丁未	7	六	丙子	7	一	丙午	5	二	乙亥	5	四	乙巳	3	五	甲戌
初四	10	六	戊申	8	日	丁丑	8	二	丁未	6	三	丙子	6	五	丙午	4	六	乙亥
初五	11	日	己酉	9	一	戊寅	9	三	戊申	7	四	丁丑	7	六	丁未	5	日	丙子
初六	12	一	庚戌	10	二	己卯	10	四	己酉	8	五	戊寅	8	日	戊申	6	一	丁丑
初七	13	二	辛亥	11	三	庚辰	11	五	庚戌	9	六	己卯	9	一	己酉	7	二	戊寅
初八	14	三	壬子	12	四	辛巳	12	六	辛亥	10	日	庚辰	10	二	庚戌	8	三	己卯
初九	15	四	癸丑	13	五	壬午	13	日	壬子	11	一	辛巳	11	三	辛亥	9	四	庚辰
初十	16	五	甲寅	14	六	癸未	14	一	癸丑	12	二	壬午	12	四	壬子	10	五	辛巳
十一	17	六	乙卯	15	日	甲申	15	二	甲寅	13	三	癸未	13	五	癸丑	11	六	壬午
十二	18	日	丙辰	16	一	乙酉	16	三	乙卯	14	四	甲申	14	六	甲寅	12	日	癸未
十三	19	一	丁巳	17	二	丙戌	17	四	丙辰	15	五	乙酉	15	日	乙卯	13	一	甲申
十四	20	二	戊午	18	三	丁亥	18	五	丁巳	16	六	丙戌	16	一	丙辰	14	二	乙酉
十五	21	三	己未	19	四	戊子	19	六	戊午	17	日	丁亥	17	二	丁巳	15	三	丙戌
十六	22	四	庚申	20	五	己丑	20	日	己未	18	一	戊子	18	三	戊午	16	四	丁亥
十七	23	五	辛酉	21	六	庚寅	21	一	庚申	19	二	己丑	19	四	己未	17	五	戊子
十八	24	六	壬戌	22	日	辛卯	22	二	辛酉	20	三	庚寅	20	五	庚申	18	六	己丑
十九	25	日	癸亥	23	一	壬辰	23	三	壬戌	21	四	辛卯	21	六	辛酉	19	日	庚寅
二十	26	一	甲子	24	二	癸巳	24	四	癸亥	22	五	壬辰	22	日	壬戌	20	一	辛卯
廿一	27	二	乙丑	25	三	甲午	25	五	甲子	23	六	癸巳	23	一	癸亥	21	二	壬辰
廿二	28	三	丙寅	26	四	乙未	26	六	乙丑	24	日	甲午	24	二	甲子	22	三	癸巳
廿三	29	四	丁卯	27	五	丙申	27	日	丙寅	25	一	乙未	25	三	乙丑	23	四	甲午
廿四	30	五	戊辰	28	六	丁酉	28	一	丁卯	26	二	丙申	26	四	丙寅	24	五	乙未
廿五	31	六	己巳	29	日	戊戌	29	二	戊辰	27	三	丁酉	27	五	丁卯	25	六	丙申
廿六	**9**	日	庚午	30	一	己亥	30	三	己巳	28	四	戊戌	28	六	戊辰	26	日	丁酉
廿七	2	一	辛未	**10**	二	庚子	31	四	庚午	29	五	己亥	29	日	己巳	27	一	戊戌
廿八	3	二	壬申	2	三	辛丑	**11**	五	辛未	30	六	庚子	30	一	庚午	28	二	己亥
廿九	4	三	癸酉	3	四	壬寅	2	六	壬申	**12**	日	辛丑	31	二	辛未	29	三	庚子
三十				4	五	癸卯				2	一	壬寅				30	四	辛丑
节	立秋 初一 申时			白露 初三 戌时			寒露 初四 午时			立冬 初五 未时			大雪 初五 辰时			小寒 初五 酉时		
气	处暑 十七 辰时			秋分 十九 寅时			霜降 十九 未时			小雪 二十 午时			冬至 二十 丑时			大寒 二十 午时		

农历甲午年 属马

旬	正月小丙寅 公历	星期	干支	二月大丁卯 公历	星期	干支	三月小戊辰 公历	星期	干支	四月大己巳 公历	星期	干支	五月小庚午 公历	星期	干支	六月大辛未 公历	星期	干支	七月小壬申 公历	星期	干支	八月大癸酉 公历	星期	干支	九月大甲戌 公历	星期	干支	闰九月小 公历	星期	干支	十月大乙亥 公历	星期	干支	十一月小丙子丁卯 公历	星期	干支	十二月大丁丑 公历	星期	干支
初一	31	五	壬寅	3	一	辛未	31	一	辛丑	29	二	庚午	29	四	庚子	27	五	己巳	27	日	己亥	25	一	戊辰	24	三	戊戌	24	五	戊辰	22	六	丁酉	22	一	丁卯	20	二	丙申
初二	2	六	癸卯	2	二	壬申	4	二	壬寅	30	三	辛未	30	五	辛丑	28	六	庚午	28	一	庚子	26	二	己巳	25	四	己亥	25	六	己巳	23	日	戊戌	23	二	戊辰	21	三	丁酉
初三	2	日	甲辰	3	三	癸酉	2	三	癸卯	5	四	壬申	31	六	壬寅	29	日	辛未	29	二	辛丑	27	三	庚午	26	五	庚子	26	日	庚午	24	一	己亥	24	三	己巳	22	四	戊戌
初四	3	一	乙巳	4	四	甲戌	3	四	甲辰	3	五	癸酉	6	日	癸卯	30	一	壬申	30	三	壬寅	28	四	辛未	27	六	辛丑	27	一	辛未	25	二	庚子	25	四	庚午	23	五	己亥
初五	4	二	丙午	5	五	乙亥	4	五	乙巳	4	六	甲戌	3	一	甲辰	7	二	癸酉	31	四	癸卯	29	五	壬申	28	日	壬寅	28	二	壬申	26	三	辛丑	26	五	辛未	24	六	庚子
初六	5	三	丁未	6	六	丙子	5	六	丙午	5	日	乙亥	4	二	乙巳	2	三	甲戌	8	五	甲辰	30	六	癸酉	29	一	癸卯	29	三	癸酉	27	四	壬寅	27	六	壬申	25	日	辛丑
初七	6	四	戊申	7	日	丁丑	6	日	丁未	6	一	丙子	5	三	丙午	3	四	乙亥	2	六	乙巳	31	日	甲戌	30	二	甲辰	30	四	甲戌	28	五	癸卯	28	日	癸酉	26	一	壬寅
初八	7	五	己酉	8	一	戊寅	7	一	戊申	7	二	丁丑	6	四	丁未	4	五	丙子	3	日	丙午	9	一	乙亥	10	三	乙巳	31	五	乙亥	29	六	甲辰	29	一	甲戌	27	二	癸卯
初九	8	六	庚戌	9	二	己卯	8	二	己酉	8	三	戊寅	7	五	戊申	5	六	丁丑	4	一	丁未	2	二	丙子	2	四	丙午	11	六	丙子	30	日	乙巳	30	二	乙亥	28	三	甲辰
初十	9	日	辛亥	10	三	庚辰	9	三	庚戌	9	四	己卯	8	六	己酉	6	日	戊寅	5	二	戊申	3	三	丁丑	3	五	丁未	2	日	丁丑	31	一	丙午	31	三	丙子	29	四	乙巳
十一	10	一	壬子	11	四	辛巳	10	四	辛亥	10	五	庚辰	9	日	庚戌	7	一	己卯	6	三	己酉	4	四	戊寅	4	六	戊申	3	一	戊寅	2	二	丁未	1	四	丁丑	30	五	丙午
十二	11	二	癸丑	12	五	壬午	11	五	壬子	11	六	辛巳	10	一	辛亥	8	二	庚辰	7	四	庚戌	5	五	己卯	5	日	己酉	4	二	己卯	3	三	戊申	2	五	戊寅	31	六	丁未
十三	12	三	甲寅	13	六	癸未	12	六	癸丑	12	日	壬午	11	二	壬子	9	三	辛巳	8	五	辛亥	6	六	庚辰	6	一	庚戌	5	三	庚辰	4	四	己酉	3	六	己卯	2	日	戊申
十四	13	四	乙卯	14	日	甲申	13	日	甲寅	13	一	癸未	12	三	癸丑	10	四	壬午	9	六	壬子	7	日	辛巳	7	二	辛亥	6	四	辛巳	5	五	庚戌	4	日	庚辰	3	一	己酉
十五	14	五	丙辰	15	一	乙酉	14	一	乙卯	14	二	甲申	13	四	甲寅	11	五	癸未	10	日	癸丑	8	一	壬午	8	三	壬子	7	五	壬午	6	六	辛亥	5	一	辛巳	4	二	庚戌
十六	15	六	丁巳	16	二	丙戌	15	二	丙辰	15	三	乙酉	14	五	乙卯	12	六	甲申	11	一	甲寅	9	二	癸未	9	四	癸丑	8	六	癸未	7	日	壬子	6	二	壬午	5	三	辛亥
十七	16	日	戊午	17	三	丁亥	16	三	丁巳	16	四	丙戌	15	六	丙辰	13	日	乙酉	12	二	乙卯	10	三	甲申	10	五	甲寅	9	日	甲申	8	一	癸丑	7	三	癸未	6	四	壬子
十八	17	一	己未	18	四	戊子	17	四	戊午	17	五	丁亥	16	日	丁巳	14	一	丙戌	13	三	丙辰	11	四	乙酉	11	六	乙卯	10	一	乙酉	9	二	甲寅	8	四	甲申	7	五	癸丑
十九	18	二	庚申	19	五	己丑	18	五	己未	18	六	戊子	17	一	戊午	15	二	丁亥	14	四	丁巳	12	五	丙戌	12	日	丙辰	11	二	丙戌	10	三	乙卯	9	五	乙酉	8	六	甲寅
二十	9	三	辛酉	10	六	庚寅	19	六	庚申	19	日	己丑	18	二	己未	16	三	戊子	15	五	戊午	13	六	丁亥	13	一	丁巳	12	三	丁亥	11	四	丙辰	10	六	丙戌	9	日	乙卯
廿一	20	四	壬戌	21	五	辛卯	20	日	辛酉	20	一	庚寅	19	三	庚申	17	四	己丑	16	六	己未	14	日	戊子	14	二	戊午	13	四	戊子	12	五	丁巳	11	日	丁亥	9	一	丙辰
廿二	21	五	癸亥	22	六	壬辰	21	一	壬戌	21	二	辛卯	20	四	辛酉	18	五	庚寅	17	日	庚申	15	一	己丑	15	三	己未	14	五	己丑	13	六	戊午	12	一	戊子	10	二	丁巳
廿三	22	六	甲子	23	日	癸巳	22	二	癸亥	22	三	壬辰	21	五	壬戌	19	六	辛卯	18	一	辛酉	16	二	庚寅	16	四	庚申	15	六	庚寅	14	日	己未	13	二	己丑	11	三	戊午
廿四	23	日	乙丑	24	一	甲午	23	三	甲子	23	四	癸巳	22	六	癸亥	20	日	壬辰	19	二	壬戌	17	三	辛卯	17	五	辛酉	16	日	辛卯	15	一	庚申	14	三	庚寅	12	四	己未
廿五	24	一	丙寅	25	二	乙未	24	四	乙丑	24	五	甲午	23	日	甲子	21	一	癸巳	20	三	癸亥	18	四	壬辰	18	六	壬戌	17	一	壬辰	16	二	辛酉	15	四	辛卯	13	五	庚申
廿六	25	二	丁卯	26	三	丙申	25	五	丙寅	25	六	乙未	24	一	乙丑	22	二	甲午	21	四	甲子	19	五	癸巳	19	日	癸亥	18	二	癸巳	17	三	壬戌	16	五	壬辰	14	六	辛酉
廿七	26	三	戊辰	27	四	丁酉	26	六	丁卯	26	日	丙申	25	二	丙寅	23	三	乙未	22	五	乙丑	20	六	甲午	20	一	甲子	19	三	甲午	18	四	癸亥	17	六	癸巳	15	日	壬戌
廿八	27	四	己巳	28	五	戊戌	27	日	戊辰	27	一	丁酉	26	三	丁卯	24	四	丙申	23	六	丙寅	21	日	乙未	21	二	乙丑	20	四	乙未	19	五	甲子	18	日	甲午	16	一	癸亥
廿九	28	五	庚午	29	六	己亥	28	一	己巳	28	二	戊戌	—	—	—	25	五	丁酉	24	日	丁卯	22	一	丙申	22	三	丙寅	21	五	丙申	20	六	乙丑	19	一	乙未	17	二	甲子
三十	—	—	—	30	日	庚子	—	—	—	—	—	—	—	—	—	—	—	—	—	—	—	23	二	丁酉	23	四	丁卯	—	—	—	—	—	—	—	—	—	18	三	乙丑

节气	立春 初五 卯时 · 雨水 二十 丑时	惊蛰 初六 子时 · 春分 廿一 子时	清明 初六 卯时 · 谷雨 廿一 午时	立夏 初七 亥时 · 小满 廿二 午时	芒种 初九 卯时 · 夏至 廿四 酉时	小暑 十一 午时 · 大暑 廿七 卯时	立秋 十二 亥时 · 处暑 廿八 午时	白露 十五 丑时 · 秋分 三十 巳时	寒露 十五 申时 · 霜降 三十 戌时	立冬 十五 戌时	小雪 初一 酉时 · 大雪 十六 未时	冬至 初一 辰时 · 小寒 十六 午时	大寒 初一 酉时 · 立春 十六 午时

220

农历乙未年　属羊

旬	十二月小己丑			十一月大戊子			十月小丁亥			九月大丙戌			八月大乙酉			七月大甲申			旬	六月小癸未			五月大壬午			四月小辛巳			三月小庚辰			二月大己卯			正月小戊寅		
	公历	星期	干支	公历	星期	干支	公历	星期	干支	公历	星期	干支	公历	星期	干支	公历	星期	干支		公历	星期	干支	公历	星期	干支	公历	星期	干支	公历	星期	干支	公历	星期	干支	公历	星期	干支
初一	10	日	己丑	11	五	己未	12	四	庚寅	13	二	庚申	13	日	庚寅	14	五	庚申	初一	16	四	辛卯	16	二	辛酉	18	一	壬辰	19	日	癸亥	20	五	癸巳	19	四	甲子
初二	11	一	庚寅	12	六	庚申	13	五	辛卯	14	三	辛酉	14	一	辛卯	15	六	辛酉	初二	17	五	壬辰	17	三	壬戌	19	二	癸巳	20	一	甲子	21	六	甲午	20	五	乙丑
初三	12	二	辛卯	13	日	辛酉	14	六	壬辰	15	四	壬戌	15	二	壬辰	16	日	壬戌	初三	18	六	癸巳	18	四	癸亥	20	三	甲午	21	二	乙丑	22	日	乙未	21	六	丙寅
初四	13	三	壬辰	14	一	壬戌	15	日	癸巳	16	五	癸亥	16	三	癸巳	17	一	癸亥	初四	19	日	甲午	19	五	甲子	21	四	乙未	22	三	丙寅	23	一	丙申	22	日	丁卯
初五	14	四	癸巳	15	二	癸亥	16	一	甲午	17	六	甲子	17	四	甲午	18	二	甲子	初五	20	一	乙未	20	六	乙丑	22	五	丙申	23	四	丁卯	24	二	丁酉	23	一	戊辰
初六	15	五	甲午	16	三	甲子	17	二	乙未	18	日	乙丑	18	五	乙未	19	三	乙丑	初六	21	二	丙申	21	日	丙寅	23	六	丁酉	24	五	戊辰	25	三	戊戌	24	二	己巳
初七	16	六	乙未	17	四	乙丑	18	三	丙申	19	一	丙寅	19	六	丙申	20	四	丙寅	初七	22	三	丁酉	22	一	丁卯	24	日	戊戌	25	六	己巳	26	四	己亥	25	三	庚午
初八	17	日	丙申	18	五	丙寅	19	四	丁酉	20	二	丁卯	20	日	丁酉	21	五	丁卯	初八	23	四	戊戌	23	二	戊辰	25	一	己亥	26	日	庚午	27	五	庚子	26	四	辛未
初九	18	一	丁酉	19	六	丁卯	20	五	戊戌	21	三	戊辰	21	一	戊戌	22	六	戊辰	初九	24	五	己亥	24	三	己巳	26	二	庚子	27	一	辛未	28	六	辛丑	27	五	壬申
初十	19	二	戊戌	20	日	戊辰	21	六	己亥	22	四	己巳	22	二	己亥	23	日	己巳	初十	25	六	庚子	25	四	庚午	27	三	辛丑	28	二	壬申	29	日	壬寅	28	六	癸酉
十一	20	三	己亥	21	一	己巳	22	日	庚子	23	五	庚午	23	三	庚子	24	一	庚午	十一	26	日	辛丑	26	五	辛未	28	四	壬寅	29	三	癸酉	30	一	癸卯	1	日	甲戌
十二	21	四	庚子	22	二	庚午	23	一	辛丑	24	六	辛未	24	四	辛丑	25	二	辛未	十二	27	一	壬寅	27	六	壬申	29	五	癸卯	30	四	甲戌	31	二	甲辰	2	一	乙亥
十三	22	五	辛丑	23	三	辛未	24	二	壬寅	25	日	壬申	25	五	壬寅	26	三	壬申	十三	28	二	癸卯	28	日	癸酉	30	六	甲辰	1	五	乙亥	1	三	乙巳	3	二	丙子
十四	23	六	壬寅	24	四	壬申	25	三	癸卯	26	一	癸酉	26	六	癸卯	27	四	癸酉	十四	29	三	甲辰	29	一	甲戌	31	日	乙巳	2	六	丙子	2	四	丙午	4	三	丁丑
十五	24	日	癸卯	25	五	癸酉	26	四	甲辰	27	二	甲戌	27	日	甲辰	28	五	甲戌	十五	30	四	乙巳	30	二	乙亥	1	一	丙午	3	日	丁丑	3	五	丁未	5	四	戊寅
十六	25	一	甲辰	26	六	甲戌	27	五	乙巳	28	三	乙亥	28	一	乙巳	29	六	乙亥	十六	31	五	丙午	1	三	丙子	2	二	丁未	4	一	戊寅	4	六	戊申	6	五	己卯
十七	26	二	乙巳	27	日	乙亥	28	六	丙午	29	四	丙子	29	二	丙午	30	日	丙子	十七	1	六	丁未	2	四	丁丑	3	三	戊申	5	二	己卯	5	日	己酉	7	六	庚辰
十八	27	三	丙午	28	一	丙子	29	日	丁未	30	五	丁丑	30	三	丁未	31	一	丁丑	十八	2	日	戊申	3	五	戊寅	4	四	己酉	6	三	庚辰	6	一	庚戌	8	日	辛巳
十九	28	四	丁未	29	二	丁丑	30	一	戊申	31	六	戊寅	1	四	戊申	1	二	戊寅	十九	3	一	己酉	4	六	己卯	5	五	庚戌	7	四	辛巳	7	二	辛亥	9	一	壬午
二十	29	五	戊申	30	三	戊寅	1	二	己酉	1	日	己卯	2	五	己酉	2	三	己卯	二十	4	二	庚戌	5	日	庚辰	6	六	辛亥	8	五	壬午	8	三	壬子	10	二	癸未
廿一	30	六	己酉	31	四	己卯	2	三	庚戌	2	一	庚辰	3	六	庚戌	3	四	庚辰	廿一	5	三	辛亥	6	一	辛巳	7	日	壬子	9	六	癸未	9	四	癸丑	11	三	甲申
廿二	31	日	庚戌	1	五	庚辰	3	四	辛亥	3	二	辛巳	4	日	辛亥	4	五	辛巳	廿二	6	四	壬子	7	二	壬午	8	一	癸丑	10	日	甲申	10	五	甲寅	12	四	乙酉
廿三	1	一	辛亥	2	六	辛巳	4	五	壬子	4	三	壬午	5	一	壬子	5	六	壬午	廿三	7	五	癸丑	8	三	癸未	9	二	甲寅	11	一	乙酉	11	六	乙卯	13	五	丙戌
廿四	2	二	壬子	3	日	壬午	5	六	癸丑	5	四	癸未	6	二	癸丑	6	日	癸未	廿四	8	六	甲寅	9	四	甲申	10	三	乙卯	12	二	丙戌	12	日	丙辰	14	六	丁亥
廿五	3	三	癸丑	4	一	癸未	6	日	甲寅	6	五	甲申	7	三	甲寅	7	一	甲申	廿五	9	日	乙卯	10	五	乙酉	11	四	丙辰	13	三	丁亥	13	一	丁巳	15	日	戊子
廿六	4	四	甲寅	5	二	甲申	7	一	乙卯	7	六	乙酉	8	四	乙卯	8	二	乙酉	廿六	10	一	丙辰	11	六	丙戌	12	五	丁巳	14	四	戊子	14	二	戊午	16	一	己丑
廿七	5	五	乙卯	6	三	乙酉	8	二	丙辰	8	日	丙戌	9	五	丙辰	9	三	丙戌	廿七	11	二	丁巳	12	日	丁亥	13	六	戊午	15	五	己丑	15	三	己未	17	二	庚寅
廿八	6	六	丙辰	7	四	丙戌	9	三	丁巳	9	一	丁亥	10	六	丁巳	10	四	丁亥	廿八	12	三	戊午	13	一	戊子	14	日	己未	16	六	庚寅	16	四	庚申	18	三	辛卯
廿九	7	日	丁巳	8	五	丁亥	10	四	戊午	10	二	戊子	11	日	戊午	11	五	戊子	廿九	13	四	己未	14	二	己丑	15	一	庚申	17	日	辛卯	17	五	辛酉	19	四	壬辰
三十				9	六	戊子				11	三	己丑	12	一	己未	12	六	己丑	三十				15	三	庚寅							18	六	壬戌			
节	立春	廿六	酉时	小寒	廿七	卯时	大雪	廿六	酉时	立冬	廿七	丑时	寒露	廿六	亥时	白露	廿六	卯时	节	立秋	廿四	寅时	小暑	廿二	酉时	芒种	二十	辰时	立夏	十八	寅时	清明	十七	巳时	惊蛰	十六	卯时
气	大寒	十一	子时	冬至	十二	午时	小雪	十一	子时	霜降	十二	丑时	秋分	十一	申时	处暑	初十	酉时	气	大暑	初八	午时	夏至	初七	子时	小满	初四	申时	谷雨	初二	酉时	春分	初二	卯时	雨水	初一	子时

221

农历丙申年　属猴　　　　　　　　　　　　　　　　　　　　　　　　　　　　　　　　　

旬	正月大庚寅 公历	星期	干支	二月小辛卯 公历	星期	干支	三月大壬辰 公历	星期	干支	四月小癸巳 公历	星期	干支	五月小甲午 公历	星期	干支	六月大乙未 公历	星期	干支	七月小丙申 公历	星期	干支	八月大丁酉 公历	星期	干支	九月大戊戌 公历	星期	干支	十月小己亥 公历	星期	干支	十一月大庚子 公历	星期	干支	十二月大辛丑 公历	星期	干支
初一	8	一	庚申	9	三	庚寅	7	四	己未	7	六	己丑	5	日	戊午	4	一	丁亥	3	三	丁巳	**9**	四	丙戌	**10**	六	丙辰	31	一	丙戌	29	二	乙卯	29	四	乙酉
初二	9	二	辛酉	10	四	辛卯	8	五	庚申	8	日	庚寅	6	一	己未	5	二	戊子	4	四	戊午	2	五	丁亥	2	日	丁巳	**11**	二	丁亥	30	三	丙辰	30	五	丙戌
初三	10	三	壬戌	11	五	壬辰	9	六	辛酉	9	一	辛卯	7	二	庚申	6	三	己丑	5	五	己未	3	六	戊子	3	一	戊午	2	三	戊子	**12**	四	丁巳	31	六	丁亥
初四	11	四	癸亥	12	六	癸巳	10	日	壬戌	10	二	壬辰	8	三	辛酉	7	四	庚寅	6	六	庚申	4	日	己丑	4	二	己未	3	四	己丑	2	五	戊午	**1**	日	戊子
初五	12	五	甲子	13	日	甲午	11	一	癸亥	11	三	癸巳	9	四	壬戌	8	五	辛卯	7	日	辛酉	5	一	庚寅	5	三	庚申	4	五	庚寅	3	六	己未	2	一	己丑
初六	13	六	乙丑	14	一	乙未	12	二	甲子	12	四	甲午	10	五	癸亥	9	六	壬辰	8	一	壬戌	6	二	辛卯	6	四	辛酉	5	六	辛卯	4	日	庚申	3	二	庚寅
初七	14	日	丙寅	15	二	丙申	13	三	乙丑	13	五	乙未	11	六	甲子	10	日	癸巳	9	二	癸亥	7	三	壬辰	7	五	壬戌	6	日	壬辰	5	一	辛酉	4	三	辛卯
初八	15	一	丁卯	16	三	丁酉	14	四	丙寅	14	六	丙申	12	日	乙丑	11	一	甲午	10	三	甲子	8	四	癸巳	8	六	癸亥	7	一	癸巳	6	二	壬戌	5	四	壬辰
初九	16	二	戊辰	17	四	戊戌	15	五	丁卯	15	日	丁酉	13	一	丙寅	12	二	乙未	11	四	乙丑	9	五	甲午	9	日	甲子	8	二	甲午	7	三	癸亥	6	五	癸巳
初十	17	三	己巳	18	五	己亥	16	六	戊辰	16	一	戊戌	14	二	丁卯	13	三	丙申	12	五	丙寅	10	六	乙未	10	一	乙丑	9	三	乙未	8	四	甲子	7	六	甲午
十一	18	四	庚午	19	六	庚子	17	日	己巳	17	二	己亥	15	三	戊辰	14	四	丁酉	13	六	丁卯	11	日	丙申	11	二	丙寅	10	四	丙申	9	五	乙丑	8	日	乙未
十二	19	五	辛未	20	日	辛丑	18	一	庚午	18	三	庚子	16	四	己巳	15	五	戊戌	14	日	戊辰	12	一	丁酉	12	三	丁卯	11	五	丁酉	10	六	丙寅	9	一	丙申
十三	20	六	壬申	21	一	壬寅	19	二	辛未	19	四	辛丑	17	五	庚午	16	六	己亥	15	一	己巳	13	二	戊戌	13	四	戊辰	12	六	戊戌	11	日	丁卯	10	二	丁酉
十四	21	日	癸酉	22	二	癸卯	20	三	壬申	20	五	壬寅	18	六	辛未	17	日	庚子	16	二	庚午	14	三	己亥	14	五	己巳	13	日	己亥	12	一	戊辰	11	三	戊戌
十五	22	一	甲戌	23	三	甲辰	21	四	癸酉	21	六	癸卯	19	日	壬申	18	一	辛丑	17	三	辛未	15	四	庚子	15	六	庚午	14	一	庚子	13	二	己巳	12	四	己亥
十六	23	二	乙亥	24	四	乙巳	22	五	甲戌	22	日	甲辰	20	一	癸酉	19	二	壬寅	18	四	壬申	16	五	辛丑	16	日	辛未	15	二	辛丑	14	三	庚午	13	五	庚子
十七	24	三	丙子	25	五	丙午	23	六	乙亥	23	一	乙巳	21	二	甲戌	20	三	癸卯	19	五	癸酉	17	六	壬寅	17	一	壬申	16	三	壬寅	15	四	辛未	14	六	辛丑
十八	25	四	丁丑	26	六	丁未	24	日	丙子	24	二	丙午	22	三	乙亥	21	四	甲辰	20	六	甲戌	18	日	癸卯	18	二	癸酉	17	四	癸卯	16	五	壬申	15	日	壬寅
十九	26	五	戊寅	27	日	戊申	25	一	丁丑	25	三	丁未	23	四	丙子	22	五	乙巳	21	日	乙亥	19	一	甲辰	19	三	甲戌	18	五	甲辰	17	六	癸酉	16	一	癸卯
二十	27	六	己卯	28	一	己酉	26	二	戊寅	26	四	戊申	24	五	丁丑	23	六	丙午	22	一	丙子	20	二	乙巳	20	四	乙亥	19	六	乙巳	18	日	甲戌	17	二	甲辰
廿一	28	日	庚辰	29	二	庚戌	27	三	己卯	27	五	己酉	25	六	戊寅	24	日	丁未	23	二	丁丑	21	三	丙午	21	五	丙子	20	日	丙午	19	一	乙亥	18	三	乙巳
廿二	29	一	辛巳	30	三	辛亥	28	四	庚辰	28	六	庚戌	26	日	己卯	25	一	戊申	24	三	戊寅	22	四	丁未	22	六	丁丑	21	一	丁未	20	二	丙子	19	四	丙午
廿三	**3**	二	壬午	31	四	壬子	29	五	辛巳	29	日	辛亥	27	一	庚辰	26	二	己酉	25	四	己卯	23	五	戊申	23	日	戊寅	22	二	戊申	21	三	丁丑	20	五	丁未
廿四	2	三	癸未	**4**	五	癸丑	30	六	壬午	30	一	壬子	28	二	辛巳	27	三	庚戌	26	五	庚辰	24	六	己酉	24	一	己卯	23	三	己酉	22	四	戊寅	21	六	戊申
廿五	3	四	甲申	2	六	甲寅	**5**	日	癸未	31	二	癸丑	29	三	壬午	28	四	辛亥	27	六	辛巳	25	日	庚戌	25	二	庚辰	24	四	庚戌	23	五	己卯	22	日	己酉
廿六	4	五	乙酉	3	日	乙卯	2	一	甲申	**6**	三	甲寅	30	四	癸未	29	五	壬子	28	日	壬午	26	一	辛亥	26	三	辛巳	25	五	辛亥	24	六	庚辰	23	一	庚戌
廿七	5	六	丙戌	4	一	丙辰	3	二	乙酉	2	四	乙卯	**7**	五	甲申	30	六	癸丑	29	一	癸未	27	二	壬子	27	四	壬午	26	六	壬子	25	日	辛巳	24	二	辛亥
廿八	6	日	丁亥	5	二	丁巳	4	三	丙戌	3	五	丙辰	2	六	乙酉	31	日	甲寅	30	二	甲申	28	三	癸丑	28	五	癸未	27	日	癸丑	26	一	壬午	25	三	壬子
廿九	7	一	戊子	6	三	戊午	5	四	丁亥	4	六	丁巳	3	日	丙戌	**8**	一	乙卯	31	三	乙酉	29	四	甲寅	29	六	甲申	28	一	甲寅	27	二	癸未	26	四	癸丑
三十	8	二	己丑				6	五	戊子							2	二	丙辰				30	五	乙卯	30	日	乙酉				28	三	甲申	27	五	甲寅

节气

农历月	节气	农历	时辰	节气	农历	时辰
正月	雨水	十二	酉时	惊蛰	廿七	酉时
二月	春分	十二	申时	清明	廿七	酉时
三月	谷雨	十三	申时	立夏	廿九	申时
四月	小满	十四	亥时			
五月	芒种	初一	戌时	夏至	十七	卯时
六月	小暑	初四	子时	大暑	十九	酉时
七月	立秋	初五	巳时	处暑	廿一	子时
八月	白露	初七	午时	秋分	廿二	亥时
九月	寒露	初八	寅时	霜降	廿三	辰时
十月	立冬	初八	辰时	小雪	廿三	卯时
十一月	大雪	初九	子时	冬至	廿三	酉时
十二月	小寒	初八	午时	大寒	廿三	卯时

农历丁酉年 · 属鸡

正月小壬寅

农历	公历	星期	干支
初一	28	六	乙卯
初二	29	日	丙辰
初三	30	一	丁巳
初四	31	二	戊午
初五	1	三	己未
初六	2	四	庚申
初七	3	五	辛酉
初八	4	六	壬戌
初九	5	日	癸亥
初十	6	一	甲子
十一	7	二	乙丑
十二	8	三	丙寅
十三	9	四	丁卯
十四	10	五	戊辰
十五	11	六	己巳
十六	12	日	庚午
十七	13	一	辛未
十八	14	二	壬申
十九	15	三	癸酉
二十	16	四	甲戌
廿一	17	五	乙亥
廿二	18	六	丙子
廿三	19	日	丁丑
廿四	20	一	戊寅
廿五	21	二	己卯
廿六	22	三	庚辰
廿七	23	四	辛巳
廿八	24	五	壬午
廿九	25	六	癸未

节气：立春 初七 子时；雨水 廿二 戌时

二月大癸卯

农历	公历	星期	干支
初一	26	日	甲申
初二	27	一	乙酉
初三	28	二	丙戌
初四	1	三	丁亥
初五	2	四	戊子
初六	3	五	己丑
初七	4	六	庚寅
初八	5	日	辛卯
初九	6	一	壬辰
初十	7	二	癸巳
十一	8	三	甲午
十二	9	四	乙未
十三	10	五	丙申
十四	11	六	丁酉
十五	12	日	戊戌
十六	13	一	己亥
十七	14	二	庚子
十八	15	三	辛丑
十九	16	四	壬寅
二十	17	五	癸卯
廿一	18	六	甲辰
廿二	19	日	乙巳
廿三	20	一	丙午
廿四	21	二	丁未
廿五	22	三	戊申
廿六	23	四	己酉
廿七	24	五	庚戌
廿八	25	六	辛亥
廿九	26	日	壬子
三十	27	一	癸丑

节气：惊蛰 初八 酉时；春分 廿三 酉时

三月小甲辰

农历	公历	星期	干支
初一	28	二	甲寅
初二	29	三	乙卯
初三	30	四	丙辰
初四	31	五	丁巳
初五	1	六	戊午
初六	2	日	己未
初七	3	一	庚申
初八	4	二	辛酉
初九	5	三	壬戌
初十	6	四	癸亥
十一	7	五	甲子
十二	8	六	乙丑
十三	9	日	丙寅
十四	10	一	丁卯
十五	11	二	戊辰
十六	12	三	己巳
十七	13	四	庚午
十八	14	五	辛未
十九	15	六	壬申
二十	16	日	癸酉
廿一	17	一	甲戌
廿二	18	二	乙亥
廿三	19	三	丙子
廿四	20	四	丁丑
廿五	21	五	戊寅
廿六	22	六	己卯
廿七	23	日	庚辰
廿八	24	一	辛巳
廿九	25	二	壬午

节气：清明 初八 亥时；谷雨 廿四 卯时

四月大乙巳

农历	公历	星期	干支
初一	26	三	癸未
初二	27	四	甲申
初三	28	五	乙酉
初四	29	六	丙戌
初五	30	日	丁亥
初六	1	一	戊子
初七	2	二	己丑
初八	3	三	庚寅
初九	4	四	辛卯
初十	5	五	壬辰
十一	6	六	癸巳
十二	7	日	甲午
十三	8	一	乙未
十四	9	二	丙申
十五	10	三	丁酉
十六	11	四	戊戌
十七	12	五	己亥
十八	13	六	庚子
十九	14	日	辛丑
二十	15	一	壬寅
廿一	16	二	癸卯
廿二	17	三	甲辰
廿三	18	四	乙巳
廿四	19	五	丙午
廿五	20	六	丁未
廿六	21	日	戊申
廿七	22	一	己酉
廿八	23	二	庚戌
廿九	24	三	辛亥
三十	25	四	壬子

节气：立夏 初十 寅时；小满 廿六 寅时

五月小丙午

农历	公历	星期	干支
初一	26	五	癸丑
初二	27	六	甲寅
初三	28	日	乙卯
初四	29	一	丙辰
初五	30	二	丁巳
初六	31	三	戊午
初七	1	四	己未
初八	2	五	庚申
初九	3	六	辛酉
初十	4	日	壬戌
十一	5	一	癸亥
十二	6	二	甲子
十三	7	三	乙丑
十四	8	四	丙寅
十五	9	五	丁卯
十六	10	六	戊辰
十七	11	日	己巳
十八	12	一	庚午
十九	13	二	辛未
二十	14	三	壬申
廿一	15	四	癸酉
廿二	16	五	甲戌
廿三	17	六	乙亥
廿四	18	日	丙子
廿五	19	一	丁丑
廿六	20	二	戊寅
廿七	21	三	己卯
廿八	22	四	庚辰
廿九	23	五	辛巳

节气：芒种 十一 戌时；夏至 廿七 午时

六月小丁未

农历	公历	星期	干支
初一	24	六	壬午
初二	25	日	癸未
初三	26	一	甲申
初四	27	二	乙酉
初五	28	三	丙戌
初六	29	四	丁亥
初七	30	五	戊子
初八	1	六	己丑
初九	2	日	庚寅
初十	3	一	辛卯
十一	4	二	壬辰
十二	5	三	癸巳
十三	6	四	甲午
十四	7	五	乙未
十五	8	六	丙申
十六	9	日	丁酉
十七	10	一	戊戌
十八	11	二	己亥
十九	12	三	庚子
二十	13	四	辛丑
廿一	14	五	壬寅
廿二	15	六	癸卯
廿三	16	日	甲辰
廿四	17	一	乙巳
廿五	18	二	丙午
廿六	19	三	丁未
廿七	20	四	戊申
廿八	21	五	己酉
廿九	22	六	庚戌

节气：小暑 十四 卯时；大暑 廿九 子时

闰六月大

农历	公历	星期	干支
初一	23	日	辛亥
初二	24	一	壬子
初三	25	二	癸丑
初四	26	三	甲寅
初五	27	四	乙卯
初六	28	五	丙辰
初七	29	六	丁巳
初八	30	日	戊午
初九	31	一	己未
初十	1	二	庚申
十一	2	三	辛酉
十二	3	四	壬戌
十三	4	五	癸亥
十四	5	六	甲子
十五	6	日	乙丑
十六	7	一	丙寅
十七	8	二	丁卯
十八	9	三	戊辰
十九	10	四	己巳
二十	11	五	庚午
廿一	12	六	辛未
廿二	13	日	壬申
廿三	14	一	癸酉
廿四	15	二	甲戌
廿五	16	三	乙亥
廿六	17	四	丙子
廿七	18	五	丁丑
廿八	19	六	戊寅
廿九	20	日	己卯
三十	21	一	庚辰

节气：立秋 十六 申时

七月小戊申

农历	公历	星期	干支
初一	22	二	辛巳
初二	23	三	壬午
初三	24	四	癸未
初四	25	五	甲申
初五	26	六	乙酉
初六	27	日	丙戌
初七	28	一	丁亥
初八	29	二	戊子
初九	30	三	己丑
初十	31	四	庚寅
十一	1	五	辛卯
十二	2	六	壬辰
十三	3	日	癸巳
十四	4	一	甲午
十五	5	二	乙未
十六	6	三	丙申
十七	7	四	丁酉
十八	8	五	戊戌
十九	9	六	己亥
二十	10	日	庚子
廿一	11	一	辛丑
廿二	12	二	壬寅
廿三	13	三	癸卯
廿四	14	四	甲辰
廿五	15	五	乙巳
廿六	16	六	丙午
廿七	17	日	丁未
廿八	18	一	戊申
廿九	19	二	己酉

节气：处暑 初二 卯时；白露 十七 酉时

八月大己酉

农历	公历	星期	干支
初一	20	三	庚戌
初二	21	四	辛亥
初三	22	五	壬子
初四	23	六	癸丑
初五	24	日	甲寅
初六	25	一	乙卯
初七	26	二	丙辰
初八	27	三	丁巳
初九	28	四	戊午
初十	29	五	己未
十一	30	六	庚申
十二	1	日	辛酉
十三	2	一	壬戌
十四	3	二	癸亥
十五	4	三	甲子
十六	5	四	乙丑
十七	6	五	丙寅
十八	7	六	丁卯
十九	8	日	戊辰
二十	9	一	己巳
廿一	10	二	庚午
廿二	11	三	辛未
廿三	12	四	壬申
廿四	13	五	癸酉
廿五	14	六	甲戌
廿六	15	日	乙亥
廿七	16	一	丙子
廿八	17	二	丁丑
廿九	18	三	戊寅
三十	19	四	己卯

节气：秋分 初四 寅时；寒露 十九 巳时

九月小庚戌

农历	公历	星期	干支
初一	20	五	庚辰
初二	21	六	辛巳
初三	22	日	壬午
初四	23	一	癸未
初五	24	二	甲申
初六	25	三	乙酉
初七	26	四	丙戌
初八	27	五	丁亥
初九	28	六	戊子
初十	29	日	己丑
十一	30	一	庚寅
十二	31	二	辛卯
十三	1	三	壬辰
十四	2	四	癸巳
十五	3	五	甲午
十六	4	六	乙未
十七	5	日	丙申
十八	6	一	丁酉
十九	7	二	戊戌
二十	8	三	己亥
廿一	9	四	庚子
廿二	10	五	辛丑
廿三	11	六	壬寅
廿四	12	日	癸卯
廿五	13	一	甲辰
廿六	14	二	乙巳
廿七	15	三	丙午
廿八	16	四	丁未
廿九	17	五	戊申

节气：霜降 初四 未时；立冬 十九 未时

十月大辛亥

农历	公历	星期	干支
初一	18	六	己酉
初二	19	日	庚戌
初三	20	一	辛亥
初四	21	二	壬子
初五	22	三	癸丑
初六	23	四	甲寅
初七	24	五	乙卯
初八	25	六	丙辰
初九	26	日	丁巳
初十	27	一	戊午
十一	28	二	己未
十二	29	三	庚申
十三	30	四	辛酉
十四	1	五	壬戌
十五	2	六	癸亥
十六	3	日	甲子
十七	4	一	乙丑
十八	5	二	丙寅
十九	6	三	丁卯
二十	7	四	戊辰
廿一	8	五	己巳
廿二	9	六	庚午
廿三	10	日	辛未
廿四	11	一	壬申
廿五	12	二	癸酉
廿六	13	三	甲戌
廿七	14	四	乙亥
廿八	15	五	丙子
廿九	16	六	丁丑
三十	17	日	戊寅

节气：小雪 初五 午时；大雪 二十 卯时

十一月大壬子

农历	公历	星期	干支
初一	18	一	己卯
初二	19	二	庚辰
初三	20	三	辛巳
初四	21	四	壬午
初五	22	五	癸未
初六	23	六	甲申
初七	24	日	乙酉
初八	25	一	丙戌
初九	26	二	丁亥
初十	27	三	戊子
十一	28	四	己丑
十二	29	五	庚寅
十三	30	六	辛卯
十四	31	日	壬辰
十五	1	一	癸巳
十六	2	二	甲午
十七	3	三	乙未
十八	4	四	丙申
十九	5	五	丁酉
二十	6	六	戊戌
廿一	7	日	己亥
廿二	8	一	庚子
廿三	9	二	辛丑
廿四	10	三	壬寅
廿五	11	四	癸卯
廿六	12	五	甲辰
廿七	13	六	乙巳
廿八	14	日	丙午
廿九	15	一	丁未
三十	16	二	戊申

节气：冬至 初五 子时；小寒 十九 酉时

十二月大癸丑

农历	公历	星期	干支
初一	17	三	己酉
初二	18	四	庚戌
初三	19	五	辛亥
初四	20	六	壬子
初五	21	日	癸丑
初六	22	一	甲寅
初七	23	二	乙卯
初八	24	三	丙辰
初九	25	四	丁巳
初十	26	五	戊午
十一	27	六	己未
十二	28	日	庚申
十三	29	一	辛酉
十四	30	二	壬戌
十五	31	三	癸亥
十六	1	四	甲子
十七	2	五	乙丑
十八	3	六	丙寅
十九	4	日	丁卯
二十	5	一	戊辰
廿一	6	二	己巳
廿二	7	三	庚午
廿三	8	四	辛未
廿四	9	五	壬申
廿五	10	六	癸酉
廿六	11	日	甲戌
廿七	12	一	乙亥
廿八	13	二	丙子
廿九	14	三	丁丑
三十	15	四	戊寅

节气：大寒 初四 卯时；立春 十九 卯时

农历戊戌年（属狗）　公元 2018－2019 年

正月小甲寅 — 六月小己未

旬	正月小甲寅 公历	星期	干支	二月大乙卯 公历	星期	干支	三月小丙辰 公历	星期	干支	四月大丁巳 公历	星期	干支	五月小戊午 公历	星期	干支	六月小己未 公历	星期	干支
初一	16	五	己卯	17	六	戊申	16	一	戊寅	15	二	丁未	14	四	丁丑	13	五	丙午
初二	17	六	庚辰	18	日	己酉	17	二	己卯	16	三	戊申	15	五	戊寅	14	六	丁未
初三	18	日	辛巳	19	一	庚戌	18	三	庚辰	17	四	己酉	16	六	己卯	15	日	戊申
初四	19	一	壬午	20	二	辛亥	19	四	辛巳	18	五	庚戌	17	日	庚辰	16	一	己酉
初五	20	二	癸未	21	三	壬子	20	五	壬午	19	六	辛亥	18	一	辛巳	17	二	庚戌
初六	21	三	甲申	22	四	癸丑	21	六	癸未	20	日	壬子	19	二	壬午	18	三	辛亥
初七	22	四	乙酉	23	五	甲寅	22	日	甲申	21	一	癸丑	20	三	癸未	19	四	壬子
初八	23	五	丙戌	24	六	乙卯	23	一	乙酉	22	二	甲寅	21	四	甲申	20	五	癸丑
初九	24	六	丁亥	25	日	丙辰	24	二	丙戌	23	三	乙卯	22	五	乙酉	21	六	甲寅
初十	25	日	戊子	26	一	丁巳	25	三	丁亥	24	四	丙辰	23	六	丙戌	22	日	乙卯
十一	26	一	己丑	27	二	戊午	26	四	戊子	25	五	丁巳	24	日	丁亥	23	一	丙辰
十二	27	二	庚寅	28	三	己未	27	五	己丑	26	六	戊午	25	一	戊子	24	二	丁巳
十三	28	三	辛卯	29	四	庚申	28	六	庚寅	27	日	己未	26	二	己丑	25	三	戊午
十四	1	四	壬辰	30	五	辛酉	29	日	辛卯	28	一	庚申	27	三	庚寅	26	四	己未
十五	2	五	癸巳	31	六	壬戌	30	一	壬辰	29	二	辛酉	28	四	辛卯	27	五	庚申
十六	3	六	甲午	1	日	癸亥	1	二	癸巳	30	三	壬戌	29	五	壬辰	28	六	辛酉
十七	4	日	乙未	2	一	甲子	2	三	甲午	31	四	癸亥	30	六	癸巳	29	日	壬戌
十八	5	一	丙申	3	二	乙丑	3	四	乙未	1	五	甲子	1	日	甲午	30	一	癸亥
十九	6	二	丁酉	4	三	丙寅	4	五	丙申	2	六	乙丑	2	一	乙未	31	二	甲子
二十	7	三	戊戌	5	四	丁卯	5	六	丁酉	3	日	丙寅	3	二	丙申	1	三	乙丑
廿一	8	四	己亥	6	五	戊辰	6	日	戊戌	4	一	丁卯	4	三	丁酉	2	四	丙寅
廿二	9	五	庚子	7	六	己巳	7	一	己亥	5	二	戊辰	5	四	戊戌	3	五	丁卯
廿三	10	六	辛丑	8	日	庚午	8	二	庚子	6	三	己巳	6	五	己亥	4	六	戊辰
廿四	11	日	壬寅	9	一	辛未	9	三	辛丑	7	四	庚午	7	六	庚子	5	日	己巳
廿五	12	一	癸卯	10	二	壬申	10	四	壬寅	8	五	辛未	8	日	辛丑	6	一	庚午
廿六	13	二	甲辰	11	三	癸酉	11	五	癸卯	9	六	壬申	9	一	壬寅	7	二	辛未
廿七	14	三	乙巳	12	四	甲戌	12	六	甲辰	10	日	癸酉	10	二	癸卯	8	三	壬申
廿八	15	四	丙午	13	五	乙亥	13	日	乙巳	11	一	甲戌	11	三	甲辰	9	四	癸酉
廿九	16	五	丁未	14	六	丙子	14	一	丙午	12	二	乙亥	12	四	乙巳	10	五	甲戌
三十				15	日	丁丑				13	三	丙子						

节气	正月	二月	三月	四月	五月	六月
节	惊蛰 十八 午时	清明 二十 亥时	立夏 二十 寅时	芒种 廿三 申时	小暑 廿四 申时	立秋 廿六 酉时
气	雨水 初四 丑时	春分 初五 子时	谷雨 初五 午时	小满 初七 巳时	夏至 初八 午时	大暑 十一 卯时

七月大庚申 — 十二月乙丑

旬	七月大庚申 公历	星期	干支	八月小辛酉 公历	星期	干支	九月大壬戌 公历	星期	干支	十月小癸亥 公历	星期	干支	十一月大甲子 公历	星期	干支	十二月乙丑 公历	星期	干支
初一	11	六	乙亥	10	一	乙巳	9	二	甲戌	8	四	甲辰	7	五	癸酉	6	日	癸卯
初二	12	日	丙子	11	二	丙午	10	三	乙亥	9	五	乙巳	8	六	甲戌	7	一	甲辰
初三	13	一	丁丑	12	三	丁未	11	四	丙子	10	六	丙午	9	日	乙亥	8	二	乙巳
初四	14	二	戊寅	13	四	戊申	12	五	丁丑	11	日	丁未	10	一	丙子	9	三	丙午
初五	15	三	己卯	14	五	己酉	13	六	戊寅	12	一	戊申	11	二	丁丑	10	四	丁未
初六	16	四	庚辰	15	六	庚戌	14	日	己卯	13	二	己酉	12	三	戊寅	11	五	戊申
初七	17	五	辛巳	16	日	辛亥	15	一	庚辰	14	三	庚戌	13	四	己卯	12	六	己酉
初八	18	六	壬午	17	一	壬子	16	二	辛巳	15	四	辛亥	14	五	庚辰	13	日	庚戌
初九	19	日	癸未	18	二	癸丑	17	三	壬午	16	五	壬子	15	六	辛巳	14	一	辛亥
初十	20	一	甲申	19	三	甲寅	18	四	癸未	17	六	癸丑	16	日	壬午	15	二	壬子
十一	21	二	乙酉	20	四	乙卯	19	五	甲申	18	日	甲寅	17	一	癸未	16	三	癸丑
十二	22	三	丙戌	21	五	丙辰	20	六	乙酉	19	一	乙卯	18	二	甲申	17	四	甲寅
十三	23	四	丁亥	22	六	丁巳	21	日	丙戌	20	二	丙辰	19	三	乙酉	18	五	乙卯
十四	24	五	戊子	23	日	戊午	22	一	丁亥	21	三	丁巳	20	四	丙戌	19	六	丙辰
十五	25	六	己丑	24	一	己未	23	二	戊子	22	四	戊午	21	五	丁亥	20	日	丁巳
十六	26	日	庚寅	25	二	庚申	24	三	己丑	23	五	己未	22	六	戊子	21	一	戊午
十七	27	一	辛卯	26	三	辛酉	25	四	庚寅	24	六	庚申	23	日	己丑	22	二	己未
十八	28	二	壬辰	27	四	壬戌	26	五	辛卯	25	日	辛酉	24	一	庚寅	23	三	庚申
十九	29	三	癸巳	28	五	癸亥	27	六	壬辰	26	一	壬戌	25	二	辛卯	24	四	辛酉
二十	30	四	甲午	29	六	甲子	28	日	癸巳	27	二	癸亥	26	三	壬辰	25	五	壬戌
廿一	31	五	乙未	30	日	乙丑	29	一	甲午	28	三	甲子	27	四	癸巳	26	六	癸亥
廿二	1	六	丙申	1	一	丙寅	30	二	乙未	29	四	乙丑	28	五	甲午	27	日	甲子
廿三	2	日	丁酉	2	二	丁卯	31	三	丙申	30	五	丙寅	29	六	乙未	28	一	乙丑
廿四	3	一	戊戌	3	三	戊辰	1	四	丁酉	1	六	丁卯	30	日	丙申	29	二	丙寅
廿五	4	二	己亥	4	四	己巳	2	五	戊戌	2	日	戊辰	31	一	丁酉	30	三	丁卯
廿六	5	三	庚子	5	五	庚午	3	六	己亥	3	一	己巳	1	二	戊戌	31	四	戊辰
廿七	6	四	辛丑	6	六	辛未	4	日	庚子	4	二	庚午	2	三	己亥	1	五	己巳
廿八	7	五	壬寅	7	日	壬申	5	一	辛丑	5	三	辛未	3	四	庚子	2	六	庚午
廿九	8	六	癸卯	8	一	癸酉	6	二	壬寅	6	四	壬申	4	五	辛丑	3	日	辛未
三十	9	日	甲辰				7	三	癸卯				5	六	壬寅	4	一	壬申

节气	七月	八月	九月	十月	十一月	十二月
节	白露 廿九 子时	寒露 廿九 申时	立冬 三十 戌时	大雪 初一 午时	小寒 三十 酉时	立春 三十 戌时
气	处暑 十三 午时	秋分 十四 巳时	霜降 十五 午时	小雪 十五 酉时	冬至 十六 卯时	大寒 十五 午时

旬	正月大丙寅 公历	星期	干支	二月小丁卯 公历	星期	干支	三月大戊辰 公历	星期	干支	四月小己巳 公历	星期	干支	五月大庚午 公历	星期	干支	六月小辛未 公历	星期	干支	七月小壬申 公历	星期	干支	八月大癸酉 公历	星期	干支	九月小甲戌 公历	星期	干支	十月小乙亥 公历	星期	干支	十一月大丙子 公历	星期	干支	十二月大丁丑 公历	星期	干支
初一	5	二	癸酉	7	四	癸卯	5	五	壬申	5	日	壬寅	3	一	辛未	3	三	辛丑	**8**	四	庚午	30	五	己亥	29	日	己巳	28	一	戊戌	26	二	丁卯	26	四	丁酉
初二	6	三	甲戌	8	五	甲辰	6	六	癸酉	6	一	癸卯	4	二	壬申	4	四	壬寅	2	五	辛未	31	六	庚子	30	一	庚午	29	二	己亥	27	三	戊辰	27	五	戊戌
初三	7	四	乙亥	9	六	乙巳	7	日	甲戌	7	二	甲辰	5	三	癸酉	5	五	癸卯	3	六	壬申	**9**	日	辛丑	**10**	二	辛未	30	三	庚子	28	四	己巳	28	六	己亥
初四	8	五	丙子	10	日	丙午	8	一	乙亥	8	三	乙巳	6	四	甲戌	6	六	甲辰	4	日	癸酉	2	一	壬寅	2	三	壬申	31	四	辛丑	29	五	庚午	29	日	庚子
初五	9	六	丁丑	11	一	丁未	9	二	丙子	9	四	丙午	7	五	乙亥	7	日	乙巳	5	一	甲戌	3	二	癸卯	3	四	癸酉	**11**	五	壬寅	30	六	辛未	30	一	辛丑
初六	10	日	戊寅	12	二	戊申	10	三	丁丑	10	五	丁未	8	六	丙子	8	一	丙午	6	二	乙亥	4	三	甲辰	4	五	甲戌	2	六	癸卯	**12**	日	壬申	31	二	壬寅
初七	11	一	己卯	13	三	己酉	11	四	戊寅	11	六	戊申	9	日	丁丑	9	二	丁未	7	三	丙子	5	四	乙巳	5	六	乙亥	3	日	甲辰	2	一	癸酉	**1**	三	癸卯
初八	12	二	庚辰	14	四	庚戌	12	五	己卯	12	日	己酉	10	一	戊寅	10	三	戊申	8	四	丁丑	6	五	丙午	6	日	丙子	4	一	乙巳	3	二	甲戌	2	四	甲辰
初九	13	三	辛巳	15	五	辛亥	13	六	庚辰	13	一	庚戌	11	二	己卯	11	四	己酉	9	五	戊寅	7	六	丁未	7	一	丁丑	5	二	丙午	4	三	乙亥	3	五	乙巳
初十	14	四	壬午	16	六	壬子	14	日	辛巳	14	二	辛亥	12	三	庚辰	12	五	庚戌	10	六	己卯	8	日	戊申	8	二	戊寅	6	三	丁未	5	四	丙子	4	六	丙午
十一	15	五	癸未	17	日	癸丑	15	一	壬午	15	三	壬子	13	四	辛巳	13	六	辛亥	11	日	庚辰	9	一	己酉	9	三	己卯	7	四	戊申	6	五	丁丑	5	日	丁未
十二	16	六	甲申	18	一	甲寅	16	二	癸未	16	四	癸丑	14	五	壬午	14	日	壬子	12	一	辛巳	10	二	庚戌	10	四	庚辰	8	五	己酉	7	六	戊寅	6	一	戊申
十三	17	日	乙酉	19	二	乙卯	17	三	甲申	17	五	甲寅	15	六	癸未	15	一	癸丑	13	二	壬午	11	三	辛亥	11	五	辛巳	9	六	庚戌	8	日	己卯	7	二	己酉
十四	18	一	丙戌	20	三	丙辰	18	四	乙酉	18	六	乙卯	16	日	甲申	16	二	甲寅	14	三	癸未	12	四	壬子	12	六	壬午	10	日	辛亥	9	一	庚辰	8	三	庚戌
十五	19	二	丁亥	21	四	丁巳	19	五	丙戌	19	日	丙辰	17	一	乙酉	17	三	乙卯	15	四	甲申	13	五	癸丑	13	日	癸未	11	一	壬子	10	二	辛巳	9	四	辛亥
十六	20	三	戊子	22	五	戊午	20	六	丁亥	20	一	丁巳	18	二	丙戌	18	四	丙辰	16	五	乙酉	14	六	甲寅	14	一	甲申	12	二	癸丑	11	三	壬午	10	五	壬子
十七	21	四	己丑	23	六	己未	21	日	戊子	21	二	戊午	19	三	丁亥	19	五	丁巳	17	六	丙戌	15	日	乙卯	15	二	乙酉	13	三	甲寅	12	四	癸未	11	六	癸丑
十八	22	五	庚寅	24	日	庚申	22	一	己丑	22	三	己未	20	四	戊子	20	六	戊午	18	日	丁亥	16	一	丙辰	16	三	丙戌	14	四	乙卯	13	五	甲申	12	日	甲寅
十九	23	六	辛卯	25	一	辛酉	23	二	庚寅	23	四	庚申	21	五	己丑	21	日	己未	19	一	戊子	17	二	丁巳	17	四	丁亥	15	五	丙辰	14	六	乙酉	13	一	乙卯
二十	24	日	壬辰	26	二	壬戌	24	三	辛卯	24	五	辛酉	22	六	庚寅	22	一	庚申	20	二	己丑	18	三	戊午	18	五	戊子	16	六	丁巳	15	日	丙戌	14	二	丙辰
廿一	25	一	癸巳	27	三	癸亥	25	四	壬辰	25	六	壬戌	23	日	辛卯	23	二	辛酉	21	三	庚寅	19	四	己未	19	六	己丑	17	日	戊午	16	一	丁亥	15	三	丁巳
廿二	26	二	甲午	28	四	甲子	26	五	癸巳	26	日	癸亥	24	一	壬辰	24	三	壬戌	22	四	辛卯	20	五	庚申	20	日	庚寅	18	一	己未	17	二	戊子	16	四	戊午
廿三	27	三	乙未	29	五	乙丑	27	六	甲午	27	一	甲子	25	二	癸巳	25	四	癸亥	23	五	壬辰	21	六	辛酉	21	一	辛卯	19	二	庚申	18	三	己丑	17	五	己未
廿四	28	四	丙申	30	六	丙寅	28	日	乙未	28	二	乙丑	26	三	甲午	26	五	甲子	24	六	癸巳	22	日	壬戌	22	二	壬辰	20	三	辛酉	19	四	庚寅	18	六	庚申
廿五	**3**	五	丁酉	31	日	丁卯	29	一	丙申	29	三	丙寅	27	四	乙未	27	六	乙丑	25	日	甲午	23	一	癸亥	23	三	癸巳	21	四	壬戌	20	五	辛卯	19	日	辛酉
廿六	2	六	戊戌	**4**	一	戊辰	30	二	丁酉	30	四	丁卯	28	五	丙申	28	日	丙寅	26	一	乙未	24	二	甲子	24	四	甲午	22	五	癸亥	21	六	壬辰	20	一	壬戌
廿七	3	日	己亥	2	二	己巳	**5**	三	戊戌	31	五	戊辰	29	六	丁酉	29	一	丁卯	27	二	丙申	25	三	乙丑	25	五	乙未	23	六	甲子	22	日	癸巳	21	二	癸亥
廿八	4	一	庚子	3	三	庚午	2	四	己亥	**6**	六	己巳	30	日	戊戌	30	二	戊辰	28	三	丁酉	26	四	丙寅	26	六	丙申	24	日	乙丑	23	一	甲午	22	三	甲子
廿九	5	二	辛丑	4	四	辛未	3	五	庚子	2	日	庚午	**7**	一	己亥	31	三	己巳	29	四	戊戌	27	五	丁卯	27	日	丁酉	25	一	丙寅	24	二	乙未	23	四	乙丑
三十	6	三	壬寅				4	六	辛丑				2	二	庚子							28	六	戊辰							25	三	丙申	24	五	丙寅

节气：

月	节气	旬	时	节气	旬	时
正月大丙寅	雨水	十五	辰时	惊蛰	三十	卯时
二月小丁卯	春分	十五	卯时			
三月大戊辰	清明	初一	卯时	谷雨	十六	申时
四月小己巳	立夏	初二	寅时	小满	十七	申时
五月大庚午	芒种	初四	卯时	夏至	十九	子时
六月小辛未	小暑	初五	酉时	大暑	廿一	巳时
七月小壬申	立秋	初八	寅时	处暑	廿三	酉时
八月大癸酉	白露	初十	卯时	秋分	廿五	申时
九月小甲戌	寒露	初十	亥时	霜降	廿六	丑时
十月小乙亥	立冬	十二	酉时	小雪	廿六	子时
十一月大丙子	大雪	十一	酉时	冬至	廿七	子时
十二月大丁丑	小寒	十二	卯时	大寒	廿六	亥时

农历庚子年 属鼠

农历	正月小戊寅			二月大己卯			三月大庚辰			四月大辛巳			闰四月小			五月大壬午			六月小癸未			七月小甲申			八月大乙酉			九月小丙戌			十月大丁亥			十一月小戊子			十二月大己丑		
	公历	星期	干支	公历	星期	干支	公历	星期	干支	公历	星期	干支	公历	星期	干支	公历	星期	干支	公历	星期	干支	公历	星期	干支	公历	星期	干支	公历	星期	干支	公历	星期	干支	公历	星期	干支	公历	星期	干支
初一	25	六	丁卯	23	日	丙申	24	二	丙寅	23	四	丙申	23	六	丙寅	21	日	乙未	21	二	乙丑	19	三	甲午	17	四	癸亥	17	六	癸巳	15	日	壬戌	15	二	壬辰	13	三	辛酉
初二	26	日	戊辰	24	一	丁酉	25	三	丁卯	24	五	丁酉	24	日	丁卯	22	一	丙申	22	三	丙寅	20	四	乙未	18	五	甲子	18	日	甲午	16	一	癸亥	16	三	癸巳	14	四	壬戌
初三	27	一	己巳	25	二	戊戌	26	四	戊辰	25	六	戊戌	25	一	戊辰	23	二	丁酉	23	四	丁卯	21	五	丙申	19	六	乙丑	19	一	乙未	17	二	甲子	17	四	甲午	15	五	癸亥
初四	28	二	庚午	26	三	己亥	27	五	己巳	26	日	己亥	26	二	己巳	24	三	戊戌	24	五	戊辰	22	六	丁酉	20	日	丙寅	20	二	丙申	18	三	乙丑	18	五	乙未	16	六	甲子
初五	29	三	辛未	27	四	庚子	28	六	庚午	27	一	庚子	27	三	庚午	25	四	己亥	25	六	己巳	23	日	戊戌	21	一	丁卯	21	三	丁酉	19	四	丙寅	19	六	丙申	17	日	乙丑
初六	30	四	壬申	28	五	辛丑	29	日	辛未	28	二	辛丑	28	四	辛未	26	五	庚子	26	日	庚午	24	一	己亥	22	二	戊辰	22	四	戊戌	20	五	丁卯	20	日	丁酉	18	一	丙寅
初七	31	五	癸酉	29	六	壬寅	30	一	壬申	29	三	壬寅	29	五	壬申	27	六	辛丑	27	一	辛未	25	二	庚子	23	三	己巳	23	五	己亥	21	六	戊辰	21	一	戊戌	19	二	丁卯
初八	1	六	甲戌	1	日	癸卯	31	二	癸酉	30	四	癸卯	30	六	癸酉	28	日	壬寅	28	二	壬申	26	三	辛丑	24	四	庚午	24	六	庚子	22	日	己巳	22	二	己亥	20	三	戊辰
初九	2	日	乙亥	2	一	甲辰	1	三	甲戌	1	五	甲辰	31	日	甲戌	29	一	癸卯	29	三	癸酉	27	四	壬寅	25	五	辛未	25	日	辛丑	23	一	庚午	23	三	庚子	21	四	己巳
初十	3	一	丙子	3	二	乙巳	2	四	乙亥	2	六	乙巳	1	一	乙亥	30	二	甲辰	30	四	甲戌	28	五	癸卯	26	六	壬申	26	一	壬寅	24	二	辛未	24	四	辛丑	22	五	庚午
十一	4	二	丁丑	4	三	丙午	3	五	丙子	3	日	丙午	2	二	丙子	1	三	乙巳	31	五	乙亥	29	六	甲辰	27	日	癸酉	27	二	癸卯	25	三	壬申	25	五	壬寅	23	六	辛未
十二	5	三	戊寅	5	四	丁未	4	六	丁丑	4	一	丁未	3	三	丁丑	2	四	丙午	1	六	丙子	30	日	乙巳	28	一	甲戌	28	三	甲辰	26	四	癸酉	26	六	癸卯	24	日	壬申
十三	6	四	己卯	6	五	戊申	5	日	戊寅	5	二	戊申	4	四	戊寅	3	五	丁未	2	日	丁丑	31	一	丙午	29	二	乙亥	29	四	乙巳	27	五	甲戌	27	日	甲辰	25	一	癸酉
十四	7	五	庚辰	7	六	己酉	6	一	己卯	6	三	己酉	5	五	己卯	4	六	戊申	3	一	戊寅	1	二	丁未	30	三	丙子	30	五	丙午	28	六	乙亥	28	一	乙巳	26	二	甲戌
十五	8	六	辛巳	8	日	庚戌	7	二	庚辰	7	四	庚戌	6	六	庚辰	5	日	己酉	4	二	己卯	2	三	戊申	31	四	丁丑	31	六	丁未	29	日	丙子	29	二	丙午	27	三	乙亥
十六	9	日	壬午	9	一	辛亥	8	三	辛巳	8	五	辛亥	7	日	辛巳	6	一	庚戌	5	三	庚辰	3	四	己酉	1	五	戊寅	1	日	戊申	30	一	丁丑	30	三	丁未	28	四	丙子
十七	10	一	癸未	10	二	壬子	9	四	壬午	9	六	壬子	8	一	壬午	7	二	辛亥	6	四	辛巳	4	五	庚戌	2	六	己卯	2	一	己酉	1	二	戊寅	31	四	戊申	29	五	丁丑
十八	11	二	甲申	11	三	癸丑	10	五	癸未	10	日	癸丑	9	二	癸未	8	三	壬子	7	五	壬午	5	六	辛亥	3	日	庚辰	3	二	庚戌	2	三	己卯	1	五	己酉	30	六	戊寅
十九	12	三	乙酉	12	四	甲寅	11	六	甲申	11	一	甲寅	10	三	甲申	9	四	癸丑	8	六	癸未	6	日	壬子	4	一	辛巳	4	三	辛亥	3	四	庚辰	2	六	庚戌	31	日	己卯
二十	13	四	丙戌	13	五	乙卯	12	日	乙酉	12	二	乙卯	11	四	乙酉	10	五	甲寅	9	日	甲申	7	一	癸丑	5	二	壬午	5	四	壬子	4	五	辛巳	3	日	辛亥	1	一	庚辰
廿一	14	五	丁亥	14	六	丙辰	13	一	丙戌	13	三	丙辰	12	五	丙戌	11	六	乙卯	10	一	乙酉	8	二	甲寅	6	三	癸未	6	五	癸丑	5	六	壬午	4	一	壬子	2	二	辛巳
廿二	15	六	戊子	15	日	丁巳	14	二	丁亥	14	四	丁巳	13	六	丁亥	12	日	丙辰	11	二	丙戌	9	三	乙卯	7	四	甲申	7	六	甲寅	6	日	癸未	5	二	癸丑	3	三	壬午
廿三	16	日	己丑	16	一	戊午	15	三	戊子	15	五	戊午	14	日	戊子	13	一	丁巳	12	三	丁亥	10	四	丙辰	8	五	乙酉	8	日	乙卯	7	一	甲申	6	三	甲寅	4	四	癸未
廿四	17	一	庚寅	17	二	己未	16	四	己丑	16	六	己未	15	一	己丑	14	二	戊午	13	四	戊子	11	五	丁巳	9	六	丙戌	9	一	丙辰	8	二	乙酉	7	四	乙卯	5	五	甲申
廿五	18	二	辛卯	18	三	庚申	17	五	庚寅	17	日	庚申	16	二	庚寅	15	三	己未	14	五	己丑	12	六	戊午	10	日	丁亥	10	二	丁巳	9	三	丙戌	8	五	丙辰	6	六	乙酉
廿六	19	三	壬辰	19	四	辛酉	18	六	辛卯	18	一	辛酉	17	三	辛卯	16	四	庚申	15	六	庚寅	13	日	己未	11	一	戊子	11	三	戊午	10	四	丁亥	9	六	丁巳	7	日	丙戌
廿七	20	四	癸巳	20	五	壬戌	19	日	壬辰	19	二	壬戌	18	四	壬辰	17	五	辛酉	16	日	辛卯	14	一	庚申	12	二	己丑	12	四	己未	11	五	戊子	10	日	戊午	8	一	丁亥
廿八	21	五	甲午	21	六	癸亥	20	一	癸巳	20	三	癸亥	19	五	癸巳	18	六	壬戌	17	一	壬辰	15	二	辛酉	13	三	庚寅	13	五	庚申	12	六	己丑	11	一	己未	9	二	戊子
廿九	22	六	乙未	22	日	甲子	21	二	甲午	21	四	甲子	20	六	甲午	19	日	癸亥	18	二	癸巳	16	三	壬戌	14	四	辛卯	14	六	辛酉	13	日	庚寅	12	二	庚申	10	三	己丑
三十				23	一	乙丑	22	三	乙未	22	五	乙丑				20	一	甲子							15	五	壬辰				14	一	辛卯				11	四	庚寅

节气

正月	二月	三月	四月	闰四月	五月	六月	七月	八月	九月	十月	十一月	十二月
立春 十一 酉时	惊蛰 十二 巳时	清明 十二 申时	立夏 十三 辰时	芒种 十四 午时	夏至 初一 卯时	大暑 初二 申时	处暑 初四	秋分 初六	霜降 初七	小雪 初八	冬至 初七	大寒 初八
雨水 廿六 午时	春分 廿七 午时	谷雨 廿七 亥时	小满 廿八 亥时		小暑 十六 子时	立秋 十八 巳时	白露 二十	寒露 廿二 辰时	立冬 廿二	大雪 廿三	小寒 廿二	立春 廿二

下半表（正月—六月）

旬	正月小庚寅 公历/星期/干支			二月大辛卯 公历/星期/干支			三月大壬辰 公历/星期/干支			四月小癸巳 公历/星期/干支			五月大甲午 公历/星期/干支			六月小乙未 公历/星期/干支		
初一	12	五	辛卯	13	六	庚申	12	一	庚寅	12	三	庚申	10	四	己丑	10	六	己未
初二	13	六	壬辰	14	日	辛酉	13	二	辛卯	13	四	辛酉	11	五	庚寅	11	日	庚申
初三	14	日	癸巳	15	一	壬戌	14	三	壬辰	14	五	壬戌	12	六	辛卯	12	一	辛酉
初四	15	一	甲午	16	二	癸亥	15	四	癸巳	15	六	癸亥	13	日	壬辰	13	二	壬戌
初五	16	二	乙未	17	三	甲子	16	五	甲午	16	日	甲子	14	一	癸巳	14	三	癸亥
初六	17	三	丙申	18	四	乙丑	17	六	乙未	17	一	乙丑	15	二	甲午	15	四	甲子
初七	18	四	丁酉	19	五	丙寅	18	日	丙申	18	二	丙寅	16	三	乙未	16	五	乙丑
初八	19	五	戊戌	20	六	丁卯	19	一	丁酉	19	三	丁卯	17	四	丙申	17	六	丙寅
初九	20	六	己亥	21	日	戊辰	20	二	戊戌	20	四	戊辰	18	五	丁酉	18	日	丁卯
初十	21	日	庚子	22	一	己巳	21	三	己亥	21	五	己巳	19	六	戊戌	19	一	戊辰
十一	22	一	辛丑	23	二	庚午	22	四	庚子	22	六	庚午	20	日	己亥	20	二	己巳
十二	23	二	壬寅	24	三	辛未	23	五	辛丑	23	日	辛未	21	一	庚子	21	三	庚午
十三	24	三	癸卯	25	四	壬申	24	六	壬寅	24	一	壬申	22	二	辛丑	22	四	辛未
十四	25	四	甲辰	26	五	癸酉	25	日	癸卯	25	二	癸酉	23	三	壬寅	23	五	壬申
十五	26	五	乙巳	27	六	甲戌	26	一	甲辰	26	三	甲戌	24	四	癸卯	24	六	癸酉
十六	27	六	丙午	28	日	乙亥	27	二	乙巳	27	四	乙亥	25	五	甲辰	25	日	甲戌
十七	28	日	丁未	29	一	丙子	28	三	丙午	28	五	丙子	26	六	乙巳	26	一	乙亥
十八	1	一	戊申	30	二	丁丑	29	四	丁未	29	六	丁丑	27	日	丙午	27	二	丙子
十九	2	二	己酉	31	三	戊寅	30	五	戊申	30	日	戊寅	28	一	丁未	28	三	丁丑
二十	3	三	庚戌	1	四	己卯	1	六	己酉	31	一	己卯	29	二	戊申	29	四	戊寅
廿一	4	四	辛亥	2	五	庚辰	2	日	庚戌	1	二	庚辰	30	三	己酉	30	五	己卯
廿二	5	五	壬子	3	六	辛巳	3	一	辛亥	2	三	辛巳	1	四	庚戌	31	六	庚辰
廿三	6	六	癸丑	4	日	壬午	4	二	壬子	3	四	壬午	2	五	辛亥	1	日	辛巳
廿四	7	日	甲寅	5	一	癸未	5	三	癸丑	4	五	癸未	3	六	壬子	2	一	壬午
廿五	8	一	乙卯	6	二	甲申	6	四	甲寅	5	六	甲申	4	日	癸丑	3	二	癸未
廿六	9	二	丙辰	7	三	乙酉	7	五	乙卯	6	日	乙酉	5	一	甲寅	4	三	甲申
廿七	10	三	丁巳	8	四	丙戌	8	六	丙辰	7	一	丙戌	6	二	乙卯	5	四	乙酉
廿八	11	四	戊午	9	五	丁亥	9	日	丁巳	8	二	丁亥	7	三	丙辰	6	五	丙戌
廿九	12	五	己未	10	六	戊子	10	一	戊午	9	三	戊子	8	四	丁巳	7	六	丁亥
三十				11	日	己丑	11	二	己未				9	五	戊午			
节气	雨水 初七 酉时／惊蛰 廿二 申时			春分 初八 酉时／清明 廿三 亥时			谷雨 初九 寅时／立夏 十四 酉时			小满 初十 寅时／芒种 廿五 酉时			夏至 十二 午时／小暑 廿七 卯时			大暑 十三 亥时／立秋 廿九 未时		

上半表（七月—十二月）

旬	七月大丙申 公历/星期/干支			八月小丁酉 公历/星期/干支			九月大戊戌 公历/星期/干支			十月小己亥 公历/星期/干支			十一月大庚子 公历/星期/干支			十二月小辛丑 公历/星期/干支		
初一	8	日	戊子	7	二	戊午	6	三	丁亥	5	五	丁巳	4	六	丙戌	3	一	丙辰
初二	9	一	己丑	8	三	己未	7	四	戊子	6	六	戊午	5	日	丁亥	4	二	丁巳
初三	10	二	庚寅	9	四	庚申	8	五	己丑	7	日	己未	6	一	戊子	5	三	戊午
初四	11	三	辛卯	10	五	辛酉	9	六	庚寅	8	一	庚申	7	二	己丑	6	四	己未
初五	12	四	壬辰	11	六	壬戌	10	日	辛卯	9	二	辛酉	8	三	庚寅	7	五	庚申
初六	13	五	癸巳	12	日	癸亥	11	一	壬辰	10	三	壬戌	9	四	辛卯	8	六	辛酉
初七	14	六	甲午	13	一	甲子	12	二	癸巳	11	四	癸亥	10	五	壬辰	9	日	壬戌
初八	15	日	乙未	14	二	乙丑	13	三	甲午	12	五	甲子	11	六	癸巳	10	一	癸亥
初九	16	一	丙申	15	三	丙寅	14	四	乙未	13	六	乙丑	12	日	甲午	11	二	甲子
初十	17	二	丁酉	16	四	丁卯	15	五	丙申	14	日	丙寅	13	一	乙未	12	三	乙丑
十一	18	三	戊戌	17	五	戊辰	16	六	丁酉	15	一	丁卯	14	二	丙申	13	四	丙寅
十二	19	四	己亥	18	六	己巳	17	日	戊戌	16	二	戊辰	15	三	丁酉	14	五	丁卯
十三	20	五	庚子	19	日	庚午	18	一	己亥	17	三	己巳	16	四	戊戌	15	六	戊辰
十四	21	六	辛丑	20	一	辛未	19	二	庚子	18	四	庚午	17	五	己亥	16	日	己巳
十五	22	日	壬寅	21	二	壬申	20	三	辛丑	19	五	辛未	18	六	庚子	17	一	庚午
十六	23	一	癸卯	22	三	癸酉	21	四	壬寅	20	六	壬申	19	日	辛丑	18	二	辛未
十七	24	二	甲辰	23	四	甲戌	22	五	癸卯	21	日	癸酉	20	一	壬寅	19	三	壬申
十八	25	三	乙巳	24	五	乙亥	23	六	甲辰	22	一	甲戌	21	二	癸卯	20	四	癸酉
十九	26	四	丙午	25	六	丙子	24	日	乙巳	23	二	乙亥	22	三	甲辰	21	五	甲戌
二十	27	五	丁未	26	日	丁丑	25	一	丙午	24	三	丙子	23	四	乙巳	22	六	乙亥
廿一	28	六	戊申	27	一	戊寅	26	二	丁未	25	四	丁丑	24	五	丙午	23	日	丙子
廿二	29	日	己酉	28	二	己卯	27	三	戊申	26	五	戊寅	25	六	丁未	24	一	丁丑
廿三	30	一	庚戌	29	三	庚辰	28	四	己酉	27	六	己卯	26	日	戊申	25	二	戊寅
廿四	31	二	辛亥	30	四	辛巳	29	五	庚戌	28	日	庚辰	27	一	己酉	26	三	己卯
廿五	1	三	壬子	1	五	壬午	30	六	辛亥	29	一	辛巳	28	二	庚戌	27	四	庚辰
廿六	2	四	癸丑	2	六	癸未	31	日	壬子	30	二	壬午	29	三	辛亥	28	五	辛巳
廿七	3	五	甲寅	3	日	甲申	1	一	癸丑	1	三	癸未	30	四	壬子	29	六	壬午
廿八	4	六	乙卯	4	一	乙酉	2	二	甲寅	2	四	甲申	31	五	癸丑	30	日	癸未
廿九	5	日	丙辰	5	二	丙戌	3	三	乙卯	3	五	乙酉	1	六	甲寅	31	一	甲申
三十	6	一	丁巳				4	四	丙辰				2	日	乙卯			
节气	处暑 十六 卯时／白露 初一 酉时			秋分 十七 寅时／寒露 初一 巳时			霜降 十八 午时／立冬 初一 午时			小雪 十八 巳时／大雪 初一 卯时			冬至 十八 子时／小寒 初一 酉时			大寒 十八 巳时		

农历壬寅年　属虎

旬	正月大壬寅 公历	星期	干支	二月小癸卯 公历	星期	干支	三月大甲辰 公历	星期	干支	四月小乙巳 公历	星期	干支	五月大丙午 公历	星期	干支	六月大丁未 公历	星期	干支	七月小戊申 公历	星期	干支	八月大己酉 公历	星期	干支	九月小庚戌 公历	星期	干支	十月大辛亥 公历	星期	干支	十一月小壬子 公历	星期	干支	十二月大癸丑 公历	星期	干支
初一	**2**	二	乙酉	3	四	乙卯	**4**	五	甲申	**5**	日	甲寅	30	一	癸未	29	三	癸丑	29	五	癸未	27	六	壬子	26	一	壬午	25	二	辛亥	24	四	辛巳	23	五	庚戌
初二	2	三	丙戌	4	五	丙辰	2	六	乙酉	2	一	乙卯	31	二	甲申	30	四	甲寅	30	六	甲申	28	日	癸丑	27	二	癸未	26	三	壬子	25	五	壬午	24	六	辛亥
初三	3	四	丁亥	5	六	丁巳	3	日	丙戌	3	二	丙辰	**6**	三	乙酉	**7**	五	乙卯	31	日	乙酉	29	一	甲寅	28	三	甲申	27	四	癸丑	26	六	癸未	25	日	壬子
初四	4	五	戊子	6	日	戊午	4	一	丁亥	4	三	丁巳	2	四	丙戌	2	六	丙辰	**8**	一	丙戌	30	二	乙卯	29	四	乙酉	28	五	甲寅	27	日	甲申	26	一	癸丑
初五	5	六	己丑	7	一	己未	5	二	戊子	5	四	戊午	3	五	丁亥	3	日	丁巳	2	二	丁亥	31	三	丙辰	30	五	丙戌	29	六	乙卯	28	一	乙酉	27	二	甲寅
初六	6	日	庚寅	8	二	庚申	6	三	己丑	6	五	己未	4	六	戊子	4	一	戊午	3	三	戊子	**9**	四	丁巳	**10**	六	丁亥	30	日	丙辰	29	二	丙戌	28	三	乙卯
初七	7	一	辛卯	9	三	辛酉	7	四	庚寅	7	六	庚申	5	日	己丑	5	二	己未	4	四	己丑	2	五	戊午	2	日	戊子	31	一	丁巳	30	三	丁亥	29	四	丙辰
初八	8	二	壬辰	10	四	壬戌	8	五	辛卯	8	日	辛酉	6	一	庚寅	6	三	庚申	5	五	庚寅	3	六	己未	3	一	己丑	**11**	二	戊午	**12**	四	戊子	30	五	丁巳
初九	9	三	癸巳	11	五	癸亥	9	六	壬辰	9	一	壬戌	7	二	辛卯	7	四	辛酉	6	六	辛卯	4	日	庚申	4	二	庚寅	2	三	己未	2	五	己丑	31	六	戊午
初十	10	四	甲午	12	六	甲子	10	日	癸巳	10	二	癸亥	8	三	壬辰	8	五	壬戌	7	日	壬辰	5	一	辛酉	5	三	辛卯	3	四	庚申	3	六	庚寅	**1**	日	己未
十一	11	五	乙未	13	日	乙丑	11	一	甲午	11	三	甲子	9	四	癸巳	9	六	癸亥	8	一	癸巳	6	二	壬戌	6	四	壬辰	4	五	辛酉	4	日	辛卯	2	一	庚申
十二	12	六	丙申	14	一	丙寅	12	二	乙未	12	四	乙丑	10	五	甲午	10	日	甲子	9	二	甲午	7	三	癸亥	7	五	癸巳	5	六	壬戌	5	一	壬辰	3	二	辛酉
十三	13	日	丁酉	15	二	丁卯	13	三	丙申	13	五	丙寅	11	六	乙未	11	一	乙丑	10	三	乙未	8	四	甲子	8	六	甲午	6	日	癸亥	6	二	癸巳	4	三	壬戌
十四	14	一	戊戌	16	三	戊辰	14	四	丁酉	14	六	丁卯	12	日	丙申	12	二	丙寅	11	四	丙申	9	五	乙丑	9	日	乙未	7	一	甲子	7	三	甲午	5	四	癸亥
十五	15	二	己亥	17	四	己巳	15	五	戊戌	15	日	戊辰	13	一	丁酉	13	三	丁卯	12	五	丁酉	10	六	丙寅	10	一	丙申	8	二	乙丑	8	四	乙未	6	五	甲子
十六	16	三	庚子	18	五	庚午	16	六	己亥	16	一	己巳	14	二	戊戌	14	四	戊辰	13	六	戊戌	11	日	丁卯	11	二	丁酉	9	三	丙寅	9	五	丙申	7	六	乙丑
十七	17	四	辛丑	19	六	辛未	17	日	庚子	17	二	庚午	15	三	己亥	15	五	己巳	14	日	己亥	12	一	戊辰	12	三	戊戌	10	四	丁卯	10	六	丁酉	8	日	丙寅
十八	18	五	壬寅	20	日	壬申	18	一	辛丑	18	三	辛未	16	四	庚子	16	六	庚午	15	一	庚子	13	二	己巳	13	四	己亥	11	五	戊辰	11	日	戊戌	9	一	丁卯
十九	19	六	癸卯	21	一	癸酉	19	二	壬寅	19	四	壬申	17	五	辛丑	17	日	辛未	16	二	辛丑	14	三	庚午	14	五	庚子	12	六	己巳	12	一	己亥	10	二	戊辰
二十	20	日	甲辰	22	二	甲戌	20	三	癸卯	20	五	癸酉	18	六	壬寅	18	一	壬申	17	三	壬寅	15	四	辛未	15	六	辛丑	13	日	庚午	13	二	庚子	11	三	己巳
廿一	21	一	乙巳	23	三	乙亥	21	四	甲辰	21	六	甲戌	19	日	癸卯	19	二	癸酉	18	四	癸卯	16	五	壬申	16	日	壬寅	14	一	辛未	14	三	辛丑	12	四	庚午
廿二	22	二	丙午	24	四	丙子	22	五	乙巳	22	日	乙亥	20	一	甲辰	20	三	甲戌	19	五	甲辰	17	六	癸酉	17	一	癸卯	15	二	壬申	15	四	壬寅	13	五	辛未
廿三	23	三	丁未	25	五	丁丑	23	六	丙午	23	一	丙子	21	二	乙巳	21	四	乙亥	20	六	乙巳	18	日	甲戌	18	二	甲辰	16	三	癸酉	16	五	癸卯	14	六	壬申
廿四	24	四	戊申	26	六	戊寅	24	日	丁未	24	二	丁丑	22	三	丙午	22	五	丙子	21	日	丙午	19	一	乙亥	19	三	乙巳	17	四	甲戌	17	六	甲辰	15	日	癸酉
廿五	25	五	己酉	27	日	己卯	25	一	戊申	25	三	戊寅	23	四	丁未	23	六	丁丑	22	一	丁未	20	二	丙子	20	四	丙午	18	五	乙亥	18	日	乙巳	16	一	甲戌
廿六	26	六	庚戌	28	一	庚辰	26	二	己酉	26	四	己卯	24	五	戊申	24	日	戊寅	23	二	戊申	21	三	丁丑	21	五	丁未	19	六	丙子	19	一	丙午	17	二	乙亥
廿七	27	日	辛亥	29	二	辛巳	27	三	庚戌	27	五	庚辰	25	六	己酉	25	一	己卯	24	三	己酉	22	四	戊寅	22	六	戊申	20	日	丁丑	20	二	丁未	18	三	丙子
廿八	28	一	壬子	30	三	壬午	28	四	辛亥	28	六	辛巳	26	日	庚戌	26	二	庚辰	25	四	庚戌	23	五	己卯	23	日	己酉	21	一	戊寅	21	三	戊申	19	四	丁丑
廿九	**3**	二	癸丑	31	四	癸未	29	五	壬子	29	日	壬午	27	一	辛亥	27	三	辛巳	26	五	辛亥	24	六	庚辰	24	一	庚戌	22	二	己卯	22	四	己酉	20	五	戊寅
三十	2	三	甲寅				30	六	癸丑				28	二	壬子	28	四	壬午				25	日	辛巳				23	三	庚辰				21	六	己卯
节	立春 初四 寅时			惊蛰 初三 亥时			清明 初五 申时			立夏 初五 戌时			芒种 初八 子时			小暑 初九 巳时			立秋 初十 戌时			白露 十二 子时			寒露 十三 申时			立冬 十四 酉时			大雪 十四 午时			小寒 十四 子时		
气	雨水 十九 寅时			春分 十八 亥时			谷雨 二十 亥时			小满 廿一 巳时			夏至 廿三 酉时			大暑 廿五 寅时			处暑 廿五 午时			秋分 廿八 巳时			霜降 廿八 酉时			小雪 廿九 申时			冬至 廿九 卯时			大寒 廿九 卯时		

旬	正月小甲寅			二月大乙卯			闰二月小			三月小丙辰			四月大丁巳			五月小戊午			六月大己未			七月大庚申			八月大辛酉			九月小壬戌			十月大癸亥			十一月小甲子			十二月大乙丑		
	公历	星期	干支	公历	星期	干支	公历	星期	干支	公历	星期	干支	公历	星期	干支	公历	星期	干支	公历	星期	干支	公历	星期	干支	公历	星期	干支	公历	星期	干支	公历	星期	干支	公历	星期	干支	公历	星期	干支
初一	22	日	庚辰	20	一	己酉	22	三	己卯	20	四	戊申	19	五	丁丑	18	日	丁未	17	一	丙子	16	三	丙午	15	五	丙子	15	日	丙午	13	一	乙亥	13	三	乙巳	11	四	甲戌
初二	23	一	辛巳	21	二	庚戌	23	四	庚辰	21	五	己酉	20	六	戊寅	19	一	戊申	18	二	丁丑	17	四	丁未	16	六	丁丑	16	一	丁未	14	二	丙子	14	四	丙午	12	五	乙亥
初三	24	二	壬午	22	三	辛亥	24	五	辛巳	22	六	庚戌	21	日	己卯	20	二	己酉	19	三	戊寅	18	五	戊申	17	日	戊寅	17	二	戊申	15	三	丁丑	15	五	丁未	13	六	丙子
初四	25	三	癸未	23	四	壬子	25	六	壬午	23	日	辛亥	22	一	庚辰	21	三	庚戌	20	四	己卯	19	六	己酉	18	一	己卯	18	三	己酉	16	四	戊寅	16	六	戊申	14	日	丁丑
初五	26	四	甲申	24	五	癸丑	26	日	癸未	24	一	壬子	23	二	辛巳	22	四	辛亥	21	五	庚辰	20	日	庚戌	19	二	庚辰	19	四	庚戌	17	五	己卯	17	日	己酉	15	一	戊寅
初六	27	五	乙酉	25	六	甲寅	27	一	甲申	25	二	癸丑	24	三	壬午	23	五	壬子	22	六	辛巳	21	一	辛亥	20	三	辛巳	20	五	辛亥	18	六	庚辰	18	一	庚戌	16	二	己卯
初七	28	六	丙戌	26	日	乙卯	28	二	乙酉	26	三	甲寅	25	四	癸未	24	六	癸丑	23	日	壬午	22	二	壬子	21	四	壬午	21	六	壬子	19	日	辛巳	19	二	辛亥	17	三	庚辰
初八	29	日	丁亥	27	一	丙辰	29	三	丙戌	27	四	乙卯	26	五	甲申	25	日	甲寅	24	一	癸未	23	三	癸丑	22	五	癸未	22	日	癸丑	20	一	壬午	20	三	壬子	18	四	辛巳
初九	30	一	戊子	28	二	丁巳	30	四	丁亥	28	五	丙辰	27	六	乙酉	26	一	乙卯	25	二	甲申	24	四	甲寅	23	六	甲申	23	一	甲寅	21	二	癸未	21	四	癸丑	19	五	壬午
初十	31	二	己丑	**3**	三	戊午	31	五	戊子	29	六	丁巳	28	日	丙戌	27	二	丙辰	26	三	乙酉	25	五	乙卯	24	日	乙酉	24	二	乙卯	22	三	甲申	22	五	甲寅	20	六	癸未
十一	**2**	三	庚寅	2	四	己未	**4**	六	己丑	30	日	戊午	29	一	丁亥	28	三	丁巳	27	四	丙戌	26	六	丙辰	25	一	丙戌	25	三	丙辰	23	四	乙酉	23	六	乙卯	21	日	甲申
十二	2	四	辛卯	3	五	庚申	2	日	庚寅	**5**	一	己未	30	二	戊子	29	四	戊午	28	五	丁亥	27	日	丁巳	26	二	丁亥	26	四	丁巳	24	五	丙戌	24	日	丙辰	22	一	乙酉
十三	3	五	壬辰	4	六	辛酉	3	一	辛卯	2	二	庚申	31	三	己丑	30	五	己未	29	六	戊子	28	一	戊午	27	三	戊子	27	五	戊午	25	六	丁亥	25	一	丁巳	23	二	丙戌
十四	4	六	癸巳	5	日	壬戌	4	二	壬辰	3	三	辛酉	**6**	四	庚寅	**7**	六	庚申	30	日	己丑	29	二	己未	28	四	己丑	28	六	己未	26	日	戊子	26	二	戊午	24	三	丁亥
十五	5	日	甲午	6	一	癸亥	5	三	癸巳	4	四	壬戌	2	五	辛卯	2	日	辛酉	31	一	庚寅	30	三	庚申	29	五	庚寅	29	日	庚申	27	一	己丑	27	三	己未	25	四	戊子
十六	6	一	乙未	7	二	甲子	6	四	甲午	5	五	癸亥	3	六	壬辰	3	一	壬戌	**8**	二	辛卯	31	四	辛酉	30	六	辛卯	30	一	辛酉	28	二	庚寅	28	四	庚申	26	五	己丑
十七	7	二	丙申	8	三	乙丑	7	五	乙未	6	六	甲子	4	日	癸巳	4	二	癸亥	2	三	壬辰	**9**	五	壬戌	**10**	日	壬辰	31	二	壬戌	29	三	辛卯	29	五	辛酉	27	六	庚寅
十八	8	三	丁酉	9	四	丙寅	8	六	丙申	7	日	乙丑	5	一	甲午	5	三	甲子	3	四	癸巳	2	六	癸亥	2	一	癸巳	**11**	三	癸亥	30	四	壬辰	30	六	壬戌	28	日	辛卯
十九	9	四	戊戌	10	五	丁卯	9	日	丁酉	8	一	丙寅	6	二	乙未	6	四	乙丑	4	五	甲午	3	日	甲子	3	二	甲午	2	四	甲子	**12**	五	癸巳	31	日	癸亥	29	一	壬辰
二十	10	五	己亥	11	六	戊辰	10	一	戊戌	9	二	丁卯	7	三	丙申	7	五	丙寅	5	六	乙未	4	一	乙丑	4	三	乙未	3	五	乙丑	2	六	甲午	**1**	一	甲子	30	二	癸巳
廿一	11	六	庚子	12	日	己巳	11	二	己亥	10	三	戊辰	8	四	丁酉	8	六	丁卯	6	日	丙申	5	二	丙寅	5	四	丙申	4	六	丙寅	3	日	乙未	2	二	乙丑	31	三	甲午
廿二	12	日	辛丑	13	一	庚午	12	三	庚子	11	四	己巳	9	五	戊戌	9	日	戊辰	7	一	丁酉	6	三	丁卯	6	五	丁酉	5	日	丁卯	4	一	丙申	3	三	丙寅	**2**	四	乙未
廿三	13	一	壬寅	14	二	辛未	13	四	辛丑	12	五	庚午	10	六	己亥	10	一	己巳	8	二	戊戌	7	四	戊辰	7	六	戊戌	6	一	戊辰	5	二	丁酉	4	四	丁卯	2	五	丙申
廿四	14	二	癸卯	15	三	壬申	14	五	壬寅	13	六	辛未	11	日	庚子	11	二	庚午	9	三	己亥	8	五	己巳	8	日	己亥	7	二	己巳	6	三	戊戌	5	五	戊辰	3	六	丁酉
廿五	15	三	甲辰	16	四	癸酉	15	六	癸卯	14	日	壬申	12	一	辛丑	12	三	辛未	10	四	庚子	9	六	庚午	9	一	庚子	8	三	庚午	7	四	己亥	6	六	己巳	4	日	戊戌
廿六	16	四	乙巳	17	五	甲戌	16	日	甲辰	15	一	癸酉	13	二	壬寅	13	四	壬申	11	五	辛丑	10	日	辛未	10	二	辛丑	9	四	辛未	8	五	庚子	7	日	庚午	5	一	己亥
廿七	17	五	丙午	18	六	乙亥	17	一	乙巳	16	二	甲戌	14	三	癸卯	14	五	癸酉	12	六	壬寅	11	一	壬申	11	三	壬寅	10	五	壬申	9	六	辛丑	8	一	辛未	6	二	庚子
廿八	18	六	丁未	19	日	丙子	18	二	丙午	17	三	乙亥	15	四	甲辰	15	六	甲戌	13	日	癸卯	12	二	癸酉	12	四	癸卯	11	六	癸酉	10	日	壬寅	9	二	壬申	7	三	辛丑
廿九	19	日	戊申	20	一	丁丑	19	三	丁未	18	四	丙子	16	五	乙巳	16	日	乙亥	14	一	甲辰	13	三	甲戌	13	五	甲辰	12	日	甲戌	11	一	癸卯	10	三	癸酉	8	四	壬寅
三十				21	二	戊寅							17	六	丙午				15	二	乙巳	14	四	乙亥	14	六	乙巳				12	二	甲辰				9	五	癸卯

节气

正月	立春 十四 巳时	雨水 廿九 卯时
二月	惊蛰 十五 寅时	春分 三十 卯时
闰二月	清明 十五 巳时	
三月	谷雨 初一 申时	立夏 十七 丑时
四月	小满 初三 申时	芒种 十九 卯时
五月	夏至 初四 亥时	小暑 二十 申时
六月	大暑 初七 巳时	立秋 廿三 丑时
七月	处暑 初八 酉时	白露 廿四 卯时
八月	秋分 初九 未时	寒露 廿四 亥时
九月	霜降 初十 子时	立冬 廿五 子时
十月	小雪 初十 亥时	大雪 廿五 酉时
十一月	冬至 初十 午时	小寒 廿五 寅时
十二月	大寒 初十 亥时	立春 廿五 申时

农历甲辰年　属龙

正月小丙寅 ～ 六月小辛未

旬/日	正月小丙寅 公历	星期	干支	二月大丁卯 公历	星期	干支	三月小戊辰 公历	星期	干支	四月小己巳 公历	星期	干支	五月大庚午 公历	星期	干支	六月小辛未 公历	星期	干支
初一	10	六	甲寅	10	日	癸未	9	二	癸丑	8	三	壬午	6	四	辛亥	6	六	辛巳
初二	11	日	乙卯	11	一	甲申	10	三	甲寅	9	四	癸未	7	五	壬子	7	日	壬午
初三	12	一	丙辰	12	二	乙酉	11	四	乙卯	10	五	甲申	8	六	癸丑	8	一	癸未
初四	13	二	丁巳	13	三	丙戌	12	五	丙辰	11	六	乙酉	9	日	甲寅	9	二	甲申
初五	14	三	戊午	14	四	丁亥	13	六	丁巳	12	日	丙戌	10	一	乙卯	10	三	乙酉
初六	15	四	己未	15	五	戊子	14	日	戊午	13	一	丁亥	11	二	丙辰	11	四	丙戌
初七	16	五	庚申	16	六	己丑	15	一	己未	14	二	戊子	12	三	丁巳	12	五	丁亥
初八	17	六	辛酉	17	日	庚寅	16	二	庚申	15	三	己丑	13	四	戊午	13	六	戊子
初九	18	日	壬戌	18	一	辛卯	17	三	辛酉	16	四	庚寅	14	五	己未	14	日	己丑
初十	19	一	癸亥	19	二	壬辰	18	四	壬戌	17	五	辛卯	15	六	庚申	15	一	庚寅
十一	20	二	甲子	20	三	癸巳	19	五	癸亥	18	六	壬辰	16	日	辛酉	16	二	辛卯
十二	21	三	乙丑	21	四	甲午	20	六	甲子	19	日	癸巳	17	一	壬戌	17	三	壬辰
十三	22	四	丙寅	22	五	乙未	21	日	乙丑	20	一	甲午	18	二	癸亥	18	四	癸巳
十四	23	五	丁卯	23	六	丙申	22	一	丙寅	21	二	乙未	19	三	甲子	19	五	甲午
十五	24	六	戊辰	24	日	丁酉	23	二	丁卯	22	三	丙申	20	四	乙丑	20	六	乙未
十六	25	日	己巳	25	一	戊戌	24	三	戊辰	23	四	丁酉	21	五	丙寅	21	日	丙申
十七	26	一	庚午	26	二	己亥	25	四	己巳	24	五	戊戌	22	六	丁卯	22	一	丁酉
十八	27	二	辛未	27	三	庚子	26	五	庚午	25	六	己亥	23	日	戊辰	23	二	戊戌
十九	28	三	壬申	28	四	辛丑	27	六	辛未	26	日	庚子	24	一	己巳	24	三	己亥
二十	29	四	癸酉	29	五	壬寅	28	日	壬申	27	一	辛丑	25	二	庚午	25	四	庚子
廿一	1	五	甲戌	30	六	癸卯	29	一	癸酉	28	二	壬寅	26	三	辛未	26	五	辛丑
廿二	2	六	乙亥	31	日	甲辰	30	二	甲戌	29	三	癸卯	27	四	壬申	27	六	壬寅
廿三	3	日	丙子	1	一	乙巳	1	三	乙亥	30	四	甲辰	28	五	癸酉	28	日	癸卯
廿四	4	一	丁丑	2	二	丙午	2	四	丙子	31	五	乙巳	29	六	甲戌	29	一	甲辰
廿五	5	二	戊寅	3	三	丁未	3	五	丁丑	1	六	丙午	30	日	乙亥	30	二	乙巳
廿六	6	三	己卯	4	四	戊申	4	六	戊寅	2	日	丁未	1	一	丙子	31	三	丙午
廿七	7	四	庚辰	5	五	己酉	5	日	己卯	3	一	戊申	2	二	丁丑	1	四	丁未
廿八	8	五	辛巳	6	六	庚戌	6	一	庚辰	4	二	己酉	3	三	戊寅	2	五	戊申
廿九	9	六	壬午	7	日	辛亥	7	二	辛巳	5	三	庚戌	4	四	己卯	3	六	己酉
三十				8	一	壬子							5	五	庚辰			

七月大壬申 ～ 十二月小丁丑

旬/日	七月大壬申 公历	星期	干支	八月大癸酉 公历	星期	干支	九月小甲戌 公历	星期	干支	十月大乙亥 公历	星期	干支	十一月大丙子 公历	星期	干支	十二月小丁丑 公历	星期	干支
初一	4	日	庚戌	3	二	庚辰	3	四	庚戌	1	五	己卯	1	日	己酉	31	二	己卯
初二	5	一	辛亥	4	三	辛巳	4	五	辛亥	2	六	庚辰	2	一	庚戌	1	三	庚辰
初三	6	二	壬子	5	四	壬午	5	六	壬子	3	日	辛巳	3	二	辛亥	2	四	辛巳
初四	7	三	癸丑	6	五	癸未	6	日	癸丑	4	一	壬午	4	三	壬子	3	五	壬午
初五	8	四	甲寅	7	六	甲申	7	一	甲寅	5	二	癸未	5	四	癸丑	4	六	癸未
初六	9	五	乙卯	8	日	乙酉	8	二	乙卯	6	三	甲申	6	五	甲寅	5	日	甲申
初七	10	六	丙辰	9	一	丙戌	9	三	丙辰	7	四	乙酉	7	六	乙卯	6	一	乙酉
初八	11	日	丁巳	10	二	丁亥	10	四	丁巳	8	五	丙戌	8	日	丙辰	7	二	丙戌
初九	12	一	戊午	11	三	戊子	11	五	戊午	9	六	丁亥	9	一	丁巳	8	三	丁亥
初十	13	二	己未	12	四	己丑	12	六	己未	10	日	戊子	10	二	戊午	9	四	戊子
十一	14	三	庚申	13	五	庚寅	13	日	庚申	11	一	己丑	11	三	己未	10	五	己丑
十二	15	四	辛酉	14	六	辛卯	14	一	辛酉	12	二	庚寅	12	四	庚申	11	六	庚寅
十三	16	五	壬戌	15	日	壬辰	15	二	壬戌	13	三	辛卯	13	五	辛酉	12	日	辛卯
十四	17	六	癸亥	16	一	癸巳	16	三	癸亥	14	四	壬辰	14	六	壬戌	13	一	壬辰
十五	18	日	甲子	17	二	甲午	17	四	甲子	15	五	癸巳	15	日	癸亥	14	二	癸巳
十六	19	一	乙丑	18	三	乙未	18	五	乙丑	16	六	甲午	16	一	甲子	15	三	甲午
十七	20	二	丙寅	19	四	丙申	19	六	丙寅	17	日	乙未	17	二	乙丑	16	四	乙未
十八	21	三	丁卯	20	五	丁酉	20	日	丁卯	18	一	丙申	18	三	丙寅	17	五	丙申
十九	22	四	戊辰	21	六	戊戌	21	一	戊辰	19	二	丁酉	19	四	丁卯	18	六	丁酉
二十	23	五	己巳	22	日	己亥	22	二	己巳	20	三	戊戌	20	五	戊辰	19	日	戊戌
廿一	24	六	庚午	23	一	庚子	23	三	庚午	21	四	己亥	21	六	己巳	20	一	己亥
廿二	25	日	辛未	24	二	辛丑	24	四	辛未	22	五	庚子	22	日	庚午	21	二	庚子
廿三	26	一	壬申	25	三	壬寅	25	五	壬申	23	六	辛丑	23	一	辛未	22	三	辛丑
廿四	27	二	癸酉	26	四	癸卯	26	六	癸酉	24	日	壬寅	24	二	壬申	23	四	壬寅
廿五	28	三	甲戌	27	五	甲辰	27	日	甲戌	25	一	癸卯	25	三	癸酉	24	五	癸卯
廿六	29	四	乙亥	28	六	乙巳	28	一	乙亥	26	二	甲辰	26	四	甲戌	25	六	甲辰
廿七	30	五	丙子	29	日	丙午	29	二	丙子	27	三	乙巳	27	五	乙亥	26	日	乙巳
廿八	31	六	丁丑	30	一	丁未	30	三	丁丑	28	四	丙午	28	六	丙子	27	一	丙午
廿九	1	日	戊寅	1	二	戊申	31	四	戊寅	29	五	丁未	29	日	丁丑	28	二	丁未
三十	2	一	己卯	2	三	己酉				30	六	戊申	30	一	戊寅			

节气

农历月	节	气
正月	惊蛰 廿五 巳时	雨水 初十 午时
二月	清明 廿六 申时	春分 十一 午时
三月	立夏 廿七 辰时	谷雨 十一 亥时
四月	芒种 廿九 午时	小满 十三 亥时
五月	—	夏至 十六 寅时
六月	小暑 初一 亥时	大暑 十七 申时
七月	立秋 初四 辰时	处暑 十九 亥时
八月	白露 初五 午时	秋分 二十 戌时
九月	寒露 初六 寅时	霜降 廿一 卯时
十月	立冬 初七 卯时	小雪 廿二 寅时
十一月	大雪 初六 子时	冬至 廿一 酉时
十二月	小寒 初六 巳时	大寒 廿一 寅时

农历乙巳年 属蛇　　公元 2025—2026 年

农历	正月大戊寅			二月小己卯			三月大庚辰			四月小辛巳			五月小壬午			六月大癸未			闰六月小			七月大甲申			八月小乙酉			九月大丙戌			十月大丁亥			十一月大戊子			十二月小己丑		
	公历	星期	干支	公历	星期	干支	公历	星期	干支	公历	星期	干支	公历	星期	干支	公历	星期	干支	公历	星期	干支	公历	星期	干支	公历	星期	干支	公历	星期	干支	公历	星期	干支	公历	星期	干支	公历	星期	干支
初一	29	三	戊寅	28	五	戊申	29	六	丁丑	28	一	丁未	27	二	丙子	25	三	乙巳	25	五	乙亥	23	六	甲辰	22	一	甲戌	21	二	癸卯	20	四	癸酉	20	六	癸卯	19	一	癸酉
初二	30	四	己卯	1	六	己酉	30	日	戊寅	29	二	戊申	28	三	丁丑	26	四	丙午	26	六	丙子	24	日	乙巳	23	二	乙亥	22	三	甲辰	21	五	甲戌	21	日	甲辰	20	二	甲戌
初三	31	五	庚辰	2	日	庚戌	31	一	己卯	30	三	己酉	29	四	戊寅	27	五	丁未	27	日	丁丑	25	一	丙午	24	三	丙子	23	四	乙巳	22	六	乙亥	22	一	乙巳	21	三	乙亥
初四	1	六	辛巳	3	一	辛亥	1	二	庚辰	1	四	庚戌	30	五	己卯	28	六	戊申	28	一	戊寅	26	二	丁未	25	四	丁丑	24	五	丙午	23	日	丙子	23	二	丙午	22	四	丙子
初五	2	日	壬午	4	二	壬子	2	三	辛巳	2	五	辛亥	31	六	庚辰	29	日	己酉	29	二	己卯	27	三	戊申	26	五	戊寅	25	六	丁未	24	一	丁丑	24	三	丁未	23	五	丁丑
初六	3	一	癸未	5	三	癸丑	3	四	壬午	3	六	壬子	1	日	辛巳	30	一	庚戌	30	三	庚辰	28	四	己酉	27	六	己卯	26	日	戊申	25	二	戊寅	25	四	戊申	24	六	戊寅
初七	4	二	甲申	6	四	甲寅	4	五	癸未	4	日	癸丑	2	一	壬午	1	二	辛亥	31	四	辛巳	29	五	庚戌	28	日	庚辰	27	一	己酉	26	三	己卯	26	五	己酉	25	日	己卯
初八	5	三	乙酉	7	五	乙卯	5	六	甲申	5	一	甲寅	3	二	癸未	2	三	壬子	1	五	壬午	30	六	辛亥	29	一	辛巳	28	二	庚戌	27	四	庚辰	27	六	庚戌	26	一	庚辰
初九	6	四	丙戌	8	六	丙辰	6	日	乙酉	6	二	乙卯	4	三	甲申	3	四	癸丑	2	六	癸未	31	日	壬子	30	二	壬午	29	三	辛亥	28	五	辛巳	28	日	辛亥	27	二	辛巳
初十	7	五	丁亥	9	日	丁巳	7	一	丙戌	7	三	丙辰	5	四	乙酉	4	五	甲寅	3	日	甲申	1	一	癸丑	1	三	癸未	30	四	壬子	29	六	壬午	29	一	壬子	28	三	壬午
十一	8	六	戊子	10	一	戊午	8	二	丁亥	8	四	丁巳	6	五	丙戌	5	六	乙卯	4	一	乙酉	2	二	甲寅	2	四	甲申	31	五	癸丑	30	日	癸未	30	二	癸丑	29	四	癸未
十二	9	日	己丑	11	二	己未	9	三	戊子	9	五	戊午	7	六	丁亥	6	日	丙辰	5	二	丙戌	3	三	乙卯	3	五	乙酉	1	六	甲寅	1	一	甲申	31	三	甲寅	30	五	甲申
十三	10	一	庚寅	12	三	庚申	10	四	己丑	10	六	己未	8	日	戊子	7	一	丁巳	6	三	丁亥	4	四	丙辰	4	六	丙戌	2	日	乙卯	2	二	乙酉	1	四	乙卯	31	六	乙酉
十四	11	二	辛卯	13	四	辛酉	11	五	庚寅	11	日	庚申	9	一	己丑	8	二	戊午	7	四	戊子	5	五	丁巳	5	日	丁亥	3	一	丙辰	3	三	丙戌	2	五	丙辰	1	日	丙戌
十五	12	三	壬辰	14	五	壬戌	12	六	辛卯	12	一	辛酉	10	二	庚寅	9	三	己未	8	五	己丑	6	六	戊午	6	一	戊子	4	二	丁巳	4	四	丁亥	3	六	丁巳	2	一	丁亥
十六	13	四	癸巳	15	六	癸亥	13	日	壬辰	13	二	壬戌	11	三	辛卯	10	四	庚申	9	六	庚寅	7	日	己未	7	二	己丑	5	三	戊午	5	五	戊子	4	日	戊午	3	二	戊子
十七	14	五	甲午	16	日	甲子	14	一	癸巳	14	三	癸亥	12	四	壬辰	11	五	辛酉	10	日	辛卯	8	一	庚申	8	三	庚寅	6	四	己未	6	六	己丑	5	一	己未	4	三	己丑
十八	15	六	乙未	17	一	乙丑	15	二	甲午	15	四	甲子	13	五	癸巳	12	六	壬戌	11	一	壬辰	9	二	辛酉	9	四	辛卯	7	五	庚申	7	日	庚寅	6	二	庚申	5	四	庚寅
十九	16	日	丙申	18	二	丙寅	16	三	乙未	16	五	乙丑	14	六	甲午	13	日	癸亥	12	二	癸巳	10	三	壬戌	10	五	壬辰	8	六	辛酉	8	一	辛卯	7	三	辛酉	6	五	辛卯
二十	17	一	丁酉	19	三	丁卯	17	四	丙申	17	六	丙寅	15	日	乙未	14	一	甲子	13	三	甲午	11	四	癸亥	11	六	癸巳	9	日	壬戌	9	二	壬辰	8	四	壬戌	7	六	壬辰
廿一	18	二	戊戌	20	四	戊辰	18	五	丁酉	18	日	丁卯	16	一	丙申	15	二	乙丑	14	四	乙未	12	五	甲子	12	日	甲午	10	一	癸亥	10	三	癸巳	9	五	癸亥	8	日	癸巳
廿二	19	三	己亥	21	五	己巳	19	六	戊戌	19	一	戊辰	17	二	丁酉	16	三	丙寅	15	五	丙申	13	六	乙丑	13	一	乙未	11	二	甲子	11	四	甲午	10	六	甲子	9	一	甲午
廿三	20	四	庚子	22	六	庚午	20	日	己亥	20	二	己巳	18	三	戊戌	17	四	丁卯	16	六	丁酉	14	日	丙寅	14	二	丙申	12	三	乙丑	12	五	乙未	11	日	乙丑	10	二	乙未
廿四	21	五	辛丑	23	日	辛未	21	一	庚子	21	三	庚午	19	四	己亥	18	五	戊辰	17	日	戊戌	15	一	丁卯	15	三	丁酉	13	四	丙寅	13	六	丙申	12	一	丙寅	11	三	丙申
廿五	22	六	壬寅	24	一	壬申	22	二	辛丑	22	四	辛未	20	五	庚子	19	六	己巳	18	一	己亥	16	二	戊辰	16	四	戊戌	14	五	丁卯	14	日	丁酉	13	二	丁卯	12	四	丁酉
廿六	23	日	癸卯	25	二	癸酉	23	三	壬寅	23	五	壬申	21	六	辛丑	20	日	庚午	19	二	庚子	17	三	己巳	17	五	己亥	15	六	戊辰	15	一	戊戌	14	三	戊辰	13	五	戊戌
廿七	24	一	甲辰	26	三	甲戌	24	四	癸卯	24	六	癸酉	22	日	壬寅	21	一	辛未	20	三	辛丑	18	四	庚午	18	六	庚子	16	日	己巳	16	二	己亥	15	四	己巳	14	六	己亥
廿八	25	二	乙巳	27	四	乙亥	25	五	甲辰	25	日	甲戌	23	一	癸卯	22	二	壬申	21	四	壬寅	19	五	辛未	19	日	辛丑	17	一	庚午	17	三	庚子	16	五	庚午	15	日	庚子
廿九	26	三	丙午	28	五	丙子	26	六	乙巳	26	一	乙亥	24	二	甲辰	23	三	癸酉	22	五	癸卯	20	六	壬申	20	一	壬寅	18	二	辛未	18	四	辛丑	17	六	辛未	16	一	辛丑
三十	27	四	丁未				27	日	丙午							24	四	甲戌				21	日	癸酉				19	三	壬申	19	五	壬寅	18	日	壬申			

节气（节 / 气）

月	节	气
正月	立春 初六 亥时	雨水 廿一 酉时
二月	惊蛰 初六 申时	春分 廿一 酉时
三月	清明 初七 戌时	谷雨 廿三 寅时
四月	立夏 初八 未时	小满 廿四 丑时
五月	芒种 初十 酉时	夏至 廿六 巳时
六月	小暑 十三 寅时	大暑 廿八 亥时
闰六月	立秋 十四 未时	—
七月	白露 十六 酉时	处暑 初一 寅时
八月	寒露 十七 巳时	秋分 初二 寅时
九月	立冬 十八 未时	霜降 初三 午时
十月	大雪 十八 卯时	小雪 初三 巳时
十一月	小寒 十七 申时	冬至 初二 子时
十二月	立春 十七 寅时	大寒 初二 巳时

农历丙午年 属马　　公元 2026—2027 年

旬/日	正月大庚寅 公历	星期	干支	二月小辛卯 公历	星期	干支	三月大壬辰 公历	星期	干支	四月小癸巳 公历	星期	干支	五月小甲午 公历	星期	干支	六月大乙未 公历	星期	干支	七月小丙申 公历	星期	干支	八月小丁酉 公历	星期	干支	九月大戊戌 公历	星期	干支	十月大己亥 公历	星期	干支	十一月大庚子 公历	星期	干支	十二月小辛丑 公历	星期	干支
初一	17	二	壬戌	19	四	壬辰	17	五	辛酉	17	日	辛卯	15	一	庚申	14	二	己丑	13	四	己未	11	五	戊子	10	六	丁巳	9	一	丁亥	9	三	丁巳	8	五	丁亥
初二	18	三	癸亥	20	五	癸巳	18	六	壬戌	18	一	壬辰	16	二	辛酉	15	三	庚寅	14	五	庚申	12	六	己丑	11	日	戊午	10	二	戊子	10	四	戊午	9	六	戊子
初三	19	四	甲子	21	六	甲午	19	日	癸亥	19	二	癸巳	17	三	壬戌	16	四	辛卯	15	六	辛酉	13	日	庚寅	12	一	己未	11	三	己丑	11	五	己未	10	日	己丑
初四	20	五	乙丑	22	日	乙未	20	一	甲子	20	三	甲午	18	四	癸亥	17	五	壬辰	16	日	壬戌	14	一	辛卯	13	二	庚申	12	四	庚寅	12	六	庚申	11	一	庚寅
初五	21	六	丙寅	23	一	丙申	21	二	乙丑	21	四	乙未	19	五	甲子	18	六	癸巳	17	一	癸亥	15	二	壬辰	14	三	辛酉	13	五	辛卯	13	日	辛酉	12	二	辛卯
初六	22	日	丁卯	24	二	丁酉	22	三	丙寅	22	五	丙申	20	六	乙丑	19	日	甲午	18	二	甲子	16	三	癸巳	15	四	壬戌	14	六	壬辰	14	一	壬戌	13	三	壬辰
初七	23	一	戊辰	25	三	戊戌	23	四	丁卯	23	六	丁酉	21	日	丙寅	20	一	乙未	19	三	乙丑	17	四	甲午	16	五	癸亥	15	日	癸巳	15	二	癸亥	14	四	癸巳
初八	24	二	己巳	26	四	己亥	24	五	戊辰	24	日	戊戌	22	一	丁卯	21	二	丙申	20	四	丙寅	18	五	乙未	17	六	甲子	16	一	甲午	16	三	甲子	15	五	甲午
初九	25	三	庚午	27	五	庚子	25	六	己巳	25	一	己亥	23	二	戊辰	22	三	丁酉	21	五	丁卯	19	六	丙申	18	日	乙丑	17	二	乙未	17	四	乙丑	16	六	乙未
初十	26	四	辛未	28	六	辛丑	26	日	庚午	26	二	庚子	24	三	己巳	23	四	戊戌	22	六	戊辰	20	日	丁酉	19	一	丙寅	18	三	丙申	18	五	丙寅	17	日	丙申
十一	27	五	壬申	29	日	壬寅	27	一	辛未	27	三	辛丑	25	四	庚午	24	五	己亥	23	日	己巳	21	一	戊戌	20	二	丁卯	19	四	丁酉	19	六	丁卯	18	一	丁酉
十二	28	六	癸酉	30	一	癸卯	28	二	壬申	28	四	壬寅	26	五	辛未	25	六	庚子	24	一	庚午	22	二	己亥	21	三	戊辰	20	五	戊戌	20	日	戊辰	19	二	戊戌
十三	1	日	甲戌	31	二	甲辰	29	三	癸酉	29	五	癸卯	27	六	壬申	26	日	辛丑	25	二	辛未	23	三	庚子	22	四	己巳	21	六	己亥	21	一	己巳	20	三	己亥
十四	2	一	乙亥	1	三	乙巳	30	四	甲戌	30	六	甲辰	28	日	癸酉	27	一	壬寅	26	三	壬申	24	四	辛丑	23	五	庚午	22	日	庚子	22	二	庚午	21	四	庚子
十五	3	二	丙子	2	四	丙午	1	五	乙亥	31	日	乙巳	29	一	甲戌	28	二	癸卯	27	四	癸酉	25	五	壬寅	24	六	辛未	23	一	辛丑	23	三	辛未	22	五	辛丑
十六	4	三	丁丑	3	五	丁未	2	六	丙子	1	一	丙午	30	二	乙亥	29	三	甲辰	28	五	甲戌	26	六	癸卯	25	日	壬申	24	二	壬寅	24	四	壬申	23	六	壬寅
十七	5	四	戊寅	4	六	戊申	3	日	丁丑	2	二	丁未	1	三	丙子	30	四	乙巳	29	六	乙亥	27	日	甲辰	26	一	癸酉	25	三	癸卯	25	五	癸酉	24	日	癸卯
十八	6	五	己卯	5	日	己酉	4	一	戊寅	3	三	戊申	2	四	丁丑	31	五	丙午	30	日	丙子	28	一	乙巳	27	二	甲戌	26	四	甲辰	26	六	甲戌	25	一	甲辰
十九	7	六	庚辰	6	一	庚戌	5	二	己卯	4	四	己酉	3	五	戊寅	1	六	丁未	31	一	丁丑	29	二	丙午	28	三	乙亥	27	五	乙巳	27	日	乙亥	26	二	乙巳
二十	8	日	辛巳	7	二	辛亥	6	三	庚辰	5	五	庚戌	4	六	己卯	2	日	戊申	1	二	戊寅	30	三	丁未	29	四	丙子	28	六	丙午	28	一	丙子	27	三	丙午
廿一	9	一	壬午	8	三	壬子	7	四	辛巳	6	六	辛亥	5	日	庚辰	3	一	己酉	2	三	己卯	1	四	戊申	30	五	丁丑	29	日	丁未	29	二	丁丑	28	四	丁未
廿二	10	二	癸未	9	四	癸丑	8	五	壬午	7	日	壬子	6	一	辛巳	4	二	庚戌	3	四	庚辰	2	五	己酉	31	六	戊寅	30	一	戊申	30	三	戊寅	29	五	戊申
廿三	11	三	甲申	10	五	甲寅	9	六	癸未	8	一	癸丑	7	二	壬午	5	三	辛亥	4	五	辛巳	3	六	庚戌	1	日	己卯	1	二	己酉	31	四	己卯	30	六	己酉
廿四	12	四	乙酉	11	六	乙卯	10	日	甲申	9	二	甲寅	8	三	癸未	6	四	壬子	5	六	壬午	4	日	辛亥	2	一	庚辰	2	三	庚戌	1	五	庚辰	31	日	庚戌
廿五	13	五	丙戌	12	日	丙辰	11	一	乙酉	10	三	乙卯	9	四	甲申	7	五	癸丑	6	日	癸未	5	一	壬子	3	二	辛巳	3	四	辛亥	2	六	辛巳	1	一	辛亥
廿六	14	六	丁亥	13	一	丁巳	12	二	丙戌	11	四	丙辰	10	五	乙酉	8	六	甲寅	7	一	甲申	6	二	癸丑	4	三	壬午	4	五	壬子	3	日	壬午	2	二	壬子
廿七	15	日	戊子	14	二	戊午	13	三	丁亥	12	五	丁巳	11	六	丙戌	9	日	乙卯	8	二	乙酉	7	三	甲寅	5	四	癸未	5	六	癸丑	4	一	癸未	3	三	癸丑
廿八	16	一	己丑	15	三	己未	14	四	戊子	13	六	戊午	12	日	丁亥	10	一	丙辰	9	三	丙戌	8	四	乙卯	6	五	甲申	6	日	甲寅	5	二	甲申	4	四	甲寅
廿九	17	二	庚寅	16	四	庚申	15	五	己丑	14	日	己未	13	一	戊子	11	二	丁巳	10	四	丁亥	9	五	丙辰	7	六	乙酉	7	一	乙卯	6	三	乙酉	5	五	乙卯
三十	18	三	辛卯				16	六	庚寅							12	三	戊午							8	日	丙戌	8	二	丙辰	7	四	丙戌			
节	雨水	初二	子时	春分	初二	亥时	谷雨	初四	巳时	小满	初五	辰时	夏至	初七	申时	大暑	初十	寅时	处暑	十一	巳时	秋分	十三	辰时	霜降	十四	酉时	小雪	十四	申时	冬至	十四	寅时	大寒	十三	申时
气	惊蛰	十七	丑时	清明	十八	丑时	立夏	十九	戌时	芒种	二十	子时	小暑	廿三	巳时	立秋	廿五	戌时	白露	廿六	亥时	寒露	廿八	未时	立冬	廿九	酉时	大雪	廿九	巳时	小寒	廿八	亥时	立春	廿八	巳时

旬 / 农历	正月大壬寅	二月大癸卯	三月小甲辰	四月大乙巳	五月小丙午	六月小丁未	七月大戊申	八月小己酉	九月小庚戌	十月大辛亥	十一月大壬子	十二月小癸丑
初一	6 六 丙辰	8 一 丙戌	7 三 丙辰	6 四 乙酉	5 六 乙卯	4 日 甲申	2 一 癸丑	9 三 癸未	30 四 壬子	29 五 辛巳	28 日 辛亥	28 二 辛巳
初二	7 日 丁巳	9 二 丁亥	8 四 丁巳	7 五 丙戌	6 日 丙辰	5 一 乙酉	3 二 甲寅	2 四 甲申	10 五 癸丑	30 六 壬午	29 一 壬子	29 三 壬午
初三	8 一 戊午	10 三 戊子	9 五 戊午	8 六 丁亥	7 一 丁巳	6 二 丙戌	4 三 乙卯	3 五 乙酉	2 六 甲寅	31 日 癸未	30 二 癸丑	30 四 癸未
初四	9 二 己未	11 四 己丑	10 六 己未	9 日 戊子	8 二 戊午	7 三 丁亥	5 四 丙辰	4 六 丙戌	3 日 乙卯	11 一 甲申	12 三 甲寅	31 五 甲申
初五	10 三 庚申	12 五 庚寅	11 日 庚申	10 一 己丑	9 三 己未	8 四 戊子	6 五 丁巳	5 日 丁亥	4 一 丙辰	2 二 乙酉	2 四 乙卯	1 六 乙酉
初六	11 四 辛酉	13 六 辛卯	12 一 辛酉	11 二 庚寅	10 四 庚申	9 五 己丑	7 六 戊午	6 一 戊子	5 二 丁巳	3 三 丙戌	3 五 丙辰	2 日 丙戌
初七	12 五 壬戌	14 日 壬辰	13 二 壬戌	12 三 辛卯	11 五 辛酉	10 六 庚寅	8 日 己未	7 二 己丑	6 三 戊午	4 四 丁亥	4 六 丁巳	3 一 丁亥
初八	13 六 癸亥	15 一 癸巳	14 三 癸亥	13 四 壬辰	12 六 壬戌	11 日 辛卯	9 一 庚申	8 三 庚寅	7 四 己未	5 五 戊子	5 日 戊午	4 二 戊子
初九	14 日 甲子	16 二 甲午	15 四 甲子	14 五 癸巳	13 日 癸亥	12 一 壬辰	10 二 辛酉	9 四 辛卯	8 五 庚申	6 六 己丑	6 一 己未	5 三 己丑
初十	15 一 乙丑	17 三 乙未	16 五 乙丑	15 六 甲午	14 一 甲子	13 二 癸巳	11 三 壬戌	10 五 壬辰	9 六 辛酉	7 日 庚寅	7 二 庚申	6 四 庚寅
十一	16 二 丙寅	18 四 丙申	17 六 丙寅	16 日 乙未	15 二 乙丑	14 三 甲午	12 四 癸亥	11 六 癸巳	10 日 壬戌	8 一 辛卯	8 三 辛酉	7 五 辛卯
十二	17 三 丁卯	19 五 丁酉	18 日 丁卯	17 一 丙申	16 三 丙寅	15 四 乙未	13 五 甲子	12 日 甲午	11 一 癸亥	9 二 壬辰	9 四 壬戌	8 六 壬辰
十三	18 四 戊辰	20 六 戊戌	19 一 戊辰	18 二 丁酉	17 四 丁卯	16 五 丙申	14 六 乙丑	13 一 乙未	12 二 甲子	10 三 癸巳	10 五 癸亥	9 日 癸巳
十四	19 五 己巳	21 日 己亥	20 二 己巳	19 三 戊戌	18 五 戊辰	17 六 丁酉	15 日 丙寅	14 二 丙申	13 三 乙丑	11 四 甲午	11 六 甲子	10 一 甲午
十五	20 六 庚午	22 一 庚子	21 三 庚午	20 四 己亥	19 六 己巳	18 日 戊戌	16 一 丁卯	15 三 丁酉	14 四 丙寅	12 五 乙未	12 日 乙丑	11 二 乙未
十六	21 日 辛未	23 二 辛丑	22 四 辛未	21 五 庚子	20 日 庚午	19 一 己亥	17 二 戊辰	16 四 戊戌	15 五 丁卯	13 六 丙申	13 一 丙寅	12 三 丙申
十七	22 一 壬申	24 三 壬寅	23 五 壬申	22 六 辛丑	21 一 辛未	20 二 庚子	18 三 己巳	17 五 己亥	16 六 戊辰	14 日 丁酉	14 二 丁卯	13 四 丁酉
十八	23 二 癸酉	25 四 癸卯	24 六 癸酉	23 日 壬寅	22 二 壬申	21 三 辛丑	19 四 庚午	18 六 庚子	17 日 己巳	15 一 戊戌	15 三 戊辰	14 五 戊戌
十九	24 三 甲戌	26 五 甲辰	25 日 甲戌	24 一 癸卯	23 三 癸酉	22 四 壬寅	20 五 辛未	19 日 辛丑	18 一 庚午	16 二 己亥	16 四 己巳	15 六 己亥
二十	25 四 乙亥	27 六 乙巳	26 一 乙亥	25 二 甲辰	24 四 甲戌	23 五 癸卯	21 六 壬申	20 一 壬寅	19 二 辛未	17 三 庚子	17 五 庚午	16 日 庚子
廿一	26 五 丙子	28 日 丙午	27 二 丙子	26 三 乙巳	25 五 乙亥	24 六 甲辰	22 日 癸酉	21 二 癸卯	20 三 壬申	18 四 辛丑	18 六 辛未	17 一 辛丑
廿二	27 六 丁丑	29 一 丁未	28 三 丁丑	27 四 丙午	26 六 丙子	25 日 乙巳	23 一 甲戌	22 三 甲辰	21 四 癸酉	19 五 壬寅	19 日 壬申	18 二 壬寅
廿三	28 日 戊寅	30 二 戊申	29 四 戊寅	28 五 丁未	27 日 丁丑	26 一 丙午	24 二 乙亥	23 四 乙巳	22 五 甲戌	20 六 癸卯	20 一 癸酉	19 三 癸卯
廿四	3 一 己卯	31 三 己酉	30 五 己卯	29 六 戊申	28 一 戊寅	27 二 丁未	25 三 丙子	24 五 丙午	23 六 乙亥	21 日 甲辰	21 二 甲戌	20 四 甲辰
廿五	2 二 庚辰	4 四 庚戌	5 六 庚辰	30 日 己酉	29 二 己卯	28 三 戊申	26 四 丁丑	25 六 丁未	24 日 丙子	22 一 乙巳	22 三 乙亥	21 五 乙巳
廿六	3 三 辛巳	2 五 辛亥	2 日 辛巳	31 一 庚戌	30 三 庚辰	29 四 己酉	27 五 戊寅	26 日 戊申	25 一 丁丑	23 二 丙午	23 四 丙子	22 六 丙午
廿七	4 四 壬午	3 六 壬子	3 一 壬午	6 二 辛亥	7 四 辛巳	30 五 庚戌	28 六 己卯	27 一 己酉	26 二 戊寅	24 三 丁未	24 五 丁丑	23 日 丁未
廿八	5 五 癸未	4 日 癸丑	4 二 癸未	2 三 壬子	2 五 壬午	31 六 辛亥	29 日 庚辰	28 二 庚戌	27 三 己卯	25 四 戊申	25 六 戊寅	24 一 戊申
廿九	6 六 甲申	5 一 甲寅	5 三 甲申	3 四 癸丑	3 六 癸未	8 日 壬子	30 一 辛巳	29 三 辛亥	28 四 庚辰	26 五 己酉	26 日 己卯	25 二 己酉
三十	7 日 乙酉	6 二 乙卯		4 五 甲寅			31 二 壬午			27 六 庚戌	27 一 庚辰	
节气	雨水 十四 卯时 / 惊蛰 廿九 寅时	春分 十四 寅时 / 清明 廿九 辰时	谷雨 十四 申时	立夏 初一 丑时 / 小满 十六 未时	芒种 初三 卯时 / 夏至 十七 亥时	小暑 初四 申时 / 大暑 二十 巳时	立秋 初七 丑时 / 处暑 廿二 申时	白露 初八 寅时 / 秋分 廿三 未时	寒露 初九 子时 / 霜降 廿四 子时	立冬 初十 子时 / 小雪 廿五 亥时	大雪 初十 申时 / 冬至 廿五 巳时	小寒 初十 寅时 / 大寒 廿四 亥时

233

旬	正月大甲寅 历	期	支	二月大乙卯 历	期	支	三月大丙辰 历	期	支	四月小丁巳 历	期	支	五月大戊午 历	期	支	闰五月小 历	期	支	六月小己未 历	期	支	七月大庚申 历	期	支	八月小辛酉 历	期	支	九月小壬戌 历	期	支	十月大癸亥 历	期	支	十一月大甲子 历	期	支	十二月小乙丑 历	期	支
初一	26	三	庚寅	25	五	庚申	26	日	庚寅	25	二	庚申	24	三	己丑	23	五	己未	22	六	戊子	20	日	丁巳	19	二	丁亥	18	三	丙辰	16	四	乙酉	16	日	乙卯	15	二	乙酉
初二	27	四	辛卯	26	六	辛酉	27	一	辛卯	26	三	辛酉	25	四	庚寅	24	六	庚申	23	日	己丑	21	一	戊午	20	三	戊子	19	四	丁巳	17	五	丙戌	17	一	丙辰	16	三	丙戌
初三	28	五	壬辰	27	日	壬戌	28	二	壬辰	27	四	壬戌	26	五	辛卯	25	日	辛酉	24	一	庚寅	22	二	己未	21	四	己丑	20	五	戊午	18	六	丁亥	18	二	丁巳	17	四	丁亥
初四	29	六	癸巳	28	一	癸亥	29	三	癸巳	28	五	癸亥	27	六	壬辰	26	一	壬戌	25	二	辛卯	23	三	庚申	22	五	庚寅	21	六	己未	19	日	戊子	19	三	戊午	18	五	戊子
初五	30	日	甲午	29	二	甲子	30	四	甲午	29	六	甲子	28	日	癸巳	27	二	癸亥	26	三	壬辰	24	四	辛酉	23	六	辛卯	22	日	庚申	20	一	己丑	20	四	己未	19	六	己丑
初六	31	一	乙未	**1**	三	乙丑	31	五	乙未	30	日	乙丑	29	一	甲午	28	三	甲子	27	四	癸巳	25	五	壬戌	24	日	壬辰	23	一	辛酉	21	二	庚寅	21	五	庚申	20	日	庚寅
初七	**1**	二	丙申	2	四	丙寅	**1**	六	丙申	**1**	一	丙寅	30	二	乙未	29	四	乙丑	28	五	甲午	26	六	癸亥	25	一	癸巳	24	二	壬戌	22	三	辛卯	22	六	辛酉	21	一	辛卯
初八	2	三	丁酉	3	五	丁卯	2	日	丁酉	2	二	丁卯	31	三	丙申	**30**	五	丙寅	29	六	乙未	27	日	甲子	26	二	甲午	25	三	癸亥	23	四	壬辰	23	日	壬戌	22	二	壬辰
初九	3	四	戊戌	4	六	戊辰	3	一	戊戌	3	三	戊辰	**1**	四	丁酉	**1**	六	丁卯	30	日	丙申	28	一	乙丑	27	三	乙未	26	四	甲子	24	五	癸巳	24	一	癸亥	23	三	癸巳
初十	4	五	己亥	5	日	己巳	4	二	己亥	4	四	己巳	2	五	戊戌	2	日	戊辰	31	一	丁酉	29	二	丙寅	28	四	丙申	27	五	乙丑	25	六	甲午	25	二	甲子	24	四	甲午
十一	5	六	庚子	6	一	庚午	5	三	庚子	5	五	庚午	3	六	己亥	3	一	己巳	**1**	二	戊戌	30	三	丁卯	29	五	丁酉	28	六	丙寅	26	日	乙未	26	三	乙丑	25	五	乙未
十二	6	日	辛丑	7	二	辛未	6	四	辛丑	6	六	辛未	4	日	庚子	4	二	庚午	2	三	己亥	31	四	戊辰	30	六	戊戌	29	日	丁卯	27	一	丙申	27	四	丙寅	26	六	丙申
十三	7	一	壬寅	8	三	壬申	7	五	壬寅	7	日	壬申	5	一	辛丑	5	三	辛未	3	四	庚子	**1**	五	己巳	**1**	日	己亥	30	一	戊辰	28	二	丁酉	28	五	丁卯	27	日	丁酉
十四	8	二	癸卯	9	四	癸酉	8	六	癸卯	8	一	癸酉	6	二	壬寅	6	四	壬申	4	五	辛丑	2	六	庚午	2	一	庚子	31	二	己巳	29	三	戊戌	29	六	戊辰	28	一	戊戌
十五	9	三	甲辰	10	五	甲戌	9	日	甲辰	9	二	甲戌	7	三	癸卯	7	五	癸酉	5	六	壬寅	3	日	辛未	3	二	辛丑	**1**	三	庚午	30	四	己亥	30	日	己巳	29	二	己亥
十六	10	四	乙巳	11	六	乙亥	10	一	乙巳	10	三	乙亥	8	四	甲辰	8	六	甲戌	6	日	癸卯	4	一	壬申	4	三	壬寅	2	四	辛未	**1**	五	庚子	31	一	庚午	30	三	庚子
十七	11	五	丙午	12	日	丙子	11	二	丙午	11	四	丙子	9	五	乙巳	9	日	乙亥	7	一	甲辰	5	二	癸酉	5	四	癸卯	3	五	壬申	2	六	辛丑	**1**	二	辛未	31	四	辛丑
十八	12	六	丁未	13	一	丁丑	12	三	丁未	12	五	丁丑	10	六	丙午	10	一	丙子	8	二	乙巳	6	三	甲戌	6	五	甲辰	4	六	癸酉	3	日	壬寅	2	三	壬申	**1**	五	壬寅
十九	13	日	戊申	14	二	戊寅	13	四	戊申	13	六	戊寅	11	日	丁未	11	二	丁丑	9	三	丙午	7	四	乙亥	7	六	乙巳	5	日	甲戌	4	一	癸卯	3	四	癸酉	2	六	癸卯
二十	14	一	己酉	15	三	己卯	14	五	己酉	14	日	己卯	12	一	戊申	12	三	戊寅	10	四	丁未	8	五	丙子	8	日	丙午	6	一	乙亥	5	二	甲辰	4	五	甲戌	3	日	甲辰
廿一	15	二	庚戌	16	四	庚辰	15	六	庚戌	15	一	庚辰	13	二	己酉	13	四	己卯	11	五	戊申	9	六	丁丑	9	一	丁未	7	二	丙子	6	三	乙巳	5	六	乙亥	4	一	乙巳
廿二	16	三	辛亥	17	五	辛巳	16	日	辛亥	16	二	辛巳	14	三	庚戌	14	五	庚辰	12	六	己酉	10	日	戊寅	10	二	戊申	8	三	丁丑	7	四	丙午	6	日	丙子	5	二	丙午
廿三	17	四	壬子	18	六	壬午	17	一	壬子	17	三	壬午	15	四	辛亥	15	六	辛巳	13	日	庚戌	11	一	己卯	11	三	己酉	9	四	戊寅	8	五	丁未	7	一	丁丑	6	三	丁未
廿四	18	五	癸丑	19	日	癸未	18	二	癸丑	18	四	癸未	16	五	壬子	16	日	壬午	14	一	辛亥	12	二	庚辰	12	四	庚戌	10	五	己卯	9	六	戊申	8	二	戊寅	7	四	戊申
廿五	19	六	甲寅	20	一	甲申	19	三	甲寅	19	五	甲申	17	六	癸丑	17	一	癸未	15	二	壬子	13	三	辛巳	13	五	辛亥	11	六	庚辰	10	日	己酉	9	三	己卯	8	五	己酉
廿六	20	日	乙卯	21	二	乙酉	20	四	乙卯	20	六	乙酉	18	日	甲寅	18	二	甲申	16	三	癸丑	14	四	壬午	14	六	壬子	12	日	辛巳	11	一	庚戌	10	四	庚辰	9	六	庚戌
廿七	21	一	丙辰	22	三	丙戌	21	五	丙辰	21	日	丙戌	19	一	乙卯	19	三	乙酉	17	四	甲寅	15	五	癸未	15	日	癸丑	13	一	壬午	12	二	辛亥	11	五	辛巳	10	日	辛亥
廿八	22	二	丁巳	23	四	丁亥	22	六	丁巳	22	一	丁亥	20	二	丙辰	20	四	丙戌	18	五	乙卯	16	六	甲申	16	一	甲寅	14	二	癸未	13	三	壬子	12	六	壬午	11	一	壬子
廿九	23	三	戊午	24	五	戊子	23	日	戊午	23	二	戊子	21	三	丁巳	21	五	丁亥	19	六	丙辰	17	日	乙酉	17	二	乙卯	15	三	甲申	14	四	癸丑	13	日	癸未	12	二	癸丑
三十	24	四	己未	25	六	己丑	24	一	己未				22	四	戊午							18	一	丙戌							15	五	甲寅	14	一	甲申			
节	立春 初一 申时			惊蛰 初十 巳时			清明 初十 申时			立夏 十一 辰时			芒种 十三 卯时			小暑 十四 亥时			大暑 初一 未时			处暑 初三 亥时			秋分 初四 辰时			霜降 初六 戌时			小雪 初七 戌时			冬至 初六 亥时			大寒 初六 寅时		
气	雨水 廿五 午时			春分 廿五 巳时			谷雨 廿五 亥时			小满 廿六 戌时			夏至 廿九 未时						立秋 十七 辰时			白露 十九 巳时			寒露 二十 寅时			立冬 廿一 卯时			大雪 十一 亥时			小寒 廿一 寅时			立春 二十 亥时		

农历己酉年　属鸡

正月大丙寅

旬	公历	星期	干支
初一	13	二	甲申
初二	14	三	乙酉
初三	15	四	丙戌
初四	16	五	丁亥
初五	17	六	戊子
初六	18	日	己丑
初七	19	一	庚寅
初八	20	二	辛卯
初九	21	三	壬辰
初十	22	四	癸巳
十一	23	五	甲午
十二	24	六	乙未
十三	25	日	丙申
十四	26	一	丁酉
十五	27	二	戊戌
十六	28	三	己亥
十七	3/1	四	庚子
十八	2	五	辛丑
十九	3	六	壬寅
二十	4	日	癸卯
廿一	5	一	甲辰
廿二	6	二	乙巳
廿三	7	三	丙午
廿四	8	四	丁未
廿五	9	五	戊申
廿六	10	六	己酉
廿七	11	日	庚戌
廿八	12	一	辛亥
廿九	13	二	壬子
三十	14	三	癸丑

节气：雨水 初六 酉时　惊蛰 廿一 申时

二月大丁卯

旬	公历	星期	干支
初一	15	四	甲寅
初二	16	五	乙卯
初三	17	六	丙辰
初四	18	日	丁巳
初五	19	一	戊午
初六	20	二	己未
初七	21	三	庚申
初八	22	四	辛酉
初九	23	五	壬戌
初十	24	六	癸亥
十一	25	日	甲子
十二	26	一	乙丑
十三	27	二	丙寅
十四	28	三	丁卯
十五	29	四	戊辰
十六	30	五	己巳
十七	31	六	庚午
十八	4/1	日	辛未
十九	2	一	壬申
二十	3	二	癸酉
廿一	4	三	甲戌
廿二	5	四	乙亥
廿三	6	五	丙子
廿四	7	六	丁丑
廿五	8	日	戊寅
廿六	9	一	己卯
廿七	10	二	庚辰
廿八	11	三	辛巳
廿九	12	四	壬午
三十	13	五	癸未

节气：春分 初六 辰时　清明 廿一 酉时

三月小戊辰

旬	公历	星期	干支
初一	14	六	甲申
初二	15	日	乙酉
初三	16	一	丙戌
初四	17	二	丁亥
初五	18	三	戊子
初六	19	四	己丑
初七	20	五	庚寅
初八	21	六	辛卯
初九	22	日	壬辰
初十	23	一	癸巳
十一	24	二	甲午
十二	25	三	乙未
十三	26	四	丙申
十四	27	五	丁酉
十五	28	六	戊戌
十六	29	日	己亥
十七	30	一	庚子
十八	5/1	二	辛丑
十九	2	三	壬寅
二十	3	四	癸卯
廿一	4	五	甲辰
廿二	5	六	乙巳
廿三	6	日	丙午
廿四	7	一	丁未
廿五	8	二	戊申
廿六	9	三	己酉
廿七	10	四	庚戌
廿八	11	五	辛亥
廿九	12	六	壬子

节气：谷雨 初七 辰时　立夏 廿二 未时

四月大己巳

旬	公历	星期	干支
初一	13	日	癸丑
初二	14	一	甲寅
初三	15	二	乙卯
初四	16	三	丙辰
初五	17	四	丁巳
初六	18	五	戊午
初七	19	六	己未
初八	20	日	庚申
初九	21	一	辛酉
初十	22	二	壬戌
十一	23	三	癸亥
十二	24	四	甲子
十三	25	五	乙丑
十四	26	六	丙寅
十五	27	日	丁卯
十六	28	一	戊辰
十七	29	二	己巳
十八	30	三	庚午
十九	31	四	辛未
二十	6/1	五	壬申
廿一	2	六	癸酉
廿二	3	日	甲戌
廿三	4	一	乙亥
廿四	5	二	丙子
廿五	6	三	丁丑
廿六	7	四	戊寅
廿七	8	五	己卯
廿八	9	六	庚辰
廿九	10	日	辛巳
三十	11	一	壬午

节气：小满 初九 巳时　芒种 廿四 酉时

五月小庚午

旬	公历	星期	干支
初一	12	二	癸未
初二	13	三	甲申
初三	14	四	乙酉
初四	15	五	丙戌
初五	16	六	丁亥
初六	17	日	戊子
初七	18	一	己丑
初八	19	二	庚寅
初九	20	三	辛卯
初十	21	四	壬辰
十一	22	五	癸巳
十二	23	六	甲午
十三	24	日	乙未
十四	25	一	丙申
十五	26	二	丁酉
十六	27	三	戊戌
十七	28	四	己亥
十八	29	五	庚子
十九	30	六	辛丑
二十	7/1	日	壬寅
廿一	2	一	癸卯
廿二	3	二	甲辰
廿三	4	三	乙巳
廿四	5	四	丙午
廿五	6	五	丁未
廿六	7	六	戊申
廿七	8	日	己酉
廿八	9	一	庚戌
廿九	10	二	辛亥

节气：夏至 初十 巳时　小暑 廿六 寅时

六月大辛未

旬	公历	星期	干支
初一	11	三	壬子
初二	12	四	癸丑
初三	13	五	甲寅
初四	14	六	乙卯
初五	15	日	丙辰
初六	16	一	丁巳
初七	17	二	戊午
初八	18	三	己未
初九	19	四	庚申
初十	20	五	辛酉
十一	21	六	壬戌
十二	22	日	癸亥
十三	23	一	甲子
十四	24	二	乙丑
十五	25	三	丙寅
十六	26	四	丁卯
十七	27	五	戊辰
十八	28	六	己巳
十九	29	日	庚午
二十	30	一	辛未
廿一	31	二	壬申
廿二	8/1	三	癸酉
廿三	2	四	甲戌
廿四	3	五	乙亥
廿五	4	六	丙子
廿六	5	日	丁丑
廿七	6	一	戊寅
廿八	7	二	己卯
廿九	8	三	庚辰
三十	9	四	辛巳

节气：大暑 十二 戌时　立秋 廿八 未时

七月小壬申

旬	公历	星期	干支
初一	10	五	壬午
初二	11	六	癸未
初三	12	日	甲申
初四	13	一	乙酉
初五	14	二	丙戌
初六	15	三	丁亥
初七	16	四	戊子
初八	17	五	己丑
初九	18	六	庚寅
初十	19	日	辛卯
十一	20	一	壬辰
十二	21	二	癸巳
十三	22	三	甲午
十四	23	四	乙未
十五	24	五	丙申
十六	25	六	丁酉
十七	26	日	戊戌
十八	27	一	己亥
十九	28	二	庚子
二十	29	三	辛丑
廿一	30	四	壬寅
廿二	31	五	癸卯
廿三	9/1	六	甲辰
廿四	2	日	乙巳
廿五	3	一	丙午
廿六	4	二	丁未
廿七	5	三	戊申
廿八	6	四	己酉
廿九	7	五	庚戌

节气：处暑 十四 寅时　白露 廿九 申时

八月大癸酉

旬	公历	星期	干支
初一	8	六	辛亥
初二	9	日	壬子
初三	10	一	癸丑
初四	11	二	甲寅
初五	12	三	乙卯
初六	13	四	丙辰
初七	14	五	丁巳
初八	15	六	戊午
初九	16	日	己未
初十	17	一	庚申
十一	18	二	辛酉
十二	19	三	壬戌
十三	20	四	癸亥
十四	21	五	甲子
十五	22	六	乙丑
十六	23	日	丙寅
十七	24	一	丁卯
十八	25	二	戊辰
十九	26	三	己巳
二十	27	四	庚午
廿一	28	五	辛未
廿二	29	六	壬申
廿三	30	日	癸酉
廿四	10/1	一	甲戌
廿五	2	二	乙亥
廿六	3	三	丙子
廿七	4	四	丁丑
廿八	5	五	戊寅
廿九	6	六	己卯
三十	7	日	庚辰

节气：秋分 十六 丑时　寒露 初一 辰时

九月小甲戌

旬	公历	星期	干支
初一	8	一	辛巳
初二	9	二	壬午
初三	10	三	癸未
初四	11	四	甲申
初五	12	五	乙酉
初六	13	六	丙戌
初七	14	日	丁亥
初八	15	一	戊子
初九	16	二	己丑
初十	17	三	庚寅
十一	18	四	辛卯
十二	19	五	壬辰
十三	20	六	癸巳
十四	21	日	甲午
十五	22	一	乙未
十六	23	二	丙申
十七	24	三	丁酉
十八	25	四	戊戌
十九	26	五	己亥
二十	27	六	庚子
廿一	28	日	辛丑
廿二	29	一	壬寅
廿三	30	二	癸卯
廿四	31	三	甲辰
廿五	11/1	四	乙巳
廿六	2	五	丙午
廿七	3	六	丁未
廿八	4	日	戊申
廿九	5	一	己酉

节气：霜降 十六 午时　立冬 初二 午时

十月小乙亥

旬	公历	星期	干支
初一	6	二	庚戌
初二	7	三	辛亥
初三	8	四	壬子
初四	9	五	癸丑
初五	10	六	甲寅
初六	11	日	乙卯
初七	12	一	丙辰
初八	13	二	丁巳
初九	14	三	戊午
初十	15	四	己未
十一	16	五	庚申
十二	17	六	辛酉
十三	18	日	壬戌
十四	19	一	癸亥
十五	20	二	甲子
十六	21	三	乙丑
十七	22	四	丙寅
十八	23	五	丁卯
十九	24	六	戊辰
二十	25	日	己巳
廿一	26	一	庚午
廿二	27	二	辛未
廿三	28	三	壬申
廿四	29	四	癸酉
廿五	30	五	甲戌
廿六	12/1	六	乙亥
廿七	2	日	丙子
廿八	3	一	丁丑
廿九	4	二	戊寅

节气：小雪 十七 辰时　大雪 初三 寅时

十一月大丙子

旬	公历	星期	干支
初一	5	三	己卯
初二	6	四	庚辰
初三	7	五	辛巳
初四	8	六	壬午
初五	9	日	癸未
初六	10	一	甲申
初七	11	二	乙酉
初八	12	三	丙戌
初九	13	四	丁亥
初十	14	五	戊子
十一	15	六	己丑
十二	16	日	庚寅
十三	17	一	辛卯
十四	18	二	壬辰
十五	19	三	癸巳
十六	20	四	甲午
十七	21	五	乙未
十八	22	六	丙申
十九	23	日	丁酉
二十	24	一	戊戌
廿一	25	二	己亥
廿二	26	三	庚子
廿三	27	四	辛丑
廿四	28	五	壬寅
廿五	29	六	癸卯
廿六	30	日	甲辰
廿七	31	一	乙巳
廿八	1/1	二	丙午
廿九	2	三	丁未
三十	3	四	戊申

节气：冬至 十七 亥时　小寒 初二 申时

十二月大丁丑

旬	公历	星期	干支
初一	4	五	己酉
初二	5	六	庚戌
初三	6	日	辛亥
初四	7	一	壬子
初五	8	二	癸丑
初六	9	三	甲寅
初七	10	四	乙卯
初八	11	五	丙辰
初九	12	六	丁巳
初十	13	日	戊午
十一	14	一	己未
十二	15	二	庚申
十三	16	三	辛酉
十四	17	四	壬戌
十五	18	五	癸亥
十六	19	六	甲子
十七	20	日	乙丑
十八	21	一	丙寅
十九	22	二	丁卯
二十	23	三	戊辰
廿一	24	四	己巳
廿二	25	五	庚午
廿三	26	六	辛未
廿四	27	日	壬申
廿五	28	一	癸酉
廿六	29	二	甲戌
廿七	30	三	乙亥
廿八	31	四	丙子
廿九	2/1	五	丁丑
三十	2	六	戊辰

节气：大寒 十七 辰时　小寒 …

235

农历庚戌年　属狗

正月小戊寅 ～ 六月小癸未

旬	正月小戊寅 公历	星期	干支	二月大己卯 公历	星期	干支	三月小庚辰 公历	星期	干支	四月大辛巳 公历	星期	干支	五月大壬午 公历	星期	干支	六月小癸未 公历	星期	干支
初一	3	日	己巳	4	一	戊戌	3	三	戊辰	2	四	丁酉	**1**	六	丁卯	**1**	一	丁酉
初二	4	一	庚午	5	二	己亥	4	四	己巳	3	五	戊戌	2	日	戊辰	2	二	戊戌
初三	5	二	辛未	6	三	庚子	5	五	庚午	4	六	己亥	3	一	己巳	3	三	己亥
初四	6	三	壬申	7	四	辛丑	6	六	辛未	5	日	庚子	4	二	庚午	4	四	庚子
初五	7	四	癸酉	8	五	壬寅	7	日	壬申	6	一	辛丑	5	三	辛未	5	五	辛丑
初六	8	五	甲戌	9	六	癸卯	8	一	癸酉	7	二	壬寅	6	四	壬申	6	六	壬寅
初七	9	六	乙亥	10	日	甲辰	9	二	甲戌	8	三	癸卯	7	五	癸酉	7	日	癸卯
初八	10	日	丙子	11	一	乙巳	10	三	乙亥	9	四	甲辰	8	六	甲戌	8	一	甲辰
初九	11	一	丁丑	12	二	丙午	11	四	丙子	10	五	乙巳	9	日	乙亥	9	二	乙巳
初十	12	二	戊寅	13	三	丁未	12	五	丁丑	11	六	丙午	10	一	丙子	10	三	丙午
十一	13	三	己卯	14	四	戊申	13	六	戊寅	12	日	丁未	11	二	丁丑	11	四	丁未
十二	14	四	庚辰	15	五	己酉	14	日	己卯	13	一	戊申	12	三	戊寅	12	五	戊申
十三	15	五	辛巳	16	六	庚戌	15	一	庚辰	14	二	己酉	13	四	己卯	13	六	己酉
十四	16	六	壬午	17	日	辛亥	16	二	辛巳	15	三	庚戌	14	五	庚辰	14	日	庚戌
十五	17	日	癸未	18	一	壬子	17	三	壬午	16	四	辛亥	15	六	辛巳	15	一	辛亥
十六	18	一	甲申	19	二	癸丑	18	四	癸未	17	五	壬子	16	日	壬午	16	二	壬子
十七	19	二	乙酉	20	三	甲寅	19	五	甲申	18	六	癸丑	17	一	癸未	17	三	癸丑
十八	20	三	丙戌	21	四	乙卯	20	六	乙酉	19	日	甲寅	18	二	甲申	18	四	甲寅
十九	21	四	丁亥	22	五	丙辰	21	日	丙戌	20	一	乙卯	19	三	乙酉	19	五	乙卯
二十	22	五	戊子	23	六	丁巳	22	一	丁亥	21	二	丙辰	20	四	丙戌	20	六	丙辰
廿一	23	六	己丑	24	日	戊午	23	二	戊子	22	三	丁巳	21	五	丁亥	21	日	丁巳
廿二	24	日	庚寅	25	一	己未	24	三	己丑	23	四	戊午	22	六	戊子	22	一	戊午
廿三	25	一	辛卯	26	二	庚申	25	四	庚寅	24	五	己未	23	日	己丑	23	二	己未
廿四	26	二	壬辰	27	三	辛酉	26	五	辛卯	25	六	庚申	24	一	庚寅	24	三	庚申
廿五	27	三	癸巳	28	四	壬戌	27	六	壬辰	26	日	辛酉	25	二	辛卯	25	四	辛酉
廿六	28	四	甲午	29	五	癸亥	28	日	癸巳	27	一	壬戌	26	三	壬辰	26	五	壬戌
廿七	**1**	五	乙未	30	六	甲子	29	一	甲午	28	二	癸亥	27	四	癸巳	27	六	癸亥
廿八	2	六	丙申	31	日	乙丑	30	二	乙未	29	三	甲子	28	五	甲午	28	日	甲子
廿九	3	日	丁酉	**1**	一	丙寅	**1**	三	丙申	30	四	乙丑	29	六	乙未	29	一	乙丑
三十				2	二	丁卯				31	五	丙寅	30	日	丙申			
节	立春 初二 寅时			惊蛰 初二 亥时			清明 初三 巳时			立夏 初四 酉时			芒种 初五 亥时			小暑 初七 辰时		
气	雨水 十六 子时			春分 十七 亥时			谷雨 十八 辰时			小满 二十 辰时			夏至 廿一 申时			大暑 廿二 辰时		

七月大甲申 ～ 十二月小己丑

旬	七月大甲申 公历	星期	干支	八月小乙酉 公历	星期	干支	九月大丙戌 公历	星期	干支	十月小丁亥 公历	星期	干支	十一月大戊子 公历	星期	干支	十二月小己丑 公历	星期	干支
初一	30	二	丙寅	29	四	丙申	27	五	乙丑	27	日	乙未	25	一	甲子	25	三	甲午
初二	31	三	丁卯	30	五	丁酉	28	六	丙寅	28	一	丙申	26	二	乙丑	26	四	乙未
初三	**1**	四	戊辰	31	六	戊戌	29	日	丁卯	29	二	丁酉	27	三	丙寅	27	五	丙申
初四	2	五	己巳	**1**	日	己亥	30	一	戊辰	30	三	戊戌	28	四	丁卯	28	六	丁酉
初五	3	六	庚午	2	一	庚子	**1**	二	己巳	31	四	己亥	29	五	戊辰	29	日	戊戌
初六	4	日	辛未	3	二	辛丑	2	三	庚午	**1**	五	庚子	30	六	己巳	30	一	己亥
初七	5	一	壬申	4	三	壬寅	3	四	辛未	2	六	辛丑	**1**	日	庚午	31	二	庚子
初八	6	二	癸酉	5	四	癸卯	4	五	壬申	3	日	壬寅	2	一	辛未	**1**	三	辛丑
初九	7	三	甲戌	6	五	甲辰	5	六	癸酉	4	一	癸卯	3	二	壬申	2	四	壬寅
初十	8	四	乙亥	7	六	乙巳	6	日	甲戌	5	二	甲辰	4	三	癸酉	3	五	癸卯
十一	9	五	丙子	8	日	丙午	7	一	乙亥	6	三	乙巳	5	四	甲戌	4	六	甲辰
十二	10	六	丁丑	9	一	丁未	8	二	丙子	7	四	丙午	6	五	乙亥	5	日	乙巳
十三	11	日	戊寅	10	二	戊申	9	三	丁丑	8	五	丁未	7	六	丙子	6	一	丙午
十四	12	一	己卯	11	三	己酉	10	四	戊寅	9	六	戊申	8	日	丁丑	7	二	丁未
十五	13	二	庚辰	12	四	庚戌	11	五	己卯	10	日	己酉	9	一	戊寅	8	三	戊申
十六	14	三	辛巳	13	五	辛亥	12	六	庚辰	11	一	庚戌	10	二	己卯	9	四	己酉
十七	15	四	壬午	14	六	壬子	13	日	辛巳	12	二	辛亥	11	三	庚辰	10	五	庚戌
十八	16	五	癸未	15	日	癸丑	14	一	壬午	13	三	壬子	12	四	辛巳	11	六	辛亥
十九	17	六	甲申	16	一	甲寅	15	二	癸未	14	四	癸丑	13	五	壬午	12	日	壬子
二十	18	日	乙酉	17	二	乙卯	16	三	甲申	15	五	甲寅	14	六	癸未	13	一	癸丑
廿一	19	一	丙戌	18	三	丙辰	17	四	乙酉	16	六	乙卯	15	日	甲申	14	二	甲寅
廿二	20	二	丁亥	19	四	丁巳	18	五	丙戌	17	日	丙辰	16	一	乙酉	15	三	乙卯
廿三	21	三	戊子	20	五	戊午	19	六	丁亥	18	一	丁巳	17	二	丙戌	16	四	丙辰
廿四	22	四	己丑	21	六	己未	20	日	戊子	19	二	戊午	18	三	丁亥	17	五	丁巳
廿五	23	五	庚寅	22	日	庚申	21	一	己丑	20	三	己未	19	四	戊子	18	六	戊午
廿六	24	六	辛卯	23	一	辛酉	22	二	庚寅	21	四	庚申	20	五	己丑	19	日	己未
廿七	25	日	壬辰	24	二	壬戌	23	三	辛卯	22	五	辛酉	21	六	庚寅	20	一	庚申
廿八	26	一	癸巳	25	三	癸亥	24	四	壬辰	23	六	壬戌	22	日	辛卯	21	二	辛酉
廿九	27	二	甲午	26	四	甲子	25	五	癸巳	24	日	癸亥	23	一	壬辰	22	三	壬戌
三十	28	三	乙未				26	六	甲午				24	二	癸巳			
节	立秋 初九 酉时			白露 初十 丑时			寒露 十二 未时			立冬 十二 午时			大雪 十三 巳时			小寒 十二 亥时		
气	处暑 廿五 巳时			秋分 廿六 辰时			霜降 廿七 酉时			小雪 廿七 未时			冬至 廿八 寅时			大寒 廿七 未时		

农历辛亥年　属猪

正月小庚寅　二月大辛卯　三月大壬辰　闰三月小　四月大癸巳　五月小甲午　六月大乙未　七月大丙申　八月小丁酉　九月大戊戌　十月小己亥　十一月大庚子　十二月小辛丑

旬	节气
初一	立春 十三 辰时
初二	雨水 廿八 寅时
初三	惊蛰 十四 丑时
初四	春分 廿九 寅时
初五	清明 十四 辰时
初六	谷雨 廿九 未时
初七	立夏 十五 子时
初八	小满 初一 未时
初九	芒种 十七 寅时
初十	夏至 初二 亥时
十一	小暑 十八 未时
十二	大暑 初五 辰时
十三	立秋 廿一 子时
十四	处暑 初七 辰时
十五	白露 廿三 寅时
十六	秋分 初七 戌时
十七	寒露 十三 戌时
十八	霜降 初八 亥时
十九	立冬 十四 子时
二十	小雪 初八 申时
廿一	大雪 十三 戌时
廿二	冬至 初九 巳时
廿三	小寒 廿四 寅时
廿四	大寒 初八 戌时
廿五	立春 廿二 未时
廿六	
廿七	
廿八	
廿九	
三十	

237

农历壬子年　属鼠　公元 2032－2033 年

旬	正月大壬寅 公历	星期	干支	二月小癸卯 公历	星期	干支	三月小甲辰 公历	星期	干支	四月大乙巳 公历	星期	干支	五月小丙午 公历	星期	干支	六月大丁未 公历	星期	干支	七月小戊申 公历	星期	干支	八月大己酉 公历	星期	干支	九月大庚戌 公历	星期	干支	十月大辛亥 公历	星期	干支	十一月小壬子 公历	星期	干支	十二月大癸丑 公历	星期	干支
初一	11	三	丁巳	12	五	丁亥	10	六	丙辰	9	日	乙酉	8	二	乙卯	7	三	甲申	6	五	甲寅	4	六	癸未	4	一	癸丑	3	三	癸未	3	五	癸丑	1	六	壬午
初二	12	四	戊午	13	六	戊子	11	日	丁巳	10	一	丙戌	9	三	丙辰	8	四	乙酉	7	六	乙卯	5	日	甲申	5	二	甲寅	4	四	甲申	4	六	甲寅	2	日	癸未
初三	13	五	己未	14	日	己丑	12	一	戊午	11	二	丁亥	10	四	丁巳	9	五	丙戌	8	日	丙辰	6	一	乙酉	6	三	乙卯	5	五	乙酉	5	日	乙卯	3	一	甲申
初四	14	六	庚申	15	一	庚寅	13	二	己未	12	三	戊子	11	五	戊午	10	六	丁亥	9	一	丁巳	7	二	丙戌	7	四	丙辰	6	六	丙戌	6	一	丙辰	4	二	乙酉
初五	15	日	辛酉	16	二	辛卯	14	三	庚申	13	四	己丑	12	六	己未	11	日	戊子	10	二	戊午	8	三	丁亥	8	五	丁巳	7	日	丁亥	7	二	丁巳	5	三	丙戌
初六	16	一	壬戌	17	三	壬辰	15	四	辛酉	14	五	庚寅	13	日	庚申	12	一	己丑	11	三	己未	9	四	戊子	9	六	戊午	8	一	戊子	8	三	戊午	6	四	丁亥
初七	17	二	癸亥	18	四	癸巳	16	五	壬戌	15	六	辛卯	14	一	辛酉	13	二	庚寅	12	四	庚申	10	五	己丑	10	日	己未	9	二	己丑	9	四	己未	7	五	戊子
初八	18	三	甲子	19	五	甲午	17	六	癸亥	16	日	壬辰	15	二	壬戌	14	三	辛卯	13	五	辛酉	11	六	庚寅	11	一	庚申	10	三	庚寅	10	五	庚申	8	六	己丑
初九	19	四	乙丑	20	六	乙未	18	日	甲子	17	一	癸巳	16	三	癸亥	15	四	壬辰	14	六	壬戌	12	日	辛卯	12	二	辛酉	11	四	辛卯	11	六	辛酉	9	日	庚寅
初十	20	五	丙寅	21	日	丙申	19	一	乙丑	18	二	甲午	17	四	甲子	16	五	癸巳	15	日	癸亥	13	一	壬辰	13	三	壬戌	12	五	壬辰	12	日	壬戌	10	一	辛卯
十一	21	六	丁卯	22	一	丁酉	20	二	丙寅	19	三	乙未	18	五	乙丑	17	六	甲午	16	一	甲子	14	二	癸巳	14	四	癸亥	13	六	癸巳	13	一	癸亥	11	二	壬辰
十二	22	日	戊辰	23	二	戊戌	21	三	丁卯	20	四	丙申	19	六	丙寅	18	日	乙未	17	二	乙丑	15	三	甲午	15	五	甲子	14	日	甲午	14	二	甲子	12	三	癸巳
十三	23	一	己巳	24	三	己亥	22	四	戊辰	21	五	丁酉	20	日	丁卯	19	一	丙申	18	三	丙寅	16	四	乙未	16	六	乙丑	15	一	乙未	15	三	乙丑	13	四	甲午
十四	24	二	庚午	25	四	庚子	23	五	己巳	22	六	戊戌	21	一	戊辰	20	二	丁酉	19	四	丁卯	17	五	丙申	17	日	丙寅	16	二	丙申	16	四	丙寅	14	五	乙未
十五	25	三	辛未	26	五	辛丑	24	六	庚午	23	日	己亥	22	二	己巳	21	三	戊戌	20	五	戊辰	18	六	丁酉	18	一	丁卯	17	三	丁酉	17	五	丁卯	15	六	丙申
十六	26	四	壬申	27	六	壬寅	25	日	辛未	24	一	庚子	23	三	庚午	22	四	己亥	21	六	己巳	19	日	戊戌	19	二	戊辰	18	四	戊戌	18	六	戊辰	16	日	丁酉
十七	27	五	癸酉	28	日	癸卯	26	一	壬申	25	二	辛丑	24	四	辛未	23	五	庚子	22	日	庚午	20	一	己亥	20	三	己巳	19	五	己亥	19	日	己巳	17	一	戊戌
十八	28	六	甲戌	29	一	甲辰	27	二	癸酉	26	三	壬寅	25	五	壬申	24	六	辛丑	23	一	辛未	21	二	庚子	21	四	庚午	20	六	庚子	20	一	庚午	18	二	己亥
十九	29	日	乙亥	30	二	乙巳	28	三	甲戌	27	四	癸卯	26	六	癸酉	25	日	壬寅	24	二	壬申	22	三	辛丑	22	五	辛未	21	日	辛丑	21	二	辛未	19	三	庚子
二十	1	一	丙子	31	三	丙午	29	四	乙亥	28	五	甲辰	27	日	甲戌	26	一	癸卯	25	三	癸酉	23	四	壬寅	23	六	壬申	22	一	壬寅	22	三	壬申	20	四	辛丑
廿一	2	二	丁丑	1	四	丁未	30	五	丙子	29	六	乙巳	28	一	乙亥	27	二	甲辰	26	四	甲戌	24	五	癸卯	24	日	癸酉	23	二	癸卯	23	四	癸酉	21	五	壬寅
廿二	3	三	戊寅	2	五	戊申	1	六	丁丑	30	日	丙午	29	二	丙子	28	三	乙巳	27	五	乙亥	25	六	甲辰	25	一	甲戌	24	三	甲辰	24	五	甲戌	22	六	癸卯
廿三	4	四	己卯	3	六	己酉	2	日	戊寅	31	一	丁未	30	三	丁丑	29	四	丙午	28	六	丙子	26	日	乙巳	26	二	乙亥	25	四	乙巳	25	六	乙亥	23	日	甲辰
廿四	5	五	庚辰	4	日	庚戌	3	一	己卯	1	二	戊申	1	四	戊寅	30	五	丁未	29	日	丁丑	27	一	丙午	27	三	丙子	26	五	丙午	26	日	丙子	24	一	乙巳
廿五	6	六	辛巳	5	一	辛亥	4	二	庚辰	2	三	己酉	2	五	己卯	31	六	戊申	30	一	戊寅	28	二	丁未	28	四	丁丑	27	六	丁未	27	一	丁丑	25	二	丙午
廿六	7	日	壬午	6	二	壬子	5	三	辛巳	3	四	庚戌	3	六	庚辰	1	日	己酉	31	二	己卯	29	三	戊申	29	五	戊寅	28	日	戊申	28	二	戊寅	26	三	丁未
廿七	8	一	癸未	7	三	癸丑	6	四	壬午	4	五	辛亥	4	日	辛巳	2	一	庚戌	1	三	庚辰	30	四	己酉	30	六	己卯	29	一	己酉	29	三	己卯	27	四	戊申
廿八	9	二	甲申	8	四	甲寅	7	五	癸未	5	六	壬子	5	一	壬午	3	二	辛亥	2	四	辛巳	1	五	庚戌	31	日	庚辰	30	二	庚戌	30	四	庚辰	28	五	己酉
廿九	10	三	乙酉	9	五	乙卯	8	六	甲申	6	日	癸丑	6	二	癸未	4	三	壬子	3	五	壬午	2	六	辛亥	1	一	辛巳	1	三	辛亥	31	五	辛巳	29	六	庚戌
三十	11	四	丙戌							7	一	甲寅				5	四	癸丑				3	日	壬子	2	二	壬午	2	四	壬子				30	日	辛亥

节气

月	节	气
正月	雨水 初九 巳时	惊蛰 廿四 辰时
二月	春分 初九 巳时	清明 廿四 未时
三月	谷雨 初十 戌时	立夏 廿五 卯时
四月	小满 十二 戌时	芒种 廿八 巳时
五月	夏至 十四 寅时	小暑 廿九 戌时
六月	大暑 十六 未时	
七月	立秋 初二 卯时	处暑 十七 亥时
八月	白露 初三 巳时	秋分 十八 戌时
九月	寒露 初五 寅时	霜降 二十 寅时
十月	立冬 初五 寅时	小雪 二十 丑时
十一月	大雪 初五 亥时	冬至 十六 申时
十二月	小寒 初五 巳时	大寒 二十 丑时

旬	正月小甲寅		二月大乙卯		三月小丙辰		四月小丁巳		五月大戊午		六月小己未		七月大庚申		八月小辛酉		九月大壬戌		十月大癸亥		十一月大甲子		闰十一月小		十二月大乙丑	
	公历	干支	公历	干支	公历	干支	公历	干支	公历	干支	公历	干支	公历	干支	公历	干支	公历	干支	公历	干支	公历	干支	公历	干支	公历	干支
初一	31	壬午	3	辛未	31	庚戌	29	庚戌	28	己卯	27	己酉	26	戊寅	25	戊申	23	丁丑	23	丁未	22	丁丑	20	丙午	20	丙子
初二	2	癸未	2	壬申	4	辛亥	30	辛亥	29	庚辰	28	庚戌	27	己卯	26	己酉	24	戊寅	24	戊申	23	戊寅	21	丁未	21	丁丑
初三	2	甲申	3	癸酉	2	壬子	2	壬子	30	辛巳	29	辛亥	28	庚辰	27	庚戌	25	己卯	25	己酉	24	己卯	22	戊申	22	戊寅
初四	3	乙酉	4	甲戌	3	癸丑	3	癸丑	31	壬午	30	壬子	29	辛巳	28	辛亥	26	庚辰	26	庚戌	25	庚辰	23	己酉	23	己卯
初五	4	丙戌	5	乙亥	4	甲寅	4	甲寅	6	癸未	7	癸丑	30	壬午	29	壬子	27	辛巳	27	辛亥	26	辛巳	24	庚戌	24	庚辰
初六	5	丁亥	6	丙子	5	乙卯	5	乙卯	2	甲申	2	甲寅	31	癸未	30	癸丑	28	壬午	28	壬子	27	壬午	25	辛亥	25	辛巳
初七	6	戊子	7	丁丑	6	丙辰	6	丙辰	3	乙酉	3	乙卯	8	甲申	31	甲寅	29	癸未	29	癸丑	28	癸未	26	壬子	26	壬午
初八	7	己丑	8	戊寅	7	丁巳	7	丁巳	4	丙戌	4	丙辰	2	乙酉	9	乙卯	30	甲申	30	甲寅	29	甲申	27	癸丑	27	癸未
初九	8	庚寅	9	己卯	8	戊午	8	戊午	5	丁亥	5	丁巳	3	丙戌	2	丙辰	10	乙酉	31	乙卯	30	乙酉	28	甲寅	28	甲申
初十	9	辛卯	10	庚辰	9	己未	9	己未	6	戊子	6	戊午	4	丁亥	3	丁巳	2	丙戌	11	丙辰	10	丙戌	29	乙卯	29	乙酉
十一	10	壬辰	11	辛巳	10	庚申	9	庚申	7	己丑	7	己未	5	戊子	4	戊午	3	丁亥	2	丁巳	2	丁亥	12	丙辰		
十二	11	癸巳	12	壬午	11	辛酉	10	辛酉	8	庚寅	8	庚申	6	己丑	5	己未	4	戊子	3	戊午	3	戊子				
十三	12	甲午	13	癸未	12	壬戌	11	壬戌	9	辛卯	9	辛酉	7	庚寅	6	庚申	5	己丑	4	己未	4	己丑				
十四	13	乙未	14	甲申	13	癸亥	12	癸亥	10	壬辰	10	壬戌	8	辛卯	7	辛酉	6	庚寅	5	庚申	5	庚寅				
十五	14	丙申	15	乙酉	14	甲子	13	甲子	11	癸巳	11	癸亥	9	壬辰	8	壬戌	7	辛卯	6	辛酉	6	辛卯				
十六	15	丁酉	16	丙戌	15	乙丑	14	乙丑	12	甲午	12	甲子	10	癸巳	9	癸亥	8	壬辰	7	壬戌	7	壬辰				
十七	16	戊戌	17	丁亥	16	丙寅	15	丙寅	13	乙未	13	乙丑	11	甲午	10	甲子	9	癸巳	8	癸亥	8	癸巳				
十八	17	己亥	18	戊子	17	丁卯	16	丁卯	14	丙申	14	丙寅	12	乙未	11	乙丑	10	甲午	9	甲子	9	甲午				
十九	18	庚子	19	己丑	18	戊辰	17	戊辰	15	丁酉	15	丁卯	13	丙申	12	丙寅	11	乙未	10	乙丑	10	乙未				
二十	19	辛丑	20	庚寅	19	己巳	18	己巳	16	戊戌	16	戊辰	14	丁酉	13	丁卯	12	丙申	11	丙寅	11	丙申				
廿一	20	壬寅	21	辛卯	20	庚午	19	庚午	17	己亥	17	己巳	15	戊戌	14	戊辰	13	丁酉	12	丁卯	12	丁酉				
廿二	21	癸卯	22	壬辰	21	辛未	20	辛未	18	庚子	18	庚午	16	己亥	15	己巳	14	戊戌	13	戊辰	13	戊戌				
廿三	22	甲辰	23	癸巳	22	壬申	21	壬申	19	辛丑	19	辛未	17	庚子	16	庚午	15	己亥	14	己巳	14	己亥				
廿四	23	乙巳	24	甲午	23	癸酉	22	癸酉	20	壬寅	20	壬申	18	辛丑	17	辛未	16	庚子	15	庚午	15	庚子				
廿五	24	丙午	25	乙未	24	甲戌	23	甲戌	21	癸卯	21	癸酉	19	壬寅	18	壬申	17	辛丑	16	辛未	16	辛丑				
廿六	25	丁未	26	丙申	25	乙亥	24	乙亥	22	甲辰	22	甲戌	20	癸卯	19	癸酉	18	壬寅	17	壬申	17	壬寅				
廿七	26	戊申	27	丁酉	26	丙子	25	丙子	23	乙巳	23	乙亥	21	甲辰	20	甲戌	19	癸卯	18	癸酉	18	癸卯				
廿八	27	己酉	28	戊戌	27	丁丑	26	丁丑	24	丙午	24	丙子	22	乙巳	21	乙亥	20	甲辰	19	甲戌	19	甲辰				
廿九	28	庚戌	29	己亥	28	戊寅	27	戊寅	25	丁未	25	丁丑	23	丙午	22	丙子	21	乙巳	20	乙亥	20	乙巳				
三十			30	庚子					26	戊申			24	丁未			22	丙午	21	丙子	21	丙午				

节气												
立春 初四 戌时	雨水 十九 申时	惊蛰 初五 未时	春分 二十 申时	清明 初五 戌时	谷雨 廿一 丑时	立夏 初七 申时	小满 廿二 丑时	芒种 初九 申时	夏至 廿五 巳时	小暑 十一 丑时	大暑 廿六 戌时	立秋 十三 午时	处暑 廿九 寅时	白露 十四 申时	秋分 初一 子时	寒露 十六 辰时	霜降 初一 巳时	立冬 十六 巳时	小雪 初一 辰时	大雪 十六 寅时	冬至 十六 寅时	小寒 十五 申时	大寒 初一 辰时	立春 十六 丑时	雨水 初二 辰时

239

农历甲寅年　属虎

旬	正月小丙寅 公历	星期	干支	二月大丁卯 公历	星期	干支	三月小戊辰 公历	星期	干支	四月小己巳 公历	星期	干支	五月大庚午 公历	星期	干支	六月小辛未 公历	星期	干支	七月大壬申 公历	星期	干支	八月小癸酉 公历	星期	干支	九月大甲戌 公历	星期	干支	十月大乙亥 公历	星期	干支	十一月小丙子 公历	星期	干支	十二月大丁丑 公历	星期	干支
初一	19	日	丙戌	20	一	乙卯	19	三	乙酉	18	四	甲寅	16	五	癸未	16	日	癸丑	14	一	壬午	13	三	壬子	12	四	辛巳	11	六	辛亥	11	一	辛巳	9	二	庚戌
初二	20	一	丁亥	21	二	丙辰	20	四	丙戌	19	五	乙卯	17	六	甲申	17	一	甲寅	15	二	癸未	14	四	癸丑	13	五	壬午	12	日	壬子	12	二	壬午	10	三	辛亥
初三	21	二	戊子	22	三	丁巳	21	五	丁亥	20	六	丙辰	18	日	乙酉	18	二	乙卯	16	三	甲申	15	五	甲寅	14	六	癸未	13	一	癸丑	13	三	癸未	11	四	壬子
初四	22	三	己丑	23	四	戊午	22	六	戊子	21	日	丁巳	19	一	丙戌	19	三	丙辰	17	四	乙酉	16	六	乙卯	15	日	甲申	14	二	甲寅	14	四	甲申	12	五	癸丑
初五	23	四	庚寅	24	五	己未	23	日	己丑	22	一	戊午	20	二	丁亥	20	四	丁巳	18	五	丙戌	17	日	丙辰	16	一	乙酉	15	三	乙卯	15	五	乙酉	13	六	甲寅
初六	24	五	辛卯	25	六	庚申	24	一	庚寅	23	二	己未	21	三	戊子	21	五	戊午	19	六	丁亥	18	一	丁巳	17	二	丙戌	16	四	丙辰	16	六	丙戌	14	日	乙卯
初七	25	六	壬辰	26	日	辛酉	25	二	辛卯	24	三	庚申	22	四	己丑	22	六	己未	20	日	戊子	19	二	戊午	18	三	丁亥	17	五	丁巳	17	日	丁亥	15	一	丙辰
初八	26	日	癸巳	27	一	壬戌	26	三	壬辰	25	四	辛酉	23	五	庚寅	23	日	庚申	21	一	己丑	20	三	己未	19	四	戊子	18	六	戊午	18	一	戊子	16	二	丁巳
初九	27	一	甲午	28	二	癸亥	27	四	癸巳	26	五	壬戌	24	六	辛卯	24	一	辛酉	22	二	庚寅	21	四	庚申	20	五	己丑	19	日	己未	19	二	己丑	17	三	戊午
初十	28	二	乙未	29	三	甲子	28	五	甲午	27	六	癸亥	25	日	壬辰	25	二	壬戌	23	三	辛卯	22	五	辛酉	21	六	庚寅	20	一	庚申	20	三	庚寅	18	四	己未
十一	1	三	丙申	30	四	乙丑	29	六	乙未	28	日	甲子	26	一	癸巳	26	三	癸亥	24	四	壬辰	23	六	壬戌	22	日	辛卯	21	二	辛酉	21	四	辛卯	19	五	庚申
十二	2	四	丁酉	31	五	丙寅	30	日	丙申	29	一	乙丑	27	二	甲午	27	四	甲子	25	五	癸巳	24	日	癸亥	23	一	壬辰	22	三	壬戌	22	五	壬辰	20	六	辛酉
十三	3	五	戊戌	1	六	丁卯	1	一	丁酉	30	二	丙寅	28	三	乙未	28	五	乙丑	26	六	甲午	25	一	甲子	24	二	癸巳	23	四	癸亥	23	六	癸巳	21	日	壬戌
十四	4	六	己亥	2	日	戊辰	2	二	戊戌	31	三	丁卯	29	四	丙申	29	六	丙寅	27	日	乙未	26	二	乙丑	25	三	甲午	24	五	甲子	24	日	甲午	22	一	癸亥
十五	5	日	庚子	3	一	己巳	3	三	己亥	1	四	戊辰	30	五	丁酉	30	日	丁卯	28	一	丙申	27	三	丙寅	26	四	乙未	25	六	乙丑	25	一	乙未	23	二	甲子
十六	6	一	辛丑	4	二	庚午	4	四	庚子	2	五	己巳	1	六	戊戌	31	一	戊辰	29	二	丁酉	28	四	丁卯	27	五	丙申	26	日	丙寅	26	二	丙申	24	三	乙丑
十七	7	二	壬寅	5	三	辛未	5	五	辛丑	3	六	庚午	2	日	己亥	1	二	己巳	30	三	戊戌	29	五	戊辰	28	六	丁酉	27	一	丁卯	27	三	丁酉	25	四	丙寅
十八	8	三	癸卯	6	四	壬申	6	六	壬寅	4	日	辛未	3	一	庚子	2	三	庚午	31	四	己亥	30	六	己巳	29	日	戊戌	28	二	戊辰	28	四	戊戌	26	五	丁卯
十九	9	四	甲辰	7	五	癸酉	7	日	癸卯	5	一	壬申	4	二	辛丑	3	四	辛未	1	五	庚子	1	日	庚午	30	一	己亥	29	三	己巳	29	五	己亥	27	六	戊辰
二十	10	五	乙巳	8	六	甲戌	8	一	甲辰	6	二	癸酉	5	三	壬寅	4	五	壬申	2	六	辛丑	2	一	辛未	31	二	庚子	30	四	庚午	30	六	庚子	28	日	己巳
廿一	11	六	丙午	9	日	乙亥	9	二	乙巳	7	三	甲戌	6	四	癸卯	5	六	癸酉	3	日	壬寅	3	二	壬申	1	三	辛丑	1	五	辛未	31	日	辛丑	29	一	庚午
廿二	12	日	丁未	10	一	丙子	10	三	丙午	8	四	乙亥	7	五	甲辰	6	日	甲戌	4	一	癸卯	4	三	癸酉	2	四	壬寅	2	六	壬申	1	一	壬寅	30	二	辛未
廿三	13	一	戊申	11	二	丁丑	11	四	丁未	9	五	丙子	8	六	乙巳	7	一	乙亥	5	二	甲辰	5	四	甲戌	3	五	癸卯	3	日	癸酉	2	二	癸卯	31	三	壬申
廿四	14	二	己酉	12	三	戊寅	12	五	戊申	10	六	丁丑	9	日	丙午	8	二	丙子	6	三	乙巳	6	五	乙亥	4	六	甲辰	4	一	甲戌	3	三	甲辰	1	四	癸酉
廿五	15	三	庚戌	13	四	己卯	13	六	己酉	11	日	戊寅	10	一	丁未	9	三	丁丑	7	四	丙午	7	六	丙子	5	日	乙巳	5	二	乙亥	4	四	乙巳	2	五	甲戌
廿六	16	四	辛亥	14	五	庚辰	14	日	庚戌	12	一	己卯	11	二	戊申	10	四	戊寅	8	五	丁未	8	日	丁丑	6	一	丙午	6	三	丙子	5	五	丙午	3	六	乙亥
廿七	17	五	壬子	15	六	辛巳	15	一	辛亥	13	二	庚辰	12	三	己酉	11	五	己卯	9	六	戊申	9	一	戊寅	7	二	丁未	7	四	丁丑	6	六	丁未	4	日	丙子
廿八	18	六	癸丑	16	日	壬午	16	二	壬子	14	三	辛巳	13	四	庚戌	12	六	庚辰	10	日	己酉	10	二	己卯	8	三	戊申	8	五	戊寅	7	日	戊申	5	一	丁丑
廿九	19	日	甲寅	17	一	癸未	17	三	癸丑	15	四	壬午	14	五	辛亥	13	日	辛巳	11	一	庚戌	11	三	庚辰	9	四	己酉	9	六	己卯	8	一	己酉	6	二	戊寅
三十				18	二	甲申							15	六	壬子				12	二	辛亥				10	五	庚戌	10	日	庚辰				7	三	己卯

节气

月	节	气
正月	惊蛰 十五 戌时	雨水 初一 戌时
二月	清明 十七 丑时	春分 初一 亥时
三月	立夏 十七 酉时	谷雨 初二 辰时
四月	芒种 十九 亥时	小满 初四 卯时
五月	小暑 廿一 辰时	夏至 初六 未时
六月	立秋 廿二 酉时	大暑 初八 丑时
七月	白露 廿五 亥时	处暑 初十 辰时
八月	寒露 廿六 未时	秋分 十一 卯时
九月	立冬 廿七 申时	霜降 十二 申时
十月	大雪 廿七 巳时	小雪 十二 巳时
十一月	小寒 廿六 戌时	冬至 十二 寅时
十二月	立春 廿七 辰时	大寒 十二 未时

农历 乙卯年　属兔

十二月大己丑 | 十一月小戊子 | 十月大丁亥 | 九月大丙戌 | 八月小乙酉 | 七月小甲申 | 六月大癸未 | 五月小壬午 | 四月小辛巳 | 三月大庚辰 | 二月小己卯 | 正月大戊寅

旬	正月大戊寅 干支	二月小己卯 干支	三月大庚辰 干支	四月小辛巳 干支	五月小壬午 干支	六月大癸未 干支	七月小甲申 干支	八月小乙酉 干支	九月大丙戌 干支	十月大丁亥 干支	十一月小戊子 干支	十二月大己丑 干支
初一	庚戌	庚午	己亥	己巳	戊戌	丁卯	丁酉	丙寅	乙未	乙丑	乙未	甲子
初二	辛亥	辛未	庚子	庚午	己亥	戊辰	戊戌	丁卯	丙申	丙寅	丙申	乙丑
初三	壬子	壬申	辛丑	辛未	庚子	己巳	己亥	戊辰	丁酉	丁卯	丁酉	丙寅
初四	癸丑	癸酉	壬寅	壬申	辛丑	庚午	庚子	己巳	戊戌	戊辰	戊戌	丁卯
初五	甲寅	甲戌	癸卯	癸酉	壬寅	辛未	辛丑	庚午	己亥	己巳	己亥	戊辰
初六	乙卯	乙亥	甲辰	甲戌	癸卯	壬申	壬寅	辛未	庚子	庚午	庚子	己巳
初七	丙辰	丙子	乙巳	乙亥	甲辰	癸酉	癸卯	壬申	辛丑	辛未	辛丑	庚午
初八	丁巳	丁丑	丙午	丙子	乙巳	甲戌	甲辰	癸酉	壬寅	壬申	壬寅	辛未
初九	戊午	戊寅	丁未	丁丑	丙午	乙亥	乙巳	甲戌	癸卯	癸酉	癸卯	壬申
初十	己未	己卯	戊申	戊寅	丁未	丙子	丙午	乙亥	甲辰	甲戌	甲辰	癸酉
十一	庚申	庚辰	己酉	己卯	戊申	丁丑	丁未	丙子	乙巳	乙亥	乙巳	甲戌
十二	辛酉	辛巳	庚戌	庚辰	己酉	戊寅	戊申	丁丑	丙午	丙子	丙午	乙亥
十三	壬戌	壬午	辛亥	辛巳	庚戌	己卯	己酉	戊寅	丁未	丁丑	丁未	丙子
十四	癸亥	癸未	壬子	壬午	辛亥	庚辰	庚戌	己卯	戊申	戊寅	戊申	丁丑
十五	甲子	甲申	癸丑	癸未	壬子	辛巳	辛亥	庚辰	己酉	己卯	己酉	戊寅
十六	乙丑	乙酉	甲寅	甲申	癸丑	壬午	壬子	辛巳	庚戌	庚辰	庚戌	己卯
十七	丙寅	丙戌	乙卯	乙酉	甲寅	癸未	癸丑	壬午	辛亥	辛巳	辛亥	庚辰
十八	丁卯	丁亥	丙辰	丙戌	乙卯	甲申	甲寅	癸未	壬子	壬午	壬子	辛巳
十九	戊辰	戊子	丁巳	丁亥	丙辰	乙酉	乙卯	甲申	癸丑	癸未	癸丑	壬午
二十	己巳	己丑	戊午	戊子	丁巳	丙戌	丙辰	乙酉	甲寅	甲申	甲寅	癸未
廿一	庚午	庚寅	己未	己丑	戊午	丁亥	丁巳	丙戌	乙卯	乙酉	乙卯	甲申
廿二	辛未	辛卯	庚申	庚寅	己未	戊子	戊午	丁亥	丙辰	丙戌	丙辰	乙酉
廿三	壬申	壬辰	辛酉	辛卯	庚申	己丑	己未	戊子	丁巳	丁亥	丁巳	丙戌
廿四	癸酉	癸巳	壬戌	壬辰	辛酉	庚寅	庚申	己丑	戊午	戊子	戊午	丁亥
廿五	甲戌	甲午	癸亥	癸巳	壬戌	辛卯	辛酉	庚寅	己未	己丑	己未	戊子
廿六	乙亥	乙未	甲子	甲午	癸亥	壬辰	壬戌	辛卯	庚申	庚寅	庚申	己丑
廿七	丙子	丙申	乙丑	乙未	甲子	癸巳	癸亥	壬辰	辛酉	辛卯	辛酉	庚寅
廿八	丁丑	丁酉	丙寅	丙申	乙丑	甲午	甲子	癸巳	壬戌	壬辰	壬戌	辛卯
廿九	戊寅	戊戌	丁卯		丙寅	乙未	乙丑	甲午	癸亥	癸巳	癸亥	壬辰
三十			戊辰			丙申	丙寅		甲子	甲戌		癸巳

节气

雨水 · 惊蛰 · 春分 · 清明 · 谷雨 · 立夏 · 小满 · 芒种 · 夏至 · 小暑 · 大暑 · 立秋 · 处暑 · 白露 · 秋分 · 寒露 · 霜降 · 立冬 · 小雪 · 大雪 · 冬至 · 小寒 · 大寒

农历丙辰年　属龙　　　　　　　　　　　　　　　　　　公元 2036—2037 年

旬	正月大庚寅 公历	星期	干支	二月大辛卯 公历	星期	干支	三月小壬辰 公历	星期	干支	四月大癸巳 公历	星期	干支	五月小甲午 公历	星期	干支	六月小乙未 公历	星期	干支	闰六月大 公历	星期	干支	七月小丙申 公历	星期	干支	八月小丁酉 公历	星期	干支	九月大戊戌 公历	星期	干支	十月小己亥 公历	星期	干支	十一月大庚子 公历	星期	干支	十二月大辛丑 公历	星期	干支
初一	28	二	甲午	27	三	甲子	28	六	甲午	26	日	癸亥	26	二	癸巳	24	三	壬戌	23	三	辛卯	22	五	辛酉	20	六	庚寅	19	日	己未	18	二	己丑	17	三	戊午	16	五	戊子
初二	29	三	乙未	28	四	乙丑	29	日	乙未	27	一	甲子	27	三	甲午	25	四	癸亥	24	四	壬辰	23	六	壬戌	21	日	辛卯	20	一	庚申	19	三	庚寅	18	四	己未	17	六	己丑
初三	30	四	丙申	29	五	丙寅	30	一	丙申	28	二	乙丑	28	四	乙未	26	五	甲子	25	五	癸巳	24	日	癸亥	22	一	壬辰	21	二	辛酉	20	四	辛卯	19	五	庚申	18	日	庚寅
初四	31	五	丁酉	3	六	丁卯	31	二	丁酉	29	三	丙寅	29	五	丙申	27	六	乙丑	26	六	甲午	25	一	甲子	23	二	癸巳	22	三	壬戌	21	五	壬辰	20	六	辛酉	19	一	辛卯
初五	2	六	戊戌	2	日	戊辰	4	三	戊戌	30	四	丁卯	30	六	丁酉	28	日	丙寅	27	日	乙未	26	二	乙丑	24	三	甲午	23	四	癸亥	22	六	癸巳	21	日	壬戌	20	二	壬辰
初六	2	日	己亥	3	一	己巳	2	四	己亥	5	五	戊辰	31	日	戊戌	29	一	丁卯	28	一	丙申	27	三	丙寅	25	四	乙未	24	五	甲子	23	日	甲午	22	一	癸亥	21	三	癸巳
初七	3	一	庚子	4	二	庚午	3	五	庚子	2	六	己巳	6	一	己亥	30	二	戊辰	29	二	丁酉	28	四	丁卯	26	五	丙申	25	六	乙丑	24	一	乙未	23	二	甲子	22	四	甲午
初八	4	二	辛丑	5	三	辛未	4	六	辛丑	3	日	庚午	2	二	庚子	7	三	己巳	30	三	戊戌	29	五	戊辰	27	六	丁酉	26	日	丙寅	25	二	丙申	24	三	乙丑	23	五	乙未
初九	5	三	壬寅	6	四	壬申	5	日	壬寅	4	一	辛未	3	三	辛丑	8	四	庚午	31	四	己亥	30	六	己巳	28	日	戊戌	27	一	丁卯	26	三	丁酉	25	四	丙寅	24	六	丙申
初十	6	四	癸卯	7	五	癸酉	6	一	癸卯	5	二	壬申	4	四	壬寅	3	五	辛未	8	五	庚子	31	日	庚午	29	一	己亥	28	二	戊辰	27	四	戊戌	26	五	丁卯	25	日	丁酉
十一	7	五	甲辰	8	六	甲戌	7	二	甲辰	6	三	癸酉	5	五	癸卯	4	六	壬申	2	六	辛丑	9	一	辛未	30	二	庚子	29	三	己巳	28	五	己亥	27	六	戊辰	26	一	戊戌
十二	8	六	乙巳	9	日	乙亥	8	三	乙巳	7	四	甲戌	6	六	甲辰	5	日	癸酉	3	日	壬寅	2	二	壬申	31	三	辛丑	30	四	庚午	29	六	庚子	28	日	己巳	27	二	己亥
十三	9	日	丙午	10	一	丙子	9	四	丙午	8	五	乙亥	7	日	乙巳	6	一	甲戌	4	一	癸卯	3	三	癸酉	2	四	壬寅	31	五	辛未	30	日	辛丑	29	一	庚午	28	三	庚子
十四	10	一	丁未	11	二	丁丑	10	五	丁未	9	六	丙子	8	一	丙午	7	二	乙亥	5	二	甲辰	4	四	甲戌	3	五	癸卯	11	六	壬申	31	一	壬寅	30	二	辛未	29	四	辛丑
十五	11	二	戊申	12	三	戊寅	11	六	戊申	10	日	丁丑	9	二	丁未	8	三	丙子	6	三	乙巳	5	五	乙亥	4	六	甲辰	2	日	癸酉	11	二	癸卯	1	三	壬申	30	五	壬寅
十六	12	三	己酉	13	四	己卯	12	日	己酉	11	一	戊寅	10	三	戊申	9	四	丁丑	7	四	丙午	6	六	丙子	5	日	乙巳	3	一	甲戌	2	三	甲辰	2	四	癸酉	31	六	癸卯
十七	13	四	庚戌	14	五	庚辰	13	一	庚戌	12	二	己卯	11	四	己酉	10	五	戊寅	8	五	丁未	7	日	丁丑	6	一	丙午	4	二	乙亥	3	四	乙巳	3	五	甲戌	1	日	甲辰
十八	14	五	辛亥	15	六	辛巳	14	二	辛亥	13	三	庚辰	12	五	庚戌	11	六	己卯	9	六	戊申	8	一	戊寅	7	二	丁未	5	三	丙子	4	五	丙午	4	六	乙亥	2	一	乙巳
十九	15	六	壬子	16	日	壬午	15	三	壬子	14	四	辛巳	13	六	辛亥	12	日	庚辰	10	日	己酉	9	二	己卯	8	三	戊申	6	四	丁丑	5	六	丁未	5	日	丙子	3	二	丙午
二十	16	日	癸丑	17	一	癸未	16	四	癸丑	15	五	壬午	4	日	壬子	13	一	辛巳	11	一	庚戌	10	三	庚辰	9	四	己酉	7	五	戊寅	6	日	戊申	6	一	丁丑	4	三	丁未
廿一	17	一	甲寅	18	二	甲申	17	五	甲寅	16	六	癸未	5	一	癸丑	14	二	壬午	12	二	辛亥	11	四	辛巳	10	五	庚戌	8	六	己卯	7	一	己酉	7	二	戊寅	5	四	戊申
廿二	18	二	乙卯	19	三	乙酉	18	六	乙卯	17	日	甲申	16	二	甲寅	15	三	癸未	13	三	壬子	12	五	壬午	11	六	辛亥	9	日	庚辰	8	二	庚戌	8	三	己卯	6	五	己酉
廿三	19	三	丙辰	20	四	丙戌	19	日	丙辰	18	一	乙酉	17	三	乙卯	16	四	甲申	14	四	癸丑	13	六	癸未	12	日	壬子	10	一	辛巳	9	三	辛亥	9	四	庚辰	7	六	庚戌
廿四	20	四	丁巳	21	五	丁亥	20	一	丁巳	19	二	丙戌	18	四	丙辰	17	五	乙酉	15	五	甲寅	14	日	甲申	13	一	癸丑	11	二	壬午	10	四	壬子	10	五	辛巳	8	日	辛亥
廿五	21	五	戊午	22	六	戊子	21	二	戊午	20	三	丁亥	19	五	丁巳	18	六	丙戌	16	六	乙卯	15	一	乙酉	14	二	甲寅	12	三	癸未	11	五	癸丑	11	六	壬午	9	一	壬子
廿六	22	六	己未	23	日	己丑	22	三	己未	21	四	戊子	20	六	戊午	19	日	丁亥	17	日	丙辰	16	二	丙戌	15	三	乙卯	13	四	甲申	12	六	甲寅	12	日	癸未	10	二	癸丑
廿七	23	日	庚申	24	一	庚寅	23	四	庚申	22	五	己丑	21	日	己未	20	一	戊子	18	一	丁巳	17	三	丁亥	16	四	丙辰	14	五	乙酉	13	日	乙卯	13	一	甲申	11	三	甲寅
廿八	24	一	辛酉	25	二	辛卯	24	五	辛酉	23	六	庚寅	22	一	庚申	21	二	己丑	19	二	戊午	18	四	戊子	17	五	丁巳	15	六	丙戌	14	一	丙辰	14	二	乙酉	12	四	乙卯
廿九	25	二	壬戌	26	三	壬辰	25	六	壬戌	24	日	辛卯	23	二	辛酉	22	三	庚寅	20	三	己未	19	五	己丑	18	六	戊午	16	日	丁亥	15	二	丁巳	15	三	丙戌	13	五	丙辰
三十	26	三	癸亥	27	四	癸巳				25	一	壬辰							21	四	庚申							17	一	戊子				16	四	丁亥	14	六	丁巳
节气	立春 初八 未时			惊蛰 初八 辰时			清明 初八 午时			立夏 初十 卯时			芒种 十一 巳时			小暑 十三 戌时			立秋 十六 卯时			白露 十七 酉时			寒露 十九 寅时			立冬 二十 寅时			大雪 初五 丑时			小寒 二十 辰时			大寒 初五 丑时		
	雨水 廿三 巳时			春分 廿三 巳时			谷雨 廿三 戌时			小满 廿五 酉时			夏至 廿七 丑时			大暑 廿九 未时			处暑 初一 酉时			秋分 初三 酉时			霜降 初五 寅时			小雪 二十 卯时			冬至 初五 申时			大寒 二十 丑时			立春 十九 戌时		

旬	正月大壬寅			二月大癸卯			三月小甲辰			四月大乙巳			五月小丙午			六月小丁未		
	公历	星期	干支	公历	星期	干支	公历	星期	干支	公历	星期	干支	公历	星期	干支	公历	星期	干支
初一	15	日	戊午	17	二	戊子	16	四	戊午	15	五	丁亥	14	日	丁巳	13	一	丙戌
初二	16	一	己未	18	三	己丑	17	五	己未	16	六	戊子	15	一	戊午	14	二	丁亥
初三	17	二	庚申	19	四	庚寅	18	六	庚申	17	日	己丑	16	二	己未	15	三	戊子
初四	18	三	辛酉	20	五	辛卯	19	日	辛酉	18	一	庚寅	17	三	庚申	16	四	己丑
初五	19	四	壬戌	21	六	壬辰	20	一	壬戌	19	二	辛卯	18	四	辛酉	17	五	庚寅
初六	20	五	癸亥	22	日	癸巳	21	二	癸亥	20	三	壬辰	19	五	壬戌	18	六	辛卯
初七	21	六	甲子	23	一	甲午	22	三	甲子	21	四	癸巳	20	六	癸亥	19	日	壬辰
初八	22	日	乙丑	24	二	乙未	23	四	乙丑	22	五	甲午	21	日	甲子	20	一	癸巳
初九	23	一	丙寅	25	三	丙申	24	五	丙寅	23	六	乙未	22	一	乙丑	21	二	甲午
初十	24	二	丁卯	26	四	丁酉	25	六	丁卯	24	日	丙申	23	二	丙寅	22	三	乙未
十一	25	三	戊辰	27	五	戊戌	26	日	戊辰	25	一	丁酉	24	三	丁卯	23	四	丙申
十二	26	四	己巳	28	六	己亥	27	一	己巳	26	二	戊戌	25	四	戊辰	24	五	丁酉
十三	27	五	庚午	29	日	庚子	28	二	庚午	27	三	己亥	26	五	己巳	25	六	戊戌
十四	28	六	辛未	30	一	辛丑	29	三	辛未	28	四	庚子	27	六	庚午	26	日	己亥
十五	**3**	日	壬申	31	二	壬寅	30	四	壬申	29	五	辛丑	28	日	辛未	27	一	庚子
十六	2	一	癸酉	**4**	三	癸卯	**5**	五	癸酉	30	六	壬寅	29	一	壬申	28	二	辛丑
十七	3	二	甲戌	2	四	甲辰	2	六	甲戌	31	日	癸卯	30	二	癸酉	29	三	壬寅
十八	4	三	乙亥	3	五	乙巳	3	日	乙亥	**6**	一	甲辰	**7**	三	甲戌	30	四	癸卯
十九	5	四	丙子	4	六	丙午	4	一	丙子	2	二	乙巳	2	四	乙亥	31	五	甲辰
二十	6	五	丁丑	5	日	丁未	5	二	丁丑	3	三	丙午	3	五	丙子	**8**	六	乙巳
廿一	7	六	戊寅	6	一	戊申	6	三	戊寅	4	四	丁未	4	六	丁丑	2	日	丙午
廿二	8	日	己卯	7	二	己酉	7	四	己卯	5	五	戊申	5	日	戊寅	3	一	丁未
廿三	9	一	庚辰	8	三	庚戌	8	五	庚辰	6	六	己酉	6	一	己卯	4	二	戊申
廿四	10	二	辛巳	9	四	辛亥	9	六	辛巳	7	日	庚戌	7	二	庚辰	5	三	己酉
廿五	11	三	壬午	10	五	壬子	10	日	壬午	8	一	辛亥	8	三	辛巳	6	四	庚戌
廿六	12	四	癸未	11	六	癸丑	11	一	癸未	9	二	壬子	9	四	壬午	7	五	辛亥
廿七	13	五	甲申	12	日	甲寅	12	二	甲申	10	三	癸丑	10	五	癸未	8	六	壬子
廿八	14	六	乙酉	13	一	乙卯	13	三	乙酉	11	四	甲寅	11	六	甲申	9	日	癸丑
廿九	15	日	丙戌	14	二	丙辰	14	四	丙戌	12	五	乙卯	12	日	乙酉	10	一	甲寅
三十	16	一	丁亥	15	三	丁巳				13	六	丙辰						
节气	雨水 初四 申时		惊蛰 十九 未时	春分 初四 未时		清明 十九 酉时	谷雨 初五 丑时		立夏 二十 午时	小满 初七 子时		芒种 廿二 申时	夏至 初八 辰时		小暑 廿四 丑时	大暑 初十 戌时		立秋 廿六 午时

旬	七月大戊申			八月小己酉			九月小庚戌			十月大辛亥			十一月小壬子			十二月大癸丑		
	公历	星期	干支	公历	星期	干支	公历	星期	干支	公历	星期	干支	公历	星期	干支	公历	星期	干支
初一	11	二	乙卯	10	四	乙酉	9	五	甲寅	7	六	癸未	7	一	癸丑	5	二	壬午
初二	12	三	丙辰	11	五	丙戌	10	六	乙卯	8	日	甲申	8	二	甲寅	6	三	癸未
初三	13	四	丁巳	12	六	丁亥	11	日	丙辰	9	一	乙酉	9	三	乙卯	7	四	甲申
初四	14	五	戊午	13	日	戊子	12	一	丁巳	10	二	丙戌	10	四	丙辰	8	五	乙酉
初五	15	六	己未	14	一	己丑	13	二	戊午	11	三	丁亥	11	五	丁巳	9	六	丙戌
初六	16	日	庚申	15	二	庚寅	14	三	己未	12	四	戊子	12	六	戊午	10	日	丁亥
初七	17	一	辛酉	16	三	辛卯	15	四	庚申	13	五	己丑	13	日	己未	11	一	戊子
初八	18	二	壬戌	17	四	壬辰	16	五	辛酉	14	六	庚寅	14	一	庚申	12	二	己丑
初九	19	三	癸亥	18	五	癸巳	17	六	壬戌	15	日	辛卯	15	二	辛酉	13	三	庚寅
初十	20	四	甲子	19	六	甲午	18	日	癸亥	16	一	壬辰	16	三	壬戌	14	四	辛卯
十一	21	五	乙丑	20	日	乙未	19	一	甲子	17	二	癸巳	17	四	癸亥	15	五	壬辰
十二	22	六	丙寅	21	一	丙申	20	二	乙丑	18	三	甲午	18	五	甲子	16	六	癸巳
十三	23	日	丁卯	22	二	丁酉	21	三	丙寅	19	四	乙未	19	六	乙丑	17	日	甲午
十四	24	一	戊辰	23	三	戊戌	22	四	丁卯	20	五	丙申	20	日	丙寅	18	一	乙未
十五	25	二	己巳	24	四	己亥	23	五	戊辰	21	六	丁酉	21	一	丁卯	19	二	丙申
十六	26	三	庚午	25	五	庚子	24	六	己巳	22	日	戊戌	22	二	戊辰	20	三	丁酉
十七	27	四	辛未	26	六	辛丑	25	日	庚午	23	一	己亥	23	三	己巳	21	四	戊戌
十八	28	五	壬申	27	日	壬寅	26	一	辛未	24	二	庚子	24	四	庚午	22	五	己亥
十九	29	六	癸酉	28	一	癸卯	27	二	壬申	25	三	辛丑	25	五	辛未	23	六	庚子
二十	30	日	甲戌	29	二	甲辰	28	三	癸酉	26	四	壬寅	26	六	壬申	24	日	辛丑
廿一	31	一	乙亥	30	三	乙巳	29	四	甲戌	27	五	癸卯	27	日	癸酉	25	一	壬寅
廿二	**9**	二	丙子	**10**	四	丙午	30	五	乙亥	28	六	甲辰	28	一	甲戌	26	二	癸卯
廿三	2	三	丁丑	2	五	丁未	31	六	丙子	29	日	乙巳	29	二	乙亥	27	三	甲辰
廿四	3	四	戊寅	3	六	戊申	**11**	日	丁丑	30	一	丙午	30	三	丙子	28	四	乙巳
廿五	4	五	己卯	4	日	己酉	2	一	戊寅	**12**	二	丁未	31	四	丁丑	29	五	丙午
廿六	5	六	庚辰	5	一	庚戌	3	二	己卯	2	三	戊申	**1**	五	戊寅	30	六	丁未
廿七	6	日	辛巳	6	二	辛亥	4	三	庚辰	3	四	己酉	2	六	己卯	31	日	戊申
廿八	7	一	壬午	7	三	壬子	5	四	辛巳	4	五	庚戌	3	日	庚辰	**2**	一	己酉
廿九	8	二	癸未	8	四	癸丑	6	五	壬午	5	六	辛亥	4	一	辛巳	2	二	庚戌
三十	9	三	甲申							6	日	壬子				3	三	辛亥
节气	处暑 十三 丑时		白露 廿八 未时	秋分 十四 子时		寒露 廿九 卯时	霜降 十五 巳时			立冬 初一 巳时		小雪 十六 辰时	大雪 初一 寅时		冬至 十五 亥时	小寒 初一 未时		大寒 十六 辰时

农历戊午年　属马

旬	正月大甲寅 公历	星期	干支	二月大乙卯 公历	星期	干支	三月小丙辰 公历	星期	干支	四月大丁巳 公历	星期	干支	五月小戊午 公历	星期	干支	六月大己未 公历	星期	干支	七月小庚申 公历	星期	干支	八月大辛酉 公历	星期	干支	九月小壬戌 公历	星期	干支	十月小癸亥 公历	星期	干支	十一月大甲子 公历	星期	干支	十二月小乙丑 公历	星期	干支
初一	4	四	壬子	6	六	壬午	5	一	壬子	4	二	辛巳	3	四	辛亥	2	五	庚辰	1	日	庚戌	30	一	己卯	29	三	己酉	28	四	戊寅	26	五	丁未	26	日	丁丑
初二	5	五	癸丑	7	日	癸未	6	二	癸丑	5	三	壬午	4	五	壬子	3	六	辛巳	2	一	辛亥	31	二	庚辰	30	四	庚戌	29	五	己卯	27	六	戊申	27	一	戊寅
初三	6	六	甲寅	8	一	甲申	7	三	甲寅	6	四	癸未	5	六	癸丑	4	日	壬午	3	二	壬子	1	三	辛巳	1	五	辛亥	30	六	庚辰	28	日	己酉	28	二	己卯
初四	7	日	乙卯	9	二	乙酉	8	四	乙卯	7	五	甲申	6	日	甲寅	5	一	癸未	4	三	癸丑	2	四	壬午	2	六	壬子	31	日	辛巳	29	一	庚戌	29	三	庚辰
初五	8	一	丙辰	10	三	丙戌	9	五	丙辰	8	六	乙酉	7	一	乙卯	6	二	甲申	5	四	甲寅	3	五	癸未	3	日	癸丑	1	一	壬午	30	二	辛亥	30	四	辛巳
初六	9	二	丁巳	11	四	丁亥	10	六	丁巳	9	日	丙戌	8	二	丙辰	7	三	乙酉	6	五	乙卯	4	六	甲申	4	一	甲寅	2	二	癸未	1	三	壬子	31	五	壬午
初七	10	三	戊午	12	五	戊子	11	日	戊午	10	一	丁亥	9	三	丁巳	8	四	丙戌	7	六	丙辰	5	日	乙酉	5	二	乙卯	3	三	甲申	2	四	癸丑	1	六	癸未
初八	11	四	己未	13	六	己丑	12	一	己未	11	二	戊子	10	四	戊午	9	五	丁亥	8	日	丁巳	6	一	丙戌	6	三	丙辰	4	四	乙酉	3	五	甲寅	2	日	甲申
初九	12	五	庚申	14	日	庚寅	13	二	庚申	12	三	己丑	11	五	己未	10	六	戊子	9	一	戊午	7	二	丁亥	7	四	丁巳	5	五	丙戌	4	六	乙卯	3	一	乙酉
初十	13	六	辛酉	15	一	辛卯	14	三	辛酉	13	四	庚寅	12	六	庚申	11	日	己丑	10	二	己未	8	三	戊子	8	五	戊午	6	六	丁亥	5	日	丙辰	4	二	丙戌
十一	14	日	壬戌	16	二	壬辰	15	四	壬戌	14	五	辛卯	13	日	辛酉	12	一	庚寅	11	三	庚申	9	四	己丑	9	六	己未	7	日	戊子	6	一	丁巳	5	三	丁亥
十二	15	一	癸亥	17	三	癸巳	16	五	癸亥	15	六	壬辰	14	一	壬戌	13	二	辛卯	12	四	辛酉	10	五	庚寅	10	日	庚申	8	一	己丑	7	二	戊午	6	四	戊子
十三	16	二	甲子	18	四	甲午	17	六	甲子	16	日	癸巳	15	二	癸亥	14	三	壬辰	13	五	壬戌	11	六	辛卯	11	一	辛酉	9	二	庚寅	8	三	己未	7	五	己丑
十四	17	三	乙丑	19	五	乙未	18	日	乙丑	17	一	甲午	16	三	甲子	15	四	癸巳	14	六	癸亥	12	日	壬辰	12	二	壬戌	10	三	辛卯	9	四	庚申	8	六	庚寅
十五	18	四	丙寅	20	六	丙申	19	一	丙寅	18	二	乙未	17	四	乙丑	16	五	甲午	15	日	甲子	13	一	癸巳	13	三	癸亥	11	四	壬辰	10	五	辛酉	9	日	辛卯
十六	19	五	丁卯	21	日	丁酉	20	二	丁卯	19	三	丙申	18	五	丙寅	17	六	乙未	16	一	乙丑	14	二	甲午	14	四	甲子	12	五	癸巳	11	六	壬戌	10	一	壬辰
十七	20	六	戊辰	22	一	戊戌	21	三	戊辰	20	四	丁酉	19	六	丁卯	18	日	丙申	17	二	丙寅	15	三	乙未	15	五	乙丑	13	六	甲午	12	日	癸亥	11	二	癸巳
十八	21	日	己巳	23	二	己亥	22	四	己巳	21	五	戊戌	20	日	戊辰	19	一	丁酉	18	三	丁卯	16	四	丙申	16	六	丙寅	14	日	乙未	13	一	甲子	12	三	甲午
十九	22	一	庚午	24	三	庚子	23	五	庚午	22	六	己亥	21	一	己巳	20	二	戊戌	19	四	戊辰	17	五	丁酉	17	日	丁卯	15	一	丙申	14	二	乙丑	13	四	乙未
二十	23	二	辛未	25	四	辛丑	24	六	辛未	23	日	庚子	22	二	庚午	21	三	己亥	20	五	己巳	18	六	戊戌	18	一	戊辰	16	二	丁酉	15	三	丙寅	14	五	丙申
廿一	24	三	壬申	26	五	壬寅	25	日	壬申	24	一	辛丑	23	三	辛未	22	四	庚子	21	六	庚午	19	日	己亥	19	二	己巳	17	三	戊戌	16	四	丁卯	15	六	丁酉
廿二	25	四	癸酉	27	六	癸卯	26	一	癸酉	25	二	壬寅	24	四	壬申	23	五	辛丑	22	日	辛未	20	一	庚子	20	三	庚午	18	四	己亥	17	五	戊辰	16	日	戊戌
廿三	26	五	甲戌	28	日	甲辰	27	二	甲戌	26	三	癸卯	25	五	癸酉	24	六	壬寅	23	一	壬申	21	二	辛丑	21	四	辛未	19	五	庚子	18	六	己巳	17	一	己亥
廿四	27	六	乙亥	29	一	乙巳	28	三	乙亥	27	四	甲辰	26	六	甲戌	25	日	癸卯	24	二	癸酉	22	三	壬寅	22	五	壬申	20	六	辛丑	19	日	庚午	18	二	庚子
廿五	28	日	丙子	30	二	丙午	29	四	丙子	28	五	乙巳	27	日	乙亥	26	一	甲辰	25	三	甲戌	23	四	癸卯	23	六	癸酉	21	日	壬寅	20	一	辛未	19	三	辛丑
廿六	1	一	丁丑	31	三	丁未	30	五	丁丑	29	六	丙午	28	一	丙子	27	二	乙巳	26	四	乙亥	24	五	甲辰	24	日	甲戌	22	一	癸卯	21	二	壬申	20	四	壬寅
廿七	2	二	戊寅	1	四	戊申	1	六	戊寅	30	日	丁未	29	二	丁丑	28	三	丙午	27	五	丙子	25	六	乙巳	25	一	乙亥	23	二	甲辰	22	三	癸酉	21	五	癸卯
廿八	3	三	己卯	2	五	己酉	2	日	己卯	31	一	戊申	30	三	戊寅	29	四	丁未	28	六	丁丑	26	日	丙午	26	二	丙子	24	三	乙巳	23	四	甲戌	22	六	甲辰
廿九	4	四	庚辰	3	六	庚戌	3	一	庚辰	1	二	己酉	1	四	己卯	30	五	戊申	29	日	戊寅	27	一	丁未	27	三	丁丑	25	四	丙午	24	五	乙亥	23	日	乙巳
三十	5	五	辛巳	4	日	辛亥				2	三	庚戌				31	六	己酉				28	二	戊申							25	六	丙子			
节气	立春 初一 亥时 雨水 十五 丑时			惊蛰 三十 亥时 春分 十五 戌时			清明 初一 未时 谷雨 十六 辰时			立夏 初二 酉时 小满 十八 卯时			芒种 初三 申时 夏至 十九 子时			小暑 初六 辰时 大暑 廿二 丑时			立秋 初七 酉时 处暑 廿三 巳时			白露 初九 未时 秋分 廿五 卯时			寒露 初十 巳时 霜降 廿五 丑时			立冬 十一 丑时 小雪 廿六 未时			大雪 十二 辰时 冬至 廿七 未时			小寒 十一 午时 大寒 廿六 丑时		

农历己未年　属羊

旬	正月大戊寅 公历	星期	干支	二月大丁卯 公历	星期	干支	三月小戊辰 公历	星期	干支	四月大己巳 公历	星期	干支	五月大庚午 公历	星期	干支	闰五月小 公历	星期	干支	六月大辛未 公历	星期	干支	七月小壬申 公历	星期	干支	八月大癸酉 公历	星期	干支	九月小甲戌 公历	星期	干支	十月大乙亥 公历	星期	干支	十一月小丙子 公历	星期	干支	十二月小丁丑 公历	星期	干支
初一	24	一	丙午	23	三	丙子	25	五	丙午	23	六	乙亥	23	一	乙巳	22	三	乙亥	21	四	甲辰	20	六	甲戌	18	日	癸酉	18	二	癸卯	16	三	壬申	16	五	壬寅	14	六	辛丑
初二	25	二	丁未	24	四	丁丑	26	六	丁未	24	日	丙子	24	二	丙午	23	四	丙子	22	五	乙巳	21	日	乙亥	19	一	甲戌	19	三	甲辰	17	四	癸酉	17	六	癸卯	15	日	壬寅
初三	26	三	戊申	25	五	戊寅	27	日	戊申	25	一	丁丑	25	三	丁未	24	五	丁丑	23	六	丙午	22	一	丙子	20	二	乙亥	20	四	乙巳	18	五	甲戌	18	日	甲辰	16	一	癸卯
初四	27	四	己酉	26	六	己卯	28	一	己酉	26	二	戊寅	26	四	戊申	25	六	戊寅	24	日	丁未	23	二	丁丑	21	三	丙子	21	五	丙午	19	六	乙亥	19	一	乙巳	17	二	甲辰
初五	28	五	庚戌	27	日	庚辰	29	二	庚戌	27	三	己卯	27	五	己酉	26	日	己卯	25	一	戊申	24	三	戊寅	22	四	丁丑	22	六	丁未	20	日	丙子	20	二	丙午	18	三	乙巳
初六	29	六	辛亥	28	一	辛巳	30	三	辛亥	28	四	庚辰	28	六	庚戌	27	一	庚辰	26	二	己酉	25	四	己卯	23	五	戊寅	23	日	戊申	21	一	丁丑	21	三	丁未	19	四	丙午
初七	30	日	壬子	**3**	二	壬午	31	四	壬子	29	五	辛巳	29	日	辛亥	28	二	辛巳	27	三	庚戌	26	五	庚辰	24	六	己卯	24	一	己酉	22	二	戊寅	22	四	戊申	20	五	丁未
初八	31	一	癸丑	**2**	三	癸未	**4**	五	癸丑	30	六	壬午	30	一	壬子	29	三	壬午	28	四	辛亥	27	六	辛巳	25	日	庚辰	25	二	庚戌	23	三	己卯	23	五	己酉	21	六	戊申
初九	**2**	二	甲寅	**3**	四	甲申	**2**	六	甲寅	**5**	日	癸未	31	二	癸丑	30	四	癸未	29	五	壬子	28	日	壬午	26	一	辛巳	26	三	辛亥	24	四	庚辰	24	六	庚戌	22	日	己酉
初十	**2**	三	乙卯	**4**	五	乙酉	**3**	日	乙卯	**2**	一	甲申	**6**	三	甲寅	**7**	五	甲申	30	六	癸丑	29	一	癸未	27	二	壬午	27	四	壬子	25	五	辛巳	25	日	辛亥	23	一	庚戌
十一	3	四	丙辰	5	六	丙戌	4	一	丙辰	3	二	乙酉	2	四	乙卯	2	六	乙酉	31	日	甲寅	30	二	甲申	28	三	癸未	28	五	癸丑	26	六	壬午	26	一	壬子	24	二	辛亥
十二	4	五	丁巳	6	日	丁亥	5	二	丁巳	4	三	丙戌	3	五	丙辰	3	日	丙戌	**8**	一	乙卯	31	三	乙酉	29	四	甲申	29	六	甲寅	27	日	癸未	27	二	癸丑	25	三	壬子
十三	5	六	戊午	7	一	戊子	6	三	戊午	5	四	丁亥	4	六	丁巳	4	一	丁亥	2	二	丙辰	**9**	四	丙戌	30	五	乙酉	30	日	乙卯	28	一	甲申	28	三	甲寅	26	四	癸丑
十四	6	日	己未	8	二	己丑	7	四	己未	6	五	戊子	5	日	戊午	5	二	戊子	3	三	丁巳	2	五	丁亥	**10**	六	丙戌	31	一	丙辰	29	二	乙酉	29	四	乙卯	27	五	甲寅
十五	7	一	庚申	9	三	庚寅	8	五	庚申	7	六	己丑	6	一	己未	6	三	己丑	4	四	戊午	3	六	戊子	2	日	丁亥	**11**	二	丁巳	30	三	丙戌	30	五	丙辰	28	六	乙卯
十六	8	二	辛酉	10	四	辛卯	9	六	辛酉	8	日	庚寅	7	二	庚申	7	四	庚寅	5	五	己未	4	日	己丑	3	一	戊子	2	三	戊午	**12**	四	丁亥	31	六	丁巳	29	日	丙辰
十七	9	三	壬戌	11	五	壬辰	10	日	壬戌	9	一	辛卯	8	三	辛酉	8	五	辛卯	6	六	庚申	5	一	庚寅	4	二	己丑	3	四	己未	2	五	戊子	**1**	日	戊午	30	一	丁巳
十八	10	四	癸亥	12	六	癸巳	11	一	癸亥	10	二	壬辰	9	四	壬戌	9	六	壬辰	7	日	辛酉	6	二	辛卯	5	三	庚寅	4	五	庚申	3	六	己丑	2	一	己未	31	二	戊午
十九	11	五	甲子	13	日	甲午	12	二	甲子	11	三	癸巳	10	五	癸亥	10	日	癸巳	8	一	壬戌	7	三	壬辰	6	四	辛卯	5	六	辛酉	4	日	庚寅	3	二	庚申	**2**	三	己未
二十	12	六	乙丑	14	一	乙未	13	三	乙丑	12	四	甲午	11	六	甲子	11	一	甲午	9	二	癸亥	8	四	癸巳	7	五	壬辰	6	日	壬戌	5	一	辛卯	4	三	辛酉	**2**	四	庚申
廿一	13	日	丙寅	15	二	丙申	14	四	丙寅	13	五	乙未	12	日	乙丑	12	二	乙未	10	三	甲子	9	五	甲午	8	六	癸巳	7	一	癸亥	6	二	壬辰	5	四	壬戌	3	五	辛酉
廿二	14	一	丁卯	16	三	丁酉	15	五	丁卯	14	六	丙申	13	一	丙寅	13	三	丙申	11	四	乙丑	10	六	乙未	9	日	甲午	8	二	甲子	7	三	癸巳	6	五	癸亥	4	六	壬戌
廿三	15	二	戊辰	17	四	戊戌	16	六	戊辰	15	日	丁酉	14	二	丁卯	14	四	丁酉	12	五	丙寅	11	日	丙申	10	一	乙未	9	三	乙丑	8	四	甲午	7	六	甲子	5	日	癸亥
廿四	16	三	己巳	18	五	己亥	17	日	己巳	16	一	戊戌	15	三	戊辰	15	五	戊戌	13	六	丁卯	12	一	丁酉	11	二	丙申	10	四	丙寅	9	五	乙未	8	日	乙丑	6	一	甲子
廿五	17	四	庚午	19	六	庚子	18	一	庚午	17	二	己亥	16	四	己巳	16	六	己亥	14	日	戊辰	13	二	戊戌	12	三	丁酉	11	五	丁卯	10	六	丙申	9	一	丙寅	7	二	乙丑
廿六	18	五	辛未	20	日	辛丑	19	二	辛未	18	三	庚子	17	五	庚午	17	日	庚子	15	一	己巳	14	三	己亥	13	四	戊戌	12	六	戊辰	11	日	丁酉	10	二	丁卯	8	三	丙寅
廿七	19	六	壬申	21	一	壬寅	20	三	壬申	19	四	辛丑	18	六	辛未	18	一	辛丑	16	二	庚午	15	四	庚子	14	五	己亥	13	日	己巳	12	一	戊戌	11	三	戊辰	9	四	丁卯
廿八	20	日	癸酉	22	二	癸卯	21	四	癸酉	20	五	壬寅	19	日	壬申	19	二	壬寅	17	三	辛未	16	五	辛丑	15	六	庚子	14	一	庚午	13	二	己亥	12	四	己巳	10	五	戊辰
廿九	21	一	甲戌	23	三	甲辰	22	五	甲戌	21	六	癸卯	20	一	癸酉	20	三	癸卯	18	四	壬申	17	六	壬寅	16	日	辛丑	15	二	辛未	14	三	庚子	13	五	庚午	11	六	己巳
三十	22	二	乙亥	24	四	乙巳				22	日	甲辰	21	二	甲戌				19	五	癸酉				17	一	壬寅				15	四	辛丑						
节 气	立春 十二 辰时			惊蛰 十二 丑时			清明 十二 卯时			谷雨 廿七 未时			小满 廿九 午时			夏至 十六 未时			大暑 初一 卯时			立秋 十八 子时			白露 二十 巳时			寒露 初六 亥时			大雪 初一 酉时			小寒 廿二 未时		
	雨水 廿七 寅时			春分 廿七 丑时			谷雨 廿七 未时			立夏 十三 子时			芒种 十五 寅时			小暑 十六 未时			大暑 初一 卯时			处暑 初四 未时			秋分 初六 午时			霜降 初一 亥时			小雪 初一 酉时			冬至 初七 辰时			大寒 初七 戌时		

旬	正月大戊寅			二月小己卯			三月大庚辰			四月大辛巳			五月小壬午			六月大癸未			七月小甲申			八月大乙酉			九月大丙戌			十月小丁亥			十一月大戊子			十二月小己丑		
	公历	星期	干支	公历	星期	干支	公历	星期	干支	公历	星期	干支	公历	星期	干支	公历	星期	干支	公历	星期	干支	公历	星期	干支	公历	星期	干支	公历	星期	干支	公历	星期	干支	公历	星期	干支
初一	12	日	庚午	13	二	庚子	11	三	己巳	11	五	己亥	10	日	己巳	9	一	戊戌	8	三	戊辰	6	四	丁酉	6	六	丁卯	5	一	丁酉	4	二	丙寅	3	四	丙申
初二	13	一	辛未	14	三	辛丑	12	四	庚午	12	六	庚子	11	一	庚午	10	二	己亥	9	四	己巳	7	五	戊戌	7	日	戊辰	6	二	戊戌	5	三	丁卯	4	五	丁酉
初三	14	二	壬申	15	四	壬寅	13	五	辛未	13	日	辛丑	12	二	辛未	11	三	庚子	10	五	庚午	8	六	己亥	8	一	己巳	7	三	己亥	6	四	戊辰	5	六	戊戌
初四	15	三	癸酉	16	五	癸卯	14	六	壬申	14	一	壬寅	13	三	壬申	12	四	辛丑	11	六	辛未	9	日	庚子	9	二	庚午	8	四	庚子	7	五	己巳	6	日	己亥
初五	16	四	甲戌	17	六	甲辰	15	日	癸酉	15	二	癸卯	14	四	癸酉	13	五	壬寅	12	日	壬申	10	一	辛丑	10	三	辛未	9	五	辛丑	8	六	庚午	7	一	庚子
初六	17	五	乙亥	18	日	乙巳	16	一	甲戌	16	三	甲辰	15	五	甲戌	14	六	癸卯	13	一	癸酉	11	二	壬寅	11	四	壬申	10	六	壬寅	9	日	辛未	8	二	辛丑
初七	18	六	丙子	19	一	丙午	17	二	乙亥	17	四	乙巳	16	六	乙亥	15	日	甲辰	14	二	甲戌	12	三	癸卯	12	五	癸酉	11	日	癸卯	10	一	壬申	9	三	壬寅
初八	19	日	丁丑	20	二	丁未	18	三	丙子	18	五	丙午	17	日	丙子	16	一	乙巳	15	三	乙亥	13	四	甲辰	13	六	甲戌	12	一	甲辰	11	二	癸酉	10	四	癸卯
初九	20	一	戊寅	21	三	戊申	19	四	丁丑	19	六	丁未	18	一	丁丑	17	二	丙午	16	四	丙子	14	五	乙巳	14	日	乙亥	13	二	乙巳	12	三	甲戌	11	五	甲辰
初十	21	二	己卯	22	四	己酉	20	五	戊寅	20	日	戊申	19	二	戊寅	18	三	丁未	17	五	丁丑	15	六	丙午	15	一	丙子	14	三	丙午	13	四	乙亥	12	六	乙巳
十一	22	三	庚辰	23	五	庚戌	21	六	己卯	21	一	己酉	20	三	己卯	19	四	戊申	18	六	戊寅	16	日	丁未	16	二	丁丑	15	四	丁未	14	五	丙子	13	日	丙午
十二	23	四	辛巳	24	六	辛亥	22	日	庚辰	22	二	庚戌	21	四	庚辰	20	五	己酉	19	日	己卯	17	一	戊申	17	三	戊寅	16	五	戊申	15	六	丁丑	14	一	丁未
十三	24	五	壬午	25	日	壬子	23	一	辛巳	23	三	辛亥	22	五	辛巳	21	六	庚戌	20	一	庚辰	18	二	己酉	18	四	己卯	17	六	己酉	16	日	戊寅	15	二	戊申
十四	25	六	癸未	26	一	癸丑	24	二	壬午	24	四	壬子	23	六	壬午	22	日	辛亥	21	二	辛巳	19	三	庚戌	19	五	庚辰	18	日	庚戌	17	一	己卯	16	三	己酉
十五	26	日	甲申	27	二	甲寅	25	三	癸未	25	五	癸丑	24	日	癸未	23	一	壬子	22	三	壬午	20	四	辛亥	20	六	辛巳	19	一	辛亥	18	二	庚辰	17	四	庚戌
十六	27	一	乙酉	28	三	乙卯	26	四	甲申	26	六	甲寅	25	一	甲申	24	二	癸丑	23	四	癸未	21	五	壬子	21	日	壬午	20	二	壬子	19	三	辛巳	18	五	辛亥
十七	28	二	丙戌	29	四	丙辰	27	五	乙酉	27	日	乙卯	26	二	乙酉	25	三	甲寅	24	五	甲申	22	六	癸丑	22	一	癸未	21	三	癸丑	20	四	壬午	19	六	壬子
十八	29	三	丁亥	30	五	丁巳	28	六	丙戌	28	一	丙辰	27	三	丙戌	26	四	乙卯	25	六	乙酉	23	日	甲寅	23	二	甲申	22	四	甲寅	21	五	癸未	20	日	癸丑
十九	1	四	戊子	31	六	戊午	29	日	丁亥	29	二	丁巳	28	四	丁亥	27	五	丙辰	26	日	丙戌	24	一	乙卯	24	三	乙酉	23	五	乙卯	22	六	甲申	21	一	甲寅
二十	2	五	己丑	1	日	己未	30	一	戊子	30	三	戊午	29	五	戊子	28	六	丁巳	27	一	丁亥	25	二	丙辰	25	四	丙戌	24	六	丙辰	23	日	乙酉	22	二	乙卯
廿一	3	六	庚寅	2	一	庚申	1	二	己丑	31	四	己未	30	六	己丑	29	日	戊午	28	二	戊子	26	三	丁巳	26	五	丁亥	25	日	丁巳	24	一	丙戌	23	三	丙辰
廿二	4	日	辛卯	3	二	辛酉	2	三	庚寅	1	五	庚申	1	日	庚寅	30	一	己未	29	三	己丑	27	四	戊午	27	六	戊子	26	一	戊午	25	二	丁亥	24	四	丁巳
廿三	5	一	壬辰	4	三	壬戌	3	四	辛卯	2	六	辛酉	2	一	辛卯	31	二	庚申	30	四	庚寅	28	五	己未	28	日	己丑	27	二	己未	26	三	戊子	25	五	戊午
廿四	6	二	癸巳	5	四	癸亥	4	五	壬辰	3	日	壬戌	3	二	壬辰	1	三	辛酉	31	五	辛卯	29	六	庚申	29	一	庚寅	28	三	庚申	27	四	己丑	26	六	己未
廿五	7	三	甲午	6	五	甲子	5	六	癸巳	4	一	癸亥	4	三	癸巳	2	四	壬戌	1	六	壬辰	30	日	辛酉	30	二	辛卯	29	四	辛酉	28	五	庚寅	27	日	庚申
廿六	8	四	乙未	7	六	乙丑	6	日	甲午	5	二	甲子	5	四	甲午	3	五	癸亥	2	日	癸巳	1	一	壬戌	31	三	壬辰	30	五	壬戌	29	六	辛卯	28	一	辛酉
廿七	9	五	丙申	8	日	丙寅	7	一	乙未	6	三	乙丑	6	五	乙未	4	六	甲子	3	一	甲午	2	二	癸亥	1	四	癸巳	1	六	癸亥	30	日	壬辰	29	二	壬戌
廿八	10	六	丁酉	9	一	丁卯	8	二	丙申	7	四	丙寅	7	六	丙申	5	日	乙丑	4	二	乙未	3	三	甲子	2	五	甲午	2	日	甲子	31	一	癸巳	30	三	癸亥
廿九	11	日	戊戌	10	二	戊辰	9	三	丁酉	8	五	丁卯	8	日	丁酉	6	一	丙寅	5	三	丙申	4	四	乙丑	3	六	乙未	3	一	乙丑	1	二	甲午	31	四	甲子
三十	12	一	己亥				10	四	戊戌	9	六	戊辰				7	二	丁卯				5	五	丙寅	4	日	丙申				2	三	乙未			

节气

月	节	气
正月	惊蛰 廿三 辰时	雨水 初八 巳时
二月	清明 廿三 午时	春分 初八 辰时
三月	立夏 廿五 卯时	谷雨 初九 辰时
四月	芒种 廿六 巳时	小满 初十 酉时
五月	小暑 廿七 戌时	夏至 十二 丑时
六月	立秋 三十 卯时	大暑 十四 午时
七月	白露 初二 辰时	处暑 十六 戌时
八月	寒露 初三 子时	秋分 十七 酉时
九月	立冬 初三 寅时	霜降 十八 寅时
十月	大雪 初三 戌时	小雪 十八 丑时
十一月	小寒 初三 辰时	冬至 十八 未时
十二月	——	大寒 十八 丑时

农历辛酉年　属鸡　　　　　　　　　　　　　　　　　　　　　　　　　　　　　　　　　公元 2041—2042 年

旬	正月小庚寅 公历 星期 干支	二月大辛卯 公历 星期 干支	三月小壬辰 公历 星期 干支	四月大癸巳 公历 星期 干支	五月小甲午 公历 星期 干支	六月大乙未 公历 星期 干支	旬	七月大丙申 公历 星期 干支	八月小丁酉 公历 星期 干支	九月大戊戌 公历 星期 干支	十月大己亥 公历 星期 干支	十一月小庚子 公历 星期 干支	十二月大辛丑 公历 星期 干支
初一	**2** 六 乙亥	2 六 甲午	**4** 一 甲子	30 二 癸巳	30 四 癸亥	28 五 壬辰	十一	28 一 壬戌	27 二 壬辰	25 三 辛酉	25 五 辛卯	24 日 辛酉	23 一 庚寅
初二	2 一 丙子	3 日 乙未	2 二 乙丑	31 三 甲午	31 五 甲子	29 六 癸巳	十二	29 二 癸亥	28 三 癸巳	26 四 壬戌	26 六 壬辰	25 一 壬戌	24 二 辛卯
初三	3 二 丁丑	4 一 丙申	3 三 丙寅	1 四 乙未	**6** 六 乙丑	30 日 甲午	十三	30 三 甲子	29 四 甲午	27 五 癸亥	27 日 癸巳	26 二 癸亥	25 三 壬辰
初四	4 三 戊寅	5 二 丁酉	4 四 丁卯	2 五 丙申	2 日 丙寅	**7** 一 乙未	十四	31 四 乙丑	30 五 乙未	28 六 甲子	28 一 甲午	27 三 甲子	26 四 癸巳
初五	5 四 己卯	6 三 戊戌	5 五 戊辰	3 六 丁酉	3 一 丁卯	2 二 丙申	十五	**8** 五 丙寅	31 六 丙申	29 日 乙丑	29 二 乙未	28 四 乙丑	27 五 甲午
初六	6 五 庚辰	7 四 己亥	6 六 己巳	4 日 戊戌	4 二 戊辰	3 三 丁酉	十六	9 六 丁卯	**9** 日 丁酉	30 一 丙寅	30 三 丙申	29 五 丙寅	28 六 乙未
初七	7 六 辛巳	8 五 庚子	7 日 庚午	5 一 己亥	5 三 己巳	4 四 戊戌	十七	10 日 戊辰	2 一 戊戌	**10** 二 丁卯	**11** 四 丁酉	30 六 丁卯	29 日 丙申
初八	**8** 日 壬午	9 六 辛丑	8 一 辛未	6 二 庚子	6 四 庚午	5 五 己亥	十八	11 一 己巳	3 二 己亥	2 三 戊辰	2 五 戊戌	**12** 日 戊辰	30 一 丁酉
初九	9 一 癸未	10 日 壬寅	9 二 壬申	7 三 辛丑	7 五 辛未	6 六 庚子	十九	12 二 庚午	4 三 庚子	3 四 己巳	3 六 己亥	2 一 己巳	31 二 戊戌
初十	10 二 甲申	11 一 癸卯	10 三 癸酉	8 四 壬寅	8 六 壬申	7 日 辛丑	二十	13 三 辛未	5 四 辛丑	4 五 庚午	4 日 庚子	3 二 庚午	**1** 三 己亥
十一	11 三 乙酉	12 二 甲辰	11 四 甲戌	9 五 癸卯	9 日 癸酉	8 一 壬寅	廿一	14 四 壬申	6 五 壬寅	5 六 辛未	5 一 辛丑	4 三 辛未	2 四 庚子
十二	12 四 丙戌	13 三 乙巳	12 五 乙亥	10 六 甲辰	10 一 甲戌	9 二 癸卯	廿二	15 五 癸酉	7 六 癸卯	6 日 壬申	6 二 壬寅	5 四 壬申	3 五 辛丑
十三	13 五 丁亥	14 四 丙午	13 六 丙子	11 日 乙巳	11 二 乙亥	10 三 甲辰	廿三	16 六 甲戌	8 日 甲辰	7 一 癸酉	7 三 癸卯	6 五 癸酉	4 六 壬寅
十四	14 六 戊子	15 五 丁未	14 日 丁丑	12 一 丙午	12 三 丙子	11 四 乙巳	廿四	17 日 乙亥	9 一 乙巳	8 二 甲戌	8 四 甲辰	7 六 甲戌	5 日 癸卯
十五	15 日 己丑	16 六 戊申	15 一 戊寅	13 二 丁未	13 四 丁丑	12 五 丙午	廿五	18 一 丙子	10 二 丙午	9 三 乙亥	9 五 乙巳	8 日 乙亥	6 一 甲辰
十六	16 一 庚寅	17 日 己酉	16 二 己卯	14 三 戊申	14 五 戊寅	13 六 丁未	廿六	19 二 丁丑	11 三 丁未	10 四 丙子	10 六 丙午	9 一 丙子	7 二 乙巳
十七	17 二 辛卯	18 一 庚戌	17 三 庚辰	15 四 己酉	15 六 己卯	14 日 戊申	廿七	20 三 戊寅	12 四 戊申	11 五 丁丑	11 日 丁未	10 二 丁丑	8 三 丙午
十八	18 三 壬辰	19 二 辛亥	18 四 辛巳	16 五 庚戌	16 日 庚辰	15 一 己酉	廿八	21 四 己卯	13 五 己酉	12 六 戊寅	12 一 戊申	11 三 戊寅	9 四 丁未
十九	19 四 癸巳	20 三 壬子	19 五 壬午	17 六 辛亥	17 一 辛巳	16 二 庚戌	廿九	22 五 庚辰	14 六 庚戌	13 日 己卯	13 二 己酉	12 四 己卯	10 五 戊申
二十	20 五 甲午	21 四 癸丑	20 六 癸未	18 日 壬子	18 二 壬午	17 三 辛亥	三十	23 六 辛巳	15 日 辛亥	14 一 庚辰		13 五 庚辰	11 六 己酉
廿一	21 六 乙未	22 五 甲寅	21 日 甲申	19 一 癸丑	19 三 癸未	18 四 壬子		24 日 壬午	16 一 壬子	15 二 辛巳	14 三 庚戌	14 六 辛巳	12 日 庚戌
廿二	22 日 丙申	23 六 乙卯	22 一 乙酉	20 二 甲寅	20 四 甲申	19 五 癸丑		25 一 癸未	17 二 癸丑	16 三 壬午	15 四 辛亥	15 日 壬午	13 一 辛亥
廿三	23 一 丁酉	24 日 丙辰	23 二 丙戌	21 三 乙卯	21 五 乙酉	20 六 甲寅		26 二 甲申	18 三 甲寅	17 四 癸未	16 五 壬子	16 一 癸未	14 二 壬子
廿四	24 二 戊戌	25 一 丁巳	24 三 丁亥	22 四 丙辰	22 六 丙戌	21 日 乙卯			19 四 乙卯	18 五 甲申	17 六 癸丑	17 二 甲申	15 三 癸丑
廿五	25 三 己亥	26 二 戊午	25 四 戊子	23 五 丁巳	23 日 丁亥	22 一 丙辰			20 五 丙辰	19 六 乙酉	18 日 甲寅	18 三 乙酉	16 四 甲寅
廿六	26 四 庚子	27 三 己未	26 五 己丑	24 六 戊午	24 一 戊子	23 二 丁巳			21 六 丁巳	20 日 丙戌	19 一 乙卯	19 四 丙戌	17 五 乙卯
廿七	27 五 辛丑	28 四 庚申	27 六 庚寅	25 日 己未	25 二 己丑	24 三 戊午			22 日 戊午	21 一 丁亥	20 二 丙辰	20 五 丁亥	18 六 丙辰
廿八	28 六 壬寅	29 五 辛酉	28 日 辛卯	26 一 庚申	26 三 庚寅	25 四 己未			23 一 己未	22 二 戊子	21 三 丁巳	21 六 戊子	19 日 丁巳
廿九	**3** 日 癸卯	30 六 壬戌	29 一 壬辰	27 二 辛酉	27 四 辛卯	26 五 庚申			24 二 庚申	23 三 己丑	22 四 戊午	22 日 己丑	20 一 戊午
三十		31 日 癸亥		28 三 壬戌		27 六 辛酉			25 三 辛酉		23 五 己未		21 二 己未

| 节气 | 立春 初三 戌时　雨水 十八 申时 | 惊蛰 初四 戌时　春分 十九 未时 | 清明 初四　谷雨 二十 子时 | 立夏 初六　小满 廿一 | 芒种 初七 未时　夏至 廿三 辰时 | 小暑 初十 子时　大暑 廿五 酉时 | 节气 | 立秋 十一 巳时　处暑 廿七 丑时 | 白露 十二　秋分 廿七 子时 | 寒露 十四 卯时　霜降 廿九 巳时 | 立冬 十四 巳时　小雪 廿九 卯时 | 大雪 十四 丑时　冬至 廿八 戌时 | 小寒 十四 未时　大寒 廿九 辰时 |

农历壬戌年　属狗

旬	正月大壬寅	二月大癸卯	闰二月小	三月小甲辰	四月大乙巳	五月小丙午	六月大丁未	七月小戊申	八月小己酉	九月大庚戌	十月小辛亥	十一月大壬子	十二月大癸丑
初一	22 三 庚申	21 五 庚寅	23 日 庚申	21 一 己丑	20 二 戊午	19 四 戊子	18 五 丁巳	17 日 丁亥	15 一 丙辰	14 二 乙酉	13 四 乙卯	12 五 甲申	11 日 甲寅
初二	23 四 辛酉	22 六 辛卯	24 一 辛酉	22 二 庚寅	21 三 己未	20 五 己丑	19 六 戊午	18 一 戊子	16 二 丁巳	15 三 丙戌	14 五 丙辰	13 六 乙酉	12 一 乙卯
初三	24 五 壬戌	23 日 壬辰	25 二 壬戌	23 三 辛卯	22 四 庚申	21 六 庚寅	20 日 己未	19 二 己丑	17 三 戊午	16 四 丁亥	15 六 丁巳	14 日 丙戌	13 二 丙辰
初四	25 六 癸亥	24 一 癸巳	26 三 癸亥	24 四 壬辰	23 五 辛酉	22 日 辛卯	21 一 庚申	20 三 庚寅	18 四 己未	17 五 戊子	16 日 戊午	15 一 丁亥	14 三 丁巳
初五	26 日 甲子	25 二 甲午	27 四 甲子	25 五 癸巳	24 六 壬戌	23 一 壬辰	22 二 辛酉	21 四 辛卯	19 五 庚申	18 六 己丑	17 一 己未	16 二 戊子	15 四 戊午
初六	27 一 乙丑	26 三 乙未	28 五 乙丑	26 六 甲午	25 日 癸亥	24 二 癸巳	23 三 壬戌	22 五 壬辰	20 六 辛酉	19 日 庚寅	18 二 庚申	17 三 己丑	16 五 己未
初七	28 二 丙寅	27 四 丙申	29 六 丙寅	27 日 乙未	26 一 甲子	25 三 甲午	24 四 癸亥	23 六 癸巳	21 日 壬戌	20 一 辛卯	19 三 辛酉	18 四 庚寅	17 六 庚申
初八	29 三 丁卯	28 五 丁酉	30 日 丁卯	28 一 丙申	27 二 乙丑	26 四 乙未	25 五 甲子	24 日 甲午	22 一 癸亥	21 二 壬辰	20 四 壬戌	19 五 辛卯	18 日 辛酉
初九	30 四 戊辰	**1** 六 戊戌	31 一 戊辰	29 二 丁酉	28 三 丙寅	27 五 丙申	26 六 乙丑	25 一 乙未	23 二 甲子	22 三 癸巳	21 五 癸亥	20 六 壬辰	19 一 壬戌
初十	31 五 己巳	2 日 己亥	**1** 二 己巳	30 三 戊戌	29 四 丁卯	28 六 丁酉	27 日 丙寅	26 二 丙申	24 三 乙丑	23 四 甲午	22 六 甲子	21 日 癸巳	20 二 癸亥
十一	**1** 六 庚午	3 一 庚子	2 三 庚午	**1** 四 己亥	30 五 戊辰	29 日 戊戌	28 一 丁卯	27 三 丁酉	25 四 丙寅	24 五 乙未	23 日 乙丑	22 一 甲午	21 三 甲子
十二	2 日 辛未	4 二 辛丑	3 四 辛未	2 五 庚子	31 六 己巳	30 一 己亥	29 二 戊辰	28 四 戊戌	26 五 丁卯	25 六 丙申	24 一 丙寅	23 二 乙未	22 四 乙丑
十三	3 一 壬申	5 三 壬寅	4 五 壬申	3 六 辛丑	**1** 日 庚午	**1** 二 庚子	30 三 己巳	29 五 己亥	27 六 戊辰	26 日 丁酉	25 二 丁卯	24 三 丙申	23 五 丙寅
十四	4 二 癸酉	6 四 癸卯	5 六 癸酉	4 日 壬寅	2 一 辛未	2 三 辛丑	31 四 庚午	30 六 庚子	28 日 己巳	27 一 戊戌	26 三 戊辰	25 四 丁酉	24 六 丁卯
十五	5 三 甲戌	7 五 甲辰	6 日 甲戌	5 一 癸卯	3 二 壬申	3 四 壬寅	**1** 五 辛未	31 日 辛丑	29 一 庚午	28 二 己亥	27 四 己巳	26 五 戊戌	25 日 戊辰
十六	6 四 乙亥	8 六 乙巳	7 一 乙亥	6 二 甲辰	4 三 癸酉	4 五 癸卯	2 六 壬申	**1** 一 壬寅	30 二 辛未	29 三 庚子	28 五 庚午	27 六 己亥	26 一 己巳
十七	7 五 丙子	9 日 丙午	8 二 丙子	7 三 乙巳	5 四 甲戌	5 六 甲辰	3 日 癸酉	2 二 癸卯	**1** 三 壬申	30 四 辛丑	29 六 辛未	28 日 庚子	27 二 庚午
十八	8 六 丁丑	10 一 丁未	9 三 丁丑	8 四 丙午	6 五 乙亥	6 日 乙巳	4 一 甲戌	3 三 甲辰	2 四 癸酉	31 五 壬寅	30 日 壬申	29 一 辛丑	28 三 辛未
十九	9 日 戊寅	11 二 戊申	10 四 戊寅	9 五 丁未	7 六 丙子	7 一 丙午	5 二 乙亥	4 四 乙巳	3 五 甲戌	**1** 六 癸卯	31 一 癸酉	30 二 壬寅	29 四 壬申
二十	10 一 己卯	12 三 己酉	11 五 己卯	10 六 戊申	8 日 丁丑	8 二 丁未	6 三 丙子	5 五 丙午	4 六 乙亥	2 日 甲辰	**1** 二 甲戌	31 三 癸卯	30 五 癸酉
廿一	11 二 庚辰	13 四 庚戌	12 六 庚辰	11 日 己酉	9 一 戊寅	9 三 戊申	7 四 丁丑	6 六 丁未	5 日 丙子	3 一 乙巳	2 三 乙亥	**1** 四 甲辰	31 六 甲戌
廿二	12 三 辛巳	14 五 辛亥	13 日 辛巳	12 一 庚戌	10 二 己卯	10 四 己酉	8 五 戊寅	7 日 戊申	6 一 丁丑	4 二 丙午	3 四 丙子	2 五 乙巳	**1** 日 乙亥
廿三	13 四 壬午	15 六 壬子	14 一 壬午	13 二 辛亥	11 三 庚辰	11 五 庚戌	9 六 己卯	8 一 己酉	7 二 戊寅	5 三 丁未	4 五 丁丑	3 六 丙午	2 一 丙子
廿四	14 五 癸未	16 日 癸丑	15 二 癸未	14 三 壬子	12 四 辛巳	12 六 辛亥	10 日 庚辰	9 二 庚戌	8 三 己卯	6 四 戊申	5 六 戊寅	4 日 丁未	3 二 丁丑
廿五	15 六 甲申	17 一 甲寅	16 三 甲申	15 四 癸丑	13 五 壬午	13 日 壬子	11 一 辛巳	10 三 辛亥	9 四 庚辰	7 五 己酉	6 日 己卯	5 一 戊申	4 三 戊寅
廿六	16 日 乙酉	18 二 乙卯	17 四 乙酉	16 五 甲寅	14 六 癸未	14 一 癸丑	12 二 壬午	11 四 壬子	10 五 辛巳	8 六 庚戌	7 一 庚辰	6 二 己酉	5 四 己卯
廿七	17 一 丙戌	19 三 丙辰	18 五 丙戌	17 六 乙卯	15 日 甲申	15 二 甲寅	13 三 癸未	12 五 癸丑	11 六 壬午	9 日 辛亥	8 二 辛巳	7 三 庚戌	6 五 庚辰
廿八	18 二 丁亥	20 四 丁巳	19 六 丁亥	18 日 丙辰	16 一 乙酉	16 三 乙卯	14 四 甲申	13 六 甲寅	12 日 癸未	10 一 壬子	9 三 壬午	8 四 辛亥	7 六 辛巳
廿九	19 三 戊子	21 五 戊午	20 日 戊子	19 一 丁巳	17 二 丙戌	17 四 丙辰	15 五 乙酉	14 日 乙卯	13 一 甲申	11 二 癸丑	10 四 癸未	9 五 壬子	8 日 壬午
三十	20 四 己丑	22 六 己未			18 三 丁亥		16 六 丙戌			12 三 甲寅		10 六 癸丑	9 一 癸未

节气：

节	气
立春 正月十四 丑时	雨水 正月廿九 亥时
惊蛰 二月十四 戌时	春分 二月廿九 戌时
清明 闰二月十五 子时	谷雨 三月初一 卯时
立夏 三月十六 申时	小满 四月初三 卯时
芒种 四月十八 戌时	夏至 五月初四 未时
小暑 五月二十 卯时	大暑 六月初七 午时
立秋 六月廿二 申时	处暑 七月初八 辰时
白露 七月廿三 戌时	秋分 八月初九 卯时
寒露 八月廿四 午时	霜降 九月初十 未时
立冬 九月廿五 申时	小雪 十月初十 午时
大雪 十月廿五 辰时	冬至 十一月十一 丑时
小寒 十一月廿五 戌时	大寒 十二月初十 午时
立春 十二月廿五 卯时	

农历癸亥年　属猪　　　　　　　　　　　　　　　　　　　　　　　　　　公元 2043—2044 年

旬	正月小甲寅 公历	星期	干支	二月大乙卯 公历	星期	干支	三月小丙辰 公历	星期	干支	四月小丁巳 公历	星期	干支	五月大戊午 公历	星期	干支	六月小己未 公历	星期	干支	七月小庚申 公历	星期	干支	八月大辛酉 公历	星期	干支	九月大壬戌 公历	星期	干支	十月小癸亥 公历	星期	干支	十一月大甲子 公历	星期	干支	十二月大乙丑 公历	星期	干支
初一	10	二	甲申	11	三	癸丑	10	五	癸未	9	六	壬子	7	日	辛巳	7	二	辛亥	5	三	庚辰	3	四	己酉	3	六	己卯	2	一	己酉	1	二	戊寅	31	四	戊申
初二	11	三	乙酉	12	四	甲寅	11	六	甲申	10	日	癸丑	8	一	壬午	8	三	壬子	6	四	辛巳	4	五	庚戌	4	日	庚辰	3	二	庚戌	2	三	己卯	1	五	己酉
初三	12	四	丙戌	13	五	乙卯	12	日	乙酉	11	一	甲寅	9	二	癸未	9	四	癸丑	7	五	壬午	5	六	辛亥	5	一	辛巳	4	三	辛亥	3	四	庚辰	2	六	庚戌
初四	13	五	丁亥	14	六	丙辰	13	一	丙戌	12	二	乙卯	10	三	甲申	10	五	甲寅	8	六	癸未	6	日	壬子	6	二	壬午	5	四	壬子	4	五	辛巳	3	日	辛亥
初五	14	六	戊子	15	日	丁巳	14	二	丁亥	13	三	丙辰	11	四	乙酉	11	六	乙卯	9	日	甲申	7	一	癸丑	7	三	癸未	6	五	癸丑	5	六	壬午	4	一	壬子
初六	15	日	己丑	16	一	戊午	15	三	戊子	14	四	丁巳	12	五	丙戌	12	日	丙辰	10	一	乙酉	8	二	甲寅	8	四	甲申	7	六	甲寅	6	日	癸未	5	二	癸丑
初七	16	一	庚寅	17	二	己未	16	四	己丑	15	五	戊午	13	六	丁亥	13	一	丁巳	11	二	丙戌	9	三	乙卯	9	五	乙酉	8	日	乙卯	7	一	甲申	6	三	甲寅
初八	17	二	辛卯	18	三	庚申	17	五	庚寅	16	六	己未	14	日	戊子	14	二	戊午	12	三	丁亥	10	四	丙辰	10	六	丙戌	9	一	丙辰	8	二	乙酉	7	四	乙卯
初九	18	三	壬辰	19	四	辛酉	18	六	辛卯	17	日	庚申	15	一	己丑	15	三	己未	13	四	戊子	11	五	丁巳	11	日	丁亥	10	二	丁巳	9	三	丙戌	8	五	丙辰
初十	19	四	癸巳	20	五	壬戌	19	日	壬辰	18	一	辛酉	16	二	庚寅	16	四	庚申	14	五	己丑	12	六	戊午	12	一	戊子	11	三	戊午	10	四	丁亥	9	六	丁巳
十一	20	五	甲午	21	六	癸亥	20	一	癸巳	19	二	壬戌	17	三	辛卯	17	五	辛酉	15	六	庚寅	13	日	己未	13	二	己丑	12	四	己未	11	五	戊子	10	日	戊午
十二	21	六	乙未	22	日	甲子	21	二	甲午	20	三	癸亥	18	四	壬辰	18	六	壬戌	16	日	辛卯	14	一	庚申	14	三	庚寅	13	五	庚申	12	六	己丑	11	一	己未
十三	22	日	丙申	23	一	乙丑	22	三	乙未	21	四	甲子	19	五	癸巳	19	日	癸亥	17	一	壬辰	15	二	辛酉	15	四	辛卯	14	六	辛酉	13	日	庚寅	12	二	庚申
十四	23	一	丁酉	24	二	丙寅	23	四	丙申	22	五	乙丑	20	六	甲午	20	一	甲子	18	二	癸巳	16	三	壬戌	16	五	壬辰	15	日	壬戌	14	一	辛卯	13	三	辛酉
十五	24	二	戊戌	25	三	丁卯	24	五	丁酉	23	六	丙寅	21	日	乙未	21	二	乙丑	19	三	甲午	17	四	癸亥	17	六	癸巳	16	一	癸亥	15	二	壬辰	14	四	壬戌
十六	25	三	己亥	26	四	戊辰	25	六	戊戌	24	日	丁卯	22	一	丙申	22	三	丙寅	20	四	乙未	18	五	甲子	18	日	甲午	17	二	甲子	16	三	癸巳	15	五	癸亥
十七	26	四	庚子	27	五	己巳	26	日	己亥	25	一	戊辰	23	二	丁酉	23	四	丁卯	21	五	丙申	19	六	乙丑	19	一	乙未	18	三	乙丑	17	四	甲午	16	六	甲子
十八	27	五	辛丑	28	六	庚午	27	一	庚子	26	二	己巳	24	三	戊戌	24	五	戊辰	22	六	丁酉	20	日	丙寅	20	二	丙申	19	四	丙寅	18	五	乙未	17	日	乙丑
十九	28	六	壬寅	29	日	辛未	28	二	辛丑	27	三	庚午	25	四	己亥	25	六	己巳	23	日	戊戌	21	一	丁卯	21	三	丁酉	20	五	丁卯	19	六	丙申	18	一	丙寅
二十	1	日	癸卯	30	一	壬申	29	三	壬寅	28	四	辛未	26	五	庚子	26	日	庚午	24	一	己亥	22	二	戊辰	22	四	戊戌	21	六	戊辰	20	日	丁酉	19	二	丁卯
廿一	2	一	甲辰	31	二	癸酉	30	四	癸卯	29	五	壬申	27	六	辛丑	27	一	辛未	25	二	庚子	23	三	己巳	23	五	己亥	22	日	己巳	21	一	戊戌	20	三	戊辰
廿二	3	二	乙巳	1	三	甲戌	1	五	甲辰	30	六	癸酉	28	日	壬寅	28	二	壬申	26	三	辛丑	24	四	庚午	24	六	庚子	23	一	庚午	22	二	己亥	21	四	己巳
廿三	4	三	丙午	2	四	乙亥	2	六	乙巳	31	日	甲戌	29	一	癸卯	29	三	癸酉	27	四	壬寅	25	五	辛未	25	日	辛丑	24	二	辛未	23	三	庚子	22	五	庚午
廿四	5	四	丁未	3	五	丙子	3	日	丙午	1	一	乙亥	30	二	甲辰	30	四	甲戌	28	五	癸卯	26	六	壬申	26	一	壬寅	25	三	壬申	24	四	辛丑	23	六	辛未
廿五	6	五	戊申	4	六	丁丑	4	一	丁未	2	二	丙子	1	三	乙巳	31	五	乙亥	29	六	甲辰	27	日	癸酉	27	二	癸卯	26	四	癸酉	25	五	壬寅	24	日	壬申
廿六	7	六	己酉	5	日	戊寅	5	二	戊申	3	三	丁丑	2	四	丙午	1	六	丙子	30	日	乙巳	28	一	甲戌	28	三	甲辰	27	五	甲戌	26	六	癸卯	25	一	癸酉
廿七	8	日	庚戌	6	一	己卯	6	三	己酉	4	四	戊寅	3	五	丁未	2	日	丁丑	31	一	丙午	29	二	乙亥	29	四	乙巳	28	六	乙亥	27	日	甲辰	26	二	甲戌
廿八	9	一	辛亥	7	二	庚辰	7	四	庚戌	5	五	己卯	4	六	戊申	3	一	戊寅	1	二	丁未	30	三	丙子	30	五	丙午	29	日	丙子	28	一	乙巳	27	三	乙亥
廿九	10	二	壬子	8	三	辛巳	8	五	辛亥	6	六	庚辰	5	日	己酉	4	二	己卯	2	三	戊申	1	四	丁丑	31	六	丁未	30	一	丁丑	29	二	丙午	28	四	丙子
三十				9	四	壬午							6	一	庚戌							2	五	戊寅	1	日	戊申				30	三	丁未	29	五	丁丑

节气：
- 正月小甲寅：雨水 初十 丑时；惊蛰 廿五 子时
- 二月大乙卯：春分 十一 丑时；清明 廿六 卯时
- 三月小丙辰：谷雨 十一 午时；立夏 廿七 亥时
- 四月小丁巳：小满 十三 午时；芒种 廿九 丑时
- 五月大戊午：夏至 十五 酉时；小暑 初一 卯时
- 六月小己未：大暑 十七 卯时；立秋 初三 亥时
- 七月小庚申：处暑 十九 酉时；白露 初六 亥时
- 八月大辛酉：秋分 廿一 午时；寒露 初六 酉时
- 九月大壬戌：霜降 廿一 戌时；立冬 初六 丑时
- 十月小癸亥：小雪 廿一 戌时；大雪 初七 未时
- 十一月大甲子：冬至 廿一 辰时；小寒 初七 丑时
- 十二月大乙丑：大寒 廿一 酉时

农历甲子年 属鼠

正月大丙寅

旬	公历	星期	干支
初一	30	六	戊戌
初二	31	日	己亥
初三	**2**	一	庚子
初四	3	二	辛丑
初五	4	三	壬寅
初六	5	四	癸卯
初七	6	五	甲辰
初八	7	六	乙巳
初九	8	日	丙午
初十	9	一	丁未
十一	10	二	戊申
十二	11	三	己酉
十三	12	四	庚戌
十四	13	五	辛亥
十五	14	六	壬子
十六	15	日	癸丑
十七	16	一	甲寅
十八	17	二	乙卯
十九	18	三	丙辰
二十	19	四	丁巳
廿一	20	五	戊午
廿二	21	六	己未
廿三	22	日	庚申
廿四	23	一	辛酉
廿五	24	二	壬戌
廿六	25	三	癸亥
廿七	26	四	甲子
廿八	27	五	乙丑
廿九	28	六	丙寅
三十		日	丁卯

节气：立春 初六 午时／雨水 廿一 辰时

二月小丁卯

旬	公历	星期	干支
初一	29	一	戊辰
初二	**3**	二	己巳
初三	2	三	庚午
初四	3	四	辛未
初五	4	五	壬申
初六	5	六	癸酉
初七	6	日	甲戌
初八	7	一	乙亥
初九	8	二	丙子
初十	9	三	丁丑
十一	10	四	戊寅
十二	11	五	己卯
十三	12	六	庚辰
十四	13	日	辛巳
十五	14	一	壬午
十六	15	二	癸未
十七	16	三	甲申
十八	17	四	乙酉
十九	18	五	丙戌
二十	19	六	丁亥
廿一	20	日	戊子
廿二	21	一	己丑
廿三	22	二	庚寅
廿四	23	三	辛卯
廿五	24	四	壬辰
廿六	25	五	癸巳
廿七	26	六	甲午
廿八	27	日	乙未
廿九	28	一	丙申

节气：惊蛰 初六 卯时／春分 廿一 辰时

三月大戊辰

旬	公历	星期	干支
初一	29	二	丁酉
初二	30	三	戊戌
初三	31	四	己亥
初四	**4**	五	庚子
初五	2	六	辛丑
初六	3	日	壬寅
初七	4	一	癸卯
初八	5	二	甲辰
初九	6	三	乙巳
初十	7	四	丙午
十一	8	五	丁未
十二	9	六	戊申
十三	10	日	己酉
十四	11	一	庚戌
十五	12	二	辛亥
十六	13	三	壬子
十七	14	四	癸丑
十八	15	五	甲寅
十九	16	六	乙卯
二十	17	日	丙辰
廿一	18	一	丁巳
廿二	19	二	戊午
廿三	20	三	己未
廿四	21	四	庚申
廿五	22	五	辛酉
廿六	23	六	壬戌
廿七	24	日	癸亥
廿八	25	一	甲子
廿九	26	二	乙丑
三十	27	三	丙寅

节气：清明 初七 午时／谷雨 廿二 酉时

四月小己巳

旬	公历	星期	干支
初一	28	四	丁卯
初二	29	五	戊辰
初三	30	六	己巳
初四	**5**	日	庚午
初五	2	一	辛未
初六	3	二	壬申
初七	4	三	癸酉
初八	5	四	甲戌
初九	6	五	乙亥
初十	7	六	丙子
十一	8	日	丁丑
十二	9	一	戊寅
十三	10	二	己卯
十四	11	三	庚辰
十五	12	四	辛巳
十六	13	五	壬午
十七	14	六	癸未
十八	15	日	甲申
十九	16	一	乙酉
二十	17	二	丙戌
廿一	18	三	丁亥
廿二	19	四	戊子
廿三	20	五	己丑
廿四	21	六	庚寅
廿五	22	日	辛卯
廿六	23	一	壬辰
廿七	24	二	癸巳
廿八	25	三	甲午
廿九	26	四	乙未

节气：立夏 初八 寅时／小满 廿二 酉时

五月小庚午

旬	公历	星期	干支
初一	27	五	丙申
初二	28	六	丁酉
初三	29	日	戊戌
初四	30	一	己亥
初五	31	二	庚子
初六	**6**	三	辛丑
初七	2	四	壬寅
初八	3	五	癸卯
初九	4	六	甲辰
初十	5	日	乙巳
十一	6	一	丙午
十二	7	二	丁未
十三	8	三	戊申
十四	9	四	己酉
十五	10	五	庚戌
十六	11	六	辛亥
十七	12	日	壬子
十八	13	一	癸丑
十九	14	二	甲寅
二十	15	三	乙卯
廿一	16	四	丙辰
廿二	17	五	丁巳
廿三	18	六	戊午
廿四	19	日	己未
廿五	20	一	庚申
廿六	21	二	辛酉
廿七	22	三	壬戌
廿八	23	四	癸亥
廿九	24	五	甲子

节气：芒种 初十 辰时／夏至 廿六 子时

六月大辛未

旬	公历	星期	干支
初一	25	六	乙丑
初二	26	日	丙寅
初三	27	一	丁卯
初四	28	二	戊辰
初五	29	三	己巳
初六	30	四	庚午
初七	**7**	五	辛未
初八	2	六	壬申
初九	3	日	癸酉
初十	4	一	甲戌
十一	5	二	乙亥
十二	6	三	丙子
十三	7	四	丁丑
十四	8	五	戊寅
十五	9	六	己卯
十六	10	日	庚辰
十七	11	一	辛巳
十八	12	二	壬午
十九	13	三	癸未
二十	14	四	甲申
廿一	15	五	乙酉
廿二	16	六	丙戌
廿三	17	日	丁亥
廿四	18	一	戊子
廿五	19	二	己丑
廿六	20	三	庚寅
廿七	21	四	辛卯
廿八	22	五	壬辰
廿九	23	六	癸巳
三十	24	日	甲午

节气：小暑 十二 酉时／大暑 廿八 午时

七月小壬申

旬	公历	星期	干支
初一	25	一	乙未
初二	26	二	丙申
初三	27	三	丁酉
初四	28	四	戊戌
初五	29	五	己亥
初六	30	六	庚子
初七	31	日	辛丑
初八	**8**	一	壬寅
初九	2	二	癸卯
初十	3	三	甲辰
十一	4	四	乙巳
十二	5	五	丙午
十三	6	六	丁未
十四	7	日	戊申
十五	8	一	己酉
十六	9	二	庚戌
十七	10	三	辛亥
十八	11	四	壬子
十九	12	五	癸丑
二十	13	六	甲寅
廿一	14	日	乙卯
廿二	15	一	丙辰
廿三	16	二	丁巳
廿四	17	三	戊午
廿五	18	四	己未
廿六	19	五	庚申
廿七	20	六	辛酉
廿八	21	日	壬戌
廿九	22	一	癸亥

节气：立秋 十四 寅时／处暑 廿九 酉时

闰七月小

旬	公历	星期	干支
初一	23	二	甲子
初二	24	三	乙丑
初三	25	四	丙寅
初四	26	五	丁卯
初五	27	六	戊辰
初六	28	日	己巳
初七	29	一	庚午
初八	30	二	辛未
初九	31	三	壬申
初十	**9**	四	癸酉
十一	2	五	甲戌
十二	3	六	乙亥
十三	4	日	丙子
十四	5	一	丁丑
十五	6	二	戊寅
十六	7	三	己卯
十七	8	四	庚辰
十八	9	五	辛巳
十九	10	六	壬午
二十	11	日	癸未
廿一	12	一	甲申
廿二	13	二	乙酉
廿三	14	三	丙戌
廿四	15	四	丁亥
廿五	16	五	戊子
廿六	17	六	己丑
廿七	18	日	庚寅
廿八	19	一	辛卯
廿九	20	二	壬辰

节气：白露 十六 辰时

八月小癸酉

旬	公历	星期	干支
初一	21	三	癸巳
初二	22	四	甲午
初三	23	五	乙未
初四	24	六	丙申
初五	25	日	丁酉
初六	26	一	戊戌
初七	27	二	己亥
初八	28	三	庚子
初九	29	四	辛丑
初十	30	五	壬寅
十一	**10**	六	癸卯
十二	2	日	甲辰
十三	3	一	乙巳
十四	4	二	丙午
十五	5	三	丁未
十六	6	四	戊申
十七	7	五	己酉
十八	8	六	庚戌
十九	9	日	辛亥
二十	10	一	壬子
廿一	11	二	癸丑
廿二	12	三	甲寅
廿三	13	四	乙卯
廿四	14	五	丙辰
廿五	15	六	丁巳
廿六	16	日	戊午
廿七	17	一	己未
廿八	18	二	庚申
廿九	19	三	辛酉

节气：秋分 初二 申时／寒露 十七 子时

九月大甲戌

旬	公历	星期	干支
初一	20	四	壬戌
初二	21	五	癸亥
初三	22	六	甲子
初四	23	日	乙丑
初五	24	一	丙寅
初六	25	二	丁卯
初七	26	三	戊辰
初八	27	四	己巳
初九	28	五	庚午
初十	29	六	辛未
十一	30	日	壬申
十二	31	一	癸酉
十三	**11**	二	甲戌
十四	2	三	乙亥
十五	3	四	丙子
十六	4	五	丁丑
十七	5	六	戊寅
十八	6	日	己卯
十九	7	一	庚辰
二十	8	二	辛巳
廿一	9	三	壬午
廿二	10	四	癸未
廿三	11	五	甲申
廿四	12	六	乙酉
廿五	13	日	丙戌
廿六	14	一	丁亥
廿七	15	二	戊子
廿八	16	三	己丑
廿九	17	四	庚寅
三十	18	五	辛卯

节气：霜降 初三 丑时／立冬 十八 巳时

十月大乙亥

旬	公历	星期	干支
初一	19	六	壬辰
初二	20	日	癸巳
初三	21	一	甲午
初四	22	二	乙未
初五	23	三	丙申
初六	24	四	丁酉
初七	25	五	戊戌
初八	26	六	己亥
初九	27	日	庚子
初十	28	一	辛丑
十一	29	二	壬寅
十二	30	三	癸卯
十三	**12**	四	甲辰
十四	2	五	乙巳
十五	3	六	丙午
十六	4	日	丁未
十七	5	一	戊申
十八	6	二	己酉
十九	7	三	庚戌
二十	8	四	辛亥
廿一	9	五	壬子
廿二	10	六	癸丑
廿三	11	日	甲寅
廿四	12	一	乙卯
廿五	13	二	丙辰
廿六	14	三	丁巳
廿七	15	四	戊午
廿八	16	五	己未
廿九	17	六	庚申
三十	18	日	辛酉

节气：小雪 初四 子时／大雪 十八 戌时

十一月大丙子

旬	公历	星期	干支
初一	19	一	壬戌
初二	20	二	癸亥
初三	21	三	甲子
初四	22	四	乙丑
初五	23	五	丙寅
初六	24	六	丁卯
初七	25	日	戊辰
初八	26	一	己巳
初九	27	二	庚午
初十	28	三	辛未
十一	29	四	壬申
十二	30	五	癸酉
十三	31	六	甲戌
十四	**1**	日	乙亥
十五	2	一	丙子
十六	3	二	丁丑
十七	4	三	戊寅
十八	5	四	己卯
十九	6	五	庚辰
二十	7	六	辛巳
廿一	8	日	壬午
廿二	9	一	癸未
廿三	10	二	甲申
廿四	11	三	乙酉
廿五	12	四	丙戌
廿六	13	五	丁亥
廿七	14	六	戊子
廿八	15	日	己丑
廿九	16	一	庚寅
三十	17	二	辛卯

节气：冬至 初三 未时／小寒 十八 辰时

十二月小丁丑

旬	公历	星期	干支
初一	18	三	壬辰
初二	19	四	癸巳
初三	20	五	甲午
初四	21	六	乙未
初五	22	日	丙申
初六	23	一	丁酉
初七	24	二	戊戌
初八	25	三	己亥
初九	26	四	庚子
初十	27	五	辛丑
十一	28	六	壬寅
十二	29	日	癸卯
十三	30	一	甲辰
十四	31	二	乙巳
十五	**2**	三	丙午
十六	2	四	丁未
十七	3	五	戊申
十八	4	六	己酉
十九	5	日	庚戌
二十	6	一	辛亥
廿一	7	二	壬子
廿二	8	三	癸丑
廿三	9	四	甲寅
廿四	10	五	乙卯
廿五	11	六	丙辰
廿六	12	日	丁巳
廿七	13	一	戊午
廿八	14	二	己未
廿九	15	三	庚申

节气：大寒 初三 卯时／立春 十七 酉时

农历乙丑年　属牛　　　　　　　　　　　　　　　　　　　　　**公元 2045—2046 年**

旬/日	正月大戊寅 公历	星期	干支	二月小己卯 公历	星期	干支	三月大庚辰 公历	星期	干支	四月小辛巳 公历	星期	干支	五月小壬午 公历	星期	干支	六月大癸未 公历	星期	干支	七月小甲申 公历	星期	干支	八月小乙酉 公历	星期	干支	九月大丙戌 公历	星期	干支	十月小丁亥 公历	星期	干支	十一月大戊子 公历	星期	干支	十二月大己丑 公历	星期	干支
初一	17	六	壬寅	19	一	壬申	17	二	辛丑	17	四	辛未	15	五	庚子	14	六	己巳	13	一	己亥	11	二	戊辰	10	三	丁酉	9	五	丁卯	8	六	丙申	7	一	丙寅
初二	18	日	癸卯	20	二	癸酉	18	三	壬寅	18	五	壬申	16	六	辛丑	15	日	庚午	14	二	庚子	12	三	己巳	11	四	戊戌	10	六	戊辰	9	日	丁酉	8	二	丁卯
初三	19	一	甲辰	21	三	甲戌	19	四	癸卯	19	六	癸酉	17	日	壬寅	16	一	辛未	15	三	辛丑	13	四	庚午	12	五	己亥	11	日	己巳	10	一	戊戌	9	三	戊辰
初四	20	二	乙巳	22	四	乙亥	20	五	甲辰	20	日	甲戌	18	一	癸卯	17	二	壬申	16	四	壬寅	14	五	辛未	13	六	庚子	12	一	庚午	11	二	己亥	10	四	己巳
初五	21	三	丙午	23	五	丙子	21	六	乙巳	21	一	乙亥	19	二	甲辰	18	三	癸酉	17	五	癸卯	15	六	壬申	14	日	辛丑	13	二	辛未	12	三	庚子	11	五	庚午
初六	22	四	丁未	24	六	丁丑	22	日	丙午	22	二	丙子	20	三	乙巳	19	四	甲戌	18	六	甲辰	16	日	癸酉	15	一	壬寅	14	三	壬申	13	四	辛丑	12	六	辛未
初七	23	五	戊申	25	日	戊寅	23	一	丁未	23	三	丁丑	21	四	丙午	20	五	乙亥	19	日	乙巳	17	一	甲戌	16	二	癸卯	15	四	癸酉	14	五	壬寅	13	日	壬申
初八	24	六	己酉	26	一	己卯	24	二	戊申	24	四	戊寅	22	五	丁未	21	六	丙子	20	一	丙午	18	二	乙亥	17	三	甲辰	16	五	甲戌	15	六	癸卯	14	一	癸酉
初九	25	日	庚戌	27	二	庚辰	25	三	己酉	25	五	己卯	23	六	戊申	22	日	丁丑	21	二	丁未	19	三	丙子	18	四	乙巳	17	六	乙亥	16	日	甲辰	15	二	甲戌
初十	26	一	辛亥	28	三	辛巳	26	四	庚戌	26	六	庚辰	24	日	己酉	23	一	戊寅	22	三	戊申	20	四	丁丑	19	五	丙午	18	日	丙子	17	一	乙巳	16	三	乙亥
十一	27	二	壬子	29	四	壬午	27	五	辛亥	27	日	辛巳	25	一	庚戌	24	二	己卯	23	四	己酉	21	五	戊寅	20	六	丁未	19	一	丁丑	18	二	丙午	17	四	丙子
十二	28	三	癸丑	30	五	癸未	28	六	壬子	28	一	壬午	26	二	辛亥	25	三	庚辰	24	五	庚戌	22	六	己卯	21	日	戊申	20	二	戊寅	19	三	丁未	18	五	丁丑
十三	**1**	四	甲寅	31	六	甲申	29	日	癸丑	29	二	癸未	27	三	壬子	26	四	辛巳	25	六	辛亥	23	日	庚辰	22	一	己酉	21	三	己卯	20	四	戊申	19	六	戊寅
十四	2	五	乙卯	**1**	日	乙酉	30	一	甲寅	30	三	甲申	28	四	癸丑	27	五	壬午	26	日	壬子	24	一	辛巳	23	二	庚戌	22	四	庚辰	21	五	己酉	20	日	己卯
十五	3	六	丙辰	2	一	丙戌	**1**	二	乙卯	31	四	乙酉	29	五	甲寅	28	六	癸未	27	一	癸丑	25	二	壬午	24	三	辛亥	23	五	辛巳	22	六	庚戌	21	一	庚辰
十六	4	日	丁巳	3	二	丁亥	2	三	丙辰	**1**	五	丙戌	30	六	乙卯	29	日	甲申	28	二	甲寅	26	三	癸未	25	四	壬子	24	六	壬午	23	日	辛亥	22	二	辛巳
十七	5	一	戊午	4	三	戊子	3	四	丁巳	2	六	丁亥	**1**	日	丙辰	30	一	乙酉	29	三	乙卯	27	四	甲申	26	五	癸丑	25	日	癸未	24	一	壬子	23	三	壬午
十八	6	二	己未	5	四	己丑	4	五	戊午	3	日	戊子	2	一	丁巳	31	二	丙戌	30	四	丙辰	28	五	乙酉	27	六	甲寅	26	一	甲申	25	二	癸丑	24	四	癸未
十九	7	三	庚申	6	五	庚寅	5	六	己未	4	一	己丑	3	二	戊午	**1**	三	丁亥	31	五	丁巳	29	六	丙戌	28	日	乙卯	27	二	乙酉	26	三	甲寅	25	五	甲申
二十	8	四	辛酉	7	六	辛卯	6	日	庚申	5	二	庚寅	4	三	己未	2	四	戊子	**1**	六	戊午	30	日	丁亥	29	一	丙辰	28	三	丙戌	27	四	乙卯	26	六	乙酉
廿一	9	五	壬戌	8	日	壬辰	7	一	辛酉	6	三	辛卯	5	四	庚申	3	五	己丑	2	日	己未	**1**	一	戊子	30	二	丁巳	29	四	丁亥	28	五	丙辰	27	日	丙戌
廿二	10	六	癸亥	9	一	癸巳	8	二	壬戌	7	四	壬辰	6	五	辛酉	4	六	庚寅	3	一	庚申	2	二	己丑	31	三	戊午	30	五	戊子	29	六	丁巳	28	一	丁亥
廿三	11	日	甲子	10	二	甲午	9	三	癸亥	8	五	癸巳	7	六	壬戌	5	日	辛卯	4	二	辛酉	3	三	庚寅	**1**	四	己未	**1**	六	己丑	30	日	戊午	29	二	戊子
廿四	12	一	乙丑	11	三	乙未	10	四	甲子	9	六	甲午	8	日	癸亥	6	一	壬辰	5	三	壬戌	4	四	辛卯	2	五	庚申	2	日	庚寅	31	一	己未	30	三	己丑
廿五	13	二	丙寅	12	四	丙申	11	五	乙丑	10	日	乙未	9	一	甲子	7	二	癸巳	6	四	癸亥	5	五	壬辰	3	六	辛酉	3	一	辛卯	**1**	二	庚申	31	四	庚寅
廿六	14	三	丁卯	13	五	丁酉	12	六	丙寅	11	一	丙申	10	二	乙丑	8	三	甲午	7	五	甲子	6	六	癸巳	4	日	壬戌	4	二	壬辰	2	三	辛酉	**1**	五	辛卯
廿七	15	四	戊辰	14	六	戊戌	13	日	丁卯	12	二	丁酉	11	三	丙寅	9	四	乙未	8	六	乙丑	7	日	甲午	5	一	癸亥	5	三	癸巳	3	四	壬戌	2	六	壬辰
廿八	16	五	己巳	15	日	己亥	14	一	戊辰	13	三	戊戌	12	四	丁卯	10	五	丙申	9	日	丙寅	8	一	乙未	6	二	甲子	6	四	甲午	4	五	癸亥	3	日	癸巳
廿九	17	六	庚午	16	一	庚子	15	二	己巳	14	四	己亥	13	五	戊辰	11	六	丁酉	10	一	丁卯	9	二	丙申	7	三	乙丑	7	五	乙未	5	六	甲子	4	一	甲午
三十	18	日	辛未				16	三	庚午							12	日	戊戌							8	四	丙寅				6	日	乙丑	5	二	乙未

节气

月份	节气（一）	节气（二）
正月	雨水 初二 未时	惊蛰 十七 午时
二月	春分 初二 未时	清明 十七 申时
三月	谷雨 初三 子时	立夏 十九 巳时
四月	小满 初四 亥时	芒种 二十 未时
五月	夏至 初七 卯时	小暑 廿三 子时
六月	大暑 初九 酉时	立秋 廿五 巳时
七月	处暑 十一 子时	白露 廿六 未时
八月	秋分 十二 亥时	寒露 廿七 卯时
九月	霜降 十四 辰时	立冬 廿九 辰时
十月	小雪 十四 卯时	大雪 廿九 卯时
十一月	冬至 十四 戌时	小寒 廿九 午时
十二月	大寒 十四 卯时	立春 廿九 子时

农历丙寅年　属虎

旬	正月大庚寅 公历	星期	干支	二月小辛卯 公历	星期	干支	三月大壬辰 公历	星期	干支	四月小癸巳 公历	星期	干支	五月大甲午 公历	星期	干支	六月小乙未 公历	星期	干支	七月大丙申 公历	星期	干支	八月小丁酉 公历	星期	干支	九月小戊戌 公历	星期	干支	十月大己亥 公历	星期	干支	十一月小庚子 公历	星期	干支	十二月大辛丑 公历	星期	干支
初一	6	二	丙申	8	四	丙寅	6	五	乙未	6	日	乙丑	4	一	甲午	4	三	甲子	2	四	癸巳	1	六	癸亥	30	日	壬辰	29	一	辛酉	28	三	辛卯	27	四	庚申
初二	7	三	丁酉	9	五	丁卯	7	六	丙申	7	一	丙寅	5	二	乙未	5	四	乙丑	3	五	甲午	2	日	甲子	1	一	癸巳	30	二	壬戌	29	四	壬辰	28	五	辛酉
初三	8	四	戊戌	10	六	戊辰	8	日	丁酉	8	二	丁卯	6	三	丙申	6	五	丙寅	4	六	乙未	3	一	乙丑	2	二	甲午	31	三	癸亥	30	五	癸巳	29	六	壬戌
初四	9	五	己亥	11	日	己巳	9	一	戊戌	9	三	戊辰	7	四	丁酉	7	六	丁卯	5	日	丙申	4	二	丙寅	3	三	乙未	1	四	甲子	1	六	甲午	30	日	癸亥
初五	10	六	庚子	12	一	庚午	10	二	己亥	10	四	己巳	8	五	戊戌	8	日	戊辰	6	一	丁酉	5	三	丁卯	4	四	丙申	2	五	乙丑	2	日	乙未	31	一	甲子
初六	11	日	辛丑	13	二	辛未	11	三	庚子	11	五	庚午	9	六	己亥	9	一	己巳	7	二	戊戌	6	四	戊辰	5	五	丁酉	3	六	丙寅	3	一	丙申	1	二	乙丑
初七	12	一	壬寅	14	三	壬申	12	四	辛丑	12	六	辛未	10	日	庚子	10	二	庚午	8	三	己亥	7	五	己巳	6	六	戊戌	4	日	丁卯	4	二	丁酉	2	三	丙寅
初八	13	二	癸卯	15	四	癸酉	13	五	壬寅	13	日	壬申	11	一	辛丑	11	三	辛未	9	四	庚子	8	六	庚午	7	日	己亥	5	一	戊辰	5	三	戊戌	3	四	丁卯
初九	14	三	甲辰	16	五	甲戌	14	六	癸卯	14	一	癸酉	12	二	壬寅	12	四	壬申	10	五	辛丑	9	日	辛未	8	一	庚子	6	二	己巳	6	四	己亥	4	五	戊辰
初十	15	四	乙巳	17	六	乙亥	15	日	甲辰	15	二	甲戌	13	三	癸卯	13	五	癸酉	11	六	壬寅	10	一	壬申	9	二	辛丑	7	三	庚午	7	五	庚子	5	六	己巳
十一	16	五	丙午	18	日	丙子	16	一	乙巳	16	三	乙亥	14	四	甲辰	14	六	甲戌	12	日	癸卯	11	二	癸酉	10	三	壬寅	8	四	辛未	8	六	辛丑	6	日	庚午
十二	17	六	丁未	19	一	丁丑	17	二	丙午	17	四	丙子	15	五	乙巳	15	日	乙亥	13	一	甲辰	12	三	甲戌	11	四	癸卯	9	五	壬申	9	日	壬寅	7	一	辛未
十三	18	日	戊申	20	二	戊寅	18	三	丁未	18	五	丁丑	16	六	丙午	16	一	丙子	14	二	乙巳	13	四	乙亥	12	五	甲辰	10	六	癸酉	10	一	癸卯	8	二	壬申
十四	19	一	己酉	21	三	己卯	19	四	戊申	19	六	戊寅	17	日	丁未	17	二	丁丑	15	三	丙午	14	五	丙子	13	六	乙巳	11	日	甲戌	11	二	甲辰	9	三	癸酉
十五	20	二	庚戌	22	四	庚辰	20	五	己酉	20	日	己卯	18	一	戊申	18	三	戊寅	16	四	丁未	15	六	丁丑	14	日	丙午	12	一	乙亥	12	三	乙巳	10	四	甲戌
十六	21	三	辛亥	23	五	辛巳	21	六	庚戌	21	一	庚辰	19	二	己酉	19	四	己卯	17	五	戊申	16	日	戊寅	15	一	丁未	13	二	丙子	13	四	丙午	11	五	乙亥
十七	22	四	壬子	24	六	壬午	22	日	辛亥	22	二	辛巳	20	三	庚戌	20	五	庚辰	18	六	己酉	17	一	己卯	16	二	戊申	14	三	丁丑	14	五	丁未	12	六	丙子
十八	23	五	癸丑	25	日	癸未	23	一	壬子	23	三	壬午	21	四	辛亥	21	六	辛巳	19	日	庚戌	18	二	庚辰	17	三	己酉	15	四	戊寅	15	六	戊申	13	日	丁丑
十九	24	六	甲寅	26	一	甲申	24	二	癸丑	24	四	癸未	22	五	壬子	22	日	壬午	20	一	辛亥	19	三	辛巳	18	四	庚戌	16	五	己卯	16	日	己酉	14	一	戊寅
二十	25	日	乙卯	27	二	乙酉	25	三	甲寅	25	五	甲申	23	六	癸丑	23	一	癸未	21	二	壬子	20	四	壬午	19	五	辛亥	17	六	庚辰	17	一	庚戌	15	二	己卯
廿一	26	一	丙辰	28	三	丙戌	26	四	乙卯	26	六	乙酉	24	日	甲寅	24	二	甲申	22	三	癸丑	21	五	癸未	20	六	壬子	18	日	辛巳	18	二	辛亥	16	三	庚辰
廿二	27	二	丁巳	29	四	丁亥	27	五	丙辰	27	日	丙戌	25	一	乙卯	25	三	乙酉	23	四	甲寅	22	六	甲申	21	日	癸丑	19	一	壬午	19	三	壬子	17	四	辛巳
廿三	28	三	戊午	30	五	戊子	28	六	丁巳	28	一	丁亥	26	二	丙辰	26	四	丙戌	24	五	乙卯	23	日	乙酉	22	一	甲寅	20	二	癸未	20	四	癸丑	18	五	壬午
廿四	1	四	己未	31	六	己丑	29	日	戊午	29	二	戊子	27	三	丁巳	27	五	丁亥	25	六	丙辰	24	一	丙戌	23	二	乙卯	21	三	甲申	21	五	甲寅	19	六	癸未
廿五	2	五	庚申	1	日	庚寅	30	一	己未	30	三	己丑	28	四	戊午	28	六	戊子	26	日	丁巳	25	二	丁亥	24	三	丙辰	22	四	乙酉	22	六	乙卯	20	日	甲申
廿六	3	六	辛酉	2	一	辛卯	1	二	庚申	31	四	庚寅	29	五	己未	29	日	己丑	27	一	戊午	26	三	戊子	25	四	丁巳	23	五	丙戌	23	日	丙辰	21	一	乙酉
廿七	4	日	壬戌	3	二	壬辰	2	三	辛酉	1	五	辛卯	30	六	庚申	30	一	庚寅	28	二	己未	27	四	己丑	26	五	戊午	24	六	丁亥	24	一	丁巳	22	二	丙戌
廿八	5	一	癸亥	4	三	癸巳	3	四	壬戌	2	六	壬辰	1	日	辛酉	31	二	辛卯	29	三	庚申	28	五	庚寅	27	六	己未	25	日	戊子	25	二	戊午	23	三	丁亥
廿九	6	二	甲子	5	四	甲午	4	五	癸亥	3	日	癸巳	2	一	壬戌	1	三	壬辰	30	四	辛酉	29	六	辛卯	28	日	庚申	26	一	己丑	26	三	己未	24	四	戊子
三十	7	三	乙丑				5	六	甲子				3	二	癸亥				31	五	壬戌							27	二	庚寅				25	五	己丑

节气：

- 正月：雨水 十三 戌时；惊蛰 廿八 酉时
- 二月：春分 十三 酉时；清明 廿八 申时
- 三月：谷雨 十五 卯时；立夏 三十 申时
- 四月：小满 十六 寅时
- 五月：芒种 初二 午时；夏至 十八 午时
- 六月：小暑 初四 子时；大暑 十九 子时
- 七月：立秋 初六 午时；处暑 廿二 卯时
- 八月：白露 初七 酉时；秋分 廿二 寅时
- 九月：寒露 初九 戌时；霜降 廿四 午时
- 十月：立冬 初十 午时；小雪 廿五 午时
- 十一月：大雪 初十 辰时；冬至 廿五 午时
- 十二月：小寒 初十 酉时；大寒 廿五 午时

农历丁卯年 属兔　　　　　　　　　　　　　　　　　　　　　　　　　　　　　　　　　　　　　　公元 2047－2048 年

旬	正月大壬寅 公历	星期	干支	二月小癸卯 公历	星期	干支	三月大甲辰 公历	星期	干支	四月大乙巳 公历	星期	干支	五月小丙午 公历	星期	干支	闰五月大 公历	星期	干支	六月小丁未 公历	星期	干支	七月大戊申 公历	星期	干支	八月小己酉 公历	星期	干支	九月小庚戌 公历	星期	干支	十月大辛亥 公历	星期	干支	十一月小壬子 公历	星期	干支	十二月大癸丑 公历	星期	干支
初一	26	六	庚寅	25	一	庚申	26	二	己丑	25	四	己未	25	六	己丑	23	日	戊午	23	二	戊子	21	三	丁巳	20	五	丁亥	19	六	丙辰	17	日	乙酉	17	二	乙卯	15	三	甲申
初二	27	日	辛卯	26	二	辛酉	27	三	庚寅	26	五	庚申	26	日	庚寅	24	一	己未	24	三	己丑	22	四	戊午	21	六	戊子	20	日	丁巳	18	一	丙戌	18	三	丙辰	16	四	乙酉
初三	28	一	壬辰	27	三	壬戌	28	四	辛卯	27	六	辛酉	27	一	辛卯	25	二	庚申	25	四	庚寅	23	五	己未	22	日	己丑	21	一	戊午	19	二	丁亥	19	四	丁巳	17	五	丙戌
初四	29	二	癸巳	28	四	癸亥	29	五	壬辰	28	日	壬戌	28	二	壬辰	26	三	辛酉	26	五	辛卯	24	六	庚申	23	一	庚寅	22	二	己未	20	三	戊子	20	五	戊午	18	六	丁亥
初五	30	三	甲午	**3**	五	甲子	30	六	癸巳	29	一	癸亥	29	三	癸巳	27	四	壬戌	27	六	壬辰	25	日	辛酉	24	二	辛卯	23	三	庚申	21	四	己丑	21	六	己未	19	日	戊子
初六	31	四	乙未	2	六	乙丑	31	日	甲午	30	二	甲子	30	四	甲午	28	五	癸亥	28	日	癸巳	26	一	壬戌	25	三	壬辰	24	四	辛酉	22	五	庚寅	22	日	庚申	20	一	己丑
初七	**2**	五	丙申	3	日	丙寅	**4**	一	乙未	**5**	三	乙丑	31	五	乙未	29	六	甲子	29	一	甲午	27	二	癸亥	26	四	癸巳	25	五	壬戌	23	六	辛卯	23	一	辛酉	21	二	庚寅
初八	2	六	丁酉	4	一	丁卯	2	二	丙申	2	四	丙寅	**6**	六	丙申	30	日	乙丑	30	二	乙未	28	三	甲子	27	五	甲午	26	六	癸亥	24	日	壬辰	24	二	壬戌	22	三	辛卯
初九	3	日	戊戌	5	二	戊辰	3	三	丁酉	3	五	丁卯	2	日	丁酉	**7**	一	丙寅	31	三	丙申	29	四	乙丑	28	六	乙未	27	日	甲子	25	一	癸巳	25	三	癸亥	23	四	壬辰
初十	4	一	己亥	6	三	己巳	4	四	戊戌	4	六	戊辰	3	一	戊戌	2	二	丁卯	**8**	四	丁酉	30	五	丙寅	29	日	丙申	28	一	乙丑	26	二	甲午	26	四	甲子	24	五	癸巳
十一	5	二	庚子	7	四	庚午	5	五	己亥	5	日	己巳	4	二	己亥	3	三	戊辰	2	五	戊戌	31	六	丁卯	30	一	丁酉	29	二	丙寅	27	三	乙未	27	五	乙丑	25	六	甲午
十二	6	三	辛丑	8	五	辛未	6	六	庚子	6	一	庚午	5	三	庚子	4	四	己巳	3	六	己亥	**9**	日	戊辰	**10**	二	戊戌	30	三	丁卯	28	四	丙申	28	六	丙寅	26	日	乙未
十三	7	四	壬寅	9	六	壬申	7	日	辛丑	7	二	辛未	6	四	辛丑	5	五	庚午	4	日	庚子	2	一	己巳	2	三	己亥	31	四	戊辰	29	五	丁酉	29	日	丁卯	27	一	丙申
十四	8	五	癸卯	10	日	癸酉	8	一	壬寅	8	三	壬申	7	五	壬寅	6	六	辛未	5	一	辛丑	3	二	庚午	3	四	庚子	**11**	五	己巳	30	六	戊戌	30	一	戊辰	28	二	丁酉
十五	9	六	甲辰	11	一	甲戌	9	二	癸卯	9	四	癸酉	8	六	癸卯	7	日	壬申	6	二	壬寅	4	三	辛未	4	五	辛丑	2	六	庚午	**12**	日	己亥	31	二	己巳	29	三	戊戌
十六	10	日	乙巳	12	二	乙亥	10	三	甲辰	10	五	甲戌	9	日	甲辰	8	一	癸酉	7	三	癸卯	5	四	壬申	5	六	壬寅	3	日	辛未	2	一	庚子	**1**	三	庚午	30	四	己亥
十七	11	一	丙午	13	三	丙子	11	四	乙巳	11	六	乙亥	10	一	乙巳	9	二	甲戌	8	四	甲辰	6	五	癸酉	6	日	癸卯	4	一	壬申	3	二	辛丑	2	四	辛未	31	五	庚子
十八	12	二	丁未	14	四	丁丑	12	五	丙午	12	日	丙子	11	二	丙午	10	三	乙亥	9	五	乙巳	7	六	甲戌	7	一	甲辰	5	二	癸酉	4	三	壬寅	3	五	壬申	**2**	六	辛丑
十九	13	三	戊申	15	五	戊寅	13	六	丁未	13	一	丁丑	12	三	丁未	11	四	丙子	10	六	丙午	8	日	乙亥	8	二	乙巳	6	三	甲戌	5	四	癸卯	4	六	癸酉	2	日	壬寅
二十	14	四	己酉	16	六	己卯	14	日	戊申	14	二	戊寅	13	四	戊申	12	五	丁丑	11	日	丁未	9	一	丙子	9	三	丙午	7	四	乙亥	6	五	甲辰	5	日	甲戌	3	一	癸卯
廿一	15	五	庚戌	17	日	庚辰	15	一	己酉	15	三	己卯	14	五	己酉	13	六	戊寅	12	一	戊申	10	二	丁丑	10	四	丁未	8	五	丙子	7	六	乙巳	6	一	乙亥	4	二	甲辰
廿二	16	六	辛亥	18	一	辛巳	16	二	庚戌	16	四	庚辰	15	六	庚戌	14	日	己卯	13	二	己酉	11	三	戊寅	11	五	戊申	9	六	丁丑	8	日	丙午	7	二	丙子	5	三	乙巳
廿三	17	日	壬子	19	二	壬午	17	三	辛亥	17	五	辛巳	16	日	辛亥	15	一	庚辰	14	三	庚戌	12	四	己卯	12	六	己酉	10	日	戊寅	9	一	丁未	8	三	丁丑	6	四	丙午
廿四	18	一	癸丑	20	三	癸未	18	四	壬子	18	六	壬午	17	一	壬子	16	二	辛巳	15	四	辛亥	13	五	庚辰	13	日	庚戌	11	一	己卯	10	二	戊申	9	四	戊寅	7	五	丁未
廿五	19	二	甲寅	21	四	甲申	19	五	癸丑	19	日	癸未	18	二	癸丑	17	三	壬午	16	五	壬子	14	六	辛巳	14	一	辛亥	12	二	庚辰	11	三	己酉	10	五	己卯	8	六	戊申
廿六	20	三	乙卯	22	五	乙酉	20	六	甲寅	20	一	甲申	19	三	甲寅	18	四	癸未	17	六	癸丑	15	日	壬午	15	二	壬子	13	三	辛巳	12	四	庚戌	11	六	庚辰	9	日	己酉
廿七	21	四	丙辰	23	六	丙戌	21	日	乙卯	21	二	乙酉	20	四	乙卯	19	五	甲申	18	日	甲寅	16	一	癸未	16	三	癸丑	14	四	壬午	13	五	辛亥	12	日	辛巳	10	一	庚戌
廿八	22	五	丁巳	24	日	丁亥	22	一	丙辰	22	三	丙戌	21	五	丙辰	20	六	乙酉	19	一	乙卯	17	二	甲申	17	四	甲寅	15	五	癸未	14	六	壬子	13	一	壬午	11	二	辛亥
廿九	23	六	戊午	25	一	戊子	23	二	丁巳	23	四	丁亥	22	六	丁巳	21	日	丙戌	20	二	丙辰	18	三	乙酉	18	五	乙卯	16	六	甲申	15	日	癸丑	14	二	癸未	12	三	壬子
三十	24	日	己未				24	三	戊午	24	五	戊子				22	一	丁亥				19	四	丙戌							16	一	甲寅				13	四	癸丑
节气	立春 初十 卯时 / 雨水 廿五 丑时			惊蛰 初十 子时 / 春分 廿五 子时			清明 十一 寅时 / 谷雨 廿六 午时			立夏 十一 寅时 / 小满 廿七 巳时			芒种 十三 丑时 / 夏至 廿八 酉时			小暑 十五 午时			大暑 初一 寅时 / 立秋 十六 亥时			处暑 初三 午时 / 白露 十九 午时			秋分 初四 巳时 / 寒露 十九 申时			霜降 初五 戌时 / 立冬 二十 戌时			小雪 初五 酉时 / 大雪 廿一 未时			冬至 初六 辰时 / 小寒 廿一 子时			大寒 初六 酉时 / 立春 廿一 午时		

253

农历戊辰年　属龙

正月小甲寅 ～ 六月大己未

旬	正月小甲寅 公历	星期	干支	二月大乙卯 公历	星期	干支	三月大丙辰 公历	星期	干支	四月小丁巳 公历	星期	干支	五月大戊午 公历	星期	干支	六月大己未 公历	星期	干支
初一	14	五	甲寅	14	六	癸未	13	一	癸丑	13	三	癸未	11	四	壬子	11	六	壬午
初二	15	六	乙卯	15	日	甲申	14	二	甲寅	14	四	甲申	12	五	癸丑	12	日	癸未
初三	16	日	丙辰	16	一	乙酉	15	三	乙卯	15	五	乙酉	13	六	甲寅	13	一	甲申
初四	17	一	丁巳	17	二	丙戌	16	四	丙辰	16	六	丙戌	14	日	乙卯	14	二	乙酉
初五	18	二	戊午	18	三	丁亥	17	五	丁巳	17	日	丁亥	15	一	丙辰	15	三	丙戌
初六	19	三	己未	19	四	戊子	18	六	戊午	18	一	戊子	16	二	丁巳	16	四	丁亥
初七	20	四	庚申	20	五	己丑	19	日	己未	19	二	己丑	17	三	戊午	17	五	戊子
初八	21	五	辛酉	21	六	庚寅	20	一	庚申	20	三	庚寅	18	四	己未	18	六	己丑
初九	22	六	壬戌	22	日	辛卯	21	二	辛酉	21	四	辛卯	19	五	庚申	19	日	庚寅
初十	23	日	癸亥	23	一	壬辰	22	三	壬戌	22	五	壬辰	20	六	辛酉	20	一	辛卯
十一	24	一	甲子	24	二	癸巳	23	四	癸亥	23	六	癸巳	21	日	壬戌	21	二	壬辰
十二	25	二	乙丑	25	三	甲午	24	五	甲子	24	日	甲午	22	一	癸亥	22	三	癸巳
十三	26	三	丙寅	26	四	乙未	25	六	乙丑	25	一	乙未	23	二	甲子	23	四	甲午
十四	27	四	丁卯	27	五	丙申	26	日	丙寅	26	二	丙申	24	三	乙丑	24	五	乙未
十五	28	五	戊辰	28	六	丁酉	27	一	丁卯	27	三	丁酉	25	四	丙寅	25	六	丙申
十六	29	六	己巳	29	日	戊戌	28	二	戊辰	28	四	戊戌	26	五	丁卯	26	日	丁酉
十七	**3**	日	庚午	30	一	己亥	29	三	己巳	29	五	己亥	27	六	戊辰	27	一	戊戌
十八	2	一	辛未	31	二	庚子	30	四	庚午	30	六	庚子	28	日	己巳	28	二	己亥
十九	3	二	壬申	**4**	三	辛丑	**5**	五	辛未	31	日	辛丑	29	一	庚午	29	三	庚子
二十	4	三	癸酉	2	四	壬寅	2	六	壬申	**6**	一	壬寅	30	二	辛未	30	四	辛丑
廿一	5	四	甲戌	3	五	癸卯	3	日	癸酉	2	二	癸卯	**7**	三	壬申	31	五	壬寅
廿二	6	五	乙亥	4	六	甲辰	4	一	甲戌	3	三	甲辰	2	四	癸酉	**8**	六	癸卯
廿三	7	六	丙子	5	日	乙巳	5	二	乙亥	4	四	乙巳	3	五	甲戌	2	日	甲辰
廿四	8	日	丁丑	6	一	丙午	6	三	丙子	5	五	丙午	4	六	乙亥	3	一	乙巳
廿五	9	一	戊寅	7	二	丁未	7	四	丁丑	6	六	丁未	5	日	丙子	4	二	丙午
廿六	10	二	己卯	8	三	戊申	8	五	戊寅	7	日	戊申	6	一	丁丑	5	三	丁未
廿七	11	三	庚辰	9	四	己酉	9	六	己卯	8	一	己酉	7	二	戊寅	6	四	戊申
廿八	12	四	辛巳	10	五	庚戌	10	日	庚辰	9	二	庚戌	8	三	己卯	7	五	己酉
廿九	13	五	壬午	11	六	辛亥	11	一	辛巳	10	三	辛亥	9	四	庚辰	8	六	庚戌
三十				12	日	壬子	12	二	壬午				10	五	辛巳	9	日	辛亥

节气（正月～六月）

节气	农历日	时辰
雨水	初六	辰时
惊蛰	廿一	卯时
春分	初七	卯时
清明	廿二	巳时
谷雨	初七	酉时
立夏	廿三	寅时
小满	初八	申时
芒种	廿四	辰时
夏至	初十	子时
小暑	廿六	酉时
大暑	十二	巳时
立秋	廿八	亥时

七月小庚申 ～ 十二月小乙丑

旬	七月小庚申 公历	星期	干支	八月大辛酉 公历	星期	干支	九月小壬戌 公历	星期	干支	十月小癸亥 公历	星期	干支	十一月大甲子 公历	星期	干支	十二月小乙丑 公历	星期	干支
初一	10	一	壬子	8	二	辛巳	8	四	辛亥	6	五	庚辰	5	六	己酉	4	一	己卯
初二	11	二	癸丑	9	三	壬午	9	五	壬子	7	六	辛巳	6	日	庚戌	5	二	庚辰
初三	12	三	甲寅	10	四	癸未	10	六	癸丑	8	日	壬午	7	一	辛亥	6	三	辛巳
初四	13	四	乙卯	11	五	甲申	11	日	甲寅	9	一	癸未	8	二	壬子	7	四	壬午
初五	14	五	丙辰	12	六	乙酉	12	一	乙卯	10	二	甲申	9	三	癸丑	8	五	癸未
初六	15	六	丁巳	13	日	丙戌	13	二	丙辰	11	三	乙酉	10	四	甲寅	9	六	甲申
初七	16	日	戊午	14	一	丁亥	14	三	丁巳	12	四	丙戌	11	五	乙卯	10	日	乙酉
初八	17	一	己未	15	二	戊子	15	四	戊午	13	五	丁亥	12	六	丙辰	11	一	丙戌
初九	18	二	庚申	16	三	己丑	16	五	己未	14	六	戊子	13	日	丁巳	12	二	丁亥
初十	19	三	辛酉	17	四	庚寅	17	六	庚申	15	日	己丑	14	一	戊午	13	三	戊子
十一	20	四	壬戌	18	五	辛卯	18	日	辛酉	16	一	庚寅	15	二	己未	14	四	己丑
十二	21	五	癸亥	19	六	壬辰	19	一	壬戌	17	二	辛卯	16	三	庚申	15	五	庚寅
十三	22	六	甲子	20	日	癸巳	20	二	癸亥	18	三	壬辰	17	四	辛酉	16	六	辛卯
十四	23	日	乙丑	21	一	甲午	21	三	甲子	19	四	癸巳	18	五	壬戌	17	日	壬辰
十五	24	一	丙寅	22	二	乙未	22	四	乙丑	20	五	甲午	19	六	癸亥	18	一	癸巳
十六	25	二	丁卯	23	三	丙申	23	五	丙寅	21	六	乙未	20	日	甲子	19	二	甲午
十七	26	三	戊辰	24	四	丁酉	24	六	丁卯	22	日	丙申	21	一	乙丑	20	三	乙未
十八	27	四	己巳	25	五	戊戌	25	日	戊辰	23	一	丁酉	22	二	丙寅	21	四	丙申
十九	28	五	庚午	26	六	己亥	26	一	己巳	24	二	戊戌	23	三	丁卯	22	五	丁酉
二十	29	六	辛未	27	日	庚子	27	二	庚午	25	三	己亥	24	四	戊辰	23	六	戊戌
廿一	30	日	壬申	28	一	辛丑	28	三	辛未	26	四	庚子	25	五	己巳	24	日	己亥
廿二	31	一	癸酉	29	二	壬寅	29	四	壬申	27	五	辛丑	26	六	庚午	25	一	庚子
廿三	**9**	二	甲戌	30	三	癸卯	30	五	癸酉	28	六	壬寅	27	日	辛未	26	二	辛丑
廿四	2	三	乙亥	**10**	四	甲辰	31	六	甲戌	29	日	癸卯	28	一	壬申	27	三	壬寅
廿五	3	四	丙子	2	五	乙巳	**11**	日	乙亥	30	一	甲辰	29	二	癸酉	28	四	癸卯
廿六	4	五	丁丑	3	六	丙午	2	一	丙子	31	二	乙巳	30	三	甲戌	29	五	甲辰
廿七	5	六	戊寅	4	日	丁未	3	二	丁丑	**12**	三	丙午	31	四	乙亥	30	六	乙巳
廿八	6	日	己卯	5	一	戊申	4	三	戊寅	2	四	丁未	**1**	五	丙子	31	日	丙午
廿九	7	一	庚辰	6	二	己酉	5	四	己卯	3	五	戊申	2	六	丁丑	**2**	一	丁未
三十				7	三	庚戌							3	日	戊寅			

节气（七月～十二月）

节气	农历日	时辰
处暑	十三	酉时
白露	廿九	卯时
秋分	十五	卯时
寒露	三十	丑时
霜降	十六	丑时
立冬	初二	亥时
小雪	十六	亥时
大雪	初二	未时
冬至	十七	未时
小寒	初二	卯时
大寒	十六	子时

旬	正月大丙寅			二月小丁卯			三月大戊辰			四月小己巳			五月大庚午			六月大辛未			七月小壬申			八月大癸酉			九月大甲戌			十月小乙亥			十一月大丙子			十二月小丁丑		
	公历	星期	干支	公历	星期	干支	公历	星期	干支	公历	星期	干支	公历	星期	干支	公历	星期	干支	公历	星期	干支	公历	星期	干支	公历	星期	干支	公历	星期	干支	公历	星期	干支	公历	星期	干支
初一	2	二	戊申	4	四	戊寅	2	五	丁未	2	日	丁丑	31	一	丙午	30	三	丙子	30	五	丙午	28	六	乙亥	27	一	乙巳	27	三	乙亥	25	四	甲辰	25	六	甲戌
初二	3	三	己酉	5	五	己卯	3	六	戊申	3	一	戊寅	**1**	二	丁未	**1**	四	丁丑	31	六	丁未	29	日	丙子	28	二	丙午	28	四	丙子	26	五	乙巳	26	日	乙亥
初三	4	四	庚戌	6	六	庚辰	4	日	己酉	4	二	己卯	2	三	戊申	2	五	戊寅	**1**	日	戊申	30	一	丁丑	29	三	丁未	29	五	丁丑	27	六	丙午	27	一	丙子
初四	5	五	辛亥	7	日	辛巳	5	一	庚戌	5	三	庚辰	3	四	己酉	3	六	己卯	2	一	己酉	31	二	戊寅	30	四	戊申	30	六	戊寅	28	日	丁未	28	二	丁丑
初五	6	六	壬子	8	一	壬午	6	二	辛亥	6	四	辛巳	4	五	庚戌	4	日	庚辰	3	二	庚戌	**1**	三	己卯	**1**	五	己酉	31	日	己卯	29	一	戊申	29	三	戊寅
初六	7	日	癸丑	9	二	癸未	7	三	壬子	7	五	壬午	5	六	辛亥	5	一	辛巳	4	三	辛亥	2	四	庚辰	2	六	庚戌	**1**	一	庚辰	30	二	己酉	30	四	己卯
初七	8	一	甲寅	10	三	甲申	8	四	癸丑	8	六	癸未	6	日	壬子	6	二	壬午	5	四	壬子	3	五	辛巳	3	日	辛亥	2	二	辛巳	**1**	三	庚戌	31	五	庚辰
初八	9	二	乙卯	11	四	乙酉	9	五	甲寅	9	日	甲申	7	一	癸丑	7	三	癸未	6	五	癸丑	4	六	壬午	4	一	壬子	3	三	壬午	2	四	辛亥	**1**	六	辛巳
初九	10	三	丙辰	12	五	丙戌	10	六	乙卯	10	一	乙酉	8	二	甲寅	8	四	甲申	7	六	甲寅	5	日	癸未	5	二	癸丑	4	四	癸未	3	五	壬子	2	日	壬午
初十	11	四	丁巳	13	六	丁亥	11	日	丙辰	11	二	丙戌	9	三	乙卯	9	五	乙酉	8	日	乙卯	6	一	甲申	6	三	甲寅	5	五	甲申	4	六	癸丑	3	一	癸未
十一	12	五	戊午	14	日	戊子	12	一	丁巳	12	三	丁亥	10	四	丙辰	10	六	丙戌	9	一	丙辰	7	二	乙酉	7	四	乙卯	6	六	乙酉	5	日	甲寅	4	二	甲申
十二	13	六	己未	15	一	己丑	13	二	戊午	13	四	戊子	11	五	丁巳	11	日	丁亥	10	二	丁巳	8	三	丙戌	8	五	丙辰	7	日	丙戌	6	一	乙卯	5	三	乙酉
十三	14	日	庚申	16	二	庚寅	14	三	己未	14	五	己丑	12	六	戊午	12	一	戊子	11	三	戊午	9	四	丁亥	9	六	丁巳	8	一	丁亥	7	二	丙辰	6	四	丙戌
十四	15	一	辛酉	17	三	辛卯	15	四	庚申	15	六	庚寅	13	日	己未	13	二	己丑	12	四	己未	10	五	戊子	10	日	戊午	9	二	戊子	8	三	丁巳	7	五	丁亥
十五	16	二	壬戌	18	四	壬辰	16	五	辛酉	16	日	辛卯	14	一	庚申	14	三	庚寅	13	五	庚申	11	六	己丑	11	一	己未	10	三	己丑	9	四	戊午	8	六	戊子
十六	17	三	癸亥	19	五	癸巳	17	六	壬戌	17	一	壬辰	15	二	辛酉	15	四	辛卯	14	六	辛酉	12	日	庚寅	12	二	庚申	11	四	庚寅	10	五	己未	9	日	己丑
十七	18	四	甲子	20	六	甲午	18	日	癸亥	18	二	癸巳	16	三	壬戌	16	五	壬辰	15	日	壬戌	13	一	辛卯	13	三	辛酉	12	五	辛卯	11	六	庚申	10	一	庚寅
十八	19	五	乙丑	21	日	乙未	19	一	甲子	19	三	甲午	17	四	癸亥	17	六	癸巳	16	一	癸亥	14	二	壬辰	14	四	壬戌	13	六	壬辰	12	日	辛酉	11	二	辛卯
十九	20	六	丙寅	22	一	丙申	20	二	乙丑	20	四	乙未	18	五	甲子	18	日	甲午	17	二	甲子	15	三	癸巳	15	五	癸亥	14	日	癸巳	13	一	壬戌	12	三	壬辰
二十	21	日	丁卯	23	二	丁酉	21	三	丙寅	21	五	丙申	19	六	乙丑	19	一	乙未	18	三	乙丑	16	四	甲午	16	六	甲子	15	一	甲午	14	二	癸亥	13	四	癸巳
廿一	22	一	戊辰	24	三	戊戌	22	四	丁卯	22	六	丁酉	20	日	丙寅	20	二	丙申	19	四	丙寅	17	五	乙未	17	日	乙丑	16	二	乙未	15	三	甲子	14	五	甲午
廿二	23	二	己巳	25	四	己亥	23	五	戊辰	23	日	戊戌	21	一	丁卯	21	三	丁酉	20	五	丁卯	18	六	丙申	18	一	丙寅	17	三	丙申	16	四	乙丑	15	六	乙未
廿三	24	三	庚午	26	五	庚子	24	六	己巳	24	一	己亥	22	二	戊辰	22	四	戊戌	21	六	戊辰	19	日	丁酉	19	二	丁卯	18	四	丁酉	17	五	丙寅	16	日	丙申
廿四	25	四	辛未	27	六	辛丑	25	日	庚午	25	二	庚子	23	三	己巳	23	五	己亥	22	日	己巳	20	一	戊戌	20	三	戊辰	19	五	戊戌	18	六	丁卯	17	一	丁酉
廿五	26	五	壬申	28	日	壬寅	26	一	辛未	26	三	辛丑	24	四	庚午	24	六	庚子	23	一	庚午	21	二	己亥	21	四	己巳	20	六	己亥	19	日	戊辰	18	二	戊戌
廿六	27	六	癸酉	29	一	癸卯	27	二	壬申	27	四	壬寅	25	五	辛未	25	日	辛丑	24	二	辛未	22	三	庚子	22	五	庚午	21	日	庚子	20	一	己巳	19	三	己亥
廿七	28	日	甲戌	30	二	甲辰	28	三	癸酉	28	五	癸卯	26	六	壬申	26	一	壬寅	25	三	壬申	23	四	辛丑	23	六	辛未	22	一	辛丑	21	二	庚午	20	四	庚子
廿八	**1**	一	乙亥	31	三	乙巳	29	四	甲戌	29	六	甲辰	27	日	癸酉	27	二	癸卯	26	四	癸酉	24	五	壬寅	24	日	壬申	23	二	壬寅	22	三	辛未	21	五	辛丑
廿九	2	二	丙子	**1**	四	丙午	30	五	乙亥	30	日	乙巳	28	一	甲戌	28	三	甲辰	27	五	甲戌	25	六	癸卯	25	一	癸酉	24	三	癸卯	23	四	壬申	22	六	壬寅
三十	3	三	丁丑				**1**	六	丙子				29	二	乙亥	29	四	乙巳				26	日	甲辰	26	二	甲戌				24	五	癸酉			

节气

月	节	气
正月	立春　初二　酉时	雨水　十七　未时
二月	惊蛰　初二　午时	春分　十七　午时
三月	清明　初三　申时	谷雨　十八　子时
四月	立夏　初四　巳时	小满　十九　亥时
五月	芒种　初六　未时	夏至　廿一　卯时
六月	小暑　初七　子时	大暑　廿三　申时
七月	立秋　初九　辰时	处暑　廿四　子时
八月	白露　初十　午时	秋分　廿五　亥时
九月	寒露　十二　寅时	霜降　廿七　辰时
十月	立冬　十二　辰时	小雪　廿七　卯时
十一月	大雪　十三　子时	冬至　廿七　酉时
十二月	小寒　十二　午时	大寒　廿七　卯时

农历庚午年 属马

下表各月列：公历（日）/星期/干支

旬	正月小戊寅	二月大己卯	三月小庚辰	闰三月大	四月小辛巳	五月大壬午	六月小癸未	七月大甲申	八月大乙酉	九月小丙戌	十月大丁亥	十一月大戊子	十二月小己丑
初一	23 日 癸卯	21 一 壬申	23 三 壬寅	21 四 辛未	21 六 庚午	19 日 庚子	19 二 庚午	17 三 己巳	16 五 己亥	16 日 己巳	14 一 戊戌	14 三 戊辰	13 五 戊戌
初二	24 一 甲辰	22 二 癸酉	24 四 癸卯	22 五 壬申	22 日 辛未	20 一 辛丑	20 三 辛未	18 四 庚午	17 六 庚子	17 一 庚午	15 二 己亥	15 四 己巳	14 六 己亥
初三	25 二 乙巳	23 三 甲戌	25 五 甲辰	23 六 癸酉	23 一 壬申	21 二 壬寅	21 四 壬申	19 五 辛未	18 日 辛丑	18 二 辛未	16 三 庚子	16 五 庚午	15 日 庚子
初四	26 三 丙午	24 四 乙亥	26 六 乙巳	24 日 甲戌	24 二 癸酉	22 三 癸卯	22 五 癸酉	20 六 壬申	19 一 壬寅	19 三 壬申	17 四 辛丑	17 六 辛未	16 一 辛丑
初五	27 四 丁未	25 五 丙子	27 日 丙午	25 一 乙亥	25 三 甲戌	23 四 甲辰	23 六 甲戌	21 日 癸酉	20 二 癸卯	20 四 癸酉	18 五 壬寅	18 日 壬申	17 二 壬寅
初六	28 五 戊申	26 六 丁丑	28 一 丁未	26 二 丙子	26 四 乙亥	24 五 乙巳	24 日 乙亥	22 一 甲戌	21 三 甲辰	21 五 甲戌	19 六 癸卯	19 一 癸酉	18 三 癸卯
初七	29 六 己酉	27 日 戊寅	29 二 戊申	27 三 丁丑	27 五 丙子	25 六 丙午	25 一 丙子	23 二 乙亥	22 四 乙巳	22 六 乙亥	20 日 甲辰	20 二 甲戌	19 四 甲辰
初八	30 日 庚戌	28 一 己卯	30 三 己酉	28 四 戊寅	28 六 丁丑	26 日 丁未	26 二 丁丑	24 三 丙子	23 五 丙午	23 日 丙子	21 一 乙巳	21 三 乙亥	20 五 乙巳
初九	31 一 辛亥	3月1 二 庚辰	31 四 庚戌	29 五 己卯	29 日 戊寅	27 一 戊申	27 三 戊寅	25 四 丁丑	24 六 丁未	24 一 丁丑	22 二 丙午	22 四 丙子	21 六 丙午
初十	2月1 二 壬子	2 三 辛巳	4月1 五 辛亥	30 六 庚辰	30 一 己卯	28 二 己酉	28 四 己卯	26 五 戊寅	25 日 戊申	25 二 戊寅	23 三 丁未	23 五 丁丑	22 日 丁未
十一	2 三 癸丑	3 四 壬午	2 六 壬子	5月1 日 辛巳	31 二 庚辰	29 三 庚戌	29 五 庚辰	27 六 己卯	26 一 己酉	26 三 己卯	24 四 戊申	24 六 戊寅	23 一 戊申
十二	3 四 甲寅	4 五 癸未	3 日 癸丑	2 一 壬午	6月1 三 辛巳	30 四 辛亥	30 六 辛巳	28 日 庚辰	27 二 庚戌	27 四 庚辰	25 五 己酉	25 日 己卯	24 二 己酉
十三	4 五 乙卯	5 六 甲申	4 一 甲寅	3 二 癸未	2 四 壬午	7月1 五 壬子	31 日 壬午	29 一 辛巳	28 三 辛亥	28 五 辛巳	26 六 庚戌	26 一 庚辰	25 三 庚戌
十四	5 六 丙辰	6 日 乙酉	5 二 乙卯	4 三 甲申	3 五 癸未	2 六 癸丑	8月1 一 癸未	30 二 壬午	29 四 壬子	29 六 壬午	27 日 辛亥	27 二 辛巳	26 四 辛亥
十五	6 日 丁巳	7 一 丙戌	6 三 丙辰	5 四 乙酉	4 六 甲申	3 日 甲寅	2 二 甲申	31 三 癸未	30 五 癸丑	30 日 癸未	28 一 壬子	28 三 壬午	27 五 壬子
十六	7 一 戊午	8 二 丁亥	7 四 丁巳	6 五 丙戌	5 日 乙酉	4 一 乙卯	3 三 乙酉	9月1 四 甲申	31 六 甲寅	31 一 甲申	29 二 癸丑	29 四 癸未	28 六 癸丑
十七	8 二 己未	9 三 戊子	8 五 戊午	7 六 丁亥	6 一 丙戌	5 二 丙辰	4 四 丙戌	2 五 乙酉	10月1 日 乙卯	11月1 二 乙酉	30 三 甲寅	30 五 甲申	29 日 甲寅
十八	9 三 庚申	10 四 己丑	9 六 己未	8 日 戊子	7 二 丁亥	6 三 丁巳	5 五 丁亥	3 六 丙戌	2 一 丙辰	2 三 丙戌	12月1 四 乙卯	31 六 乙酉	30 一 乙卯
十九	10 四 辛酉	11 五 庚寅	10 日 庚申	9 一 己丑	8 三 戊子	7 四 戊午	6 六 戊子	4 日 丁亥	3 二 丁巳	3 四 丁亥	2 五 丙辰	2051·1月1 日 丙戌	31 二 丙辰
二十	11 五 壬戌	12 六 辛卯	11 一 辛酉	10 二 庚寅	9 四 己丑	8 五 己未	7 日 己丑	5 一 戊子	4 三 戊午	4 五 戊子	3 六 丁巳	2 一 丁亥	2月1 三 丁巳
廿一	12 六 癸亥	13 日 壬辰	12 二 壬戌	11 三 辛卯	10 五 庚寅	9 六 庚申	8 一 庚寅	6 二 己丑	5 四 己未	5 六 己丑	4 日 戊午	3 二 戊子	2 四 戊午
廿二	13 日 甲子	14 一 癸巳	13 三 癸亥	12 四 壬辰	11 六 辛卯	10 日 辛酉	9 二 辛卯	7 三 庚寅	6 五 庚申	6 日 庚寅	5 一 己未	4 三 己丑	3 五 己未
廿三	14 一 乙丑	15 二 甲午	14 四 甲子	13 五 癸巳	12 日 壬辰	11 一 壬戌	10 三 壬辰	8 四 辛卯	7 六 辛酉	7 一 辛卯	6 二 庚申	5 四 庚寅	4 六 庚申
廿四	15 二 丙寅	16 三 乙未	15 五 乙丑	14 六 甲午	13 一 癸巳	12 二 癸亥	11 四 癸巳	9 五 壬辰	8 日 壬戌	8 二 壬辰	7 三 辛酉	6 五 辛卯	5 日 辛酉
廿五	16 三 丁卯	17 四 丙申	16 六 丙寅	15 日 乙未	14 二 甲午	13 三 甲子	12 五 甲午	10 六 癸巳	9 一 癸亥	9 三 癸巳	8 四 壬戌	7 六 壬辰	6 一 壬戌
廿六	17 四 戊辰	18 五 丁酉	17 日 丁卯	16 一 丙申	15 三 乙未	14 四 乙丑	13 六 乙未	11 日 甲午	10 二 甲子	10 四 甲午	9 五 癸亥	8 日 癸巳	7 二 癸亥
廿七	18 五 己巳	19 六 戊戌	18 一 戊辰	17 二 丁酉	16 四 丙申	15 五 丙寅	14 日 丙申	12 一 乙未	11 三 乙丑	11 五 乙未	10 六 甲子	9 一 甲午	8 三 甲子
廿八	19 六 庚午	20 日 己亥	19 二 己巳	18 三 戊戌	17 五 丁酉	16 六 丁卯	15 一 丁酉	13 二 丙申	12 四 丙寅	12 六 丙申	11 日 乙丑	10 二 乙未	9 四 乙丑
廿九	20 日 辛未	21 一 庚子	20 三 庚午	19 四 己亥	18 六 戊戌	17 日 戊辰	16 二 戊戌	14 三 丁酉	13 五 丁卯	13 日 丁酉	12 一 丙寅	11 三 丙申	10 五 丙寅
三十		22 二 辛丑		20 五 庚子		18 一 己巳		15 四 戊戌	14 六 戊辰		13 二 丁卯	12 四 丁酉	

节气

月	节	气
正月	立春 十三 子时	雨水 廿七 辰时
二月	惊蛰 十三 酉时	春分 廿八 酉时
三月	清明 十三 亥时	谷雨 廿九 卯时
闰三月	立夏 十五 申时	
四月	芒种 十六 酉时	小满 初一 寅时
五月	小暑 十九 午时	夏至 初三 午时
六月	大暑 初三 卯时	
七月	立秋 二十 未时	处暑 初七 卯时
八月	白露 廿二 巳时	秋分 初八 寅时
九月	寒露 廿二 巳时	霜降 初八 辰时
十月	立冬 廿三 未时	小雪 初九 午时
十一月	大雪 廿四 卯时	冬至 初九 子时
十二月	小寒 廿三 酉时	大寒 初八 午时；立春 廿三 卯时

256

农历辛未年 属羊

正月大庚寅	二月小辛卯	三月小壬辰	四月大癸巳	五月小甲午	六月小乙未	旬	七月大丙申	八月大丁酉	九月小戊戌	十月大己亥	十一月大庚子	十二月大辛丑

表内各栏：公历 / 星期 / 干支

节气：
雨水 初九 丑时；惊蛰 廿三 子时；春分 初八 子时；清明 廿四 寅时；谷雨 初十 巳时；立夏 廿五 戌时；小满 十二 巳时；芒种 廿八 子时；夏至 十三 酉时；小暑 廿九 巳时；大暑 十六 寅时；立秋 初二 戌时；处暑 十八 午时；白露 初三 子时；秋分 十九 巳时；寒露 初四 申时；霜降 十九 戌时；立冬 初五 戌时；小雪 二十 酉时；大雪 初五 午时；冬至 二十 卯时；小寒 二十 子时；大寒 十九 酉时

公历 2052—2053 年农历壬申年（属猴）对照表

旬	正月小壬寅 公历	星期	干支	二月大癸卯 公历	星期	干支	三月小甲辰 公历	星期	干支	四月小乙巳 公历	星期	干支	五月大丙午 公历	星期	干支	六月小丁未 公历	星期	干支	七月小戊申 公历	星期	干支	八月大己酉 公历	星期	干支	闰八月小 公历	星期	干支	九月大庚戌 公历	星期	干支	十月大辛亥 公历	星期	干支	十一月大壬子 公历	星期	干支	十二月大癸丑 公历	星期	干支
初一	1	四	壬戌	1	五	辛卯	31	日	辛酉	29	一	庚寅	28	二	己未	27	四	己丑	26	五	戊午	24	六	丁亥	23	一	丁巳	22	二	丙戌	21	四	丙辰	21	六	丙戌	20	一	丙辰
初二	2	五	癸亥	2	六	壬辰	1	一	壬戌	30	二	辛卯	29	三	庚申	28	五	庚寅	27	六	己未	25	日	戊子	24	二	戊午	23	三	丁亥	22	五	丁巳	22	日	丁亥	21	二	丁巳
初三	3	六	甲子	3	日	癸巳	2	二	癸亥	1	三	壬辰	30	四	辛酉	29	六	辛卯	28	日	庚申	26	一	己丑	25	三	己未	24	四	戊子	23	六	戊午	23	一	戊子	22	三	戊午
初四	4	日	乙丑	4	一	甲午	3	三	甲子	2	四	癸巳	31	五	壬戌	30	日	壬辰	29	一	辛酉	27	二	庚寅	26	四	庚申	25	五	己丑	24	日	己未	24	二	己丑	23	四	己未
初五	5	一	丙寅	5	二	乙未	4	四	乙丑	3	五	甲午	1	六	癸亥	1	一	癸巳	30	二	壬戌	28	三	辛卯	27	五	辛酉	26	六	庚寅	25	一	庚申	25	三	庚寅	24	五	庚申
初六	6	二	丁卯	6	三	丙申	5	五	丙寅	4	六	乙未	2	日	甲子	2	二	甲午	31	三	癸亥	29	四	壬辰	28	六	壬戌	27	日	辛卯	26	二	辛酉	26	四	辛卯	25	六	辛酉
初七	7	三	戊辰	7	四	丁酉	6	六	丁卯	5	日	丙申	3	一	乙丑	3	三	乙未	1	四	甲子	30	五	癸巳	29	日	癸亥	28	一	壬辰	27	三	壬戌	27	五	壬辰	26	日	壬戌
初八	8	四	己巳	8	五	戊戌	7	日	戊辰	6	一	丁酉	4	二	丙寅	4	四	丙申	2	五	乙丑	31	六	甲午	30	一	甲子	29	二	癸巳	28	四	癸亥	28	六	癸巳	27	一	癸亥
初九	9	五	庚午	9	六	己亥	8	一	己巳	7	二	戊戌	5	三	丁卯	5	五	丁酉	3	六	丙寅	1	日	乙未	1	二	乙丑	30	三	甲午	29	五	甲子	29	日	甲午	28	二	甲子
初十	10	六	辛未	10	日	庚子	9	二	庚午	8	三	己亥	6	四	戊辰	6	六	戊戌	4	日	丁卯	2	一	丙申	2	三	丙寅	31	四	乙未	30	六	乙丑	30	一	乙未	29	三	乙丑
十一	11	日	壬申	11	一	辛丑	10	三	辛未	9	四	庚子	7	五	己巳	7	日	己亥	5	一	戊辰	3	二	丁酉	3	四	丁卯	1	五	丙申	1	日	丙寅	31	二	丙申	30	四	丙寅
十二	12	一	癸酉	12	二	壬寅	11	四	壬申	10	五	辛丑	8	六	庚午	8	一	庚子	6	二	己巳	4	三	戊戌	4	五	戊辰	2	六	丁酉	2	一	丁卯	1	三	丁酉	31	五	丁卯
十三	13	二	甲戌	13	三	癸卯	12	五	癸酉	11	六	壬寅	9	日	辛未	9	二	辛丑	7	三	庚午	5	四	己亥	5	六	己巳	3	日	戊戌	3	二	戊辰	2	四	戊戌	1	六	戊辰
十四	14	三	乙亥	14	四	甲辰	13	六	甲戌	12	日	癸卯	10	一	壬申	10	三	壬寅	8	四	辛未	6	五	庚子	6	日	庚午	4	一	己亥	4	三	己巳	3	五	己亥	2	日	己巳
十五	15	四	丙子	15	五	乙巳	14	日	乙亥	13	一	甲辰	11	二	癸酉	11	四	癸卯	9	五	壬申	7	六	辛丑	7	一	辛未	5	二	庚子	5	四	庚午	4	六	庚子	3	一	庚午
十六	16	五	丁丑	16	六	丙午	15	一	丙子	14	二	乙巳	12	三	甲戌	12	五	甲辰	10	六	癸酉	8	日	壬寅	8	二	壬申	6	三	辛丑	6	五	辛未	5	日	辛丑	4	二	辛未
十七	17	六	戊寅	17	日	丁未	16	二	丁丑	15	三	丙午	13	四	乙亥	13	六	乙巳	11	日	甲戌	9	一	癸卯	9	三	癸酉	7	四	壬寅	7	六	壬申	6	一	壬寅	5	三	壬申
十八	18	日	己卯	18	一	戊申	17	三	戊寅	16	四	丁未	14	五	丙子	14	日	丙午	12	一	乙亥	10	二	甲辰	10	四	甲戌	8	五	癸卯	8	日	癸酉	7	二	癸卯	6	四	癸酉
十九	19	一	庚辰	19	二	己酉	18	四	己卯	17	五	戊申	15	六	丁丑	15	一	丁未	13	二	丙子	11	三	乙巳	11	五	乙亥	9	六	甲辰	9	一	甲戌	8	三	甲辰	7	五	甲戌
二十	20	二	辛巳	20	三	庚戌	19	五	庚辰	18	六	己酉	16	日	戊寅	16	二	戊申	14	三	丁丑	12	四	丙午	12	六	丙子	10	日	乙巳	10	二	乙亥	9	四	乙巳	8	六	乙亥
廿一	21	三	壬午	21	四	辛亥	20	六	辛巳	19	日	庚戌	17	一	己卯	17	三	己酉	15	四	戊寅	13	五	丁未	13	日	丁丑	11	一	丙午	11	三	丙子	10	五	丙午	9	日	丙子
廿二	22	四	癸未	22	五	壬子	21	日	壬午	20	一	辛亥	18	二	庚辰	18	四	庚戌	16	五	己卯	14	六	戊申	14	一	戊寅	12	二	丁未	12	四	丁丑	11	六	丁未	10	一	丁丑
廿三	23	五	甲申	23	六	癸丑	22	一	癸未	21	二	壬子	19	三	辛巳	19	五	辛亥	17	六	庚辰	15	日	己酉	15	二	己卯	13	三	戊申	13	五	戊寅	12	日	戊申	11	二	戊寅
廿四	24	六	乙酉	24	日	甲寅	23	二	甲申	22	三	癸丑	20	四	壬午	20	六	壬子	18	日	辛巳	16	一	庚戌	16	三	庚辰	14	四	己酉	14	六	己卯	13	一	己酉	12	三	己卯
廿五	25	日	丙戌	25	一	乙卯	24	三	乙酉	23	四	甲寅	21	五	癸未	21	日	癸丑	19	一	壬午	17	二	辛亥	17	四	辛巳	15	五	庚戌	15	日	庚辰	14	二	庚戌	13	四	庚辰
廿六	26	一	丁亥	26	二	丙辰	25	四	丙戌	24	五	乙卯	22	六	甲申	22	一	甲寅	20	二	癸未	18	三	壬子	18	五	壬午	16	六	辛亥	16	一	辛巳	15	三	辛亥	14	五	辛巳
廿七	27	二	戊子	27	三	丁巳	26	五	丁亥	25	六	丙辰	23	日	乙酉	23	二	乙卯	21	三	甲申	19	四	癸丑	19	六	癸未	17	日	壬子	17	二	壬午	16	四	壬子	15	六	壬午
廿八	28	三	己丑	28	四	戊午	27	六	戊子	26	日	丁巳	24	一	丙戌	24	三	丙辰	22	四	乙酉	20	五	甲寅	20	日	甲申	18	一	癸丑	18	三	癸未	17	五	癸丑	16	日	癸未
廿九	29	四	庚寅	29	五	己未	28	日	己丑	27	一	戊午	25	二	丁亥	25	四	丁巳	23	五	丙戌	21	六	乙卯	21	一	乙酉	19	二	甲寅	19	四	甲申	18	六	甲寅	17	一	甲申
三十				30	六	庚申							26	三	戊子							22	日	丙辰				20	三	乙卯	20	五	乙酉	19	日	乙卯	18	二	乙酉

节气：

节气	日期（农历）	时辰
立春	正月初四	午时
雨水	正月十九	辰时
惊蛰	二月初五	卯时
春分	二月二十	亥时
清明	三月初五	巳时
谷雨	三月二十	申时
立夏	四月初七	丑时
小满	四月廿二	申时
芒种	五月初九	卯时
夏至	五月廿四	子时
小暑	六月初十	申时
大暑	六月廿六	巳时
立秋	七月十三	丑时
处暑	七月廿八	酉时
白露	八月十五	卯时
秋分	八月三十	未时
寒露	闰八月十五	亥时
霜降	九月初二	子时
立冬	九月十七	丑时
小雪	十月初二	亥时
大雪	十月十六	酉时
冬至	十一月初一	午时
小寒	十一月十六	卯时
大寒	十二月初一	子时
立春	十二月十五	酉时
雨水	十二月三十	未时

旬	正月小甲寅 公历	星期	干支	二月大乙卯 公历	星期	干支	三月小丙辰 公历	星期	干支	四月小丁巳 公历	星期	干支	五月大戊午 公历	星期	干支	六月小己未 公历	星期	干支	七月小庚申 公历	星期	干支	八月大辛酉 公历	星期	干支	九月小壬戌 公历	星期	干支	十月大癸亥 公历	星期	干支	十一月大甲子 公历	星期	干支	十二月大乙丑 公历	星期	干支
初一	19	三	丙戌	20	四	乙卯	19	六	乙酉	18	日	甲寅	16	一	癸未	16	三	癸丑	14	四	壬午	12	五	辛亥	12	日	辛巳	10	一	庚戌	10	三	庚辰	9	五	庚戌
初二	20	四	丁亥	21	五	丙辰	20	日	丙戌	19	一	乙卯	17	二	甲申	17	四	甲寅	15	五	癸未	13	六	壬子	13	一	壬午	11	二	辛亥	11	四	辛巳	10	六	辛亥
初三	21	五	戊子	22	六	丁巳	21	一	丁亥	20	二	丙辰	18	三	乙酉	18	五	乙卯	16	六	甲申	14	日	癸丑	14	二	癸未	12	三	壬子	12	五	壬午	11	日	壬子
初四	22	六	己丑	23	日	戊午	22	二	戊子	21	三	丁巳	19	四	丙戌	19	六	丙辰	17	日	乙酉	15	一	甲寅	15	三	甲申	13	四	癸丑	13	六	癸未	12	一	癸丑
初五	23	日	庚寅	24	一	己未	23	三	己丑	22	四	戊午	20	五	丁亥	20	日	丁巳	18	一	丙戌	16	二	乙卯	16	四	乙酉	14	五	甲寅	14	日	甲申	13	二	甲寅
初六	24	一	辛卯	25	二	庚申	24	四	庚寅	23	五	己未	21	六	戊子	21	一	戊午	19	二	丁亥	17	三	丙辰	17	五	丙戌	15	六	乙卯	15	一	乙酉	14	三	乙卯
初七	25	二	壬辰	26	三	辛酉	25	五	辛卯	24	六	庚申	22	日	己丑	22	二	己未	20	三	戊子	18	四	丁巳	18	六	丁亥	16	日	丙辰	16	二	丙戌	15	四	丙辰
初八	26	三	癸巳	27	四	壬戌	26	六	壬辰	25	日	辛酉	23	一	庚寅	23	三	庚申	21	四	己丑	19	五	戊午	19	日	戊子	17	一	丁巳	17	三	丁亥	16	五	丁巳
初九	27	四	甲午	28	五	癸亥	27	日	癸巳	26	一	壬戌	24	二	辛卯	24	四	辛酉	22	五	庚寅	20	六	己未	20	一	己丑	18	二	戊午	18	四	戊子	17	六	戊午
初十	28	五	乙未	29	六	甲子	28	一	甲午	27	二	癸亥	25	三	壬辰	25	五	壬戌	23	六	辛卯	21	日	庚申	21	二	庚寅	19	三	己未	19	五	己丑	18	日	己未
十一	1	六	丙申	30	日	乙丑	29	二	乙未	28	三	甲子	26	四	癸巳	26	六	癸亥	24	日	壬辰	22	一	辛酉	22	三	辛卯	20	四	庚申	20	六	庚寅	19	一	庚申
十二	2	日	丁酉	31	一	丙寅	30	三	丙申	29	四	乙丑	27	五	甲午	27	日	甲子	25	一	癸巳	23	二	壬戌	23	四	壬辰	21	五	辛酉	21	日	辛卯	20	二	辛酉
十三	3	一	戊戌	1	二	丁卯	1	四	丁酉	30	五	丙寅	28	六	乙未	28	一	乙丑	26	二	甲午	24	三	癸亥	24	五	癸巳	22	六	壬戌	22	一	壬辰	21	三	壬戌
十四	4	二	己亥	2	三	戊辰	2	五	戊戌	31	六	丁卯	29	日	丙申	29	二	丙寅	27	三	乙未	25	四	甲子	25	六	甲午	23	日	癸亥	23	二	癸巳	22	四	癸亥
十五	5	三	庚子	3	四	己巳	3	六	己亥	1	日	戊辰	30	一	丁酉	30	三	丁卯	28	四	丙申	26	五	乙丑	26	日	乙未	24	一	甲子	24	三	甲午	23	五	甲子
十六	6	四	辛丑	4	五	庚午	4	日	庚子	2	一	己巳	1	二	戊戌	31	四	戊辰	29	五	丁酉	27	六	丙寅	27	一	丙申	25	二	乙丑	25	四	乙未	24	六	乙丑
十七	7	五	壬寅	5	六	辛未	5	一	辛丑	3	二	庚午	2	三	己亥	1	五	己巳	30	六	戊戌	28	日	丁卯	28	二	丁酉	26	三	丙寅	26	五	丙申	25	日	丙寅
十八	8	六	癸卯	6	日	壬申	6	二	壬寅	4	三	辛未	3	四	庚子	2	六	庚午	31	日	己亥	29	一	戊辰	29	三	戊戌	27	四	丁卯	27	六	丁酉	26	一	丁卯
十九	9	日	甲辰	7	一	癸酉	7	三	癸卯	5	四	壬申	4	五	辛丑	3	日	辛未	1	一	庚子	30	二	己巳	30	四	己亥	28	五	戊辰	28	日	戊戌	27	二	戊辰
二十	10	一	乙巳	8	二	甲戌	8	四	甲辰	6	五	癸酉	5	六	壬寅	4	一	壬申	2	二	辛丑	1	三	庚午	31	五	庚子	29	六	己巳	29	一	己亥	28	三	己巳
廿一	11	二	丙午	9	三	乙亥	9	五	乙巳	7	六	甲戌	6	日	癸卯	5	二	癸酉	3	三	壬寅	2	四	辛未	1	六	辛丑	30	日	庚午	30	二	庚子	29	四	庚午
廿二	12	三	丁未	10	四	丙子	10	六	丙午	8	日	乙亥	7	一	甲辰	6	三	甲戌	4	四	癸卯	3	五	壬申	2	日	壬寅	1	一	辛未	31	三	辛丑	30	五	辛未
廿三	13	四	戊申	11	五	丁丑	11	日	丁未	9	一	丙子	8	二	乙巳	7	四	乙亥	5	五	甲辰	4	六	癸酉	3	一	癸卯	2	二	壬申	1	四	壬寅	31	六	壬申
廿四	14	五	己酉	12	六	戊寅	12	一	戊申	10	二	丁丑	9	三	丙午	8	五	丙子	6	六	乙巳	5	日	甲戌	4	二	甲辰	3	三	癸酉	2	五	癸卯	1	日	癸酉
廿五	15	六	庚戌	13	日	己卯	13	二	己酉	11	三	戊寅	10	四	丁未	9	六	丁丑	7	日	丙午	6	一	乙亥	5	三	乙巳	4	四	甲戌	3	六	甲辰	2	一	甲戌
廿六	16	日	辛亥	14	一	庚辰	14	三	庚戌	12	四	己卯	11	五	戊申	10	日	戊寅	8	一	丁未	7	二	丙子	6	四	丙午	5	五	乙亥	4	日	乙巳	3	二	乙亥
廿七	17	一	壬子	15	二	辛巳	15	四	辛亥	13	五	庚辰	12	六	己酉	11	一	己卯	9	二	戊申	8	三	丁丑	7	五	丁未	6	六	丙子	5	一	丙午	4	三	丙子
廿八	18	二	癸丑	16	三	壬午	16	五	壬子	14	六	辛巳	13	日	庚戌	12	二	庚辰	10	三	己酉	9	四	戊寅	8	六	戊申	7	日	丁丑	6	二	丁未	5	四	丁丑
廿九	19	三	甲寅	17	四	癸未	17	六	癸丑	15	日	壬午	14	一	辛亥	13	三	辛巳	11	四	庚戌	10	五	己卯	9	日	己酉	8	一	戊寅	7	三	戊申	6	五	戊寅
三十				18	五	甲申							15	二	壬子							11	六	庚辰				9	二	己卯	8	四	己酉	7	六	己卯

节气

- 正月：惊蛰 十五 午时
- 二月：春分 初一 午时；清明 十六 申时
- 三月：谷雨 初一 亥时；立夏 十七 辰时
- 四月：小满 初三 亥时；芒种 十九 午时
- 五月：夏至 初六 卯时；小暑 廿一 亥时
- 六月：大暑 初七 申时；立秋 廿三 辰时
- 七月：处暑 初九 子时；白露 廿五 午时
- 八月：秋分 十二 亥时；寒露 廿七 寅时
- 九月：霜降 十二 卯时；立冬 廿七 辰时
- 十月：小雪 十二 子时；大雪 廿七 子时
- 十一月：冬至 十二 酉时；小寒 廿七 午时
- 十二月：大寒 十二 寅时；立春 廿七 子时

农历甲戌年　属狗

旬	正月小丙寅 公历	星期	干支	二月大丁卯 公历	星期	干支	三月大戊辰 公历	星期	干支	四月小己巳 公历	星期	干支	五月小庚午 公历	星期	干支	六月大辛未 公历	星期	干支	七月小壬申 公历	星期	干支	八月小癸酉 公历	星期	干支	九月大甲戌 公历	星期	干支	十月小乙亥 公历	星期	干支	十一月大丙子 公历	星期	干支	十二月大丁丑 公历	星期	干支
初一	8	日	庚辰	9	一	己酉	8	三	己卯	8	五	己酉	6	六	戊寅	5	日	丁未	4	二	丁丑	2	三	丙午	**1**	四	乙亥	31	六	乙巳	29	日	甲戌	29	二	甲辰
初二	9	一	辛巳	10	二	庚戌	9	四	庚辰	9	六	庚戌	7	日	己卯	6	一	戊申	5	三	戊寅	3	四	丁未	2	五	丙子	**1**	日	丙午	30	一	乙亥	30	三	乙巳
初三	10	二	壬午	11	三	辛亥	10	五	辛巳	10	日	辛亥	8	一	庚辰	7	二	己酉	6	四	己卯	4	五	戊申	3	六	丁丑	2	一	丁未	**1**	二	丙子	31	四	丙午
初四	11	三	癸未	12	四	壬子	11	六	壬午	11	一	壬子	9	二	辛巳	8	三	庚戌	7	五	庚辰	5	六	己酉	4	日	戊寅	3	二	戊申	2	三	丁丑	**1**	五	丁未
初五	12	四	甲申	13	五	癸丑	12	日	癸未	12	二	癸丑	10	三	壬午	9	四	辛亥	8	六	辛巳	6	日	庚戌	5	一	己卯	4	三	己酉	3	四	戊寅	2	六	戊申
初六	13	五	乙酉	14	六	甲寅	13	一	甲申	13	三	甲寅	11	四	癸未	10	五	壬子	9	日	壬午	7	一	辛亥	6	二	庚辰	5	四	庚戌	4	五	己卯	3	日	己酉
初七	14	六	丙戌	15	日	乙卯	14	二	乙酉	14	四	乙卯	12	五	甲申	11	六	癸丑	10	一	癸未	8	二	壬子	7	三	辛巳	6	五	辛亥	5	六	庚辰	4	一	庚戌
初八	15	日	丁亥	16	一	丙辰	15	三	丙戌	15	五	丙辰	13	六	乙酉	12	日	甲寅	11	二	甲申	9	三	癸丑	8	四	壬午	7	六	壬子	6	日	辛巳	5	二	辛亥
初九	16	一	戊子	17	二	丁巳	16	四	丁亥	16	六	丁巳	14	日	丙戌	13	一	乙卯	12	三	乙酉	10	四	甲寅	9	五	癸未	8	日	癸丑	7	一	壬午	6	三	壬子
初十	17	二	己丑	18	三	戊午	17	五	戊子	17	日	戊午	15	一	丁亥	14	二	丙辰	13	四	丙戌	11	五	乙卯	10	六	甲申	9	一	甲寅	8	二	癸未	7	四	癸丑
十一	18	三	庚寅	19	四	己未	18	六	己丑	18	一	己未	16	二	戊子	15	三	丁巳	14	五	丁亥	12	六	丙辰	11	日	乙酉	10	二	乙卯	9	三	甲申	8	五	甲寅
十二	19	四	辛卯	20	五	庚申	19	日	庚寅	19	二	庚申	17	三	己丑	16	四	戊午	15	六	戊子	13	日	丁巳	12	一	丙戌	11	三	丙辰	10	四	乙酉	9	六	乙卯
十三	20	五	壬辰	21	六	辛酉	20	一	辛卯	20	三	辛酉	18	四	庚寅	17	五	己未	16	日	己丑	14	一	戊午	13	二	丁亥	12	四	丁巳	11	五	丙戌	10	日	丙辰
十四	21	六	癸巳	22	日	壬戌	21	二	壬辰	21	四	壬戌	19	五	辛卯	18	六	庚申	17	一	庚寅	15	二	己未	14	三	戊子	13	五	戊午	12	六	丁亥	11	一	丁巳
十五	22	日	甲午	23	一	癸亥	22	三	癸巳	22	五	癸亥	20	六	壬辰	19	日	辛酉	18	二	辛卯	16	三	庚申	15	四	己丑	14	六	己未	13	日	戊子	12	二	戊午
十六	23	一	乙未	24	二	甲子	23	四	甲午	23	六	甲子	21	日	癸巳	20	一	壬戌	19	三	壬辰	17	四	辛酉	16	五	庚寅	15	日	庚申	14	一	己丑	13	三	己未
十七	24	二	丙申	25	三	乙丑	24	五	乙未	24	日	乙丑	22	一	甲午	21	二	癸亥	20	四	癸巳	18	五	壬戌	17	六	辛卯	16	一	辛酉	15	二	庚寅	14	四	庚申
十八	25	三	丁酉	26	四	丙寅	25	六	丙申	25	一	丙寅	23	二	乙未	22	三	甲子	21	五	甲午	19	六	癸亥	18	日	壬辰	17	二	壬戌	16	三	辛卯	15	五	辛酉
十九	26	四	戊戌	27	五	丁卯	26	日	丁酉	26	二	丁卯	24	三	丙申	23	四	乙丑	22	六	乙未	20	日	甲子	19	一	癸巳	18	三	癸亥	17	四	壬辰	16	六	壬戌
二十	27	五	己亥	28	六	戊辰	27	一	戊戌	27	三	戊辰	25	四	丁酉	24	五	丙寅	23	日	丙申	21	一	乙丑	20	二	甲午	19	四	甲子	18	五	癸巳	17	日	癸亥
廿一	28	六	庚子	29	日	己巳	28	二	己亥	28	四	己巳	26	五	戊戌	25	六	丁卯	24	一	丁酉	22	二	丙寅	21	三	乙未	20	五	乙丑	19	六	甲午	18	一	甲子
廿二	**1**	日	辛丑	30	一	庚午	29	三	庚子	29	五	庚午	27	六	己亥	26	日	戊辰	25	二	戊戌	23	三	丁卯	22	四	丙申	21	六	丙寅	20	日	乙未	19	二	乙丑
廿三	2	一	壬寅	31	二	辛未	30	四	辛丑	30	六	辛未	28	日	庚子	27	一	己巳	26	三	己亥	24	四	戊辰	23	五	丁酉	22	日	丁卯	21	一	丙申	20	三	丙寅
廿四	3	二	癸卯	**1**	三	壬申	**1**	五	壬寅	31	日	壬申	29	一	辛丑	28	二	庚午	27	四	庚子	25	五	己巳	24	六	戊戌	23	一	戊辰	22	二	丁酉	21	四	丁卯
廿五	4	三	甲辰	2	四	癸酉	2	六	癸卯	**1**	一	癸酉	30	二	壬寅	29	三	辛未	28	五	辛丑	26	六	庚午	25	日	己亥	24	二	己巳	23	三	戊戌	22	五	戊辰
廿六	5	四	乙巳	3	五	甲戌	3	日	甲辰	2	二	甲戌	**1**	三	癸卯	30	四	壬申	29	六	壬寅	27	日	辛未	26	一	庚子	25	三	庚午	24	四	己亥	23	六	己巳
廿七	6	五	丙午	4	六	乙亥	4	一	乙巳	3	三	乙亥	2	四	甲辰	31	五	癸酉	30	日	癸卯	28	一	壬申	27	二	辛丑	26	四	辛未	25	五	庚子	24	日	庚午
廿八	7	六	丁未	5	日	丙子	5	二	丙午	4	四	丙子	3	五	乙巳	**1**	六	甲戌	31	一	甲辰	29	二	癸酉	28	三	壬寅	27	五	壬申	26	六	辛丑	25	一	辛未
廿九	8	日	戊申	6	一	丁丑	6	三	丁未	5	五	丁丑	4	六	丙午	2	日	乙亥	**1**	二	乙巳	30	三	甲戌	29	四	癸卯	28	六	癸酉	27	日	壬寅	26	二	壬申
三十				7	二	戊寅	7	四	戊申							3	一	丙子							30	五	甲辰				28	一	癸卯	27	三	癸酉

节气

农历月	节	气
正月小丙寅	雨水 十一 酉时	惊蛰 廿六 申时
二月大丁卯	春分 十二 酉时	清明 廿七 亥时
三月大戊辰	谷雨 十三 寅时	立夏 廿八 未时
四月小己巳	小满 十四 寅时	芒种 廿九 酉时
五月小庚午	夏至 十六 巳时	
六月大辛未	小暑 初三 寅时	大暑 十八
七月小壬申	立秋 初四 未时	处暑 二十 寅时
八月小癸酉	白露 初六 申时	秋分 廿一 寅时
九月大甲戌	寒露 初八 午时	霜降 廿三 巳时
十月小乙亥	立冬 初八 午时	小雪 廿三 巳时
十一月大丙子	大雪 初九 卯时	冬至 廿四 午时
十二月大丁丑	小寒 初八 酉时	大寒 廿三 巳时

农历乙亥年　属猪

正月小戊寅

农历	公历	星期	干支
初一	28	四	甲戌
初二	29	五	乙亥
初三	30	六	丙子
初四	31	日	丁丑
初五	1	一	戊寅
初六	2	二	己卯
初七	3	三	庚辰
初八	4	四	辛巳
初九	5	五	壬午
初十	6	六	癸未
十一	7	日	甲申
十二	8	一	乙酉
十三	9	二	丙戌
十四	10	三	丁亥
十五	11	四	戊子
十六	12	五	己丑
十七	13	六	庚寅
十八	14	日	辛卯
十九	15	一	壬辰
二十	16	二	癸巳
廿一	17	三	甲午
廿二	18	四	乙未
廿三	19	五	丙申
廿四	20	六	丁酉
廿五	21	日	戊戌
廿六	22	一	己亥
廿七	23	二	庚子
廿八	24	三	辛丑
廿九	25	四	壬寅

节气：立春 初八 寅时／雨水 廿三 子时

二月大己卯

农历	公历	星期	干支
初一	26	五	癸卯
初二	27	六	甲辰
初三	28	日	乙巳
初四	1	一	丙午
初五	2	二	丁未
初六	3	三	戊申
初七	4	四	己酉
初八	5	五	庚戌
初九	6	六	辛亥
初十	7	日	壬子
十一	8	一	癸丑
十二	9	二	甲寅
十三	10	三	乙卯
十四	11	四	丙辰
十五	12	五	丁巳
十六	13	六	戊午
十七	14	日	己未
十八	15	一	庚申
十九	16	二	辛酉
二十	17	三	壬戌
廿一	18	四	癸亥
廿二	19	五	甲子
廿三	20	六	乙丑
廿四	21	日	丙寅
廿五	22	一	丁卯
廿六	23	二	戊辰
廿七	24	三	己巳
廿八	25	四	庚午
廿九	26	五	辛未
三十	27	六	壬申

节气：惊蛰 初八 亥时／春分 廿三 子时

三月大庚辰

农历	公历	星期	干支
初一	28	日	癸酉
初二	29	一	甲戌
初三	30	二	乙亥
初四	31	三	丙子
初五	1	四	丁丑
初六	2	五	戊寅
初七	3	六	己卯
初八	4	日	庚辰
初九	5	一	辛巳
初十	6	二	壬午
十一	7	三	癸未
十二	8	四	甲申
十三	9	五	乙酉
十四	10	六	丙戌
十五	11	日	丁亥
十六	12	一	戊子
十七	13	二	己丑
十八	14	三	庚寅
十九	15	四	辛卯
二十	16	五	壬辰
廿一	17	六	癸巳
廿二	18	日	甲午
廿三	19	一	乙未
廿四	20	二	丙申
廿五	21	三	丁酉
廿六	22	四	戊戌
廿七	23	五	己亥
廿八	24	六	庚子
廿九	25	日	辛丑
三十	26	一	壬寅

节气：清明 初九 寅时／谷雨 廿四 巳时

四月小辛巳

农历	公历	星期	干支
初一	27	二	癸卯
初二	28	三	甲辰
初三	29	四	乙巳
初四	30	五	丙午
初五	1	六	丁未
初六	2	日	戊申
初七	3	一	己酉
初八	4	二	庚戌
初九	5	三	辛亥
初十	6	四	壬子
十一	7	五	癸丑
十二	8	六	甲寅
十三	9	日	乙卯
十四	10	一	丙辰
十五	11	二	丁巳
十六	12	三	戊午
十七	13	四	己未
十八	14	五	庚申
十九	15	六	辛酉
二十	16	日	壬戌
廿一	17	一	癸亥
廿二	18	二	甲子
廿三	19	三	乙丑
廿四	20	四	丙寅
廿五	21	五	丁卯
廿六	22	六	戊辰
廿七	23	日	己巳
廿八	24	一	庚午
廿九	25	二	辛未

节气：立夏 初九 戌时／小满 廿五 辰时

五月大壬午

农历	公历	星期	干支
初一	26	三	壬申
初二	27	四	癸酉
初三	28	五	甲戌
初四	29	六	乙亥
初五	30	日	丙子
初六	31	一	丁丑
初七	1	二	戊寅
初八	2	三	己卯
初九	3	四	庚辰
初十	4	五	辛巳
十一	5	六	壬午
十二	6	日	癸未
十三	7	一	甲申
十四	8	二	乙酉
十五	9	三	丙戌
十六	10	四	丁亥
十七	11	五	戊子
十八	12	六	己丑
十九	13	日	庚寅
二十	14	一	辛卯
廿一	15	二	壬辰
廿二	16	三	癸巳
廿三	17	四	甲午
廿四	18	五	乙未
廿五	19	六	丙申
廿六	20	日	丁酉
廿七	21	一	戊戌
廿八	22	二	己亥
廿九	23	三	庚子
三十	24	四	辛丑

节气：芒种 十一 子时／夏至 廿七 申时

六月小癸未

农历	公历	星期	干支
初一	25	五	壬寅
初二	26	六	癸卯
初三	27	日	甲辰
初四	28	一	乙巳
初五	29	二	丙午
初六	30	三	丁未
初七	1	四	戊申
初八	2	五	己酉
初九	3	六	庚戌
初十	4	日	辛亥
十一	5	一	壬子
十二	6	二	癸丑
十三	7	三	甲寅
十四	8	四	乙卯
十五	9	五	丙辰
十六	10	六	丁巳
十七	11	日	戊午
十八	12	一	己未
十九	13	二	庚申
二十	14	三	辛酉
廿一	15	四	壬戌
廿二	16	五	癸亥
廿三	17	六	甲子
廿四	18	日	乙丑
廿五	19	一	丙寅
廿六	20	二	丁卯
廿七	21	三	戊辰
廿八	22	四	己巳
廿九	23	五	庚午

节气：小暑 十三 巳时／大暑 廿九 寅时

闰六月大

农历	公历	星期	干支
初一	24	六	辛未
初二	25	日	壬申
初三	26	一	癸酉
初四	27	二	甲戌
初五	28	三	乙亥
初六	29	四	丙子
初七	30	五	丁丑
初八	31	六	戊寅
初九	1	日	己卯
初十	2	一	庚辰
十一	3	二	辛巳
十二	4	三	壬午
十三	5	四	癸未
十四	6	五	甲申
十五	7	六	乙酉
十六	8	日	丙戌
十七	9	一	丁亥
十八	10	二	戊子
十九	11	三	己丑
二十	12	四	庚寅
廿一	13	五	辛卯
廿二	14	六	壬辰
廿三	15	日	癸巳
廿四	16	一	甲午
廿五	17	二	乙未
廿六	18	三	丙申
廿七	19	四	丁酉
廿八	20	五	戊戌
廿九	21	六	己亥
三十	22	日	庚子

节气：立秋 十五 戌时

七月小甲申

农历	公历	星期	干支
初一	23	一	辛丑
初二	24	二	壬寅
初三	25	三	癸卯
初四	26	四	甲辰
初五	27	五	乙巳
初六	28	六	丙午
初七	29	日	丁未
初八	30	一	戊申
初九	31	二	己酉
初十	1	三	庚戌
十一	2	四	辛亥
十二	3	五	壬子
十三	4	六	癸丑
十四	5	日	甲寅
十五	6	一	乙卯
十六	7	二	丙辰
十七	8	三	丁巳
十八	9	四	戊午
十九	10	五	己未
二十	11	六	庚申
廿一	12	日	辛酉
廿二	13	一	壬戌
廿三	14	二	癸亥
廿四	15	三	甲子
廿五	16	四	乙丑
廿六	17	五	丙寅
廿七	18	六	丁卯
廿八	19	日	戊辰
廿九	20	一	己巳

节气：处暑 初一 巳时／白露 十六 子时

八月小乙酉

农历	公历	星期	干支
初一	21	二	庚午
初二	22	三	辛未
初三	23	四	壬申
初四	24	五	癸酉
初五	25	六	甲戌
初六	26	日	乙亥
初七	27	一	丙子
初八	28	二	丁丑
初九	29	三	戊寅
初十	30	四	己卯
十一	1	五	庚辰
十二	2	六	辛巳
十三	3	日	壬午
十四	4	一	癸未
十五	5	二	甲申
十六	6	三	乙酉
十七	7	四	丙戌
十八	8	五	丁亥
十九	9	六	戊子
二十	10	日	己丑
廿一	11	一	庚寅
廿二	12	二	辛卯
廿三	13	三	壬辰
廿四	14	四	癸巳
廿五	15	五	甲午
廿六	16	六	乙未
廿七	17	日	丙申
廿八	18	一	丁酉
廿九	19	二	戊戌

节气：秋分 初三 辰时／寒露 十八 申时

九月大丙戌

农历	公历	星期	干支
初一	20	三	己亥
初二	21	四	庚子
初三	22	五	辛丑
初四	23	六	壬寅
初五	24	日	癸卯
初六	25	一	甲辰
初七	26	二	乙巳
初八	27	三	丙午
初九	28	四	丁未
初十	29	五	戊申
十一	30	六	己酉
十二	31	日	庚戌
十三	1	一	辛亥
十四	2	二	壬子
十五	3	三	癸丑
十六	4	四	甲寅
十七	5	五	乙卯
十八	6	六	丙辰
十九	7	日	丁巳
二十	8	一	戊午
廿一	9	二	己未
廿二	10	三	庚申
廿三	11	四	辛酉
廿四	12	五	壬戌
廿五	13	六	癸亥
廿六	14	日	甲子
廿七	15	一	乙丑
廿八	16	二	丙寅
廿九	17	三	丁卯
三十	18	四	戊辰

节气：霜降 初四 申时／立冬 十九 酉时

十月小丁亥

农历	公历	星期	干支
初一	19	五	己巳
初二	20	六	庚午
初三	21	日	辛未
初四	22	一	壬申
初五	23	二	癸酉
初六	24	三	甲戌
初七	25	四	乙亥
初八	26	五	丙子
初九	27	六	丁丑
初十	28	日	戊寅
十一	29	一	己卯
十二	30	二	庚辰
十三	1	三	辛巳
十四	2	四	壬午
十五	3	五	癸未
十六	4	六	甲申
十七	5	日	乙酉
十八	6	一	丙戌
十九	7	二	丁亥
二十	8	三	戊子
廿一	9	四	己丑
廿二	10	五	庚寅
廿三	11	六	辛卯
廿四	12	日	壬辰
廿五	13	一	癸巳
廿六	14	二	甲午
廿七	15	三	乙未
廿八	16	四	丙申
廿九	17	五	丁酉

节气：小雪 初四 午时／大雪 十九 酉时

十一月大戊子

农历	公历	星期	干支
初一	18	六	戊戌
初二	19	日	己亥
初三	20	一	庚子
初四	21	二	辛丑
初五	22	三	壬寅
初六	23	四	癸卯
初七	24	五	甲辰
初八	25	六	乙巳
初九	26	日	丙午
初十	27	一	丁未
十一	28	二	戊申
十二	29	三	己酉
十三	30	四	庚戌
十四	31	五	辛亥
十五	1	六	壬子
十六	2	日	癸丑
十七	3	一	甲寅
十八	4	二	乙卯
十九	5	三	丙辰
二十	6	四	丁巳
廿一	7	五	戊午
廿二	8	六	己未
廿三	9	日	庚申
廿四	10	一	辛酉
廿五	11	二	壬戌
廿六	12	三	癸亥
廿七	13	四	甲子
廿八	14	五	乙丑
廿九	15	六	丙寅
三十	16	日	丁卯

节气：冬至 初五 卯时／小寒 廿五 子时

十二月小己丑

农历	公历	星期	干支
初一	17	一	戊辰
初二	18	二	己巳
初三	19	三	庚午
初四	20	四	辛未
初五	21	五	壬申
初六	22	六	癸酉
初七	23	日	甲戌
初八	24	一	乙亥
初九	25	二	丙子
初十	26	三	丁丑
十一	27	四	戊寅
十二	28	五	己卯
十三	29	六	庚辰
十四	30	日	辛巳
十五	31	一	壬午
十六	1	二	癸未
十七	2	三	甲申
十八	3	四	乙酉
十九	4	五	丙戌
二十	5	六	丁亥
廿一	6	日	戊子
廿二	7	一	己丑
廿三	8	二	庚寅
廿四	9	三	辛卯
廿五	10	四	壬辰
廿六	11	五	癸巳
廿七	12	六	甲午
廿八	13	日	乙未
廿九	14	一	丙申

节气：大寒 初四 申时／立春 十九 巳时

旬	正月大庚寅 公历	星期	干支	二月大辛卯 公历	星期	干支	三月大壬辰 公历	星期	干支	四月小癸巳 公历	星期	干支	五月大甲午 公历	星期	干支	六月小乙未 公历	星期	干支
初一	15	二	丁酉	16	四	丁卯	15	六	丁酉	15	一	丁卯	13	二	丙申	13	四	丙寅
初二	16	三	戊戌	17	五	戊辰	16	日	戊戌	16	二	戊辰	14	三	丁酉	14	五	丁卯
初三	17	四	己亥	18	六	己巳	17	一	己亥	17	三	己巳	15	四	戊戌	15	六	戊辰
初四	18	五	庚子	19	日	庚午	18	二	庚子	18	四	庚午	16	五	己亥	16	日	己巳
初五	19	六	辛丑	20	一	辛未	19	三	辛丑	19	五	辛未	17	六	庚子	17	一	庚午
初六	20	日	壬寅	21	二	壬申	20	四	壬寅	20	六	壬申	18	日	辛丑	18	二	辛未
初七	21	一	癸卯	22	三	癸酉	21	五	癸卯	21	日	癸酉	19	一	壬寅	19	三	壬申
初八	22	二	甲辰	23	四	甲戌	22	六	甲辰	22	一	甲戌	20	二	癸卯	20	四	癸酉
初九	23	三	乙巳	24	五	乙亥	23	日	乙巳	23	二	乙亥	21	三	甲辰	21	五	甲戌
初十	24	四	丙午	25	六	丙子	24	一	丙午	24	三	丙子	22	四	乙巳	22	六	乙亥
十一	25	五	丁未	26	日	丁丑	25	二	丁未	25	四	丁丑	23	五	丙午	23	日	丙子
十二	26	六	戊申	27	一	戊寅	26	三	戊申	26	五	戊寅	24	六	丁未	24	一	丁丑
十三	27	日	己酉	28	二	己卯	27	四	己酉	27	六	己卯	25	日	戊申	25	二	戊寅
十四	28	一	庚戌	29	三	庚辰	28	五	庚戌	28	日	庚辰	26	一	己酉	26	三	己卯
十五	29	二	辛亥	30	四	辛巳	29	六	辛亥	29	一	辛巳	27	二	庚戌	27	四	庚辰
十六	**3**	三	壬子	31	五	壬午	30	日	壬子	30	二	壬午	28	三	辛亥	28	五	辛巳
十七	2	四	癸丑	**4**	六	癸未	**5**	一	癸丑	31	三	癸未	29	四	壬子	29	六	壬午
十八	3	五	甲寅	2	日	甲申	2	二	甲寅	**6**	四	甲申	30	五	癸丑	30	日	癸未
十九	4	六	乙卯	3	一	乙酉	3	三	乙卯	2	五	乙酉	**7**	六	甲寅	31	一	甲申
二十	5	日	丙辰	4	二	丙戌	4	四	丙辰	3	六	丙戌	2	日	乙卯	**8**	二	乙酉
廿一	6	一	丁巳	5	三	丁亥	5	五	丁巳	4	日	丁亥	3	一	丙辰	2	三	丙戌
廿二	7	二	戊午	6	四	戊子	6	六	戊午	5	一	戊子	4	二	丁巳	3	四	丁亥
廿三	8	三	己未	7	五	己丑	7	日	己未	6	二	己丑	5	三	戊午	4	五	戊子
廿四	9	四	庚申	8	六	庚寅	8	一	庚申	7	三	庚寅	6	四	己未	5	六	己丑
廿五	10	五	辛酉	9	日	辛卯	9	二	辛酉	8	四	辛卯	7	五	庚申	6	日	庚寅
廿六	11	六	壬戌	10	一	壬辰	10	三	壬戌	9	五	壬辰	8	六	辛酉	7	一	辛卯
廿七	12	日	癸亥	11	二	癸巳	11	四	癸亥	10	六	癸巳	9	日	壬戌	8	二	壬辰
廿八	13	一	甲子	12	三	甲午	12	五	甲子	11	日	甲午	10	一	癸亥	9	三	癸巳
廿九	14	二	乙丑	13	四	乙未	13	六	乙丑	12	一	乙未	11	二	甲子	10	四	甲午
三十	15	三	丙寅	14	五	丙申	14	日	丙寅				12	三	乙丑			
节气	雨水 初五 卯时		惊蛰 二十 寅时	春分 初五 卯时		清明 二十 巳时	谷雨 初五 申时		立夏 廿一 丑时	小满 初六 未时		芒种 廿二 卯时	夏至 初八 亥时		小暑 廿四 申时	大暑 初十 巳时		立秋 廿六 丑时

旬	七月大丙申 公历	星期	干支	八月小丁酉 公历	星期	干支	九月小戊戌 公历	星期	干支	十月大己亥 公历	星期	干支	十一月小庚子 公历	星期	干支	十二月大辛丑 公历	星期	干支
初一	11	五	乙未	10	日	乙丑	9	一	甲午	7	二	癸亥	7	四	癸巳	5	五	壬戌
初二	12	六	丙申	11	一	丙寅	10	二	乙未	8	三	甲子	8	五	甲午	6	六	癸亥
初三	13	日	丁酉	12	二	丁卯	11	三	丙申	9	四	乙丑	9	六	乙未	7	日	甲子
初四	14	一	戊戌	13	三	戊辰	12	四	丁酉	10	五	丙寅	10	日	丙申	8	一	乙丑
初五	15	二	己亥	14	四	己巳	13	五	戊戌	11	六	丁卯	11	一	丁酉	9	二	丙寅
初六	16	三	庚子	15	五	庚午	14	六	己亥	12	日	戊辰	12	二	戊戌	10	三	丁卯
初七	17	四	辛丑	16	六	辛未	15	日	庚子	13	一	己巳	13	三	己亥	11	四	戊辰
初八	18	五	壬寅	17	日	壬申	16	一	辛丑	14	二	庚午	14	四	庚子	12	五	己巳
初九	19	六	癸卯	18	一	癸酉	17	二	壬寅	15	三	辛未	15	五	辛丑	13	六	庚午
初十	20	日	甲辰	19	二	甲戌	18	三	癸卯	16	四	壬申	16	六	壬寅	14	日	辛未
十一	21	一	乙巳	20	三	乙亥	19	四	甲辰	17	五	癸酉	17	日	癸卯	15	一	壬申
十二	22	二	丙午	21	四	丙子	20	五	乙巳	18	六	甲戌	18	一	甲辰	16	二	癸酉
十三	23	三	丁未	22	五	丁丑	21	六	丙午	19	日	乙亥	19	二	乙巳	17	三	甲戌
十四	24	四	戊申	23	六	戊寅	22	日	丁未	20	一	丙子	20	三	丙午	18	四	乙亥
十五	25	五	己酉	24	日	己卯	23	一	戊申	21	二	丁丑	21	四	丁未	19	五	丙子
十六	26	六	庚戌	25	一	庚辰	24	二	己酉	22	三	戊寅	22	五	戊申	20	六	丁丑
十七	27	日	辛亥	26	二	辛巳	25	三	庚戌	23	四	己卯	23	六	己酉	21	日	戊寅
十八	28	一	壬子	27	三	壬午	26	四	辛亥	24	五	庚辰	24	日	庚戌	22	一	己卯
十九	29	二	癸丑	28	四	癸未	27	五	壬子	25	六	辛巳	25	一	辛亥	23	二	庚辰
二十	30	三	甲寅	29	五	甲申	28	六	癸丑	26	日	壬午	26	二	壬子	24	三	辛巳
廿一	31	四	乙卯	30	六	乙酉	29	日	甲寅	27	一	癸未	27	三	癸丑	25	四	壬午
廿二	**9**	五	丙辰	**10**	日	丙戌	30	一	乙卯	28	二	甲申	28	四	甲寅	26	五	癸未
廿三	2	六	丁巳	2	一	丁亥	31	二	丙辰	29	三	乙酉	29	五	乙卯	27	六	甲申
廿四	3	日	戊午	3	二	戊子	**11**	三	丁巳	30	四	丙戌	30	六	丙辰	28	日	乙酉
廿五	4	一	己未	4	三	己丑	2	四	戊午	**12**	五	丁亥	31	日	丁巳	29	一	丙戌
廿六	5	二	庚申	5	四	庚寅	3	五	己未	2	六	戊子	**1**	一	戊午	30	二	丁亥
廿七	6	三	辛酉	6	五	辛卯	4	六	庚申	3	日	己丑	2	二	己未	31	三	戊子
廿八	7	四	壬戌	7	六	壬辰	5	日	辛酉	4	一	庚寅	3	三	庚申	**2**	四	己丑
廿九	8	五	癸亥	8	日	癸巳	6	一	壬戌	5	二	辛卯	4	四	辛酉	2	五	庚寅
三十	9	六	甲子							6	三	壬辰				3	六	辛卯
节气	处暑 十二 申时		白露 廿八 卯时	秋分 十三 未时		寒露 廿八 亥时		霜降 十五 子时		立冬 初一 子时	小雪 十五 卯时	大雪 三十 酉时		冬至 十五 午时		小寒 初一 卯时	大寒 十五 亥时	立春 三十 申时

农历丁丑年 属牛　　　　　　　　　　　　　　　　　　　公元 2057－2058 年

第一表（正月～六月）

旬	正月小壬寅 公历	星期	干支	二月大癸卯 公历	星期	干支	三月大甲辰 公历	星期	干支	四月小乙巳 公历	星期	干支	五月大丙午 公历	星期	干支	六月小丁未 公历	星期	干支
初一	4	日	壬辰	5	一	辛酉	4	三	辛卯	4	五	辛酉	2	六	庚寅	2	一	庚申
初二	5	一	癸巳	6	二	壬戌	5	四	壬辰	5	六	壬戌	3	日	辛卯	3	二	辛酉
初三	6	二	甲午	7	三	癸亥	6	五	癸巳	6	日	癸亥	4	一	壬辰	4	三	壬戌
初四	7	三	乙未	8	四	甲子	7	六	甲午	7	一	甲子	5	二	癸巳	5	四	癸亥
初五	8	四	丙申	9	五	乙丑	8	日	乙未	8	二	乙丑	6	三	甲午	6	五	甲子
初六	9	五	丁酉	10	六	丙寅	9	一	丙申	9	三	丙寅	7	四	乙未	7	六	乙丑
初七	10	六	戊戌	11	日	丁卯	10	二	丁酉	10	四	丁卯	8	五	丙申	8	日	丙寅
初八	11	日	己亥	12	一	戊辰	11	三	戊戌	11	五	戊辰	9	六	丁酉	9	一	丁卯
初九	12	一	庚子	13	二	己巳	12	四	己亥	12	六	己巳	10	日	戊戌	10	二	戊辰
初十	13	二	辛丑	14	三	庚午	13	五	庚子	13	日	庚午	11	一	己亥	11	三	己巳
十一	14	三	壬寅	15	四	辛未	14	六	辛丑	14	一	辛未	12	二	庚子	12	四	庚午
十二	15	四	癸卯	16	五	壬申	15	日	壬寅	15	二	壬申	13	三	辛丑	13	五	辛未
十三	16	五	甲辰	17	六	癸酉	16	一	癸卯	16	三	癸酉	14	四	壬寅	14	六	壬申
十四	17	六	乙巳	18	日	甲戌	17	二	甲辰	17	四	甲戌	15	五	癸卯	15	日	癸酉
十五	18	日	丙午	19	一	乙亥	18	三	乙巳	18	五	乙亥	16	六	甲辰	16	一	甲戌
十六	19	一	丁未	20	二	丙子	19	四	丙午	19	六	丙子	17	日	乙巳	17	二	乙亥
十七	20	二	戊申	21	三	丁丑	20	五	丁未	20	日	丁丑	18	一	丙午	18	三	丙子
十八	21	三	己酉	22	四	戊寅	21	六	戊申	21	一	戊寅	19	二	丁未	19	四	丁丑
十九	22	四	庚戌	23	五	己卯	22	日	己酉	22	二	己卯	20	三	戊申	20	五	戊寅
二十	23	五	辛亥	24	六	庚辰	23	一	庚戌	23	三	庚辰	21	四	己酉	21	六	己卯
廿一	24	六	壬子	25	日	辛巳	24	二	辛亥	24	四	辛巳	22	五	庚戌	22	日	庚辰
廿二	25	日	癸丑	26	一	壬午	25	三	壬子	25	五	壬午	23	六	辛亥	23	一	辛巳
廿三	26	一	甲寅	27	二	癸未	26	四	癸丑	26	六	癸未	24	日	壬子	24	二	壬午
廿四	27	二	乙卯	28	三	甲申	27	五	甲寅	27	日	甲申	25	一	癸丑	25	三	癸未
廿五	28	三	丙辰	29	四	乙酉	28	六	乙卯	28	一	乙酉	26	二	甲寅	26	四	甲申
廿六	1	四	丁巳	30	五	丙戌	29	日	丙辰	29	二	丙戌	27	三	乙卯	27	五	乙酉
廿七	2	五	戊午	31	六	丁亥	30	一	丁巳	30	三	丁亥	28	四	丙辰	28	六	丙戌
廿八	3	六	己未	1	日	戊子	1	二	戊午	31	四	戊子	29	五	丁巳	29	日	丁亥
廿九	4	日	庚申	2	一	己丑	2	三	己未	1	五	己丑	30	六	戊午	30	一	戊子
三十				3	二	庚寅	3	四	庚申				1	日	己未			

旬（节气）	节气
正月	雨水 十五 午时
二月	惊蛰 初一 巳时 ／ 春分 十六 午时
三月	清明 初一 未时 ／ 谷雨 十六 亥时
四月	立夏 初二 辰时 ／ 小满 十七 戌时
五月	芒种 初四 午时 ／ 夏至 二十 寅时
六月	小暑 初五 亥时 ／ 大暑 廿一 申时

第二表（七月～十二月）

旬	七月大戊申 公历	星期	干支	八月大己酉 公历	星期	干支	九月小庚戌 公历	星期	干支	十月小辛亥 公历	星期	干支	十一月大壬子 公历	星期	干支	十二月小癸丑 公历	星期	干支
初一	31	二	己丑	30	四	己未	29	六	己丑	28	日	戊午	26	一	丁亥	26	三	丁巳
初二	1	三	庚寅	31	五	庚申	30	日	庚寅	29	一	己未	27	二	戊子	27	四	戊午
初三	2	四	辛卯	1	六	辛酉	1	一	辛卯	30	二	庚申	28	三	己丑	28	五	己未
初四	3	五	壬辰	2	日	壬戌	2	二	壬辰	31	三	辛酉	29	四	庚寅	29	六	庚申
初五	4	六	癸巳	3	一	癸亥	3	三	癸巳	1	四	壬戌	30	五	辛卯	30	日	辛酉
初六	5	日	甲午	4	二	甲子	4	四	甲午	2	五	癸亥	1	六	壬辰	31	一	壬戌
初七	6	一	乙未	5	三	乙丑	5	五	乙未	3	六	甲子	2	日	癸巳	1	二	癸亥
初八	7	二	丙申	6	四	丙寅	6	六	丙申	4	日	乙丑	3	一	甲午	2	三	甲子
初九	8	三	丁酉	7	五	丁卯	7	日	丁酉	5	一	丙寅	4	二	乙未	3	四	乙丑
初十	9	四	戊戌	8	六	戊辰	8	一	戊戌	6	二	丁卯	5	三	丙申	4	五	丙寅
十一	10	五	己亥	9	日	己巳	9	二	己亥	7	三	戊辰	6	四	丁酉	5	六	丁卯
十二	11	六	庚子	10	一	庚午	10	三	庚子	8	四	己巳	7	五	戊戌	6	日	戊辰
十三	12	日	辛丑	11	二	辛未	11	四	辛丑	9	五	庚午	8	六	己亥	7	一	己巳
十四	13	一	壬寅	12	三	壬申	12	五	壬寅	10	六	辛未	9	日	庚子	8	二	庚午
十五	14	二	癸卯	13	四	癸酉	13	六	癸卯	11	日	壬申	10	一	辛丑	9	三	辛未
十六	15	三	甲辰	14	五	甲戌	14	日	甲辰	12	一	癸酉	11	二	壬寅	10	四	壬申
十七	16	四	乙巳	15	六	乙亥	15	一	乙巳	13	二	甲戌	12	三	癸卯	11	五	癸酉
十八	17	五	丙午	16	日	丙子	16	二	丙午	14	三	乙亥	13	四	甲辰	12	六	甲戌
十九	18	六	丁未	17	一	丁丑	17	三	丁未	15	四	丙子	14	五	乙巳	13	日	乙亥
二十	19	日	戊申	18	二	戊寅	18	四	戊申	16	五	丁丑	15	六	丙午	14	一	丙子
廿一	20	一	己酉	19	三	己卯	19	五	己酉	17	六	戊寅	16	日	丁未	15	二	丁丑
廿二	21	二	庚戌	20	四	庚辰	20	六	庚戌	18	日	己卯	17	一	戊申	16	三	戊寅
廿三	22	三	辛亥	21	五	辛巳	21	日	辛亥	19	一	庚辰	18	二	己酉	17	四	己卯
廿四	23	四	壬子	22	六	壬午	22	一	壬子	20	二	辛巳	19	三	庚戌	18	五	庚辰
廿五	24	五	癸丑	23	日	癸未	23	二	癸丑	21	三	壬午	20	四	辛亥	19	六	辛巳
廿六	25	六	甲寅	24	一	甲申	24	三	甲寅	22	四	癸未	21	五	壬子	20	日	壬午
廿七	26	日	乙卯	25	二	乙酉	25	四	乙卯	23	五	甲申	22	六	癸丑	21	一	癸未
廿八	27	一	丙辰	26	三	丙戌	26	五	丙辰	24	六	乙酉	23	日	甲寅	22	二	甲申
廿九	28	二	丁巳	27	四	丁亥	27	六	丁巳	25	日	丙戌	24	一	乙卯	23	三	乙酉
三十	29	三	戊午	28	五	戊子							25	二	丙辰			

月	节气
七月	立秋 初八 辰时 ／ 处暑 廿三 亥时
八月	白露 初九 巳时 ／ 秋分 廿四 戌时
九月	寒露 初十 丑时 ／ 霜降 廿五 卯时
十月	立冬 十一 卯时 ／ 小雪 廿六 寅时
十一月	大雪 十一 子时 ／ 冬至 廿六 酉时
十二月	小寒 十一 巳时 ／ 大寒 廿六 寅时

农历戊寅年　属虎

旬	正月大戊寅 公历	干支	星期	二月小乙卯 公历	干支	星期	三月大丙辰 公历	干支	星期	四月小丁巳 公历	干支	星期	闰四月大 公历	干支	星期	五月小戊午 公历	干支	星期	六月大己未 公历	干支	星期	七月大庚申 公历	干支	星期	八月小辛酉 公历	干支	星期	九月大壬戌 公历	干支	星期	十月大癸亥 公历	干支	星期	十一月小甲子 公历	干支	星期	十二月小乙丑 公历	干支	星期
初一	24	丙戌	四	23	丙辰	六	24	乙酉	日	23	乙卯	二	22	甲申	三	21	甲寅	五	20	癸未	六	19	癸丑	一	18	癸未	三	17	壬子	四	16	壬午	六	16	壬子	一	14	辛巳	二
初二	25	丁亥	五	24	丁巳	日	25	丙戌	一	24	丙辰	三	23	乙酉	四	22	乙卯	六	21	甲申	日	20	甲寅	二	19	甲申	四	18	癸丑	五	17	癸未	日	17	癸丑	二	15	壬午	三
初三	26	戊子	六	25	戊午	一	26	丁亥	二	25	丁巳	四	24	丙戌	五	23	丙辰	日	22	乙酉	一	21	乙卯	三	20	乙酉	五	19	甲寅	六	18	甲申	一	18	甲寅	三	16	癸未	四
初四	27	己丑	日	26	己未	二	27	戊子	三	26	戊午	五	25	丁亥	六	24	丁巳	一	23	丙戌	二	22	丙辰	四	21	丙戌	六	20	乙卯	日	19	乙酉	二	19	乙卯	四	17	甲申	五
初五	28	庚寅	一	27	庚申	三	28	己丑	四	27	己未	六	26	戊子	日	25	戊午	二	24	丁亥	三	23	丁巳	五	22	丁亥	日	21	丙辰	一	20	丙戌	三	20	丙辰	五	18	乙酉	六
初六	29	辛卯	二	28	辛酉	四	29	庚寅	五	28	庚申	日	27	己丑	一	26	己未	三	25	戊子	四	24	戊午	六	23	戊子	一	22	丁巳	二	21	丁亥	四	21	丁巳	六	19	丙戌	日
初七	30	壬辰	三	**3**	壬戌	五	30	辛卯	六	29	辛酉	一	28	庚寅	二	27	庚申	四	26	己丑	五	25	己未	日	24	己丑	二	23	戊午	三	22	戊子	五	22	戊午	日	20	丁亥	一
初八	31	癸巳	四	2	癸亥	六	31	壬辰	日	30	壬戌	二	29	辛卯	三	28	辛酉	五	27	庚寅	六	26	庚申	一	25	庚寅	三	24	己未	四	23	己丑	六	23	己未	一	21	戊子	二
初九	**2**	甲午	五	3	甲子	日	**4**	癸巳	一	**5**	癸亥	三	30	壬辰	四	29	壬戌	六	28	辛卯	日	27	辛酉	二	26	辛卯	四	25	庚申	五	24	庚寅	日	24	庚申	二	22	己丑	三
初十	2	乙未	六	4	乙丑	一	2	甲午	二	2	甲子	四	31	癸巳	五	30	癸亥	日	29	壬辰	一	28	壬戌	三	27	壬辰	五	26	辛酉	六	25	辛卯	一	25	辛酉	三	23	庚寅	四
十一	3	丙申	日	5	丙寅	二	3	乙未	三	3	乙丑	五	**6**	甲午	六	**7**	甲子	一	30	癸巳	二	29	癸亥	四	28	癸巳	六	27	壬戌	日	26	壬辰	二	26	壬戌	四	24	辛卯	五
十二	4	丁酉	一	6	丁卯	三	4	丙申	四	4	丙寅	六	2	乙未	日	2	乙丑	二	31	甲午	三	30	甲子	五	29	甲午	日	28	癸亥	一	27	癸巳	三	27	癸亥	五	25	壬辰	六
十三	5	戊戌	二	7	戊辰	四	5	丁酉	五	5	丁卯	日	3	丙申	一	3	丙寅	三	**8**	乙未	四	31	乙丑	六	30	乙未	一	29	甲子	二	28	甲午	四	28	甲子	六	26	癸巳	日
十四	6	己亥	三	8	己巳	五	6	戊戌	六	6	戊辰	一	4	丁酉	二	4	丁卯	四	2	丙申	五	**9**	丙寅	日	**10**	丙申	二	30	乙丑	三	29	乙未	五	29	乙丑	日	27	甲午	一
十五	7	庚子	四	9	庚午	六	7	己亥	日	7	己巳	二	5	戊戌	三	5	戊辰	五	3	丁酉	六	2	丁卯	一	2	丁酉	三	31	丙寅	四	30	丙申	六	30	丙寅	一	28	乙未	二
十六	8	辛丑	五	10	辛未	日	8	庚子	一	8	庚午	三	6	己亥	四	6	己巳	六	4	戊戌	日	3	戊辰	二	3	戊戌	四	**11**	丁卯	五	**12**	丁酉	日	31	丁卯	二	29	丙申	三
十七	9	壬寅	六	11	壬申	一	9	辛丑	二	9	辛未	四	7	庚子	五	7	庚午	日	5	己亥	一	4	己巳	三	4	己亥	五	2	戊辰	六	2	戊戌	一	**1**	戊辰	三	30	丁酉	四
十八	10	癸卯	日	12	癸酉	二	10	壬寅	三	10	壬申	五	8	辛丑	六	8	辛未	一	6	庚子	二	5	庚午	四	5	庚子	六	3	己巳	日	3	己亥	二	2	己巳	四	31	戊戌	五
十九	11	甲辰	一	13	甲戌	三	11	癸卯	四	11	癸酉	六	9	壬寅	日	9	壬申	二	7	辛丑	三	6	辛未	五	6	辛丑	日	4	庚午	一	4	庚子	三	3	庚午	五	**2**	己亥	六
二十	12	乙巳	二	14	乙亥	四	12	甲辰	五	12	甲戌	日	10	癸卯	一	10	癸酉	三	8	壬寅	四	7	壬申	六	7	壬寅	一	5	辛未	二	5	辛丑	四	4	辛未	六	2	庚子	日
廿一	13	丙午	三	15	丙子	五	13	乙巳	六	13	乙亥	一	11	甲辰	二	11	甲戌	四	9	癸卯	五	8	癸酉	日	8	癸卯	二	6	壬申	三	6	壬寅	五	5	壬申	日	3	辛丑	一
廿二	14	丁未	四	16	丁丑	六	14	丙午	日	14	丙子	二	12	乙巳	三	12	乙亥	五	10	甲辰	六	9	甲戌	一	9	甲辰	三	7	癸酉	四	7	癸卯	六	6	癸酉	一	4	壬寅	二
廿三	15	戊申	五	17	戊寅	日	15	丁未	一	15	丁丑	三	13	丙午	四	13	丙子	六	11	乙巳	日	10	乙亥	二	10	乙巳	四	8	甲戌	五	8	甲辰	日	7	甲戌	二	5	癸卯	三
廿四	16	己酉	六	18	己卯	一	16	戊申	二	16	戊寅	四	14	丁未	五	14	丁丑	日	12	丙午	一	11	丙子	三	11	丙午	五	9	乙亥	六	9	乙巳	一	8	乙亥	三	6	甲辰	四
廿五	17	庚戌	日	19	庚辰	二	17	己酉	三	17	己卯	五	15	戊申	六	15	戊寅	一	13	丁未	二	12	丁丑	四	12	丁未	六	10	丙子	日	10	丙午	二	9	丙子	四	7	乙巳	五
廿六	18	辛亥	一	20	辛巳	三	18	庚戌	四	18	庚辰	六	16	己酉	日	16	己卯	二	14	戊申	三	13	戊寅	五	13	戊申	日	11	丁丑	一	11	丁未	三	10	丁丑	五	8	丙午	六
廿七	19	壬子	二	21	壬午	四	19	辛亥	五	19	辛巳	日	17	庚戌	一	17	庚辰	三	15	己酉	四	14	己卯	六	14	己酉	一	12	戊寅	二	12	戊申	四	11	戊寅	六	9	丁未	日
廿八	20	癸丑	三	22	癸未	五	20	壬子	六	20	壬午	一	18	辛亥	二	18	辛巳	四	16	庚戌	五	15	庚辰	日	15	庚戌	二	13	己卯	三	13	己酉	五	12	己卯	日	10	戊申	一
廿九	21	甲寅	四	23	甲申	六	21	癸丑	日	21	癸未	二	19	壬子	三	19	壬午	五	17	辛亥	六	16	辛巳	一	16	辛亥	三	14	庚辰	四	14	庚戌	六	13	庚辰	一	11	己酉	二
三十	22	乙卯	五				22	甲寅	一				20	癸丑	四				18	壬子	日	17	壬午	二				15	辛巳	五	15	辛亥	日						
节气	立春 十一 亥时　雨水 廿六 酉时			惊蛰 十一 申时　春分 廿六 申时			清明 十二 戌时　谷雨 廿二 寅时			立夏 十三 未时　小满 廿九 未时			芒种 十五 酉时			夏至 初一 巳时　小暑 十七 未时			大暑 初三 戌时　立秋 十九 未时			处暑 初五 巳时　白露 二十 寅时			秋分 初六 辰时　寒露 廿一 辰时			霜降 初七 午时　立冬 初七 卯时			小雪 廿二 时　大雪 初七 卯时			冬至 廿二 时　小寒 廿一 申时			大寒 初七 巳时　立春 廿二 寅时		

農曆己卯年　屬兔　　　　　　　　　　　　　　　　　　　　　　　　　　　　　公元 2059－2060 年　265

旬	正月大丙寅 公历/星期/干支	二月小丁卯 公历/星期/干支	三月大戊辰 公历/星期/干支	四月小己巳 公历/星期/干支	五月大庚午 公历/星期/干支	六月小辛未 公历/星期/干支	七月大壬申 公历/星期/干支	旬	八月小癸酉 公历/星期/干支	九月大甲戌 公历/星期/干支	十月大乙亥 公历/星期/干支	十一月大丙子 公历/星期/干支	十二月小丁丑 公历/星期/干支
初一	12 三 庚戌	14 五 庚辰	12 六 己酉	12 一 己卯	10 二 戊申	10 四 戊寅	8 五 丁未	初一	7 日 丁丑	6 一 丙午	5 三 丙午	5 五 丙午	4 六 丙子
初二	13 四 辛亥	15 六 辛巳	13 日 庚戌	13 二 庚辰	11 三 己酉	11 五 己卯	9 六 戊申	初二	8 一 戊寅	7 二 丁未	6 四 丁未	6 六 丁未	5 日 丁丑
初三	14 五 壬子	16 日 壬午	14 一 辛亥	14 三 辛巳	12 四 庚戌	12 六 庚辰	10 日 己酉	初三	9 二 己卯	8 三 戊申	7 五 戊申	7 日 戊申	6 一 戊寅
初四	15 六 癸丑	17 一 癸未	15 二 壬子	15 四 壬午	13 五 辛亥	13 日 辛巳	11 一 庚戌	初四	10 三 庚辰	9 四 己酉	8 六 己酉	8 一 己酉	7 二 己卯
初五	16 日 甲寅	18 二 甲申	16 三 癸丑	16 五 癸未	14 六 壬子	14 一 壬午	12 二 辛亥	初五	11 四 辛巳	10 五 庚戌	9 日 庚戌	9 二 庚戌	8 三 庚辰
初六	17 一 乙卯	19 三 乙酉	17 四 甲寅	17 六 甲申	15 日 癸丑	15 二 癸未	13 三 壬子	初六	12 五 壬午	11 六 辛亥	10 一 辛亥	10 三 辛亥	9 四 辛巳
初七	18 二 丙辰	20 四 丙戌	18 五 乙卯	18 日 乙酉	16 一 甲寅	16 三 甲申	14 四 癸丑	初七	13 六 癸未	12 日 壬子	11 二 壬子	11 四 壬子	10 五 壬午
初八	19 三 丁巳	21 五 丁亥	19 六 丙辰	19 一 丙戌	17 二 乙卯	17 四 乙酉	15 五 甲寅	初八	14 日 甲申	13 一 癸丑	12 三 癸丑	12 五 癸丑	11 六 癸未
初九	20 四 戊午	22 六 戊子	20 日 丁巳	20 二 丁亥	18 三 丙辰	18 五 丙戌	16 六 乙卯	初九	15 一 乙酉	14 二 甲寅	13 四 甲寅	13 六 甲寅	12 日 甲申
初十	21 五 己未	23 日 己丑	21 一 戊午	21 三 戊子	19 四 丁巳	19 六 丁亥	17 日 丙辰	初十	16 二 丙戌	15 三 乙卯	14 五 乙卯	14 日 乙卯	13 一 乙酉
十一	22 六 庚申	24 一 庚寅	22 二 己未	22 四 己丑	20 五 戊午	20 日 戊子	18 一 丁巳	十一	17 三 丁亥	16 四 丙辰	15 六 丙辰	15 一 丙辰	14 二 丙戌
十二	23 日 辛酉	25 二 辛卯	23 三 庚申	23 五 庚寅	21 六 己未	21 一 己丑	19 二 戊午	十二	18 四 戊子	17 五 丁巳	16 日 丁巳	16 二 丁巳	15 三 丁亥
十三	24 一 壬戌	26 三 壬辰	24 四 辛酉	24 六 辛卯	22 日 庚申	22 二 庚寅	20 三 己未	十三	19 五 己丑	18 六 戊午	17 一 戊午	17 三 戊午	16 四 戊子
十四	25 二 癸亥	27 四 癸巳	25 五 壬戌	25 日 壬辰	23 一 辛酉	23 三 辛卯	21 四 庚申	十四	20 六 庚寅	19 日 己未	18 二 己未	18 四 己未	17 五 己丑
十五	26 三 甲子	28 五 甲午	26 六 癸亥	26 一 癸巳	24 二 壬戌	24 四 壬辰	22 五 辛酉	十五	21 日 辛卯	20 一 庚申	19 三 庚申	19 五 庚申	18 六 庚寅
十六	27 四 乙丑	29 六 乙未	27 日 甲子	27 二 甲午	25 三 癸亥	25 五 癸巳	23 六 壬戌	十六	22 一 壬辰	21 二 辛酉	20 四 辛酉	20 六 辛酉	19 日 辛卯
十七	28 五 丙寅	30 日 丙申	28 一 乙丑	28 三 乙未	26 四 甲子	26 六 甲午	24 日 癸亥	十七	23 二 癸巳	22 三 壬戌	21 五 壬戌	21 日 壬戌	20 一 壬辰
十八	3 六 丁卯	31 一 丁酉	29 二 丙寅	29 四 丙申	27 五 乙丑	27 日 乙未	25 一 甲子	十八	24 三 甲午	23 四 癸亥	22 六 癸亥	22 一 癸亥	21 二 癸巳
十九	2 日 戊辰	4 二 戊戌	30 三 丁卯	30 五 丁酉	28 六 丙寅	28 一 丙申	26 二 乙丑	十九	25 四 乙未	24 五 甲子	23 日 甲子	23 二 甲子	22 三 甲午
二十	3 一 己巳	2 三 己亥	5 四 戊辰	31 六 戊戌	29 日 丁卯	29 二 丁酉	27 三 丙寅	二十	26 五 丙申	25 六 乙丑	24 一 乙丑	24 三 乙丑	23 四 乙未
廿一	4 二 庚午	24 六 庚子	2 五 己巳	6 日 己亥	30 一 戊辰	30 三 戊戌	28 四 丁卯	廿一	27 六 丁酉	26 日 丙寅	25 二 丙寅	25 四 丙寅	24 五 丙申
廿二	5 三 辛未	5 日 辛丑	3 六 庚午	2 一 庚子	7 二 己巳	31 四 己亥	29 五 戊辰	廿二	28 日 戊戌	27 一 丁卯	26 三 丁卯	26 五 丁卯	25 六 丁酉
廿三	6 四 壬申	6 一 壬寅	4 日 辛未	3 二 辛丑	2 三 庚午	8 五 庚子	30 六 己巳	廿三	29 一 己亥	28 二 戊辰	27 四 戊辰	27 六 戊辰	26 日 戊戌
廿四	7 五 癸酉	7 二 癸卯	5 一 壬申	4 三 壬寅	3 四 辛未	2 六 辛丑	31 日 庚午	廿四	30 二 庚子	29 三 己巳	28 五 己巳	28 日 己巳	27 一 己亥
廿五	8 六 甲戌	8 三 甲辰	6 二 癸酉	5 四 癸卯	4 五 壬申	3 日 壬寅	9 一 辛未	廿五	31 三 辛丑	30 四 庚午	29 六 庚午	29 一 庚午	28 二 庚子
廿六	9 日 乙亥	9 四 乙巳	7 三 甲戌	6 五 甲辰	5 六 癸酉	4 一 癸卯	2 二 壬申	廿六	9 四 壬寅	31 五 辛未	30 日 辛未	30 二 辛未	29 三 辛丑
廿七	10 一 丙子	10 五 丙午	8 四 乙亥	7 六 乙巳	6 日 甲戌	5 二 甲辰	3 三 癸酉	廿七	2 五 癸卯	8 六 壬申	2 一 壬申	31 三 壬申	30 四 壬寅
廿八	11 二 丁丑	11 六 丁未	9 五 丙子	8 日 丙午	7 一 乙亥	6 三 乙巳	4 四 甲戌	廿八	3 六 甲辰	2 日 癸酉	3 二 癸酉	9 四 癸酉	2 五 癸卯
廿九	12 三 戊寅	12 日 戊申	10 六 丁丑	9 一 丁未	8 二 丙子	7 四 丙午	5 五 乙亥	廿九	4 日 乙巳	3 一 甲戌	4 三 甲戌	2 五 甲戌	3 六 甲辰
三十	13 四 己卯		11 日 戊寅		9 三 丁丑		6 六 丙子	三十		4 二 乙亥		3 六 乙亥	

| 节气 | 雨水 初八 子时／惊蛰 廿三 亥时 | 春分 初七 亥时／清明 廿二 丑时 | 谷雨 初九 巳时／立夏 廿四 戌时 | 小满 初十 辰时／芒种 廿五 子时 | 夏至 十二 申时／小暑 廿八 巳时 | 大暑 十四 丑时／立秋 廿九 戌时 | 处暑 十六 巳时／白露 初一 亥时 | 节气 | 秋分 十七 辰时／寒露 十八 酉时 | 霜降 十八 酉时／立冬 初三 酉时 | 小雪 十八 申时／大雪 初三 午时 | 大雪 初三 午时／冬至 十八 卯时 | 小寒 初三 亥时／大寒 十七 申时 |

旬	正月大戊寅 公历	星期	干支	二月小己卯 公历	星期	干支	三月小庚辰 公历	星期	干支	四月大辛巳 公历	星期	干支	五月小壬午 公历	星期	干支	六月小癸未 公历	星期	干支	七月大甲申 公历	星期	干支	八月小乙酉 公历	星期	干支	九月大丙戌 公历	星期	干支	十月大丁亥 公历	星期	干支	十一月大戊子 公历	星期	干支	十二月小己丑 公历	星期	干支
初一	2	一	乙巳	3	三	乙亥	4	四	甲辰	30	五	癸酉	30	日	癸卯	28	一	壬申	27	二	辛丑	26	四	辛未	24	五	庚子	24	日	庚午	23	二	庚子	23	四	庚午
初二	3	二	丙午	4	四	丙子	2	五	乙巳	5	六	甲戌	31	一	甲辰	29	二	癸酉	28	三	壬寅	27	五	壬申	25	六	辛丑	25	一	辛未	24	三	辛丑	24	五	辛未
初三	4	三	丁未	5	五	丁丑	3	六	丙午	2	日	乙亥	6	二	乙巳	30	三	甲戌	29	四	癸卯	28	六	癸酉	26	日	壬寅	26	二	壬申	25	四	壬寅	25	六	壬申
初四	5	四	戊申	6	六	戊寅	4	日	丁未	3	一	丙子	2	三	丙午	7	四	乙亥	30	五	甲辰	29	日	甲戌	27	一	癸卯	27	三	癸酉	26	五	癸卯	26	日	癸酉
初五	6	五	己酉	7	日	己卯	5	一	戊申	4	二	丁丑	3	四	丁未	2	五	丙子	31	六	乙巳	30	一	乙亥	28	二	甲辰	28	四	甲戌	27	六	甲辰	27	一	甲戌
初六	7	六	庚戌	8	一	庚辰	6	二	己酉	5	三	戊寅	4	五	戊申	3	六	丁丑	8	日	丙午	31	二	丙子	29	三	乙巳	29	五	乙亥	28	日	乙巳	28	二	乙亥
初七	8	日	辛亥	9	二	辛巳	7	三	庚戌	6	四	己卯	5	六	己酉	4	日	戊寅	2	一	丁未	9	三	丁丑	30	四	丙午	30	六	丙子	29	一	丙午	29	三	丙子
初八	9	一	壬子	10	三	壬午	8	四	辛亥	7	五	庚辰	6	日	庚戌	5	一	己卯	3	二	戊申	2	四	戊寅	10	五	丁未	31	日	丁丑	30	二	丁未	30	四	丁丑
初九	10	二	癸丑	11	四	癸未	9	五	壬子	8	六	辛巳	7	一	辛亥	6	二	庚辰	4	三	己酉	3	五	己卯	2	六	戊申	11	一	戊寅	12	三	戊申	31	五	戊寅
初十	11	三	甲寅	12	五	甲申	10	六	癸丑	9	日	壬午	8	二	壬子	7	三	辛巳	5	四	庚戌	4	六	庚辰	3	日	己酉	2	二	己卯	2	四	己酉	1	六	己卯
十一	12	四	乙卯	13	六	乙酉	11	日	甲寅	10	一	癸未	9	三	癸丑	8	四	壬午	6	五	辛亥	5	日	辛巳	4	一	庚戌	3	三	庚辰	3	五	庚戌	2	日	庚辰
十二	13	五	丙辰	14	日	丙戌	12	一	乙卯	11	二	甲申	10	四	甲寅	9	五	癸未	7	六	壬子	6	一	壬午	5	二	辛亥	4	四	辛巳	4	六	辛亥	3	一	辛巳
十三	14	六	丁巳	15	一	丁亥	13	二	丙辰	12	三	乙酉	11	五	乙卯	10	六	甲申	8	日	癸丑	7	二	癸未	6	三	壬子	5	五	壬午	5	日	壬子	4	二	壬午
十四	15	日	戊午	16	二	戊子	14	三	丁巳	13	四	丙戌	12	六	丙辰	11	日	乙酉	9	一	甲寅	8	三	甲申	7	四	癸丑	6	六	癸未	6	一	癸丑	5	三	癸未
十五	16	一	己未	17	三	己丑	15	四	戊午	14	五	丁亥	13	日	丁巳	12	一	丙戌	10	二	乙卯	9	四	乙酉	8	五	甲寅	7	日	甲申	7	二	甲寅	6	四	甲申
十六	17	二	庚申	18	四	庚寅	16	五	己未	15	六	戊子	14	一	戊午	13	二	丁亥	11	三	丙辰	10	五	丙戌	9	六	乙卯	8	一	乙酉	8	三	乙卯	7	五	乙酉
十七	18	三	辛酉	19	五	辛卯	17	六	庚申	16	日	己丑	15	二	己未	14	三	戊子	12	四	丁巳	11	六	丁亥	10	日	丙辰	9	二	丙戌	9	四	丙辰	8	六	丙戌
十八	19	四	壬戌	20	六	壬辰	18	日	辛酉	17	一	庚寅	16	三	庚申	15	四	己丑	13	五	戊午	12	日	戊子	11	一	丁巳	10	三	丁亥	10	五	丁巳	9	日	丁亥
十九	20	五	癸亥	21	日	癸巳	19	一	壬戌	18	二	辛卯	17	四	辛酉	16	五	庚寅	14	六	己未	13	一	己丑	12	二	戊午	11	四	戊子	11	六	戊午	10	一	戊子
二十	21	六	甲子	22	一	甲午	20	二	癸亥	19	三	壬辰	18	五	壬戌	17	六	辛卯	15	日	庚申	14	二	庚寅	13	三	己未	12	五	己丑	12	日	己未	11	二	己丑
廿一	22	日	乙丑	23	二	乙未	21	三	甲子	20	四	癸巳	19	六	癸亥	18	日	壬辰	16	一	辛酉	15	三	辛卯	14	四	庚申	13	六	庚寅	13	一	庚申	12	三	庚寅
廿二	23	一	丙寅	24	三	丙申	22	四	乙丑	21	五	甲午	20	日	甲子	19	一	癸巳	17	二	壬戌	16	四	壬辰	15	五	辛酉	14	日	辛卯	14	二	辛酉	13	四	辛卯
廿三	24	二	丁卯	25	四	丁酉	23	五	丙寅	22	六	乙未	21	一	乙丑	20	二	甲午	18	三	癸亥	17	五	癸巳	16	六	壬戌	15	一	壬辰	15	三	壬戌	14	五	壬辰
廿四	25	三	戊辰	26	五	戊戌	24	六	丁卯	23	日	丙申	22	二	丙寅	21	三	乙未	19	四	甲子	18	六	甲午	17	日	癸亥	16	二	癸巳	16	四	癸亥	15	六	癸巳
廿五	26	四	己巳	27	六	己亥	25	日	戊辰	24	一	丁酉	23	三	丁卯	22	四	丙申	20	五	乙丑	19	日	乙未	18	一	甲子	17	三	甲午	17	五	甲子	16	日	甲午
廿六	27	五	庚午	28	日	庚子	26	一	己巳	25	二	戊戌	24	四	戊辰	23	五	丁酉	21	六	丙寅	20	一	丙申	19	二	乙丑	18	四	乙未	18	六	乙丑	17	一	乙未
廿七	28	六	辛未	29	一	辛丑	27	二	庚午	26	三	己亥	25	五	己巳	24	六	戊戌	22	日	丁卯	21	二	丁酉	20	三	丙寅	19	五	丙申	19	日	丙寅	18	二	丙申
廿八	29	日	壬申	30	二	壬寅	28	三	辛未	27	四	庚子	26	六	庚午	25	日	己亥	23	一	戊辰	22	三	戊戌	21	四	丁卯	20	六	丁酉	20	一	丁卯	19	三	丁酉
廿九	3	一	癸酉	31	三	癸卯	29	四	壬申	28	五	辛丑	27	日	辛未	26	一	庚子	24	二	己巳	23	四	己亥	22	五	戊辰	21	日	戊戌	21	二	戊辰	20	四	戊戌
三十	2	二	甲戌							29	六	壬寅							25	三	庚午				23	六	己巳	22	一	己亥	22	三	己巳			
节	立春 初三 巳时			惊蛰 初三 寅时			清明 初四			立夏 初六 丑时			芒种 初七			小暑 初九 辰时			立秋 初九 丑时			白露 十二			寒露 十四 戌时			立冬 十四 丑时			大雪 十四 申时			小寒 十四 寅时		
气	雨水 十八 卯时			春分 十八 亥时			谷雨 十九 未时			小满 廿一 未时			夏至 廿二			大暑 廿五 辰时			处暑 廿四 申时			秋分 廿八			霜降 廿九			小雪 廿九 亥时			冬至 廿九 午时			大寒 廿八 亥时		

农历辛巳年　属蛇

旬	正月大庚寅 公历	星期	干支	二月大辛卯 公历	星期	干支	三月小壬辰 公历	星期	干支	闰三月小 公历	星期	干支	四月大癸巳 公历	星期	干支	五月小甲午 公历	星期	干支	六月小乙未 公历	星期	干支	七月大丙申 公历	星期	干支	八月小丁酉 公历	星期	干支	九月大戊戌 公历	星期	干支	十月大己亥 公历	星期	干支	十一月大庚子 公历	星期	干支	十二月小辛丑 公历	星期	干支
初一	21	五	己丑	20	日	己未	22	二	己丑	20	四	戊午	19	五	丁亥	18	日	丁巳	17	二	丙戌	15	四	乙卯	14	六	乙酉	13	一	甲寅	12	三	甲申	12	五	甲寅	11	日	甲申
初二	22	六	庚寅	21	一	庚申	23	三	庚寅	21	五	己未	20	六	戊子	19	一	戊午	18	三	丁亥	16	五	丙辰	15	日	丙戌	14	二	乙卯	13	四	乙酉	13	六	乙卯	12	一	乙酉
初三	23	日	辛卯	22	二	辛酉	24	四	辛卯	22	六	庚申	21	日	己丑	20	二	己未	19	四	戊子	17	六	丁巳	16	一	丁亥	15	三	丙辰	14	五	丙戌	14	日	丙辰	13	二	丙戌
初四	24	一	壬辰	23	三	壬戌	25	五	壬辰	23	日	辛酉	22	一	庚寅	21	三	庚申	20	五	己丑	18	日	戊午	17	二	戊子	16	四	丁巳	15	六	丁亥	15	一	丁巳	14	三	丁亥
初五	25	二	癸巳	24	四	癸亥	26	六	癸巳	24	一	壬戌	23	二	辛卯	22	四	辛酉	21	六	庚寅	19	一	己未	18	三	己丑	17	五	戊午	16	日	戊子	16	二	戊午	15	四	戊子
初六	26	三	甲午	25	五	甲子	27	日	甲午	25	二	癸亥	24	三	壬辰	23	五	壬戌	22	日	辛卯	20	二	庚申	19	四	庚寅	18	六	己未	17	一	己丑	17	三	己未	16	五	己丑
初七	27	四	乙未	26	六	乙丑	28	一	乙未	26	三	甲子	25	四	癸巳	24	六	癸亥	23	一	壬辰	21	三	辛酉	20	五	辛卯	19	日	庚申	18	二	庚寅	18	四	庚申	17	六	庚寅
初八	28	五	丙申	27	日	丙寅	29	二	丙申	27	四	乙丑	26	五	甲午	25	日	甲子	24	二	癸巳	22	四	壬戌	21	六	壬辰	20	一	辛酉	19	三	辛卯	19	五	辛酉	18	日	辛卯
初九	29	六	丁酉	28	一	丁卯	30	三	丁酉	28	五	丙寅	27	六	乙未	26	一	乙丑	25	三	甲午	23	五	癸亥	22	日	癸巳	21	二	壬戌	20	四	壬辰	20	六	壬戌	19	一	壬辰
初十	30	日	戊戌	**1**	二	戊辰	31	四	戊戌	29	六	丁卯	28	日	丙申	27	二	丙寅	26	四	乙未	24	六	甲子	23	一	甲午	22	三	癸亥	21	五	癸巳	21	日	癸亥	20	二	癸巳
十一	31	一	己亥	2	三	己巳	**1**	五	己亥	30	日	戊辰	29	一	丁酉	28	三	丁卯	27	五	丙申	25	日	乙丑	24	二	乙未	23	四	甲子	22	六	甲午	22	一	甲子	21	三	甲午
十二	**1**	二	庚子	3	四	庚午	2	六	庚子	**1**	一	己巳	30	二	戊戌	29	四	戊辰	28	六	丁酉	26	一	丙寅	25	三	丙申	24	五	乙丑	23	日	乙未	23	二	乙丑	22	四	乙未
十三	2	三	辛丑	4	五	辛未	3	日	辛丑	2	二	庚午	31	三	己亥	30	五	己巳	29	日	戊戌	27	二	丁卯	26	四	丁酉	25	六	丙寅	24	一	丙申	24	三	丙寅	23	五	丙申
十四	3	四	壬寅	5	六	壬申	4	一	壬寅	3	三	辛未	**1**	四	庚子	**1**	六	庚午	30	一	己亥	28	三	戊辰	27	五	戊戌	26	日	丁卯	25	二	丁酉	25	四	丁卯	24	六	丁酉
十五	4	五	癸卯	6	日	癸酉	5	二	癸卯	4	四	壬申	2	五	辛丑	2	日	辛未	31	二	庚子	29	四	己巳	28	六	己亥	27	一	戊辰	26	三	戊戌	26	五	戊辰	25	日	戊戌
十六	5	六	甲辰	7	一	甲戌	6	三	甲辰	5	五	癸酉	3	六	壬寅	3	一	壬申	**1**	三	辛丑	30	五	庚午	29	日	庚子	28	二	己巳	27	四	己亥	27	六	己巳	26	一	己亥
十七	6	日	乙巳	8	二	乙亥	7	四	乙巳	6	六	甲戌	4	日	癸卯	4	二	癸酉	2	四	壬寅	31	六	辛未	30	一	辛丑	29	三	庚午	28	五	庚子	28	日	庚午	27	二	庚子
十八	7	一	丙午	9	三	丙子	8	五	丙午	7	日	乙亥	5	一	甲辰	5	三	甲戌	3	五	癸卯	**1**	日	壬申	**1**	二	壬寅	30	四	辛未	29	六	辛丑	29	一	辛未	28	三	辛丑
十九	8	二	丁未	10	四	丁丑	9	六	丁未	8	一	丙子	6	二	乙巳	6	四	乙亥	4	六	甲辰	2	一	癸酉	2	三	癸卯	31	五	壬申	30	日	壬寅	30	二	壬申	29	四	壬寅
二十	9	三	戊申	11	五	戊寅	10	日	戊申	9	二	丁丑	7	三	丙午	7	五	丙子	5	日	乙巳	3	二	甲戌	3	四	甲辰	**1**	六	癸酉	**1**	一	癸卯	31	三	癸酉	30	五	癸卯
廿一	10	四	己酉	12	六	己卯	11	一	己酉	10	三	戊寅	8	四	丁未	8	六	丁丑	6	一	丙午	4	三	乙亥	4	五	乙巳	2	日	甲戌	2	二	甲辰	**1**	四	甲戌	31	六	甲辰
廿二	11	五	庚戌	13	日	庚辰	12	二	庚戌	11	四	己卯	9	五	戊申	9	日	戊寅	7	二	丁未	5	四	丙子	5	六	丙午	3	一	乙亥	3	三	乙巳	2	五	乙亥	**1**	日	乙巳
廿三	12	六	辛亥	14	一	辛巳	13	三	辛亥	12	五	庚辰	10	六	己酉	10	一	己卯	8	三	戊申	6	五	丁丑	6	日	丁未	4	二	丙子	4	四	丙午	3	六	丙子	2	一	丙午
廿四	13	日	壬子	15	二	壬午	14	四	壬子	13	六	辛巳	11	日	庚戌	11	二	庚辰	9	四	己酉	7	六	戊寅	7	一	戊申	5	三	丁丑	5	五	丁未	4	日	丁丑	3	二	丁未
廿五	14	一	癸丑	16	三	癸未	15	五	癸丑	14	日	壬午	12	一	辛亥	12	三	辛巳	10	五	庚戌	8	日	己卯	8	二	己酉	6	四	戊寅	6	六	戊申	5	一	戊寅	4	三	戊申
廿六	15	二	甲寅	17	四	甲申	16	六	甲寅	15	一	癸未	13	二	壬子	13	四	壬午	11	六	辛亥	9	一	庚辰	9	三	庚戌	7	五	己卯	7	日	己酉	6	二	己卯	5	四	己酉
廿七	16	三	乙卯	18	五	乙酉	17	日	乙卯	16	二	甲申	14	三	癸丑	14	五	癸未	12	日	壬子	10	二	辛巳	10	四	辛亥	8	六	庚辰	8	一	庚戌	7	三	庚辰	6	五	庚戌
廿八	17	四	丙辰	19	六	丙戌	18	一	丙辰	17	三	乙酉	15	四	甲寅	15	六	甲申	13	一	癸丑	11	三	壬午	11	五	壬子	9	日	辛巳	9	二	辛亥	8	四	辛巳	7	六	辛亥
廿九	18	五	丁巳	20	日	丁亥	19	二	丁巳	18	四	丙戌	16	五	乙卯	16	日	乙酉	14	二	甲寅	12	四	癸未	12	六	癸丑	10	一	壬午	10	三	壬子	9	五	壬午	8	日	壬子
三十	19	六	戊午	21	一	戊子	—	—	—	—	—	—	17	六	丙辰	—	—	—	—	—	—	13	五	甲申	—	—	—	11	二	癸未	11	四	癸丑	10	六	癸未	—	—	—

节气

月	节	气
正月	立春 十四 申时	雨水 廿九 午时
二月	惊蛰 十四 巳时	春分 廿九 巳时
三月	清明 十四 未时	谷雨 廿九 亥时
闰三月	立夏 十六 辰时	
四月	小满 初一 戌时	芒种 十八 巳时
五月	夏至 初四 寅时	小暑 十九 亥时
六月	大暑 初六 未时	立秋 廿二 卯时
七月	处暑 初八 亥时	白露 廿四 巳时
八月	秋分 初九 戌时	寒露 廿五 丑时
九月	霜降 十一 卯时	立冬 廿六 卯时
十月	小雪 十一 寅时	大雪 廿六 亥时
十一月	冬至 初一 申时	小寒 廿六 巳时
十二月	大寒 初十 寅时	立春 廿四 亥时

农历壬午年　属马　　　　　　　　　　　　　　　　　　公元2062－2063年

正月大壬寅 ～ 六月小丁未

旬	正月大壬寅 公历	星期	干支	二月大癸卯 公历	星期	干支	三月小甲辰 公历	星期	干支	四月小乙巳 公历	星期	干支	五月大丙午 公历	星期	干支	六月小丁未 公历	星期	干支
初一	9	四	癸亥	11	六	癸巳	10	一	癸亥	9	二	壬辰	7	三	辛酉	7	五	辛卯
初二	10	五	甲子	12	日	甲午	11	二	甲子	10	三	癸巳	8	四	壬戌	8	六	壬辰
初三	11	六	乙丑	13	一	乙未	12	三	乙丑	11	四	甲午	9	五	癸亥	9	日	癸巳
初四	12	日	丙寅	14	二	丙申	13	四	丙寅	12	五	乙未	10	六	甲子	10	一	甲午
初五	13	一	丁卯	15	三	丁酉	14	五	丁卯	13	六	丙申	11	日	乙丑	11	二	乙未
初六	14	二	戊辰	16	四	戊戌	15	六	戊辰	14	日	丁酉	12	一	丙寅	12	三	丙申
初七	15	三	己巳	17	五	己亥	16	日	己巳	15	一	戊戌	13	二	丁卯	13	四	丁酉
初八	16	四	庚午	18	六	庚子	17	一	庚午	16	二	己亥	14	三	戊辰	14	五	戊戌
初九	17	五	辛未	19	日	辛丑	18	二	辛未	17	三	庚子	15	四	己巳	15	六	己亥
初十	18	六	壬申	20	一	壬寅	19	三	壬申	18	四	辛丑	16	五	庚午	16	日	庚子
十一	19	日	癸酉	21	二	癸卯	20	四	癸酉	19	五	壬寅	17	六	辛未	17	一	辛丑
十二	20	一	甲戌	22	三	甲辰	21	五	甲戌	20	六	癸卯	18	日	壬申	18	二	壬寅
十三	21	二	乙亥	23	四	乙巳	22	六	乙亥	21	日	甲辰	19	一	癸酉	19	三	癸卯
十四	22	三	丙子	24	五	丙午	23	日	丙子	22	一	乙巳	20	二	甲戌	20	四	甲辰
十五	23	四	丁丑	25	六	丁未	24	一	丁丑	23	二	丙午	21	三	乙亥	21	五	乙巳
十六	24	五	戊寅	26	日	戊申	25	二	戊寅	24	三	丁未	22	四	丙子	22	六	丙午
十七	25	六	己卯	27	一	己酉	26	三	己卯	25	四	戊申	23	五	丁丑	23	日	丁未
十八	26	日	庚辰	28	二	庚戌	27	四	庚辰	26	五	己酉	24	六	戊寅	24	一	戊申
十九	27	一	辛巳	29	三	辛亥	28	五	辛巳	27	六	庚戌	25	日	己卯	25	二	己酉
二十	28	二	壬午	30	四	壬子	29	六	壬午	28	日	辛亥	26	一	庚辰	26	三	庚戌
廿一	1	三	癸未	31	五	癸丑	30	日	癸未	29	一	壬子	27	二	辛巳	27	四	辛亥
廿二	2	四	甲申	1	六	甲寅	1	一	甲申	30	二	癸丑	28	三	壬午	28	五	壬子
廿三	3	五	乙酉	2	日	乙卯	2	二	乙酉	31	三	甲寅	29	四	癸未	29	六	癸丑
廿四	4	六	丙戌	3	一	丙辰	3	三	丙戌	1	四	乙卯	30	五	甲申	30	日	甲寅
廿五	5	日	丁亥	4	二	丁巳	4	四	丁亥	2	五	丙辰	1	六	乙酉	31	一	乙卯
廿六	6	一	戊子	5	三	戊午	5	五	戊子	3	六	丁巳	2	日	丙戌	1	二	丙辰
廿七	7	二	己丑	6	四	己未	6	六	己丑	4	日	戊午	3	一	丁亥	2	三	丁巳
廿八	8	三	庚寅	7	五	庚申	7	日	庚寅	5	一	己未	4	二	戊子	3	四	戊午
廿九	9	四	辛卯	8	六	辛酉	8	一	辛卯	6	二	庚申	5	三	己丑	4	五	己未
三十	10	五	壬辰	9	日	壬戌							6	四	庚寅			
节气	雨水 初十 酉时		惊蛰 廿五 申时	春分 初十 申时		清明 廿五 戌时	谷雨 十一 丑时		立夏 廿六 午时	小满 十三 丑时		芒种 廿八 卯时	夏至 十五 巳时			小暑 初一 辰时		大暑 十六 酉时

七月小戊申 ～ 十二月小癸丑

旬	七月小戊申 公历	星期	干支	八月大己酉 公历	星期	干支	九月小庚戌 公历	星期	干支	十月大辛亥 公历	星期	干支	十一月大壬子 公历	星期	干支	十二月小癸丑 公历	星期	干支
初一	5	六	庚申	3	日	己丑	3	二	己未	1	三	戊子	1	五	戊午	31	日	戊子
初二	6	日	辛酉	4	一	庚寅	4	三	庚申	2	四	己丑	2	六	己未	1	一	己丑
初三	7	一	壬戌	5	二	辛卯	5	四	辛酉	3	五	庚寅	3	日	庚申	2	二	庚寅
初四	8	二	癸亥	6	三	壬辰	6	五	壬戌	4	六	辛卯	4	一	辛酉	3	三	辛卯
初五	9	三	甲子	7	四	癸巳	7	六	癸亥	5	日	壬辰	5	二	壬戌	4	四	壬辰
初六	10	四	乙丑	8	五	甲午	8	日	甲子	6	一	癸巳	6	三	癸亥	5	五	癸巳
初七	11	五	丙寅	9	六	乙未	9	一	乙丑	7	二	甲午	7	四	甲子	6	六	甲午
初八	12	六	丁卯	10	日	丙申	10	二	丙寅	8	三	乙未	8	五	乙丑	7	日	乙未
初九	13	日	戊辰	11	一	丁酉	11	三	丁卯	9	四	丙申	9	六	丙寅	8	一	丙申
初十	14	一	己巳	12	二	戊戌	12	四	戊辰	10	五	丁酉	10	日	丁卯	9	二	丁酉
十一	15	二	庚午	13	三	己亥	13	五	己巳	11	六	戊戌	11	一	戊辰	10	三	戊戌
十二	16	三	辛未	14	四	庚子	14	六	庚午	12	日	己亥	12	二	己巳	11	四	己亥
十三	17	四	壬申	15	五	辛丑	15	日	辛未	13	一	庚子	13	三	庚午	12	五	庚子
十四	18	五	癸酉	16	六	壬寅	16	一	壬申	14	二	辛丑	14	四	辛未	13	六	辛丑
十五	19	六	甲戌	17	日	癸卯	17	二	癸酉	15	三	壬寅	15	五	壬申	14	日	壬寅
十六	20	日	乙亥	18	一	甲辰	18	三	甲戌	16	四	癸卯	16	六	癸酉	15	一	癸卯
十七	21	一	丙子	19	二	乙巳	19	四	乙亥	17	五	甲辰	17	日	甲戌	16	二	甲辰
十八	22	二	丁丑	20	三	丙午	20	五	丙子	18	六	乙巳	18	一	乙亥	17	三	乙巳
十九	23	三	戊寅	21	四	丁未	21	六	丁丑	19	日	丙午	19	二	丙子	18	四	丙午
二十	24	四	己卯	22	五	戊申	22	日	戊寅	20	一	丁未	20	三	丁丑	19	五	丁未
廿一	25	五	庚辰	23	六	己酉	23	一	己卯	21	二	戊申	21	四	戊寅	20	六	戊申
廿二	26	六	辛巳	24	日	庚戌	24	二	庚辰	22	三	己酉	22	五	己卯	21	日	己酉
廿三	27	日	壬午	25	一	辛亥	25	三	辛巳	23	四	庚戌	23	六	庚辰	22	一	庚戌
廿四	28	一	癸未	26	二	壬子	26	四	壬午	24	五	辛亥	24	日	辛巳	23	二	辛亥
廿五	29	二	甲申	27	三	癸丑	27	五	癸未	25	六	壬子	25	一	壬午	24	三	壬子
廿六	30	三	乙酉	28	四	甲寅	28	六	甲申	26	日	癸丑	26	二	癸未	25	四	癸丑
廿七	31	四	丙戌	29	五	乙卯	29	日	乙酉	27	一	甲寅	27	三	甲申	26	五	甲寅
廿八	1	五	丁亥	30	六	丙辰	30	一	丙戌	28	二	乙卯	28	四	乙酉	27	六	乙卯
廿九	2	六	戊子	1	日	丁巳	31	二	丁亥	29	三	丙辰	29	五	丙戌	28	日	丙辰
三十				2	一	戊午				30	四	丁巳	30	六	丁亥			
节气	立秋 初三 午时		处暑 十九 寅时	白露 初五 酉时		秋分 廿一 午时	寒露 初六 辰时		霜降 廿一 午时	立冬 初七 午时		小雪 廿二 亥时	大雪 初七 午时		冬至 廿一 辰时	小寒 初六 申时		大寒 廿一 巳时

268

農曆癸未年　屬羊　　　　　　　　　　　　　　　　　　　　　　　　　　公元 2063－2064 年

旬	正月大甲寅 公历	星期	干支	二月大乙卯 公历	星期	干支	三月小丙辰 公历	星期	干支	四月大丁巳 公历	星期	干支	五月小戊午 公历	星期	干支	六月大己未 公历	星期	干支	七月小庚申 公历	星期	干支	闰七月小 公历	星期	干支	八月大辛酉 公历	星期	干支	九月小壬戌 公历	星期	干支	十月大癸亥 公历	星期	干支	十一月小甲子 公历	星期	干支	十二月大乙丑 公历	星期	干支
初一	29	一	丁巳	28	三	丁亥	30	五	丁巳	28	六	丙戌	28	一	丙辰	26	二	乙酉	26	四	乙卯	24	五	甲申	22	六	癸丑	22	一	癸未	20	二	壬子	20	四	壬午	18	五	辛亥
初二	30	二	戊午	3	四	戊子	31	六	戊午	29	日	丁亥	29	二	丁巳	27	三	丙戌	27	五	丙辰	25	六	乙酉	23	日	甲寅	23	二	甲申	21	三	癸丑	21	五	癸未	19	六	壬子
初三	31	三	己未	2	五	己丑	4	日	己未	30	一	戊子	30	三	戊午	28	四	丁亥	28	六	丁巳	26	日	丙戌	24	一	乙卯	24	三	乙酉	22	四	甲寅	22	六	甲申	20	日	癸丑
初四	2	四	庚申	3	六	庚寅	2	一	庚申	5	二	己丑	31	四	己未	29	五	戊子	29	日	戊午	27	一	丁亥	25	二	丙辰	25	四	丙戌	23	五	乙卯	23	日	乙酉	21	一	甲寅
初五	2	五	辛酉	4	日	辛卯	3	二	辛酉	2	三	庚寅	6	五	庚申	30	六	己丑	30	一	己未	28	二	戊子	26	三	丁巳	26	五	丁亥	24	六	丙辰	24	一	丙戌	22	二	乙卯
初六	3	六	壬戌	5	一	壬辰	4	三	壬戌	3	四	辛卯	2	六	辛酉	7	日	庚寅	31	二	庚申	29	三	己丑	27	四	戊午	27	六	戊子	25	日	丁巳	25	二	丁亥	23	三	丙辰
初七	4	日	癸亥	6	二	癸巳	5	四	癸亥	4	五	壬辰	3	日	壬戌	2	一	辛卯	8	三	辛酉	30	四	庚寅	28	五	己未	28	日	己丑	26	一	戊午	26	三	戊子	24	四	丁巳
初八	5	一	甲子	7	三	甲午	6	五	甲子	5	六	癸巳	4	一	癸亥	3	二	壬辰	2	四	壬戌	31	五	辛卯	29	六	庚申	29	一	庚寅	27	二	己未	27	四	己丑	25	五	戊午
初九	6	二	乙丑	8	四	乙未	7	六	乙丑	6	日	甲午	5	二	甲子	4	三	癸巳	3	五	癸亥	9	六	壬辰	30	日	辛酉	30	二	辛卯	28	三	庚申	28	五	庚寅	26	六	己未
初十	7	三	丙寅	9	五	丙申	8	日	丙寅	7	一	乙未	6	三	乙丑	5	四	甲午	4	六	甲子	2	日	癸巳	10	一	壬戌	31	三	壬辰	29	四	辛酉	29	六	辛卯	27	日	庚申
十一	8	四	丁卯	10	六	丁酉	9	一	丁卯	8	二	丙申	7	四	丙寅	6	五	乙未	5	日	乙丑	3	一	甲午	2	二	癸亥	11	四	癸巳	30	五	壬戌	30	日	壬辰	28	一	辛酉
十二	9	五	戊辰	11	日	戊戌	10	二	戊辰	9	三	丁酉	8	五	丁卯	7	六	丙申	6	一	丙寅	4	二	乙未	3	三	甲子	2	五	甲午	12	六	癸亥	31	一	癸巳	29	二	壬戌
十三	10	六	己巳	12	一	己亥	11	三	己巳	10	四	戊戌	9	六	戊辰	8	日	丁酉	7	二	丁卯	5	三	丙申	4	四	乙丑	3	六	乙未	2	日	甲子	1	二	甲午	30	三	癸亥
十四	11	日	庚午	13	二	庚子	12	四	庚午	11	五	己亥	10	日	己巳	9	一	戊戌	8	三	戊辰	6	四	丁酉	5	五	丙寅	4	日	丙申	3	一	乙丑	2	三	乙未	31	四	甲子
十五	12	一	辛未	14	三	辛丑	13	五	辛未	12	六	庚子	11	一	庚午	10	二	己亥	9	四	己巳	7	五	戊戌	6	六	丁卯	5	一	丁酉	4	二	丙寅	3	四	丙申	2	五	乙丑
十六	13	二	壬申	15	四	壬寅	14	六	壬申	13	日	辛丑	12	二	辛未	11	三	庚子	10	五	庚午	8	六	己亥	7	日	戊辰	6	二	戊戌	5	三	丁卯	4	五	丁酉	2	六	丙寅
十七	14	三	癸酉	16	五	癸卯	15	日	癸酉	14	一	壬寅	13	三	壬申	12	四	辛丑	11	六	辛未	9	日	庚子	8	一	己巳	7	三	己亥	6	四	戊辰	5	六	戊戌	3	日	丁卯
十八	15	四	甲戌	17	六	甲辰	16	一	甲戌	15	二	癸卯	14	四	癸酉	13	五	壬寅	12	日	壬申	10	一	辛丑	9	二	庚午	8	四	庚子	7	五	己巳	6	日	己亥	4	一	戊辰
十九	16	五	乙亥	18	日	乙巳	17	二	乙亥	16	三	甲辰	15	五	甲戌	14	六	癸卯	13	一	癸酉	11	二	壬寅	10	三	辛未	9	五	辛丑	8	六	庚午	7	一	庚子	5	二	己巳
二十	17	六	丙子	19	一	丙午	18	三	丙子	17	四	乙巳	16	六	乙亥	15	日	甲辰	14	二	甲戌	12	三	癸卯	11	四	壬申	10	六	壬寅	9	日	辛未	8	二	辛丑	6	三	庚午
廿一	18	日	丁丑	20	二	丁未	19	四	丁丑	18	五	丙午	17	日	丙子	16	一	乙巳	15	三	乙亥	13	四	甲辰	12	五	癸酉	11	日	癸卯	10	一	壬申	9	三	壬寅	7	四	辛未
廿二	19	一	戊寅	21	三	戊申	20	五	戊寅	19	六	丁未	18	一	丁丑	17	二	丙午	16	四	丙子	14	五	乙巳	13	六	甲戌	12	一	甲辰	11	二	癸酉	10	四	癸卯	8	五	壬申
廿三	20	二	己卯	22	四	己酉	21	六	己卯	20	日	戊申	19	二	戊寅	18	三	丁未	17	五	丁丑	15	六	丙午	14	日	乙亥	13	二	乙巳	12	三	甲戌	11	五	甲辰	9	六	癸酉
廿四	21	三	庚辰	23	五	庚戌	22	日	庚辰	21	一	己酉	20	三	己卯	19	四	戊申	18	六	戊寅	16	日	丁未	15	一	丙子	14	三	丙午	13	四	乙亥	12	六	乙巳	10	日	甲戌
廿五	22	四	辛巳	24	六	辛亥	23	一	辛巳	22	二	庚戌	21	四	庚辰	20	五	己酉	19	日	己卯	17	一	戊申	16	二	丁丑	15	四	丁未	14	五	丙子	13	日	丙午	11	一	乙亥
廿六	23	五	壬午	25	日	壬子	24	二	壬午	23	三	辛亥	22	五	辛巳	21	六	庚戌	20	一	庚辰	18	二	己酉	17	三	戊寅	16	五	戊申	15	六	丁丑	14	一	丁未	12	二	丙子
廿七	24	六	癸未	26	一	癸丑	25	三	癸未	24	四	壬子	23	六	壬午	22	日	辛亥	21	二	辛巳	19	三	庚戌	18	四	己卯	17	六	己酉	16	日	戊寅	15	二	戊申	13	三	丁丑
廿八	25	日	甲申	27	二	甲寅	26	四	甲申	25	五	癸丑	24	日	癸未	23	一	壬子	22	三	壬午	20	四	辛亥	19	五	庚辰	18	日	庚戌	17	一	己卯	16	三	己酉	14	四	戊寅
廿九	26	一	乙酉	28	三	乙卯	27	五	乙酉	26	六	甲寅	25	一	甲申	24	二	癸丑	23	四	癸未	21	五	壬子	20	六	辛巳	19	一	辛亥	18	二	庚辰	17	四	庚戌	15	五	己卯
三十	27	二	丙戌	29	四	丙辰				27	日	乙卯				25	三	甲寅							21	日	壬午				19	三	辛巳				16	六	庚辰

节气

节	立春 初七 寅时	惊蛰 初六 亥时	清明 初七 丑时	立夏 初八 酉时	芒种 初九 亥时	小暑 十二 辰时	立秋 十三 酉时	白露 十五 亥时	—（白露在闰七月）	寒露 初二 申时	立冬 十七 酉时	大雪 初三 巳时	小寒 十七 亥时
气	雨水 廿二 子时	春分 廿一 亥时	谷雨 廿二 辰时	小满 廿四 辰时	夏至 廿五 申时	大暑 廿八 丑时	处暑 廿九 巳时	—	秋分 初一 辰时	霜降 十七 辰时	小雪 初二 酉时	冬至 初二 巳时	大寒 初三 申时

269

农历甲申年　属猴

正月大丙寅

农历	公历	星期	干支
初一	17	日	辛巳
初二	18	一	壬午
初三	19	二	癸未
初四	20	三	甲申
初五	21	四	乙酉
初六	22	五	丙戌
初七	23	六	丁亥
初八	24	日	戊子
初九	25	一	己丑
初十	26	二	庚寅
十一	27	三	辛卯
十二	28	四	壬辰
十三	29	五	癸巳
十四	**3**	六	甲午
十五	2	日	乙未
十六	3	一	丙申
十七	4	二	丁酉
十八	5	三	戊戌
十九	6	四	己亥
二十	7	五	庚子
廿一	8	六	辛丑
廿二	9	日	壬寅
廿三	10	一	癸卯
廿四	11	二	甲辰
廿五	12	三	乙巳
廿六	13	四	丙午
廿七	14	五	丁未
廿八	15	六	戊申
廿九	16	日	己酉
三十	17	一	庚戌

节气：雨水 初三 卯时；惊蛰 十八 寅时

二月大丁卯

农历	公历	星期	干支
初一	18	二	辛亥
初二	19	三	壬子
初三	20	四	癸丑
初四	21	五	甲寅
初五	22	六	乙卯
初六	23	日	丙辰
初七	24	一	丁巳
初八	25	二	戊午
初九	26	三	己未
初十	27	四	庚申
十一	28	五	辛酉
十二	29	六	壬戌
十三	30	日	癸亥
十四	31	一	甲子
十五	**4**	二	乙丑
十六	2	三	丙寅
十七	3	四	丁卯
十八	4	五	戊辰
十九	5	六	己巳
二十	6	日	庚午
廿一	7	一	辛未
廿二	8	二	壬申
廿三	9	三	癸酉
廿四	10	四	甲戌
廿五	11	五	乙亥
廿六	12	六	丙子
廿七	13	日	丁丑
廿八	14	一	戊寅
廿九	15	二	己卯
三十	16	三	庚辰

节气：春分 初三 亥时；清明 十八 辰时

三月小戊辰

农历	公历	星期	干支
初一	17	四	辛巳
初二	18	五	壬午
初三	19	六	癸未
初四	20	日	甲申
初五	21	一	乙酉
初六	22	二	丙戌
初七	23	三	丁亥
初八	24	四	戊子
初九	25	五	己丑
初十	26	六	庚寅
十一	27	日	辛卯
十二	28	一	壬辰
十三	29	二	癸巳
十四	30	三	甲午
十五	**5**	四	乙未
十六	2	五	丙申
十七	3	六	丁酉
十八	4	日	戊戌
十九	5	一	己亥
二十	6	二	庚子
廿一	7	三	辛丑
廿二	8	四	壬寅
廿三	9	五	癸卯
廿四	10	六	甲辰
廿五	11	日	乙巳
廿六	12	一	丙午
廿七	13	二	丁未
廿八	14	三	戊申
廿九	15	四	己酉

节气：谷雨 初三 亥时；立夏 十九 子时

四月大己巳

农历	公历	星期	干支
初一	16	五	庚戌
初二	17	六	辛亥
初三	18	日	壬子
初四	19	一	癸丑
初五	20	二	甲寅
初六	21	三	乙卯
初七	22	四	丙辰
初八	23	五	丁巳
初九	24	六	戊午
初十	25	日	己未
十一	26	一	庚申
十二	27	二	辛酉
十三	28	三	壬戌
十四	29	四	癸亥
十五	30	五	甲子
十六	31	六	乙丑
十七	**6**	日	丙寅
十八	2	一	丁卯
十九	3	二	戊辰
二十	4	三	己巳
廿一	5	四	庚午
廿二	6	五	辛未
廿三	7	六	壬申
廿四	8	日	癸酉
廿五	9	一	甲戌
廿六	10	二	乙亥
廿七	11	三	丙子
廿八	12	四	丁丑
廿九	13	五	戊寅
三十	14	六	己卯

节气：小满 初五 未时；芒种 廿一 黄时

五月小庚午

农历	公历	星期	干支
初一	15	日	庚辰
初二	16	一	辛巳
初三	17	二	壬午
初四	18	三	癸未
初五	19	四	甲申
初六	20	五	乙酉
初七	21	六	丙戌
初八	22	日	丁亥
初九	23	一	戊子
初十	24	二	己丑
十一	25	三	庚寅
十二	26	四	辛卯
十三	27	五	壬辰
十四	28	六	癸巳
十五	29	日	甲午
十六	30	一	乙未
十七	**7**	二	丙申
十八	2	三	丁酉
十九	3	四	戊戌
二十	4	五	己亥
廿一	5	六	庚子
廿二	6	日	辛丑
廿三	7	一	壬寅
廿四	8	二	癸卯
廿五	9	三	甲辰
廿六	10	四	乙巳
廿七	11	五	丙午
廿八	12	六	丁未
廿九	13	日	戊申

节气：夏至 初六 未时；小暑 廿二 未时

六月大辛未

农历	公历	星期	干支
初一	14	一	己酉
初二	15	二	庚戌
初三	16	三	辛亥
初四	17	四	壬子
初五	18	五	癸丑
初六	19	六	甲寅
初七	20	日	乙卯
初八	21	一	丙辰
初九	22	二	丁巳
初十	23	三	戊午
十一	24	四	己未
十二	25	五	庚申
十三	26	六	辛酉
十四	27	日	壬戌
十五	28	一	癸亥
十六	29	二	甲子
十七	30	三	乙丑
十八	31	四	丙寅
十九	**8**	五	丁卯
二十	2	六	戊辰
廿一	3	日	己巳
廿二	4	一	庚午
廿三	5	二	辛未
廿四	6	三	壬申
廿五	7	四	癸酉
廿六	8	五	甲戌
廿七	9	六	乙亥
廿八	10	日	丙子
廿九	11	一	丁丑
三十	12	二	戊寅

节气：大暑 初九 辰时；立秋 廿五 子时

七月小壬申

农历	公历	星期	干支
初一	13	三	己卯
初二	14	四	庚辰
初三	15	五	辛巳
初四	16	六	壬午
初五	17	日	癸未
初六	18	一	甲申
初七	19	二	乙酉
初八	20	三	丙戌
初九	21	四	丁亥
初十	22	五	戊子
十一	23	六	己丑
十二	24	日	庚寅
十三	25	一	辛卯
十四	26	二	壬辰
十五	27	三	癸巳
十六	28	四	甲午
十七	29	五	乙未
十八	30	六	丙申
十九	31	日	丁酉
二十	**9**	一	戊戌
廿一	2	二	己亥
廿二	3	三	庚子
廿三	4	四	辛丑
廿四	5	五	壬寅
廿五	6	六	癸卯
廿六	7	日	甲辰
廿七	8	一	乙巳
廿八	9	二	丙午
廿九	10	三	丁未

节气：处暑 初十 未时；白露 廿六 寅时

八月小癸酉

农历	公历	星期	干支
初一	11	四	戊申
初二	12	五	己酉
初三	13	六	庚戌
初四	14	日	辛亥
初五	15	一	壬子
初六	16	二	癸丑
初七	17	三	甲寅
初八	18	四	乙卯
初九	19	五	丙辰
初十	20	六	丁巳
十一	21	日	戊午
十二	22	一	己未
十三	23	二	庚申
十四	24	三	辛酉
十五	25	四	壬戌
十六	26	五	癸亥
十七	27	六	甲子
十八	28	日	乙丑
十九	29	一	丙寅
二十	30	二	丁卯
廿一	**10**	三	戊辰
廿二	2	四	己巳
廿三	3	五	庚午
廿四	4	六	辛未
廿五	5	日	壬申
廿六	6	一	癸酉
廿七	7	二	甲戌
廿八	8	三	乙亥
廿九	9	四	丙子

节气：秋分 十二 午时；寒露 廿七 戌时

九月大甲戌

农历	公历	星期	干支
初一	10	五	丁丑
初二	11	六	戊寅
初三	12	日	己卯
初四	13	一	庚辰
初五	14	二	辛巳
初六	15	三	壬午
初七	16	四	癸未
初八	17	五	甲申
初九	18	六	乙酉
初十	19	日	丙戌
十一	20	一	丁亥
十二	21	二	戊子
十三	22	三	己丑
十四	23	四	庚寅
十五	24	五	辛卯
十六	25	六	壬辰
十七	26	日	癸巳
十八	27	一	甲午
十九	28	二	乙未
二十	29	三	丙申
廿一	30	四	丁酉
廿二	31	五	戊戌
廿三	**11**	六	己亥
廿四	2	日	庚子
廿五	3	一	辛丑
廿六	4	二	壬寅
廿七	5	三	癸卯
廿八	6	四	甲辰
廿九	7	五	乙巳
三十	8	六	丙午

节气：霜降 十三 亥时；立冬 廿七 子时

十月小乙亥

农历	公历	星期	干支
初一	9	日	丁未
初二	10	一	戊申
初三	11	二	己酉
初四	12	三	庚戌
初五	13	四	辛亥
初六	14	五	壬子
初七	15	六	癸丑
初八	16	日	甲寅
初九	17	一	乙卯
初十	18	二	丙辰
十一	19	三	丁巳
十二	20	四	戊午
十三	21	五	己未
十四	22	六	庚申
十五	23	日	辛酉
十六	24	一	壬戌
十七	25	二	癸亥
十八	26	三	甲子
十九	27	四	乙丑
二十	28	五	丙寅
廿一	29	六	丁卯
廿二	30	日	戊辰
廿三	**12**	一	己巳
廿四	2	二	庚午
廿五	3	三	辛未
廿六	4	四	壬申
廿七	5	五	癸酉
廿八	6	六	甲戌
廿九	7	日	乙亥

节气：小雪 十三 申时；大雪 廿八 申时

十一月大丙子

农历	公历	星期	干支
初一	8	一	丙子
初二	9	二	丁丑
初三	10	三	戊寅
初四	11	四	己卯
初五	12	五	庚辰
初六	13	六	辛巳
初七	14	日	壬午
初八	15	一	癸未
初九	16	二	甲申
初十	17	三	乙酉
十一	18	四	丙戌
十二	19	五	丁亥
十三	20	六	戊子
十四	21	日	己丑
十五	22	一	庚寅
十六	23	二	辛卯
十七	24	三	壬辰
十八	25	四	癸巳
十九	26	五	甲午
二十	27	六	乙未
廿一	28	日	丙申
廿二	29	一	丁酉
廿三	30	二	戊戌
廿四	31	三	己亥
廿五	**1**	四	庚子
廿六	2	五	辛丑
廿七	3	六	壬寅
廿八	4	日	癸卯
廿九	5	一	甲辰
三十	6	二	乙巳

节气：冬至 十四 寅时；小寒 廿九 戌时

十二月小丁丑

农历	公历	星期	干支
初一	7	三	丙午
初二	8	四	丁未
初三	9	五	戊申
初四	10	六	己酉
初五	11	日	庚戌
初六	12	一	辛亥
初七	13	二	壬子
初八	14	三	癸丑
初九	15	四	甲寅
初十	16	五	乙卯
十一	17	六	丙辰
十二	18	日	丁巳
十三	19	一	戊午
十四	20	二	己未
十五	21	三	庚申
十六	22	四	辛酉
十七	23	五	壬戌
十八	24	六	癸亥
十九	25	日	甲子
二十	26	一	乙丑
廿一	27	二	丙寅
廿二	28	三	丁卯
廿三	29	四	戊辰
廿四	30	五	己巳
廿五	31	六	庚午
廿六	**2**	日	辛未
廿七	2	一	壬申
廿八	3	二	癸酉
廿九	4	三	甲戌

节气：大寒 十三 戌时；立春 十八 戌时

农历乙酉年 属鸡　　　公元 2065－2066 年

正月大戊寅　二月大己卯　三月小庚辰　四月大辛巳　五月大壬午　六月小癸未

旬	正月 公历/星期/干支	二月 公历/星期/干支	三月 公历/星期/干支	四月 公历/星期/干支	五月 公历/星期/干支	六月 公历/星期/干支
初一	5 四 乙亥	7 六 乙巳	6 一 乙亥	5 二 甲辰	4 四 甲戌	4 六 甲辰
初二	6 五 丙子	8 日 丙午	7 二 丙子	6 三 乙巳	5 五 乙亥	5 日 乙巳
初三	7 六 丁丑	9 一 丁未	8 三 丁丑	7 四 丙午	6 六 丙子	6 一 丙午
初四	8 日 戊寅	10 二 戊申	9 四 戊寅	8 五 丁未	7 日 丁丑	7 二 丁未
初五	9 一 己卯	11 三 己酉	10 五 己卯	9 六 戊申	8 一 戊寅	8 三 戊申
初六	10 二 庚辰	12 四 庚戌	11 六 庚辰	10 日 己酉	9 二 己卯	9 四 己酉
初七	11 三 辛巳	13 五 辛亥	12 日 辛巳	11 一 庚戌	10 三 庚辰	10 五 庚戌
初八	12 四 壬午	14 六 壬子	13 一 壬午	12 二 辛亥	11 四 辛巳	11 六 辛亥
初九	13 五 癸未	15 日 癸丑	14 二 癸未	13 三 壬子	12 五 壬午	12 日 壬子
初十	14 六 甲申	16 一 甲寅	15 三 甲申	14 四 癸丑	13 六 癸未	13 一 癸丑
十一	15 日 乙酉	17 二 乙卯	16 四 乙酉	15 五 甲寅	14 日 甲申	14 二 甲寅
十二	16 一 丙戌	18 三 丙辰	17 五 丙戌	16 六 乙卯	15 一 乙酉	15 三 乙卯
十三	17 二 丁亥	19 四 丁巳	18 六 丁亥	17 日 丙辰	16 二 丙戌	16 四 丙辰
十四	18 三 戊子	20 五 戊午	19 日 戊子	18 一 丁巳	17 三 丁亥	17 五 丁巳
十五	19 四 己丑	21 六 己未	20 一 己丑	19 二 戊午	18 四 戊子	18 六 戊午
十六	20 五 庚寅	22 日 庚申	21 二 庚寅	20 三 己未	19 五 己丑	19 日 己未
十七	21 六 辛卯	23 一 辛酉	22 三 辛卯	21 四 庚申	20 六 庚寅	20 一 庚申
十八	22 日 壬辰	24 二 壬戌	23 四 壬辰	22 五 辛酉	21 日 辛卯	21 二 辛酉
十九	23 一 癸巳	25 三 癸亥	24 五 癸巳	23 六 壬戌	22 一 壬辰	22 三 壬戌
二十	24 二 甲午	26 四 甲子	25 六 甲午	24 日 癸亥	23 二 癸巳	23 四 癸亥
廿一	25 三 乙未	27 五 乙丑	26 日 乙未	25 一 甲子	24 三 甲午	24 五 甲子
廿二	26 四 丙申	28 六 丙寅	27 一 丙申	26 二 乙丑	25 四 乙未	25 六 乙丑
廿三	27 五 丁酉	29 日 丁卯	28 二 丁酉	27 三 丙寅	26 五 丙申	26 日 丙寅
廿四	28 六 戊戌	30 一 戊辰	29 三 戊戌	28 四 丁卯	27 六 丁酉	27 一 丁卯
廿五	1 日 己亥	31 二 己巳	30 四 己亥	29 五 戊辰	28 日 戊戌	28 二 戊辰
廿六	2 一 庚子	1 三 庚午	1 五 庚子	30 六 己巳	29 一 己亥	29 三 己巳
廿七	3 二 辛丑	2 四 辛未	2 六 辛丑	31 日 庚午	30 二 庚子	30 四 庚午
廿八	4 三 壬寅	3 五 壬申	3 日 壬寅	1 一 辛未	1 三 辛丑	31 五 辛未
廿九	5 四 癸卯	4 六 癸酉	4 一 癸卯	2 二 壬申	2 四 壬寅	1 六 壬申
三十	6 五 甲辰	5 日 甲戌		3 三 癸酉	3 五 癸卯	

七月大甲申　八月小乙酉　九月小丙戌　十月大丁亥　十一月小戊子　十二月大己丑

旬	七月 公历/星期/干支	八月 公历/星期/干支	九月 公历/星期/干支	十月 公历/星期/干支	十一月 公历/星期/干支	十二月 公历/星期/干支
初一	2 日 癸酉	1 二 癸卯	30 三 壬申	29 四 辛丑	28 六 辛未	27 日 庚子
初二	3 一 甲戌	2 三 甲辰	1 四 癸酉	30 五 壬寅	29 日 壬申	28 一 辛丑
初三	4 二 乙亥	3 四 乙巳	2 五 甲戌	31 六 癸卯	30 一 癸酉	29 二 壬寅
初四	5 三 丙子	4 五 丙午	3 六 乙亥	1 日 甲辰	1 二 甲戌	30 三 癸卯
初五	6 四 丁丑	5 六 丁未	4 日 丙子	2 一 乙巳	2 三 乙亥	31 四 甲辰
初六	7 五 戊寅	6 日 戊申	5 一 丁丑	3 二 丙午	3 四 丙子	1 五 乙巳
初七	8 六 己卯	7 一 己酉	6 二 戊寅	4 三 丁未	4 五 丁丑	2 六 丙午
初八	9 日 庚辰	8 二 庚戌	7 三 己卯	5 四 戊申	5 六 戊寅	3 日 丁未
初九	10 一 辛巳	9 三 辛亥	8 四 庚辰	6 五 己酉	6 日 己卯	4 一 戊申
初十	11 二 壬午	10 四 壬子	9 五 辛巳	7 六 庚戌	7 一 庚辰	5 二 己酉
十一	12 三 癸未	11 五 癸丑	10 六 壬午	8 日 辛亥	8 二 辛巳	6 三 庚戌
十二	13 四 甲申	12 六 甲寅	11 日 癸未	9 一 壬子	9 三 壬午	7 四 辛亥
十三	14 五 乙酉	13 日 乙卯	12 一 甲申	10 二 癸丑	10 四 癸未	8 五 壬子
十四	15 六 丙戌	14 一 丙辰	13 二 乙酉	11 三 甲寅	11 五 甲申	9 六 癸丑
十五	16 日 丁亥	15 二 丁巳	14 三 丙戌	12 四 乙卯	12 六 乙酉	10 日 甲寅
十六	17 一 戊子	16 三 戊午	15 四 丁亥	13 五 丙辰	13 日 丙戌	11 一 乙卯
十七	18 二 己丑	17 四 己未	16 五 戊子	14 六 丁巳	14 一 丁亥	12 二 丙辰
十八	19 三 庚寅	18 五 庚申	17 六 己丑	15 日 戊午	15 二 戊子	13 三 丁巳
十九	20 四 辛卯	19 六 辛酉	18 日 庚寅	16 一 己未	16 三 己丑	14 四 戊午
二十	21 五 壬辰	20 日 壬戌	19 一 辛卯	17 二 庚申	17 四 庚寅	15 五 己未
廿一	22 六 癸巳	21 一 癸亥	20 二 壬辰	18 三 辛酉	18 五 辛卯	16 六 庚申
廿二	23 日 甲午	22 二 甲子	21 三 癸巳	19 四 壬戌	19 六 壬辰	17 日 辛酉
廿三	24 一 乙未	23 三 乙丑	22 四 甲午	20 五 癸亥	20 日 癸巳	18 一 壬戌
廿四	25 二 丙申	24 四 丙寅	23 五 乙未	21 六 甲子	21 一 甲午	19 二 癸亥
廿五	26 三 丁酉	25 五 丁卯	24 六 丙申	22 日 乙丑	22 二 乙未	20 三 甲子
廿六	27 四 戊戌	26 六 戊辰	25 日 丁酉	23 一 丙寅	23 三 丙申	21 四 乙丑
廿七	28 五 己亥	27 日 己巳	26 一 戊戌	24 二 丁卯	24 四 丁酉	22 五 丙寅
廿八	29 六 庚子	28 一 庚午	27 二 己亥	25 三 戊辰	25 五 戊戌	23 六 丁卯
廿九	30 日 辛丑	29 二 辛未	28 三 庚子	26 四 己巳	26 六 己亥	24 日 戊辰
三十	31 一 壬寅			27 五 庚午		25 一 己巳

节气

节气	农历	时	节气	农历	时
雨水	十四	巳时	惊蛰	廿九	辰时
春分	十四	巳时	清明	廿九	未时
谷雨	十四	戌时	立夏	初一	卯时
小满	十六	酉时	芒种	初一	巳时
夏至	十八	丑时	小暑	初三	戌时
大暑	十九	未时	立秋	初六	卯时
处暑	廿一	戌时	白露	初二	巳时
秋分	廿二	酉时	寒露	初三	丑时
霜降	廿四	寅时	立冬	初十	寅时
小雪	廿五	丑时	大雪	初九	丑时
冬至	廿四	丑时	小寒	初十	巳时
大寒	廿五	丑时			

农历丙戌年　属狗

旬	正月小庚寅 公历	星期	干支	二月大辛卯 公历	星期	干支	三月小壬辰 公历	星期	干支	四月大癸巳 公历	星期	干支	五月大甲午 公历	星期	干支	闰五月小 公历	星期	干支	六月大乙未 公历	星期	干支	七月小丙申 公历	星期	干支	八月大丁酉 公历	星期	干支	九月小戊戌 公历	星期	干支	十月大己亥 公历	星期	干支	十一月小庚子 公历	星期	干支	十二月大辛丑 公历	星期	干支
初一	26	二	庚午	24	三	己亥	26	五	己巳	24	六	戊戌	24	一	戊辰	23	三	戊戌	22	四	丁卯	21	六	丁酉	19	二	丙寅	19	四	丙申	17	五	乙丑	17	日	乙未	15	六	甲子
初二	27	三	辛未	25	四	庚子	27	六	庚午	25	日	己亥	25	二	己巳	24	四	己亥	23	五	戊辰	22	日	戊戌	20	三	丁卯	20	五	丁酉	18	六	丙寅	18	一	丙申	16	日	乙丑
初三	28	四	壬申	26	五	辛丑	28	日	辛未	26	一	庚子	26	三	庚午	25	五	庚子	24	六	己巳	23	一	己亥	21	四	戊辰	21	六	戊戌	19	日	丁卯	19	二	丁酉	17	一	丙寅
初四	29	五	癸酉	27	六	壬寅	29	一	壬申	27	二	辛丑	27	四	辛未	26	六	辛丑	25	日	庚午	24	二	庚子	22	五	己巳	22	日	己亥	20	一	戊辰	20	三	戊戌	18	二	丁卯
初五	30	六	甲戌	28	日	癸卯	30	二	癸酉	28	三	壬寅	28	五	壬申	27	日	壬寅	26	一	辛未	25	三	辛丑	23	六	庚午	23	一	庚子	21	二	己巳	21	四	己亥	19	三	戊辰
初六	31	日	乙亥	3	一	甲辰	31	三	甲戌	29	四	癸卯	29	六	癸酉	28	一	癸卯	27	二	壬申	26	四	壬寅	24	日	辛未	24	二	辛丑	22	三	庚午	22	五	庚子	20	四	己巳
初七	2	一	丙子	2	二	乙巳	4	四	乙亥	30	五	甲辰	30	日	甲戌	29	二	甲辰	28	三	癸酉	27	五	癸卯	25	一	壬申	25	三	壬寅	23	四	辛未	23	六	辛丑	21	五	庚午
初八	2	二	丁丑	3	三	丙午	2	五	丙子	5	六	乙巳	31	一	乙亥	30	三	乙巳	29	四	甲戌	28	六	甲辰	26	二	癸酉	26	四	癸卯	24	五	壬申	24	日	壬寅	22	六	辛未
初九	3	三	戊寅	3	四	丁未	3	六	丁丑	2	日	丙午	6	二	丙子	7	四	丙午	30	五	乙亥	29	日	乙巳	27	三	甲戌	27	五	甲辰	25	六	癸酉	25	一	癸卯	23	日	壬申
初十	4	四	己卯	4	五	戊申	4	日	戊寅	3	一	丁未	3	三	丁丑	2	五	丁未	31	六	丙子	30	一	丙午	28	四	乙亥	28	六	乙巳	26	日	甲戌	26	二	甲辰	24	一	癸酉
十一	5	五	庚辰	6	六	己酉	5	一	己卯	4	二	戊申	3	四	戊寅	3	六	戊申	8	日	丁丑	31	二	丁未	29	五	丙子	29	日	丙午	27	一	乙亥	27	三	乙巳	25	二	甲戌
十二	6	六	辛巳	7	日	庚戌	6	二	庚辰	5	三	己酉	4	五	己卯	4	日	己酉	2	一	戊寅	9	三	戊申	30	六	丁丑	30	一	丁未	28	二	丙子	28	四	丙午	26	三	乙亥
十三	7	日	壬午	8	一	辛亥	7	三	辛巳	6	四	庚戌	5	六	庚辰	5	一	庚戌	3	二	己卯	2	四	己酉	10	日	戊寅	11	二	戊申	29	三	丁丑	29	五	丁未	27	四	丙子
十四	8	一	癸未	9	二	壬子	8	四	壬午	7	五	辛亥	6	日	辛巳	6	二	辛亥	4	三	庚辰	3	五	庚戌	2	一	己卯	2	三	己酉	30	四	戊寅	30	六	戊申	28	五	丁丑
十五	9	二	甲申	10	三	癸丑	9	五	癸未	8	六	壬子	7	一	壬午	7	三	壬子	5	四	辛巳	4	六	辛亥	3	二	庚辰	3	四	庚戌	31	五	己卯	31	日	己酉	29	六	戊寅
十六	10	三	乙酉	11	四	甲寅	10	六	甲申	9	日	癸丑	8	二	癸未	8	四	癸丑	6	五	壬午	5	日	壬子	4	三	辛巳	4	五	辛亥	12	六	庚辰	1	一	庚戌	30	日	己卯
十七	11	四	丙戌	12	五	乙卯	11	日	乙酉	10	一	甲寅	9	三	甲申	9	五	甲寅	7	六	癸未	6	一	癸丑	5	四	壬午	5	六	壬子	2	日	辛巳	2	二	辛亥	31	一	庚辰
十八	12	五	丁亥	13	六	丙辰	12	一	丙戌	11	二	乙卯	10	四	乙酉	10	六	乙卯	8	日	甲申	7	二	甲寅	6	五	癸未	6	日	癸丑	3	一	壬午	3	三	壬子	2	二	辛巳
十九	13	六	戊子	14	日	丁巳	13	二	丁亥	12	三	丙辰	11	五	丙戌	11	日	丙辰	9	一	乙酉	8	三	乙卯	7	六	甲申	7	一	甲寅	4	二	癸未	4	四	癸丑	3	三	壬午
二十	14	日	己丑	15	一	戊午	14	三	戊子	13	四	丁巳	12	六	丁亥	12	一	丁巳	10	二	丙戌	9	四	丙辰	8	日	乙酉	8	二	乙卯	5	三	甲申	5	五	甲寅	4	四	癸未
廿一	15	一	庚寅	16	二	己未	15	四	己丑	14	五	戊午	13	日	戊子	13	二	戊午	11	三	丁亥	10	五	丁巳	9	一	丙戌	9	三	丙辰	6	四	乙酉	6	六	乙卯	5	五	甲申
廿二	16	二	辛卯	17	三	庚申	16	五	庚寅	15	六	己未	14	一	己丑	14	三	己未	12	四	戊子	11	六	戊午	10	二	丁亥	10	四	丁巳	7	五	丙戌	7	日	丙辰	6	六	乙酉
廿三	17	三	壬辰	18	四	辛酉	17	六	辛卯	16	日	庚申	15	二	庚寅	15	四	庚申	13	五	己丑	12	日	己未	11	三	戊子	11	五	戊午	8	六	丁亥	8	一	丁巳	7	日	丙戌
廿四	18	四	癸巳	19	五	壬戌	18	日	壬辰	17	一	辛酉	16	三	辛卯	16	五	辛酉	14	六	庚寅	13	一	庚申	12	四	己丑	12	六	己未	9	日	戊子	9	二	戊午	8	一	丁亥
廿五	19	五	甲午	20	六	癸亥	19	一	癸巳	18	二	壬戌	17	四	壬辰	17	六	壬戌	15	日	辛卯	14	二	辛酉	13	五	庚寅	13	日	庚申	10	一	己丑	10	三	己未	9	二	戊子
廿六	20	六	乙未	21	日	甲子	20	二	甲午	19	三	癸亥	18	五	癸巳	18	日	癸亥	16	一	壬辰	15	三	壬戌	14	六	辛卯	14	一	辛酉	11	二	庚寅	11	四	庚申	10	三	己丑
廿七	21	日	丙申	22	一	乙丑	21	三	乙未	20	四	甲子	19	六	甲午	19	一	甲子	17	二	癸巳	16	四	癸亥	15	日	壬辰	15	二	壬戌	12	三	辛卯	12	五	辛酉	11	四	庚寅
廿八	22	一	丁酉	23	二	丙寅	22	四	丙申	21	五	乙丑	20	日	乙未	20	二	乙丑	18	三	甲午	17	五	甲子	16	一	癸巳	16	三	癸亥	13	四	壬辰	13	六	壬戌	12	五	辛卯
廿九	23	二	戊戌	24	三	丁卯	23	五	丁酉	22	六	丙寅	21	一	丙申	21	三	丙寅	19	四	乙未	18	六	乙丑	17	二	甲午	17	四	甲子	14	五	癸巳	14	日	癸亥	13	六	壬辰
三十				25	四	戊辰				23	日	丁卯	22	二	丁酉				20	五	丙申				18	三	乙未				15	六	甲午						
节气	立春 初九 戌时			惊蛰 初十 未时			清明 初十 酉时			立夏 十二 午时			芒种 十三 午时			小暑 十五 丑时			立秋 十七 午时			白露 十八 卯时			寒露 二十 巳时			立冬 二十 巳时			大雪 廿一 寅时			小寒 廿一 申时			立春 廿一 丑时		
	雨水 廿四 申时			春分 廿五 酉时			谷雨 廿六 丑时			小满 廿八 午时			夏至 廿九 辰时			大暑 初一 午时			处暑 初三 辰时			秋分 初五 午时			霜降 初五 巳时			小雪 十六 卯时			冬至 初七 申时			大寒 初六 辰时					

农历丁亥年　属猪

月份	公历	星期	干支 (示例)
正月小壬寅	14–23 / 24–5		甲午…癸丑
二月大癸卯	15–24 / 25–3		癸未…壬辰
三月小甲辰	14–23 / 24–5		癸巳…壬寅
四月大乙巳	13–22 / 23–6		壬戌…辛卯
五月小丙午	12–21 / 22–7		壬辰…辛酉
六月大丁未	11–20 / 21–9		辛酉…庚寅
七月大戊申	10–19 / 20–8		辛卯…庚申
八月小己酉	9–18 / 19–10		辛酉…庚辰
九月大庚戌	8–17 / 18–6		庚寅…己巳
十月小辛亥	7–16 / 17–5		庚申…己巳
十一月大壬子	6–15 / 16–4		己丑…戊午
十二月小癸丑	5–14 / 15–2		己未…戊辰

旬：初一 初二 初三 初四 初五 初六 初七 初八 初九 初十 十一 十二 十三 十四 十五 十六 十七 十八 十九 二十 廿一 廿二 廿三 廿四 廿五 廿六 廿七 廿八 廿九 三十

节气：

月份	节气	节气
正月	雨水 初五 亥时	惊蛰 二十 戌时
二月	春分 初六 戌时	清明 廿一 子时
三月	谷雨 初二 辰时	立夏 廿二 酉时
四月	小满 初九 卯时	芒种 廿四 亥时
五月	夏至 初十 未时	小暑 廿六 辰时
六月	大暑 十二 子时	立秋 廿八 酉时
七月	处暑 十四 辰时	白露 十九 戌时
八月	秋分 十五 卯时	
九月	寒露 初一 午时	霜降 十六 申时
十月	立冬 初一 未时	小雪 十六 未时
十一月	大雪 初一 寅时	冬至 十七 寅时
十二月	小寒 初一 亥时	大寒 十六 未时

农历戊子年　属鼠　　　　　　　　　　　　　　　　　　　　　　　公元 2068－2069 年

正月大甲寅 ～ 六月大己未

旬	正月大甲寅 公历	星期	干支	二月小乙卯 公历	星期	干支	三月大丙辰 公历	星期	干支	四月小丁巳 公历	星期	干支	五月小戊午 公历	星期	干支	六月大己未 公历	星期	干支
初一	3	五	戊戌	4	日	戊辰	2	一	丁酉	2	三	丁卯	31	四	丙申	29	五	乙丑
初二	4	六	己亥	5	一	己巳	3	二	戊戌	3	四	戊辰	**6**	五	丁酉	30	六	丙寅
初三	5	日	庚子	6	二	庚午	4	三	己亥	4	五	己巳	2	六	戊戌	**7**	日	丁卯
初四	6	一	辛丑	7	三	辛未	5	四	庚子	5	六	庚午	3	日	己亥	2	一	戊辰
初五	7	二	壬寅	8	四	壬申	6	五	辛丑	6	日	辛未	4	一	庚子	3	二	己巳
初六	8	三	癸卯	9	五	癸酉	7	六	壬寅	7	一	壬申	5	二	辛丑	4	三	庚午
初七	9	四	甲辰	10	六	甲戌	8	日	癸卯	8	二	癸酉	6	三	壬寅	5	四	辛未
初八	10	五	乙巳	11	日	乙亥	9	一	甲辰	9	三	甲戌	7	四	癸卯	6	五	壬申
初九	11	六	丙午	12	一	丙子	10	二	乙巳	10	四	乙亥	8	五	甲辰	7	六	癸酉
初十	12	日	丁未	13	二	丁丑	11	三	丙午	11	五	丙子	9	六	乙巳	8	日	甲戌
十一	13	一	戊申	14	三	戊寅	12	四	丁未	12	六	丁丑	10	日	丙午	9	一	乙亥
十二	14	二	己酉	15	四	己卯	13	五	戊申	13	日	戊寅	11	一	丁未	10	二	丙子
十三	15	三	庚戌	16	五	庚辰	14	六	己酉	14	一	己卯	12	二	戊申	11	三	丁丑
十四	16	四	辛亥	17	六	辛巳	15	日	庚戌	15	二	庚辰	13	三	己酉	12	四	戊寅
十五	17	五	壬子	18	日	壬午	16	一	辛亥	16	三	辛巳	14	四	庚戌	13	五	己卯
十六	18	六	癸丑	19	一	癸未	17	二	壬子	17	四	壬午	15	五	辛亥	14	六	庚辰
十七	19	日	甲寅	20	二	甲申	18	三	癸丑	18	五	癸未	16	六	壬子	15	日	辛巳
十八	20	一	乙卯	21	三	乙酉	19	四	甲寅	19	六	甲申	17	日	癸丑	16	一	壬午
十九	21	二	丙辰	22	四	丙戌	20	五	乙卯	20	日	乙酉	18	一	甲寅	17	二	癸未
二十	22	三	丁巳	23	五	丁亥	21	六	丙辰	21	一	丙戌	19	二	乙卯	18	三	甲申
廿一	23	四	戊午	24	六	戊子	22	日	丁巳	22	二	丁亥	20	三	丙辰	19	四	乙酉
廿二	24	五	己未	25	日	己丑	23	一	戊午	23	三	戊子	21	四	丁巳	20	五	丙戌
廿三	25	六	庚申	26	一	庚寅	24	二	己未	24	四	己丑	22	五	戊午	21	六	丁亥
廿四	26	日	辛酉	27	二	辛卯	25	三	庚申	25	五	庚寅	23	六	己未	22	日	戊子
廿五	27	一	壬戌	28	三	壬辰	26	四	辛酉	26	六	辛卯	24	日	庚申	23	一	己丑
廿六	28	二	癸亥	29	四	癸巳	27	五	壬戌	27	日	壬辰	25	一	辛酉	24	二	庚寅
廿七	29	三	甲子	30	五	甲午	28	六	癸亥	28	一	癸巳	26	二	壬戌	25	三	辛卯
廿八	**3**	四	乙丑	31	六	乙未	29	日	甲子	29	二	甲午	27	三	癸亥	26	四	壬辰
廿九	2	五	丙寅	**4**	日	丙申	30	一	乙丑	30	三	乙未	28	四	甲子	27	五	癸巳
三十	3	六	丁卯				**5**	二	丙寅							28	六	甲午
节	立春 初二 辰时			惊蛰 初二 丑时			清明 初二 卯时			立夏 初三 酉时			芒种 初六 未时			小暑 初八 戌时		
气	雨水 十七 寅时			春分 十七 丑时			谷雨 十八 未时			小满 十九 午时			夏至 廿一 戌时			大暑 廿四 卯时		

七月大庚申 ～ 十二月大乙丑

旬	七月大庚申 公历	星期	干支	八月小辛酉 公历	星期	干支	九月大壬戌 公历	星期	干支	十月大癸亥 公历	星期	干支	十一月小甲子 公历	星期	干支	十二月大乙丑 公历	星期	干支
初一	29	日	乙未	28	二	乙丑	26	三	甲午	26	五	甲子	25	日	甲午	24	一	癸亥
初二	30	一	丙申	29	三	丙寅	27	四	乙未	27	六	乙丑	26	一	乙未	25	二	甲子
初三	31	二	丁酉	30	四	丁卯	28	五	丙申	28	日	丙寅	27	二	丙申	26	三	乙丑
初四	**8**	三	戊戌	31	五	戊辰	29	六	丁酉	29	一	丁卯	28	三	丁酉	27	四	丙寅
初五	2	四	己亥	**9**	六	己巳	30	日	戊戌	30	二	戊辰	29	四	戊戌	28	五	丁卯
初六	3	五	庚子	2	日	庚午	**10**	一	己亥	31	三	己巳	30	五	己亥	29	六	戊辰
初七	4	六	辛丑	3	一	辛未	2	二	庚子	**11**	四	庚午	**12**	六	庚子	30	日	己巳
初八	5	日	壬寅	4	二	壬申	3	三	辛丑	2	五	辛未	2	日	辛丑	31	一	庚午
初九	6	一	癸卯	5	三	癸酉	4	四	壬寅	3	六	壬申	3	一	壬寅	**1**	二	辛未
初十	7	二	甲辰	6	四	甲戌	5	五	癸卯	4	日	癸酉	4	二	癸卯	2	三	壬申
十一	8	三	乙巳	7	五	乙亥	6	六	甲辰	5	一	甲戌	5	三	甲辰	3	四	癸酉
十二	9	四	丙午	8	六	丙子	7	日	乙巳	6	二	乙亥	6	四	乙巳	4	五	甲戌
十三	10	五	丁未	9	日	丁丑	8	一	丙午	7	三	丙子	7	五	丙午	5	六	乙亥
十四	11	六	戊申	10	一	戊寅	9	二	丁未	8	四	丁丑	8	六	丁未	6	日	丙子
十五	12	日	己酉	11	二	己卯	10	三	戊申	9	五	戊寅	9	日	戊申	7	一	丁丑
十六	13	一	庚戌	12	三	庚辰	11	四	己酉	10	六	己卯	10	一	己酉	8	二	戊寅
十七	14	二	辛亥	13	四	辛巳	12	五	庚戌	11	日	庚辰	11	二	庚戌	9	三	己卯
十八	15	三	壬子	14	五	壬午	13	六	辛亥	12	一	辛巳	12	三	辛亥	10	四	庚辰
十九	16	四	癸丑	15	六	癸未	14	日	壬子	13	二	壬午	13	四	壬子	11	五	辛巳
二十	17	五	甲寅	16	日	甲申	15	一	癸丑	14	三	癸未	14	五	癸丑	12	六	壬午
廿一	18	六	乙卯	17	一	乙酉	16	二	甲寅	15	四	甲申	15	六	甲寅	13	日	癸未
廿二	19	日	丙辰	18	二	丙戌	17	三	乙卯	16	五	乙酉	16	日	乙卯	14	一	甲申
廿三	20	一	丁巳	19	三	丁亥	18	四	丙辰	17	六	丙戌	17	一	丙辰	15	二	乙酉
廿四	21	二	戊午	20	四	戊子	19	五	丁巳	18	日	丁亥	18	二	丁巳	16	三	丙戌
廿五	22	三	己未	21	五	己丑	20	六	戊午	19	一	戊子	19	三	戊午	17	四	丁亥
廿六	23	四	庚申	22	六	庚寅	21	日	己未	20	二	己丑	20	四	己未	18	五	戊子
廿七	24	五	辛酉	23	日	辛卯	22	一	庚申	21	三	庚寅	21	五	庚申	19	六	己丑
廿八	25	六	壬戌	24	一	壬辰	23	二	辛酉	22	四	辛卯	22	六	辛酉	20	日	庚寅
廿九	26	日	癸亥	25	二	癸巳	24	三	壬戌	23	五	壬辰	23	日	壬戌	21	一	辛卯
三十	27	一	甲子				25	四	癸亥	24	六	癸巳				22	二	壬辰
节	立秋 初九 子时			白露 十一 子时			寒露 十二 酉时			立冬 十三 亥时			大雪 十二 申时			小寒 廿一 丑时		
气	处暑 廿五 未时			秋分 廿六 午时			霜降 廿七 酉时			小雪 廿八 戌时			冬至 廿七 巳时			大寒 廿六 戌时		

274

农历己丑年　属牛

公元 2069－2070 年

正月小丙寅

旬	公历	星期	干支
初一	23	三	癸未
初二	24	四	甲申
初三	25	五	乙酉
初四	26	六	丙戌
初五	27	日	丁亥
初六	28	一	戊子
初七	29	二	己丑
初八	30	三	庚寅
初九	31	四	辛卯
初十	**2**	五	壬辰
十一	2	六	癸巳
十二	3	日	甲午
十三	4	一	乙未
十四	5	二	丙申
十五	6	三	丁酉
十六	7	四	戊戌
十七	8	五	己亥
十八	9	六	庚子
十九	10	日	辛丑
二十	11	一	壬寅
廿一	12	二	癸卯
廿二	13	三	甲辰
廿三	14	四	乙巳
廿四	15	五	丙午
廿五	16	六	丁未
廿六	17	日	戊申
廿七	18	一	己酉
廿八	19	二	庚戌
廿九	20	三	辛亥
节	立春 十二 未时		
气	雨水 廿七 巳时		

二月大丁卯

旬	公历	星期	干支
初一	21	四	壬子
初二	22	五	癸丑
初三	23	六	甲寅
初四	24	日	乙卯
初五	25	一	丙辰
初六	26	二	丁巳
初七	27	三	戊午
初八	28	四	己未
初九	**3**	五	庚申
初十	2	六	辛酉
十一	3	日	壬戌
十二	4	一	癸亥
十三	5	二	甲子
十四	6	三	乙丑
十五	7	四	丙寅
十六	8	五	丁卯
十七	9	六	戊辰
十八	10	日	己巳
十九	11	一	庚午
二十	12	二	辛未
廿一	13	三	壬申
廿二	14	四	癸酉
廿三	15	五	甲戌
廿四	16	六	乙亥
廿五	17	日	丙子
廿六	18	一	丁丑
廿七	19	二	戊寅
廿八	20	三	己卯
廿九	21	四	庚辰
三十	22	五	辛巳
节	惊蛰 十三 辰时		
气	春分 廿八 辰时		

三月小戊辰

旬	公历	星期	干支
初一	23	六	壬午
初二	24	日	癸未
初三	25	一	甲申
初四	26	二	乙酉
初五	27	三	丙戌
初六	28	四	丁亥
初七	29	五	戊子
初八	30	六	己丑
初九	31	日	庚寅
初十	**4**	一	辛卯
十一	2	二	壬辰
十二	3	三	癸巳
十三	4	四	甲午
十四	5	五	乙未
十五	6	六	丙申
十六	7	日	丁酉
十七	8	一	戊戌
十八	9	二	己亥
十九	10	三	庚子
二十	11	四	辛丑
廿一	12	五	壬寅
廿二	13	六	癸卯
廿三	14	日	甲辰
廿四	15	一	乙巳
廿五	16	二	丙午
廿六	17	三	丁未
廿七	18	四	戊申
廿八	19	五	己酉
廿九	20	六	庚戌
节	清明 十三 午时		
气	谷雨 廿八 戌时		

四月大己巳

旬	公历	星期	干支
初一	21	日	辛亥
初二	22	一	壬子
初三	23	二	癸丑
初四	24	三	甲寅
初五	25	四	乙卯
初六	26	五	丙辰
初七	27	六	丁巳
初八	28	日	戊午
初九	29	一	己未
初十	30	二	庚申
十一	**5**	三	辛酉
十二	2	四	壬戌
十三	3	五	癸亥
十四	4	六	甲子
十五	5	日	乙丑
十六	6	一	丙寅
十七	7	二	丁卯
十八	8	三	戊辰
十九	9	四	己巳
二十	10	五	庚午
廿一	11	六	辛未
廿二	12	日	壬申
廿三	13	一	癸酉
廿四	14	二	甲戌
廿五	15	三	乙亥
廿六	16	四	丙子
廿七	17	五	丁丑
廿八	18	六	戊寅
廿九	19	日	己卯
三十	20	一	庚辰
节	立夏 十五 卯时		
气	小满 三十 酉时		

闰四月小

旬	公历	星期	干支
初一	21	二	辛巳
初二	22	三	壬午
初三	23	四	癸未
初四	24	五	甲申
初五	25	六	乙酉
初六	26	日	丙戌
初七	27	一	丁亥
初八	28	二	戊子
初九	29	三	己丑
初十	30	四	庚寅
十一	31	五	辛卯
十二	**6**	六	壬辰
十三	2	日	癸巳
十四	3	一	甲午
十五	4	二	乙未
十六	5	三	丙申
十七	6	四	丁酉
十八	7	五	戊戌
十九	8	六	己亥
二十	9	日	庚子
廿一	10	一	辛丑
廿二	11	二	壬寅
廿三	12	三	癸卯
廿四	13	四	甲辰
廿五	14	五	乙巳
廿六	15	六	丙午
廿七	16	日	丁未
廿八	17	一	戊申
廿九	18	二	己酉
节	芒种 十六 巳时		
气			

五月小庚午

旬	公历	星期	干支
初一	19	三	庚戌
初二	20	四	辛亥
初三	21	五	壬子
初四	22	六	癸丑
初五	23	日	甲寅
初六	24	一	乙卯
初七	25	二	丙辰
初八	26	三	丁巳
初九	27	四	戊午
初十	28	五	己未
十一	29	六	庚申
十二	30	日	辛酉
十三	**7**	一	壬戌
十四	2	二	癸亥
十五	3	三	甲子
十六	4	四	乙丑
十七	5	五	丙寅
十八	6	六	丁卯
十九	7	日	戊辰
二十	8	一	己巳
廿一	9	二	庚午
廿二	10	三	辛未
廿三	11	四	壬申
廿四	12	五	癸酉
廿五	13	六	甲戌
廿六	14	日	乙亥
廿七	15	一	丙子
廿八	16	二	丁丑
廿九	17	三	戊寅
节	夏至 初三 丑时		
气	小暑 十八 戌时		

六月大辛未

旬	公历	星期	干支
初一	18	四	己卯
初二	19	五	庚辰
初三	20	六	辛巳
初四	21	日	壬午
初五	22	一	癸未
初六	23	二	甲申
初七	24	三	乙酉
初八	25	四	丙戌
初九	26	五	丁亥
初十	27	六	戊子
十一	28	日	己丑
十二	29	一	庚寅
十三	30	二	辛卯
十四	31	三	壬辰
十五	**8**	四	癸巳
十六	2	五	甲午
十七	3	六	乙未
十八	4	日	丙申
十九	5	一	丁酉
二十	6	二	戊戌
廿一	7	三	己亥
廿二	8	四	庚子
廿三	9	五	辛丑
廿四	10	六	壬寅
廿五	11	日	癸卯
廿六	12	一	甲辰
廿七	13	二	乙巳
廿八	14	三	丙午
廿九	15	四	丁未
三十	16	五	戊申
节	大暑 初五 午时		
气	立秋 廿一 卯时		

七月小壬申

旬	公历	星期	干支
初一	17	六	己酉
初二	18	日	庚戌
初三	19	一	辛亥
初四	20	二	壬子
初五	21	三	癸丑
初六	22	四	甲寅
初七	23	五	乙卯
初八	24	六	丙辰
初九	25	日	丁巳
初十	26	一	戊午
十一	27	二	己未
十二	28	三	庚申
十三	29	四	辛酉
十四	30	五	壬戌
十五	31	六	癸亥
十六	**9**	日	甲子
十七	2	一	乙丑
十八	3	二	丙寅
十九	4	三	丁卯
二十	5	四	戊辰
廿一	6	五	己巳
廿二	7	六	庚午
廿三	8	日	辛未
廿四	9	一	壬申
廿五	10	二	癸酉
廿六	11	三	甲戌
廿七	12	四	乙亥
廿八	13	五	丙子
廿九	14	六	丁丑
节	处暑 初六 戌时		
气	白露 廿二 辰时		

八月大癸酉

旬	公历	星期	干支
初一	15	日	戊寅
初二	16	一	己卯
初三	17	二	庚辰
初四	18	三	辛巳
初五	19	四	壬午
初六	20	五	癸未
初七	21	六	甲申
初八	22	日	乙酉
初九	23	一	丙戌
初十	24	二	丁亥
十一	25	三	戊子
十二	26	四	己丑
十三	27	五	庚寅
十四	28	六	辛卯
十五	29	日	壬辰
十六	30	一	癸巳
十七	**10**	二	甲午
十八	2	三	乙未
十九	3	四	丙申
二十	4	五	丁酉
廿一	5	六	戊戌
廿二	6	日	己亥
廿三	7	一	庚子
廿四	8	二	辛丑
廿五	9	三	壬寅
廿六	10	四	癸卯
廿七	11	五	甲辰
廿八	12	六	乙巳
廿九	13	日	丙午
三十	14	一	丁未
节	秋分 初七 酉时		
气	寒露 廿二 子时		

九月大甲戌

旬	公历	星期	干支
初一	15	二	戊申
初二	16	三	己酉
初三	17	四	庚戌
初四	18	五	辛亥
初五	19	六	壬子
初六	20	日	癸丑
初七	21	一	甲寅
初八	22	二	乙卯
初九	23	三	丙辰
初十	24	四	丁巳
十一	25	五	戊午
十二	26	六	己未
十三	27	日	庚申
十四	28	一	辛酉
十五	29	二	壬戌
十六	30	三	癸亥
十七	31	四	甲子
十八	**11**	五	乙丑
十九	2	六	丙寅
二十	3	日	丁卯
廿一	4	一	戊辰
廿二	5	二	己巳
廿三	6	三	庚午
廿四	7	四	辛未
廿五	8	五	壬申
廿六	9	六	癸酉
廿七	10	日	甲戌
廿八	11	一	乙亥
廿九	12	二	丙子
三十	13	三	丁丑
节	霜降 初九 寅时		
气	立冬 廿四 寅时		

十月大乙亥

旬	公历	星期	干支
初一	14	四	戊寅
初二	15	五	己卯
初三	16	六	庚辰
初四	17	日	辛巳
初五	18	一	壬午
初六	19	二	癸未
初七	20	三	甲申
初八	21	四	乙酉
初九	22	五	丙戌
初十	23	六	丁亥
十一	24	日	戊子
十二	25	一	己丑
十三	26	二	庚寅
十四	27	三	辛卯
十五	28	四	壬辰
十六	29	五	癸巳
十七	30	六	甲午
十八	**12**	日	乙未
十九	2	一	丙申
二十	3	二	丁酉
廿一	4	三	戊戌
廿二	5	四	己亥
廿三	6	五	庚子
廿四	7	六	辛丑
廿五	8	日	壬寅
廿六	9	一	癸卯
廿七	10	二	甲辰
廿八	11	三	乙巳
廿九	12	四	丙午
三十	13	五	丁未
节	小雪 初九 丑时		
气	大雪 廿五 申时		

十一月小丙子

旬	公历	星期	干支
初一	14	六	戊申
初二	15	日	己酉
初三	16	一	庚戌
初四	17	二	辛亥
初五	18	三	壬子
初六	19	四	癸丑
初七	20	五	甲寅
初八	21	六	乙卯
初九	22	日	丙辰
初十	23	一	丁巳
十一	24	二	戊午
十二	25	三	己未
十三	26	四	庚申
十四	27	五	辛酉
十五	28	六	壬戌
十六	29	日	癸亥
十七	30	一	甲子
十八	31	二	乙丑
十九	**1**	三	丙寅
二十	2	四	丁卯
廿一	3	五	戊辰
廿二	4	六	己巳
廿三	5	日	庚午
廿四	6	一	辛未
廿五	7	二	壬申
廿六	8	三	癸酉
廿七	9	四	甲戌
廿八	10	五	乙亥
廿九	11	六	丙子
节	冬至 初九 申时		
气	小寒 廿五 辰时		

十二月大丁丑

旬	公历	星期	干支
初一	12	日	丁丑
初二	13	一	戊寅
初三	14	二	己卯
初四	15	三	庚辰
初五	16	四	辛巳
初六	17	五	壬午
初七	18	六	癸未
初八	19	日	甲申
初九	20	一	乙酉
初十	21	二	丙戌
十一	22	三	丁亥
十二	23	四	戊子
十三	24	五	己丑
十四	25	六	庚寅
十五	26	日	辛卯
十六	27	一	壬辰
十七	28	二	癸巳
十八	29	三	甲午
十九	30	四	乙未
二十	31	五	丙申
廿一	**2**	六	丁酉
廿二	2	日	戊戌
廿三	3	一	己亥
廿四	4	二	庚子
廿五	5	三	辛丑
廿六	6	四	壬寅
廿七	7	五	癸卯
廿八	8	六	甲辰
廿九	9	日	乙巳
三十	10	一	丙午
节	大寒 廿一 辰时		
气	立春 廿三 戌时		

275

农历庚寅年　属虎

旬	正月小戊寅 公历	星期	干支	二月大己卯 公历	星期	干支	三月小庚辰 公历	星期	干支	四月大辛巳 公历	星期	干支	五月小壬午 公历	星期	干支	六月小癸未 公历	星期	干支	七月大甲申 公历	星期	干支	八月小乙酉 公历	星期	干支	九月大丙戌 公历	星期	干支	十月大丁亥 公历	星期	干支	十一月小戊子 公历	星期	干支	十二月大己丑 公历	星期	干支
初一	11	二	丁未	12	三	丙子	11	五	丙午	10	六	乙亥	9	一	乙巳	8	二	甲戌	6	三	癸卯	5	五	癸酉	4	六	壬寅	3	一	壬申	3	三	壬寅	**1**	四	辛未
初二	12	三	戊申	13	四	丁丑	12	六	丁未	11	日	丙子	10	二	丙午	9	三	乙亥	7	四	甲辰	6	六	甲戌	5	日	癸卯	4	二	癸酉	4	四	癸卯	2	五	壬申
初三	13	四	己酉	14	五	戊寅	13	日	戊申	12	一	丁丑	11	三	丁未	10	四	丙子	8	五	乙巳	7	日	乙亥	6	一	甲辰	5	三	甲戌	5	五	甲辰	3	六	癸酉
初四	14	五	庚戌	15	六	己卯	14	一	己酉	13	二	戊寅	12	四	戊申	11	五	丁丑	9	六	丙午	8	一	丙子	7	二	乙巳	6	四	乙亥	6	六	乙巳	4	日	甲戌
初五	15	六	辛亥	16	日	庚辰	15	二	庚戌	14	三	己卯	13	五	己酉	12	六	戊寅	10	日	丁未	9	二	丁丑	8	三	丙午	7	五	丙子	7	日	丙午	5	一	乙亥
初六	16	日	壬子	17	一	辛巳	16	三	辛亥	15	四	庚辰	14	六	庚戌	13	日	己卯	11	一	戊申	10	三	戊寅	9	四	丁未	8	六	丁丑	8	一	丁未	6	二	丙子
初七	17	一	癸丑	18	二	壬午	17	四	壬子	16	五	辛巳	15	日	辛亥	14	一	庚辰	12	二	己酉	11	四	己卯	10	五	戊申	9	日	戊寅	9	二	戊申	7	三	丁丑
初八	18	二	甲寅	19	三	癸未	18	五	癸丑	17	六	壬午	16	一	壬子	15	二	辛巳	13	三	庚戌	12	五	庚辰	11	六	己酉	10	一	己卯	10	三	己酉	8	四	戊寅
初九	19	三	乙卯	20	四	甲申	19	六	甲寅	18	日	癸未	17	二	癸丑	16	三	壬午	14	四	辛亥	13	六	辛巳	12	日	庚戌	11	二	庚辰	11	四	庚戌	9	五	己卯
初十	20	四	丙辰	21	五	乙酉	20	日	乙卯	19	一	甲申	18	三	甲寅	17	四	癸未	15	五	壬子	14	日	壬午	13	一	辛亥	12	三	辛巳	12	五	辛亥	10	六	庚辰
十一	21	五	丁巳	22	六	丙戌	21	一	丙辰	20	二	乙酉	19	四	乙卯	18	五	甲申	16	六	癸丑	15	一	癸未	14	二	壬子	13	四	壬午	13	六	壬子	11	日	辛巳
十二	22	六	戊午	23	日	丁亥	22	二	丁巳	21	三	丙戌	20	五	丙辰	19	六	乙酉	17	日	甲寅	16	二	甲申	15	三	癸丑	14	五	癸未	14	日	癸丑	12	一	壬午
十三	23	日	己未	24	一	戊子	23	三	戊午	22	四	丁亥	21	六	丁巳	20	日	丙戌	18	一	乙卯	17	三	乙酉	16	四	甲寅	15	六	甲申	15	一	甲寅	13	二	癸未
十四	24	一	庚申	25	二	己丑	24	四	己未	23	五	戊子	22	日	戊午	21	一	丁亥	19	二	丙辰	18	四	丙戌	17	五	乙卯	16	日	乙酉	16	二	乙卯	14	三	甲申
十五	25	二	辛酉	26	三	庚寅	25	五	庚申	24	六	己丑	23	一	己未	22	二	戊子	20	三	丁巳	19	五	丁亥	18	六	丙辰	17	一	丙戌	17	三	丙辰	15	四	乙酉
十六	26	三	壬戌	27	四	辛卯	26	六	辛酉	25	日	庚寅	24	二	庚申	23	三	己丑	21	四	戊午	20	六	戊子	19	日	丁巳	18	二	丁亥	18	四	丁巳	16	五	丙戌
十七	27	四	癸亥	28	五	壬辰	27	日	壬戌	26	一	辛卯	25	三	辛酉	24	四	庚寅	22	五	己未	21	日	己丑	20	一	戊午	19	三	戊子	19	五	戊午	17	六	丁亥
十八	28	五	甲子	29	六	癸巳	28	一	癸亥	27	二	壬辰	26	四	壬戌	25	五	辛卯	23	六	庚申	22	一	庚寅	21	二	己未	20	四	己丑	20	六	己未	18	日	戊子
十九	**3**	六	乙丑	30	日	甲午	29	二	甲子	28	三	癸巳	27	五	癸亥	26	六	壬辰	24	日	辛酉	23	二	辛卯	22	三	庚申	21	五	庚寅	21	日	庚申	19	一	己丑
二十	2	日	丙寅	31	一	乙未	30	三	乙丑	29	四	甲午	28	六	甲子	27	日	癸巳	25	一	壬戌	24	三	壬辰	23	四	辛酉	22	六	辛卯	22	一	辛酉	20	二	庚寅
廿一	3	一	丁卯	**4**	二	丙申	**5**	四	丙寅	30	五	乙未	29	日	乙丑	28	一	甲午	26	二	癸亥	25	四	癸巳	24	五	壬戌	23	日	壬辰	23	二	壬戌	21	三	辛卯
廿二	4	二	戊辰	2	三	丁酉	2	五	丁卯	31	六	丙申	30	一	丙寅	29	二	乙未	27	三	甲子	26	五	甲午	25	六	癸亥	24	一	癸巳	24	三	癸亥	22	四	壬辰
廿三	5	三	己巳	3	四	戊戌	3	六	戊辰	**6**	日	丁酉	**7**	二	丁卯	30	三	丙申	28	四	乙丑	27	六	乙未	26	日	甲子	25	二	甲午	25	四	甲子	23	五	癸巳
廿四	6	四	庚午	4	五	己亥	4	日	己巳	2	一	戊戌	2	三	戊辰	31	四	丁酉	29	五	丙寅	28	日	丙申	27	一	乙丑	26	三	乙未	26	五	乙丑	24	六	甲午
廿五	7	五	辛未	5	六	庚子	5	一	庚午	3	二	己亥	3	四	己巳	**8**	五	戊戌	30	六	丁卯	29	一	丁酉	28	二	丙寅	27	四	丙申	27	六	丙寅	25	日	乙未
廿六	8	六	壬申	6	日	辛丑	6	二	辛未	4	三	庚子	4	五	庚午	2	六	己亥	31	日	戊辰	30	二	戊戌	29	三	丁卯	28	五	丁酉	28	日	丁卯	26	一	丙申
廿七	9	日	癸酉	7	一	壬寅	7	三	壬申	5	四	辛丑	5	六	辛未	3	日	庚子	**9**	一	己巳	**10**	三	己亥	30	四	戊辰	29	六	戊戌	29	一	戊辰	27	二	丁酉
廿八	10	一	甲戌	8	二	癸卯	8	四	癸酉	6	五	壬寅	6	日	壬申	4	一	辛丑	2	二	庚午	2	四	庚子	31	五	己巳	30	日	己亥	30	二	己巳	28	三	戊戌
廿九	11	二	乙亥	9	三	甲辰	9	五	甲戌	7	六	癸卯	7	一	癸酉	5	二	壬寅	3	三	辛未	3	五	辛丑	**11**	六	庚午	**12**	一	庚子	31	三	庚午	29	四	己亥
三十				10	四	乙巳				8	日	甲辰							4	四	壬申				2	日	辛未	2	二	辛丑				30	五	庚子

节气

月	节气
正月小戊寅	雨水 初八 申时 ／ 惊蛰 廿三 未时
二月大己卯	春分 初九 未时 ／ 清明 廿四 酉时
三月小庚辰	谷雨 初十 午时 ／ 立夏 廿五 午时
四月大辛巳	小满 十一 子时 ／ 芒种 廿七 午时
五月小壬午	夏至 十三 辰时 ／ 小暑 廿九 子时
六月小癸未	大暑 十五 酉时
七月大甲申	立秋 初一 午时 ／ 处暑 十六 丑时
八月小乙酉	白露 初三 未时 ／ 秋分 十八
九月大丙戌	寒露 初五 卯时 ／ 霜降 二十 巳时
十月大丁亥	立冬 初六 巳时 ／ 小雪 二十 辰时
十一月小戊子	大雪 初七 寅时 ／ 冬至 十九 亥时
十二月大己丑	小寒 初五 辰时 ／ 大寒 二十 辰时

农历辛卯年·属兔　　　　　　　　　　　　　　　　　　　　　　　　公元 2071—2072 年

每格内依次为：公历日／星期／干支

旬	正月大庚寅	二月小辛卯	三月大壬辰	四月小癸巳	五月大甲午	六月小乙未	七月小丙申	八月大丁酉	闰八月小	九月大戊戌	十月小己亥	十一月大庚子	十二月大辛丑
初一	31 六 辛丑	2 一 辛未	31 二 庚子	30 四 庚午	29 五 己亥	28 日 己巳	27 一 戊戌	25 二 丁卯	24 四 丁酉	23 五 丙寅	22 日 丙申	21 一 乙丑	20 三 乙未
初二	1 日 壬寅	3 二 壬申	1 三 辛丑	1 五 辛未	30 六 庚子	29 一 庚午	28 二 己亥	26 三 戊辰	25 五 戊戌	24 六 丁卯	23 一 丁酉	22 二 丙寅	21 四 丙申
初三	2 一 癸卯	4 三 癸酉	2 四 壬寅	2 六 壬申	31 日 辛丑	30 二 辛未	29 三 庚子	27 四 己巳	26 六 己亥	25 日 戊辰	24 二 戊戌	23 三 丁卯	22 五 丁酉
初四	3 二 甲辰	5 四 甲戌	3 五 癸卯	3 日 癸酉	1 一 壬寅	1 三 壬申	30 四 辛丑	28 五 庚午	27 日 庚子	26 一 己巳	25 三 己亥	24 四 戊辰	23 六 戊戌
初五	4 三 乙巳	6 五 乙亥	4 六 甲辰	4 一 甲戌	2 二 癸卯	2 四 癸酉	31 五 壬寅	29 六 辛未	28 一 辛丑	27 二 庚午	26 四 庚子	25 五 己巳	24 日 己亥
初六	5 四 丙午	7 六 丙子	5 日 乙巳	5 二 乙亥	3 三 甲辰	3 五 甲戌	1 六 癸卯	30 日 壬申	29 二 壬寅	28 三 辛未	27 五 辛丑	26 六 庚午	25 一 庚子
初七	6 五 丁未	8 日 丁丑	6 一 丙午	6 三 丙子	4 四 乙巳	4 六 乙亥	2 日 甲辰	31 一 癸酉	30 三 癸卯	29 四 壬申	28 六 壬寅	27 日 辛未	26 二 辛丑
初八	7 六 戊申	9 一 戊寅	7 二 丁未	7 四 丁丑	5 五 丙午	5 日 丙子	3 一 乙巳	1 二 甲戌	1 四 甲辰	30 五 癸酉	29 日 癸卯	28 一 壬申	27 三 壬寅
初九	8 日 己酉	10 二 己卯	8 三 戊申	8 五 戊寅	6 六 丁未	6 一 丁丑	4 二 丙午	2 三 乙亥	2 五 乙巳	31 六 甲戌	30 一 甲辰	29 二 癸酉	28 四 癸卯
初十	9 一 庚戌	11 三 庚辰	9 四 己酉	9 六 己卯	7 日 戊申	7 二 戊寅	5 三 丁未	3 四 丙子	3 六 丙午	1 日 乙亥	1 二 乙巳	30 三 甲戌	29 五 甲辰
十一	10 二 辛亥	12 四 辛巳	10 五 庚戌	10 日 庚辰	8 一 己酉	8 三 己卯	6 四 戊申	4 五 丁丑	4 日 丁未	2 一 丙子	2 三 丙午	31 四 乙亥	30 六 乙巳
十二	11 三 壬子	13 五 壬午	11 六 辛亥	11 一 辛巳	9 二 庚戌	9 四 庚辰	7 五 己酉	5 六 戊寅	5 一 戊申	3 二 丁丑	3 四 丁未	1 五 丙子	31 日 丙午
十三	12 四 癸丑	14 六 癸未	12 日 壬子	12 二 壬午	10 三 辛亥	10 五 辛巳	8 六 庚戌	6 日 己卯	6 二 己酉	4 三 戊寅	4 五 戊申	2 六 丁丑	1 一 丁未
十四	13 五 甲寅	15 日 甲申	13 一 癸丑	13 三 癸未	11 四 壬子	11 六 壬午	9 日 辛亥	7 一 庚辰	7 三 庚戌	5 四 己卯	5 六 己酉	3 日 戊寅	2 二 戊申
十五	14 六 乙卯	16 一 乙酉	14 二 甲寅	14 四 甲申	12 五 癸丑	12 日 癸未	10 一 壬子	8 二 辛巳	8 四 辛亥	6 五 庚辰	6 日 庚戌	4 一 己卯	3 三 己酉
十六	15 日 丙辰	17 二 丙戌	15 三 乙卯	15 五 乙酉	13 六 甲寅	13 一 甲申	11 二 癸丑	9 三 壬午	9 五 壬子	7 六 辛巳	7 一 辛亥	5 二 庚辰	4 四 庚戌
十七	16 一 丁巳	18 三 丁亥	16 四 丙辰	16 六 丙戌	14 日 乙卯	14 二 乙酉	12 三 甲寅	10 四 癸未	10 六 癸丑	8 日 壬午	8 二 壬子	6 三 辛巳	5 五 辛亥
十八	17 二 戊午	19 四 戊子	17 五 丁巳	17 日 丁亥	15 一 丙辰	15 三 丙戌	13 四 乙卯	11 五 甲申	11 日 甲寅	9 一 癸未	9 三 癸丑	7 四 壬午	6 六 壬子
十九	18 三 己未	20 五 己丑	18 六 戊午	18 一 戊子	16 二 丁巳	16 四 丁亥	14 五 丙辰	12 六 乙酉	12 一 乙卯	10 二 甲申	10 四 甲寅	8 五 癸未	7 日 癸丑
二十	19 四 庚申	21 六 庚寅	19 日 己未	19 二 己丑	17 三 戊午	17 五 戊子	15 六 丁巳	13 日 丙戌	13 二 丙辰	11 三 乙酉	11 五 乙卯	9 六 甲申	8 一 甲寅
廿一	20 五 辛酉	22 日 辛卯	20 一 庚申	20 三 庚寅	18 四 己未	18 六 己丑	16 日 戊午	14 一 丁亥	14 三 丁巳	12 四 丙戌	12 六 丙辰	10 日 乙酉	9 二 乙卯
廿二	21 六 壬戌	23 一 壬辰	21 二 辛酉	21 四 辛卯	19 五 庚申	19 日 庚寅	17 一 己未	15 二 戊子	15 四 戊午	13 五 丁亥	13 日 丁巳	11 一 丙戌	10 三 丙辰
廿三	22 日 癸亥	24 二 癸巳	22 三 壬戌	22 五 壬辰	20 六 辛酉	20 一 辛卯	18 二 庚申	16 三 己丑	16 五 己未	14 六 戊子	14 一 戊午	12 二 丁亥	11 四 丁巳
廿四	23 一 甲子	25 三 甲午	23 四 癸亥	23 六 癸巳	21 日 壬戌	21 二 壬辰	19 三 辛酉	17 四 庚寅	17 六 庚申	15 日 己丑	15 二 己未	13 三 戊子	12 五 戊午
廿五	24 二 乙丑	26 四 乙未	24 五 甲子	24 日 甲午	22 一 癸亥	22 三 癸巳	20 四 壬戌	18 五 辛卯	18 日 辛酉	16 一 庚寅	16 三 庚申	14 四 己丑	13 六 己未
廿六	25 三 丙寅	27 五 丙申	25 六 乙丑	25 一 乙未	23 二 甲子	23 四 甲午	21 五 癸亥	19 六 壬辰	19 一 壬戌	17 二 辛卯	17 四 辛酉	15 五 庚寅	14 日 庚申
廿七	26 四 丁卯	28 六 丁酉	26 日 丙寅	26 二 丙申	24 三 乙丑	24 五 乙未	22 六 甲子	20 日 癸巳	20 二 癸亥	18 三 壬辰	18 五 壬戌	16 六 辛卯	15 一 辛酉
廿八	27 五 戊辰	29 日 戊戌	27 一 丁卯	27 三 丁酉	25 四 丙寅	25 六 丙申	23 日 乙丑	21 一 甲午	21 三 甲子	19 四 癸巳	19 六 癸亥	17 日 壬辰	16 二 壬戌
廿九	28 六 己巳	30 一 己亥	28 二 戊辰	28 四 戊戌	26 五 丁卯	26 日 丁酉	24 一 丙寅	22 二 乙未	22 四 乙丑	20 五 甲午	20 日 甲子	18 一 癸巳	17 三 癸亥
三十	1 日 庚午		29 三 己巳		27 六 戊辰			23 三 丙申		21 六 乙未		19 二 甲午	18 四 甲子

节气：

月	节	气
正月大庚寅	立春 初五 丑时	雨水 十九 亥时
二月小辛卯	惊蛰 初四 戌时	春分 十九 戌时
三月大壬辰	清明 初六 子时	谷雨 廿一 辰时
四月小癸巳	立夏 初六 申时	小满 廿一 卯时
五月大甲午	芒种 初八 戌时	夏至 廿四 未时
六月小乙未	小暑 初十 卯时	大暑 廿六 子时
七月小丙申	立秋 十一 申时	处暑 廿八 辰时
八月大丁酉	白露 十四 戌时	秋分 三十 卯时
闰八月小	寒露 十五 午时	
九月大戊戌	霜降 初一	立冬 十六 申时
十月小己亥	小雪 初一	大雪 十六 巳时
十一月大庚子	冬至 初一 寅时	小寒 十六 戌时
十二月大辛丑	大寒 初一 辰时	立春 十六 丑时

农历壬辰年 属龙

旬	正月大壬寅			二月小癸卯			三月大甲辰			四月小乙巳			五月大丙午			六月小丁未			七月小戊申			八月大己酉			九月小庚戌			十月大辛亥			十一月小壬子			十二月大癸丑		
	公历	星期	干支	公历	星期	干支	公历	星期	干支	公历	星期	干支	公历	星期	干支	公历	星期	干支	公历	星期	干支	公历	星期	干支	公历	星期	干支	公历	星期	干支	公历	星期	干支	公历	星期	干支
初一	19	五	乙丑	20	日	乙未	18	一	甲子	18	三	甲午	16	四	癸亥	16	六	癸巳	14	日	壬戌	12	一	辛卯	12	三	辛酉	10	四	庚寅	10	六	庚申	8	日	己丑
初二	20	六	丙寅	21	一	丙申	19	二	乙丑	19	四	乙未	17	五	甲子	17	日	甲午	15	一	癸亥	13	二	壬辰	13	四	壬戌	11	五	辛卯	11	日	辛酉	9	一	庚寅
初三	21	日	丁卯	22	二	丁酉	20	三	丙寅	20	五	丙申	18	六	乙丑	18	一	乙未	16	二	甲子	14	三	癸巳	14	五	癸亥	12	六	壬辰	12	一	壬戌	10	二	辛卯
初四	22	一	戊辰	23	三	戊戌	21	四	丁卯	21	六	丁酉	19	日	丙寅	19	二	丙申	17	三	乙丑	15	四	甲午	15	六	甲子	13	日	癸巳	13	二	癸亥	11	三	壬辰
初五	23	二	己巳	24	四	己亥	22	五	戊辰	22	日	戊戌	20	一	丁卯	20	三	丁酉	18	四	丙寅	16	五	乙未	16	日	乙丑	14	一	甲午	14	三	甲子	12	四	癸巳
初六	24	三	庚午	25	五	庚子	23	六	己巳	23	一	己亥	21	二	戊辰	21	四	戊戌	19	五	丁卯	17	六	丙申	17	一	丙寅	15	二	乙未	15	四	乙丑	13	五	甲午
初七	25	四	辛未	26	六	辛丑	24	日	庚午	24	二	庚子	22	三	己巳	22	五	己亥	20	六	戊辰	18	日	丁酉	18	二	丁卯	16	三	丙申	16	五	丙寅	14	六	乙未
初八	26	五	壬申	27	日	壬寅	25	一	辛未	25	三	辛丑	23	四	庚午	23	六	庚子	21	日	己巳	19	一	戊戌	19	三	戊辰	17	四	丁酉	17	六	丁卯	15	日	丙申
初九	27	六	癸酉	28	一	癸卯	26	二	壬申	26	四	壬寅	24	五	辛未	24	日	辛丑	22	一	庚午	20	二	己亥	20	四	己巳	18	五	戊戌	18	日	戊辰	16	一	丁酉
初十	28	日	甲戌	29	二	甲辰	27	三	癸酉	27	五	癸卯	25	六	壬申	25	一	壬寅	23	二	辛未	21	三	庚子	21	五	庚午	19	六	己亥	19	一	己巳	17	二	戊戌
十一	29	一	乙亥	30	三	乙巳	28	四	甲戌	28	六	甲辰	26	日	癸酉	26	二	癸卯	24	三	壬申	22	四	辛丑	22	六	辛未	20	日	庚子	20	二	庚午	18	三	己亥
十二	**3**	二	丙子	31	四	丙午	29	五	乙亥	29	日	乙巳	27	一	甲戌	27	三	甲辰	25	四	癸酉	23	五	壬寅	23	日	壬申	21	一	辛丑	21	三	辛未	19	四	庚子
十三	2	三	丁丑	**4**	五	丁未	30	六	丙子	30	一	丙午	28	二	乙亥	28	四	乙巳	26	五	甲戌	24	六	癸卯	24	一	癸酉	22	二	壬寅	22	四	壬申	20	五	辛丑
十四	3	四	戊寅	2	六	戊申	**5**	日	丁丑	31	二	丁未	29	三	丙子	29	五	丙午	27	六	乙亥	25	日	甲辰	25	二	甲戌	23	三	癸卯	23	五	癸酉	21	六	壬寅
十五	4	五	己卯	3	日	己酉	2	一	戊寅	**6**	三	戊申	30	四	丁丑	30	六	丁未	28	日	丙子	26	一	乙巳	26	三	乙亥	24	四	甲辰	24	六	甲戌	22	日	癸卯
十六	5	六	庚辰	4	一	庚戌	3	二	己卯	2	四	己酉	**7**	五	戊寅	31	日	戊申	29	一	丁丑	27	二	丙午	27	四	丙子	25	五	乙巳	25	日	乙亥	23	一	甲辰
十七	6	日	辛巳	5	二	辛亥	4	三	庚辰	3	五	庚戌	2	六	己卯	**8**	一	己酉	30	二	戊寅	28	三	丁未	28	五	丁丑	26	六	丙午	26	一	丙子	24	二	乙巳
十八	7	一	壬午	6	三	壬子	5	四	辛巳	4	六	辛亥	3	日	庚辰	2	二	庚戌	31	三	己卯	29	四	戊申	29	六	戊寅	27	日	丁未	27	二	丁丑	25	三	丙午
十九	8	二	癸未	7	四	癸丑	6	五	壬午	5	日	壬子	4	一	辛巳	3	三	辛亥	**9**	四	庚辰	30	五	己酉	30	日	己卯	28	一	戊申	28	三	戊寅	26	四	丁未
二十	9	三	甲申	8	五	甲寅	7	六	癸未	6	一	癸丑	5	二	壬午	4	四	壬子	2	五	辛巳	**10**	六	庚戌	31	一	庚辰	29	二	己酉	29	四	己卯	27	五	戊申
廿一	10	四	乙酉	9	六	乙卯	8	日	甲申	7	二	甲寅	6	三	癸未	5	五	癸丑	3	六	壬午	2	日	辛亥	**11**	二	辛巳	30	三	庚戌	30	五	庚辰	28	六	己酉
廿二	11	五	丙戌	10	日	丙辰	9	一	乙酉	8	三	乙卯	7	四	甲申	6	六	甲寅	4	日	癸未	3	一	壬子	2	三	壬午	**12**	四	辛亥	31	六	辛巳	29	日	庚戌
廿三	12	六	丁亥	11	一	丁巳	10	二	丙戌	9	四	丙辰	8	五	乙酉	7	日	乙卯	5	一	甲申	4	二	癸丑	3	四	癸未	2	五	壬子	**1**	日	壬午	30	一	辛亥
廿四	13	日	戊子	12	二	戊午	11	三	丁亥	10	五	丁巳	9	六	丙戌	8	一	丙辰	6	二	乙酉	5	三	甲寅	4	五	甲申	3	六	癸丑	2	一	癸未	31	二	壬子
廿五	14	一	己丑	13	三	己未	12	四	戊子	11	六	戊午	10	日	丁亥	9	二	丁巳	7	三	丙戌	6	四	乙卯	5	六	乙酉	4	日	甲寅	3	二	甲申	**2**	三	癸丑
廿六	15	二	庚寅	14	四	庚申	13	五	己丑	12	日	己未	11	一	戊子	10	三	戊午	8	四	丁亥	7	五	丙辰	6	日	丙戌	5	一	乙卯	4	三	乙酉	2	四	甲寅
廿七	16	三	辛卯	15	五	辛酉	14	六	庚寅	13	一	庚申	12	二	己丑	11	四	己未	9	五	戊子	8	六	丁巳	7	一	丁亥	6	二	丙辰	5	四	丙戌	3	五	乙卯
廿八	17	四	壬辰	16	六	壬戌	15	日	辛卯	14	二	辛酉	13	三	庚寅	12	五	庚申	10	六	己丑	9	日	戊午	8	二	戊子	7	三	丁巳	6	五	丁亥	4	六	丙辰
廿九	18	五	癸巳	17	日	癸亥	16	一	壬辰	15	三	壬戌	14	四	辛卯	13	六	辛酉	11	日	庚寅	10	一	己未	9	三	己丑	8	四	戊午	7	六	戊子	5	日	丁巳
三十	19	六	甲午				17	二	癸巳				15	五	壬辰							11	二	庚申				9	五	己未				6	一	戊午
节	惊蛰	十六	丑时	清明	十六	卯时	立夏	十七	亥时	芒种	十九	丑时	小暑	廿一	午时	立秋	廿二	亥时	白露	廿四	丑时	寒露	廿五	酉时	立冬	廿六	亥时	大雪	廿六	未时	小寒	廿八	丑时	立春	廿七	未时
气	雨水	初一	寅时	春分	初一	丑时	谷雨	初一	午时	小满	初一	午时	夏至	初一	戌时	大暑	初七	卯时	处暑	初九	未时	秋分	初九	午时	霜降	十一	未时	小雪	十二	戌时	冬至	十三	辰时	大寒	十二	戌时

农历癸巳年　属蛇

正月大甲寅 — 六月大己未

旬	正月 公历	星期	干支	二月 公历	星期	干支	三月 公历	星期	干支	四月 公历	星期	干支	五月 公历	星期	干支	六月 公历	星期	干支
初一	7	二	己丑	9	四	己未	7	五	戊子	7	日	戊午	6	二	戊子	5	三	丁巳
初二	8	三	庚寅	10	五	庚申	8	六	己丑	8	一	己未	7	三	己丑	6	四	戊午
初三	9	四	辛卯	11	六	辛酉	9	日	庚寅	9	二	庚申	8	四	庚寅	7	五	己未
初四	10	五	壬辰	12	日	壬戌	10	一	辛卯	10	三	辛酉	9	五	辛卯	8	六	庚申
初五	11	六	癸巳	13	一	癸亥	11	二	壬辰	11	四	壬戌	10	六	壬辰	9	日	辛酉
初六	12	日	甲午	14	二	甲子	12	三	癸巳	12	五	癸亥	11	日	癸巳	10	一	壬戌
初七	13	一	乙未	15	三	乙丑	13	四	甲午	13	六	甲子	12	一	甲午	11	二	癸亥
初八	14	二	丙申	16	四	丙寅	14	五	乙未	14	日	乙丑	13	二	乙未	12	三	甲子
初九	15	三	丁酉	17	五	丁卯	15	六	丙申	15	一	丙寅	14	三	丙申	13	四	乙丑
初十	16	四	戊戌	18	六	戊辰	16	日	丁酉	16	二	丁卯	15	四	丁酉	14	五	丙寅
十一	17	五	己亥	19	日	己巳	17	一	戊戌	17	三	戊辰	16	五	戊戌	15	六	丁卯
十二	18	六	庚子	20	一	庚午	18	二	己亥	18	四	己巳	17	六	己亥	16	日	戊辰
十三	19	日	辛丑	21	二	辛未	19	三	庚子	19	五	庚午	18	日	庚子	17	一	己巳
十四	20	一	壬寅	22	三	壬申	20	四	辛丑	20	六	辛未	19	一	辛丑	18	二	庚午
十五	21	二	癸卯	23	四	癸酉	21	五	壬寅	21	日	壬申	20	二	壬寅	19	三	辛未
十六	22	三	甲辰	24	五	甲戌	22	六	癸卯	22	一	癸酉	21	三	癸卯	20	四	壬申
十七	23	四	乙巳	25	六	乙亥	23	日	甲辰	23	二	甲戌	22	四	甲辰	21	五	癸酉
十八	24	五	丙午	26	日	丙子	24	一	乙巳	24	三	乙亥	23	五	乙巳	22	六	甲戌
十九	25	六	丁未	27	一	丁丑	25	二	丙午	25	四	丙子	24	六	丙午	23	日	乙亥
二十	26	日	戊申	28	二	戊寅	26	三	丁未	26	五	丁丑	25	日	丁未	24	一	丙子
廿一	27	一	己酉	29	三	己卯	27	四	戊申	27	六	戊寅	26	一	戊申	25	二	丁丑
廿二	28	二	庚戌	30	四	庚辰	28	五	己酉	28	日	己卯	27	二	己酉	26	三	戊寅
廿三	3/1	三	辛亥	31	五	辛巳	29	六	庚戌	29	一	庚辰	28	三	庚戌	27	四	己卯
廿四	2	四	壬子	4/1	六	壬午	30	日	辛亥	30	二	辛巳	29	四	辛亥	28	五	庚辰
廿五	3	五	癸丑	2	日	癸未	5/1	一	壬子	31	三	壬午	30	五	壬子	29	六	辛巳
廿六	4	六	甲寅	3	一	甲申	2	二	癸丑	6/1	四	癸未	7/1	六	癸丑	30	日	壬午
廿七	5	日	乙卯	4	二	乙酉	3	三	甲寅	2	五	甲申	2	日	甲寅	31	一	癸未
廿八	6	一	丙辰	5	三	丙戌	4	四	乙卯	3	六	乙酉	3	一	乙卯	8/1	二	甲申
廿九	7	二	丁巳	6	四	丁亥	5	五	丙辰	4	日	丙戌	4	二	丙辰	2	三	乙酉
三十	8	三	戊午				6	六	丁巳	5	一	丁亥				3	四	丙戌

七月小庚申 — 十二月小乙丑

旬	七月 公历	星期	干支	八月 公历	星期	干支	九月 公历	星期	干支	十月 公历	星期	干支	十一月 公历	星期	干支	十二月 公历	星期	干支
初一	4	五	丁亥	2	六	丙辰	1	日	乙酉	31	二	乙卯	29	三	甲申	29	五	甲寅
初二	5	六	戊子	3	日	丁巳	2	一	丙戌	1	三	丙辰	30	四	乙酉	30	六	乙卯
初三	6	日	己丑	4	一	戊午	3	二	丁亥	2	四	丁巳	1	五	丙戌	31	日	丙辰
初四	7	一	庚寅	5	二	己未	4	三	戊子	3	五	戊午	2	六	丁亥	1	一	丁巳
初五	8	二	辛卯	6	三	庚申	5	四	己丑	4	六	己未	3	日	戊子	2	二	戊午
初六	9	三	壬辰	7	四	辛酉	6	五	庚寅	5	日	庚申	4	一	己丑	3	三	己未
初七	10	四	癸巳	8	五	壬戌	7	六	辛卯	6	一	辛酉	5	二	庚寅	4	四	庚申
初八	11	五	甲午	9	六	癸亥	8	日	壬辰	7	二	壬戌	6	三	辛卯	5	五	辛酉
初九	12	六	乙未	10	日	甲子	9	一	癸巳	8	三	癸亥	7	四	壬辰	6	六	壬戌
初十	13	日	丙申	11	一	乙丑	10	二	甲午	9	四	甲子	8	五	癸巳	7	日	癸亥
十一	14	一	丁酉	12	二	丙寅	11	三	乙未	10	五	乙丑	9	六	甲午	8	一	甲子
十二	15	二	戊戌	13	三	丁卯	12	四	丙申	11	六	丙寅	10	日	乙未	9	二	乙丑
十三	16	三	己亥	14	四	戊辰	13	五	丁酉	12	日	丁卯	11	一	丙申	10	三	丙寅
十四	17	四	庚子	15	五	己巳	14	六	戊戌	13	一	戊辰	12	二	丁酉	11	四	丁卯
十五	18	五	辛丑	16	六	庚午	15	日	己亥	14	二	己巳	13	三	戊戌	12	五	戊辰
十六	19	六	壬寅	17	日	辛未	16	一	庚子	15	三	庚午	14	四	己亥	13	六	己巳
十七	20	日	癸卯	18	一	壬申	17	二	辛丑	16	四	辛未	15	五	庚子	14	日	庚午
十八	21	一	甲辰	19	二	癸酉	18	三	壬寅	17	五	壬申	16	六	辛丑	15	一	辛未
十九	22	二	乙巳	20	三	甲戌	19	四	癸卯	18	六	癸酉	17	日	壬寅	16	二	壬申
二十	23	三	丙午	21	四	乙亥	20	五	甲辰	19	日	甲戌	18	一	癸卯	17	三	癸酉
廿一	24	四	丁未	22	五	丙子	21	六	乙巳	20	一	乙亥	19	二	甲辰	18	四	甲戌
廿二	25	五	戊申	23	六	丁丑	22	日	丙午	21	二	丙子	20	三	乙巳	19	五	乙亥
廿三	26	六	己酉	24	日	戊寅	23	一	丁未	22	三	丁丑	21	四	丙午	20	六	丙子
廿四	27	日	庚戌	25	一	己卯	24	二	戊申	23	四	戊寅	22	五	丁未	21	日	丁丑
廿五	28	一	辛亥	26	二	庚辰	25	三	己酉	24	五	己卯	23	六	戊申	22	一	戊寅
廿六	29	二	壬子	27	三	辛巳	26	四	庚戌	25	六	庚辰	24	日	己酉	23	二	己卯
廿七	30	三	癸丑	28	四	壬午	27	五	辛亥	26	日	辛巳	25	一	庚戌	24	三	庚辰
廿八	31	四	甲寅	29	五	癸未	28	六	壬子	27	一	壬午	26	二	辛亥	25	四	辛巳
廿九	9/1	五	乙卯	30	六	甲申	29	日	癸丑	28	二	癸未	27	三	壬子	26	五	壬午
三十							30	一	甲寅				28	四	癸丑			

节气

月	节气
正月	雨水 十二 巳时　惊蛰 廿七 午时
二月	春分 十二 辰时　清明 廿七 午时
三月	谷雨 十三 酉时　立夏 廿九 寅时
四月	小满 十四 酉时　芒种 三十 辰时
五月	夏至 十六 丑时
六月	小暑 初二 酉时　大暑 十八
七月	立秋 初四 寅时　处暑 十九 戌时
八月	白露 初六　秋分 廿一
九月	寒露 初七 子时　霜降 廿二 寅时
十月	立冬 初八 寅时　小雪 廿三 丑时
十一月	大雪 初八 戌时　冬至 廿三 未时
十二月	小寒 初八 辰时　大寒 廿三 丑时

农历甲午年　属马

旬	正月大丙寅 公历	星期	干支	二月小丁卯 公历	星期	干支	三月大戊辰 公历	星期	干支	四月大己巳 公历	星期	干支	五月小庚午 公历	星期	干支	六月大辛未 公历	星期	干支	闰六月小 公历	星期	干支	七月大壬申 公历	星期	干支	八月小癸酉 公历	星期	干支	九月大甲戌 公历	星期	干支	十月小乙亥 公历	星期	干支	十一月大丙子 公历	星期	干支	十二月小丁丑 公历	星期	干支
初一	27	六	癸丑	26	一	癸未	27	二	壬子	26	四	壬午	26	六	壬子	24	日	辛巳	24	二	辛亥	22	三	庚辰	21	五	庚戌	20	六	己卯	19	一	己酉	18	二	戊寅	17	四	戊申
初二	28	日	甲寅	27	二	甲申	28	三	癸丑	27	五	癸未	27	日	癸丑	25	一	壬午	25	三	壬子	23	四	辛巳	22	六	辛亥	21	日	庚辰	20	二	庚戌	19	三	己卯	18	五	己酉
初三	29	一	乙卯	28	三	乙酉	29	四	甲寅	28	六	甲申	28	一	甲寅	26	二	癸未	26	四	癸丑	24	五	壬午	23	日	壬子	22	一	辛巳	21	三	辛亥	20	四	庚辰	19	六	庚戌
初四	30	二	丙辰	**3**	四	丙戌	30	五	乙卯	29	日	乙酉	29	二	乙卯	27	三	甲申	27	五	甲寅	25	六	癸未	24	一	癸丑	23	二	壬午	22	四	壬子	21	五	辛巳	20	日	辛亥
初五	31	三	丁巳	2	五	丁亥	31	六	丙辰	30	一	丙戌	30	三	丙辰	28	四	乙酉	28	六	乙卯	26	日	甲申	25	二	甲寅	24	三	癸未	23	五	癸丑	22	六	壬午	21	一	壬子
初六	**2**	四	戊午	3	六	戊子	**4**	日	丁巳	**5**	二	丁亥	31	四	丁巳	29	五	丙戌	29	日	丙辰	27	一	乙酉	26	三	乙卯	25	四	甲申	24	六	甲寅	23	日	癸未	22	二	癸丑
初七	2	五	己未	4	日	己丑	2	一	戊午	2	三	戊子	**6**	五	戊午	30	六	丁亥	30	一	丁巳	28	二	丙戌	27	四	丙辰	26	五	乙酉	25	日	乙卯	24	一	甲申	23	三	甲寅
初八	3	六	庚申	5	一	庚寅	3	二	己未	3	四	己丑	2	六	己未	**7**	日	戊子	31	二	戊午	29	三	丁亥	28	五	丁巳	27	六	丙戌	26	一	丙辰	25	二	乙酉	24	四	乙卯
初九	4	日	辛酉	6	二	辛卯	4	三	庚申	4	五	庚寅	3	日	庚申	2	一	己丑	**8**	三	己未	30	四	戊子	29	六	戊午	28	日	丁亥	27	二	丁巳	26	三	丙戌	25	五	丙辰
初十	5	一	壬戌	7	三	壬辰	5	四	辛酉	5	六	辛卯	4	一	辛酉	3	二	庚寅	2	四	庚申	31	五	己丑	30	日	己未	29	一	戊子	28	三	戊午	27	四	丁亥	26	六	丁巳
十一	6	二	癸亥	8	四	癸巳	6	五	壬戌	6	日	壬辰	5	二	壬戌	4	三	辛卯	3	五	辛酉	**9**	六	庚寅	**10**	一	庚申	30	二	己丑	29	四	己未	28	五	戊子	27	日	戊午
十二	7	三	甲子	9	五	甲午	7	六	癸亥	7	一	癸巳	6	三	癸亥	5	四	壬辰	4	六	壬戌	2	日	辛卯	2	二	辛酉	31	三	庚寅	30	五	庚申	29	六	己丑	28	一	己未
十三	8	四	乙丑	10	六	乙未	8	日	甲子	8	二	甲午	7	四	甲子	6	五	癸巳	5	日	癸亥	3	一	壬辰	3	三	壬戌	**11**	四	辛卯	**12**	六	辛酉	30	日	庚寅	29	二	庚申
十四	9	五	丙寅	11	日	丙申	9	一	乙丑	9	三	乙未	8	五	乙丑	7	六	甲午	6	一	甲子	4	二	癸巳	4	四	癸亥	2	五	壬辰	2	日	壬戌	31	一	辛卯	30	三	辛酉
十五	10	六	丁卯	12	一	丁酉	10	二	丙寅	10	四	丙申	9	六	丙寅	8	日	乙未	7	二	乙丑	5	三	甲午	5	五	甲子	3	六	癸巳	3	一	癸亥	**1**	二	壬辰	31	四	壬戌
十六	11	日	戊辰	13	二	戊戌	11	三	丁卯	11	五	丁酉	10	日	丁卯	9	一	丙申	8	三	丙寅	6	四	乙未	6	六	乙丑	4	日	甲午	4	二	甲子	2	三	癸巳	**2**	五	癸亥
十七	12	一	己巳	14	三	己亥	12	四	戊辰	12	六	戊戌	11	一	戊辰	10	二	丁酉	9	四	丁卯	7	五	丙申	7	日	丙寅	5	一	乙未	5	三	乙丑	3	四	甲午	2	六	甲子
十八	13	二	庚午	15	四	庚子	13	五	己巳	13	日	己亥	12	二	己巳	11	三	戊戌	10	五	戊辰	8	六	丁酉	8	一	丁卯	6	二	丙申	6	四	丙寅	4	五	乙未	3	日	乙丑
十九	14	三	辛未	16	五	辛丑	14	六	庚午	14	一	庚子	13	三	庚午	12	四	己亥	11	六	己巳	9	日	戊戌	9	二	戊辰	7	三	丁酉	7	五	丁卯	5	六	丙申	4	一	丙寅
二十	15	四	壬申	17	六	壬寅	15	日	辛未	15	二	辛丑	14	四	辛未	13	五	庚子	12	日	庚午	10	一	己亥	10	三	己巳	8	四	戊戌	8	六	戊辰	6	日	丁酉	5	二	丁卯
廿一	16	五	癸酉	18	日	癸卯	16	一	壬申	16	三	壬寅	15	五	壬申	14	六	辛丑	13	一	辛未	11	二	庚子	11	四	庚午	9	五	己亥	9	日	己巳	7	一	戊戌	6	三	戊辰
廿二	17	六	甲戌	19	一	甲辰	17	二	癸酉	17	四	癸卯	16	六	癸酉	15	日	壬寅	14	二	壬申	12	三	辛丑	12	五	辛未	10	六	庚子	10	一	庚午	8	二	己亥	7	四	己巳
廿三	18	日	乙亥	20	二	乙巳	18	三	甲戌	18	五	甲辰	17	日	甲戌	16	一	癸卯	15	三	癸酉	13	四	壬寅	13	六	壬申	11	日	辛丑	11	二	辛未	9	三	庚子	8	五	庚午
廿四	19	一	丙子	21	三	丙午	19	四	乙亥	19	六	乙巳	18	一	乙亥	17	二	甲辰	16	四	甲戌	14	五	癸卯	14	日	癸酉	12	一	壬寅	12	三	壬申	10	四	辛丑	9	六	辛未
廿五	20	二	丁丑	22	四	丁未	20	五	丙子	20	日	丙午	19	二	丙子	18	三	乙巳	17	五	乙亥	15	六	甲辰	15	一	甲戌	13	二	癸卯	13	四	癸酉	11	五	壬寅	10	日	壬申
廿六	21	三	戊寅	23	五	戊申	21	六	丁丑	21	一	丁未	20	三	丁丑	19	四	丙午	18	六	丙子	16	日	乙巳	16	二	乙亥	14	三	甲辰	14	五	甲戌	12	六	癸卯	11	一	癸酉
廿七	22	四	己卯	24	六	己酉	22	日	戊寅	22	二	戊申	21	四	戊寅	20	五	丁未	19	日	丁丑	17	一	丙午	17	三	丙子	15	四	乙巳	15	六	乙亥	13	日	甲辰	12	二	甲戌
廿八	23	五	庚辰	25	日	庚戌	23	一	己卯	23	三	己酉	22	五	己卯	21	六	戊申	20	一	戊寅	18	二	丁未	18	四	丁丑	16	五	丙午	16	日	丙子	14	一	乙巳	13	三	乙亥
廿九	24	六	辛巳	26	一	辛亥	24	二	庚辰	24	四	庚戌	23	六	庚辰	22	日	己酉	21	二	己卯	19	三	戊申	19	五	戊寅	17	六	丁未	17	一	丁丑	15	二	丙午	14	四	丙子
三十	25	日	壬午				25	三	辛巳	25	五	辛亥				23	一	庚戌				20	四	己酉				18	日	戊申				16	三	丁未			
节气	立春	初八	戌时	惊蛰	初八	未时	清明	初九	酉时	立夏	初十	巳时	芒种	十一	未时	小暑	十四	子时	立秋	十五	巳时	处暑	初二	丑时	秋分	初三	子时	霜降	初四	辰时	小雪	初四	卯时	冬至	初四	巳时	大寒	初四	辰时
节气	雨水	廿三	申时	春分	廿三	未时	谷雨	廿五	子时	小满	廿五	子时	夏至	廿七	辰时	大暑	廿九	酉时				白露	十八	未时	寒露	十八	卯时	立冬	十九	巳时	大雪	十九	丑时	小寒	十九	未时	立春	十九	丑时

农历乙未年（属羊）／公元 2075—2076 年 历表

旬	正月大戊寅 公历/星期/干支	二月小己卯 公历/星期/干支	三月大庚辰 公历/星期/干支	四月小辛巳 公历/星期/干支	五月大壬午 公历/星期/干支	六月大癸未 公历/星期/干支	旬	七月小甲申 公历/星期/干支	八月大乙酉 公历/星期/干支	九月小丙戌 公历/星期/干支	十月大丁亥 公历/星期/干支	十一月小戊子 公历/星期/干支	十二月大己丑 公历/星期/干支
初一	15 五 丁丑	17 日 丁未	15 一 丙戌	15 三 丙辰	13 四 乙酉	13 六 乙卯	初一	12 一 乙酉	10 二 甲寅	10 四 甲申	8 五 癸丑	8 日 癸未	6 一 壬寅
初二	16 六 戊寅	18 一 戊申	16 二 丁亥	16 四 丁巳	14 五 丙戌	14 日 丙辰	初二	13 二 丙戌	11 三 乙卯	11 五 乙酉	9 六 甲寅	9 一 甲申	7 二 癸卯
初三	17 日 己卯	19 二 己酉	17 三 戊子	17 五 戊午	15 六 丁亥	15 一 丁巳	初三	14 三 丁亥	12 四 丙辰	12 六 丙戌	10 日 乙卯	10 二 乙酉	8 三 甲辰
初四	18 一 庚辰	20 三 庚戌	18 四 己丑	18 六 己未	16 日 戊子	16 二 戊午	初四	15 四 戊子	13 五 丁巳	13 日 丁亥	11 一 丙辰	11 三 丙戌	9 四 乙巳
初五	19 二 辛巳	21 四 辛亥	19 五 庚寅	19 日 庚申	17 一 己丑	17 三 己未	初五	16 五 己丑	14 六 戊午	14 一 戊子	12 二 丁巳	12 四 丁亥	10 五 丙午
初六	20 三 壬午	22 五 壬子	20 六 辛卯	20 一 辛酉	18 二 庚寅	18 四 庚申	初六	17 六 庚寅	15 日 己未	15 二 己丑	13 三 戊午	13 五 戊子	11 六 丁未
初七	21 四 癸未	23 六 癸丑	21 日 壬辰	21 二 壬戌	19 三 辛卯	19 五 辛酉	初七	18 日 辛卯	16 一 庚申	16 三 庚寅	14 四 己未	14 六 己丑	12 日 戊申
初八	22 五 甲申	24 日 甲寅	22 一 癸巳	22 三 癸亥	20 四 壬辰	20 六 壬戌	初八	19 一 壬辰	17 二 辛酉	17 四 辛卯	15 五 庚申	15 日 庚寅	13 一 己酉
初九	23 六 乙酉	25 一 乙卯	23 二 甲午	23 四 甲子	21 五 癸巳	21 日 癸亥	初九	20 二 癸巳	18 三 壬戌	18 五 壬辰	16 六 辛酉	16 一 辛卯	14 二 庚戌
初十	24 日 丙戌	26 二 丙辰	24 三 乙未	24 五 乙丑	22 六 甲午	22 一 甲子	初十	21 三 甲午	19 四 癸亥	19 六 癸巳	17 日 壬戌	17 二 壬辰	15 三 辛亥
十一	25 一 丁亥	27 三 丁巳	25 四 丙申	25 六 丙寅	23 日 乙未	23 二 乙丑	十一	22 四 乙未	20 五 甲子	20 日 甲午	18 一 癸亥	18 三 癸巳	16 四 壬子
十二	26 二 戊子	28 四 戊午	26 五 丁酉	26 日 丁卯	24 一 丙申	24 三 丙寅	十二	23 五 丙申	21 六 乙丑	21 一 乙未	19 二 甲子	19 四 甲午	17 五 癸丑
十三	27 三 己丑	29 五 己未	27 六 戊戌	27 一 戊辰	25 二 丁酉	25 四 丁卯	十三	24 六 丁酉	22 日 丙寅	22 二 丙申	20 三 乙丑	20 五 乙未	18 六 甲寅
十四	28 四 庚寅	30 六 庚申	28 日 己亥	28 二 己巳	26 三 戊戌	26 五 戊辰	十四	25 日 戊戌	23 一 丁卯	23 三 丁酉	21 四 丙寅	21 六 丙申	19 日 乙卯
十五	3 五 辛卯	31 日 辛酉	29 一 庚子	29 三 庚午	27 四 己亥	27 六 己巳	十五	26 一 己亥	24 二 戊辰	24 四 戊戌	22 五 丁卯	22 日 丁酉	20 一 丙辰
十六	2 六 壬辰	4 一 壬戌	30 二 辛丑	30 四 辛未	28 五 庚子	28 日 庚午	十六	27 二 庚子	25 三 己巳	25 五 己亥	23 六 戊辰	23 一 戊戌	21 二 丁巳
十七	3 日 癸巳	2 二 癸亥	31 三 壬寅	31 五 壬申	29 六 辛丑	29 一 辛未	十七	28 三 辛丑	26 四 庚午	26 六 庚子	24 日 己巳	24 二 己亥	22 三 戊午
十八	4 一 甲午	3 三 甲子	5 四 癸卯	6 六 癸酉	30 日 壬寅	30 二 壬申	十八	29 四 壬寅	27 五 辛未	27 日 辛丑	25 一 庚午	25 三 庚子	23 四 己未
十九	5 二 乙未	4 四 乙丑	2 五 甲辰	2 日 甲戌	7 一 癸卯	31 三 癸酉	十九	30 五 癸卯	28 六 壬申	28 一 壬寅	26 二 辛未	26 四 辛丑	24 五 庚申
二十	6 三 丙申	5 五 丙寅	3 六 乙巳	3 一 乙亥	8 二 甲辰	8 四 甲戌	二十	31 六 甲辰	29 日 癸酉	29 二 癸卯	27 三 壬申	27 五 壬寅	25 六 辛酉
廿一	7 四 丁酉	6 六 丁卯	4 日 丙午	4 二 丙子	9 三 乙巳	2 五 乙亥	廿一	2 日 乙巳	30 一 甲戌	30 三 甲辰	28 四 癸酉	28 六 癸卯	26 日 壬戌
廿二	8 五 戊戌	7 日 戊辰	5 一 丁未	5 三 丁丑	10 四 丙午	3 六 丙子	廿二	3 一 丙午	10 二 乙亥	31 四 乙巳	29 五 甲戌	29 日 甲辰	27 一 癸亥
廿三	9 六 己亥	8 一 己巳	6 二 戊申	6 四 戊寅	11 五 丁未	4 日 丁丑	廿三	4 二 丁未	2 三 丙子	11 五 丙午	30 六 乙亥	30 一 乙巳	28 二 甲子
廿四	10 日 庚子	9 二 庚午	7 三 己酉	7 五 己卯	12 六 戊申	5 一 戊寅	廿四	5 三 戊申	3 四 丁丑	12 六 丁未	31 日 丙子	1 二 丙午	29 三 乙丑
廿五	11 一 辛丑	10 三 辛未	8 四 庚戌	8 六 庚辰	13 日 己酉	6 二 己卯	廿五	6 四 己酉	4 五 戊寅	1 日 戊申	2 一 丁丑	2 三 丁未	30 四 丙寅
廿六	12 二 壬寅	11 四 壬申	9 五 辛亥	9 日 辛巳	14 一 庚戌	7 三 庚辰	廿六	7 五 庚戌	5 六 己卯	2 一 己酉	3 二 戊寅	3 四 戊申	31 五 丁卯
廿七	13 三 癸卯	12 五 癸酉	10 六 壬子	10 一 壬午	15 二 辛亥	8 四 辛巳	廿七	8 六 辛亥	6 日 庚辰	3 二 庚戌	4 三 己卯	4 五 己酉	2 六 戊辰
廿八	14 四 甲辰	13 六 甲戌	11 日 癸丑	11 二 癸未	16 三 壬子	9 五 壬午	廿八	9 日 壬子	7 一 辛巳	4 三 辛亥	5 四 庚辰	5 六 庚戌	3 日 己巳
廿九	15 五 乙巳	14 日 乙亥	12 一 甲寅	12 三 甲申	17 四 癸丑	10 六 癸未	廿九	10 一 癸丑	8 二 壬午	5 四 壬子	6 五 辛巳	6 日 辛亥	4 一 庚午
三十	16 六 丙午		13 二 乙卯		18 五 甲寅	11 日 甲申	三十		9 三 癸未		7 六 壬午		5 二 辛未
节气	雨水 初四 亥时　惊蛰 十九 戌时	春分 初四 戌时　清明 十九 午时	谷雨 初五 卯时　立夏 廿一 卯时	小满 初七 卯时　芒种 廿一 戌时	夏至 初九 寅时　小暑 廿五 未时	大暑 初十 午时　立秋 廿六 申时	节气	处暑 十二 午时　白露 廿七 午时	秋分 十四 卯时　寒露 廿九 午时	霜降 十四 申时　立冬 廿九 申时	小雪 十五 午时　大雪 三十 辰时	冬至 十五 丑时　小寒 廿九 申时	大寒 十五 未时　立春 三十 辰时

农历丙申年　属猴

正月小庚寅 — 六月大乙未

旬	正月小庚寅 公历	星期	干支	二月大辛卯 公历	星期	干支	三月小壬辰 公历	星期	干支	四月大癸巳 公历	星期	干支	五月小甲午 公历	星期	干支	六月大乙未 公历	星期	干支
初一	5	三	壬申	5	四	辛丑	4	六	辛未	3	日	庚子	2	二	庚午	**1**	三	己亥
初二	6	四	癸酉	6	五	壬寅	5	日	壬申	4	一	辛丑	3	三	辛未	2	四	庚子
初三	7	五	甲戌	7	六	癸卯	6	一	癸酉	5	二	壬寅	4	四	壬申	3	五	辛丑
初四	8	六	乙亥	8	日	甲辰	7	二	甲戌	6	三	癸卯	5	五	癸酉	4	六	壬寅
初五	9	日	丙子	9	一	乙巳	8	三	乙亥	7	四	甲辰	6	六	甲戌	5	日	癸卯
初六	10	一	丁丑	10	二	丙午	9	四	丙子	8	五	乙巳	7	日	乙亥	6	一	甲辰
初七	11	二	戊寅	11	三	丁未	10	五	丁丑	9	六	丙午	8	一	丙子	7	二	乙巳
初八	12	三	己卯	12	四	戊申	11	六	戊寅	10	日	丁未	9	二	丁丑	8	三	丙午
初九	13	四	庚辰	13	五	己酉	12	日	己卯	11	一	戊申	10	三	戊寅	9	四	丁未
初十	14	五	辛巳	14	六	庚戌	13	一	庚辰	12	二	己酉	11	四	己卯	10	五	戊申
十一	15	六	壬午	15	日	辛亥	14	二	辛巳	13	三	庚戌	12	五	庚辰	11	六	己酉
十二	16	日	癸未	16	一	壬子	15	三	壬午	14	四	辛亥	13	六	辛巳	12	日	庚戌
十三	17	一	甲申	17	二	癸丑	16	四	癸未	15	五	壬子	14	日	壬午	13	一	辛亥
十四	18	二	乙酉	18	三	甲寅	17	五	甲申	16	六	癸丑	15	一	癸未	14	二	壬子
十五	19	三	丙戌	19	四	乙卯	18	六	乙酉	17	日	甲寅	16	二	甲申	15	三	癸丑
十六	20	四	丁亥	20	五	丙辰	19	日	丙戌	18	一	乙卯	17	三	乙酉	16	四	甲寅
十七	21	五	戊子	21	六	丁巳	20	一	丁亥	19	二	丙辰	18	四	丙戌	17	五	乙卯
十八	22	六	己丑	22	日	戊午	21	二	戊子	20	三	丁巳	19	五	丁亥	18	六	丙辰
十九	23	日	庚寅	23	一	己未	22	三	己丑	21	四	戊午	20	六	戊子	19	日	丁巳
二十	24	一	辛卯	24	二	庚申	23	四	庚寅	22	五	己未	21	日	己丑	20	一	戊午
廿一	25	二	壬辰	25	三	辛酉	24	五	辛卯	23	六	庚申	22	一	庚寅	21	二	己未
廿二	26	三	癸巳	26	四	壬戌	25	六	壬辰	24	日	辛酉	23	二	辛卯	22	三	庚申
廿三	27	四	甲午	27	五	癸亥	26	日	癸巳	25	一	壬戌	24	三	壬辰	23	四	辛酉
廿四	28	五	乙未	28	六	甲子	27	一	甲午	26	二	癸亥	25	四	癸巳	24	五	壬戌
廿五	29	六	丙申	29	日	乙丑	28	二	乙未	27	三	甲子	26	五	甲午	25	六	癸亥
廿六	**1**	日	丁酉	30	一	丙寅	29	三	丙申	28	四	乙丑	27	六	乙未	26	日	甲子
廿七	2	一	戊戌	31	二	丁卯	30	四	丁酉	29	五	丙寅	28	日	丙申	27	一	乙丑
廿八	3	二	己亥	**1**	三	戊辰	**1**	五	戊戌	30	六	丁卯	29	一	丁酉	28	二	丙寅
廿九	4	三	庚子	2	四	己巳	2	六	己亥	31	日	戊辰	30	二	戊戌	29	三	丁卯
三十				3	五	庚午				**1**	一	己巳				30	四	戊辰

七月小丙申 — 十二月小辛丑

旬	七月小丙申 公历	星期	干支	八月大丁酉 公历	星期	干支	九月大戊戌 公历	星期	干支	十月小己亥 公历	星期	干支	十一月大庚子 公历	星期	干支	十二月小辛丑 公历	星期	干支
初一	31	五	己巳	29	六	戊戌	28	一	戊辰	28	三	戊戌	26	四	丁卯	26	六	丁酉
初二	**1**	六	庚午	30	日	己亥	29	二	己巳	29	四	己亥	27	五	戊辰	27	日	戊戌
初三	2	日	辛未	31	一	庚子	30	三	庚午	30	五	庚子	28	六	己巳	28	一	己亥
初四	3	一	壬申	**1**	二	辛丑	**1**	四	辛未	31	六	辛丑	29	日	庚午	29	二	庚子
初五	4	二	癸酉	2	三	壬寅	2	五	壬申	**1**	日	壬寅	30	一	辛未	30	三	辛丑
初六	5	三	甲戌	3	四	癸卯	3	六	癸酉	2	一	癸卯	**1**	二	壬申	31	四	壬寅
初七	6	四	乙亥	4	五	甲辰	4	日	甲戌	3	二	甲辰	2	三	癸酉	**1**	五	癸卯
初八	7	五	丙子	5	六	乙巳	5	一	乙亥	4	三	乙巳	3	四	甲戌	2	六	甲辰
初九	8	六	丁丑	6	日	丙午	6	二	丙子	5	四	丙午	4	五	乙亥	3	日	乙巳
初十	9	日	戊寅	7	一	丁未	7	三	丁丑	6	五	丁未	5	六	丙子	4	一	丙午
十一	10	一	己卯	8	二	戊申	8	四	戊寅	7	六	戊申	6	日	丁丑	5	二	丁未
十二	11	二	庚辰	9	三	己酉	9	五	己卯	8	日	己酉	7	一	戊寅	6	三	戊申
十三	12	三	辛巳	10	四	庚戌	10	六	庚辰	9	一	庚戌	8	二	己卯	7	四	己酉
十四	13	四	壬午	11	五	辛亥	11	日	辛巳	10	二	辛亥	9	三	庚辰	8	五	庚戌
十五	14	五	癸未	12	六	壬子	12	一	壬午	11	三	壬子	10	四	辛巳	9	六	辛亥
十六	15	六	甲申	13	日	癸丑	13	二	癸未	12	四	癸丑	11	五	壬午	10	日	壬子
十七	16	日	乙酉	14	一	甲寅	14	三	甲申	13	五	甲寅	12	六	癸未	11	一	癸丑
十八	17	一	丙戌	15	二	乙卯	15	四	乙酉	14	六	乙卯	13	日	甲申	12	二	甲寅
十九	18	二	丁亥	16	三	丙辰	16	五	丙戌	15	日	丙辰	14	一	乙酉	13	三	乙卯
二十	19	三	戊子	17	四	丁巳	17	六	丁亥	16	一	丁巳	15	二	丙戌	14	四	丙辰
廿一	20	四	己丑	18	五	戊午	18	日	戊子	17	二	戊午	16	三	丁亥	15	五	丁巳
廿二	21	五	庚寅	19	六	己未	19	一	己丑	18	三	己未	17	四	戊子	16	六	戊午
廿三	22	六	辛卯	20	日	庚申	20	二	庚寅	19	四	庚申	18	五	己丑	17	日	己未
廿四	23	日	壬辰	21	一	辛酉	21	三	辛卯	20	五	辛酉	19	六	庚寅	18	一	庚申
廿五	24	一	癸巳	22	二	壬戌	22	四	壬辰	21	六	壬戌	20	日	辛卯	19	二	辛酉
廿六	25	二	甲午	23	三	癸亥	23	五	癸巳	22	日	癸亥	21	一	壬辰	20	三	壬戌
廿七	26	三	乙未	24	四	甲子	24	六	甲午	23	一	甲子	22	二	癸巳	21	四	癸亥
廿八	27	四	丙申	25	五	乙丑	25	日	乙未	24	二	乙丑	23	三	甲午	22	五	甲子
廿九	28	五	丁酉	26	六	丙寅	26	一	丙申	25	三	丙寅	24	四	乙未	23	六	乙丑
三十				27	日	丁卯	27	二	丁酉				25	五	丙申			

节气

月	节	气
正月小庚寅		雨水 十五 寅时
二月大辛卯	惊蛰 初一 丑时	春分 十六 丑时
三月小壬辰	清明 初一 卯时	谷雨 十六 午时
四月大癸巳	立夏 初二 亥时	小满 十八 巳时
五月小甲午	芒种 初四 丑时	夏至 十九 酉时
六月大乙未	小暑 初六 午时	大暑 廿二 卯时
七月小丙申	立秋 初七 亥时	处暑 廿三 午时
八月大丁酉	白露 初十 丑时	秋分 廿五 巳时
九月大戊戌	寒露 初十 酉时	霜降 廿五 戌时
十月小己亥	立冬 十一 戌时	小雪 廿六 酉时
十一月大庚子	大雪 十一 未时	冬至 廿六 辰时
十二月小辛丑	小寒 十一 丑时	大寒 廿五 酉时

农历丁酉年 属鸡　　　　　公元 2077—2078 年

旬	正月大壬寅			二月小癸卯			三月大甲辰			四月小乙巳			闰四月小			五月大丙午			六月小丁未			七月大戊申			八月大己酉			九月大庚戌			十月小辛亥			十一月大壬子			十二月小癸丑		
	公历	星期	干支	公历	星期	干支	公历	星期	干支	公历	星期	干支	公历	星期	干支	公历	星期	干支	公历	星期	干支	公历	星期	干支	公历	星期	干支	公历	星期	干支	公历	星期	干支	公历	星期	干支	公历	星期	干支
初一	24	日	丙寅	23	二	丙申	24	三	乙丑	23	五	乙未	22	六	甲子	20	日	癸巳	20	二	癸亥	18	四	壬辰	17	六	壬戌	17	一	壬辰	16	三	壬戌	15	五	辛卯	14	日	辛酉
初二	25	一	丁卯	24	三	丁酉	25	四	丙寅	24	六	丙申	23	日	乙丑	21	一	甲午	21	三	甲子	19	五	癸巳	18	日	癸亥	18	二	癸巳	17	四	癸亥	16	六	壬辰	15	一	壬戌
初三	26	二	戊辰	25	四	戊戌	26	五	丁卯	25	日	丁酉	24	一	丙寅	22	二	乙未	22	四	乙丑	20	六	甲午	19	一	甲子	19	三	甲午	18	五	甲子	17	日	癸巳	16	二	癸亥
初四	27	三	己巳	26	五	己亥	27	六	戊辰	26	一	戊戌	25	二	丁卯	23	三	丙申	23	五	丙寅	21	日	乙未	20	二	乙丑	20	四	乙未	19	六	乙丑	18	一	甲午	17	三	甲子
初五	28	四	庚午	27	六	庚子	28	日	己巳	27	二	己亥	26	三	戊辰	24	四	丁酉	24	六	丁卯	22	一	丙申	21	三	丙寅	21	五	丙申	20	日	丙寅	19	二	乙未	18	四	乙丑
初六	29	五	辛未	28	日	辛丑	29	一	庚午	28	三	庚子	27	四	己巳	25	五	戊戌	25	日	戊辰	23	二	丁酉	22	四	丁卯	22	六	丁酉	21	一	丁卯	20	三	丙申	19	五	丙寅
初七	30	六	壬申	1	一	壬寅	30	二	辛未	29	四	辛丑	28	五	庚午	26	六	己亥	26	一	己巳	24	三	戊戌	23	五	戊辰	23	日	戊戌	22	二	戊辰	21	四	丁酉	20	六	丁卯
初八	31	日	癸酉	2	二	癸卯	31	三	壬申	30	五	壬寅	29	六	辛未	27	日	庚子	27	二	庚午	25	四	己亥	24	六	己巳	24	一	己亥	23	三	己巳	22	五	戊戌	21	日	戊辰
初九	1	一	甲戌	3	三	甲辰	1	四	癸酉	1	六	癸卯	30	日	壬申	28	一	辛丑	28	三	辛未	26	五	庚子	25	日	庚午	25	二	庚子	24	四	庚午	23	六	己亥	22	一	己巳
初十	2	二	乙亥	4	四	乙巳	2	五	甲戌	2	日	甲辰	31	一	癸酉	29	二	壬寅	29	四	壬申	27	六	辛丑	26	一	辛未	26	三	辛丑	25	五	辛未	24	日	庚子	23	二	庚午
十一	3	三	丙子	5	五	丙午	3	六	乙亥	3	一	乙巳	1	二	甲戌	30	三	癸卯	30	五	癸酉	28	日	壬寅	27	二	壬申	27	四	壬寅	26	六	壬申	25	一	辛丑	24	三	辛未
十二	4	四	丁丑	6	六	丁未	4	日	丙子	4	二	丙午	2	三	乙亥	1	四	甲辰	31	六	甲戌	29	一	癸卯	28	三	癸酉	28	五	癸卯	27	日	癸酉	26	二	壬寅	25	四	壬申
十三	5	五	戊寅	7	日	戊申	5	一	丁丑	5	三	丁未	3	四	丙子	2	五	乙巳	1	日	乙亥	30	二	甲辰	29	四	甲戌	29	六	甲辰	28	一	甲戌	27	三	癸卯	26	五	癸酉
十四	6	六	己卯	8	一	己酉	6	二	戊寅	6	四	戊申	4	五	丁丑	3	六	丙午	2	一	丙子	31	三	乙巳	30	五	乙亥	30	日	乙巳	29	二	乙亥	28	四	甲辰	27	六	甲戌
十五	7	日	庚辰	9	二	庚戌	7	三	己卯	7	五	己酉	5	六	戊寅	4	日	丁未	3	二	丁丑	1	四	丙午	1	六	丙子	31	一	丙午	30	三	丙子	29	五	乙巳	28	日	乙亥
十六	8	一	辛巳	10	三	辛亥	8	四	庚辰	8	六	庚戌	6	日	己卯	5	一	戊申	4	三	戊寅	2	五	丁未	2	日	丁丑	1	二	丁未	1	四	丁丑	30	六	丙午	29	一	丙子
十七	9	二	壬午	11	四	壬子	9	五	辛巳	9	日	辛亥	7	一	庚辰	6	二	己酉	5	四	己卯	3	六	戊申	3	一	戊寅	2	三	戊申	2	五	戊寅	31	日	丁未	30	二	丁丑
十八	10	三	癸未	12	五	癸丑	10	六	壬午	10	一	壬子	8	二	辛巳	7	三	庚戌	6	五	庚辰	4	日	己酉	4	二	己卯	3	四	己酉	3	六	己卯	1	一	戊申	31	三	戊寅
十九	11	四	甲申	13	六	甲寅	11	日	癸未	11	二	癸丑	9	三	壬午	8	四	辛亥	7	六	辛巳	5	一	庚戌	5	三	庚辰	4	五	庚戌	4	日	庚辰	2	二	己酉	1	四	己卯
二十	12	五	乙酉	14	日	乙卯	12	一	甲申	12	三	甲寅	10	四	癸未	9	五	壬子	8	日	壬午	6	二	辛亥	6	四	辛巳	5	六	辛亥	5	一	辛巳	3	三	庚戌	2	五	庚辰
廿一	13	六	丙戌	15	一	丙辰	13	二	乙酉	13	四	乙卯	11	五	甲申	10	六	癸丑	9	一	癸未	7	三	壬子	7	五	壬午	6	日	壬子	6	二	壬午	4	四	辛亥	3	六	辛巳
廿二	14	日	丁亥	16	二	丁巳	14	三	丙戌	14	五	丙辰	12	六	乙酉	11	日	甲寅	10	二	甲申	8	四	癸丑	8	六	癸未	7	一	癸丑	7	三	癸未	5	五	壬子	4	日	壬午
廿三	15	一	戊子	17	三	戊午	15	四	丁亥	15	六	丁巳	13	日	丙戌	12	一	乙卯	11	三	乙酉	9	五	甲寅	9	日	甲申	8	二	甲寅	8	四	甲申	6	六	癸丑	5	一	癸未
廿四	16	二	己丑	18	四	己未	16	五	戊子	16	日	戊午	14	一	丁亥	13	二	丙辰	12	四	丙戌	10	六	乙卯	10	一	乙酉	9	三	乙卯	9	五	乙酉	7	日	甲寅	6	二	甲申
廿五	17	三	庚寅	19	五	庚申	17	六	己丑	17	一	己未	15	二	戊子	14	三	丁巳	13	五	丁亥	11	日	丙辰	11	二	丙戌	10	四	丙辰	10	六	丙戌	8	一	乙卯	7	三	乙酉
廿六	18	四	辛卯	20	六	辛酉	18	日	庚寅	18	二	庚申	16	三	己丑	15	四	戊午	14	六	戊子	12	一	丁巳	12	三	丁亥	11	五	丁巳	11	日	丁亥	9	二	丙辰	8	四	丙戌
廿七	19	五	壬辰	21	日	壬戌	19	一	辛卯	19	三	辛酉	17	四	庚寅	16	五	己未	15	日	己丑	13	二	戊午	13	四	戊子	12	六	戊午	12	一	戊子	10	三	丁巳	9	五	丁亥
廿八	20	六	癸巳	22	一	癸亥	20	二	壬辰	20	四	壬戌	18	五	辛卯	17	六	庚申	16	一	庚寅	14	三	己未	14	五	己丑	13	日	己未	13	二	己丑	11	四	戊午	10	六	戊子
廿九	21	日	甲午	23	二	甲子	21	三	癸巳	21	五	癸亥	19	六	壬辰	18	日	辛酉	17	二	辛卯	15	四	庚申	15	六	庚寅	14	一	庚申	14	三	庚寅	12	五	己未	11	日	己丑
三十	22	一	乙未				22	四	甲午							19	一	壬戌				16	五	辛酉	16	日	辛卯	15	二	辛酉				13	六	庚申			
节气	立春 十一 未时		惊蛰 十一 卯时			清明 十二 午时			立夏 十三 寅时			芒种 十五 辰时			夏至 初一 子时			大暑 初三 午时			处暑 初五 酉时			秋分 初六 申时			霜降 初七 丑时			小雪 初七 子时			冬至 初七 未时			大寒 初七 子时		
	雨水 廿六 辰时		春分 廿六 辰时			谷雨 廿七 酉时			小满 廿八 申时						小暑 十七 酉时			立秋 十九 寅时			白露 廿一 辰时			寒露 廿一 子时			立冬 廿二 丑时			大雪 廿二 戌时			小寒 廿二 辰时			立春 廿一 酉时		

283

农历戊戌年　属狗

旬	正月大甲寅 公历	星期	干支	二月小乙卯 公历	星期	干支	三月大丙辰 公历	星期	干支	四月小丁巳 公历	星期	干支	五月小戊午 公历	星期	干支	六月大己未 公历	星期	干支	旬	七月小庚申 公历	星期	干支	八月大辛酉 公历	星期	干支	九月大壬戌 公历	星期	干支	十月小癸酉 公历	星期	干支	十一月甲子 公历	星期	干支	十二月乙丑 公历	星期	干支
初一	12	二	庚寅	14	一	庚申	12	二	己丑	12	四	己未	10	五	戊子	9	六	丁巳	初一	8	一	丁亥	6	二	丙辰	6	四	丙戌	5	六	丙辰	4	日	乙酉	3	二	乙卯
初二	13	三	辛卯	15	二	辛酉	13	三	庚寅	13	五	庚申	11	六	己丑	10	日	戊午	初二	9	二	戊子	7	三	丁巳	7	五	丁亥	6	日	丁巳	5	一	丙戌	4	三	丙辰
初三	14	四	壬辰	16	三	壬戌	14	四	辛卯	14	六	辛酉	12	日	庚寅	11	一	己未	初三	10	三	己丑	8	四	戊午	8	六	戊子	7	一	戊午	6	二	丁亥	5	四	丁巳
初四	15	五	癸巳	17	四	癸亥	15	五	壬辰	15	日	壬戌	13	一	辛卯	12	二	庚申	初四	11	四	庚寅	9	五	己未	9	日	己丑	8	二	己未	7	三	戊子	6	五	戊午
初五	16	六	甲午	18	五	甲子	16	六	癸巳	16	一	癸亥	14	二	壬辰	13	三	辛酉	初五	12	五	辛卯	10	六	庚申	10	一	庚寅	9	三	庚申	8	四	己丑	7	六	己未
初六	17	日	乙未	19	六	乙丑	17	日	甲午	17	二	甲子	15	三	癸巳	14	四	壬戌	初六	13	六	壬辰	11	日	辛酉	11	二	辛卯	10	四	辛酉	9	五	庚寅	8	日	庚申
初七	18	一	丙申	20	日	丙寅	18	一	乙未	18	三	乙丑	16	四	甲午	15	五	癸亥	初七	14	日	癸巳	12	一	壬戌	12	三	壬辰	11	五	壬戌	10	六	辛卯	9	一	辛酉
初八	19	二	丁酉	21	一	丁卯	19	二	丙申	19	四	丙寅	17	五	乙未	16	六	甲子	初八	15	一	甲午	13	二	癸亥	13	四	癸巳	12	六	癸亥	11	日	壬辰	10	二	壬戌
初九	20	三	戊戌	22	二	戊辰	20	三	丁酉	20	五	丁卯	18	六	丙申	17	日	乙丑	初九	16	二	乙未	14	三	甲子	14	五	甲午	13	日	甲子	12	一	癸巳	11	三	癸亥
初十	21	四	己亥	23	三	己巳	21	四	戊戌	21	六	戊辰	19	日	丁酉	18	一	丙寅	初十	17	三	丙申	15	四	乙丑	15	六	乙未	14	一	乙丑	13	二	甲午	12	四	甲子
十一	22	五	庚子	24	四	庚午	22	五	己亥	22	日	己巳	20	一	戊戌	19	二	丁卯	十一	18	四	丁酉	16	五	丙寅	16	日	丙申	15	二	丙寅	14	三	乙未	13	五	乙丑
十二	23	六	辛丑	25	五	辛未	23	六	庚子	23	一	庚午	21	二	己亥	20	三	戊辰	十二	19	五	戊戌	17	六	丁卯	17	一	丁酉	16	三	丁卯	15	四	丙申	14	六	丙寅
十三	24	日	壬寅	26	六	壬申	24	日	辛丑	24	二	辛未	22	三	庚子	21	四	己巳	十三	20	六	己亥	18	日	戊辰	18	二	戊戌	17	四	戊辰	16	五	丁酉	15	日	丁卯
十四	25	一	癸卯	27	日	癸酉	25	一	壬寅	25	三	壬申	23	四	辛丑	22	五	庚午	十四	21	日	庚子	19	一	己巳	19	三	己亥	18	五	己巳	17	六	戊戌	16	一	戊辰
十五	26	二	甲辰	28	一	甲戌	26	二	癸卯	26	四	癸酉	24	五	壬寅	23	六	辛未	十五	22	一	辛丑	20	二	庚午	20	四	庚子	19	六	庚午	18	日	己亥	17	二	己巳
十六	27	三	乙巳	29	二	乙亥	27	三	甲辰	27	五	甲戌	25	六	癸卯	24	日	壬申	十六	23	二	壬寅	21	三	辛未	21	五	辛丑	20	日	辛未	19	一	庚子	18	三	庚午
十七	28	四	丙午	30	三	丙子	28	四	乙巳	28	六	乙亥	26	日	甲辰	25	一	癸酉	十七	24	三	癸卯	22	四	壬申	22	六	壬寅	21	一	壬申	20	二	辛丑	19	四	辛未
十八	3	五	丁未	31	四	丁丑	29	五	丙午	29	日	丙子	27	一	乙巳	26	二	甲戌	十八	25	四	甲辰	23	五	癸酉	23	日	癸卯	22	二	癸酉	21	三	壬寅	20	五	壬申
十九	2	六	戊申	4	五	戊寅	30	六	丁未	30	一	丁丑	28	二	丙午	27	三	乙亥	十九	26	五	乙巳	24	六	甲戌	24	一	甲辰	23	三	甲戌	22	四	癸卯	21	六	癸酉
二十	3	日	己酉	2	六	己卯	5	日	戊申	6	二	戊寅	29	三	丁未	28	四	丙子	二十	27	六	丙午	25	日	乙亥	25	二	乙巳	24	四	乙亥	23	五	甲辰	22	日	甲戌
廿一	4	一	庚戌	3	日	庚辰	2	一	己酉	2	三	己卯	30	四	戊申	29	五	丁丑	廿一	28	日	丁未	26	一	丙子	26	三	丙午	25	五	丙子	24	六	乙巳	23	一	乙亥
廿二	5	二	辛亥	4	一	辛巳	3	二	庚戌	3	四	庚辰	7	五	己酉	30	六	戊寅	廿二	29	一	戊申	27	二	丁丑	27	四	丁未	26	六	丁丑	25	日	丙午	24	二	丙子
廿三	6	三	壬子	5	二	壬午	4	三	辛亥	4	五	辛巳	2	六	庚戌	31	日	己卯	廿三	30	二	己酉	28	三	戊寅	28	五	戊申	27	日	戊寅	26	一	丁未	25	三	丁丑
廿四	7	四	癸丑	6	三	癸未	5	四	壬子	5	六	壬午	3	日	辛亥	8	一	庚辰	廿四	31	三	庚戌	29	四	己卯	29	六	己酉	28	一	己卯	27	二	戊申	26	四	戊寅
廿五	8	五	甲寅	7	四	甲申	6	五	癸丑	6	日	癸未	4	一	壬子	2	二	辛巳	廿五	9	四	辛亥	30	五	庚辰	30	日	庚戌	29	二	庚辰	28	三	己酉	27	五	己卯
廿六	9	六	乙卯	8	五	乙酉	7	六	甲寅	7	一	甲申	5	二	癸丑	3	三	壬午	廿六	2	五	壬子	31	六	辛巳	31	一	辛亥	30	三	辛巳	29	四	庚戌	28	六	庚辰
廿七	10	日	丙辰	9	六	丙戌	8	日	乙卯	8	二	乙酉	6	三	甲寅	4	四	癸未	廿七	3	六	癸丑	9	日	壬午	11	二	壬子	12	四	壬午	30	五	辛亥	29	日	辛巳
廿八	11	一	丁巳	10	日	丁亥	9	一	丙辰	9	三	丙戌	7	四	乙卯	5	五	甲申	廿八	4	日	甲寅	2	一	癸未	2	三	癸丑	2	五	癸未	31	六	壬子	30	一	壬午
廿九	12	二	戊午	11	一	戊子	10	二	丁巳	10	四	丁亥	8	五	丙辰	6	六	乙酉	廿九	5	一	乙卯	3	二	甲申	3	四	甲寅	3	六	甲申	1	日	癸丑	31	二	癸未
三十	13	三	己未				11	三	戊午							7	日	丙戌	三十				4	三	乙酉	4	五	乙卯				2	一	甲寅			
节气	雨水 初七 未时		惊蛰 廿二 未时	春分 初七 未时		清明 廿一 未时	谷雨 初八 辰时		立夏 廿四 巳时	小满 初九 亥时		芒种 廿五 午时	夏至 十二 卯时		小暑 廿七 酉时	大暑 十四 申时		立秋 三十 巳时	节气	处暑 十六 子时		白露 初二 午时	秋分 十七 亥时		寒露 初三 午时	霜降 十八 辰时		立冬 初四 午时	小雪 十八 卯时		大雪 初四 丑时	冬至 十八 午时		小寒 初二 辰时	大寒 十八 卯时	

284

农历己亥年　属猪　　　　　　　　　　　　　　　　　　公元 2079—2080 年

旬	正月小丙寅			二月大丁卯			三月小戊辰			四月大己巳			五月小庚午			六月小辛未			七月大壬申			八月小癸酉			九月大甲戌			十月小乙亥			十一月大丙子			十二月大丁丑		
	公历	星期	干支	公历	星期	干支	公历	星期	干支	公历	星期	干支	公历	星期	干支	公历	星期	干支	公历	星期	干支	公历	星期	干支	公历	星期	干支	公历	星期	干支	公历	星期	干支	公历	星期	干支
初一	2	四	乙酉	3	五	甲寅	2	日	甲申	**5**	一	癸丑	31	三	癸未	29	四	壬子	28	五	辛巳	27	日	辛亥	25	一	庚辰	25	三	庚戌	23	四	己卯	23	六	己酉
初二	3	五	丙戌	4	六	乙卯	3	一	乙酉	2	二	甲寅	**6**	四	甲申	30	五	癸丑	29	六	壬午	28	一	壬子	26	二	辛巳	26	四	辛亥	24	五	庚辰	24	日	庚戌
初三	4	六	丁亥	5	日	丙辰	4	二	丙戌	3	三	乙卯	2	五	乙酉	**7**	六	甲寅	30	日	癸未	29	二	癸丑	27	三	壬午	27	五	壬子	25	六	辛巳	25	一	辛亥
初四	5	日	戊子	6	一	丁巳	5	三	丁亥	4	四	丙辰	3	六	丙戌	2	日	乙卯	31	一	甲申	30	三	甲寅	28	四	癸未	28	六	癸丑	26	日	壬午	26	二	壬子
初五	6	一	己丑	7	二	戊午	6	四	戊子	5	五	丁巳	4	日	丁亥	3	一	丙辰	**8**	二	乙酉	31	四	乙卯	29	五	甲申	29	日	甲寅	27	一	癸未	27	三	癸丑
初六	7	二	庚寅	8	三	己未	7	五	己丑	6	六	戊午	5	一	戊子	4	二	丁巳	2	三	丙戌	**9**	五	丙辰	30	六	乙酉	30	一	乙卯	28	二	甲申	28	四	甲寅
初七	8	三	辛卯	9	四	庚申	8	六	庚寅	7	日	己未	6	二	己丑	5	三	戊午	3	四	丁亥	2	六	丁巳	**10**	日	丙戌	31	二	丙辰	29	三	乙酉	29	五	乙卯
初八	9	四	壬辰	10	五	辛酉	9	日	辛卯	8	一	庚申	7	三	庚寅	6	四	己未	4	五	戊子	3	日	戊午	2	一	丁亥	**11**	三	丁巳	30	四	丙戌	30	六	丙辰
初九	10	五	癸巳	11	六	壬戌	10	一	壬辰	9	二	辛酉	8	四	辛卯	7	五	庚申	5	六	己丑	4	一	己未	3	二	戊子	2	四	戊午	**12**	五	丁亥	31	日	丁巳
初十	11	六	甲午	12	日	癸亥	11	二	癸巳	10	三	壬戌	9	五	壬辰	8	六	辛酉	6	日	庚寅	5	二	庚申	4	三	己丑	3	五	己未	2	六	戊子	**1**	一	戊午
十一	12	日	乙未	13	一	甲子	12	三	甲午	11	四	癸亥	10	六	癸巳	9	日	壬戌	7	一	辛卯	6	三	辛酉	5	四	庚寅	4	六	庚申	3	日	己丑	2	二	己未
十二	13	一	丙申	14	二	乙丑	13	四	乙未	12	五	甲子	11	日	甲午	10	一	癸亥	8	二	壬辰	7	四	壬戌	6	五	辛卯	5	日	辛酉	4	一	庚寅	3	三	庚申
十三	14	二	丁酉	15	三	丙寅	14	五	丙申	13	六	乙丑	12	一	乙未	11	二	甲子	9	三	癸巳	8	五	癸亥	7	六	壬辰	6	一	壬戌	5	二	辛卯	4	四	辛酉
十四	15	三	戊戌	16	四	丁卯	15	六	丁酉	14	日	丙寅	13	二	丙申	12	三	乙丑	10	四	甲午	9	六	甲子	8	日	癸巳	7	二	癸亥	6	三	壬辰	5	五	壬戌
十五	16	四	己亥	17	五	戊辰	16	日	戊戌	15	一	丁卯	14	三	丁酉	13	四	丙寅	11	五	乙未	10	日	乙丑	9	一	甲午	8	三	甲子	7	四	癸巳	6	六	癸亥
十六	17	五	庚子	18	六	己巳	17	一	己亥	16	二	戊辰	15	四	戊戌	14	五	丁卯	12	六	丙申	11	一	丙寅	10	二	乙未	9	四	乙丑	8	五	甲午	7	日	甲子
十七	18	六	辛丑	19	日	庚午	18	二	庚子	17	三	己巳	16	五	己亥	15	六	戊辰	13	日	丁酉	12	二	丁卯	11	三	丙申	10	五	丙寅	9	六	乙未	8	一	乙丑
十八	19	日	壬寅	20	一	辛未	19	三	辛丑	18	四	庚午	17	六	庚子	16	日	己巳	14	一	戊戌	13	三	戊辰	12	四	丁酉	11	六	丁卯	10	日	丙申	9	二	丙寅
十九	20	一	癸卯	21	二	壬申	20	四	壬寅	19	五	辛未	18	日	辛丑	17	一	庚午	15	二	己亥	14	四	己巳	13	五	戊戌	12	日	戊辰	11	一	丁酉	10	三	丁卯
二十	21	二	甲辰	22	三	癸酉	21	五	癸卯	20	六	壬申	19	一	壬寅	18	二	辛未	16	三	庚子	15	五	庚午	14	六	己亥	13	一	己巳	12	二	戊戌	11	四	戊辰
廿一	22	三	乙巳	23	四	甲戌	22	六	甲辰	21	日	癸酉	20	二	癸卯	19	三	壬申	17	四	辛丑	16	六	辛未	15	日	庚子	14	二	庚午	13	三	己亥	12	五	己巳
廿二	23	四	丙午	24	五	乙亥	23	日	乙巳	22	一	甲戌	21	三	甲辰	20	四	癸酉	18	五	壬寅	17	日	壬申	16	一	辛丑	15	三	辛未	14	四	庚子	13	六	庚午
廿三	24	五	丁未	25	六	丙子	24	一	丙午	23	二	乙亥	22	四	乙巳	21	五	甲戌	19	六	癸卯	18	一	癸酉	17	二	壬寅	16	四	壬申	15	五	辛丑	14	日	辛未
廿四	25	六	戊申	26	日	丁丑	25	二	丁未	24	三	丙子	23	五	丙午	22	六	乙亥	20	日	甲辰	19	二	甲戌	18	三	癸卯	17	五	癸酉	16	六	壬寅	15	一	壬申
廿五	26	日	己酉	27	一	戊寅	26	三	戊申	25	四	丁丑	24	六	丁未	23	日	丙子	21	一	乙巳	20	三	乙亥	19	四	甲辰	18	六	甲戌	17	日	癸卯	16	二	癸酉
廿六	27	一	庚戌	28	二	己卯	27	四	己酉	26	五	戊寅	25	日	戊申	24	一	丁丑	22	二	丙午	21	四	丙子	20	五	乙巳	19	日	乙亥	18	一	甲辰	17	三	甲戌
廿七	28	二	辛亥	29	三	庚辰	28	五	庚戌	27	六	己卯	26	一	己酉	25	二	戊寅	23	三	丁未	22	五	丁丑	21	六	丙午	20	一	丙子	19	二	乙巳	18	四	乙亥
廿八	**3**	三	壬子	30	四	辛巳	29	六	辛亥	28	日	庚辰	27	二	庚戌	26	三	己卯	24	四	戊申	23	六	戊寅	22	日	丁未	21	二	丁丑	20	三	丙午	19	五	丙子
廿九	2	四	癸丑	31	五	壬午	30	日	壬子	29	一	辛巳	28	三	辛亥	27	四	庚辰	25	五	己酉	24	日	己卯	23	一	戊申	22	三	戊寅	21	四	丁未	20	六	丁丑
三十				**4**	六	癸未				30	二	壬午							26	六	庚戌				24	二	己酉				22	五	戊申	21	日	戊寅
节	立春	初三	子时	惊蛰	初三	酉时	清明	初三	亥时	立夏	初五	申时	芒种	初六	戌时	小暑	初九	卯时	立秋	十一	申时	白露	十二	酉时	寒露	十四	巳时	立冬	十四	未时	大雪	十五	辰时	小寒	十四	戌时
气	雨水	十七	戌时	春分	十八	戌时	谷雨	十九	卯时	小满	廿一	申时	夏至	廿二	午时	大暑	廿四	亥时	处暑	廿七	卯时	秋分	廿八	寅时	霜降	廿九	未时	小雪	廿九	午时	冬至	三十	丑时	大寒	廿九	午时

农历庚子年　属鼠

旬	正月大戊寅 公历	星期	干支	二月小己卯 公历	星期	干支	三月大庚辰 公历	星期	干支	闰三月小 公历	星期	干支	四月大辛巳 公历	星期	干支	五月小壬午 公历	星期	干支	六月小癸未 公历	星期	干支	七月大甲申 公历	星期	干支	八月小乙酉 公历	星期	干支	九月小丙戌 公历	星期	干支	十月大丁亥 公历	星期	干支	十一月大戊子 公历	星期	干支	十二月大己丑 公历	星期	干支
初一	22	一	己卯	21	三	己酉	21	四	戊寅	20	六	戊申	19	日	丁丑	18	二	丁未	17	三	丙子	15	四	乙巳	14	六	乙亥	13	日	甲辰	11	一	癸酉	11	三	癸卯	10	五	癸酉
初二	23	二	庚辰	22	四	庚戌	22	五	己卯	21	日	己酉	20	一	戊寅	19	三	戊申	18	四	丁丑	16	五	丙午	15	日	丙子	14	一	乙巳	12	二	甲戌	12	四	甲辰	11	六	甲戌
初三	24	三	辛巳	23	五	辛亥	23	六	庚辰	22	一	庚戌	21	二	己卯	20	四	己酉	19	五	戊寅	17	六	丁未	16	一	丁丑	15	二	丙午	13	三	乙亥	13	五	乙巳	12	日	乙亥
初四	25	四	壬午	24	六	壬子	24	日	辛巳	23	二	辛亥	22	三	庚辰	21	五	庚戌	20	六	己卯	18	日	戊申	17	二	戊寅	16	三	丁未	14	四	丙子	14	六	丙午	13	一	丙子
初五	26	五	癸未	25	日	癸丑	25	一	壬午	24	三	壬子	23	四	辛巳	22	六	辛亥	21	日	庚辰	19	一	己酉	18	三	己卯	17	四	戊申	15	五	丁丑	15	日	丁未	14	二	丁丑
初六	27	六	甲申	26	一	甲寅	26	二	癸未	25	四	癸丑	24	五	壬午	23	日	壬子	22	一	辛巳	20	二	庚戌	19	四	庚辰	18	五	己酉	16	六	戊寅	16	一	戊申	15	三	戊寅
初七	28	日	乙酉	27	二	乙卯	27	三	甲申	26	五	甲寅	25	六	癸未	24	一	癸丑	23	二	壬午	21	三	辛亥	20	五	辛巳	19	六	庚戌	17	日	己卯	17	二	己酉	16	四	己卯
初八	29	一	丙戌	28	三	丙辰	28	四	乙酉	27	六	乙卯	26	日	甲申	25	二	甲寅	24	三	癸未	22	四	壬子	21	六	壬午	20	日	辛亥	18	一	庚辰	18	三	庚戌	17	五	庚辰
初九	30	二	丁亥	29	四	丁巳	29	五	丙戌	28	日	丙辰	27	一	乙酉	26	三	乙卯	25	四	甲申	23	五	癸丑	22	日	癸未	21	一	壬子	19	二	辛巳	19	四	辛亥	18	六	辛巳
初十	31	三	戊子	1	五	戊午	30	六	丁亥	29	一	丁巳	28	二	丙戌	27	四	丙辰	26	五	乙酉	24	六	甲寅	23	一	甲申	22	二	癸丑	20	三	壬午	20	五	壬子	19	日	壬午
十一	1	四	己丑	2	六	己未	31	日	戊子	30	二	戊午	29	三	丁亥	28	五	丁巳	27	六	丙戌	25	日	乙卯	24	二	乙酉	23	三	甲寅	21	四	癸未	21	六	癸丑	20	一	癸未
十二	2	五	庚寅	3	日	庚申	1	一	己丑	1	三	己未	30	四	戊子	29	六	戊午	28	日	丁亥	26	一	丙辰	25	三	丙戌	24	四	乙卯	22	五	甲申	22	日	甲寅	21	二	甲申
十三	3	六	辛卯	4	一	辛酉	2	二	庚寅	2	四	庚申	31	五	己丑	30	日	己未	29	一	戊子	27	二	丁巳	26	四	丁亥	25	五	丙辰	23	六	乙酉	23	一	乙卯	22	三	乙酉
十四	4	日	壬辰	5	二	壬戌	3	三	辛卯	3	五	辛酉	1	六	庚寅	1	一	庚申	30	二	己丑	28	三	戊午	27	五	戊子	26	六	丁巳	24	日	丙戌	24	二	丙辰	23	四	丙戌
十五	5	一	癸巳	6	三	癸亥	4	四	壬辰	4	六	壬戌	2	日	辛卯	2	二	辛酉	31	三	庚寅	29	四	己未	28	六	己丑	27	日	戊午	25	一	丁亥	25	三	丁巳	24	五	丁亥
十六	6	二	甲午	7	四	甲子	5	五	癸巳	5	日	癸亥	3	一	壬辰	3	三	壬戌	1	四	辛卯	30	五	庚申	29	日	庚寅	28	一	己未	26	二	戊子	26	四	戊午	25	六	戊子
十七	7	三	乙未	8	五	乙丑	6	六	甲午	6	一	甲子	4	二	癸巳	4	四	癸亥	2	五	壬辰	31	六	辛酉	30	一	辛卯	29	二	庚申	27	三	己丑	27	五	己未	26	日	己丑
十八	8	四	丙申	9	六	丙寅	7	日	乙未	7	二	乙丑	5	三	甲午	5	五	甲子	3	六	癸巳	1	日	壬戌	1	二	壬辰	30	三	辛酉	28	四	庚寅	28	六	庚申	27	一	庚寅
十九	9	五	丁酉	10	日	丁卯	8	一	丙申	8	三	丙寅	6	四	乙未	6	六	乙丑	4	日	甲午	2	一	癸亥	2	三	癸巳	31	四	壬戌	29	五	辛卯	29	日	辛酉	28	二	辛卯
二十	10	六	戊戌	11	一	戊辰	9	二	丁酉	9	四	丁卯	7	五	丙申	7	日	丙寅	5	一	乙未	3	二	甲子	3	四	甲午	1	五	癸亥	30	六	壬辰	30	一	壬戌	29	三	壬辰
廿一	11	日	己亥	12	二	己巳	10	三	戊戌	10	五	戊辰	8	六	丁酉	8	一	丁卯	6	二	丙申	4	三	乙丑	4	五	乙未	2	六	甲子	1	日	癸巳	31	二	癸亥	30	四	癸巳
廿二	12	一	庚子	13	三	庚午	11	四	己亥	11	六	己巳	9	日	戊戌	9	二	戊辰	7	三	丁酉	5	四	丙寅	5	六	丙申	3	日	乙丑	2	一	甲午	1	三	甲子	31	五	甲午
廿三	13	二	辛丑	14	四	辛未	12	五	庚子	12	日	庚午	10	一	己亥	10	三	己巳	8	四	戊戌	6	五	丁卯	6	日	丁酉	4	一	丙寅	3	二	乙未	2	四	乙丑	1	六	乙未
廿四	14	三	壬寅	15	五	壬申	13	六	辛丑	13	一	辛未	11	二	庚子	11	四	庚午	9	五	己亥	7	六	戊辰	7	一	戊戌	5	二	丁卯	4	三	丙申	3	五	丙寅	2	日	丙申
廿五	15	四	癸卯	16	六	癸酉	14	日	壬寅	14	二	壬申	12	三	辛丑	12	五	辛未	10	六	庚子	8	日	己巳	8	二	己亥	6	三	戊辰	5	四	丁酉	4	六	丁卯	3	一	丁酉
廿六	16	五	甲辰	17	日	甲戌	15	一	癸卯	15	三	癸酉	13	四	壬寅	13	六	壬申	11	日	辛丑	9	一	庚午	9	三	庚子	7	四	己巳	6	五	戊戌	5	日	戊辰	4	二	戊戌
廿七	17	六	乙巳	18	一	乙亥	16	二	甲辰	16	四	甲戌	14	五	癸卯	14	日	癸酉	12	一	壬寅	10	二	辛未	10	四	辛丑	8	五	庚午	7	六	己亥	6	一	己巳	5	三	己亥
廿八	18	日	丙午	19	二	丙子	17	三	乙巳	17	五	乙亥	15	六	甲辰	15	一	甲戌	13	二	癸卯	11	三	壬申	11	五	壬寅	9	六	辛未	8	日	庚子	7	二	庚午	6	四	庚子
廿九	19	一	丁未	20	三	丁丑	18	四	丙午	18	六	丙子	16	日	乙巳	16	二	乙亥	14	三	甲辰	12	四	癸酉	12	六	癸卯	10	日	壬申	9	一	辛丑	8	三	辛未	7	五	辛丑
三十	20	二	戊申				19	五	丁未				17	一	丙午							13	五	甲戌							10	二	壬寅	9	四	壬申	8	六	壬寅
节气	立春 十四 卯时 / 雨水 廿九 丑时			惊蛰 十四 子时 / 春分 廿九 子时			清明 十五 子时 / 谷雨 三十 午时			立夏 十五 亥时			小满 初二 巳时 / 芒种 十八 子时			夏至 初三 酉时 / 小暑 十九 午时			大暑 初六 寅时 / 立秋 廿一 亥时			处暑 初八 午时 / 白露 廿四 卯时			秋分 初九 巳时 / 寒露 廿四 未时			霜降 初十 戌时 / 立冬 廿五 丑时			小雪 十一 酉时 / 大雪 廿六 未时			冬至 十一 辰时 / 小寒 廿六 酉时			大寒 初十 酉时 / 立春 廿五 寅时		

农历辛丑年　属牛

旬	正月小庚寅			二月大辛卯			三月大壬辰			四月小癸巳			五月大甲午			六月小乙未			七月小丙申			八月大丁酉			九月小戊戌			十月小己亥			十一月大庚子			十二月大辛丑		
	公历	星期	干支	公历	星期	干支	公历	星期	干支	公历	星期	干支	公历	星期	干支	公历	星期	干支	公历	星期	干支	公历	星期	干支	公历	星期	干支	公历	星期	干支	公历	星期	干支	公历	星期	干支
初一	9	日	癸卯	10	一	壬申	9	三	壬寅	9	五	壬申	7	六	辛丑	7	一	辛未	5	二	庚子	3	三	己巳	3	五	己亥	1	六	戊辰	30	日	丁酉	30	二	丁卯
初二	10	一	甲辰	11	二	癸酉	10	四	癸卯	10	六	癸酉	8	日	壬寅	8	二	壬申	6	三	辛丑	4	四	庚午	4	六	庚子	2	日	己巳	1	一	戊戌	31	三	戊辰
初三	11	二	乙巳	12	三	甲戌	11	五	甲辰	11	日	甲戌	9	一	癸卯	9	三	癸酉	7	四	壬寅	5	五	辛未	5	日	辛丑	3	一	庚午	2	二	己亥	1	四	己巳
初四	12	三	丙午	13	四	乙亥	12	六	乙巳	12	一	乙亥	10	二	甲辰	10	四	甲戌	8	五	癸卯	6	六	壬申	6	一	壬寅	4	二	辛未	3	三	庚子	2	五	庚午
初五	13	四	丁未	14	五	丙子	13	日	丙午	13	二	丙子	11	三	乙巳	11	五	乙亥	9	六	甲辰	7	日	癸酉	7	二	癸卯	5	三	壬申	4	四	辛丑	3	六	辛未
初六	14	五	戊申	15	六	丁丑	14	一	丁未	14	三	丁丑	12	四	丙午	12	六	丙子	10	日	乙巳	8	一	甲戌	8	三	甲辰	6	四	癸酉	5	五	壬寅	4	日	壬申
初七	15	六	己酉	16	日	戊寅	15	二	戊申	15	四	戊寅	13	五	丁未	13	日	丁丑	11	一	丙午	9	二	乙亥	9	四	乙巳	7	五	甲戌	6	六	癸卯	5	一	癸酉
初八	16	日	庚戌	17	一	己卯	16	三	己酉	16	五	己卯	14	六	戊申	14	一	戊寅	12	二	丁未	10	三	丙子	10	五	丙午	8	六	乙亥	7	日	甲辰	6	二	甲戌
初九	17	一	辛亥	18	二	庚辰	17	四	庚戌	17	六	庚辰	15	日	己酉	15	二	己卯	13	三	戊申	11	四	丁丑	11	六	丁未	9	日	丙子	8	一	乙巳	7	三	乙亥
初十	18	二	壬子	19	三	辛巳	18	五	辛亥	18	日	辛巳	16	一	庚戌	16	三	庚辰	14	四	己酉	12	五	戊寅	12	日	戊申	10	一	丁丑	9	二	丙午	8	四	丙子
十一	19	三	癸丑	20	四	壬午	19	六	壬子	19	一	壬午	17	二	辛亥	17	四	辛巳	15	五	庚戌	13	六	己卯	13	一	己酉	11	二	戊寅	10	三	丁未	9	五	丁丑
十二	20	四	甲寅	21	五	癸未	20	日	癸丑	20	二	癸未	18	三	壬子	18	五	壬午	16	六	辛亥	14	日	庚辰	14	二	庚戌	12	三	己卯	11	四	戊申	10	六	戊寅
十三	21	五	乙卯	22	六	甲申	21	一	甲寅	21	三	甲申	19	四	癸丑	19	六	癸未	17	日	壬子	15	一	辛巳	15	三	辛亥	13	四	庚辰	12	五	己酉	11	日	己卯
十四	22	六	丙辰	23	日	乙酉	22	二	乙卯	22	四	乙酉	20	五	甲寅	20	日	甲申	18	一	癸丑	16	二	壬午	16	四	壬子	14	五	辛巳	13	六	庚戌	12	一	庚辰
十五	23	日	丁巳	24	一	丙戌	23	三	丙辰	23	五	丙戌	21	六	乙卯	21	一	乙酉	19	二	甲寅	17	三	癸未	17	五	癸丑	15	六	壬午	14	日	辛亥	13	二	辛巳
十六	24	一	戊午	25	二	丁亥	24	四	丁巳	24	六	丁亥	22	日	丙辰	22	二	丙戌	20	三	乙卯	18	四	甲申	18	六	甲寅	16	日	癸未	15	一	壬子	14	三	壬午
十七	25	二	己未	26	三	戊子	25	五	戊午	25	日	戊子	23	一	丁巳	23	三	丁亥	21	四	丙辰	19	五	乙酉	19	日	乙卯	17	一	甲申	16	二	癸丑	15	四	癸未
十八	26	三	庚申	27	四	己丑	26	六	己未	26	一	己丑	24	二	戊午	24	四	戊子	22	五	丁巳	20	六	丙戌	20	一	丙辰	18	二	乙酉	17	三	甲寅	16	五	甲申
十九	27	四	辛酉	28	五	庚寅	27	日	庚申	27	二	庚寅	25	三	己未	25	五	己丑	23	六	戊午	21	日	丁亥	21	二	丁巳	19	三	丙戌	18	四	乙卯	17	六	乙酉
二十	28	五	壬戌	29	六	辛卯	28	一	辛酉	28	三	辛卯	26	四	庚申	26	六	庚寅	24	日	己未	22	一	戊子	22	三	戊午	20	四	丁亥	19	五	丙辰	18	日	丙戌
廿一	1	六	癸亥	30	日	壬辰	29	二	壬戌	29	四	壬辰	27	五	辛酉	27	日	辛卯	25	一	庚申	23	二	己丑	23	四	己未	21	五	戊子	20	六	丁巳	19	一	丁亥
廿二	2	日	甲子	31	一	癸巳	30	三	癸亥	30	五	癸巳	28	六	壬戌	28	一	壬辰	26	二	辛酉	24	三	庚寅	24	五	庚申	22	六	己丑	21	日	戊午	20	二	戊子
廿三	3	一	乙丑	1	二	甲午	1	四	甲子	31	六	甲午	29	日	癸亥	29	二	癸巳	27	三	壬戌	25	四	辛卯	25	六	辛酉	23	日	庚寅	22	一	己未	21	三	己丑
廿四	4	二	丙寅	2	三	乙未	2	五	乙丑	1	日	乙未	30	一	甲子	30	三	甲午	28	四	癸亥	26	五	壬辰	26	日	壬戌	24	一	辛卯	23	二	庚申	22	四	庚寅
廿五	5	三	丁卯	3	四	丙申	3	六	丙寅	2	一	丙申	1	二	乙丑	31	四	乙未	29	五	甲子	27	六	癸巳	27	一	癸亥	25	二	壬辰	24	三	辛酉	23	五	辛卯
廿六	6	四	戊辰	4	五	丁酉	4	日	丁卯	3	二	丁酉	2	三	丙寅	1	五	丙申	30	六	乙丑	28	日	甲午	28	二	甲子	26	三	癸巳	25	四	壬戌	24	六	壬辰
廿七	7	五	己巳	5	六	戊戌	5	一	戊辰	4	三	戊戌	3	四	丁卯	2	六	丁酉	31	日	丙寅	29	一	乙未	29	三	乙丑	27	四	甲午	26	五	癸亥	25	日	癸巳
廿八	8	六	庚午	6	日	己亥	6	二	己巳	5	四	己亥	4	五	戊辰	3	日	戊戌	1	一	丁卯	30	二	丙申	30	四	丙寅	28	五	乙未	27	六	甲子	26	一	甲午
廿九	9	日	辛未	7	一	庚子	7	三	庚午	6	五	庚子	5	六	己巳	4	一	己亥	2	二	戊辰	1	三	丁酉	31	五	丁卯	29	六	丙申	28	日	乙丑	27	二	乙未
三十				8	二	辛丑	8	四	辛未				6	日	庚午							2	四	戊戌							29	一	丙寅	28	三	丙申
节气	雨水 初十 辰时			春分 十一 卯时			谷雨 十一 酉时			小满 十二 申时			夏至 十四 子时			大暑 十六 巳时			立秋 初三 丑时			白露 初五 卯时			寒露 初五 亥时			立冬 初七 丑时			大雪 初八 戌时			小寒 初八 卯时		
	惊蛰 廿五 卯时			清明 廿六 巳时			立夏 廿七 寅时			芒种 廿八 卯时			小暑 三十 申时						处暑 十八 酉时			秋分 二十 申时			霜降 廿一 丑时			小雪 廿一 子时			冬至 廿三 未时			大寒 廿三 子时		

农历壬寅年 属虎

农历	正月小壬寅			二月大癸卯			三月大甲辰			四月大乙巳			五月小丙午			六月小丁未			七月大戊申			闰七月小			八月大己酉			九月小庚戌			十月小辛亥			十一月壬子			十二月大癸丑		
	公历	星期	干支	公历	星期	干支	公历	星期	干支	公历	星期	干支	公历	星期	干支	公历	星期	干支	公历	星期	干支	公历	星期	干支	公历	星期	干支	公历	星期	干支	公历	星期	干支	公历	星期	干支	公历	星期	干支
初一	29	四	丁酉	27	五	丙寅	29	日	丙申	28	二	丙寅	28	四	丙申	26	五	乙丑	25	六	甲午	24	一	甲子	22	二	癸巳	22	四	癸亥	20	五	壬辰	19	六	辛酉	18	一	辛卯
初二	30	五	戊戌	28	六	丁卯	30	一	丁酉	29	三	丁卯	29	五	丁酉	27	六	丙寅	26	日	乙未	25	二	乙丑	23	三	甲午	23	五	甲子	21	六	癸巳	20	日	壬戌	19	二	壬辰
初三	31	六	己亥	1	日	戊辰	31	二	戊戌	30	四	戊辰	30	六	戊戌	28	日	丁卯	27	一	丙申	26	三	丙寅	24	四	乙未	24	六	乙丑	22	日	甲午	21	一	癸亥	20	三	癸巳
初四	1	日	庚子	2	一	己巳	1	三	己亥	1	五	己巳	31	日	己亥	29	一	戊辰	28	二	丁酉	27	四	丁卯	25	五	丙申	25	日	丙寅	23	一	乙未	22	二	甲子	21	四	甲午
初五	2	一	辛丑	3	二	庚午	2	四	庚子	2	六	庚午	1	一	庚子	30	二	己巳	29	三	戊戌	28	五	戊辰	26	六	丁酉	26	一	丁卯	24	二	丙申	23	三	乙丑	22	五	乙未
初六	3	二	壬寅	4	三	辛未	3	五	辛丑	3	日	辛未	2	二	辛丑	1	三	庚午	30	四	己亥	29	六	己巳	27	日	戊戌	27	二	戊辰	25	三	丁酉	24	四	丙寅	23	六	丙申
初七	4	三	癸卯	5	四	壬申	4	六	壬寅	4	一	壬申	3	三	壬寅	2	四	辛未	31	五	庚子	30	日	庚午	28	一	己亥	28	三	己巳	26	四	戊戌	25	五	丁卯	24	日	丁酉
初八	5	四	甲辰	6	五	癸酉	5	日	癸卯	5	二	癸酉	4	四	癸卯	3	五	壬申	1	六	辛丑	31	一	辛未	29	二	庚子	29	四	庚午	27	五	己亥	26	六	戊辰	25	一	戊戌
初九	6	五	乙巳	7	六	甲戌	6	一	甲辰	6	三	甲戌	5	五	甲辰	4	六	癸酉	2	日	壬寅	1	二	壬申	30	三	辛丑	30	五	辛未	28	六	庚子	27	日	己巳	26	二	己亥
初十	7	六	丙午	8	日	乙亥	7	二	乙巳	7	四	乙亥	6	六	乙巳	5	日	甲戌	3	一	癸卯	2	三	癸酉	1	四	壬寅	31	六	壬申	29	日	辛丑	28	一	庚午	27	三	庚子
十一	8	日	丁未	9	一	丙子	8	三	丙午	8	五	丙子	7	日	丙午	6	一	乙亥	4	二	甲辰	3	四	甲戌	2	五	癸卯	1	日	癸酉	30	一	壬寅	29	二	辛未	28	四	辛丑
十二	9	一	戊申	10	二	丁丑	9	四	丁未	9	六	丁丑	8	一	丁未	7	二	丙子	5	三	乙巳	4	五	乙亥	3	六	甲辰	2	一	甲戌	1	二	癸卯	30	三	壬申	29	五	壬寅
十三	10	二	己酉	11	三	戊寅	10	五	戊申	10	日	戊寅	9	二	戊申	8	三	丁丑	6	四	丙午	5	六	丙子	4	日	乙巳	3	二	乙亥	2	三	甲辰	31	四	癸酉	30	六	癸卯
十四	11	三	庚戌	12	四	己卯	11	六	己酉	11	一	己卯	10	三	己酉	9	四	戊寅	7	五	丁未	6	日	丁丑	5	一	丙午	4	三	丙子	3	四	乙巳	1	五	甲戌	31	日	甲辰
十五	12	四	辛亥	13	五	庚辰	12	日	庚戌	12	二	庚辰	11	四	庚戌	10	五	己卯	8	六	戊申	7	一	戊寅	6	二	丁未	5	四	丁丑	4	五	丙午	2	六	乙亥	1	一	乙巳
十六	13	五	壬子	14	六	辛巳	13	一	辛亥	13	三	辛巳	12	五	辛亥	11	六	庚辰	9	日	己酉	8	二	己卯	7	三	戊申	6	五	戊寅	5	六	丁未	3	日	丙子	2	二	丙午
十七	14	六	癸丑	15	日	壬午	14	二	壬子	14	四	壬午	13	六	壬子	12	日	辛巳	10	一	庚戌	9	三	庚辰	8	四	己酉	7	六	己卯	6	日	戊申	4	一	丁丑	3	三	丁未
十八	15	日	甲寅	16	一	癸未	15	三	癸丑	15	五	癸未	14	日	癸丑	13	一	壬午	11	二	辛亥	10	四	辛巳	9	五	庚戌	8	日	庚辰	7	一	己酉	5	二	戊寅	4	四	戊申
十九	16	一	乙卯	17	二	甲申	16	四	甲寅	16	六	甲申	15	一	甲寅	14	二	癸未	12	三	壬子	11	五	壬午	10	六	辛亥	9	一	辛巳	8	二	庚戌	6	三	己卯	5	五	己酉
二十	17	二	丙辰	18	三	乙酉	17	五	乙卯	17	日	乙酉	16	二	乙卯	15	三	甲申	13	四	癸丑	12	六	癸未	11	日	壬子	10	二	壬午	9	三	辛亥	7	四	庚辰	6	六	庚戌
廿一	18	三	丁巳	19	四	丙戌	18	六	丙辰	18	一	丙戌	17	三	丙辰	16	四	乙酉	14	五	甲寅	13	日	甲申	12	一	癸丑	11	三	癸未	10	四	壬子	8	五	辛巳	7	日	辛亥
廿二	19	四	戊午	20	五	丁亥	19	日	丁巳	19	二	丁亥	18	四	丁巳	17	五	丙戌	15	六	乙卯	14	一	乙酉	13	二	甲寅	12	四	甲申	11	五	癸丑	9	六	壬午	8	一	壬子
廿三	20	五	己未	21	六	戊子	20	一	戊午	20	三	戊子	19	五	戊午	18	六	丁亥	16	日	丙辰	15	二	丙戌	14	三	乙卯	13	五	乙酉	12	六	甲寅	10	日	癸未	9	二	癸丑
廿四	21	六	庚申	22	日	己丑	21	二	己未	21	四	己丑	20	六	己未	19	日	戊子	17	一	丁巳	16	三	丁亥	15	四	丙辰	14	六	丙戌	13	日	乙卯	11	一	甲申	10	三	甲寅
廿五	22	日	辛酉	23	一	庚寅	22	三	庚申	22	五	庚寅	21	日	庚申	20	一	己丑	18	二	戊午	17	四	戊子	16	五	丁巳	15	日	丁亥	14	一	丙辰	12	二	乙酉	11	四	乙卯
廿六	23	一	壬戌	24	二	辛卯	23	四	辛酉	23	六	辛卯	22	一	辛酉	21	二	庚寅	19	三	己未	18	五	己丑	17	六	戊午	16	一	戊子	15	二	丁巳	13	三	丙戌	12	五	丙辰
廿七	24	二	癸亥	25	三	壬辰	24	五	壬戌	24	日	壬辰	23	二	壬戌	22	三	辛卯	20	四	庚申	19	六	庚寅	18	日	己未	17	二	己丑	16	三	戊午	14	四	丁亥	13	六	丁巳
廿八	25	三	甲子	26	四	癸巳	25	六	癸亥	25	一	癸巳	24	三	癸亥	23	四	壬辰	21	五	辛酉	20	日	辛卯	19	一	庚申	18	三	庚寅	17	四	己未	15	五	戊子	14	日	戊午
廿九	26	四	乙丑	27	五	甲午	26	日	甲子	26	二	甲午	25	四	甲子	24	五	癸巳	22	六	壬戌	21	一	壬辰	20	二	辛酉	19	四	辛卯	18	五	庚申	16	六	己丑	15	一	己未
三十				28	六	乙未	27	一	乙丑	27	三	乙未							23	日	癸亥				21	三	壬戌							17	日	庚寅	16	二	庚申

节气

月	节	气
正月	立春 初六 酉时	雨水 廿一 未时
二月	惊蛰 初七 午时	春分 廿二 午时
三月	清明 初七 申时	谷雨 廿二 亥时
四月	立夏 初八 辰时	小满 廿三 亥时
五月	芒种 初九 午时	夏至 廿五 卯时
六月	小暑 十一 亥时	大暑 廿七 申时
七月	立秋 十四 辰时	处暑 廿九 子时
闰七月	白露 十五 酉时	
八月	秋分 初一 亥时	寒露 十六 寅时
九月	霜降 初二 辰时	立冬 十七 辰时
十月	小雪 初三 卯时	大雪 十八 丑时
十一月	冬至 初三 戌时	小寒 十八 辰时
十二月	大寒 初三 卯时	立春 十八 子时

农历癸卯年　属兔　　　　　公元 2083—2084 年

旬	正月小甲寅 公历	星期	干支	二月大乙卯 公历	星期	干支	三月大丙辰 公历	星期	干支	四月小丁巳 公历	星期	干支	五月大戊午 公历	星期	干支	六月小己未 公历	星期	干支	七月大庚申 公历	星期	干支	八月小辛酉 公历	星期	干支	九月大壬戌 公历	星期	干支	十月小癸亥 公历	星期	干支	十一月大甲子 公历	星期	干支	十二月小乙丑 公历	星期	干支
初一	17	三	辛酉	18	四	庚寅	17	六	庚申	17	一	庚寅	15	二	己未	15	四	己丑	13	五	戊午	12	日	戊子	11	一	丁巳	10	三	丁亥	9	四	丙辰	8	六	丙戌
初二	18	四	壬戌	19	五	辛卯	18	日	辛酉	18	二	辛卯	16	三	庚申	16	五	庚寅	14	六	己未	13	一	己丑	12	二	戊午	11	四	戊子	10	五	丁巳	9	日	丁亥
初三	19	五	癸亥	20	六	壬辰	19	一	壬戌	19	三	壬辰	17	四	辛酉	17	六	辛卯	15	日	庚申	14	二	庚寅	13	三	己未	12	五	己丑	11	六	戊午	10	一	戊子
初四	20	六	甲子	21	日	癸巳	20	二	癸亥	20	四	癸巳	18	五	壬戌	18	日	壬辰	16	一	辛酉	15	三	辛卯	14	四	庚申	13	六	庚寅	12	日	己未	11	二	己丑
初五	21	日	乙丑	22	一	甲午	21	三	甲子	21	五	甲午	19	六	癸亥	19	一	癸巳	17	二	壬戌	16	四	壬辰	15	五	辛酉	14	日	辛卯	13	一	庚申	12	三	庚寅
初六	22	一	丙寅	23	二	乙未	22	四	乙丑	22	六	乙未	20	日	甲子	20	二	甲午	18	三	癸亥	17	五	癸巳	16	六	壬戌	15	一	壬辰	14	二	辛酉	13	四	辛卯
初七	23	二	丁卯	24	三	丙申	23	五	丙寅	23	日	丙申	21	一	乙丑	21	三	乙未	19	四	甲子	18	六	甲午	17	日	癸亥	16	二	癸巳	15	三	壬戌	14	五	壬辰
初八	24	三	戊辰	25	四	丁酉	24	六	丁卯	24	一	丁酉	22	二	丙寅	22	四	丙申	20	五	乙丑	19	日	乙未	18	一	甲子	17	三	甲午	16	四	癸亥	15	六	癸巳
初九	25	四	己巳	26	五	戊戌	25	日	戊辰	25	二	戊戌	23	三	丁卯	23	五	丁酉	21	六	丙寅	20	一	丙申	19	二	乙丑	18	四	乙未	17	五	甲子	16	日	甲午
初十	26	五	庚午	27	六	己亥	26	一	己巳	26	三	己亥	24	四	戊辰	24	六	戊戌	22	日	丁卯	21	二	丁酉	20	三	丙寅	19	五	丙申	18	六	乙丑	17	一	乙未
十一	27	六	辛未	28	日	庚子	27	二	庚午	27	四	庚子	25	五	己巳	25	日	己亥	23	一	戊辰	22	三	戊戌	21	四	丁卯	20	六	丁酉	19	日	丙寅	18	二	丙申
十二	28	日	壬申	29	一	辛丑	28	三	辛未	28	五	辛丑	26	六	庚午	26	一	庚子	24	二	己巳	23	四	己亥	22	五	戊辰	21	日	戊戌	20	一	丁卯	19	三	丁酉
十三	**3**	一	癸酉	30	二	壬寅	29	四	壬申	29	六	壬寅	27	日	辛未	27	二	辛丑	25	三	庚午	24	五	庚子	23	六	己巳	22	一	己亥	21	二	戊辰	20	四	戊戌
十四	2	二	甲戌	31	三	癸卯	30	五	癸酉	30	日	癸卯	28	一	壬申	28	三	壬寅	26	四	辛未	25	六	辛丑	24	日	庚午	23	二	庚子	22	三	己巳	21	五	己亥
十五	3	三	乙亥	**4**	四	甲辰	**5**	六	甲戌	31	一	甲辰	29	二	癸酉	29	四	癸卯	27	五	壬申	26	日	壬寅	25	一	辛未	24	三	辛丑	23	四	庚午	22	六	庚子
十六	4	四	丙子	2	五	乙巳	2	日	乙亥	**6**	二	乙巳	30	三	甲戌	30	五	甲辰	28	六	癸酉	27	一	癸卯	26	二	壬申	25	四	壬寅	24	五	辛未	23	日	辛丑
十七	5	五	丁丑	3	六	丙午	3	一	丙子	2	三	丙午	**7**	四	乙亥	31	六	乙巳	29	日	甲戌	28	二	甲辰	27	三	癸酉	26	五	癸卯	25	六	壬申	24	一	壬寅
十八	6	六	戊寅	4	日	丁未	4	二	丁丑	3	四	丁未	2	五	丙子	**8**	日	丙午	30	一	乙亥	29	三	乙巳	28	四	甲戌	27	六	甲辰	26	日	癸酉	25	二	癸卯
十九	7	日	己卯	5	一	戊申	5	三	戊寅	4	五	戊申	3	六	丁丑	2	一	丁未	31	二	丙子	30	四	丙午	29	五	乙亥	28	日	乙巳	27	一	甲戌	26	三	甲辰
二十	8	一	庚辰	6	二	己酉	6	四	己卯	5	六	己酉	4	日	戊寅	3	二	戊申	**9**	三	丁丑	**10**	五	丁未	30	六	丙子	29	一	丙午	28	二	乙亥	27	四	乙巳
廿一	9	二	辛巳	7	三	庚戌	7	五	庚辰	6	日	庚戌	5	一	己卯	4	三	己酉	2	四	戊寅	2	六	戊申	31	日	丁丑	30	二	丁未	29	三	丙子	28	五	丙午
廿二	10	三	壬午	8	四	辛亥	8	六	辛巳	7	一	辛亥	6	二	庚辰	5	四	庚戌	3	五	己卯	3	日	己酉	**11**	一	戊寅	**12**	三	戊申	30	四	丁丑	29	六	丁未
廿三	11	四	癸未	9	五	壬子	9	日	壬午	8	二	壬子	7	三	辛巳	6	五	辛亥	4	六	庚辰	4	一	庚戌	2	二	己卯	2	四	己酉	31	五	戊寅	30	日	戊申
廿四	12	五	甲申	10	六	癸丑	10	一	癸未	9	三	癸丑	8	四	壬午	7	六	壬子	5	日	辛巳	5	二	辛亥	3	三	庚辰	3	五	庚戌	**1**	六	己卯	31	一	己酉
廿五	13	六	乙酉	11	日	甲寅	11	二	甲申	10	四	甲寅	9	五	癸未	8	日	癸丑	6	一	壬午	6	三	壬子	4	四	辛巳	4	六	辛亥	2	日	庚辰	**2**	二	庚戌
廿六	14	日	丙戌	12	一	乙卯	12	三	乙酉	11	五	乙卯	10	六	甲申	9	一	甲寅	7	二	癸未	7	四	癸丑	5	五	壬午	5	日	壬子	3	一	辛巳	2	三	辛亥
廿七	15	一	丁亥	13	二	丙辰	13	四	丙戌	12	六	丙辰	11	日	乙酉	10	二	乙卯	8	三	甲申	8	五	甲寅	6	六	癸未	6	一	癸丑	4	二	壬午	3	四	壬子
廿八	16	二	戊子	14	三	丁巳	14	五	丁亥	13	日	丁巳	12	一	丙戌	11	三	丙辰	9	四	乙酉	9	六	乙卯	7	日	甲申	7	二	甲寅	5	三	癸未	4	五	癸丑
廿九	17	三	己丑	15	四	戊午	15	六	戊子	14	一	戊午	13	二	丁亥	12	四	丁巳	10	五	丙戌	10	日	丙辰	8	一	乙酉	8	三	乙卯	6	四	甲申	5	六	甲寅
三十				16	五	己未	16	日	己丑				14	三	戊子				11	六	丁亥				9	二	丙戌				7	五	乙酉			
节气（气）	雨水 初二 戌时			春分 初三 酉时			谷雨 初四 亥时			小满 初五 寅时			夏至 初七 巳时			大暑 初八 亥时			处暑 十一 卯时			秋分 十二 寅时			霜降 十三 未时			小雪 十三 午时			冬至 十四 子时			大寒 十三 午时		
节气（节）	惊蛰 十八 酉时			清明 十八 亥时			立夏 十九 未时			芒种 二十 酉时			小暑 廿二 寅时			立秋 廿四 未时			白露 廿七 酉时			寒露 廿八 巳时			立冬 廿八 未时			大雪 廿八 卯时			小寒 廿八 酉时			立春 廿八 卯时		

旬	正月大丙寅 公历	星期	干支	二月小丁卯 公历	星期	干支	三月大戊辰 公历	星期	干支	四月小己巳 公历	星期	干支	五月大庚午 公历	星期	干支	六月大辛未 公历	星期	干支	七月小壬申 公历	星期	干支	八月大癸酉 公历	星期	干支	九月小甲戌 公历	星期	干支	十月大乙亥 公历	星期	干支	十一月小丙子 公历	星期	干支	十二月大丁丑 公历	星期	干支
初一	6	日	乙卯	7	二	乙酉	5	三	甲寅	5	五	甲申	3	六	癸丑	3	一	癸未	2	三	癸丑	31	四	壬午	30	六	壬子	29	日	辛巳	28	二	辛亥	27	三	庚辰
初二	7	一	丙辰	8	三	丙戌	6	四	乙卯	6	六	乙酉	4	日	甲寅	4	二	甲申	3	四	甲寅	**9**	五	癸未	**10**	日	癸丑	30	一	壬午	29	三	壬子	28	四	辛巳
初三	8	二	丁巳	9	四	丁亥	7	五	丙辰	7	日	丙戌	5	一	乙卯	5	三	乙酉	4	五	乙卯	2	六	甲申	2	一	甲寅	31	二	癸未	30	四	癸丑	29	五	壬午
初四	9	三	戊午	10	五	戊子	8	六	丁巳	8	一	丁亥	6	二	丙辰	6	四	丙戌	5	六	丙辰	3	日	乙酉	3	二	乙卯	**11**	三	甲申	**12**	五	甲寅	30	六	癸未
初五	10	四	己未	11	六	己丑	9	日	戊午	9	二	戊子	7	三	丁巳	7	五	丁亥	6	日	丁巳	4	一	丙戌	4	三	丙辰	2	四	乙酉	2	六	乙卯	31	日	甲申
初六	11	五	庚申	12	日	庚寅	10	一	己未	10	三	己丑	8	四	戊午	8	六	戊子	7	一	戊午	5	二	丁亥	5	四	丁巳	3	五	丙戌	3	日	丙辰	**1**	一	乙酉
初七	12	六	辛酉	13	一	辛卯	11	二	庚申	11	四	庚寅	9	五	己未	9	日	己丑	8	二	己未	6	三	戊子	6	五	戊午	4	六	丁亥	4	一	丁巳	2	二	丙戌
初八	13	日	壬戌	14	二	壬辰	12	三	辛酉	12	五	辛卯	10	六	庚申	10	一	庚寅	9	三	庚申	7	四	己丑	7	六	己未	5	日	戊子	5	二	戊午	3	三	丁亥
初九	14	一	癸亥	15	三	癸巳	13	四	壬戌	13	六	壬辰	11	日	辛酉	11	二	辛卯	10	四	辛酉	8	五	庚寅	8	日	庚申	6	一	己丑	6	三	己未	4	四	戊子
初十	15	二	甲子	16	四	甲午	14	五	癸亥	14	日	癸巳	12	一	壬戌	12	三	壬辰	11	五	壬戌	9	六	辛卯	9	一	辛酉	7	二	庚寅	7	四	庚申	5	五	己丑
十一	16	三	乙丑	17	五	乙未	15	六	甲子	15	一	甲午	13	二	癸亥	13	四	癸巳	12	六	癸亥	10	日	壬辰	10	二	壬戌	8	三	辛卯	8	五	辛酉	6	六	庚寅
十二	17	四	丙寅	18	六	丙申	16	日	乙丑	16	二	乙未	14	三	甲子	14	五	甲午	13	日	甲子	11	一	癸巳	11	三	癸亥	9	四	壬辰	9	六	壬戌	7	日	辛卯
十三	18	五	丁卯	19	日	丁酉	17	一	丙寅	17	三	丙申	15	四	乙丑	15	六	乙未	14	一	乙丑	12	二	甲午	12	四	甲子	10	五	癸巳	10	日	癸亥	8	一	壬辰
十四	19	六	戊辰	20	一	戊戌	18	二	丁卯	18	四	丁酉	16	五	丙寅	16	日	丙申	15	二	丙寅	13	三	乙未	13	五	乙丑	11	六	甲午	11	一	甲子	9	二	癸巳
十五	20	日	己巳	21	二	己亥	19	三	戊辰	19	五	戊戌	17	六	丁卯	17	一	丁酉	16	三	丁卯	14	四	丙申	14	六	丙寅	12	日	乙未	12	二	乙丑	10	三	甲午
十六	21	一	庚午	22	三	庚子	20	四	己巳	20	六	己亥	18	日	戊辰	18	二	戊戌	17	四	戊辰	15	五	丁酉	15	日	丁卯	13	一	丙申	13	三	丙寅	11	四	乙未
十七	22	二	辛未	23	四	辛丑	21	五	庚午	21	日	庚子	19	一	己巳	19	三	己亥	18	五	己巳	16	六	戊戌	16	一	戊辰	14	二	丁酉	14	四	丁卯	12	五	丙申
十八	23	三	壬申	24	五	壬寅	22	六	辛未	22	一	辛丑	20	二	庚午	20	四	庚子	19	六	庚午	17	日	己亥	17	二	己巳	15	三	戊戌	15	五	戊辰	13	六	丁酉
十九	24	四	癸酉	25	六	癸卯	23	日	壬申	23	二	壬寅	21	三	辛未	21	五	辛丑	20	日	辛未	18	一	庚子	18	三	庚午	16	四	己亥	16	六	己巳	14	日	戊戌
二十	25	五	甲戌	26	日	甲辰	24	一	癸酉	24	三	癸卯	22	四	壬申	22	六	壬寅	21	一	壬申	19	二	辛丑	19	四	辛未	17	五	庚子	17	日	庚午	15	一	己亥
廿一	26	六	乙亥	27	一	乙巳	25	二	甲戌	25	四	甲辰	23	五	癸酉	23	日	癸卯	22	二	癸酉	20	三	壬寅	20	五	壬申	18	六	辛丑	18	一	辛未	16	二	庚子
廿二	27	日	丙子	28	二	丙午	26	三	乙亥	26	五	乙巳	24	六	甲戌	24	一	甲辰	23	三	甲戌	21	四	癸卯	21	六	癸酉	19	日	壬寅	19	二	壬申	17	三	辛丑
廿三	28	一	丁丑	29	三	丁未	27	四	丙子	27	六	丙午	25	日	乙亥	25	二	乙巳	24	四	乙亥	22	五	甲辰	22	日	甲戌	20	一	癸卯	20	三	癸酉	18	四	壬寅
廿四	29	二	戊寅	30	四	戊申	28	五	丁丑	28	日	丁未	26	一	丙子	26	三	丙午	25	五	丙子	23	六	乙巳	23	一	乙亥	21	二	甲辰	21	四	甲戌	19	五	癸卯
廿五	**3**	三	己卯	31	五	己酉	29	六	戊寅	29	一	戊申	27	二	丁丑	27	四	丁未	26	六	丁丑	24	日	丙午	24	二	丙子	22	三	乙巳	22	五	乙亥	20	六	甲辰
廿六	2	四	庚辰	**4**	六	庚戌	30	日	己卯	30	二	己酉	28	三	戊寅	28	五	戊申	27	日	戊寅	25	一	丁未	25	三	丁丑	23	四	丙午	23	六	丙子	21	日	乙巳
廿七	3	五	辛巳	2	日	辛亥	**5**	一	庚辰	31	三	庚戌	29	四	己卯	29	六	己酉	28	一	己卯	26	二	戊申	26	四	戊寅	24	五	丁未	24	日	丁丑	22	一	丙午
廿八	4	六	壬午	3	一	壬子	2	二	辛巳	**6**	四	辛亥	30	五	庚辰	30	日	庚戌	29	二	庚辰	27	三	己酉	27	五	己卯	25	六	戊申	25	一	戊寅	23	二	丁未
廿九	5	日	癸未	4	二	癸丑	3	三	壬午	2	五	壬子	**7**	六	辛巳	31	一	辛亥	30	三	辛巳	28	四	庚戌	28	六	庚辰	26	日	己酉	26	二	己卯	24	三	戊申
三十	6	一	甲申				4	四	癸未				2	日	壬午	**8**	二	壬子				29	五	辛亥				27	一	庚戌				25	四	己酉

节气

月	节（农历日·时）	气（农历日·时）
正月	惊蛰 廿九 子时	雨水 十四 丑时
二月	清明 廿九 寅时	春分 十四 寅时
三月	立夏 三十 戌时	谷雨 十五 巳时
四月		小满 十六 巳时
五月	芒种 初三 酉时	夏至 十八 午时
六月	小暑 初四 午时	大暑 二十 寅时
七月	立秋 初六 戌时	处暑 廿一 巳时
八月	白露 初八 亥时	秋分 廿三 巳时
九月	寒露 初八 酉时	霜降 廿四 酉时
十月	立冬 初十 戌时	小雪 廿五 酉时
十一月	大雪 初九 午时	冬至 廿四 卯时
十二月	小寒 初十 酉时	大寒 廿五 酉时

农历乙巳年 属蛇

各月均按顺序列出「公历 · 星期 · 干支」。

旬	正月小戊寅	二月大己卯	三月小庚辰	四月小辛巳	五月大壬午	闰五月大	六月小癸未	七月大甲申	八月大乙酉	九月小丙戌	十月大丁亥	十一月小戊子	十二月大己丑
初一	26 五 庚戌	24 六 己卯	26 一 己酉	24 二 戊寅	23 三 丁未	22 五 丁丑	22 日 丁未	20 一 丙子	19 三 丙午	19 五 丙子	17 六 乙巳	17 一 乙亥	15 三 甲辰
初二	27 六 辛亥	25 日 庚辰	27 二 庚戌	25 三 己卯	24 四 戊申	23 六 戊寅	23 一 戊申	21 二 丁丑	20 四 丁未	20 六 丁丑	18 日 丙午	18 二 丙子	16 四 乙巳
初三	28 日 壬子	26 一 辛巳	28 三 辛亥	26 四 庚辰	25 五 己酉	24 日 己卯	24 二 己酉	22 三 戊寅	21 五 戊申	21 日 戊寅	19 一 丁未	19 三 丁丑	17 五 丙午
初四	29 一 癸丑	27 二 壬午	29 四 壬子	27 五 辛巳	26 六 庚戌	25 一 庚辰	25 三 庚戌	23 四 己卯	22 六 己酉	22 一 己卯	20 二 戊申	20 四 戊寅	18 六 丁未
初五	30 二 甲寅	28 三 癸未	30 五 癸丑	28 六 壬午	27 日 辛亥	26 二 辛巳	26 四 辛亥	24 五 庚辰	23 日 庚戌	23 二 庚辰	21 三 己酉	21 五 己卯	19 日 戊申
初六	31 三 乙卯	1 四 甲申	31 六 甲寅	29 日 癸未	28 一 壬子	27 三 壬午	27 五 壬子	25 六 辛巳	24 一 辛亥	24 三 辛巳	22 四 庚戌	22 六 庚辰	20 一 己酉
初七	1 四 丙辰	2 五 乙酉	1 日 乙卯	30 一 甲申	29 二 癸丑	28 四 癸未	28 六 癸丑	26 日 壬午	25 二 壬子	25 四 壬午	23 五 辛亥	23 日 辛巳	21 二 庚戌
初八	2 五 丁巳	3 六 丙戌	2 一 丙辰	1 二 乙酉	30 三 甲寅	29 五 甲申	29 日 甲寅	27 一 癸未	26 三 癸丑	26 五 癸未	24 六 壬子	24 一 壬午	22 三 辛亥
初九	3 六 戊午	4 日 丁亥	3 二 丁巳	2 三 丙戌	31 四 乙卯	30 六 乙酉	30 一 乙卯	28 二 甲申	27 四 甲寅	27 六 甲申	25 日 癸丑	25 二 癸未	23 四 壬子
初十	4 日 己未	5 一 戊子	4 三 戊午	3 四 丁亥	1 五 丙辰	1 日 丙戌	31 二 丙辰	29 三 乙酉	28 五 乙卯	28 日 乙酉	26 一 甲寅	26 三 甲申	24 五 癸丑
十一	5 一 庚申	6 二 己丑	5 四 己未	4 五 戊子	2 六 丁巳	2 一 丁亥	1 三 丁巳	30 四 丙戌	29 六 丙辰	29 一 丙戌	27 二 乙卯	27 四 乙酉	25 六 甲寅
十二	6 二 辛酉	7 三 庚寅	6 五 庚申	5 六 己丑	3 日 戊午	3 二 戊子	2 四 戊午	31 五 丁亥	30 日 丁巳	30 二 丁亥	28 三 丙辰	28 五 丙戌	26 日 乙卯
十三	7 三 壬戌	8 四 辛卯	7 六 辛酉	6 日 庚寅	4 一 己未	4 三 己丑	3 五 己未	1 六 戊子	1 一 戊午	31 三 戊子	29 四 丁巳	29 六 丁亥	27 一 丙辰
十四	8 四 癸亥	9 五 壬辰	8 日 壬戌	7 一 辛卯	5 二 庚申	5 四 庚寅	4 六 庚申	2 日 己丑	2 二 己未	1 四 己丑	30 五 戊午	30 日 戊子	28 二 丁巳
十五	9 五 甲子	10 六 癸巳	9 一 癸亥	8 二 壬辰	6 三 辛酉	6 五 辛卯	5 日 辛酉	3 一 庚寅	3 三 庚申	2 五 庚寅	1 六 己未	31 一 己丑	29 三 戊午
十六	10 六 乙丑	11 日 甲午	10 二 甲子	9 三 癸巳	7 四 壬戌	7 六 壬辰	6 一 壬戌	4 二 辛卯	4 四 辛酉	3 六 辛卯	2 日 庚申	1 二 庚寅	30 四 己未
十七	11 日 丙寅	12 一 乙未	11 三 乙丑	10 四 甲午	8 五 癸亥	8 日 癸巳	7 二 癸亥	5 三 壬辰	5 五 壬戌	4 日 壬辰	3 一 辛酉	2 三 辛卯	31 五 庚申
十八	12 一 丁卯	13 二 丙申	12 四 丙寅	11 五 乙未	9 六 甲子	9 一 甲午	8 三 甲子	6 四 癸巳	6 六 癸亥	5 一 癸巳	4 二 壬戌	3 四 壬辰	1 六 辛酉
十九	13 二 戊辰	14 三 丁酉	13 五 丁卯	12 六 丙申	10 日 乙丑	10 二 乙未	9 四 乙丑	7 五 甲午	7 日 甲子	6 二 甲午	5 三 癸亥	4 五 癸巳	2 日 壬戌
二十	14 三 己巳	15 四 戊戌	14 六 戊辰	13 日 丁酉	11 一 丙寅	11 三 丙申	10 五 丙寅	8 六 乙未	8 一 乙丑	7 三 乙未	6 四 甲子	5 六 甲午	3 一 癸亥
廿一	15 四 庚午	16 五 己亥	15 日 己巳	14 一 戊戌	12 二 丁卯	12 四 丁酉	11 六 丁卯	9 日 丙申	9 二 丙寅	8 四 丙申	7 五 乙丑	6 日 乙未	4 二 甲子
廿二	16 五 辛未	17 六 庚子	16 一 庚午	15 二 己亥	13 三 戊辰	13 五 戊戌	12 日 戊辰	10 一 丁酉	10 三 丁卯	9 五 丁酉	8 六 丙寅	7 一 丙申	5 三 乙丑
廿三	17 六 壬申	18 日 辛丑	17 二 辛未	16 三 庚子	14 四 己巳	14 六 己亥	13 一 己巳	11 二 戊戌	11 四 戊辰	10 六 戊戌	9 日 丁卯	8 二 丁酉	6 四 丙寅
廿四	18 日 癸酉	19 一 壬寅	18 三 壬申	17 四 辛丑	15 五 庚午	15 日 庚子	14 二 庚午	12 三 己亥	12 五 己巳	11 日 己亥	10 一 戊辰	9 三 戊戌	7 五 丁卯
廿五	19 一 甲戌	20 二 癸卯	19 四 癸酉	18 五 壬寅	16 六 辛未	16 一 辛丑	15 三 辛未	13 四 庚子	13 六 庚午	12 一 庚子	11 二 己巳	10 四 己亥	8 六 戊辰
廿六	20 二 乙亥	21 三 甲辰	20 五 甲戌	19 六 癸卯	17 日 壬申	17 二 壬寅	16 四 壬申	14 五 辛丑	14 日 辛未	13 二 辛丑	12 三 庚午	11 五 庚子	9 日 己巳
廿七	21 三 丙子	22 四 乙巳	21 六 乙亥	20 日 甲辰	18 一 癸酉	18 三 癸卯	17 五 癸酉	15 六 壬寅	15 一 壬申	14 三 壬寅	13 四 辛未	12 六 辛丑	10 一 庚午
廿八	22 四 丁丑	23 五 丙午	22 日 丙子	21 一 乙巳	19 二 甲戌	19 四 甲辰	18 六 甲戌	16 日 癸卯	16 二 癸酉	15 四 癸卯	14 五 壬申	13 日 壬寅	11 二 辛未
廿九	23 五 戊寅	24 六 丁未	23 一 丁丑	22 二 丙午	20 三 乙亥	20 五 乙巳	19 日 乙亥	17 一 甲辰	17 三 甲戌	16 五 甲辰	15 六 癸酉	14 一 癸卯	12 三 壬申
三十		25 日 戊申			21 四 丙子	21 六 丙午		18 二 乙巳	18 四 乙亥		16 日 甲戌		13 四 癸酉
节	立春 初九 午时	惊蛰 初十 卯时	清明 初十 巳时	立夏 十二 丑时	芒种 十四 卯时	小暑 十五 申时	立秋 十七 丑时	白露 十九 卯时	寒露 十九 亥时	立冬 二十 丑时	大雪 二十 酉时	小寒 二十 酉时	立春 二十 酉时
气	雨水 廿四 辰时	春分 廿五 卯时	谷雨 廿五 申时	小满 廿七 申时	夏至 廿九 亥时		大暑 初一 巳时	处暑 初三 申时	秋分 初四 未时	霜降 初五 子时	小雪 初五 亥时	冬至 初五 午时	大寒 初五 子时

旬	正月小庚寅 公历	星期	干支	二月大辛卯 公历	星期	干支	三月小壬辰 公历	星期	干支	四月小癸巳 公历	星期	干支	五月大甲午 公历	星期	干支	六月小乙未 公历	星期	干支	七月大丙申 公历	星期	干支	八月小丁酉 公历	星期	干支	九月小戊戌 公历	星期	干支	十月大己亥 公历	星期	干支	十一月大庚子 公历	星期	干支	十二月小辛丑 公历	星期	干支
初一	14	四	甲戌	15	五	癸卯	14	日	癸酉	13	一	壬寅	11	二	辛未	11	四	辛丑	9	五	庚午	8	日	庚子	7	一	己巳	5	二	戊戌	5	四	戊辰	4	六	戊戌
初二	15	五	乙亥	16	六	甲辰	15	一	甲戌	14	二	癸卯	12	三	壬申	12	五	壬寅	10	六	辛未	9	一	辛丑	8	二	庚午	6	三	己亥	6	五	己巳	5	日	己亥
初三	16	六	丙子	17	日	乙巳	16	二	乙亥	15	三	甲辰	13	四	癸酉	13	六	癸卯	11	日	壬申	10	二	壬寅	9	三	辛未	7	四	庚子	7	六	庚午	6	一	庚子
初四	17	日	丁丑	18	一	丙午	17	三	丙子	16	四	乙巳	14	五	甲戌	14	日	甲辰	12	一	癸酉	11	三	癸卯	10	四	壬申	8	五	辛丑	8	日	辛未	7	二	辛丑
初五	18	一	戊寅	19	二	丁未	18	四	丁丑	17	五	丙午	15	六	乙亥	15	一	乙巳	13	二	甲戌	12	四	甲辰	11	五	癸酉	9	六	壬寅	9	一	壬申	8	三	壬寅
初六	19	二	己卯	20	三	戊申	19	五	戊寅	18	六	丁未	16	日	丙子	16	二	丙午	14	三	乙亥	13	五	乙巳	12	六	甲戌	10	日	癸卯	10	二	癸酉	9	四	癸卯
初七	20	三	庚辰	21	四	己酉	20	六	己卯	19	日	戊申	17	一	丁丑	17	三	丁未	15	四	丙子	14	六	丙午	13	日	乙亥	11	一	甲辰	11	三	甲戌	10	五	甲辰
初八	21	四	辛巳	22	五	庚戌	21	日	庚辰	20	一	己酉	18	二	戊寅	18	四	戊申	16	五	丁丑	15	日	丁未	14	一	丙子	12	二	乙巳	12	四	乙亥	11	六	乙巳
初九	22	五	壬午	23	六	辛亥	22	一	辛巳	21	二	庚戌	19	三	己卯	19	五	己酉	17	六	戊寅	16	一	戊申	15	二	丁丑	13	三	丙午	13	五	丙子	12	日	丙午
初十	23	六	癸未	24	日	壬子	23	二	壬午	22	三	辛亥	20	四	庚辰	20	六	庚戌	18	日	己卯	17	二	己酉	16	三	戊寅	14	四	丁未	14	六	丁丑	13	一	丁未
十一	24	日	甲申	25	一	癸丑	24	三	癸未	23	四	壬子	21	五	辛巳	21	日	辛亥	19	一	庚辰	18	三	庚戌	17	四	己卯	15	五	戊申	15	日	戊寅	14	二	戊申
十二	25	一	乙酉	26	二	甲寅	25	四	甲申	24	五	癸丑	22	六	壬午	22	一	壬子	20	二	辛巳	19	四	辛亥	18	五	庚辰	16	六	己酉	16	一	己卯	15	三	己酉
十三	26	二	丙戌	27	三	乙卯	26	五	乙酉	25	六	甲寅	23	日	癸未	23	二	癸丑	21	三	壬午	20	五	壬子	19	六	辛巳	17	日	庚戌	17	二	庚辰	16	四	庚戌
十四	27	三	丁亥	28	四	丙辰	27	六	丙戌	26	日	乙卯	24	一	甲申	24	三	甲寅	22	四	癸未	21	六	癸丑	20	日	壬午	18	一	辛亥	18	三	辛巳	17	五	辛亥
十五	28	四	戊子	29	五	丁巳	28	日	丁亥	27	一	丙辰	25	二	乙酉	25	四	乙卯	23	五	甲申	22	日	甲寅	21	一	癸未	19	二	壬子	19	四	壬午	18	六	壬子
十六	**3**	五	己丑	30	六	戊午	29	一	戊子	28	二	丁巳	26	三	丙戌	26	五	丙辰	24	六	乙酉	23	一	乙卯	22	二	甲申	20	三	癸丑	20	五	癸未	19	日	癸丑
十七	2	六	庚寅	31	日	己未	30	二	己丑	29	三	戊午	27	四	丁亥	27	六	丁巳	25	日	丙戌	24	二	丙辰	23	三	乙酉	21	四	甲寅	21	六	甲申	20	一	甲寅
十八	3	日	辛卯	**4**	一	庚申	**5**	三	庚寅	30	四	己未	28	五	戊子	28	日	戊午	26	一	丁亥	25	三	丁巳	24	四	丙戌	22	五	乙卯	22	日	乙酉	21	二	乙卯
十九	4	一	壬辰	2	二	辛酉	2	四	辛卯	31	五	庚申	29	六	己丑	29	一	己未	27	二	戊子	26	四	戊午	25	五	丁亥	23	六	丙辰	23	一	丙戌	22	三	丙辰
二十	5	二	癸巳	3	三	壬戌	3	五	壬辰	**6**	六	辛酉	30	日	庚寅	30	二	庚申	28	三	己丑	27	五	己未	26	六	戊子	24	日	丁巳	24	二	丁亥	23	四	丁巳
廿一	6	三	甲午	4	四	癸亥	4	六	癸巳	2	日	壬戌	**7**	一	辛卯	31	三	辛酉	29	四	庚寅	28	六	庚申	27	日	己丑	25	一	戊午	25	三	戊子	24	五	戊午
廿二	7	四	乙未	5	五	甲子	5	日	甲午	3	一	癸亥	2	二	壬辰	**8**	四	壬戌	30	五	辛卯	29	日	辛酉	28	一	庚寅	26	二	己未	26	四	己丑	25	六	己未
廿三	8	五	丙申	6	六	乙丑	6	一	乙未	4	二	甲子	3	三	癸巳	2	五	癸亥	31	六	壬辰	30	一	壬戌	29	二	辛卯	27	三	庚申	27	五	庚寅	26	日	庚申
廿四	9	六	丁酉	7	日	丙寅	7	二	丙申	5	三	乙丑	4	四	甲午	3	六	甲子	**9**	日	癸巳	31	二	癸亥	30	三	壬辰	28	四	辛酉	28	六	辛卯	27	一	辛酉
廿五	10	日	戊戌	8	一	丁卯	8	三	丁酉	6	四	丙寅	5	五	乙未	4	日	乙丑	2	一	甲午	**10**	三	甲子	31	四	癸巳	29	五	壬戌	29	日	壬辰	28	二	壬戌
廿六	11	一	己亥	9	二	戊辰	9	四	戊戌	7	五	丁卯	6	六	丙申	5	一	丙寅	3	二	乙未	3	四	乙丑	**11**	五	甲午	30	六	癸亥	30	一	癸巳	29	三	癸亥
廿七	12	二	庚子	10	三	己巳	10	五	己亥	8	六	戊辰	7	日	丁酉	6	二	丁卯	4	三	丙申	4	五	丙寅	2	六	乙未	**12**	日	甲子	31	二	甲午	30	四	甲子
廿八	13	三	辛丑	11	四	庚午	11	六	庚子	9	日	己巳	8	一	戊戌	7	三	戊辰	5	四	丁酉	5	六	丁卯	3	日	丙申	2	一	乙丑	**1**	三	乙未	31	五	乙丑
廿九	14	四	壬寅	12	五	辛未	12	日	辛丑	10	一	庚午	9	二	己亥	8	四	己巳	6	五	戊戌	6	日	戊辰	4	一	丁酉	3	二	丙寅	2	四	丙申	**2**	六	丙寅
三十				13	六	壬申							10	三	庚子				7	六	己亥							4	三	丁卯	3	五	丁酉			

节气

正月	雨水	初五	未时	惊蛰	二十	午时
二月	春分	初六	卯时	清明	廿一	申时
三月	谷雨	初七	申时	立夏	廿二	辰时
四月	小满	初八	初时	芒种	廿四	亥时
五月	夏至	十一	寅时	小暑	廿六	亥时
六月	大暑	十二	午时	立秋	十八	辰时
七月	处暑	十四	亥时	白露	三十	巳时
八月	秋分	十五	申时	寒露	三十	巳时
九月	霜降	十六	卯时	立冬	初一	卯时
十月	小雪	十七	寅时	大雪	初二	子时
十一月	冬至	十六	酉时	小寒	初一	午时
十二月	大寒	十六	卯时			

农历丁未年　属羊

正月大壬寅 — 六月大丁未

旬	正月大壬寅			二月小癸卯			三月大甲辰			四月小乙巳			五月小丙午			六月大丁未		
	公历	星期	干支	公历	星期	干支	公历	星期	干支	公历	星期	干支	公历	星期	干支	公历	星期	干支
初一	3	一	戊辰	5	三	戊戌	3	四	丁卯	3	六	丁酉	1	日	丙寅	30	一	乙未
初二	4	二	己巳	6	四	己亥	4	五	戊辰	4	日	戊戌	2	一	丁卯	1	二	丙申
初三	5	三	庚午	7	五	庚子	5	六	己巳	5	一	己亥	3	二	戊辰	2	三	丁酉
初四	6	四	辛未	8	六	辛丑	6	日	庚午	6	二	庚子	4	三	己巳	3	四	戊戌
初五	7	五	壬申	9	日	壬寅	7	一	辛未	7	三	辛丑	5	四	庚午	4	五	己亥
初六	8	六	癸酉	10	一	癸卯	8	二	壬申	8	四	壬寅	6	五	辛未	5	六	庚子
初七	9	日	甲戌	11	二	甲辰	9	三	癸酉	9	五	癸卯	7	六	壬申	6	日	辛丑
初八	10	一	乙亥	12	三	乙巳	10	四	甲戌	10	六	甲辰	8	日	癸酉	7	一	壬寅
初九	11	二	丙子	13	四	丙午	11	五	乙亥	11	日	乙巳	9	一	甲戌	8	二	癸卯
初十	12	三	丁丑	14	五	丁未	12	六	丙子	12	一	丙午	10	二	乙亥	9	三	甲辰
十一	13	四	戊寅	15	六	戊申	13	日	丁丑	13	二	丁未	11	三	丙子	10	四	乙巳
十二	14	五	己卯	16	日	己酉	14	一	戊寅	14	三	戊申	12	四	丁丑	11	五	丙午
十三	15	六	庚辰	17	一	庚戌	15	二	己卯	15	四	己酉	13	五	戊寅	12	六	丁未
十四	16	日	辛巳	18	二	辛亥	16	三	庚辰	16	五	庚戌	14	六	己卯	13	日	戊申
十五	17	一	壬午	19	三	壬子	17	四	辛巳	17	六	辛亥	15	日	庚辰	14	一	己酉
十六	18	二	癸未	20	四	癸丑	18	五	壬午	18	日	壬子	16	一	辛巳	15	二	庚戌
十七	19	三	甲申	21	五	甲寅	19	六	癸未	19	一	癸丑	17	二	壬午	16	三	辛亥
十八	20	四	乙酉	22	六	乙卯	20	日	甲申	20	二	甲寅	18	三	癸未	17	四	壬子
十九	21	五	丙戌	23	日	丙辰	21	一	乙酉	21	三	乙卯	19	四	甲申	18	五	癸丑
二十	22	六	丁亥	24	一	丁巳	22	二	丙戌	22	四	丙辰	20	五	乙酉	19	六	甲寅
廿一	23	日	戊子	25	二	戊午	23	三	丁亥	23	五	丁巳	21	六	丙戌	20	日	乙卯
廿二	24	一	己丑	26	三	己未	24	四	戊子	24	六	戊午	22	日	丁亥	21	一	丙辰
廿三	25	二	庚寅	27	四	庚申	25	五	己丑	25	日	己未	23	一	戊子	22	二	丁巳
廿四	26	三	辛卯	28	五	辛酉	26	六	庚寅	26	一	庚申	24	二	己丑	23	三	戊午
廿五	27	四	壬辰	29	六	壬戌	27	日	辛卯	27	二	辛酉	25	三	庚寅	24	四	己未
廿六	28	五	癸巳	30	日	癸亥	28	一	壬辰	28	三	壬戌	26	四	辛卯	25	五	庚申
廿七	1	六	甲午	31	一	甲子	29	二	癸巳	29	四	癸亥	27	五	壬辰	26	六	辛酉
廿八	2	日	乙未	1	二	乙丑	30	三	甲午	30	五	甲子	28	六	癸巳	27	日	壬戌
廿九	3	一	丙申	2	三	丙寅	1	四	乙未	31	六	乙丑	29	日	甲午	28	一	癸亥
三十	4	二	丁酉				2	五	丙申							29	二	甲子
节	立春 初一 子时			惊蛰 初一 申时			清明 初二 亥时			立夏 初三 未时			芒种 初五 酉时			小暑 初八 寅时		
气	雨水 十六 戌时			春分 十六 酉时			谷雨 十八 寅时			小满 十九 丑时			夏至 廿一 巳时			大暑 廿三 亥时		

七月小戊申 — 十二月大癸丑

旬	七月小戊申			八月大己酉			九月小庚戌			十月大辛亥			十一月大壬子			十二月大癸丑		
	公历	星期	干支	公历	星期	干支	公历	星期	干支	公历	星期	干支	公历	星期	干支	公历	星期	干支
初一	30	三	乙丑	28	四	甲午	27	六	甲子	26	日	癸巳	25	二	癸亥	25	四	癸巳
初二	31	四	丙寅	29	五	乙未	28	日	乙丑	27	一	甲午	26	三	甲子	26	五	甲午
初三	1	五	丁卯	30	六	丙申	29	一	丙寅	28	二	乙未	27	四	乙丑	27	六	乙未
初四	2	六	戊辰	31	日	丁酉	30	二	丁卯	29	三	丙申	28	五	丙寅	28	日	丙申
初五	3	日	己巳	1	一	戊戌	1	三	戊辰	30	四	丁酉	29	六	丁卯	29	一	丁酉
初六	4	一	庚午	2	二	己亥	2	四	己巳	31	五	戊戌	30	日	戊辰	30	二	戊戌
初七	5	二	辛未	3	三	庚子	3	五	庚午	1	六	己亥	1	一	己巳	31	三	己亥
初八	6	三	壬申	4	四	辛丑	4	六	辛未	2	日	庚子	2	二	庚午	1	四	庚子
初九	7	四	癸酉	5	五	壬寅	5	日	壬申	3	一	辛丑	3	三	辛未	2	五	辛丑
初十	8	五	甲戌	6	六	癸卯	6	一	癸酉	4	二	壬寅	4	四	壬申	3	六	壬寅
十一	9	六	乙亥	7	日	甲辰	7	二	甲戌	5	三	癸卯	5	五	癸酉	4	日	癸卯
十二	10	日	丙子	8	一	乙巳	8	三	乙亥	6	四	甲辰	6	六	甲戌	5	一	甲辰
十三	11	一	丁丑	9	二	丙午	9	四	丙子	7	五	乙巳	7	日	乙亥	6	二	乙巳
十四	12	二	戊寅	10	三	丁未	10	五	丁丑	8	六	丙午	8	一	丙子	7	三	丙午
十五	13	三	己卯	11	四	戊申	11	六	戊寅	9	日	丁未	9	二	丁丑	8	四	丁未
十六	14	四	庚辰	12	五	己酉	12	日	己卯	10	一	戊申	10	三	戊寅	9	五	戊申
十七	15	五	辛巳	13	六	庚戌	13	一	庚辰	11	二	己酉	11	四	己卯	10	六	己酉
十八	16	六	壬午	14	日	辛亥	14	二	辛巳	12	三	庚戌	12	五	庚辰	11	日	庚戌
十九	17	日	癸未	15	一	壬子	15	三	壬午	13	四	辛亥	13	六	辛巳	12	一	辛亥
二十	18	一	甲申	16	二	癸丑	16	四	癸未	14	五	壬子	14	日	壬午	13	二	壬子
廿一	19	二	乙酉	17	三	甲寅	17	五	甲申	15	六	癸丑	15	一	癸未	14	三	癸丑
廿二	20	三	丙戌	18	四	乙卯	18	六	乙酉	16	日	甲寅	16	二	甲申	15	四	甲寅
廿三	21	四	丁亥	19	五	丙辰	19	日	丙戌	17	一	乙卯	17	三	乙酉	16	五	乙卯
廿四	22	五	戊子	20	六	丁巳	20	一	丁亥	18	二	丙辰	18	四	丙戌	17	六	丙辰
廿五	23	六	己丑	21	日	戊午	21	二	戊子	19	三	丁巳	19	五	丁亥	18	日	丁巳
廿六	24	日	庚寅	22	一	己未	22	三	己丑	20	四	戊午	20	六	戊子	19	一	戊午
廿七	25	一	辛卯	23	二	庚申	23	四	庚寅	21	五	己未	21	日	己丑	20	二	己未
廿八	26	二	壬辰	24	三	辛酉	24	五	辛卯	22	六	庚申	22	一	庚寅	21	三	庚申
廿九	27	三	癸巳	25	四	壬戌	25	六	壬辰	23	日	辛酉	23	二	辛卯	22	四	辛酉
三十				26	五	癸亥				24	一	壬戌	24	三	壬辰	23	五	壬戌
节	立秋 初九 未时			白露 十一 申时			寒露 十二 辰时			立冬 十三 午时			大雪 十三 卯时			小寒 十二 酉时		
气	处暑 廿五 寅时			秋分 廿六 丑时			霜降 廿七 午时			小雪 廿八 巳时			冬至 廿八 子时			大寒 廿七 巳时		

农历戊申年 属猴

表内每格格式为：公历日 星期/干支

旬	正月小甲寅	二月大乙卯	三月小丙辰	四月大丁巳	闰四月小	五月小戊午	六月大己未	七月小庚申	八月小辛酉	九月大壬戌	十月大癸亥	十一月大甲子	十二月小乙丑
初一	24 六/癸亥	22 日/壬辰	23 二/壬戌	21 三/辛卯	21 五/辛酉	19 六/庚寅	18 日/己未	17 二/己丑	15 三/戊午	14 四/丁亥	13 六/丁巳	13 一/丁亥	12 三/丁巳
初二	25 日/甲子	23 一/癸巳	24 三/癸亥	22 四/壬辰	22 六/壬戌	20 日/辛卯	19 一/庚申	18 三/庚寅	16 四/己未	15 五/戊子	14 日/戊午	14 二/戊子	13 四/戊午
初三	26 一/乙丑	24 二/甲午	25 四/甲子	23 五/癸巳	23 日/癸亥	21 一/壬辰	20 二/辛酉	19 四/辛卯	17 五/庚申	16 六/己丑	15 一/己未	15 三/己丑	14 五/己未
初四	27 二/丙寅	25 三/乙未	26 五/乙丑	24 六/甲午	24 一/甲子	22 二/癸巳	21 三/壬戌	20 五/壬辰	18 六/辛酉	17 日/庚寅	16 二/庚申	16 四/庚寅	15 六/庚申
初五	28 三/丁卯	26 四/丙申	27 六/丙寅	25 日/乙未	25 二/乙丑	23 三/甲午	22 四/癸亥	21 六/癸巳	19 日/壬戌	18 一/辛卯	17 三/辛酉	17 五/辛卯	16 日/辛酉
初六	29 四/戊辰	27 五/丁酉	28 日/丁卯	26 一/丙申	26 三/丙寅	24 四/乙未	23 五/甲子	22 日/甲午	20 一/癸亥	19 二/壬辰	18 四/壬戌	18 六/壬辰	17 一/壬戌
初七	30 五/己巳	28 六/戊戌	29 一/戊辰	27 二/丁酉	27 四/丁卯	25 五/丙申	24 六/乙丑	23 一/乙未	21 二/甲子	20 三/癸巳	19 五/癸亥	19 日/癸巳	18 二/癸亥
初八	31 六/庚午	29 日/己亥	30 二/己巳	28 三/戊戌	28 五/戊辰	26 六/丁酉	25 日/丙寅	24 二/丙申	22 三/乙丑	21 四/甲午	20 六/甲子	20 一/甲午	19 三/甲子
初九	2月1 日/辛未	3月1 一/庚子	31 三/庚午	29 四/己亥	29 六/己巳	27 日/戊戌	26 一/丁卯	25 三/丁酉	23 四/丙寅	22 五/乙未	21 日/乙丑	21 二/乙未	20 四/乙丑
初十	2 二/壬申	2 二/辛丑	4月1 四/辛未	30 五/庚子	30 日/庚午	28 一/己亥	27 二/戊辰	26 四/戊戌	24 五/丁卯	23 六/丙申	22 一/丙寅	22 三/丙申	21 五/丙寅
十一	3 三/癸酉	3 三/壬寅	2 五/壬申	5月1 六/辛丑	31 一/辛未	29 二/庚子	28 三/己巳	27 五/己亥	25 六/戊辰	24 日/丁酉	23 二/丁卯	23 四/丁酉	22 六/丁卯
十二	4 四/甲戌	4 四/癸卯	3 六/癸酉	2 日/壬寅	6月1 二/壬申	30 三/辛丑	29 四/庚午	28 六/庚子	26 日/己巳	25 一/戊戌	24 三/戊辰	24 五/戊戌	23 日/戊辰
十三	5 五/乙亥	5 五/甲辰	4 日/甲戌	3 一/癸卯	2 三/癸酉	7月1 四/壬寅	30 五/辛未	29 日/辛丑	27 一/庚午	26 二/己亥	25 四/己巳	25 六/己亥	24 一/己巳
十四	6 六/丙子	6 六/乙巳	5 一/乙亥	4 二/甲辰	3 四/甲戌	2 五/癸卯	31 六/壬申	30 一/壬寅	28 二/辛未	27 三/庚子	26 五/庚午	26 日/庚子	25 二/庚午
十五	7 日/丁丑	7 日/丙午	6 二/丙子	5 三/乙巳	4 五/乙亥	3 六/甲辰	8月1 日/癸酉	31 二/癸卯	29 三/壬申	28 四/辛丑	27 六/辛未	27 一/辛丑	26 三/辛未
十六	8 一/戊寅	8 一/丁未	7 三/丁丑	6 四/丙午	5 六/丙子	4 日/乙巳	2 一/甲戌	9月1 三/甲辰	30 四/癸酉	29 五/壬寅	28 日/壬申	28 二/壬寅	27 四/壬申
十七	9 二/己卯	9 二/戊申	8 四/戊寅	7 五/丁未	6 日/丁丑	5 一/丙午	3 二/乙亥	2 四/乙巳	10月1 五/甲戌	30 六/癸卯	29 一/癸酉	29 三/癸卯	28 五/癸酉
十八	10 三/庚辰	10 三/己酉	9 五/己卯	8 六/戊申	7 一/戊寅	6 二/丁未	4 三/丙子	3 五/丙午	2 六/乙亥	31 日/甲辰	30 二/甲戌	30 四/甲辰	29 六/甲戌
十九	11 四/辛巳	11 四/庚戌	10 六/庚辰	9 日/己酉	8 二/己卯	7 三/戊申	5 四/丁丑	4 六/丁未	3 日/丙子	11月1 一/乙巳	12月1 三/乙亥	31 五/乙巳	30 日/乙亥
二十	12 五/壬午	12 五/辛亥	11 日/辛巳	10 一/庚戌	9 三/庚辰	8 四/己酉	6 五/戊寅	5 日/戊申	4 一/丁丑	2 二/丙午	2 四/丙子	1月1 六/丙午	31 一/丙子
廿一	13 五/癸未	13 六/壬子	12 一/壬午	11 二/辛亥	10 四/辛巳	9 五/庚戌	7 六/己卯	6 一/己酉	5 二/戊寅	3 三/丁未	3 五/丁丑	2 日/丁未	2月1 二/丁丑
廿二	14 六/甲申	14 日/癸丑	13 二/癸未	12 三/壬子	11 五/壬午	10 六/辛亥	8 日/庚辰	7 二/庚戌	6 三/己卯	4 四/戊申	4 六/戊寅	3 一/戊申	2 三/戊寅
廿三	15 日/乙酉	15 一/甲寅	14 三/甲申	13 四/癸丑	12 六/癸未	11 日/壬子	9 一/辛巳	8 三/辛亥	7 四/庚辰	5 五/己酉	5 日/己卯	4 二/己酉	3 四/己卯
廿四	16 一/丙戌	16 二/乙卯	15 四/乙酉	14 五/甲寅	13 日/甲申	12 一/癸丑	10 二/壬午	9 四/壬子	8 五/辛巳	6 六/庚戌	6 一/庚辰	5 三/庚戌	4 五/庚辰
廿五	17 二/丁亥	17 三/丙辰	16 五/丙戌	15 六/乙卯	14 一/乙酉	13 二/甲寅	11 三/癸未	10 五/癸丑	9 六/壬午	7 日/辛亥	7 二/辛巳	6 四/辛亥	5 六/辛巳
廿六	18 三/戊子	18 四/丁巳	17 六/丁亥	16 日/丙辰	15 二/丙戌	14 三/乙卯	12 四/甲申	11 六/甲寅	10 日/癸未	8 一/壬子	8 三/壬午	7 五/壬子	6 日/壬午
廿七	19 四/己丑	19 五/戊午	18 日/戊子	17 一/丁巳	16 三/丁亥	15 四/丙辰	13 五/乙酉	12 日/乙卯	11 一/甲申	9 二/癸丑	9 四/癸未	8 六/癸丑	7 一/癸未
廿八	20 五/庚寅	20 六/己未	19 一/己丑	18 二/戊午	17 四/戊子	16 五/丁巳	14 六/丙戌	13 一/丙辰	12 二/乙酉	10 三/甲寅	10 五/甲申	9 日/甲寅	8 二/甲申
廿九	21 六/辛卯	21 日/庚申	20 二/庚寅	19 三/己未	18 五/己丑	17 六/戊午	15 日/丁亥	14 二/丁巳	13 三/丙戌	11 四/乙卯	11 六/乙酉	10 一/乙卯	9 三/乙酉
三十		22 一/辛酉		20 四/庚申			16 一/戊子			12 五/丙辰	12 日/丙戌	11 二/丙辰	

节 气

月	节气	节气
正月小甲寅	立春 十二 卯时	雨水 廿七 时
二月大乙卯	惊蛰 十二 亥时	春分 十七 子时
三月小丙辰	清明 十三 丑时	谷雨 廿八 巳时
四月大丁巳	立夏 十四 戌时	小满 三十 辰时
闰四月小	芒种 十五 子时	
五月小戊午	夏至 初二 申时	小暑 十八 巳时
六月大己未	大暑 初五 丑时	立秋 二十 戌时
七月小庚申	处暑 初六 巳时	白露 廿一 时
八月小辛酉	秋分 初八 辰时	寒露 廿三 时
九月大壬戌	霜降 初九 酉时	立冬 廿四 酉时
十月大癸亥	小雪 初九 时	大雪 廿四 时
十一月大甲子	冬至 初九 卯时	小寒 廿四 时
十二月小乙丑	大寒 初八 申时	立春 廿一 巳时

农历己酉年　属鸡

正月大丙寅 ～ 六月小辛未

旬	正月大丙寅 公历	星期	干支	二月大丁卯 公历	星期	干支	三月小戊辰 公历	星期	干支	四月大己巳 公历	星期	干支	五月小庚午 公历	星期	干支	六月小辛未 公历	星期	干支
初一	10	四	丙戌	12	六	丙辰	11	一	丙戌	10	二	乙卯	9	四	乙酉	8	五	甲寅
初二	11	五	丁亥	13	日	丁巳	12	二	丁亥	11	三	丙辰	10	五	丙戌	9	六	乙卯
初三	12	六	戊子	14	一	戊午	13	三	戊子	12	四	丁巳	11	六	丁亥	10	日	丙辰
初四	13	日	己丑	15	二	己未	14	四	己丑	13	五	戊午	12	日	戊子	11	一	丁巳
初五	14	一	庚寅	16	三	庚申	15	五	庚寅	14	六	己未	13	一	己丑	12	二	戊午
初六	15	二	辛卯	17	四	辛酉	16	六	辛卯	15	日	庚申	14	二	庚寅	13	三	己未
初七	16	三	壬辰	18	五	壬戌	17	日	壬辰	16	一	辛酉	15	三	辛卯	14	四	庚申
初八	17	四	癸巳	19	六	癸亥	18	一	癸巳	17	二	壬戌	16	四	壬辰	15	五	辛酉
初九	18	五	甲午	20	日	甲子	19	二	甲午	18	三	癸亥	17	五	癸巳	16	六	壬戌
初十	19	六	乙未	21	一	乙丑	20	三	乙未	19	四	甲子	18	六	甲午	17	日	癸亥
十一	20	日	丙申	22	二	丙寅	21	四	丙申	20	五	乙丑	19	日	乙未	18	一	甲子
十二	21	一	丁酉	23	三	丁卯	22	五	丁酉	21	六	丙寅	20	一	丙申	19	二	乙丑
十三	22	二	戊戌	24	四	戊辰	23	六	戊戌	22	日	丁卯	21	二	丁酉	20	三	丙寅
十四	23	三	己亥	25	五	己巳	24	日	己亥	23	一	戊辰	22	三	戊戌	21	四	丁卯
十五	24	四	庚子	26	六	庚午	25	一	庚子	24	二	己巳	23	四	己亥	22	五	戊辰
十六	25	五	辛丑	27	日	辛未	26	二	辛丑	25	三	庚午	24	五	庚子	23	六	己巳
十七	26	六	壬寅	28	一	壬申	27	三	壬寅	26	四	辛未	25	六	辛丑	24	日	庚午
十八	27	日	癸卯	29	二	癸酉	28	四	癸卯	27	五	壬申	26	日	壬寅	25	一	辛未
十九	28	一	甲辰	30	三	甲戌	29	五	甲辰	28	六	癸酉	27	一	癸卯	26	二	壬申
二十	1	二	乙巳	31	四	乙亥	30	六	乙巳	29	日	甲戌	28	二	甲辰	27	三	癸酉
廿一	2	三	丙午	1	五	丙子	1	日	丙午	30	一	乙亥	29	三	乙巳	28	四	甲戌
廿二	3	四	丁未	2	六	丁丑	2	一	丁未	31	二	丙子	30	四	丙午	29	五	乙亥
廿三	4	五	戊申	3	日	戊寅	3	二	戊申	1	三	丁丑	1	五	丁未	30	六	丙子
廿四	5	六	己酉	4	一	己卯	4	三	己酉	2	四	戊寅	2	六	戊申	31	日	丁丑
廿五	6	日	庚戌	5	二	庚辰	5	四	庚戌	3	五	己卯	3	日	己酉	1	一	戊寅
廿六	7	一	辛亥	6	三	辛巳	6	五	辛亥	4	六	庚辰	4	一	庚戌	2	二	己卯
廿七	8	二	壬子	7	四	壬午	7	六	壬子	5	日	辛巳	5	二	辛亥	3	三	庚辰
廿八	9	三	癸丑	8	五	癸未	8	日	癸丑	6	一	壬午	6	三	壬子	4	四	辛巳
廿九	10	四	甲寅	9	六	甲申	9	一	甲寅	7	二	癸未	7	四	癸丑	5	五	壬午
三十	11	五	乙卯	10	日	乙酉				8	三	甲申						
节气	雨水 初九 卯时			春分 初九 卯时			谷雨 初九 申时			小满 十一 未时			夏至 十一 亥时			大暑 十五 辰时		
节气	惊蛰 廿四 寅时			清明 廿四 辰时			立夏 廿五 丑时			芒种 廿七 卯时			小暑 廿八 申时			立秋 初二 丑时		

七月大壬申 ～ 十二月小丁丑

旬	七月大壬申 公历	星期	干支	八月小癸酉 公历	星期	干支	九月小甲戌 公历	星期	干支	十月大乙亥 公历	星期	干支	十一月大丙子 公历	星期	干支	十二月小丁丑 公历	星期	干支
初一	6	六	癸未	5	一	癸丑	4	二	壬午	2	三	辛亥	2	五	辛巳	1	日	辛亥
初二	7	日	甲申	6	二	甲寅	5	三	癸未	3	四	壬子	3	六	壬午	2	一	壬子
初三	8	一	乙酉	7	三	乙卯	6	四	甲申	4	五	癸丑	4	日	癸未	3	二	癸丑
初四	9	二	丙戌	8	四	丙辰	7	五	乙酉	5	六	甲寅	5	一	甲申	4	三	甲寅
初五	10	三	丁亥	9	五	丁巳	8	六	丙戌	6	日	乙卯	6	二	乙酉	5	四	乙卯
初六	11	四	戊子	10	六	戊午	9	日	丁亥	7	一	丙辰	7	三	丙戌	6	五	丙辰
初七	12	五	己丑	11	日	己未	10	一	戊子	8	二	丁巳	8	四	丁亥	7	六	丁巳
初八	13	六	庚寅	12	一	庚申	11	二	己丑	9	三	戊午	9	五	戊子	8	日	戊午
初九	14	日	辛卯	13	二	辛酉	12	三	庚寅	10	四	己未	10	六	己丑	9	一	己未
初十	15	一	壬辰	14	三	壬戌	13	四	辛卯	11	五	庚申	11	日	庚寅	10	二	庚申
十一	16	二	癸巳	15	四	癸亥	14	五	壬辰	12	六	辛酉	12	一	辛卯	11	三	辛酉
十二	17	三	甲午	16	五	甲子	15	六	癸巳	13	日	壬戌	13	二	壬辰	12	四	壬戌
十三	18	四	乙未	17	六	乙丑	16	日	甲午	14	一	癸亥	14	三	癸巳	13	五	癸亥
十四	19	五	丙申	18	日	丙寅	17	一	乙未	15	二	甲子	15	四	甲午	14	六	甲子
十五	20	六	丁酉	19	一	丁卯	18	二	丙申	16	三	乙丑	16	五	乙未	15	日	乙丑
十六	21	日	戊戌	20	二	戊辰	19	三	丁酉	17	四	丙寅	17	六	丙申	16	一	丙寅
十七	22	一	己亥	21	三	己巳	20	四	戊戌	18	五	丁卯	18	日	丁酉	17	二	丁卯
十八	23	二	庚子	22	四	庚午	21	五	己亥	19	六	戊辰	19	一	戊戌	18	三	戊辰
十九	24	三	辛丑	23	五	辛未	22	六	庚子	20	日	己巳	20	二	己亥	19	四	己巳
二十	25	四	壬寅	24	六	壬申	23	日	辛丑	21	一	庚午	21	三	庚子	20	五	庚午
廿一	26	五	癸卯	25	日	癸酉	24	一	壬寅	22	二	辛未	22	四	辛丑	21	六	辛未
廿二	27	六	甲辰	26	一	甲戌	25	二	癸卯	23	三	壬申	23	五	壬寅	22	日	壬申
廿三	28	日	乙巳	27	二	乙亥	26	三	甲辰	24	四	癸酉	24	六	癸卯	23	一	癸酉
廿四	29	一	丙午	28	三	丙子	27	四	乙巳	25	五	甲戌	25	日	甲辰	24	二	甲戌
廿五	30	二	丁未	29	四	丁丑	28	五	丙午	26	六	乙亥	26	一	乙巳	25	三	乙亥
廿六	31	三	戊申	30	五	戊寅	29	六	丁未	27	日	丙子	27	二	丙午	26	四	丙子
廿七	1	四	己酉	1	六	己卯	30	日	戊申	28	一	丁丑	28	三	丁未	27	五	丁丑
廿八	2	五	庚戌	2	日	庚辰	31	一	己酉	29	二	戊寅	29	四	戊申	28	六	戊寅
廿九	3	六	辛亥	3	一	辛巳	1	二	庚戌	30	三	己卯	30	五	己酉	29	日	己卯
三十	4	日	壬子							1	四	庚辰	31	六	庚戌			
节气	处暑 十七 申时			秋分 十八 未时			霜降 二十 子时			小雪 二十 亥时			冬至 二十 午时			大寒 十九 亥时		
节气	白露 初三 寅时			寒露 初四 戌时			立冬 初六 子时			大雪 初六 酉时			小寒 初五 卯时					

农历庚戌年　属狗

正月大戊寅

旬	公历	星期	干支
初一	30	二	庚辰
初二	31	三	辛巳
初三	**1**	四	壬午
初四	2	五	癸未
初五	3	六	甲申
初六	4	日	乙酉
初七	5	一	丙戌
初八	6	二	丁亥
初九	7	三	戊子
初十	8	四	己丑
十一	9	五	庚寅
十二	10	六	辛卯
十三	11	日	壬辰
十四	12	一	癸巳
十五	13	二	甲午
十六	14	三	乙未
十七	15	四	丙申
十八	16	五	丁酉
十九	17	六	戊戌
二十	18	日	己亥
廿一	19	一	庚子
廿二	20	二	辛丑
廿三	21	三	壬寅
廿四	22	四	癸卯
廿五	23	五	甲辰
廿六	24	六	乙巳
廿七	25	日	丙午
廿八	26	一	丁未
廿九	27	二	戊申
三十	28	三	己酉

节气：立春 初五 申时；雨水 二十 戌时

二月大己卯

旬	公历	星期	干支
初一	**1**	四	庚戌
初二	2	五	辛亥
初三	3	六	壬子
初四	4	日	癸丑
初五	5	一	甲寅
初六	6	二	乙卯
初七	7	三	丙辰
初八	8	四	丁巳
初九	9	五	戊午
初十	10	六	己未
十一	11	日	庚申
十二	12	一	辛酉
十三	13	二	壬戌
十四	14	三	癸亥
十五	15	四	甲子
十六	16	五	乙丑
十七	17	六	丙寅
十八	18	日	丁卯
十九	19	一	戊辰
二十	20	二	己巳
廿一	21	三	庚午
廿二	22	四	辛未
廿三	23	五	壬申
廿四	24	六	癸酉
廿五	25	日	甲戌
廿六	26	一	乙亥
廿七	27	二	丙子
廿八	28	三	丁丑
廿九	29	四	戊寅
三十	30	五	己卯

节气：惊蛰 初五 巳时；春分 二十 时

三月大庚辰

旬	公历	星期	干支
初一	31	六	庚辰
初二	**1**	日	辛巳
初三	2	一	壬午
初四	3	二	癸未
初五	4	三	甲申
初六	5	四	乙酉
初七	6	五	丙戌
初八	7	六	丁亥
初九	8	日	戊子
初十	9	一	己丑
十一	10	二	庚寅
十二	11	三	辛卯
十三	12	四	壬辰
十四	13	五	癸巳
十五	14	六	甲午
十六	15	日	乙未
十七	16	一	丙申
十八	17	二	丁酉
十九	18	三	戊戌
二十	19	四	己亥
廿一	20	五	庚子
廿二	21	六	辛丑
廿三	22	日	壬寅
廿四	23	一	癸卯
廿五	24	二	甲辰
廿六	25	三	乙巳
廿七	26	四	丙午
廿八	27	五	丁未
廿九	28	六	戊申
三十	29	日	己酉

节气：清明 初五 未时；谷雨 二十 亥时

四月小辛巳

旬	公历	星期	干支
初一	30	一	庚戌
初二	**1**	二	辛亥
初三	2	三	壬子
初四	3	四	癸丑
初五	4	五	甲寅
初六	5	六	乙卯
初七	6	日	丙辰
初八	7	一	丁巳
初九	8	二	戊午
初十	9	三	己未
十一	10	四	庚申
十二	11	五	辛酉
十三	12	六	壬戌
十四	13	日	癸亥
十五	14	一	甲子
十六	15	二	乙丑
十七	16	三	丙寅
十八	17	四	丁卯
十九	18	五	戊辰
二十	19	六	己巳
廿一	20	日	庚午
廿二	21	一	辛未
廿三	22	二	壬申
廿四	23	三	癸酉
廿五	24	四	甲戌
廿六	25	五	乙亥
廿七	26	六	丙子
廿八	27	日	丁丑
廿九	28	一	戊寅

节气：立夏 初六 辰时；小满 廿一 戌时

五月大壬午

旬	公历	星期	干支
初一	29	二	己卯
初二	30	三	庚辰
初三	31	四	辛巳
初四	**1**	五	壬午
初五	2	六	癸未
初六	3	日	甲申
初七	4	一	乙酉
初八	5	二	丙戌
初九	6	三	丁亥
初十	7	四	戊子
十一	8	五	己丑
十二	9	六	庚寅
十三	10	日	辛卯
十四	11	一	壬辰
十五	12	二	癸巳
十六	13	三	甲午
十七	14	四	乙未
十八	15	五	丙申
十九	16	六	丁酉
二十	17	日	戊戌
廿一	18	一	己亥
廿二	19	二	庚子
廿三	20	三	辛丑
廿四	21	四	壬寅
廿五	22	五	癸卯
廿六	23	六	甲辰
廿七	24	日	乙巳
廿八	25	一	丙午
廿九	26	二	丁未
三十	27	三	戊申

节气：芒种 初八 巳时；夏至 廿四 戌时

六月小癸未

旬	公历	星期	干支
初一	28	四	己酉
初二	29	五	庚戌
初三	30	六	辛亥
初四	**1**	日	壬子
初五	2	一	癸丑
初六	3	二	甲寅
初七	4	三	乙卯
初八	5	四	丙辰
初九	6	五	丁巳
初十	7	六	戊午
十一	8	日	己未
十二	9	一	庚申
十三	10	二	辛酉
十四	11	三	壬戌
十五	12	四	癸亥
十六	13	五	甲子
十七	14	六	乙丑
十八	15	日	丙寅
十九	16	一	丁卯
二十	17	二	戊辰
廿一	18	三	己巳
廿二	19	四	庚午
廿三	20	五	辛未
廿四	21	六	壬申
廿五	22	日	癸酉
廿六	23	一	甲戌
廿七	24	二	乙亥
廿八	25	三	丙子
廿九	26	四	丁丑

节气：小暑 初九 戌时；大暑 廿五 未时

七月小甲申

旬	公历	星期	干支
初一	27	五	戊寅
初二	28	六	己卯
初三	29	日	庚辰
初四	30	一	辛巳
初五	31	二	壬午
初六	**1**	三	癸未
初七	2	四	甲申
初八	3	五	乙酉
初九	4	六	丙戌
初十	5	日	丁亥
十一	6	一	戊子
十二	7	二	己丑
十三	8	三	庚寅
十四	9	四	辛卯
十五	10	五	壬辰
十六	11	六	癸巳
十七	12	日	甲午
十八	13	一	乙未
十九	14	二	丙申
二十	15	三	丁酉
廿一	16	四	戊戌
廿二	17	五	己亥
廿三	18	六	庚子
廿四	19	日	辛丑
廿五	20	一	壬寅
廿六	21	二	癸卯
廿七	22	三	甲辰
廿八	23	四	乙巳
廿九	24	五	丙午

节气：立秋 十二 卯时；处暑 廿七 亥时

八月大乙酉

旬	公历	星期	干支
初一	25	六	丁未
初二	26	日	戊申
初三	27	一	己酉
初四	28	二	庚戌
初五	29	三	辛亥
初六	30	四	壬子
初七	31	五	癸丑
初八	**1**	六	甲寅
初九	2	日	乙卯
初十	3	一	丙辰
十一	4	二	丁巳
十二	5	三	戊午
十三	6	四	己未
十四	7	五	庚申
十五	8	六	辛酉
十六	9	日	壬戌
十七	10	一	癸亥
十八	11	二	甲子
十九	12	三	乙丑
二十	13	四	丙寅
廿一	14	五	丁卯
廿二	15	六	戊辰
廿三	16	日	己巳
廿四	17	一	庚午
廿五	18	二	辛未
廿六	19	三	壬申
廿七	20	四	癸酉
廿八	21	五	甲戌
廿九	22	六	乙亥
三十	23	日	丙子

节气：白露 十四 巳时；秋分 廿九 辰时

闰八月小

旬	公历	星期	干支
初一	24	一	丁丑
初二	25	二	戊寅
初三	26	三	己卯
初四	27	四	庚辰
初五	28	五	辛巳
初六	29	六	壬午
初七	30	日	癸未
初八	**1**	一	甲申
初九	2	二	乙酉
初十	3	三	丙戌
十一	4	四	丁亥
十二	5	五	戊子
十三	6	六	己丑
十四	7	日	庚寅
十五	8	一	辛卯
十六	9	二	壬辰
十七	10	三	癸巳
十八	11	四	甲午
十九	12	五	乙未
二十	13	六	丙申
廿一	14	日	丁酉
廿二	15	一	戊戌
廿三	16	二	己亥
廿四	17	三	庚子
廿五	18	四	辛丑
廿六	19	五	壬寅
廿七	20	六	癸卯
廿八	21	日	甲辰
廿九	22	一	乙巳

节气：寒露 十五 丑时

九月小丙戌

旬	公历	星期	干支
初一	23	二	丙午
初二	24	三	丁未
初三	25	四	戊申
初四	26	五	己酉
初五	27	六	庚戌
初六	28	日	辛亥
初七	29	一	壬子
初八	30	二	癸丑
初九	31	三	甲寅
初十	**1**	四	乙卯
十一	2	五	丙辰
十二	3	六	丁巳
十三	4	日	戊午
十四	5	一	己未
十五	6	二	庚申
十六	7	三	辛酉
十七	8	四	壬戌
十八	9	五	癸亥
十九	10	六	甲子
二十	11	日	乙丑
廿一	12	一	丙寅
廿二	13	二	丁卯
廿三	14	三	戊辰
廿四	15	四	己巳
廿五	16	五	庚午
廿六	17	六	辛未
廿七	18	日	壬申
廿八	19	一	癸酉
廿九	20	二	甲戌

节气：霜降 初一 卯时；立冬 十六 卯时

十月大丁亥

旬	公历	星期	干支
初一	21	三	乙亥
初二	22	四	丙子
初三	23	五	丁丑
初四	24	六	戊寅
初五	25	日	己卯
初六	26	一	庚辰
初七	27	二	辛巳
初八	28	三	壬午
初九	29	四	癸未
初十	30	五	甲申
十一	**1**	六	乙酉
十二	2	日	丙戌
十三	3	一	丁亥
十四	4	二	戊子
十五	5	三	己丑
十六	6	四	庚寅
十七	7	五	辛卯
十八	8	六	壬辰
十九	9	日	癸巳
二十	10	一	甲午
廿一	11	二	乙未
廿二	12	三	丙申
廿三	13	四	丁酉
廿四	14	五	戊戌
廿五	15	六	己亥
廿六	16	日	庚子
廿七	17	一	辛丑
廿八	18	二	壬寅
廿九	19	三	癸卯
三十	20	四	甲辰

节气：小雪 初二 寅时；大雪 十六 时

十一月大戊子

旬	公历	星期	干支
初一	21	五	乙巳
初二	22	六	丙午
初三	23	日	丁未
初四	24	一	戊申
初五	25	二	己酉
初六	26	三	庚戌
初七	27	四	辛亥
初八	28	五	壬子
初九	29	六	癸丑
初十	30	日	甲寅
十一	31	一	乙卯
十二	**1**	二	丙辰
十三	2	三	丁巳
十四	3	四	戊午
十五	4	五	己未
十六	5	六	庚申
十七	6	日	辛酉
十八	7	一	壬戌
十九	8	二	癸亥
二十	9	三	甲子
廿一	10	四	乙丑
廿二	11	五	丙寅
廿三	12	六	丁卯
廿四	13	日	戊辰
廿五	14	一	己巳
廿六	15	二	庚午
廿七	16	三	辛未
廿八	17	四	壬申
廿九	18	五	癸酉
三十	19	六	甲戌

节气：冬至 初一 酉时；小寒 十六 午时

十二月小己丑

旬	公历	星期	干支
初一	20	日	乙亥
初二	21	一	丙子
初三	22	二	丁丑
初四	23	三	戊寅
初五	24	四	己卯
初六	25	五	庚辰
初七	26	六	辛巳
初八	27	日	壬午
初九	28	一	癸未
初十	29	二	甲申
十一	30	三	乙酉
十二	31	四	丙戌
十三	**1**	五	丁亥
十四	2	六	戊子
十五	3	日	己丑
十六	4	一	庚寅
十七	5	二	辛卯
十八	6	三	壬辰
十九	7	四	癸巳
二十	8	五	甲午
廿一	9	六	乙未
廿二	10	日	丙申
廿三	11	一	丁酉
廿四	12	二	戊戌
廿五	13	三	己亥
廿六	14	四	庚子
廿七	15	五	辛丑
廿八	16	六	壬寅
廿九	17	日	癸卯

节气：大寒 初一 亥时；立春 十五 亥时

公元 2091－2092 年　农历辛亥年　属猪

正月大庚寅 ～ 六月大乙未

旬	正月大庚寅 公历	星期	干支	二月大辛卯 公历	星期	干支	三月小壬辰 公历	星期	干支	四月大癸巳 公历	星期	干支	五月小甲午 公历	星期	干支	六月大乙未 公历	星期	干支
初一	18	日	甲辰	20	二	甲戌	19	四	甲辰	18	五	癸酉	17	日	癸卯	16	一	壬申
初二	19	一	乙巳	21	三	乙亥	20	五	乙巳	19	六	甲戌	18	一	甲辰	17	二	癸酉
初三	20	二	丙午	22	四	丙子	21	六	丙午	20	日	乙亥	19	二	乙巳	18	三	甲戌
初四	21	三	丁未	23	五	丁丑	22	日	丁未	21	一	丙子	20	三	丙午	19	四	乙亥
初五	22	四	戊申	24	六	戊寅	23	一	戊申	22	二	丁丑	21	四	丁未	20	五	丙子
初六	23	五	己酉	25	日	己卯	24	二	己酉	23	三	戊寅	22	五	戊申	21	六	丁丑
初七	24	六	庚戌	26	一	庚辰	25	三	庚戌	24	四	己卯	23	六	己酉	22	日	戊寅
初八	25	日	辛亥	27	二	辛巳	26	四	辛亥	25	五	庚辰	24	日	庚戌	23	一	己卯
初九	26	一	壬子	28	三	壬午	27	五	壬子	26	六	辛巳	25	一	辛亥	24	二	庚辰
初十	27	二	癸丑	29	四	癸未	28	六	癸丑	27	日	壬午	26	二	壬子	25	三	辛巳
十一	28	三	甲寅	30	五	甲申	29	日	甲寅	28	一	癸未	27	三	癸丑	26	四	壬午
十二	**3**	四	乙卯	31	六	乙酉	30	一	乙卯	29	二	甲申	28	四	甲寅	27	五	癸未
十三	2	五	丙辰	**4**	日	丙戌	**5**	二	丙辰	30	三	乙酉	29	五	乙卯	28	六	甲申
十四	3	六	丁巳	2	一	丁亥	2	三	丁巳	31	四	丙戌	30	六	丙辰	29	日	乙酉
十五	4	日	戊午	3	二	戊子	3	四	戊午	**6**	五	丁亥	**7**	日	丁巳	30	一	丙戌
十六	5	一	己未	4	三	己丑	4	五	己未	2	六	戊子	2	一	戊午	31	二	丁亥
十七	6	二	庚申	5	四	庚寅	5	六	庚申	3	日	己丑	3	二	己未	**8**	三	戊子
十八	7	三	辛酉	6	五	辛卯	6	日	辛酉	4	一	庚寅	4	三	庚申	2	四	己丑
十九	8	四	壬戌	7	六	壬辰	7	一	壬戌	5	二	辛卯	5	四	辛酉	3	五	庚寅
二十	9	五	癸亥	8	日	癸巳	8	二	癸亥	6	三	壬辰	6	五	壬戌	4	六	辛卯
廿一	10	六	甲子	9	一	甲午	9	三	甲子	7	四	癸巳	7	六	癸亥	5	日	壬辰
廿二	11	日	乙丑	10	二	乙未	10	四	乙丑	8	五	甲午	8	日	甲子	6	一	癸巳
廿三	12	一	丙寅	11	三	丙申	11	五	丙寅	9	六	乙未	9	一	乙丑	7	二	甲午
廿四	13	二	丁卯	12	四	丁酉	12	六	丁卯	10	日	丙申	10	二	丙寅	8	三	乙未
廿五	14	三	戊辰	13	五	戊戌	13	日	戊辰	11	一	丁酉	11	三	丁卯	9	四	丙申
廿六	15	四	己巳	14	六	己亥	14	一	己巳	12	二	戊戌	12	四	戊辰	10	五	丁酉
廿七	16	五	庚午	15	日	庚子	15	二	庚午	13	三	己亥	13	五	己巳	11	六	戊戌
廿八	17	六	辛未	16	一	辛丑	16	三	辛未	14	四	庚子	14	六	庚午	12	日	己亥
廿九	18	日	壬申	17	二	壬寅	17	四	壬申	15	五	辛丑	15	日	辛未	13	一	庚子
三十	19	一	癸酉	18	三	癸卯				16	六	壬寅				14	二	辛丑

节气	正月	二月	三月	四月	五月	六月
节	雨水 初一 酉时	春分 初一 巳时	谷雨 初二 寅时	小满 初四 丑时	夏至 初五 巳时	大暑 初七 戌时
气	惊蛰 十六 申时	清明 十六 戌时	立夏 十七 未时	芒种 十九 申时	小暑 廿一 丑时	立秋 廿三 午时

七月小丙申 ～ 十二月小辛丑

旬	七月小丙申 公历	星期	干支	八月大丁酉 公历	星期	干支	九月小戊戌 公历	星期	干支	十月小己亥 公历	星期	干支	十一月大庚子 公历	星期	干支	十二月小辛丑 公历	星期	干支
初一	15	三	壬寅	13	四	辛未	13	六	辛丑	11	日	庚午	10	一	己亥	9	三	己巳
初二	16	四	癸卯	14	五	壬申	14	日	壬寅	12	一	辛未	11	二	庚子	10	四	庚午
初三	17	五	甲辰	15	六	癸酉	15	一	癸卯	13	二	壬申	12	三	辛丑	11	五	辛未
初四	18	六	乙巳	16	日	甲戌	16	二	甲辰	14	三	癸酉	13	四	壬寅	12	六	壬申
初五	19	日	丙午	17	一	乙亥	17	三	乙巳	15	四	甲戌	14	五	癸卯	13	日	癸酉
初六	20	一	丁未	18	二	丙子	18	四	丙午	16	五	乙亥	15	六	甲辰	14	一	甲戌
初七	21	二	戊申	19	三	丁丑	19	五	丁未	17	六	丙子	16	日	乙巳	15	二	乙亥
初八	22	三	己酉	20	四	戊寅	20	六	戊申	18	日	丁丑	17	一	丙午	16	三	丙子
初九	23	四	庚戌	21	五	己卯	21	日	己酉	19	一	戊寅	18	二	丁未	17	四	丁丑
初十	24	五	辛亥	22	六	庚辰	22	一	庚戌	20	二	己卯	19	三	戊申	18	五	戊寅
十一	25	六	壬子	23	日	辛巳	23	二	辛亥	21	三	庚辰	20	四	己酉	19	六	己卯
十二	26	日	癸丑	24	一	壬午	24	三	壬子	22	四	辛巳	21	五	庚戌	20	日	庚辰
十三	27	一	甲寅	25	二	癸未	25	四	癸丑	23	五	壬午	22	六	辛亥	21	一	辛巳
十四	28	二	乙卯	26	三	甲申	26	五	甲寅	24	六	癸未	23	日	壬子	22	二	壬午
十五	29	三	丙辰	27	四	乙酉	27	六	乙卯	25	日	甲申	24	一	癸丑	23	三	癸未
十六	30	四	丁巳	28	五	丙戌	28	日	丙辰	26	一	乙酉	25	二	甲寅	24	四	甲申
十七	31	五	戊午	29	六	丁亥	29	一	丁巳	27	二	丙戌	26	三	乙卯	25	五	乙酉
十八	**9**	六	己未	30	日	戊子	30	二	戊午	28	三	丁亥	27	四	丙辰	26	六	丙戌
十九	2	日	庚申	**10**	一	己丑	31	三	己未	29	四	戊子	28	五	丁巳	27	日	丁亥
二十	3	一	辛酉	2	二	庚寅	**11**	四	庚申	30	五	己丑	29	六	戊午	28	一	戊子
廿一	4	二	壬戌	3	三	辛卯	2	五	辛酉	**12**	六	庚寅	30	日	己未	29	二	己丑
廿二	5	三	癸亥	4	四	壬辰	3	六	壬戌	2	日	辛卯	31	一	庚申	30	三	庚寅
廿三	6	四	甲子	5	五	癸巳	4	日	癸亥	3	一	壬辰	**1**	二	辛酉	31	四	辛卯
廿四	7	五	乙丑	6	六	甲午	5	一	甲子	4	二	癸巳	2	三	壬戌	**2**	五	壬辰
廿五	8	六	丙寅	7	日	乙未	6	二	乙丑	5	三	甲午	3	四	癸亥	2	六	癸巳
廿六	9	日	丁卯	8	一	丙申	7	三	丙寅	6	四	乙未	4	五	甲子	3	日	甲午
廿七	10	一	戊辰	9	二	丁酉	8	四	丁卯	7	五	丙申	5	六	乙丑	4	一	乙未
廿八	11	二	己巳	10	三	戊戌	9	五	戊辰	8	六	丁酉	6	日	丙寅	5	二	丙申
廿九	12	三	庚午	11	四	己亥	10	六	己巳	9	日	戊戌	7	一	丁卯	6	三	丁酉
三十				12	五	庚子							8	二	戊辰			

节气	七月	八月	九月	十月	十一月	十二月
节	处暑 初九 寅时	秋分 十一 丑时	霜降 十一 午时	小雪 十二 巳时	冬至 十二 子时	大寒 十二 巳时
气	白露 廿四 申时	寒露 廿六 辰时	立冬 廿七 辰时	大雪 廿七 卯时	小寒 廿七 酉时	立春 廿七 寅时

农历壬子年 属鼠　　　公元 2092－2093 年

旬	正月大壬寅			二月大癸卯			三月小甲辰			四月大乙巳			五月大丙午			六月小丁未			七月大戊申			八月小己酉			九月大庚戌			十月小辛亥			十一月大壬子			十二月小癸丑		
	公历	星期	干支	公历	星期	干支	公历	星期	干支	公历	星期	干支	公历	星期	干支	公历	星期	干支	公历	星期	干支	公历	星期	干支	公历	星期	干支	公历	星期	干支	公历	星期	干支	公历	星期	干支
初一	7	四	戊戌	8	六	戊辰	7	一	戊戌	6	二	丁卯	5	四	丁酉	5	六	丁卯	3	日	丙申	2	二	丙寅	1	三	乙未	31	五	乙丑	29	六	甲午	29	一	甲子
初二	8	五	己亥	9	日	己巳	8	二	己亥	7	三	戊辰	6	五	戊戌	6	日	戊辰	4	一	丁酉	3	三	丁卯	2	四	丙申	1	六	丙寅	30	日	乙未	30	二	乙丑
初三	9	六	庚子	10	一	庚午	9	三	庚子	8	四	己巳	7	六	己亥	7	一	己巳	5	二	戊戌	4	四	戊辰	3	五	丁酉	2	日	丁卯	1	一	丙申	31	三	丙寅
初四	10	日	辛丑	11	二	辛未	10	四	辛丑	9	五	庚午	8	日	庚子	8	二	庚午	6	三	己亥	5	五	己巳	4	六	戊戌	3	一	戊辰	2	二	丁酉	**1**	四	丁卯
初五	11	一	壬寅	12	三	壬申	11	五	壬寅	10	六	辛未	9	一	辛丑	9	三	辛未	7	四	庚子	6	六	庚午	5	日	己亥	4	二	己巳	3	三	戊戌	2	五	戊辰
初六	12	二	癸卯	13	四	癸酉	12	六	癸卯	11	日	壬申	10	二	壬寅	10	四	壬申	8	五	辛丑	7	日	辛未	6	一	庚子	5	三	庚午	4	四	己亥	3	六	己巳
初七	13	三	甲辰	14	五	甲戌	13	日	甲辰	12	一	癸酉	11	三	癸卯	11	五	癸酉	9	六	壬寅	8	一	壬申	7	二	辛丑	6	四	辛未	5	五	庚子	4	日	庚午
初八	14	四	乙巳	15	六	乙亥	14	一	乙巳	13	二	甲戌	12	四	甲辰	12	六	甲戌	10	日	癸卯	9	二	癸酉	8	三	壬寅	7	五	壬申	6	六	辛丑	5	一	辛未
初九	15	五	丙午	16	日	丙子	15	二	丙午	14	三	乙亥	13	五	乙巳	13	日	乙亥	11	一	甲辰	10	三	甲戌	9	四	癸卯	8	六	癸酉	7	日	壬寅	6	二	壬申
初十	16	六	丁未	17	一	丁丑	16	三	丁未	15	四	丙子	14	六	丙午	14	一	丙子	12	二	乙巳	11	四	乙亥	10	五	甲辰	9	日	甲戌	8	一	癸卯	7	三	癸酉
十一	17	日	戊申	18	二	戊寅	17	四	戊申	16	五	丁丑	15	日	丁未	15	二	丁丑	13	三	丙午	12	五	丙子	11	六	乙巳	10	一	乙亥	9	二	甲辰	8	四	甲戌
十二	18	一	己酉	19	三	己卯	18	五	己酉	17	六	戊寅	16	一	戊申	16	三	戊寅	14	四	丁未	13	六	丁丑	12	日	丙午	11	二	丙子	10	三	乙巳	9	五	乙亥
十三	19	二	庚戌	20	四	庚辰	19	六	庚戌	18	日	己卯	17	二	己酉	17	四	己卯	15	五	戊申	14	日	戊寅	13	一	丁未	12	三	丁丑	11	四	丙午	10	六	丙子
十四	20	三	辛亥	21	五	辛巳	20	日	辛亥	19	一	庚辰	18	三	庚戌	18	五	庚辰	16	六	己酉	15	一	己卯	14	二	戊申	13	四	戊寅	12	五	丁未	11	日	丁丑
十五	21	四	壬子	22	六	壬午	21	一	壬子	20	二	辛巳	19	四	辛亥	19	六	辛巳	17	日	庚戌	16	二	庚辰	15	三	己酉	14	五	己卯	13	六	戊申	12	一	戊寅
十六	22	五	癸丑	23	日	癸未	22	二	癸丑	21	三	壬午	20	五	壬子	20	日	壬午	18	一	辛亥	17	三	辛巳	16	四	庚戌	15	六	庚辰	14	日	己酉	13	二	己卯
十七	23	六	甲寅	24	一	甲申	23	三	甲寅	22	四	癸未	21	六	癸丑	21	一	癸未	19	二	壬子	18	四	壬午	17	五	辛亥	16	日	辛巳	15	一	庚戌	14	三	庚辰
十八	24	日	乙卯	25	二	乙酉	24	四	乙卯	23	五	甲申	22	日	甲寅	22	二	甲申	20	三	癸丑	19	五	癸未	18	六	壬子	17	一	壬午	16	二	辛亥	15	四	辛巳
十九	25	一	丙辰	26	三	丙戌	25	五	丙辰	24	六	乙酉	23	一	乙卯	23	三	乙酉	21	四	甲寅	20	六	甲申	19	日	癸丑	18	二	癸未	17	三	壬子	16	五	壬午
二十	26	二	丁巳	27	四	丁亥	26	六	丁巳	25	日	丙戌	24	二	丙辰	24	四	丙戌	22	五	乙卯	21	日	乙酉	20	一	甲寅	19	三	甲申	18	四	癸丑	17	六	癸未
廿一	27	三	戊午	28	五	戊子	27	日	戊午	26	一	丁亥	25	三	丁巳	25	五	丁亥	23	六	丙辰	22	一	丙戌	21	二	乙卯	20	四	乙酉	19	五	甲寅	18	日	甲申
廿二	28	四	己未	29	六	己丑	28	一	己未	27	二	戊子	26	四	戊午	26	六	戊子	24	日	丁巳	23	二	丁亥	22	三	丙辰	21	五	丙戌	20	六	乙卯	19	一	乙酉
廿三	29	五	庚申	30	日	庚寅	29	二	庚申	28	三	己丑	27	五	己未	27	日	己丑	25	一	戊午	24	三	戊子	23	四	丁巳	22	六	丁亥	21	日	丙辰	20	二	丙戌
廿四	1	六	辛酉	31	一	辛卯	30	三	辛酉	29	四	庚寅	28	六	庚申	28	一	庚寅	26	二	己未	25	四	己丑	24	五	戊午	23	日	戊子	22	一	丁巳	21	三	丁亥
廿五	2	日	壬戌	1	二	壬辰	1	四	壬戌	30	五	辛卯	29	日	辛酉	29	二	辛卯	27	三	庚申	26	五	庚寅	25	六	己未	24	一	己丑	23	二	戊午	22	四	戊子
廿六	3	一	癸亥	2	三	癸巳	2	五	癸亥	31	六	壬辰	30	一	壬戌	30	三	壬辰	28	四	辛酉	27	六	辛卯	26	日	庚申	25	二	庚寅	24	三	己未	23	五	己丑
廿七	4	二	甲子	3	四	甲午	3	六	甲子	1	日	癸巳	1	二	癸亥	31	四	癸巳	29	五	壬戌	28	日	壬辰	27	一	辛酉	26	三	辛卯	25	四	庚申	24	六	庚寅
廿八	5	三	乙丑	4	五	乙未	4	日	乙丑	2	一	甲午	2	三	甲子	1	五	甲午	30	六	癸亥	29	一	癸巳	28	二	壬戌	27	四	壬辰	26	五	辛酉	25	日	辛卯
廿九	6	四	丙寅	5	六	丙申	5	一	丙寅	3	二	乙未	3	四	乙丑	2	六	乙未	31	日	甲子	30	二	甲午	29	三	癸亥	28	五	癸巳	27	六	壬戌	26	一	壬辰
三十	7	五	丁卯	6	日	丁酉				4	三	丙申	4	五	丙寅				1	一	乙丑				30	四	甲子				28	日	癸亥			

节气

正月	雨水 十三 戌时	惊蛰 廿八 丑时
二月	春分 十二 亥时	清明 廿八 丑时
三月	谷雨 十三 亥时	立夏 廿八 酉时
四月	小满 十五 辰时	芒种 三十 亥时
五月	夏至 十六 酉时	小暑 初二 辰时
六月	大暑 十八 丑时	立秋 初四 酉时
七月	处暑 二十 巳时	白露 初五 酉时
八月	秋分 廿一 辰时	寒露 初七 酉时
九月	霜降 廿二 酉时	立冬 初七 酉时
十月	小雪 廿二 酉时	大雪 初八 未时
十一月	冬至 廿三 卯时	小寒 初七 亥时
十二月	大寒 廿二 申时	

农历癸丑年　属牛

旬	正月小甲寅 公历	星期	干支	二月大乙卯 公历	星期	干支	三月大丙辰 公历	星期	干支	四月小丁巳 公历	星期	干支	五月大戊午 公历	星期	干支	六月小己未 公历	星期	干支	闰六月大 公历	星期	干支	七月大庚申 公历	星期	干支	八月小辛酉 公历	星期	干支	九月大壬戌 公历	星期	干支	十月小癸亥 公历	星期	干支	十一月大甲子 公历	星期	干支	十二月小乙丑 公历	星期	干支
初一	27	二	癸巳	25	三	壬戌	27	五	壬辰	26	日	壬戌	25	一	辛卯	24	三	辛酉	23	四	庚寅	22	六	庚申	21	一	庚寅	20	二	己未	19	四	己丑	18	五	戊午	17	日	戊子
初二	28	三	甲午	26	四	癸亥	28	六	癸巳	27	一	癸亥	26	二	壬辰	25	四	壬戌	24	五	辛卯	23	日	辛酉	22	二	辛卯	21	三	庚申	20	五	庚寅	19	六	己未	18	一	己丑
初三	29	四	乙未	27	五	甲子	29	日	甲午	28	二	甲子	27	三	癸巳	26	五	癸亥	25	六	壬辰	24	一	壬戌	23	三	壬辰	22	四	辛酉	21	六	辛卯	20	日	庚申	19	二	庚寅
初四	30	五	丙申	28	六	乙丑	30	一	乙未	29	三	乙丑	28	四	甲午	27	六	甲子	26	日	癸巳	25	二	癸亥	24	四	癸巳	23	五	壬戌	22	日	壬辰	21	一	辛酉	20	三	辛卯
初五	31	六	丁酉	**1**	日	丙寅	31	二	丙申	30	四	丙寅	29	五	乙未	28	日	乙丑	27	一	甲午	26	三	甲子	25	五	甲午	24	六	癸亥	23	一	癸巳	22	二	壬戌	21	四	壬辰
初六	**1**	日	戊戌	2	一	丁卯	**1**	三	丁酉	**1**	五	丁卯	30	六	丙申	29	一	丙寅	28	二	乙未	27	四	乙丑	26	六	乙未	25	日	甲子	24	二	甲午	23	三	癸亥	22	五	癸巳
初七	2	一	己亥	3	二	戊辰	2	四	戊戌	2	六	戊辰	31	日	丁酉	30	二	丁卯	29	三	丙申	28	五	丙寅	27	日	丙申	26	一	乙丑	25	三	乙未	24	四	甲子	23	六	甲午
初八	3	二	庚子	4	三	己巳	3	五	己亥	3	日	己巳	**1**	一	戊戌	**1**	三	戊辰	30	四	丁酉	29	六	丁卯	28	一	丁酉	27	二	丙寅	26	四	丙申	25	五	乙丑	24	日	乙未
初九	4	三	辛丑	5	四	庚午	4	六	庚子	4	一	庚午	2	二	己亥	2	四	己巳	31	五	戊戌	30	日	戊辰	29	二	戊戌	28	三	丁卯	27	五	丁酉	26	六	丙寅	25	一	丙申
初十	5	四	壬寅	6	五	辛未	5	日	辛丑	5	二	辛未	3	三	庚子	3	五	庚午	**1**	六	己亥	31	一	己巳	30	三	己亥	29	四	戊辰	28	六	戊戌	27	日	丁卯	26	二	丁酉
十一	6	五	癸卯	7	六	壬申	6	一	壬寅	6	三	壬申	4	四	辛丑	4	六	辛未	2	日	庚子	**1**	二	庚午	**1**	四	庚子	30	五	己巳	29	日	己亥	28	一	戊辰	27	三	戊戌
十二	7	六	甲辰	8	日	癸酉	7	二	癸卯	7	四	癸酉	5	五	壬寅	5	日	壬申	3	一	辛丑	2	三	辛未	2	五	辛丑	31	六	庚午	30	一	庚子	29	二	己巳	28	四	己亥
十三	8	日	乙巳	9	一	甲戌	8	三	甲辰	8	五	甲戌	6	六	癸卯	6	一	癸酉	4	二	壬寅	3	四	壬申	3	六	壬寅	**1**	日	辛未	**1**	二	辛丑	30	三	庚午	29	五	庚子
十四	9	一	丙午	10	二	乙亥	9	四	乙巳	9	六	乙亥	7	日	甲辰	7	二	甲戌	5	三	癸卯	4	五	癸酉	4	日	癸卯	2	一	壬申	2	三	壬寅	31	四	辛未	30	六	辛丑
十五	10	二	丁未	11	三	丙子	10	五	丙午	10	日	丙子	8	一	乙巳	8	三	乙亥	6	四	甲辰	5	六	甲戌	5	一	甲辰	3	二	癸酉	3	四	癸卯	**1**	五	壬申	31	日	壬寅
十六	11	三	戊申	12	四	丁丑	11	六	丁未	11	一	丁丑	9	二	丙午	9	四	丙子	7	五	乙巳	6	日	乙亥	6	二	乙巳	4	三	甲戌	4	五	甲辰	2	六	癸酉	**1**	一	癸卯
十七	12	四	己酉	13	五	戊寅	12	日	戊申	12	二	戊寅	10	三	丁未	10	五	丁丑	8	六	丙午	7	一	丙子	7	三	丙午	5	四	乙亥	5	六	乙巳	3	日	甲戌	2	二	甲辰
十八	13	五	庚戌	14	六	己卯	13	一	己酉	13	三	己卯	11	四	戊申	11	六	戊寅	9	日	丁未	8	二	丁丑	8	四	丁未	6	五	丙子	6	日	丙午	4	一	乙亥	3	三	乙巳
十九	14	六	辛亥	15	日	庚辰	14	二	庚戌	14	四	庚辰	12	五	己酉	12	日	己卯	10	一	戊申	9	三	戊寅	9	五	戊申	7	六	丁丑	7	一	丁未	5	二	丙子	4	四	丙午
二十	15	日	壬子	16	一	辛巳	15	三	辛亥	15	五	辛巳	13	六	庚戌	13	一	庚辰	11	二	己酉	10	四	己卯	10	六	己酉	8	日	戊寅	8	二	戊申	6	三	丁丑	5	五	丁未
廿一	16	一	癸丑	17	二	壬午	16	四	壬子	16	六	壬午	14	日	辛亥	14	二	辛巳	12	三	庚戌	11	五	庚辰	11	日	庚戌	9	一	己卯	9	三	己酉	7	四	戊寅	6	六	戊申
廿二	17	二	甲寅	18	三	癸未	17	五	癸丑	17	日	癸未	15	一	壬子	15	三	壬午	13	四	辛亥	12	六	辛巳	12	一	辛亥	10	二	庚辰	10	四	庚戌	8	五	己卯	7	日	己酉
廿三	18	三	乙卯	19	四	甲申	18	六	甲寅	18	一	甲申	16	二	癸丑	16	四	癸未	14	五	壬子	13	日	壬午	13	二	壬子	11	三	辛巳	11	五	辛亥	9	六	庚辰	8	一	庚戌
廿四	19	四	丙辰	20	五	乙酉	19	日	乙卯	19	二	乙酉	17	三	甲寅	17	五	甲申	15	六	癸丑	14	一	癸未	14	三	癸丑	12	四	壬午	12	六	壬子	10	日	辛巳	9	二	辛亥
廿五	20	五	丁巳	21	六	丙戌	20	一	丙辰	20	三	丙戌	18	四	乙卯	18	六	乙酉	16	日	甲寅	15	二	甲申	15	四	甲寅	13	五	癸未	13	日	癸丑	11	一	壬午	10	三	壬子
廿六	21	六	戊午	22	日	丁亥	21	二	丁巳	21	四	丁亥	19	五	丙辰	19	日	丙戌	17	一	乙卯	16	三	乙酉	16	五	乙卯	14	六	甲申	14	一	甲寅	12	二	癸未	11	四	癸丑
廿七	22	日	己未	23	一	戊子	22	三	戊午	22	五	戊子	20	六	丁巳	20	一	丁亥	18	二	丙辰	17	四	丙戌	17	六	丙辰	15	日	乙酉	15	二	乙卯	13	三	甲申	12	五	甲寅
廿八	23	一	庚申	24	二	己丑	23	四	己未	23	六	己丑	21	日	戊午	21	二	戊子	19	三	丁巳	18	五	丁亥	18	日	丁巳	16	一	丙戌	16	三	丙辰	14	四	乙酉	13	六	乙卯
廿九	24	二	辛酉	25	三	庚寅	24	五	庚申	24	日	庚寅	22	一	己未	22	三	己丑	20	四	戊午	19	六	戊子	19	一	戊午	17	二	丁亥	17	四	丁巳	15	五	丙戌	14	日	丙辰
三十				26	四	辛卯	25	六	辛酉				23	二	庚申				21	五	己未	20	日	己丑				18	三	戊子				16	六	丁亥			

节气

月	节气	节气
正月	立春　初八　巳时	雨水　廿三　卯时
二月	惊蛰　初九　寅时	春分　廿四　申时
三月	清明　初九　辰时	谷雨　廿四　申时
四月	立夏　初十　子时	小满　廿五　未时
五月	芒种　十二　寅时	夏至　廿七　亥时
六月	小暑　十三　未时	大暑　廿九　辰时
闰六月	立秋　十六　子时	处暑　初一　申时
七月	白露　十七　寅时	秋分　初一　未时
八月	寒露　十七　戌时	霜降　初三　子时
九月	立冬　十八　子时	小雪　初三　子时
十月	大雪　十八　子时	冬至　初四　午时
十一月	小寒　十九　寅时	大寒　初三　亥时
十二月	立春　十八　申时	

农历甲寅年 属虎

公元 2094－2095 年

正月小丙寅 — 六月大辛未

旬	正月公历	正月星期	正月干支	二月公历	二月星期	二月干支	三月公历	三月星期	三月干支	四月公历	四月星期	四月干支	五月公历	五月星期	五月干支	六月公历	六月星期	六月干支
初一	15	一	丁巳	16	二	丙戌	15	四	丙辰	14	五	乙酉	13	日	乙卯	12	一	甲申
初二	16	二	戊午	17	三	丁亥	16	五	丁巳	15	六	丙戌	14	一	丙辰	13	二	乙酉
初三	17	三	己未	18	四	戊子	17	六	戊午	16	日	丁亥	15	二	丁巳	14	三	丙戌
初四	18	四	庚申	19	五	己丑	18	日	己未	17	一	戊子	16	三	戊午	15	四	丁亥
初五	19	五	辛酉	20	六	庚寅	19	一	庚申	18	二	己丑	17	四	己未	16	五	戊子
初六	20	六	壬戌	21	日	辛卯	20	二	辛酉	19	三	庚寅	18	五	庚申	17	六	己丑
初七	21	日	癸亥	22	一	壬辰	21	三	壬戌	20	四	辛卯	19	六	辛酉	18	日	庚寅
初八	22	一	甲子	23	二	癸巳	22	四	癸亥	21	五	壬辰	20	日	壬戌	19	一	辛卯
初九	23	二	乙丑	24	三	甲午	23	五	甲子	22	六	癸巳	21	一	癸亥	20	二	壬辰
初十	24	三	丙寅	25	四	乙未	24	六	乙丑	23	日	甲午	22	二	甲子	21	三	癸巳
十一	25	四	丁卯	26	五	丙申	25	日	丙寅	24	一	乙未	23	三	乙丑	22	四	甲午
十二	26	五	戊辰	27	六	丁酉	26	一	丁卯	25	二	丙申	24	四	丙寅	23	五	乙未
十三	27	六	己巳	28	日	戊戌	27	二	戊辰	26	三	丁酉	25	五	丁卯	24	六	丙申
十四	28	日	庚午	29	一	己亥	28	三	己巳	27	四	戊戌	26	六	戊辰	25	日	丁酉
十五	**3/1**	一	辛未	30	二	庚子	29	四	庚午	28	五	己亥	27	日	己巳	26	一	戊戌
十六	2	二	壬申	31	三	辛丑	30	五	辛未	29	六	庚子	28	一	庚午	27	二	己亥
十七	3	三	癸酉	**4/1**	四	壬寅	**5/1**	六	壬申	30	日	辛丑	29	二	辛未	28	三	庚子
十八	4	四	甲戌	2	五	癸卯	2	日	癸酉	31	一	壬寅	30	三	壬申	29	四	辛丑
十九	5	五	乙亥	3	六	甲辰	3	一	甲戌	**6/1**	二	癸卯	**7/1**	四	癸酉	30	五	壬寅
二十	6	六	丙子	4	日	乙巳	4	二	乙亥	2	三	甲辰	2	五	甲戌	31	六	癸卯
廿一	7	日	丁丑	5	一	丙午	5	三	丙子	3	四	乙巳	3	六	乙亥	**8/1**	日	甲辰
廿二	8	一	戊寅	6	二	丁未	6	四	丁丑	4	五	丙午	4	日	丙子	2	一	乙巳
廿三	9	二	己卯	7	三	戊申	7	五	戊寅	5	六	丁未	5	一	丁丑	3	二	丙午
廿四	10	三	庚辰	8	四	己酉	8	六	己卯	6	日	戊申	6	二	戊寅	4	三	丁未
廿五	11	四	辛巳	9	五	庚戌	9	日	庚辰	7	一	己酉	7	三	己卯	5	四	戊申
廿六	12	五	壬午	10	六	辛亥	10	一	辛巳	8	二	庚戌	8	四	庚辰	6	五	己酉
廿七	13	六	癸未	11	日	壬子	11	二	壬午	9	三	辛亥	9	五	辛巳	7	六	庚戌
廿八	14	日	甲申	12	一	癸丑	12	三	癸未	10	四	壬子	10	六	壬午	8	日	辛亥
廿九	15	一	乙酉	13	二	甲寅	13	四	甲申	11	五	癸丑	11	日	癸未	9	一	壬子
三十				14	三	乙卯				12	六	甲寅				10	二	癸丑

七月大壬申 — 十二月大丁丑

旬	七月公历	七月星期	七月干支	八月公历	八月星期	八月干支	九月公历	九月星期	九月干支	十月公历	十月星期	十月干支	十一月公历	十一月星期	十一月干支	十二月公历	十二月星期	十二月干支
初一	11	三	甲寅	10	五	甲申	9	六	癸丑	8	一	癸未	8	三	癸丑	6	四	壬午
初二	12	四	乙卯	11	六	乙酉	10	日	甲寅	9	二	甲申	9	四	甲寅	7	五	癸未
初三	13	五	丙辰	12	日	丙戌	11	一	乙卯	10	三	乙酉	10	五	乙卯	8	六	甲申
初四	14	六	丁巳	13	一	丁亥	12	二	丙辰	11	四	丙戌	11	六	丙辰	9	日	乙酉
初五	15	日	戊午	14	二	戊子	13	三	丁巳	12	五	丁亥	12	日	丁巳	10	一	丙戌
初六	16	一	己未	15	三	己丑	14	四	戊午	13	六	戊子	13	一	戊午	11	二	丁亥
初七	17	二	庚申	16	四	庚寅	15	五	己未	14	日	己丑	14	二	己未	12	三	戊子
初八	18	三	辛酉	17	五	辛卯	16	六	庚申	15	一	庚寅	15	三	庚申	13	四	己丑
初九	19	四	壬戌	18	六	壬辰	17	日	辛酉	16	二	辛卯	16	四	辛酉	14	五	庚寅
初十	20	五	癸亥	19	日	癸巳	18	一	壬戌	17	三	壬辰	17	五	壬戌	15	六	辛卯
十一	21	六	甲子	20	一	甲午	19	二	癸亥	18	四	癸巳	18	六	癸亥	16	日	壬辰
十二	22	日	乙丑	21	二	乙未	20	三	甲子	19	五	甲午	19	日	甲子	17	一	癸巳
十三	23	一	丙寅	22	三	丙申	21	四	乙丑	20	六	乙未	20	一	乙丑	18	二	甲午
十四	24	二	丁卯	23	四	丁酉	22	五	丙寅	21	日	丙申	21	二	丙寅	19	三	乙未
十五	25	三	戊辰	24	五	戊戌	23	六	丁卯	22	一	丁酉	22	三	丁卯	20	四	丙申
十六	26	四	己巳	25	六	己亥	24	日	戊辰	23	二	戊戌	23	四	戊辰	21	五	丁酉
十七	27	五	庚午	26	日	庚子	25	一	己巳	24	三	己亥	24	五	己巳	22	六	戊戌
十八	28	六	辛未	27	一	辛丑	26	二	庚午	25	四	庚子	25	六	庚午	23	日	己亥
十九	29	日	壬申	28	二	壬寅	27	三	辛未	26	五	辛丑	26	日	辛未	24	一	庚子
二十	30	一	癸酉	29	三	癸卯	28	四	壬申	27	六	壬寅	27	一	壬申	25	二	辛丑
廿一	31	二	甲戌	30	四	甲辰	29	五	癸酉	28	日	癸卯	28	二	癸酉	26	三	壬寅
廿二	**9/1**	三	乙亥	**10/1**	五	乙巳	30	六	甲戌	29	一	甲辰	29	三	甲戌	27	四	癸卯
廿三	2	四	丙子	2	六	丙午	31	日	乙亥	30	二	乙巳	30	四	乙亥	28	五	甲辰
廿四	3	五	丁丑	3	日	丁未	**11/1**	一	丙子	**12/1**	三	丙午	31	五	丙子	29	六	乙巳
廿五	4	六	戊寅	4	一	戊申	2	二	丁丑	2	四	丁未	**1/1**	六	丁丑	30	日	丙午
廿六	5	日	己卯	5	二	己酉	3	三	戊寅	3	五	戊申	2	日	戊寅	31	一	丁未
廿七	6	一	庚辰	6	三	庚戌	4	四	己卯	4	六	己酉	3	一	己卯	**2/1**	二	戊申
廿八	7	二	辛巳	7	四	辛亥	5	五	庚辰	5	日	庚戌	4	二	庚辰	2	三	己酉
廿九	8	三	壬午	8	五	壬子	6	六	辛巳	6	一	辛亥	5	三	辛巳	3	四	庚戌
三十	9	四	癸未				7	日	壬午	7	二	壬子				4	五	辛亥

节气

月	中气	节气
正月小丙寅	雨水 初四 午时	惊蛰 十九 巳时
二月大丁卯	春分 初五 巳时	清明 二十 未时
三月小戊辰	谷雨 初五 戌时	立夏 廿一 卯时
四月大己巳	小满 初七 戌时	芒种 廿三 巳时
五月小庚午	夏至 初九 丑时	小暑 廿四 戌时
六月大辛未	大暑 十一 未时	立秋 廿七 卯时
七月大壬申	处暑 十二 亥时	白露 廿八 巳时
八月小癸酉	秋分 十三 戌时	寒露 廿九 丑时
九月大甲戌	霜降 十五 寅时	立冬 三十 卯时
十月大乙亥	小雪 十五 子时	大雪 廿九 午时
十一月小丙子	冬至 十四 酉时	小寒 廿九 巳时
十二月大丁丑	大寒 十五 寅时	立春 廿九 亥时

旬	正月小戊寅 公历	星期	干支	二月大己卯 公历	星期	干支	三月小庚辰 公历	星期	干支	四月小辛巳 公历	星期	干支	五月大壬午 公历	星期	干支	六月小癸未 公历	星期	干支
初一	5	六	壬子	6	日	辛巳	5	二	辛亥	4	三	庚辰	2	四	己酉	2	六	己卯
初二	6	日	癸丑	7	一	壬午	6	三	壬子	5	四	辛巳	3	五	庚戌	3	日	庚辰
初三	7	一	甲寅	8	二	癸未	7	四	癸丑	6	五	壬午	4	六	辛亥	4	一	辛巳
初四	8	二	乙卯	9	三	甲申	8	五	甲寅	7	六	癸未	5	日	壬子	5	二	壬午
初五	9	三	丙辰	10	四	乙酉	9	六	乙卯	8	日	甲申	6	一	癸丑	6	三	癸未
初六	10	四	丁巳	11	五	丙戌	10	日	丙辰	9	一	乙酉	7	二	甲寅	7	四	甲申
初七	11	五	戊午	12	六	丁亥	11	一	丁巳	10	二	丙戌	8	三	乙卯	8	五	乙酉
初八	12	六	己未	13	日	戊子	12	二	戊午	11	三	丁亥	9	四	丙辰	9	六	丙戌
初九	13	日	庚申	14	一	己丑	13	三	己未	12	四	戊子	10	五	丁巳	10	日	丁亥
初十	14	一	辛酉	15	二	庚寅	14	四	庚申	13	五	己丑	11	六	戊午	11	一	戊子
十一	15	二	壬戌	16	三	辛卯	15	五	辛酉	14	六	庚寅	12	日	己未	12	二	己丑
十二	16	三	癸亥	17	四	壬辰	16	六	壬戌	15	日	辛卯	13	一	庚申	13	三	庚寅
十三	17	四	甲子	18	五	癸巳	17	日	癸亥	16	一	壬辰	14	二	辛酉	14	四	辛卯
十四	18	五	乙丑	19	六	甲午	18	一	甲子	17	二	癸巳	15	三	壬戌	15	五	壬辰
十五	19	六	丙寅	20	日	乙未	19	二	乙丑	18	三	甲午	16	四	癸亥	16	六	癸巳
十六	20	日	丁卯	21	一	丙申	20	三	丙寅	19	四	乙未	17	五	甲子	17	日	甲午
十七	21	一	戊辰	22	二	丁酉	21	四	丁卯	20	五	丙申	18	六	乙丑	18	一	乙未
十八	22	二	己巳	23	三	戊戌	22	五	戊辰	21	六	丁酉	19	日	丙寅	19	二	丙申
十九	23	三	庚午	24	四	己亥	23	六	己巳	22	日	戊戌	20	一	丁卯	20	三	丁酉
二十	24	四	辛未	25	五	庚子	24	日	庚午	23	一	己亥	21	二	戊辰	21	四	戊戌
廿一	25	五	壬申	26	六	辛丑	25	一	辛未	24	二	庚子	22	三	己巳	22	五	己亥
廿二	26	六	癸酉	27	日	壬寅	26	二	壬申	25	三	辛丑	23	四	庚午	23	六	庚子
廿三	27	日	甲戌	28	一	癸卯	27	三	癸酉	26	四	壬寅	24	五	辛未	24	日	辛丑
廿四	28	一	乙亥	29	二	甲辰	28	四	甲戌	27	五	癸卯	25	六	壬申	25	一	壬寅
廿五	**3**	二	丙子	30	三	乙巳	29	五	乙亥	28	六	甲辰	26	日	癸酉	26	二	癸卯
廿六	2	三	丁丑	31	四	丙午	30	六	丙子	29	日	乙巳	27	一	甲戌	27	三	甲辰
廿七	3	四	戊寅	**4**	五	丁未	**5**	日	丁丑	30	一	丙午	28	二	乙亥	28	四	乙巳
廿八	4	五	己卯	2	六	戊申	2	一	戊寅	31	二	丁未	29	三	丙子	29	五	丙午
廿九	5	六	庚辰	3	日	己酉	3	二	己卯	**6**	三	戊申	30	四	丁丑	30	六	丁未
三十				4	一	庚戌							**7**	五	戊寅			
节气	雨水 十四 酉时		惊蛰 廿九 申时	春分 十五 申时		清明 三十 戌时	谷雨 十六 丑时			立夏 初二 午时		小满 十八 丑时	芒种 初四 申时		夏至 二十 辰时	小暑 初六 丑时		大暑 廿一 戌时

旬	七月大甲申 公历	星期	干支	八月小乙酉 公历	星期	干支	九月大丙戌 公历	星期	干支	十月大丁亥 公历	星期	干支	十一月大戊子 公历	星期	干支	十二月小己丑 公历	星期	干支
初一	31	日	戊申	30	二	戊寅	28	三	丁未	28	五	丁丑	27	日	丁未	27	二	丁丑
初二	**8**	一	己酉	31	三	己卯	29	四	戊申	29	六	戊寅	28	一	戊申	28	三	戊寅
初三	2	二	庚戌	**9**	四	庚辰	30	五	己酉	30	日	己卯	29	二	己酉	29	四	己卯
初四	3	三	辛亥	2	五	辛巳	**10**	六	庚戌	31	一	庚辰	30	三	庚戌	30	五	庚辰
初五	4	四	壬子	3	六	壬午	2	日	辛亥	**11**	二	辛巳	**12**	四	辛亥	31	六	辛巳
初六	5	五	癸丑	4	日	癸未	3	一	壬子	2	三	壬午	2	五	壬子	**1**	日	壬午
初七	6	六	甲寅	5	一	甲申	4	二	癸丑	3	四	癸未	3	六	癸丑	2	一	癸未
初八	7	日	乙卯	6	二	乙酉	5	三	甲寅	4	五	甲申	4	日	甲寅	3	二	甲申
初九	8	一	丙辰	7	三	丙戌	6	四	乙卯	5	六	乙酉	5	一	乙卯	4	三	乙酉
初十	9	二	丁巳	8	四	丁亥	7	五	丙辰	6	日	丙戌	6	二	丙辰	5	四	丙戌
十一	10	三	戊午	9	五	戊子	8	六	丁巳	7	一	丁亥	7	三	丁巳	6	五	丁亥
十二	11	四	己未	10	六	己丑	9	日	戊午	8	二	戊子	8	四	戊午	7	六	戊子
十三	12	五	庚申	11	日	庚寅	10	一	己未	9	三	己丑	9	五	己未	8	日	己丑
十四	13	六	辛酉	12	一	辛卯	11	二	庚申	10	四	庚寅	10	六	庚申	9	一	庚寅
十五	14	日	壬戌	13	二	壬辰	12	三	辛酉	11	五	辛卯	11	日	辛酉	10	二	辛卯
十六	15	一	癸亥	14	三	癸巳	13	四	壬戌	12	六	壬辰	12	一	壬戌	11	三	壬辰
十七	16	二	甲子	15	四	甲午	14	五	癸亥	13	日	癸巳	13	二	癸亥	12	四	癸巳
十八	17	三	乙丑	16	五	乙未	15	六	甲子	14	一	甲午	14	三	甲子	13	五	甲午
十九	18	四	丙寅	17	六	丙申	16	日	乙丑	15	二	乙未	15	四	乙丑	14	六	乙未
二十	19	五	丁卯	18	日	丁酉	17	一	丙寅	16	三	丙申	16	五	丙寅	15	日	丙申
廿一	20	六	戊辰	19	一	戊戌	18	二	丁卯	17	四	丁酉	17	六	丁卯	16	一	丁酉
廿二	21	日	己巳	20	二	己亥	19	三	戊辰	18	五	戊戌	18	日	戊辰	17	二	戊戌
廿三	22	一	庚午	21	三	庚子	20	四	己巳	19	六	己亥	19	一	己巳	18	三	己亥
廿四	23	二	辛未	22	四	辛丑	21	五	庚午	20	日	庚子	20	二	庚午	19	四	庚子
廿五	24	三	壬申	23	五	壬寅	22	六	辛未	21	一	辛丑	21	三	辛未	20	五	辛丑
廿六	25	四	癸酉	24	六	癸卯	23	日	壬申	22	二	壬寅	22	四	壬申	21	六	壬寅
廿七	26	五	甲戌	25	日	甲辰	24	一	癸酉	23	三	癸卯	23	五	癸酉	22	日	癸卯
廿八	27	六	乙亥	26	一	乙巳	25	二	甲戌	24	四	甲辰	24	六	甲戌	23	一	甲辰
廿九	28	日	丙子	27	二	丙午	26	三	乙亥	25	五	乙巳	25	日	乙亥	24	二	乙巳
三十	29	一	丁丑				27	四	丙子	26	六	丙午	26	一	丙子			
节气	立秋 初八 午时		处暑 廿四 丑时	白露 初九 申时		秋分 廿五 丑时	寒露 十一 辰时		霜降 廿六 午时	立冬 十一 午时		小雪 廿六 巳时	大雪 十一 寅时		冬至 廿五 子时	小寒 初十 申时		大寒 廿五 巳时

农历丙辰年　属龙

旬	正月大庚寅			二月小辛卯			三月大壬辰			闰四月小			四月小癸巳			五月大甲午			六月小乙未			七月小丙申			八月大丁酉			九月大戊戌			十月大己亥			十一月小庚子			十二月大辛丑		
	公历	星期	干支	公历	星期	干支	公历	星期	干支	公历	星期	干支	公历	星期	干支	公历	星期	干支	公历	星期	干支	公历	星期	干支	公历	星期	干支	公历	星期	干支	公历	星期	干支	公历	星期	干支	公历	星期	干支

节气

| 节气 | 立春 | 雨水 | 惊蛰 | 春分 | 清明 | 谷雨 | 立夏 | 小满 | 芒种 | 夏至 | 小暑 | 大暑 | 立秋 | 处暑 | 白露 | 秋分 | 寒露 | 霜降 | 立冬 | 小雪 | 大雪 | 冬至 | 小寒 | 大寒 | 立春 |

农历丁巳年　属蛇　公元 2097—2098 年

本表按十二个农历月排列，每月列出公历日期、星期、干支及节气。

正月大壬寅（公历 2.11 – 3.12）

农历	公历	星期	干支
初一	2.11	一	己巳
初二	2.12	二	庚午
初三	2.13	三	辛未
初四	2.14	四	壬申
初五	2.15	五	癸酉
初六	2.16	六	甲戌
初七	2.17	日	乙亥
初八	2.18	一	丙子
初九	2.19	二	丁丑
初十	2.20	三	戊寅
十一	2.21	四	己卯
十二	2.22	五	庚辰
十三	2.23	六	辛巳
十四	2.24	日	壬午
十五	2.25	一	癸未
十六	2.26	二	甲申
十七	2.27	三	乙酉
十八	2.28	四	丙戌
十九	3.1	五	丁亥
二十	3.2	六	戊子
廿一	3.3	日	己丑
廿二	3.4	一	庚寅
廿三	3.5	二	辛卯
廿四	3.6	三	壬辰
廿五	3.7	四	癸巳
廿六	3.8	五	甲午
廿七	3.9	六	乙未
廿八	3.10	日	丙申
廿九	3.11	一	丁酉
三十	3.12	二	戊戌

节气：雨水 初七 卯时；惊蛰 廿二 寅时

二月大癸卯（公历 3.13 – 4.11）

农历	公历	星期	干支
初一	3.13	三	己亥
初二	3.14	四	庚子
初三	3.15	五	辛丑
初四	3.16	六	壬寅
初五	3.17	日	癸卯
初六	3.18	一	甲辰
初七	3.19	二	乙巳
初八	3.20	三	丙午
初九	3.21	四	丁未
初十	3.22	五	戊申
十一	3.23	六	己酉
十二	3.24	日	庚戌
十三	3.25	一	辛亥
十四	3.26	二	壬子
十五	3.27	三	癸丑
十六	3.28	四	甲寅
十七	3.29	五	乙卯
十八	3.30	六	丙辰
十九	3.31	日	丁巳
二十	4.1	一	戊午
廿一	4.2	二	己未
廿二	4.3	三	庚申
廿三	4.4	四	辛酉
廿四	4.5	五	壬戌
廿五	4.6	六	癸亥
廿六	4.7	日	甲子
廿七	4.8	一	乙丑
廿八	4.9	二	丙寅
廿九	4.10	三	丁卯
三十	4.11	四	戊辰

节气：春分 初七 寅时；清明 廿二 辰时

三月大甲辰（公历 4.12 – 5.11）

农历	公历	星期	干支
初一	4.12	五	己巳
初二	4.13	六	庚午
初三	4.14	日	辛未
初四	4.15	一	壬申
初五	4.16	二	癸酉
初六	4.17	三	甲戌
初七	4.18	四	乙亥
初八	4.19	五	丙子
初九	4.20	六	丁丑
初十	4.21	日	戊寅
十一	4.22	一	己卯
十二	4.23	二	庚辰
十三	4.24	三	辛巳
十四	4.25	四	壬午
十五	4.26	五	癸未
十六	4.27	六	甲申
十七	4.28	日	乙酉
十八	4.29	一	丙戌
十九	4.30	二	丁亥
二十	5.1	三	戊子
廿一	5.2	四	己丑
廿二	5.3	五	庚寅
廿三	5.4	六	辛卯
廿四	5.5	日	壬辰
廿五	5.6	一	癸巳
廿六	5.7	二	甲午
廿七	5.8	三	乙未
廿八	5.9	四	丙申
廿九	5.10	五	丁酉
三十	5.11	六	戊戌

节气：谷雨 初八 未时；立夏 廿四 子时

四月小乙巳（公历 5.12 – 6.9）

农历	公历	星期	干支
初一	5.12	日	己亥
初二	5.13	一	庚子
初三	5.14	二	辛丑
初四	5.15	三	壬寅
初五	5.16	四	癸卯
初六	5.17	五	甲辰
初七	5.18	六	乙巳
初八	5.19	日	丙午
初九	5.20	一	丁未
初十	5.21	二	戊申
十一	5.22	三	己酉
十二	5.23	四	庚戌
十三	5.24	五	辛亥
十四	5.25	六	壬子
十五	5.26	日	癸丑
十六	5.27	一	甲寅
十七	5.28	二	乙卯
十八	5.29	三	丙辰
十九	5.30	四	丁巳
二十	5.31	五	戊午
廿一	6.1	六	己未
廿二	6.2	日	庚申
廿三	6.3	一	辛酉
廿四	6.4	二	壬戌
廿五	6.5	三	癸亥
廿六	6.6	四	甲子
廿七	6.7	五	乙丑
廿八	6.8	六	丙寅
廿九	6.9	日	丁卯

节气：小满 初九 午时；芒种 廿四 寅时

五月小丙午（公历 6.10 – 7.8）

农历	公历	星期	干支
初一	6.10	一	戊辰
初二	6.11	二	己巳
初三	6.12	三	庚午
初四	6.13	四	辛未
初五	6.14	五	壬申
初六	6.15	六	癸酉
初七	6.16	日	甲戌
初八	6.17	一	乙亥
初九	6.18	二	丙子
初十	6.19	三	丁丑
十一	6.20	四	戊寅
十二	6.21	五	己卯
十三	6.22	六	庚辰
十四	6.23	日	辛巳
十五	6.24	一	壬午
十六	6.25	二	癸未
十七	6.26	三	甲申
十八	6.27	四	乙酉
十九	6.28	五	丙戌
二十	6.29	六	丁亥
廿一	6.30	日	戊子
廿二	7.1	一	己丑
廿三	7.2	二	庚寅
廿四	7.3	三	辛卯
廿五	7.4	四	壬辰
廿六	7.5	五	癸巳
廿七	7.6	六	甲午
廿八	7.7	日	乙未
廿九	7.8	一	丙申

节气：夏至 十一 戌时；小暑 廿七 未时

六月大丁未（公历 7.9 – 8.7）

农历	公历	星期	干支
初一	7.9	二	丁酉
初二	7.10	三	戊戌
初三	7.11	四	己亥
初四	7.12	五	庚子
初五	7.13	六	辛丑
初六	7.14	日	壬寅
初七	7.15	一	癸卯
初八	7.16	二	甲辰
初九	7.17	三	乙巳
初十	7.18	四	丙午
十一	7.19	五	丁未
十二	7.20	六	戊申
十三	7.21	日	己酉
十四	7.22	一	庚戌
十五	7.23	二	辛亥
十六	7.24	三	壬子
十七	7.25	四	癸丑
十八	7.26	五	甲寅
十九	7.27	六	乙卯
二十	7.28	日	丙辰
廿一	7.29	一	丁巳
廿二	7.30	二	戊午
廿三	7.31	三	己未
廿四	8.1	四	庚申
廿五	8.2	五	辛酉
廿六	8.3	六	壬戌
廿七	8.4	日	癸亥
廿八	8.5	一	甲子
廿九	8.6	二	乙丑
三十	8.7	三	丙寅

节气：大暑 十四 辰时；立秋 廿九 子时

七月小戊申（公历 8.8 – 9.5）

农历	公历	星期	干支
初一	8.8	四	丁卯
初二	8.9	五	戊辰
初三	8.10	六	己巳
初四	8.11	日	庚午
初五	8.12	一	辛未
初六	8.13	二	壬申
初七	8.14	三	癸酉
初八	8.15	四	甲戌
初九	8.16	五	乙亥
初十	8.17	六	丙子
十一	8.18	日	丁丑
十二	8.19	一	戊寅
十三	8.20	二	己卯
十四	8.21	三	庚辰
十五	8.22	四	辛巳
十六	8.23	五	壬午
十七	8.24	六	癸未
十八	8.25	日	甲申
十九	8.26	一	乙酉
二十	8.27	二	丙戌
廿一	8.28	三	丁亥
廿二	8.29	四	戊子
廿三	8.30	五	己丑
廿四	8.31	六	庚寅
廿五	9.1	日	辛卯
廿六	9.2	一	壬辰
廿七	9.3	二	癸巳
廿八	9.4	三	甲午
廿九	9.5	四	乙未

节气：处暑 十五 未时

八月小己酉（公历 9.6 – 10.4）

农历	公历	星期	干支
初一	9.6	五	丙申
初二	9.7	六	丁酉
初三	9.8	日	戊戌
初四	9.9	一	己亥
初五	9.10	二	庚子
初六	9.11	三	辛丑
初七	9.12	四	壬寅
初八	9.13	五	癸卯
初九	9.14	六	甲辰
初十	9.15	日	乙巳
十一	9.16	一	丙午
十二	9.17	二	丁未
十三	9.18	三	戊申
十四	9.19	四	己酉
十五	9.20	五	庚戌
十六	9.21	六	辛亥
十七	9.22	日	壬子
十八	9.23	一	癸丑
十九	9.24	二	甲寅
二十	9.25	三	乙卯
廿一	9.26	四	丙辰
廿二	9.27	五	丁巳
廿三	9.28	六	戊午
廿四	9.29	日	己未
廿五	9.30	一	庚申
廿六	10.1	二	辛酉
廿七	10.2	三	壬戌
廿八	10.3	四	癸亥
廿九	10.4	五	甲子

节气：白露 初二 丑时；秋分 十七 午时

九月大庚戌（公历 10.5 – 11.3）

农历	公历	星期	干支
初一	10.5	六	乙丑
初二	10.6	日	丙寅
初三	10.7	一	丁卯
初四	10.8	二	戊辰
初五	10.9	三	己巳
初六	10.10	四	庚午
初七	10.11	五	辛未
初八	10.12	六	壬申
初九	10.13	日	癸酉
初十	10.14	一	甲戌
十一	10.15	二	乙亥
十二	10.16	三	丙子
十三	10.17	四	丁丑
十四	10.18	五	戊寅
十五	10.19	六	己卯
十六	10.20	日	庚辰
十七	10.21	一	辛巳
十八	10.22	二	壬午
十九	10.23	三	癸未
二十	10.24	四	甲申
廿一	10.25	五	乙酉
廿二	10.26	六	丙戌
廿三	10.27	日	丁亥
廿四	10.28	一	戊子
廿五	10.29	二	己丑
廿六	10.30	三	庚寅
廿七	10.31	四	辛卯
廿八	11.1	五	壬辰
廿九	11.2	六	癸巳
三十	11.3	日	甲午

节气：寒露 初三 戌时；霜降 十八 亥时

十月大辛亥（公历 11.4 – 12.3）

农历	公历	星期	干支
初一	11.4	一	乙未
初二	11.5	二	丙申
初三	11.6	三	丁酉
初四	11.7	四	戊戌
初五	11.8	五	己亥
初六	11.9	六	庚子
初七	11.10	日	辛丑
初八	11.11	一	壬寅
初九	11.12	二	癸卯
初十	11.13	三	甲辰
十一	11.14	四	乙巳
十二	11.15	五	丙午
十三	11.16	六	丁未
十四	11.17	日	戊申
十五	11.18	一	己酉
十六	11.19	二	庚戌
十七	11.20	三	辛亥
十八	11.21	四	壬子
十九	11.22	五	癸丑
二十	11.23	六	甲寅
廿一	11.24	日	乙卯
廿二	11.25	一	丙辰
廿三	11.26	二	丁巳
廿四	11.27	三	戊午
廿五	11.28	四	己未
廿六	11.29	五	庚申
廿七	11.30	六	辛酉
廿八	12.1	日	壬戌
廿九	12.2	一	癸亥
三十	12.3	二	甲子

节气：立冬 初三 亥时；小雪 十八 亥时

十一月小壬子（公历 12.4 – 次年 1.1）

农历	公历	星期	干支
初一	12.4	三	乙丑
初二	12.5	四	丙寅
初三	12.6	五	丁卯
初四	12.7	六	戊辰
初五	12.8	日	己巳
初六	12.9	一	庚午
初七	12.10	二	辛未
初八	12.11	三	壬申
初九	12.12	四	癸酉
初十	12.13	五	甲戌
十一	12.14	六	乙亥
十二	12.15	日	丙子
十三	12.16	一	丁丑
十四	12.17	二	戊寅
十五	12.18	三	己卯
十六	12.19	四	庚辰
十七	12.20	五	辛巳
十八	12.21	六	壬午
十九	12.22	日	癸未
二十	12.23	一	甲申
廿一	12.24	二	乙酉
廿二	12.25	三	丙戌
廿三	12.26	四	丁亥
廿四	12.27	五	戊子
廿五	12.28	六	己丑
廿六	12.29	日	庚寅
廿七	12.30	一	辛卯
廿八	12.31	二	壬辰
廿九	1.1	三	癸巳

节气：大雪 初三 辰时；冬至 十八 巳时

十二月大癸丑（公历 1.2 – 1.31，2098年）

农历	公历	星期	干支
初一	1.2	四	甲午
初二	1.3	五	乙未
初三	1.4	六	丙申
初四	1.5	日	丁酉
初五	1.6	一	戊戌
初六	1.7	二	己亥
初七	1.8	三	庚子
初八	1.9	四	辛丑
初九	1.10	五	壬寅
初十	1.11	六	癸卯
十一	1.12	日	甲辰
十二	1.13	一	乙巳
十三	1.14	二	丙午
十四	1.15	三	丁未
十五	1.16	四	戊申
十六	1.17	五	己酉
十七	1.18	六	庚戌
十八	1.19	日	辛亥
十九	1.20	一	壬子
二十	1.21	二	癸丑
廿一	1.22	三	甲寅
廿二	1.23	四	乙卯
廿三	1.24	五	丙辰
廿四	1.25	六	丁巳
廿五	1.26	日	戊午
廿六	1.27	一	己未
廿七	1.28	二	庚申
廿八	1.29	三	辛酉
廿九	1.30	四	壬戌
三十	1.31	五	癸亥

节气：小寒 初三 寅时；大寒 十八 亥时

农历戊午马年 属马

公元 2098－2099 年

旬	正月大甲寅 公历	星期	干支	二月大乙卯 公历	星期	干支	三月小丙辰 公历	星期	干支	四月大丁巳 公历	星期	干支	五月小戊午 公历	星期	干支	六月小己未 公历	星期	干支	七月小庚申 公历	星期	干支	八月大辛酉 公历	星期	干支	九月小壬戌 公历	星期	干支	十月大癸亥 公历	星期	干支	十一月小甲子 公历	星期	干支	十二月大乙丑 公历	星期	干支
初一	**2**	六	甲子	3	一	甲午	2	三	甲子	**5**	四	癸巳	31	六	癸亥	29	日	壬辰	28	一	辛酉	26	二	庚寅	25	四	庚申	24	五	己丑	23	日	己未	22	一	戊子
初二	2	日	乙丑	4	二	乙未	3	四	乙丑	2	五	甲午	**6**	日	甲子	30	一	癸巳	29	二	壬戌	27	三	辛卯	26	五	辛酉	25	六	庚寅	24	一	庚申	23	二	己丑
初三	3	一	丙寅	5	三	丙申	4	五	丙寅	3	六	乙未	2	一	乙丑	**7**	二	甲午	30	三	癸亥	28	四	壬辰	27	六	壬戌	26	日	辛卯	25	二	辛酉	24	三	庚寅
初四	4	二	丁卯	6	四	丁酉	5	六	丁卯	4	日	丙申	3	二	丙寅	2	三	乙未	31	四	甲子	29	五	癸巳	28	日	癸亥	27	一	壬辰	26	三	壬戌	25	四	辛卯
初五	5	三	戊辰	7	五	戊戌	6	日	戊辰	5	一	丁酉	4	三	丁卯	3	四	丙申	**8**	五	乙丑	30	六	甲午	29	一	甲子	28	二	癸巳	27	四	癸亥	26	五	壬辰
初六	6	四	己巳	8	六	己亥	7	一	己巳	6	二	戊戌	5	四	戊辰	4	五	丁酉	2	六	丙寅	31	日	乙未	30	二	乙丑	29	三	甲午	28	五	甲子	27	六	癸巳
初七	7	五	庚午	9	日	庚子	8	二	庚午	7	三	己亥	6	五	己巳	5	六	戊戌	3	日	丁卯	**9**	一	丙申	**10**	三	丙寅	30	四	乙未	29	六	乙丑	28	日	甲午
初八	8	六	辛未	10	一	辛丑	9	三	辛未	8	四	庚子	7	六	庚午	6	日	己亥	4	一	戊辰	2	二	丁酉	2	四	丁卯	31	五	丙申	30	日	丙寅	29	一	乙未
初九	9	日	壬申	11	二	壬寅	10	四	壬申	9	五	辛丑	8	日	辛未	7	一	庚子	5	二	己巳	3	三	戊戌	3	五	戊辰	**11**	六	丁酉	**12**	一	丁卯	30	二	丙申
初十	10	一	癸酉	12	三	癸卯	11	五	癸酉	10	六	壬寅	9	一	壬申	8	二	辛丑	6	三	庚午	4	四	己亥	4	六	己巳	2	日	戊戌	2	二	戊辰	**1**	三	丁酉
十一	11	二	甲戌	13	四	甲辰	12	六	甲戌	11	日	癸卯	10	二	癸酉	9	三	壬寅	7	四	辛未	5	五	庚子	5	日	庚午	3	一	己亥	3	三	己巳	2	四	戊戌
十二	12	三	乙亥	14	五	乙巳	13	日	乙亥	12	一	甲辰	11	三	甲戌	10	四	癸卯	8	五	壬申	6	六	辛丑	6	一	辛未	4	二	庚子	4	四	庚午	3	五	己亥
十三	13	四	丙子	15	六	丙午	14	一	丙子	13	二	乙巳	12	四	乙亥	11	五	甲辰	9	六	癸酉	7	日	壬寅	7	二	壬申	5	三	辛丑	5	五	辛未	4	六	庚子
十四	14	五	丁丑	16	日	丁未	15	二	丁丑	14	三	丙午	13	五	丙子	12	六	乙巳	10	日	甲戌	8	一	癸卯	8	三	癸酉	6	四	壬寅	6	六	壬申	5	日	辛丑
十五	15	六	戊寅	17	一	戊申	16	三	戊寅	15	四	丁未	14	六	丁丑	13	日	丙午	11	一	乙亥	9	二	甲辰	9	四	甲戌	7	五	癸卯	7	日	癸酉	6	一	壬寅
十六	16	日	己卯	18	二	己酉	17	四	己卯	16	五	戊申	15	日	戊寅	14	一	丁未	12	二	丙子	10	三	乙巳	10	五	乙亥	8	六	甲辰	8	一	甲戌	7	二	癸卯
十七	17	一	庚辰	19	三	庚戌	18	五	庚辰	17	六	己酉	16	一	己卯	15	二	戊申	13	三	丁丑	11	四	丙午	11	六	丙子	9	日	乙巳	9	二	乙亥	8	三	甲辰
十八	18	二	辛巳	20	四	辛亥	19	六	辛巳	18	日	庚戌	17	二	庚辰	16	三	己酉	14	四	戊寅	12	五	丁未	12	日	丁丑	10	一	丙午	10	三	丙子	9	四	乙巳
十九	19	三	壬午	21	五	壬子	20	日	壬午	19	一	辛亥	18	三	辛巳	17	四	庚戌	15	五	己卯	13	六	戊申	13	一	戊寅	11	二	丁未	11	四	丁丑	10	五	丙午
二十	20	四	癸未	22	六	癸丑	21	一	癸未	20	二	壬子	19	四	壬午	18	五	辛亥	16	六	庚辰	14	日	己酉	14	二	己卯	12	三	戊申	12	五	戊寅	11	六	丁未
廿一	21	五	甲申	23	日	甲寅	22	二	甲申	21	三	癸丑	20	五	癸未	19	六	壬子	17	日	辛巳	15	一	庚戌	15	三	庚辰	13	四	己酉	13	六	己卯	12	日	戊申
廿二	22	六	乙酉	24	一	乙卯	23	三	乙酉	22	四	甲寅	21	六	甲申	20	日	癸丑	18	一	壬午	16	二	辛亥	16	四	辛巳	14	五	庚戌	14	日	庚辰	13	一	己酉
廿三	23	日	丙戌	25	二	丙辰	24	四	丙戌	23	五	乙卯	22	日	乙酉	21	一	甲寅	19	二	癸未	17	三	壬子	17	五	壬午	15	六	辛亥	15	一	辛巳	14	二	庚戌
廿四	24	一	丁亥	26	三	丁巳	25	五	丁亥	24	六	丙辰	23	一	丙戌	22	二	乙卯	20	三	甲申	18	四	癸丑	18	六	癸未	16	日	壬子	16	二	壬午	15	三	辛亥
廿五	25	二	戊子	27	四	戊午	26	六	戊子	25	日	丁巳	24	二	丁亥	23	三	丙辰	21	四	乙酉	19	五	甲寅	19	日	甲申	17	一	癸丑	17	三	癸未	16	四	壬子
廿六	26	三	己丑	28	五	己未	27	日	己丑	26	一	戊午	25	三	戊子	24	四	丁巳	22	五	丙戌	20	六	乙卯	20	一	乙酉	18	二	甲寅	18	四	甲申	17	五	癸丑
廿七	27	四	庚寅	29	六	庚申	28	一	庚寅	27	二	己未	26	四	己丑	25	五	戊午	23	六	丁亥	21	日	丙辰	21	二	丙戌	19	三	乙卯	19	五	乙酉	18	六	甲寅
廿八	28	五	辛卯	30	日	辛酉	29	二	辛卯	28	三	庚申	27	五	庚寅	26	六	己未	24	日	戊子	22	一	丁巳	22	三	丁亥	20	四	丙辰	20	六	丙戌	19	日	乙卯
廿九	**3**	六	壬辰	31	一	壬戌	30	三	壬辰	29	四	辛酉	28	六	辛卯	27	日	庚申	25	一	己丑	23	二	戊午	23	四	戊子	21	五	丁巳	21	日	丁亥	19	一	丙辰
三十	2	日	癸巳	**4**	二	癸亥				30	五	壬戌										24	三	己未				22	六	戊午				20	二	丁巳
节	立春	初三	申时	惊蛰	初三	巳时	清明	初三	未时	立夏	初五	卯时	芒种	初六	巳时	小暑	初八	戌时	立秋	十一	卯时	白露	十三	辰时	寒露	十四	丑时	立冬	十五	寅时	大雪	十五	亥时	小寒	十五	巳时
气	雨水	十八	午时	春分	十八	巳时	谷雨	十八	戌时	小满	二十	酉时	夏至	廿一	丑时	大暑	廿四	午时	处暑	廿六	戌时	秋分	廿八	酉时	霜降	廿九	寅时	小雪	三十	寅时	冬至	廿九	巳时	大寒	三十	寅时

农历己未年　属羊

旬	正月大丙寅 公历 星期 干支	二月大丁卯 公历 星期 干支	闰二月小 公历 星期 干支	三月大戊辰 公历 星期 干支	四月大己巳 公历 星期 干支	五月小庚午 公历 星期 干支	六月小辛未 公历 星期 干支	七月大壬申 公历 星期 干支	八月小癸酉 公历 星期 干支	九月小甲戌 公历 星期 干支	十月大乙亥 公历 星期 干支	十一月小丙子 公历 星期 干支	十二月大丁丑 公历 星期 干支
初一	21 三 戊寅	20 五 戊申	22 日 戊寅	20 三 丁酉	20 三 丁卯	19 五 丁酉	18 六 丙寅	16 日 乙未	15 二 乙丑	14 三 甲午	12 四 癸亥	12 六 癸巳	10 日 壬戌
初二	22 四 己卯	21 六 己酉	23 一 己卯	21 四 戊戌	21 四 戊辰	20 六 戊戌	19 日 丁卯	17 一 丙申	16 三 丙寅	15 四 乙未	13 五 甲子	13 日 甲午	11 一 癸亥
初三	23 五 庚辰	22 日 庚戌	24 二 庚辰	22 五 己亥	22 五 己巳	21 日 己亥	20 一 戊辰	18 二 丁酉	17 四 丁卯	16 五 丙申	14 六 乙丑	14 一 乙未	12 二 甲子
初四	24 六 辛巳	23 一 辛亥	25 三 辛巳	23 六 庚子	23 六 庚午	22 一 庚子	21 二 己巳	19 三 戊戌	18 五 戊辰	17 六 丁酉	15 日 丙寅	15 二 丙申	13 三 乙丑
初五	25 日 壬午	24 二 壬子	26 四 壬午	24 日 辛丑	24 日 辛未	23 二 辛丑	22 三 庚午	20 四 己亥	19 六 己巳	18 日 戊戌	16 一 丁卯	16 三 丁酉	14 四 丙寅
初六	26 一 癸未	25 三 癸丑	27 五 癸未	25 一 壬寅	25 一 壬申	24 三 壬寅	23 四 辛未	21 五 庚子	20 日 庚午	19 一 己亥	17 二 戊辰	17 四 戊戌	15 五 丁卯
初七	27 二 甲申	26 四 甲寅	28 六 甲申	26 二 癸卯	26 二 癸酉	25 四 癸卯	24 五 壬申	22 六 辛丑	21 一 辛未	20 二 庚子	18 三 己巳	18 五 己亥	16 六 戊辰
初八	28 三 乙酉	27 五 乙卯	29 日 乙酉	27 三 甲辰	27 三 甲戌	26 五 甲辰	25 六 癸酉	23 日 壬寅	22 二 壬申	21 三 辛丑	19 四 庚午	19 六 庚子	17 日 己巳
初九	29 四 丙戌	28 六 丙辰	30 一 丙戌	28 四 乙巳	28 四 乙亥	27 六 乙巳	26 日 甲戌	24 一 癸卯	23 三 癸酉	22 四 壬寅	20 五 辛未	20 日 辛丑	18 一 庚午
初十	30 五 丁亥	3 日 丁巳	31 二 丁亥	29 五 丙午	29 五 丙子	28 日 丙午	27 一 乙亥	25 二 甲辰	24 四 甲戌	23 五 癸卯	21 六 壬申	21 一 壬寅	19 二 辛未
十一	31 六 戊子	2 一 戊午	4 三 戊子	30 六 丁未	30 六 丁丑	29 一 丁未	28 二 丙子	26 三 乙巳	25 五 乙亥	24 六 甲辰	22 日 癸酉	22 二 癸卯	20 三 壬申
十二	2 日 己丑	2 二 己未	2 四 己丑	31 日 戊申	31 日 戊寅	30 二 戊申	29 三 丁丑	27 四 丙午	26 六 丙子	25 日 乙巳	23 一 甲戌	23 三 甲辰	2 四 癸酉
十三	2 一 庚寅	3 三 庚申	2 五 庚寅	5 一 己酉	6 一 己卯	7 三 己酉	30 四 戊寅	28 五 丁未	27 日 丁丑	26 一 丙午	24 二 乙亥	24 四 乙巳	2 五 甲戌
十四	3 二 辛卯	4 四 辛酉	3 六 辛卯	2 二 庚戌	2 二 庚辰	2 四 庚戌	31 五 己卯	29 六 戊申	28 一 戊寅	27 二 丁未	25 三 丙子	25 五 丙午	3 六 乙亥
十五	4 三 壬辰	5 五 壬戌	4 日 壬辰	3 三 辛亥	3 三 辛巳	3 五 辛亥	8 六 庚辰	30 日 己酉	29 二 己卯	28 三 戊申	26 四 丁丑	26 六 丁未	4 日 丙子
十六	5 四 癸巳	6 六 癸亥	5 一 癸巳	4 四 壬子	4 四 壬午	4 六 壬子	2 日 辛巳	31 一 庚戌	30 三 庚辰	29 四 己酉	27 五 戊寅	27 日 戊申	5 一 丁丑
十七	6 五 甲午	7 日 甲子	6 二 甲午	5 五 癸丑	5 五 癸未	5 日 癸丑	3 一 壬午	9 二 辛亥	10 四 辛巳	30 五 庚戌	28 六 己卯	28 一 己酉	6 二 戊寅
十八	7 六 乙未	8 一 乙丑	7 三 乙未	6 六 甲寅	6 六 甲申	6 一 甲寅	4 二 癸未	2 三 壬子	2 五 壬午	31 六 辛亥	29 日 庚辰	29 二 庚戌	7 三 己卯
十九	8 日 丙申	9 二 丙寅	8 四 丙申	7 日 乙卯	7 日 乙酉	7 二 乙卯	5 三 甲申	3 四 癸丑	3 六 癸未	11 日 壬子	30 一 辛巳	30 三 辛亥	8 四 庚辰
二十	9 一 丁酉	10 三 丁卯	9 五 丁酉	8 一 丙辰	8 一 丙戌	8 三 丙辰	6 四 乙酉	4 五 甲寅	4 四 甲申	2 一 癸丑	31 二 壬午	31 四 壬子	9 五 辛巳
廿一	10 二 戊戌	11 四 戊辰	10 六 戊戌	9 二 丁巳	9 二 丁亥	9 四 丁巳	7 五 丙戌	5 六 乙卯	5 一 乙酉	3 二 甲寅	2 三 癸未	1 五 癸丑	10 六 壬午
廿二	11 三 己亥	12 五 己巳	11 日 己亥	10 三 戊午	10 三 戊子	10 五 戊午	8 六 丁亥	6 日 丙辰	6 二 丙戌	4 三 乙卯	2 四 甲申	2 六 甲寅	11 日 癸未
廿三	12 四 庚子	13 六 庚午	12 一 庚子	11 四 己未	11 四 己丑	11 六 己未	9 日 戊子	7 一 丁巳	7 三 丁亥	5 四 丙辰	3 五 乙酉	3 日 乙卯	12 一 甲申
廿四	13 五 辛丑	14 日 辛未	13 二 辛丑	12 五 庚申	12 五 庚寅	12 日 庚申	10 一 己丑	8 二 戊午	8 四 戊子	6 五 丁巳	4 六 丙戌	4 一 丙辰	13 二 乙酉
廿五	14 六 壬寅	15 一 壬申	14 三 壬寅	13 六 辛酉	13 六 辛卯	13 一 辛酉	11 二 庚寅	9 三 己未	9 五 己丑	7 六 戊午	5 日 丁亥	5 二 丁巳	14 三 丙戌
廿六	15 日 癸卯	16 二 癸酉	15 四 癸卯	14 日 壬戌	14 日 壬辰	14 二 壬戌	12 三 辛卯	10 四 庚申	10 六 庚寅	8 日 己未	6 一 戊子	6 三 戊午	15 四 丁亥
廿七	16 一 甲辰	17 三 甲戌	16 五 甲辰	15 一 癸亥	15 一 癸巳	15 三 癸亥	13 四 壬辰	11 五 辛酉	11 日 辛卯	9 一 庚申	7 二 己丑	7 四 己未	16 五 戊子
廿八	17 二 乙巳	18 四 乙亥	17 六 乙巳	16 二 甲子	16 二 甲午	16 四 甲子	14 五 癸巳	12 六 壬戌	12 一 壬辰	10 二 辛酉	8 三 庚寅	8 五 庚申	17 六 己丑
廿九	18 三 丙午	19 五 丙子	18 日 丙午	18 三 乙丑	17 三 乙未	17 五 乙丑	15 六 甲午	13 日 癸亥	13 二 癸巳	11 三 壬戌	9 四 辛卯	9 六 辛酉	18 日 庚寅
三十	19 四 丁未	20 六 丁丑		19 四 丙寅	18 四 丙申			14 一 甲子			10 五 壬辰		19 一 辛卯

节气	立春 雨水	惊蛰 春分	清明	谷雨 立夏	小满 芒种	夏至 小暑	大暑 立秋	处暑 白露	秋分 寒露	霜降 立冬	小雪 大雪	冬至 小寒	大寒 立春
	十四 廿九	十四 廿九	十四	初一 十六	初一 十六	初三 十九	初五 廿一	初八 廿四	初九 廿五	初十 廿五	廿五 十一	初十 廿五	十一 廿六
	亥时 申时	未时 申时	酉时	酉时 午时	子时 午时	辰时 丑时	酉时 午时	初八 子时	子时 卯时	巳时 巳时	巳时 酉时	亥时 辰时	辰时 寅时

305

农历庚申年　属猴

上半年（正月～六月）

旬	正月大戊寅			二月大己卯			三月小庚辰			四月大辛巳			五月小壬午			六月大癸未		
	公历	星期	干支	公历	星期	干支	公历	星期	干支	公历	星期	干支	公历	星期	干支	公历	星期	干支
初一	9	二	壬午	11	四	壬子	10	六	壬午	9	日	辛亥	8	二	辛巳	7	三	庚戌
初二	10	三	癸未	12	五	癸丑	11	日	癸未	10	一	壬子	9	三	壬午	8	四	辛亥
初三	11	四	甲申	13	六	甲寅	12	一	甲申	11	二	癸丑	10	四	癸未	9	五	壬子
初四	12	五	乙酉	14	日	乙卯	13	二	乙酉	12	三	甲寅	11	五	甲申	10	六	癸丑
初五	13	六	丙戌	15	一	丙辰	14	三	丙戌	13	四	乙卯	12	六	乙酉	11	日	甲寅
初六	14	日	丁亥	16	二	丁巳	15	四	丁亥	14	五	丙辰	13	日	丙戌	12	一	乙卯
初七	15	一	戊子	17	三	戊午	16	五	戊子	15	六	丁巳	14	一	丁亥	13	二	丙辰
初八	16	二	己丑	18	四	己未	17	六	己丑	16	日	戊午	15	二	戊子	14	三	丁巳
初九	17	三	庚寅	19	五	庚申	18	日	庚寅	17	一	己未	16	三	己丑	15	四	戊午
初十	18	四	辛卯	20	六	辛酉	19	一	辛卯	18	二	庚申	17	四	庚寅	16	五	己未
十一	19	五	壬辰	21	日	壬戌	20	二	壬辰	19	三	辛酉	18	五	辛卯	17	六	庚申
十二	20	六	癸巳	22	一	癸亥	21	三	癸巳	20	四	壬戌	19	六	壬辰	18	日	辛酉
十三	21	日	甲午	23	二	甲子	22	四	甲午	21	五	癸亥	20	日	癸巳	19	一	壬戌
十四	22	一	乙未	24	三	乙丑	23	五	乙未	22	六	甲子	21	一	甲午	20	二	癸亥
十五	23	二	丙申	25	四	丙寅	24	六	丙申	23	日	乙丑	22	二	乙未	21	三	甲子
十六	24	三	丁酉	26	五	丁卯	25	日	丁酉	24	一	丙寅	23	三	丙申	22	四	乙丑
十七	25	四	戊戌	27	六	戊辰	26	一	戊戌	25	二	丁卯	24	四	丁酉	23	五	丙寅
十八	26	五	己亥	28	日	己巳	27	二	己亥	26	三	戊辰	25	五	戊戌	24	六	丁卯
十九	27	六	庚子	29	一	庚午	28	三	庚子	27	四	己巳	26	六	己亥	25	日	戊辰
二十	28	日	辛丑	30	二	辛未	29	四	辛丑	28	五	庚午	27	日	庚子	26	一	己巳
廿一	1	一	壬寅	31	三	壬申	30	五	壬寅	29	六	辛未	28	一	辛丑	27	二	庚午
廿二	2	二	癸卯	1	四	癸酉	1	六	癸卯	30	日	壬申	29	二	壬寅	28	三	辛未
廿三	3	三	甲辰	2	五	甲戌	2	日	甲辰	31	一	癸酉	30	三	癸卯	29	四	壬申
廿四	4	四	乙巳	3	六	乙亥	3	一	乙巳	1	二	甲戌	1	四	甲辰	30	五	癸酉
廿五	5	五	丙午	4	日	丙子	4	二	丙午	2	三	乙亥	2	五	乙巳	31	六	甲戌
廿六	6	六	丁未	5	一	丁丑	5	三	丁未	3	四	丙子	3	六	丙午	1	日	乙亥
廿七	7	日	戊申	6	二	戊寅	6	四	戊申	4	五	丁丑	4	日	丁未	2	一	丙子
廿八	8	一	己酉	7	三	己卯	7	五	己酉	5	六	戊寅	5	一	戊申	3	二	丁丑
廿九	9	二	庚戌	8	四	庚辰	8	六	庚戌	6	日	己卯	6	二	己酉	4	三	戊寅
三十	10	三	辛亥	9	五	辛巳				7	一	庚辰				5	四	己卯

节气（上半年）

月	节	气
正月	雨水 初十 亥时	惊蛰 廿五 戌时
二月	春分 初十 亥时	清明 廿六 子时
三月	谷雨 十一 辰时	立夏 廿六 酉时
四月	小满 十三 卯时	芒种 廿八 戌时
五月	夏至 十四 未时	小暑 初一 卯时
六月	大暑 十七 子时	

下半年（七月～十二月）

旬	七月小甲申			八月大乙酉			九月小丙戌			十月小丁亥			十一月大戊子			十二月小己丑		
	公历	星期	干支	公历	星期	干支	公历	星期	干支	公历	星期	干支	公历	星期	干支	公历	星期	干支
初一	6	五	庚辰	4	六	己酉	4	一	己卯	2	二	戊申	1	三	丁丑	31	五	丁未
初二	7	六	辛巳	5	日	庚戌	5	二	庚辰	3	三	己酉	2	四	戊寅	1	六	戊申
初三	8	日	壬午	6	一	辛亥	6	三	辛巳	4	四	庚戌	3	五	己卯	2	日	己酉
初四	9	一	癸未	7	二	壬子	7	四	壬午	5	五	辛亥	4	六	庚辰	3	一	庚戌
初五	10	二	甲申	8	三	癸丑	8	五	癸未	6	六	壬子	5	日	辛巳	4	二	辛亥
初六	11	三	乙酉	9	四	甲寅	9	六	甲申	7	日	癸丑	6	一	壬午	5	三	壬子
初七	12	四	丙戌	10	五	乙卯	10	日	乙酉	8	一	甲寅	7	二	癸未	6	四	癸丑
初八	13	五	丁亥	11	六	丙辰	11	一	丙戌	9	二	乙卯	8	三	甲申	7	五	甲寅
初九	14	六	戊子	12	日	丁巳	12	二	丁亥	10	三	丙辰	9	四	乙酉	8	六	乙卯
初十	15	日	己丑	13	一	戊午	13	三	戊子	11	四	丁巳	10	五	丙戌	9	日	丙辰
十一	16	一	庚寅	14	二	己未	14	四	己丑	12	五	戊午	11	六	丁亥	10	一	丁巳
十二	17	二	辛卯	15	三	庚申	15	五	庚寅	13	六	己未	12	日	戊子	11	二	戊午
十三	18	三	壬辰	16	四	辛酉	16	六	辛卯	14	日	庚申	13	一	己丑	12	三	己未
十四	19	四	癸巳	17	五	壬戌	17	日	壬辰	15	一	辛酉	14	二	庚寅	13	四	庚申
十五	20	五	甲午	18	六	癸亥	18	一	癸巳	16	二	壬戌	15	三	辛卯	14	五	辛酉
十六	21	六	乙未	19	日	甲子	19	二	甲午	17	三	癸亥	16	四	壬辰	15	六	壬戌
十七	22	日	丙申	20	一	乙丑	20	三	乙未	18	四	甲子	17	五	癸巳	16	日	癸亥
十八	23	一	丁酉	21	二	丙寅	21	四	丙申	19	五	乙丑	18	六	甲午	17	一	甲子
十九	24	二	戊戌	22	三	丁卯	22	五	丁酉	20	六	丙寅	19	日	乙未	18	二	乙丑
二十	25	三	己亥	23	四	戊辰	23	六	戊戌	21	日	丁卯	20	一	丙申	19	三	丙寅
廿一	26	四	庚子	24	五	己巳	24	日	己亥	22	一	戊辰	21	二	丁酉	20	四	丁卯
廿二	27	五	辛丑	25	六	庚午	25	一	庚子	23	二	己巳	22	三	戊戌	21	五	戊辰
廿三	28	六	壬寅	26	日	辛未	26	二	辛丑	24	三	庚午	23	四	己亥	22	六	己巳
廿四	29	日	癸卯	27	一	壬申	27	三	壬寅	25	四	辛未	24	五	庚子	23	日	庚午
廿五	30	一	甲辰	28	二	癸酉	28	四	癸卯	26	五	壬申	25	六	辛丑	24	一	辛未
廿六	31	二	乙巳	29	三	甲戌	29	五	甲辰	27	六	癸酉	26	日	壬寅	25	二	壬申
廿七	1	三	丙午	30	四	乙亥	30	六	乙巳	28	日	甲戌	27	一	癸卯	26	三	癸酉
廿八	2	四	丁未	1	五	丙子	31	日	丙午	29	一	乙亥	28	二	甲辰	27	四	甲戌
廿九	3	五	戊申	2	六	丁丑	1	一	丁未	30	二	丙子	29	三	乙巳	28	五	乙亥
三十				3	日	戊寅							30	四	丙午			

节气（下半年）

月	节	气
七月	立秋 初二 申时	处暑 十八 辰时
八月	白露 初四 子时	秋分 二十 申时
九月	寒露 初五 申时	霜降 二十 申时
十月	立冬 初六 亥时	小雪 廿一 未时
十一月	大雪 初七 巳时	冬至 廿二 寅时
十二月	小寒 初七 亥时	大寒 廿一 未时

农历辛酉年 属鸡

旬	正月大庚寅 公历	星期	干支	二月大辛卯 公历	星期	干支	三月小壬辰 公历	星期	干支	四月大癸巳 公历	星期	干支	五月大甲午 公历	星期	干支	六月小乙未 公历	星期	干支	七月大丙申 公历	星期	干支	闰七月小 公历	星期	干支	八月大丁酉 公历	星期	干支	九月小戊戌 公历	星期	干支	十月小己亥 公历	星期	干支	十一月大庚子 公历	星期	干支	十二月小辛丑 公历	星期	干支
初一	29	六	丙子	28	一	丙午	30	三	丙子	28	四	乙巳	28	六	乙亥	27	一	乙巳	26	二	甲戌	25	四	甲辰	23	五	癸酉	23	日	癸卯	21	一	壬申	20	二	辛丑	19	四	辛未
初二	30	日	丁丑	1	二	丁未	31	四	丁丑	29	五	丙午	29	日	丙子	28	二	丙午	27	三	乙亥	26	五	乙巳	24	六	甲戌	24	一	甲辰	22	二	癸酉	21	三	壬寅	20	五	壬申
初三	31	一	戊寅	2	三	戊申	1	五	戊寅	30	六	丁未	30	一	丁丑	29	三	丁未	28	四	丙子	27	六	丙午	25	日	乙亥	25	二	乙巳	23	三	甲戌	22	四	癸卯	21	六	癸酉
初四	1	二	己卯	3	四	己酉	2	六	己卯	1	日	戊申	31	二	戊寅	30	四	戊申	29	五	丁丑	28	日	丁未	26	一	丙子	26	三	丙午	24	四	乙亥	23	五	甲辰	22	日	甲戌
初五	2	三	庚辰	4	五	庚戌	3	日	庚辰	2	一	己酉	1	三	己卯	1	五	己酉	30	六	戊寅	29	一	戊申	27	二	丁丑	27	四	丁未	25	五	丙子	24	六	乙巳	23	一	乙亥
初六	3	四	辛巳	5	六	辛亥	4	一	辛巳	3	二	庚戌	2	四	庚辰	2	六	庚戌	31	日	己卯	30	二	己酉	28	三	戊寅	28	五	戊申	26	六	丁丑	25	日	丙午	24	二	丙子
初七	4	五	壬午	6	日	壬子	5	二	壬午	4	三	辛亥	3	五	辛巳	3	日	辛亥	1	一	庚辰	31	三	庚戌	29	四	己卯	29	六	己酉	27	日	戊寅	26	一	丁未	25	三	丁丑
初八	5	六	癸未	7	一	癸丑	6	三	癸未	5	四	壬子	4	六	壬午	4	一	壬子	2	二	辛巳	1	四	辛亥	30	五	庚辰	30	日	庚戌	28	一	己卯	27	二	戊申	26	四	戊寅
初九	6	日	甲申	8	二	甲寅	7	四	甲申	6	五	癸丑	5	日	癸未	5	二	癸丑	3	三	壬午	2	五	壬子	1	六	辛巳	31	一	辛亥	29	二	庚辰	28	三	己酉	27	五	己卯
初十	7	一	乙酉	9	三	乙卯	8	五	乙酉	7	六	甲寅	6	一	甲申	6	三	甲寅	4	四	癸未	3	六	癸丑	2	日	壬午	1	二	壬子	30	三	辛巳	29	四	庚戌	28	六	庚辰
十一	8	二	丙戌	10	四	丙辰	9	六	丙戌	8	日	乙卯	7	二	乙酉	7	四	乙卯	5	五	甲申	4	日	甲寅	3	一	癸未	2	三	癸丑	1	四	壬午	30	五	辛亥	29	日	辛巳
十二	9	三	丁亥	11	五	丁巳	10	日	丁亥	9	一	丙辰	8	三	丙戌	8	五	丙辰	6	六	乙酉	5	一	乙卯	4	二	甲申	3	四	甲寅	2	五	癸未	1	六	壬子	30	一	壬午
十三	10	四	戊子	12	六	戊午	11	一	戊子	10	二	丁巳	9	四	丁亥	9	六	丁巳	7	日	丙戌	6	二	丙辰	5	三	乙酉	4	五	乙卯	3	六	甲申	2	日	癸丑	31	二	癸未
十四	11	五	己丑	13	日	己未	12	二	己丑	11	三	戊午	10	五	戊子	10	日	戊午	8	一	丁亥	7	三	丁巳	6	四	丙戌	5	六	丙辰	4	日	乙酉	3	一	甲寅	1	三	甲申
十五	12	六	庚寅	14	一	庚申	13	三	庚寅	12	四	己未	11	六	己丑	11	一	己未	9	二	戊子	8	四	戊午	7	五	丁亥	6	日	丁巳	5	一	丙戌	4	二	乙卯	2	四	乙酉
十六	13	日	辛卯	15	二	辛酉	14	四	辛卯	13	五	庚申	12	日	庚寅	12	二	庚申	10	三	己丑	9	五	己未	8	六	戊子	7	一	戊午	6	二	丁亥	5	三	丙辰	3	五	丙戌
十七	14	一	壬辰	16	三	壬戌	15	五	壬辰	14	六	辛酉	13	一	辛卯	13	三	辛酉	11	四	庚寅	10	六	庚申	9	日	己丑	8	二	己未	7	三	戊子	6	四	丁巳	4	六	丁亥
十八	15	二	癸巳	17	四	癸亥	16	六	癸巳	15	日	壬戌	14	二	壬辰	14	四	壬戌	12	五	辛卯	11	日	辛酉	10	一	庚寅	9	三	庚申	8	四	己丑	7	五	戊午	5	日	戊子
十九	16	三	甲午	18	五	甲子	17	日	甲午	16	一	癸亥	15	三	癸巳	15	五	癸亥	13	六	壬辰	12	一	壬戌	11	二	辛卯	10	四	辛酉	9	五	庚寅	8	六	己未	6	一	己丑
二十	17	四	乙未	19	六	乙丑	18	一	乙未	17	二	甲子	16	四	甲午	16	六	甲子	14	日	癸巳	13	二	癸亥	12	三	壬辰	11	五	壬戌	10	六	辛卯	9	日	庚申	7	二	庚寅
廿一	18	五	丙申	20	日	丙寅	19	二	丙申	18	三	乙丑	17	五	乙未	17	日	乙丑	15	一	甲午	14	三	甲子	13	四	癸巳	12	六	癸亥	11	日	壬辰	10	一	辛酉	8	三	辛卯
廿二	19	六	丁酉	21	一	丁卯	20	三	丁酉	19	四	丙寅	18	六	丙申	18	一	丙寅	16	二	乙未	15	四	乙丑	14	五	甲午	13	日	甲子	12	一	癸巳	11	二	壬戌	9	四	壬辰
廿三	20	日	戊戌	22	二	戊辰	21	四	戊戌	20	五	丁卯	19	日	丁酉	19	二	丁卯	17	三	丙申	16	五	丙寅	15	六	乙未	14	一	乙丑	13	二	甲午	12	三	癸亥	10	五	癸巳
廿四	21	一	己亥	23	三	己巳	22	五	己亥	21	六	戊辰	20	一	戊戌	20	三	戊辰	18	四	丁酉	17	六	丁卯	16	日	丙申	15	二	丙寅	14	三	乙未	13	四	甲子	11	六	甲午
廿五	22	二	庚子	24	四	庚午	23	六	庚子	22	日	己巳	21	二	己亥	21	四	己巳	19	五	戊戌	18	日	戊辰	17	一	丁酉	16	三	丁卯	15	四	丙申	14	五	乙丑	12	日	乙未
廿六	23	三	辛丑	25	五	辛未	24	日	辛丑	23	一	庚午	22	三	庚子	22	五	庚午	20	六	己亥	19	一	己巳	18	二	戊戌	17	四	戊辰	16	五	丁酉	15	六	丙寅	13	一	丙申
廿七	24	四	壬寅	26	六	壬申	25	一	壬寅	24	二	辛未	23	四	辛丑	23	六	辛未	21	日	庚子	20	二	庚午	19	三	己亥	18	五	己巳	17	六	戊戌	16	日	丁卯	14	二	丁酉
廿八	25	五	癸卯	27	日	癸酉	26	二	癸卯	25	三	壬申	24	五	壬寅	24	日	壬申	22	一	辛丑	21	三	辛未	20	四	庚子	19	六	庚午	18	日	己亥	17	一	戊辰	15	三	戊戌
廿九	26	六	甲辰	28	一	甲戌	27	三	甲辰	26	四	癸酉	25	六	癸卯	25	一	癸酉	23	二	壬寅	22	四	壬申	21	五	辛丑	20	日	辛未	19	一	庚子	18	二	己巳	16	四	己亥
三十	27	日	乙巳	29	二	乙亥				27	五	甲戌	26	日	甲辰				24	三	癸卯				22	六	壬寅							19	三	庚午			
节气	立春 初七 辰时			惊蛰 初六 丑时			清明 初七 卯时			立夏 初八 子时			芒种 初十 丑时			小暑 十一 午时			立秋 十三 亥时			白露 十五 丑时			秋分 初一 午时			霜降 初一 亥时			小雪 初二 戌时			冬至 初三 巳时			大寒 初二 戌时		
节气	雨水 廿二 寅时			春分 廿一 丑时			谷雨 廿二 未时			小满 廿四 午时			夏至 廿五 戌时			大暑 廿七 卯时			处暑 廿九 未时						寒露 十六 酉时			立冬 十六 亥时			大雪 十七 申时			小寒 十八 丑时			立春 十七 未时		

农历壬戌年　属狗

各月干支历表（公历 2102 年正月至 2103 年十二月）。每日列：旬｜公历｜星期｜干支。公历数字遇新月份第一天以「月.日」表示。

正月大壬寅

旬	公历	星期	干支
初一	17	五	庚子
初二	18	六	辛丑
初三	19	日	壬寅
初四	20	一	癸卯
初五	21	二	甲辰
初六	22	三	乙巳
初七	23	四	丙午
初八	24	五	丁未
初九	25	六	戊申
初十	26	日	己酉
十一	27	一	庚戌
十二	28	二	辛亥
十三	3.1	三	壬子
十四	2	四	癸丑
十五	3	五	甲寅
十六	4	六	乙卯
十七	5	日	丙辰
十八	6	一	丁巳
十九	7	二	戊午
二十	8	三	己未
廿一	9	四	庚申
廿二	10	五	辛酉
廿三	11	六	壬戌
廿四	12	日	癸亥
廿五	13	一	甲子
廿六	14	二	乙丑
廿七	15	三	丙寅
廿八	16	四	丁卯
廿九	17	五	戊辰
三十	18	六	己巳

二月小癸卯

旬	公历	星期	干支
初一	19	日	庚午
初二	20	一	辛未
初三	21	二	壬申
初四	22	三	癸酉
初五	23	四	甲戌
初六	24	五	乙亥
初七	25	六	丙子
初八	26	日	丁丑
初九	27	一	戊寅
初十	28	二	己卯
十一	29	三	庚辰
十二	30	四	辛巳
十三	31	五	壬午
十四	4.1	六	癸未
十五	2	日	甲申
十六	3	一	乙酉
十七	4	二	丙戌
十八	5	三	丁亥
十九	6	四	戊子
二十	7	五	己丑
廿一	8	六	庚寅
廿二	9	日	辛卯
廿三	10	一	壬辰
廿四	11	二	癸巳
廿五	12	三	甲午
廿六	13	四	乙未
廿七	14	五	丙申
廿八	15	六	丁酉
廿九	16	日	戊戌

三月大甲辰

旬	公历	星期	干支
初一	17	一	己亥
初二	18	二	庚子
初三	19	三	辛丑
初四	20	四	壬寅
初五	21	五	癸卯
初六	22	六	甲辰
初七	23	日	乙巳
初八	24	一	丙午
初九	25	二	丁未
初十	26	三	戊申
十一	27	四	己酉
十二	28	五	庚戌
十三	29	六	辛亥
十四	30	日	壬子
十五	5.1	一	癸丑
十六	2	二	甲寅
十七	3	三	乙卯
十八	4	四	丙辰
十九	5	五	丁巳
二十	6	六	戊午
廿一	7	日	己未
廿二	8	一	庚申
廿三	9	二	辛酉
廿四	10	三	壬戌
廿五	11	四	癸亥
廿六	12	五	甲子
廿七	13	六	乙丑
廿八	14	日	丙寅
廿九	15	一	丁卯
三十	16	二	戊辰

四月大乙巳

旬	公历	星期	干支
初一	17	三	己巳
初二	18	四	庚午
初三	19	五	辛未
初四	20	六	壬申
初五	21	日	癸酉
初六	22	一	甲戌
初七	23	二	乙亥
初八	24	三	丙子
初九	25	四	丁丑
初十	26	五	戊寅
十一	27	六	己卯
十二	28	日	庚辰
十三	29	一	辛巳
十四	30	二	壬午
十五	31	三	癸未
十六	6.1	四	甲申
十七	2	五	乙酉
十八	3	六	丙戌
十九	4	日	丁亥
二十	5	一	戊子
廿一	6	二	己丑
廿二	7	三	庚寅
廿三	8	四	辛卯
廿四	9	五	壬辰
廿五	10	六	癸巳
廿六	11	日	甲午
廿七	12	一	乙未
廿八	13	二	丙申
廿九	14	三	丁酉
三十	15	四	戊戌

五月小丙午

旬	公历	星期	干支
初一	16	五	己亥
初二	17	六	庚子
初三	18	日	辛丑
初四	19	一	壬寅
初五	20	二	癸卯
初六	21	三	甲辰
初七	22	四	乙巳
初八	23	五	丙午
初九	24	六	丁未
初十	25	日	戊申
十一	26	一	己酉
十二	27	二	庚戌
十三	28	三	辛亥
十四	29	四	壬子
十五	30	五	癸丑
十六	7.1	六	甲寅
十七	2	日	乙卯
十八	3	一	丙辰
十九	4	二	丁巳
二十	5	三	戊午
廿一	6	四	己未
廿二	7	五	庚申
廿三	8	六	辛酉
廿四	9	日	壬戌
廿五	10	一	癸亥
廿六	11	二	甲子
廿七	12	三	乙丑
廿八	13	四	丙寅
廿九	14	五	丁卯

六月大丁未

旬	公历	星期	干支
初一	15	六	戊辰
初二	16	日	己巳
初三	17	一	庚午
初四	18	二	辛未
初五	19	三	壬申
初六	20	四	癸酉
初七	21	五	甲戌
初八	22	六	乙亥
初九	23	日	丙子
初十	24	一	丁丑
十一	25	二	戊寅
十二	26	三	己卯
十三	27	四	庚辰
十四	28	五	辛巳
十五	29	六	壬午
十六	30	日	癸未
十七	31	一	甲申
十八	8.1	二	乙酉
十九	2	三	丙戌
二十	3	四	丁亥
廿一	4	五	戊子
廿二	5	六	己丑
廿三	6	日	庚寅
廿四	7	一	辛卯
廿五	8	二	壬辰
廿六	9	三	癸巳
廿七	10	四	甲午
廿八	11	五	乙未
廿九	12	六	丙申
三十	13	日	丁酉

七月小戊申

旬	公历	星期	干支
初一	14	一	戊戌
初二	15	二	己亥
初三	16	三	庚子
初四	17	四	辛丑
初五	18	五	壬寅
初六	19	六	癸卯
初七	20	日	甲辰
初八	21	一	乙巳
初九	22	二	丙午
初十	23	三	丁未
十一	24	四	戊申
十二	25	五	己酉
十三	26	六	庚戌
十四	27	日	辛亥
十五	28	一	壬子
十六	29	二	癸丑
十七	30	三	甲寅
十八	31	四	乙卯
十九	9.1	五	丙辰
二十	2	六	丁巳
廿一	3	日	戊午
廿二	4	一	己未
廿三	5	二	庚申
廿四	6	三	辛酉
廿五	7	四	壬戌
廿六	8	五	癸亥
廿七	9	六	甲子
廿八	10	日	乙丑
廿九	11	一	丙寅

八月大己酉

旬	公历	星期	干支
初一	12	二	丁卯
初二	13	三	戊辰
初三	14	四	己巳
初四	15	五	庚午
初五	16	六	辛未
初六	17	日	壬申
初七	18	一	癸酉
初八	19	二	甲戌
初九	20	三	乙亥
初十	21	四	丙子
十一	22	五	丁丑
十二	23	六	戊寅
十三	24	日	己卯
十四	25	一	庚辰
十五	26	二	辛巳
十六	27	三	壬午
十七	28	四	癸未
十八	29	五	甲申
十九	30	六	乙酉
二十	10.1	日	丙戌
廿一	2	一	丁亥
廿二	3	二	戊子
廿三	4	三	己丑
廿四	5	四	庚寅
廿五	6	五	辛卯
廿六	7	六	壬辰
廿七	8	日	癸巳
廿八	9	一	甲午
廿九	10	二	乙未
三十	11	三	丙申

九月大庚戌

旬	公历	星期	干支
初一	12	四	丁酉
初二	13	五	戊戌
初三	14	六	己亥
初四	15	日	庚子
初五	16	一	辛丑
初六	17	二	壬寅
初七	18	三	癸卯
初八	19	四	甲辰
初九	20	五	乙巳
初十	21	六	丙午
十一	22	日	丁未
十二	23	一	戊申
十三	24	二	己酉
十四	25	三	庚戌
十五	26	四	辛亥
十六	27	五	壬子
十七	28	六	癸丑
十八	29	日	甲寅
十九	30	一	乙卯
二十	31	二	丙辰
廿一	11.1	三	丁巳
廿二	2	四	戊午
廿三	3	五	己未
廿四	4	六	庚申
廿五	5	日	辛酉
廿六	6	一	壬戌
廿七	7	二	癸亥
廿八	8	三	甲子
廿九	9	四	乙丑
三十	10	五	丙寅

十月小辛亥

旬	公历	星期	干支
初一	11	六	丁卯
初二	12	日	戊辰
初三	13	一	己巳
初四	14	二	庚午
初五	15	三	辛未
初六	16	四	壬申
初七	17	五	癸酉
初八	18	六	甲戌
初九	19	日	乙亥
初十	20	一	丙子
十一	21	二	丁丑
十二	22	三	戊寅
十三	23	四	己卯
十四	24	五	庚辰
十五	25	六	辛巳
十六	26	日	壬午
十七	27	一	癸未
十八	28	二	甲申
十九	29	三	乙酉
二十	30	四	丙戌
廿一	12.1	五	丁亥
廿二	2	六	戊子
廿三	3	日	己丑
廿四	4	一	庚寅
廿五	5	二	辛卯
廿六	6	三	壬辰
廿七	7	四	癸巳
廿八	8	五	甲午
廿九	9	六	乙未

十一月大壬子

旬	公历	星期	干支
初一	10	日	丙申
初二	11	一	丁酉
初三	12	二	戊戌
初四	13	三	己亥
初五	14	四	庚子
初六	15	五	辛丑
初七	16	六	壬寅
初八	17	日	癸卯
初九	18	一	甲辰
初十	19	二	乙巳
十一	20	三	丙午
十二	21	四	丁未
十三	22	五	戊申
十四	23	六	己酉
十五	24	日	庚戌
十六	25	一	辛亥
十七	26	二	壬子
十八	27	三	癸丑
十九	28	四	甲寅
二十	29	五	乙卯
廿一	30	六	丙辰
廿二	31	日	丁巳
廿三	1.1	一	戊午
廿四	2	二	己未
廿五	3	三	庚申
廿六	4	四	辛酉
廿七	5	五	壬戌
廿八	6	六	癸亥
廿九	7	日	甲子
三十	8	一	乙丑

十二月小癸丑

旬	公历	星期	干支
初一	9	二	丙寅
初二	10	三	丁卯
初三	11	四	戊辰
初四	12	五	己巳
初五	13	六	庚午
初六	14	日	辛未
初七	15	一	壬申
初八	16	二	癸酉
初九	17	三	甲戌
初十	18	四	乙亥
十一	19	五	丙子
十二	20	六	丁丑
十三	21	日	戊寅
十四	22	一	己卯
十五	23	二	庚辰
十六	24	三	辛巳
十七	25	四	壬午
十八	26	五	癸未
十九	27	六	甲申
二十	28	日	乙酉
廿一	29	一	丙戌
廿二	30	二	丁亥
廿三	31	三	戊子
廿四	2.1	四	己丑
廿五	2	五	庚寅
廿六	3	六	辛卯
廿七	4	日	壬辰
廿八	5	一	癸巳
廿九	6	二	甲午

节气（节 / 气）

月	节	气
正月	惊蛰 十八 辰时	雨水 初三 巳时
二月	清明 十八 午时	春分 初三 辰时
三月	立夏 二十 亥时	谷雨 初四 酉时
四月	芒种 廿一 辰时	小满 初五 酉时
五月	小暑 廿二 酉时	夏至 初七 时
六月	立秋 廿四 亥时	大暑 初九 时
七月	白露 十六 辰时	处暑 初十 戌时
八月	寒露 廿八 寅时	秋分 十二 酉时
九月	立冬 廿八 亥时	霜降 十三 寅时
十月	大雪 廿八 亥时	小雪 十三 丑时
十一月	小寒 廿八 辰时	冬至 十八 申时
十二月	立春 廿八 戌时	大寒 十三 丑时

农历癸亥年　属猪　　　　　　　　　　　　　　　　　　　　　　　　　　　　公元 2103－2104 年

旬	正月小甲寅 公历/星期/干支	二月大乙卯 公历/星期/干支	三月小丙辰 公历/星期/干支	四月大丁巳 公历/星期/干支	五月小戊午 公历/星期/干支	六月大己未 公历/星期/干支	旬	七月小庚申 公历/星期/干支	八月大辛酉 公历/星期/干支	九月大壬戌 公历/星期/干支	十月大癸亥 公历/星期/干支	十一月小甲子 公历/星期/干支	十二月大乙丑 公历/星期/干支
初一	7 三 乙未	8 四 甲子	7 六 甲午	6 日 癸巳	5 二 癸亥	4 三 壬戌	初一	3 五 壬辰	9 六 辛酉	10 一 辛卯	31 三 辛酉	30 五 辛卯	29 六 庚申
初二	8 四 丙申	9 五 乙丑	8 日 乙未	7 一 甲午	6 三 甲子	5 四 癸亥	初二	4 六 癸巳	2 日 壬戌	2 二 壬辰	11 四 壬戌	12 六 壬辰	30 日 辛酉
初三	9 五 丁酉	10 六 丙寅	9 一 丙申	8 二 乙未	7 四 乙丑	6 五 甲子	初三	5 日 甲午	3 一 癸亥	2 三 癸巳	2 五 癸亥	2 日 癸巳	31 一 壬戌
初四	10 六 戊戌	11 日 丁卯	10 二 丁酉	9 三 丙申	8 五 丙寅	7 六 乙丑	初四	6 一 乙未	4 二 甲子	3 四 甲午	3 六 甲子	3 一 甲午	1 二 癸亥
初五	11 日 己亥	12 一 戊辰	11 三 戊戌	10 四 丁酉	9 六 丁卯	8 日 丙寅	初五	7 二 丙申	5 三 乙丑	4 五 乙未	4 日 乙丑	4 二 乙未	2 三 甲子
初六	12 一 庚子	13 二 己巳	12 四 己亥	11 五 戊戌	10 日 戊辰	9 一 丁卯	初六	8 三 丁酉	6 四 丙寅	5 六 丙申	5 一 丙寅	5 三 丙申	3 四 乙丑
初七	13 二 辛丑	14 三 庚午	13 五 庚子	12 六 己亥	11 一 己巳	10 二 戊辰	初七	9 四 戊戌	7 五 丁卯	6 日 丁酉	6 二 丁卯	6 四 丁酉	4 五 丙寅
初八	14 三 壬寅	15 四 辛未	14 六 辛丑	13 日 庚子	12 二 庚午	11 三 己巳	初八	10 五 己亥	8 六 戊辰	7 一 戊戌	7 三 戊辰	7 五 戊戌	5 六 丁卯
初九	15 四 癸卯	16 五 壬申	15 日 壬寅	14 一 辛丑	13 三 辛未	12 四 庚午	初九	11 六 庚子	9 日 己巳	8 二 己亥	8 四 己巳	8 六 己亥	6 日 戊辰
初十	16 五 甲辰	17 六 癸酉	16 一 癸卯	15 二 壬寅	14 四 壬申	13 五 辛未	初十	12 日 辛丑	10 一 庚午	9 三 庚子	9 五 庚午	9 日 庚子	7 一 己巳
十一	17 六 乙巳	18 日 甲戌	17 二 甲辰	16 三 癸卯	15 五 癸酉	14 六 壬申	十一	13 一 壬寅	11 二 辛未	10 四 辛丑	10 六 辛未	10 一 辛丑	8 二 庚午
十二	18 日 丙午	19 一 乙亥	18 三 乙巳	17 四 甲辰	16 六 甲戌	15 日 癸酉	十二	14 二 癸卯	12 三 壬申	11 五 壬寅	11 日 壬申	11 二 壬寅	9 三 辛未
十三	19 一 丁未	20 二 丙子	19 四 丙午	18 五 乙巳	17 日 乙亥	16 一 甲戌	十三	15 三 甲辰	13 四 癸酉	12 六 癸卯	12 一 癸酉	12 三 癸卯	10 四 壬申
十四	20 二 戊申	21 三 丁丑	20 五 丁未	19 六 丙午	18 一 丙子	17 二 乙亥	十四	16 四 乙巳	14 五 甲戌	13 日 甲辰	13 二 甲戌	13 四 甲辰	11 五 癸酉
十五	21 三 己酉	22 四 戊寅	21 六 戊申	20 日 丁未	19 二 丁丑	18 三 丙子	十五	17 五 丙午	15 六 乙亥	14 一 乙巳	14 三 乙亥	14 五 乙巳	12 六 甲戌
十六	22 四 庚戌	23 五 己卯	22 日 己酉	21 一 戊申	20 三 戊寅	19 四 丁丑	十六	18 六 丁未	16 日 丙子	15 二 丙午	15 四 丙子	15 六 丙午	13 日 乙亥
十七	23 五 辛亥	24 六 庚辰	23 一 庚戌	22 二 己酉	21 四 己卯	20 五 戊寅	十七	19 日 戊申	17 一 丁丑	16 三 丁未	16 五 丁丑	16 日 丁未	14 一 丙子
十八	24 六 壬子	25 日 辛巳	24 二 辛亥	23 三 庚戌	22 五 庚辰	21 六 己卯	十八	20 一 己酉	18 二 戊寅	17 四 戊申	17 六 戊寅	17 一 戊申	15 二 丁丑
十九	25 日 癸丑	26 一 壬午	25 三 壬子	24 四 辛亥	23 六 辛巳	22 日 庚辰	十九	21 二 庚戌	19 三 己卯	18 五 己酉	18 日 己卯	18 二 己酉	16 三 戊寅
二十	26 一 甲寅	27 二 癸未	26 四 癸丑	25 五 壬子	24 日 壬午	23 一 辛巳	二十	22 三 辛亥	20 四 庚辰	19 六 庚戌	19 一 庚辰	19 三 庚戌	17 四 己卯
廿一	27 二 乙卯	28 三 甲申	27 五 甲寅	26 六 癸丑	25 一 癸未	24 二 壬午	廿一	23 四 壬子	21 五 辛巳	20 日 辛亥	20 二 辛巳	20 四 辛亥	18 五 庚辰
廿二	28 三 丙辰	29 四 乙酉	28 六 乙卯	27 日 甲寅	26 二 甲申	25 三 癸未	廿二	24 五 癸丑	22 六 壬午	21 一 壬子	21 三 壬午	21 五 壬子	19 六 辛巳
廿三	3 四 丁巳	30 五 丙戌	29 日 丙辰	28 一 乙卯	27 三 乙酉	26 四 甲申	廿三	25 六 甲寅	23 日 癸未	22 二 癸丑	22 四 癸未	22 六 癸丑	20 日 壬午
廿四	2 五 戊午	31 六 丁亥	30 一 丁巳	29 二 丙辰	28 四 丙戌	27 五 乙酉	廿四	26 日 乙卯	24 一 甲申	23 三 甲寅	23 五 甲申	23 日 甲寅	21 一 癸未
廿五	3 六 己未	4 日 戊子	5 二 戊午	30 三 丁巳	29 五 丁亥	28 六 丙戌	廿五	27 一 丙辰	25 二 乙酉	24 四 乙卯	24 六 乙酉	24 一 乙卯	22 二 甲申
廿六	4 日 庚申	2 一 己丑	2 三 己未	31 四 戊午	30 六 戊子	29 日 丁亥	廿六	28 二 丁巳	26 三 丙戌	25 五 丙辰	25 日 丙戌	25 二 丙辰	23 三 乙酉
廿七	5 一 辛酉	3 二 庚寅	3 四 庚申	6 五 己未	7 日 己丑	30 一 戊子	廿七	29 三 戊午	27 四 丁亥	26 六 丁巳	26 一 丁亥	26 三 丁巳	24 四 丙戌
廿八	6 二 壬戌	4 三 辛卯	4 五 辛酉	2 六 庚申	2 一 庚寅	31 二 己丑	廿八	30 四 己未	28 五 戊子	27 日 戊午	27 二 戊子	27 四 戊午	25 五 丁亥
廿九	7 三 癸亥	5 四 壬辰	5 六 壬戌	3 日 辛酉	2 二 辛卯	8 三 庚寅	廿九	31 五 庚申	29 六 己丑	28 一 己未	28 三 己丑	28 五 己未	26 六 戊子
三十		6 五 癸巳		4 一 壬戌			三十		30 日 庚寅	29 二 庚申	29 四 庚寅		27 日 己丑

| 节气 | 雨水 十三 申时 | 惊蛰 廿八 寅时 | 春分 十四 未时 | 清明 廿九 酉时 | 谷雨 十五 子时 | 立夏 初一 巳时 | 小满 十六 子时 | 立夏 初一 巳时 | 芒种 初二 未时 | 夏至 十八 卯时 | 小暑 初五 子时 | 大暑 二十 酉时 | 节气 | 立秋 初六 巳时 | 处暑 廿二 丑时 | 白露 初八 未时 | 秋分 廿三 子时 | 寒露 初九 卯时 | 霜降 廿四 巳时 | 立冬 初九 亥时 | 小雪 廿四 辰时 | 大雪 初九 寅时 | 冬至 廿三 亥时 | 小寒 初九 未时 | 大寒 廿四 辰时 |

309

农历甲子年　属鼠

旬	正月小丙寅 公历	星期	干支	二月大丁卯 公历	星期	干支	三月小戊辰 公历	星期	干支	四月小己巳 公历	星期	干支	五月大庚午 公历	星期	干支	闰五月小 公历	星期	干支	六月大辛未 公历	星期	干支	七月小壬申 公历	星期	干支	八月大癸酉 公历	星期	干支	九月大甲戌 公历	星期	干支	十月小乙亥 公历	星期	干支	十一月大丙子 公历	星期	干支	十二月大丁丑 公历	星期	干支
初一	28	一	庚寅	26	二	己未	27	四	己丑	25	五	戊午	24	六	丁亥	23	一	丁巳	22	二	丙戌	21	四	丙辰	19	五	乙酉	19	日	乙卯	18	二	乙酉	17	三	甲寅	16	五	甲申
初二	29	二	辛卯	27	三	庚申	28	五	庚寅	26	六	己未	25	日	戊子	24	二	戊午	23	三	丁亥	22	五	丁巳	20	六	丙戌	20	一	丙辰	19	三	丙戌	18	四	乙卯	17	六	乙酉
初三	30	三	壬辰	28	四	辛酉	29	六	辛卯	27	日	庚申	26	一	己丑	25	三	己未	24	四	戊子	23	六	戊午	21	日	丁亥	21	二	丁巳	20	四	丁亥	19	五	丙辰	18	日	丙戌
初四	31	四	癸巳	29	五	壬戌	30	日	壬辰	28	一	辛酉	27	二	庚寅	26	四	庚申	25	五	己丑	24	日	己未	22	一	戊子	22	三	戊午	21	五	戊子	20	六	丁巳	19	一	丁亥
初五	2	五	甲午	3	六	癸亥	31	一	癸巳	29	二	壬戌	28	三	辛卯	27	五	辛酉	26	六	庚寅	25	一	庚申	23	二	己丑	23	四	己未	22	六	己丑	21	日	戊午	20	二	戊子
初六	2	六	乙未	2	日	甲子	4	二	甲午	30	三	癸亥	29	四	壬辰	28	六	壬戌	27	日	辛卯	26	二	辛酉	24	三	庚寅	24	五	庚申	23	日	庚寅	22	一	己未	21	三	己丑
初七	3	日	丙申	3	一	乙丑	2	三	乙未	5	四	甲子	30	五	癸巳	29	日	癸亥	28	一	壬辰	27	三	壬戌	25	四	辛卯	25	六	辛酉	24	一	辛卯	23	二	庚申	22	四	庚寅
初八	4	一	丁酉	4	二	丙寅	3	四	丙申	2	五	乙丑	31	六	甲午	30	一	甲子	29	二	癸巳	28	四	癸亥	26	五	壬辰	26	日	壬戌	25	二	壬辰	24	三	辛酉	23	五	辛卯
初九	5	二	戊戌	5	三	丁卯	4	五	丁酉	3	六	丙寅	6	日	乙未	7	二	乙丑	30	三	甲午	29	五	甲子	27	六	癸巳	27	一	癸亥	26	三	癸巳	25	四	壬戌	24	六	壬辰
初十	6	三	己亥	6	四	戊辰	5	六	戊戌	4	日	丁卯	2	一	丙申	2	三	丙寅	31	四	乙未	30	六	乙丑	28	日	甲午	28	二	甲子	27	四	甲午	26	五	癸亥	25	日	癸巳
十一	7	四	庚子	7	五	己巳	6	日	己亥	5	一	戊辰	3	二	丁酉	3	四	丁卯	8	五	丙申	31	日	丙寅	29	一	乙未	29	三	乙丑	28	五	乙未	27	六	甲子	26	一	甲午
十二	8	五	辛丑	8	六	庚午	7	一	庚子	6	二	己巳	4	三	戊戌	4	五	戊辰	2	六	丁酉	9	一	丁卯	30	二	丙申	30	四	丙寅	29	六	丙申	28	日	乙丑	27	二	乙未
十三	9	六	壬寅	9	日	辛未	8	二	辛丑	7	三	庚午	5	四	己亥	5	六	己巳	3	日	戊戌	2	二	戊辰	10	三	丁酉	31	五	丁卯	30	日	丁酉	29	一	丙寅	28	三	丙申
十四	10	日	癸卯	10	一	壬申	9	三	壬寅	8	四	辛未	6	五	庚子	6	日	庚午	4	一	己亥	3	三	己巳	2	四	戊戌	11	六	戊辰	12	一	戊戌	30	二	丁卯	29	四	丁酉
十五	11	一	甲辰	11	二	癸酉	10	四	癸卯	9	五	壬申	7	六	辛丑	7	一	辛未	5	二	庚子	4	四	庚午	3	五	己亥	2	日	己巳	2	二	己亥	31	三	戊辰	30	五	戊戌
十六	12	二	乙巳	12	三	甲戌	11	五	甲辰	10	六	癸酉	8	日	壬寅	8	二	壬申	6	三	辛丑	5	五	辛未	4	六	庚子	3	一	庚午	3	三	庚子	1	四	己巳	31	六	己亥
十七	13	三	丙午	13	四	乙亥	12	六	乙巳	11	日	甲戌	9	一	癸卯	9	三	癸酉	7	四	壬寅	6	六	壬申	5	日	辛丑	4	二	辛未	4	四	辛丑	2	五	庚午	2	日	庚子
十八	14	四	丁未	14	五	丙子	13	日	丙午	12	一	乙亥	10	二	甲辰	10	四	甲戌	8	五	癸卯	7	日	癸酉	6	一	壬寅	5	三	壬申	5	五	壬寅	3	六	辛未	2	一	辛丑
十九	15	五	戊申	15	六	丁丑	14	一	丁未	13	二	丙子	11	三	乙巳	11	五	乙亥	9	六	甲辰	8	一	甲戌	7	二	癸卯	6	四	癸酉	6	六	癸卯	4	日	壬申	3	二	壬寅
二十	16	六	己酉	16	日	戊寅	15	二	戊申	14	三	丁丑	12	四	丙午	12	六	丙子	10	日	乙巳	9	二	乙亥	8	三	甲辰	7	五	甲戌	7	日	甲辰	5	一	癸酉	4	三	癸卯
廿一	17	日	庚戌	17	一	己卯	16	三	己酉	15	四	戊寅	13	五	丁未	13	日	丁丑	11	一	丙午	10	三	丙子	9	四	乙巳	8	六	乙亥	8	一	乙巳	6	二	甲戌	5	四	甲辰
廿二	18	一	辛亥	18	二	庚辰	17	四	庚戌	16	五	己卯	14	六	戊申	14	一	戊寅	12	二	丁未	11	四	丁丑	10	五	丙午	9	日	丙子	9	二	丙午	7	三	乙亥	6	五	乙巳
廿三	19	二	壬子	19	三	辛巳	18	五	辛亥	17	六	庚辰	15	日	己酉	15	二	己卯	13	三	戊申	12	五	戊寅	11	六	丁未	10	一	丁丑	10	三	丁未	8	四	丙子	7	六	丙午
廿四	20	三	癸丑	20	四	壬午	19	六	壬子	18	日	辛巳	16	一	庚戌	16	三	庚辰	14	四	己酉	13	六	己卯	12	日	戊申	11	二	戊寅	11	四	戊申	9	五	丁丑	8	日	丁未
廿五	21	四	甲寅	21	五	癸未	20	日	癸丑	19	一	壬午	17	二	辛亥	17	四	辛巳	15	五	庚戌	14	日	庚辰	13	一	己酉	12	三	己卯	12	五	己酉	10	六	戊寅	9	一	戊申
廿六	22	五	乙卯	22	六	甲申	21	一	甲寅	20	二	癸未	18	三	壬子	18	五	壬午	16	六	辛亥	15	一	辛巳	14	二	庚戌	13	四	庚辰	13	六	庚戌	11	日	己卯	10	二	己酉
廿七	23	六	丙辰	23	日	乙酉	22	二	乙卯	21	三	甲申	19	四	癸丑	19	六	癸未	17	日	壬子	16	二	壬午	15	三	辛亥	14	五	辛巳	14	日	辛亥	12	一	庚辰	11	三	庚戌
廿八	24	日	丁巳	24	一	丙戌	23	三	丙辰	22	四	乙酉	20	五	甲寅	20	日	甲申	18	一	癸丑	17	三	癸未	16	四	壬子	15	六	壬午	15	一	壬子	13	二	辛巳	12	四	辛亥
廿九	25	一	戊午	25	二	丁亥	24	四	丁巳	23	五	丙戌	21	六	乙卯	21	一	乙酉	19	二	甲寅	18	四	甲申	17	五	癸丑	16	日	癸未	16	二	癸丑	14	三	壬午	13	五	壬子
三十				26	三	戊子							22	日	丙辰				20	三	乙卯				18	六	甲寅	17	一	甲申				15	四	癸未	14	六	癸丑

节气：

月	节气（上）	农历	时	节气（下）	农历	时
正月	立春	初九	丑时	雨水	廿四	亥时
二月	惊蛰	初九	戌时	春分	廿四	戌时
三月	清明	初九	卯时	谷雨	廿五	卯时
四月	立夏	十一	申时	小满	廿七	卯时
五月	芒种	十二	戌时	夏至	廿九	午时
闰五月	小暑	十五	卯时			
六月	大暑	初一	子时	立秋	十七	申时
七月	处暑	初三	卯时	白露	十八	戌时
八月	秋分	初五	卯时	寒露	二十	午时
九月	霜降	初六	申时	立冬	二十	申时
十月	小雪	初五	巳时	大雪	二十	申时
十一月	冬至	初六	寅时	小寒	廿一	戌时
十二月	大寒	初五	未时	立春	二十	辰时

公元 2105－2106 年

农历乙丑年　属牛

旬	正月小戊寅 公历	星期	干支	二月大己卯 公历	星期	干支	三月小庚辰 公历	星期	干支	四月小辛巳 公历	星期	干支	五月大壬午 公历	星期	干支	六月小癸未 公历	星期	干支	七月小甲申 公历	星期	干支	八月大乙酉 公历	星期	干支	九月大丙戌 公历	星期	干支	十月小丁亥 公历	星期	干支	十一月大戊子 公历	星期	干支	十二月大己丑 公历	星期	干支
初一	15	日	甲寅	16	一	癸未	15	三	癸丑	14	四	壬午	12	五	辛亥	12	日	辛巳	10	一	庚戌	8	二	己卯	8	四	己酉	7	六	己卯	6	日	戊申	5	二	戊寅
初二	16	一	乙卯	17	二	甲申	16	四	甲寅	15	五	癸未	13	六	壬子	13	一	壬午	11	二	辛亥	9	三	庚辰	9	五	庚戌	8	日	庚辰	7	一	己酉	6	三	己卯
初三	17	二	丙辰	18	三	乙酉	17	五	乙卯	16	六	甲申	14	日	癸丑	14	二	癸未	12	三	壬子	10	四	辛巳	10	六	辛亥	9	一	辛巳	8	二	庚戌	7	四	庚辰
初四	18	三	丁巳	19	四	丙戌	18	六	丙辰	17	日	乙酉	15	一	甲寅	15	三	甲申	13	四	癸丑	11	五	壬午	11	日	壬子	10	二	壬午	9	三	辛亥	8	五	辛巳
初五	19	四	戊午	20	五	丁亥	19	日	丁巳	18	一	丙戌	16	二	乙卯	16	四	乙酉	14	五	甲寅	12	六	癸未	12	一	癸丑	11	三	癸未	10	四	壬子	9	六	壬午
初六	20	五	己未	21	六	戊子	20	一	戊午	19	二	丁亥	17	三	丙辰	17	五	丙戌	15	六	乙卯	13	日	甲申	13	二	甲寅	12	四	甲申	11	五	癸丑	10	日	癸未
初七	21	六	庚申	22	日	己丑	21	二	己未	20	三	戊子	18	四	丁巳	18	六	丁亥	16	日	丙辰	14	一	乙酉	14	三	乙卯	13	五	乙酉	12	六	甲寅	11	一	甲申
初八	22	日	辛酉	23	一	庚寅	22	三	庚申	21	四	己丑	19	五	戊午	19	日	戊子	17	一	丁巳	15	二	丙戌	15	四	丙辰	14	六	丙戌	13	日	乙卯	12	二	乙酉
初九	23	一	壬戌	24	二	辛卯	23	四	辛酉	22	五	庚寅	20	六	己未	20	一	己丑	18	二	戊午	16	三	丁亥	16	五	丁巳	15	日	丁亥	14	一	丙辰	13	三	丙戌
初十	24	二	癸亥	25	三	壬辰	24	五	壬戌	23	六	辛卯	21	日	庚申	21	二	庚寅	19	三	己未	17	四	戊子	17	六	戊午	16	一	戊子	15	二	丁巳	14	四	丁亥
十一	25	三	甲子	26	四	癸巳	25	六	癸亥	24	日	壬辰	22	一	辛酉	22	三	辛卯	20	四	庚申	18	五	己丑	18	日	己未	17	二	己丑	16	三	戊午	15	五	戊子
十二	26	四	乙丑	27	五	甲午	26	日	甲子	25	一	癸巳	23	二	壬戌	23	四	壬辰	21	五	辛酉	19	六	庚寅	19	一	庚申	18	三	庚寅	17	四	己未	16	六	己丑
十三	27	五	丙寅	28	六	乙未	27	一	乙丑	26	二	甲午	24	三	癸亥	24	五	癸巳	22	六	壬戌	20	日	辛卯	20	二	辛酉	19	四	辛卯	18	五	庚申	17	日	庚寅
十四	28	六	丁卯	29	日	丙申	28	二	丙寅	27	三	乙未	25	四	甲子	25	六	甲午	23	日	癸亥	21	一	壬辰	21	三	壬戌	20	五	壬辰	19	六	辛酉	18	一	辛卯
十五	1	日	戊辰	30	一	丁酉	29	三	丁卯	28	四	丙申	26	五	乙丑	26	日	乙未	24	一	甲子	22	二	癸巳	22	四	癸亥	21	六	癸巳	20	日	壬戌	19	二	壬辰
十六	2	一	己巳	31	二	戊戌	30	四	戊辰	29	五	丁酉	27	六	丙寅	27	一	丙申	25	二	乙丑	23	三	甲午	23	五	甲子	22	日	甲午	21	一	癸亥	20	三	癸巳
十七	3	二	庚午	4	三	己亥	1	五	己巳	30	六	戊戌	28	日	丁卯	28	二	丁酉	26	三	丙寅	24	四	乙未	24	六	乙丑	23	一	乙未	22	二	甲子	21	四	甲午
十八	4	三	辛未	2	四	庚子	2	六	庚午	31	日	己亥	29	一	戊辰	29	三	戊戌	27	四	丁卯	25	五	丙申	25	日	丙寅	24	二	丙申	23	三	乙丑	22	五	乙未
十九	5	四	壬申	3	五	辛丑	3	日	辛未	1	一	庚子	30	二	己巳	30	四	己亥	28	五	戊辰	26	六	丁酉	26	一	丁卯	25	三	丁酉	24	四	丙寅	23	六	丙申
二十	6	五	癸酉	4	六	壬寅	4	一	壬申	2	二	辛丑	1	三	庚午	31	五	庚子	29	六	己巳	27	日	戊戌	27	二	戊辰	26	四	戊戌	25	五	丁卯	24	日	丁酉
廿一	7	六	甲戌	5	日	癸卯	5	二	癸酉	3	三	壬寅	2	四	辛未	1	六	辛丑	30	日	庚午	28	一	己亥	28	三	己巳	27	五	己亥	26	六	戊辰	25	一	戊戌
廿二	8	日	乙亥	6	一	甲辰	6	三	甲戌	4	四	癸卯	3	五	壬申	2	日	壬寅	31	一	辛未	29	二	庚子	29	四	庚午	28	六	庚子	27	日	己巳	26	二	己亥
廿三	9	一	丙子	7	二	乙巳	7	四	乙亥	5	五	甲辰	4	六	癸酉	3	一	癸卯	9	二	壬申	30	三	辛丑	30	五	辛未	29	日	辛丑	28	一	庚午	27	三	庚子
廿四	10	二	丁丑	8	三	丙午	8	五	丙子	6	六	乙巳	5	日	甲戌	4	二	甲辰	2	三	癸酉	25	四	壬寅	31	六	壬申	30	一	壬寅	29	二	辛未	28	四	辛丑
廿五	11	三	戊寅	9	四	丁未	9	六	丁丑	7	日	丙午	6	一	乙亥	5	三	乙巳	3	四	甲戌	26	五	癸卯	1	日	癸酉	1	二	癸卯	30	三	壬申	29	五	壬寅
廿六	12	四	己卯	10	五	戊申	10	日	戊寅	8	一	丁未	7	二	丙子	6	四	丙午	4	五	乙亥	27	六	甲辰	2	一	甲戌	2	三	甲辰	31	四	癸酉	30	六	癸卯
廿七	13	五	庚辰	11	六	己酉	11	一	己卯	9	二	戊申	8	三	丁丑	7	五	丁未	5	六	丙子	28	日	乙巳	3	二	乙亥	3	四	乙巳	1	五	甲戌	31	日	甲辰
廿八	14	六	辛巳	12	日	庚戌	12	二	庚辰	10	三	己酉	9	四	戊寅	8	六	戊申	6	日	丁丑	5	一	丙午	4	三	丙子	4	五	丙午	2	六	乙亥	1	一	乙巳
廿九	15	日	壬午	13	一	辛亥	13	三	辛巳	11	四	庚戌	10	五	己卯	9	日	己酉	7	一	戊寅	6	二	丁未	5	四	丁丑	5	六	丁未	3	日	丙子	2	二	丙午
三十				14	二	壬子							11	六	庚辰							7	三	戊申	6	五	戊寅				4	一	丁丑	3	三	丁未

节气	雨水 初五 寅时	惊蛰 二十 丑时	春分 初六 丑时	清明 廿一 卯时	谷雨 初六 亥时	立夏 廿一 亥时	小满 初八 巳时	芒种 廿四 丑时	夏至 初十 酉时	小暑 廿六 午时	大暑 十二 卯时	立秋 廿七 寅时	处暑 十四 午时	白露 廿九 丑时	秋分 十六 午时	寒露 初一 酉时	霜降 十六 戌时	立冬 初一 亥时	小雪 十六 戌时	大雪 初二 未时	冬至 十七 巳时	小寒 初二 丑时	大寒 十六 戌时

正月大庚寅 ～ 六月大乙未

旬	正月大庚寅			二月小辛卯			三月大壬辰			四月小癸巳			五月小甲午			六月大乙未		
	公历	星期	干支	公历	星期	干支	公历	星期	干支	公历	星期	干支	公历	星期	干支	公历	星期	干支
初一	4	四	戊申	6	六	戊寅	4	日	丁未	4	二	丁丑	2	三	丙午	1	四	乙亥
初二	5	五	己酉	7	日	己卯	5	一	戊申	5	三	戊寅	3	四	丁未	2	五	丙子
初三	6	六	庚戌	8	一	庚辰	6	二	己酉	6	四	己卯	4	五	戊申	3	六	丁丑
初四	7	日	辛亥	9	二	辛巳	7	三	庚戌	7	五	庚辰	5	六	己酉	4	日	戊寅
初五	8	一	壬子	10	三	壬午	8	四	辛亥	8	六	辛巳	6	日	庚戌	5	一	己卯
初六	9	二	癸丑	11	四	癸未	9	五	壬子	9	日	壬午	7	一	辛亥	6	二	庚辰
初七	10	三	甲寅	12	五	甲申	10	六	癸丑	10	一	癸未	8	二	壬子	7	三	辛巳
初八	11	四	乙卯	13	六	乙酉	11	日	甲寅	11	二	甲申	9	三	癸丑	8	四	壬午
初九	12	五	丙辰	14	日	丙戌	12	一	乙卯	12	三	乙酉	10	四	甲寅	9	五	癸未
初十	13	六	丁巳	15	一	丁亥	13	二	丙辰	13	四	丙戌	11	五	乙卯	10	六	甲申
十一	14	日	戊午	16	二	戊子	14	三	丁巳	14	五	丁亥	12	六	丙辰	11	日	乙酉
十二	15	一	己未	17	三	己丑	15	四	戊午	15	六	戊子	13	日	丁巳	12	一	丙戌
十三	16	二	庚申	18	四	庚寅	16	五	己未	16	日	己丑	14	一	戊午	13	二	丁亥
十四	17	三	辛酉	19	五	辛卯	17	六	庚申	17	一	庚寅	15	二	己未	14	三	戊子
十五	18	四	壬戌	20	六	壬辰	18	日	辛酉	18	二	辛卯	16	三	庚申	15	四	己丑
十六	19	五	癸亥	21	日	癸巳	19	一	壬戌	19	三	壬辰	17	四	辛酉	16	五	庚寅
十七	20	六	甲子	22	一	甲午	20	二	癸亥	20	四	癸巳	18	五	壬戌	17	六	辛卯
十八	21	日	乙丑	23	二	乙未	21	三	甲子	21	五	甲午	19	六	癸亥	18	日	壬辰
十九	22	一	丙寅	24	三	丙申	22	四	乙丑	22	六	乙未	20	日	甲子	19	一	癸巳
二十	23	二	丁卯	25	四	丁酉	23	五	丙寅	23	日	丙申	21	一	乙丑	20	二	甲午
廿一	24	三	戊辰	26	五	戊戌	24	六	丁卯	24	一	丁酉	22	二	丙寅	21	三	乙未
廿二	25	四	己巳	27	六	己亥	25	日	戊辰	25	二	戊戌	23	三	丁卯	22	四	丙申
廿三	26	五	庚午	28	日	庚子	26	一	己巳	26	三	己亥	24	四	戊辰	23	五	丁酉
廿四	27	六	辛未	29	一	辛丑	27	二	庚午	27	四	庚子	25	五	己巳	24	六	戊戌
廿五	28	日	壬申	30	二	壬寅	28	三	辛未	28	五	辛丑	26	六	庚午	25	日	己亥
廿六	1	一	癸酉	31	三	癸卯	29	四	壬申	29	六	壬寅	27	日	辛未	26	一	庚子
廿七	2	二	甲戌	1	四	甲辰	30	五	癸酉	30	日	癸卯	28	一	壬申	27	二	辛丑
廿八	3	三	乙亥	2	五	乙巳	1	六	甲戌	31	一	甲辰	29	二	癸酉	28	三	壬寅
廿九	4	四	丙子	3	六	丙午	2	日	乙亥	1	二	乙巳	30	三	甲戌	29	四	癸卯
三十	5	五	丁丑				3	一	丙子							30	五	甲辰

七月小丙申 ～ 十二月大辛丑

旬	七月小丙申			八月小丁酉			九月大戊戌			十月小己亥			十一月大庚子			十二月大辛丑		
	公历	星期	干支	公历	星期	干支	公历	星期	干支	公历	星期	干支	公历	星期	干支	公历	星期	干支
初一	31	六	乙巳	29	日	甲戌	27	一	癸卯	27	三	癸酉	25	四	壬寅	25	六	壬申
初二	1	日	丙午	30	一	乙亥	28	二	甲辰	28	四	甲戌	26	五	癸卯	26	日	癸酉
初三	2	一	丁未	31	二	丙子	29	三	乙巳	29	五	乙亥	27	六	甲辰	27	一	甲戌
初四	3	二	戊申	1	三	丁丑	30	四	丙午	30	六	丙子	28	日	乙巳	28	二	乙亥
初五	4	三	己酉	2	四	戊寅	1	五	丁未	31	日	丁丑	29	一	丙午	29	三	丙子
初六	5	四	庚戌	3	五	己卯	2	六	戊申	1	一	戊寅	30	二	丁未	30	四	丁丑
初七	6	五	辛亥	4	六	庚辰	3	日	己酉	2	二	己卯	1	三	戊申	31	五	戊寅
初八	7	六	壬子	5	日	辛巳	4	一	庚戌	3	三	庚辰	2	四	己酉	1	六	己卯
初九	8	日	癸丑	6	一	壬午	5	二	辛亥	4	四	辛巳	3	五	庚戌	2	日	庚辰
初十	9	一	甲寅	7	二	癸未	6	三	壬子	5	五	壬午	4	六	辛亥	3	一	辛巳
十一	10	二	乙卯	8	三	甲申	7	四	癸丑	6	六	癸未	5	日	壬子	4	二	壬午
十二	11	三	丙辰	9	四	乙酉	8	五	甲寅	7	日	甲申	6	一	癸丑	5	三	癸未
十三	12	四	丁巳	10	五	丙戌	9	六	乙卯	8	一	乙酉	7	二	甲寅	6	四	甲申
十四	13	五	戊午	11	六	丁亥	10	日	丙辰	9	二	丙戌	8	三	乙卯	7	五	乙酉
十五	14	六	己未	12	日	戊子	11	一	丁巳	10	三	丁亥	9	四	丙辰	8	六	丙戌
十六	15	日	庚申	13	一	己丑	12	二	戊午	11	四	戊子	10	五	丁巳	9	日	丁亥
十七	16	一	辛酉	14	二	庚寅	13	三	己未	12	五	己丑	11	六	戊午	10	一	戊子
十八	17	二	壬戌	15	三	辛卯	14	四	庚申	13	六	庚寅	12	日	己未	11	二	己丑
十九	18	三	癸亥	16	四	壬辰	15	五	辛酉	14	日	辛卯	13	一	庚申	12	三	庚寅
二十	19	四	甲子	17	五	癸巳	16	六	壬戌	15	一	壬辰	14	二	辛酉	13	四	辛卯
廿一	20	五	乙丑	18	六	甲午	17	日	癸亥	16	二	癸巳	15	三	壬戌	14	五	壬辰
廿二	21	六	丙寅	19	日	乙未	18	一	甲子	17	三	甲午	16	四	癸亥	15	六	癸巳
廿三	22	日	丁卯	20	一	丙申	19	二	乙丑	18	四	乙未	17	五	甲子	16	日	甲午
廿四	23	一	戊辰	21	二	丁酉	20	三	丙寅	19	五	丙申	18	六	乙丑	17	一	乙未
廿五	24	二	己巳	22	三	戊戌	21	四	丁卯	20	六	丁酉	19	日	丙寅	18	二	丙申
廿六	25	三	庚午	23	四	己亥	22	五	戊辰	21	日	戊戌	20	一	丁卯	19	三	丁酉
廿七	26	四	辛未	24	五	庚子	23	六	己巳	22	一	己亥	21	二	戊辰	20	四	戊戌
廿八	27	五	壬申	25	六	辛丑	24	日	庚午	23	二	庚子	22	三	己巳	21	五	己亥
廿九	28	六	癸酉	26	日	壬寅	25	一	辛未	24	三	辛丑	23	四	庚午	22	六	庚子
三十							26	二	壬申				24	五	辛未	23	日	辛丑

节气

月	节	气
正月	立春 初一 未时	雨水 十六 巳时
二月	惊蛰 初一 辰时	春分 十六 辰时
三月	清明 初二 丑时	谷雨 十七 酉时
四月	立夏 初三	小满 十八 申时
五月	芒种 初五	夏至 廿一 子时
六月	小暑 初七	大暑 廿三 午时
七月	立秋 初九 寅时	处暑 廿四 酉时
八月	白露 十一 卯时	秋分 廿六
九月	寒露 十二	霜降 廿八 丑时
十月	立冬 十三 寅时	小雪 廿八 丑时
十一月	大雪 十三	冬至 廿八 戌时
十二月	小寒 十三 辰时	大寒 廿八 丑时

农历	正月大戊寅			二月大癸卯			三月小甲辰			四月大乙巳			闰四月小			五月小丙午			六月大丁未			七月小戊申			八月小己酉			九月大庚戌			十月小辛亥			十一月大壬子			十二月大癸丑		
	公历	星期	干支	公历	星期	干支	公历	星期	干支	公历	星期	干支	公历	星期	干支	公历	星期	干支	公历	星期	干支	公历	星期	干支	公历	星期	干支	公历	星期	干支	公历	星期	干支	公历	星期	干支	公历	星期	干支
初一	24	一	壬寅	23	三	壬申	25	五	壬寅	23	六	辛未	23	一	辛丑	21	二	庚午	20	三	己亥	19	五	己巳	17	六	戊戌	16	日	丁卯	15	二	丁酉	14	三	丙寅	13	五	丙申
初二	25	二	癸卯	24	四	癸酉	26	六	癸卯	24	日	壬申	24	二	壬寅	22	三	辛未	21	四	庚子	20	六	庚午	18	日	己亥	17	一	戊辰	16	三	戊戌	15	四	丁卯	14	六	丁酉
初三	26	三	甲辰	25	五	甲戌	27	日	甲辰	25	一	癸酉	25	三	癸卯	23	四	壬申	22	五	辛丑	21	日	辛未	19	一	庚子	18	二	己巳	17	四	己亥	16	五	戊辰	15	日	戊戌
初四	27	四	乙巳	26	六	乙亥	28	一	乙巳	26	二	甲戌	26	四	甲辰	24	五	癸酉	23	六	壬寅	22	一	壬申	20	二	辛丑	19	三	庚午	18	五	庚子	17	六	己巳	16	一	己亥
初五	28	五	丙午	27	日	丙子	29	二	丙午	27	三	乙亥	27	五	乙巳	25	六	甲戌	24	日	癸卯	23	二	癸酉	21	三	壬寅	20	四	辛未	19	六	辛丑	18	日	庚午	17	二	庚子
初六	29	六	丁未	28	一	丁丑	30	三	丁未	28	四	丙子	28	六	丙午	26	日	乙亥	25	一	甲辰	24	三	甲戌	22	四	癸卯	21	五	壬申	20	日	壬寅	19	一	辛未	18	三	辛丑
初七	30	日	戊申	1	二	戊寅	31	四	戊申	29	五	丁丑	29	日	丁未	27	一	丙子	26	二	乙巳	25	四	乙亥	23	五	甲辰	22	六	癸酉	21	一	癸卯	20	二	壬申	19	四	壬寅
初八	31	一	己酉	2	三	己卯	1	五	己酉	30	六	戊寅	30	一	戊申	28	二	丁丑	27	三	丙午	26	五	丙子	24	六	乙巳	23	日	甲戌	22	二	甲辰	21	三	癸酉	20	五	癸卯
初九	1	二	庚戌	3	四	庚辰	2	六	庚戌	1	日	己卯	31	二	己酉	29	三	戊寅	28	四	丁未	27	六	丁丑	25	日	丙午	24	一	乙亥	23	三	乙巳	22	四	甲戌	21	六	甲辰
初十	2	三	辛亥	4	五	辛巳	3	日	辛亥	2	一	庚辰	1	三	庚戌	30	四	己卯	29	五	戊申	28	日	戊寅	26	一	丁未	25	二	丙子	24	四	丙午	23	五	乙亥	22	日	乙巳
十一	3	四	壬子	5	六	壬午	4	一	壬子	3	二	辛巳	2	四	辛亥	1	五	庚辰	30	六	己酉	29	一	己卯	27	二	戊申	26	三	丁丑	25	五	丁未	24	六	丙子	23	一	丙午
十二	4	五	癸丑	6	日	癸未	5	二	癸丑	4	三	壬午	3	五	壬子	2	六	辛巳	31	日	庚戌	30	二	庚辰	28	三	己酉	27	四	戊寅	26	六	戊申	25	日	丁丑	24	二	丁未
十三	5	六	甲寅	7	一	甲申	6	三	甲寅	5	四	癸未	4	六	癸丑	3	日	壬午	1	一	辛亥	31	三	辛巳	29	四	庚戌	28	五	己卯	27	日	己酉	26	一	戊寅	25	三	戊申
十四	6	日	乙卯	8	二	乙酉	7	四	乙卯	6	五	甲申	5	日	甲寅	4	一	癸未	2	二	壬子	1	四	壬午	30	五	辛亥	29	六	庚辰	28	一	庚戌	27	二	己卯	26	四	己酉
十五	7	一	丙辰	9	三	丙戌	8	五	丙辰	7	六	乙酉	6	一	乙卯	5	二	甲申	3	三	癸丑	2	五	癸未	1	六	壬子	30	日	辛巳	29	二	辛亥	28	三	庚辰	27	五	庚戌
十六	8	二	丁巳	10	四	丁亥	9	六	丁巳	8	日	丙戌	7	二	丙辰	6	三	乙酉	4	四	甲寅	3	六	甲申	2	日	癸丑	31	一	壬午	30	三	壬子	29	四	辛巳	28	六	辛亥
十七	9	三	戊午	11	五	戊子	10	日	戊午	9	一	丁亥	8	三	丁巳	7	四	丙戌	5	五	乙卯	4	日	乙酉	3	一	甲寅	1	二	癸未	1	四	癸丑	30	五	壬午	29	日	壬子
十八	10	四	己未	12	六	己丑	11	一	己未	10	二	戊子	9	四	戊午	8	五	丁亥	6	六	丙辰	5	一	丙戌	4	二	乙卯	2	三	甲申	2	五	甲寅	31	六	癸未	30	一	癸丑
十九	11	五	庚申	13	日	庚寅	12	二	庚申	11	三	己丑	10	五	己未	9	六	戊子	7	日	丁巳	6	二	丁亥	5	三	丙辰	3	四	乙酉	3	六	乙卯	1	日	甲申	31	二	甲寅
二十	12	六	辛酉	14	一	辛卯	13	三	辛酉	12	四	庚寅	11	六	庚申	10	日	己丑	8	一	戊午	7	三	戊子	6	四	丁巳	4	五	丙戌	4	日	丙辰	2	一	乙酉	1	三	乙卯
廿一	13	日	壬戌	15	二	壬辰	14	四	壬戌	13	五	辛卯	12	日	辛酉	11	一	庚寅	9	二	己未	8	四	己丑	7	五	戊午	5	六	丁亥	5	一	丁巳	3	二	丙戌	2	四	丙辰
廿二	14	一	癸亥	16	三	癸巳	15	五	癸亥	14	六	壬辰	13	一	壬戌	12	二	辛卯	10	三	庚申	9	五	庚寅	8	六	己未	6	日	戊子	6	二	戊午	4	三	丁亥	3	五	丁巳
廿三	15	二	甲子	17	四	甲午	16	六	甲子	15	日	癸巳	14	二	癸亥	13	三	壬辰	11	四	辛酉	10	六	辛卯	9	日	庚申	7	一	己丑	7	三	己未	5	四	戊子	4	六	戊午
廿四	16	三	乙丑	18	五	乙未	17	日	乙丑	16	一	甲午	15	三	甲子	14	四	癸巳	12	五	壬戌	11	日	壬辰	10	一	辛酉	8	二	庚寅	8	四	庚申	6	五	己丑	5	日	己未
廿五	17	四	丙寅	19	六	丙申	18	一	丙寅	17	二	乙未	16	四	乙丑	15	五	甲午	13	六	癸亥	12	一	癸巳	11	二	壬戌	9	三	辛卯	9	五	辛酉	7	六	庚寅	6	一	庚申
廿六	18	五	丁卯	20	日	丁酉	19	二	丁卯	18	三	丙申	17	五	丙寅	16	六	乙未	14	日	甲子	13	二	甲午	12	三	癸亥	10	四	壬辰	10	六	壬戌	8	日	辛卯	7	二	辛酉
廿七	19	六	戊辰	21	一	戊戌	20	三	戊辰	19	四	丁酉	18	六	丁卯	17	日	丙申	15	一	乙丑	14	三	乙未	13	四	甲子	11	五	癸巳	11	日	癸亥	9	一	壬辰	8	三	壬戌
廿八	20	日	己巳	22	二	己亥	21	四	己巳	20	五	戊戌	19	日	戊辰	18	一	丁酉	16	二	丙寅	15	四	丙申	14	五	乙丑	12	六	甲午	12	一	甲子	10	二	癸巳	9	四	癸亥
廿九	21	一	庚午	23	三	庚子	22	五	庚午	21	六	己亥	20	一	己巳	19	二	戊戌	17	三	丁卯	16	五	丁酉	15	六	丙寅	13	日	乙未	13	二	乙丑	11	三	甲午	10	五	甲子
三十	22	二	辛未	24	四	辛丑				22	日	庚子							18	四	戊辰							14	一	丙申				12	四	乙未	11	六	乙丑
节	立春	十二	戌时	惊蛰	十二	未时	清明	十二	酉时	立夏	十四	巳时	芒种	十五	巳时	小暑	十七	子时	立秋	二十	巳时	白露	廿一	午时	寒露	廿二	卯时	立冬	廿四	巳时	大雪	廿四	丑时	小寒	廿四	未时	立春	廿四	丑时
气	雨水	廿七	申时	春分	廿七	未时	谷雨	廿八	子时	小满	廿九	子时				夏至	初二	卯时	大暑	初四	申时	处暑	初六	子时	秋分	初七	亥时	霜降	初八	辰时	小雪	初九	卯时	冬至	初九	戌时	大寒	初九	辰时

农历戊辰年　属龙

正月大甲寅 — 六月小己未

农历	正月大甲寅 公历	星期	干支	二月小乙卯 公历	星期	干支	三月大丙辰 公历	星期	干支	四月小丁巳 公历	星期	干支	五月大戊午 公历	星期	干支	六月小己未 公历	星期	干支
初一	12	日	丙寅	13	二	丙申	11	三	乙丑	11	五	乙未	9	六	甲子	9	一	甲午
初二	13	一	丁卯	14	三	丁酉	12	四	丙寅	12	六	丙申	10	日	乙丑	10	二	乙未
初三	14	二	戊辰	15	四	戊戌	13	五	丁卯	13	日	丁酉	11	一	丙寅	11	三	丙申
初四	15	三	己巳	16	五	己亥	14	六	戊辰	14	一	戊戌	12	二	丁卯	12	四	丁酉
初五	16	四	庚午	17	六	庚子	15	日	己巳	15	二	己亥	13	三	戊辰	13	五	戊戌
初六	17	五	辛未	18	日	辛丑	16	一	庚午	16	三	庚子	14	四	己巳	14	六	己亥
初七	18	六	壬申	19	一	壬寅	17	二	辛未	17	四	辛丑	15	五	庚午	15	日	庚子
初八	19	日	癸酉	20	二	癸卯	18	三	壬申	18	五	壬寅	16	六	辛未	16	一	辛丑
初九	20	一	甲戌	21	三	甲辰	19	四	癸酉	19	六	癸卯	17	日	壬申	17	二	壬寅
初十	21	二	乙亥	22	四	乙巳	20	五	甲戌	20	日	甲辰	18	一	癸酉	18	三	癸卯
十一	22	三	丙子	23	五	丙午	21	六	乙亥	21	一	乙巳	19	二	甲戌	19	四	甲辰
十二	23	四	丁丑	24	六	丁未	22	日	丙子	22	二	丙午	20	三	乙亥	20	五	乙巳
十三	24	五	戊寅	25	日	戊申	23	一	丁丑	23	三	丁未	21	四	丙子	21	六	丙午
十四	25	六	己卯	26	一	己酉	24	二	戊寅	24	四	戊申	22	五	丁丑	22	日	丁未
十五	26	日	庚辰	27	二	庚戌	25	三	己卯	25	五	己酉	23	六	戊寅	23	一	戊申
十六	27	一	辛巳	28	三	辛亥	26	四	庚辰	26	六	庚戌	24	日	己卯	24	二	己酉
十七	28	二	壬午	29	四	壬子	27	五	辛巳	27	日	辛亥	25	一	庚辰	25	三	庚戌
十八	29	三	癸未	30	五	癸丑	28	六	壬午	28	一	壬子	26	二	辛巳	26	四	辛亥
十九	1（3月）	四	甲申	31	六	甲寅	29	日	癸未	29	二	癸丑	27	三	壬午	27	五	壬子
二十	2	五	乙酉	1（4月）	日	乙卯	30	一	甲申	30	三	甲寅	28	四	癸未	28	六	癸丑
廿一	3	六	丙戌	2	一	丙辰	1（5月）	二	乙酉	31	四	乙卯	29	五	甲申	29	日	甲寅
廿二	4	日	丁亥	3	二	丁巳	2	三	丙戌	1（6月）	五	丙辰	30	六	乙酉	30	一	乙卯
廿三	5	一	戊子	4	三	戊午	3	四	丁亥	2	六	丁巳	1（7月）	日	丙戌	31	二	丙辰
廿四	6	二	己丑	5	四	己未	4	五	戊子	3	日	戊午	2	一	丁亥	1（8月）	三	丁巳
廿五	7	三	庚寅	6	五	庚申	5	六	己丑	4	一	己未	3	二	戊子	2	四	戊午
廿六	8	四	辛卯	7	六	辛酉	6	日	庚寅	5	二	庚申	4	三	己丑	3	五	己未
廿七	9	五	壬辰	8	日	壬戌	7	一	辛卯	6	三	辛酉	5	四	庚寅	4	六	庚申
廿八	10	六	癸巳	9	一	癸亥	8	二	壬辰	7	四	壬戌	6	五	辛卯	5	日	辛酉
廿九	11	日	甲午	10	二	甲子	9	三	癸巳	8	五	癸亥	7	六	壬辰	6	一	壬戌
三十	12	一	乙未				10	四	甲午				8	日	癸巳			

七月大庚申 — 十二月大乙丑

农历	七月大庚申 公历	星期	干支	八月小辛酉 公历	星期	干支	九月小壬戌 公历	星期	干支	十月大癸亥 公历	星期	干支	十一月小甲子 公历	星期	干支	十二月大乙丑 公历	星期	干支
初一	7	二	癸亥	6	四	癸巳	5	五	壬戌	3	六	辛卯	3	一	辛酉	1	二	庚寅
初二	8	三	甲子	7	五	甲午	6	六	癸亥	4	日	壬辰	4	二	壬戌	2	三	辛卯
初三	9	四	乙丑	8	六	乙未	7	日	甲子	5	一	癸巳	5	三	癸亥	3	四	壬辰
初四	10	五	丙寅	9	日	丙申	8	一	乙丑	6	二	甲午	6	四	甲子	4	五	癸巳
初五	11	六	丁卯	10	一	丁酉	9	二	丙寅	7	三	乙未	7	五	乙丑	5	六	甲午
初六	12	日	戊辰	11	二	戊戌	10	三	丁卯	8	四	丙申	8	六	丙寅	6	日	乙未
初七	13	一	己巳	12	三	己亥	11	四	戊辰	9	五	丁酉	9	日	丁卯	7	一	丙申
初八	14	二	庚午	13	四	庚子	12	五	己巳	10	六	戊戌	10	一	戊辰	8	二	丁酉
初九	15	三	辛未	14	五	辛丑	13	六	庚午	11	日	己亥	11	二	己巳	9	三	戊戌
初十	16	四	壬申	15	六	壬寅	14	日	辛未	12	一	庚子	12	三	庚午	10	四	己亥
十一	17	五	癸酉	16	日	癸卯	15	一	壬申	13	二	辛丑	13	四	辛未	11	五	庚子
十二	18	六	甲戌	17	一	甲辰	16	二	癸酉	14	三	壬寅	14	五	壬申	12	六	辛丑
十三	19	日	乙亥	18	二	乙巳	17	三	甲戌	15	四	癸卯	15	六	癸酉	13	日	壬寅
十四	20	一	丙子	19	三	丙午	18	四	乙亥	16	五	甲辰	16	日	甲戌	14	一	癸卯
十五	21	二	丁丑	20	四	丁未	19	五	丙子	17	六	乙巳	17	一	乙亥	15	二	甲辰
十六	22	三	戊寅	21	五	戊申	20	六	丁丑	18	日	丙午	18	二	丙子	16	三	乙巳
十七	23	四	己卯	22	六	己酉	21	日	戊寅	19	一	丁未	19	三	丁丑	17	四	丙午
十八	24	五	庚辰	23	日	庚戌	22	一	己卯	20	二	戊申	20	四	戊寅	18	五	丁未
十九	25	六	辛巳	24	一	辛亥	23	二	庚辰	21	三	己酉	21	五	己卯	19	六	戊申
二十	26	日	壬午	25	二	壬子	24	三	辛巳	22	四	庚戌	22	六	庚辰	20	日	己酉
廿一	27	一	癸未	26	三	癸丑	25	四	壬午	23	五	辛亥	23	日	辛巳	21	一	庚戌
廿二	28	二	甲申	27	四	甲寅	26	五	癸未	24	六	壬子	24	一	壬午	22	二	辛亥
廿三	29	三	乙酉	28	五	乙卯	27	六	甲申	25	日	癸丑	25	二	癸未	23	三	壬子
廿四	30	四	丙戌	29	六	丙辰	28	日	乙酉	26	一	甲寅	26	三	甲申	24	四	癸丑
廿五	31	五	丁亥	30	日	丁巳	29	一	丙戌	27	二	乙卯	27	四	乙酉	25	五	甲寅
廿六	1（9月）	六	戊子	1（10月）	一	戊午	30	二	丁亥	28	三	丙辰	28	五	丙戌	26	六	乙卯
廿七	2	日	己丑	2	二	己未	31	三	戊子	29	四	丁巳	29	六	丁亥	27	日	丙辰
廿八	3	一	庚寅	3	三	庚申	1（11月）	四	己丑	30	五	戊午	30	日	戊子	28	一	丁巳
廿九	4	二	辛卯	4	四	辛酉	2	五	庚寅	1（12月）	六	己未	31	一	己丑	29	二	戊午
三十	5	三	壬辰							2	日	庚申				30	三	己未

节气

农历月	气（中气）	节
正月	雨水 初八 亥时	惊蛰 廿三 戌时
二月	春分 初八 戌时	清明 廿三 子时
三月	谷雨 初九 申时	立夏 廿五 申时
四月	小满 十一 子时	芒种 廿六 戌时
五月	夏至 十三 卯时	小暑 廿九 卯时
六月	大暑 十四 亥时	—
七月	处暑 十七 卯时	立秋 初一 申时
八月	秋分 十八 寅时	白露 初二 酉时
九月	霜降 十九 未时	寒露 初四 午时
十月	小雪 二十 午时	立冬 初五 未时
十一月	冬至 二十 丑时	大雪 初五 辰时
十二月	大寒 二十 未时	小寒 初五 戌时

农历	正月大丙寅	二月小丁卯	三月大戊辰	四月大己巳	五月小庚午	六月大辛未	七月小壬申	八月大癸酉	九月小甲戌	闰九月小	十月大乙亥	十一月小丙子	十二月大丁丑
初一	31 四 庚申	2 六 庚寅	31 日 己未	30 二 己丑	30 四 己未	28 五 戊子	28 日 戊午	26 一 丁亥	25 三 丁巳	24 四 丙戌	22 五 乙卯	22 日 乙酉	20 一 甲寅
初二	1 五 辛酉	3 日 辛卯	1 一 庚申	1 三 庚寅	31 五 庚申	29 六 己丑	29 一 己未	27 二 戊子	26 四 戊午	25 五 丁亥	23 六 丙辰	23 一 丙戌	21 二 乙卯
初三	2 六 壬戌	4 一 壬辰	2 二 辛酉	2 四 辛卯	1 六 辛酉	30 日 庚寅	30 二 庚申	28 三 己丑	27 五 己未	26 六 戊子	24 日 丁巳	24 二 丁亥	22 三 丙辰
初四	3 日 癸亥	5 二 癸巳	3 三 壬戌	3 五 壬辰	2 日 壬戌	1 一 辛卯	31 三 辛酉	29 四 庚寅	28 六 庚申	27 日 己丑	25 一 戊午	25 三 戊子	23 四 丁巳
初五	4 一 甲子	6 三 甲午	4 四 癸亥	4 六 癸巳	3 一 癸亥	2 二 壬辰	1 四 壬戌	30 五 辛卯	29 日 辛酉	28 一 庚寅	26 二 己未	26 四 己丑	24 五 戊午
初六	5 二 乙丑	7 四 乙未	5 五 甲子	5 日 甲午	4 二 甲子	3 三 癸巳	2 五 癸亥	31 六 壬辰	30 一 壬戌	29 二 辛卯	27 三 庚申	27 五 庚寅	25 六 己未
初七	6 三 丙寅	8 五 丙申	6 六 乙丑	6 一 乙未	5 三 乙丑	4 四 甲午	3 六 甲子	1 日 癸巳	1 二 癸亥	30 三 壬辰	28 四 辛酉	28 六 辛卯	26 日 庚申
初八	7 四 丁卯	9 六 丁酉	7 日 丙寅	7 二 丙申	6 四 丙寅	5 五 乙未	4 日 乙丑	2 一 甲午	2 三 甲子	31 四 癸巳	29 五 壬戌	29 日 壬辰	27 一 辛酉
初九	8 五 戊辰	10 日 戊戌	8 一 丁卯	8 三 丁酉	7 五 丁卯	6 六 丙申	5 一 丙寅	3 二 乙未	3 四 乙丑	1 五 甲午	30 六 癸亥	30 一 癸巳	28 二 壬戌
初十	9 六 己巳	11 一 己亥	9 二 戊辰	9 四 戊戌	8 六 戊辰	7 日 丁酉	6 二 丁卯	4 三 丙申	4 五 丙寅	2 六 乙未	1 日 甲子	31 二 甲午	29 三 癸亥
十一	10 日 庚午	12 二 庚子	10 三 己巳	10 五 己亥	9 日 己巳	8 一 戊戌	7 三 戊辰	5 四 丁酉	5 六 丁卯	3 日 丙申	2 一 乙丑	1 三 乙未	30 四 甲子
十二	11 一 辛未	13 三 辛丑	11 四 庚午	11 六 庚子	10 一 庚午	9 二 己亥	8 四 己巳	6 五 戊戌	6 日 戊辰	4 一 丁酉	3 二 丙寅	2 四 丙申	31 五 乙丑
十三	12 二 壬申	14 四 壬寅	12 五 辛未	12 日 辛丑	11 二 辛未	10 三 庚子	9 五 庚午	7 六 己亥	7 一 己巳	5 二 戊戌	4 三 丁卯	3 五 丁酉	1 六 丙寅
十四	13 三 癸酉	15 五 癸卯	13 六 壬申	13 一 壬寅	12 三 壬申	11 四 辛丑	10 六 辛未	8 日 庚子	8 二 庚午	6 三 己亥	5 四 戊辰	4 六 戊戌	2 日 丁卯
十五	14 四 甲戌	16 六 甲辰	14 日 癸酉	14 二 癸卯	13 四 癸酉	12 五 壬寅	11 日 壬申	9 一 辛丑	9 三 辛未	7 四 庚子	6 五 己巳	5 日 己亥	3 一 戊辰
十六	15 五 乙亥	17 日 乙巳	15 一 甲戌	15 三 甲辰	14 五 甲戌	13 六 癸卯	12 一 癸酉	10 二 壬寅	10 四 壬申	8 五 辛丑	7 六 庚午	6 一 庚子	4 二 己巳
十七	16 六 丙子	18 一 丙午	16 二 乙亥	16 四 乙巳	15 六 乙亥	14 日 甲辰	13 二 甲戌	11 三 癸卯	11 五 癸酉	9 六 壬寅	8 日 辛未	7 二 辛丑	5 三 庚午
十八	17 日 丁丑	19 二 丁未	17 三 丙子	17 五 丙午	16 日 丙子	15 一 乙巳	14 三 乙亥	12 四 甲辰	12 六 甲戌	10 日 癸卯	9 一 壬申	8 三 壬寅	6 四 辛未
十九	18 一 戊寅	20 三 戊申	18 四 丁丑	18 六 丁未	17 一 丁丑	16 二 丙午	15 四 丙子	13 五 乙巳	13 日 乙亥	11 一 甲辰	10 二 癸酉	9 四 癸卯	7 五 壬申
二十	19 二 己卯	21 四 己酉	19 五 戊寅	19 日 戊申	18 二 戊寅	17 三 丁未	16 五 丁丑	14 六 丙午	14 一 丙子	12 二 乙巳	11 三 甲戌	10 五 甲辰	8 六 癸酉
廿一	20 三 庚辰	22 五 庚戌	20 六 己卯	20 一 己酉	19 三 己卯	18 四 戊申	17 六 戊寅	15 日 丁未	15 二 丁丑	13 三 丙午	12 四 乙亥	11 六 乙巳	9 日 甲戌
廿二	21 四 辛巳	23 六 辛亥	21 日 庚辰	21 二 庚戌	20 四 庚辰	19 五 己酉	18 日 己卯	16 一 戊申	16 三 戊寅	14 四 丁未	13 五 丙子	12 日 丙午	10 一 乙亥
廿三	22 五 壬午	24 日 壬子	22 一 辛巳	22 三 辛亥	21 五 辛巳	20 六 庚戌	19 一 庚辰	17 二 己酉	17 四 己卯	15 五 戊申	14 六 丁丑	13 一 丁未	11 二 丙子
廿四	23 六 癸未	25 一 癸丑	23 二 壬午	23 四 壬子	22 六 壬午	21 日 辛亥	20 二 辛巳	18 三 庚戌	18 五 庚辰	16 六 己酉	15 日 戊寅	14 二 戊申	12 三 丁丑
廿五	24 日 甲申	26 二 甲寅	24 三 癸未	24 五 癸丑	23 日 癸未	22 一 壬子	21 三 壬午	19 四 辛亥	19 六 辛巳	17 日 庚戌	16 一 己卯	15 三 己酉	13 四 戊寅
廿六	25 一 乙酉	27 三 乙卯	25 四 甲申	25 六 甲寅	24 一 甲申	23 二 癸丑	22 四 癸未	20 五 壬子	20 日 壬午	18 一 辛亥	17 二 庚辰	16 四 庚戌	14 五 己卯
廿七	26 二 丙戌	28 四 丙辰	26 五 乙酉	26 日 乙卯	25 二 乙酉	24 三 甲寅	23 五 甲申	21 六 癸丑	21 一 癸未	19 二 壬子	18 三 辛巳	17 五 辛亥	15 六 庚辰
廿八	27 三 丁亥	29 五 丁巳	27 六 丙戌	27 一 丙辰	26 三 丙戌	25 四 乙卯	24 六 乙酉	22 日 甲寅	22 二 甲申	20 三 癸丑	19 四 壬午	18 六 壬子	16 日 辛巳
廿九	28 四 戊子	30 六 戊午	28 日 丁亥	28 二 丁巳	27 四 丁亥	26 五 丙辰	25 日 丙戌	23 一 乙卯	23 三 乙酉	21 四 甲寅	20 五 癸未	19 日 癸丑	17 一 壬午
三十	1 五 己丑		29 一 戊子	29 三 戊午		27 六 丁巳		24 二 丙辰			21 六 甲申		18 二 癸未
节气	立春 初五 辰时 / 雨水 二十 寅时	惊蛰 初五 子时 / 春分 二十 子时	清明 初六 卯时 / 谷雨 廿一 午时	立夏 初六 午时 / 小满 廿二 巳时	芒种 初八 酉时 / 夏至 廿四 酉时	小暑 初十 午时 / 大暑 廿六 寅时	立秋 十一 亥时 / 处暑 廿七 午时	白露 十四 子时 / 秋分 廿九 巳时	寒露 十四 申时 / 霜降 廿九 午时	立冬 十五 午时	小雪 初一 酉时 / 大雪 十六 未时	冬至 初一 辰时 / 小寒 十六 丑时	大寒 初一 戌时 / 立春 十六 午时

农历庚午年　属马

正月小戊寅

农历	公历	星期	干支
初一	19	三	甲申
初二	20	四	乙酉
初三	21	五	丙戌
初四	22	六	丁亥
初五	23	日	戊子
初六	24	一	己丑
初七	25	二	庚寅
初八	26	三	辛卯
初九	27	四	壬辰
初十	28	五	癸巳
十一	1	六	甲午
十二	2	日	乙未
十三	3	一	丙申
十四	4	二	丁酉
十五	5	三	戊戌
十六	6	四	己亥
十七	7	五	庚子
十八	8	六	辛丑
十九	9	日	壬寅
二十	10	一	癸卯
廿一	11	二	甲辰
廿二	12	三	乙巳
廿三	13	四	丙午
廿四	14	五	丁未
廿五	15	六	戊申
廿六	16	日	己酉
廿七	17	一	庚戌
廿八	18	二	辛亥
廿九	19	三	壬子

节气：雨水　初一　辰时；惊蛰　十六　卯时

二月大己卯

农历	公历	星期	干支
初一	20	四	癸丑
初二	21	五	甲寅
初三	22	六	乙卯
初四	23	日	丙辰
初五	24	一	丁巳
初六	25	二	戊午
初七	26	三	己未
初八	27	四	庚申
初九	28	五	辛酉
初十	29	六	壬戌
十一	30	日	癸亥
十二	31	一	甲子
十三	1	二	乙丑
十四	2	三	丙寅
十五	3	四	丁卯
十六	4	五	戊辰
十七	5	六	己巳
十八	6	日	庚午
十九	7	一	辛未
二十	8	二	壬申
廿一	9	三	癸酉
廿二	10	四	甲戌
廿三	11	五	乙亥
廿四	12	六	丙子
廿五	13	日	丁丑
廿六	14	一	戊寅
廿七	15	二	己卯
廿八	16	三	庚辰
廿九	17	四	辛巳
三十	18	五	壬午

节气：春分　初二　辰时；清明　十七　巳时

三月大庚辰

农历	公历	星期	干支
初一	19	六	癸未
初二	20	日	甲申
初三	21	一	乙酉
初四	22	二	丙戌
初五	23	三	丁亥
初六	24	四	戊子
初七	25	五	己丑
初八	26	六	庚寅
初九	27	日	辛卯
初十	28	一	壬辰
十一	29	二	癸巳
十二	30	三	甲午
十三	1	四	乙未
十四	2	五	丙申
十五	3	六	丁酉
十六	4	日	戊戌
十七	5	一	己亥
十八	6	二	庚子
十九	7	三	辛丑
二十	8	四	壬寅
廿一	9	五	癸卯
廿二	10	六	甲辰
廿三	11	日	乙巳
廿四	12	一	丙午
廿五	13	二	丁未
廿六	14	三	戊申
廿七	15	四	己酉
廿八	16	五	庚戌
廿九	17	六	辛亥
三十	18	日	壬子

节气：谷雨　初二　酉时；立夏　十八　寅时

四月小辛巳

农历	公历	星期	干支
初一	19	一	癸丑
初二	20	二	甲寅
初三	21	三	乙卯
初四	22	四	丙辰
初五	23	五	丁巳
初六	24	六	戊午
初七	25	日	己未
初八	26	一	庚申
初九	27	二	辛酉
初十	28	三	壬戌
十一	29	四	癸亥
十二	30	五	甲子
十三	31	六	乙丑
十四	1	日	丙寅
十五	2	一	丁卯
十六	3	二	戊辰
十七	4	三	己巳
十八	5	四	庚午
十九	6	五	辛未
二十	7	六	壬申
廿一	8	日	癸酉
廿二	9	一	甲戌
廿三	10	二	乙亥
廿四	11	三	丙子
廿五	12	四	丁丑
廿六	13	五	戊寅
廿七	14	六	己卯
廿八	15	日	庚辰
廿九	16	一	辛巳

节气：小满　初三　申时；芒种　十九　辰时

五月大壬午

农历	公历	星期	干支
初一	17	二	壬午
初二	18	三	癸未
初三	19	四	甲申
初四	20	五	乙酉
初五	21	六	丙戌
初六	22	日	丁亥
初七	23	一	戊子
初八	24	二	己丑
初九	25	三	庚寅
初十	26	四	辛卯
十一	27	五	壬辰
十二	28	六	癸巳
十三	29	日	甲午
十四	30	一	乙未
十五	1	二	丙申
十六	2	三	丁酉
十七	3	四	戊戌
十八	4	五	己亥
十九	5	六	庚子
二十	6	日	辛丑
廿一	7	一	壬寅
廿二	8	二	癸卯
廿三	9	三	甲辰
廿四	10	四	乙巳
廿五	11	五	丙午
廿六	12	六	丁未
廿七	13	日	戊申
廿八	14	一	己酉
廿九	15	二	庚戌
三十	16	三	辛亥

节气：夏至　初五　酉时；小暑　廿一　酉时

六月大癸未

农历	公历	星期	干支
初一	17	四	壬子
初二	18	五	癸丑
初三	19	六	甲寅
初四	20	日	乙卯
初五	21	一	丙辰
初六	22	二	丁巳
初七	23	三	戊午
初八	24	四	己未
初九	25	五	庚申
初十	26	六	辛酉
十一	27	日	壬戌
十二	28	一	癸亥
十三	29	二	甲子
十四	30	三	乙丑
十五	31	四	丙寅
十六	1	五	丁卯
十七	2	六	戊辰
十八	3	日	己巳
十九	4	一	庚午
二十	5	二	辛未
廿一	6	三	壬申
廿二	7	四	癸酉
廿三	8	五	甲戌
廿四	9	六	乙亥
廿五	10	日	丙子
廿六	11	一	丁丑
廿七	12	二	戊寅
廿八	13	三	己卯
廿九	14	四	庚辰
三十	15	五	辛巳

节气：大暑　初七　巳时；立秋　廿三　丑时

七月小甲申

农历	公历	星期	干支
初一	16	六	壬午
初二	17	日	癸未
初三	18	一	甲申
初四	19	二	乙酉
初五	20	三	丙戌
初六	21	四	丁亥
初七	22	五	戊子
初八	23	六	己丑
初九	24	日	庚寅
初十	25	一	辛卯
十一	26	二	壬辰
十二	27	三	癸巳
十三	28	四	甲午
十四	29	五	乙未
十五	30	六	丙申
十六	31	日	丁酉
十七	1	一	戊戌
十八	2	二	己亥
十九	3	三	庚子
二十	4	四	辛丑
廿一	5	五	壬寅
廿二	6	六	癸卯
廿三	7	日	甲辰
廿四	8	一	乙巳
廿五	9	二	丙午
廿六	10	三	丁未
廿七	11	四	戊申
廿八	12	五	己酉
廿九	13	六	庚戌

节气：处暑　初八　酉时；白露　十四　卯时

八月大乙酉

农历	公历	星期	干支
初一	14	日	辛亥
初二	15	一	壬子
初三	16	二	癸丑
初四	17	三	甲寅
初五	18	四	乙卯
初六	19	五	丙辰
初七	20	六	丁巳
初八	21	日	戊午
初九	22	一	己未
初十	23	二	庚申
十一	24	三	辛酉
十二	25	四	壬戌
十三	26	五	癸亥
十四	27	六	甲子
十五	28	日	乙丑
十六	29	一	丙寅
十七	30	二	丁卯
十八	1	三	戊辰
十九	2	四	己巳
二十	3	五	庚午
廿一	4	六	辛未
廿二	5	日	壬申
廿三	6	一	癸酉
廿四	7	二	甲戌
廿五	8	三	乙亥
廿六	9	四	丙子
廿七	10	五	丁丑
廿八	11	六	戊寅
廿九	12	日	己卯
三十	13	一	庚辰

节气：秋分　初十　申时；寒露　廿五　亥时

九月小丙戌

农历	公历	星期	干支
初一	14	二	辛巳
初二	15	三	壬午
初三	16	四	癸未
初四	17	五	甲申
初五	18	六	乙酉
初六	19	日	丙戌
初七	20	一	丁亥
初八	21	二	戊子
初九	22	三	己丑
初十	23	四	庚寅
十一	24	五	辛卯
十二	25	六	壬辰
十三	26	日	癸巳
十四	27	一	甲午
十五	28	二	乙未
十六	29	三	丙申
十七	30	四	丁酉
十八	31	五	戊戌
十九	1	六	己亥
二十	2	日	庚子
廿一	3	一	辛丑
廿二	4	二	壬寅
廿三	5	三	癸卯
廿四	6	四	甲辰
廿五	7	五	乙巳
廿六	8	六	丙午
廿七	9	日	丁未
廿八	10	一	戊申
廿九	11	二	己酉

节气：霜降　十一　丑时；立冬　廿七　丑时

十月小丁亥

农历	公历	星期	干支
初一	12	三	庚戌
初二	13	四	辛亥
初三	14	五	壬子
初四	15	六	癸丑
初五	16	日	甲寅
初六	17	一	乙卯
初七	18	二	丙辰
初八	19	三	丁巳
初九	20	四	戊午
初十	21	五	己未
十一	22	六	庚申
十二	23	日	辛酉
十三	24	一	壬戌
十四	25	二	癸亥
十五	26	三	甲子
十六	27	四	乙丑
十七	28	五	丙寅
十八	29	六	丁卯
十九	30	日	戊辰
二十	1	一	己巳
廿一	2	二	庚午
廿二	3	三	辛未
廿三	4	四	壬申
廿四	5	五	癸酉
廿五	6	六	甲戌
廿六	7	日	乙亥
廿七	8	一	丙子
廿八	9	二	丁丑
廿九	10	三	戊寅

节气：小雪　子时；大雪　廿二　戌时

十一月大戊子

农历	公历	星期	干支
初一	11	四	己卯
初二	12	五	庚辰
初三	13	六	辛巳
初四	14	日	壬午
初五	15	一	癸未
初六	16	二	甲申
初七	17	三	乙酉
初八	18	四	丙戌
初九	19	五	丁亥
初十	20	六	戊子
十一	21	日	己丑
十二	22	一	庚寅
十三	23	二	辛卯
十四	24	三	壬辰
十五	25	四	癸巳
十六	26	五	甲午
十七	27	六	乙未
十八	28	日	丙申
十九	29	一	丁酉
二十	30	二	戊戌
廿一	31	三	己亥
廿二	1	四	庚子
廿三	2	五	辛丑
廿四	3	六	壬寅
廿五	4	日	癸卯
廿六	5	一	甲辰
廿七	6	二	乙巳
廿八	7	三	丙午
廿九	8	四	丁未
三十	9	五	戊申

节气：冬至　十二　未时；小寒　廿七　辰时

十二月小己丑

农历	公历	星期	干支
初一	10	六	己酉
初二	11	日	庚戌
初三	12	一	辛亥
初四	13	二	壬子
初五	14	三	癸丑
初六	15	四	甲寅
初七	16	五	乙卯
初八	17	六	丙辰
初九	18	日	丁巳
初十	19	一	戊午
十一	20	二	己未
十二	21	三	庚申
十三	22	四	辛酉
十四	23	五	壬戌
十五	24	六	癸亥
十六	25	日	甲子
十七	26	一	乙丑
十八	27	二	丙寅
十九	28	三	丁卯
二十	29	四	戊辰
廿一	30	五	己巳
廿二	31	六	庚午
廿三	1	日	辛未
廿四	2	一	壬申
廿五	3	二	癸酉
廿六	4	三	甲戌
廿七	5	四	乙亥
廿八	6	五	丙子
廿九	7	六	丁丑

节气：大寒　丑时；立春　廿六　时

農曆辛未年 屬羊　　　　　　　　　　　　　　　　　　　　　　　　　　　　　公元 2111 — 2112 年

旬	正月大庚寅 公历	星期	干支	二月小辛卯 公历	星期	干支	三月大壬辰 公历	星期	干支	四月小癸巳 公历	星期	干支	五月大甲午 公历	星期	干支	六月大乙未 公历	星期	干支	七月小丙申 公历	星期	干支	八月大丁酉 公历	星期	干支	九月小戊戌 公历	星期	干支	十月大己亥 公历	星期	干支	十一月大庚子 公历	星期	干支	十二月小辛丑 公历	星期	干支
初一	8	三	戊寅	10	五	戊申	8	六	丁丑	8	一	丁未	6	二	丙子	6	四	丙午	5	六	丙子	3	日	乙巳	3	二	乙亥	1	三	甲辰	1	五	甲戌	31	六	甲辰
初二	9	四	己卯	11	六	己酉	9	日	戊寅	9	二	戊申	7	三	丁丑	7	五	丁未	6	日	丁丑	4	一	丙午	4	三	丙子	2	四	乙巳	2	六	乙亥	1	日	乙巳
初三	10	五	庚辰	12	日	庚戌	10	一	己卯	10	三	己酉	8	四	戊寅	8	六	戊申	7	一	戊寅	5	二	丁未	5	四	丁丑	3	五	丙午	3	日	丙子	2	一	丙午
初四	11	六	辛巳	13	一	辛亥	11	二	庚辰	11	四	庚戌	9	五	己卯	9	日	己酉	8	二	己卯	6	三	戊申	6	五	戊寅	4	六	丁未	4	一	丁丑	3	二	丁未
初五	12	日	壬午	14	二	壬子	12	三	辛巳	12	五	辛亥	10	六	庚辰	10	一	庚戌	9	三	庚辰	7	四	己酉	7	六	己卯	5	日	戊申	5	二	戊寅	4	三	戊申
初六	13	一	癸未	15	三	癸丑	13	四	壬午	13	六	壬子	11	日	辛巳	11	二	辛亥	10	四	辛巳	8	五	庚戌	8	日	庚辰	6	一	己酉	6	三	己卯	5	四	己酉
初七	14	二	甲申	16	四	甲寅	14	五	癸未	14	日	癸丑	12	一	壬午	12	三	壬子	11	五	壬午	9	六	辛亥	9	一	辛巳	7	二	庚戌	7	四	庚辰	6	五	庚戌
初八	15	三	乙酉	17	五	乙卯	15	六	甲申	15	一	甲寅	13	二	癸未	13	四	癸丑	12	六	癸未	10	日	壬子	10	二	壬午	8	三	辛亥	8	五	辛巳	7	六	辛亥
初九	16	四	丙戌	18	六	丙辰	16	日	乙酉	16	二	乙卯	14	三	甲申	14	五	甲寅	13	日	甲申	11	一	癸丑	11	三	癸未	9	四	壬子	9	六	壬午	8	日	壬子
初十	17	五	丁亥	19	日	丁巳	17	一	丙戌	17	三	丙辰	15	四	乙酉	15	六	乙卯	14	一	乙酉	12	二	甲寅	12	四	甲申	10	五	癸丑	10	日	癸未	9	一	癸丑
十一	18	六	戊子	20	一	戊午	18	二	丁亥	18	四	丁巳	16	五	丙戌	16	日	丙辰	15	二	丙戌	13	三	乙卯	13	五	乙酉	11	六	甲寅	11	一	甲申	10	二	甲寅
十二	19	日	己丑	21	二	己未	19	三	戊子	19	五	戊午	17	六	丁亥	17	一	丁巳	16	三	丁亥	14	四	丙辰	14	六	丙戌	12	日	乙卯	12	二	乙酉	11	三	乙卯
十三	20	一	庚寅	22	三	庚申	20	四	己丑	20	六	己未	18	日	戊子	18	二	戊午	17	四	戊子	15	五	丁巳	15	日	丁亥	13	一	丙辰	13	三	丙戌	12	四	丙辰
十四	21	二	辛卯	23	四	辛酉	21	五	庚寅	21	日	庚申	19	一	己丑	19	三	己未	18	五	己丑	16	六	戊午	16	一	戊子	14	二	丁巳	14	四	丁亥	13	五	丁巳
十五	22	三	壬辰	24	五	壬戌	22	六	辛卯	22	一	辛酉	20	二	庚寅	20	四	庚申	19	六	庚寅	17	日	己未	17	二	己丑	15	三	戊午	15	五	戊子	14	六	戊午
十六	23	四	癸巳	25	六	癸亥	23	日	壬辰	23	二	壬戌	21	三	辛卯	21	五	辛酉	20	日	辛卯	18	一	庚申	18	三	庚寅	16	四	己未	16	六	己丑	15	日	己未
十七	24	五	甲午	26	日	甲子	24	一	癸巳	24	三	癸亥	22	四	壬辰	22	六	壬戌	21	一	壬辰	19	二	辛酉	19	四	辛卯	17	五	庚申	17	日	庚寅	16	一	庚申
十八	25	六	乙未	27	一	乙丑	25	二	甲午	25	四	甲子	23	五	癸巳	23	日	癸亥	22	二	癸巳	20	三	壬戌	20	五	壬辰	18	六	辛酉	18	一	辛卯	17	二	辛酉
十九	26	日	丙申	28	二	丙寅	26	三	乙未	26	五	乙丑	24	六	甲午	24	一	甲子	23	三	甲午	21	四	癸亥	21	六	癸巳	19	日	壬戌	19	二	壬辰	18	三	壬戌
二十	27	一	丁酉	29	三	丁卯	27	四	丙申	27	六	丙寅	25	日	乙未	25	二	乙丑	24	四	乙未	22	五	甲子	22	日	甲午	20	一	癸亥	20	三	癸巳	19	四	癸亥
廿一	28	二	戊戌	30	四	戊辰	28	五	丁酉	28	日	丁卯	26	一	丙申	26	三	丙寅	25	五	丙申	23	六	乙丑	23	一	乙未	21	二	甲子	21	四	甲午	20	五	甲子
廿二	1	三	己亥	31	五	己巳	29	六	戊戌	29	一	戊辰	27	二	丁酉	27	四	丁卯	26	六	丁酉	24	日	丙寅	24	二	丙申	22	三	乙丑	22	五	乙未	21	六	乙丑
廿三	2	四	庚子	1	六	庚午	30	日	己亥	30	二	己巳	28	三	戊戌	28	五	戊辰	27	日	戊戌	25	一	丁卯	25	三	丁酉	23	四	丙寅	23	六	丙申	22	日	丙寅
廿四	3	五	辛丑	2	日	辛未	1	一	庚子	31	三	庚午	29	四	己亥	29	六	己巳	28	一	己亥	26	二	戊辰	26	四	戊戌	24	五	丁卯	24	日	丁酉	23	一	丁卯
廿五	4	六	壬寅	3	一	壬申	2	二	辛丑	1	四	辛未	30	五	庚子	30	日	庚午	29	二	庚子	27	三	己巳	27	五	己亥	25	六	戊辰	25	一	戊戌	24	二	戊辰
廿六	5	日	癸卯	4	二	癸酉	3	三	壬寅	2	五	壬申	1	六	辛丑	31	一	辛未	30	三	辛丑	28	四	庚午	28	六	庚子	26	日	己巳	26	二	己亥	25	三	己巳
廿七	6	一	甲辰	5	三	甲戌	4	四	癸卯	3	六	癸酉	2	日	壬寅	1	二	壬申	31	四	壬寅	29	五	辛未	29	日	辛丑	27	一	庚午	27	三	庚子	26	四	庚午
廿八	7	二	乙巳	6	四	乙亥	5	五	甲辰	4	日	甲戌	3	一	癸卯	2	三	癸酉	1	五	癸卯	30	六	壬申	30	一	壬寅	28	二	辛未	28	四	辛丑	27	五	辛未
廿九	8	三	丙午	7	五	丙子	6	六	乙巳	5	一	乙亥	4	二	甲辰	3	四	甲戌	2	六	甲辰	31	日	癸酉	31	二	癸卯	29	三	壬申	29	五	壬寅	28	六	壬申
三十	9	四	丁未				7	日	丙午				5	三	乙巳	4	五	乙亥				2	一	甲戌				30	四	癸酉	30	六	癸卯			

节气

正月	二月	三月	四月	五月	六月	七月	八月	九月	十月	十一月	十二月
雨水 十二 未时	春分 十二	谷雨 十三	小满 十四	夏至 十七	大暑 十八	处暑 十九 子时	秋分 十一	霜降 廿一 辰时	小雪 廿三	冬至 廿二 戌时	大寒 廿一 卯时
惊蛰 廿七 巳时	清明 廿七 申时	立夏 廿九 巳时	芒种 初一 戌时	小暑 初二 亥时	立秋 初四 辰时	白露 初六 寅时	寒露 初七 寅时	立冬 初八 辰时	大雪 初八 丑时	小寒 初七 未时	

农历壬申年 属猴

旬	正月小壬寅 公历	星期	干支	二月大癸卯 公历	星期	干支	三月小甲辰 公历	星期	干支	四月大乙巳 公历	星期	干支	五月小丙午 公历	星期	干支	六月大丁未 公历	星期	干支	闰六月小 公历	星期	干支	七月大戊申 公历	星期	干支	八月大己酉 公历	星期	干支	九月小庚戌 公历	星期	干支	十月大辛亥 公历	星期	干支	十一月大壬子 公历	星期	干支	十二月小癸丑 公历	星期	干支
初一	29	五	癸酉	27	六	壬寅	28	一	壬申	26	二	辛丑	26	四	辛未	24	五	庚子	24	日	庚午	22	一	己亥	21	三	己巳	21	五	己亥	19	六	戊辰	19	一	戊戌	18	三	戊辰
初二	30	六	甲戌	28	日	癸卯	29	二	癸酉	27	三	壬寅	27	五	壬申	25	六	辛丑	25	一	辛未	23	二	庚子	22	四	庚午	22	六	庚子	20	日	己巳	20	二	己亥	19	四	己巳
初三	31	日	乙亥	29	一	甲辰	30	三	甲戌	28	四	癸卯	28	六	癸酉	26	日	壬寅	26	二	壬申	24	三	辛丑	23	五	辛未	23	日	辛丑	21	一	庚午	21	三	庚子	20	五	庚午
初四	1	一	丙子	1	二	乙巳	31	四	乙亥	29	五	甲辰	29	日	甲戌	27	一	癸卯	27	三	癸酉	25	四	壬寅	24	六	壬申	24	一	壬寅	22	二	辛未	22	四	辛丑	21	六	辛未
初五	2	二	丁丑	2	三	丙午	1	五	丙子	30	六	乙巳	30	一	乙亥	28	二	甲辰	28	四	甲戌	26	五	癸卯	25	日	癸酉	25	二	癸卯	23	三	壬申	23	五	壬寅	22	日	壬申
初六	3	三	戊寅	3	四	丁未	2	六	丁丑	1	日	丙午	31	二	丙子	29	三	乙巳	29	五	乙亥	27	六	甲辰	26	一	甲戌	26	三	甲辰	24	四	癸酉	24	六	癸卯	23	一	癸酉
初七	4	四	己卯	4	五	戊申	3	日	戊寅	2	一	丁未	1	三	丁丑	30	四	丙午	30	六	丙子	28	日	乙巳	27	二	乙亥	27	四	乙巳	25	五	甲戌	25	日	甲辰	24	二	甲戌
初八	5	五	庚辰	5	六	己酉	4	一	己卯	3	二	戊申	2	四	戊寅	1	五	丁未	31	日	丁丑	29	一	丙午	28	三	丙子	28	五	丙午	26	六	乙亥	26	一	乙巳	25	三	乙亥
初九	6	六	辛巳	6	日	庚戌	5	二	庚辰	4	三	己酉	3	五	己卯	2	六	戊申	1	一	戊寅	30	二	丁未	29	四	丁丑	29	六	丁未	27	日	丙子	27	二	丙午	26	四	丙子
初十	7	日	壬午	7	一	辛亥	6	三	辛巳	5	四	庚戌	4	六	庚辰	3	日	己酉	2	二	己卯	31	三	戊申	30	五	戊寅	30	日	戊申	28	一	丁丑	28	三	丁未	27	五	丁丑
十一	8	一	癸未	8	二	壬子	7	四	壬午	6	五	辛亥	5	日	辛巳	4	一	庚戌	3	三	庚辰	1	四	己酉	1	六	己卯	31	一	己酉	29	二	戊寅	29	四	戊申	28	六	戊寅
十二	9	二	甲申	9	三	癸丑	8	五	癸未	7	六	壬子	6	一	壬午	5	二	辛亥	4	四	辛巳	2	五	庚戌	2	日	庚辰	1	二	庚戌	30	三	己卯	30	五	己酉	29	日	己卯
十三	10	三	乙酉	10	四	甲寅	9	六	甲申	8	日	癸丑	7	二	癸未	6	三	壬子	5	五	壬午	3	六	辛亥	3	一	辛巳	2	三	辛亥	1	四	庚辰	31	六	庚戌	30	一	庚辰
十四	11	四	丙戌	11	五	乙卯	10	日	乙酉	9	一	甲寅	8	三	甲申	7	四	癸丑	6	六	癸未	4	日	壬子	4	二	壬午	3	四	壬子	2	五	辛巳	1	日	辛亥	31	二	辛巳
十五	12	五	丁亥	12	六	丙辰	11	一	丙戌	10	二	乙卯	9	四	乙酉	8	五	甲寅	7	日	甲申	5	一	癸丑	5	三	癸未	4	五	癸丑	3	六	壬午	2	一	壬子	1	三	壬午
十六	13	六	戊子	13	日	丁巳	12	二	丁亥	11	三	丙辰	10	五	丙戌	9	六	乙卯	8	一	乙酉	6	二	甲寅	6	四	甲申	5	六	甲寅	4	日	癸未	3	二	癸丑	2	四	癸未
十七	14	日	己丑	14	一	戊午	13	三	戊子	12	四	丁巳	11	六	丁亥	10	日	丙辰	9	二	丙戌	7	三	乙卯	7	五	乙酉	6	日	乙卯	5	一	甲申	4	三	甲寅	3	五	甲申
十八	15	一	庚寅	15	二	己未	14	四	己丑	13	五	戊午	12	日	戊子	11	一	丁巳	10	三	丁亥	8	四	丙辰	8	六	丙戌	7	一	丙辰	6	二	乙酉	5	四	乙卯	4	六	乙酉
十九	16	二	辛卯	16	三	庚申	15	五	庚寅	14	六	己未	13	一	己丑	12	二	戊午	11	四	戊子	9	五	丁巳	9	日	丁亥	8	二	丁巳	7	三	丙戌	6	五	丙辰	5	日	丙戌
二十	17	三	壬辰	17	四	辛酉	16	六	辛卯	15	日	庚申	14	二	庚寅	13	三	己未	12	五	己丑	10	六	戊午	10	一	戊子	9	三	戊午	8	四	丁亥	7	六	丁巳	6	一	丁亥
廿一	18	四	癸巳	18	五	壬戌	17	日	壬辰	16	一	辛酉	15	三	辛卯	14	四	庚申	13	六	庚寅	11	日	己未	11	二	己丑	10	四	己未	9	五	戊子	8	日	戊午	7	二	戊子
廿二	19	五	甲午	19	六	癸亥	18	一	癸巳	17	二	壬戌	16	四	壬辰	15	五	辛酉	14	日	辛卯	12	一	庚申	12	三	庚寅	11	五	庚申	10	六	己丑	9	一	己未	8	三	己丑
廿三	20	六	乙未	20	日	甲子	19	二	甲午	18	三	癸亥	17	五	癸巳	16	六	壬戌	15	一	壬辰	13	二	辛酉	13	四	辛卯	12	六	辛酉	11	日	庚寅	10	二	庚申	9	四	庚寅
廿四	21	日	丙申	21	一	乙丑	20	三	乙未	19	四	甲子	18	六	甲午	17	日	癸亥	16	二	癸巳	14	三	壬戌	14	五	壬辰	13	日	壬戌	12	一	辛卯	11	三	辛酉	10	五	辛卯
廿五	22	一	丁酉	22	二	丙寅	21	四	丙申	20	五	乙丑	19	日	乙未	18	一	甲子	17	三	甲午	15	四	癸亥	15	六	癸巳	14	一	癸亥	13	二	壬辰	12	四	壬戌	11	六	壬辰
廿六	23	二	戊戌	23	三	丁卯	22	五	丁酉	21	六	丙寅	20	一	丙申	19	二	乙丑	18	四	乙未	16	五	甲子	16	日	甲午	15	二	甲子	14	三	癸巳	13	五	癸亥	12	日	癸巳
廿七	24	三	己亥	24	四	戊辰	23	六	戊戌	22	日	丁卯	21	二	丁酉	20	三	丙寅	19	五	丙申	17	六	乙丑	17	一	乙未	16	三	乙丑	15	四	甲午	14	六	甲子	13	一	甲午
廿八	25	四	庚子	25	五	己巳	24	日	己亥	23	一	戊辰	22	三	戊戌	21	四	丁卯	20	六	丁酉	18	日	丙寅	18	二	丙申	17	四	丙寅	16	五	乙未	15	日	乙丑	14	二	乙未
廿九	26	五	辛丑	26	六	庚午	25	一	庚子	24	二	己巳	23	四	己亥	22	五	戊辰	21	日	戊戌	19	一	丁卯	19	三	丁酉	18	五	丁卯	17	六	丙申	16	一	丙寅	15	三	丙申
三十				27	日	辛未				25	三	庚午				23	六	己巳				20	二	戊辰	20	四	戊戌				18	日	丁酉	17	二	丁卯			
节	立春 初八 子时			惊蛰 初八 酉时			清明 初八 亥时			立夏 初十 申时			芒种 十一 酉时			小暑 十四 寅时			立秋 十五 未时			处暑 初三 卯时			秋分 初三 寅时			霜降 初三 未时			小雪 初四 午时			冬至 初四 丑时			大寒 初三 午时		
气	雨水 廿二 戌时			春分 廿二 戌时			谷雨 廿四 卯时			小满 廿六 卯时			夏至 廿七 午时			大暑 廿九 亥时						白露 十七 巳时			寒露 十八 巳时			立冬 十八 未时			大雪 十九 辰时			小寒 十八 戌时			立春 十八 卯时		

农历癸酉年　属鸡

正月大甲寅　二月小乙卯　三月小丙辰　四月大丁巳　五月小戊午　六月小己未

旬	正月大甲寅 公历	星期	干支	二月小乙卯 公历	星期	干支	三月小丙辰 公历	星期	干支	四月大丁巳 公历	星期	干支	五月小戊午 公历	星期	干支	六月小己未 公历	星期	干支
初一	16	五	丁酉	18	日	丁卯	16	一	丙申	15	二	乙丑	14	四	乙未	13	五	甲子
初二	17	六	戊戌	19	一	戊辰	17	二	丁酉	16	三	丙寅	15	五	丙申	14	六	乙丑
初三	18	日	己亥	20	二	己巳	18	三	戊戌	17	四	丁卯	16	六	丁酉	15	日	丙寅
初四	19	一	庚子	21	三	庚午	19	四	己亥	18	五	戊辰	17	日	戊戌	16	一	丁卯
初五	20	二	辛丑	22	四	辛未	20	五	庚子	19	六	己巳	18	一	己亥	17	二	戊辰
初六	21	三	壬寅	23	五	壬申	21	六	辛丑	20	日	庚午	19	二	庚子	18	三	己巳
初七	22	四	癸卯	24	六	癸酉	22	日	壬寅	21	一	辛未	20	三	辛丑	19	四	庚午
初八	23	五	甲辰	25	日	甲戌	23	一	癸卯	22	二	壬申	21	四	壬寅	20	五	辛未
初九	24	六	乙巳	26	一	乙亥	24	二	甲辰	23	三	癸酉	22	五	癸卯	21	六	壬申
初十	25	日	丙午	27	二	丙子	25	三	乙巳	24	四	甲戌	23	六	甲辰	22	日	癸酉
十一	26	一	丁未	28	三	丁丑	26	四	丙午	25	五	乙亥	24	日	乙巳	23	一	甲戌
十二	27	二	戊申	29	四	戊寅	27	五	丁未	26	六	丙子	25	一	丙午	24	二	乙亥
十三	28	三	己酉	30	五	己卯	28	六	戊申	27	日	丁丑	26	二	丁未	25	三	丙子
十四	**3**	四	庚戌	31	六	庚辰	29	日	己酉	28	一	戊寅	27	三	戊申	26	四	丁丑
十五	2	五	辛亥	**4**	日	辛巳	30	一	庚戌	29	二	己卯	28	四	己酉	27	五	戊寅
十六	3	六	壬子	2	一	壬午	**5**	二	辛亥	30	三	庚辰	29	五	庚戌	28	六	己卯
十七	4	日	癸丑	3	二	癸未	2	三	壬子	31	四	辛巳	30	六	辛亥	29	日	庚辰
十八	5	一	甲寅	4	三	甲申	3	四	癸丑	**6**	五	壬午	**7**	日	壬子	30	一	辛巳
十九	6	二	乙卯	5	四	乙酉	4	五	甲寅	2	六	癸未	2	一	癸丑	31	二	壬午
二十	7	三	丙辰	6	五	丙戌	5	六	乙卯	3	日	甲申	3	二	甲寅	**8**	三	癸未
廿一	8	四	丁巳	7	六	丁亥	6	日	丙辰	4	一	乙酉	4	三	乙卯	2	四	甲申
廿二	9	五	戊午	8	日	戊子	7	一	丁巳	5	二	丙戌	5	四	丙辰	3	五	乙酉
廿三	10	六	己未	9	一	己丑	8	二	戊午	6	三	丁亥	6	五	丁巳	4	六	丙戌
廿四	11	日	庚申	10	二	庚寅	9	三	己未	7	四	戊子	7	六	戊午	5	日	丁亥
廿五	12	一	辛酉	11	三	辛卯	10	四	庚申	8	五	己丑	8	日	己未	6	一	戊子
廿六	13	二	壬戌	12	四	壬辰	11	五	辛酉	9	六	庚寅	9	一	庚申	7	二	己丑
廿七	14	三	癸亥	13	五	癸巳	12	六	壬戌	10	日	辛卯	10	二	辛酉	8	三	庚寅
廿八	15	四	甲子	14	六	甲午	13	日	癸亥	11	一	壬辰	11	三	壬戌	9	四	辛卯
廿九	16	五	乙丑	15	日	乙未	14	一	甲子	12	二	癸巳	12	四	癸亥	10	五	壬辰
三十	17	六	丙寅							13	三	甲午						
节 气	雨水 初四 丑时 惊蛰 十九 子时			春分 初四 子时 清明 十九 寅时			谷雨 初五 午时 立夏 二十 戌时			小满 初七 巳时 芒种 廿二 子时			夏至 初八 申时 小暑 廿四 巳时			大暑 十一 寅时 立秋 廿六 戌时		

七月大庚申　八月大辛酉　九月小壬戌　十月大癸亥　十一月大甲子　十二月大乙丑

旬	七月大庚申 公历	星期	干支	八月大辛酉 公历	星期	干支	九月小壬戌 公历	星期	干支	十月大癸亥 公历	星期	干支	十一月大甲子 公历	星期	干支	十二月大乙丑 公历	星期	干支
初一	11	六	癸巳	10	一	癸亥	10	三	癸巳	8	四	壬戌	8	六	壬辰	7	一	壬戌
初二	12	日	甲午	11	二	甲子	11	四	甲午	9	五	癸亥	9	日	癸巳	8	二	癸亥
初三	13	一	乙未	12	三	乙丑	12	五	乙未	10	六	甲子	10	一	甲午	9	三	甲子
初四	14	二	丙申	13	四	丙寅	13	六	丙申	11	日	乙丑	11	二	乙未	10	四	乙丑
初五	15	三	丁酉	14	五	丁卯	14	日	丁酉	12	一	丙寅	12	三	丙申	11	五	丙寅
初六	16	四	戊戌	15	六	戊辰	15	一	戊戌	13	二	丁卯	13	四	丁酉	12	六	丁卯
初七	17	五	己亥	16	日	己巳	16	二	己亥	14	三	戊辰	14	五	戊戌	13	日	戊辰
初八	18	六	庚子	17	一	庚午	17	三	庚子	15	四	己巳	15	六	己亥	14	一	己巳
初九	19	日	辛丑	18	二	辛未	18	四	辛丑	16	五	庚午	16	日	庚子	15	二	庚午
初十	20	一	壬寅	19	三	壬申	19	五	壬寅	17	六	辛未	17	一	辛丑	16	三	辛未
十一	21	二	癸卯	20	四	癸酉	20	六	癸卯	18	日	壬申	18	二	壬寅	17	四	壬申
十二	22	三	甲辰	21	五	甲戌	21	日	甲辰	19	一	癸酉	19	三	癸卯	18	五	癸酉
十三	23	四	乙巳	22	六	乙亥	22	一	乙巳	20	二	甲戌	20	四	甲辰	19	六	甲戌
十四	24	五	丙午	23	日	丙子	23	二	丙午	21	三	乙亥	21	五	乙巳	20	日	乙亥
十五	25	六	丁未	24	一	丁丑	24	三	丁未	22	四	丙子	22	六	丙午	21	一	丙子
十六	26	日	戊申	25	二	戊寅	25	四	戊申	23	五	丁丑	23	日	丁未	22	二	丁丑
十七	27	一	己酉	26	三	己卯	26	五	己酉	24	六	戊寅	24	一	戊申	23	三	戊寅
十八	28	二	庚戌	27	四	庚辰	27	六	庚戌	25	日	己卯	25	二	己酉	24	四	己卯
十九	29	三	辛亥	28	五	辛巳	28	日	辛亥	26	一	庚辰	26	三	庚戌	25	五	庚辰
二十	30	四	壬子	29	六	壬午	29	一	壬子	27	二	辛巳	27	四	辛亥	26	六	辛巳
廿一	31	五	癸丑	30	日	癸未	30	二	癸丑	28	三	壬午	28	五	壬子	27	日	壬午
廿二	**9**	六	甲寅	**10**	一	甲申	31	三	甲寅	29	四	癸未	29	六	癸丑	28	一	癸未
廿三	2	日	乙卯	2	二	乙酉	**11**	四	乙卯	30	五	甲申	30	日	甲寅	29	二	甲申
廿四	3	一	丙辰	3	三	丙戌	2	五	丙辰	**12**	六	乙酉	31	一	乙卯	30	三	乙酉
廿五	4	二	丁巳	4	四	丁亥	3	六	丁巳	2	日	丙戌	**1**	二	丙辰	31	四	丙戌
廿六	5	三	戊午	5	五	戊子	4	日	戊午	3	一	丁亥	2	三	丁巳	**2**	五	丁亥
廿七	6	四	己未	6	六	己丑	5	一	己未	4	二	戊子	3	四	戊午	2	六	戊子
廿八	7	五	庚申	7	日	庚寅	6	二	庚申	5	三	己丑	4	五	己未	3	日	己丑
廿九	8	六	辛酉	8	一	辛卯	7	三	辛酉	6	四	庚寅	5	六	庚申	4	一	庚寅
三十	9	日	壬戌	9	二	壬辰				7	五	辛卯	6	日	辛酉	5	二	辛卯
节 气	处暑 十三 午时 白露 廿八 子时			秋分 十四 巳时 寒露 廿九 申时			霜降 十四 戌时 立冬 廿九 戌时			小雪 十五 酉时 大雪 三十 未时			冬至 十五 辰时 小寒 三十 丑时			大寒 十四 酉时 立春 十九 午时		

农历甲戌年　属狗　　　　　　　　　　　　　　　　　　　　　　　公元 2114－2115 年

正月小丙寅 ～ 六月小辛未

旬	正月小丙寅			二月大丁卯			三月小戊辰			四月小己巳			五月大庚午			六月小辛未		
	公历	星期	干支	公历	星期	干支	公历	星期	干支	公历	星期	干支	公历	星期	干支	公历	星期	干支
初一	6	二	壬辰	7	三	辛酉	6	五	辛卯	5	六	庚申	3	日	己丑	3	二	己未
初二	7	三	癸巳	8	四	壬戌	7	六	壬辰	6	日	辛酉	4	一	庚寅	4	三	庚申
初三	8	四	甲午	9	五	癸亥	8	日	癸巳	7	一	壬戌	5	二	辛卯	5	四	辛酉
初四	9	五	乙未	10	六	甲子	9	一	甲午	8	二	癸亥	6	三	壬辰	6	五	壬戌
初五	10	六	丙申	11	日	乙丑	10	二	乙未	9	三	甲子	7	四	癸巳	7	六	癸亥
初六	11	日	丁酉	12	一	丙寅	11	三	丙申	10	四	乙丑	8	五	甲午	8	日	甲子
初七	12	一	戊戌	13	二	丁卯	12	四	丁酉	11	五	丙寅	9	六	乙未	9	一	乙丑
初八	13	二	己亥	14	三	戊辰	13	五	戊戌	12	六	丁卯	10	日	丙申	10	二	丙寅
初九	14	三	庚子	15	四	己巳	14	六	己亥	13	日	戊辰	11	一	丁酉	11	三	丁卯
初十	15	四	辛丑	16	五	庚午	15	日	庚子	14	一	己巳	12	二	戊戌	12	四	戊辰
十一	16	五	壬寅	17	六	辛未	16	一	辛丑	15	二	庚午	13	三	己亥	13	五	己巳
十二	17	六	癸卯	18	日	壬申	17	二	壬寅	16	三	辛未	14	四	庚子	14	六	庚午
十三	18	日	甲辰	19	一	癸酉	18	三	癸卯	17	四	壬申	15	五	辛丑	15	日	辛未
十四	19	一	乙巳	20	二	甲戌	19	四	甲辰	18	五	癸酉	16	六	壬寅	16	一	壬申
十五	20	二	丙午	21	三	乙亥	20	五	乙巳	19	六	甲戌	17	日	癸卯	17	二	癸酉
十六	21	三	丁未	22	四	丙子	21	六	丙午	20	日	乙亥	18	一	甲辰	18	三	甲戌
十七	22	四	戊申	23	五	丁丑	22	日	丁未	21	一	丙子	19	二	乙巳	19	四	乙亥
十八	23	五	己酉	24	六	戊寅	23	一	戊申	22	二	丁丑	20	三	丙午	20	五	丙子
十九	24	六	庚戌	25	日	己卯	24	二	己酉	23	三	戊寅	21	四	丁未	21	六	丁丑
二十	25	日	辛亥	26	一	庚辰	25	三	庚戌	24	四	己卯	22	五	戊申	22	日	戊寅
廿一	26	一	壬子	27	二	辛巳	26	四	辛亥	25	五	庚辰	23	六	己酉	23	一	己卯
廿二	27	二	癸丑	28	三	壬午	27	五	壬子	26	六	辛巳	24	日	庚戌	24	二	庚辰
廿三	28	三	甲寅	29	四	癸未	28	六	癸丑	27	日	壬午	25	一	辛亥	25	三	辛巳
廿四	**3**	四	乙卯	30	五	甲申	29	日	甲寅	28	一	癸未	26	二	壬子	26	四	壬午
廿五	2	五	丙辰	31	六	乙酉	30	一	乙卯	29	二	甲申	27	三	癸丑	27	五	癸未
廿六	3	六	丁巳	**4**	日	丙戌	**5**	二	丙辰	30	三	乙酉	28	四	甲寅	28	六	甲申
廿七	4	日	戊午	2	一	丁亥	2	三	丁巳	31	四	丙戌	29	五	乙卯	29	日	乙酉
廿八	5	一	己未	3	二	戊子	3	四	戊午	**6**	五	丁亥	30	六	丙辰	30	一	丙戌
廿九	6	二	庚申	4	三	己丑	4	五	己未	2	六	戊子	**7**	日	丁巳	31	二	丁亥
三十				5	四	庚寅							2	一	戊午			
节	惊蛰	廿九	卯时	清明	三十	巳时	立夏	初二	丑时	芒种	初四	卯时	小暑	初五	未时	立秋	初八	丑时
气	雨水	十四	辰时	春分	十五	卯时	谷雨	十五	申时	小满	十六	申时	夏至	十九	亥时	大暑	廿一	巳时

七月小壬申 ～ 十二月大丁丑

旬	七月小壬申			八月大癸酉			九月小甲戌			十月大乙亥			十一月大丙子			十二月大丁丑		
	公历	星期	干支	公历	星期	干支	公历	星期	干支	公历	星期	干支	公历	星期	干支	公历	星期	干支
初一	**8**	三	戊子	30	四	丁巳	29	六	丁亥	28	日	丙辰	27	二	丙戌	27	四	丙辰
初二	2	四	己丑	31	五	戊午	30	日	戊子	29	一	丁巳	28	三	丁亥	28	五	丁巳
初三	3	五	庚寅	**9**	六	己未	**10**	一	己丑	30	二	戊午	29	四	戊子	29	六	戊午
初四	4	六	辛卯	2	日	庚申	2	二	庚寅	31	三	己未	30	五	己丑	30	日	己未
初五	5	日	壬辰	3	一	辛酉	3	三	辛卯	**11**	四	庚申	**12**	六	庚寅	31	一	庚申
初六	6	一	癸巳	4	二	壬戌	4	四	壬辰	2	五	辛酉	2	日	辛卯	**1**	二	辛酉
初七	7	二	甲午	5	三	癸亥	5	五	癸巳	3	六	壬戌	3	一	壬辰	2	三	壬戌
初八	8	三	乙未	6	四	甲子	6	六	甲午	4	日	癸亥	4	二	癸巳	3	四	癸亥
初九	9	四	丙申	7	五	乙丑	7	日	乙未	5	一	甲子	5	三	甲午	4	五	甲子
初十	10	五	丁酉	8	六	丙寅	8	一	丙申	6	二	乙丑	6	四	乙未	5	六	乙丑
十一	11	六	戊戌	9	日	丁卯	9	二	丁酉	7	三	丙寅	7	五	丙申	6	日	丙寅
十二	12	日	己亥	10	一	戊辰	10	三	戊戌	8	四	丁卯	8	六	丁酉	7	一	丁卯
十三	13	一	庚子	11	二	己巳	11	四	己亥	9	五	戊辰	9	日	戊戌	8	二	戊辰
十四	14	二	辛丑	12	三	庚午	12	五	庚子	10	六	己巳	10	一	己亥	9	三	己巳
十五	15	三	壬寅	13	四	辛未	13	六	辛丑	11	日	庚午	11	二	庚子	10	四	庚午
十六	16	四	癸卯	14	五	壬申	14	日	壬寅	12	一	辛未	12	三	辛丑	11	五	辛未
十七	17	五	甲辰	15	六	癸酉	15	一	癸卯	13	二	壬申	13	四	壬寅	12	六	壬申
十八	18	六	乙巳	16	日	甲戌	16	二	甲辰	14	三	癸酉	14	五	癸卯	13	日	癸酉
十九	19	日	丙午	17	一	乙亥	17	三	乙巳	15	四	甲戌	15	六	甲辰	14	一	甲戌
二十	20	一	丁未	18	二	丙子	18	四	丙午	16	五	乙亥	16	日	乙巳	15	二	乙亥
廿一	21	二	戊申	19	三	丁丑	19	五	丁未	17	六	丙子	17	一	丙午	16	三	丙子
廿二	22	三	己酉	20	四	戊寅	20	六	戊申	18	日	丁丑	18	二	丁未	17	四	丁丑
廿三	23	四	庚戌	21	五	己卯	21	日	己酉	19	一	戊寅	19	三	戊申	18	五	戊寅
廿四	24	五	辛亥	22	六	庚辰	22	一	庚戌	20	二	己卯	20	四	己酉	19	六	己卯
廿五	25	六	壬子	23	日	辛巳	23	二	辛亥	21	三	庚辰	21	五	庚戌	20	日	庚辰
廿六	26	日	癸丑	24	一	壬午	24	三	壬子	22	四	辛巳	22	六	辛亥	21	一	辛巳
廿七	27	一	甲寅	25	二	癸未	25	四	癸丑	23	五	壬午	23	日	壬子	22	二	壬午
廿八	28	二	乙卯	26	三	甲申	26	五	甲寅	24	六	癸未	24	一	癸丑	23	三	癸未
廿九	29	三	丙辰	27	四	乙酉	27	六	乙卯	25	日	甲申	25	二	甲寅	24	四	甲申
三十				28	五	丙戌				26	一	乙酉	26	三	乙卯	25	五	乙酉
节	白露	初十	卯时	寒露	初十	亥时	立冬	十二	丑时	大雪	十二	戌时	小寒	十一	卯时	立春		
气	处暑	廿三	酉时	秋分	廿五	申时	霜降	廿六	丑时	小雪	廿六	子时	冬至	廿六	子时	大寒	廿六	子时

320

农历乙亥年　属猪

旬	正月小戊寅 公	期	支	二月大己卯 公	期	支	三月大庚辰 公	期	支	四月小辛巳 公	期	支	闰四月小 公	期	支	五月大壬午 公	期	支	六月小癸未 公	期	支	七月小甲申 公	期	支	八月大乙酉 公	期	支	九月小丙戌 公	期	支	十月大丁亥 公	期	支	十一月大戊子 公	期	支	十二月大己丑 公	期	支
初一	26	六	丙戌	24	日	乙卯	26	二	乙酉	25	四	乙卯	24	五	甲申	22	六	癸丑	22	一	癸未	20	二	壬子	18	三	辛巳	18	五	辛亥	16	六	庚辰	16	一	庚戌	15	三	庚辰
初二	27	日	丁亥	25	一	丙辰	27	三	丙戌	26	五	丙辰	25	六	乙酉	23	日	甲寅	23	二	甲申	21	三	癸丑	19	四	壬午	19	六	壬子	17	日	辛巳	17	二	辛亥	16	四	辛巳
初三	28	一	戊子	26	二	丁巳	28	四	丁亥	27	六	丁巳	26	日	丙戌	24	一	乙卯	24	三	乙酉	22	四	甲寅	20	五	癸未	20	日	癸丑	18	一	壬午	18	三	壬子	17	五	壬午
初四	29	二	己丑	27	三	戊午	29	五	戊子	28	日	戊午	27	一	丁亥	25	二	丙辰	25	四	丙戌	23	五	乙卯	21	六	甲申	21	一	甲寅	19	二	癸未	19	四	癸丑	18	六	癸未
初五	30	三	庚寅	28	四	己未	30	六	己丑	29	一	己未	28	二	戊子	26	三	丁巳	26	五	丁亥	24	六	丙辰	22	日	乙酉	22	二	乙卯	20	三	甲申	20	五	甲寅	19	日	甲申
初六	31	四	辛卯	**3**	五	庚申	31	日	庚寅	30	二	庚申	29	三	己丑	27	四	戊午	27	六	戊子	25	日	丁巳	23	一	丙戌	23	三	丙辰	21	四	乙酉	21	六	乙卯	20	一	乙酉
初七	**2**	五	壬辰	2	六	辛酉	**4**	一	辛卯	**5**	三	辛酉	30	四	庚寅	28	五	己未	28	日	己丑	26	一	戊午	24	二	丁亥	24	四	丁巳	22	五	丙戌	22	日	丙辰	21	二	丙戌
初八	2	六	癸巳	3	日	壬戌	2	二	壬辰	2	四	壬戌	31	五	辛卯	29	六	庚申	29	一	庚寅	27	二	己未	25	三	戊子	25	五	戊午	23	六	丁亥	23	一	丁巳	22	三	丁亥
初九	3	日	甲午	4	一	癸亥	3	三	癸巳	3	五	癸亥	**6**	六	壬辰	30	日	辛酉	30	二	辛卯	28	三	庚申	26	四	己丑	26	六	己未	24	日	戊子	24	二	戊午	23	四	戊子
初十	4	一	乙未	5	二	甲子	4	四	甲午	4	六	甲子	2	日	癸巳	**7**	一	壬戌	31	三	壬辰	29	四	辛酉	27	五	庚寅	27	日	庚申	25	一	己丑	25	三	己未	24	五	己丑
十一	5	二	丙申	6	三	乙丑	5	五	乙未	5	日	乙丑	3	一	甲午	2	二	癸亥	**8**	四	癸巳	30	五	壬戌	28	六	辛卯	28	一	辛酉	26	二	庚寅	26	四	庚申	25	六	庚寅
十二	6	三	丁酉	7	四	丙寅	6	六	丙申	6	一	丙寅	4	二	乙未	3	三	甲子	2	五	甲午	31	六	癸亥	29	日	壬辰	29	二	壬戌	27	三	辛卯	27	五	辛酉	26	日	辛卯
十三	7	四	戊戌	8	五	丁卯	7	日	丁酉	7	二	丁卯	5	三	丙申	4	四	乙丑	3	六	乙未	**9**	日	甲子	30	一	癸巳	30	三	癸亥	28	四	壬辰	28	六	壬戌	27	一	壬辰
十四	8	五	己亥	9	六	戊辰	8	一	戊戌	8	三	戊辰	6	四	丁酉	5	五	丙寅	4	日	丙申	2	一	乙丑	**10**	二	甲午	31	四	甲子	29	五	癸巳	29	日	癸亥	28	二	癸巳
十五	9	六	庚子	10	日	己巳	9	二	己亥	9	四	己巳	7	五	戊戌	6	六	丁卯	5	一	丁酉	3	二	丙寅	2	三	乙未	**11**	五	乙丑	30	六	甲午	30	一	甲子	29	三	甲午
十六	10	日	辛丑	11	一	庚午	10	三	庚子	10	五	庚午	8	六	己亥	7	日	戊辰	6	二	戊戌	4	三	丁卯	3	四	丙申	2	六	丙寅	**12**	日	乙未	31	二	乙丑	30	四	乙未
十七	11	一	壬寅	12	二	辛未	11	四	辛丑	11	六	辛未	9	日	庚子	8	一	己巳	7	三	己亥	5	四	戊辰	4	五	丁酉	3	日	丁卯	2	一	丙申	**1**	三	丙寅	31	五	丙申
十八	12	二	癸卯	13	三	壬申	12	五	壬寅	12	日	壬申	10	一	辛丑	9	二	庚午	8	四	庚子	6	五	己巳	5	六	戊戌	4	一	戊辰	3	二	丁酉	2	四	丁卯	**2**	六	丁酉
十九	13	三	甲辰	14	四	癸酉	13	六	癸卯	13	一	癸酉	11	二	壬寅	10	三	辛未	9	五	辛丑	7	六	庚午	6	日	己亥	5	二	己巳	4	三	戊戌	3	五	戊辰	2	日	戊戌
二十	14	四	乙巳	15	五	甲戌	14	日	甲辰	14	二	甲戌	12	三	癸卯	11	四	壬申	10	六	壬寅	8	日	辛未	7	一	庚子	6	三	庚午	5	四	己亥	4	六	己巳	3	一	己亥
廿一	15	五	丙午	16	六	乙亥	15	一	乙巳	15	三	乙亥	13	四	甲辰	12	五	癸酉	11	日	癸卯	9	一	壬申	8	二	辛丑	7	四	辛未	6	五	庚子	5	日	庚午	4	二	庚子
廿二	16	六	丁未	17	日	丙子	16	二	丙午	16	四	丙子	14	五	乙巳	13	六	甲戌	12	一	甲辰	10	二	癸酉	9	三	壬寅	8	五	壬申	7	六	辛丑	6	一	辛未	5	三	辛丑
廿三	17	日	戊申	18	一	丁丑	17	三	丁未	17	五	丁丑	15	六	丙午	14	日	乙亥	13	二	乙巳	11	三	甲戌	10	四	癸卯	9	六	癸酉	8	日	壬寅	7	二	壬申	6	四	壬寅
廿四	18	一	己酉	19	二	戊寅	18	四	戊申	18	六	戊寅	16	日	丁未	15	一	丙子	14	三	丙午	12	四	乙亥	11	五	甲辰	10	日	甲戌	9	一	癸卯	8	三	癸酉	7	五	癸卯
廿五	19	二	庚戌	20	三	己卯	19	五	己酉	19	日	己卯	17	一	戊申	16	二	丁丑	15	四	丁未	13	五	丙子	12	六	乙巳	11	一	乙亥	10	二	甲辰	9	四	甲戌	8	六	甲辰
廿六	20	三	辛亥	21	四	庚辰	20	六	庚戌	20	一	庚辰	18	二	己酉	17	三	戊寅	16	五	戊申	14	六	丁丑	13	日	丙午	12	二	丙子	11	三	乙巳	10	五	乙亥	9	日	乙巳
廿七	21	四	壬子	22	五	辛巳	21	日	辛亥	21	二	辛巳	19	三	庚戌	18	四	己卯	17	六	己酉	15	日	戊寅	14	一	丁未	13	三	丁丑	12	四	丙午	11	六	丙子	10	一	丙午
廿八	22	五	癸丑	23	六	壬午	22	一	壬子	22	三	壬午	20	四	辛亥	19	五	庚辰	18	日	庚戌	16	一	己卯	15	二	戊申	14	四	戊寅	13	五	丁未	12	日	丁丑	11	二	丁未
廿九	23	六	甲寅	24	日	癸未	23	二	癸丑	23	四	癸未	21	五	壬子	20	六	辛巳	19	一	辛亥	17	二	庚辰	16	三	己酉	15	五	己卯	14	六	戊申	13	一	戊寅	12	三	戊申
三十				25	一	甲申	24	三	甲寅							21	日	壬午							17	四	庚戌				15	日	己酉	14	二	己卯	13	四	己酉

节气

月	节	气
正月	立春 初十 酉时	雨水 廿五 未时
二月	惊蛰 十一 午时	春分 廿六 午时
三月	清明 十一 申时	谷雨 廿六 申时
四月	立夏 十二 辰时	小满 廿七 亥时
闰四月	芒种 十四 午时	
五月	小暑 十六 亥时	夏至 初一 亥时
六月	立秋 十八 辰时	大暑 初二 申时
七月	白露 二十 午时	处暑 初四 午时
八月	寒露 廿一 寅时	秋分 初六 亥时
九月	立冬 廿一	霜降 初七 辰时
十月	大雪 廿二 丑时	小雪 初七
十一月	小寒 廿二 午时	冬至 初七
十二月	立春 廿一 子时	大寒 初七 卯时

正月小庚寅 ～ 六月大乙未

旬	正月小庚寅 公历	星期	干支	二月大辛卯 公历	星期	干支	三月小壬辰 公历	星期	干支	四月大癸巳 公历	星期	干支	五月小甲午 公历	星期	干支	六月大乙未 公历	星期	干支
初一	14	五	庚戌	14	六	己卯	13	一	己酉	12	二	戊寅	11	四	戊申	10	五	丁丑
初二	15	六	辛亥	15	日	庚辰	14	二	庚戌	13	三	己卯	12	五	己酉	11	六	戊寅
初三	16	日	壬子	16	一	辛巳	15	三	辛亥	14	四	庚辰	13	六	庚戌	12	日	己卯
初四	17	一	癸丑	17	二	壬午	16	四	壬子	15	五	辛巳	14	日	辛亥	13	一	庚辰
初五	18	二	甲寅	18	三	癸未	17	五	癸丑	16	六	壬午	15	一	壬子	14	二	辛巳
初六	19	三	乙卯	19	四	甲申	18	六	甲寅	17	日	癸未	16	二	癸丑	15	三	壬午
初七	20	四	丙辰	20	五	乙酉	19	日	乙卯	18	一	甲申	17	三	甲寅	16	四	癸未
初八	21	五	丁巳	21	六	丙戌	20	一	丙辰	19	二	乙酉	18	四	乙卯	17	五	甲申
初九	22	六	戊午	22	日	丁亥	21	二	丁巳	20	三	丙戌	19	五	丙辰	18	六	乙酉
初十	23	日	己未	23	一	戊子	22	三	戊午	21	四	丁亥	20	六	丁巳	19	日	丙戌
十一	24	一	庚申	24	二	己丑	23	四	己未	22	五	戊子	21	日	戊午	20	一	丁亥
十二	25	二	辛酉	25	三	庚寅	24	五	庚申	23	六	己丑	22	一	己未	21	二	戊子
十三	26	三	壬戌	26	四	辛卯	25	六	辛酉	24	日	庚寅	23	二	庚申	22	三	己丑
十四	27	四	癸亥	27	五	壬辰	26	日	壬戌	25	一	辛卯	24	三	辛酉	23	四	庚寅
十五	28	五	甲子	28	六	癸巳	27	一	癸亥	26	二	壬辰	25	四	壬戌	24	五	辛卯
十六	29	六	乙丑	29	日	甲午	28	二	甲子	27	三	癸巳	26	五	癸亥	25	六	壬辰
十七	1	日	丙寅	30	一	乙未	29	三	乙丑	28	四	甲午	27	六	甲子	26	日	癸巳
十八	2	一	丁卯	31	二	丙申	30	四	丙寅	29	五	乙未	28	日	乙丑	27	一	甲午
十九	3	二	戊辰	1	三	丁酉	1	五	丁卯	30	六	丙申	29	一	丙寅	28	二	乙未
二十	4	三	己巳	2	四	戊戌	2	六	戊辰	31	日	丁酉	30	二	丁卯	29	三	丙申
廿一	5	四	庚午	3	五	己亥	3	日	己巳	1	一	戊戌	1	三	戊辰	30	四	丁酉
廿二	6	五	辛未	4	六	庚子	4	一	庚午	2	二	己亥	2	四	己巳	31	五	戊戌
廿三	7	六	壬申	5	日	辛丑	5	二	辛未	3	三	庚子	3	五	庚午	1	六	己亥
廿四	8	日	癸酉	6	一	壬寅	6	三	壬申	4	四	辛丑	4	六	辛未	2	日	庚子
廿五	9	一	甲戌	7	二	癸卯	7	四	癸酉	5	五	壬寅	5	日	壬申	3	一	辛丑
廿六	10	二	乙亥	8	三	甲辰	8	五	甲戌	6	六	癸卯	6	一	癸酉	4	二	壬寅
廿七	11	三	丙子	9	四	乙巳	9	六	乙亥	7	日	甲辰	7	二	甲戌	5	三	癸卯
廿八	12	四	丁丑	10	五	丙午	10	日	丙子	8	一	乙巳	8	三	乙亥	6	四	甲辰
廿九	13	五	戊寅	11	六	丁未	11	一	丁丑	9	二	丙午	9	四	丙子	7	五	乙巳
三十				12	日	戊申				10	三	丁未				8	六	丙午

七月小丙申 ～ 十二月大辛丑

旬	七月小丙申 公历	星期	干支	八月小丁酉 公历	星期	干支	九月大戊戌 公历	星期	干支	十月小己亥 公历	星期	干支	十一月大庚子 公历	星期	干支	十二月大辛丑 公历	星期	干支
初一	9	日	丁未	7	一	丙子	6	二	乙巳	5	四	乙亥	4	五	甲辰	3	日	甲戌
初二	10	一	戊申	8	二	丁丑	7	三	丙午	6	五	丙子	5	六	乙巳	4	一	乙亥
初三	11	二	己酉	9	三	戊寅	8	四	丁未	7	六	丁丑	6	日	丙午	5	二	丙子
初四	12	三	庚戌	10	四	己卯	9	五	戊申	8	日	戊寅	7	一	丁未	6	三	丁丑
初五	13	四	辛亥	11	五	庚辰	10	六	己酉	9	一	己卯	8	二	戊申	7	四	戊寅
初六	14	五	壬子	12	六	辛巳	11	日	庚戌	10	二	庚辰	9	三	己酉	8	五	己卯
初七	15	六	癸丑	13	日	壬午	12	一	辛亥	11	三	辛巳	10	四	庚戌	9	六	庚辰
初八	16	日	甲寅	14	一	癸未	13	二	壬子	12	四	壬午	11	五	辛亥	10	日	辛巳
初九	17	一	乙卯	15	二	甲申	14	三	癸丑	13	五	癸未	12	六	壬子	11	一	壬午
初十	18	二	丙辰	16	三	乙酉	15	四	甲寅	14	六	甲申	13	日	癸丑	12	二	癸未
十一	19	三	丁巳	17	四	丙戌	16	五	乙卯	15	日	乙酉	14	一	甲寅	13	三	甲申
十二	20	四	戊午	18	五	丁亥	17	六	丙辰	16	一	丙戌	15	二	乙卯	14	四	乙酉
十三	21	五	己未	19	六	戊子	18	日	丁巳	17	二	丁亥	16	三	丙辰	15	五	丙戌
十四	22	六	庚申	20	日	己丑	19	一	戊午	18	三	戊子	17	四	丁巳	16	六	丁亥
十五	23	日	辛酉	21	一	庚寅	20	二	己未	19	四	己丑	18	五	戊午	17	日	戊子
十六	24	一	壬戌	22	二	辛卯	21	三	庚申	20	五	庚寅	19	六	己未	18	一	己丑
十七	25	二	癸亥	23	三	壬辰	22	四	辛酉	21	六	辛卯	20	日	庚申	19	二	庚寅
十八	26	三	甲子	24	四	癸巳	23	五	壬戌	22	日	壬辰	21	一	辛酉	20	三	辛卯
十九	27	四	乙丑	25	五	甲午	24	六	癸亥	23	一	癸巳	22	二	壬戌	21	四	壬辰
二十	28	五	丙寅	26	六	乙未	25	日	甲子	24	二	甲午	23	三	癸亥	22	五	癸巳
廿一	29	六	丁卯	27	日	丙申	26	一	乙丑	25	三	乙未	24	四	甲子	23	六	甲午
廿二	30	日	戊辰	28	一	丁酉	27	二	丙寅	26	四	丙申	25	五	乙丑	24	日	乙未
廿三	31	一	己巳	29	二	戊戌	28	三	丁卯	27	五	丁酉	26	六	丙寅	25	一	丙申
廿四	1	二	庚午	30	三	己亥	29	四	戊辰	28	六	戊戌	27	日	丁卯	26	二	丁酉
廿五	2	三	辛未	1	四	庚子	30	五	己巳	29	日	己亥	28	一	戊辰	27	三	戊戌
廿六	3	四	壬申	2	五	辛丑	31	六	庚午	30	一	庚子	29	二	己巳	28	四	己亥
廿七	4	五	癸酉	3	六	壬寅	1	日	辛未	1	二	辛丑	30	三	庚午	29	五	庚子
廿八	5	六	甲戌	4	日	癸卯	2	一	壬申	2	三	壬寅	1	四	辛未	30	六	辛丑
廿九	6	日	乙亥	5	一	甲辰	3	二	癸酉	3	四	癸卯	2	五	壬申	31	日	壬寅
三十							4	三	甲戌				3	六	癸酉	1	一	癸卯

节气

月	节	气
正月	惊蛰 廿一 酉时	雨水 初六 戌时
二月	清明 廿二 亥时	春分 初七 丑时
三月	立夏 廿三 申时	谷雨 初八 申时
四月	芒种 廿五 戌时	小满 初十 丑时
五月	小暑 廿七 寅时	夏至 十一 巳时
六月	立秋 廿九 巳时	大暑 十三 亥时
七月		处暑 十五 戌时
八月	白露 初一 酉时	秋分 十七 丑时
九月	寒露 初四 卯时	霜降 十八 寅时
十月	立冬 初三 子时	小雪 十八 午时
十一月	大雪 初四 辰时	冬至 十九 申时
十二月	小寒 初三 酉时	大寒 十八 午时

农历丁丑年　属牛

正月小壬寅　二月大癸卯　三月大甲辰　四月小乙巳　五月大丙午　六月小丁未

旬	正月小壬寅			二月大癸卯			三月大甲辰			四月小乙巳			五月大丙午			六月小丁未		
	公历	星期	干支	公历	星期	干支	公历	星期	干支	公历	星期	干支	公历	星期	干支	公历	星期	干支
初一	2	二	甲申	3	三	癸丑	2	五	癸未	2	日	癸丑	31	一	壬午	30	三	壬子
初二	3	三	乙酉	4	四	甲寅	3	六	甲申	3	一	甲寅	1	二	癸未	1	四	癸丑
初三	4	四	丙戌	5	五	乙卯	4	日	乙酉	4	二	乙卯	2	三	甲申	2	五	甲寅
初四	5	五	丁亥	6	六	丙辰	5	一	丙戌	5	三	丙辰	3	四	乙酉	3	六	乙卯
初五	6	六	戊子	7	日	丁巳	6	二	丁亥	6	四	丁巳	4	五	丙戌	4	日	丙辰
初六	7	日	己丑	8	一	戊午	7	三	戊子	7	五	戊午	5	六	丁亥	5	一	丁巳
初七	8	一	庚寅	9	二	己未	8	四	己丑	8	六	己未	6	日	戊子	6	二	戊午
初八	9	二	辛卯	10	三	庚申	9	五	庚寅	9	日	庚申	7	一	己丑	7	三	己未
初九	10	三	壬辰	11	四	辛酉	10	六	辛卯	10	一	辛酉	8	二	庚寅	8	四	庚申
初十	11	四	癸巳	12	五	壬戌	11	日	壬辰	11	二	壬戌	9	三	辛卯	9	五	辛酉
十一	12	五	甲午	13	六	癸亥	12	一	癸巳	12	三	癸亥	10	四	壬辰	10	六	壬戌
十二	13	六	乙未	14	日	甲子	13	二	甲午	13	四	甲子	11	五	癸巳	11	日	癸亥
十三	14	日	丙申	15	一	乙丑	14	三	乙未	14	五	乙丑	12	六	甲午	12	一	甲子
十四	15	一	丁酉	16	二	丙寅	15	四	丙申	15	六	丙寅	13	日	乙未	13	二	乙丑
十五	16	二	戊戌	17	三	丁卯	16	五	丁酉	16	日	丁卯	14	一	丙申	14	三	丙寅
十六	17	三	己亥	18	四	戊辰	17	六	戊戌	17	一	戊辰	15	二	丁酉	15	四	丁卯
十七	18	四	庚子	19	五	己巳	18	日	己亥	18	二	己巳	16	三	戊戌	16	五	戊辰
十八	19	五	辛丑	20	六	庚午	19	一	庚子	19	三	庚午	17	四	己亥	17	六	己巳
十九	20	六	壬寅	21	日	辛未	20	二	辛丑	20	四	辛未	18	五	庚子	18	日	庚午
二十	21	日	癸卯	22	一	壬申	21	三	壬寅	21	五	壬申	19	六	辛丑	19	一	辛未
廿一	22	一	甲辰	23	二	癸酉	22	四	癸卯	22	六	癸酉	20	日	壬寅	20	二	壬申
廿二	23	二	乙巳	24	三	甲戌	23	五	甲辰	23	日	甲戌	21	一	癸卯	21	三	癸酉
廿三	24	三	丙午	25	四	乙亥	24	六	乙巳	24	一	乙亥	22	二	甲辰	22	四	甲戌
廿四	25	四	丁未	26	五	丙子	25	日	丙午	25	二	丙子	23	三	乙巳	23	五	乙亥
廿五	26	五	戊申	27	六	丁丑	26	一	丁未	26	三	丁丑	24	四	丙午	24	六	丙子
廿六	27	六	己酉	28	日	戊寅	27	二	戊申	27	四	戊寅	25	五	丁未	25	日	丁丑
廿七	28	日	庚戌	29	一	己卯	28	三	己酉	28	五	己卯	26	六	戊申	26	一	戊寅
廿八	1	一	辛亥	30	二	庚辰	29	四	庚戌	29	六	庚辰	27	日	己酉	27	二	己卯
廿九	2	二	壬子	31	三	辛巳	30	五	辛亥	30	日	辛巳	28	一	庚戌	28	三	庚辰
三十				1	四	壬午	1	六	壬子				29	二	辛亥			
节	立春 初三 卯时			惊蛰 初三 子时			清明 初四 寅时			立夏 初四 戌时			芒种 初六 子时			小暑 初八 巳时		
气	雨水 十八 丑时			春分 十九 子时			谷雨 十九 巳时			小满 二十 辰时			夏至 廿一 申时			大暑 廿四 丑时		

七月大戊申　八月小己酉　九月小庚戌　十月大辛亥　十一月小壬子　十二月大癸丑

旬	七月大戊申			八月小己酉			九月小庚戌			十月大辛亥			十一月小壬子			十二月大癸丑		
	公历	星期	干支	公历	星期	干支	公历	星期	干支	公历	星期	干支	公历	星期	干支	公历	星期	干支
初一	29	四	辛巳	28	六	辛亥	26	日	庚辰	25	一	己酉	24	三	己卯	23	四	戊申
初二	30	五	壬午	29	日	壬子	27	一	辛巳	26	二	庚戌	25	四	庚辰	24	五	己酉
初三	31	六	癸未	30	一	癸丑	28	二	壬午	27	三	辛亥	26	五	辛巳	25	六	庚戌
初四	1	日	甲申	31	二	甲寅	29	三	癸未	28	四	壬子	27	六	壬午	26	日	辛亥
初五	2	一	乙酉	1	三	乙卯	30	四	甲申	29	五	癸丑	28	日	癸未	27	一	壬子
初六	3	二	丙戌	2	四	丙辰	1	五	乙酉	30	六	甲寅	29	一	甲申	28	二	癸丑
初七	4	三	丁亥	3	五	丁巳	2	六	丙戌	31	日	乙卯	30	二	乙酉	29	三	甲寅
初八	5	四	戊子	4	六	戊午	3	日	丁亥	1	一	丙辰	1	三	丙戌	30	四	乙卯
初九	6	五	己丑	5	日	己未	4	一	戊子	2	二	丁巳	2	四	丁亥	31	五	丙辰
初十	7	六	庚寅	6	一	庚申	5	二	己丑	3	三	戊午	3	五	戊子	1	六	丁巳
十一	8	日	辛卯	7	二	辛酉	6	三	庚寅	4	四	己未	4	六	己丑	2	日	戊午
十二	9	一	壬辰	8	三	壬戌	7	四	辛卯	5	五	庚申	5	日	庚寅	3	一	己未
十三	10	二	癸巳	9	四	癸亥	8	五	壬辰	6	六	辛酉	6	一	辛卯	4	二	庚申
十四	11	三	甲午	10	五	甲子	9	六	癸巳	7	日	壬戌	7	二	壬辰	5	三	辛酉
十五	12	四	乙未	11	六	乙丑	10	日	甲午	8	一	癸亥	8	三	癸巳	6	四	壬戌
十六	13	五	丙申	12	日	丙寅	11	一	乙未	9	二	甲子	9	四	甲午	7	五	癸亥
十七	14	六	丁酉	13	一	丁卯	12	二	丙申	10	三	乙丑	10	五	乙未	8	六	甲子
十八	15	日	戊戌	14	二	戊辰	13	三	丁酉	11	四	丙寅	11	六	丙申	9	日	乙丑
十九	16	一	己亥	15	三	己巳	14	四	戊戌	12	五	丁卯	12	日	丁酉	10	一	丙寅
二十	17	二	庚子	16	四	庚午	15	五	己亥	13	六	戊辰	13	一	戊戌	11	二	丁卯
廿一	18	三	辛丑	17	五	辛未	16	六	庚子	14	日	己巳	14	二	己亥	12	三	戊辰
廿二	19	四	壬寅	18	六	壬申	17	日	辛丑	15	一	庚午	15	三	庚子	13	四	己巳
廿三	20	五	癸卯	19	日	癸酉	18	一	壬寅	16	二	辛未	16	四	辛丑	14	五	庚午
廿四	21	六	甲辰	20	一	甲戌	19	二	癸卯	17	三	壬申	17	五	壬寅	15	六	辛未
廿五	22	日	乙巳	21	二	乙亥	20	三	甲辰	18	四	癸酉	18	六	癸卯	16	日	壬申
廿六	23	一	丙午	22	三	丙子	21	四	乙巳	19	五	甲戌	19	日	甲辰	17	一	癸酉
廿七	24	二	丁未	23	四	丁丑	22	五	丙午	20	六	乙亥	20	一	乙巳	18	二	甲戌
廿八	25	三	戊申	24	五	戊寅	23	六	丁未	21	日	丙子	21	二	丙午	19	三	乙亥
廿九	26	四	己酉	25	六	己卯	24	日	戊申	22	一	丁丑	22	三	丁未	20	四	丙子
三十	27	五	庚戌							23	二	戊寅				21	五	丁丑
节	立秋 初十 戌时			白露 十一 亥时			寒露 十二 酉时			立冬 十四 戌时			大雪 十四 戌时			小寒 十五 子时		
气	处暑 廿五 巳时			秋分 廿七 辰时			霜降 廿八 酉时			小雪 廿九 酉时			冬至 廿九 巳时			大寒 廿九 酉时		

农历戊寅年　属虎

旬	正月小甲寅 公历	星期	干支	二月大乙卯 公历	星期	干支	三月大丙辰 公历	星期	干支	闰三月小 公历	星期	干支	四月大丁巳 公历	星期	干支	五月大戊午 公历	星期	干支	六月小己未 公历	星期	干支	七月大庚申 公历	星期	干支	八月小辛酉 公历	星期	干支	九月小壬戌 公历	星期	干支	十月大癸亥 公历	星期	干支	十一月小甲子 公历	星期	干支	十二月小乙丑 公历	星期	干支
初一	22	六	戊申	20	日	丁丑	22	二	丁未	21	四	丁丑	20	五	丙午	19	日	丙子	19	二	丙午	17	三	乙亥	16	五	乙巳	15	六	甲戌	13	日	癸卯	13	二	癸酉	11	三	壬寅
初二	23	日	己酉	21	一	戊寅	23	三	戊申	22	五	戊寅	21	六	丁未	20	一	丁丑	20	三	丁未	18	四	丙子	17	六	丙午	16	日	乙亥	14	一	甲辰	14	三	甲戌	12	四	癸卯
初三	24	一	庚戌	22	二	己卯	24	四	己酉	23	六	己卯	22	日	戊申	21	二	戊寅	21	四	戊申	19	五	丁丑	18	日	丁未	17	一	丙子	15	二	乙巳	15	四	乙亥	13	五	甲辰
初四	25	二	辛亥	23	三	庚辰	25	五	庚戌	24	日	庚辰	23	一	己酉	22	三	己卯	22	五	己酉	20	六	戊寅	19	一	戊申	18	二	丁丑	16	三	丙午	16	五	丙子	14	六	乙巳
初五	26	三	壬子	24	四	辛巳	26	六	辛亥	25	一	辛巳	24	二	庚戌	23	四	庚辰	23	六	庚戌	21	日	己卯	20	二	己酉	19	三	戊寅	17	四	丁未	17	六	丁丑	15	日	丙午
初六	27	四	癸丑	25	五	壬午	27	日	壬子	26	二	壬午	25	三	辛亥	24	五	辛巳	24	日	辛亥	22	一	庚辰	21	三	庚戌	20	四	己卯	18	五	戊申	18	日	戊寅	16	一	丁未
初七	28	五	甲寅	26	六	癸未	28	一	癸丑	27	三	癸未	26	四	壬子	25	六	壬午	25	一	壬子	23	二	辛巳	22	四	辛亥	21	五	庚辰	19	六	己酉	19	一	己卯	17	二	戊申
初八	29	六	乙卯	27	日	甲申	29	二	甲寅	28	四	甲申	27	五	癸丑	26	日	癸未	26	二	癸丑	24	三	壬午	23	五	壬子	22	六	辛巳	20	日	庚戌	20	二	庚辰	18	三	己酉
初九	30	日	丙辰	28	一	乙酉	30	三	乙卯	29	五	乙酉	28	六	甲寅	27	一	甲申	27	三	甲寅	25	四	癸未	24	六	癸丑	23	日	壬午	21	一	辛亥	21	三	辛巳	19	四	庚戌
初十	31	一	丁巳	1	二	丙戌	31	四	丙辰	30	六	丙戌	29	日	乙卯	28	二	乙酉	28	四	乙卯	26	五	甲申	25	日	甲寅	24	一	癸未	22	二	壬子	22	四	壬午	20	五	辛亥
十一	1	二	戊午	2	三	丁亥	1	五	丁巳	1	日	丁亥	30	一	丙辰	29	三	丙戌	29	五	丙辰	27	六	乙酉	26	一	乙卯	25	二	甲申	23	三	癸丑	23	五	癸未	21	六	壬子
十二	2	三	己未	3	四	戊子	2	六	戊午	2	一	戊子	31	二	丁巳	30	四	丁亥	30	六	丁巳	28	日	丙戌	27	二	丙辰	26	三	乙酉	24	四	甲寅	24	六	甲申	22	日	癸丑
十三	3	四	庚申	4	五	己丑	3	日	己未	3	二	己丑	1	三	戊午	1	五	戊子	31	日	戊午	29	一	丁亥	28	三	丁巳	27	四	丙戌	25	五	乙卯	25	日	乙酉	23	一	甲寅
十四	4	五	辛酉	5	六	庚寅	4	一	庚申	4	三	庚寅	2	四	己未	2	六	己丑	1	一	己未	30	二	戊子	29	四	戊午	28	五	丁亥	26	六	丙辰	26	一	丙戌	24	二	乙卯
十五	5	六	壬戌	6	日	辛卯	5	二	辛酉	5	四	辛卯	3	五	庚申	3	日	庚寅	2	二	庚申	31	三	己丑	30	五	己未	29	六	戊子	27	日	丁巳	27	二	丁亥	25	三	丙辰
十六	6	日	癸亥	7	一	壬辰	6	三	壬戌	6	五	壬辰	4	六	辛酉	4	一	辛卯	3	三	辛酉	1	四	庚寅	31	六	庚申	30	日	己丑	28	一	戊午	28	三	戊子	26	四	丁巳
十七	7	一	甲子	8	二	癸巳	7	四	癸亥	7	六	癸巳	5	日	壬戌	5	二	壬辰	4	四	壬戌	2	五	辛卯	2	日	辛酉	31	一	庚寅	29	二	己未	29	四	己丑	27	五	戊午
十八	8	二	乙丑	9	三	甲午	8	五	甲子	8	日	甲午	6	一	癸亥	6	三	癸巳	5	五	癸亥	3	六	壬辰	3	一	壬戌	1	二	辛卯	30	三	庚申	30	五	庚寅	28	六	己未
十九	9	三	丙寅	10	四	乙未	9	六	乙丑	9	一	乙未	7	二	甲子	7	四	甲午	6	六	甲子	4	日	癸巳	4	二	癸亥	2	三	壬辰	1	四	辛酉	31	六	辛卯	29	日	庚申
二十	10	四	丁卯	11	五	丙申	10	日	丙寅	10	二	丙申	8	三	乙丑	8	五	乙未	7	日	乙丑	5	一	甲午	5	三	甲子	3	四	癸巳	2	五	壬戌	1	日	壬辰	30	一	辛酉
廿一	11	五	戊辰	12	六	丁酉	11	一	丁卯	11	三	丁酉	9	四	丙寅	9	六	丙申	8	一	丙寅	6	二	乙未	6	日	乙丑	4	五	甲午	3	六	癸亥	2	一	癸巳	31	二	壬戌
廿二	12	六	己巳	13	日	戊戌	12	二	戊辰	12	四	戊戌	10	五	丁卯	10	日	丁酉	9	二	丁卯	7	三	丙申	7	一	丙寅	5	六	乙未	4	日	甲子	3	二	甲午	1	三	癸亥
廿三	13	日	庚午	14	一	己亥	13	三	己巳	13	五	己亥	11	六	戊辰	11	一	戊戌	10	三	戊辰	8	四	丁酉	8	二	丁卯	6	日	丙申	5	一	乙丑	4	三	乙未	2	四	甲子
廿四	14	一	辛未	15	二	庚子	14	四	庚午	14	六	庚子	12	日	己巳	12	二	己亥	11	四	己巳	9	五	戊戌	9	三	戊辰	7	一	丁酉	6	二	丙寅	5	四	丙申	3	五	乙丑
廿五	15	二	壬申	16	三	辛丑	15	五	辛未	15	日	辛丑	13	一	庚午	13	三	庚子	12	五	庚午	10	六	己亥	10	四	己巳	8	二	戊戌	7	三	丁卯	6	五	丁酉	4	六	丙寅
廿六	16	三	癸酉	17	四	壬寅	16	六	壬申	16	一	壬寅	14	二	辛未	14	四	辛丑	13	六	辛未	11	日	庚子	11	五	庚午	9	三	己亥	8	四	戊辰	7	六	戊戌	5	日	丁卯
廿七	17	四	甲戌	18	五	癸卯	17	日	癸酉	17	二	癸卯	15	三	壬申	15	五	壬寅	14	日	壬申	12	一	辛丑	12	六	辛未	10	四	庚子	9	五	己巳	8	日	己亥	6	一	戊辰
廿八	18	五	乙亥	19	六	甲辰	18	一	甲戌	18	三	甲辰	16	四	癸酉	16	六	癸卯	15	一	癸酉	13	二	壬寅	13	日	壬申	11	五	辛丑	10	六	庚午	9	一	庚子	7	二	己巳
廿九	19	六	丙子	20	日	乙巳	19	二	乙亥	19	四	乙巳	17	五	甲戌	17	日	甲辰	16	二	甲戌	14	三	癸卯	14	一	癸酉	12	六	壬寅	11	日	辛未	10	二	辛丑	8	三	庚午
三十				21	一	丙午	20	三	丙子				18	六	乙亥	18	一	乙巳				15	四	甲辰							12	一	壬申						
节	立春	十四	午时	惊蛰	十四	卯时	清明	十五	巳时	立夏	十五	未时	芒种	十七	卯时	小暑	十九	申时	立秋	二十	寅时	白露	廿二	亥时	寒露	廿三	亥时	立冬	廿四	丑时	大雪	廿五	酉时	小寒	廿五	卯时	立春	廿五	酉时
气	雨水	廿九	辰时	春分	廿九	卯时	谷雨	三十	申时				小满	初二	亥时	夏至	初三	亥时	大暑	初五	辰时	处暑	初七	申时	秋分	初八	未时	霜降	初九	子时	小雪	初十	亥时	冬至	初十	午时	大寒	初十	子时

农历己卯年　属兔

月历日期（公历／星期／干支）

旬	正月小丙寅 公历	星期	干支	二月大丁卯 公历	星期	干支	三月大戊辰 公历	星期	干支	四月小己巳 公历	星期	干支	五月大庚午 公历	星期	干支	六月小辛未 公历	星期	干支	七月大壬申 公历	星期	干支	八月小癸酉 公历	星期	干支	九月大甲戌 公历	星期	干支	十月小乙亥 公历	星期	干支	十一月大丙子 公历	星期	干支	十二月小丁丑 公历	星期	干支
初一	10	五	壬戌	11	六	辛卯	10	一	辛酉	10	三	辛卯	8	四	庚申	8	六	庚寅	6	日	己未	5	二	己丑	4	三	戊午	3	五	戊子	2	六	丁巳	1	一	丁亥
初二	11	六	癸亥	12	日	壬辰	11	二	壬戌	11	四	壬辰	9	五	辛酉	9	日	辛卯	7	一	庚申	6	三	庚寅	5	四	己未	4	六	己丑	3	日	戊午	2	二	戊子
初三	12	日	甲子	13	一	癸巳	12	三	癸亥	12	五	癸巳	10	六	壬戌	10	一	壬辰	8	二	辛酉	7	四	辛卯	6	五	庚申	5	日	庚寅	4	一	己未	3	三	己丑
初四	13	一	乙丑	14	二	甲午	13	四	甲子	13	六	甲午	11	日	癸亥	11	二	癸巳	9	三	壬戌	8	五	壬辰	7	六	辛酉	6	一	辛卯	5	二	庚申	4	四	庚寅
初五	14	二	丙寅	15	三	乙未	14	五	乙丑	14	日	乙未	12	一	甲子	12	三	甲午	10	四	癸亥	9	六	癸巳	8	日	壬戌	7	二	壬辰	6	三	辛酉	5	五	辛卯
初六	15	三	丁卯	16	四	丙申	15	六	丙寅	15	一	丙申	13	二	乙丑	13	四	乙未	11	五	甲子	10	日	甲午	9	一	癸亥	8	三	癸巳	7	四	壬戌	6	六	壬辰
初七	16	四	戊辰	17	五	丁酉	16	日	丁卯	16	二	丁酉	14	三	丙寅	14	五	丙申	12	六	乙丑	11	一	乙未	10	二	甲子	9	四	甲午	8	五	癸亥	7	日	癸巳
初八	17	五	己巳	18	六	戊戌	17	一	戊辰	17	三	戊戌	15	四	丁卯	15	六	丁酉	13	日	丙寅	12	二	丙申	11	三	乙丑	10	五	乙未	9	六	甲子	8	一	甲午
初九	18	六	庚午	19	日	己亥	18	二	己巳	18	四	己亥	16	五	戊辰	16	日	戊戌	14	一	丁卯	13	三	丁酉	12	四	丙寅	11	六	丙申	10	日	乙丑	9	二	乙未
初十	19	日	辛未	20	一	庚子	19	三	庚午	19	五	庚子	17	六	己巳	17	一	己亥	15	二	戊辰	14	四	戊戌	13	五	丁卯	12	日	丁酉	11	一	丙寅	10	三	丙申
十一	20	一	壬申	21	二	辛丑	20	四	辛未	20	六	辛丑	18	日	庚午	18	二	庚子	16	三	己巳	15	五	己亥	14	六	戊辰	13	一	戊戌	12	二	丁卯	11	四	丁酉
十二	21	二	癸酉	22	三	壬寅	21	五	壬申	21	日	壬寅	19	一	辛未	19	三	辛丑	17	四	庚午	16	六	庚子	15	日	己巳	14	二	己亥	13	三	戊辰	12	五	戊戌
十三	22	三	甲戌	23	四	癸卯	22	六	癸酉	22	一	癸卯	20	二	壬申	20	四	壬寅	18	五	辛未	17	日	辛丑	16	一	庚午	15	三	庚子	14	四	己巳	13	六	己亥
十四	23	四	乙亥	24	五	甲辰	23	日	甲戌	23	二	甲辰	21	三	癸酉	21	五	癸卯	19	六	壬申	18	一	壬寅	17	二	辛未	16	四	辛丑	15	五	庚午	14	日	庚子
十五	24	五	丙子	25	六	乙巳	24	一	乙亥	24	三	乙巳	22	四	甲戌	22	六	甲辰	20	日	癸酉	19	二	癸卯	18	三	壬申	17	五	壬寅	16	六	辛未	15	一	辛丑
十六	25	六	丁丑	26	日	丙午	25	二	丙子	25	四	丙午	23	五	乙亥	23	日	乙巳	21	一	甲戌	20	三	甲辰	19	四	癸酉	18	六	癸卯	17	日	壬申	16	二	壬寅
十七	26	日	戊寅	27	一	丁未	26	三	丁丑	26	五	丁未	24	六	丙子	24	一	丙午	22	二	乙亥	21	四	乙巳	20	五	甲戌	19	日	甲辰	18	一	癸酉	17	三	癸卯
十八	27	一	己卯	28	二	戊申	27	四	戊寅	27	六	戊申	25	日	丁丑	25	二	丁未	23	三	丙子	22	五	丙午	21	六	乙亥	20	一	乙巳	19	二	甲戌	18	四	甲辰
十九	28	二	庚辰	29	三	己酉	28	五	己卯	28	日	己酉	26	一	戊寅	26	三	戊申	24	四	丁丑	23	六	丁未	22	日	丙子	21	二	丙午	20	三	乙亥	19	五	乙巳
二十	1	三	辛巳	30	四	庚戌	29	六	庚辰	29	一	庚戌	27	二	己卯	27	四	己酉	25	五	戊寅	24	日	戊申	23	一	丁丑	22	三	丁未	21	四	丙子	20	六	丙午
廿一	2	四	壬午	31	五	辛亥	30	日	辛巳	30	二	辛亥	28	三	庚辰	28	五	庚戌	26	六	己卯	25	一	己酉	24	二	戊寅	23	四	戊申	22	五	丁丑	21	日	丁未
廿二	3	五	癸未	1	六	壬子	1	一	壬午	31	三	壬子	29	四	辛巳	29	六	辛亥	27	日	庚辰	26	二	庚戌	25	三	己卯	24	五	己酉	23	六	戊寅	22	一	戊申
廿三	4	六	甲申	2	日	癸丑	2	二	癸未	1	四	癸丑	30	五	壬午	30	日	壬子	28	一	辛巳	27	三	辛亥	26	四	庚辰	25	六	庚戌	24	日	己卯	23	二	己酉
廿四	5	日	乙酉	3	一	甲寅	3	三	甲申	2	五	甲寅	1	六	癸未	31	一	癸丑	29	二	壬午	28	四	壬子	27	五	辛巳	26	日	辛亥	25	一	庚辰	24	三	庚戌
廿五	6	一	丙戌	4	二	乙卯	4	四	乙酉	3	六	乙卯	2	日	甲申	1	二	甲寅	30	三	癸未	29	五	癸丑	28	六	壬午	27	一	壬子	26	二	辛巳	25	四	辛亥
廿六	7	二	丁亥	5	三	丙辰	5	五	丙戌	4	日	丙辰	3	一	乙酉	2	三	乙卯	31	四	甲申	30	六	甲寅	29	日	癸未	28	二	癸丑	27	三	壬午	26	五	壬子
廿七	8	三	戊子	6	四	丁巳	6	六	丁亥	5	一	丁巳	4	二	丙戌	3	四	丙辰	1	五	乙酉	1	日	乙卯	30	一	甲申	29	三	甲寅	28	四	癸未	27	六	癸丑
廿八	9	四	己丑	7	五	戊午	7	日	戊子	6	二	戊午	5	三	丁亥	4	五	丁巳	2	六	丙戌	2	一	丙辰	31	二	乙酉	30	四	乙卯	29	五	甲申	28	日	甲寅
廿九	10	五	庚寅	8	六	己未	8	一	己丑	7	三	己未	6	四	戊子	5	六	戊午	3	日	丁亥	3	二	丁巳	1	三	丙戌	1	五	丙辰	30	六	乙酉	29	一	乙卯
三十				9	日	庚申	9	二	庚寅				7	五	己丑				4	一	戊子				2	四	丁亥				31	日	丙戌			

二十四节气

月	节	气
正月小丙寅		雨水 初十 未时
正月小丙寅	惊蛰 廿五 午时	
二月大丁卯	清明 廿六 申时	春分 十一 午时
三月大戊辰	立夏 廿七 辰时	谷雨 十一 亥时
四月小己巳	芒种 廿八 午时	小满 十二 戌时
五月大庚午	小暑 三十 亥时	夏至 十五 寅时
六月小辛未		大暑 十六 未时
七月大壬申	立秋 初三 卯时	处暑 十八 亥时
八月小癸酉	白露 初四 巳时	秋分 十九 戌时
九月大甲戌	寒露 初六 丑时	霜降 廿一 卯时
十月小乙亥	立冬 初七 卯时	小雪 廿二 寅时
十一月大丙子	大雪 初七 酉时	冬至 廿二 酉时
十二月小丁丑	小寒 初七 午时	大寒 廿一 卯时

农历庚辰年　属龙

旬	正月大戊寅			二月小己卯			三月大庚辰			四月小辛巳			五月大壬午			六月小癸未			七月大甲申			闰七月大			八月小乙酉			九月大丙戌			十月小丁亥			十一月大戊子			十二月小己丑		
	公历	星期	干支	公历	星期	干支	公历	星期	干支	公历	星期	干支	公历	星期	干支	公历	星期	干支	公历	星期	干支	公历	星期	干支	公历	星期	干支	公历	星期	干支	公历	星期	干支	公历	星期	干支	公历	星期	干支
初一	30	二	丙辰	29	四	丙戌	29	五	乙卯	28	日	乙酉	27	一	甲寅	26	三	甲申	25	四	癸丑	24	六	癸未	23	一	癸丑	22	二	壬午	21	四	壬子	20	五	辛巳	19	日	辛亥
初二	31	三	丁巳	1	五	丁亥	30	六	丙辰	29	一	丙戌	28	二	乙卯	27	四	乙酉	26	五	甲寅	25	日	甲申	24	二	甲寅	23	三	癸未	22	五	癸丑	21	六	壬午	20	一	壬子
初三	1	四	戊午	2	六	戊子	31	日	丁巳	30	二	丁亥	29	三	丙辰	28	五	丙戌	27	六	乙卯	26	一	乙酉	25	三	乙卯	24	四	甲申	23	六	甲寅	22	日	癸未	21	二	癸丑
初四	2	五	己未	3	日	己丑	1	一	戊午	1	三	戊子	30	四	丁巳	29	六	丁亥	28	日	丙辰	27	二	丙戌	26	四	丙辰	25	五	乙酉	24	日	乙卯	23	一	甲申	22	三	甲寅
初五	3	六	庚申	4	一	庚寅	2	二	己未	2	四	己丑	31	五	戊午	30	日	戊子	29	一	丁巳	28	三	丁亥	27	五	丁巳	26	六	丙戌	25	一	丙辰	24	二	乙酉	23	四	乙卯
初六	4	日	辛酉	5	二	辛卯	3	三	庚申	3	五	庚寅	1	六	己未	1	一	己丑	30	二	戊午	29	四	戊子	28	六	戊午	27	日	丁亥	26	二	丁巳	25	三	丙戌	24	五	丙辰
初七	5	一	壬戌	6	三	壬辰	4	四	辛酉	4	六	辛卯	2	日	庚申	2	二	庚寅	31	三	己未	30	五	己丑	29	日	己未	28	一	戊子	27	三	戊午	26	四	丁亥	25	六	丁巳
初八	6	二	癸亥	7	四	癸巳	5	五	壬戌	5	日	壬辰	3	一	辛酉	3	三	辛卯	1	四	庚申	31	六	庚寅	30	一	庚申	29	二	己丑	28	四	己未	27	五	戊子	26	日	戊午
初九	7	三	甲子	8	五	甲午	6	六	癸亥	6	一	癸巳	4	二	壬戌	4	四	壬辰	2	五	辛酉	1	日	辛卯	1	二	辛酉	30	三	庚寅	29	五	庚申	28	六	己丑	27	一	己未
初十	8	四	乙丑	9	六	乙未	7	日	甲子	7	二	甲午	5	三	癸亥	5	五	癸巳	3	六	壬戌	2	一	壬辰	2	三	壬戌	31	四	辛卯	30	六	辛酉	29	日	庚寅	28	二	庚申
十一	9	五	丙寅	10	日	丙申	8	一	乙丑	8	三	乙未	6	四	甲子	6	六	甲午	4	日	癸亥	3	二	癸巳	3	四	癸亥	1	五	壬辰	1	日	壬戌	30	一	辛卯	29	三	辛酉
十二	10	六	丁卯	11	一	丁酉	9	二	丙寅	9	四	丙申	7	五	乙丑	7	日	乙未	5	一	甲子	4	三	甲午	4	五	甲子	2	六	癸巳	2	一	癸亥	31	二	壬辰	30	四	壬戌
十三	11	日	戊辰	12	二	戊戌	10	三	丁卯	10	五	丁酉	8	六	丙寅	8	一	丙申	6	二	乙丑	5	四	乙未	5	六	乙丑	3	日	甲午	3	二	甲子	1	三	癸巳	31	五	癸亥
十四	12	一	己巳	13	三	己亥	11	四	戊辰	11	六	戊戌	9	日	丁卯	9	二	丁酉	7	三	丙寅	6	五	丙申	6	日	丙寅	4	一	乙未	4	三	乙丑	2	四	甲午	1	六	甲子
十五	13	二	庚午	14	四	庚子	12	五	己巳	12	日	己亥	10	一	戊辰	10	三	戊戌	8	四	丁卯	7	六	丁酉	7	一	丁卯	5	二	丙申	5	四	丙寅	3	五	乙未	2	日	乙丑
十六	14	三	辛未	15	五	辛丑	13	六	庚午	13	一	庚子	11	二	己巳	11	四	己亥	9	五	戊辰	8	日	戊戌	8	二	戊辰	6	三	丁酉	6	五	丁卯	4	六	丙申	3	一	丙寅
十七	15	四	壬申	16	六	壬寅	14	日	辛未	14	二	辛丑	12	三	庚午	12	五	庚子	10	六	己巳	9	一	己亥	9	三	己巳	7	四	戊戌	7	六	戊辰	5	日	丁酉	4	二	丁卯
十八	16	五	癸酉	17	日	癸卯	15	一	壬申	15	三	壬寅	13	四	辛未	13	六	辛丑	11	日	庚午	10	二	庚子	10	四	庚午	8	五	己亥	8	日	己巳	6	一	戊戌	5	三	戊辰
十九	17	六	甲戌	18	一	甲辰	16	二	癸酉	16	四	癸卯	14	五	壬申	14	日	壬寅	12	一	辛未	11	三	辛丑	11	五	辛未	9	六	庚子	9	一	庚午	7	二	己亥	6	四	己巳
二十	18	日	乙亥	19	二	乙巳	17	三	甲戌	17	五	甲辰	15	六	癸酉	15	一	癸卯	13	二	壬申	12	四	壬寅	12	六	壬申	10	日	辛丑	10	二	辛未	8	三	庚子	7	五	庚午
廿一	19	一	丙子	20	三	丙午	18	四	乙亥	18	六	乙巳	16	日	甲戌	16	二	甲辰	14	三	癸酉	13	五	癸卯	13	日	癸酉	11	一	壬寅	11	三	壬申	9	四	辛丑	8	六	辛未
廿二	20	二	丁丑	21	四	丁未	19	五	丙子	19	日	丙午	17	一	乙亥	17	三	乙巳	15	四	甲戌	14	六	甲辰	14	一	甲戌	12	二	癸卯	12	四	癸酉	10	五	壬寅	9	日	壬申
廿三	21	三	戊寅	22	五	戊申	20	六	丁丑	20	一	丁未	18	二	丙子	18	四	丙午	16	五	乙亥	15	日	乙巳	15	二	乙亥	13	三	甲辰	13	五	甲戌	11	六	癸卯	10	一	癸酉
廿四	22	四	己卯	23	六	己酉	21	日	戊寅	21	二	戊申	19	三	丁丑	19	五	丁未	17	六	丙子	16	一	丙午	16	三	丙子	14	四	乙巳	14	六	乙亥	12	日	甲辰	11	二	甲戌
廿五	23	五	庚辰	24	日	庚戌	22	一	己卯	22	三	己酉	20	四	戊寅	20	六	戊申	18	日	丁丑	17	二	丁未	17	四	丁丑	15	五	丙午	15	日	丙子	13	一	乙巳	12	三	乙亥
廿六	24	六	辛巳	25	一	辛亥	23	二	庚辰	23	四	庚戌	21	五	己卯	21	日	己酉	19	一	戊寅	18	三	戊申	18	五	戊寅	16	六	丁未	16	一	丁丑	14	二	丙午	13	四	丙子
廿七	25	日	壬午	26	二	壬子	24	三	辛巳	24	五	辛亥	22	六	庚辰	22	一	庚戌	20	二	己卯	19	四	己酉	19	六	己卯	17	日	戊申	17	二	戊寅	15	三	丁未	14	五	丁丑
廿八	26	一	癸未	27	三	癸丑	25	四	壬午	25	六	壬子	23	日	辛巳	23	二	辛亥	21	三	庚辰	20	五	庚戌	20	日	庚辰	18	一	己酉	18	三	己卯	16	四	戊申	15	六	戊寅
廿九	27	二	甲申	28	四	甲寅	26	五	癸未	26	日	癸丑	24	一	壬午	24	三	壬子	22	四	辛巳	21	六	辛亥	21	一	辛巳	19	二	庚戌	19	四	庚辰	17	五	己酉	16	日	己卯
三十	28	三	乙酉				27	六	甲申				25	二	癸未				23	五	壬午	22	日	壬子				20	三	辛亥				18	六	庚戌			

节气

月	节	气
正月大戊寅	立春 初六 子时	雨水 廿一 戌时
二月小己卯	惊蛰 初六 子时	春分 廿一 酉时
三月大庚辰	清明 初七 戌时	谷雨 廿二 寅时
四月小辛巳	立夏 初八 未时	小满 廿四 丑时
五月大壬午	芒种 初十 午时	夏至 廿六 巳时
六月小癸未	小暑 十二 丑时	大暑 廿七 戌时
七月大甲申	立秋 十四 午时	处暑 三十 寅时
闰七月大	白露 十五 申时	
八月小乙酉	寒露 十六 辰时	秋分 初一 丑时
九月大丙戌	立冬 十七 午时	霜降 初一 午时
十月小丁亥	大雪 十七 卯时	小雪 初一 巳时
十一月大戊子	小寒 十七 酉时	冬至 初三 子时
十二月小己丑	立春 十七 卯时	大寒 初二 午时

历史朝代公元纪年对照表

朝代			起讫年代	都城	今地	开国皇帝
三皇五帝						
夏朝			约前2070—前1600	安邑	山西夏县	禹
商朝			约前1600—前1046	亳	河南商丘	汤
周	西周		约前1046—前771	镐京	陕西西安	周武王姬发
	东周	春秋	前770—前476	洛邑	河南洛阳	周平王姬宜臼
		战国	前475—前221	长安	陕西西安	
秦朝			前221—前206	咸阳	陕西咸阳	始皇帝嬴政
汉	西汉		前206—8	长安	陕西西安	汉高祖刘邦
	新朝		9—23			王莽
	更始帝		23—25			刘玄
	东汉		25—220	洛阳	河南洛阳	汉光武帝刘秀
三国	曹魏		220—265	洛阳	河南洛阳	魏文帝曹丕
	蜀汉		221—263	成都	四川成都	汉昭烈帝刘备
	孙吴		222—280	建业	江苏南京	吴大帝孙权
晋	西晋		265—317	洛阳	河南洛阳	晋武帝司马炎
	东晋		317—420	建康	江苏南京	晋元帝司马睿
十六国	前赵（汉赵）		304—318	平阳	山西临汾	高祖光文皇帝刘渊
			319—329	长安	陕西西安	
	成汉		304—349	成都	四川成都	太宗武皇帝李雄
	前凉		318—376	姑臧	甘肃武威	高祖明王张寔
	后赵		319—351	襄国	河北邢台	高祖明皇帝石勒
	前燕		337—370	龙城	辽宁朝阳	太祖文明皇帝慕容皝
	前秦		351—394	长安	陕西西安	世宗明皇帝苻健
	后秦		384—417	长安	陕西西安	太祖武昭皇帝姚苌
	后燕		384—407	中山	河北定州	世祖成武皇帝慕容垂
	西秦		385—431	苑川	甘肃榆中	烈祖宣烈王乞伏国仁
	后凉		386—403	姑臧	甘肃武威	太祖懿武皇帝吕光
	南凉		397—414	乐都	青海海东	烈祖武王拓跋乌孤
	南燕		398—410	广固	山东益都	世宗献武皇帝慕容德
	西凉		400—421	敦煌	甘肃敦煌	太祖昭武王李暠

朝代		起讫年代	都城	今地	开国皇帝
	胡夏	407—431	万城	陕西靖边	世祖烈武皇帝赫连勃勃
	北燕	407—436	龙城	辽宁朝阳	高句丽人高云
	北凉	397—460	姑臧	甘肃武威	太祖武宣王沮渠蒙逊
	冉魏	350—352	邺城	河北临漳	汉人冉闵
	西燕	384—394	长子	山西长子	鲜卑族慕容泓
西蜀（后蜀）		405—413	益州	四川成都	汉人谯纵
南北朝	南朝 宋	420—479	建康	江苏南京	宋武帝刘裕
	南朝 齐	479—502	建康	江苏南京	齐高帝萧道成
	南朝 梁	502—557	建康	江苏南京	梁武帝萧衍
	南朝 陈	557—589	建康	江苏南京	陈武帝陈霸先
	北朝 北魏	386—534	平城	山西大同	魏道武帝拓跋珪
			洛阳	河南洛阳	
	北朝 东魏	534—550	邺城	河北临漳	魏孝静帝元善见
	北朝 西魏	535—556	长安	陕西西安	魏文帝元宝炬
	北朝 北齐	550—577	邺城	河北临漳	齐文宣帝高洋
	北朝 北周	557—581	长安	陕西西安	周孝闵帝宇文觉
隋朝		581—618	大兴	陕西西安	隋文帝杨坚
唐朝		618—907	长安	陕西西安	唐高祖李渊
五代十国	后梁	907—923	汴	河南开封	梁太祖朱晃
	后唐	923—936	洛阳	河南洛阳	唐庄宗李存勖
	后晋	936—947	汴	河南开封	晋高祖石敬瑭
	后汉	947—950	汴	河南开封	汉高祖刘暠
	后周	951—960	汴	河南开封	周太祖郭威
	前蜀	907—925	成都	四川成都	高祖王建
	后蜀	934—966	成都	四川成都	高祖孟知祥
	杨吴	902—937	扬州	江苏扬州	太祖杨行密
	南唐	937—975	金陵	江苏南京	烈祖李昪
	吴越	907—978	杭州	浙江杭州	武肃王钱镠
	闽国	909—945	长乐	福建福州	太祖王审知

朝代		起讫年代	都城	今地	开国皇帝
五代十国	马楚	907—951	长沙	湖南长沙	武穆王马殷
	南汉	917—971	兴王府	广东广州	高祖刘龑
	南平	924—963	荆州	湖北荆州	武信王高季兴
	北汉	951—979	太原	山西太原	世祖刘旻
宋	北宋	960—1127	开封	河南开封	宋太祖赵匡胤
	南宋	1127—1279	临安	浙江临安	宋高宗赵构
辽国		907—1125	皇都	内蒙古赤峰	辽国耶律阿保机
大理		937—1254	太和城	云南大理	太祖段思平
西夏		1038-1227	兴庆府	宁夏银川	景帝李元昊
金		1115—1234	会宁	黑龙江阿城	金太祖阿骨打
			中都	北京	
			开封	河南开封	
元朝		1206—1368	大都	北京	元太祖孛儿只斤·铁木真
明朝		1368—1644	北京	北京	明太祖朱元璋
清朝		1616—1911	北京	北京	清太祖爱新觉罗·努尔哈赤